Der lichtelektrische Effekt

und seine Anwendungen

Unter Mitwirkung von

Dr. K. W. Böer, Berlin   Dr. F. Eckart, Berlin

Reg.-Rat Dr. W. Leo, Braunschweig

bearbeitet und herausgegeben von

Dr. H. Simon   und   **Dr. R. Suhrmann**

Professor an der Humboldt-Universität und
stellv. Direktor des Instituts für Festkörperforschung
der Deutschen Akademie der Wissenschaften zu Berlin

o. Professor und Direktor des Instituts für
physikalische Chemie und Elektrochemie
der Technischen Hochschule Hannover

Zweite, vollkommen neubearbeitete Auflage

des Buches „Lichtelektrische Zellen und ihre Anwendung"

Mit 599 Abbildungen

Springer-Verlag

Berlin/Göttingen/Heidelberg

1958

ISBN-13:978-3-642-92738-6   e-ISBN-13:978-3-642-92737-9
DOI: 10.1007/978-3-642-92737-9

Vorwort zur zweiten Auflage

In den mehr als 25 Jahren, die seit der Niederschrift der ersten Auflage dieses Buches unter dem Titel „Lichtelektrische Zellen und ihre Anwendung" verstrichen sind, hat die Forschung auf diesem Gebiete zahlreiche neue Erkenntnisse erbracht: So wurde die Theorie von FOWLER und DUBRIDGE inzwischen zu einer nützlichen Methode der Bestimmung der Elektronen-Austrittsarbeit. Die Bedeutung „zusammengesetzter" Photokathoden und der „Legierungskathoden" (GÖRLICH) für die Herstellung hochempfindlicher Photozellen wurde in diesen Jahren erkannt und die Verstärkung von photoelektrischen Strömen durch hochemittierende Sekundärelektronen-Kathoden eingeführt. Tonfilm und Fernsehen, die damals erst begannen, praktische Bedeutung zu gewinnen, sind inzwischen zu Angelegenheiten des öffentlichen Lebens geworden. Die Sperrschicht-Photozelle, die damals als technisches Gerät eingeführt wurde, ist jetzt als Belichtungsmesser ein unentbehrliches Hilfsmittel des photographierenden Laien und Fachmanns.

Während die grundlegenden Erkenntnisse auf dem Gebiet des *äußeren* Photoeffektes einem gewissen Sättigungswert zustreben und die Forschungen auf diesem Gebiet sich Einzelfragen zuwenden, wie Ursprungsort der Photoelektronen (H. MAYER) und Unterschied des Photoeffektes bei Metallen und Halbleitern (APKER und TAFT), ist die Entwicklung auf dem Gebiet der *inneren* Photoeffekte noch in vollem Fluß. Aus diesem Grund erschien es zweckmäßig, auf dem letzteren Gebiet die mehr prinzipiellen Zusammenhänge zu behandeln, während auf dem Gebiet des äußeren Photoeffektes ein Überblick gegeben wird, der nicht nur dem Verständnis des Aufbaues und des Verhaltens der Photokathoden dienen soll, sondern auch der Anwendung des Effektes z. B. zum Studium des elektronischen Verhaltens von Festkörper-Oberflächen, dessen Bedeutung nicht nur für physikalische, sondern auch für chemische Vorgänge in zunehmendem Maße erkannt wird. Um dies zum Ausdruck zu bringen, erschien es gerechtfertigt, den Titel der ersten Auflage des Buches abzuändern in „Der lichtelektrische Effekt und seine Anwendungen", obgleich das Buch den lichtelektrischen Effekt als solchen nicht erschöpfend behandelt und das Hauptgewicht umfangmäßig auf der Herstellung und Verwendung der Photozellen liegt. Lichtelektrische Effekte, die bisher keine Anwendung gefunden haben, werden daher im allgemeinen nicht besprochen.

Bei der Abfassung verschiedener Kapitel erfreuten wir uns der Mitarbeit anerkannter Fachleute auf den betreffenden Gebieten, wie an den Kapiteln vermerkt ist. Hierdurch treten zwar manchmal geringfügige Überschneidungen auf, die aber das Verständnis nicht beeinträchtigen dürften.

Die große Zahl von Publikationen machte es unmöglich, ein vollständiges Verzeichnis aufzustellen. Die Verfasser führen jedoch am Ende jedes Kapitels die benutzten Literaturstellen an, z. T. unter Angabe des Titels der Arbeit.

Wir möchten noch erwähnen, daß die Nennung von Herstellerfirmen einzelner Apparate in den Fußnoten nicht beansprucht, eine Aufzählung aller einschlägigen Firmen zu geben. Die Bezugsquellen wurden vielmehr nur auf Grund eigener Erfahrungen angeführt, um einen ersten Hinweis zu bieten.

Beim Lesen der Korrekturen und Aufstellen des Sachverzeichnisses unterstützten uns und unsere Mitarbeiter in dankenswerter Weise die Herren Dr. WEDLER (Hannover) und Dr. EICHHOFF (Berlin).

Berlin und Hannover, im April 1958

H. Simon · R. Suhrmann

Inhaltsverzeichnis

I. Einleitung
Von R. Suhrmann, Hannover

II. Gesetzmäßigkeiten des äußeren lichtelektrischen Effektes
Von R. Suhrmann, Hannover

III. Innere lichtelektrische Effekte
Von K. W. Böer, Berlin

IV. Herstellung von Photozellen mit äußerem Effekt
Von H. Simon, Berlin

V. Konstruktion und Herstellung von Photowiderständen und Photoelementen (Halbleiterzellen)

Von H. Simon, Berlin

VI. Sekundärelektronen-Verstärkung

Von F. Eckart, Berlin

Inhaltsverzeichnis IX

VII. Methoden und Apparate bei lichtelektrischen Messungen

Von W. Leo, Braunschweig, und R. Suhrmann, Hannover

VIII. Anwendungen der Photozelle in der Photometrie
Von W. Leo, Braunschweig, und R. Suhrmann, Hannover

IX. Anwendung der Photozelle im elektronenoptischen Bildwandler und Röntgenbildverstärker
Von F. ECKART, Berlin

X. Die Photozelle in der Fernsehtechnik
Von F. ECKART, Berlin

XI. Besondere Anwendungsgebiete des Sekundärelektronen-Vervielfachers in Verbindung mit dem Photoeffekt

Von F. ECKART, Berlin

XII. Besondere Anwendungsgebiete der Photozelle

Von W. LEO, Braunschweig, und H. SIMON, Berlin

Berichtigung

S. 312, Zeile 10 von unten **lies** Ziff. 94 statt Ziff. 95
S. 313, Zeile 1 von unten **lies** Ziff. 96 statt Ziff. 97
S. 360, Zeile 8 von oben **lies** $1{,}6 \cdot 10^{-19}$ Asec statt $16 \cdot 10^{-19}$ Asec.

I. Einleitung

Von **R. Suhrmann**, Hannover

1. Definition des äußeren lichtelektrischen Effektes

Bestrahlt man eine negativ geladene Metallplatte (Abb. I.1), die mit einem Elektroskop in Verbindung steht, mit dem Licht einer Kohlenbogenlampe, so fallen die Elektroskopplättchen zusammen, d. h. die Metallplatte verliert durch die Lichtbestrahlung ihre *negative* Ladung. Eine *positive* Aufladung dagegen gibt die Metallplatte bei Bestrahlung nicht ab.

Dieser von HALLWACHS im Jahre 1887 zuerst durchgeführte lichtelektrische Grundversuch bleibt unverändert, wenn sich die Metallplatte im Vakuum befindet und ihr gegenüber ein mit Erde verbundenes Drahtnetz angebracht ist. Auch dann verliert die Platte bei Bestrahlung ihre negative Ladung; sie gibt, wie wir auf Grund der Untersuchungen LENARDS wissen, Elektronen ab, die an das Netz hinübergehen und dort zur Erde abgeleitet werden. Die ersten *Vakuumzellen* wurden 1890

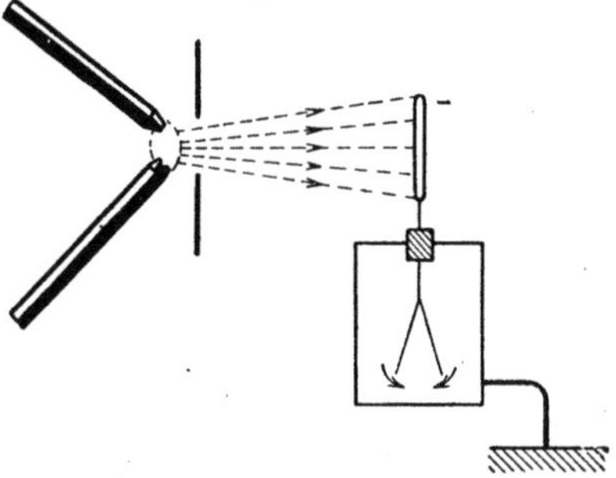

Abb. I.1. Grundversuch zum äußeren lichtelektrischen Effekt

von ELSTER und GEITEL hergestellt, die mit ihnen den lichtelektrischen Effekt von Alkalimetallen studierten. Die Vakuumzelle ist zweckmäßig mit einem Quarzfenster für den Lichteintritt versehen, um auch die besonders wirksamen ultravioletten Strahlen bis zur Metallkathode gelangen zu lassen. Das Glas der Zellenwandung würde diese Strahlen absorbieren.

Man kann nun auch, wie in Abb. I.2 angedeutet, das der Kathode gegenüberstehende Netz mit dem positiven Pol einer *Anodenbatterie* verbinden und das Elektroskop und damit die Platte durch Berührung mit Erde zunächst entladen. Dann wird sich das Elektroskop, sobald man die Erdung aufhebt, positiv aufladen, weil die durch die Lichtbestrahlung an der Kathode ausgelösten Elektronen durch die Feldwirkung zwischen ihr und dem Drahtnetz von letzterem aufgefangen und über die Batterie zur Erde abgeleitet werden. Das Netz bildet die Anode der Photozelle.

Schließlich erhält man einen Photostrom auch dann, wenn man die Zuführungen der in der Vakuumzelle befindlichen Kathode und des ihr gegenüber angebrachten Drahtnetzes direkt, ohne Zwischenschaltung einer Anodenbatterie, mit einem hochempfindlichen Galvanometer verbindet und die Metallplatte durch das Quarzfenster hindurch mit der z. B. von einer Quarz-Quecksilberlampe ausgehenden Strahlung kräftig belichtet. Die *Photozelle* liefert also bei Belichtung eine EMK.

Die durch Lichtbestrahlung an einer Metalloberfläche hervorgerufene Elektronenauslösung bezeichnet man als *äußeren* lichtelektrischen

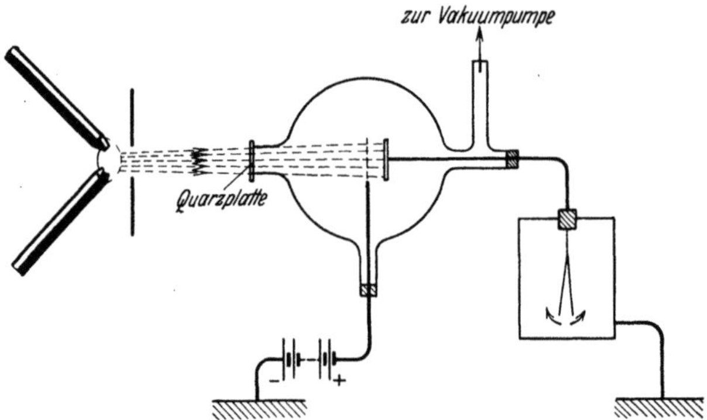

Abb. I.2. Elektronenauslösung durch Bestrahlung einer Metallplatte in der lichtelektrischen Zelle

Effekt. Er bildet die Grunderscheinung für die Wirkung der Photozelle. Da er im Vakuum am wenigsten durch Nebenerscheinungen beeinflußt wird, beziehen sich die Ausführungen über den äußeren lichtelektrischen Effekt, wenn nichts anderes vermerkt ist, stets auf die im Vakuum zu beobachtenden Verhältnisse.

2. Definition des inneren lichtelektrischen Effektes

Neben dem äußeren lichtelektrischen Effekt hat auch der innere lichtelektrische Effekt für die Konstruktion von *Photowiderständen* praktische Bedeutung. Diese Erscheinung wird ebenfalls am besten an Hand eines Grundversuches erklärt.

Zwischen zwei mittels eines Bernsteinstückes gehaltenen Elektrodenplatten (Abb. I. 3) ist ein dünner Zinksulfid-Kristall eingeklemmt. Die eine Platte wird geerdet, die andere, welche mit einem Elektroskop in Verbindung steht, positiv oder negativ aufgeladen. Sobald man das Licht einer Bogenlampe auf den Zinksulfid-Kristall auffallen läßt, entlädt sich die aufgeladene Platte.

Auch diesen Versuch kann man, wie in Abb. I. 4 angedeutet, in der Weise wiederholen, daß man die freie Platte mit dem negativen oder positiven Pol einer Anodenbatterie verbindet und die mit dem Elektroskop verbundene Platte zunächst erdet. Sobald man jetzt bei bestrahltem Kristall die Erdung aufhebt, lädt sich das Elektroskop, je nach der Polung der Batterie, negativ oder positiv auf.

Zur Erklärung der beobachteten Erscheinung müssen wir annehmen, daß in dem Zinksulfid-Kristall durch die Bestrahlung Elektronen frei werden, die sich, je nach der Richtung des elektrischen Feldes zwischen den Elektroden, nach der mit dem Elektroskop verbundenen Platte zu oder von ihr weg bewegen und dadurch eine negative oder positive Aufladung des Instrumentes hervorrufen.

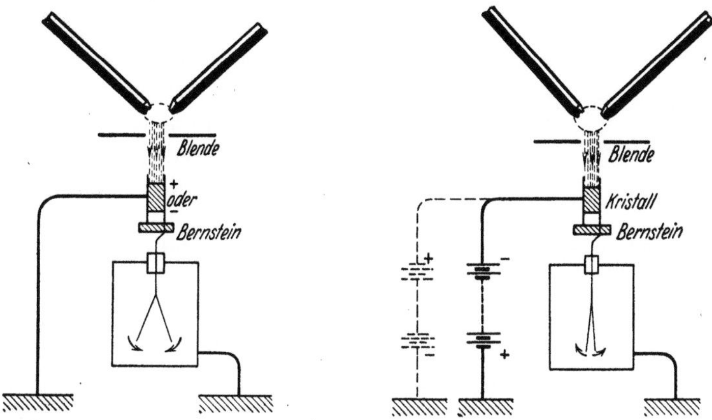

Abb. I. 3. Grundversuch zum inneren lichtelektrischen Effekt   Abb. I. 4. Lichtelektrische Leitung

Der innere lichtelektrische Effekt wurde 1873 von WILLOUGHBY SMITH [*191*] an Selen entdeckt und hat eine weitgehende experimentelle Klärung besonders durch die Untersuchungen von GUDDEN und POHL erfahren.

3. Definition des Sperrschichtphotoeffektes und des Becquereleffektes

Während beim inneren Photoeffekt für den Nachweis der durch Belichtung frei gewordenen Elektronen eine äußere Spannungsquelle erforderlich ist, beobachtet man beim Sperrschichtphotoeffekt wie beim äußeren Photoeffekt eine *Photo-EMK*.

Das Auftreten von Photospannungen wurde an Selen bereits 1876 von ADAMS und DAY entdeckt [*1*] und von FRITTS [*65*] zur Herstellung von *Photoelementen* benutzt; die Erscheinung geriet aber wieder in Vergessenheit. Erst 1926 wurde sie von GRONDAHL [*81*] an Kupferoxydul von neuem festgestellt und zur Konstruktion eines Photoelementes verwendet. Die Oberfläche einer Kupferplatte war mit einem Überzug von aufgewachsenem Kupferoxydul (Cu_2O) versehen, gegen welchen ein Draht in Spiralform mittels einer Glasplatte angedrückt wurde (Abb. I. 5). Der Draht bildete die eine, die Kupferplatte die andere Elektrode.

Die Einführung von Photoelementen als technische Geräte wurde besonders gefördert durch B. LANGE [*119*] und SCHOTTKY [*187*] unter

Verwendung von Kupferoxydul und durch BERGMANN [*13*] unter Benutzung von Selen. Beim Belichten eines Photoelementes, das unmittelbar an ein Galvanometer angeschlossen ist, entsteht ein Strom von der Größenordnung der in den empfindlichsten Photozellen erhaltenen Ströme.

Die Photo-EMK tritt an der Grenze zwischen einem Halbleiter (z. B. Cu_2O oder Selen) und einem Leiter auf, wenn diese Grenze eine „*Sperrschicht*" darstellt, d. h. wenn die vom Halbleiter zum Leiter übergehenden Elektronen einen Widerstand überwinden müssen. Solche Sperrschichten sind seit langem bekannt. Während sie den Elektronenstrom in der einen Richtung sperren ($Cu_2O \rightarrow Cu$), lassen sie ihn in der entgegengesetzten hindurch ($Cu \rightarrow Cu_2O$). Sie dienen daher in den *Trockengleichrichtern* zum Gleichrichten von Wechselstrom.

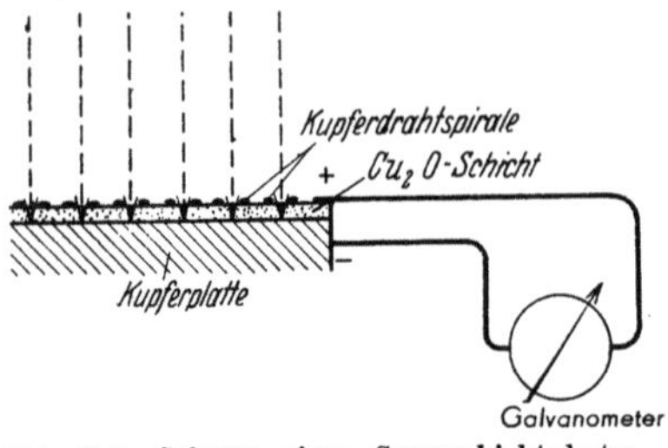

Abb. I. 5. Schema eines Sperrschichtphotoelementes (Hinterwandzelle)

Bei dem in Abb. I. 5 wiedergegebenen Photoelement entsteht die EMK an der Grenze zwischen aufgewachsenem Kupferoxydul und Kupfer. Eine solche Zelle nennt man *Hinterwandzelle*. Ihre Halbleiterschicht muß möglichst dünn sein, damit sie möglichst wenig Licht absorbiert. Die vordere Elektrode kann auch durch Aufdampfen einer dünnen durchsichtigen Metallschicht hergestellt sein.

Man kann nun ein Photoelement, wie in Abb. I. 6 angegeben, auch in der Weise anfertigen, daß man auf eine relativ dicke Halbleiterschicht (Cu_2O in Abb. I. 6) eine durchsichtige Metallhaut von genügend geringem Widerstand aufdampft. Der Kontakt mit der als vordere Elektrode dienenden Metallhaut wird z. B. durch einen angedrückten Metallring vermittelt. Bei einem solchen Photoelement gelangt das auffallende Licht gar nicht mehr bis zur unteren Sperrschicht, sondern dringt nur bis zu einer gewissen Tiefe in den Halbleiter ein. Die in ihm in der Nähe der vorderen Sperrschicht durch Bestrahlung frei gemachten Elektronen rufen einen Strom hervor, der die entgegengesetzte Richtung hat wie der an der hinteren Sperrschicht ausgelöste. Man nennt ein Photoelement mit vorderer Sperrschicht *Vorderwandzelle*.

Beim Sperrschichtphotoeffekt handelt es sich um eine innere lichtelektrische Erregung in einem Halbleiter. Er hat in zahlreichen Geräten, insbesondere im photographischen *Belichtungsmesser*, eine wichtige Anwendung in der Technik gefunden.

Zu den Erscheinungen auf dem Gebiet des Sperrschichtphotoeffektes dürfte in gewissen Fällen auch der *Becquereleffekt* zu rechnen sein, wenigstens insoweit er zur Konstruktion einer besonderen Art von Photozellen, der „Photolytic Cell", angewendet worden ist.

Der bereits 1839 von BECQUEREL [*11*] entdeckte Effekt besteht darin, daß bei Belichtung einer von zwei in einen Elektrolyten tauchenden Elektroden eine Potentialdifferenz zwischen den Elektroden auftritt. In manchen bisherigen Untersuchungen dürfte die Erscheinung einen lichtelektrischen Ursprung gehabt haben, der aber durch *Nebeneffekte* verschleiert wurde, die leicht als die wesentliche Ursache angesehen werden konnten. So kann eine auf lichtelektrischem Wege entstehende Potentialdifferenz zwischen den beiden Elektroden eine Ionenwanderung und -abscheidung und damit eine Polarisation hervorrufen, welche die Wirkung der Belichtung rückgängig zu machen bestrebt ist. Ferner

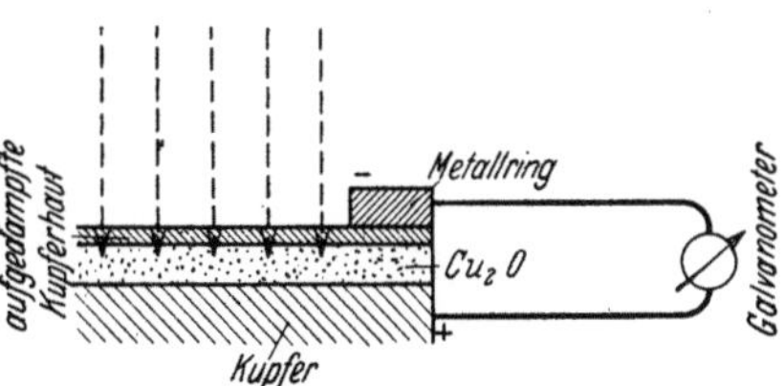

Abb. I. 6. Schema eines Sperrschichtphotoelementes (Vorderwandzelle)

können die Abscheidungsprodukte selbst *photochemisch* beeinflußt werden. Man wird dann chemische Änderungen bei Belichtung feststellen und geneigt sein, diese als die Ursache des auftretenden elektrischen Effektes anzusehen[1]. Man sollte deshalb bei der Untersuchung des Becquereleffektes nur mit sehr geringen Lichtintensitäten arbeiten und die *Einsatzwerte* der Änderungsgeschwindigkeit des Potentials messen, bei denen die Polarisation der Elektroden noch zu vernachlässigen ist. Auch durch *große* belichtete Elektrodenflächen, also durch geringe Beleuchtungsstärke, sollten die Polarisationserscheinungen klein gehalten werden.

Zusammenfassende Darstellungen [Z]

1. POHL, R., u. P. PRINGSHEIM: Die lichtelektrischen Erscheinungen. Braunschweig 1914.
2. HALLWACHS, W.: Die Lichtelektrizität, Handbuch der Radiologie, Bd. III b. Leipzig 1916. (Zusammenstellung der älteren Arbeiten bis 1913.)
2 a. RIES, CH.: Das Selen. München 1918.
3. GUDDEN, B.: Lichtelektrische Erscheinungen. Berlin 1928. (Zusammenstellung der Literatur bis 1927.)
4. LENARD, P., u. A. BECKER: Lichtelektrische Wirkung, im Handbuch der Experimentalphysik Bd. 23, 2. Teil, S. 1042—1514. Leipzig 1928.
5. GUDDEN, B.: Lichtelektrische Erscheinungen, im Handbuch der Physik Bd. 13 S. 103—153. Berlin 1928.
6. CAMPBELL, N. R., u. D. RITCHIE: Photoelectric Cells. London 1929.
7. ZWORYKIN, V. K., u. E. D. WILSON: Photocells and their Applications. New York 1930.
8. BARNARD, G. R.: The Selenium Cell, its Properties and Applications. London 1930.
9. ANDERSON, J. S.: Photoelectric Cells and their Applications. London 1930.
10. SIMON, H., u. R. SUHRMANN: Lichtelektrische Zellen und ihre Anwendung. Berlin 1932.

---

[1] Betr. weiterer Nebenerscheinungen vgl. WINTER, Chr. [*247*].

11. FLEISCHER, R., u. H. TEICHMANN: Die lichtelektrische Zelle und ihre Herstellung. Dresden u. Leipzig 1932.
12. HUGHES, A. L., u. L. A. DuBRIDGE: Photoelectric Phenomena. New York u. London 1932.
13. KLEMPERER, O.: Einführung in die Elektronik, S. 113—141. Berlin 1933.
14. GEFFCKEN, H., u. H. RICHTER: Die lichtempfindliche Zelle als technisches Steuerorgan. Berlin 1933.
15. LINFORD, L. B.: Recent Developments in the Study of the External Photoelectric Effect. Rev. mod. Physics 5, 34—61 (1933).
16. SUHRMANN, R., in MÜLLER-POUILLET: Lehrbuch der Physik, Bd. IV, 4. Teil, Abschnitt „Elektronenemission metallischer Leiter". Braunschweig 1934.
17. SUHRMANN, R.: Über den äußeren Photoeffekt an adsorbierten Schichten. Ergebn. exakt. Naturwiss. 13, 148—222. Berlin 1934.
18. GUDDEN, B.: Elektrische Leitfähigkeit elektronischer Halbleiter. Ergebn. exakt. Naturwiss. 13, 223—256 (1934).
19. BOER, J. H. DE: Electron Emission and Adsorption Phenomena. Cambridge 1935.
20. BECKER, J. A.: Thermionic Electron Emission and Adsorption. Rev. mod. Physics 7, 95—128 (1935).
21. SUHRMANN, R.: Äußere lichtelektrische Wirkung. Physik i. regelm. Ber. 3, 133—148 (1935).
22. SEWIG, R.: Objektive Photometrie. Berlin 1935.
23. DuBRIDGE, L. A.: New Theories of the Photoelectric Effect. Paris 1935.
24. FRÖHLICH, H.: Elektronentheorie der Metalle, Berlin 1936, S. 119—137.
25. LANGE, B.: Die Photoelemente und ihre Anwendung. Leipzig 1936.
26. GEFFCKEN, H., u. H. RICHTER: Die Photozelle in der Technik, 2. Aufl. Berlin 1936.
27. BOER, J. H. DE: Elektronenemission und Adsorptionserscheinungen. Leipzig 1937.
28. THIRRING, H., u. O. P. FUCHS: Photowiderstände. Leipzig 1939.
29. SEITZ, F.: Modern Theory of Solids. New York 1940.
30. SOMMER, A.: Photoelectric Cells. London 1946.
31. TORREY, H. C., u. C. A. WHITMER: Crystal Rectifiers. New York 1948.
32. MOTT, N. F., u. R. W. GURNEY: Electronic Processes in Ionic Crystals. Oxford 1948.
33. HENISCH, H. K.: Metal Rectifiers. Oxford 1949.
34. GARLICK, G. F. J.: Luminescent Materials. Oxford 1949.
35. ZWORYKIN, V. K., u. E. G. RAMBERG: Photoelectricity and its Application. New York u. London 1949.
36. HERRING, C., u. M. H. NICHOLS: Thermionic Emission. Rev. mod. Physics 21, 185—270 (1949).
37. WRIGHT, D. A.: Semiconductors. London 1950.
38. SHOCKLEY, W.: Electrons and Holes. New York 1950.
39. GÖRLICH, P.: Die Photozellen. Leipzig 1951.
39 a. GÖRLICH, P.: Die lichtelektrischen Zellen, ihre Herstellung und Eigenschaften. Leipzig 1951.
40. MOTT, N. F., R. DICHBURN u. H. K. HENISCH: Semiconducting Materials. London 1951.
41. MOSS, T. S.: Photoconductivity in the Elements. London 1952.
42. Photoconductivity Conference at Atlantic City, New York, London 1956.
43. WEISSLER, G. L.: Photoionization in Gases and Photoelectric Emission from Solids, S. 304—382, im Handb. d. Physik (S. FLÜGGE) Bd. XXI. Berlin/Göttingen/Heidelberg 1956.

II. Gesetzmäßigkeiten
des äußeren lichtelektrischen Effektes

Von **R. Suhrmann**, Hannover

4. Abhängigkeit des lichtelektrischen Stromes von der Lichtintensität; spektrale Empfindlichkeitskurve; langwellige Grenze

Der in einer lichtelektrischen Zelle wie in Abb. I. 2 ausgelöste Elektronenstrom besitzt keinerlei *Trägheit*, selbst Lichtblitzen von $3 \cdot 10^{-9}$ sec vermag er momentan zu folgen [*123*].

Er ist ferner bei Bestrahlung mit einfarbigem Licht *proportional* dem auffallenden Strahlungsfluß L. Wir können ihn deshalb als relatives Maß des Strahlungsflusses einfarbigen Lichtes verwenden (vgl. Ziff. 75). Ist bekannt, wieviel Elektronen pro *Energieeinheit* des auffallenden Lichtes bei Bestrahlung mit einer bestimmten Lichtwellenlänge λ oder -frequenz v in der Zelle frei werden, so vermögen wir den Fluß irgendeines Lichtstrahls derselben Wellenlänge im absoluten Maße anzugeben. Löst z. B. bei der Wellenlänge λ ein auffallender Lichtstrom von L cal/sec einen Photostrom von i Coul/sec aus, so erhält man von einer cal pro sec eine Elektronenmenge von i/L Coul; die *Empfindlichkeit der Zelle* für die Wellenlänge λ beträgt dann i/L Coul/cal. Ergeben sich nun in einem anderen Falle i' Coul/sec bei Bestrahlung mit der gleichen Wellenlänge, so beträgt die auf die Zelle pro sec auffallende Lichtenergie $i' \cdot L/i$ cal/sec. Dabei ist natürlich vorausgesetzt, daß alles in die Photozelle einfallende Licht auf die Kathode auftrifft.

In neuerer Zeit wird manchmal der in die Zelle einfallende Lichtstrom nicht in cal/sec, sondern in Watt angegeben. Lösen L Watt einen Photostrom von i Ampere aus, so ist die Empfindlichkeit der Photokathode i/L A/W. Die Umrechnung von Coul/cal in A/W erfolgt durch die Beziehung:

$$1 \, \frac{\text{Coul}}{\text{cal}} = \frac{1}{4{,}185} \, \frac{\text{A}}{\text{W}} \, .　\tag{1}$$

Ist bei der Bestimmung der Größe L die Durchlässigkeit des Zellenfensters berücksichtigt worden[1], so gibt die Ladungsmenge pro cal oder der Elektronenstrom pro Watt die Empfindlichkeit der Zellenkathode für *auffallendes* Licht der Wellenlänge λ an. Bei bekanntem Reflexionsvermögen der Photokathode kann sie auf *einfallendes* Licht umgerechnet werden. i/L ist bei einem bestimmten Wert von λ für reine Oberflächen verschiedener Metalle sehr verschieden und bei ein und demselben Metall eine Funktion der Wellenlänge bzw. Frequenz. Bei reinen Metalloberflächen steigt die Empfindlichkeit mit abnehmender Wellenlänge (zunehmender Frequenz) im allgemeinen monoton an, wie aus Abb. II. 1

---

[1] Im folgenden wird dies, falls nichts anderes vermerkt ist, stets angenommen.

zu ersehen ist. Man sagt dann, die betreffende Oberfläche besitzt eine *normale* Empfindlichkeitskurve. In gewissen, weiter unten noch näher zu besprechenden Fällen jedoch weist die Empfindlichkeitskurve ein oder mehrere spektrale *selektive* Maxima auf (Abb. II. 2), d.h., in einem engbegrenzten Wellenbereich erhält man pro cal auffallenden Lichtes eine besonders große Elektronenmenge.

Die Stelle λ_0 bzw. v_0, an welcher die Empfindlichkeitskurve in die Abszissenachse einmündet, bezeichnet man als *langwellige* (oder *rote*)

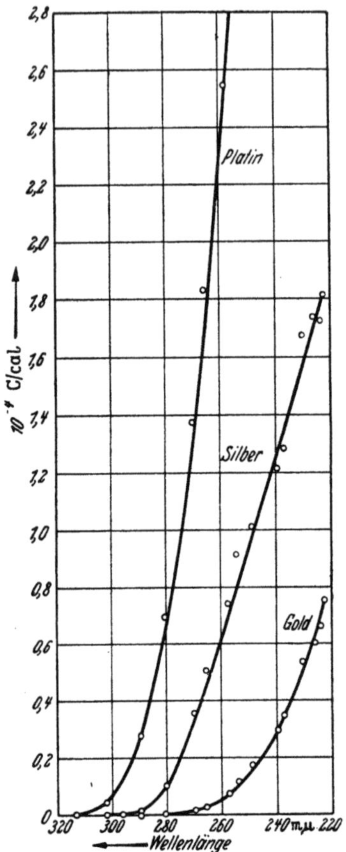

Abb. II. 1. „Normale" lichtelektrische Empfindlichkeitskurven bezogen auf einfallendes Licht. (Nach [196])

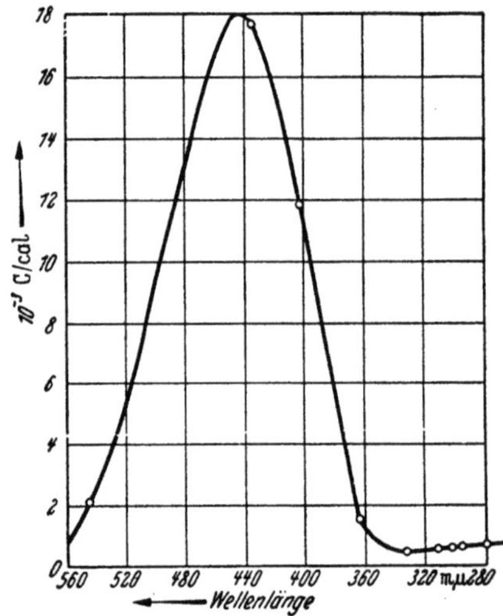

Abb. II. 2. „Selektive" Empfindlichkeitskurve von hydriertem Kalium. (Nach [202])

Grenze. Licht, dessen Wellenlänge größer als λ_0 ist, vermag keine Elektronen mehr auszulösen. Je größer λ_0, desto geeigneter ist die betreffende Metalloberfläche zur Herstellung von Photozellen; denn die Intensität der üblichen Lichtquellen ist zumeist im Ultrarot am höchsten und nimmt nach kurzen Wellen hin stark ab.

5. Auffallende, einfallende und absorbierte Lichtenergie, Austrittstiefe der Elektronen

Die Werte i/L, als Funktion der Wellenlänge oder Lichtfrequenz aufgetragen, ergeben zwar die Empfindlichkeitskurve der betreffenden

Photozelle, aber nicht die „wahre" Empfindlichkeitskurve der darin enthaltenen Kathodenoberfläche. Tatsächlich wird nämlich nur ein Teil des auf letztere fallenden Lichtes absorbiert und teilweise in Elektronenenergie übergeführt. Ein beträchtlicher von der Wellenlänge abhängiger Anteil wird reflektiert und kommt somit für die Auslösung von Elektronen nicht mehr in Betracht. Wollen wir die *wahre* Empfindlichkeitskurve der Kathodenoberfläche bestimmen, so müssen wir den bei jeder Wellenlänge absorbierten Bruchteil des auffallenden Lichtes kennen und nur diesen bei der Ermittlung von i/L in Rechnung stellen. Beträgt z. B. das Reflexionsvermögen[1] einer als Kathode dienenden Metallplatte $r\%$ für die Wellenlänge λ, so dringt nur der Bruchteil $1 - \dfrac{r}{100}$ des *auffallenden* Lichtes in das Metall ein (*einfallendes* Licht), und $L \cdot \left(1 - \dfrac{r}{100}\right) \dfrac{\text{cal}}{\text{sec}}$ werden absorbiert. Die wahre Empfindlichkeit beträgt daher $\dfrac{i}{L\left(1 - \dfrac{r}{100}\right)} \dfrac{\text{Coul}}{\text{cal}}$.

Bei solchen zu untersuchenden Kathodenoberflächen, die infolge ihrer physikalisch-chemischen Beschaffenheit besonders viele Elektronen emittieren, ist aber das Reflexionsvermögen zumeist nicht bekannt. Man hilft sich dann am besten in der Weise, daß man die Kathode der Zelle als *schwarzen Körper* ausbildet, z. B. in Form einer Kugel mit relativ kleiner Öffnung für den Lichteintritt, welche alles in die Zelle gelangende Licht nach vielfacher Reflexion schließlich absorbiert.

Auch von dem *absorbierten* Licht wird nur ein geringer, von der Wellenlänge abhängiger Prozentsatz in Elektronenenergie übergeführt. Der Hauptanteil setzt sich in *Wärmeenergie* um, geht also für die Elektronenauslösung verloren. Will man die Elektronenausbeute des photoelektrisch *wirksamen* Lichtes ermitteln, so muß man die *Austrittstiefe d* der Photoelektronen kennen, d. h. die Schichtdicke, aus der lichtelektrisch angeregte Elektronen noch bis zur Oberfläche gelangen können. Nach Versuchen von STUHLMANN [*228*], K. T. COMPTON und ROSS [*39*] an Pt und Ag sowie von DEMBER und GOLDSCHMIDT [*74*] an Pt liegt d in der Größenordnung von nur 10 bis 50 Å. Da der Gitterabstand von Pt 3,92, von Ag 4,08 Å beträgt, werden Photoelektronen aus einer Schichtdicke von wenigen Atomdurchmessern emittiert[2].

Die *Eindringtiefe x* des Lichtes hingegen ist wesentlich größer. Sie wird für die Wellenlänge λ nach der Beziehung

$$L/L_0 = e^{-\frac{4\pi k \cdot x}{\lambda}} \tag{2}$$

---

[1] LANDOLT-BÖRNSTEIN: Erster Ergänzungsband S. 463 bis 480.

[2] Vgl. auch die optischen und lichtelektrischen Untersuchungen an dünnen Metallschichten von R. SCHULZE [*187a*].

berechnet, in welcher k der *Absorptionskoeffizient* des Metalls ist, L_0 der einfallende (auffallende minus reflektierte) Lichtstrom, L der Lichtstrom in der Tiefe x. Die Schichtdicke x_e, in der die Lichtintensität auf den e-ten Teil geschwächt ist, beträgt z. B. bei $\lambda = 275\ \text{m}\mu$ für Ag 171 Å, für Pt 112 Å, für K 3650 Å; bei $\lambda = 550\ \text{m}\mu$ hingegen ist für K $x_e = 300$ Å. In der Schichtdicke d (der Austrittstiefe der Elektronen) wird also nur ein von k abhängiger kleiner Bruchteil $A = 1 - L/L_0$ des einfallenden Lichtes absorbiert. Er beträgt bei $\lambda = 275\ \text{m}\mu$ für Ag 5,7%, Pt 8,6% und für K nur 0,3%; bei $\lambda = 550\ \text{m}\mu$ dagegen für K 3,3%, wenn man für d den Wert 10^{-7} cm annimmt und für k den Absorptionskoeffizienten des kompakten Metalls einsetzt. Nur dieser geringe Bruchteil des einfallenden Lichtes kommt also bei einer Austrittstiefe der Elektronen von 10 Å für die Auslösung von Photoelektronen in Betracht.

Eine wesentliche Aufgabe bei der Herstellung von Photozellen besteht darin, die *physikalisch-chemische Beschaffenheit der Kathodenoberfläche* so zu gestalten, daß der in Elektronenenergie umgewandelte Anteil des absorbierten Lichtes möglichst groß wird. In zweiter Linie muß man dafür sorgen, daß der absorbierte Anteil des auf die Kathode treffenden Lichtes genügend groß ist. Dies wird durch geeignete Kathoden- und evtl. Anodenkonstruktion erreicht, indem man, wie bereits erwähnt, der Kathode Kugelform gibt (Abb. II. 3) oder sie aufrauht, um ihr Reflexionsvermögen herabzusetzen. Auch eine kugelförmige, gut spiegelnde Anode, in deren Zentrum sich die Kathode befindet, kann die Menge des von der Kathode absorbierten Lichtes erhöhen. Besteht die Kathode aus einer dünnen durchsichtigen leitenden Schicht, so kann man nach H. MAYER mehrere Schichten hintereinander anordnen [*140*] und dadurch den wirksamen und in Elektronenenergie umsetzbaren Anteil des von der Kathode absorbierten Lichtes erhöhen.

6. Strom-Spannungskurve und Energieverteilung der austretenden Elektronen

Die in Abb. II. 3 und II. 4 abgebildeten Zellen stellen zwei Haupttypen in bezug auf die *Elektrodenanordnung* dar. Beide unterscheiden sich wesentlich in ihrer bei konstanter Belichtung aufgenommenen *Strom-Spannungskurve* oder *Kennlinie*. Im ersten Fall wird Sättigung erst bei verhältnismäßig hohen Potentialen erreicht (Abb. II. 5), da die Elektronen nur durch starke Felder an die relativ kleine Anode herübergezogen werden[1]; im zweiten Fall erhält man im allgemeinen bereits bei Null Volt vollständige *Sättigung* (Abb. II. 6), falls die Elektroden physikalisch-chemisch gleich beschaffen sind und die Anode nicht bestrahlt wird.

---

[1] IVES, H. E., u. TH. C. FRY [Astrophys. J. **56**, 1 (1922)] haben die bei dieser Elektrodenanordnung gültige Formel für die Charakteristik aufgestellt.

Unterhalb von Null Volt nimmt der Elektronenstrom nicht plötzlich bis auf Null ab, sondern vermindert sich allmählich, bis die Strom-Spannungskurve schließlich bei einem negativen maximalen Potential in die Abszisse einmündet[1].

Die an der Kathode ausgelösten Elektronen vermögen also auch gegen ein negatives Anodenpotential anzulaufen; sie besitzen, nachdem sie die Metalloberfläche verlassen haben, eine *Eigenenergie*. Eine auf dem äußeren Effekt beruhende Photozelle ergibt daher bei Belichtung auch

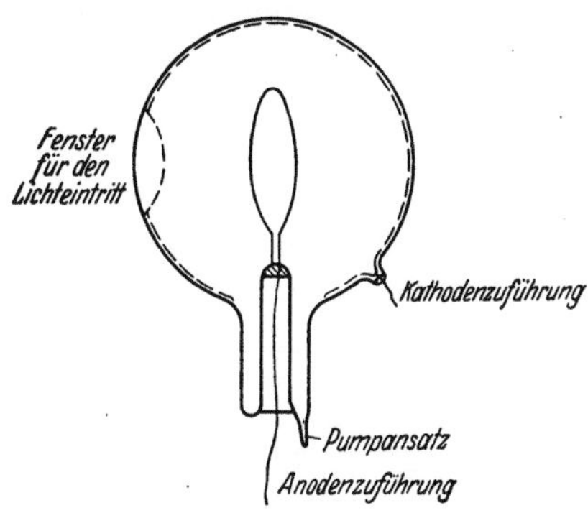

Abb. II. 3. Photozelle mit zentraler Anode

ohne äußere Spannung einen Photostrom, d. h., sie liefert eine Photo-EMK. Die größte vorhandene Eigenenergie, ausgedrückt in e-Volt, ist der Abszissenwert der Stelle, an welcher die Strom-Spannungscharakteristik die Abszisse erreicht. Auf dieses *Maximalpotential* U_m in der Größe von 1 bis 2 V lädt sich die Kathode bei Belichtung auf, wenn man die Anode mit Erde verbindet und die

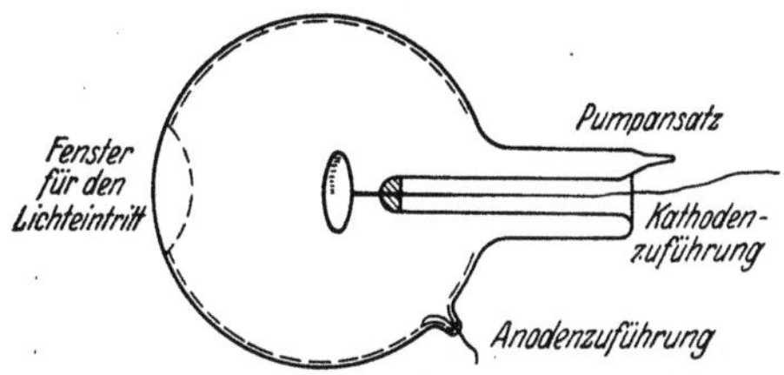

Abb. II. 4. Photozelle mit zentraler Kathode

Kathode ausreichend isoliert ist. Nur wenige Elektronen besitzen die Maximalenergie.

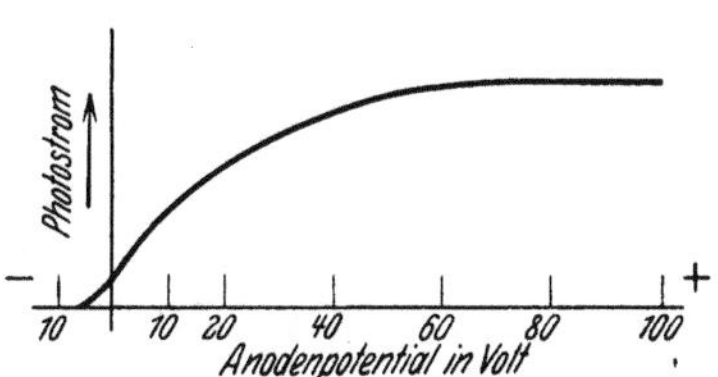

Abb. II. 5. Strom-Spannungskurve einer Zelle mit zentraler Anode

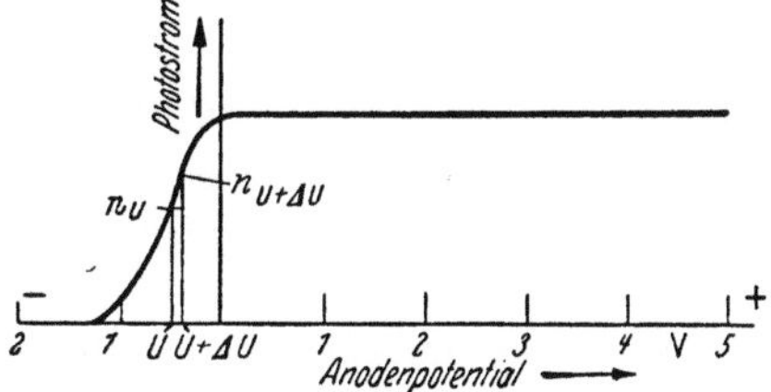

Abb. II. 6. Strom-Spannungskurve einer Zelle mit zentraler Kathode

Die zu U gehörige Ordinate n_U in Abb. II. 6 gibt die Menge der Elektronen in Coul/cal, welche gegen das Anodenpotential U anlaufen

---

[1] Strenggenommen mündet die Strom-Spannungskurve nur dann bei einem *bestimmten* Maximalpotential in die Abszisse ein, wenn $T = 0$ ist. Der Einfluß der Temperatur auf die Strom-Spannungskurve wird in Ziff. 11 behandelt.

können, deren Energie also U eV und mehr beträgt. Suchen wir die zu $U + \Delta U$ V gehörige Ordinate $n_{U+\Delta U}$ auf, so erhalten wir alle Elektronen, deren Energie U eV beträgt, vermehrt um diejenigen, die noch gegen $U + \Delta U$ V anlaufen können. Die Differenz der Ordinaten $n_{U+\Delta U} - n_U$ ergibt also die Elektronen, deren Energie zwischen U und $U + \Delta U$ eV liegt. Wir finden somit die zu einer bestimmten Energie gehörende Elektronenmenge, indem wir in der *Anlaufkurve* der Strom-Spannungscharakteristik einer Zelle mit zentraler, von der Anode rings umgebener Kathode schrittweise um ΔU vorgehen und jedesmal die

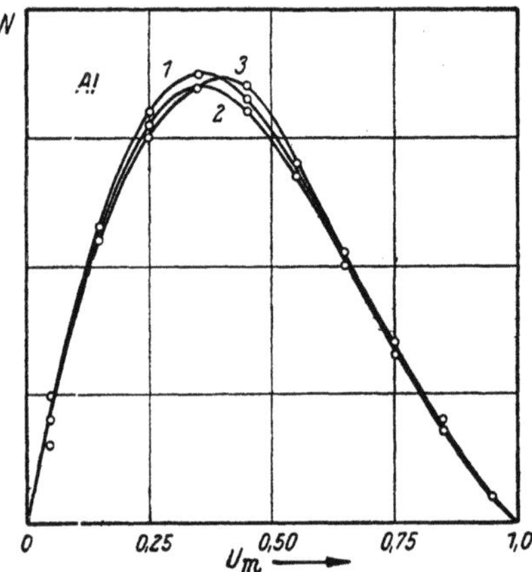

Abb. II.7. Nach der Gegenfeldmethode bei zentraler Kathodenanordnung gemessene Elektronenenergie-Verteilungskurven bei Bestrahlung von Aluminium mit einfarbigem Licht verschiedener Wellenlänge. Kurve *1* mit 230 mμ, Kurve *2* mit 254 mμ, Kurve *3* mit 313 mμ; Abszisse: Bruchteil der Höchstenergie $U_m \cdot e_0$; Ordinate: Anzahl der Elektronen. (Nach Lukirsky u. Priležaev[*130*])

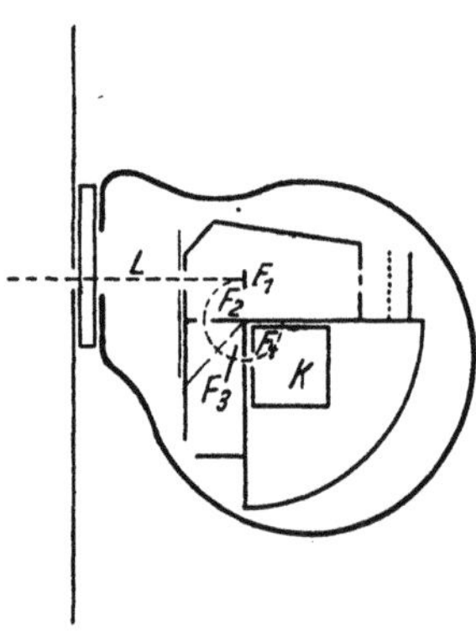

Abb. II.8. Schematischer Querschnitt durch die Anordnung von C. Ramsauer [*163*] zur direkten Ermittlung der Elektronenenergieverteilung nach der Magnetfeldmethode

Zunahme des Elektronenstroms berechnen, die gleich der Differenz der um ΔU benachbarten n-Werte ist[1]. Diese Differenz als Ordinate und den zugehörigen Mittelwert von U und $U + \Delta U$ als Abszisse aufgetragen, ergibt die *Energieverteilungskurve* (Abb. II. 7) der von dem Licht einer bestimmten Wellenlänge λ ausgelösten Elektronen[2].

Will man die Energieverteilung der Elektronen direkt messen, so kann man die *Magnetfeldmethode* [*163*] [*109*] anwenden. Abb. II. 8 zeigt die Versuchsanordnung nach Ramsauer: Der Lichtstrahl L fällt durch ein für ultraviolette Strahlen durchlässiges Fenster auf die zu untersuchende Kathode F_1. Die senkrecht zu F_1 austretenden Elektronen

---

[1] Bezüglich der Anlaufkurve im Felde eines Plattenkondensators vgl. Ziff. 11 S. 35.

[2] Bezüglich der Form der Kurve und ihrer mathematischen Darstellung vgl. Ziff. 11, S. 36 ff.

werden durch ein *transversales* Magnetfeld, dessen Kraftlinien senkrecht zur Zeichenebene verlaufen, auf einer Kreisbahn durch die Spalte F_2, F_3, F_4 hindurch in den Faradaykäfig K abgelenkt, der mit einem Elektrometer in Verbindung steht. Da zwischen der Elektronengeschwindigkeit w, dem durch die Spalte festgelegten Bahnradius r und dem Magnetfeld $\mathfrak{H}$ die Beziehung

$$w = \frac{e_0}{m} \cdot r \cdot \mathfrak{H} \tag{3}$$

besteht, werden bei Veränderung von $\mathfrak{H}$ immer andere Elektronen mit einer anderen Geschwindigkeit in K eintreten, deren Menge gemessen wird.

Eine auf diese Weise erhaltene Energieverteilungskurve ist in Abb. II. 9 wiedergegeben. Die Form der Kurve ist ähnlich der nach

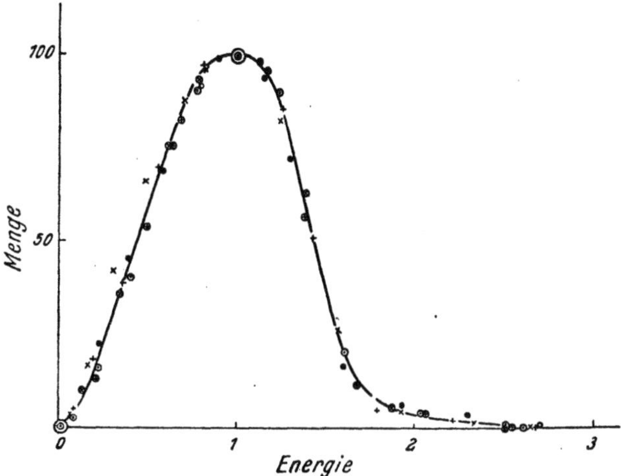

Abb. II. 9. Nach der Magnetfeldmethode an Zink gemessene Elektronenenergie-Verteilungskurve bei Bestrahlung mit verschiedenen Lichtfrequenzen (186 mμ bis 285 mμ). Die Maxima der für die verschiedenen Lichtfrequenzen erhaltenen Kurven sind zur Deckung gebracht. Der Abszissenmaßstab der einzelnen Kurven ist verschieden. (Nach RAMSAUER [163])

der Gegenfeldmethode erhaltenen (Abb. II. 7). Systematische Abweichungen, die durch die verschiedenartigen Meßmethoden bedingt sein können, treten hauptsächlich bei den großen Geschwindigkeiten auf.

R. KOLLATH [115] benutzte zur Bestimmung der Energieverteilung von Photoelektronen die Methode des *longitudinalen* Magnetfeldes, bei der die Elektronen mit Hilfe einer Helmholtzspule durch Zonenblenden hindurch auf Schraubenlinien bis zur Eintrittsöffnung in den Meßkäfig gelenkt werden. Die Methode ist infolge ihrer Zylindersymmetrie intensitätsreicher als die des transversalen Magnetfeldes, da bei ihr alle Elektronen einer Winkelzone erfaßt werden.

Bei allen Messungen der Elektronenenergieverteilung muß der Einfluß des *Erdfeldes* berücksichtigt und gegebenenfalls kompensiert oder abgeschirmt werden (vgl. z. B. [3]).

Bemerkenswert sind die in Abb. II. 10 dargestellten Energieverteilungskurven, die an verschieden dicken, durch Kathodenzerstäubung hergestellten Silberschichten gemessen wurden [130]. In diesem Fall ließen sich die Kurven nicht zur Deckung bringen. Das Verteilungsmaximum nähert sich vielmehr mit abnehmender Schichtdicke der maximalen Energie; die Elektronengeschwindigkeiten werden homogener. Hieraus ist zu schließen, daß die Elektronen aus verschiedener Tiefe stammen und daß die aus den obersten Schichten kommenden Elektronen geringere Geschwindigkeitsverluste erleiden als die in den darunterliegenden Schichten ausgelösten.

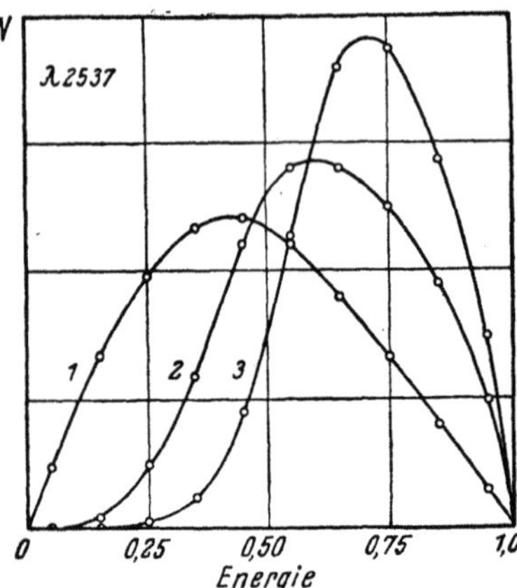

Abb. II. 10. Energieverteilungskurve von Photoelektronen bei zentraler Kathodenanordnung, die mit $\lambda = 253{,}7$ mμ an Silberschichten ausgelöst wurden, bezogen auf gleiche Elektronenmenge und Maximalenergie. **Kurve *1*:** Kompaktes Metall; **Kurve *2*:** Schichtdicke etwa 3 mal so groß wie bei **Kurve *3*; Kurve *3*:** Schichtdicke etwa 10^{-6} cm. (Nach LUKIRSKY u. PRILEŽAEV [*130*])

7. Einsteinsche Gleichung; Austrittsarbeit und Kontaktpotential; Quantenäquivalent und Quantenausbeute; Oberflächen- und Volumeffekt

Das Maximalpotential U_m, gegen welches die Elektronen bei Bestrahlung mit einfarbigem Licht anlaufen können, ist, wie LENARD 1902 beobachtete, vom Strahlungsfluß unabhängig und nimmt mit zunehmender Schwingungszahl v des auslösenden Lichtes linear zu. Für die Beziehung zwischen U_m und v stellte EINSTEIN 1905 die Gleichung auf

$$h \cdot v = e_0 \cdot U_m + h \cdot v_0, \tag{4}$$

in der $h = 6{,}623 \cdot 10^{-27}$ erg $\cdot$ sec $= 6{,}621 \cdot 10^{-34}$ W $\cdot$ sec^2 die Plancksche Konstante, $e_0 = 1{,}602 \cdot 10^{-19}$ Coul die Ladung des Elektrons und v_0 die Frequenz der langwelligen Grenze des bestrahlten Metalls bedeuten. Die eingestrahlte und von einem Elektron aufgenommene Lichtenergie $h \cdot v$ wird also teils in kinetische Energie $\frac{m}{2} w^2 = e_0 \cdot U_m$ des Elektrons umgesetzt, teils leistet sie die *Elektronenaustrittsarbeit* (work function; travail d'extraction électronique)

$$h \cdot v_0 = e_0 \cdot \Phi. \tag{5}$$

Dabei ist vorausgesetzt, daß Kathoden- und Anodenoberfläche physikalisch-chemisch gleich beschaffen sind und die Anode nicht vom Licht getroffen wird. Φ wird als *Austrittspotential* bezeichnet.

Aus Gl. (4) ist zu entnehmen, daß das Elektron die Metalloberfläche nur dann mit einer bestimmten Eigengeschwindigkeit zu verlassen vermag, wenn

$$h \cdot \nu > e_0 \cdot \Phi \,.$$

Ist $\nu = \nu_0$, so vermag das Elektron gerade noch die Austrittsarbeit $e_0 \cdot \Phi$ zu leisten und verläßt dann das Metall mit der Maximalenergie $e_0 \cdot U_m = 0$ eV.

Aus Gl. (5) erhält man

$$\Phi = \frac{h \cdot \nu_0}{e_0} = \frac{h \cdot c}{e_0} \cdot \frac{1}{\lambda_0} = \frac{1239}{\lambda_0} \text{ V}, \tag{5a}$$

falls die Lichtgeschwindigkeit mit $c = 2{,}998 \cdot 10^{10}$ cm/sec eingesetzt und die langwellige Grenze λ_0 in mμ angegeben wird. Das in dieser Weise aus λ_0 ermittelte *Elektronenaustrittspotential* Φ ist innerhalb der Fehlergrenzen gleich dem nach der *Richardsonschen Gleichung*

$$i = A \cdot T^2 \cdot e^{-e_0 \cdot \Phi/(k \cdot T)} \tag{6}$$

berechneten, in welcher i den *Glühelektronenstrom* pro cm^2 Glühkathodenoberfläche in Abhängigkeit von der absoluten Temperatur T darstellt. Bei reinen Metalloberflächen ist A eine universelle Konstante

$$\left(A = 120 \, \frac{\text{A}}{\text{cm}^2 \cdot \text{Grad}^2} \right); \quad k = 1{,}3803 \cdot 10^{-16} \frac{\text{erg}}{\text{Grad}} = 1{,}3800 \cdot 10^{-23} \frac{\text{W} \cdot \text{sec}}{\text{Grad}}$$

bedeutet die Boltzmannsche Konstante.

Die Elektronenaustrittsarbeit ist ein Teil der *Elektronenaffinität* des betreffenden Metalls. Ist Φ groß, so übt das Metall verhältnismäßig starke anziehende Kräfte auf die Elektronen aus. Verbindet man zwei Metalle *verschiedenen* Austrittspotentials, die Kathode und Anode einer Photozelle bilden mögen, über Erde miteinander, so reichern sich die Elektronen in dem Metall größeren Austrittspotentials an und laden dieses somit negativ gegen das andere auf. Ein solches Metall ist also *elektronegativ* gegenüber einem *elektropositiven* mit geringer Elektronenaustrittsarbeit. Zwischen beiden Metallen besteht infolge der Verschiedenheit der Elektronenaustrittsarbeiten trotz der Erdung ein elektrisches Feld. Die zwischen ihnen vorhandene Potentialdifferenz, das „*Kontaktpotential*" $U_{K,A}$ ist gleich der negativen Differenz der Austrittspotentiale Φ_K und Φ_A von Kathode und Anode:

$$U_{K,A} = -(\Phi_K - \Phi_A)\,. \tag{7}$$

Das *beobachtete* Maximalpotential U'_m ist nur dann gleich dem in Gl. (4) enthaltenen Wert U_m, wenn Φ_K und Φ_A einander gleich, also beide Elektroden physikalisch-chemisch gleich beschaffen sind. Ist jedoch $\Phi_K \neq \Phi_A$, ist z. B. $\Phi_K < \Phi_A$, so ist die Kathode von vornherein positiv gegenüber der Anode und die emittierten Elektronen müssen gegen das zwischen Kathode und Anode bestehende Feld anlaufen, auch wenn beide Elektroden geerdet sind. Die Einsteinsche Gleichung nimmt daher die Form an:

$$h \cdot v = e_0 \cdot U'_m + h \cdot v_0 + e_0 \cdot U_{K,A} \tag{8}$$

oder, wegen Gl. (5),

$$U'_m = \frac{h \cdot v}{e_0} - \Phi_K - U_{K,A} . \tag{8a}$$

Durch Einsetzen von Gl. (7) in (8a) erhält man

$$U'_m = \frac{h \cdot v}{e_0} - \Phi_K + (\Phi_K - \Phi_A) = \frac{h\ v}{e_0} - \Phi_A . \tag{9}$$

Das beobachtete Maximalpotential U'_m ist demnach nur abhängig von der eingestrahlten Lichtfrequenz und dem Austrittspotential der *Anode*, also bei gleichbleibender Anode unabhängig von der Austrittsarbeit Φ_K verschiedener Kathoden. Je kurzwelliger das auffallende Licht ist, desto schnellere Elektronen werden ausgelöst und desto breiter ist der Potentialbereich, über den sich die Energieverteilungskurve und damit die Anlaufkurve der Strom-Spannungscharakteristik erstreckt.

Nach dem Einsteinschen Ansatz müßte jedem innerhalb der Austrittstiefe d der Elektronen absorbierten Lichtquant, das größer als $h \cdot v_0$ ist, ein ausgelöstes Elektron entsprechen. Wäre d und der Absorptionskoeffizient k des Metalls bekannt, so könnte man die Elektronenausbeute für ein *wirksames* Lichtquant berechnen. Im allgemeinen kennt man jedoch die Größe d nicht und gibt daher die Elektronenausbeute pro *auffallendes* oder, bei Berücksichtigung der Reflexionsverluste, pro *einfallendes* (eindringendes) Lichtquant als *Quantenäquivalent* an. Man erhält dann die spektrale Empfindlichkeit in Elektronen pro Lichtquant durch die Umrechnung

$$1 \, \frac{\text{Coul}}{\text{cal}} = \frac{1}{4{,}185} \frac{\text{A}}{\text{W}} = \frac{h \cdot c \cdot 10^7}{4{,}185 \cdot e_0 \cdot \lambda \, (\text{in m}\mu)}$$

$$= \frac{296{,}2}{\lambda \, (\text{in m}\mu)} \, \text{Elektronen pro Lichtquant.} \tag{10}$$

Da die Eindringtiefe des Lichtes größer als die Austrittstiefe der Elektronen ist (vgl. Ziff. 5), liegt das Quantenäquivalent beim äußeren Photoeffekt weit unter 1. Es steigt bei reinen Metalloberflächen im allgemeinen nach kürzeren Wellen an, weil die Anzahl der Elektronen, welche die Austrittsarbeit zu leisten vermögen, mit der Größe des aufgenommenen Lichtquants zunimmt. Lediglich bei den Alkalimetallen fällt die Elektronenausbeute pro auf- und pro einfallendes Lichtquant nicht weit von der langwelligen Grenze entfernt nach dem Überschreiten eines Maximums wieder ab, weil bei ihnen die Eindringtiefe des Lichtes mit abnehmender Wellenlänge außergewöhnlich stark (auf das Zehnfache!) anwächst, die Zahl der innerhalb der Elektronenaustrittstiefe d absorbierten Lichtquanten also beträchtlich abnimmt. Die innerhalb von d nicht in Elektronenenergie umgesetzten und in größeren Eindringtiefen als d absorbierten Lichtquanten werden in Wärmeenergie umgewandelt.

Die an Photokathoden *gemessenen Elektronenausbeuten* liegen aus den oben genannten Gründen zumeist weit unterhalb des nach dem Quantenäquivalent berechneten Wertes. Z. B. müßten die Elektronenausbeuten, bezogen auf *wirksame* Lichtquanten, nach dem Quantenäquivalentgesetz bei 250 mμ 0,84 Coul/cal betragen, bei 340 mμ 1,15 Coul/cal, bei 420 mμ 1,41 Coul/cal, bei 436 mμ 1,47 Coul/cal. Gemessen wurde jedoch an der Platinfolie, deren Empfindlichkeitskurve, bezogen auf einfallendes Licht, Abb. II. 1 wiedergibt, bei 250 mμ nur $i/L = 3,0 \cdot 10^{-4}$ Coul/cal. Die größte am spektralen Maximum einer hydrierten Kaliumoberfläche beobachtete Ausbeute, bezogen auf *einfallende* Energie, betrug $3,45 \cdot 10^{-2}$ Coul/cal [*158*]. Auf *auffallendes* Licht bezogen, wurde bei Kaliumamalgam bei 250 mμ eine Ausbeute von $7 \cdot 10^{-4}$ Coul/cal erhalten [*159*]; an einer unsichtbaren Kaliumschicht auf einem Platinspiegel bei 340 mμ $5,4 \cdot 10^{-2}$ Coul/cal [*201*]; an einer durchscheinenden Antimon-Cäsiumschicht bei 420 mμ $11,4 \cdot 10^{-2}$ Coul/cal [*142*]. Die Ausbeuten liegen also in den angeführten Beispielen zwischen 0,04 und 8% des Quantenäquivalents. Dabei ist allerdings zu berücksichtigen, daß die Ausbeute bei dünnen Schichten, wenn sie auf das in diesen *absorbierte* Licht bezogen werden kann, wesentlich höher liegt als in den genannten Fällen; an einer dünnen Kaliumschicht z. B. wurden auf diese Weise 26% des Quantenäquivalents gemessen [*58*]; an einer dünnen Antimon-Cäsiumkathode war das Quantenäquivalentgesetz nach der Berechnung vollständig erfüllt [*30*].

Nach einer Theorie von TAMM und SCHUBIN [*231*] erfolgt die Auslösung der Photoelektronen auf zweierlei Art: Beim *Oberflächeneffekt* geht die Absorption der Lichtquanten an *freien* Metallelektronen unter Mitwirkung der *Potentialschwelle* an der Metalloberfläche vor sich. Beim *Volumeffekt* werden die Lichtquanten von Elektronen des *Grundgitters* absorbiert. Jedem der beiden Effekte wird eine charakteristische Grenzwellenlänge λ_0 zugeschrieben; für den Oberflächeneffekt ist λ_0 größer als für den Volumeffekt. Bei reinen Metalloberflächen sowie bei dünnen Alkalischichten auf Metalloberflächen größeren Austrittspotentials ist eine Überlagerung beider Effekte möglich (vgl. Ziff. 20). So erhielten CASHMAN und BASSOE [*35a*] durch sorgfältige Destillation kompaktes Barium, dessen Austrittspotential 2,49 V betrug, entsprechend einer langwelligen Grenze des Oberflächeneffektes von 497 mμ. Die spektrale Empfindlichkeitskurve zeigte jedoch bei 300 mμ einen erneuten steilen

Anstieg, der dem Einsetzen des Volumeffektes zugeschrieben werden kann. Dünne leitende Alkalihäute auf isolierender Unterlage ergeben nach THOMAS (s. S. 88, Fußnote 1) nur den Volumeffekt (vgl. jedoch [*139*]).

8. Lichtelektrische Gesamtemission

Das spektral unzerlegte Licht eines auf der Glühtemperatur T befindlichen schwarzen Körpers K, in welchem Lichtquanten und Elektronen im Temperaturgleichgewicht stehen, möge auf die Oberfläche eines Metalls M_e auffallen, das eine niedrigere Temperatur ϑ, z. B. Zimmertemperatur, besitzen möge. Seine optische Absorptionskonstante k sei innerhalb des von K ausgesandten und für die Emission von Photoelektronen durch M_e in Betracht kommenden Spektralbereiches von der Lichtfrequenz ν nahezu unabhängig. Wir nehmen ferner an, daß auch die Absorptionswahrscheinlichkeit der innerhalb der Elektronenaustrittstiefe d befindlichen Elektronen für Lichtquanten des betreffenden Spektralbereiches nicht von ν abhängt. Dann wird ein bestimmter von ν unabhängiger Bruchteil der einfallenden Lichtquanten innerhalb der Austrittstiefe von freien Elektronen aufgenommen, die dadurch (innerhalb des Metalls) diejenige relative Energieverteilung erhalten, die ihnen bei der Temperatur T des Strahlers zukommen würde. Die schnelleren Elektronen in M_e werden daher an der Grenze Metall–Vakuum die zum Überwinden des Austrittspotentials nötige Energie aufweisen und die Metalloberfläche in gleicher Weise verlassen wie die Glühelektronen, die M_e bei der Temperatur T emittieren würde. Die Zahl der bei ϑ von M_e emittierten Photoelektronen muß also bis auf die Mengenkonstante in derselben Weise von der *Temperatur T des Strahlers* abhängen, wie die Zahl der Glühelektronen, die M_e bei der Temperatur T emittieren würde; d.h., es gilt auch für die *lichtelektrische Gesamtemission* i die Beziehung

$$i = M \cdot T^r \cdot e^{-e_0 \cdot \Phi/(k \cdot T)} \tag{11}$$

[*169*] [*170*] [*196*] [*178*] [*8*] [*200*], wobei M eine von der glühelektrischen Mengenkonstante A verschiedene Konstante, Φ das lichtelektrische Austrittspotential und r eine Zahl in der Größenordnung von 2 bedeuten. M ist von Metall zu Metall verschieden. Um für M untereinander vergleichbare Werte zu erhalten, muß i angegeben werden als Elektronenstrom, der emittiert würde, wenn die gesamte von der Flächeneinheit des schwarzen Körpers der Temperatur T in einen bestimmten Raumwinkel (z. B. 1) pro sec ausgesandte Strahlungsenergie auf die Kathode aufträfe.

Die experimentelle Bestätigung der Gl. (11) für Metalle mit normalen Empfindlichkeitskurven wurde in der Weise vorgenommen [*196*] [*200*], daß man mittels der spektralen Empfindlichkeit $f(\nu)$ (bezogen auf einfallendes Licht) und der bekannten Planckschen Strahlungsgleichung des schwarzen Körpers der Temperatur T

$$S_s(\nu,\ T) \cdot d\nu = \frac{h \cdot \nu^3}{c^2 \cdot (e^{h \cdot \nu/(k \cdot T)} - 1)} \cdot d\nu \tag{12}$$

bzw. der Wienschen Strahlungsgleichung

$$S_s(\nu,\ T) \cdot d\nu = \frac{h \cdot \nu^3}{c^2} \cdot e^{-h\nu/(k \cdot T)} \cdot d\nu \tag{12a}$$

den durch das unzerlegte Licht des schwarzen Strahlers an der Metalloberfläche ausgelösten Photoelektronenstrom i berechnete:

$$i = \int_0^\infty f(\nu) \cdot S_s(\nu,\ T) \cdot d\nu \,. \tag{13}$$

Die Integration von Gl. (13) kann graphisch durchgeführt werden.

Man kann nun Gl. (11) logarithmieren:

$$\log i = \log M + r \cdot \log T - \frac{e_0 \cdot \Phi}{k \cdot T} \cdot \log e \tag{11a}$$

und r aus je drei Wertepaaren i und T ausrechnen. Die r-Werte streuen nur wenig, da der Fehler der Temperaturmessung wegen der Benutzung von Gl. (12) bzw. (12a) wegfällt. Der Mittelwert von r wird in Gl. (11a) eingesetzt. Trägt man jetzt $1/T$ als Abszisse, $\log i - r \cdot \log T$ als Ordinate auf, so liegen die erhaltenen Punkte sehr exakt auf der ,,*lichtelektrischen Geraden*", deren Neigung $\frac{e_0 \cdot \Phi}{k} \cdot \log e$ und damit das Austrittspotential Φ ergibt (vgl. Abb. II.12, bei der i direkt in Abhängigkeit von T gemessen wurde).

Während man der spektralen Empfindlichkeitskurve die langwellige Grenze λ_0 und damit Φ auf direktem Wege nur ungenau entnehmen kann, erlaubt die obige Methode Φ und damit die langwellige Grenzfrequenz ν_0 bzw. λ_0 exakt zu berechnen, wenn die spektrale Empfindlichkeitskurve bekannt ist. Man kann aber auch Φ auf Grund von Gl. (11) ermitteln, indem man die lichtelektrische Gesamtemission i als Funktion der Temperatur T des Strahlers *direkt* mißt [245] [14] [9] [179] [181] [206] [207] [214a]. Die hierbei benutzte Lichtquelle kann ein schwarzer Körper oder auch ein grauer Strahler sein, der die gleiche relative spektrale Strahlungsverteilungskurve wie der schwarze Strahler besitzt. Eine Kohlenfadenlampe oder eine Wolframlampe mit Quarzfenster sind als Strahlungsquellen geeignet, wenn man die Ausführungen in Kap. VII F Ziff. 70a beachtet.

Bei der direkten Messung der lichtelektrischen Gesamtemission erübrigt sich also die spektrale Zerlegung. Allerdings darf die langwellige Grenze des untersuchten Metalls nicht zu weit im Ultravioletten liegen, da sonst die Temperatur der benutzten Lichtquelle nicht ausreicht, um einen meßbaren Photostrom auszulösen[1]. Besonders zweckmäßig ist diese Methode für die Untersuchung der *Temperaturabhängigkeit* der Austrittsarbeit einer Kathode, denn man kann bei ihr die Kathodentemperatur unabhängig von der Temperatur des Strahlers verändern[2]. Bei der Ausrechnung von Φ nach Gl. (11) genügt es häufig, $r = 2$ zu setzen (vgl. z. B. [206]).

Gl. (11) ermöglicht, eine Photozelle mit normaler Empfindlichkeitskurve als *Pyrometer* zu benutzen, mit dem man, nachdem einmal die Konstanten r, M und Φ festgelegt sind, bis zu relativ hohen Temperaturen extrapolieren darf. Dabei ist vorausgesetzt, daß der Körper, dessen Temperatur zu bestimmen ist, schwarz oder grau strahlt, daß sich im Strahlengang keine die ultraviolette und gegebenenfalls sichtbare Strahlung absorbierenden Stoffe befinden und daß die Zelle mit einem Quarzfenster für die ultraviolette Strahlung versehen ist (vgl. hierzu Ziff. 76g).

9. Temperaturabhängigkeit des äußeren Photoeffektes bei reinen Metalloberflächen; Theorie von Fowler und DuBridge

Berechnet man die langwellige Grenze λ_0 einer reinen Metalloberfläche aus dem Verlauf der spektralen Empfindlichkeitskurve nach der im vorangehenden Abschnitt geschilderten Methode der lichtelektrischen Gesamtemission, so bemerkt man, daß auf der langwelligen Seite des berechneten λ_0-Wertes stets noch eine sehr kleine spektrale Empfindlichkeit zu beobachten ist, sofern die Temperatur der Kathode in der Nähe der Zimmertemperatur oder darüber liegt. Diese Unschärfe der langwelligen Grenze, die man früher auf Mängel der Meßapparatur (falsches Licht!) zurückgeführt hatte (z. B. [235]), kann man nach SUHRMANN [196] erklären, wenn man annimmt, daß infolge ihrer *thermischen Zusatzenergie* bei höheren Temperaturen auch Elektronen die Metalloberfläche verlassen können, die ein etwas *kleineres* Energiequant aufgenommen haben, als zum Überwinden des Austrittspotentials erforderlich ist.

In der Tat verschiebt sich der in der Nähe der langwelligen Grenze befindliche Teil der spektralen Empfindlichkeitskurve bei Temperatursteigerung von 296° auf 1013° K nach *längeren* Wellen, wie Abb. II.11 erkennen läßt [148] [246]. Die entsprechende Verschiebung nach *kürzeren* Wellen bei Abkühlung von 293° auf 83° und 20° K konnte man

---

[1] Bei einer Metalloberfläche ohne optische Anomalien in dem in Betracht kommenden Spektralbereich, deren Austrittsarbeit durch einzelne adsorbierte Fremdatome (Besetzungsdichte $\Theta \lesssim \Theta_0$) herabgesetzt ist (vgl. Ziff. 14 und 15), kann die Methode der lichtelektrischen Gesamtemission also zur Messung von M und Φ angewendet werden.

[2] Bei der glühelektrischen Ermittlung der Elektronenaustrittsarbeit nach der Richardsongleichung ist es nicht möglich, $\Phi = f(T)$ zu messen.

an reinen durch Aufdampfen erhaltenen Wismut- und Beryllium-Schichten beobachten [207]. Das etwa nach der Methode der Gesamt-emission berechnete Austrittspotential Φ änderte sich hierbei kaum, dagegen nahm die *Mengenkonstante M* bei Temperaturerniedrigung deutlich ab, wie Abb. II. 12 zeigt, in der sich die an einer durch Ver-dampfen hergestellten Beryllium-Oberfläche gemessene lichtelektrische Gerade bei Abkühlung fast parallel zu niedrigeren Werten verschiebt, und zwar bei der Tempe-raturerniedrigung von 293° auf 83° K wesentlich stärker als bei der weiteren Ab-

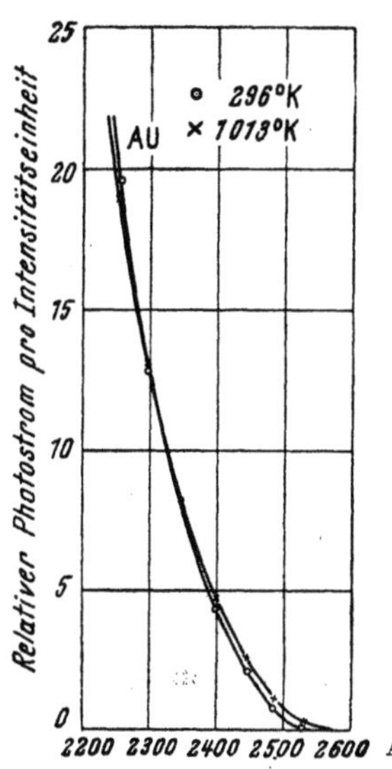

Abb. II. 11. Einfluß der Tempera-turerhöhung auf die spektrale Emp-findlichkeitskurve von Gold. (Nach L. W. MORRIS [148])

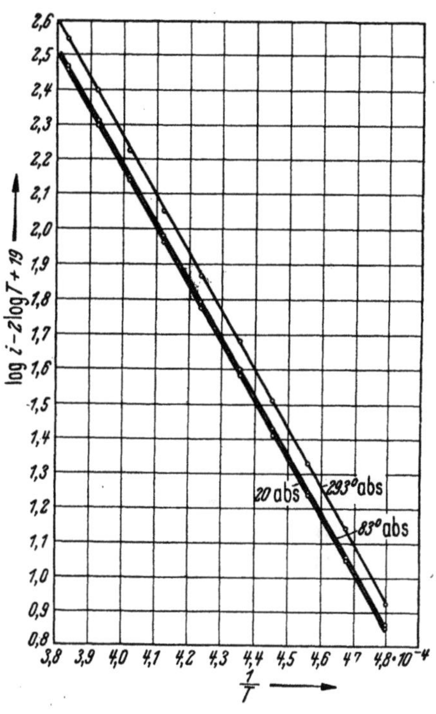

Abb. II. 12. Durch Bestrahlen einer reinen Berylliumschicht mit einer Wolframbandlampe mit Quarzfenster erhaltene lichtelektrische Geraden. Kathodentemperatur 293°, 83° und 20° K. (Nach [207])

kühlung von 83° auf 20° K, obgleich das Temperaturverhältnis in dem letzteren Fall (4,2) sogar größer ist als im ersteren (3,5).

Um den experimentell gefundenen Einfluß der Temperatur auf die lichtelektrische Empfindlichkeit quantitativ darstellen zu können [64] [Z 23], wendete FOWLER die auf der FERMI-DIRAC-Statistik des ent-arteten Gases beruhende Elektronentheorie der Metalle von SOMMER-FELD [194] auf die Photoelektronen an. Nach dieser Theorie sind die Elektronen eines Metalls am absoluten Nullpunkt nicht in Ruhe, son-dern besitzen Energiebeträge ε von Null bis zu einem bestimmten Maximalwert ε_0, der als *Grenzenergie* bezeichnet wird. Er kann berechnet werden nach der Beziehung

$$\varepsilon_0 = \frac{h^2}{8\,m} \cdot \left(\frac{3\,n}{\pi}\right)^{2/3}, \tag{14}$$

wobei h die Plancksche Konstante, m die Elektronenmasse und n die Zahl der freien Elektronen pro Volumeneinheit bedeuten. Durch Einführung des Atomgewichtes M_A, der Dichte ϱ und der Zahl z der Elektronen, die im Metall pro Atom abgegeben werden, erhält man

$$\varepsilon_0 = \frac{h^2}{8\,m} \cdot \left(\frac{3\,z \cdot N_L \cdot \varrho}{\pi \cdot M_A}\right)^{2/3} = 25{,}96 \cdot \left(\frac{z \cdot \varrho}{M_A}\right)^{2/3} \text{ eV}, \tag{14a}$$

wobei $N_L = 6{,}024 \cdot 10^{23}$ die Loschmidtsche Zahl bedeutet.

Nach der FERMI-DIRAC-Statistik ist die Zahl der Elektronen pro Volumeneinheit, deren Geschwindigkeitskomponenten innerhalb $w_x + dw_x$, $w_y + dw_y$ und $w_z + dw_z$ liegen, durch den Ausdruck gegeben

$$f(w_x, w_y, w_z) \cdot dw_x \cdot dw_y \cdot dw_z = \frac{2\,m^3}{h^3} \cdot \frac{dw_x \cdot dw_y \cdot dw_z}{e^{(\varepsilon - \varepsilon_0)/(kT)} + 1}, \tag{15}$$

in dem

$$\varepsilon \equiv \tfrac{1}{2}\,m\,(w_x^2 + w_y^2 + w_z^2)\,.$$

Für die Emission von Photoelektronen ist nun die Zahl derjenigen Elektronen pro Volumeneinheit maßgebend, die innerhalb des Metalls eine Geschwindigkeitskomponente w_x im Bereich $w_x + dw_x$ *senkrecht* zur Oberfläche haben, denn nur Elektronen mit dieser Komponente kommen für die Überwindung der Potentialschwelle an der Metalloberfläche und damit (wegen der gleichzeitigen Befriedigung der Gesetze der Erhaltung von Energie und Impuls) für die Aufnahme von Lichtquanten in Betracht. Ihre Anzahl $f(w_x) \cdot dw_x$ kann in folgender Weise berechnet werden [152]. Man führt die Zylinderkoordinaten w_x, r und φ ein, so daß

$$r^2 = w_y^2 + w_z^2; \quad dw_y \cdot dw_z = r \cdot dr \cdot d\varphi$$

und integriert über alle Werte von r und φ:

$$f(w_x) \cdot dw_x = \frac{2\,m^3}{h^3} \cdot dw_x \cdot \int\limits_0^\infty \int\limits_0^{2\pi} \frac{r \cdot dr \cdot d\varphi}{e^{[\frac{1}{2}m(w_x^2 + r^2) - \varepsilon_0]/(kT)} + 1}\,.$$

Da die Integration über $d\varphi$ den Faktor 2π ergibt, ist

$$f(w_x) \cdot dw_x = \frac{4\,\pi\,m^3}{h^3} \cdot dw_x \cdot \int\limits_0^\infty \frac{r \cdot dr}{e^{[\frac{1}{2}m(w_x^2 + r^2) - \varepsilon_0]/(kT)} + 1}\,. \tag{16}$$

Um Gl. (16) zu integrieren, setzt man

$$(\tfrac{1}{2}m w_x^2 - \varepsilon_0)/(kT) \equiv a \quad \text{und} \quad e^{\frac{1}{2}m r^2/(kT)} \equiv \zeta, \quad \text{so daß} \quad r \cdot dr = \frac{kT}{m} \cdot \frac{d\zeta}{\zeta}$$

und erhält

$$f(w_x) \cdot dw_x = \frac{4\pi m^2 \cdot k \cdot T}{h^3} \cdot dw_x \cdot \int\limits_1^\infty \frac{d\zeta}{\zeta \cdot (a \cdot \zeta + 1)}$$

$$= \frac{4\pi m^2 \cdot k \cdot T}{h^3} \cdot dw_x \cdot \ln\left[1 + e^{-\left(\frac{m}{2}w_x^2 - \varepsilon_0\right)\big/(kT)}\right]. \qquad (17)$$

Die Zahl der innerhalb des Metalls pro Flächeneinheit in der Zeiteinheit mit einer Geschwindigkeitskomponente senkrecht zur Oberfläche auftreffenden Elektronen ist

$$n(w_x) \cdot dw_x = w_x \cdot f(w_x) \cdot dw_x,$$

also

$$n(w_x) \cdot dw_x = \frac{4\pi m^2 \cdot k \cdot T}{h^3} \cdot \ln\left[1 + e^{\left(\varepsilon_0 - \frac{m}{2}w_x^2\right)\big/(kT)}\right] \cdot w_x \cdot dw_x. \qquad (18)$$

Schließlich führt man an Stelle der Geschwindigkeitskomponente w_x senkrecht zur Oberfläche die Energie ε' der Elektronen ein, die diese Geschwindigkeitskomponente besitzen:

$$\varepsilon' = \frac{m}{2} \cdot w_x^2; \quad d\varepsilon' = m \cdot w_x \cdot dw_x$$

und erhält

$$n(\varepsilon') \cdot d\varepsilon' = \frac{4\pi m \cdot k \cdot T}{h^3} \cdot \ln\left[1 + e^{(\varepsilon_0 - \varepsilon')/(kT)}\right] \cdot d\varepsilon'. \qquad (19)$$

Für $\lim T = 0$ ist $e^{(\varepsilon_0 - \varepsilon')/(kT)} \gg 1$; deshalb ist

$$\lim_{T=0} n(\varepsilon') \cdot d\varepsilon' = \frac{4\pi m}{h^3} \cdot (\varepsilon_0 - \varepsilon') \cdot d\varepsilon'. \qquad (20)$$

Bei sehr niedrigen Temperaturen wird also die Zahl der innerhalb des Metalls senkrecht auf die Oberflächeneinheit in der Zeiteinheit innerhalb des Energiebereiches $\varepsilon' + d\varepsilon'$ auftreffenden Elektronen durch eine Gerade dargestellt, deren Ordinate für $\varepsilon' = 0$ mit dem Wert $(4\pi m/h^3) \cdot \varepsilon_0 \cdot d\varepsilon'$ beginnt und bei $\varepsilon' = \varepsilon_0$ den Wert Null annimmt. Bei höheren Temperaturen schiebt sich dieser Schnittpunkt zu höheren Werten ε' vor, die Gerade geht an dieser Stelle in eine nach oben konkav gekrümmte Kurve über, die sich allmählich der Abszisse annähert, und zwar bei um so höheren Energiewerten, je höher die Temperatur ist (Abb. II. 13).

Da die Elektronen trotz ihrer relativ hohen Energie bei Zimmertemperatur und darunter eine reine Metalloberfläche ohne äußere Einwirkung nicht zu verlassen vermögen, muß eine *Energieschwelle C* vorhanden sein, die sie zurückhält. Das ihr entsprechende „Gitterpotential", das eine Brechung der auf eine Metallkristallfläche auftreffenden Elektronenwellen bewirkt, kann durch die Verlagerung der Beugungsmaxima der Elektronenwellen gemessen werden. Es ist bei den Metallen stets um einige Volt größer als ε_0/e_0. Die Differenz $C - \varepsilon_0$ ist gleich der Austrittsarbeit $e_0 \cdot \Phi$:

$$C - \varepsilon_0 = e_0 \cdot \Phi \,. \tag{21}$$

Φ ist das Austrittspotential bei $T = 0°$ K[1]. Die energetischen Verhältnisse bei $T = 0$ an der Oberfläche eines Metalls sind in Abb. II.14 dargestellt.

Wird Licht eingestrahlt, für das $\nu_0 = e_0 \cdot \Phi/h$ ist, so können (bei $T = 0$) die schnellsten Elektronen, deren Energie gleich ε_0 ist, das Metall verlassen; bei $\nu > \nu_0$ auch die weniger schnellen. Erhöht man die Temperatur, so sind auch einige Elektronen vorhanden, deren Energie

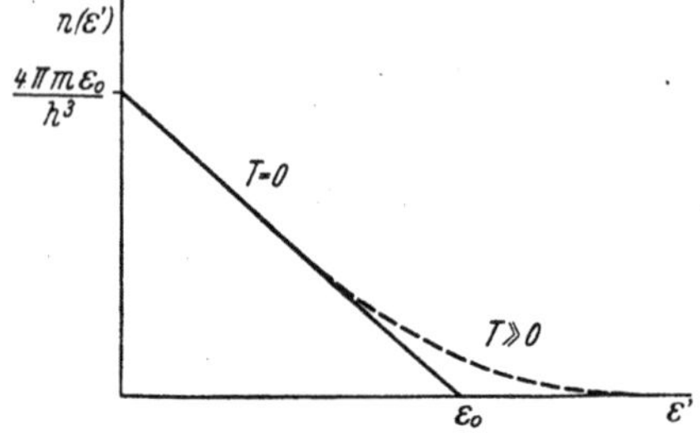

Abb. II.13. Energieverteilung der innerhalb eines Metalls mit einer Geschwindigkeitskomponente senkrecht zur Oberfläche pro Oberflächeneinheit und pro Zeiteinheit auftreffenden Elektronen

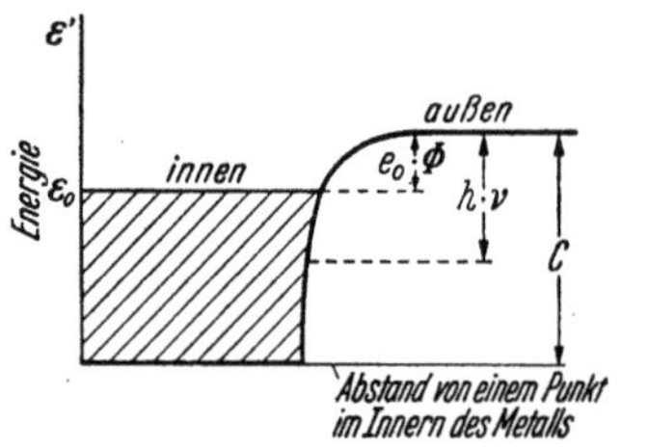

Abb. II.14. Energie der Elektronen im Innern eines Metalls und an seiner Oberfläche bei $T = 0°$ K

$\varepsilon' > \varepsilon_0$ ist und die daher auch bei $\nu < \nu_0$ die Energieschwelle C überwinden können. Die Bedingungsgleichung für die Emission von Elektronen lautet also

$$h \cdot \nu + \varepsilon' \geqq C \quad \text{oder} \quad \varepsilon' \geqq C - h \cdot \nu \,. \tag{22}$$

Von den Elektronen, die Lichtquanten aufgenommen haben, kann somit pro Oberflächeneinheit und pro Zeiteinheit eine Anzahl N emittiert werden, die durch die folgende Gl. (23) gegeben ist[2]:

$$N = D \cdot \int_{C-h\cdot\nu}^{\infty} n(\varepsilon') \cdot d\varepsilon' = \frac{4\,\pi\,m \cdot k \cdot T}{h^3} \cdot D \cdot \int_{C-h\cdot\nu}^{\infty} \ln\left[1 + e^{(\varepsilon_0 - \varepsilon')/(kT)}\right] \cdot d\varepsilon' \,. \tag{23}$$

Dabei bedeutet D den „*Transmissionskoeffizienten*", d. h. den Bruchteil der Elektronen, der mit der Energie $\varepsilon' + h \cdot \nu$ die Potentialschwelle an der Metalloberfläche zu durchdringen vermag. Die Größe von D wird im allgemeinen von der Energie $\varepsilon' + h \cdot \nu$ des angeregten Elektrons abhängen. Im folgenden wird $D = 1$ gesetzt, eine Annahme, die für *reine*

---

[1] In der Literatur findet man Gl. (21) auch in der Form $W_a - W_i = e_0 \cdot \Phi$.

[2] Diese und die folgenden Ableitungen schließen sich im wesentlichen an die Ausführungen von DuBridge in [Z 23] an.

Metalloberflächen und für die *schnelleren* Elektronen wahrscheinlich zulässig ist.

Der durch ein Lichtquant pro Zeiteinheit emittierte *Elektronenstrom I* (Zahl der Elektronen pro Lichtquant) ist proportional N. Bezeichnet man den Proportionalitätsfaktor zwischen I und N, welcher die Wahrscheinlichkeit enthält, daß ein Elektron der Energie ε' ein Lichtquant aufnimmt, mit $\alpha \cdot e_0$, so ist also

$$I = \alpha \cdot e_0 \cdot N . \tag{23a}$$

Um Gl. (23) zu integrieren, setzt man

$$e^{(\varepsilon_0 - \varepsilon')/(kT)} \equiv u; \quad d\varepsilon' = - k \cdot T \cdot \frac{du}{u} \quad \text{und} \quad e^{[\varepsilon_0 - (C - h \cdot \nu)]/(kT)} \equiv u_0 \equiv e^\delta ,$$

so daß

$$\delta \equiv - \frac{C - \varepsilon_0 - h \cdot \nu}{k \cdot T} \equiv \frac{h \cdot \nu - e_0 \cdot \Phi}{k \cdot T} . \tag{24}$$

Da für $\varepsilon' = C - h \cdot \nu$, $u = u_0$ wird und für $\varepsilon' = \infty$, $u = 0$, geht Gl. (23) bzw. (23a) in die Form über

$$I = \alpha \cdot \frac{4 \pi e_0 \cdot m \cdot k^2 \cdot T^2}{h^3} \cdot \int_0^{u_0} \ln(1 + u) \cdot \frac{du}{u} . \tag{23b}$$

Das in Gl. (23b) enthaltene Integral hat folgende Lösungen:

1. Für $u \leqq 1$ ist

$$\int \ln(1 + u) \cdot \frac{du}{u} = u - \frac{u^2}{2^2} + \frac{u^3}{3^2} \mp \cdots .$$

2. Für $u \geqq 1$ ist

$$\int \ln(1 + u) \cdot \frac{du}{u} = \frac{1}{2} \cdot (\ln u)^2 - \frac{1}{u} + \frac{1}{2^2 u^2} - \frac{1}{3^2 u^3} \pm \cdots .$$

Für $u = 1$ ist das Integral gleich $1 - \frac{1}{2^2} + \frac{1}{3^2} \mp \cdots = \frac{\pi^2}{12}$.

Im *1. Fall* ist

$$u_0 \leqq 1; \quad \delta \leqq 0; \quad h \cdot \nu \leqq e_0 \cdot \Phi$$

$$I = \alpha \cdot \frac{4 \pi e_0 \cdot m \cdot k^2 \cdot T^2}{h^3} \cdot \left[e^\delta - \frac{e^{2\delta}}{2^2} + \frac{e^{3\delta}}{3^2} \mp \cdots \right] . \tag{25a}$$

Im *2. Fall* ist

$$u_0 \geqq 1; \quad \delta \geqq 0; \quad h \cdot \nu \geqq e_0 \cdot \Phi .$$

Man integriert in diesem Fall von 0 bis 1 unter Verwendung der ersten Formel und von 1 bis u_0 unter Verwendung der zweiten und erhält als Summe der beiden Integrale:

$$I = \alpha \cdot \frac{4 \pi e_0 \cdot m \cdot k^2 \cdot T^2}{h^3} \cdot \left[\frac{\pi^2}{6} + \frac{\delta^2}{2} - \left(e^{-\delta} - \frac{e^{-2\delta}}{2^2} + \frac{e^{-3\delta}}{3^2} \mp \cdots \right) \right] . \tag{25b}$$

Bemerkenswerterweise ergibt die Theorie der Glühelektronenemission für die Konstante der Richardsongleichung[1]

$$A = \frac{4\,\pi\,e_0 \cdot m \cdot k^2}{h^3} = 120\,\frac{A}{cm^2 \cdot Grad^2}\,,$$

also den gleichen Faktor, wie er auch in Gl. (25a) und (25b) auftritt. In der Tat geht Gl. (25a) in die Richardsongleichung über, wenn man T sehr groß wählt und das eingestrahlte Lichtquant in Gl. (24) $h \cdot v = 0$ setzt.

Vor allem geben die beiden von FOWLER abgeleiteten Gln. (25a) und (25b) den experimentellen Befund wieder, nach welchem eine scharfe langwellige Grenze bei Temperaturen oberhalb des absoluten Nullpunkts nicht erhalten werden kann, denn nur für $T = 0$ ist bei $h \cdot v \leqq e_0 \cdot \Phi$ auch $I = 0$. Ist $T > 0$, so erhält man nach Gl. (25a) auch bei $h \cdot v \leqq e_0 \cdot \Phi$ endliche Werte für I.

10. Anwendung der Fowlerschen Gleichungen (25a) und (25b) zur Bestimmung der Austrittsarbeit und der Mengenkonstante

a) Graphische Methode

Da der in Gl. (25a) und (25b) vorkommende Ausdruck (24) für δ das Austrittspotential Φ enthält, ermöglichen es die Fowlerschen Gleichungen, aus dem Verlauf der bei einer bekannten Temperatur ermittelten spektralen Empfindlichkeitskurve[2] in der Nähe der langwelligen Grenze die von der Wärmebewegung der Elektronen unabhängige Austrittsarbeit exakt zu berechnen. Zu diesem Zweck gibt man ihnen die Form

$$I/T^2 = \alpha \cdot A \cdot f(\delta)\,, \tag{26}$$

wobei $f(\delta)$ für die Klammerausdrücke in Gl. (25a) und (25b) gesetzt ist.

Durch Logarithmieren von Gl. (26) erhält man

$$\log(I/T^2) = F(\delta) + \log M\,, \tag{27}[3]$$

wobei

$$F(\delta) \equiv \log f(\delta) \quad und \quad \alpha \cdot A \equiv M\,.$$

Man berechnet nun $F(\delta)$ für beliebige Werte von δ (positive und negative), wie aus Tab. II.1 zu ersehen ist, und trägt die gefundenen Zahlen als Funktion von δ in ein Koordinatensystem auf durchsichtigem Millimeterpapier ein (a).

Dann trägt man in dem gleichen System möglichst auf andersfarbigem Millimeterpapier die *gemessenen* Werte $\log(I/T^2)$ als Funktion von $\frac{h \cdot v}{k \cdot T}$ auf (b), wobei

$$\frac{h \cdot v}{k \cdot T} = \frac{14{,}385 \cdot 10^6}{T \cdot \lambda \text{ (in m}\mu\text{)}}$$

---

[1] Z.B. MÜLLER-POUILLET: Lehrbuch der Physik Bd. IV, 4. Teil, S. 293.
[2] Die für diesen Zweck nur in relativem Maß bekannt zu sein braucht.
[3] M in Gl. (27) ist verschieden von M in Gl. (11).

Tabelle II.1. *Werte der Funktion* $F(\delta)$

δ	$F(\delta)$	δ	$F(\delta)$	δ	$F(\delta)$	δ	$F(\delta)$
$-8{,}0$	$-3{,}47496$	$2{,}2$	$0{,}59738$	$8{,}2$	$1{,}54734$	$20{,}8$	$2{,}33839$
$-6{,}0$	$-2{,}60607$	$2{,}4$	$0{,}64701$	$8{,}4$	$1{,}56732$	$21{,}6$	$2{,}37093$
$-5{,}0$	$-2{,}17218$	$2{,}6$	$0{,}69478$	$8{,}6$	$1{,}58686$	$22{,}4$	$2{,}40230$
$-4{,}0$	$-1{,}73916$	$2{,}8$	$0{,}74076$	$8{,}8$	$1{,}60600$	$23{,}2$	$2{,}43259$
$-3{,}0$	$-1{,}30819$	$3{,}0$	$0{,}78502$	$9{,}0$	$1{,}62474$	$24{,}0$	$2{,}46187$
$-2{,}8$	$-1{,}22236$	$3{,}2$	$0{,}82767$	$9{,}2$	$1{,}64311$	$25{,}0$	$2{,}49713$
$-2{,}6$	$-1{,}13703$	$3{,}4$	$0{,}86875$	$9{,}4$	$1{,}66110$	$26{,}0$	$2{,}53103$
$-2{,}4$	$-1{,}05189$	$3{,}6$	$0{,}90837$	$9{,}6$	$1{,}67874$	$27{,}0$	$2{,}56365$
$-2{,}2$	$-0{,}96712$	$3{,}8$	$0{,}94658$	$9{,}8$	$1{,}69605$	$28{,}0$	$2{,}59511$
$-2{,}0$	$-0{,}88273$	$4{,}0$	$0{,}98348$	$10{,}0$	$1{,}71303$	$29{,}0$	$2{,}62547$
$1{,}8$	$-0{,}79880$	$4{,}2$	$1{,}01912$	$10{,}4$	$1{,}74605$	$30{,}0$	$2{,}65479$
$-1{,}6$	$-0{,}71551$	$4{,}4$	$1{,}05356$	$10{,}8$	$1{,}77789$	$32{,}0$	$2{,}71067$
$-1{,}4$	$-0{,}63290$	$4{,}6$	$1{,}08689$	$11{,}2$	$1{,}80865$	$34{,}0$	$2{,}76316$
$-1{,}2$	$-0{,}55110$	$4{,}8$	$1{,}11916$	$11{,}6$	$1{,}83838$	$36{,}0$	$2{,}81268$
$-1{,}0$	$-0{,}47014$	$5{,}0$	$1{,}15026$	$12{,}0$	$1{,}86714$	$38{,}0$	$2{,}85953$
$-0{,}8$	$-0{,}39047$	$5{,}2$	$1{,}18068$	$12{,}4$	$1{,}89501$	$40{,}0$	$2{,}90398$
$-0{,}6$	$-0{,}31189$	$5{,}4$	$1{,}21006$	$12{,}8$	$1{,}92202$	$50{,}0$	$3{,}09746$
$-0{,}4$	$-0{,}23466$	$5{,}6$	$1{,}23858$	$13{,}2$	$1{,}94824$	$60{,}0$	$3{,}25565$
$-0{,}2$	$-0{,}15892$	$5{,}8$	$1{,}26628$	$13{,}6$	$1{,}97370$	$70{,}0$	$3{,}38946$
$0{,}0$	$-0{,}08488$	$6{,}0$	$1{,}29319$	$14{,}0$	$1{,}99845$	$80{,}0$	$3{,}50537$
$+0{,}2$	$-0{,}01259$	$6{,}2$	$1{,}31937$	$14{,}6$	$2{,}03433$	$90{,}0$	$3{,}60763$
$0{,}4$	$+0{,}05781$	$6{,}4$	$1{,}34485$	$15{,}2$	$2{,}06890$	$100{,}0$	$3{,}69911$
$0{,}6$	$0{,}12622$	$6{,}6$	$1{,}36965$	$15{,}8$	$2{,}10197$	$120{,}0$	$3{,}85743$
$0{,}8$	$0{,}19257$	$6{,}8$	$1{,}39382$	$16{,}4$	$2{,}13394$	$140{,}0$	$3{,}99129$
$1{,}0$	$0{,}25679$	$7{,}0$	$1{,}41737$	$17{,}0$	$2{,}16478$	$160{,}0$	$4{,}10726$
$1{,}2$	$0{,}31886$	$7{,}2$	$1{,}44034$	$17{,}6$	$2{,}19458$	$180{,}0$	$4{,}20956$
$1{,}4$	$0{,}37877$	$7{,}4$	$1{,}46276$	$18{,}2$	$2{,}22341$	$200{,}0$	$4{,}30107$
$1{,}6$	$0{,}43654$	$7{,}6$	$1{,}48465$	$18{,}8$	$2{,}25131$	$225{,}0$	$4{,}40336$
$1{,}8$	$0{,}49220$	$7{,}8$	$1{,}50603$	$19{,}4$	$2{,}27836$	$250{,}0$	$4{,}49487$
$2{,}0$	$0{,}54579$	$8{,}0$	$1{,}52692$	$20{,}0$	$2{,}30459$	$275{,}0$	$4{,}57766$
						$300{,}0$	$4{,}65323$

ist. Die so erhaltene Kurve b ist gegenüber der berechneten (a) vertikal und horizontal *verschoben*. Die vertikale Verschiebung kommt zustande durch die Konstante in Gl. (27), die horizontale durch den Unterschied der als Abszissen aufgetragenen Werte: bei der theoretischen Kurve $\delta \equiv \dfrac{h \cdot \nu}{k \cdot T} - \dfrac{e_0 \cdot \Phi}{k \cdot T}$, bei der experimentellen $\dfrac{h \cdot \nu}{k \cdot T}$. Durch eine vertikale und eine horizontale Verschiebung der theoretischen Kurve müssen daher beide Kurven zur Deckung gebracht werden können, wenn sich die Fowlerschen Gleichungen auf die vorliegenden Messungen anwenden lassen. Nachdem die Kurven zur Deckung gebracht wurden, entnimmt man aus der Lage des Koordinatenanfangspunktes des Systems a im System b die Verschiebung der experimentellen gegenüber der theoretischen Kurve. Die horizontale Verschiebung, die gleich $\dfrac{e_0 \cdot \Phi}{k \cdot T}$ ist, ergibt das *Austrittspotential* Φ, die vertikale, $\log M$, ergibt die *Mengenkonstante M*.

Die geschilderte Methode ist in zahlreichen Fällen (z. B. [64] [47] [241] [72] [52] [242] [207] [209] [216] [15]) zur Bestimmung von Φ

aus dem Verlauf der spektralen Empfindlichkeitskurve verwendet worden und hat sich sowohl bei reinen Metalloberflächen bewährt als auch bei solchen, die mit Fremdmolekeln bedeckt waren. Abb. II.15 zeigt

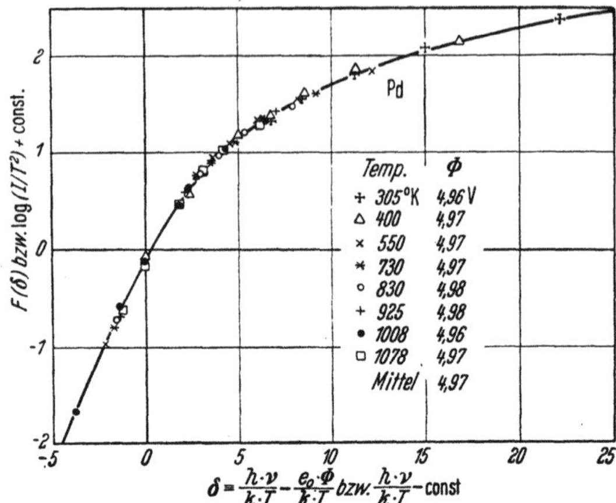

$$\delta = \frac{h\cdot\nu}{k\cdot T} - \frac{e_0\cdot\Phi}{k\cdot T}\ bzw.\ \frac{h\cdot\nu}{k\cdot T} - const$$

Abb. II.15. Gültigkeit der FOWLERschen Theorie bei Palladium für Temperaturen zwischen 305° und 1078° K. (Nach DUBRIDGE u. ROEHR [47])

als Beispiel Messungen an Palladium zwischen 305° und 1078° K [47]. Die bei verschiedenen Temperaturen erhaltenen Werte von Φ stimmen innerhalb der Fehlerstreuung überein. Eine außerhalb der Fehlergrenzen

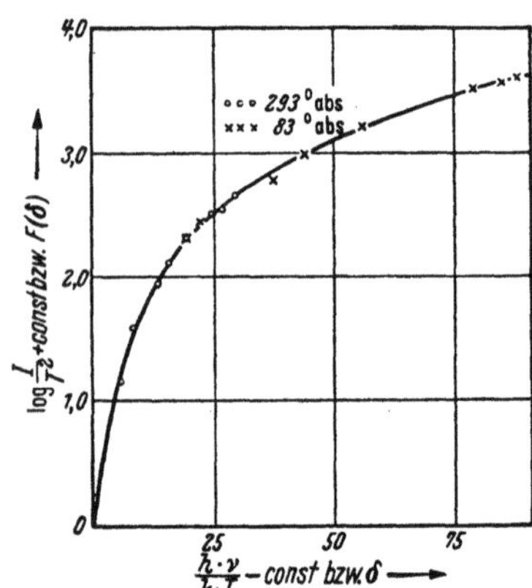

liegende Änderung der Austrittsarbeit, etwa durch die Weitung des Kristallgitters mit zunehmender Temperatur, ist also nicht zu beobachten. Auch bei tiefen Temperaturen konnte die Methode angewendet werden, wie Abb. II.16 erkennen läßt [207]. Die in diesem Fall für kompaktes Wismut erhaltenen Werte des Austrittspotentials sind: $\Phi = 4{,}37$ V bei 293° K; $\Phi = 4{,}43$ V bei 83° K. Die etwas genauere, aber mühsamere Berechnung nach der Methode der lichtelektrischen Geraden ergab im vorliegenden Fall:

Abb. II.16. Gültigkeit der FOWLERschen Theorie bei Wismut für tiefe Temperaturen. (Nach [207])

$\Phi = 4{,}48$ V bei 293° K; $\Phi = 4{,}46$ V bei 83° K. Die Abweichungen der Φ-Werte voneinander liegen jedesmal innerhalb der Fehlergrenzen.

b) Numerische Methode

Die oben genannten photoelektrischen Daten Φ bzw. λ_0 und $\log M$ lassen sich auch auf numerischem Wege aus den Fowlerschen Gleichungen ableiten[1]. Dabei

---

[1] LESSEN, L. VAN: Diplomarbeit. Braunschweig 1954.

sind prinzipiell nur *zwei* benachbarte *Meßpunkte* der Empfindlichkeitskurve erforderlich, was besonders vorteilhaft ist bei *zeitlicher Änderung* von Φ und M, wie etwa beim Bedampfen einer reinen Metallkathode mit Fremdmolekeln.

Man mißt in diesem Fall die spektralen Empfindlichkeiten I_1 und $I_2 (I_2 > I_1)$ für die Wellenzahlen $\bar{\nu}_1$ und $\bar{\nu}_2$ unter der Nebenbedingung $\bar{\nu}_2 - \bar{\nu}_1 < 1000$ ($\bar{\nu}$ in cm^{-1}) und gewinnt zunächst aus (27a) den Koeffizienten $K(x)$:

$$K(x) = T \cdot \frac{\log{(I_2/I_1)}}{\bar{\nu}_2 - \bar{\nu}_1}; \quad x \equiv \frac{k}{h \cdot c} \cdot \delta \,. \tag{27a}$$

Dabei ist T die absolute Temperatur der Photokathode. Im Zähler steht der *dekadische* Logarithmus. $K(x)$ ist der ersten Ableitung der logarithmierten Empfindlichkeitskurve proportional.

Als nächstes entnimmt man der Tab. II.1a die zu $K(x)$ gehörenden Werte x, $F(x)$, $\varphi(x)$ und $\psi(x)$. Die Wellenzahl $1/\lambda_0$ der langwelligen Grenze sowie die Mengenkonstante $\log M$ findet man nun aus den Formeln (27b) bzw. (27c)

$$\frac{1}{\lambda_0} = \frac{1}{2}(\bar{\nu}_1 + \bar{\nu}_2) - T \cdot x - \frac{1}{T} \cdot \varphi(x) \cdot (\bar{\nu}_2 - \bar{\nu}_1)^2 \,, \tag{27b}$$

$$\log M = \log \frac{\sqrt{I_1 \cdot I_2}}{T^2} - F(x) - \frac{1}{T^2} \cdot \psi(x) \cdot (\bar{\nu}_2 - \bar{\nu}_1)^2 \,. \tag{27c}$$

Die Glieder mit $\varphi(x)$ und $\psi(x)$ sind Korrekturgrößen für sehr genaue Messungen, die in vielen Fällen vernachlässigt werden können.

$F(x)$ entspricht Gl. (25a) bzw. (25b) und hat die Form für $x \leqq 0$

$$F(x) \equiv \log\left[e^{\frac{h \cdot c}{k}}\left(e^x - \frac{e^{2x}}{2^2} + \frac{e^{3x}}{3^2} \mp \ldots\right)\right],$$

für $x \geqq 0$

$$F(x) \equiv \log\left[\frac{\pi^2}{6} + \frac{h^2 c^2}{2k^2}\, x^2 - e^{\frac{h \cdot c}{k}}\left(e^{-x} - \frac{e^{-2x}}{2^2} + \frac{e^{-3x}}{3^2} \mp \ldots\right)\right],$$

$\varphi(x)$ und $\psi(x)$ sind gegeben durch

$$\varphi(x) \equiv -\frac{1}{8} \cdot \frac{\dfrac{\partial F(x)}{\partial x} \cdot \dfrac{\partial^2 F(x)}{\partial x^2}}{\dfrac{h^2 \cdot c^2}{k^2} + \left(\dfrac{\partial F(x)}{\partial x}\right)^2}; \quad \psi(x) \equiv -\frac{1}{8} \cdot \frac{\dfrac{\partial^2 F(x)}{\partial x^2}}{1 + \dfrac{k^2}{h^2 \cdot c^2} \cdot \left(\dfrac{\partial F(x)}{\partial x}\right)^2} \,.$$

Zu den oben angegebenen Gln. (27b) und (27c) für die Berechnung von langwelliger Grenze und Mengenkonstante führt folgender Gedankengang:

Man denke sich die theoretische Fowlerkurve und die gemessene Empfindlichkeitskurve $\log(I/T^2)$ als Funktion von $\frac{h \cdot \nu}{k \cdot T}$ in ein und demselben Koordinatensystem eingetragen. Beide Kurven lassen sich durch eine Vertikalverschiebung und eine Horizontalverschiebung zur Deckung bringen. Unter Berücksichtigung dieser Koordinatentransformationen haben sie also gleiches Steigungsmaß.

Man geht nun von zwei gemessenen Punkten P_1 und P_2 auf der Empfindlichkeitskurve aus, zeichnet die Verbindungslinie dieser Punkte und sucht die Koordinaten desjenigen Punktes P_m der Empfindlichkeitskurve auf, bei dem die Tangente dasselbe Steigungsmaß hat wie die Sekante durch P_1 und P_2. Dieser Punkt hat eine kleinere Abszisse und eine größere Ordinate als der Mittelpunkt der Sekanten.

Nunmehr sucht man auf der *theoretischen* Fowlerkurve den Punkt P_{th} auf, bei dem diese dasselbe Steigungsmaß hat wie die Empfindlichkeitskurve in P_m. Diesem Zweck dient Gl. (27a). $K(x)$ ist proportional der 1. Ableitung der theore-

Tabelle II.1a

$K(x)$	x	$F(x)$	$\varphi(x) \cdot 10^4$	$\psi(x) \cdot 10^3$
0,62369	− 5,56714	− 3,47496	—	—
0,62344	− 4,17536	− 2,60607	0,1333	0,0638
0,62256	− 3,47947	− 2,17218	0,3832	0,1823
0,62088	− 2,78357	− 1,73916	0,8528	0,4068
0,61616	− 2,08768	− 1,30819	2,5228	1,2127
0,61443	− 1,94850	− 1,22236	2,7923	1,3460
0,61262	− 1,80932	− 1,13703	3,2338	1,5634
0,61031	− 1,67014	− 1,05189	5,6349	1,9042
0,60760	− 1,53096	− 0,96712	6,7957	2,3069
0,60425	− 1,39179	− 0,88273	8,1025	2,7657
0,60034	− 1,25261	− 0,79880	9,4503	3,2468
0,59575	− 1,11343	− 0,71551	11,0416	3,8227
0,59036	− 0,97425	− 0,63290	12,7744	4,4630
0,58412	− 0,83507	− 0,55110	14,6419	5,1701
0,57693	− 0,69589	− 0,47014	16,6234	5,9428
0,56874	− 0,55671	− 0,39047	18,6668	6,7696
0,55952	− 0,41754	− 0,31189	20,6156	7,5994
0,54924	− 0,27836	− 0,23466	22,5170	8,4558
0,53793	− 0,13918	− 0,15892	24,2383	9,2936
0,52563	0,00000	− 0,08488	25,7083	10,0878
0,51244	0,13918	− 0,01259	26,8670	10,8138
0,49846	0,27836	0,05781	27,6521	11,4420
0,48387	0,41754	0,12622	28,0396	11,9521
0,46881	0,55671	0,19257	28,0321	12,3331
0,45346	0,69589	0,25679	27,6202	12,5864
0,43797	0,83507	0,31886	26,9963	12,7136
0,42249	0,97425	0,37877	26,0421	12,7132
0,40719	1,11343	0,43654	24,8752	12,5590
0,39216	1,25261	0,49220	23,5649	12,3937
0,37751	1,39179	0,54579	22,1628	12,1087
0,36332	1,53096	0,59738	20,7210	11,7633
0,34962	1,67014	0,64701	19,2731	11,3699
0,33648	1,80932	0,69478	17,8450	10,9386
0,32391	1,94850	0,74076	16,4945	10,4881
0,31192	2,08768	0,78502	15,1754	10,0345
0,30049	2,22686	0,82767	13,9518	9,5763
0,28965	2,36604	0,86875	12,8080	9,1205
0,27934	2,50521	0,90837	11,7522	8,6772
0,26958	2,64439	0,94658	10,7749	8,2440
0,26033	2,78357	0,98348	9,8834	7,8305
0,25156	2,92275	1,01912	9,0671	7,4337
0,24326	3,06193	1,05356	8,3215	7,0553
0,23539	3,20111	1,08689	7,6426	6,6963
0,22793	3,34029	1,11916	7,0250	6,3564
0,22086	3,47946	1,15026	6,4641	6,0361
0,21416	3,61864	1,18068	5,9545	5,7342
0,20780	3,75782	1,21006	5,4879	5,4467
0,20177	3,89700	1,23858	5,0697	5,1820
0,19603	4,03618	1,26628	4,6824	4,9263
0,19059	4,17536	1,29319	4,3288	4,6842
0,18541	4,31454	1,31937	4,0155	4,4667
0,18047	4,45372	1,34485	3,7255	4,2574
0,17577	4,59289	1,36965	3,4608	4,0607
0,17129	4,73207	1,39382	3,2186	3,8757
0,16701	4,87125	1,41737	2,9975	3,7016

Tabelle II.1a (Fortsetzung)

$K(x)$	x	$F(x)$	$\varphi(x) \cdot 10^4$	$\psi(x) \cdot 10^3$
0,16293	5,01043	1,44034	2,7944	3,5373
0,15903	5,14961	1,46276	2,6089	3,3834
0,15530	5,28879	1,48465	2,4407	3,2413
0,15172	5,42797	1,50603	2,2835	3,1041
0,14830	5,56714	1,52692	2,1378	2,9730
0,14503	5,70632	1,54734	2,0054	2,8518
0,14189	5,84550	1,56732	1,8846	2,7395
0,13887	5,98468	1,58686	1,7700	2,6288
0,13597	6,12386	1,60600	1,6656	2,5264
0,13319	6,26304	1,62474	1,5689	2,4295
0,13051	6,40222	1,64311	1,4793	2,3376
0,12794	6,54139	1,66110	1,3961	2,2508
0,12546	6,68057	1,67874	1,3193	2,1689
0,12307	6,81975	1,69605	1,2477	2,0909
0,12076	6,95893	1,71303	1,1810	2,0169
0,11640	7,23729	1,74605	1,0604	1,8789
0,11233	7,51564	1,77789	0,9563	1,7558
0,10853	7,79400	1,80865	0,8646	1,6431
0,10497	8,07236	1,83838	0,7838	1,5401
0,10163	8,35072	1,86714	0,7128	1,4465
0,09849	8,62907	1,89501	0,6499	1,3610
0,09553	8,90743	1,92202	0,5940	1,2823
0,09275	9,18579	1,94824	0,5444	1,2105
0,09012	9,46414	1,97370	0,5010	1,1466
0,08762	9,74250	1,99845	0,4610	1,0852
0,08414	10,16004	2,03433	0,4083	1,0007
0,08091	10,57757	2,06890	0,3637	0,9272
0,07792	10,99511	2,10197	0,3248	0,8598
0,07514	11,41265	2,13394	0,2920	0,8015
0,07255	11,83018	2,16478	0,2630	0,7478
0,07013	12,24772	2,19458	0,2378	0,6993
0,06786	12,66525	2,22341	0,2157	0,6555
0,06574	13,08279	2,25131	0,1961	0,6154
0,06374	13,50032	2,27836	0,1789	0,5788
0,06186	13,91786	2,30459	0,1637	0,5458
0,05952	14,47457	2,33839	0,1459	0,5057
0,05734	15,03129	2,37093	0,1306	0,4697
0,05532	15,58800	2,40230	0,1174	0,4376
0,05344	16,14472	2,43259	0,1059	0,4086
0,05168	16,70143	2,46187	0,0958	0,3823
0,04963	17,39733	2,49713	0,0849	0,3528
0,04774	18,09322	2,53103	0,0756	0,3267
0,04599	18,78911	2,56365	0,0676	0,3031
0,04436	19,48500	2,59511	0,0607	0,2820
0,04285	20,18090	2,62547	0,0547	0,2632
0,04143	20,87679	2,65479	0,0495	0,2465
0,03886	22,26858	2,71067	0,0409	0,2172
0,03658	23,66036	2,76316	0,0342	0,1926
0,03456	25,05215	2,81268	0,0288	0,1719
0,03275	26,44393	2,85953	0,0245	0,1543
0,03112	27,83572	2,90398	0,0211	0,1399
0,02491	34,79465	3,09746	0,0078	0,0928
0,02077	41,75358	3,25565	0,0045	0,0637
0,01781	48,71251	3,38946	0,0028	0,0464
0,01558	55,67144	3,50537	0,0019	0,0353

Tabelle II.1a (Fortsetzung)

$K(x)$	x	$F(x)$	$\varphi(x) \cdot 10^4$	$\psi(x) \cdot 10^3$
0,01385	62,63037	3,60763	0,0013	0,0278
0,01247	69,58930	3,69911	0,0010	0,0227
0,01039	83,50716	3,85743	—	—
0,00891	97,42502	3,99129	—	—
0,00780	111,34288	4,10726	—	—
0,00693	125,26074	4,20956	—	—
0,00624	139,17860	4,30107	—	—
0,00554	156,57593	4,40336	—	—
0,00499	173,97325	4,49487	—	—
0,00454	191,37058	4,57766	—	—
0,00416	208,76790	4,65323	—	—

tischen Fowlerkurve und kann deshalb für verschiedene Werte x berechnet werden. In Tab. II.1a sind die zusammengehörigen Werte aufgeführt. Umgekehrt kann man nun nach Berechnung von $K(x)$ durch Gl. (27a) die Koordinaten von P_{th} aus Tab. II.1a ermitteln.

Langwellige Grenze und Mengenkonstante findet man aus den Differenzen der Koordinaten von P_m und P_{th}. Gl. (27b) und Gl. (27c) stellen den formelmäßigen Zusammenhang dar.

Der erste Summand auf der rechten Seite der Gl. (27b) und Gl. (27c) entspricht den Koordinaten des Mittelpunktes der Sekanten $P_1 P_2$, das letzte Glied dem Korrekturglied, durch das man die Koordinaten von P_m erhält. Von diesen Koordinaten müssen nach den obigen Ausführungen die Koordinaten von P_{th} abgezogen werden. Dem wird der mittlere Summand der Gleichungen gerecht.

c) Isochromatenmethode

Bei der obigen Anwendung der Fowlerschen Gleichungen zur Berechnung von Φ mußten Werte der spektralen Empfindlichkeit bei einer bestimmten Temperatur und verschiedenen Wellenzahlen bzw. Lichtfrequenzen bekannt sein, d.h. in den Gleichungen war $T = $ const und ν wurde variiert. Man kann nun nach DuBridge auch I bei Bestrahlung mit einer *konstant* gehaltenen *Lichtfrequenz* ν messen[1] und T *variieren*, um Φ zu ermitteln [46]. Dann trägt man einerseits $\log(I/T^2)$ als Funktion von $\log T$ in ein Koordinatensystem ein und andererseits $F(\delta)$ als Funktion von $\log|\delta|$. Da sich nach Gl. (27) $\log(I/T^2)$ um eine Konstante von $F(\delta)$ unterscheidet und die Summe von $\log T$ und $\log \delta$ nach Gl. (24) gleich $\log[(h \cdot \nu - e_0 \cdot \Phi)/k]$, also ebenfalls konstant ist, kann man die experimentelle und die theoretische Kurve wiederum durch eine vertikale und eine horizontale Verschiebung zur Deckung bringen. Aus der horizontalen Verschiebung $\log[(h \cdot \nu - e_0 \cdot \Phi)/k]$ läßt sich wieder Φ berechnen. Abb. II.17 zeigt eine solche „*Isochromate*" für Gold. Bei diesen Messungen war stets $h \cdot \nu > e_0 \cdot \Phi$, also $\nu > \nu_0$.

---

[1] Wenn man den Strahlungsfluß konstant hält, genügt es bei dieser Methode, den Elektronen*strom* im *relativen* Maß zu bestimmen; die Ermittlung der spektralen *Empfindlichkeit* ist nicht erforderlich.

Die unter b) und c) besprochenen Methoden haben den Vorteil, daß sie auch dann angewendet werden können, wenn α in Gl. (26) frequenzabhängig ist. Außerdem erfordert die Isochromatenmethode nicht die Energiemessung der auffallenden Strahlung, sondern lediglich die spektrale Zerlegung und die Messung der Kathodentemperatur T. Dafür setzt sie voraus, daß die Reinheit der Kathodenoberfläche bei Veränderung der Temperatur erhalten bleibt. Diese Bedingung hat bei dem notwendigen größeren Temperaturbereich einen beträchtlichen experimentellen Aufwand zur Folge: bei hohen Temperaturen eine sehr gründliche Entgasung der Kathode, bei tiefen Temperaturen Maßnahmen, die eine Kondensation von Restgasen auf der Kathodenoberfläche verhüten (vgl. Ziff. 19). Am geeignetsten erscheint zunächst die Ermittlung von I als Funktion von T bei *Abkühlung*. Bei tiefen Temperaturen ist jedoch die Änderung von I mit T verhältnismäßig gering, wie man aus Tab. II.2 ersieht [*216*]. Die Methode der Isochromaten erfordert daher eine sehr große Meßgenauigkeit des lichtelektrischen Stromes und eine sehr gute Konstanz der Strahlungsquelle bzw. die Eliminierung des Einflusses der Lampenschwankungen durch eine geeignete Meßmethode[1].

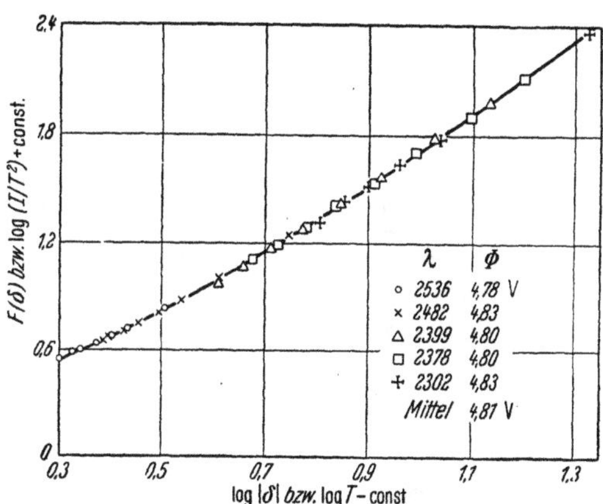

λ	Φ	
○	2536	4,78 V
×	2482	4,83
△	2399	4,80
□	2378	4,80
+	2302	4,83
Mittel	4,87 V	

Abb. II.17. „Isochromate" für Gold. (Nach DuBridge [*46*])

d) Abweichungen von der Fowlerschen Theorie

Vergleicht man in Tab. II.2 das Verhältnis der spektralen Empfindlichkeitswerte bei 83° und 293° K für Zink einerseits, für Kadmium andererseits, so erkennt man, daß die Zunahme der Empfindlichkeit bei Erwärmung mit abnehmender Wellenlänge kleiner wird, bis etwa 8,5% bei 230 mμ für Zink und 1,5% bei 254 mμ für Kadmium, und daß bei Kadmium unterhalb 254 mμ sogar eine *Abnahme* der Empfindlichkeit mit *zunehmender* Temperatur festzustellen ist. Während die spektrale Empfindlichkeit von Beryllium, Aluminium und Zink im ganzen untersuchten Spektralbereich (bis 220 mμ) bei tiefer Temperatur niedriger liegt als bei Zimmertemperatur, schneiden sich die bei tiefer und hoher Temperatur aufgenommenen Empfindlichkeitskurven von Kadmium,

---

[1] Vgl. Z. Phys. **13**, 138f. (1936).

Simon/Suhrmann, Lichtelektr. Effekt, 2. Aufl.   3

Tabelle II.2. *Lichtelektrische Empfindlichkeit in 10^{-5} Coul/cal von im Hochvakuum aufgedampften Zink- und Kadmiumschichten bei 293° und 83° K*

Wellenlänge in mμ	Zink; $\Phi = 4{,}31$ V; $\lambda_0 = 287{,}5$ mμ		Kadmium; $\Phi = 4{,}10$ V; $\lambda_0 = 302{,}5$ mμ	
	$T = 293°$ K	$T = 83°$ K	$T = 293°$ K	$T = 83°$ K
289,3	—	—	3,38	2,94
280,3	0,83	0,60	11,3	9,6
276,0	1,95	1,60	16,7	14,3
269,9	4,68	3,78	26,2	23,3
265,5	7,64	6,74	37,0	32,1
260,5	10,6	9,35	47,5	45,8
254,0	19,5	16,1	69,5	68,5
248,2	27,5	24,8	89,1	94,5
239,9	44,1	40,6	139,9	143,9
234,5	61,7	56,8	186,4	198,2
230,0	82,6	76,1	242,4	264,1

Wismut [207], Gold (Abb. II.11), Silber [246], Platin [205] und Tantal [32]. Diese Erscheinung wird durch die FOWLERsche Theorie nicht erfaßt. Sie ist wohl darauf zurückzuführen, daß die in größerem Abstand von der langwelligen Grenze ausgelösten Elektronen nicht mehr allein durch die Potentialschwelle an der Metalloberfläche gebunden sind, sondern durch zusätzliche Gitterkräfte beeinflußt werden [207], daß es sich bei ihrer Auslösung also nicht mehr um den „Oberflächeneffekt", sondern um den „Volumeffekt" handelt (vgl. Ziff. 7). Bei höherer Temperatur bewirken die Gitterschwingungen eine stärkere Streuung und somit Absorption der durch das periodische Potentialfeld des Gitters beeinflußten und daher durch größere Lichtquanten ausgelösten Photoelektronen. Ihre Anzahl nimmt deshalb mit wachsender Temperatur ab[1].

Die Abweichungen der experimentellen Empfindlichkeitskurve von Gl. (25 b) in größerem Abstand von λ_0 könnte man in der Weise darstellen, daß man den Faktor α in Gl. (23 a) in der Nähe von λ_0 als unabhängig von v, bei größerem Abstand jedoch als von v abhängig annimmt. Bei einigen Metallen ist α außerdem eine Funktion der Temperatur, denn das *Verhältnis* der spektralen Empfindlichkeiten bei 293° und 83° K in Tab. II.2 ist sowohl für Zink als auch für Kadmium größer als die Berechnung nach Gl. (25 b) ergibt, wenn man α als temperaturunabhängig annimmt. Da sich die *Meßwerte* in Tab. II.2 von λ_0 ab bis 248 mμ für Zink und bis 230 mμ für Kadmium durch Gl. (25 b) jedoch sehr gut darstellen lassen, muß α für verschiedene v in der *gleichen* Weise von der Temperatur abhängen. Auch bei einer Temperaturabhängigkeit der Proportionalitätskonstante α könnte also das Austrittspotential nach Gl. (25 b) berechnet werden.

---

[1] CASHMAN [36] deutet das Überschneiden der Empfindlichkeitskurven bei verschiedenen Temperaturen durch die Temperaturabhängigkeit des Austrittspotentials.

11. Einfluß der Temperatur auf die Energieverteilung der Photoelektronen; Theorie von DuBridge

Ebenso wie der Verlauf der spektralen Empfindlichkeitskurve ist auch die Energieverteilung der Photoelektronen und damit der Verlauf der *Strom-Spannungskurve* bei Bestrahlung mit einer bestimmten Lichtfrequenz (vgl. Ziff. 6) von der Temperatur abhängig. Eine relativ einfache Theorie der Energieverteilung in Abhängigkeit von v und T, die sich, ebenso wie die FOWLERsche Theorie der spektralen Empfindlichkeitskurve, lediglich auf die im *Oberflächeneffekt* emittierten freien Elektronen bezieht, wurde von DuBRIDGE [48] im Anschluß an die Überlegungen FOWLERS entwickelt.

a) Energieverteilung bei paralleler Plattenanordnung von Kathode und Anode

Für die theoretische Erfassung besonders günstig ist die Strom-Spannungskurve, die man erhält, wenn Kathode und Anode zwei *parallele Platten* darstellen, die Anode z. B. durch ein engmaschiges, der Kathode parallel angeordnetes Drahtnetz gebildet wird (z. B. [85]; vgl. auch [156]).

Sind die Elektroden groß im Verhältnis zu ihrem Abstand, so verläuft das Feld zwischen ihnen normal zur Kathodenoberfläche. Entsprechend den Ausführungen in Ziff. 6 kann dann derjenige *normal zur Kathode* austretende Strom $i = F(U)$ von Photoelektronen das Bremspotential U überwinden, bei dem die Energie der Elektronen gleich oder größer als $e_0 \cdot U$ ist. Durch Differentiation der Elektronenstrom-Spannungskurve $i = F(U)$ erhält man die Energieverteilungskurve

$$f(U) = \frac{dF(U)}{dU}, \tag{28}$$

wobei $f(U) \cdot d(U)$ gleich der Zahl der Elektronen ist, deren Energie in e-Volt zwischen U und $(U + dU)$ liegt.

Da die Elektronen, welche die Kathodenoberfläche verlassen, sowohl gegen das Gitterpotential C/e_0 (vgl. Ziff. 9) wie auch gegen das Bremspotential U anlaufen müssen, können nur diejenigen Photoelektronen die Anode erreichen, deren Energie-Normalkomponente ε' der Bedingung genügt

$$\varepsilon' + h \cdot v \geqq C + e_0 \cdot U. \tag{29}$$

Die untere Integrationsgrenze in Gl. (23) wird dadurch $C + e_0 \cdot U - h \cdot v$ und für δ in Gl. (24) ergibt sich auf Grund von Gl. (21) und Gl. (5)

$$\delta = - \frac{C - \varepsilon_0 + e_0 \cdot U - h \cdot v}{k\,T} = \frac{-e_0 \cdot \Phi - e_0 \cdot U + h \cdot v}{k \cdot T} = \frac{-h \cdot v_0 - e_0 \cdot U + h \cdot v}{k \cdot T},$$

so daß man schließlich wegen $h \cdot (v - v_0) = e_0 \cdot U_m$ aus Gl. (4) erhält

$$\delta = e_0 \cdot \frac{U_m - U}{k \cdot T}. \tag{30}$$

Wie in Gl. (25a) und (25b) können wir nun die beiden Fälle unterscheiden:

1. Fall: $\delta \leqq 0$; $U \geqq U_m$;   *2. Fall:* $\delta \geqq 0$; $U \leqq U_m$.

Der Photostrom I in Gl. (25a) und (25b) ist jetzt wegen Gl. (30) eine Funktion von U, v und T, da U_m auf Grund von Gl. (4) von v abhängt.

Setzt man zunächst $T = 0$, so erhält man im *1. Fall* aus Gl. (25a):

$$I = 0$$

und im *2. Fall* aus Gl. (25b):

$$I = \alpha \cdot A \cdot \frac{e_0^2}{2\,k^2} \cdot (U_m - U)^2. \tag{31}$$

Bestrahlt man also die Kathode bei $T = 0$ mit Licht, für das $v > v_0$ ist, so erhält man bei einem Bremspotential $U \leqq U_m$ eine Strom-Spannungskurve, die *parabolisch* mit abnehmendem U ansteigt, wie aus Abb. II.18 zu ersehen ist. Nur in diesem Fall gibt es ein definiertes Maximalpotential U_m entsprechend Ziff. 6 und Gl. (4).

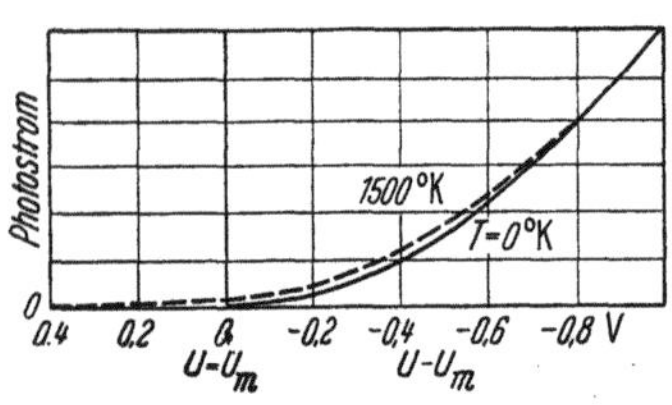

Abb. II.18. Theoretische Strom-Spannungskurve bei paralleler Plattenanordnung von Kathode und Anode für 0° und 1500° K. Die Sättigungsströme bei beiden Temperaturen sind zur Deckung gebracht. (Nach DuBRIDGE [*Z 23*])

Bei Temperaturen $T > 0$ überschreitet die Strom-Spannungskurve den Wert U_m und nähert sich asymptotisch der Abszisse (Abb. II.18).

Man erhält somit U_m experimentell, wenn man die Strom-Spannungskurve bei paralleler plattenförmiger Elektrodenanordnung und bei nicht zu hohen Temperaturen mißt und auf Grund von Gl. (31) $\sqrt{I}$ als Funktion von U in ein Koordinatensystem einträgt. Die Extrapolation des geradlinigen Teils der Kurve (bei kleineren Bremspotentialen) bis zum Schnitt mit der Abszisse ergibt U_m.

Eine weitere Methode, U_m zu erhalten, besteht darin, daß man nach DuBRIDGE und HERGENROTHER [*49*] einerseits $\log(I/T^2)$ bei bestimmtem v und konstantem Strahlungsfluß als Funktion von U ermittelt. Man trägt nun einerseits $\log(I/T^2)$ als Ordinate, $e_0 \cdot U/(k \cdot T)$ als Abszisse auf und zeichnet andererseits, wie bei Anwendung der Fowlerschen Gleichung (27), die Funktionswerte $F(\delta)$ als Funktion von δ ein. Die horizontale Verschiebung bis zur Deckung der beiden Kurven ist dann $e_0 \cdot U_m/(k \cdot T)$. Sowohl bei Molybdän [*49*] als auch bei dünnen Kaliumfilmen auf Silber und Platin nach Versuchen von HENSHAW [*85*] war die Theorie von DuBRIDGE gut erfüllt.

b) Energieverteilung bei zentraler Anordnung der Kathode innerhalb einer kugelförmigen Anode

Wesentlich komplizierter ist die theoretische Darstellung, wenn die *Kathode zentral* innerhalb der kugelförmigen Anode angeordnet ist, so daß man die *vollständige Energieverteilung* der Photoelektronen erhält. Eine solche Anordnung ist in Abb. II.19 wiedergegeben. Die kugelförmige Kathode K ist im Mittelpunkt der Anode A angeordnet. F ist das Quarzfenster für den Lichteintritt. K wird magnetisch mittels des Eisenkernes E in das Ansatzrohr R zurückgezogen und dort mittels eines Glühsenders ausgeheizt. Der Trägerdraht von K gleitet in einer Halterungsvorrichtung aus Nickelblech. Von V aus kann man Substanzen, z. B. Alkalimetalle, auf die zurückgezogene Kathode aufdampfen. Bei k wird das Gegenpotential angelegt; a steht in Verbindung mit der Vorrichtung zum Messen des Photostromes.

Bezeichnet man die Geschwindigkeit der Elektronen *innerhalb* des Metalls mit w, so ist die Energie der durch Aufnahme eines Lichtquants angeregten Elektronen innerhalb des Metalls

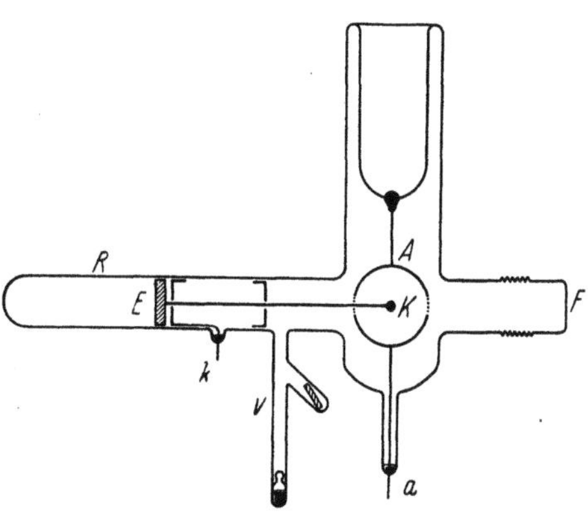

Abb. II.19. Photozelle zur Messung der vollständigen Energieverteilung der an aufgedampften Metallschichten ausgelösten Photoelektronen. (Nach HILL [*86*])

$$\tfrac{1}{2}\,m\cdot w'^2 = \tfrac{1}{2}\,m\cdot w^2 + h\cdot\nu\,.$$

Von diesen werden diejenigen emittiert, deren Geschwindigkeitskomponente w'_x *senkrecht* zur Oberfläche so groß ist (w_C), daß die Energieschwelle C (vgl. Ziff. 9) überwunden werden kann:

$$\tfrac{1}{2}\,m\cdot w_C^2 = C\,.$$

Dies ist der Fall, wenn w' innerhalb des Raumwinkels

$$2\,\pi\cdot\left(1 - \frac{w_C}{w'}\right)$$

liegt. Die Wahrscheinlichkeit hierfür ist

$$\frac{2\,\pi\cdot\left(1 - \dfrac{w_C}{w'}\right)}{4\,\pi} = \frac{1}{2}\left(1 - \frac{w_C}{w'}\right)\,.$$

Die Zahl $N(v)\,dv$ der in der *Zeiteinheit* pro *Oberflächeneinheit* emittierten Elektronen, deren Geschwindigkeit (*außerhalb* des Metalls) im Bereich v und $v + dv$ liegt, erhält man, wenn man die Zahl der in Betracht kommenden Elektronen pro Volumeneinheit mit der Geschwindigkeitskomponente w'_x multipliziert:

$$N(v)\,dv = \alpha\cdot w'_x\cdot\frac{1}{2}\left(1 - \frac{w_C}{w'}\right)\cdot N(w)\cdot dw\,, \tag{32}$$

wobei $N(w)\cdot dw$, die Zahl der Elektronen pro Volumeneinheit innerhalb des Metalls, deren Geschwindigkeit zwischen w und $w + dw$ liegt, durch die aus Gl. (15) abzuleitende Beziehung (33) gegeben ist:

$$N(w)\,dw = \frac{8\,\pi\,m^3}{h^3} \cdot \frac{w^2 \cdot dw}{e^{(\frac{1}{2}\,m \cdot w^2 - \varepsilon_0)/(kT)} + 1}. \tag{33}$$

Berücksichtigt man, daß

$$\tfrac{1}{2}\,m \cdot v^2 = \tfrac{1}{2}\,m \cdot w'^2 - C = \tfrac{1}{2}\,m \cdot w'^2 - \tfrac{1}{2}\,m \cdot w_C^2 = \tfrac{1}{2}\,m \cdot w^2 + h \cdot v - \tfrac{1}{2}\,m \cdot w_C^2$$

und

$$v \cdot dv = w' \cdot dw' = w \cdot dw$$

ist, so erhält man schließlich

$$N(v) \cdot dv = \alpha \cdot \frac{8\,\pi\,m^3}{h^3} \cdot w_x^2 \cdot \frac{1}{2}\left(1 - \frac{w_C}{\sqrt{v^2 + w_C^2}}\right) \cdot \sqrt{v^2 + w_C^2 - \frac{2\,h \cdot v}{m}} \times$$

$$\times \frac{v \cdot dv}{e^{\left(\frac{m}{2}\,v^2 - h \cdot v + C - \varepsilon_0\right)/(kT)} + 1}. \tag{34}$$

In α ist, wie in Ziff. 9, der Durchlässigkeitskoeffizient D der Elektronen sowie die Wahrscheinlichkeit für die Absorption eines Lichtquants durch ein Elektron enthalten.

Um Gl. (34) diskutieren zu können, trifft man nach DuBridge folgende Vereinfachungen:

1. Man nimmt an, daß α in dem untersuchten Bereich von v und v konstant ist.

2. Da im allgemeinen $\tfrac{1}{2}\,m\,v^2 \ll C$ ist, kann man den ersten Klammerausdruck in Gl. (34) in eine Reihe entwickeln und erhält $v^2/2\,w_C^2$.

3. Für v-Werte nahe der langwelligen Grenze ist w_x' nur wenig größer als w_C und die Wurzel nur wenig kleiner, so daß das Produkt $w_x' \cdot \sqrt{v^2 + w_C^2 - 2\,hv/m} \simeq w_C^2$ ist. Setzt man schließlich entsprechend der Einsteinschen Gleichung $h \cdot v - C + \varepsilon_0 = \tfrac{1}{2}\,m \cdot v_m^2$ in Gl. (34) ein, so erhält man

$$N(v)\,dv = \alpha \cdot \frac{2\,\pi\,m^3}{h^3} \cdot \frac{v^3 \cdot dv}{e^{\frac{1}{2}\,m(v^2 - v_m^2)/(kT)} + 1}. \tag{35}$$

Hieraus ergibt sich die *Energieverteilung* in e-Volt, indem man

$$\tfrac{1}{2}\,m \cdot v^2 = e_0 \cdot U; \quad m \cdot v \cdot dv = e_0 \cdot dU; \quad \tfrac{1}{2}\,m \cdot v_m^2 = e_0 \cdot U_m$$

setzt:

$$f(U)\,dU = \alpha \cdot A' \cdot \frac{U \cdot dU}{e^{e_0(U - U_m)/(kT)} + 1}, \tag{36}$$

wobei $A' \equiv 4\,\pi\,m \cdot e_0^2/h^3$.

Abb. II. 20 zeigt im oberen Teil (a) die nach Gl. (36) berechnete Energieverteilung bei $0°$, $300°$ und $900°$ K für $U_m = 0,5$ V, rechts liegt die Energie Null e-Volt.

Die bei Zimmertemperatur gemessenen Energieverteilungskurven sind bei kleinen Energiewerten gewöhnlich etwas durchgebogen, entsprechend der punktierten Kurve. Diese Abweichung ist wahrscheinlich darauf zurückzuführen, daß der Transmissionskoeffizient D und damit α von der Größe der Elektronenenergie etwas abhängig ist (vgl. Ziff. 20). Im übrigen ist der Kurvenverlauf ähnlich dem experimentell gefundenen (Abb. II.7, II.9 und II.10) bis auf die Besonderheit der theoretischen Kurve, daß ihr Maximum mehr auf der Seite der *hohen* Energien liegt, während die experimentellen Verteilungskurven, soweit sie an kompakten Metallen gemessen wurden, wie in Abb. II.7, II.9 und II.10 (Kurve *1*) ein mehr bei *kleinen* Energiewerten liegendes Maximum aufweisen. Bemerkenswerterweise befindet sich das Verteilungsmaximum jedoch bei *dünnen* Ag-Schichten (Abb. II.10, Kurven *2* und *3*), in Übereinstimmung mit der theoretischen Kurve, auf der Seite der *hohen* Energien. Das abweichende Verhalten der kompakten Metalle in den Abbildungen ist daher vielleicht darauf zurückzuführen, daß

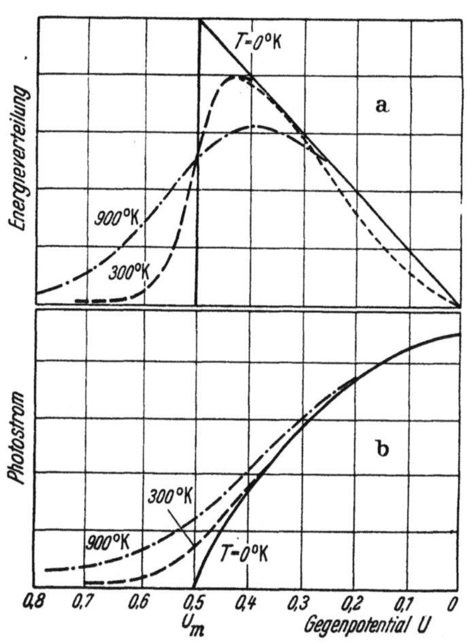

Abb. II.20. a) Theoretische, vollständige Energieverteilung (bei zentraler Kathodenanordnung) entsprechend Gl. (36). b) Theoretische Strom-Spannungskurve im Gegenfeld bei zentraler Kathodenanordnung. Rechts langsame, links schnelle Elektronen. (Nach DuBridge [Z 23])

bei ihnen der „Volumeffekt", also die im Metallgitter gebundenen Elektronen, eine ausschlaggebende Rolle spielten, während bei den nur 10 mμ dicken Ag-Schichten der „Oberflächeneffekt", also die Auslösung *freier* Elektronen, überwiegt, die der FERMI-DIRAC-Statistik unterworfen sind und für welche Gl. (36) abgeleitet wurde. Auch an K-Filmen von 30 Atomschichten sowie an aufgedampften Na- und Ca-Schichten beobachteten BRADY [26], HILL [86] und LIBEN [126] Verteilungskurven, deren Maxima in Übereinstimmung mit der Theorie von DuBridge bei *hohen* Energiewerten lagen. In diesen Fällen wird also ebenfalls der „Oberflächeneffekt" die Form der Verteilungskurve bestimmt haben[1].

---

[1] Allerdings ist die Form der Verteilungskurve bei Schichten von Metallen *kleiner* Austrittsarbeit kein *ausreichendes* Kriterium dafür, daß der „Oberflächeneffekt" überwiegt, denn bei diesen Metallen können, besonders wenn sie auf Trägermetalle aufgedampft wurden, örtliche Unterschiede des Austrittspotentials „Fleckenfelder" hervorrufen, durch welche ein Teil der *langsamen* Elektronen auf die Kathode zurückgezogen wird, so daß sich das Maximum der Verteilungskurve nach der Seite der schnellen Elektronen verlagert (vgl. hierzu Ziff. 25).

Aus Gl. (36) erhält man die *Strom-Spannungskurve* im Gegenfeld, wenn man das Integral

$$I = e_0 \cdot \int_U^\infty f(U) \cdot dU \qquad (37)$$

berechnet. Hierzu substituiert man mit DuBRIDGE:

$$x \equiv \frac{e_0 \cdot U}{k \cdot T}$$

und

$$x_m \equiv \frac{e_0 \cdot U_m}{k \cdot T} = \frac{1}{k \cdot T} \cdot (h \cdot \nu - e_0 \cdot \Phi) = \frac{1}{k \cdot T} h \cdot (\nu - \nu_0) \equiv \delta . \qquad (38)$$

x_m in Gl. (38) und δ in Gl. (24) sind also identisch. Die Integration von Gl. (37) ergibt:

1. Für $x \geqq x_m$; $U \geqq U_m$

$$I = \alpha \cdot A \cdot T^2 \cdot \left[- x \cdot (x - x_m) + x \cdot \ln(1 + e^{x-x_m}) \right.$$
$$\left. + \left(e^{-(x-x_m)} - \frac{e^{-2(x-x_m)}}{2^2} + \frac{e^{-3(x-x_m)}}{3^2} \mp \cdots \right) \right] . \qquad (39\,\text{a})$$

2. Für $x \leqq x_m$; $U \leqq U_m$

$$I = \alpha \cdot A \cdot T^2 \cdot \left[\frac{\pi^2}{6} - \frac{1}{2}(x^2 - x_m^2) + x \cdot \ln(1 + e^{x-x_m}) \right.$$
$$\left. - \left(e^{x-x_m} - \frac{e^{2(x-x_m)}}{2^2} + \frac{e^{3(x-x_m)}}{3^2} \mp \cdots \right) \right] , \qquad (39\,\text{b})$$

hierbei ist

$$A \equiv 4\pi e_0 \cdot m \cdot k^2/h^3$$

wie in Gl. (25a), (25b), (26) und (31), falls I (wie dort) die Zahl der Elektronen pro Lichtquant bedeutet.

Setzt man $U = 0$, also $x = 0$ in Gl. (39a) und (39b), so erhält man den Sättigungsstrom, der mit I in Gl. (25a) und (25b) identisch ist.

Bei $T = 0$ nehmen die Gln. (39a) und (39b) die folgende Gestalt an:

1. Für $x \geqq x_m$; $U \geqq U_m$

$$I = 0 \qquad (40\,\text{a})$$

und *2. für* $x \leqq x_m$; $U \leqq U_m$

$$I = \alpha \cdot \frac{e_0^2}{2\,k^2} \cdot A \cdot (U_m^2 - U^2) . \qquad (40\,\text{b})$$

Dies entspricht der parabelförmigen Strom-Spannungskurve in Abb. II. 20b, die bei U_m die Spannungsabszisse schneidet und bei $U = 0$ den Sättigungswert erreicht. Je höher die Temperatur, um so stärker biegt die Strom-Spannungskurve von der Parabel ab. Die theoretischen Kurven in Abb. II. 20b stimmen in ihrem Verlauf mit den experimentell von ROEHR [*172*] gewonnenen in Abb. II. 21 gut überein.

Um U_m aus dem Verlauf der Strom-Spannungskurve zu ermitteln, formt man Gl. (39b) nach DuBRIDGE unter einigen Vernachlässigungen um in

$$I = \alpha \cdot A \cdot T^2 \cdot x \cdot [e^{-(x-x_m)} - \tfrac{1}{4} e^{-2(x-x_m)}] . \tag{41}$$

Durch Logarithmieren von Gl. (41) erhält man

$$\log\left(\frac{I}{x \cdot T^2}\right) = \log M + \varphi(x - x_m) , \tag{42}$$

wobei
$$M \equiv \alpha \cdot A$$

und

$$\varphi(x - x_m) \equiv \log\left[e^{-(x-x_m)} - \tfrac{1}{4} e^{-2(x-x_m)}\right] .$$

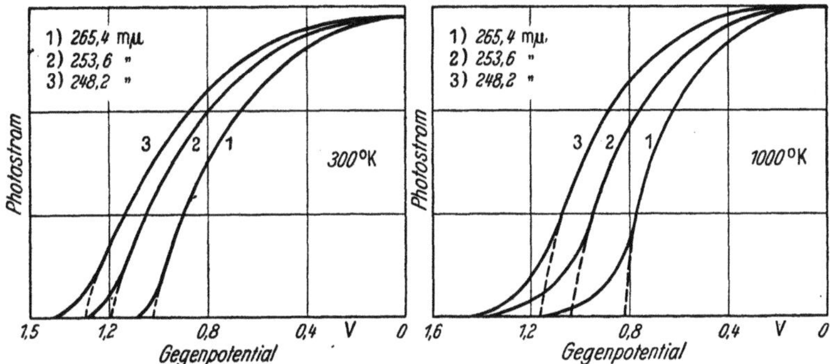

Abb. II. 21. Temperatureinfluß auf den Verlauf der experimentellen Strom-Spannungskurven im Gegenfeld. Die Sättigungsströme bei Bestrahlung mit Licht verschiedener Wellenlänge sind zur Deckung gebracht. (Nach ROEHR [172])

Wie bei der Anwendung von Gl. (26) zur Berechnung von Φ, kann man Gl. (42) zur Berechnung von x_m und damit von U_m benutzen, indem man einerseits $\varphi(x - x_m)$ als Funktion von $(x - x_m) \equiv (e_0/kT) \cdot (U - U_m)$ und andererseits $\log[I/(x \cdot T^2)]$ als Funktion von $x \equiv [e_0/(kT)] \cdot U$ in ein Koordinatensystem einträgt. Die Horizontalverschiebung, die erforderlich ist, um beide Kurven zur Deckung zu bringen, ist $x_m \equiv [e_0/(kT)] \cdot U_m$, die Vertikalverschiebung $\log M$.

Die Anwendung dieser Theorie auf die Messungen in Abb. II. 21 sowie auf Messungen der Strom-Spannungskurve im Zentralfeld an Na durch DuBRIDGE und HILL [51] [86], an polykristallinem Wolfram durch APKER und Mitarbeiter [3] sowie von BRADY [26] an K-Filmen verschiedener Dicke, die auf einer versilberten zentrisch angeordneten kugelförmigen Kathode aufgebracht waren, ergab gute Übereinstimmung mit der Theorie, jedoch nur dann, wenn sorgfältig auf Reinheit der Oberflächen geachtet wurde. Die bei Verunreinigungen der Oberfläche beobachteten Abweichungen sind wahrscheinlich auf ungleichmäßige Adsorption und damit verbundene „Fleckenfelder" zurückzuführen, die, wie in Ziff. 25 ausgeführt wird, den Verlauf der Strom-Spannungskurve wesentlich beeinflussen können.

c) Ermittlung der Energieverteilung innerhalb des Metalls durch Verringerung der Austrittsarbeit

Im Zusammenhang mit den obigen Betrachtungen über die Energieverteilung der Photoelektronen soll an dieser Stelle auf ein von MAYER [138] vorgeschlagenes Verfahren hingewiesen werden, mit dessen Hilfe man die der Strom-Gegenspannungskurve entsprechende *integrale Verteilung F(U)* der *Normalkomponenten* der Elektronenenergie bestimmt, *bevor* die Elektronen die Metalloberfläche verlassen haben. Man setzt dabei ein Metall voraus, dessen Austrittsarbeit $e_0 \cdot \Phi$ so groß ist, daß

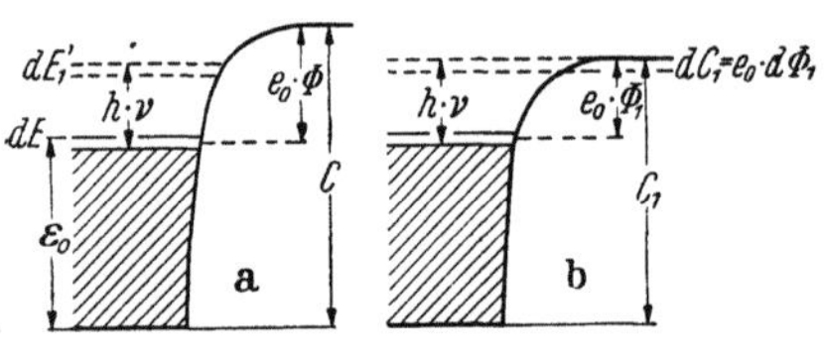

Abb. II. 22. Ermittlung der Normalkomponente der Energieverteilung von Photoelektronen *vor* dem Verlassen des Metalls durch Herabsetzung von Φ mittels adsorbierter Alkaliatome a) Vor der Adsorption; b) nach der Adsorption. (Nach H. MAYER [138])

die Absorption eines Lichtquants $h \cdot v$ die Elektronen des Energiebereiches dE in einen Bereich dE' bringt, der noch unterhalb der Potentialschwelle C liegt (Abb. II. 22a). Wird nun C bzw. Φ durch Adsorption von Alkaliatomen allmählich erniedrigt (Abb. II. 22b), wie in Ziff. 14 näher ausgeführt wird, so tritt ein Photoelektronenstrom dann

auf, wenn C_1 bzw. Φ_1 erreicht ist. Alle Photoelektronen des Energiebereiches dE_1' verlassen jetzt die Oberfläche als Sättigungsstrom di_1, vorausgesetzt, daß eine genügend hohe Anodenspannung angelegt ist. Beim weiteren Absinken von C um dC_2 durch Aufdampfen von Alkaliatomen verlassen auch die Elektronen des unmittelbar unter dE_1' liegenden Energiebereiches dE_2' die Metalloberfläche und vergrößern den lichtelektrischen Strom um di_2. Je stärker C bzw. Φ erniedrigt wird, um so langsamere angeregte Elektronen des Metalls können C überwinden. Man vergrößert also nach und nach die Zahl der adsorbierten Atome unterhalb der optimalen Bedeckung Θ_0 (vgl. Ziff. 14) und mißt gleichzeitig die spektrale Empfindlichkeit, aus der man den zugehörigen Wert von Φ berechnet. Die spektrale Empfindlichkeit bei einer bestimmten Lichtfrequenz v in Abhängigkeit von Φ ergibt dann $F(U)$. Dabei ist allerdings vorausgesetzt, daß die Austrittsarbeit durch Kondensation von Alkaliatomen *gleichmäßig* auf der bestrahlten Oberfläche erniedrigt wird und daß sich nicht gleichzeitig mit der Herabsetzung von Φ die Zahl der emittierenden Zentren ändert.

12. Lichtelektrische Empfindlichkeit reiner Metalle

Da die pro Lichtquant emittierte Elektronenmenge I, also die spektrale Empfindlichkeit einer Metalloberfläche, nach Gl. (25b) nicht nur vom Austrittspotential Φ, sondern auch von dem Faktor α abhängt, wird sie durch *zwei* Konstanten charakterisiert, von denen die eine als

Mengen-Proportionalitätskonstante bezeichnet werden kann, denn sie wird entweder durch α oder durch die Mengenkonstante M in Gl. (11) wiedergegeben. M ist offenbar proportional α. Daß α bzw. M bei verschiedenen Metallen sehr verschiedene Werte annehmen kann, geht aus Tab. II.3 hervor, in der für einige Metalle Φ, λ_0 und die spektrale Empfindlichkeit in Coul/cal für 265,5 mμ und 230,0 mμ zusammengestellt sind:

Tabelle II.3. *Austrittspotential Φ in Volt, langwellige Grenze λ_0 in mμ und spektrale Empfindlichkeit in Coul/cal einiger Metalle bei $\lambda = 265,5$ und $230,0$ mμ; $T = 293°K$*

Metall	Φ in Volt	λ_0 in mμ	10^{-5} Coul/cal		$\left(\dfrac{M_A}{z \cdot \varrho}\right)^{\frac{4}{3}}$
			$\lambda = 265,5$ mμ	$\lambda = 230,0$ mμ	
Be	3,280	377,6	22,80	60,8	3,26
Cd	4,10	302,5	37,0	242,4	12,10
Zn	4,31	287,5	7,64	82,6	7,64
Bi	4,47	277,0	0,134	1,65	—

Die Metalle sind in Tab. II.3 nach zunehmendem Austrittspotential geordnet. Die spektralen Empfindlichkeitswerte nehmen jedoch durchaus nicht in dieser Reihenfolge ab, woraus sich ebenfalls die Notwendigkeit ergibt, neben dem Austrittspotential eine zweite für das betreffende Metall charakteristische Konstante α bzw. M einzuführen.

Nimmt man an, daß alle einfallenden Lichtquanten durch in der *Oberfläche* befindliche freie Elektronen absorbiert werden, so kann man die Größe von α für $T = 0$ nach DuBridge [Z 23] überschlagsweise berechnen. Man muß dabei beachten, daß α gleich der Zahl der emittierten Elektronen dividiert durch die Zahl der zur Verfügung stehenden ist. Durch ein Lichtquant pro Flächeneinheit und Zeiteinheit kann maximal 1 Elektron ausgelöst werden. Die Zahl n_0' der bei $T = 0$ pro Flächeneinheit und Zeiteinheit von innen senkrecht zur Oberfläche auftreffenden Elektronen ist durch Integration von Gl. (20) von 0 bis ε_0 zu berechnen:

$$n_0' = \int\limits_0^{\varepsilon_0} n(\varepsilon') \cdot d\varepsilon' = \frac{2\pi m}{h^3} \cdot \varepsilon_0^2 . \tag{43}$$

Also ist

$$\alpha = \frac{1}{n_0'} = \frac{h^3}{2\pi m} \cdot \left(\frac{8m}{h^2}\right)^2 \cdot \left(\frac{\pi}{3n}\right)^{\frac{4}{3}} = \text{const} \cdot \left(\frac{M_A}{z \cdot \varrho}\right)^{\frac{4}{3}}, \tag{44}$$

wenn man ε_0 aus Gl. (14) bzw. (14a) in (43) einsetzt. α ist demnach proportional $n^{-\frac{4}{3}}$ bzw. $[M_A/(z \cdot \varrho)]^{\frac{4}{3}}$. Der Wert dieses Ausdrucks ist für einige Metalle der 2. Gruppe unter der Annahme $z = 2$ in Tab. II.3 eingetragen. Die Reihenfolge der Werte $[M_A/(z \cdot \varrho)]^{\frac{4}{3}}$ ist die gleiche wie die der Empfindlichkeitswerte für $\lambda = 230$ mμ.

Man hat auch versucht, α direkt aus der Vertikalverschiebung nach der Methode von FOWLER (vgl. Ziff. 9) für Beryllium, Magnesium und Natrium zu ermitteln [134]. Die so bestimmten Werte waren jedoch um den Faktor 100 kleiner als die berechneten, woraus hervorgeht, daß nur ein sehr kleiner Teil der auftreffenden Lichtquanten durch die in der Oberfläche befindlichen Elektronen absorbiert wird, was auf Grund der geringen Austrittstiefe der Elektronen und der relativ großen Eindringtiefe des Lichtes auch zu erwarten ist (vgl. Ziff. 5).

Bei ein und demselben Metall ist α von dessen *Struktur* abhängig. Werden z. B. Dämpfe von Aluminium, Zink oder Kadmium im Hochvakuum auf einer gekühlten (83° K) Oberfläche im *ungeordneten* Zustand kondensiert, so liegt die Empfindlichkeit bei 230 mμ für Al um 58%, für Zn um 48% und für Cd um 41% höher als im geordneten Zustand, in den die Metallschichten überführt werden, indem man sie vorübergehend auf Zimmertemperatur erwärmt. Der Struktureinfluß ist um so größer, je kleiner die Kernladungszahl des betreffenden Metalls ist, vermutlich deshalb, weil die Elektronendurchlässigkeit mit abnehmender Kernladungszahl zunimmt [216]. Das Austrittspotential erwies sich bei diesen Versuchen innerhalb der Meßfehler als *un*abhängig vom Ordnungszustand[1].

Da bisher nur wenige Messungen der absoluten spektralen Empfindlichkeit reiner Metalle (in Coul/cal oder A/W) durchgeführt worden sind, kann in Tab. II.4 nur eine Zusammenstellung der *Austrittspotentiale* gegeben werden.

Beim Vergleich der Werte in Tab. II.4 ist ein direkter Zusammenhang zwischen Φ und der Stellung im *Periodensystem* nicht zu erkennen. Man sieht lediglich, daß das Austrittspotential bei den Alkali- und Erdalkalimetallen besonders klein ist und mit zunehmendem Atomgewicht innerhalb der betreffenden Gruppe abnimmt. Für die Metalle der ersten und zweiten Gruppe des Periodensystems ergibt sich jedoch eine einfache Beziehung zwischen der Höhe der den Elektronenaustritt aus dem Metall verhindernden Energieschwelle C und der Größe des Atomvolumens M_A/ϱ. Da nämlich die Elektronenaustrittsarbeit $e_0 \cdot \Phi$ nach Gl. (21) S. 24 gleich der Differenz $C - \varepsilon_0$ ist (ε_0 maximale Elektronenenergie am absoluten Nullpunkt) und da andererseits nach Gl. (14a) S. 22

$$\varepsilon_0/e_0 = 25{,}96 \cdot \left(\frac{z \cdot \varrho}{M_A}\right)^{\frac{2}{3}} \text{V},$$

vermag man C aus ε_0 und Φ zu berechnen, falls z, die Zahl der freien

---

[1] Aufgedampfte Filme aus Ni, W und Bi hingegen haben im ungeordneten Zustand ein kleineres Austrittspotential als im geordneten: Φ (Ni ungeordnet) = 4,63 V; Φ (Ni geordnet) = 5,05 V; Φ (W ungeordnet) = 4,41 V; Φ (W geordnet) = 4,66 V; Φ (Bi ungeordnet) = 4,22 V; Φ (Bi geordnet) = 4,31 V.

Tabelle II.4. *Elektronenaustrittspotential Φ in Volt und langwellige Grenze λ_0 in $m\mu$ reiner Metall- und Metalloidoberflächen*[1]

Stoff	Φ in Volt	λ_0 in $m\mu$	Stoff	Φ in Volt	λ_0 in $m\mu$
Li	**2,46**	**504**	C	4,36	284
Na	**2,28**	**543**	Si	3,59	345
K	**2,25**	**551**	Ge	**4,62**	**268**
Rb	**2,13**	**582**	Sn	**4,39**	**282**
Cs	1,94	**639**	Pb	4,04	**307**
Cu	4,48	277	V	4,11	301
Ag	**4,70**	**264**	Nb	**3,99**	**311**
Au	4,71	263	Ta	**4,13**	**300**
Be	3,92	316	As	4,79	259
Mg	**3,70**	**335**	Sb	4,56	272
Ca	**3,20**	**387**	Bi	**4,32**	287
Sr	2,74	452			
Ba	2,52	492	Cr	4,45	278
			Mo	**4,24**	**· 292**
Zn	**4,27**	**290**	W	**4,53**	**273**
Cd	**4,04**	**307**	U	3,45	359
Hg	**4,53**	**273**			
			Se	4,87	254
B	4,6	269	Te	4,73	262
Al	**4,20**	**295**			
La	3,3	375	Mn	3,95	314
			Re	4,97	249
Ce	2,88	430			
Pr	2,7	460	Fe	4,63	268
Nd	3,3	375	Co	4,25	292
Sm	3,2	390	Ni	**4,91**	**252**
Ga	4,16	298	Ru	4,52	274
Tl	4,05	306	Rh	4,65	266
			Pd	4,98	249
Ti	**4,16**	**298**			
Zr	**3,93**	**315**	Os	4,55	272
Hf	**3,53**	**351**	Jr	4,57	271
Th	**3,47**	**357**	Pt	5,36	231

Elektronen pro Atom, bekannt ist. Man erhält

$$\frac{C}{e_0} = 25{,}96 \cdot \left(\frac{z \cdot \varrho}{M_A}\right)^{\frac{2}{3}} + \Phi \, .$$

C sollte, wenn man die Überlegungen von TAMM und BLOCHINZEV [230] Φ betreffend auf C überträgt (vgl. hierzu auch [185] [42] [176] [177] [22] [36a]), unter Berücksichtigung der Bildkraft bei Annahme einer rechtwinkligen *Potentialstufe* proportional $(z \cdot \varrho/M_A)^{\frac{1}{3}}$ sein. Es

---

[1] Die angeführten Zahlen sind wahrscheinlichste Werte, die durch Mittelbildung der in der Literatur vorhandenen Bestwerte erhalten wurden. Die fettgedruckten Werte sind Mittelwerte von Messungen, bei denen die ausreichende Reinheit der Oberfläche wahrscheinlich ist. Eine Übersicht der benutzten Literaturstellen findet man im Bd. I, 4 der Neuauflage (6. Aufl.) des Landolt-Börnstein.

müßte also gelten:

$$\frac{C}{e_0} = a \cdot \left(\frac{z \cdot \varrho}{M_A}\right)^\beta,\qquad(45)$$

wobei β gleich $^1/_3$ wäre. In Tab. II. 5 sind die Werte von ϱ, M_A, $z \cdot \varrho/M_A$,

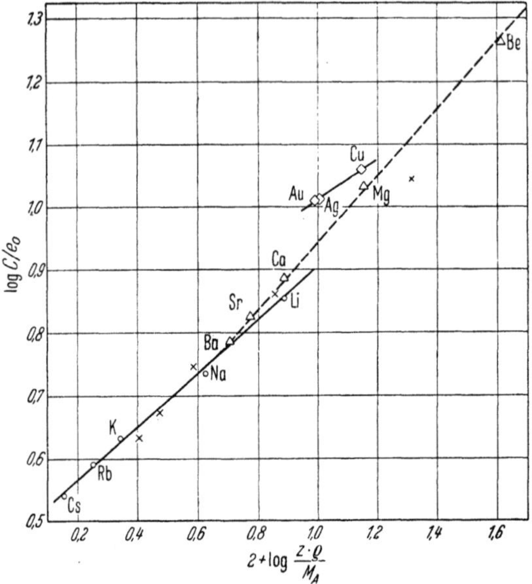

Abb. II. 23. Abhängigkeit der den Elektronenaustritt aus dem Metall hindernden Energieschwelle C vom Atomvolumen ϱ/M_A (ϱ Dichte, M_A Atomgewicht) und der Anzahl z der freien Elektronen pro Atom

$(z \cdot \varrho/M_A)^{\frac{2}{3}}$, ε_0, Φ und C für einige Metalle angegeben. Bei den Alkali- und den Edelmetallen wurde $z = 1$ gesetzt, was dem wirklichen Wert

Tabelle II. 5

Metall	ϱ	M_A	$\frac{z \cdot \varrho}{M_A} \cdot 100$	$\left(\frac{z \cdot \varrho}{M_A}\right)^{\frac{2}{3}}$	ε_0 in e-Volt	Φ in Volt	C in e-Volt
Li	0,534	6,94	7,69	0,1809	4,69	2,46	7,15
Na	0,971	23,00	4,22	0,1212	3,15	2,28	5,43
K	0,862	39,10	2,205	0,0786	2,04	2,25	4,29
Rb	1,532	85,5	1,792	0,0680	1,77	2,13	3,90
Cs	1,90	132,9	1,430	0,0589	1,53	1,94	3,47
Cu	8,93	63,6	14,04	0,2701	7,01	4,48	11,49
Ag	10,50	107,9	9,96	0,2148	5,58	4,70	10,28
Au	19,29	197,2	9,78	0,2123	5,51	4,71	10,22
Be	1,85	9,02	41,02	0,5521	14,33	3,92	18,25
Mg	1,74	24,32	14,31	0,2736	7,10	3,70	10,80
Ca	1,55	40,08	7,73	0,1815	4,71	3,20	7,91
Sr	2,6	87,63	5,93	0,1521	3,95	2,74	6,69
Ba	3,5	137,36	5,10	0,1375	3,57	2,52	6,09

nahekommen dürfte; bei den Erdalkalimetallen wurde die sicherlich
zu hohe Zahl der Wertigkeit ($z = 2$) verwendet.

Um zu prüfen, welcher Wert von β in der Beziehung (45) die Abhängigkeit der Größe C von $z \cdot \varrho/M_A$ richtig wiedergibt, ist in Abb. II.23
$\log (C/e_0)$ als Funktion von $\log (z \cdot \varrho/M_A)$ eingetragen. Bei allen drei
Gruppen von Metallen liegen die erhaltenen Punkte auf Geraden; Gl. (45)
ist somit erfüllt. Für β ergibt sich bei den Edelmetallen 0,313, also ein
Wert sehr nahe an $^1/_3$. Bei den Alkalimetallen ist $\beta = 0,428$, bei den
Erdalkalimetallen 0,522. Setzt man bei den Erdalkalimetallen $z = 1$
(Kreuze in Abb. II.23), so liegen die Punkte auf derselben Geraden wie
die der Alkalimetalle. Es besteht also offenbar eine relativ einfache Abhängigkeit der Energieschwelle C vom *Atomvolumen* M_A/ϱ bzw. der Zahl
der freien Elektronen pro Volumeneinheit; über die Größe des Exponenten β können jedoch z. Z. eindeutige Angaben auf Grund theoretischer Überlegungen nicht gemacht werden.

13. Einfluß der Kristallstruktur auf den äußeren lichtelektrischen Effekt

Nach den vorangehenden Ausführungen sollte das Austrittspotential Φ bei gleichem z um so größer sein, je kleiner das Atomvolumen
$V_A = M_A/\varrho$ ist, je dichter also die Atome gepackt sind. Da nun die
Packungsdichte bei ein und demselben Metallkristall für verschiedenartige Flächen häufig abweichende Werte aufweist, kann man von vornherein erwarten, daß Φ an den einzelnen Kristallflächen verschieden
groß ist. In der Tat haben mehrere Autoren bei Cu- [175] [237], Ag-
[56] [2], Zn- [127] [151] [41] und W-Kristallen [150] [141] an verschiedenartigen Kristallflächen abweichende Werte für Φ erhalten.

Ein Maß für die Packungsdichte und damit für die auf die entweichenden Elektronen von den umgebenden Kationen der Metallkristallfläche ausgeübten Kräfte erhält man, wenn man die *Nachbarzahlen eines Oberflächenbausteins* nach KOSSEL [117] und STRANSKI [224]
ermittelt. Für ein kubisch raumzentriertes Gitter, wie es z. B. das
W-Gitter darstellt, ergeben sich die in Tab. II.6 enthaltenen Werte
(nach [225]). In ihr bedeuten n_1 die Zahl der erstnächsten Nachbarn,
n_2 die der zweitnächsten usw. für einen innerhalb der Kristallfläche
liegenden („in") und einen außen angesetzten („ad") Baustein.

Die Flächen sind nach der Größe ihrer *spezifischen Oberflächenenergie*
geordnet, die sich mit Hilfe der Nachbarzahlen berechnen läßt [226]. Die
letzte Kolonne enthält die von NICHOLS [150] an verschiedenen Flächen
eines Wolfram-Einkristalldrahtes glühelektrisch gemessenen Austrittspotentiale[1]. Wie man erkennt, nimmt Φ mit zunehmender Oberflächen-

---

[1] M. DRECHSLER u. E. W. MÜLLER [Z. Phys. **134**, 208—221 (1953)] erhielten
aus der Feldelektronenemission für Wolfram $\Phi\,(012) = 4,39$ V und $\Phi\,(011) = 5,70$ V.

Tabelle II.6. *Nachbarzahlen, spez. Oberflächenenergie in erg · cm⁻² und Elektronen-austrittspotentiale verschiedener Flächen eines Wolframkristalls*

Fläche *hkl*	Nachbarzahlen für Oberflächenbausteine			Spezifische Oberflächen-energie σ in erg/cm²	Elektronen-austritts-potential Φ in Volt
		n_1	n_2	n_3	
0 1 1	in ad	6 2	4 2	7 5	5510	5,53*
1 2 3	in ad	5 3	3 3	6 6	6240	—
1 1 2	in ad	5 3	3 3	7 5	6340	4,69
0 1 2	in ad	4 4	4 2	6 6	6360	—
0 0 1	in ad	4 4	5 1	8 4	6430	4,56
1 2 2	in ad	4 4	3 3	7 5	6460	—
0 1 3	in ad	4 4	4 2	6 6	6530	—
2 3 3	in ad	4 4	3 3	7 5	6610	—
1 1 1	in ad	4 4	3 3	9 3	6690	4,39
1 1 6	in ad	4 4	3 3	7 5	6690	4,39

energie ab. Dieser Befund steht auch in Einklang mit Versuchsergeb-nissen von MENDENHALL und DE VOE [*141*], die für die 013-Fläche eines W-Kristalls ein um 0,15 V kleineres Austrittspotential ermittelten als für die 112-Fläche.

Bei einem (kubisch flächenzentrierten) Ag-Kristall fanden FARNS-WORTH und WINCH [*56*] für die 001-Fläche $\Phi = 4,81$ V und für die 111-Fläche $\Phi = 4,75$ V; der Wert für Φ (001) stimmt innerhalb der Fehlergrenzen überein mit dem von ANDERSON gemessenen von 4,79 V [*2*].

Wegen der Verschiedenheit der Austrittspotentiale verschieden-artiger Kristallflächen [die bei Wolfram in Tab. II.6 mehr als 1 V be-trägt, wenn man 011 mit 111 vergleicht] ist es nicht verwunderlich, daß die Austrittspotentiale auch unter besten Vakuumbedingungen auf-gedampfter Metallfilme manchmal voneinander abweichen. Aufdampf-

---

* Nach B. G. SMIRNOW u. G. N. SHUPPE: J. techn. Physics USSR **22**, 973 (1952) ist Φ (110)/Φ (111) = 1,26; mit Φ (111) = 4,39 V ergibt sich hiermit Φ (011) = 5,53 V.

temperatur und -geschwindigkeit können die Kristallbildung und damit das insgesamt gemessene Austrittspotential der Filmoberfläche beeinflussen.

Aus dem Zusammenhang zwischen Φ und der spezifischen Oberflächenenergie ergibt sich eine bemerkenswerte Schlußfolgerung über das lichtelektrische Verhalten von Metallkristallflächen, auf die *arteigene Atome aufgedampft* werden [226]. Ist die Temperatur so niedrig, daß die Atome an der Auftreffstelle längere Zeit verweilen, so werden Flächen mit kleiner spezifischer Oberflächenenergie σ durch den Adsorptionsvorgang atomar rauh, ihr σ-Wert nimmt zu und kann sogar den der Flächen großer spezifischer Oberflächenenergie überschreiten. Letzterer bleibt praktisch unverändert. Da Flächen mit großem σ-Wert eine kleine Austrittsarbeit besitzen, kann also die lichtelektrische Empfindlichkeit der kristallinen Kathode durch das Aufdampfen arteigener Atome beträchtlich anwachsen. Mit der Zeit werden sich die adsorbierten Atome in stabilere Lagen begeben und die Empfindlichkeit der kristallinen Kathode wird damit wieder abnehmen, besonders dann, wenn die Temperatur nicht zu weit unterhalb des jeweiligen Schmelzpunktes liegt. Derartige Empfindlichkeitsänderungen werden häufig beim Aufdampfen von Metallen relativ niedrigen Schmelzpunktes auch unter einwandfreien Vakuumbedingungen beobachtet, LIBEN [126] beschreibt sie z.B. für Kalziumkathoden. Auch die von FARNSWORTH und WINCH [57] beobachtete Abnahme des Austrittspotentials der 001-Fläche eines Ag-Kristalls beim Aufdampfen von Ag-Atomen und das darauffolgende Wiederanwachsen von Φ innerhalb einiger Stunden ist hierauf zurückzuführen (vgl. auch [15] [104]).

Ebenso wie die Austrittsarbeit bei ein und demselben Kristall von der Art der Kristallfläche abhängt, kann sie bei *Änderung der Kristallmodifikation* eine Veränderung erfahren. Die Ergebnisse derartiger Untersuchungen verschiedener Autoren sind in Tab. II.7 zusammengestellt.

Bei Änderungen des *Kristallgitters* besitzt die bei der höheren Temperatur beständige Modifikation die *kleinere* Austrittsarbeit. Beim Über-

Tabelle II.7. *Elektronenaustrittspotentiale in Abhängigkeit von der Kristallstruktur*

Metall	Austrittspotential in Volt	Untersuchungs- methode Umwandlungs- temperatur	Zitat
β-Sn, tetragonal	4,38	lichtelektrisch	[73]
γ-Sn, hexagonal	4,28	$\sim$ 200° C	[64]
β-Fe, r. z. kub.	4,48	glühelektrisch	[240]
γ-Fe, fl. z. kub.	4,23	$\sim$ 910° C	
Ni ($T <$ 350° C)	5,05	lichtelektrisch	[33]
Ni ($T =$ 835° C)	5,20	$\sim$ 350° C	

gang eines ferromagnetischen Metalls in den paramagnetischen Zustand hingegen nimmt die Austrittsarbeit zu. So hat Ni nach CARDWELL [33] oberhalb des *Curiepunktes* (350° C) ein um 0,2 V größeres Austrittspotential als unterhalb. Auch die Mengenproportionalitätskonstante α (S. 25 u. 43) ändert sich beim Überschreiten des Curiepunktes; sie nimmt hierbei zu [33].

Das Verhalten der Elektronenaustrittsarbeit beim *Schmelzen* ist anscheinend durch die hierbei zumeist auftretende Weitung des Gitters bedingt. So fand GOETZ [73] eine Abnahme der Austrittsarbeit am Schmelzpunkt des Zinns von 4,28 auf 4,18 e V[1].

14. Adsorbierte Fremdatome und -molekeln auf Metalloberflächen[2]

Die Untersuchung der lichtelektrischen Eigenschaften reiner Metalloberflächen ist mit beträchtlichen experimentellen Schwierigkeiten verbunden, weil bereits einzelne an der Kathodenoberfläche adsorbierte Fremdmolekeln deren Austrittsarbeit in hohem Maße verändern können. Bringt man z. B. in ein evakuiertes, mit einer *Wolframglühkathode* und einer Anode versehenes Elektronenrohr einen Tropfen *Cäsium*, dessen Dampfdruck bei Zimmertemperatur etwa 10^{-6} Torr beträgt, so erhält man bereits bei Erhitzung des W-Drahtes auf 300° C eine gut meßbare Glühelektronenemission, obwohl der reine W-Draht bei dieser Temperatur noch nicht merklich zu emittieren vermag [120]. Wie man aus Abb. II. 24 ersieht, wächst der Elektronenstrom mit zunehmender Temperatur der Glühkathode an, überschreitet ein Maximum und geht erst bei etwa 1000° C in die mit der Temperatur wieder ansteigende Emission des reinen W-Drahtes über.

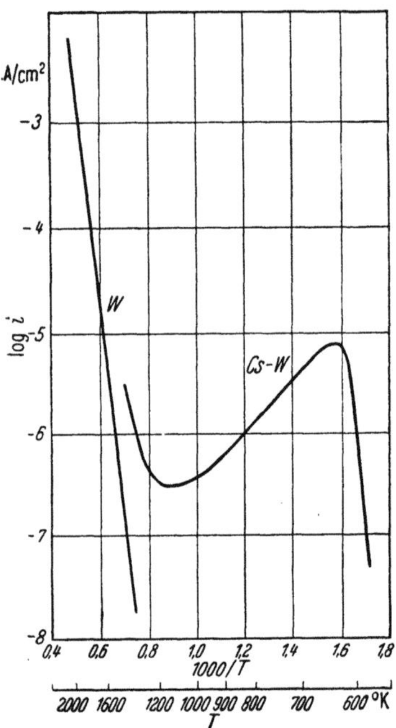

Abb. II. 24. Glühelektronenemission einer W-Kathode in Abhängigkeit von der Temperatur bei Gegenwart von Cs-Dampf ($p = 10^{-6}$ Torr). (Nach J. A. BECKER [120])

Die auftreffenden Cs-Atome werden also bei nicht zu hohen Temperaturen an der W-Oberfläche durch starke *Adsorptionskräfte* fest-

---

[1] KURZKE u. ROTTGARDT [118] erhielten für Zinn eine Abnahme, für Wismut eine Zunahme der lichtelektrischen Emission beim Schmelzen. Es scheint jedoch, daß ihre Vakuumbedingungen weniger gut waren als die von GOETZ.

[2] Vgl. hierzu die zusammenfassende Darstellung in [219a].

gehalten und erniedrigen die Elektronenaustrittsarbeit während ihres Verweilens. Nach TAYLOR und LANGMUIR [232] beträgt die Adsorptionswärme der Cs-Adatome an einer reinen W-Oberfläche 65,1 kcal (2,83 eV); sie ist um ein Mehrfaches größer als die Verdampfungswärme des kompakten Cs-Metalls (18,0 kcal). Offenbar werden die Cs-Atome durch *chemische Kräfte* gebunden, indem ihr Valenzelektron anteilig am Elektronengas der Metalloberfläche wird (Abb. II. 28a). Die Elektronen anziehenden Kräfte der Oberfläche werden in der Umgebung des Adatoms teilweise abgesättigt und der Elektronenaustritt an dieser Stelle erleichtert. An der Oberfläche der Kathode befindet sich nach SCHOTTKY eine *elektrische Doppelschicht*, deren positive Belegung nach außen zeigt, wodurch das Austrittspotential herabgesetzt wird [186].

Das obenerwähnte *Temperaturmaximum der Glühelektronemission* (Abb. II. 24) ist nun in folgender Weise zu erklären. Bei gegebenem Cs-Dampfdruck ist die Anzahl n der pro sec und cm² auf-

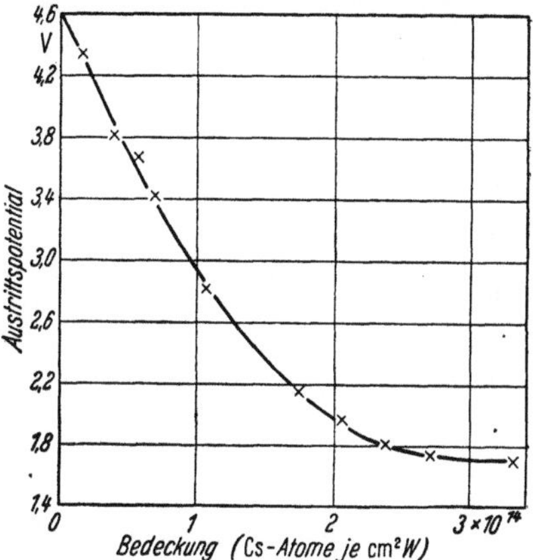

Abb. II. 25. Abnahme des Austrittspotentials Φ einer W-Kathode bei zunehmender Bedeckung mit Cs-Atomen. (Nach H. MAYER [136])

treffenden Cs-Atome konstant, die Zahl n' der wieder verdampfenden hingegen eine Funktion des Kathodenmaterials und der Temperatur T der Glühkathode. Je höher T, um so mehr nähert sich n' dem Werte n. Ist $n' = n$ und die Temperatur so hoch, daß jedes auftreffende Cs-Atom die Oberfläche als Ion verläßt, so dient die Zahl der bei umgekehrter Polung übergehenden positiven Ionen als Maß für n. Bei konstant gehaltener Temperatur und $n' < n$ wächst die Oberflächenkonzentration mit der Zeit an und das Austrittspotential Φ nimmt ab, und zwar proportional mit zunehmender prozentualer Bedeckung Θ, solange die Cs-Dipole einen so großen Abstand voneinander haben, daß sie sich nicht gegenseitig beeinflussen. Bei dichterer Bedeckung hingegen schwächen sich die Dipole gegenseitig ab und das Austrittspotential nimmt jetzt weniger als proportional mit Θ ab, wie Abb. II. 25 erkennen läßt.

Nachdem die monoatomare Bedeckung überschritten ist, werden die Dipole überdeckt, wenn weitere Cs-Atome aufdampfen. Die Valenzelektronen der in *zweiter* Atomlage festgehaltenen Cs-Atome sind den anziehenden Kräften der Unterlage in viel schwächerem Maße ausgesetzt als die in *erster* Atomlage adsorbierten, da sie eine Oberfläche vorfinden, deren Elektronenaffinität bereits weitgehend abgesättigt ist. Das Dipolmoment der den Elektronenaustritt begünstigenden Doppelschicht an der Oberfläche nimmt daher wieder ab, das Austrittspotential wächst an. Durch die Anlagerung mehrerer Cs-Atomschichten erhält die Oberfläche schließlich die Eigenschaften und damit das Austrittspotential des kompakten Cäsiums[1]. Es gibt also eine *günstigste prozentuale Bedeckung* Θ_0 (bzw. absolute Bedeckung N_0), bei der das Austrittspotential einen kleinsten Wert Φ_0 und die Elektronenemission für eine bestimmte Temperatur einen Höchstwert besitzen[2]. In Tab. II.8 sind die Werte Φ_0 und N_0 für Cäsium und Kalium auf Wolfram und Platin angegeben. Wie man sieht, ist N_0 für Cs-Atome (Gitterkonstante des Cäsiums 6,17 Å) geringer als für die kleineren K-Atome (Gitterkonstante des Kaliums 5,20 Å).

Tabelle II.8. *Austrittspotentiale Φ von reinem Wolfram und Platin, Cäsium und Kalium sowie Austrittspotentiale Φ_0 bei günstigster Bedeckung N_0 in Anzahl Alkaliatomen pro cm^2 Trägermetalloberfläche*

Träger-metall	Φ in Volt	Alkali-metall	Φ in Volt	Φ_0 in Volt	N_0
				Nach H. MAYER [136]	
W	4,53	K	2,25	K auf W 1,76	$3,4 \cdot 10^{14}$
W	4,53	Cs	1,94	Cs auf W 1,70	$3,1_5 \cdot 10^{14}$
Pt	5,36	K	2,25	K auf Pt 1,68	$3,5 \cdot 10^{14}$
Pt	5,36	Cs	1,94	Cs auf Pt 1,60	$2,5 \cdot 10^{14}$

Da sich die Zahl der Cs-Atome pro cm^2 bei monoatomarer Besetzung aus dem Platzbedarf zu $3,6 \cdot 10^{14}$ ergibt und N_0 nach Tab. II.8 durchweg kleiner als diese Zahl gefunden wurde, kann Θ_0 keinesfalls größer als eins sein.

Mit zunehmender Bedeckung des Trägermetalls vermindert sich auch die *Verdampfungswärme* der Adatome. Sie betrug z. B. bei den Versuchen von TAYLOR und LANGMUIR [232] nur noch 44,5 kcal (1,93 eV) für $\Theta = 0,67$ und 40,8 kcal (1,77 eV) für $\Theta \simeq 1$. Die Zahl der wieder verdampfenden Atome n' muß daher bei konstanter Kathodentemperatur mit der Zeit, d. h. mit wachsendem Θ, zunehmen, bis schließlich im Gleichgewichtszustand $n' = n$ geworden ist. Je niedriger die Temperatur der Glühkathode, desto größer ist offenbar der Wert der *Gleichgewichtsbedeckung* Θ_g, der sich nach genügend langer Zeit einstellt. Er

---

[1] Das lichtelektrische Verhalten der Alkalischichten *bis* zum kompakten Alkalimetall wird in Ziff. 16 behandelt.

[2] RENTSCHLER und HENRY [167] glauben unter Benutzung kathodenzerstäubter und durch Verdampfung hergestellter Trägermetallschichten nachgewiesen zu haben, daß für die Unterschreitung des Austrittspotentials des kompakten Alkalimetalls bei $\Theta \leqq \Theta_0$ das Vorhandensein einer geringen Verunreinigung erforderlich sei, die mit dem Alkalimetall zu reagieren vermag. Nach den mit besonderer Sorgfalt bez. der Reinheit von Träger- und Alkalimetall durchgeführten Versuchen von SUHRMANN und SCHALLAMACH [204] sowie von MAYER [136] trifft dies nicht zu.

kann bei Zimmertemperatur mehrere Atomschichten betragen, nimmt mit Erhöhung der Temperatur ab, beträgt Bruchteile von 1 und wird bei hoher Temperatur gleich Null. Mit wachsender Kathodentemperatur wird also die günstigste Besetzung Θ_0, bei der Φ den kleinsten Wert annimmt, unterschritten, so daß die Elektronenemission wie in Abb. II. 24 ein Maximum durchläuft. Wird anderseits eine reine Metalloberfläche, die z. B. durch Glühen im Vakuum von adsorbierten Atomen befreit wurde, bei einer konstanten niedrigeren Temperatur Alkalimetalldampf ausgesetzt, so durchläuft ihre Emission ein *zeitliches Maximum*, das dann erreicht wird, wenn Θ den Wert Θ_0 überschreitet. Bei höheren Temperaturen, bei denen Θ_g unterhalb Θ_0 liegt, tritt an Stelle des zeitlichen Emissionsmaximums ein Emissionsendwert.

Wie aus Tab. II.8 hervorgeht, ist die *Änderung* $\Delta\Phi$ des Austrittspotentials Φ des Trägermetalls bei *günstigster Besetzung* mit Fremdatomen sowohl von der Polarisierbarkeit der Adatome als auch von Φ abhängig:

bei Cs auf W ist $\Delta\Phi = 2{,}83$ V; bei K auf W ist $\Delta\Phi = 2{,}77$ V,
bei Cs auf Pt ist $\Delta\Phi = 3{,}76$ V; bei K auf Pt ist $\Delta\Phi = 3{,}68$ V.

Die leichter polarisierbaren Cs-Atome setzen also die Austrittsarbeit des Trägermetalls etwas stärker herab als die K-Atome, obwohl sie bei günstigster Besetzung in etwas geringerer Zahl N_0 vorhanden sind. Die Erniedrigung der Austrittsarbeit ist bei Platin als Trägermetall wesentlich größer als bei Wolfram. Das Dipolmoment der Doppelschicht ist also um so größer, je höhere Werte die Austrittsarbeit des Trägermetalls besitzt. Die Unterschiede der Austrittspotentiale verschiedener Trägermetalle werden daher durch adsorbierte Atome teilweise ausgeglichen. Immerhin liegen die Φ_0-Werte bei Platin als Trägermetall noch um 0,1 V niedriger als bei Wolfram.

Wir haben bisher angenommen, daß sich die Oberfläche des Trägermetalls vollkommen gleichartig bezüglich der adsorbierten Atome verhalte. Diese Annahme ist jedoch nur zulässig, wenn die *Kristallite des Trägermetalls* sehr klein sind gegenüber dem betrachteten Emissionsbezirk der Kathode. Ist dies nicht der Fall, so kann die Kathodenoberfläche sehr verschiedenartige Eigenschaften aufweisen in bezug auf die Adsorption von Fremdatomen und die durch sie hervorgerufene Veränderung ihrer Austrittsarbeit. Beruht nämlich das Adsorptionsvermögen einer Kristallfläche für Fremdatome auf der Wechselwirkung zwischen der Elektronenhülle der Atome und dem Kristallgitter des Trägermetalls, so kann es an verschiedenartigen Kristallflächen verschieden groß sein, so daß die einzelnen die Kathodenoberfläche bildenden Kristallite ungleichmäßig mit Fremdatomen besetzt sind. Daß diese Folgerung zutrifft, zeigt sehr eindrucksvoll eine von D. SCHENK [*183*] aufgenommene elektronenoptische Abbildung einer kristallinen Nickelplatte in Cäsiumdampf (Abb. II. 26), die durch indirekte Heizung auf 400 bis 630° C erhitzt werden konnte[1]. Man erkennt, daß die Kristallitfläche 1 bei 480° C stärker als die Fläche 2 emittiert, bei 520° C jedoch schwächer. Da die Cs-Bedeckung mit anwachsender Temperatur der

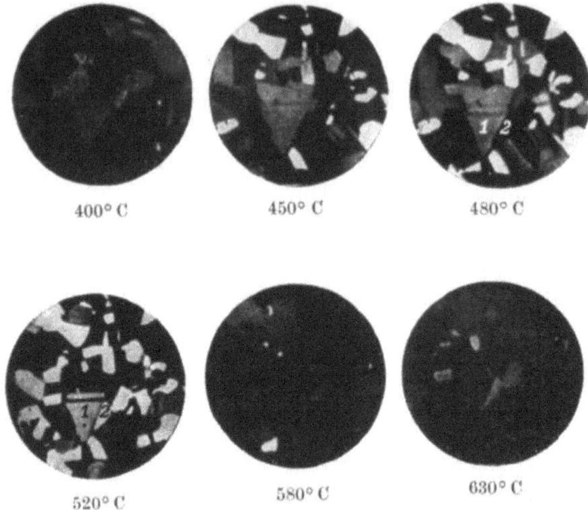

Abb. II. 26. Elektronenoptische Abbildung einer kristallinen Nickelplatte in Cs-Dampf durch Glühelektronen. (Nach D. Schenk [183])

Ni-Platte abnehmen muß, ist für 2 bei 480° C die optimale Bedeckung Θ_0 mit Cs-Atomen überschritten.

Über die zu erwartende *Verschiedenheit der Besetzung* bestimmter Kristallflächen ergibt die folgende Betrachtung einige Anhaltspunkte (nach Stranski und Suhrmann [227] [217a]). Die *Abtrennarbeit* φ des einzelnen *Fremdatoms* sollte abhängen

1. von der *Elektronenaffinität* der Unterlage,
2. von der *Polarisierbarkeit* der Adatome und
3. von der *Zahl der Nachbarn* für *ad*sorbierte Molekeln,

wie sie in Tab. II.6 auf S. 48 für ein kubisch raumzentriertes Gitter für verschiedene Kristallflächen unter „ad" zusammengestellt sind [227]; φ sollte demnach in die Anteile φ_p und φ_{ad} zerfallen, wobei φ_p den beiden ersten Einflüssen, φ_{ad} dem letztgenannten Einfluß Rechnung trägt. Sind die Elektronenaustrittsarbeit der Kristallfläche und die Polarisierbarkeit der adsorbierten Atome relativ groß wie bei Cs-Atomen

---

[1] Weitere Beispiele siehe bei H. Busch und E. Brüche: Beiträge zur Elektronenoptik, Leipzig 1937, insbesondere den Artikel von R. Suhrmann: Emissionsforschung mittels elektronenoptischer Methoden, S. 61—72; dort auch elektronenoptische Abbildungen mittels Photoelektronen; vgl. ferner J. Pohl [161].

auf $\{011\}$- oder $\{112\}$-Wolframflächen (vgl. die Austrittspotentiale in der letzten Kolonne von Tab. II.6), so wird φ_p überwiegen; ist die Polarisierbarkeit der Adatome relativ klein wie bei Th-Atomen auf Wolfram, so wird der Einfluß von φ_{ad} vorherrschen. In der Tat werden Cs-Atome, wie Versuche von JOHNSON und SHOCKLEY [103] zeigen, von 630° bzw. 580° C abwärts vorwiegend an Ikositetraeder-$\{112\}$- und Rhombendodekaeder-$\{011\}$-Wolframflächen (Φ groß!) adsorbiert und bis herab zu 400° C *nicht* an den Würfel-$\{001\}$- und Oktaeder-$\{111\}$-Flächen (Φ klein!). Thoriumatome hingegen werden vorwiegend an $\{111\}$-Wolframflächen (n_1, n_2 für Adatome groß!) adsorbiert, während die $\{011\}$-Flächen des Wolframs (n_1, n_2 für Adatome klein!) von Th-Atomen nicht besetzt werden nach Versuchen von BENJAMIN und JENKINS [12].

Unter gewissen Bedingungen besitzen die auf einer festen Oberfläche adsorbierten Atome eine beträchtliche *Beweglichkeit*. So ergaben Versuche von LANGMUIR und TAYLOR [121] für die *Platzwechselenergie* von Cs-Atomen auf Wolfram innerhalb der ersten Atomschicht bei schwacher Besetzung einen Wert von nur 14,1 kcal, während die Verdampfungswärme der Adatome unter diesen Bedingungen 65,1 kcal beträgt. Die auf eine reine kristalline Oberfläche auftreffenden Atome werden daher bei nicht zu niedrigen Temperaturen den Platz aufsuchen, an dem sie am festesten gebunden sind, also zunächst die Hohlecken der kristallinen Metalloberfläche, und zwar der Kristallite, an denen die Abtrennarbeit am größten ist. Die folgenden Atome werden nicht nur vom Trägermetall abgesättigt, sondern auch von den bereits adsorbierten Atomen. Die Adsorptionswärme nimmt deshalb weiter kontinuierlich ab. Schließlich sind seitlich allein Adatome wirksam und nur von der Unterlage her das Trägermetall, so daß die Adsorptionswärme einen konstanten Wert erreicht [227].

Sind die Kristallite großer Abtrennarbeit der Adatome mit einer monoatomaren Schicht bedeckt, so verringert sich die Platzwechselenergie weiterhin, da sich die Adatome jetzt auf der ersten Adatomschicht bewegen; sie beträgt z. B. bei Cs-Atomen in zweiter Schicht auf Wolfram nur noch 4,6 kcal. Die Oberflächendiffusion erfolgt dabei im wesentlichen längs der Stufen der ersten Atomschicht [227]. Da die Verdampfungswärme aus der zweiten Schicht viel kleiner ist als aus der ersten (sie beträgt z. B. für Cäsium auf Wolfram nur 17,5 kcal [232]), werden die Adatome nun von den Kristalliten großer Abtrennarbeit auf Nachbarkristallite übertreten. Es bestehen jetzt immer noch Unterschiede der Besetzung verschiedenartiger Kristallite, aber bei genügend hohem Dampfdruck der Fremdsubstanz gleichen sie sich immer mehr aus und damit werden auch die Unterschiede der Elektronenaustrittsarbeit der verschiedenen Kristallite allmählich geringer. Bei *einatomarer* Besetzung und darunter kann eine mit Adatomen bedeckte kristalline Kathode jedoch Anhäufungen und leere Stellen und damit starke Unterschiede der Elektronenaustrittsarbeit aufweisen, auch wenn die Kondensation der Fremdmolekeln bei relativ niedriger Temperatur des adsorbierenden Trägers vor sich ging.

15. Änderung der lichtelektrischen Empfindlichkeit von Metalloberflächen durch adsorbierte Fremdatome und -molekeln in monomolekularer Schichtdicke

Der Einfluß der Adsorption von Fremdmolekeln auf die lichtelektrische Elektronenemission wurde bereits in den auf die Entdeckung

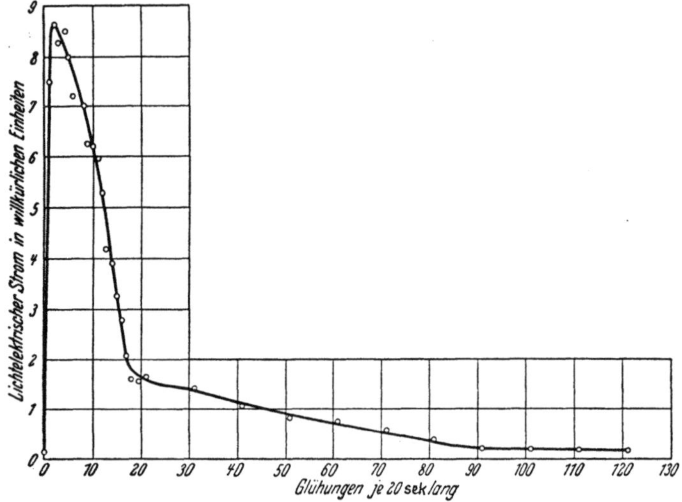

Abb. II. 27. Lichtelektrische Emission einer mit der Quarz-Quecksilberlampe bestrahlten Platinfolie in Abhängigkeit von der Zahl der Glühungen im Hochvakuum. (Nach [*189*])

des Photoeffektes folgenden Jahren als lichtelektrische „*Ermüdung*" und „*Erholung*" zunächst mit spektral unzerlegtem Licht studiert und vom Beginn der zwanziger Jahre ab auch durch Ermittlung der spektralen Empfindlichkeitskurve untersucht; er kann jetzt in seinen Grundzügen als geklärt angesehen werden[1].

Charakteristisch für den Einfluß der „*Gasbeladung*" ist die in Abb. II.27 wiedergegebene Kurve nach SENDE und SIMON, die man erhält, wenn man eine durch Abwischen mit Natronlauge (zum Beseitigen von Fettspuren) und Abspülen mit destilliertem Wasser gereinigte Platinfolie in eine mit einem Quarzfenster versehene Photozelle bringt, evakuiert und

---

[1] Die ältere Literatur findet sich in [*Z 1—5*]; die Literatur bis 1931 in [*Z 12*], bis 1934 in [*Z 17*]; bis 1935 in [*Z 21*]; bis 1937 in [*Z 27*].

mit dem unzerlegten Licht einer Quarz-Quecksilberlampe bestrahlt [*189*]. Durch kurzes (10 bis 20 sec dauerndes) elektrisches Glühen der Folie auf ca. 1300° C erhöht man ihre Empfindlichkeit auf das Vielfache des Anfangswertes. Bei weiterem kurz dauernden Erhitzen, mit dazwischenliegenden Messungen der Emission bei Zimmertemperatur, überschreitet die Empfindlichkeit ein Maximum und sinkt schließlich auf sehr kleine Werte herab. Führt man den Versuch durch, indem man die spektrale Empfindlichkeitskurve zwischendurch ermittelt [*195*], so findet man, daß die vor dem Glühen bei etwa 270 mμ ($\Phi = 4,6$ V) gelegene langwellige Grenze λ_0 bei den ersten Glühungen bis etwa 320 mμ ($\Phi = 3,9$ V) vorrückt, um darauf immer mehr und mehr zurückzuweichen, wobei die Emission stark abfällt. DuBridge [*43—45*] konnte λ_0 durch 300 Stunden dauerndes Glühen bei Vermeidung aller Kittungen und Schliffe und bei einem mit dem Ionisationsmanometer gemessenen Druck von 10^{-8} Torr bis 196,2 mμ ($\Phi = 6,30$ V) zurückdrücken[1].

Die geschilderten und die übrigen im Zusammenhang mit der Adsorption von Fremdmolekeln stehenden lichtelektrischen Beobachtungen lassen sich durch die Annahme deuten [*219*], daß die adsorbierten Molekeln entweder durch van der Waals*sche Kräfte* oder durch *elektronische Wechselwirkung*, also durch Chemisorption an der Metalloberfläche gebunden werden. Die Art der Bindung hängt vom Metall einerseits und den elektronischen Eigenschaften der Fremdmolekeln andererseits ab. Werden in sich abgesättigte Molekeln wie H_2, O_2 oder N_2, ohne eine chemische Veränderung zu erfahren, an der Oberfläche eines Metalls durch van der Waals*sche Kräfte* festgehalten, so ist keine stärkere Veränderung ihrer Elektronenkonfiguration zu erwarten. Werden dagegen ungesättigte Molekeln wie H- oder O-Atome adsorbiert, die ein starkes Bestreben haben, sich durch Abgabe oder Aufnahme von Elektronen abzusättigen, so tritt eine Veränderung der Elektronenverteilung an der Adsorptionsstelle ein. Bei der Adsorption durch van der Waals*sche* Kräfte wird deshalb das Elektronenaustrittspotential Φ und damit die lichtelektrische Empfindlichkeit nur wenig beeinflußt, bei Chemisorption hingegen ändern sie sich beträchtlich, und zwar wird Φ entweder erniedrigt oder erhöht, je nachdem, ob Elektronen der Molekel in die Metalloberfläche gelangen, wie bei der Adsorption von Alkaliatomen an Platin, oder ob hierbei Metallelektronen nach der Molekel zu verschoben werden, wie dies bei der Adsorption von O-Atomen der Fall ist. Abb. II. 28 stellt die Elektronenverschiebung schematisch dar. Alkaliatome (Abb. II. 28a) bilden bei der Adsorption an einer Metalloberfläche relativ großer Austrittsarbeit eine Doppelschicht, deren positive Belegung nach außen zeigt. Bei adsorbierten Sauerstoffatomen hingegen zeigt die *negative* Belegung der Doppelschicht *nach außen* (Abb. II. 28b).

---

[1] Vgl. hierzu jedoch die Fußnote S. 61.

Besonders verwickelt ist das Verhalten des Wasserstoffs an reinen Metalloberflächen[1]. Um es zu verstehen, muß man beachten, daß H_2-Molekeln in Atome, Protonen und Elektronen dissoziieren können, entsprechend dem Gleichgewicht

$$H_2 \rightleftharpoons 2\,H \rightleftharpoons 2\,H^+ + 2\,\ominus\,.$$

Der Grad der Dissoziation hängt von den elektronischen Eigenschaften des Metalls und seiner Oberfläche ab. Besitzt das Metall eine unaufgefüllte d-Schale, wie z. B. Nickel, so ist das Dissoziationsgleichgewicht des adsorbierten Wasserstoffs nach rechts verschoben; bei aufgefüllter d-Schale hingegen liegt es auf der Seite des undissoziierten Wasserstoffs. So zerfällt Wasserstoff an einem aufgedampften reinen Nickelfilm z. T. in Protonen und Elektronen. Die letzteren erhöhen die elektrische Leitfähigkeit des Films [219] [220], die ersteren erschweren die Emission von Photoelektronen, vergrößern also das Austrittspotential Φ.

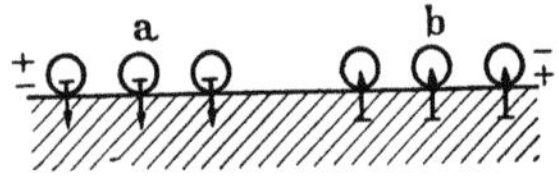

Abb. II. 28. Schematische Darstellung der an einer Metalloberfläche bei Adsorption von Fremdmolekeln durch Elektronenverschiebung entstehenden elektrischen Doppelschicht

Bei stärkerer Besetzung und weniger starker Gleichgewichtsverschiebung nach rechts können auch Molekeln auftreten, die im Sinne von H_2^+, H^+ und H^- *polarisiert* sind und daher Φ verkleinern bzw. vergrößern (H^-). Besitzt die Metalloberfläche Stellen verschieden starker Elektronenaffinität, so können gleichzeitig verschiedenartig und verschieden stark polarisierte Wasserstoffpartikeln vorhanden sein.

Auf Grund dieses Verhaltens ist bei Einwirkung *molekularen* Wasserstoffs auf eine Metalloberfläche kleiner Austrittsarbeit, z. B. eine reine Kaliumoberfläche, keine Änderung der spektralen Empfindlichkeitskurve zu beobachten [197] [108]. Wird dagegen *molekularer* Wasserstoff mit einer polykristallinen Oberfläche eines d-Lücken-Metalls, wie z. B. Platin, in Berührung gebracht, so zerfallen die H_2-Molekeln an denjenigen Kristallflächen des Pt-Bleches, die H-Atome bevorzugt adsorbieren, in Atome, die im Sinne einer Elektronenverschiebung in Richtung des Metalls polarisiert sein können, entsprechend Abb. II. 28a und II. 32a, wie man durch die Abnahme des Austrittspotentials feststellen kann (vgl. hierzu [219]).

Auch molekularer Sauerstoff zerfällt in Berührung mit reinen Metalloberflächen mehr oder weniger in Atome, um so leichter, je *kleiner* die Elektronenaffinität des betreffenden Metalls ist; wobei die Elektronenaffinität nicht nur durch das Austrittspotential, sondern auch durch die

---

[1] Vgl. hierzu R. Suhrmann: Z. Elektrochem., Ber. Bunsenges. phys. Chem. **60**, 804 (1956).

Konzentration an Leitungselektronen bestimmt wird[1]. Da die O-Atome (auch bei niedrigen Temperaturen, z. B. 83° K) entsprechend Abb. II. 32 b Elektronen aus der Metalloberfläche herausziehen, erhöht sich hierdurch der elektrische Widerstand sehr dünner Schichten des Metalls [21] [219] 220].

Um das lichtelektrische Verhalten von Metallen bei Einwirkung von Wasserstoff, Sauerstoff, Wasserdampf und anderen Gasen zu untersuchen, kann man die in Abb. II. 29 wiedergegebene *Photozelle* verwenden. Sie ist mit einem aufgeschmolzenen Quarzfenster A versehen. Die Metallfolie B bildet die Kathode. Als Anode dient ein Metallbelag auf der Innenseite des Glasgefäßes mit der Zuführung C oder ein die Kathode umgebender Zylinder aus vakuumgeschmolzenem Metall (Ni), der im Vakuum ausgeglüht werden kann. Auch B kann elektrisch geglüht werden; die Zuführungen aus Mo-Folien sind in Quarz eingeschmolzen. Bei D befindet sich ein Quarz-Glas-Übergangsstück. B

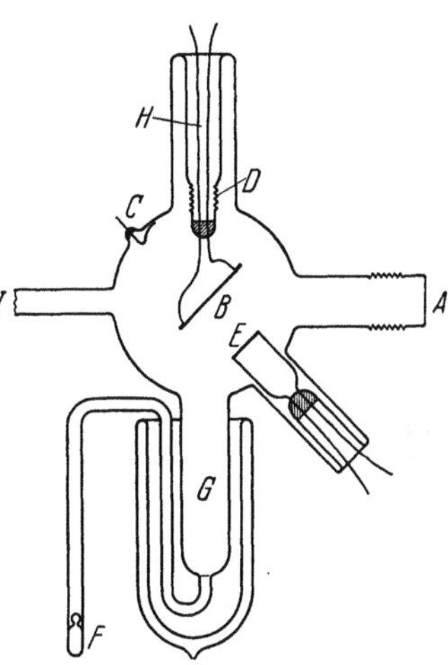

Abb. II. 29. Photozelle für die Untersuchung der Einwirkung von Fremdmolekeln auf den lichtelektrischen Effekt von Metallen. (Nach [219])

gegenüber sind ein oder mehrere glühbare Drähte angebracht, z. B. ein Wolframdraht als Glühelektronenquelle, von dem aus man B mit Elektronen beschießen kann, oder Drähte aus Pt oder W zur thermischen Erzeugung von Molekelbruchstücken eines in der Zelle befindlichen Gases oder auch ein Draht, von dem aus man die Folie B mit einer verdampfbaren Substanz zu bedecken vermag. In F befindet sich, durch eine magnetisch mittels eines Eisenkerns zerstörbare Glashaut abgetrennt, ein Gas oder Dampf, dessen Molekeln über G nach B gelangen können. G und ebenso die Metallfolie B, letztere von H aus, vermag man mit flüssiger Luft zu kühlen. Bei I ist die Druckmessung und Pumpanordnung über zwei hintereinandergeschaltete Ausfriertaschen angeschlossen.

Die mit dieser Anordnung erhaltenen Versuchsergebnisse [219] bestätigen die obigen Überlegungen. Glüht man z. B. eine vorher elektrolytisch mit *Wasserstoff* beladene Pt-Folie (B in Abb. II. 29) bei heller Rotglut, so werden schwach adsorbierte Molekeln wie CO_2 oder H_2O entfernt [182] und im Inneren absorbierter Wasserstoff gelangt an die Oberfläche, wo er in Form von Atomen an denjenigen Kristalliten haftet,

---

[1] SUHRMANN, R.: Z. Elektrochem., Ber. Bunsenges. phys. Chem. **60**, 898 (1956). — SUHRMANN, R., in „Chemisorption", edit. by W. E. GARNER, London 1957.

an denen er am besten adsorbiert wird. Einige H-Atome vereinigen sich (während des Abkühlens) zu H_2-Molekeln, die entweder adsorbiert bleiben oder die Oberfläche verlassen. An den Kristalliten, an welchen die H-Atome in der Weise polarisiert sind, daß das Valenzelektron in Richtung der Metalle verlagert ist, wird Φ erniedrigt, an solchen mit

überwiegend unpolarisierten H_2-Molekeln bleibt Φ unverändert. Bombardiert man jetzt die Oberfläche der Pt-Folie mit Elektronen geringer Energie (20 bis 300 eV, 10^{-4} A), so werden die, neben H-Atomen an der Oberfläche vorhandenen H_2-Molekeln in Atome aufgespalten, welche die Austrittsarbeit noch weiter herabsetzen. Da aber

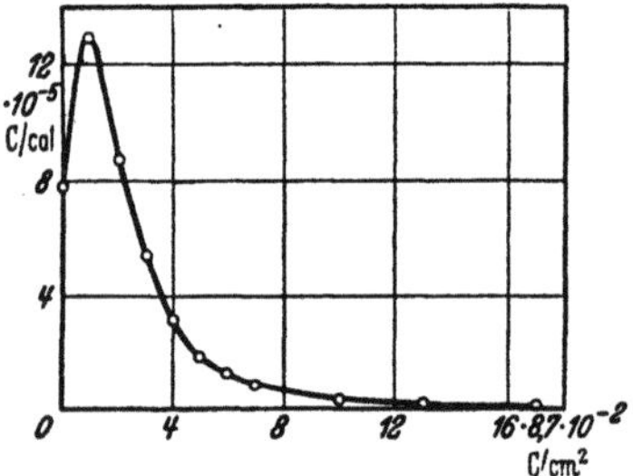

Abb. II. 30. Änderung der lichtelektrischen Empfindlichkeit für $\lambda = 265{,}5$ mμ einer im Vakuum frisch geglühten Pt-Folie durch Bombardement mit 20-V-Elektronen; Abszisse: Menge der auf die Pt-Oberfläche übergegangenen Elektronen. (Nach [199])

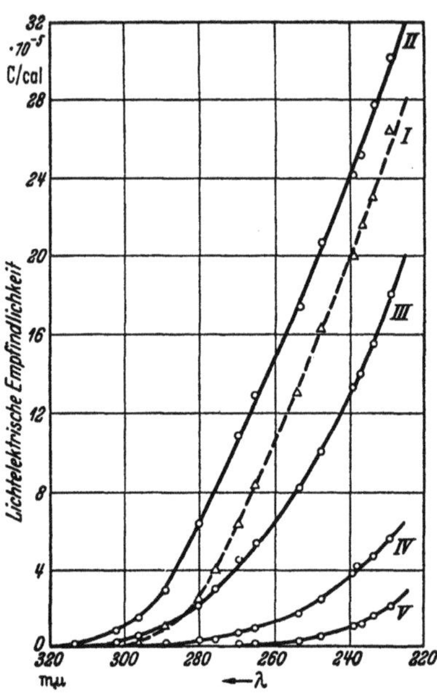

Abb. II. 31. Änderung der spektralen lichtelektrischen Empfindlichkeit einer durch kurzes Glühen im Vakuum bei 1000° C mit Wasserstoff bedeckten Pt-Oberfläche durch Bombardement mit 20-V-Elektronen. Kurve *I*: Unmittelbar nach dem Glühen vor dem Bombardement. Kurve *II*: Nach anfänglichem Bombardement. Kurve *III* bis *V*: Bei fortschreitendem Bombardement. (Nach [199])

gleichzeitig H-Atome abgeschossen werden, fällt die lichtelektrische Empfindlichkeit nach dem Überschreiten eines Maximums monoton ab, wie dies z. B. Abb. II. 30 zeigt, die offenbar den wesentlichsten Vorgang aus Abb. II. 27, von Nebenerscheinungen unbeeinträchtigt, wiedergibt. Dem anfänglichen Ansteigen des Photoeffektes entspricht eine Verschiebung von λ_0 nach längeren Wellen, dem nachfolgenden Abfall bei weiterem Bombardement ein Zurückweichen von λ_0, wie man aus Abb. II. 31 ersieht.

Wird die Folie nach dem Abschießen der an der Oberfläche adsorbierten H-Atome wiederum kurzzeitig geglüht, so wiederholt sich der Vorgang von neuem: Jedesmal kann der durch Glühen an die Oberfläche gebrachte Wasserstoff durch Bombardement beseitigt und damit die

Empfindlichkeit in der geschilderten Weise geändert werden. Bringt man anderseits die von H-Atomen befreite Pt-Folie in Berührung mit H_2-Gas, so steigt die Empfindlichkeit zunächst infolge der teilweisen Dissoziation in H-Atome an und wächst auch beim anfänglichen Elektronenbombardement, um bei weiterem Bombardement in derselben Weise wie oben geschildert wieder abzufallen [219] [222].

Ebenso wie *molekularer* Wasserstoff verändert *molekularer Sauerstoff* die lichtelektrische Empfindlichkeit von Platin nur wenig, insbesondere wenn die Oberfläche bereits mit H-Atomen bedeckt ist; und zwar auch dann, wenn die Pt-Folie auf 83° K abgekühlt ist, um die Adsorption von O_2 zu begünstigen. Wird dagegen ein in der Zelle befindlicher Pt-Draht in Gegenwart von O_2 (10^{-2} Torr) zur Erzeugung von *O-Atomen* nur wenige Sekunden bei etwa 1200° C geglüht und die Empfindlichkeit der Folie danach geprüft, so ist innerhalb des Quarz-Ultraviolett kaum noch ein Photostrom wahrzunehmen; nach einer 2 min dauernden Einwirkung der O-Atome ist der Photoeffekt der Pt-Folie in diesem Spektralgebiet vollständig verschwunden [219]. *Sauerstoffatome* setzen also die Austrittsarbeit des Platins außerordentlich stark herauf[1]. Aus diesem Grunde verschwindet der Photoeffekt einer Pt-Folie im Quarz-Ultraviolett vollständig, wenn man sie wenige Sekunden lang in Sauerstoff glüht, wie SCHAAFF [182] und BREWER [29] beobachteten.

Auch *mehratomige Fremdmolekeln* in monomolekularer Schichtdicke vermögen die Elektronenaustrittsarbeit einer Metalloberfläche zu verändern, wenn ihre Elektronenwolke unsymmetrisch verteilt (Dipole) oder leicht verschiebbar ist, wie z. B. beim Vorhandensein von π-Elektronen (Benzolkern, konjugierte Kohlenstoff-Doppelbindungen und -Dreifachbindungen) (vgl. hierzu [219] [219a]); maßgebend für die Art der Adsorption an der Metalloberfläche ist jedoch bei Dipolmolekeln nicht etwa die Richtung des Dipols, sondern das Bestreben der Molekel Elektronen abzugeben oder aufzunehmen. So ändert z. B. die symmetrische N_2-Molekel die Photoelektronenemission von Platin und Eisen nach BREWER [29] nicht wesentlich. Bei der Adsorption von NH_3-Molekeln an Pt- und Fe-Oberflächen hingegen wird das „einsame Elektronenpaar" des N-Atoms anteilig an den Metallelektronen (Abb. II. 32 c) und vergrößert dadurch die Photoelektronenemission. Ebenso

---

[1] Es ist deshalb möglich, daß bei sehr langem Glühen einer Pt-Folie (auch wenn das Ionisationsmanometer nur 10^{-8} Torr anzeigt) von der Glaswandung oder den Metallteilen der Zelle O_2-Molekeln abgegeben werden, die an der glühenden Folie in Atome zerfallen und von ihr adsorbiert werden, so daß für die danach gemessene Austrittsarbeit ein höherer Wert als für die reine Metalloberfläche erhalten wird. Von diesen Gesichtspunkten aus erscheint es zweifelhaft, ob das von DuBRIDGE [43] [45] gefundene Austrittspotential von $\Phi = 6{,}3$ V dem reinen Pt zugeschrieben werden darf und ob nicht der von WHITNEY [244] und OATLY [154] erhaltene Wert von 5,34 V dem reinen Platin besser entspricht.

können die „einsamen Elektronen" des O-Atoms der H_2O-Molekel eine Verringerung der Elektronenaffinität der Metallunterlage hervorrufen (Abb. II. 32d). Tatsächlich fanden HALLWACHS [83], LEUPOLD [125] und BREWER [29] eine beträchtliche Vergrößerung des Photoeffektes von Pt- bzw. Fe-Oberflächen, wenn NH_3 zugegen war, SCHAAFF [182] erhielt den gleichen Effekt an Pt bei Gegenwart von H_2O-Dampf.

Anders liegen die Verhältnisse, wenn die N_2O-Molekel an Platin adsorbiert wird. In dieser Molekel ist das O-Atom, um seine Achterschale aufzufüllen, anteilig geworden am einsamen Elektronenpaar des ihm benachbarten N-Atoms. Die für die Auffüllung der Elektronenlücke erforderlichen Elektronen vermag die Metalloberfläche zu liefern. Daher sitzt die Molekel mit dem O-Atom am Metall, dessen Elektronen sie herauszieht (Abb. II. 32e). Die lichtelektrische Empfindlichkeit einer Pt-Oberfläche erfährt deshalb durch adsorbierte N_2O-Molekeln eine Erniedrigung [219].

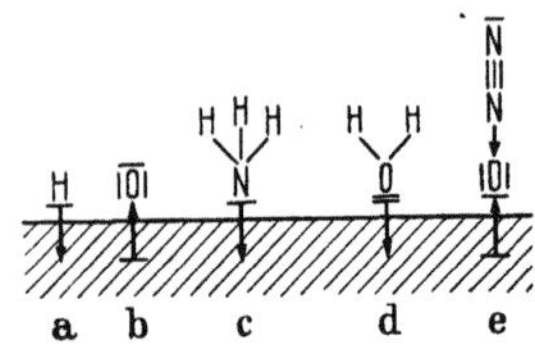

Abb. II. 32. Schematische Darstellung der Elektronenverschiebung an einer Metalloberfläche beim Vorhandensein adsorbierter Fremdmolekeln. (Nach [219])

Daß die π-Elektronen der an Platin adsorbierten *Benzol*-Molekeln in Richtung der Metalloberfläche verschoben werden, erkennt man an der *Erhöhung* der lichtelektrischen Empfindlichkeit einer mit solchen Molekeln bedeckten Pt-Folie [218] [222].

Es sei schließlich noch erwähnt, daß die in den Ziff. 8, 10 und 11 behandelten Methoden zur exakten Bestimmung des Austrittspotentials von Metalloberflächen auch bei adsorbierten Fremdmolekeln angewendet werden können. Dabei ist allerdings vorausgesetzt, daß die Molekeln gleichmäßig auf der Oberfläche verteilt sind und daß nicht größere Bezirke von wenig verschiedenem oder einzelne Bezirke sehr kleinen Austrittspotentials vorhanden sind. Im ersteren Fall würden sich gleich hoch gelegene Empfindlichkeitskurven mit verschiedenen langwelligen Grenzen λ_0 überlagern; im letzteren Fall überlagert sich der im kurzwelligen Teil vorherrschenden Empfindlichkeitskurve auf der langwelligen Seite eine Kurve niedriger Austrittsarbeit und kleiner Mengenkonstante, so daß sich die gemessene Kurve mit niedrigen Werten bis zu langen Wellen erstreckt (vgl. Abb. II. 33).

16. Änderung der lichtelektrischen Empfindlichkeit von Metalloberflächen durch dünne Metallfilme

a) Adsorbierte Metallatome bis zu monoatomarer Schichtdicke

Die Erhöhung der lichtelektrischen Empfindlichkeit einer Platinkathode durch einen unsichtbaren *Film von Kaliumatomen* wurde zuerst von ELSTER und GEITEL [71] beobachtet, dann von IVES [91] im Sichtbaren und von SUHRMANN und THEISSING [*197*] im Ultravioletten sowie von anderen Autoren in einer größeren Zahl von Arbeiten mit spektral zerlegtem Licht näher untersucht (Literaturübersicht bis 1933 in [*Z 17*]).

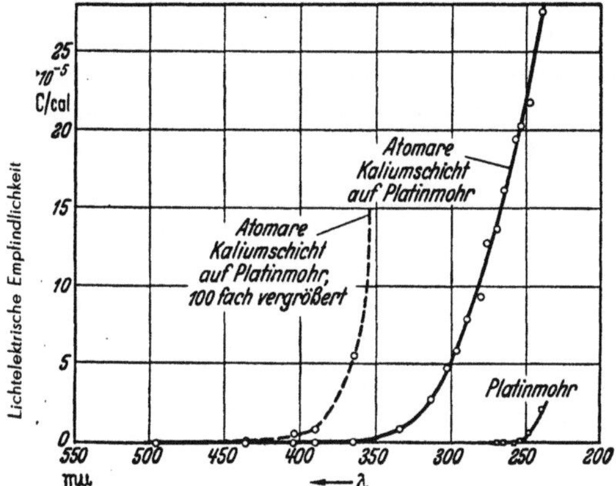

Abb. II. 33. Änderung der spektralen Empfindlichkeitskurve einer Platinmohr-Oberfläche durch Besetzung mit K-Atomen. (Nach [*197*])

Wie man aus Abb. II. 33 ersieht, wird die langwellige Grenze einer *Platinmohroberfläche* bei der Besetzung mit *K-Atomen* von ca. 270 mμ bis weit ins Sichtbare (ca. 490 mμ) vorgeschoben; es sind aber nur einzelne ausgezeichnete Stellen besonders kleiner Austrittsarbeit vorhanden, denn die Emission ist im Anschluß an die langwellige Grenze in einem ausgedehnten Spektralbereich (von 490 bis ca. 350 mμ) sehr gering.

Wird als Träger der Alkaliatome eine weniger inhomogene Oberfläche verwendet, so treten so große Empfindlichkeitsunterschiede nicht auf, wie Abb. II. 34 und II. 35 zeigen. In Abb. II. 34 rückt die spektrale Empfindlichkeitskurve mit zunehmender Bedeckung eines *Pt-Spiegels* mit

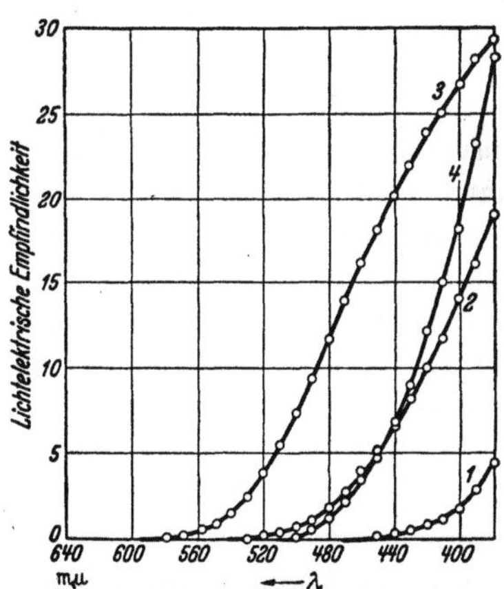

Abb. II. 34. Relative spektrale lichtelektrische Empfindlichkeit eines Pt-Spiegels (für $\mathfrak{E}\,\|$) bei fortschreitender Kondensation atomar verteilten Natriums. Kurve *1* nach 1,5 Stunden, Kurve *2* nach 3,0 Stunden, Kurve *3* nach 19,4 Stunden, Kurve *4* nach 75 Stunden. (Nach IVES [*91*])

Na-Atomen zunächst nach längeren Wellen vor (Kurve *1, 2, 3*) und nach dem Überschreiten der günstigsten Bedeckung Θ_0, bei der die Austrittsarbeit den kleinsten Wert Φ_0 hat, wieder zurück (Kurve *4*). Geht man umgekehrt von einer Bedeckung $\Theta > \Theta_0$ aus, wie in Abb. II. 35

mit *Cs-Atomen* auf einem *Pt-Spiegel* und dampft die adsorbierten Cs-Atome durch Erwärmen allmählich ab, so verschiebt sich die Empfindlichkeitskurve ebenfalls zunächst nach langen Wellen (Kurve *1* und *2*) bis $\Theta = \Theta_0$ geworden ist und danach wieder zu kurzen, wenn Θ_0 unterschritten wird (Kurve *3* und *4*).

Ist $\Theta < \Theta_0$, so steigt die spektrale Empfindlichkeitskurve im allgemeinen *monoton* an, wie z. B. für K-Atome auf einem Platinspiegel in Abb. II.37, Kurve *I*; es sei denn, das Trägermetall besitzt in dem

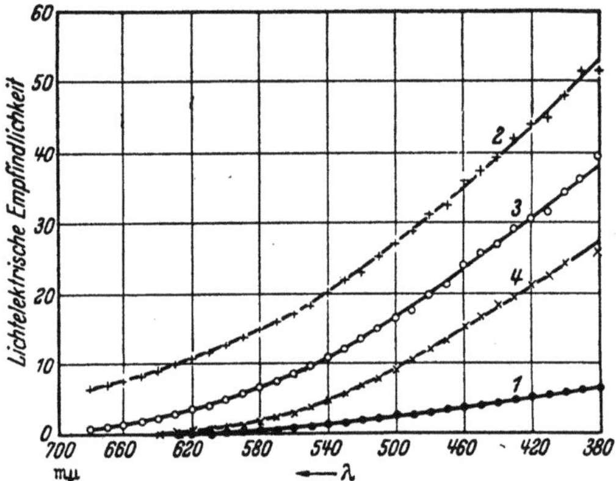

Abb. II.35. Relative spektrale lichtelektrische Empfindlichkeit eines Pt-Spiegels (für $\mathfrak{E} \parallel$) bei fortschreitendem Abdampfen einer Cs-Bedeckung. Kurve *1* vor dem Erwärmen des Trägers, Kurve *2*, *3* und *4* mit zunehmender Erwärmungsdauer. (Nach IVES [*91*])

untersuchten Spektralgebiet eine *optische Anomalie*, wie z. B. Silber mit einem Reflexionsminimum bei 317 mμ. In diesem Fall wird der monotone Anstieg durch einen Sattel an der Stelle des Reflexionsminimums unterbrochen, da das Licht dieses Wellenlängenbereiches bis zu einer Tiefe in die Ag-Oberfläche eindringt, aus der ein größerer Bruchteil der mit Lichtquanten versehenen Elektronen nicht bis an die Oberfläche gelangen kann. Abb. II.36 läßt das Zusammenfallen des Sattels mit dem Reflexionsminimum erkennen. Nach dem Überschreiten des Sattels nach kleineren λ-Werten zu steigt die Empfindlichkeit wieder an, aber schwächer als vorher, weil die Absorptionskonstante des Silbers immer noch kleiner bleibt als im Gebiet des beginnenden Abfalls des Reflexionsvermögens. Man darf hieraus folgern, daß bei $\Theta < \Theta_0$ die Elektronen des *Trägermetalls* die Lichtquanten absorbieren und emittiert werden [*203*] [*204*] [*95*], daß also *einzelne* adsorbierte Alkaliatome lediglich die Austrittsarbeit des Trägermetalls herabsetzen.

Die *Lage von* λ_0 bei *optimaler* Besetzung Θ_0 und damit der Wert der *kleinsten* Austrittsarbeit hängt vom Austrittspotential des Trägermetalls und von der Polarisierbarkeit der adsorbierten Atome ab, die im allgemeinen um so größer sein wird, je kleiner deren Ionisierungsspannung ist. So erhielt MAYER [136] für K auf Platin [Φ (Pt) = 5,36 V] λ_0 = 738 mμ, für K auf Wolfram [Φ (W) = 4,53 V] 704 mμ und für Cs auf Platin λ_0 = 774 mμ, für Cs auf Wolfram 729 mμ (vgl. Tab. II.8). Auch die *Mengenkonstante* ist bei Θ_0 für K bzw. Cs auf Platin etwa 7 mal so groß als für K bzw. Cs auf Wolfram [136], was als Beweis dafür angesehen werden kann, daß die emittierten Elektronen auch im Falle

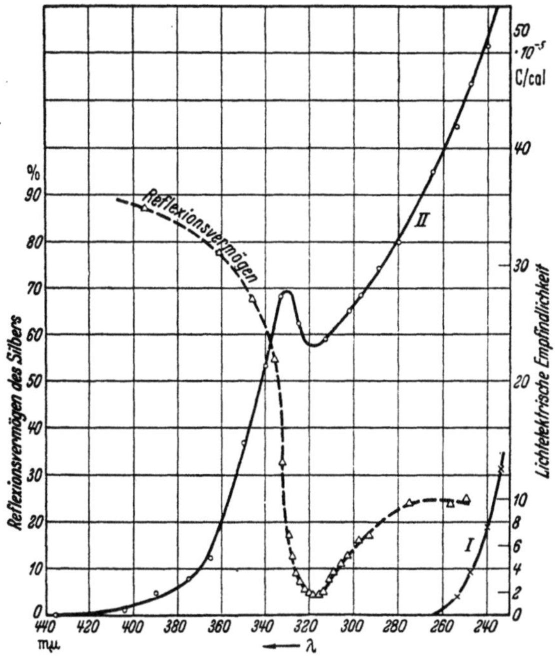

Abb. II.36. Spektrale Empfindlichkeitskurve eines durch Verdampfen im Vakuum hergestellten Ag-Spiegels vor (*I*) und nach (*II*) dem Aufbringen von K-Atomen; Schichtdicke $\Theta < \Theta_0$. (Nach [204])

$\Theta = \Theta_0$ aus dem Trägermetall stammen. Erst von einer etwa 5 atomigen Alkalimetallschicht ab sind die Elektronenausbeuten bei Platin und Wolfram als Trägermetall für das gleiche Alkalimetall dieselben [137], wenn man die Verschiedenheit des Lichtreflexionsvermögens der beiden Trägermetalle berücksichtigt. Die Elektronen werden also von dieser Schichtdicke ab nicht mehr (gänzlich oder teilweise) im *Trägermetall* ausgelöst, sondern allein in der darauf befindlichen *Alkalimetallschicht*. Eine solche Schicht sollte somit der *Austrittstiefe* der Elektronen bei *mehr*atomigen K- und Cs-Filmen entsprechen[1].

---

[1] Aus Aufdampfversuchen von K-Atomen auf Glas schließen MAYER u. NOSSEK [Z. Phys. **138**, 353—362 (1954)], daß die emittierten Photoelektronen in einer Tiefe von 3 bis 4 K-Atomlagen ausgelöst werden.

Da die Ionisierungsspannung der Alkaliatome (Na 5,09; K 4,32; Rb 4,19; Cs 3,86 V) entweder in der gleichen Größe liegt wie das Austrittspotential Φ der zumeist als Träger benutzten Metalle oder sogar kleiner ist als diese, ist es verständlich, daß adsorbierte Alkaliatome

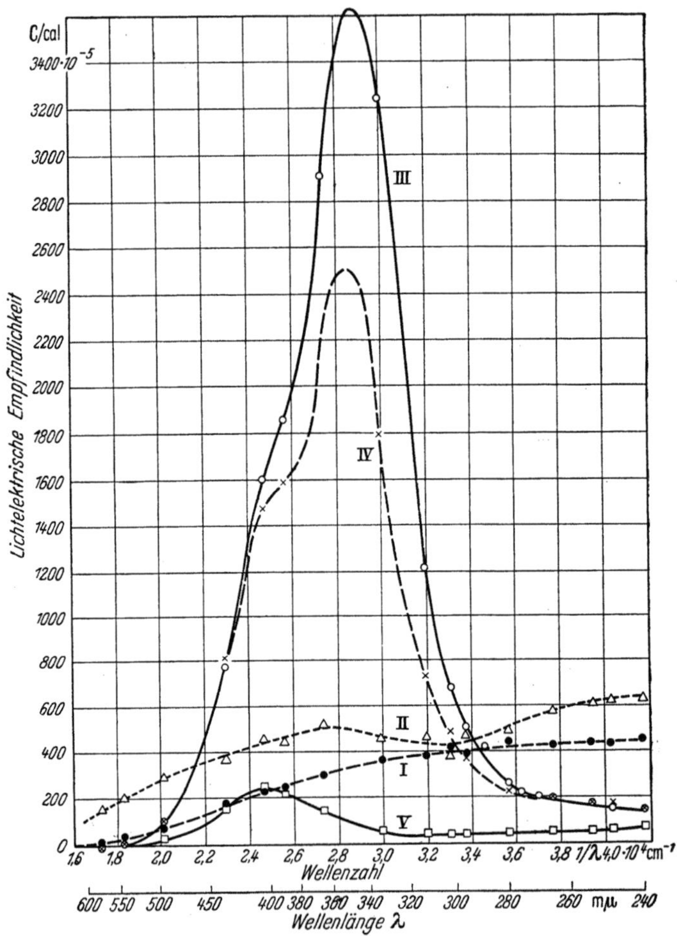

Abb. II. 37. Spektrale Empfindlichkeit unsichtbarer K-Filme auf einem Pt-Spiegel. Kurve *I*: $\Theta < \Theta_0$; Kurve *II*: $\Theta \simeq \Theta_0$; Kurve *III* und *IV*: $\Theta > \Theta_0$; $\Theta_{IV} > \Theta_{III}$; Kurve *V*: K-Film soeben als schwacher Hauch zu erkennen. (Nach [*201*])

im allgemeinen Doppelschichten bilden, die Φ erniedrigen. Wird hingegen ein Trägermetall mit relativ *kleinem* Austrittspotential verwendet, wie z. B. Al ($\Phi = 4,20$ V), und werden Na-Atome adsorbiert, so ist keine wesentliche Herabsetzung der Austrittsarbeit des Trägermetalls zu erwarten. In der Tat fanden BRADY und JACOBSMEYER [*27*], daß beim Aufdampfen von Na-Atomen auf eine Al-Unterlage von Φ(Al) $= 4{,}08$ V, entsprechend $\lambda = 302$ mμ, eine Emission mit $\lambda = 365$ mμ erst bei einer Na-Schichtdicke von 5 Atomdicken auftrat, also erst dann, wenn der *Na-Film* in ausreichendem Maße Lichtquanten zu adsorbieren vermochte.

Andererseits beobachtet man auch beim Aufdampfen von Atomen relativ hoher Ionisierungsspannung wie Ni (7,6 V) und Hg (10,4 V) das

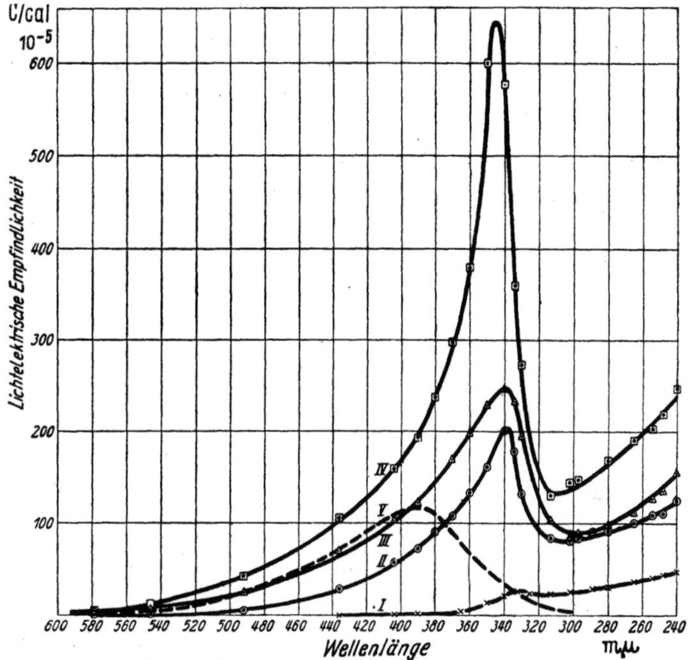

Abb. II. 38. Spektrale Empfindlichkeit unsichtbarer K-Filme auf einem durch Verdampfen im Hochvakuum hergestellten Ag-Spiegel. Kurve *I*, *II* und *III*: $\Theta < \Theta_0$; Kurve *IV*: $\Theta > \Theta_0$; von *I* bis *IV* zunehmende Bedeckung; Kurve *V*: K-Film sichtbar. (Nach [204])

Überschreiten eines schwachen Emissionsmaximums und einen Abfall bis auf den Wert des kompakten Fremdmetalls, wenn man als Träger ein Metall großen Austrittspotentials verwendet [222] [173] [174]. Bei Hg-Atomen ist allerdings nach ROLLER u. a. [173] eine niedrige Kondensationstemperatur (83° K) erforderlich, damit sich nicht von vornherein infolge der großen Beweglichkeit der Fremdatome auf der Trägermetalloberfläche Kristallhäufchen bilden, ohne daß vorher Schichten von wenigen Atomdicken zustande kamen [174].

b) Metallfilme in Schichtdicken von mehreren Atomen

Überschreitet die Bedeckung einer Platinoberfläche mit Alkaliatomen den optimalen Wert $\Theta_0 \simeq 1$, so steigt die Elektronenaustrittsarbeit wieder an, wie wir in Ziff. 14 gesehen hatten, und die langwellige Grenze λ_0 zieht sich nach kürzeren Wellenlängen zurück, bis sie bei Schichtdicken von wenigen Atomen den Wert des kompakten Alkalimetalls erreicht hat. Während die spektrale Empfindlichkeitskurve bis zu monoatomarer Bedeckung im allgemeinen mit der Lichtfrequenz ν monoton ansteigt, zeigt sie bei $\Theta > \Theta_0$ ein neuartiges Verhalten: Bereits beim Aufbau der zweiten Atomschicht wächst die Empfindlichkeit in einem bestimmten Spektralgebiet stark an und erreicht bei einer noch unsichtbaren Bedeckung des Trägermetalls von wenigen Atomlagen einen Höchstwert, ein „*selektives* Maximum" [*201*]. Beim weiteren Aufdampfen von Alkalimetall fällt die Emission wieder ab und geht schließlich in die Empfindlichkeitskurve des kompakten Alkalimetalls über. Auf diese Weise an K-Filmen an Platin bzw. Silber erhaltene spektrale Empfindlichkeitskurven zeigen Abb. II. 37 und II. 38.

Die Ermittlung der *atomaren Dicke von Alkalifilmen* führten BRADY [*25*] und MAYER [*135*] [*136*] durch. Eine hierzu geeignete Photozelle ist in Abb. II. 39 dargestellt. Die 5 bis 10 mm breite und ca. 0,01 mm dicke

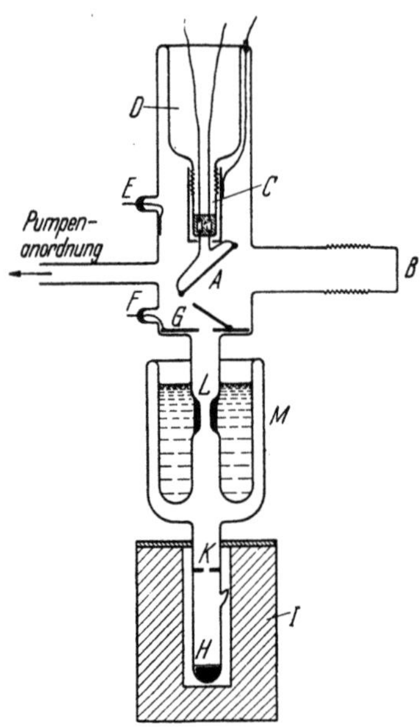

Abb. II. 39. Photozelle zur Untersuchung von Alkalifilmen auf einem Trägermetall mit einer Vorrichtung zur Bestimmung der atomaren Filmdicke

Trägermetallfolie A befindet sich gegenüber dem Quarzfenster B. Ihre Stromzuführungen sind in einem Quarzrohr C eingeschmolzen, das ebenso wie der Lichttubus mittels eines Quarz-Glas-Übergangsstückes angeschmolzen ist. A kann von D aus mit flüssiger Luft gekühlt werden. Als Anode dienen ein Metallbelag der Innenwandung der Zelle mit der Zuführung E und die Blende G mit der Zuführung F. Das Alkalimetall H wird mittels des als Ofen dienenden elektrisch geheizten Metallblocks I verdampft. Der Atomstrahl tritt durch die Blenden K, L und G und trifft auf die Folie A. Er kann mittels einer an G angebrachten, magnetisch betätigten Klappe abgeblendet werden. Trifft er auf die glühende Folie, so werden die Atome ionisiert und der von A nach E und F fließende Strom positiver Ionen ergibt die Zahl der auf A pro sec auftreffenden Alkaliatome, die haftenbleiben und einen Film bilden, wenn sich A auf tiefer Temperatur befindet. Das mit flüssiger Luft gefüllte Dewargefäß M verhütet eine Reflexion der Atome an der Rohrwandung.

Mit einer ähnlichen Anordnung fand BRANDY, daß der Höchstwert des spektralen Maximums bei 12,4 Atomschichten K auf Ag, 5,0 Atomschichten Rb auf Ag, 5,4 Atomschichten Cs auf Ag zu beobachten war. MAYER erhielt den Höchstwert für K auf Pt und W bei 4 bis 5 Atomlagen K ($20 \cdot 10^{14}$ K-Atome pro cm² Pt-Oberfläche).

17. Lichtvektoreffekt; Deutung des spektralen Maximums dünner Alkalimetallfilme

Bevor wir auf die Deutung des bei Alkaliatomschichten von mehrfach atomarer Dicke beobachteten spektralen Maximums näher eingehen können, wollen wir eine Erscheinung behandeln, die unter gewissen Bedingungen mit dem Auftreten dieses Maximums verknüpft ist. Sie wurde von ELSTER und GEITEL [53] an Spiegeln von *flüssigen Kalium-Natrium-Legierungen* entdeckt und an diesen von POHL und PRINGSHEIM [157] näher erforscht (vgl. hierzu die Darstellung in [Z 3]). Bestrahlt man nämlich den von einer flüssigen K-Na-Legierung gebildeten Spiegel unter einem Einfallswinkel von ca. 70° mit linear polarisiertem

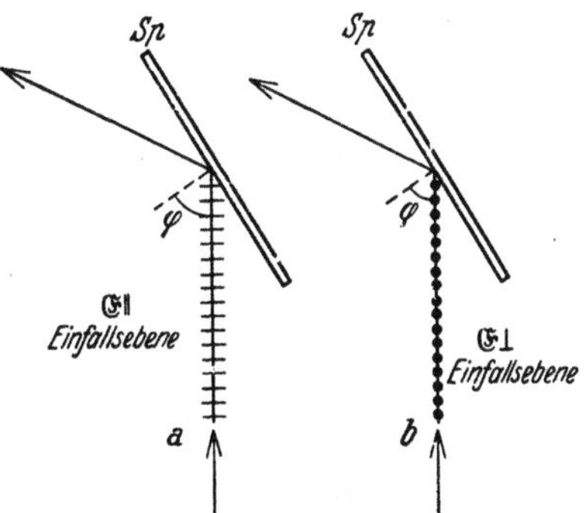

Abb. II. 40. Schematische Darstellung des Strahlenganges beim Nachweis des Lichtvektoreffektes; a) 𝔈∥ Einfallsebene, selektive Empfindlichkeit; b) 𝔈⊥ Einfallsebene, normale Empfindlichkeit

Licht, wie in Abb. II. 40 schematisch dargestellt ist, so beobachtet man, daß Licht, dessen elektrischer Vektor 𝔈 parallel der Einfallsebene (𝔈∥), also mit einer Komponente *senkrecht zum Spiegel* schwingt, eine wesentlich größere Elektronenausbeute liefert (etwa das 30fache) als senkrecht zur Einfallsebene (𝔈⊥), also *parallel zum Spiegel* schwingendes Licht. Das Verhältnis der Empfindlichkeiten für 𝔈∥ und 𝔈⊥ weist denselben Gang auf in Abhängigkeit von der Wellenlänge wie die spektrale Empfindlichkeit für 𝔈∥ [157], d. h., die Ausbeutekurve besitzt nur für 𝔈∥ ein spektrales Maximum und steigt für 𝔈⊥ normal an. Bei genau senkrecht einfallendem Licht erhält man daher an einem K-Na-Spiegel einen normalen Empfindlichkeitsanstieg, gleichgültig, ob man mit polarisiertem oder nichtpolarisiertem Licht bestrahlt.

Den gleichen Einfluß der Schwingungsrichtung des elektrischen Vektors fand IVES [91] an unsichtbaren *auf Metallspiegeln adsorbierten Alkalimetallfilmen*; auch hier war die lichtelektrische Empfindlichkeit für 𝔈∥ größer als für 𝔈⊥. Allerdings schien dieser Vektoreffekt (bei den nur im sichtbaren Spektrum durchgeführten Untersuchungen) nicht mit einem spektralen Maximum gekoppelt zu sein (vgl. hierzu [Z 3] S. 97ff.). Als jedoch Suhrmann und Theissing [201] die Beobachtungen auf das Ultraviolett ausdehnten, stellten sie fest, daß bei einem dünnen K-Film auf einem Pt-Spiegel ebenfalls beide Erscheinungen, also Vektoreinfluß und spektrales Maximum, gleichzeitig zu beobachten sind. Sie fanden, daß bei der allmählichen Zunahme der Bedeckung des Spiegels mit K-Atomen ein kräftiger Lichtvektoreffekt verbunden mit einem spektralen Maximum erst dann auftritt, wenn die langwellige Grenze sich wieder zurückzieht, also die monoatomare Besetzung überschritten ist. Bei einer unsichtbaren K-Schicht auf Pt liegt das Maximum des Vektoreinflusses und damit das spektrale Maximum bei etwa 350 mμ, wie Abb. II. 41 zeigt, bei einer soeben als matter Hauch erkennbaren Schicht an der Grenze des Sichtbaren bei 400 mμ, wie man aus Abb. II. 42

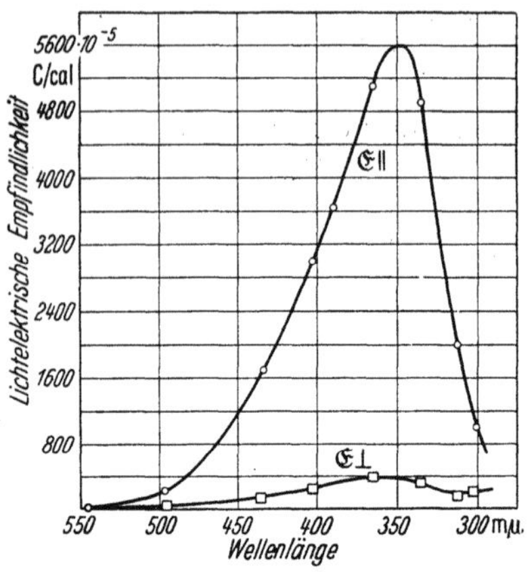

Abb. II. 41. Spektrale Empfindlichkeit eines unsichtbaren K-Filmes auf einem Pt-Spiegel bei Bestrahlung mit polarisiertem Licht unter einem Einfallswinkel von 60 bis 70°; Bedeckung $\Theta > \Theta_0$. (Nach [201])

ersieht. Ein mit nur wenigen K-Atomen unterhalb Θ_0 besetzter Pt-Spiegel hingegen besitzt neben der normal ansteigenden Empfindlichkeitskurve *normale* Werte des Vektorverhältnisses, wie Abb. II. 43 erkennen läßt.

Der Lichtvektoreffekt an Alkalifilmen auf Metallspiegeln hat durch Ives, Briggs und Fry [93—95] [68—70] [97—101] eine bemerkenswerte Deutung gefunden. Ives nimmt an, daß für die Elektronenauslösung in der dünnen Alkalischicht auf dem Spiegel des Trägermetalls die *Intensität der stehenden Lichtwellen* maßgebend ist, die durch Interferenz der einfallenden und reflektierten Strahlen zustande kommen. Da der Abstand der unsichtbaren, das Licht absorbierenden dünnen Alkalimetallschicht von dem spiegelnden Trägermetall klein ist gegen die Wellenlänge des Lichtes, kommt für die Absorption durch das Alkalimetall die unmittelbar an der Oberfläche des Spiegels vorhandene Lichtintensität in Betracht. Bei einem idealen Spiegel würden sich dort die Knoten der stehenden Wellen befinden. Wegen der endlichen Leitfähigkeit des Metalls und der Phasenverschiebung der reflektierten Welle ist jedoch die Auslöschung an der Spiegeloberfläche, an der die unsichtbare Alkalischicht kondensiert ist, nicht vollständig. Es ist vielmehr eine

endliche Lichtintensität an dieser Stelle vorhanden, die mit dem Einfallswinkel und der Wellenlänge variiert.

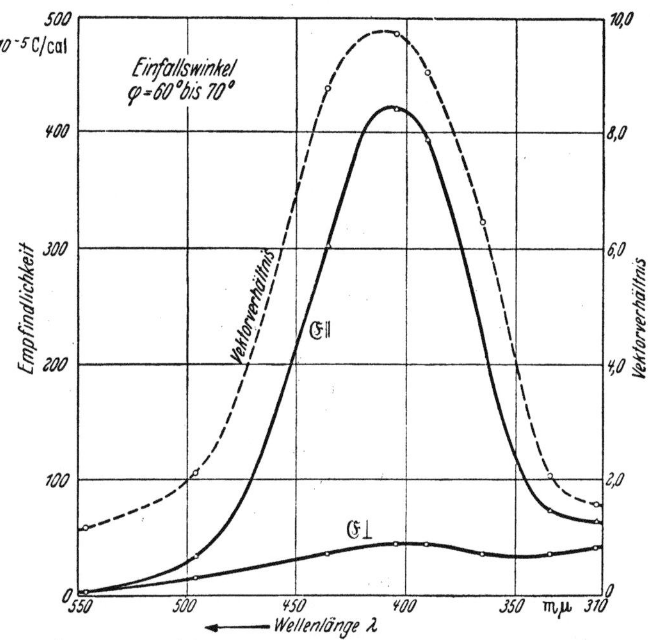

Abb. II. 42. Spektrale Empfindlichkeit einer dünnen, als Hauch eben zu erkennenden K-Schicht
auf einem Pt-Spiegel bei Bestrahlung mit polarisiertem Licht unter schrägem Einfall; gleichgelegenes
spektrales Maximum für das Vektorverhältnis und ℭ‖. (Nach [201])

Berechnet man nun aus den optischen Konstanten des Spiegelmetalls
(Platin) für eine bestimmte Wellenlänge auf der kurzwelligen Seite der

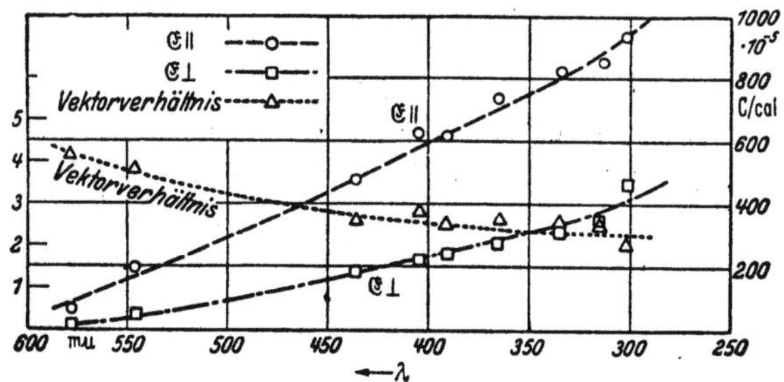

Abb. II. 43. Spektrale Empfindlichkeit eines Pt-Spiegels, bedeckt mit K-Atomen bei Bestrahlung
mit polarisiertem Licht unter einem Einfallswinkel von 60 bis 70°; Bedeckung $\theta < \theta_0$. (Nach [201])

langwelligen Grenze λ_0 die Lichtintensitäten an der Spiegeloberfläche
für ℭ‖ und ℭ⊥ in Abhängigkeit vom *Einfallswinkel*, so findet man,
daß das Verhältnis der Lichtintensitäten genau wie das Verhältnis der

lichtelektrischen Empfindlichkeiten für Einfallswinkel zwischen 70 und 80° außerordentlich hohe Werte annimmt, wie aus Abb. II. 44 zu ersehen ist (ausgezogene Kurven), und daß die Lichtintensitäten für $\mathfrak{E}\|$ und $\mathfrak{E}\perp$ in ähnlicher Weise vom Einfallswinkel abhängen wie die Photoströme (Kreuze bzw. Kreise). Das große Vektorverhältnis der Photoströme (bzw. der lichtelektrischen Empfindlichkeiten für *einfallendes* Licht) ist demnach durch das hohe Vektorverhältnis der *Lichtintensitäten an der Spiegeloberfläche* bedingt.

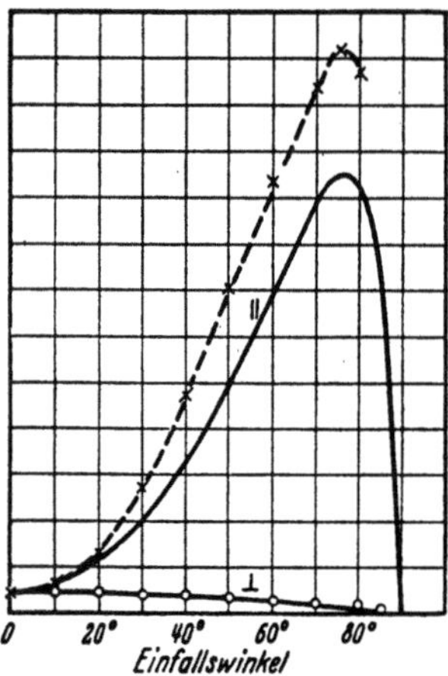

Abb. II. 44. Ausgezogene Kurven: Berechnete Intensität für $\lambda = 438{,}9$ mμ der beiden Komponenten des elektrischen Vektors unmittelbar über der Oberfläche eines Platinspiegels in Abhängigkeit vom Einfallswinkel. Gestrichelte Kurve und eingezeichnete Kreise: Beobachtete Photoströme für $\mathfrak{E}\|$ und $\mathfrak{E}\perp$ an einem K-Film auf einem Pt-Spiegel. (Nach IVES [*93*])

Den Verlauf der *spektralen Empfindlichkeitskurve* vermag man nach dieser Theorie zu berechnen, wenn man die an der Spiegeloberfläche des Trägermetalls bei der betreffenden Wellenlänge vorhandene Lichtintensität mit dem spektralen Lichtabsorptionsvermögen der dünnen Alkalimetallschicht multipliziert. Da Alkalimetallfilme von wenigen Atomlagen Dicke bereits metallisch leiten [*129*], kann man das Lichtabsorptionsvermögen der mindestens 4 bis 5 Atomlagen, also bei Kalium etwa 25 Å dicken Schicht, aus den optischen Konstanten des Alkalimetalls berechnen. IVES und BRIGGS ermitteln nun die optischen Konstanten von K-, Rb- und Cs-Spiegeln zwischen 250 und 580 mμ und berechnen hieraus und aus den optischen Eigenschaften des Trägerspiegels die von Alkalifilmen bestimmter Dicke auf einem Pt-Jr-Spiegel für $\mathfrak{E}\|$ und $\mathfrak{E}\perp$ *absorbierte Lichtenergie*. Abb. II. 45a und b geben die spektrale Verteilung der Lichtenergie wieder, die bei einem energiegleichen Spektrum von einem 10^{-8} cm dicken auf einem Pt-Jr-Spiegel befindlichen Alkalimetallfilm absorbiert wird, wenn $\mathfrak{E}$ parallel bzw. senkrecht gerichtet ist. Bei jedem Alkalimetallfilm tritt bei $\mathfrak{E}\|$ ein spektrales Maximum auf, das in der Reihenfolge K, Rb, Cs nach längeren Wellen verschoben ist und, ebenso wie die lichtelektrische Empfindlichkeit der Alkalimetallfilme, in dieser Reihenfolge in der Höhe abnimmt.

Das K-Maximum bei 340 mμ in Abb. II. 45 liegt dicht bei dem von SUHRMANN und THEISSING an einem K-Film von mehreren Atomlagen auf einem Pt-Spiegel bei 350 mμ beobachteten (Abb. II. 41). Die für die Elektronenemission maßgebende Lichtabsorption erfolgt nun wegen der geringen Austrittstiefe der Elektronen in den äußersten Atomlagen des dem Spiegel aufliegenden Films. Berücksichtigt man dies bei der Berechnung, so verschiebt sich das berechnete Maximum noch ein wenig nach längeren Wellen, ergibt also eine noch bessere Übereinstimmung zwischen Theorie und Experiment. Schließlich muß man bei der Berechnung der für die Emission von Photoelektronen absorbierten Lichtenergie noch beachten, daß die Elektronen, welche Lichtenergie auf-

genommen haben, um so leichter emittiert werden können, je größer das absorbierte Lichtquant ist. Bei Berücksichtigung dieser beiden Einflüsse gelingt es IVES und BRIGGS, die berechneten Emissionsmaxima mit den beobachteten bei 350 (K), 380 (Rb) und 415 mμ (Cs) gelegenen weitgehend zur Deckung zu bringen.

Da sich die optischen Eigenschaften des Pt-Spiegels und damit die Lichtintensität unmittelbar über der Spiegeloberfläche in dem betrachteten Spektralgebiet verhältnismäßig wenig ändern, wird also das spektrale Maximum des auf dem Spiegel befindlichen Alkalifilms im wesentlichen durch dessen

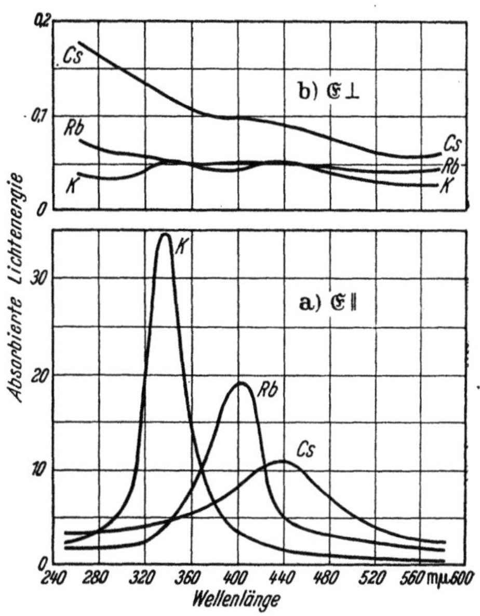

Abb. II.45. Spektrale Verteilung der durch einen Alkalimetallfilm von 10⁻⁸ cm Dicke auf einem Pt-Jr-Spiegel absorbierten relativen Lichtenergie; a) bei $\mathfrak{C}\parallel$; b) bei $\mathfrak{C}\perp$; Verhältnis der Ordinatenmaßstäbe 100 zu 1. (Nach IVES u. BRIGGS [101])

Lichtabsorptionsvermögen hervorgerufen. Selbst die optische Anomalie des Silbers zwischen 360 und 300 mμ bewirkt nur ein Steilerwerden des K-Maximums, wie Abb. II. 38 erkennen läßt, und einen steileren Anstieg der Empfindlichkeitskurve nach dem Überschreiten des Minimums nach kurzen Wellen zu, da nun auch die Kurve der Lichtintensität unmittelbar über der Oberfläche des Ag-Spiegels wieder ansteigt. Das Empfindlichkeitsmaximum liegt bei 344 mμ, also an der gleichen Stelle wie bei dem auf dem Pt-Spiegel befindlichen K-Film.

Ebenso wie die Berechnung aus den optischen Konstanten ergibt auch die direkte Messung der Lichtabsorption dünner auf einer Quarzplatte kondensierter K-Filme, die von FLEISCHMANN [63] vorgenommen wurde, daß die *Lichtabsorption des Films* für das Zustandekommen des spektralen Maximums ausschlaggebend ist. Derartige K-Filme können bei senkrechter Aufsicht kaum erkannt werden, erscheinen aber bei schräger Aufsicht deutlich gefärbt. Läßt man polarisiertes Licht einfallen, so wird die Färbung dichroitisch, d. h., man sieht den Alkalifilm nur für $\mathfrak{E} \parallel$. Die quantitative Bestimmung der spektralen Lichtabsorption ergab eine Kurve, die in gleicher Weise verläuft wie eine selektive Empfindlichkeitskurve.

Schließlich sei noch ein Versuch von IVES und FRY [*96*] erwähnt, der ebenfalls zeigt, daß die an der Stelle des Alkalifilms vorhandene und dort absorbierte Lichtenergie für die Menge der emittierten Photoelektronen maßgebend ist. Bei diesem Versuch wurde auf einem Pt-Spiegel ein dünner Quarzkeil (Dicke in Größenordnung der Lichtwellen) aufgedampft und auf diesem ein Cs-Film aufgebracht. Beim Abtasten der erhaltenen Photokathode mit monochromatischem polarisiertem Licht beobachteten die Autoren *Maxima und Minima* des ausgelösten Photostroms, je nachdem, ob sich Wellenbäuche oder -knoten der über dem Spiegel vorhandenen stehenden Lichtwellen an der Stelle des Cs-Films befanden.

Auch wenn der Träger des Alkalimetallfilms kein Metallspiegel, sondern ein nicht oder nur *wenig reflektierender Stoff* wie Platinmohr oder ein Dielektrikum wie Quarz ist, können die optischen Eigenschaften des Films die Ursache für das Auftreten eines spektralen Maximums sein.

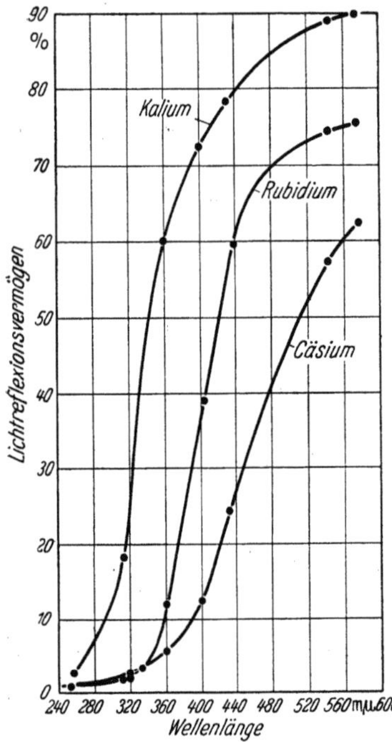

Abb. II. 46. Reflexionsvermögen von K, Rb und Cs in Abhängigkeit von der Wellenlänge. (Nach IVES u. BRIGGS [*98—100*])

Wie man aus Abb. II. 46 erkennt, fällt das Reflexionsvermögen der Alkalimetalle auf der kurzwelligen Seite steil ab, und zwar vom K zum Cs bei zunehmender Wellenlänge. Das Licht dringt daher in einen dünnen Film um so tiefer ein, je kürzerwelliges Licht auffällt. Die Photoelektronen werden also in um so größerer Tiefe ausgelöst und können schließlich trotz ihrer mit der Größe der Lichtquanten zunehmenden Energie nicht mehr bis an die Oberfläche gelangen. Die Menge der pro Einheit der auffallenden Lichtenergie emittierten Photoelektronen muß daher mit abnehmender Wellenlänge ein Maximum überschreiten, das bei um so längeren Wellen und um so niedriger liegt, je langwelliger der Abfall des Reflexionsvermögens beginnt. Die spektrale Lage des an einem solchen Film beobachteten Maximums wird im allgemeinen von

der an einem unsichtbaren auf einem Metallspiegel auftretenden verschieden sein. Ein bereits *sichtbarer* Film hingegen auf einem Trägermetall wird in der Lage seines spektralen Maximums von einem sichtbaren auf einem Dielektrikum sitzenden Film nur wenig abweichen.

Bei Alkalifilmen auf einem *Dielektrikum* wird im allgemeinen ein
Lichtvektoreffekt nicht zu beobachten sein, da die Orientierung der
anhaftenden Alkalischicht nun von der kristallinen Struktur des Dielektrikums abhängt und die Richtung von $\mathfrak{E}$ nicht über einen größeren
Bereich des auffallenden Lichtfleckes definiert ist. Aus dem gleichen
Grunde konnte auch bei Verwendung eines durch Kathodenzerstäubung
auf einer Glasplatte hergestellten Pt-Spiegels als Träger eines K-Films
ein Lichtvektoreffekt nicht gefunden werden. Bei *orientiert* auf einer
spiegelnden nicht leitenden Unterlage kondensierten Alkalifilmen ist
jedoch ein Vektoreffekt zu erwarten. Da nun das spektrale Maximum
solcher Filme durch $\mathfrak{E}_\parallel$, also die Komponente senkrecht zur Spiegel-
ebene hervorgerufen wird, sollten diese Filme bei senkrechtem Lichteinfall kein selektives Maximum aufweisen. In der Tat konnte MAYER
[*139*] an K-Filmen auf *polierten Quarzplatten* unter diesen experimentellen
Voraussetzungen kein spektrales Maximum beobachten[1].

18. Ursprungsort der bei Alkalifilmen auf Trägermetallen ausgelösten Photoelektronen

Wie wir gesehen hatten, wird das die Elektronen auslösende Licht
bei Bedeckung des Trägermetalls mit nur *einer Atomschicht* ($\Theta \leqq \Theta_0$)
im *Trägermetall* absorbiert. Auch die ausgelösten Elektronen werden
dort ihren Ursprung haben. Befindet sich jedoch eine *mehrere Atomlagen* dicke, also die Austrittstiefe der Photoelektronen überschreitende,
aber noch unsichtbare Fremdatomschicht auf dem Trägermetallspiegel,
so erfolgt die zur Elektronenauslösung führende Lichtabsorption nach
der Theorie von IVES und BRIGGS in der Fremdmetallschicht, und
zwar sowohl für $\mathfrak{E}_\parallel$ als auch für $\mathfrak{E}_\perp$, denn durch die bei einem Metallspiegel als Unterlage verschieden große Energieabsorption für $\mathfrak{E}_\parallel$ und
$\mathfrak{E}_\perp$ in der Alkalimetallschicht wird ja die so viel größere lichtelektrische
Empfindlichkeit für $\mathfrak{E}_\parallel$ gegenüber der für $\mathfrak{E}_\perp$ erklärt.

Aufschluß über den Ursprungsort der Photoelektronen geben auch
die von IVES, OLPIN und JOHNSRUD [*92*] durchgeführten Untersuchun-
gen über die *Energieverteilung* der durch $\mathfrak{E}_\parallel$ und $\mathfrak{E}_\perp$ an flüssigen
K-Na-Spiegeln ausgelösten Elektronen. Das Lichtvektorverhältnis war
bei diesen mit $\lambda = 436\ \mathrm{m}\mu$ vorgenommenen Messungen 12 : 1. Die benutzte Photozelle ist in Abb. II.47 wiedergegeben. Die Metallblech-

---

[1] Für $\mathfrak{E}_\parallel$ wurde es kürzlich, zusammen mit einem hohen Vektorverhältnis,
bei schrägem Einfall, von H.MAYER u. H. THOMAS nachgewiesen [Z. Phys. **147**,
419 (1957)].

kugel A ist die Anode. Das mit Nickel überzogene Glasgefäß C der Behälter für die als Kathode verwendete flüssige Legierung, die aus B durch D nach C gebracht wurde. Das Licht fiel von G aus durch die

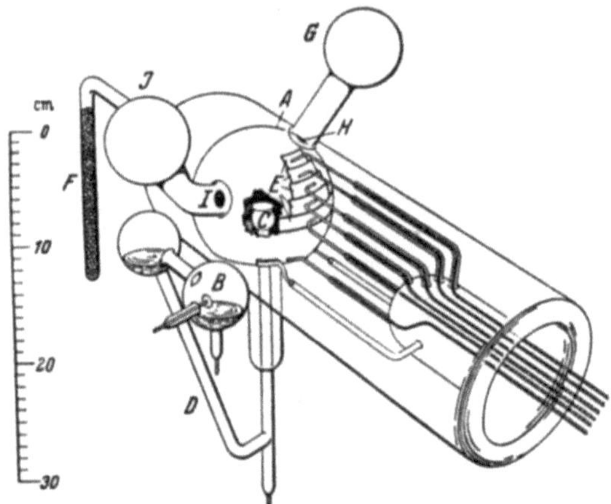

Abb. II. 47. Photozelle zur Ermittlung der Energieverteilung der Photoelektronen an einer flüssigen K-Na-Legierung für $\mathfrak{E}\!\parallel$ und $\mathfrak{E}\!\perp$. (Nach IVES, OLPIN u. JOHNSRUD [92])

Öffnung H auf C und wurde durch I nach J reflektiert, so daß es nicht auf die Anode gelangte. Die Elektroden E dienten dazu, die Elektronenverteilung unter verschiedenen Winkeln zu messen.

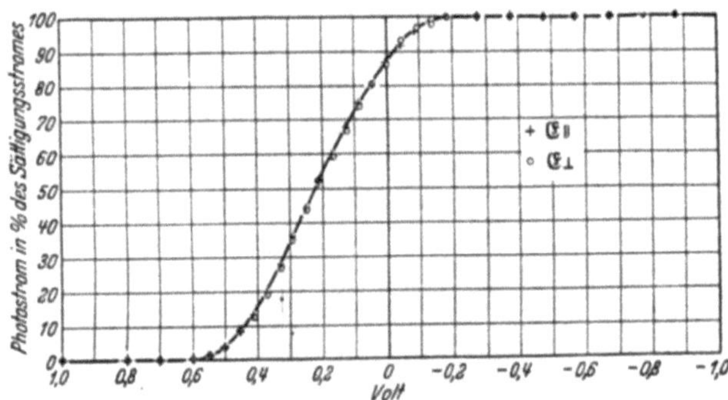

Abb. II. 48. Strom-Spannungskurven der an einer flüssigen K-Na-Legierung für $\mathfrak{E}\!\parallel$ und $\mathfrak{E}\!\perp$ erhaltenen Photoelektronen in Prozenten des Sättigungsstromes für $\lambda = 436\,\mathrm{m}\mu$ bei 60° Einfallswinkel. (Nach IVES, OLPIN u. JOHNSRUD [92])

Abb. II.48 zeigt die Strom-Spannungskurven für $\mathfrak{E}\!\parallel$ und $\mathfrak{E}\!\perp$, die für den Sättigungsstrom zur Deckung gebracht worden sind. Man sieht, daß die Anlaufkurven zusammenfallen, die Energieverteilung für die Elektronen beider Vektoren also dieselbe ist. Auch die Maximalgeschwindigkeiten sind nicht verschieden, in Übereinstimmung mit den Befunden von WOLF [248] und TEICHMANN [233] an selektiv empfindlichen Kaliumoberflächen. Für Alkalifilme auf einer Pt-Unterlage wurden die gleichen Ergebnisse erhalten wie für die K-Na-Legierung.

Diese Ergebnisse der Energieverteilungsmessungen sind nur zu verstehen, wenn man annimmt, daß die Auslösung der Photoelektronen für $\mathfrak{E}\|$ und $\mathfrak{E}\bot$ *am gleichen Ort* erfolgt, so daß die Elektronen bis zum Verlassen der Oberfläche dieselben Energieverluste erleiden. Eine Entscheidung, ob die Elektronen im Trägermetall oder im Alkalifilm ausgelöst werden, könnte man treffen, wenn man die Energieverteilungskurve bei verschiedener Filmdicke ermitteln würde: Stammen die Elektronen aus dem Alkalifilm, so sollte die Verteilungskurve um so steiler verlaufen, je dünner der Film ist. Nun liegen zwar Untersuchungen von BRADY [*26*] vor an K-Filmen von 0,8 bis zu 30 Atomlagen auf einem Ag-Träger und von HENSHAW [*85*] an K-Filmen von 0,75 und 5,25 Atomlagen auf einem Pt-Träger; die ersteren ergaben keine, die letzteren geringe Unterschiede in der Steilheit der Strom-Spannungskurven. Aber diese Versuchsergebnisse sind nicht beweiskräftig, da die Trägermetalle in beiden Fällen polykristallin, also sicherlich bei den dünnen Schichten ungleichmäßig bedeckt waren. Dadurch wurden *örtliche Oberflächenfelder* (vgl. Ziff. 25) erzeugt, welche den Kurvenverlauf veränderten. Die Frage, ob die Elektronen bei Alkalifilmen von wenigen Atomlagen aus dem Film oder aus dem Trägermetall emittiert werden, ist wohl in dem Sinne zu beantworten, daß bei einem Film, dessen Dicke größer als monoatomar, aber kleiner als die Austrittstiefe d der Photoelektronen ist, deren Auslösung sowohl im Trägermetall als auch in der Alkalischicht erfolgt und daß die Photoelektronen bei einer d überschreitenden Filmdicke lediglich aus dem Alkalifilm stammen.

Bei der (selektiv empfindlichen) flüssigen K-Na-Legierung, bei welcher Oberflächenfelder nicht gestört haben dürften, ist die Annahme der Elektronenauslösung im *kompakten Metall* wahrscheinlich, wie die von IVES u. a. [*92*] durchgeführten Versuche über die *Winkelverteilung* der von solchen Oberflächen ausgesandten Photoelektronen zeigen. Bei diesen Untersuchungen wurde als Photozelle ebenfalls die in Abb. II. 47 wiedergegebene oder eine ähnlich konstruierte verwendet. Im Mittelpunkt ihrer kugelförmigen Anode befand sich entweder eine Pt-Kugel oder ein kleines Pt-Blech mit dem Alkalifilm oder die in Abb. II. 47 eingezeichnete Vorrichtung zur Aufnahme der flüssigen K-Na Legierung.

In Abb. II. 49 ist in Polarkoordinaten die Winkelverteilungskurve der an einer selektiv empfindlichen K-Na-Oberfläche bei senkrechtem Einfall erhaltenen Photoelektronen eingetragen. Wie man sieht, ist das *Lambertsche Gesetz,* nach welchem die Verteilungskurve einen die Oberfläche berührenden Kreis bilden sollte, gut erfüllt. Es ist daher anzunehmen, daß die von einem Raumelement aus emittierten Elektronen auf ihrem Wege an die Oberfläche eine Streuung erfahren, so daß die

Zahl der durch ein Oberflächenelement in irgendeiner Richtung treten den Elektronen proportional der Projektion dieses Elementes senkrecht zu jener Richtung ist.

Wie man aus Abb. II. 50 erkennt, ist das Lambertsche Gesetz aber auch bei schrägem Einfall von 60° erfüllt, und zwar ist der Vektor $\mathfrak{E}_\parallel$, die Emissionsrichtung betreffend, durchaus nicht gegenüber $\mathfrak{E}_\perp$ bevorzugt; die wesentliche Emissionsrichtung ist vielmehr für beide Vektoren

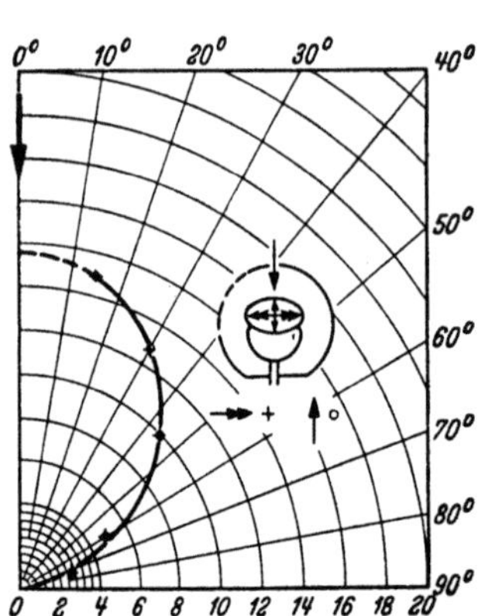

Abb. II. 49. Winkelverteilung der an einer flüssigen K-Na-Legierung bei senkrechtem Einfall des unzerlegten Lichtes einer Quarz-Quecksilberlampe beim Felde Null ausgelösten Photoelektronen. (Nach Ives, Olpin u. Johnsrud [92])

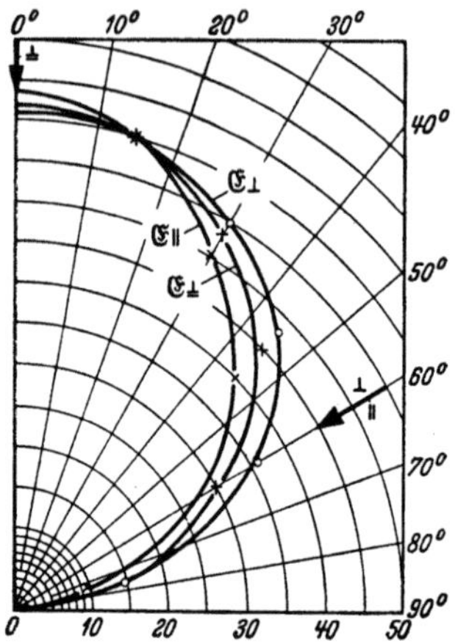

Abb. II. 50. Winkelverteilung der an einer flüssigen K-Na-Legierung ausgelösten Photoelektronen bei senkrechtem und schrägem (60°) Einfall von polarisiertem Licht der Wellenlänge 436 mμ und dem effektiven Kathodenpotential 0,1 V. (Nach Ives, Olpin u. Johnsrud [92])

die Normale zur Oberfläche unabhängig vom Einfallswinkel. Die Ausmessung der beim Felde Null (unter Berücksichtigung des Kontaktpotentials) gefundenen Kurven ergibt, daß bei schrägem Einfall das Lambertsche Gesetz für $\mathfrak{E}_\perp$ besser erfüllt ist als für $\mathfrak{E}_\parallel$ und daß die Kurve für $\mathfrak{E}_\parallel$ in Richtung der Normalen stärker gestreckt ist als die für senkrechten Einfall ($\mathfrak{E}_\perp$) und diese wiederum stärker gestreckt als die für $\mathfrak{E}_\perp$ erhaltene, so daß die Abweichungen vom Lambertschen Gesetz von $\mathfrak{E}_\perp$ über $\mathfrak{E}_\perp$ zu $\mathfrak{E}_\parallel$ anwachsen. Die gefundenen Gesetzmäßigkeiten gelten auch bei sehr hohen Lichtvektorverhältnissen, z. B. für ein Verhältnis der Photoströme für $\mathfrak{E}_\parallel$ und $\mathfrak{E}_\perp$ von 23 : 1.

Aus der Gültigkeit des Lambertschen Gesetzes und aus der Unabhängigkeit der Emissionsrichtung vom Einfallswinkel des Lichtes und von seinem Polarisationszustand ist zu entnehmen, daß die Auslösung der Photoelektronen nicht an den äußersten Alkaliatomen vor sich gehen kann, sondern in einer Tiefe erfolgt, die eine diffuse Streuung dem Lambertschen Gesetz entsprechend möglich macht. Da die Streuung für $\mathfrak{E}_\perp$ größer als für $\mathfrak{E}_\parallel$ ist, liegen die Elektronen emittierenden Zentren bei $\mathfrak{E}_\perp$ tiefer als bei $\mathfrak{E}_\parallel$. Dies ist auch verständlich, denn $\mathfrak{E}_\perp$ wird ja nach Abb. II.45 schwächer absorbiert als $\mathfrak{E}_\parallel$, dringt also tiefer in die Oberfläche ein.

Durch die Ergebnisse der Versuche über die Winkelverteilung der Photoelektronen verliert eine von DE BOER und VEENEMANS [20] vertretene Ansicht über den Auslösungsmechanismus von Photoelektronen an Alkalifilmen auf Trägermetallen an Wahrscheinlichkeit. Diese Autoren nehmen an, daß bei schwacher Besetzung Θ_i Alkali*ionen* adsorbiert sind, zu denen bei stärkerer Bedeckung Θ_m *Atome* hinzugetreten sind, deren Polarisation in dem Sinne liegt, daß sie das Austrittspotential Φ erniedrigen. Wird Θ_m überschritten, so sind die *nun* kondensierten Atome entgegengesetzt polarisiert; sie erhöhen Φ. Bei Θ_i emittiert das Trägermetall; bei Θ_m erfolgt eine *Photoionisation* der adsorbierten Atome, verbunden mit dem Auftreten eines spektralen Maximums im UV (bei K-Atomen), das also eine Absorptionsbande dieser Atome darstellen würde. Weitere hinzutretende Atome ($\Theta > \Theta_m$) werden weniger stark gebunden; ihr Valenzelektron kann durch Photoionisation leichter abgetrennt werden; das spektrale Maximum verschiebt sich deshalb nach längeren Wellen. Diese in ihrer Einfachheit bestechende Theorie allein vermag indessen die an Alkalifilmen beobachteten Erscheinungen, insbesondere die Abnahme der Elektronenausbeute im spektralen Maximum bei seiner Verschiebung nach langen Wellen mit zunehmender Bedeckung (vgl. Abb. II.37), nicht zu deuten. Hierfür ist erforderlich die Hinzunahme der oben besprochenen Vorstellungen über die *Intensität der Lichtenergie* an der Stelle, an welcher sie absorbiert wird. Das spektrale Maximum erscheint dann nicht nur als Resonanzkurve, sondern verursacht durch das Zusammenwirken der spektralen Abhängigkeit des Absorptionskoeffizienten k des Träger- und des Alkalimetalls, also der Eindringungstiefe des Lichtes und der von der Größe der aufgenommenen Lichtquanten wahrscheinlich nur wenig abhängigen Austrittstiefe d der Elektronen, wie in Ziff. 20 im einzelnen ausgeführt wird.

19. Temperaturabhängigkeit des Photoeffektes bei adsorbierten Fremdatomen auf Trägermetallen

Die Untersuchung des lichtelektrischen Effektes bei Gegenwart adsorbierter Fremdatome ist im allgemeinen sowohl bei hohen als auch bei tiefen Temperaturen (unterhalb der Zimmertemperatur) mit gewissen experimentellen Schwierigkeiten verbunden. Bei hohen Temperaturen kann sich die Verteilung der Adatome über die verschiedenen Kristallite der Oberfläche des Trägermetalls ändern, auch wenn keine Verdampfung eintritt. Bei tiefen Temperaturen können sich auf der

Kathode bei deren Einkühlung störende Fremdmolekeln kondensieren, welche die Austrittsarbeit beeinflussen.

Im Gebiet *tiefer Temperaturen* lassen sich daher reproduzierbare, einwandfreie Ergebnisse im allgemeinen nur dann erzielen, wenn die ganze Zelle eingekühlt wird. Eine hierfür geeignete *Photozelle*, die auch zur Untersuchung reiner Oberflächen von aufgedampften Substanzen bei tiefen Temperaturen verwendet werden kann, zeigt Abb. II. 51. Sie kann vollständig aus Quarz mit Molybdänbandeinschmelzungen hergestellt werden und besitzt zwei Fenster A' und A. Der Zwischenraum wird evakuiert und abgeschmolzen, so daß die Kondensation von Wasserdampf oder von Luft an den Fenstern bei der Abkühlung auf die Temperatur des flüssigen Wasserstoffs vermieden wird. In G befindet sich Aktivkohle zur Adsorption von Restgasen. Die an die Glaswandung angeschmolzene Metallfolie B mit der Zuführung C stellt die Zuleitung zu dem durch Verdampfen von E aus erhaltenen Kathodenspiegel dar; die Wolframwendel E mit den Zuführungen F wird als Anode benutzt.

Um den Photoeffekt trotz der bei *höheren Temperaturen* überlagerten Glühelektronenemission untersuchen zu können, bestrahlt man am besten mit Wechsellicht und verstärkt die entstehende Wechselspannung. Unter Verwendung einer parallel geschalteten und abwechselnd belichteten Vergleichsphotozelle sowie einer zweiten meßbar veränderlichen Lichtquelle läßt sich die Messung als Nullmethode durchführen [*206*].

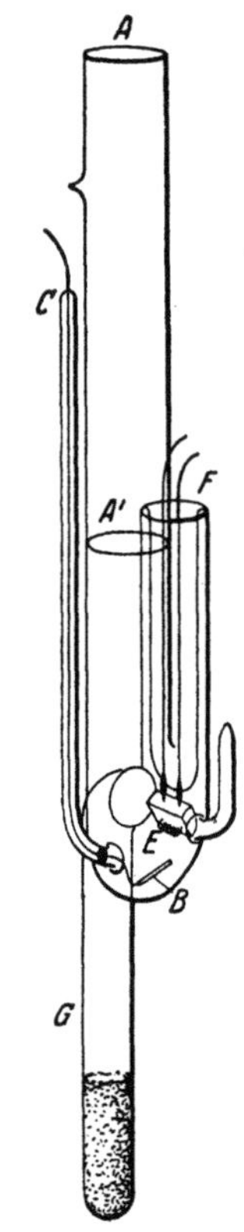

Abb. II. 51.   Photozelle zur Untersuchung des lichtelektrischen Effektes bei tiefen Temperaturen. (Nach [*207*])

Wird die Zusammensetzung und Oberflächenverteilung der adsorbierten Schicht durch eine Temperaturerhöhung nicht beeinflußt, so kann die Temperaturabhängigkeit des lichtelektrischen Effektes bei adsorbierten Fremdatomen durch folgende *Ursachen* bedingt sein:

1. Durch die in Ziff. 9 und 11 behandelte zusätzliche thermische Energie der Elektronen;

2. durch die Änderung der optischen Eigenschaften der Trägermetalloberfläche und des Licht absorbierenden Fremdmetallfilms;

3. durch die Änderung der Gitterabstände, die nach Ziff. 12 und 13 eine Änderung des Austrittspotentials des Trägermetalls hervorrufen können;

4. durch eine Temperaturbeeinflussung der adsorbierten Fremdatome selbst.

Der Einfluß der zusätzlichen *thermischen Energie* der Elektronen äußert sich bei adsorbierten Fremdatomen, z. B. Na-Atomen auf blankem Pt oder Pt-Mohr [205] in derselben Weise wie bei reinen Metalloberflächen, nämlich in einem Zurückweichen der direkt beobachteten langwelligen Grenze bei Abkühlung (vgl. S. 20). Wegen der Verminde-

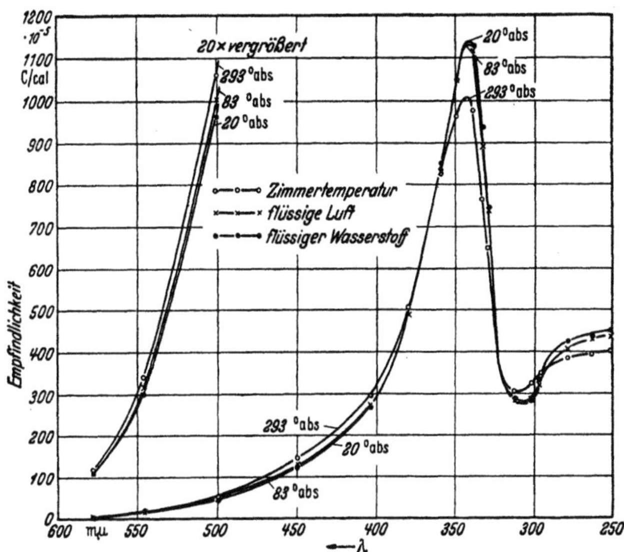

Abb. II. 52. Empfindlichkeitskurve eines unsichtbaren K-Films auf einem durch Verdampfen im Hochvakuum hergestellten Ag-Spiegel ($\Theta > \Theta_0$) bei 20° K, 83° K und 293° K. (Nach [207])

rung der Gitterschwingungen und damit der Absorption der in tieferen Schichten durch kurzwelliges Licht ausgelösten Elektronen nimmt die Empfindlichkeit gleichzeitig im kurzwelligen Spektralgebiet zu: Die Empfindlichkeitskurven überschneiden sich (vgl. S. 33f.). Dies erkennt man z. B. auch in Abb. II. 52, in der die Elektronenausbeute bei 250 mμ bei Abkühlung von 293° auf 83° K beträchtlich, von 83° auf 20° K noch deutlich anwächst. Der steilere Verlauf des spektralen Maximums bei tiefen Temperaturen ist offenbar auf die unter 2. genannte Änderung der optischen Eigenschaften von Trägermetall und Alkalifilm zurückzuführen.

Die Temperaturabhängigkeit der *Austrittsarbeit* sowie der *Mengenkonstante M* (vgl. S. 19) läßt sich besonders gut mit Hilfe der lichtelektrischen *Gesamtemission* untersuchen. Da das Austrittspotential Φ bei adsorbierten Fremdmolekeln eine Funktion der Bedeckung Θ und der Kathodentemperatur ϑ ist, nimmt Gl. (11) S. 18 die Form an

$$i = M \cdot T^r \cdot e^{-\frac{e_0}{kT} \cdot \Phi(\Theta,\,\vartheta)}, \tag{46}$$

die durch Logarithmieren in die Gl. (46a)

$$\log i - r \cdot \log T = -\frac{1}{T} \cdot \frac{e_0}{k} \cdot \Phi(\Theta,\,\vartheta) \cdot \log e + \log M \tag{46a}$$

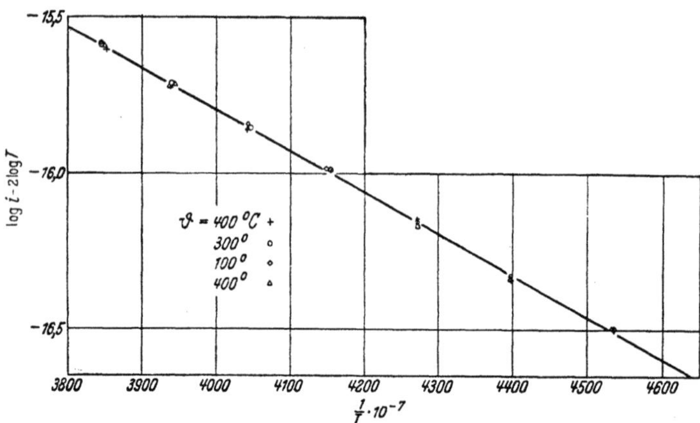

Abb. II.53. Lichtelektrische Gerade einer kompakten Ba-Schicht auf Ni bei verschiedenen Kathoden-temperaturen ϑ. (Nach [206])

übergeht. Trägt man $\log i - r \cdot \log T$ als Ordinate, $1/T$ als Abszisse auf, so erhält man eine Gerade, deren Neigung $\Phi(\Theta,\,\vartheta)$ und deren Ordinatenabschnitt M zu berechnen gestattet.

In Abb. II. 53 sind die auf diese Weise bei einer *kompakten* Ba-Schicht auf Ni bei Temperaturen von 100° bis 400° C erhaltenen Werte der Gesamtemission eingetragen. Man erkennt, daß der Photoeffekt unter diesen Bedingungen nicht merklich von der Temperatur abhängt. Die Empfindlichkeit einer mit *atomar verteiltem* Ba bei $\Theta < \Theta_0$ versehenen Ni-Oberfläche hingegen wird zwischen 20° und 500° C mit zunehmender Kathodentemperatur ϑ geringer, wie man aus Abb. II. 54 ersieht. Die Berechnung ergibt, daß dies auf ein Anwachsen des Austrittspotentials mit zunehmender Temperatur zurückzuführen ist (Abb. II. 55). Während M konstant bleibt, nimmt $\Phi(\Theta,\,\vartheta)$ von etwa 350° K ab linear mit der Temperatur zu, d. h., es ist, entsprechend einem Ansatz von SCHOTTKY und ROTHE[1],

$$\Phi(\Theta,\,\vartheta) = \Phi_u + \Theta \cdot (\alpha_0 + \beta \cdot \vartheta). \tag{47}$$

Φ_u ist das Austrittspotential der unbedeckten Ni-Oberfläche, α_0 eine negative, β eine positive temperatur*un*abhängige Konstante. Wie man

---

[1] Handbuch der Experimentalphysik **13**, 2. Teil, S. 164.

aus dem Verlauf des geradlinigen Teils der Kurven in Abb. II. 55 erkennt, hängt der Temperaturkoeffizient $d\Phi/d\vartheta$ des Austrittspotentials nur wenig von der Besetzung Θ der Oberfläche ab. Mit abnehmender Bedeckung mit Ba-Atomen nimmt $d\Phi/d\vartheta$ etwas zu.

Ob die beobachtete Temperaturabhängigkeit von Φ auf eine direkte Beeinflussung der Adatome zurückzuführen ist, läßt sich aus den Ver-

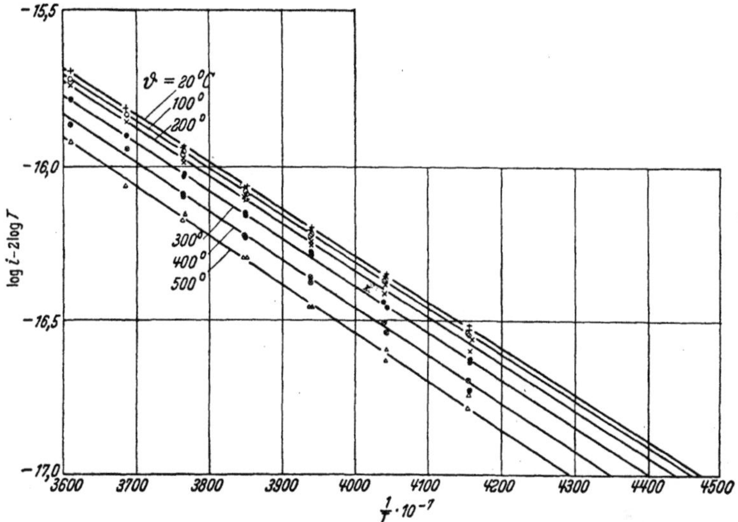

Abb. II.54. Lichtelektrische Geraden einer mit atomar verteiltem Ba ($\Theta < \Theta_0$) besetzten Nickeloberfläche bei verschiedenen Kathodentemperaturen ϑ. (Nach [206])

suchsergebnissen nicht eindeutig folgern. Letztere sind auch verständlich, wenn man annimmt, daß sich die Adatome bei höherer Temperatur auf benachbarte Kristallite begeben, an denen sie weniger stark polarisiert werden, so daß Φ anwächst; allerdings sollte man dann im Gegensatz zum experimentellen Befund bei schwächerer Besetzung (Schicht *IV* in Abb. II. 55) eine *geringere* Temperaturabhängigkeit erwarten, da die Beweglichkeit hierbei sicher geringer ist als bei stärkerer Bedeckung, bei der auch diejenigen Zentren mit Fremdatomen besetzt sind, an denen die Adatome weniger fest haften.

Der *Temperaturkoeffizient $d\Phi/d\vartheta$* der Kurven in Abb. II. 55 liegt zwischen $+1,15 \cdot 10^{-4}$ und $+3,33 \cdot 10^{-4}$ V/Grad. Die gleiche Größe ($+1,6 \cdot 10^{-4}$ V/Grad) hat der von D. B. LANGMUIR [122] an einer Th-Schicht auf Wolfram durch Kontaktpotentialmessungen gefundenen Temperaturkoeffizient. Auch die aus glühelektrischen Messungen von KINGDON [107] an thorierten W-Kathoden berechneten Temperaturkoeffizienten $d\Phi/d\vartheta$ liegen in dieser Größenordnung (vgl. dagegen [106]).

6*

Der an *reinen* Metalloberflächen beobachtete Temperaturkoeffizient des Austrittspotentials[1] ist niedriger; so fand POTTER [162] durch Kontaktpotentialmessungen für Wolfram $d\Phi/d\vartheta = 6{,}3 \cdot 10^{-5}$ V/Grad zwischen 300 und 950° K.; BOSWORTH [23] $7{,}0 \cdot 10^{-5}$ V/Grad zwischen 1230 und 1710° K; CASHMAN und JAMISON [35] erhielten für Barium $1{,}4 \cdot 10^{-5}$ V/Grad zwischen 293 und 393° K.

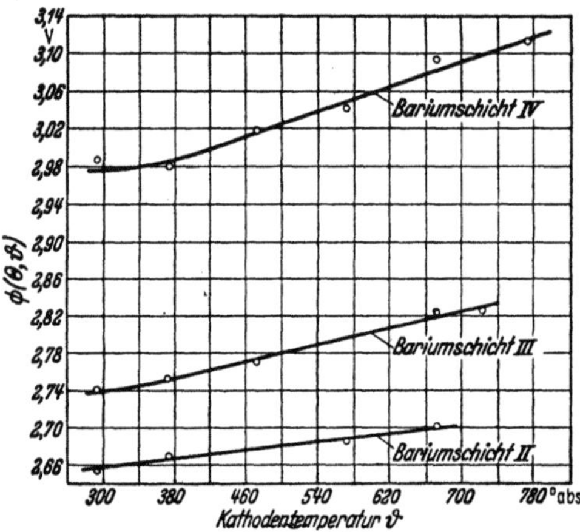

Abb. II. 55. Austrittspotential $\Phi\,(\Theta, \vartheta)$ von atomaren Ba-Schichten auf Ni ($\Theta < \Theta_0$) in Abhängigkeit von der Kathodentemperatur ϑ; von *II* bis *IV* abnehmende Besetzung. (Nach [206])

Im Gegensatz zu dem Verhalten von Ba-Filmen auf Ni und Th-Filmen auf W besaßen Na-Filme auf W nach Kontaktpotentialmessungen von BOSWORTH [23] zwischen 400 und 1000° K einen *negativen* Temperaturkoeffizienten des Austrittspotentials von

$$d\Phi/d\vartheta = -8 \cdot 10^{-4} \text{ V/Grad},$$

entsprechend einer *Zunahme* der lichtelektrischen Empfindlichkeit mit der Temperatur. Dieses andersartige Verhalten kann auf die größere Beweglichkeit adsorbierter Na-Atome bei höheren Temperaturen zurückgeführt werden, zumal das Kontaktpotential bei stärkerer Besetzung von 400° K ab, bei schwächerer von 600° K ab nach *niederen* Temperaturen hin kaum temperaturabhängig war. Auch die Ergebnisse der in [19a] von DE BOER und VEENEMANS an Na-Filmen auf W durchgeführten Versuche legen diese Deutung nahe. Diese Autoren erhielten bei schwacher Bedeckung eine *allmähliche* Zunahme der Photoemission durch plötzliche Temperatursteigerung von Zimmertemperatur auf 80° C, entsprechend den Ergebnissen in [23], bei starker Bedeckung jedoch eine allmähliche *Abnahme*. Im ersteren Fall wanderten offenbar die Na-Atome bei Temperaturerhöhung auf Kristallite größeren Austrittspotentials, an denen sie stärker polarisiert wurden und deren Bedeckung durch die zusätzlichen Na-Atome der optimalen näher kam; im letzteren Fall wurden diese Kristallite hierdurch übersetzt, so daß die Emission insgesamt abnahm (vgl. hierzu die in [217a] und auf S. 55 besprochenen Versuche von JOHNSON und SHOCKLEY [103]).

---

[1] S. SEELY [Phys. Rev. **59**, 75—78 (1941)] erhielt auf Grund theoretischer Überlegungen eine lineare Temperaturabhängigkeit des Austrittspotentials reiner Metalle.

20. Zur allgemeinen Theorie des äußeren Photoeffektes reiner Metalle[1]

Wie die Ausführungen in Ziff. 9, 10 und 11 erkennen lassen, führt die auf der Theorie von FERMI-DIRAC-SOMMERFELD beruhende Theorie der spektralen Empfindlichkeit und Energieverteilung des äußeren Photoeffektes von FOWLER und DuBRIDGE zu verhältnismäßig einfachen Formeln, mit deren Hilfe die an *reinen* Metalloberflächen erhaltenen experimentellen Ergebnisse in der Nähe der langwelligen Grenze im allgemeinen gut wiedergegeben werden können. Es handelt sich hierbei um den *Oberflächeneffekt* im Sinne von TAMM und SCHUBIN (vgl. S. 17), bei dem die Elektronen aus dem Leitungsband stammen (vgl. Ziff. 27) und lediglich durch die Energieschwelle an der Metalloberfläche gebunden sind. Auch das Verhalten *dünner Alkalifilme* auf *Trägermetallen* kann man, wie in Ziff. 16 bis 18 gezeigt wurde, unter Zuhilfenahme der Überlegungen von IVES und BRIGGS deuten.

Schwierigkeiten treten dagegen auf, wenn man das Verhalten der spektralen Empfindlichkeitskurve reiner Metalloberflächen in *größerer Entfernung* von der langwelligen Grenze v_0 erklären will. Wie bereits in Ziff. 10d ausgeführt wurde, überschneiden sich im kurzwelligen Gebiet zumeist die bei tiefer und hoher Temperatur ermittelten Kurven, weil in größerem Abstand von v_0 der *Volumeffekt* in Erscheinung tritt.

Besonders auffallend ist das Verhalten der *Alkalimetalle*, deren spektrale Empfindlichkeitskurve, soweit man aus dem Verhalten des Kaliums schließen kann, auch im sehr *reinen* Zustand nicht, wie bei den bisher untersuchten übrigen Metallen, monoton ansteigt, sondern ein spektrales Maximum aufweist. In Abb. II.56 sind die Empfindlichkeitskurven sehr reiner K-Kathoden, die unter verschiedenartigen optischen Bedingungen gewonnen wurden, eingezeichnet. Die lichtelektrische Empfindlichkeit liegt in allen Fällen um zwei Zehnerpotenzen niedriger als bei dünnen K-Schichten und zeigt ein Maximum zwischen 390 und 400 mμ (Kurve *1* bis *4*) bzw. bei 420 mμ (Kurve *5*)[2]; der wahrscheinlichste Wert ist 400 mμ. Alle Kurven münden bei $\lambda_0 = 547$ mμ in die Abszisse ein; das aus der langwelligen Grenze berechnete Austrittspotential von 2,26 V ist also in Übereinstimmung mit dem für reines K in Tab. II.4 angegebenen Wert von 2,25 V.

Die verschiedene Höhe der Kurven *1* bis *4* kommt dadurch zustande, daß das *auffallende* Licht nicht in gleicher Weise für die Emission von

---

[1] Vgl. hierzu R. SUHRMANN: Z. Naturforsch. **9a**, 968 (1954).

[2] Bei der von KLAUER [*108*] ermittelten Kurve *5* wurde die Lichtintensität der benutzten Hg-Linien nicht direkt gemessen; ihre Gestalt und damit die Lage ihres Maximums sind daher nicht ganz sicher. In der Höhe paßt sie jedoch zu den übrigen Kurven. Die Höhe von Kurve *5* wurde aus den Angaben auf S. 916 und aus Fig. 6 und 7 in [*108*] berechnet.

Photoelektronen ausgenützt wurde, weil die verschiedenartigen Kristallflächen mit verschieden großem Austrittspotential nicht bei jeder
Kathode im gleichen Häufigkeitsverhältnis vorhanden waren. Bei
Kurve *2, 3* und *4* war die Zelle bis auf das Fenster für den Lichteintritt
mit Kalium verspiegelt; in diesem Fall waren daher die Reflexionsverluste
am geringsten und die Elektronenausbeute entspricht der für *einfallende* Strahlung (vgl. Ziff. 5).

Die Form der Kurven ist durch den Verlauf des *optischen Absorptionskoeffizienten* k [vgl. Ziff. 5 Gl. (2)] in Abb. II.56 bedingt, der bereits

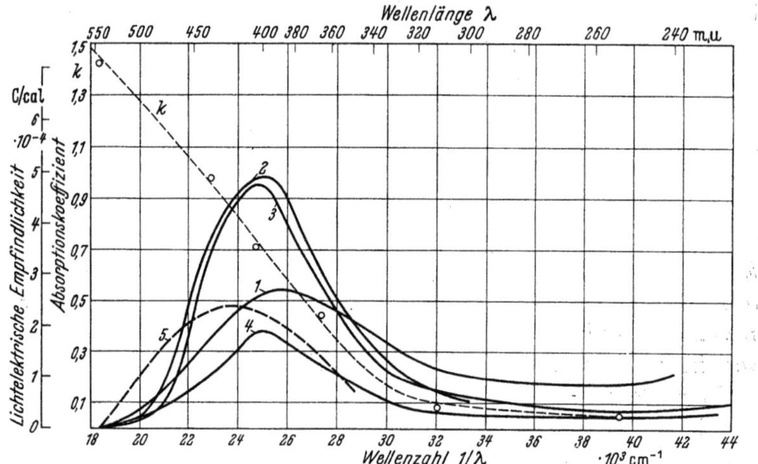

Abb. II.56. Spektrale lichtelektrische Empfindlichkeit reiner Kaliumkathoden. Kurve *1*: K als feinkristalliner Belag auf der senkrecht zum Strahlengang angeordneten Trägermetallplatte [*197*];
Kurve 2 [*202*], Kurve 3 [*223*] und Kurve 4 [*223*]: Kathode durch Innenverspiegelung der Zelle mit K
hergestellt; Kurve 5: K-Zelle von Klauer [*108*]. Punktiert: Absorptionskoeffizient k reinen Kaliums
(nach Ives u. Briggs [*97*]), definiert durch die Durchlässigkeit $L/L_0 = e^{-4\pi k d/\lambda}$ (d Schichtdicke,
λ Wellenlänge)

im sichtbaren Spektrum im Verhältnis zu anderen Metallen verhältnismäßig klein ist und von der langwelligen Grenze bis 310 mμ um mehr
als eine Zehnerpotenz bis zu sehr niedrigen Werten abnimmt, so daß
das einfallende Licht bis zu Tiefen vordringt, aus denen die Elektronen
nicht mehr bis an die Oberfläche gelangen können. Wie in Ziff. 5 ausgeführt wurde, beträgt nämlich die Reichweite lichtelektrischer Elektronen innerhalb des Metalls und damit ihre Austrittstiefe nur 10^{-7} cm.
Bei Kalium insbesondere sollte sie 5 Atomdicken entsprechen (vgl.
Ziff. 16a, S. 65). Da die Gitterkonstante dieses Metalls 5,2 Å beträgt,
entspricht dies einer Austrittstiefe von etwa $2{,}6 \cdot 10^{-7}$ cm, d.h., nur die
in einer Schichtdicke von $2{,}6 \cdot 10^{-7}$ cm absorbierten Lichtquanten vermögen bei Bestrahlung einer K-Oberfläche emittierbare Photoelektronen
zu erzeugen. Von einer solchen K-Schicht werden nun, wie man aus
Abb. II.57 Kurve *A* ersieht, an der langwelligen Grenze 8,3%, von 300 mμ

ab nur noch weniger als 1% der eindringenden Lichtquanten absorbiert. Die Empfindlichkeitskurve reinen Kaliums muß daher, nach einem anfänglichen, durch das Austrittspotential bedingten steilen Anstieg, nach kürzeren Wellen zu mit dem Absorptionskoeffizienten k wieder abfallen und sich dann, soweit k gemessen ist, nicht mehr wesentlich ändern.

Aus der in Abb. II. 57 dargestellten Empfindlichkeitskurve E_e für einfallendes Licht kann man nun mit Hilfe der Absorptionskurve A

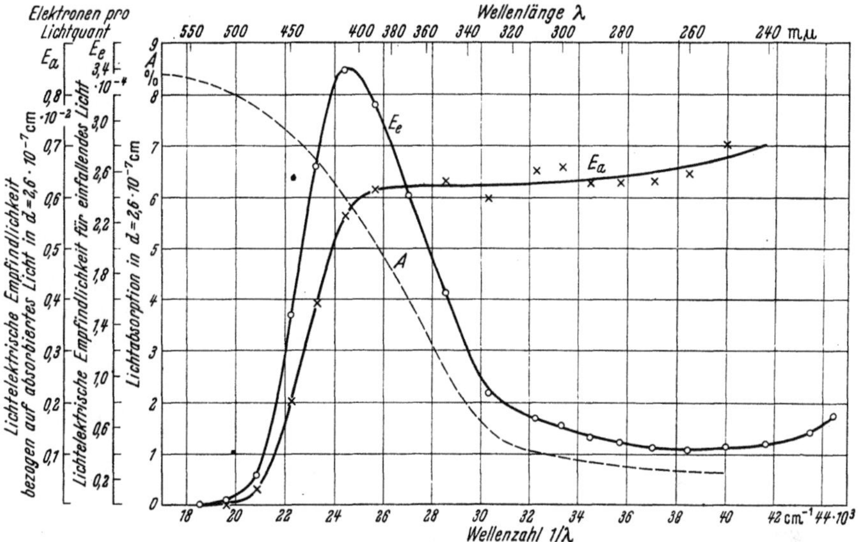

Abb. II. 57. Spektrale lichtelektrische Empfindlichkeit E_e bzw. E_a einer reinen durch Innenverspiegelung der Zelle hergestellten Kaliumkathode (Kurve *3* aus Abb. II. 56): E_e dargestellt in Elektronen pro Energiequant des einfallenden Lichtes; E_a dargestellt in Elektronen pro Energiequant des in einer K-Schicht von $2,6 \cdot 10^{-7}$ cm absorbierten Lichtes. $A = 1 - L/L_0 =$ Lichtabsorption in einer Kaliumschicht von $d = 2,6 \cdot 10^{-7}$ cm in % der einfallenden Lichtintensität

die Elektronenausbeute pro Lichtquant für das in der Elektronenaustrittstiefe von $2,6 \cdot 10^{-7}$ cm photoelektrisch *wirksame* absorbierte Licht berechnen, indem man die Werte E_e durch $A/100$ dividiert. Man erhält dann die „wahre" spektrale Empfindlichkeitskurve E_a und erkennt, daß durch diese Umrechnung das spektrale Maximum vollständig verschwindet und die wahre lichtelektrische Elektronenausbeute nach dem ersten steilen Anstieg im Anschluß an die langwellige Grenze von 400 bis 320 mμ wellenlängenunabhängig bleibt, wie bei Gültigkeit des Einsteinschen Äquivalentgesetzes auch zu erwarten ist. Die Ausbeute ist allerdings um zwei Zehnerpotenzen kleiner als sie wäre, wenn *jedes* innerhalb der Austrittstiefe absorbierte Lichtquant ein Elektron zur Emission bringen würde. Nur etwa der hundertste Teil der Elektronen, die innerhalb der Austrittstiefe Lichtquanten größer als $h \cdot v_0$ absorbiert haben, vermag eine reine K-Oberfläche als Photoelektronen zu verlassen. Im kurzwelligen Gebiet unterhalb 320 mμ beginnt ein erneuter Anstieg der wahren Elektronenausbeute, der wahrscheinlich auf die Zunahme der Reichweite der Photoelektronen im Metall mit zunehmender Lichtfrequenz zurückzuführen ist[1], da die Energiezunahme von 320 bis 250 mμ etwa 1,1 V beträgt, also in der Größenordnung der Grenzenergie ε_0 der Elektronen (2,04 V bei Kalium) liegt.

Auch bei Natrium, Rubidium und Cäsium ist der Absorptionskoeffizient nach den Messungen von IVES und BRIGGS [99] [100] klein und fällt vom Sichtbaren nach dem Ultravioletten stark ab; diese Alkalimetalle werden also ebenfalls, auch im reinsten Zustand, ein spektrales Maximum aufweisen[2], das, entsprechend dem Verlauf der Kurven des Absorptionskoeffizienten, in der Reihenfolge Cs, Rb, K, Na anwächst und nach kurzen Wellen verschoben ist[3].

---

[1] In einer kürzlich erschienenen Arbeit berichtet H. THOMAS [Z. Phys. **147**, 395 (1957)], daß die Lichtelektronen-Emission von Kalium-Atomschichten, die auf poliertem Quarz bei 83° K kondensiert wurden, mit wachsender Schichtdicke nicht mehr zunimmt, wenn bei Bestrahlung mit 365 mμ eine Dicke von 1,5 Atomschichten überschritten wird, entsprechend einer Austrittstiefe der Photoelektronen von 1,5 Atomschichten. Mit zunehmender Wellenlänge wächst diese „Sättigungs"-Schichtdicke bis zu 200 Atomlagen bei 546 mμ, d. h., bei einer *Abnahme* der inneren Elektronenenergie $\varepsilon_0 + h \cdot \nu$ von 5,4 auf 4,3 eV würde sich die so definierte Austrittstiefe auf das mehr als Hundertfache *vergrößern*. Der Autor deutet dieses Ergebnis durch die Annahme, daß Energieverluste der Photoelektronen innerhalb der Schicht durch Anregung von „Plasmaschwingungen" („Plasma", gebildet aus dem Elektronengas und der positiven Ladung der Atomrümpfe) bei den langsameren Elektronen nicht mehr möglich wären.

Vielleicht ist jedoch der bemerkenswerte experimentelle Befund auf die Struktur der bei tiefer Temperatur entstandenen Filmoberfläche zurückzuführen, an der mit zunehmender Filmdicke durch Kristallnadelbildung immer mehr Atome großer spezifischer Oberflächenenergie, also kleiner Austrittsarbeit entstehen (vgl. Ziff. 13). Auch der Wahrscheinlichkeitsfaktor α für die Aufnahme von Lichtquanten durch Elektronen (vgl. Ziff. 9 und 12) könnte von der Schichtdicke abhängen.

Die bei sehr kleiner Schichtdicke (unterhalb einer Atomdicke) beobachteten Anomalien sind wahrscheinlich auf die Wechselwirkung zwischen den kondensierten Alkaliatomen und den Ionen des Quarzträgers zurückzuführen.

[2] HILL [86] gibt eine Empfindlichkeitskurve für reines Natrium wieder, deren Maximum bei 361 mμ liegt, mit einer Höhe von $5 \cdot 10^{-3}$ Amp/Watt, also ca. $2 \cdot 10^{-2}$ Coul/cal. Dieser Wert erscheint sehr hoch, verglichen mit dem Wert von $5 \cdot 10^{-4}$ Coul/cal für reines Kalium. Es ist daher nicht wahrscheinlich, daß die von HILL untersuchte Na-Oberfläche ebenso rein war wie die K-Oberflächen, deren Empfindlichkeitskurven in Abb. II.56 dargestellt sind.

[3] Die spektrale Empfindlichkeitskurve einer Lösung von Natrium in flüssigem Ammoniak besitzt nach HÄSING [84] ebenfalls ein spektrales Maximum, das mit abnehmender Konzentration absinkt und sich nach kurzen Wellen verlagert. Dieses Verhalten kann in gleicher Weise erklärt werden wie das spektrale Maximum reinen Kaliums: Mit abnehmender Konzentration vergrößert sich die Eindringtiefe des Lichtes bei konstant bleibender Austrittstiefe der Elektronen. Die Quantenausbeute beträgt $2,8 \cdot 10^{-5}$ Elektronen pro Lichtquant bei 11,2 Atom-% Na; das Austrittspotential hierbei 1,52 V, entsprechend einer langwelligen Grenze von 812 mμ.

Bei den übrigen Metallen liegen die größeren Änderungen des *Absorptionskoeffizienten* im allgemeinen entweder im schwerer zugänglichen kurzwelligen Ultraviolett oder, wie bei Kupfer, Silber und Gold, in einem Spektralgebiet auf der *langwelligen* Seite der Grenzfrequenz. Daher steigen ihre Empfindlichkeitskurven „normal" an, es sei denn, die Austrittsarbeit wird durch Adsorption, z. B. von Alkaliatomen ($\Theta < \Theta_0$), erniedrigt, so daß die Empfindlichkeitskurve in das Gebiet größerer Änderungen des Absorptionskoeffizienten des Trägermetalls vorrückt, wie bei der in Abb. II. 36 wiedergegebenen Kurve des Silbers. Wächst die adsorbierte Alkaliatomschicht über die monoatomare Besetzung, so werden bei wenigen Atomdicken (2 bis 3) zunächst Elektronen aus dem Silber *und* (durch reflektiertes Licht) aus der Kaliumschicht emittiert und schließlich nur noch Kaliumelektronen. Daher verschiebt sich das spektrale Maximum in Abb. II. 38 mit zunehmender Schichtdicke nach langen Wellen und liegt schließlich an der gleichen Stelle wie bei den Kurven des kompakten Kaliums in Abb. II. 56. Es ist in Abb. II. 38 etwa doppelt so hoch wie in Abb. II. 56, Kurve *2* und *3*, weil auch das bis zum Ag-Spiegel[1] gelangte und dort reflektierte Licht in der K-Schicht noch Elektronen auszulösen vermag.

Die Größe des Absorptionskoeffizienten k ist auch maßgebend für das Verhältnis der Anteile von *Volum-* und *Oberflächeneffekt* bei einem reinen Metall. Je kleiner k, um so geringer ist die Wechselwirkung zwischen der einfallenden Lichtwelle und den lediglich durch das Gitterpotential an der Oberfläche gehaltenen Leitungselektronen, denn die Lichtwelle dringt *tief* ein und wird erst infolge ihrer Wechselwirkung mit den im Metallgitter *gebundenen* Elektronen absorbiert. Der Volumeffekt, der hierdurch zustande kommt, muß also bei sehr kleinem Absorptionskoeffizienten eine ausschlaggebende Rolle spielen. Die kompakten Alkalimetalle zeigen deshalb auf der kurzwelligen Seite des spektralen Maximums den Volumeffekt, dessen spektraler Verlauf durch die geringe Austrittstiefe der Photoelektronen und die Abhängigkeit der in ihr absorbierten Lichtenergie von der Lichtfrequenz bedingt ist. Bei den Metallen mit *großem* Absorptionskoeffizienten hingegen dringt die Lichtwelle nur *wenig* in das Metallgitter ein; sie kann daher mit den in der Oberfläche befindlichen und durch das Austrittspotential gebundenen Leitungselektronen in Wechselwirkung treten, entsprechend der Theorie von FOWLER und DuBRIDGE, die den Oberflächeneffekt beschreibt. In der Nähe eines Absorptionsbandes indessen nehmen auch die im *Gitter* gebundenen Elektronen Lichtquanten auf, so daß sich der

---

[1] Auch in Abb. II. 38 war die Zelle innen allseitig verspiegelt (durch Ag-Verdampfung), so daß die Kurven dieser Abbildung die lichtelektrische Empfindlichkeit für einfallendes Licht in ähnlicher Weise wie die Kurven *2* und *3* in Abb. II. 56 wiedergeben.

Volumeffekt überlagert. Da die Ablösung dieser Elektronen jedoch eine größere Energie erfordert, als beim Oberflächeneffekt aufgewendet werden muß, setzt der Volumeffekt erst bei Lichtfrequenzen ein, die wesentlich größer sind als die beobachtete Grenzfrequenz v_0. Wahrscheinlich besteht auch ein Zusammenhang zwischen der Größe k und der in Ziff. 11 erwähnten Mengenproportionalitätskonstanten α bzw. M, sofern man die Photoelektronenausbeute auf einfallende und nicht auf die in der Schichtdicke der Austrittstiefe der Elektronen absorbierte Lichtenergie bezieht.

Aus den bisherigen Ausführungen dieses Abschnitts geht hervor, daß die Anforderungen an die experimentellen Unterlagen für eine *allgemeine* Theorie des äußeren Photoeffektes sehr groß sind, denn diese müßte nicht nur den Oberflächen-, sondern auch den Volumeffekt umfassen und die optischen Eigenschaften des Metalls sowie die Austrittstiefe der Elektronen in Abhängigkeit von ihrer Energie berücksichtigen. Die lichtelektrische Empfindlichkeit müßte also unter definierten optischen Bedingungen für polarisiertes Licht bis ins SCHUMANN-Ultraviolett[1] ermittelt werden und die Frequenzabhängigkeit der optischen Eigenschaften müßte bekannt sein. Die Theorie sollte die Wahrscheinlichkeiten für die Absorption von Lichtquanten und den Durchtritt des energiereicheren Elektrons durch das Feld an der Grenzfläche Metall–Vakuum enthalten.

Die bisherigen theoretischen Ansätze versuchen, den Verlauf der für *auffallendes* Licht gemessenen spektralen Empfindlichkeitskurve zu deuten[2]. Eine ins einzelne gehende wellenmechanische Theorie entwickelte MITCHELL [*143*] [*144*], der an der Metalloberfläche eine Stufe als Potentialschwelle annahm. Das Feld der Lichtwelle berechnete er nach der klassischen optischen Theorie unter der Annahme einer plötzlichen Änderung der optischen Konstanten an der Grenzfläche. SCHIFF und THOMAS [*184*] geben zwar eine quantentheoretische Darstellung der

---

[1] Versuche, die lichtelektrische Empfindlichkeit von Ni, W, Mg, W—O und Konstantan im SCHUMANN-Ultraviolett zu messen, wurden von KENTY [*104a*] durchgeführt. G. L. WEISSLER, W. C. WALKER u. N. WAINFAN [J. appl. Phys. 24, 1318—1321 (1953); 26, 1366—1371 (1955); Phys. Rev. 97, 1178—1179 (1955)] untersuchten die lichtelektrische Empfindlichkeit von Cu, Ag, Au, Ta, Mo, W, Pd und Pt zwischen 140 und 50 mμ. Die Elektronenausbeuten nehmen mit abnehmender Wellenlänge von 10^{-3} bis 10^{-1} Elektronen pro Lichtquant zu. Die Energieverteilungskurven, die an Au und Ge bei Bestrahlung mit 122, 83 und 70 mμ ermittelt wurden, unterscheiden sich dadurch von den mit Photonen nahe der langwelligen Grenze erhaltenen, daß die Elektronen *kleiner* Energie sehr stark überwiegen. Die ausgelösten Elektronen erleiden also durch vielfache Streuung beträchtliche Energieverluste.

[2] Eine übersichtliche Darstellung der älteren Theorien von WENTZEL [*243*], FRÖHLICH [*66*], TAMM u. SCHUBIN [*231*] geben HUGHES u. DuBRIDGE [Z 12]; vgl. auch [Z 24], S. 119ff.

metallischen Reflexion, durch die eine Verbesserung der Formeln von MITCHELL erzielt werden könnte, leiten aber die sich hieraus ergebende Beziehung für die spektrale Empfindlichkeitskurve nicht ab. MAKINSON [*132*] (vgl. auch [*133*]) verwendet eine halbklassische Theorie der metallischen Reflexion, mit deren Hilfe er die Empfindlichkeitskurve berechnen kann. Die Übereinstimmung mit dem experimentell erhaltenen Verlauf ist jedoch nicht befriedigend.

FAN [*55*] berücksichtigt bei seiner Theorie, daß sich die Elektronen in einem festen Körper in einem periodischen Potentialfeld befinden und berechnet die lichtelektrischen Elektronenausbeuten für $\mathfrak{E}_\parallel$ und $\mathfrak{E}_\perp$ unter Beachtung der Austrittstiefe der Elektronen. Um den von ihm abgeleiteten Ausdruck verwenden zu können, müssen jedoch die Energieniveaus der Elektronen und ihre Wellenfunktionen bekannt sein. Mit Hilfe eines Abschätzungsverfahrens erhält er für Kalium eine Ausbeute zwischen 10^{-4} und 10^{-3} Coul/cal in Übereinstimmung mit den in Abb. II.56 eingetragenen experimentellen Kurven. Für verschiedenartige Kristallflächen ergibt die Rechnung verschiedenartige spektrale Empfindlichkeitskurven mit verschieden gelegenen langwelligen Grenzen λ_0. Den kleinsten Wert von $1/\lambda_0 = 18{,}9 \cdot 10^3 \text{ cm}^{-1}$ erhält FAN für die 111-Fläche des Kaliums, der in der Nähe des aus Abb. II.56 zu entnehmenden Wertes liegt. Der gesamte Verlauf der Kurven weicht indessen auch hier noch beträchtlich von den experimentellen Kurven ab.

Theoretische Überlegungen von HILL [*86*] im Anschluß an Messungen der Energieverteilung und spektralen Empfindlichkeit bei Na-Oberflächen sind insofern beachtenswert, als bei ihnen der Einfluß der Annahme einer Potentialstufe und des durch das Bildfeld (vgl. Ziff. 25) hervorgerufenen Potentialverlaufes miteinander verglichen werden. Im allgemeinen scheint sich das Bildfeld, bei dem das Potential umgekehrt proportional der Entfernung von der Oberfläche ansteigt, den experimentellen Ergebnissen besser anzupassen[1]. Aus den Versuchen geht jedoch hervor, wie sehr geringe Verunreinigungen der Oberfläche wegen der entstehenden „Fleckenfelder" (Ziff. 25) die Verhältnisse stören können, so daß eine endgültige Entscheidung, welcher Auffassung der Vorzug zu geben ist, aus diesem Vergleich von Theorie und Experiment nicht getroffen werden kann.

Überblickt man die Ergebnisse der vorliegenden theoretischen Arbeiten, so gewinnt man den Eindruck, daß das Ziel, eine *allgemeine* Theorie des äußeren Photoeffektes aufzustellen, zu hoch gesteckt ist, da in ihr gleichzeitig eine Theorie der optischen Eigenschaften der Metalle enthalten wäre. Es erscheint daher vielleicht zweckmäßiger, die Metalloptik aus der Theorie zu eliminieren, indem man nicht den Verlauf der spektralen Empfindlichkeit für *auffallendes* Licht theoretisch darzustellen

---

[1] Zu diesem Ergebnis gelangt auch R. D. MYERS [*149*].

versucht, sondern vielmehr den für *einfallendes* Licht, und zwar bezogen auf die in der Elektronenaustrittstiefe *d absorbierten* Lichtquanten. Um dies möglich zu machen, sollten die optischen Eigenschaften von Metallen möglichst weit ins Ultraviolett verfolgt und die Größe *d* für verschiedene Metalle ermittelt werden. Auf Grund der Verbesserungen der experimentellen Technik in den seit den letzten Arbeiten auf diesem Gebiet verstrichenen Jahrzehnten dürften die Schwierigkeiten bei derartigen Messungen jetzt verhältnismäßig leicht zu überwinden sein. Wie sehr die Grundlagen für eine Theorie des äußeren Photoeffektes hierdurch vereinfacht würden, zeigen die obigen Ausführungen über das Verhalten des Kaliums.

21. Spektrale lichtelektrische Empfindlichkeit von zusammengesetzten Photokathoden

Dünne Alkalifilme von nur wenigen Atomlagen können als Photokathoden auch dann dienen, wenn sie sich nicht unmittelbar auf einem Trägermetall, sondern auf einem Dielektrikum befinden, vorausgesetzt, daß irgendeine leitende Verbindung zur Kathodenzuführung besteht. Eine solche Verbindung kann auch ein *Halbleiter* bewirken oder ein im reinen Zustand isolierender Stoff, der durch die Aufnahme von Fremdatomen zum Halbleiter geworden ist (vgl. Ziff. 28). Derartige Photokathoden, die im allgemeinen aus einem metallischen Träger, einem Halbleiter und fein (atomar) verteiltem Alkali- oder Erdalkalimetall bestehen, werden als *zusammengesetzte* Photokathoden bezeichnet.

Zusammengesetzte Kathoden können durch *chemische Einwirkung reaktionsfähiger Stoffe auf eine Metalloberfläche* entstehen. Bringt man z. B. *atomaren Wasserstoff* mit einer K-Oberfläche in Berührung, indem man nach ELSTER und GEITEL [54] durch molekularen Wasserstoff eine Glimmentladung in Gegenwart der K-Oberfläche hindurchschickt, so bildet sich Kaliumhydrid KH, und durch die hierbei örtlich frei werdende Reaktionswärme (10 kcal/Mol) erhalten einzelne K-Atome eine größere Beweglichkeit und gelangen auf die Oberfläche der dünnen mit K-Atomen durchsetzten *Hydridschicht,* wo sie teilweise koagulieren und einen rötlich bis bläulich erscheinenden Belag bilden. Den gleichen Effekt erzielt man, wenn man den atomaren Wasserstoff getrennt erzeugt und über die K-Oberfläche leitet [202] [171] [131] oder wenn man die K-Oberfläche mit Wasserstoffionen bombardiert [198].

Die auf diese Weise erhaltene dünne K-Schicht, die von dem Trägermetall (in diesem Fall dem kompakten Kalium) durch eine dünne KH-Schicht mit eingelagerten K-Atomen getrennt ist, zeigt ebenso wie der auf einer Pt- oder Ag-Oberfläche aufgelagerte K-Film ein spektrales Maximum hoher Elektronenausbeute (Abb. II. 58), das jedoch bei $440\,\mathrm{m}\mu$ liegt, also gegenüber dem des K-Films auf Pt oder Ag um fast $100\,\mathrm{m}\mu$

nach längeren Wellen verlagert ist. Es liegt höher, wenn die K-Kathode bei der Einwirkung des atomaren Wasserstoffs mit flüssiger Luft gekühlt wurde [202], wonach die Kathodenoberfläche nicht bläulich wie nach der Einwirkung bei Zimmertemperatur, sondern schwach rosa verfärbt erscheint. In diesem Fall sind die K-Partikel kleiner als bei der dunkel verfärbten Oberfläche. Das Vorhandensein der mit langsamen Elektronen beobachteten Beugungsmaxima von Kaliumhydrid *und* fein verteiltem Kalium an hydrierten K-Oberflächen stellten KLUGE und RUPP [111] fest.

Wirkt der atomare Wasserstoff längere Zeit auf die K-Oberfläche ein, so wächst die Hydridschicht auf Kosten des außen vorhandenen K-Films; das spektrale Empfindlichkeitsmaximum sinkt daher wieder ab [202]. Schließlich wird atomarer Wasserstoff nicht mehr in merklichem Maße aufgenommen [171]. Dampft man nun eine Spur Kalium auf die Hydrid-

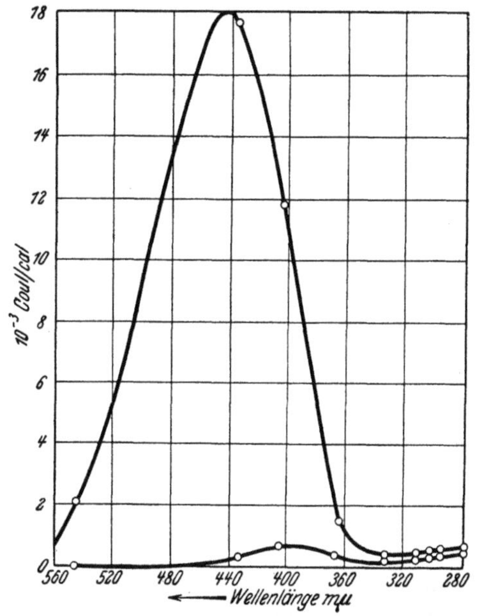

Abb. II. 58. Spektrale lichtelektrische Empfindlichkeit einer reinen Kaliumoberfläche (untere Kurve) und derselben Oberfläche nach dem Übergang eines Stromes von Wasserstoffionen (obere Kurve). (Nach [198])

zwischenschicht auf, so erscheint auch wieder das spektrale Maximum in seiner ursprünglichen Höhe.

Ähnlich wie atomarer Wasserstoff wirkt *Sauerstoff* auf Alkalimetalloberflächen ein. Auch hier bildet sich bei *niedrigem* O_2-Druck zunächst eine dünne Schicht einer Alkalimetall-Sauerstoffverbindung, auf der sich infolge der örtlich frei werdenden Oxydationswärme (bei K_2O 86 kcal/Mol) fein verteiltes Alkalimetall befindet, das wiederum ein spektrales Empfindlichkeitsmaximum hervorruft. Bei der Einwirkung von Sauerstoff auf Kalium liegt es nach POHL und PRINGSHEIM [160] bei 400 mµ.

Die Einwirkung von Sauerstoff auf Cäsium hat KOLLER [116] näher untersucht.

Auch andere reaktionsfähige Substanzen erzeugen durch chemische Einwirkung auf das betreffende Metall die für das Zustandekommen spektraler Maxima notwendige Oberflächenbeschaffenheit. So beobachtete z. B. KLUGE [110] nach Einwirkung der Dämpfe von Schwefel,

Selen und Tellur auf K-Oberflächen Emissionsmaxima bei 412, 425 und 430 mμ. Die frei werdende Bildungswärme beträgt für K_2S 99,5 kcal/Mol.

Außer den Metallen der ersten Gruppe des Periodensystems vermögen auch die der zweiten und höherer Gruppen durch chemische Reaktion mit geringen Mengen reaktionsfähiger Stoffe zusammengesetzte Photokathoden zu bilden. Läßt man z. B. nach RENTSCHLER und HENRY [166] O_2 von etwa 10^{-2} Torr auf eine durch Kathodenzerstäubung in Argon von 2 Torr hergestellte Schicht [165] von Ca, Ba, Th, U bei Zimmertemperatur einwirken, so erhält man eine Zunahme der lichtelektrischen Empfindlichkeit, insbesondere im langwelligen Gebiet, und λ_0 verschiebt sich bis zu den in Tab. II.9 zusammengestellten Werten λ_0'. Ein O_2-Überschuß setzt die Empfindlichkeit durch Bildung einer stärkeren Oxydschicht wieder herab. Auch in diesem Fall diffundieren wahrscheinlich Metallatome unter der Einwirkung der örtlich frei werdenden Bildungsenergie ΔH der Oxyde an die Oberfläche der zunächst entstandenen dünnen Oxydhaut; es bildet sich also eine ähnliche Konfiguration aus wie bei der Einwirkung von O_2 auf eine Alkalimetalloberfläche[1].

Auch die von CASHMAN und HUXFORD [34][2] untersuchte Empfindlichkeitssteigerung von Mg durch O_2-Einwirkung ist auf diese Weise zu

Tabelle II.9. *Langwellige Grenze einiger Metalle vor (λ_0) und nach (λ_0') der Einwirkung geringer Mengen O_2; Bildungsenthalpie ΔH der Oxyde*

Metall	λ_0 in mμ	λ_0' in mμ	Zitat	Oxyde	ΔH in kcal/Mol
Mg	336	570	[34]	MgO	146
Ca	418	540	[166]	CaO	152
Ba	486	680	[166]	BaO	133
Ti	297	360	[168]	TiO_2	218
Zr	300	340	[168]	ZrO_2	258
Th	357	410	[166]	ThO_2	293
U	340	380	[166]	UO_2	257

erklären. Besonders bemerkenswert ist in diesem Fall, daß bereits nach kurzer O_2-Einwirkung bei nur 10^{-7} Torr eine Verschiebung der langwelligen Grenze bis 570 mμ beobachtet wurde; eine weitere O_2-Einwirkung bei diesem Druck ließ λ_0 wieder nach kurzen Wellen zurückgehen. Diese letztere Verlagerung von λ_0 konnte aber durch Abpumpen wieder rückgängig gemacht werden. Ein *geringer* O_2-Überschuß wird also nicht chemisch gebunden. Bei *längerer* Einwirkung jedoch verschwindet sogar die Photoemission im Quarzultraviolett und ist durch

---

[1] Ob auch spektrale Maxima entstehen, ist aus den angegebenen Empfindlichkeitskurven nicht einwandfrei zu entnehmen, da die Lichtabsorption des verwendeten Zellenglases nicht mitgeteilt wird.

[2] Dort auch nähere Angaben über die Darstellung von besonders reinem Mg durch mehrfache Destillation.

Abpumpen nicht mehr hervorzurufen. Eine besonders große Empfindlichkeitssteigerung der Mg-Schicht erhält man, wenn man sie *in Gegenwart von Spuren* O_2 und gleichzeitig H_2 aufdampft; λ_0 liegt dann bei 700 mμ. Ähnlich wie Mg verhält sich Al nach den Versuchen von THEIN [*234*].

Bei den schwer schmelz- und verdampfbaren und bei Zimmertemperatur gegen O_2 wenig reaktionsfähigen Metallen, wie Ti, Zr, Hf und Th, vermag man nach RENTSCHLER und HENRY [*168*] eine O_2-Sensibilisierung auch in folgender Weise zu erreichen. Man oxydiert die Oberfläche des Metalldrahtes bei erhöhter Temperatur T_1 in geringem Maße und glüht ihn darauf im Vakuum bei noch höherer Temperatur T_2 einige Minuten lang, bis die Oberfläche wieder blank aussieht. T_1 liegt für Zr bei 500° C, T_2 bei 1400° C. Während des Glühens bei

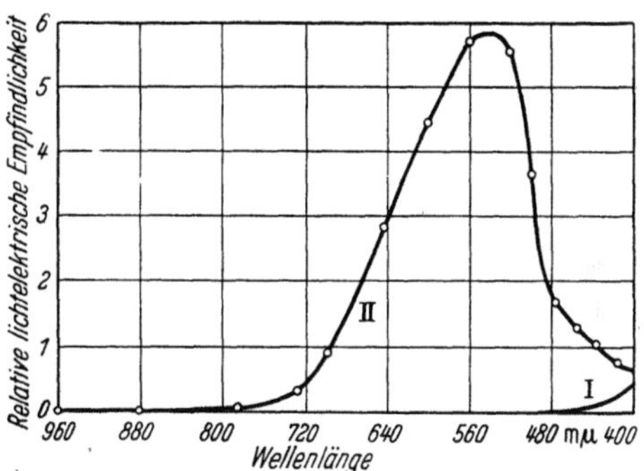

Abb. II.59. Spektrale Empfindlichkeitskurve einer Na-Kathode; Kurve *I*: Im Vakuum destilliert; Kurve *II*: Bei einem Luftdruck von 1,5 Torr destilliert. (Nach REIMERT [*164*])

T_2 wird kein O_2 abgegeben; der Sauerstoff ist also im Metall gelöst, und zwar nur in seiner Oberfläche. Man erzeugt nun auf einer Metallunterlage durch Kathodenzerstäubung eine dünne Schicht des betreffenden Metalles, welche dann die in Tab. II.9 angegebene langwellige Grenze λ_0' besitzt. Offenbar bildet sich bei der Kathodenzerstäubung der Sauerstoff enthaltenden Oberflächenschicht des Drahtes eine ähnliche Konfiguration aus wie bei der Einwirkung von O_2 bei Zimmertemperatur auf leichter verdampfbare Metalle, deren Oxydbildungswärme ΔH ausreicht, um eine örtliche Verdampfung mit anschließender Kondensation zu ermöglichen.

Mit Stickstoff läßt sich ebenfalls eine Empfindlichkeitssteigerung erzielen, die aber unterhalb der mit O_2 erreichbaren liegt.

Die Empfindlichkeit von Mg vermag man durch Einwirkung von H_2 bei Drucken von 10^{-6} bis 10^{-1} Torr beträchtlich zu erhöhen [*34*], wobei sich die langwellige Grenze von 336 bis 510 mμ vorschiebt. Das gleiche wird durch *Destillation* von Mg *in Gegenwart von* H_2 oder von Na *in Luft* von etwa 1,5 Torr erreicht. REIMERT [*164*] erhielt auf diese Weise eine grau aussehende Na-Photokathode mit einer langwelligen Grenze von 850 mμ und einem spektralen Maximum bei 550 mμ, wie Abb. II.59 zeigt.

Reicht die Reaktionswärme nicht aus, um fein verteiltes Metall an die Oberfläche der entstandenen Verbindung zu bringen, so erscheint ein spektrales Emissionsmaximum erst dann, wenn man nachträglich eine geringe Menge des betreffenden Metalls auf die Verbindung *aufdampft*. So bilden eine Reihe *organischer Substanzen*, z. B. Naphthalin,

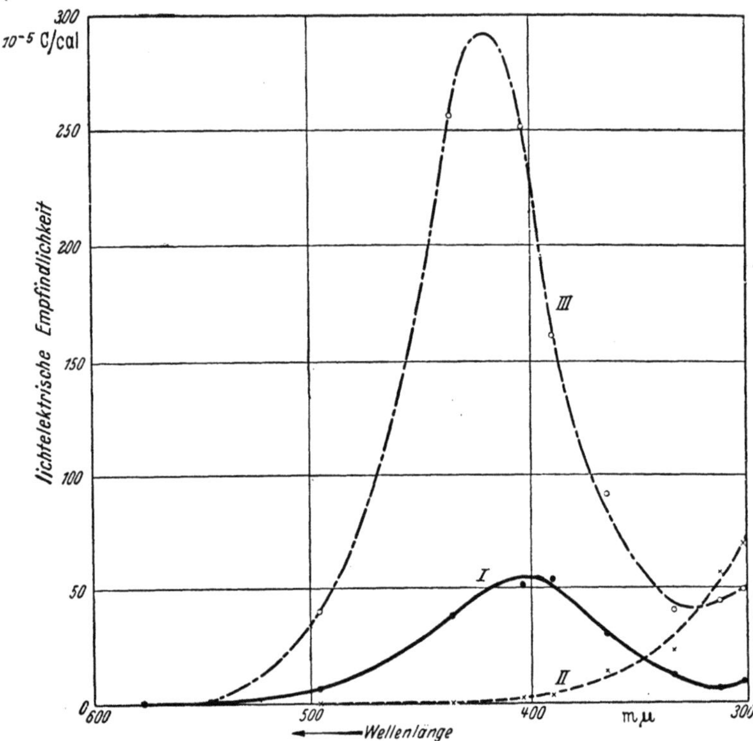

Abb. II. 60. Spektrale Empfindlichkeit einer durch Destillation im Hochvakuum hergestellten K-Oberfläche (*I*), nach dem Aufdampfen einer Spur Naphthalin (*II*), nach dem Aufdampfen von atomar verteiltem K auf die bei *II* gebildete K-Naphthalin-Verbindung (*III*). (Nach [*202*])

mit Alkalimetallen *Additionsverbindungen*, in denen die Alkalimetallatome nur locker gebunden sind, deren Bildung also mit einer *geringen* Wärmetönung verknüpft ist, die nicht ausreicht, um Alkalimetallatome zum örtlichen Verdampfen und Kondensieren zu bringen. Durch die Einwirkung solcher organischer Substanzen auf eine K-Oberfläche sinkt daher die spektrale Empfindlichkeit im langwelligen Teil (Abb. II. 60, Kurve *I* und *II*), da die K-Naphthalin-Additionsverbindung entsteht; und erst nach dem darauffolgenden Aufdampfen (im Vakuum) einer Spur Kalium beobachtet man ein spektrales Maximum bei etwa 420 mμ (Kurve *III*) [*202*]. Diese Versuche lassen ebenfalls erkennen, daß das spektrale Emissionsmaximum zusammengesetzter Photokathoden durch

Alkalimetallatome hervorgerufen wird, die durch eine Zwischensubstanz von der leitenden Unterlage getrennt sind[1].

Nach den Ausführungen in Ziff. 17 und 20 ist es wahrscheinlich, daß bei einem Film von *kolloidal* in und auf einer Verbindung verteilten Alkalimetallteilchen, wie z. B. bei den hydrierten Alkalimetallkathoden, die optischen Eigenschaften des Alkalimetalls bzw. der spektrale Verlauf der in der Austrittstiefe der Elektronen absorbierten Lichtenergie das spektrale Maximum entstehen lassen. Es ist daher bei hydrierten K-Kathoden nur um 40 mμ gegenüber dem des reinen kompakten K-Metalls nach langen Wellen verschoben. Die gegenüber dem reinen Alkalimetall hohe Elektronenausbeute der zusammengesetzten Kathoden kann auf die Zerstreuung und daher bessere Ausnützung des eindringenden Lichtes durch die kolloidalen Alkalimetallteilchen an der Kathodenoberfläche zurückgeführt werden. Bei *einzelnen* neben den kolloidalen Teilchen auf und in einer Zwischensubstanz verteilten Alkali*atomen* könnte jedoch auch *deren* Lichtabsorption für den spektralen Verlauf der Empfindlichkeitskurve von Bedeutung sein. In diesem Fall bestehen zwei Möglichkeiten für den Auslösungsmechanismus der Photoelektronen: Entweder werden die Alkaliatome photo*ionisiert* (DE BOER und TEVES [*17*] [*19*], vgl. auch [*Z 27*]) oder sie werden *angeregt* und geben ihre Anregungsenergie an Leitungselektronen ab (SUHRMANN, vgl. hierzu [*Z 17*], S. 191). Für die Wahrscheinlichkeit der zweiten Auffassung sprechen die in Ziff. 24 behandelten Erscheinungen sowie theoretische Überlegungen von ZENER [*249*], der zeigte, daß die auf dem erwähnten Weg absorbierten Lichtquanten zu so großen Elektronenausbeuten führen können, wie sie bei zusammengesetzten Photokathoden beobachtet werden.

Damit sich auf der Zwischensubstanz ein Alkalimetallbelag in der erforderlichen Dicke zu bilden vermag oder Alkaliatome adsorbiert werden können, muß die Zwischensubstanz die Fähigkeit besitzen, das Alkalimetall *adsorptiv* zu binden. Dampft man z. B. auf eine K-Oberfläche Paraffin als Zwischensubstanz auf, das man vorher von ungesättigten Verbindungen und Fettsäuren sorgfältig gereinigt und im Vakuum umdestilliert hat, so entsteht beim Nachdampfen von Kalium kein ausgeprägtes selektives Maximum. Offenbar koagulieren die auftreffenden K-Atome jetzt zu einigen wenigen größeren Teilchen, so daß die obigen Voraussetzungen für das Zustandekommen eines spektralen Emissionsmaximums nicht gegeben sind [*202*].

---

[1] Beim Aufdampfen des Naphthalins auf die Kaliumoberfläche wird die Naphthalinmolekel durch ein Oberflächen-K-Atom gebunden. Aus den nachgedampften K-Atomen bindet die nun chemisorbierte Molekel noch ein zweites Atom in para-Stellung zum ersten. Dieses letztere Atom bewirkt das langwellige Maximum (vgl. auch Ziff. 23).

Die spektrale Lage des durch einen dünnen *Alkalifilm* auf einer Zwischensubstanz entstandenen Emissionsmaximums, das wir als „langwelliges" *Maximum* bezeichnen wollen, ist, wie wir an einigen Beispielen gesehen haben, von der Zwischensubstanz abhängig. Aber auch die *Dicke* der Alkalischicht dürfte die Lage des langwelligen Maximums nach den oben geschilderten Vorstellungen beeinflussen. Das erwähnte K-Maximum bei K-Naphthalin als Zwischensubstanz wurde z. B. in verschiedenen Versuchen bei 420 bis 434 mμ gefunden [212]. (Weitere „langwellige" Maxima bei Alkalihydriden und organischen Alkali-Additionsverbindungen als Zwischensubstanzen in [212] [217] [223] und [155].)

In gleicher Weise wie eine durch chemische Einwirkung eines reaktionsfähigen Stoffes auf das Trägermetall erzeugte *Zwischenschicht* kann auch eine dem Trägermetall in dünner Schicht *aufgedampfte* elektrisch leitende Substanz zwischen dem Alkalifilm und der leitenden Unterlage die Ausbildung eines spektralen Maximums ermöglichen. DE BOER und TEVES [16] [17] [18] z. B. dampften dünne *Salzschichten* von CaF_2, BaF_2, Cs_2O auf eine Ag-Unterlage auf und ließen auf der Salzzwischenschicht Cs-Dampf kondensieren, der teilweise in die Salzschichten eindringt, so daß sie elektrisch leiten. Die Empfindlichkeitskurven dieser zusammengesetzten Photokathoden weisen im langwelligen Sichtbaren ein spektrales Maximum auf, das sich mit zunehmender Cs-Schichtdicke nach kurzen Wellen verschiebt. Durch Abdampfen der äußeren Cs-Schicht ist diese Verschiebung rückgängig zu machen.

Eine einfache Methode, *leitende Oxydschichten* der Alkali- und Erdalkalimetalle zu erhalten, besteht darin, die Karbonate der betreffenden Metalle aus elektrisch geglühten Wolframspiralen im Vakuum zu verdampfen. Hierbei entsteht das Oxyd und freie Metallatome, die dem Oxyd eingelagert sind[1]. Die so erzeugte Oxydschicht besitzt eine ausreichende Leitfähigkeit, um als Zwischenschicht zu dienen. TAFT und DICKEY [229] dampften in dieser Weise BaO-Schichten auf und ließen auf ihnen Na-Atome kondensieren. Die Empfindlichkeitskurven der dünnen Na-Filme zeigten ähnlich wie die in Ziff. 16 erwähnten K-Filme auf Silber (vgl. Abb. II. 36) den Beginn der optischen Absorption des BaO bei 326 mμ (3,8 eV) an, der von TYLER [236] durch direkte Messung der optischen Absorption gefunden wurde. Ähnliche Ergebnisse wurden mit Mg-Filmen auf BaO sowie mit Ag- und Pb-Filmen auf KJ erhalten.

Eine wesentliche Rolle spielen in der Technik die Photokathoden, bei denen die *Zwischenschicht dem Trägermetall aufgewachsen* ist. Sie entstehen z. B., wenn eine Ag-Oberfläche durch eine Glimmentladung in O_2 von einigen Zehnteln Torr schwach oxydiert wird und auf die

---

[1] Vgl. hierzu R. SUHRMANN u. W. BERGER: Z. Phys. **123**, 73 (1944), insbesondere S. 74 unten, sowie R. SUHRMANN u. R. WALTER: Fiatberichte **25**, Teil III, 138 (1948).

Ag-Oxydschicht nun Alkalimetalldampf einwirkt. Wie man aus Abb. II. 61 ersieht, zeigt der K-Film, dessen langwellige Grenze λ_0 am weitesten vorgeschoben ist (Kurve *I*), dessen Besetzung also nahe bei Θ_0 liegt. noch das bei 344 mμ gelegene spektrale Maximum, das an einem auf reinem Silber aufgedampften K-Film beobachtet wird (Abb. II. 38).

Die Empfindlichkeit ist allerdings in Abb. II. 61 an der langwelligen Grenze wesentlich größer als in Abb. II.38, weil die adsorbierten K-Atome durch die Unterlage größerer Austrittsarbeit (Ag-Oxyd) stärker polarisiert werden. In Kurve *II*, Abb. II.61, hingegen, die nach längerer Einwirkung des K-Dampfes gemessen wurde, liegt das Maximum bei 400 mμ, also an der gleichen Stelle wie bei Einwirkung von O_2 auf eine K-Oberfläche. Offenbar hatte hier bereits ein Teil des aufgedampften K mit dem Oxyd des Ag oder mit darauf adsorbiertem Sauerstoff reagiert, so daß nun ein K-Film einem K-Oxyd-Film aufliegt, ähnlich wie bei der durch Einwirkung von verdünntem O_2 auf eine K-Oberfläche entstandenen Kathode.

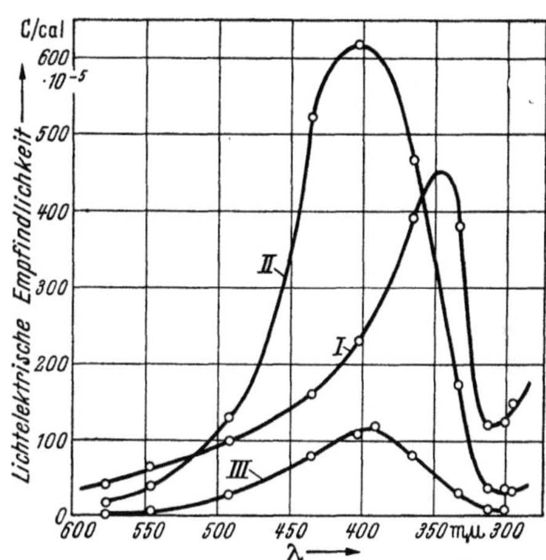

Abb. II. 61. Lichtelektrische Empfindlichkeit eines K-Films, der auf eine durch Glimmentladung in Sauerstoff schwach oxydierte Ag-Unterlage aufgebracht wurde. Kurve *I*: Θ wenig größer als Θ_0; Kurve *II*: $\Theta > \Theta_0$; Kurve *III*: K als matter Hauch auf der Unterlage. (Nach [*202*])

Daß die zum mindesten teilweise *Reduktion des Ag-Oxyds* durch das Alkalimetall bei der Sensibilisierung der Kathode eine wesentliche Rolle spielt, geht auch aus den Versuchen von KOLLER [*116*] hervor, der fand, daß bei einer [Ag]-Sauerstoff-Cs-Kathode[1] ein ausgeprägtes Maximum im Sichtbaren besonders dann zu beobachten ist, wenn die Photozelle nach dem Aufbringen des Cs auf das Ag-Oxyd einige Zeit auf etwa 250° C erwärmt wird.

Ein Vergleich der lichtelektrischen (Φ) und glühelektrischen (Ψ) Austrittsarbeit von Silberoxyd-Cs-Kathoden wurde von GÖRLICH [*78*] sowie von SUHRMANN und DEHMELT [*214a*] durchgeführt. In der letzteren Arbeit wird Cs auf eine schwach oxydierte Ag-Oberfläche aufgebracht und untersucht, in welcher Weise sich die lichtelektrischen (Φ und M)

---

[1] Bei zusammengesetzten Photokathoden wollen wir, falls für das Verständnis erforderlich, das chemische Symbol für das Trägermetall künftig mit einer eckigen Klammer umgeben.

und gleichzeitig die glühelektrischen (Ψ und A) Emissionskonstanten während der durch Erwärmen von 120° auf 180° C durchgeführten Aktivierung der Kathode ändern. Während Φ von 1,95 bis 1,49 V abnimmt, verringert sich Ψ von 1,79 bis 1,07 V. Der verhältnismäßig große Unterschied von Φ und Ψ kann größtenteils auf die Temperaturabhängigkeit des Austrittspotentials zurückgeführt werden.

Die *spektrale Lage des „langwelligen" Maximums*, welches durch das an der äußersten Oberfläche befindliche Alkalimetall entsteht, ist bei den durch Reduktion einer dünnen Oxydschicht des Trägermetalls mit Hilfe des Alkalimetalls hergestellten Photokathoden weitgehend von der Art des Trägermetalls, der Stärke der Oxydation, der Menge des aufgebrachten Alkalimetalls und der Erwärmungs- (Formierungs-) Dauer der Photozelle abhängig. Abb. II. 62 zeigt die Lage des langwelligen Maximums einer [M]-Cs_2O, Cs-Cs-Kathode, wenn als Trägermetall [M] Ag oder Cu dienen. Bei derartigen durch Reduktion einer Trägermetallverbindung durch das Alkalimetall bei erhöhter Temperatur entstandenen zusammengesetzten Kathoden ist anzunehmen, daß innerhalb des Alkalioxyds auch Alkalimetall fein verteilt ist. Aus diesem Grunde wird als Zwischenschicht in Abb. II. 62 Cs_2O, Cs angegeben. Es ist wahrscheinlich, daß auf dieses atomar im Alkalioxyd verteilte *Alkalimetall* die im Ultraviolett bei 370 und 290 mμ gelegenen spektralen Emissionsmaxima zurückzuführen sind, da ihre Lage fast unabhängig vom Trägermetall ist. Jedenfalls sind diese Maxima tiefer im Cs_2O adsorbierten oder additiv dort gebundenen Cs-Atomen zuzuschreiben, denn sie bleiben nach KLUGE [114] bei schwacher Einwirkung von O_2 auf eine [Ag]-Cs_2O,

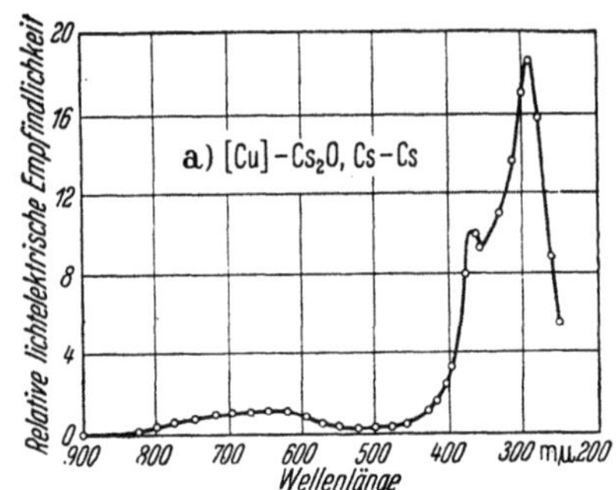

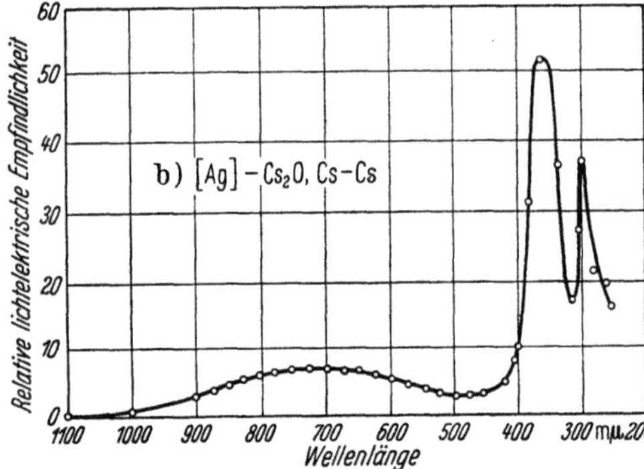

Abb. II. 62. Abhängigkeit der Lage des langwelligen Maximums einer zusammengesetzten Kathode der Struktur [M]-Cs_2O, Cs-Cs ([M] = Trägermetall) von der Art des Trägermetalls; a) [M] = [Cu]; b) [M] = [Ag]. (Nach KLUGE [113])

Ag, Cs-Cs-Kathode erhalten, während das langwellige Maximum verschwindet.

Auch *Trägermetallatome* können durch die Reduktion der Trägermetallverbindung in die Zwischenschicht gelangen oder durch Aufdampfen und Formieren bei höherer Temperatur in diese eingelagert werden. Wie die Untersuchungen zahlreicher Autoren[1] ergeben haben, wird die photoelektrische Empfindlichkeit und die Lage des langwelligen Maximums hierdurch und durch die Einlagerung geringer Mengen fein verteilten Fremdmetalls wesentlich beeinflußt. Nach Versuchen von ASAO [7] nimmt die Photoelektronenemission einer dünnen Schicht von [Ag]-Cs_2O, Ag, Cs-Cs, die mit ungefähr 70 Molekelschichten Ag_2O hergestellt wurde, durch Aufdampfen von Ag-Atomen bei Raumtemperatur zunächst linear mit der Menge aufgedampften Silbers zu, erreicht ein Maximum, wenn die Zahl der Ag-Atome etwa gleich derjenigen der entstandenen Cs_2O-Molekeln ist und fällt dann wieder ab. Erfolgt die Kondensation der Ag-Atome bei tiefer Temperatur (83° K), so nimmt die Empfindlichkeit von vornherein ab. Andererseits wird die Zunahme der Empfindlichkeit vergrößert, wenn man die Kathode nach dem Aufdampfen der Ag-Atome vorsichtig erwärmt. Die Ag-Atome müssen also in die Zwischenschicht einwandern können. Da eine auf Quarz aufgebrachte Schicht von Cs_2O, Ag, Cs-Cs *metallische* Leitfähigkeit besitzt und der Widerstand während des Aufbringens der Ag-Atome bis zum Maximum der Empfindlichkeit noch abnimmt, treten die reduzierten und eindiffundierten Ag-Atome anscheinend zu *Leitungsbrücken* bildenden Partikeln zusammen. Sind dagegen in der auf Quarz befindlichen Cs_2O, Cs-Cs-Schicht keine reduzierten Ag-Teilchen vorhanden, so besitzt sie *Halbleiter*eigenschaften, und zwar auch nach Kondensation von Ag-Atomen von etwa 10 Atomschichten. Die Ag-Atome bleiben also jetzt als solche erhalten oder koagulieren zu *einzelnen* kolloidalen Teilchen.

Abb. II. 63 zeigt das Anwachsen des langwelligen Maximums bei 650 mμ mit zunehmender Menge der aufgedampften Ag-Atome. Gleichzeitig erkennt man, wie λ_0 vorrückt (Kurven *1* und *2*) und darauf wieder zurückgeht (Kurven *3* und *4*). Beim stärkeren Eindiffundieren der Ag-Atome (Kurve *5*) durch Wärmebehandlung nimmt λ_0 erneut zu.

Das stärkere Hervortreten des *langwelligen Maximums* durch Aufdampfen und Eindiffundieren von *Ag-Atomen* ist wohl auf eine größere Ausnutzung des auffallenden Lichtes durch die in der Oberflächenschicht befindlichen Cs-Teilchen zurückzuführen. Die Ag-Teilchen, die bei der Wärmebehandlung zu Kriställchen kolloidaler Dimension koagulieren, erhöhen bereits das *direkte* Reflexionsvermögen einer auf Quarz aufgebrachten Cs_2O, Ag, Cs-Cs-Schicht im Gebiet des langwelligen

---

[1] Z.B. SELENYI [*188*], ASAO [*4—7*] [*238*], CAMPBELL [*31*], SEWIG [*190*], DE BOER u. TEVES [*18*] [*19*], GÖRLICH [*75*] [*78*], FLEISCHER u. GÖRLICH [*59*].

Maximums nach Messungen von ASAO von 12 auf 30%. Da nun die unregelmäßig gelagerten Ag-Kriställchen das auffallende Licht in einer Halbkugel streuen, ist dessen Ausnutzung durch das in der Oberfläche befindliche Cs nicht nur verdoppelt, sondern vervielfacht und ergibt nach DE BOER und TEVES [19] an der Stelle des langwelligen Maximums eine Elektronenausbeute bis zu 20% des Quantenäquivalents. So ist es auch verständlich, daß die spektrale Empfindlichkeit durch den Ein-

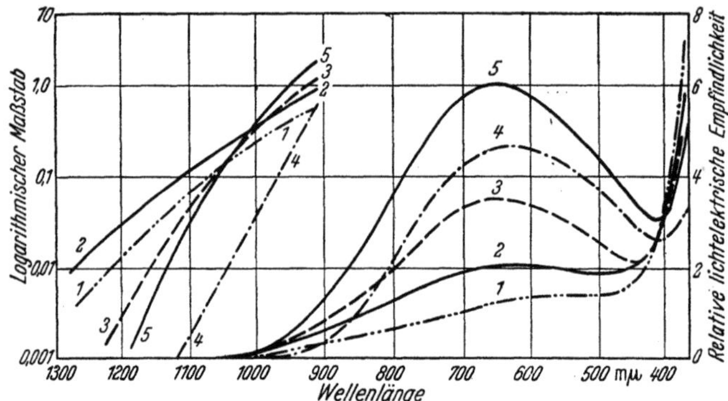

Abb. II. 63. Änderung der spektralen Empfindlichkeit einer dünnen [Ag]-Cs$_2$O, Ag, Cs-Cs-Kathode durch Kondensation von Ag-Atomen bei Zimmertemperatur; Kurve *1* vor der Kondensation der Ag-Atome; Kurve *2*, *3* und *4* nach zunehmender Kondensation von Ag-Atomen; Kurve *5* nach Wärmebehandlung der Kathode im Zustand *4*. (Nach ASAO [7])

fluß der Ag-Teilchen zwar am langwelligen Maximum zunimmt, gleichzeitig jedoch eine Abnahme im Ultraviolett erfährt, weil den tiefer liegenden Cs-Zentren, welche einen Teil der durch größere Lichtquanten ausgelösten Elektronen mit größerem Durchdringungsvermögen liefern, durch die über ihnen befindlichen Ag-Partikeln ein Teil des auffallenden Lichtes weggenommen wird. Schließlich ist so auch zu verstehen, daß Silber mit seinem guten Reflexionsvermögen im sichtbaren Spektrum, also auch im Gebiet des langwelligen Cs-Maximums, gegenüber anderen Metallen nach GÖRLICH [78] die größte Ausbeuteerhöhung beim Aufdampfen ergibt, zumal Ag-Atome besonders leicht zu kolloidalen Teilchen koagulieren[1].

Neben der oben genannten Wirkung ruft der Einbau von Fremdatomen und ebenso der von Alkaliatomen eine Erhöhung der elektrischen *Leitfähigkeit* der Zwischenschicht hervor sowie in manchen Fällen eine *lichtelektrische Leitfähigkeit*, so daß eine Überlagerung von innerem und äußerem Photoeffekt eintritt [18]. Die Erhöhung der Leitfähigkeit ergibt gleichzeitig eine bessere Sättigung der Strom-Spannungskurve [19].

Dieser Vorgang ist besonders bei Kathoden mit *dickeren Oxydschichten* von Bedeutung, deren Strom-Spannungskurven trotz der ein-

---

[1] Vgl. hierzu die Untersuchungen über ungeordnete und geordnete dünne Metallschichten, insbesondere [214] S. 39.

gelagerten Fremdatome schlecht gesättigt sind. Wird einer solchen Kathode Strom entnommen, so vermindert sich nach DE BOER und TEVES ihre Empfindlichkeit, und zwar um so stärker, je größer die Stromentnahme, also die Belichtung der Photokathode, ist. DE BOER und TEVES erklären diesen *Er-* *müdungseffekt* dadurch, daß die durch Photoionisation an der Ober-fläche gebildeten Cs-Ionen durch das elektrische Feld nach innen gezogen würden, wodurch die Oberfläche an ionisierbaren Cs-Atomen verarmte[1]. Dem wider-spricht jedoch der Befund, daß die bei Erhöhung der Spannung beobachtete Vergrößerung der Er-müdung und auch der Ermüdungs-effekt selbst bei 0° C stärker in

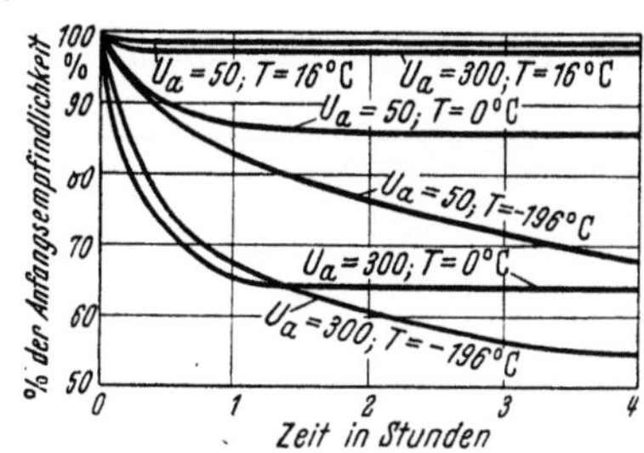

Abb. II. 64. Spannungsabhängigkeit des Er-müdungseffektes von Cäsium-Cäsiumoxyd-Pho-tokathoden mit dicker Zwischenschicht bei Stromentnahme; U_a Anodenpotential in Volt. (Nach DE BOER u. TEVES [18])

Erscheinung treten als bei Zimmertemperatur (Abb. II. 64) und die Ermüdung durch Abkühlung auf —196° C noch weiterhin beträchtlich zunimmt, obwohl die Ionenbeweglichkeit durch Temperaturerniedrigung kleiner werden sollte.

Einleuchtender ist wohl die folgende *Deutung* der Erscheinung: Wegen der schlechten Leitfähigkeit der Zwischenschicht können die aus dem äußeren Cs-Belag emittierten Photoelektronen nicht ausreichend nachgelie-fert werden, die äußere Kathodenschicht lädt sich daher positiv auf. Durch die Elektronenverarmung wächst die Austrittsarbeit,

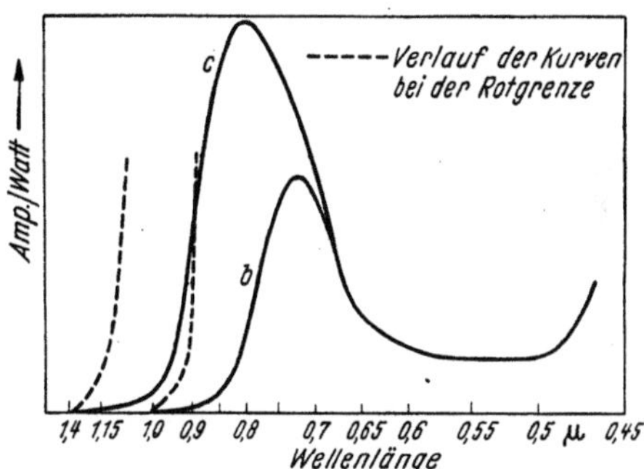

Abb. II. 65. Spektrale Empfindlichkeit einer Cäsium-Cäsiumoxyd-Photokathode mit dicker Zwischenschicht b) nach Ermüdung, c) nach Erholung. (Nach DE BOER u. TEVES [18])

wie man aus dem Zurückweichen der langwelligen Grenze in Abb. II. 65 erkennt; außerdem werden durch das Feld zwischen der negativen leiten-den Unterlage und der äußeren positiv geladenen Schicht Elektronen in die Zwischenschicht gezogen, die dort steckenbleiben und den Elek-tronendurchgang behindern. Je höher die angelegte Spannung, um so mehr tritt dieser Effekt in den Vordergrund, besonders bei tiefer Tem-peratur, bei welcher die Leitfähigkeit der halbleitenden Zwischenschicht gering ist. Kurzwelliges Licht wirkt stärker als langwelliges, wie Abb. II. 66

---

[1] Vgl. hierzu auch die Arbeit von TIMOFEJEW u. KONDORSKAJA [234a].

zeigt, weil hierdurch (energiereichere) Elektronen aus größeren Tiefen frei gemacht werden, so daß die obere positiv geladene Schicht der unteren negativ geladenen näherrückt, das elektrische Feld zwischen beiden also vergrößert wird. Erwärmt man die Kathode oder läßt man Ultrarotstrahlung auffallen, so geraten die steckengebliebenen Elektronen in das Leitfähigkeitsband des Halbleiters (vgl. Ziff. 27), sie neutralisieren nun die positiven Ladungen in den äußeren Schichten und die lichtelektrische Empfindlichkeit nimmt wieder den ursprünglichen Wert an.

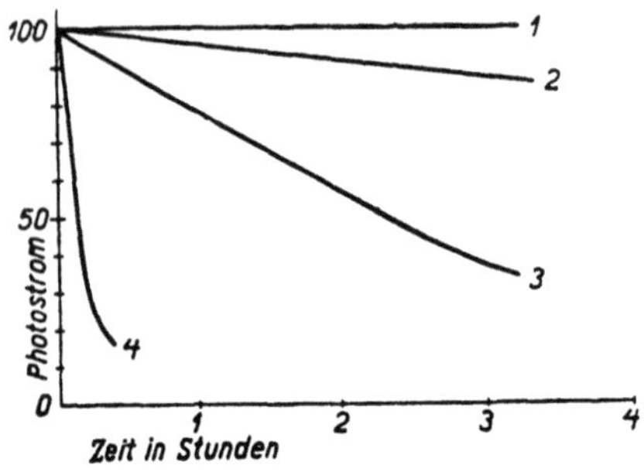

Abb. II.66. Wellenlängenabhängigkeit des Ermüdungseffektes von Cäsium-Cäsiumoxyd-Photokathoden mit dicker Zwischenschicht. Zeitliche Änderung der Empfindlichkeit bei Bestrahlung mit ultrarotem (*1*), rotem (*2*), grünem (*3*) und blauem (*4*) Licht. (Nach DE BOER u. TEVES [*18*])

22. Lichtelektrische Empfindlichkeit von Verbindungen zwischen Alkalimetallen und Halbmetallen

Bei den bisher betrachteten Photokathoden erfolgt die Lichtabsorption im wesentlichen durch das betreffende Metall, das in kompakter oder fein verteilter Form vorliegt. Bei den von GÖRLICH [*76*] gefundenen sogenannten *Legierungskathoden* jedoch, die durch Einwirkung von Alkalimetalldampf auf Halbmetalle wie Antimon oder Wismut entstehen, wird das die Photoelektronen auslösende Licht durch die vorliegende *Verbindung* absorbiert.

Die *Verbindungsbildung* der echten Metalle, z. B. der Alkalimetalle mit den Halbmetallen, kann bei benachbarter Stellung der beiden Partner im Periodensystem zu Verbindungen mit metallischer Bindung führen. Sind die beiden Komponenten indessen durch mehrere Gruppen im Periodensystem voneinander getrennt, wie z. B. die Alkalimetalle einerseits, die Halbmetalle As, Sb, Bi andererseits, so ergeben sich Verbindungen, die ähnlich wie die Salze der betreffenden echten Metalle zusammengesetzt sind. So bilden die Alkalimetalle (M) mit As, Sb, Bi (X) die Verbindung M_3X, in der sich die Fähigkeit des Alkalimetalls, ein Valenzelektron abgeben, und die des Halbmetalls, drei Elektronen in die p-Schale aufnehmen zu können, bemerkbar macht. Neben dieser Verbindung existieren noch Verbindungen wie MX, bei denen weniger Alkaliatome auf ein X-Atom kommen.

Man kann die genannten Verbindungen herstellen, indem man zunächst das Halbmetall im Vakuum verdampft und anschließend Alkalimetalldampf auf das auf der Glaswand in dünner Schicht befindliche Kondensat bei 100 bis 160° C einwirken läßt. Das ursprünglich metal-

lisch-graue Kondensat verfärbt sich hierbei, bei Einwirkung von Cs-
Dampf auf Sb z. B. rötlich, von K-Dampf auf Sb bräunlich mit grün-
lichem Glanz. Gleichzeitig nimmt seine elektrische Leitfähigkeit um

mehrere Zehnerpotenzen (bei K_3Sb um 9 Zehnerpotenzen [221]) ab; die Verbindung besitzt *Halbleitereigenschaften*, wie MORGULIS und DJATLOWIZKAJA [145] sowie SOMMER [193] fanden (vgl. auch [182b] [181a]). Das Leitfähigkeitsdiagramm des Systems Sb-K in Abb. II.67 weist bei den Zusammensetzungen KSb und K_3Sb tiefliegende Minima auf. Die in Abb. II. 68 dargestellten Kurven zeigen die

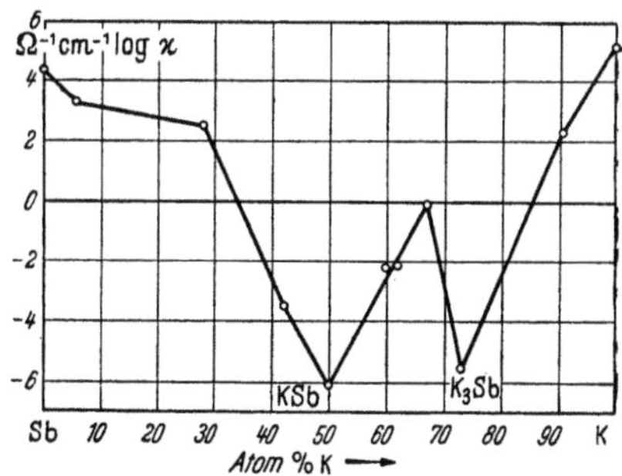

Abb. II. 67. Elektrische Leitfähigkeit $\varkappa$ in Ω^{-1} cm^{-1} bei 273°K des Systems Antimon–Kalium in Abhängigkeit von der Konzentration. (Nach [221])

Abhängigkeit des Logarithmus der spezifischen elektrischen Leitfähigkeit $\varkappa$ einer Cs_3Sb- und einer K_3Sb-Schicht vom reziproken Wert der

Temperatur T. Man erkennt, daß Gl. (48)

$$\varkappa = A_1 \cdot e^{-\frac{\Delta E_1}{2kT}} + A_2 \cdot e^{-\frac{\Delta E_2}{2kT}} \qquad (48)$$

das Verhalten von $\varkappa$ wiederzugeben vermag, wobei die Konstanten für Cs_3Sb die folgenden Werte aufweisen [221]:

$$A_1 = 386 \ \Omega^{-1} \, \mathrm{cm}^{-1};$$
$$\Delta E_1 = 0{,}56 \ \mathrm{eV},$$
$$A_2 = 10{,}6 \ \Omega^{-1} \, \mathrm{cm}^{-1};$$
$$\Delta E_2 = 0{,}16 \ \mathrm{eV}$$

und für K_3Sb die Werte:

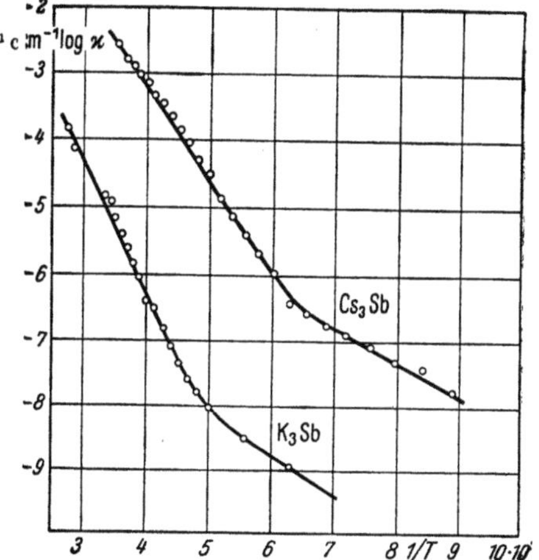

Abb. II. 68.   Temperaturabhängigkeit der elektrischen Leitfähigkeit $\varkappa$ in Ω^{-1} cm^{-1} einer Cs_3Sb- und einer K_3Sb-Photokathode. (Nach [221])

$$A_1 = 39{,}9 \ \Omega^{-1} \, \mathrm{cm}^{-1}; \quad \Delta E_1 = 0{,}79 \ \mathrm{eV},$$
$$A_2 = 4{,}03 \cdot 10^{-6} \ \Omega^{-1} \, \mathrm{cm}^{-1}; \quad \Delta E_2 = 0{,}23 \ \mathrm{eV} .$$

Bei hohen Temperaturen überwiegt das erste Glied von Gl. (48), bei niedrigen Temperaturen das zweite Glied.

Läßt man Cs-Dampf bei Zimmertemperatur vorsichtig auf eine grau durchscheinende Sb-Schicht einwirken, so zeigt die spektrale Empfind-

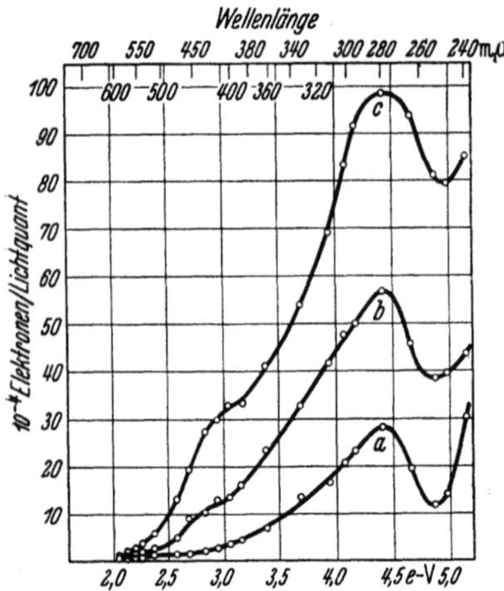

Abb. II. 69. Spektrale Empfindlichkeitskurve einer durchscheinenden Sb-Schicht, nachdem Cs-Dampf bei Zimmertemperatur 24 Stunden (a), 48 Stunden (b) und 4 Tage (c) einwirkte. (Nach [215])

lichkeitskurve zunächst nur ein im UV gelegenes Emissionsmaximum (Kurve a in Abb. II. 69). Mit zunehmender Einwirkungsdauer entsteht im Blauen ein weiteres Maximum, das sich durch einen Wendepunkt andeutet. Zwischen den beiden Maxima liegt ein kontinuierliches Emissionsgebiet. Wird die Kathode jetzt in Gegenwart von Cs-Dampf vorsichtig erwärmt, so treten zwei bei 431 und 330 mμ (2,87 und 3,7 bis 3,8 eV) gelegene Emissionsmaxima deutlich hervor (Abb. II.70), die der Verbindung Cs_3Sb zuzuschreiben sind [215][1]. Kurven von der Art der in Abb. II. 69 wiedergegebenen erhält man auch, wenn man die Cs_3Sb-Kathode über die Formierungstemperatur erwärmt, so daß die Verbindung zerfällt und das Cäsium nach und nach abgegeben wird. Die Kathode verliert hierbei ihre rötliche Färbung und nimmt schließlich wieder die graue Farbe des Antimons an.

Ist das Cs_3Sb-Gitter noch nicht durch die bei der thermischen Formierung aufgewandte Aktivierungsenergie vollständig aufgebaut, wie in Abb. II. 69, oder ist es durch Abheizen eines Teiles der Cs-Atome teilweise zerstört, so unterliegen offenbar die einzelnen Cs-Atome in verschieden starkem Maße der Einwirkung der Sb-Atome. Die Empfindlichkeitskurve setzt sich daher aus mehreren überlagerten Emissionsbanden zusammen, die einen kontinuierlichen Verlauf ergeben.

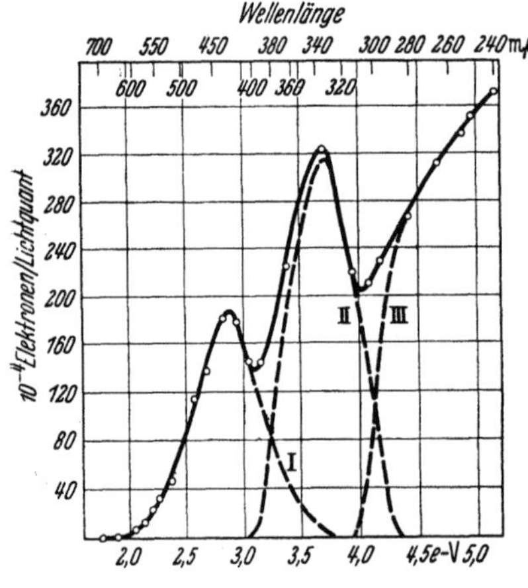

Abb. II. 70. Spektrale Empfindlichkeitskurve einer bei 160° C in Gegenwart von Cs-Dampf formierten Antimon-Cäsium-Kathode. Gestrichelt: Zerlegung der ausgezogenen Kurve in Teilkurven. (Nach [215])

Das *Gitter der Verbindung* Cs_3Sb ist noch nicht vermessen worden; über das Gitter der Verbindung K_3Sb jedoch geben Röntgenstruktur-

---

[1] Vgl. hierzu auch [145] [193] [37] [142].

untersuchungen von BRAUER und ZINTL [28] Aufschluß. Nach diesen
sind zwei Gruppen von Alkaliatomen vorhanden: die einen (2 Alkaliatome) sind von je drei Sb-Atomen im Abstand d_1 (3,48 Å bei K_3Sb),
die anderen (4 Alkaliatome) von je vier Sb-Atomen umgeben, von denen
eins den Abstand d_2 (3,57 Å bei K_3Sb) und drei den Abstand d_3 (3,88 Å
bei K_3Sb) von dem betreffenden Alkaliatom besitzen. Es ist wahrscheinlich, daß die beiden *spektralen Maxima* der Cs_3Sb-Kathode durch
diese Art der Anordnung der Alkalimetall- und der Sb-Atome zustande
kommen, zumal das langwellige der beiden Maxima bei der K_3Sb-
Kathode ins UV verlagert ist und dort zusammen mit dem kurzwelligen
ein sehr breites Emissionsmaximum bildet, wie Versuche von SUHRMANN
und KRESSIN ergeben haben (vgl. hierzu auch [193a]).

Da die spektrale Elektronenemission sich beim Abheizen des Alkalimetalls nach *kurzen* Wellen verlagert, sind die Valenzelektronen der
Alkaliatome nicht, wie im Falle von heteropolarer Bindung, bei *stöchio-
metrischer* Zusammensetzung am festesten gebunden, sondern vielmehr
bei einem *Unterschuß* von Alkalimetall. Die Bindung der Alkaliatome an
das Gitter kann daher nicht rein heteropolar sein, aber auch nicht rein
metallisch, denn die bindenden Elektronen können erst durch Wärme-
stöße teilweise in das Leitfähigkeitsband gebracht werden.

Außer Sb als Halbmetall sind auch Bi, As, Hg, Pb, Tl, B, Si, P
[79] [87], Ga, In, Tl [182a] und Au [192] mit Cs und anderen Alkalimetallen (z. B. auch Li [79] [182c]) legiert und untersucht worden.
Die größten Elektronenausbeuten im sichtbaren Spektrum ergaben
(Bi-Cs)- und (Sb-Cs)-Kathoden. Für die beiden letzteren gibt GÖRLICH
10 bzw. 30% des Quantenäquivalents an. Die Ausbeuten der übrigen
von GÖRLICH untersuchten Legierungen liegen um eine bis zwei Zehnerpotenzen darunter.

Die *Lichtabsorption* erfolgt bei den Cs_3Sb-Kathoden im Gitter der
Verbindung bzw. Legierung, und zwar beträgt die mittlere Eindringtiefe, bis zu der ein Lichtquant ein Photoelektron erzeugen kann, nach
BURTON [30] 25 mμ. Die Austrittstiefe der Photoelektronen ist also
größer als bei reinen Metalloberflächen (vgl. Ziff. 5). Im Ultraviolett
weist der sehr hohe Absorptionskoeffizient von $4{,}7 \cdot 10^5$ cm^{-1} auf das
Vorhandensein eines Absorptionsbandes hin[1]. Die Elektronenemission
scheint durch eine Herabsetzung der Austrittsarbeit durch an der Kathodenoberfläche befindliche Cs-Atome begünstigt zu werden (vgl. [37]).
Hierfür spricht, daß der thermisch bedingte Dunkelstrom bei (Sb-Li)-
Kathoden trotz relativ großer Photoelektronenausbeute verhältnismäßig klein ist, sowie die Beobachtung, daß durch Einwirkung von
Sauerstoffspuren eine Verschiebung der langwelligen Grenze von (Bi-Cs)-
und (Sb-Cs)-Kathoden nach längeren Wellen erreicht wird [79] [239].

---

[1] Vgl. auch [146] [147] [38].

Nach Görlich [77] ist auch eine Überlagerung von (Sb-Cs)- und Cs_2O-Cs-Kathoden möglich, wie man aus Abb. II.71 ersieht. Während das Aufdampfen von Sb im wesentlichen nur eine Herabsetzung der Empfindlichkeit hervorruft (Kurven *b* und *c*), machen sich beim Aufbringen einer (Sb-Cs)-Schicht auf eine [Ag]-Cs_2O, Ag, Cs-Cs-Kathode

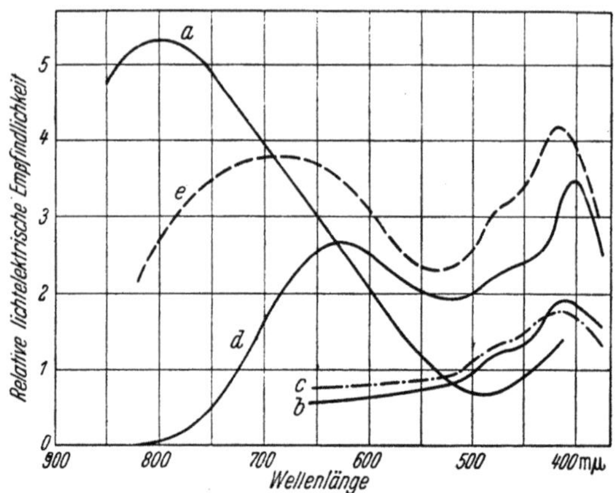

Abb. II.71. Spektrale Empfindlichkeitskurven einer Kathode, bei der eine dünne, durchsichtige (Sb-Cs)-Schicht auf einer [Ag]-Cs_2O, Ag, Cs-Cs-Kathode aufgebracht wurde; a) [Ag]-Cs_2O, Ag, Cs-Cs; b) [Ag]-Cs_2O, Ag, Cs-Cs mit Sb-Schicht; c) dieselbe nach 2 Stunden; d) [Ag]-Cs_2O, Ag, Cs-Cs mit (Sb-Cs); e) dieselbe, thermisch behandelt. (Nach Görlich [77])

deutlich die Eigenschaften beider Kathodenarten in der Empfindlichkeitskurve bemerkbar (Kurven *d* und *e*).

23. Lichtelektrische Empfindlichkeit von organischen Alkalimetall-Additionsverbindungen

Gewisse *aromatische* bzw. *ungesättigte* Verbindungen, wie z. B. Naphthalin, Anthrazen, Phenantren bzw. Butadien, vermögen Alkalimetallatome durch „Addition" zu binden, indem letztere ihr Valenzelektron an das aromatische oder ungesättigte System abgeben. Derartige Verbindungen, die, ebenso wie die im vorangehenden Abschnitt behandelten Verbindungen der Halbmetalle mit den Alkalimetallen, gefärbt sind, können lichtelektrische Elektronen emittieren, wie Suhrmann und Mitarbeiter fanden [210] [212] [217] [223]. Ihre spektralen Empfindlichkeitskurven besitzen Maxima an bestimmten Stellen des Spektrums, deren Lage von der Bindungsfestigkeit des betreffenden Valenzelektrons abhängt [217]. (Vgl. auch Ziff. 21, S. 96 und Fußnote S. 97.)

Die der Verbindung zuzuschreibenden Elektronenemissionsmaxima sind deutlich zu unterscheiden von den durch atomares Alkalimetall hervorgerufenen, das an der Oberfläche der Verbindung gebunden ist. Kurve *a* in Abb. II.72 zeigt als Beispiel das bei 288 mμ gelegene Maximum der K-Naphthalin-Additionsverbindung, das man nach Einwirkung von Naphthalindampf im Vakuum auf eine Kaliumoberfläche erhält, und Kurve *b* das zusätzlich bei 431 mμ auftretende Maximum, wenn auf die Additionsverbindung noch ein unsichtbarer K-Film nachgedampft wird. Abb. II.73 läßt die gleiche Erscheinung erkennen, wenn

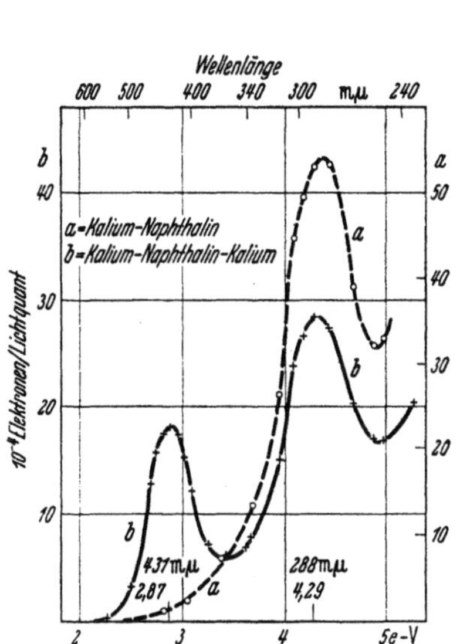

Abb. II.72. Spektrale Empfindlichkeitskurve der K-Naphthalin-Additionsverbindung vor (a) und nach (b) dem Aufdampfen eines unsichtbaren K-Films. (Nach [217])

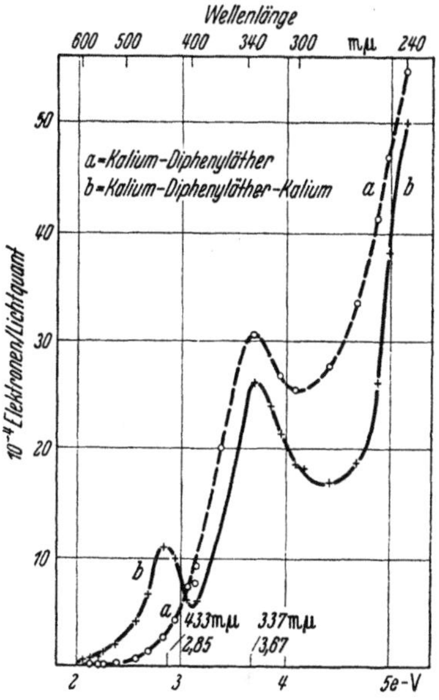

Abb. II.73. Spektrale Empfindlichkeitskurve der K-Diphenyläther-Additionsverbindung ohne (a) und mit (b) unsichtbarem K-Film. (Nach [217])

auf die K-Oberfläche Diphenyläther $C_6H_5 \cdot O \cdot C_6H_5$ einwirkte. Das der Additionsverbindung zugehörende Emissionsmaximum liegt jetzt bei 337 mμ, das durch den *K-Film* an der Oberfläche der Verbindung hervorgerufene bei 433 mμ, also an der gleichen Stelle wie in Abb. II.72.

Während die spektrale Lage des durch den Oberflächen-Alkalifilm entstandenen „langwelligen" Maximums vom Alkalimetall abhängt, wird das der *Verbindung* zugehörige *unabhängig* vom Alkalimetall an einer bestimmten Stelle des Spektrums erhalten, deren Lage von der die Verbindung bildenden organischen Substanz abhängig ist. In Abb. II.74 z.B. liegt das Maximum der Cs-Diphenyläther-Verbindung bei 339 mμ, also dort, wo auch das entsprechende Maximum der K-Diphenyläther-Verbindung beobachtet wurde (337 mμ, Abb. II.73).

Ein Zusammenhang zwischen der *Lage der Emissionsbande* der betreffenden *Additionsverbindung* und den Eigenschaften der die Verbindung bildenden organischen Molekel läßt sich herstellen, wenn man eine

Theorie von E. Hückel über ungesättigte und aromatische Verbindungen [88] benutzt. Nach ihr sollte die Addition des Alkalimetalls um so leichter erfolgen, je kleiner die Energie des vom Valenzelektron der Alkaliatome zu besetzenden tiefsten Elektronenzustandes ist. Je leichter die Addition vor sich geht, um so fester sollten die Alkaliatome gebunden sein, um so größere Beträge sollten also die zur Abtrennung oder Anregung von Elektronen benötigten Lichtquanten aufweisen. Die Reihenfolge der Emissionsmaxima der Additionsverbindungen verschiedener organischer Stoffe sollte daher mit derjenigen der Elektronenzustände übereinstimmen. In Tab. II.10 sind einerseits die berechneten Kopplungsenergien des tiefsten unbesetzten Zustandes in Vielfachen einer Größe β, andererseits die Lage der beobachteten Emissionsmaxima eingetragen. Man sieht, daß sich die Maxima im allgemeinen in der zu erwartenden Reihenfolge anordnen.

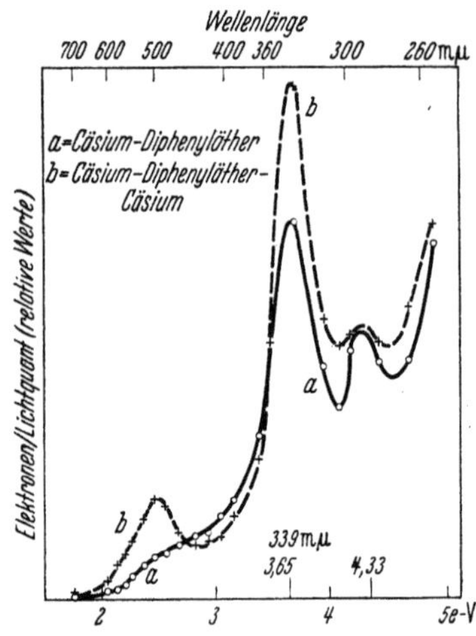

Abb. II.74. Spektrale Empfindlichkeitskurve der Cs-Diphenyläther-Additionsverbindung vor (a) und nach (b) dem Aufdampfen eines unsichtbaren Cs-Films. (Nach [217])

Bei Naphthalin sind nach der anfänglichen Einwirkung auf die K-Oberfläche *zwei* Maxima zu beobachten, von denen das langwellige bei 3,94 eV zunächst vorherrscht. Mit zunehmender Einwirkungsdauer wächst das kurzwelligere bei 4,48 eV an, und damit treten beide Maxima zu einem breiteren bei 4,24 eV gelegenen zusammen. Offenbar bildet

Tabelle II.10. *Kopplungsenergie des tiefsten unbesetzten Zustandes und spektrale Lage in eV der Elektronenemissionsmaxima der Additionsverbindungen aromatischer bzw. ungesättigter Kohlenwasserstoffe mit Alkalimetallatomen*

Substanz	Kopplungsenergie	Lage der Emissionsmaxima	
		in e-Volt	in mµ
Benzol	$-\beta$	keine Verbindungsbildung[1]	—
Diphenyl	$-0{,}705\,\beta$	3,43	361
Diphenyläther . . .	—	3,66	339
Butadien	$-0{,}618\,\beta$	3,96	313
Naphthalin	$-0{,}618\,\beta$	3,94 und (4,48)	314 und (277)
Anthrazen	$-0{,}414\,\beta$	(3,78) und 4,77	(328) und 260

[1] Vgl. hierzu [223]; die von A. R. Olpin [155] gefundene Veränderung der lichtelektrischen Empfindlichkeit von Natrium durch Benzol ist auf Verunreinigungen des Benzols zurückzuführen.

sich zunächst eine energiereichere Verbindung bzw. Atomgruppierung, die durch Umlagerung der Alkaliatome mit der Zeit in den energetisch tieferen Molekelzustand übergeht. Auch bei Anthrazen sind *zwei* Emissionsbanden vorhanden, die wohl ebenfalls auf verschieden stark gebundene Alkaliatome zurückzuführen sind. Die Elektronenausbeuten an der Stelle der Maxima liegen bei den Diphenyl-, Diphenyläther-, Butadien- und Naphthalinverbindungen in der Größenordnung 10^{-3} Elektronen pro Lichtquant, bei den Anthrazen- und Phenanthrenverbindungen um eine Zehnerpotenz niedriger. Wahrscheinlich nehmen die sperrigen Tricyclen weniger leicht die für die Alkalimetall-Addition günstigste Lage ein [*223*].

Die durch Bestrahlung von Alkali-Additionsverbindungen frei gemachten Elektronen können nicht von der reinen organischen Substanz herrühren, denn die betreffenden Stoffe müssen mit wesentlich größeren Lichtquanten bestrahlt werden (ca. 5 bis 7 eV), um Elektronen abgeben zu können. Diphenyl und Diphenyläther vermögen Licht von 361 bzw. 339 mμ nicht einmal zu absorbieren. Die Emissionsbanden der Additionsverbindungen sind also offensichtlich auf das *Valenzelektron* der an die organische Molekel angelagerten Alkaliatome zurückzuführen. Dieses Elektron wird entweder ionisiert oder, was wahrscheinlicher ist, angeregt und gibt seine *Anregungsenergie* an ein *Leitungselektron* ab, das dann emittiert wird. Für die letztere Deutung sprechen eine Reihe von Beobachtungen, die in der nächsten Ziffer behandelt werden.

24. Anregung zusammengesetzter Photokathoden

Während dünne, auf einer reinen Metallunterlage aufgebrachte Fremdmetallschichten beim Abkühlen auf tiefe Temperaturen ebenso wie reine Metalloberflächen einen gut reproduzierbaren lichtelektrischen Temperatureffekt aufweisen [*205*] [*207*], kann man bei zusammengesetzten Photokathoden das Auftreten von besonderen Erscheinungen beobachten [*210*] [*213*] [*217*], die im folgenden näher besprochen werden. Es wird dabei vorausgesetzt, daß die Substanz, die sich zwischen dem Trägermetall und dem an der Oberfläche vorhandenen dünnen lichtelektrisch empfindlichen Metallfilm befindet, bei Zimmertemperatur eine so gute elektrische Leitfähigkeit besitzt, daß keinerlei Ermüdung oder dgl. während des Photostromflusses auftritt, wie dies bei Photokathoden mit dickeren Cäsiumoxyd-Zwischenschichten (vgl. S. 103) beobachtet wurde.

Kühlt man eine [K]-KH-K-Photozelle[1], deren Kaliumschicht mit dem Elektrometer[2] und deren Anode mit dem positiven Pol der Anoden-

---

[1] Man verwendet für diesen Versuch zweckmäßig die in Abb. II. 51 dargestellte Photozelle, die vollständig in flüssige Luft eingetaucht werden kann.

[2] Um elektrostatische Störungen zu vermeiden, ist die Zellenwandung außen mit einer geerdeten Hydrokollagschicht überzogen.

batterie verbunden ist, auf die Temperatur der flüssigen Luft ab, so bleibt die Empfindlichkeit der Kathode bei Belichtung nicht mehr wie bei Zimmertemperatur konstant, sondern nimmt nach einer Exponential-funktion mit der Belichtungs-zeit ab. Abb. II.75 läßt erken-nen, daß die Empfindlichkeits-abnahme *unabhängig* davon ist, ob ein Elektronenstrom während der Belichtung fließt. Lediglich die *Lichteinwirkung* ruft die *Abnahme der Empfind-lichkeit* hervor, und zwar dann, wenn die auffallende Strahlung dem spektralen *Maximum* der Empfindlichkeit angehört. In Abb. II.76 z. B. wurde die Kathode einmal mit einer dem Maximum angehörenden Wel-lenlänge (404,7 mμ) und einmal mit einer Wellenlänge (296,7 mμ)

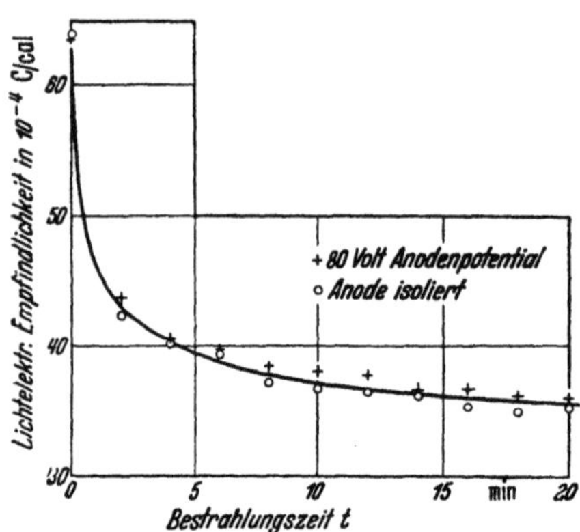

Abb. II. 75. Empfindlichkeitsabnahme einer hydrier-ten Kaliumoberfläche bei 83° K für 405 mμ; zwischen den Empfindlichkeitsmessungen (80 V Anodenpotential) bei isolierter Anode bzw. bei 80 V Anodenpotential mit 405 mμ bestrahlt. (Nach [210])

außerhalb des spektralen Maximums belichtet; das Empfindlichkeits-verhältnis für beide Wellenlängen war 46 zu 1. Die Lichtintensitäten wurden so abgeglichen, daß die anfänglichen Elektronenströme in beiden Fällen dieselben waren. Man erkennt, daß nur bei Bestrahlung mit 404,7 mμ eine Empfind-lichkeitsabnahme ein-tritt (Kurve *1*) und die Empfindlichkeit bei Be-strahlung mit 296,7 mμ weder bei 296,7 mμ (Kurve *2*) noch an der Stelle des Maximums bei 404,7 mμ (Kurve *3*) verändert wird. Die

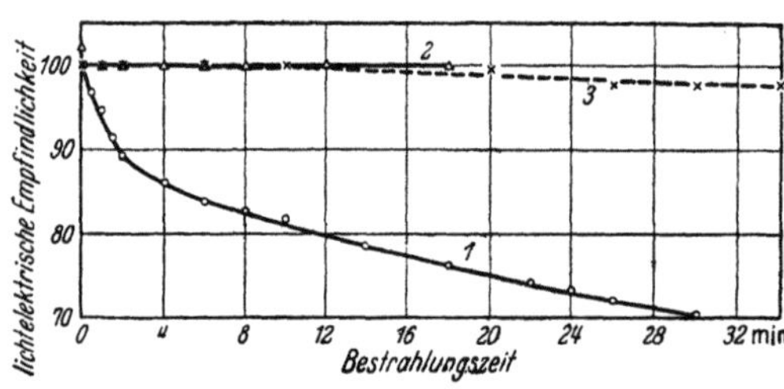

Abb. II.76. Abnahme der lichtelektrischen Empfindlichkeit einer auf 83° K gekühlten [K]-KH-K-Kathode durch Be-strahlen. Kurve *1*: Gemessen bei 404,7 mμ, bestrahlt mit 404,7 mμ. Kurve *2*: Gemessen bei 296,7 mμ, bestrahlt mit 296,7 mμ. Kurve *3*: Gemessen bei 404,7 mμ, bestrahlt mit 296,7 mμ. (Nach [213])

geringfügige scheinbare Abnahme in Kurve *3* ist auf das Meßlicht (dessen Intensität sehr stark herabgesetzt wurde) zurückzuführen. Die Empfindlichkeitsabnahme ist also nur bei Bestrahlung mit dem Licht des spektralen Maximums, und zwar im wesentlichen auf der lang-welligen Seite des Maximums, zu beobachten [210].

Der Belichtungseffekt ist um so ausgeprägter, je tiefer die Temperatur der Photokathode liegt. In Abb. II.77 z. B. sinkt die

Empfindlichkeit bei 83° K auf 69%, bei 20° K auf 45% des Anfangswertes.

Wird die durch Bestrahlung ermüdete Kathode auf Zimmertemperatur erwärmt, so verschwindet die Ermüdung, d. h., die Kathode besitzt nun wieder ihre ursprüngliche Empfindlichkeit. Während der Erwärmung wird *ohne Belichtung* der Kathode ein *Elektronenstrom* emittiert, wie man aus Abb. II.78a ersieht,

die das Ergebnis eines Versuchs wiedergibt, bei dem eine mit flüssiger Luft gekühlte [K]-KH-K-Kathode durch Bestrahlung mit 404,7 mμ zunächst ermüdet wurde. Darauf erwärmte man die Kathode, indem man die flüssige Luft zur Zeit $t = 0$ entfernte. Kurze Zeit danach zeigte das Elektrometer einen Elektronenstrom (Kurve *1*), der mit der Zeit, also mit zunehmender Temperatur, anwuchs, einen Maximalwert überschritt und auf einen Wert abfiel, der

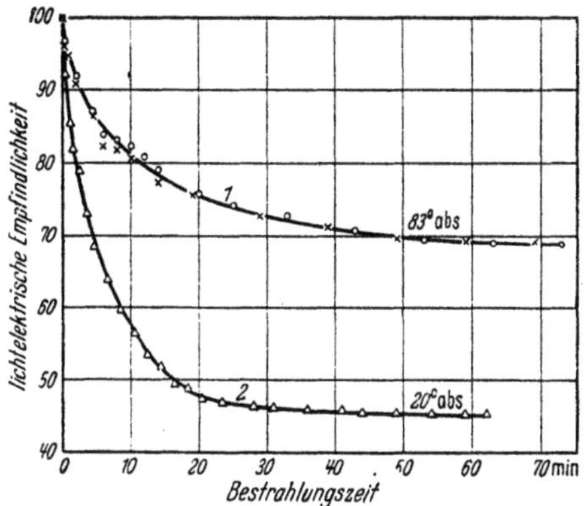

Abb. II. 77. Abnahme der lichtelektrischen Empfindlichkeit bei 404,7 mμ einer auf 83° K und 20° K gekühlten [K]-KH-K-Kathode beim Bestrahlen mit 404,7 mμ; gleiche Lichtintensitäten; Verhältnis der anfänglichen Photoströme $i_{20°}/i_{83°} = 1{,}24$. (Nach [213])

auch dann gemessen wurde, wenn man die Kathode vor dem Entfernen der flüssigen Luft nicht angeregt hatte (Kurve *2*) und der auf die Verschlechterung der Isolation durch Kondensation von Wasserdampf an der Außenseite der Zelle zurückzuführen ist. Die von der gekühlten Kathode bei der Bestrahlung aufgenommene Energie wird also beim *Erwärmen* in Form von Elektronenenergie wieder abgegeben. Das gleiche geschieht, wenn die gekühlte Kathode mit *langwelligem Licht bestrahlt* wird, bei dem die nicht ermüdete Kathode kaum noch eine Empfindlichkeit aufweist. In Abb. II.78b z.B. erfolgt die Auslöschung der Ermüdung durch Rotbestrahlung. Die Menge der hierbei zusätzlich emittierten Elektronen ist gleich der beim Erwärmen auf Zimmertemperatur abgegebenen; denn die schraffierten Flächen in Abb. II. 78a und b sind inhaltsgleich.

Die Erscheinung verläuft also ähnlich wie die Anregung und Löschung eines *phosphoreszierenden Leuchtstoffes*. Auch dieser vermag bei tiefer Temperatur Lichtenergie zu speichern, die beim Erwärmen oder Rotbestrahlen in Form von Lichtquanten emittiert wird, während sie beim vorliegenden Effekt als Elektronenenergie wieder abgegeben wird. Man kann also auch die lichtelektrische Ermüdung der gekühlten

Kathode durch Bestrahlung mit dem Licht eines spektralen Maximums als *Anregung* bezeichnen, zumal die angeregte Kathode ein zusätzliches spektrales Empfindlichkeitsmaximum besitzt, das der Absorptionsbande der angeregten Zentren in demjenigen (langwelligen) Spektralgebiet entspricht, das die Anregung wieder auszulöschen vermag[1]. In Abb. II.79

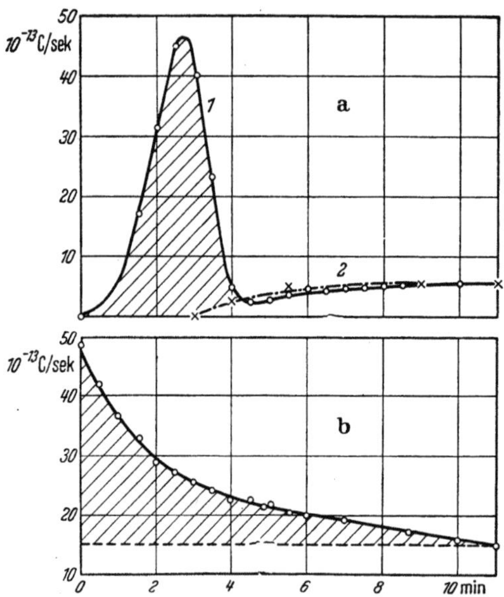

Abb. II. 78. a) Kurve *1*: Elektronenstrom, der nach dem Entfernen der Kühlung einer bei 83° K angeregten [K]-KH-K-Kathode emittiert wird. Kurve *2*: Beim Erwärmen einer unangeregten Kathode durch Verschlechterung der Isolation auftretender Dunkelstrom. b) Photostrom, der bei Rotausleuchtung einer bei 83° K angeregten [K]-KH-K-Kathode zusätzlich emittiert wird. Die Anregung erfolgte durch Bestrahlung mit 404,7 mμ. (Nach [*208*])

liegt diese Lichtabsorptions- und damit *Elektronenemissionsbande der angeregten Zentren* bei 869 mμ (1,43 V).

Der bisher an [K]-KH-K-Kathoden geschilderte Anregungsvorgang konnte auch an [Na]-NaH-Na-Kathoden beobachtet werden. In Abb.II.80 erfolgte die Anregung durch Bestrahlen mit 365,5 mμ, weil das spektrale Maximum dieser Kathode bei 360 mμ (3,44 V) liegt. Die angeregte Kathode wurde einmal mit gelbem und einmal mit rotem Licht ausgeleuchtet. Man erkennt die gute Reproduzierbarkeit der Erscheinung.

Auch an den in Ziff. 23 besprochenen organischen *Alkalimetall-Additionsverbindungen* konnte der Anregungseffekt beobachtet werden, und zwar bei [M]-M-Naphthalin- und [M]-M-Anthrazen-Kathoden mit und ohne gebundene Alkali (= M)-Atome an der Oberfläche der Verbindung. War außer dem der Additionsverbindung zugehörigen ultravioletten

---

[1] Vgl. hierzu auch die Untersuchung über den äußeren Photoeffekt an Phosphoren von GÖTHEL [*80*].

Maximum noch das durch den gebundenen Alkalifilm hervorgerufene langwellige Maximum vorhanden, so vermochte Licht sowohl des langwelligen als auch des kurzwelligen Maximums die Kathode anzuregen, aber stets so, daß die Empfindlichkeit im Maximum und auf der lang-

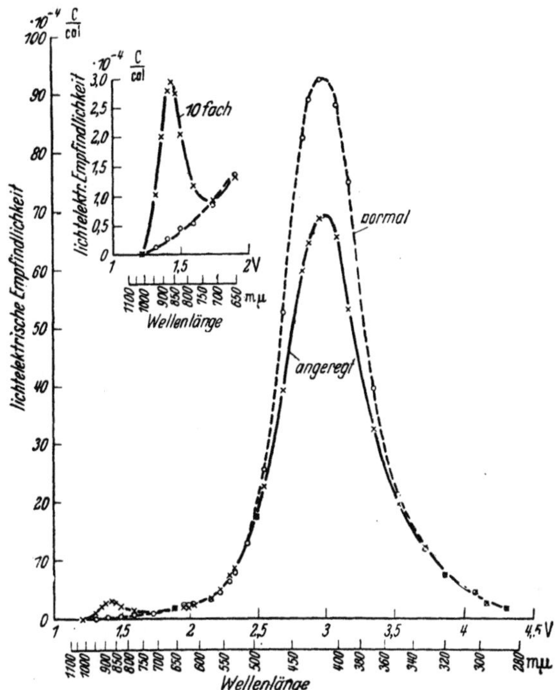

Abb. II. 79. Spektrale Empfindlichkeitskurve einer auf 83° K gekühlten [K]-KH-K-Kathode im angeregten Zustand (nach Bestrahlung mit der Hg-Linie 435,8 mμ) und im normalen Zustand (nach Ausleuchten mit rotem Licht). (Nach [213])

welligen Seite des Maximums abnahm, wie man aus Abb. II. 81 ersieht, in der eine [K]-K-Naphthalin-K-Kathode mit dem Licht des kurzwelligen Maximums angeregt wurde.

Diese Kathoden lassen besonders eindrucksvoll erkennen, daß die *Anregungsenergie gespeichert* und bei Rotausleuchtung als *zusätzliche Elektronenenergie* wieder abgegeben wird. Bildet man nämlich die Anode der einkühlbaren Photozelle in Abb. II. 51 als glühbaren Wolframdraht aus, so kann man ihn von adsorbierten K-Atomen frei halten, so daß man die Strom-Spannungskurve der Kathode im Gegenfeld zu messen vermag [213]. Die variable bremsende bzw. beschleunigende Spannung wird auch in diesem Fall an die Anode gelegt und die Kathode mit dem Elektrometer verbunden. Zur Messung der Photoströme verwendet man am besten die Kondensator-Nullmethode (s. Ziff. 59d), bei der das Elektro-

8*

meter und damit die Kathode auf Erdpotential bleiben, da die Aufladung während der eine bestimmte Zeit dauernden Belichtung sofort kompensiert wird. Zwischen Kathode und Anode liegt deshalb stets das durch die Anodenspannung gegebene Potential.

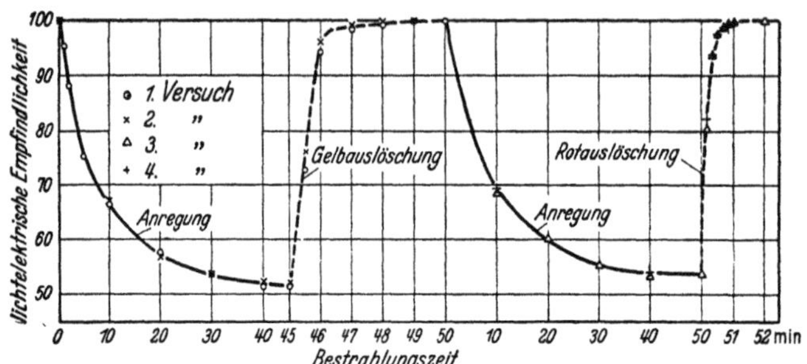

Abb. II. 80. *Ausgezogen:* Anregung einer auf 83° K gekühlten [Na]-NaH-Na-Kathode durch Bestrahlen mit der Hg-Linie 365,5 mμ; gemessen bei 365,5 mμ. Gleiche Lichtintensität beim 1. und 2. sowie beim 3. und 4. Versuch. *Gestrichelt:* Auslöschung durch Bestrahlen mit der Hg-Linie 577,9 mμ, bzw. mit rotem Licht; gemessen mit 365,5 mμ. (Nach [213])

Nach Gl. (9), S. 16, ist das beobachtete Maximalpotential U'_m, bei dem die Strom-Spannungskurve in die Abszisse einschneidet, bei konstantem Austrittspotential Φ_A der Anode nur von der eingestrahlten

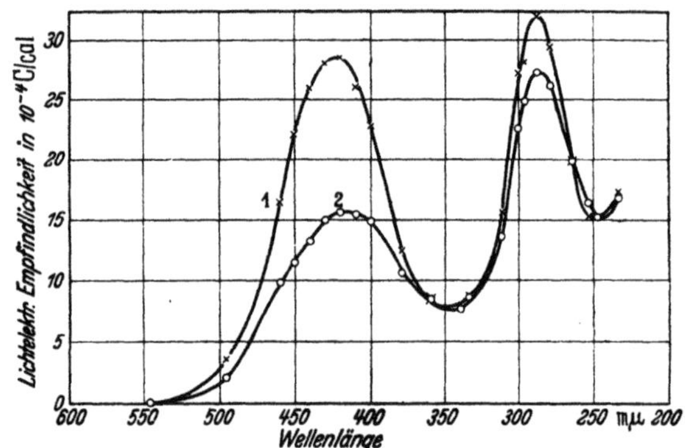

Abb. II. 81. Empfindlichkeitskurve einer [K]-K-Naphthalin-K-Kathode bei 83° K im unangeregten (*1*) und im angeregten (*2*) Zustand. Kurve *1*: Zwischen den einzelnen Messungen mit orangefarbenem Licht ausgeleuchtet; Kurve *2*: Nach vorangehender Bestrahlung mit 296,7 mμ. (Nach [210])

Frequenz v abhängig, falls sich das Austrittspotential Φ_K der Kathode nicht ändert. Besitzen die zusätzlich nach erfolgter Anregung emittierten Rotelektronen zusätzlich die bei der Anregung eingestrahlte Energie, so muß U'_m der angeregten Kathode um den Betrag der Anregungsenergie negativer sein als bei der Kathode im Normalzustand. Dies ist nun in der Tat der Fall, wie aus Abb. II. 82 hervorgeht, in der die Strom-

Spannungskurven der [K]-K-Naphthalin-K-Kathode für rotes Licht im *angeregten Zustand* und *ohne Anregung* eingetragen sind, und zwar bei Anregung einmal mit dem Licht des langwelligen (a) (Hg-Linie 435,8 mμ) und ein andermal des kurzwelligen (b) Maximums (Hg-Linie 296,7 mμ). Dem Licht der Hg-Linie 435,8 mμ entspricht eine Anregungsenergie von 2,83 eV, dem der Hg-Linie 296,7 mμ eine solche von 4,16 eV. Die entsprechenden Werte sind als Strecken eingezeichnet. Man sieht, daß sie

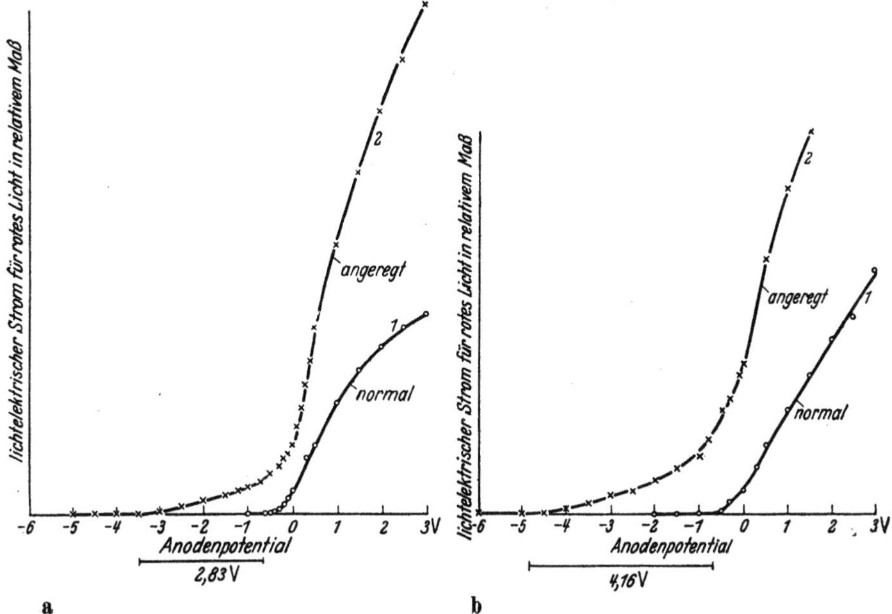

Abb. II. 82. Strom-Spannungskurven im Gegenfeld einer auf 83° K gekühlten [K]-K-Naphthalin-K-Kathode bei Belichtung mit rotem Licht. Kurve *1*: Ohne vorhergehende Anregung. Kurve *2*: Nach vorhergehender Anregung durch Bestrahlen mit der Hg-Linie 435,8 mμ (a) bzw. 296,7 mμ (b). Nach [*213*])

mit den beobachteten $\Delta U'_m$-Werten übereinstimmen. Als Änderung lediglich des Austrittspotentials Φ_K kann die Verschiebung der Kurven in Abb. II. 82 nicht gedeutet werden, denn dann wäre das Auftreten der Emissionsbande der angeregten Zentren in Abb. II.79 nicht zu verstehen.

Die *zeitliche Empfindlichkeitsabnahme* bei Anregung mit dem Licht eines Maximums erfolgt, wie zu erwarten, nach einer Exponentialfunktion, und zwar ist

$$i - i_\infty = (i_0 - i_\infty) \cdot e^{-k_1 \cdot t}, \qquad (49)$$

wobei i_0 die anfängliche Empfindlichkeit ($t = 0$), i die zur Zeit t beobachtete und i_∞ die nach $t = \infty$ noch vorhandene bedeuten. Offenbar ist $i - i_\infty$ proportional der zur Zeit t noch anregbaren Zentren, $i_0 i_\infty$ —

proportional der zur Zeit $t = 0$ anregbaren bzw. zur Zeit $t = \infty$ angeregten Zentren. Ist die zeitliche Abnahme $d(i - i_\infty)/dt$ der zur Zeit t noch anregbaren Zentren proportional deren Anzahl, so folgt Gl. (49).

Für die *Ausleuchtung* ist ein anderes Gesetz maßgebend, und zwar ist

$$i - i_\infty = \frac{1}{k_2 \cdot t + 1/(i_0 - i_\infty)}, \tag{50}$$

wenn i jetzt den durch rotes Licht ausgelösten Photostrom bedeutet. Abb. II.83 zeigt, wie genau Gl. (50) erfüllt ist. Für die Auslöschung gilt also die Differentialgleichung

$$d(i - i_\infty)/dt = -k_2(i - i_\infty)^2, \tag{51}$$

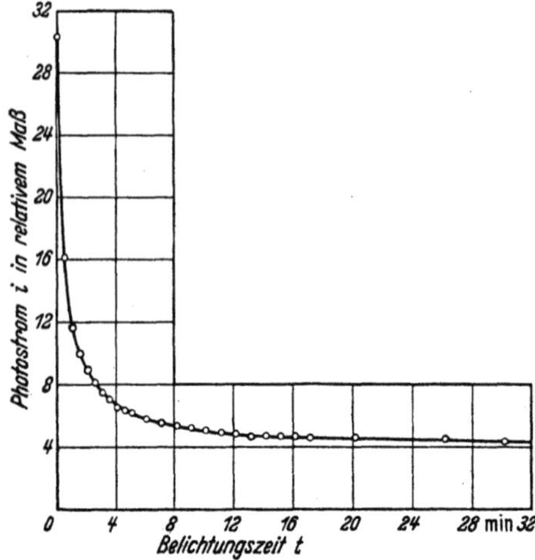

Abb. II.83. Nach Gl. (50) berechnete (ausgezogene Kurve) und beobachtete (eingetragene Meßpunkte) zeitliche Abnahme des mit rotem Licht erhaltenen relativen Photostromes einer auf 83° K gekühlten, durch vorhergehende Bestrahlung mit 296,7 mμ angeregten [K]-K-Naphthalin-Kathode. (Nach [210])

deren Integration Gl. (50) ergibt, d. h., die zeitliche Abnahme der Zahl der zur Zeit t noch angeregten Zentren ist proportional dem Quadrat ihrer Anzahl. Man kann diese Gesetzmäßigkeit deuten, wenn man annimmt, daß durch Rotausleuchtung ein angeregtes Elektron in das Leitfähigkeitsband (vgl. Kap. III) gebracht wird und daß dieses Elektron nun beim Zusammenstoß mit einem angeregten Zentrum dessen Anregungsenergie übernimmt, wobei letzteres ausgelöscht wird. Die Elektronen emittierende Schicht an der Oberfläche der Kathode müßte also als Halbleiter angesehen werden, dessen durch Lichteinstrahlung angeregte Elektronen bei Zimmertemperatur infolge der zusätzlichen thermischen Energie direkt in das Leitfähigkeitsband gelangen, so daß die Emission in diesem Fall ohne Störung vor sich geht.

Da man die angeregten Zustände zusammengesetzter Photokathoden durch Bestrahlung mit rotem Licht auszulöschen vermag, kann man den *Temperatureinfluß* auf die spektrale Empfindlichkeit solcher Kathoden auch bei tiefen Temperaturen untersuchen, indem man zwischendurch mit rotem Licht ausleuchtet. Auf diese Weise ist Kurve *2* in Abb. II.84 erhalten worden. Der Vergleich der bei 293° und 83° K aufgenommenen Empfindlichkeitskurven der [K]-K-Naphthalin-K-Kathode läßt erkennen, daß beide Maxima bei tiefer Temperatur steiler hervortreten. Während jedoch das der K-Naphthalin-Additionsverbindung zuzuschreibende Maximum seine spektrale Lage nicht verändert, ist das

Maximum der an der Oberfläche gebundenen K-Atome um etwa 6 mμ nach kurzen Wellen verschoben, entsprechend einer Erschwerung des

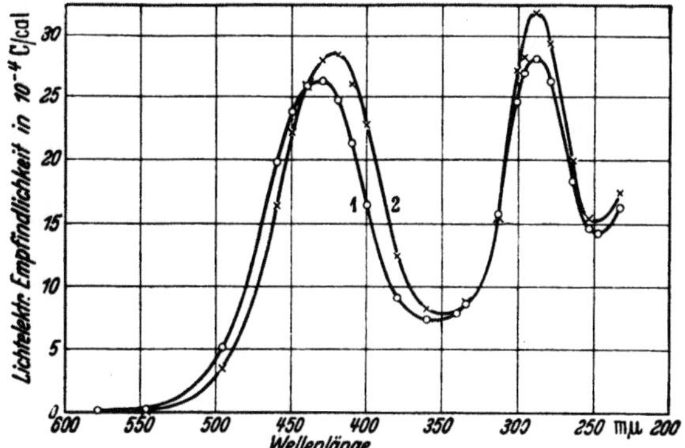

Abb. II. 84. Spektrale Empfindlichkeit einer [K]-K-Naphthalin-K-Kathode bei 293° (Kurve *1*) und 83° K (Kurve *2*) im unangeregten Zustand. (Nach [*210*])

Elektronenaustritts bei tiefen Temperaturen um 0,04 eV. Der Unterschied liegt in der Größenordnung der Abnahme der thermischen Energie pro Freiheitsgrad bei Erniedrigung der Temperatur von 293 auf 83° K ($k \cdot \varDelta T = 0,02$ eV). Dieses Ergebnis, das durch Versuche an anderen zusammengesetzten Kathoden bestätigt wurde [*212*], zeigt, daß die in der Alkali-Additionsverbindung fester gebundenen Valenzelektronen der Alkaliatome thermischen Einflüssen weniger unterworfen sind als die Elektronen der an der Oberfläche der Verbindung weniger festgebundenen Alkaliatome.

Auf Grund theoretischer Überlegungen gelangen auch Fröhlich und Sack [*67*] zu dem Ergebnis, daß die *Breite* der durch weniger fest gebundene

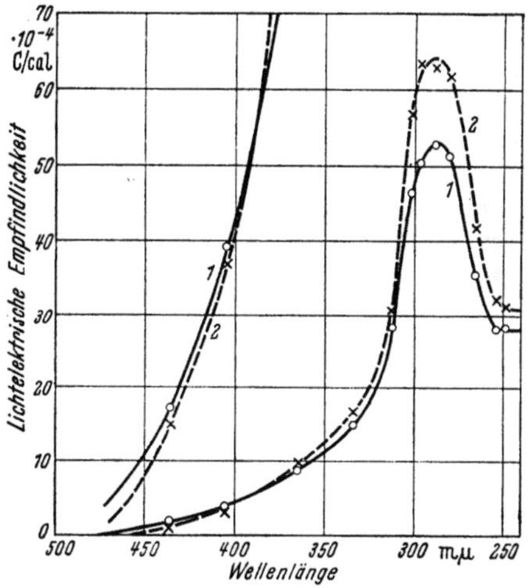

Abb. II. 85. Spektrale Empfindlichkeit einer [K]-K-Naphthalin-Kathode bei 293° (Kurve *1*) und 83° K (Kurve *2*) im unangeregten Zustand. (Nach [*210*])

Alkaliatome zusammengesetzter Photokathoden hervorgerufenen Elektronen-Emissionsbande mit sinkender Temperatur abnehmen und die langwellige Grenze sich nach kurzen Wellen verlagern müsse, in Übereinstimmung mit dem Verhalten der langwelligen Bande in Abb. II. 84. Sind jedoch keine weniger fest gebundenen Alkaliatome vorhanden, sondern nur die Alkali-Naphthalin-Verbindung, so verringert sich die spektrale Empfindlichkeit bei Temperaturerniedrigung lediglich in unmittelbarer Nähe von λ_0 entsprechend der Abnahme der thermischen Elektronenenergie. Die (kurzwellige) Emissionsbande selbst bleibt ihrer spektralen Lage nach unverändert, tritt aber bei 83° K steiler hervor als bei Zimmertemperatur, wie Abb. II. 85 erkennen läßt.

25. Einfluß elektrischer Felder auf den äußeren Photoeffekt, Fleckenfeldtheorie

Nach einer von SCHOTTKY entwickelten Theorie [186] kann man das Feld, unter dessen Einwirkung ein Elektron die Metalloberfläche verläßt, aus zwei Anteilen zusammensetzen:

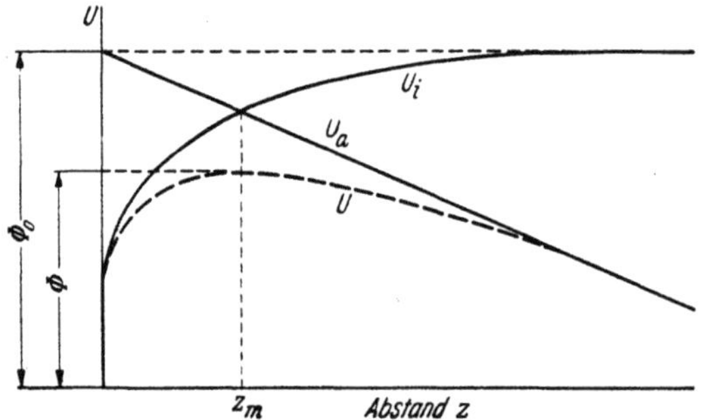

Abb. II. 86. Überlagerung der vom inneren ($\mathfrak{E}_i$) und vom äußeren Feld ($\mathfrak{E}_a$) herrührenden Potentiale U_i und U_a an einer Kathodenoberfläche. (Nach SCHOTTKY)

1. dem von den Gitter- bzw. Atomkräften verursachten *inneren* Feld, dessen Komponente senkrecht zur Kathodenoberfläche mit $\mathfrak{E}_i$ bezeichnet werden möge;

2. dem von der Potentialdifferenz U_a zwischen Kathode und Anode herrührenden senkrecht zur Oberfläche wirkenden *äußeren* Feld $\mathfrak{E}_a$.

Infolge der Überlagerung beider Felder durchläuft die potentielle Energie $U \cdot e_0$ des Elektrons im Abstand z_m von der Oberfläche ein Maximum, wie aus Abb. II. 86 zu ersehen ist. Das Austrittspotential Φ_0 (ohne äußeres Feld) wird durch das Eingreifen von $\mathfrak{E}_a$ auf den Wert Φ erniedrigt:

$$\Phi = \Phi_0 + \int\limits_{z_m}^{\infty} \mathfrak{E}_i(z) \cdot dz - \mathfrak{E}_a \cdot z_m. \tag{52}$$

Das innere Feld wird bei reinen homogenen Metalloberflächen in Entfernungen, die größer sind als die Atomabstände, durch das *Bildfeld*

$$\mathfrak{E}_B = - \frac{1}{4 \pi \cdot \varepsilon_v} \cdot \frac{e_0}{4 z^2} \tag{53}$$

dargestellt [ε_v Dielektrizitätskonstante des Vakuums $= 8{,}859 \cdot 10^{-14}$ Coul/(V $\cdot$ cm)]. In diesem Falle wird

$$z_m = \frac{1}{2}\sqrt{\frac{e_0}{4\pi \cdot \varepsilon_v}} \cdot \frac{1}{\sqrt{\mathfrak{E}_a}} \quad \text{und} \quad \Phi = \Phi_0 - \sqrt{\frac{e_0}{4\pi \cdot \varepsilon_v}} \cdot \sqrt{\mathfrak{E}_a}\,. \tag{54}$$

Φ als Funktion von $\sqrt{\mathfrak{E}_a}$ oder (bei konstantem Elektrodenabstand) $\sqrt{U_a}$ aufgetragen ergibt eine Gerade, die SCHOTTKYsche *Gerade* oder *Bildfeldgerade*. Gl. (54) wurde für *reine* Metalloberflächen an Glühelektronen mehrfach bestätigt.

Wäre die Kathodenoberfläche ein *Isolator* der Dielektrizitätskonstante ε, so müßte man den Ausdruck (53) für das Bildfeld mit $(\varepsilon - 1)/(\varepsilon + 1)$ multiplizieren. Bei einem *Halbleiter* liegt der Wert für $\mathfrak{E}_B$ zwischen dem eines Isolators und eines Metalls (vgl. [Z 36] S. 189).

Bei der Photoelektronenemission werden im allgemeinen so großflächige Kathoden verwendet, daß ein Feldeinfluß zunächst

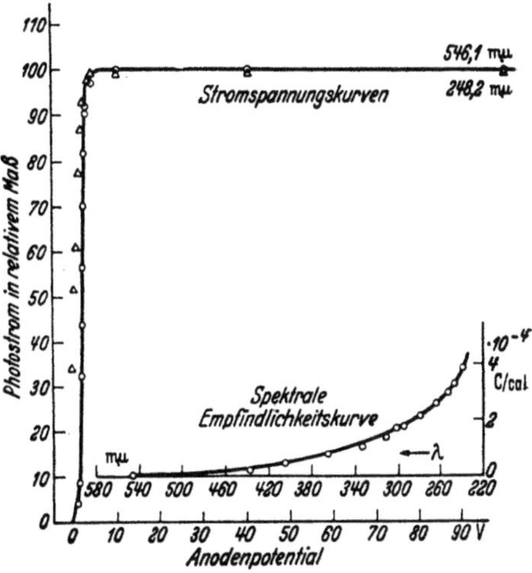

Abb. II. 87. Spektrale Empfindlichkeitskurve und Strom-Spannungskurven bei zentraler Kathode (blanke Pt-Kugel, bedeckt mit Na-Atomen, $\Theta < \Theta_0$) bei Bestrahlung mit Licht verschiedener Wellenlänge. (Nach [*203*])

nicht zu erwarten ist. Trotzdem wurden auch in diesem Fall Abweichungen der Strom-Spannungskurve von der Sättigung gefunden [*198a*], und zwar dann, wenn Alkali- oder Erdalkalimetall in feiner Verteilung zugegen war. Bei schwachen äußeren Feldern, z. B. mit einer kugelförmigen Kathode von 2 cm $\varnothing$, umgeben von einer Anodenkugel von 20 cm $\varnothing$ und Anwendung bis zu etwa 200 V Anodenspannung, ist ein Anstieg der Strom-Spannungskurve nach erreichter Sättigung nicht zu beobachten, solange nur wenige Alkaliatome adsorbiert sind und wenn das Trägermetall keine besondere Rauhigkeit aufweist, wie z. B. *blankes Platin* (Abb. II. 87). Dient als Träger der Alkaliatome jedoch ein mikroskopisch rauhes Material wie *Platinmohr*, so tritt bereits bei kleiner *Grobfeldstärke*, wie sie sich aus den genannten geometrischen Abmessungen ergibt, ein sehr deutlicher Feldeffekt auf (Abb. II. 88).

Wie man aus Abb. II. 88 ersieht, ist auch hier die Bedeckung $\Theta < \Theta_0$, denn die Empfindlichkeitskurve zeigt einen monotonen Anstieg (vgl. Ziff. 16). Trotzdem wächst der Photostrom mit zunehmender Anodenspannung U_a sehr stark an, um so steiler, je näher die verwendete Wellenlänge der langwelligen Grenze liegt. Der Anstieg des Photostroms erfolgt nach der Beziehung

$$i = i_s \cdot e^{c \cdot \sqrt{U_a}}, \tag{55}$$

die sich nach der SCHOTTKYschen Gleichung (54) für das Eingreifen des äußeren Feldes in das Bildfeld ergibt [203]. Man muß also neben der

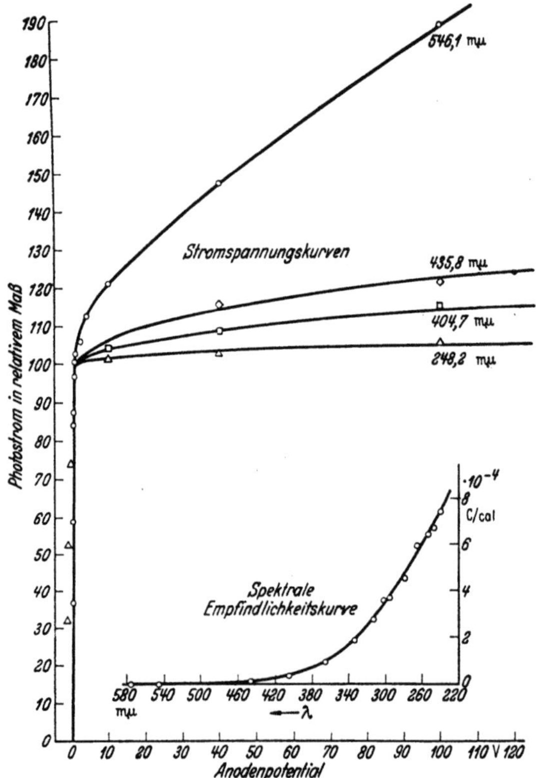

Abb. II. 88. Spektrale Empfindlichkeitskurve und Strom-Spannungskurven bei zentraler Kathode (Pt-Kugel, bedeckt mit Pt-Mohr und Na-Atomen, $\Theta < \Theta_0$) bei Bestrahlung mit Licht verschiedener Wellenlänge. (Nach [203])

Grobfeldstärke, die bei glatter Oberfläche an der Kathode herrscht, die *mikroskopische Feinfeldstärke* berücksichtigen, und zwar dann, wenn die Emission von auf der Kathode vorhandenen Teilchen starker Krümmung herrührt, an deren Oberfläche das Potential einen wesentlich größeren Gradienten besitzen kann, als sich aus den geometrischen Abmessungen der Kathode berechnet.

Der Einfluß der Feinfeldstärke kann sich auch bei *glatter* Oberfläche des Trägermetalls bemerkbar machen, wenn die Bedeckung Θ mit Alkaliatomen größer als Θ_0 ist. In Abb. II. 89 ist auf der gleichen blanken Pt-Kathode wie in Abb. II. 87 Na in einer Schicht $\Theta > \Theta_0$ aufgedampft worden, wie man an dem Auftreten des spektralen Maximums erkennt. Bei Bestrahlung mit Licht aus der Nähe der langwelligen Grenze ($\lambda = 546\ \text{m}\mu$) steigt der Photostrom oberhalb der Sättigung deutlich erkennbar mit zunehmender Anodenspannung an.

Der bei einer *rauhen* Oberfläche an *einzelnen* Stellen vorhandene große Potentialgradient kann bei *glatter* Kathodenoberfläche durch die *geometrischen Abmessungen* erzeugt werden. So verwendeten LAWRENCE und LINFORD [124] einen Wolframdraht von nur $r_K = 0{,}0115$ mm Radius als Kathode, der von einem Anodenzylinder von $r_A = 2{,}9$ mm Radius umgeben war. Da sich das an der Kathodenoberfläche herrschende Feld $\mathfrak{E}_a$ bei dieser Anordnung berechnet zu

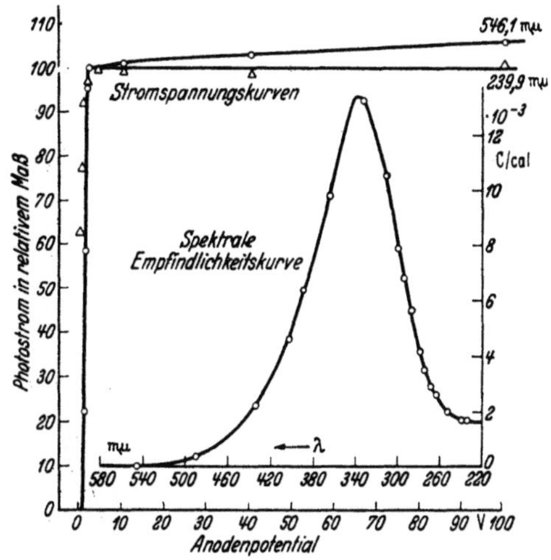

Abb. II. 89. Spektrale Empfindlichkeitskurve und Strom-Spannungskurven bei zentraler Kathode (blanke Pt-Kugel, bedeckt mit unsichtbarer Na-Schicht, $\Theta > \Theta_0$) bei Bestrahlung mit Licht verschiedener Wellenlänge. (Nach [203])

$$\mathfrak{E}_a = \frac{U_a}{r_K \cdot \ln(r_A/r_K)}\,, \tag{56}$$

also im vorliegenden Fall zu $U_a \cdot 352$ V/cm, konnten Felder bis zu 60 000 V/cm mit niedrigen Potentialdifferenzen zwischen Kathode und Anode hergestellt werden. Bei dieser großen Grobfeldstärke wurde an einem mit Kaliumatomen bedeckten Wolframdraht der gleiche Effekt beobachtet wie oben an der mit Natriumatomen bedeckten Platinmohroberfläche: Die Empfindlichkeit nimmt an der langwelligen Grenze mit wachsendem Anodenpotential stärker zu als bei kurzen Wellenlängen, so daß sich die spektrale Empfindlichkeitskurve nahezu parallel nach langen Wellen verschiebt (Abb. II. 90).

Aus der Verschiebung $d\nu_0$ vermag man auf Grund von Überlegungen von BECKER und MUELLER [10] das *Oberflächenfeld* $\mathfrak{E}_i$ als Funktion des Abstandes z und die Entfernung z_m, in der $\mathfrak{E}_i$ gleich dem äußeren Feld $\mathfrak{E}_a$ ist (vgl. Abb. II. 86), zu berechnen. Zu diesem Zweck differenziert man Gl. (52):

$$\frac{d\Phi}{d\mathfrak{E}_a} = -\mathfrak{E}_i(z_m) \cdot \frac{dz_m}{d\mathfrak{E}_a} - z_m - \mathfrak{E}_a \cdot \frac{dz_m}{d\mathfrak{E}_a}$$

und setzt hierin

$$- \mathfrak{E}_i(z_m) = \mathfrak{E}_a .$$ (57)

Man erhält

$$\frac{d\Phi}{d\mathfrak{E}_a} = - z_m .$$ (58)

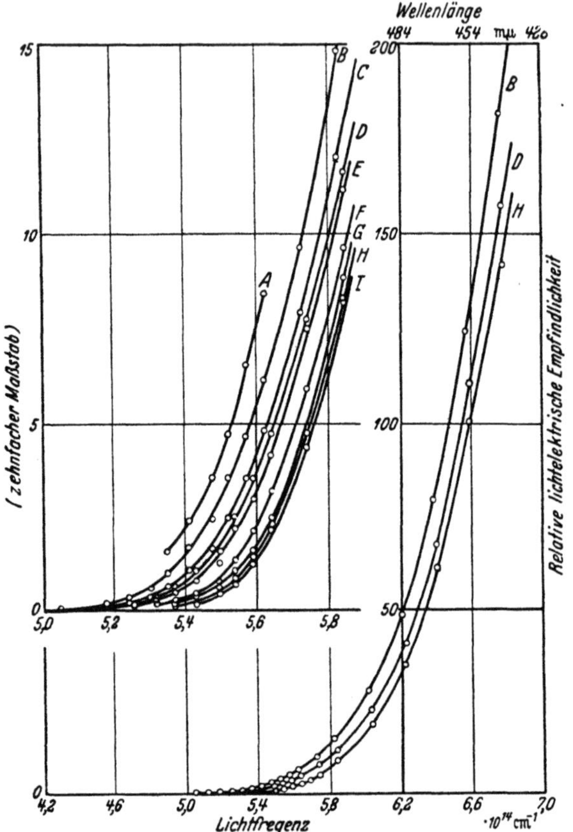

Abb. II. 90. Verschiebung der Empfindlichkeitskurve nach langen Wellen bei Zunahme des Potential-gradienten an der Kathodenoberfläche. Kathode: W-Draht mit K-Film. Potentialgradient in V/cm bei Kurve *A* 63100; *B* 36200; *C* 22100; *D* 15800; *E* 9000; *F* 3100; *G* 1000; *H* 260; *I* Null. (Nach LAWRENCE u. LINFORD [*124*])

Hat man also die Funktion $\Phi(\mathfrak{E}_a)$ ermittelt, so ergibt die negative Tangente an der Stelle $\mathfrak{E}_a$ die Entfernung z_m, in der das Oberflächen-feld $\mathfrak{E}_i$ gleich $\mathfrak{E}_a$ ist, d. h., man findet auf diese Weise $\mathfrak{E}_i(z)$.

Da

$$e_0 \cdot \Phi = h \cdot v_0; \quad d\Phi = \frac{h}{e_0} \cdot d v_0$$

(v_0 langwellige Grenze), ist

$$\frac{d v_0}{d \mathfrak{E}_a} = - \frac{e_0}{h} \cdot z_m .$$ (58a)

Das auf diese Weise von LAWRENCE und LINFORD aus der Verschiebung $dv_0/d\mathfrak{E}_a$ berechnete Oberflächenfeld bei einem K-Film auf W ist in Abb. II. 91 eingetragen. Es schmiegt sich dem Bildfeld bis zum Abstand $1,2 \cdot 10^{-6}$ cm an.

Die nach Gl. (54) zu erwartende lineare Abhängigkeit des Austrittspotentials von $\sqrt{\mathfrak{E}_a}$ wurde von SUHRMANN und v. EICHBORN [Z 17] an atomar auf einem W-Draht verteiltem K bestätigt. Sie ermittelten Φ mit Hilfe der lichtelektrischen Geraden aus der Gesamtemission in Abhängigkeit von der Temperatur des Lichtstrahlers bei verschiedenen äußeren Feldern. Für die Proportionalitätskonstante in Gl. (54) ergab sich je nach der Schicht ein doppelt bis dreifach so hoher Wert, als man beim Vorhandensein allein des Bildfeldes hätte erwarten sollen. Es ist daher anzunehmen, daß auch bei den untersuchten Schichten $\mathfrak{E}_i$ proportional $1/z^2$ abnimmt und daß nur die Proportionalitätskonstante größer ist als $1/(4\,\pi\,\varepsilon_v) \cdot e_0/4$; d. h., das sich entfernende Elektron mit der Ladung e_0 wird scheinbar durch eine positive Ladung zurückgehalten, die influenzierte Ladung e_0.

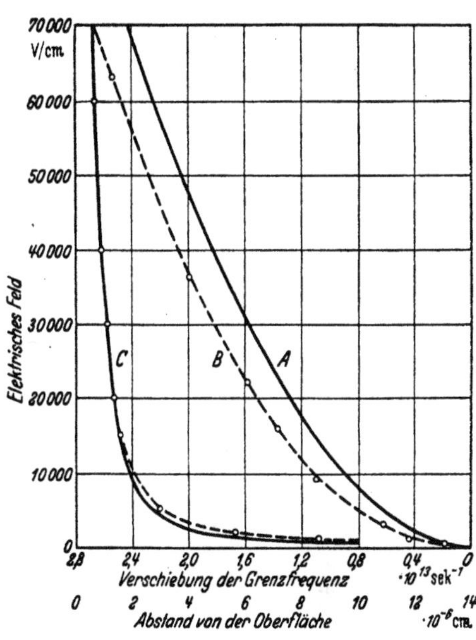

Abb. II. 91. Kurven A und B: Verschiebung der langwelligen Grenze als Funktion des angelegten Feldes. Kurve C: Hieraus berechnetes Oberflächenfeld als Funktion der Entfernung von der Oberfläche. Experimentelle Kurven gestrichelt. Die ausgezogenen (berechneten) Kurven entsprechen dem Verhalten, wenn nur die Bildkraft vorhanden wäre. Kathode: W-Draht mit K-Film. (Nach LAWRENCE u. LINFORD [124])

größer ist als die im Abstand $2z$ influenzierte Ladung e_0.

Die Gl. (54) entsprechende lineare Abhängigkeit der langwelligen Grenze von $\sqrt{\mathfrak{E}_a}$ beobachtete an Oxydkathoden HUXFORD [89] [90][1].

Während die bei Bestrahlung mit 239,9 mμ aufgenommene Strom-Spannungskurve der Abb. II. 89 bereits bei $+1,8$ V Anodenpotential gesättigt ist, entsprechend einer Differenz der Austrittspotentiale von Anode und Kathode von $+1,8$ V [vgl. Gl. (7) S. 15], ist die bei gleicher geometrischer Anordnung aufgenommene Strom-Spannungskurve der

---

[1] Den Einfluß elektrischer Felder auf die Photoelektronenemission von Na-Schichten auf Ni untersuchte NOTTINGHAM [153], von thorierten W-Kathoden LINFORD [128] [Z 15].

Abb. II.87 erst bei 5 V gesättigt und die in Abb. II.92 ebenfalls an blankem Pt mit Na in atomarer Verteilung unter denselben geometrischen Bedingungen erhaltene Kurve sogar erst bei $+20$ V. Die gleiche Erscheinung wurde von BRADY [26] an K-Filmen von weniger als 3 Atomdicken auf Ag beobachtet bei derselben Anordnung von Kathode und Anode. Sie ist besonders ausgeprägt bei Bedeckungen $\Theta \simeq \Theta_0$ und muß offenbar, wie man aus der Gestalt der spektralen Empfindlichkeitskurve in Abb. II.92 ersieht, auf eine sehr *verschiedenartige Besetzung* der Oberfläche des Trägermetalls mit Fremdatomen zurückgeführt werden; durch den SCHOTTKY-Effekt kann man sie jedenfalls nicht deuten.

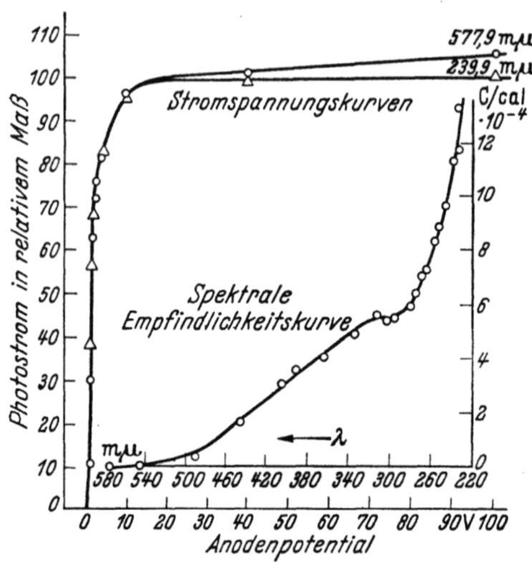

Abb. II.92. Spektrale Empfindlichkeitskurve und Strom-Spannungskurven bei zentraler Kathode (blanke Pt-Kugel, bedeckt mit unsichtbarer Na-Schicht, $\Theta \gtrsim \Theta_0$) bei Bestrahlung mit Licht verschiedener Wellenlänge. (Nach [203])

Eine Erklärung haben die geschilderten Abweichungen gefunden durch die auch elektronenoptisch bestätigte Annahme von *patches*, d. h. ungleichmäßig mit Fremdatomen bedeckten Stellen auf der Kathodenoberfläche[1]. Wie wir gesehen hatten (Ziff.14), sind die einzelnen Kristallite, insbesondere bei $\Theta \simeq \Theta_0$, sehr verschieden dicht mit Fremdatomen besetzt, so daß zwischen ihnen beträchtliche örtliche Kontaktpotentialdifferenzen bestehen, die lokale elektrostatische Felder erzeugen[2]. LINFORD [Z 15] und BECKER [Z 20] berechnen auf Grund dieser Voraussetzung im Anschluß an Überlegungen von K. T. COMPTON und I. LANGMUIR [40] den Potentialverlauf beim Vorhandensein eines derartigen *Fleckenfeldes* neben dem Bildfeld und dem äußeren Feld.

In Abb. II.93 ist der *Potentialverlauf* als Funktion der Entfernung von der Oberfläche über den Mittelpunkten der (elektronegativen) Flecken großer (AFB bzw. AFC) und der (elektropositiven) Flecken kleiner (AMB bzw. AMC) Austrittsarbeit bei Überlagerung von Bildfeld, Fleckenfeld und äußerem Feld (gestrichelt) wiedergegeben. OB stellt das Potential des feldfreien Raumes über der Oberfläche dar. Es werden

---

[1] Eine ausführliche Darstellung des Einflusses von „patches" auf die Elektronenemission geben HERRING u. NICHOLS in [Z 36].

[2] Vgl. hierzu auch GUDDEN [82].

zwei Arten von Flecken angenommen, zwischen denen das Kontaktpotential MN besteht. Die Höhe von OB ist maßgebend für die Austrittsarbeit im Felde Null. Elektronen der entsprechenden Energie
können von den (elektronegativen) Flecken großen Austrittspotentials
nicht entweichen. Das effektive Austrittspotential der (elektropositiven)
Flecken kleiner Austrittsarbeit ist im Felde Null um den Betrag OM
größer, als es ohne Fleckenfeld wäre. Wird dagegen ein beschleunigendes

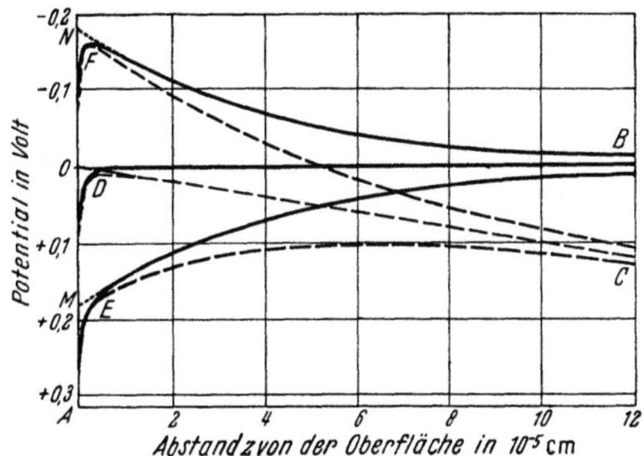

Abb. II. 93. Potentialverlauf über Flecken großen (N) und kleinen (M) Austrittspotentials. ADB
Bildfeldpotential. NB und MB Fleckenfeldpotential. AFB und AEB Überlagerung von Bildfeld-
und Fleckenfeldpotential. Gestrichelte Kurven: Überlagerung eines äußeren Feldes von 1000 V/cm.
Kontaktpotential MN zwischen beiden Fleckenarten 0,36 V. Fleckendurchmesser $b = 1,8 \cdot 10^{-4}$ cm.
(Nach LINFORD [Z 15])

Feld mit dem Potentialverlauf OC angelegt, so wird das Austrittspotential der elektropositiven Flecken entsprechend dem Maximum der
gestrichelten Kurve EC erniedrigt, und zwar wesentlich stärker als das
der elektronegativen (Maximum der Kurve AFC). Beim Vorhandensein eines Fleckenfeldes emittieren also bei größeren äußeren Feldern
die elektropositiven Flecken bevorzugt gegenüber den elektronegativen.

Die verschieden große Austrittsarbeit der elektronegativen und
-positiven Flecken ist auf eine verschieden starke Besetzung mit Fremdatomen zurückzuführen, die wiederum verschiedenartige spektrale Empfindlichkeitskurven der beiden Fleckensorten zur Folge hätte, wenn man
jede für sich untersuchen könnte. Bei wenig über monoatomarer Besetzung z. B. hätten die elektropositiven Flecken einatomige Bedeckung
und deshalb eine monoton ansteigende Empfindlichkeitskurve, die
elektronegativen mehratomige Bedeckung und daher ein spektrales
Empfindlichkeitsmaximum. Da bei größeren äußeren Feldern die elektropositiven Flecken in der Emission stärker zur Geltung kommen, muß
sich also die *effektive spektrale Empfindlichkeitskurve* bei Erhöhung der
angelegten Potentialdifferenz zwischen Kathode und Anode ändern.

Dies wird besonders dann zu beobachten sein, wenn die Oberfläche
der Kathode rauh ist, wenn also eine relativ kleine Potentialdifferenz

zwischen Kathode und Anode eine große mikroskopische Feinfeldstärke hervorruft, wie z. B. bei manchen zusammengesetzten Photokathoden. Auf diese Weise ist die von FLEISCHER, GÖRLICH u. a. [60—62] an [Ag]-Cs$_2$O, Ag, Cs-Cs-Kathoden beobachtete Verschiebung und Erhöhung des spektralen Maximums bei Zunahme der Anodenspannung offenbar zu erklären. Auch die in Abb. II. 87 und II. 92 dargestellte, erst bei höheren Potentialen zu beobachtende Sättigung ist wahrscheinlich auf eine Verlagerung der hauptsächlichen Emission von Flecken größerer auf die kleinerer Austrittsarbeit mit wachsendem Anodenpotential zurückzuführen.

Anderseits kann man aus dem Vorhandensein einer Sättigung der Strom-Spannungskurve bei *kleinen* Anodenpotentialen schließen, daß die Kathode *gleichmäßig* mit Fremdsubstanz bedeckt ist (Abb. II. 89) und aus dem Fehlen eines weiteren Anstieges bei höheren Anodenpotentialen, insbesondere in der Nähe der langwelligen Grenze, daß auf der Kathodenoberfläche mikroskopische Teilchen stärkerer Krümmung nicht vorhanden sind (Abb. II. 87).

Um den Zusammenhang zwischen dem nach S. 124 ermittelten Oberflächenfeld $\mathfrak{E}_i(z)$ und dem Fleckenfeld darstellen zu können, nimmt man nach COMPTON und LANGMUIR [40] eine *schachbrettartige Fleckenverteilung* auf der Kathodenoberfläche an und führt zur weiteren Vereinfachung an Stelle der rechteckigen Potentialverteilung, wie sie bei einer gleichmäßigen Abtrennarbeit innerhalb jeden Schachbrettquadrates vorhanden wäre, eine sinusförmige Potentialverteilung ein. Man erhält dann nach LINFORD [Z 15] und BECKER [Z 20] für die z-Komponente (senkrecht zur Oberfläche) des Fleckenfeldes den Ausdruck

$$\mathfrak{E}_S = -\frac{1}{2}\,K_m \cdot \cos\frac{\pi\,x}{b} \cdot \cos\frac{\pi\,y}{b} \cdot \frac{\pi}{b} \cdot \sqrt{2} \cdot e^{\frac{\pi\sqrt{2}}{b}\cdot z}. \tag{59}$$

Hierin ist K_m die von Mitte zu Mitte der Quadrate (schwarze und weiße Felder des Schachbretts) geltende maximale örtliche Kontaktpotentialdifferenz und b die Quadratseite der Flecken; x und y sind die Koordinaten in der Oberfläche von der Mitte eines elektropositiven Quadrates aus parallel zu den Quadratseiten.

Für die z-Komponente $\mathfrak{E}_R$ der Feldstärke längs der Mittelsenkrechten über einem einzelnen *kreisförmigen Flecken*, der eine Kontaktpotentialdifferenz K gegen seine Umgebung besitzt, erhält man die Beziehung

$$\mathfrak{E}_R = -\,K \cdot \frac{R^2}{(R^2 + z^2)^{3/2}}. \tag{60}$$

Hierin bedeutet R den Radius des Fleckens, z den senkrechten Abstand von seiner Mitte.

Die Anwendbarkeit der Gl. (59) und (60) prüften SUHRMANN und v. EICHBORN [211], indem sie die Abhängigkeit der lichtelektrischen *Gesamtemission* eines mit Ba bedeckten Pt-Drahtes von der Temperatur des Lichtstrahlers bei verschiedenen Anodenpotentialen ($U_a = 0{,}25$ bis 967 V) ermittelten. Die erhaltenen lichtelektrischen Geraden ergaben das effektive Austrittspotential Φ und die effektive Mengenkonstante M als Funktion des äußeren Feldes, das von $\mathfrak{E}_a = 11$ bis 42000 V/cm verändert wurde. Die für einen bestimmten Oberflächenzustand bei *atomarer Verteilung* des Ba erhaltenen Kurven in Abb. II. 94 zeigen, daß die Mengenkonstante M von $U_a = 0{,}25$ bis $U_a = 20$ V verhältnismäßig wenig abfällt und dann nahezu konstant bleibt. Das Austrittspotential hingegen nimmt zu Anfang sehr stark ab (von $U_a = 1{,}35$ bis 20 V um 0,22 V) und von da schwächer, und zwar linear mit der Neigung $- d\Phi/d\sqrt{\mathfrak{E}_a} = 9{,}12 \cdot 10^{-4}$, also stärker als die SCHOTTKYsche Bildfeldgerade, deren Neigung $3{,}78 \cdot 10^{-4}\,\mathrm{V}/\sqrt{\mathrm{V/cm}}$ beträgt.

Bei einer Bedeckung des Pt-Drahtes mit Ba kompakter Verteilung ändert sich M kaum mit wachsendem Feld. Φ nimmt von $U_a = 1{,}4$ bis 20 V um 0,16 und dann mit der Neigung $5{,}68 \cdot 10^{-4}$ ab, die der Bildfeldgeraden schon sehr nahekommt.

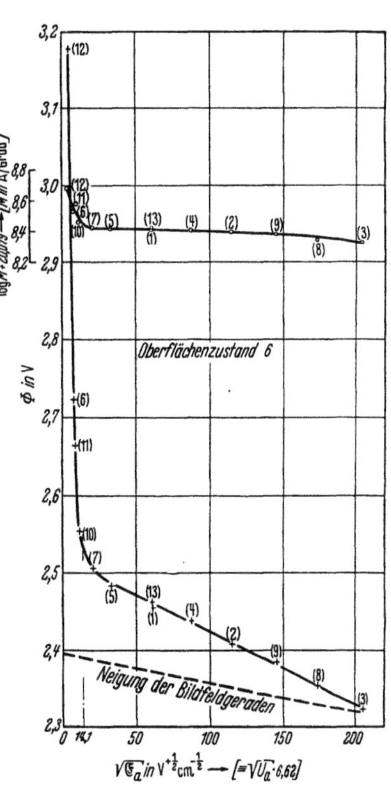

Abb. II. 94. Abhängigkeit des Austrittspotentials Φ und der Mengenkonstante M vom äußeren Feld $\mathfrak{E}_a$ bei einem Pt-Draht, bedeckt mit Ba in atomarer Verteilung; die eingeklammerten Zahlen geben die Reihenfolge der Messungen an. (Nach [211])

Berechnet man aus dem Kurvenverlauf von Φ in Abb. II. 94 unter Zuhilfenahme von Gl. (57) und (58) das Oberflächenfeld $\mathfrak{E}_i$ als Funktion des Abstandes z von der Kathodenoberfläche, so erhält man die in Abb. II. 95 eingetragenen Kreuze. Es wurde nun versucht, mittels Gl. (59) und (60) Oberflächenfelder zu berechnen, die sich den aus den Versuchsergebnissen erhaltenen anpassen. Wie man aus Abb. II. 95 ersieht, lassen sich die aus den Messungen ermittelten Punkte für kleine z-Werte durch eine Überlagerung des Bildfeldes mit dem Fleckenfeld kleiner Einzelflächen von $R \cdot \sqrt{\pi} = 4 \cdot 10^{-6}$ cm deuten, die um 0,23 V positiver sind als ihre Umgebung. Die so dargestellten Meßpunkte entsprechen dem geradlinigen Teil der Φ-Kurve in Abb. II.94. Aber auch einen Teil des ansteigenden Astes dieser Kurve vermag man darzustellen, wenn man Fleckenfelder zu Hilfe nimmt, die durch eine Schachbrettverteilung größerer Flecken von $b = 6 \cdot 10^{-4}$ cm zustande kommen, und

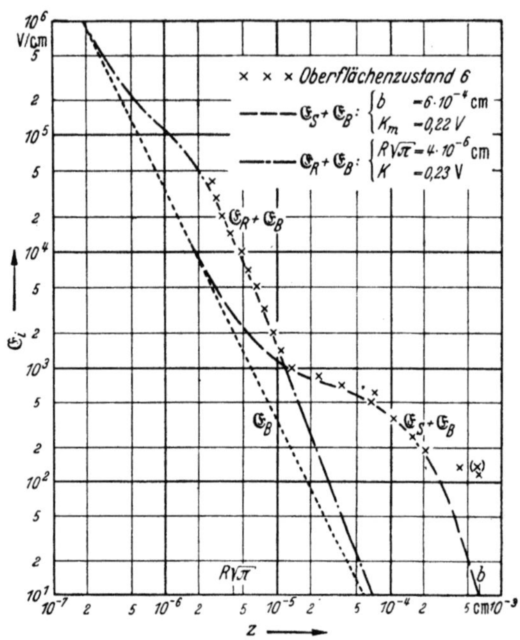

Abb. II.95. Oberflächenfeld $\mathfrak{E}_i$ als Funktion des Abstandes z von der Oberfläche bei einem Pt-Draht, bedeckt mit Ba in atomarer Verteilung; Oberflächenzustand wie in Abb. II.94. Punktiert: Bildfeld $\mathfrak{E}_B$. Gestrichelt: Überlagerung von Bildfeld $\mathfrak{E}_B$ und Fleckenfeld $\mathfrak{E}_S$ über den Mittelpunkten der elektropositiven Quadrate einer Schachbrett-Fleckenverteilung. Strichpunktiert: Überlagerung von Bildfeld $\mathfrak{E}_B$ und Fleckenfeld $\mathfrak{E}_R$ eines einzelnen elektropositiven kreisförmigen Fleckens. Kurven berechnet; Kreuze: Aus der *gemessenen* Funktion $\Phi(\mathfrak{E}_a)$ in Abb. II.94 nach Gl. (58) berechnete Werte von $\mathfrak{E}_i$. (Nach [*211*])

wenn man zwischen den Schachbrettquadraten eine örtliche Kontaktpotentialdifferenz $K_m = 0,22$ V annimmt.

Der Verlauf der experimentell ermittelten Φ-Kurve in Abb. II.94 kann also zum größten Teil durch die Annahme erklärt werden, daß sich auf der Kathodenoberfläche größere schachbrettartig angeordnete Flecken (verschieden mit Ba bedeckte Kristallite) verschiedenen Austrittspotentials befinden, die von sehr viel kleineren Einzelflecken noch niedrigerer Austrittsarbeit bedeckt sind. Die durch die größeren Flecken hervorgerufenen Felder machen sich bei kleineren Anodenspannungen, die wegen der kleineren Flecken vorhandenen bei größeren Anodenspannungen bemerkbar; sie verursachen, daß die Neigung der Φ-Kurve bei höheren Spannungen nicht mit derjenigen der SCHOTTKYschen Geraden zusammenfällt.

26. Zur Theorie des äußeren Photoeffektes von Halbleitern

Während bei gut leitenden Metallen die Elektronen des Leitungsbandes im allgemeinen den Hauptanteil der Photoelektronen liefern, stammen die Photoelektronen eines Halbleiters, der lediglich Eigenleitung aufweist, bei Zimmertemperatur nur bei kleinem Abstand von Leitungs- und Valenzband aus dem Leitungsband, denn bei größerem Bandabstand ist das Leitungsband bei Zimmertemperatur zu schwach besetzt (vgl. Ziff. 27). Mit abnehmender Temperatur tritt die Emission von Elektronen aus dem Leitungsband gegenüber der aus dem Valenzband mehr und mehr zurück und schließlich werden nur noch Elektronen aus dem Valenzband emittiert. Ist der Abstand zwischen Leitungs- und Valenzband groß, so kommen die Photoelektronen auch bei Zimmertemperatur im wesentlichen aus dem Valenzband.

Die bei metallischen Leitern und Halbleitern verschiedenartige Struktur des obersten besetzten Bandes äußert sich nach APKER und Mitarbeitern [3a] in der Form der Strom-Spannungskurve beim Bestrahlen mit einer bestimmten Lichtfrequenz. In Abb. II.96 ist die

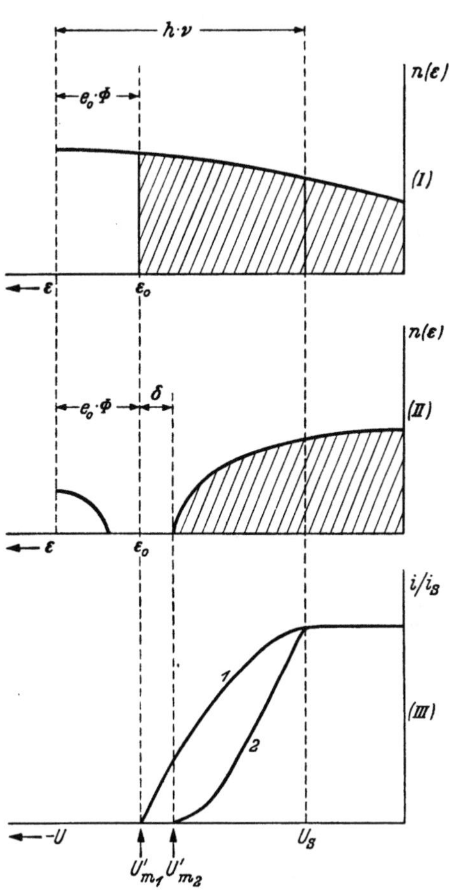

Abb. II.96. Schematische Diagramme der Elektronen-Energieverteilung eines metallischen Leiters (I) und eines Halbleiters (II) gleichen Austrittspotentials. Zugehörige Strom-Spannungskurven (III) bei Bestrahlung mit den gleichen Lichtquanten $h \cdot \nu$; Kurve 1 metallischer Leiter, Kurve 2 Halbleiter. (Nach APKER u. a. [3a])

Dichte $n(\varepsilon)$ der Elektronen-Energiezustände als Funktion der Energie ε aufgetragen, im Diagramm (I) für ein ideales Metall mit dem Austrittspotential Φ und in (II) für einen idealen Eigenhalbleiter mit dem gleichen

Austrittspotential. Die Energie ε nimmt von rechts nach links zu, wie in den Strom-Spannungskurven im Diagramm (III). Die Diagramme (I) und (II) sind so dargestellt, daß die Werte der Grenzenergie ε_0 zusammenfallen. Die besetzten Elektronenzustände sind schraffiert.

Bei sehr tiefen Temperaturen sind Elektronenzustände oberhalb ε_0 praktisch unbesetzt, so daß die Strom-Spannungskurve 1 in (III) für

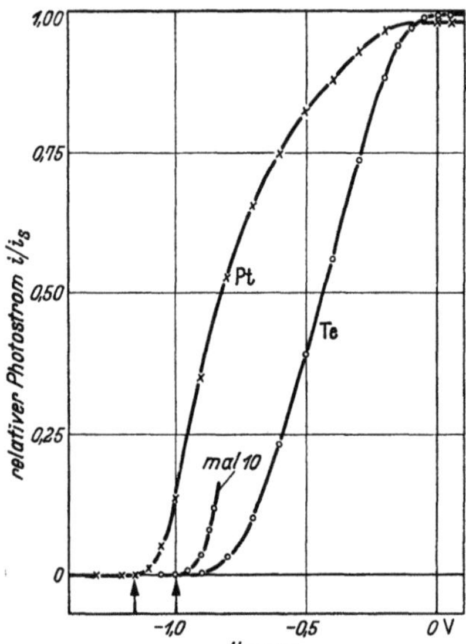

Abb. II. 97. Strom-Spannungskurven einer Platin- und einer Tellur-Kathode gleichen Austrittspotentials (4,76 V), gemessen gegen die gleiche Anode. Bestrahlende Lichtwellenlänge: $\lambda = 214\ \mathrm{m}\mu.$ $T = 300°$ K. (Nach Apker u. a. [3a])

das Metall beim Bestrahlen mit Lichtquanten $h \cdot \nu$ bei dem ε_0 entsprechenden Wert U'_{m1} des Anodenpotentials U beginnt, parabolisch ansteigt (vgl. Ziff. 11 b) und bei U_S gesättigt ist. Das beobachtete Maximalpotential U'_{m2} des *Halbleiters* ist jedoch nicht gleich dem des Metalls U'_{m1}, wie Gl. (9) für verschiedene *metallische* Leiter fordert, sondern die Strom-Spannungskurve des Halbleiters beginnt mit dem $\varepsilon_0 - \delta$ entsprechenden Wert des Austrittspotentials, wobei δ gleich dem halben Energieabstand von Valenz- und Leitungsband ist. Sie steigt dann wegen der besonderen Art der Funktion $n(\varepsilon)$ des Valenzbandes in anderer Weise an wie die des Metalls, erreicht aber den Sättigungswert beim gleichen Anodenpotential U_S, weil die Austrittspotentiale des Metalls und des Halbleiters als gleich angenommen wurden.

Die Richtigkeit dieser Überlegungen erkennt man an den in Abb. II. 97 dargestellten Strom-Spannungskurven, die bei Bestrahlung mit $\lambda = 214\ \mathrm{m}\mu$ an aufgedampftem Tellur und an einem Platinblech erhalten wurden [3a]. Beide Oberflächen hatten das gleiche Austrittspotential von 4,76 V; ihre Strom-Spannungskurven sind daher beim gleichen Anodenpotential U gesättigt, weil in beiden Fällen dieselbe Anode verwendet wurde. Die beobachteten, durch Pfeile gekennzeichneten Maximalpotentiale U'_m der beiden Kurven fallen jedoch nicht zusammen [wie nach Gl. (9), S. 16, zu erwarten wäre], weil das Valenzband des Halbleiters bei einem kleineren Energiewert endet. Wegen der Abnahme von $n(\varepsilon)$ mit zunehmendem ε beim Halbleiter liegt die Kurve des Te unterhalb der des Pt und mündet tangential in die Voltabszisse. Für den halben Abstand der verbotenen Zone erhält man im vorliegenden Fall $\delta = 0,16$ V.

Aus dem Vorhandensein der verbotenen Zone zwischen Valenz- und Leitungsband bei der halbleitenden Cs_3Sb-Photokathode ist noch ein weiteres bemerkenswertes Verhalten der Strom-Spannungs- und damit der Energieverteilungskurven solcher Photokathoden zu erklären. Wie Abb. II.98 erkennen läßt, verlagert sich das durch einen Pfeil gekennzeichnete beobachtete Maximalpotential U_m' zwar entsprechend Gl.(9) nach höheren Werten mit zunehmender Größe der eingestrahlten Lichtquanten; aber die Strom-Spannungskurve steigt von $h \cdot v = 4,03$ eV ab nicht mehr im ganzen Energiebereich gleichmäßig an, sondern bei großen Energiewerten immer

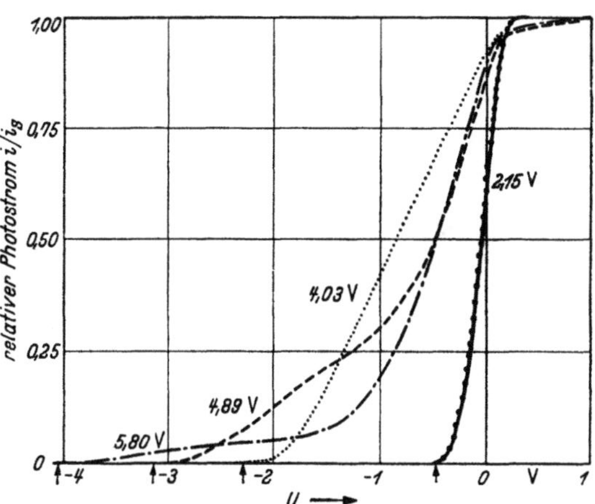

Abb. II.98. Strom-Spannungskurven einer Cs_3Sb-Kathode bei Bestrahlung mit Lichtquanten von 2,15 eV (entsprechend $\lambda = 577$ mμ), 4,03 eV (307 mμ), 4,89 eV (254 mμ), 5,80 eV (214 mμ). (Nach APKER u. a. [3b])

schwächer, je mehr das Lichtquant den Betrag von ungefähr 4 eV überschreitet. Der prozentuale Anteil der schnellen Elektronen tritt also von $h \cdot v = 4,03$ eV ab immer mehr zurück gegenüber dem der langsamen. Die durch große $h \cdot v$-Werte angeregten Elektronen müssen also durch *Streuung* an Elektronen des Leitungsbandes Energieverluste erleiden.

Da die Cs_3Sb-Schicht von $h \cdot v \simeq 2$ eV ab optisch absorbiert und von da ab auch Photoelektronen emittiert werden, sollte die verbotene Zone dieses Halbleiters eine Breite von etwa 2 eV besitzen. Elektronen, die ins Leitungsband gelangen sollen, müssen deshalb mindestens mit 2 eV angeregt werden. Sie können dort nur angeregte Elektronen streuen, die mindestens 2 eV zu verlieren haben, die also mit mindestens 4 eV angeregt sind. Aus diesem Grunde nimmt die Zahl der langsamen Elektronen im Verhältnis zur Zahl der Elektronen, deren Energie der Größe des eingestrahlten Lichtquants entsprechen würde, immer stärker zu, je weiter $h \cdot v$ den Betrag von 4 eV überschreitet.

Literatur

[1] ADAMS, W. G., u. R. E. DAY: Proc. roy. Soc., Lond. A **25**, 113—117 (1877).

[2] ANDERSON, P. A.: Phys. Rev. **59**, 1034—1041 (1941).

[3] APKER, L., E. TAFT u. J. DICKEY: Phys. Rev. **73**, 46—50 (1948).

[3a] APKER, L., E. TAFT u. J. DICKEY: Phys. Rev. **74**, 1462—1474 (1948); **76**, 270—272 (1949).

[3b] APKER, L., E. TAFT u. J. DICKEY: J. opt. Soc. Amer. **43**, 78—80 (1953).

[3c] APKER, L., E. TAFT u. J. DICKEY: Phys. Rev. **75**, 1181—1182 (1949).

[3d] APKER, L., E. TAFT u. J. DICKEY: Phys. Rev. **96**, 1496—1497 (1954).

[4] ASAO, S., u. M. SUZUKI: Proc. physico-math. Soc. Japan **12**, 247—250 (1930).

[5] ASAO, S., u. M. SUZUKI: Proc. Inst. Radio Engrs. **19**, 655—658 (1931).

[6] ASAO, S.: Physics **2**, 12—20 (1932).

[7] ASAO, S.: Proc. physico-math. Soc. Japan **22**, 448—486 (1940).

[8] BECKER, A.: Ann. Phys. **60**, 30—54 (1919).

[9] BECKER, A.: Ann. Phys. (4) **78**, 83—111 (1925).

[10] BECKER, J. A., u. D. W. MUELLER: Phys. Rev. **31**, 431—440 (1928).

[11] BECQUEREL, E.: Compt. rend. **9**, 561 (1839).

[12] BENJAMIN, M., u. R. D. JENKINS: Proc. roy. Soc., Lond. **176**, 262—279 (1940); **180**, 225—235 (1942).

[13] BERGMANN, L.: Phys. Z. **32**, 286—288 (1931).

[14] BERGWITZ, R.: Verh. dtsch. phys. Ges. (3) **3**, 25—26 (1922).

[15] BLACKMER, L. L., u. H. E. FARNSWORTH: Phys. Rev. **77**, 826—829 (1950).

[16] BOER, J. H. DE, u. M. C. TEVES: Z. Phys. **65**, 489—505 (1930).

[17] BOER, J. H. DE, u. M. C. TEVES: Z. Phys. **73**, 192—200 (1932).

[18] BOER, J. H. DE, u. M. C. TEVES: Z. Phys. **74**, 604—623 (1932).

[19] BOER, J. H. DE, u. M. C. TEVES: Z. Phys. **83**, 521—533 (1933).

[19a] BOER, J. H. DE, u. C. F. VEENEMANS: Physica **2**, 529—534 (1935).

[20] BOER, J. H. DE, u. C. F. VEENEMANS: Physica **2**, 915—922 (1935).

[21] BOER, J. H. DE, u. E. H. KRAAK: Rec. Trav. chim. Pays-Bas **56**, 1103 bis 1108 (1937).

[22] BOMKE, H.: Z. Phys. **90**, 542—550 (1934).

[23] BOSWORTH, R. C. L.: Proc. roy. Soc. A **162**, 32—49 (1937).

[24] BOSWORTH, R. C. L., u. E. L. RIDEAL: Proc. roy. Soc. A **162**, 1—31 (1937).

[25] BRADY, J. J.: Phys. Rev. **41**, 613—626 (1932).

[26] BRADY, J. J.: Phys. Rev. **46**, 768—772 (1934).

[27] BRADY, J. J., u. V. P. JACOBSMEYER: Phys. Rev. **49**, 670—675 (1936).

[28] BRAUER, G., u. E. ZINTL: Z. phys. Chem. Abt. B **37**, 323—352 (1937).

[29] BREWER, A. K.: J. Amer. chem. Soc. **54**, 1888—1900 (1932).

[30] BURTON, J. A.: Phys. Rev. **72**, 531—532 (1947).

[31] CAMPBELL, N. R.: Phil. Mag. (7) **12**, 173—185 (1931).

[32] CARDWELL, A. B.: Phys. Rev. **38**, 2041—2048 (1931).

[33] CARDWELL, A. B.: Phys. Rev. **76**, 125—127 (1949).

[34] CASHMAN, R. J., u. W. S. HUXFORD: Phys. Rev. **48**, 734—741 (1935).

[35] CASHMAN, R. J., u. N. C. JAMISON: Phys. Rev. **49**, 877 (1936).

[35a] CASHMAN, R. J., u. E. BASSOE: Phys. Rev. **55**, 63—69 (1939).

[36] CASHMAN, R. J.: Phys. Rev. **52**, 512—518 (1937).

[36a] CHITTUM, J. F.: J. phys. Chem. **38**, 79—84 (1934).

[37] CHLEBNIKOW, N. S.: J. techn. Physics (russ.) **17**, 333—340 (1947).

[38] CHOROSCH, D. M.: J. techn. Physics (russ.) **17**, 341—347 (1947).

[39] COMPTON, K. T., u. L. W. ROSS: Phys. Rev. **13**, 374—391 (1919).

[40] COMPTON, K. T., u. I. LANGMUIR: Rev. mod. Physics **2**, 123—142 (1930).

[41] DILLON, J. H.: Phys. Rev. **38**, 408—415 (1931).
[42] DISTLER, G., u. G. MÖNCH: Z. Phys. **34**, 271—275 (1933).
[43] DUBRIDGE, L. A.: Phys. Rev. **29**, 451—465 (1927).
[44] DUBRIDGE, L. A.: Phys. Rev. (2) **31**, 236—243 (1928).
[45] DUBRIDGE, L. A.: Phys. Rev. **32**, 961—966 (1928).
[46] DUBRIDGE, L. A.: Phys. Rev. **39**, 108—118 (1932).
[47] DUBRIDGE, L. A., u. W. W. ROEHR: Phys. Rev. **39**, 99—107 (1932); **42**, 52—57 (1932).
[48] DUBRIDGE, L. A.: Phys. Rev. **43**, 727—741 (1933).
[49] DUBRIDGE, L. A., u. R. C. HERGENROTHER: Phys. Rev. **44**, 861—865 (1933).
[50] DUBRIDGE, L. A.: Phys. Rev. **46**, 339—340 (1934).
[51] DUBRIDGE, L. A., u. A. G. HILL: Phys. Rev. **46**, 339 (1934).
[52] DUBRIDGE, L. A., u. R. E. SMITH: Phys. Rev. **46**, 339 (1934).
[53] ELSTER, J., u. H. GEITEL: Wied. Ann **55**, 684—700 (1895).
[54] ELSTER, J., u. H. GEITEL: Phys. Z. **11**, 257—262 (1910).
[55] FAN, H. Y.: Phys. Rev. **68**, 43—52 (1945).
[56] FARNSWORTH, H. E., u. R. P. WINCH: Phys. Rev. **56**, 1067 (1939).
[57] FARNSWORTH, H. E., u. R. P. WINCH: Phys. Rev. **58**, 812—819 (1940).
[58] FLEISCHER, R.: Phys. Z. **32**, 217—218 (1931).
[59] FLEISCHER, R., u. P. GÖRLICH: Phys. Z. **35**, 289—292 (1934).
[60] FLEISCHER, R., u. P. GÖRLICH: Z. Phys. **94**, 597—606 (1935).
[61] FLEISCHER, R., u. H. PIETZSCH: Z. Phys. **107**, 322—331 (1937).
[62] FLEISCHER, R., u. H. PECH: Z. Phys. **112**, 242—251 (1939).
[63] FLEISCHMANN, R.: Nachr. Ges. Wiss. Göttingen, Math.-physik. Kl. **1931**, 252—256.
[64] FOWLER, R. H.: Phys. Rev. **38**, 45—56 (1931).
[65] FRITTS, C. E.: Amer. J. Sci. **26**, 465—472 (1883).
[66] FRÖHLICH, H.: Ann. Phys. **7**, 103—128 (1930).
[67] FRÖHLICH, H., u. R. A. SACK: Proc. phys. Soc. **59**, 30—33 (1947).
[68] FRY, TH. C.: J. opt. Soc. Amer. **15**, 137—162 (1927).
[69] FRY, TH. C.: J. opt. Soc. Amer. **16**, 1—25 (1928).
[70] FRY, TH. C.: J. opt. Soc. Amer. **22**, 307—332 (1932).
[71] GEITEL, H.: Ann. Phys. **67**, 420—427 (1922).
[72] GLASOE, G. N.: Phys. Rev. **38**, 1490—1496 (1931).
[73] GOETZ, A.: Z. Phys. **53**, 494—528 (1929).
[74] GOLDSCHMIDT, H., u. H. DEMBER: Z. techn. Phys. **7**, 137—146 (1926).
[75] GÖRLICH, P.: Z. Phys. **85**, 128—130 (1933).
[76] GÖRLICH, P.: Z. Phys. **101**, 335—342 (1936).
[77] GÖRLICH, P.: Z. Phys. **109**, 374—386 (1938).
[78] GÖRLICH, P.: Z. Phys. **116**, 704—715 (1940).
[79] GÖRLICH, P.: J. opt. Soc. Amer. **31**, 504—505 (1941).
[80] GÖTHEL, H.: Phys. Z. **32**, 218—219 (1931).
[81] GRONDAHL, L. O.: Rev. mod. Physics 5, 141—168 (1933).
[82] GUDDEN, B.: Naturwiss. **16**, 547 (1928).
[83] HALLWACHS, W.: Phys. Z. **21**, 561—566 (1920).
[84] HÄSING, J.: Ann. Phys. **37**, 509—533 (1940).
[85] HENSHAW, C. L.: Phys. Rev. **52**, 854—865 (1937).
[86] HILL, A. G.: Phys. Rev. **53**, 184—193 (1938).
[87] HOPSHTEIN, N. M., u. D. M. KHOROSH: J. techn. Physics (russ.) 8, 2103 bis 2106 (1938).
[88] HÜCKEL, E.: Z. Elektrochem. **43**, 752—789, 827—849 (1937); insbes. S.837 bis 838.

[89] HUXFORD, W. S.: Phys. Rev. **37**, 102 (1931).
[90] HUXFORD, W. S.: Phys. Rev. **38**, 379—395 (1931).
[91] IVES, H. E.: Astrophysic. J. **60**, 209—230 (1924); **64**, 128—135 (1926).
[92] IVES, H. E., A. R. OLPIN u. A. L. JOHNSRUD: Phys. Rev. **32**, 57—80 (1928).
[93] IVES, H. E.: Phys. Rev. **38**, 1209—1218 (1931).
[94] IVES, H. E., u. H. B. BRIGGS: Phys. Rev. **38**, 1477—1489 (1931).
[95] IVES, H. E., u. H. B. BRIGGS: Phys. Rev. **40**, 802—812 (1932).
[96] IVES, H. E., u. TH. C. FRY: J. opt. Soc. Amer. **23**, 73—83 (1933).
[97] IVES, H. E., u. H. B. BRIGGS: J. opt. Soc. Amer. **26**, 238—246 (1936).
[98] IVES, H. E., u. H. B. BRIGGS: J. opt. Soc. Amer. **26**, 247—250 (1936).
[99] IVES, H. E., u. H. B. BRIGGS: J. opt. Soc. Amer. **27**, 181—185 (1937).
[100] IVES, H. E., u. H. B. BRIGGS: J. opt. Soc. Amer. **27**, 395—400 (1937).
[101] IVES, H. E., u. H. B. BRIGGS: J. opt. Soc. Amer. **28**, 330—338 (1938).
[102] JAMISON, N. C., u. R. J. CASHMAN: Phys. Rev. **50**, 624—631 (1936).
[103] JOHNSON, R. P., u. W. SHOCKLEY: Phys. Rev. **49**, 436—440 (1936).
[104] KELLY, E., H. E. FARNSWORTH u. E. N. CLARKE: Phys. Rev. **78**, 316 (1950).
[104a] KENTY, C.: Phys. Rev. **44**, 891—897 (1933).
[105] KHLEBNIKOV, N. S.: J. techn. Physics (russ.) **10**, 1908—1912 (1940).
[106] KING, A.: Phys. Rev. **53**, 570—577 (1938).
[107] KINGDON, K. H.: Phys. Rev. **24**, 510—522 (1924).
[108] KLAUER, F.: Ann. Phys. **20**, 909—918 (1934).
[109] KLEMPERER, O.: Z. Phys. **16**, 280—299 (1923).
[110] KLUGE, W.: Z. Phys. **67**, 497—506 (1931).
[111] KLUGE, W., u. E. RUPP: Phys. Z. **32**, 163—172, 890—891 (1931).
[112] KLUGE, W.: Phys. Z. **34**, 115—126 (1933).
[113] KLUGE, W.: Phys. Z. **95**, 734—746 (1935).
[114] KLUGE, W.: Z. Phys. **96**, 691—697 (1935).
[115] KOLLATH, R.: Ann. Phys. **39**, 59—80 (1941).
[116] KOLLER, L. R.: Phys. Rev. **36**, 1639—1647 (1930).
[117] KOSSEL, W.: Leipziger Vorträge **1928**.
[118] KURZKE, H., u. J. ROTTGARDT: Z. Phys. **109**, 341—348 (1938).
[119] LANGE, B.: Phys. Z. **31**, 139—140 (1930).
[120] LANGMUIR, I., u. K. H. KINGDON: Phys. Rev. **21**, 380 (1923); **23**, 112 (1924); K. H. KINGDON: ebenda **24**, 510 (1924); I. LANGMUIR: J. Amer. chem. Soc. **54**, 2798 (1932); J. A. BECKER: Phys. Rev. **28**, 341 (1926).
[121] LANGMUIR, I., u. J. B. TAYLOR: Phys. Rev. **40**, 802 (1932).
[122] LANGMUIR, D. B.: Phys. Rev. **49**, 428—435 (1936).
[123] LAWRENCE, E. O., u. J. W. BEAMS: Phys. Rev. **29**, 903—904 (1927); **31**, 709 (1928); **32**, 478—485 (1928).
[124] LAWRENCE, E. O., u. L. B. LINFORD: Phys. Rev. **36**, 482—497 (1930).
[125] LEUPOLD, H.: Ann. Phys. **82**, 841—872 (1927).
[126] LIBEN, I.: Phys. Rev. **51**, 642—647 (1937).
[127] LINDER, E. G.: Phys. Rev. **30**, 649—655 (1927).
[128] LINFORD, L. B.: Phys. Rev. **36**, 1100 (1930).
[129] LOVELL, A. C. B.: Proc. roy. Soc., Lond. A **157**, 311 (1936); **166**, 270 (1938); E. T. S. APPLEYARD u. A. C. B. LOVELL: Proc. roy. Soc., Lond. A **158**, 718 (1937).
[130] LUKIRSKY, P., u. S. PRILEŽAEV: Z. Phys. **49**, 236—258 (1928).
[131] LUKIRSKY, P. I., u. S. G. RIJANOFF: Z. Phys. **75**, 249—257 (1932).
[132] MAKINSON, R. E. B.: Proc. roy. Soc. A **162**, 367—390 (1937).
[133] MAKINSON, R. E. B.: Phys. Rev. **75**, 1908—1911 (1949).
[134] MANN, M. M., u. L. A. DuBRIDGE: Phys. Rev. **51**, 120—124 (1937).

[135] MAYER, H.: Ann. Phys. (5) 29, 129—159 (1937).
[136] MAYER, H.: Ann. Phys. (5) 33, 419—444 (1938).
[137] MAYER, H.: Naturwiss. 26, 28—29 (1938).
[138] MAYER, H.: Z. Phys. 115, 729—739 (1940).
[139] MAYER, H.: Z. Phys. 124, 326—344 (1948).
[140] MAYER, H.: Z. Phys. 124, 345—347 (1948).
[141] MENDENHALL, C. E., u. C. F. DE VOE: Phys. Rev. 51, 346—349 (1937).
[142] MENSCHIKOW, M. I.: J. techn. Physic . (russ.) 17, 579—588 (1947).
[143] MITCHELL, K.: Proc. roy. Soc., Lond. 146, 442—464 (1934); 153, 513—533 (1936).
[144] MITCHELL, K.: Proc. Cambridge philos. Soc. 31, 416—428 (1935).
[145] MORGULIS, N. D., u. B. I. DJATLOWITZKAJA: J. techn. Physics. (russ.) 10, 657 bis 670 (1940).
[146] MORGULIS, N. D.: C. R. Acad. Sci. USSR 52, 675—678 (1946) (russ.).
[147] MORGULIS, N. D., P. G. BORSJAK u. B. I. DJATLOWITZKAJA: C. R. Acad. Sci. USSR 56, 925—928 (1947) (russ.).
[148] MORRIS, L. W.: Phys. Rev. 37, 1263—1268 (1931).
[149] MYERS, R. D.: Phys. Rev. 49, 938—939 (1936).
[150] NICHOLS, M. H.: Phys. Rev. 57, 297—306 (1940).
[151] NITZSCHE, A.: Ann. Phys. (5) 14, 463—480 (1932).
[152] NORDHEIM, L.: Phys. Z. 30, 177—196 (1929).
[153] NOTTINGHAM, W. B.: Phys. Rev. 41, 793—812 (1932).
[154] OATLEY, C. W.: Phys. Soc. 51, 318—328 (1939).
[155] OLPIN, A. R.: Phys. Rev. 36, 251—295 (1930).
[156] OVERHAGE, C. F. J.: Phys. Rev. 52, 1039—1053 (1937).
[157] POHL, R., u. P. PRINGSHEIM: Verh. dtsch. phys. Ges. 12, 682—696 (1910).
[158] POHL, R., u. P. PRINGSHEIM: Verh. dtsch. phys. Ges. 15, 173—185 (1913).
[159] POHL, R., u. P. PRINGSHEIM: Verh. dtsch. phys. Ges. 15, 431—437 (1913).
[160] POHL, R., u. P. PRINGSHEIM: Verh. dtsch. phys. Ges. 15, 637—644 (1913).
[161] POHL, J.: Z. techn. Phys. 15, 579—581 (1934).
[162] POTTER, I. G.: Phys. Rev. 58, 623—632 (1940).
[163] RAMSAUER, C.: Ann. Phys. (4) 45, 961—1002; 1121—1159 (1914).
[164] REIMERT, L. J.: J. opt. Soc. Amer. 36, 278—283 (1946).
[165] RENTSCHLER, H. C., D. E. HENRY u. K. O. SMITH: Rev. sci. Instrum. 3, 794—802 (1932).
[166] RENTSCHLER, H. C., u. D. E. HENRY: J. opt. Soc. Amer. 26, 30—34 (1936).
[167] RENTSCHLER, H. C., u. D. E. HENRY: J. Franklin Inst. 223, 135—145 (1937).
[168] RENTSCHLER, H. C., u. D. E. HENRY: Trans. electrochem. Soc. 87, 289 bis 298 (1945).
[169] RICHARDSON, O. W.: Phil. Mag. 23, 594—627 (1912).
[170] RICHARDSON, O. W.: Phil. Mag. (6) 27, 476—488 (1914).
[171] RIJANOFF, S.: Z. Phys. 71, 325—338 (1931).
[172] ROEHR, W. W.: Phys. Rev. 44, 866—871 (1933).
[173] ROLLER, D., W. H. JORDAN u. C. S. WOODWARD: Phys. Rev. 38, 396—400 (1931).
[174] ROLLER, D., u. D. WOOLRIDGE: Phys. Rev. 45, 119—120 (1934).
[175] ROSE, B. A.: Phys. Rev. 44, 585—588 (1933).
[176] ROTHER, F., u. H. BOMKE: Z. Phys. 86, 231—240 (1933).
[177] ROTHER, F., u. H. BOMKE: Z. Phys. 87, 806—809 (1934).
[178] ROY, S. C.: Phil. Mag. 50, 250—263 (1925).
[179] ROY, S. C.: Proc. roy. Soc., Lond. A 112, 599—630 (1926).

[*180*] RUDBERG, E.: Phys. Rev. **48**, 811—817 (1935).
[*181*] RUMPF, E.: Z. Phys. **37**, 165—171 (1926).
[*181a*] SAKATA, T.: J. Phys. Soc. Japan **8**, 125—126 (1953).
[*182*] SCHAAFF, E.: Z. phys. Chem. Abt. B **26**, 413—427 (1934).
[*182a*] SCHAETTI, N., W. BAUMGARTNER u. CH. FLURY: Helv. phys. Acta **24**, 609 bis 613 (1951).
[*182b*] SCHAETTI, B., u. W. BAUMGARTNER: Helv. phys. Acta **24**, 614—619 (1951).
[*182c*] SCHAETTI, N., u. W. BAUMGARTNER: Le vide **1951**, 1041—1045.
[*183*] SCHENK, D.: Z. Phys. **98**, 753—758 (1936).
[*184*] SCHIFF, L. I., u. L. H. THOMAS: Phys. Rev. **47**, 860—869 (1935).
[*185*] SCHOTTKY, W.: Z. Phys. **14**, 63—106 (1923).
[*186*] SCHOTTKY, W., u. H. ROTHE, im Abschnitt „Physik der Glühelektroden“ im Handbuch der Experimentalphysik Bd. 13, 2. Teil, Leipzig 1928.
[*187*] SCHOTTKY, W.: Phys. Z. **31**, 913—925 (1930).
[*187a*] SCHULZE, R.: Phys. Z. **34**, 24—38 (1933).
[*188*] SELÉNYI, P.: Phys. Z. **30**, 933—935 (1929).
[*189*] SENDE, M., u. H. SIMON: Ann. Phys. **65**, 697—719 (1921).
[*190*] SEWIG, R.: Z. Phys. **76**, 91—105 (1932).
[*191*] SMITH, W.: Amer. J. Sci. **5**, 301 (1873).
[*192*] SOMMER, A.: Nature **152**, 215 (1943).
[*193*] SOMMER, A.: Proc. phys. Soc. **55**, 145—154 (1943).
[*193a*] SOMMER, A. H.: Ire Trans. on Nuclear Sci. NS **3**, 8 (1956).
[*194*] SOMMERFELD, A.: Z. Phys. **47**, 1—60 (1928).
[*195*] SUHRMANN, R.: Ann. Phys. **67**, 43—68 (1922).
[*196*] SUHRMANN, R.: Z. Phys. **33**, 63—84 (1925).
[*197*] SUHRMANN, R., u. H. THEISSING: Z. Phys. **52**, 453—463 (1928).
[*198*] SUHRMANN, R.: Phys. Z. **29**, 811—815 (1928).
[*198a*] SUHRMANN, R.: Naturwiss. **16**, 336, 616—617 (1928).
[*199*] SUHRMANN, R.: Phys. Z. **30**, 939—942 (1929).
[*200*] SUHRMANN, R.: Z. Phys. **54**, 99—107 (1929).
[*201*] SUHRMANN, R., u. H. THEISSING: Z. Phys. **55**, 701—716 (1929).
[*202*] SUHRMANN, R.: Z. Elektrochem. **37**, 678—682 (1931).
[*203*] SUHRMANN, R.: Phys. Z. **32**, 929—937 (1931).
[*204*] SUHRMANN, R., u. A. SCHALLAMACH: Z. Phys. **79**, 153—160 (1932).
[*205*] SUHRMANN, R., u. H. THEISSING: Z. Phys. **73**, 709—726 (1932).
[*206*] SUHRMANN, R., u. R. DEPONTE: Z. Phys. **86**, 615—634 (1933).
[*207*] SUHRMANN, R., u. A. SCHALLAMACH: Z. Phys. **91**, 775—791 (1934).
[*208*] SUHRMANN, R.: Jubiläumsfestschrift der Techn. Hochschule Breslau (1935).
[*209*] SUHRMANN, R., u. H. CSESCH: Z. phys. Chem. Abt. B **28**, 215—235 (1935).
[*210*] SUHRMANN, R., u. D. DEMPSTER: Phys. Z. **35**, 148 (1934); Z. Phys. **94**, 742 bis 759 (1935).
[*211*] SUHRMANN, R., u. J. L. v. EICHBORN: Z. Phys. **107**, 523—548 (1937).
[*212*] SUHRMANN, R., u. A. MITTMANN: Z. Phys. **111**, 18—35 (1938).
[*213*] SUHRMANN, R., u. A. MITTMANN: Z. Phys. **111**, 137—151 (1938).
[*214*] SUHRMANN, R., u. W. BERNDT: Z. Phys. **115**, 17—46 (1940).
[*214a*] SUHRMANN, R., u. F. W. DEHMELT: Z. Phys. **118**, 677—694 (1941).
[*215*] SUHRMANN, R., u. G. KRESSIN: Z. Elektrochem. **54**, 349—353 (1950); G. KRESSIN: Dissertation Breslau 1943.
[*216*] SUHRMANN, R., u. JOH. PIETRZYK: Z. Phys. **122**, 600—613 (1944).
[*217*] SUHRMANN, R.: Z. Elektrochem. **53**, 199—203 (1949); G. KRESSIN: Diss. Breslau 1943.
[*217a*] SUHRMANN, R.: Naturwiss. **37**, 329—333 (1950).

[218] Suhrmann, R.: Tagung über Festkörperphysik, Dresden 1952; Verlag der Wissenschaften Berlin.

[219] Suhrmann, R.: Z. Elektrochem. **56**, 351—360 (1952); Angew. Chem. **63**, 244 (1951).

[219a] Suhrmann, R.: Electronic Interaction on metallic Catalysts, S. 303—352 in Bd. VII der Advances in Catalysis, New York 1955.

[220] Suhrmann, R., u. K. Schulz: Naturwiss. **40**, 139—140 (1953); Z. phys. Chem., Neue Folge, **1**, 69—97 (1954); J. Colloid. Sci. Supplement **1**, 50 bis 56 (1954).

[221] Suhrmann, R., u. C. Kangro jr.: Naturwiss. **40**, 137—138 (1953).

[222] Suhrmann, R., u. W. Sachtler: Z. Naturforsch. **9a**, 14—27 (1954); W. Sachtler: Diss. Braunschweig 1952.

[223] Suhrmann, R., u. B. Zöfelt, unveröffentlicht; vgl. auch B. Zöfelt: Diss. Braunschweig 1952.

[224] Stranski, I. N.: Z. phys. Chem. Abt. B **11**, 342—349 (1931).

[225] Stranski, I. N., u. R. Suhrmann: Z. Kristallogr. (A) **105**, 481—487 (1943).

[226] Stranski, I. N., u. R. Suhrmann: Ann. Phys. (6) **1**, 153—168 (1947).

[227] Stranski, I. N., u. R. Suhrmann: Ann. Phys. (6) **1**, 169—180 (1947).

[228] Stuhlmann jr., O.: Phys. Rev. **13**, 109—133 (1919) **20**, 65—74, 89—90 (1922).

[229] Taft, E. A., u. J. E. Dickey: Phys. Rev. **78**, 625 (1950).

[230] Tamm, Ig., u. D. Blochinzev: Z. Phys. **77**, 774—777 (1932).

[231] Tamm, Ig., u. S. Schubin: Z. Phys. **68**, 97—113 (1931); Phys. Rev. **39**, 170—172 (1932).

[232] Taylor, J. B., u. I. Langmuir: Phys. Rev. **44**, 423—458 (1933).

[233] Teichmann, H.: Ann. Phys. (5) **1**, 1069—1095 (1929).

[234] Thein, L. P.: Phys. Rev. **53**, 287—292 (1938).

[234a] Timofejew, P. W., u. N. S. Kondorskaja: Phys. Z. USSR **9**, 683—691 (1936).

[235] Tucker, F. G.: Phys. Rev. **22**, 574—581 (1923).

[236] Tyler, W. W.: Phys. Rev. **76**, 1887—1888 (1949).

[237] Underwood, N.: Phys. Rev. **47**, 502—505 (1935).

[238] Uyeda, R., S. Asao, Th. Sayama u. A. Kobayaski: Proc. physico-math. Soc. Japan **22**, 781—783 (1940).

[239] Veith, W.: J. Phys. Radium **11**, 507—513 (1950).

[240] Wahlin, H. B.: Phys. Rev. **61**, 509—512 (1942).

[241] Warner, A. H.: Phys. Rev. **38**, 1871—1875 (1931).

[242] Welch, G. B.: Phys. Rev. **40**, 470—471 (1932).

[243] Wentzel, G.: Sommerfeld-Festschrift, Leipzig 1928.

[244] Whitney, L. V.: Phys. Rev. **50**, 1154—1157 (1936).

[245] Wilson, W.: Proc. roy. Soc. A **93**, 359—372 (1917).

[246] Winch, R. P.: Phys. Rev. **37**, 1269—1275 (1931).

[247] Winther, Chr.: Z. phys. Chem. Abt. A **131**, 205—213 (1928).

[248] Wolf, F.: Ann. Phys. **83**, 1001—1053 (1927).

[249] Zener, C.: Phys. Rev. **47**, 15—16 (1935).

III. Innere lichtelektrische Effekte[1]

Von **K. W. Böer**, Berlin

Einleitung

Tritt elektromagnetische Strahlung insbesondere im sichtbaren bzw. kurzwelligeren Spektralgebiet in Wechselwirkung mit Materie, so kann sich deren elektrische Leitfähigkeit ändern. Dabei wird im allgemeinen durch die Schaffung neuer Stromträger in der Materie infolge einer ionisierenden Wirkung der Strahlung die Leitfähigkeit erhöht. Ein solcher Effekt kann an gasförmiger, flüssiger und fester Materie auftreten. Man bezeichnet ihn als *inneren lichtelektrischen Effekt*.

Wir wollen im folgenden wegen ihrer besonderen technischen Bedeutung lediglich auf die *inneren lichtelektrischen Effekte* in festen Körpern eingehen. Hier ist zu untersuchen, inwiefern elektromagnetische Strahlung die Konzentration der frei beweglichen Ladungsträger und damit die Leitfähigkeit ändert.

Die in den letzten Jahren ausgeführten Untersuchungen auf diesem Gebiet haben gezeigt, daß die in der Natur auftretenden Erscheinungen des inneren lichtelektrischen Effektes keineswegs immer in einfacher Weise so verstanden werden können, daß durch Absorption von Lichtquanten Atome des Kristallgitters ionisiert werden, die nunmehr von den Gitteratomen getrennten Elektronen im festen Körper in gewisser Weise frei beweglich sind und sich damit am Ladungstransport beteiligen können. So sind insbesondere die Anregungs- und Rekombinationsvorgänge wie auch die Vorgänge der elektronischen Leitung in einem festen Körper recht kompliziert, so daß es zweckmäßig ist, zunächst etwas ausführlicher auf die grundlegenden physikalischen Vorstellungen zur Leitfähigkeit in festen Körpern einzugehen, bevor das umfangreiche experimentelle Material besprochen wird.

27. Energiebändermodell im idealen Festkörper

Es ist eine bemerkenswerte physikalische Tatsache, daß feste Körper verschiedener chemischer Zusammensetzung, ja auch gleicher chemischer Zusammensetzung, aber verschiedener Struktur (Diamant, Graphit), sehr unterschiedliche elektrische Leitfähigkeit zeigen. Bei den meisten festen Körpern wird diese Leitfähigkeit (bei Zimmertemperatur) durch *Elektronen* hervorgerufen. Wir wollen uns im folgenden lediglich mit diesen Substanzen beschäftigen.

Durch eine große Zahl — später noch zu beschreibender — Versuche konnte gezeigt werden, daß die unterschiedliche Leitfähigkeit (bis zu

---

[1] In diesem Kapitel sind einige Bezeichnungen in einer zum vorangegangenen Kapitel unterschiedlichen Bedeutung benutzt. Insbesondere wird hier die Elektronenenergie mit E und die FERMIsche Grenzenergie mit ζ bezeichnet an Stelle von ε und ε_0 in Kap. II.

26 Größenordnungen ohne Berücksichtigung der Supraleitung) hauptsächlich in der sehr verschiedenen Konzentration der am Ladungstransport beteiligten Elektronen begründet ist.

Es muß daher festgestellt werden, daß Atome verschiedener Elemente im Festkörper nicht die gleiche Zahl ihrer Elektronen zum Ladungstransport zur Verfügung stellen. Es hat sich darüber hinaus gezeigt, daß die Zahl der *Leitungselektronen*, die ein Atom im Festkörper abgibt, nicht allein von dessen Ordnungszahl im periodischen System der Elemente, sondern in komplizierter Weise auch von der Art der Bindung mit den anderen Atomen sowie der kristallographischen Anordnung der Atome abhängt.

Um dies zu verstehen, wollen wir die energetischen Verhältnisse in einem Kristall genauer untersuchen und dabei zunächst vom isolierten Atom ausgehen. Das neutrale Atom enthält eine seiner Ordnungszahl gleiche Anzahl von Elektronen in Quantenzuständen mit diskreten Energietermen. Diese Energieterme sind bekanntlich — soweit es sich um ein einzelnes unbewegtes Atom handelt — sehr scharf. Sie besitzen lediglich ihre *natürliche Breite* gemäß der HEISENBERGschen Unschärferelation

$$\Delta E \tau \approx \hbar \tag{1}$$

(ΔE ist die Energieunschärfe, τ die mittlere Lebensdauer eines Elektrons in einem solchen Term und $\hbar = \dfrac{h}{2\pi}$, h das PLANCKsche Wirkungsquantum).

Werden nun viele Atome zu einem Gas zusammengebracht, so tritt eine mit wachsendem Druck zunehmende Aufspaltung und Verbreiterung dieser Energieterme ein. Das äußert sich z. B. in einer Verbreiterung der Spektrallinien bei der Lichtemission des Gases. Die Verbreiterung der Spektrallinien ist, abgesehen vom Einfluß durch den *Dopplereffekt* (mehr oder minder starke Verschiebung der Spektrallinie durch relative thermische Bewegung des Atoms während der Lichtemission in bezug auf den Beobachter), durch die Störung des Emissionsaktes beim gegenseitigen Stoß bestimmt (*Stoßverbreiterung*). Diese erfolgt teils durch direkte Unterbrechung der Lichtemission im Augenblick des Stoßes (Verbreiterung der Energieterme), teils durch starke elektrische Beeinflussung des strahlenden Atoms im Mikrofeld benachbarter Atome (*Starkeffektaufspaltung*).

Bei noch stärkerer gegenseitiger Näherung der Atome (Übergang zur flüssigen und zur festen Phase) tritt schließlich ein Effekt in den Vordergrund, der eine außerordentlich starke Aufspaltung der Energieterme in *Energiebänder* verursacht. Die Atome treten in so starke Wechselwirkung miteinander, daß sie in der Lage sind, ihre Valenzelektronen auszutauschen. Diese *Austauschentartung* führt zu einer Aufspaltung der Energieterme, die um so größer ist, je wahrscheinlicher ein solcher Austausch wird, je dichter also die Atome beieinanderliegen, d. h. je kleiner die Gitterkonstante ist und je dichter folglich die Elektronen dem angrenzenden Atom benachbart sind. Durch diesen Effekt werden daher die Energieterme der Hüllenelektronen eines Atoms besonders stark beeinflußt, während die der inneren Elektronen, durch die Wirkung der äußeren Elektronen abgeschirmt, sich nur in geringerem Maße verändern werden. Es ist daher zu erwarten, daß sich die aus den Termen hervorgehenden Energiebänder um so stärker verbreitern, je höher ihre energetische Lage ist. Tiefliegende Terme werden ihre ursprüngliche Schärfe weitgehend behalten (vgl. Abb. III. 1).

Sind in einem festen Körper gleiche Atome benachbart, so ist eine Wanderung von Valenzelektronen auch über größere Entfernungen hinweg möglich. Sie werden von Nachbar zu Nachbar durch Austausch weitergeleitet. Elektronen in tiefen Energiezuständen haben jedoch bei ihrer Wanderung zum Nachbaratom einen breiten und hohen Potentialwall zu durchdringen (*Tunneleffekt*); hier ist eine Wanderung unwahrscheinlich. Für Elektronen in höheren Energiezuständen wird dieser Potentialwall immer dünner und niedriger, damit durchlässiger (vgl. Abb. III. 2) und verschwindet schließlich für noch höhere Energiezustände ganz. In diesem Bereich ist dann eine Zuordnung eines Elektrons zu einem bestimmten Atom nicht mehr möglich, es kann sich praktisch frei durch den Kristall bewegen. Man ist daher berechtigt, die hier zu breiten Bändern aufgespaltenen Elektronenterme ohne Unterbrechung zwischen den Atomen

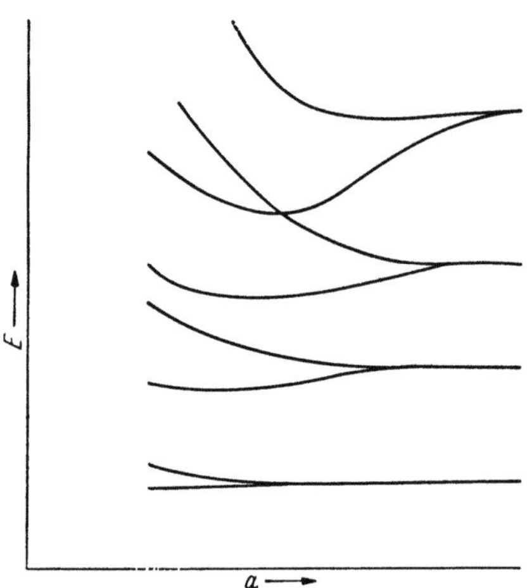

Abb. III.1. Aufspaltung von Energietermen der Elektronen eines Atoms bei Annäherung an ein gleiches Atom. Gegenseitiger Abstand: *a*

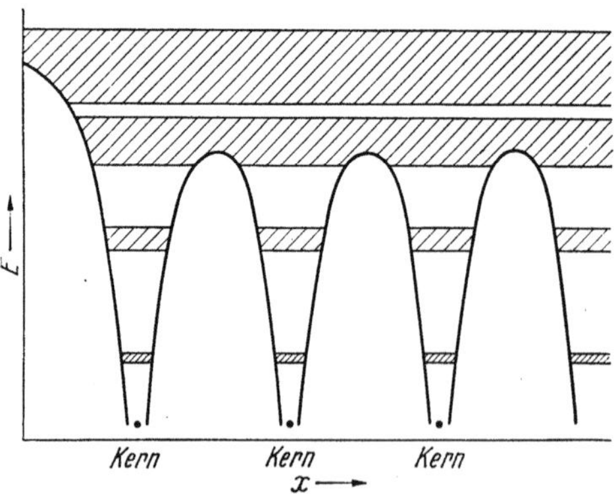

Abb. III.2. Periodisches Potential und Energiespektrum der Elektronenzustände in einem Kristall

über den ganzen Kristall hinweg durchzuzeichnen. Diese Darstellung wird als *Bändermodell* bezeichnet.

Wie die Energieterme im isolierten Atom sind diese Bänder von niedrigen Energien beginnend voll besetzt. Unter Berücksichtigung des Pauliverbotes können z. B. in einem aus einem s-Term entstandenen Band höchstens 2 s-Elektronen pro Atom untergebracht werden. Es ist also das s-Band bei den einwertigen Alkalimetallen nur zur Hälfte besetzt, während es bei den zweiwertigen Erdalkalimetallen voll besetzt ist.

Der Besetzungsgrad des obersten von Elektronen (im nicht angeregten Zustand) noch besetzten Bandes ist für die elektrische Leitfähigkeit des betrachteten festen Körpers von entscheidender Bedeutung. Daher wird bei schematischen Darstellungen zur Leitfähigkeit als Bändermodell gewöhnlich nur dieses — im allgemeinen als Valenzband bezeichnete[1] —

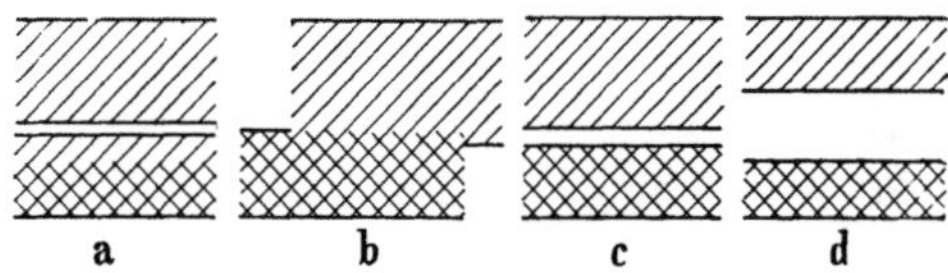

Abb. III. 3. Valenz- und Leitungsband in einem (a) einwertigen Metall, (b) zweiwertigen Metall, (c) Halbleiter und (d) Isolator. Die einfach schraffierten Bandteile enthalten bei fehlender Anregung keine Elektronen, die doppelt schraffierten Bandteile sind mit Elektronen gefüllt

und das nach höheren Energien nächstfolgende leere Band gezeichnet.

Es läßt sich leicht einsehen, daß die Elektronen, auch wenn sie sich praktisch frei durch den Kristall bewegen können, wie es in diesen energetisch hoch liegenden, relativ breiten Bändern der Fall ist, nur dann einen Beitrag zum Stromtransport leisten, wenn sie Energie aus dem äußeren Feld aufnehmen können. Nur dann werden sie ja in Feldrichtung beschleunigt, und ihre zunächst völlig ungeordnete Bewegung erfährt eine Vorzugsorientierung in Feldrichtung. In einem voll besetzten Band ist es den Elektronen jedoch (abgesehen vom Bereich des Felddurchschlages) nicht möglich, Energie aus dem Feld aufzunehmen, wenn dieses Band vom nächsten darüberliegenden durch eine verbotene Zone getrennt ist, da sie das Pauliverbot befolgen müssen. Damit kann in Übereinstimmung mit dem experimentellen Befund eine Einteilung der festen Körper in *Metalle* (Festkörper, die bereits beim Fehlen jeglicher Anregung eine beträchtliche Leitfähigkeit zeigen) und *Isolatoren* bzw. *Halbleiter* (die beim Fehlen einer Anregung keine Leitfähigkeit zeigen) getroffen werden (vgl. Abb. III. 3). Bei der ersten Gruppe ist das letzte mit Elektronen besetzte Band nicht vollständig gefüllt, oder es überlappt mit einem leeren Band, bei der zweiten Gruppe ist das Valenzband vollständig mit Elektronen gefüllt und durch eine mehr oder weniger breite verbotene Zone vom Leitungsband getrennt.

---

[1] Valenzband, weil es aus den Termen der isolierten Atome hervorgeht, die mit Valenzelektronen besetzt sind. Ist dieses Band nicht voll besetzt, wie z. B. bei den einwertigen Metallen, so ist es gleichzeitig Leitungsband.

Hiernach ist es ohne weiteres verständlich, daß die Alkalimetalle, die ein halbgefülltes *s*-Band besitzen, metallische Leitfähigkeit zeigen müssen. Für die Erdalkalimetalle wäre dagegen zunächst Isolatorcharakter zu erwarten. Ihr *s*-Band ist vollständig besetzt. Untersuchungen der Röntgenemission (vgl. Abb. III. 4) zeigten jedoch, daß hier eine Überlappung des *s*-Bandes mit dem darüberliegenden *p*-Band vorliegt, so daß — entsprechend Abb. III. 3b — wieder metallische Leitfähigkeit auftritt.

Anders liegen die Verhältnisse bei den Alkalihalogeniden. Hier gibt das Alkaliatom ein Elektron an das Halogenatom ab. Beide werden zu Ionen mit voll besetzten Edelgasschalen. Es treten also nur voll besetzte Bänder auf. Eine Elektronenbewegung ist in Form eines Austausches, nicht aber als gerichtete Bewegung in Feldrichtung möglich. Alkalihalogenide

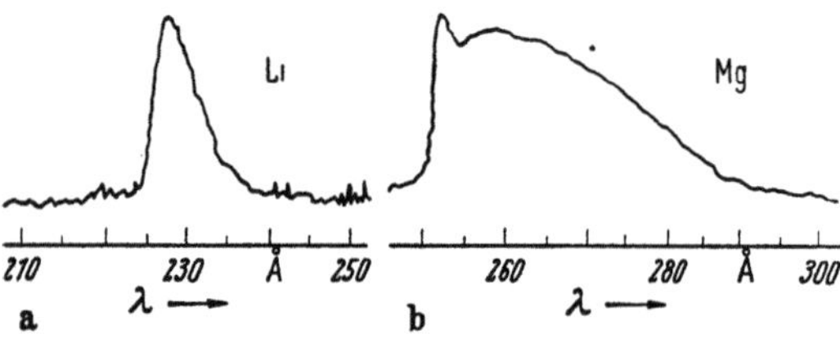

Abb. III. 4. Röntgenemissionsspektrum (a) eines einwertigen Metalls (Li) und (b) eines zweiwertigen Metalls (Mg) nach SKINNER

zeigen daher Isolatorcharakter. In ihnen kann nur dann elektronische Leitfähigkeit auftreten, wenn durch geeignete Anregung (z. B. durch Erwärmung auf hohe Temperaturen, durch Bestrahlung mit entsprechend kurzwelligem Licht usw.) Elektronen aus dem gefüllten Valenzband in das darüberliegende leere Band gehoben werden. Hier können diese — im allgemeinen relativ wenigen — Elektronen zum Ladungstransport beitragen, sie werden daher jetzt als *Leitungselektronen* und das obere Band als *Leitungsband* bezeichnet.

Wird durch einen Anregungsvorgang ein Elektron aus dem vollständig gefüllten Valenzband in das leere Leitungsband gehoben, so kann nicht nur dieses Leitungselektron zum Strom beitragen, sondern es spielen sich auch im Valenzband, das ja nun nicht mehr vollständig gefüllt ist, Vorgänge ab, die einen Strombeitrag liefern. Der Strombeitrag der Elektronen im Valenzband verschwindet nämlich nur dann, wenn das Valenzband vollständig gefüllt ist. Dann gibt es zu jedem Elektron, das sich in der einen Richtung bewegt, immer eines mit entgegengesetzter Bewegungsrichtung. Der Beitrag dieser Elektronen zum Strom ist kompensiert. Fehlt jedoch ein Elektron, so ist diese Kompensation aufgehoben, es fließt auch im Valenzband ein resultierender Strom, und zwar so, als bewege sich ein Elektron mit positiver Ladung durch das Gitter [*119*] [*272*]. Dieses fehlende Elektron, das sich in seinem Beitrag zum Strom wie ein *Positron* verhält, wird auch als *Defektelektron* oder *Loch* bezeichnet. Liegt ein elektrisches Feld am Kristall, so springt ein benachbartes Elektron in das Loch, anschließend tauscht dieses seinen Platz mit dem nächsten Elektron usf. So wandert das Defektelektron entgegen der Bewegungsrichtung der Elektronen und liefert damit einen entsprechenden Beitrag zum Strom. Es wird also, nachdem durch einen Anregungsakt ein Elektron und ein Defektelektron geschaffen wurden, von beiden ein — in grober Näherung — gleicher Beitrag zum Strom geleistet (vgl. [*246*]).

Wir werden später noch auf die Vorgänge der Anregung und auf den Leitungsmechanismus zurückkommen.

Zunächst soll lediglich festgestellt werden, daß die hier skizzierte Betrachtungsweise einiger Vorgänge im festen Körper nur zu einer qualitativen — allerdings recht anschaulichen und plausiblen Darstellung führt. Sie geht aus von der quantenmechanischen Behandlung isolierter Atome, die zu einem Termschema mit „scharfen" Energietermen führt. Dieses Termschema wird durch das Vorhandensein benachbarter Atome modifiziert. Eine exakte Lösung des Problems, d. h. eine exakte quantenmechanische Berechnung der nun modifizierten Energieeigenwerte, ist aus mathematischen Gründen nicht möglich. Daher ist man gezwungen, zu Näherungslösungen überzugehen, die z. B. darauf beruhen, daß man die Störung eines Atoms durch seine Gitterumgebung als eine kleine Störung behandelt. Diese Methode wurde von HEITLER und LONDON [*120*] angewandt. Sie ergibt insbesondere für tiefliegende Terme, die durch weiter außen liegende Elektronenschalen gegen den Einfluß der Umgebung schon weitgehend abgeschirmt sind, recht gute Ergebnisse.

Die Anwendung dieser Methode auf höhere Bänder, wie z. B. das Valenz- und Leitungsband, führt jedoch lediglich zu qualitativen Ergebnissen, die zudem nicht immer mit dem Experiment in Einklang stehen. Für die Behandlung dieser Zustände ist eine andere Methode brauchbarer, die von HUND und MULLIKEN entwickelt und von BLOCH [*14*] auf den Festkörper angewandt wurde. Hierbei wird von vornherein auf eine Zuordnung der Elektronen zu bestimmten Atomen verzichtet und allein ihr Verhalten im — periodischen — Potentialfeld aller Atome des Kristalls untersucht.

Je nach der Art des zu behandelnden Problems aus der Festkörperphysik wird das eine oder das andere Näherungsverfahren zur Berechnung herangezogen, wobei man jeweils noch die Wahl zwischen mehr oder minder groben Vernachlässigungen — mit entscheidendem Einfluß auf die Schwierigkeit der mathematischen Behandlung — hat. Es sei daher zur Orientierung über Art und Umfang möglicher Näherungen eine kurze Übersicht — ausgehend vom exakten Problem — gegeben.

a) Mathematische Behandlung

Bei der quantenmechanischen Behandlung des festen Körpers kann man für die Wellenfunktion zunächst die zeitunabhängige SCHRÖDINGER-Gleichung des Gesamtproblems aufstellen:

$$-\sum_{i=1}^{N}\frac{\hbar^2}{2\,m}\,\Delta_i\,\Psi - \sum_{k=1}^{M}\frac{\hbar^2}{2\,M_k}\,\Delta_k\,\Psi + \left\{\sum_{i,j=1}^{N}{}'\frac{e_0^2}{2\,r_{ij}} + \right.$$

$$\left. + V_{\text{Kern}}(\Re_1,\,\Re_2,\,\ldots) + V_{\text{Kern, Elektr}}(\Re_1,\,\ldots,\,\mathfrak{r}_1,\,\ldots)\right\}\Psi = E\Psi. \qquad (2)$$

Dabei bedeuten die Glieder auf der linken Seite dieser Gleichung der Reihe nach die kinetische Energie der Elektronen (Masse m), die kinetische Energie der schweren Gitterbausteine (Kerne mit der Masse M_k), die potentielle Wechselwirkungsenergie der Elektronen untereinander (mit der Elementarladung e und dem gegenseitigen Abstand r_{ij}), die potentielle Wechselwirkungsenergie der schweren Gitterbausteine (der Lage $\Re_1,\,\Re_2,\,\ldots$) und die potentielle Wechselwirkungsenergie zwischen Elektronen und schweren Gitterbausteinen. E ist die Gesamtenergie des Systems aus N Elektronen und M schweren Gitterbausteinen. Diese Gleichung ist für $N + M > 2$ nicht mehr exakt lösbar (Mehrkörperproblem).

Da die Elektronen um mehrere Größenordnungen leichter als die schweren Gitterbausteine sind, bietet sich eine Näherungsmethode an, die gewöhnlich als *adiabatische Näherung* bezeichnet wird [38] [191] [270] [212]. Die schweren Gitterbausteine sind verglichen mit der Bewegung der Elektronen so träge, daß sich zu jeder Kernkonfiguration ein quasistationärer Elektronenzustand einstellt. Ohne große Fehler zu machen, kann man das Problem so behandeln, als bewegten sich die Elektronen bei zunächst ruhenden schweren Gitterbausteinen. Man erhält dann an Stelle von (2)

$$-\sum_{i=1}^{N}\frac{\hbar^2}{2\,m}\,\Delta_i\,\psi + \left\{\sum_{i,j=1}^{N}{}'\frac{e_0^2}{r_{ij}} + V_{\text{Kern, Elektr}}(\Re_1,\,\ldots,\,\mathfrak{r}_1,\,\ldots)\right\}\psi = E'\psi \qquad (3)$$

als Gleichung für das Problem der Elektronenbewegung. Dabei gehen die Kernkoordinaten als Parameter in die Gleichung ein. Als Gleichung für die Bewegung der schweren Gitterbausteine folgt:

$$-\sum_{k=1}^{M}\frac{\hbar^2}{2\,M_k}\,\Delta_k\,\varphi + \left\{[V_{\text{Kern}}(\Re_1,\,\ldots) + E']\right\}\varphi = E\,\varphi. \qquad (4)$$

Bei dieser Näherung erhält man also zwei formal getrennt zu behandelnde Untersysteme [39] [40]. Die Wechselwirkung zwischen Elektronen- und Gittersystem kann als kleine Störung behandelt werden und induziert Übergänge zwischen den sich aus (3) und (4) ergebenden stationären Zuständen. Die Behandlung dieser Übergänge ist entscheidend für die Untersuchung kinetischer Probleme (vgl. z. B. [145] [3] [112]). Physikalische Erscheinungen, bei denen eine Bewegung schwerer Gitterbausteine unter dem ursächlichen Einfluß einer Elektronenbewegung zustande kommt [sicher ist das z. B. bei der Polarisation des Gitters und bei strahlungslosen Übergängen (s. u.) der Fall], haben unter Benutzung der adiabatischen Näherung Aussicht auf eine erfolgreiche mathematische Behandlung.

Vernachlässigt man weiter die durch die *Elektronenkonfiguration induzierte Ionenbewegung*, so ist an Stelle von (3) und (4) die Gl. (5)

$$-\sum_{i=1}^{N} \frac{\hbar^2}{2m} \Delta_i \psi + \left\{ \sum_{i,j=1}^{N}{}' \frac{e_0^2}{r_{ij}} + V_{\text{Kern}}(\mathfrak{r}_1, \mathfrak{r}_2, \ldots) \right\} \psi = E' \psi \qquad (5)$$

zu behandeln. In Gl. (5) sind nur noch die Koordinaten $\mathfrak{r}_i$ der Elektronen als veränderlich angenommen. Für die Koordinaten der schweren Gitterbausteine werden die Mittelwerte eingesetzt und ihre thermischen Schwingungen als kleine Störungen behandelt, die das Energiespektrum der Elektronen nicht verändern, sondern lediglich deren Verteilung über die vorhandenen Terme regeln [200] [262].

Als nächste Vernachlässigung kann schließlich das Wechselwirkungsglied so weit vereinfacht werden, daß jedes Elektron lediglich vom gemittelten Feld aller anderen Elektronen beeinflußt wird (V_{el}). Diese Näherung wird als *Einelektronennäherung* bezeichnet, weil sie die detaillierte Wechselwirkung mit anderen Elektronen nicht mehr enthält. Die Berechtigung zu dieser Vernachlässigung ist immer dann besonders fraglich, wenn die Konzentration frei beweglicher Elektronen groß ist (z. B. in Metallen) [275]. In dieser Näherung verhalten sich alle Elektronen in gleicher Weise, so daß nur noch ein einzelnes Aufelektron (Koordinate $\mathfrak{r}$, Energie E^*) betrachtet zu werden braucht:

$$-\frac{\hbar^2}{2m} \Delta \psi + [V_{\text{Elektr}}(\mathfrak{r}) + V_{\text{Kern}}(\mathfrak{r})] \psi = E^* \psi. \qquad (6)$$

Die Bestimmung des Elektronenpotentials $V_{\text{Elektr}}(\mathfrak{r})$ sollte nach dem Fockschen Ansatz [271] erfolgen, geschieht jedoch meist nach den Hartreeschen Gleichungen [236] unter anschließender Berücksichtigung des Pauliprinzips.

Das Potential der schweren Gitterbausteine $V_{\text{Kern}}(\mathfrak{r})$ kann nach Hartree berechnet werden. Quantitative Ergebnisse für die Elektroneneigenfunktionen lassen sich nach einer von Wigner und Seitz [271] ausgearbeiteten *Zellularmethode* erhalten, in der die Potentialfelder kugelsymmetrisch um die Atomrümpfe angenommen werden (vgl. auch [236] [124]).

Einfache — qualitative — Ergebnisse wurden von BLOCH [*14*] und BRILLOUIN [*12*] für die Näherung schwach bzw. stark gebundener Elektronen erhalten. Sie führen wieder zur Aufspaltung des Energiespektrums der Elektronen in erlaubte Bänder, die durch verbotene Zonen voneinander getrennt sind. Dabei sind die erlaubten Bänder um so breiter und die verbotenen Zonen um so schmaler, je höher die Energie ist.

b) Freie Elektronen im Kristallgitter

Von den freien Elektronen im Vakuum sind die Elektronen in einem Kristall — auch wenn sie sich in gewisser Weise frei bewegen können — zu unterscheiden. Bewegen sie sich z. B. mit einer Geschwindigkeit $\mathfrak{v}$ durch den Kristall, so besitzen sie, als Welle aufgefaßt, eine DE BROGLIE-Wellenlänge

$$\lambda = \frac{h}{m\,|\mathfrak{v}|} \tag{7}$$

und sind damit in der Lage, beim Durchgang durch das periodische Kristallgitter zu interferieren. Bei bestimmter Größe des Impulses werden die Elektronen den Kristall nicht in allen Richtungen durchdringen können. Sie erleiden in einigen Richtungen BRAGGsche Reflexionen. Der Kristall ist also nur für Elektronen in gewissen Energiebereichen „durchsichtig". Aber auch in diesen Energiebereichen (erlaubten Bändern) unterscheidet sich das durch den Kristall wandernde Elektron grundsätzlich von einem freien Elektron im Vakuum.

Man berücksichtigt — zunächst rein formal — den Einfluß des Kristallgitters auf die Elektronenbewegung, indem man von der Bewegungsgleichung

$$\mathfrak{K} = m_{\mathrm{eff}}\,\mathfrak{b} \tag{8}$$

ausgeht und bei bekannter wirkender Kraft $\mathfrak{K}$ und angebbarer Beschleunigung $\mathfrak{b}$ eine sog. *effektive Masse* des Elektrons definiert. Diese effektive Masse ist eine recht komplizierte Größe, die gewöhnlich tensoriellen Charakter hat (der Einfluß des Gitters auf die Elektronenbewegung ist ja nach dem oben Gesagten von der Bewegungsrichtung abhängig). Sie kann kleiner oder auch größer als die Elektronenmasse, ja sie kann sogar negativ werden (vgl. z. B. [*246*]).

Im Falle tiefliegender schmaler Bänder ist die effektive Masse sehr viel größer als die Elektronenmasse, das Gitter übt also einen starken bremsenden Einfluß auf die Elektronenbewegung aus. In einem sehr breiten Band (z. B. im Leitungsband) kann die effektive Masse am unteren Bandrand jedoch auch kleiner als die Elektronenmasse werden, in diesem Bereich begünstigt das Gitter die Elektronenbewegung. Im oberen Teil eines breiten Bandes wird die effektive Masse negativ. Hier wird die Bedingung für BRAGGsche Reflexionen um so besser erfüllt, je höher ein Elektron im Band steigt, d. h., aus einer in Kraftrichtung laufenden Welle wird immer stärker eine gegenläufige Welle herausgebeugt, die Elektronenbewegung also immer stärker verzögert, bis sie am oberen Bandrand in eine stehende Welle übergegangen ist. Die Elektronengeschwindigkeit ist hier gleich Null geworden [246][1].

Wir werden im folgenden bei der Behandlung der Leitfähigkeit fester Körper von dieser Näherungsdarstellung ausgehen und nur in Einzelfällen, so z. B. bei der Behandlung von Anregungs- oder Rekombinationsvorgängen, höhere Näherungen heranziehen. Die Ergebnisse höherer Näherungen sind teils noch zu undurchsichtig, teils noch nicht ausgewertet. Die Erforschung dieses Gebietes der Festkörperphysik ist noch im vollen Fluß.

Es soll nur kurz erwähnt werden, daß eine größere Zahl von Arbeiten mit höheren Näherungen schon vorliegen, z. B. über das Problem der Bewegung von Elektronen durch einen Kristall, bei dem der polarisierende Einfluß der Elektronen auf das Kristallgitter berücksichtigt wird *(Polaronen)* [198] [199] [148] [35] [129]. Andere Autoren versuchen, den Einfluß der Wechselwirkung frei beweglicher Elektronen untereinander zu berücksichtigen *(Mehrelektronentheorien)* [10] [275] [34] [238]. Auch sind bei der Behandlung der Wechselwirkung elektromagnetischer Strahlung mit fester Materie höhere Näherungen orientierend untersucht worden (angeregte Zustände, *Excitonenproblem*) [86] [237] [121].

28. Gitterstörungen und ihr Einfluß auf die Termstruktur im Bändermodell

Die Erfahrung lehrt, daß in der Festkörperphysik eine ganze Reihe von Erscheinungen, insbesondere die elektrische Leitfähigkeit, gewisse Teile der optischen Absorption, die Lumineszenz usf. in starkem Maße nicht nur von der chemischen Zusammensetzung im üblichen Sinne abhängen, sondern daß schon geringste Abweichungen von einer stöchiometrischen Zusammensetzung, Spuren von Verunreinigungen oder Gitterstörungen eine sehr empfindliche Veränderung jener Eigenschaften bewirken können.

Es ist daher notwendig, diese Abweichungen vom idealen, völlig regelmäßig aufgebauten, stöchiometrisch zusammengesetzten Kristall zu untersuchen und ihren Einfluß auf innere lichtelektrische Effekte anzugeben.

Um bereits einleitend eine Vorstellung von der Größe der zu erwartenden Effekte zu geben, sei gesagt, daß schon der Einbau von nur 10^{-5} *Ge-*

---

[1] In letzter Zeit haben eine Reihe von experimentellen Untersuchungen ergeben, daß die hier skizzierten einfachen Zusammenhänge in nichtregulären Kristallen sehr viel komplizierter sind (vgl. [225] [125]).

wichtsanteilen einer geschickt gewählten Fremdsubstanz (diese Menge liegt im allgemeinen nur wenig oberhalb der chemischen Nachweisgrenze) in den zu untersuchenden Kristall dessen Leitfähigkeit um *viele Größenordnungen* verändern kann.

Die Störungen des Idealkristalls lassen sich in vier Hauptgruppen einteilen:

Baufehler,

Fehlordnung,

sekundäre Störungen,

Störungen durch Gitterschwingungen,

die sich sowohl hinsichtlich ihrer Entstehungsursachen als auch ihrer räumlichen Verteilung und Ausdehnung, ihres Einflusses auf das physikalische Geschehen und ihrer formalen Behandlung unterscheiden.

a) Baufehler

Als *Baufehler* werden gewöhnlich alle diejenigen Störungen eines Kristalls bezeichnet, die räumlich ausgedehnter sind, sich also über den Bereich mehrerer Gitterkonstanten hinweg erstrecken und nicht quasi homogen über das Volumen des Kristalls verteilt sind.

Das sind z. B.:

innere oder äußere Oberflächen [*161a*]

Kristallitgrenzen,

Mosaikblockgrenzen [*50*],

Versetzungen (Dislokationen) [*142*] [*51*],

Einschlüsse anderer Phasen.

Die Verteilung dieser Baufehler läßt sich nicht elementar formal erfassen, sondern wird in gewissem Sinne irreversibel durch die „Geschichte des Kristallindividuums" festgelegt. So ist die Art der Kristallentstehung (Kristallisation) in hohem Maße für die Baufehler verantwortlich, aber auch eine mechanische Behandlung, wie z. B. die Ausübung von Druck oder Zug, kann Art und Größe der Baufehler verändern. Tempern bei höheren Temperaturen kann ein „Ausheilen" solcher Baufehler bewirken. Jeder Kristall unterscheidet sich daher von jedem anderen, auch wenn er die gleiche chemische Zusammensetzung besitzt und unter denselben Versuchsbedingungen hergestellt ist, durch unterschiedliche Art und Konzentration seiner Baufehler; er besitzt also eine ausgeprägte *Individualität*, die insbesondere an seiner Leitfähigkeit deutlich feststellbar ist.

b) Fehlordnung

Als *Fehlordnung* werden alle diejenigen Gitterstörungen bezeichnet, die quasi homogen über das Kristallvolumen verteilt sind, jeweils nur einzelne schwere Gitterbausteine betreffen (wenn man davon absieht, daß in der Umgebung einer Fehlordnungsstelle das Gitter deformiert ist), und die für sich eine stabile Ruhelage besitzen. Solche Fehlordnungen sind z. B. [151]:

Gitterlücken (SCHOTTKY-Fehlordnung [216] [263], vgl. Abb. III.5),

Zwischengitterplatzbesetzungen (FRENKEL-Fehlordnung [84], vgl. Abb. III.6),

Fehlbesetzungen gittereigener Atome,

Einbau einzelner Fremdatome auf Gitter- oder Zwischengitterplätzen,

Durch die Schwingungen der Gitteratome um ihre Ruhelage wird der Kristall in mikroskopischen Bereichen in sich ständig verändernder

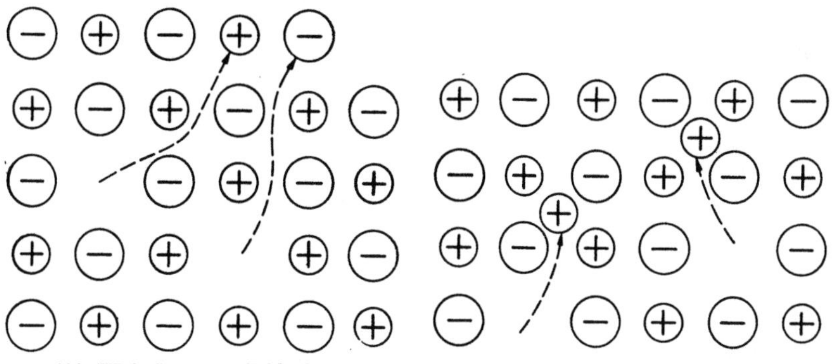

Abb. III.5. SCHOTTKY-Fehlordnung   Abb. III.6. FRENKEL-Fehlordnung

Weise deformiert. Ist an einer Stelle eine Deformation einmal besonders groß, so kann es vorkommen, daß ein schwerer Gitterbaustein aus seiner ursprünglichen Lage herausrutscht und — vorausgesetzt, das Gitter ist „locker" genug gebaut — auf einen Zwischengitterplatz wandert (Abb. III.6) bzw. unter Zurücklassen eines leeren Gitterplatzes an die Oberfläche des Kristalls gelangt (Abb. III.5). Diese Prozesse gehen dem Vorgang des Schmelzens voran, treten jedoch bereits bei bedeutend tieferen Temperaturen auf. Die Konzentration der Gitterlücken N_S bzw. der nach FRENKEL fehlgeordneten Atome N_F läßt sich im stationären Fall leicht angeben, wenn man die Energie kennt, die zur Bildung eines SCHOTTKY- bzw. eines FRENKEL-Defektes aufgewendet werden muß (E_S bzw. E_F). Sie liegt für viele Kristalle in der Größenordnung von 1 eV. Nach einfachen thermodynamischen Überlegungen ergibt sich in erster Näherung für die Konzentration der fehlgeordneten Atome

$$N_S = N_G\, e^{-\frac{E_S}{kT}} \qquad (9)$$

bzw.

$$N_F = N_G\, e^{-\frac{E_F}{2kT}}, \qquad (10)$$

wobei N_G die Konzentration der Gitteratome auf regulären Plätzen ist.

Mit sinkender Temperatur sollte diese Fehlordnung exponentiell abnehmen. Das gilt jedoch nur bis zu einer bestimmten Temperatur. Darunter bleibt der dann noch bestehende Fehlordnungsgrad erhalten (eingefrorene Fehlordnung), da auch zur Beseitigung der Fehlordnung eine gewisse Aktivierungsenergie erforderlich ist [z. B. zur Diffusion eines Atoms von einem Zwischengitterplatz zurück auf einen — räumlich entfernten — freien Gitterplatz (vgl. Abb. III.7)].

Theoretische Berechnungen der Fehlordnungsenergie liegen erst für einige Spezialfälle hypothetischer Kristalle (z. B. einatomige heteropolare Kristalle mit Gitterfehlstellen [182] [207]) vor. Eine experimentelle Bestimmung der Fehlordnungsenergie ist über die Messung der Diffusion bzw. der Ionenleitung möglich.

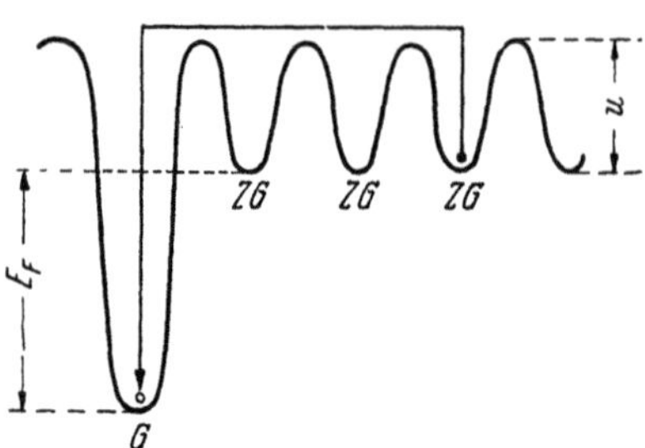

Abb. III.7. Potentialverlauf in einem Gitter mit Zwischengitterplätzen. *G* Gitterplatz; *ZG* Zwischengitterplatz; E_F Fehlordnungsenergie; *U* Aktivierungsenergie für eine Bewegung von einem Zwischengitterplatz zum benachbarten Zwischengitterplatz

Einen besonders starken Einfluß auf die Leitfähigkeit von nichtmetallischen Festkörpern üben jedoch meist die *Verunreinigungen* aus. Bedenkt man, daß auch besonders hoch gereinigte Kristalle immer noch mehr als 10^{-6} Gewichtsanteile gitterfremder Elemente enthalten, da ja die chemische Nachweisgrenze im allgemeinen bei 10^{-6} relativer Anteile liegt, so bedeutet das, daß in einem Kubikzentimeter des Kristalls immer noch mindestens 10^{16} Fremdatome vorhanden sind oder daß in einem Kubus von 100 Atomabständen Kantenlänge im Mittel ein Fremdatom eingebaut ist. Abgesehen von einer Störung des Kristallaufbaues an der Stelle, an der sich das Fremdatom im Kristallgitter befindet, kann es das elektrische Geschehen in großem Umkreis um diese gestörte Stelle maßgeblich beeinflussen, worauf wir weiter unten noch näher eingehen werden.

c) Sekundäre Gitterstörungen

Als *sekundäre Störungen* sollen solche Abweichungen von der idealen Gitterperiodizität bezeichnet werden, bei denen die Gitterbausteine nach Fortfall der störenden Ursache selbständig wieder in ihre alte Ruhelage zurückkehren (abgesehen von Gitterschwingungen). Es sind dies z. B.

Gitterstörungen in der Umgebung einer Fehlordnungsstelle,

Polaronen,

Excitonen.

Bewegt sich ein Elektron — nicht allzu schnell — durch das Kristallgitter, so wird das Gitter am jeweiligen Orte des Elektrons polarisiert. Dabei können sich auch die schweren Gitterbausteine etwas verschieben.

Das Elektron führt also während seiner Wanderung durch den Kristall außer seiner Masse auch noch diese Polarisationswolke mit. Man nennt es nach PEKAR [198] *Polaron*. Seine effektive Masse wird sich gegenüber dem nichtpolarisierenden Elektron vergrößern.

Eine Reihe von Autoren behauptet, daß ein Elektron in einem solchen Polarisationspotentialtopf, den es selbst geschaffen hat, eingefangen bleiben kann, d. h. bei tiefen Temperaturen seine freie Beweglichkeit durch das Kristallgitter verliert (vgl. [147] [Z 32] [162]). MARKHAM und SEITZ zeigen in diesem Zusammenhang, daß die Bindungsenergie eines sich selbst fangenden Elektrons im NaCl-Kristall etwa 0,13 eV beträgt.

PEKAR u. a. [199] [259] hingegen behaupten, daß eine solche Selbstlokalisation nicht möglich ist, und daß lediglich eine Vergrößerung der effektiven Masse und eine Beeinflussung der Beweglichkeit auftritt. Die widersprechenden Ergebnisse sind zum Teil dadurch zu erklären, daß verschiedene Näherungen benutzt wurden; einmal die adiabatische Näherung für starke Kopplung mit dem Gitter, das andere Mal wurde die Störungstheorie auf das Wechselwirkungsglied mit dem Gitter bei schwacher Kopplung angewendet. Dabei werden im ersten Fall hauptsächlich die Verhältnisse in heteropolaren, im zweiten Falle bevorzugt in homöopolaren Kristallen beschrieben (vgl. auch [129]). Trotz dieser nicht ganz einheitlichen theoretischen Ergebnisse, und obwohl ein eindeutiger experimenteller Beweis der Existenz von Polaronen bis heute noch aussteht, dürfte ihre physikalische Realität wohl unumstritten sein.

Ebenfalls noch weitgehend ungeklärt ist der *Excitonenzustand*. Jedoch ist in letzter Zeit eine Reihe von Experimenten bekanntgeworden [5] [6] [104] [103], die sich nur unter der Annahme der Existenz von Excitonen einfach deuten lassen. Nach der Excitonenvorstellung wird bei der Absorption eines Lichtquantes im Kristall ein Kristallatom angeregt, aber nicht ionisiert, also kein Leitungselektron geschaffen. Dieser angeregte Zustand eines Kristallatoms, der durch quantenmechanische Resonanz mit seinem Nachbaratom ausgetauscht werden und damit durch den Kristall wandern kann [86] [237] (ohne daß dabei ein Strom fließt), wird als *Exciton* bezeichnet. Die energetische Lage des Excitonenbandes ist von WANNIER [266] in recht grober Näherung berechnet worden (aus der Lösung eines Wasserstoffmodells mit einem Elektron und einem Defektelektron im Medium der Dielektrizitätskonstante ε). Bei höheren Temperaturen kann ein solches Exciton dissoziieren und damit Ladungsträger (Elektron und Defektelektron) schaffen.

d) Gitterschwingungen

Gitterschwingungen stellen ebenfalls Periodizitätsstörungen des Kristalls dar, die einen starken Einfluß auf die Leitfähigkeit ausüben. Erst ihre Berücksichtigung führt bei der quantenmechanischen Behandlung zu einem endlichen Wert für die elektronische Leitfähigkeit fester Körper (ein ungestörtes periodisches Gitter ergibt eine unendlich große Beweglichkeit, vgl. [242]). Die Gitterschwingungen können in einfacher

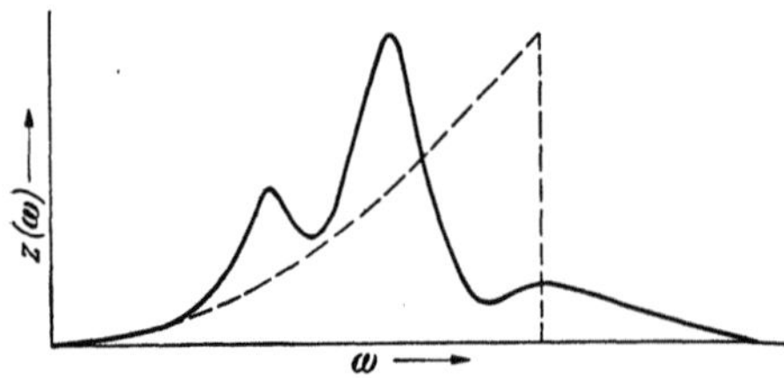

Abb. III.8. Gitterschwingungsspektrum eines NaCl-Kristalls nach KELLERMANN. [$Z(\omega)$ ist die Verteilungsfunktion, welche die Anzahl der Eigenfrequenzen pro Frequenzintervall angibt]; gestrichelt: Verteilungsfunktion nach DEBYE

Weise als Pendelschwingungen der Atome aufgefaßt werden. Das Frequenzspektrum der Gitterschwingungen läßt sich mit Hilfe der Gittertheorie von BORN und v. KÁRMÁN [36] [155] angeben (vgl. Abb. III.8). Es ist sinnvoll, zwei Arten von Gitterschwingungen zu unterscheiden, je nachdem, ob benachbarte Ionen gegeneinander oder miteinander schwingen. Im ersten Fall spricht man von optischen, im zweiten Fall von akustischen Gitter-

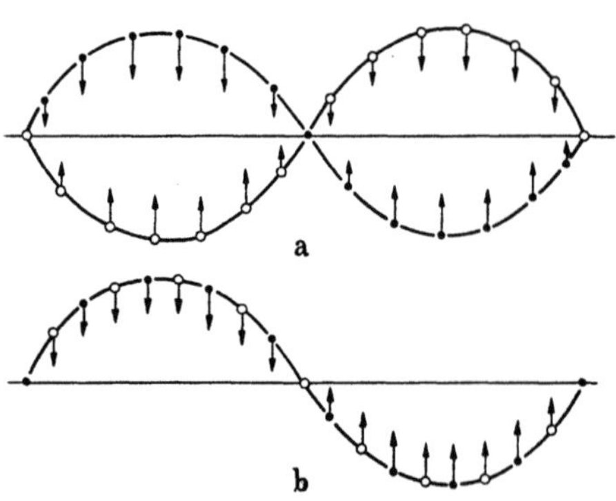

Abb. III.9. Schematische Darstellung von (a) optischen und (b) akustischen Gitterschwingungen. Im ersten Fall schwingen benachbarte Gitterbausteine gegeneinander (hohes Dipolmoment), im zweiten Falle miteinander

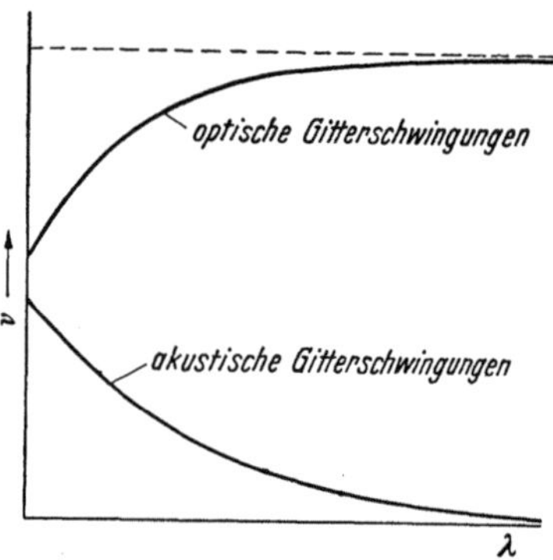

Abb. III.10. Zusammenhang von Frequenz und Wellenlänge der Gitterschwingungen im akustischen und optischen Zweig

schwingungen (vgl. Abb. III.9). Bei heteropolar gebundenen Kristallen besitzen die optischen Schwingungen ein großes elektrisches Dipolmoment. Eine Übersicht über den Zusammenhang zwischen Frequenz und Wellenlänge beider Arten von Gitterschwingungen vermittelt Abb. III.10 [265].

e) Terme in der verbotenen Zone

Wir wollen kurz angeben, welchen Einfluß die aufgezählten Gitterstörungen auf die Termstruktur des Bändermodells ausüben. Jede Störung der idealen Gitterperiodizität bewirkt an der Stelle, an der sie auftritt, eine Veränderung der Bänderstruktur. Handelt es sich dabei um Störungen, die als Veränderung der Gitterkonstanten aufgefaßt werden können, so ergeben sich dadurch Veränderungen der Breite der Bänder. Das ist leicht einzusehen, wenn man berücksichtigt, daß gerade die Aufspaltung der Atomterme in Bänder eine Folge der Zusammenführung der Atome zu einem Kristallgitter ist, und daß die Größe dieser Aufspaltung entscheidend vom gegenseitigen Abstand der Atome abhängt.

Einfache Periodizitätsstörungen, die z. B. durch den Einbau von Fremdatomen oder durch Besetzung von Zwischengitterplätzen entstehen, führen dagegen zu Termen im Bändermodell, die gewöhnlich in den verbotenen Zonen — insbesondere zwischen Valenz- und Leitungsband — liegen. Diese Terme sind relativ scharf und räumlich am Orte der Gitterstörung lokalisiert (der quantenmechanische Austauscheffekt, der zu einer Aufspaltung der Terme von Gitteratomen zu den Bändern führt, fällt ja z. B. bei einzelnen Fremdatomen fort).

Zur Erläuterung soll als besonders einfaches Beispiel ein Germaniumkristall betrachtet werden. Die Germaniumatome sind homöopolar aneinander gebunden. Jedes Atom stellt jedem seiner vier Nachbarn ein

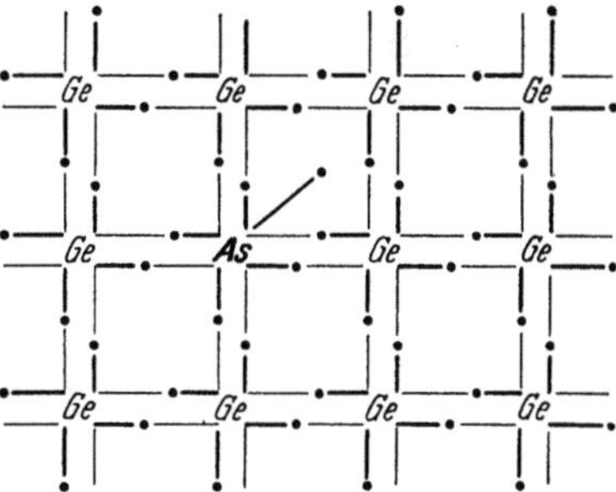

Abb. III.11. Ein in einem Germaniumkristall eingebautes fünfwertiges Arsenatom auf einem Gitterplatz führt zur Bildung eines Donators

Valenzelektron zur Verfügung, das es dann gemeinsam mit seinen Nachbarn zur Ergänzung der Achterschale benutzt (Abb. III.11). Diese Elektronen füllen gerade das Valenzband vollständig auf. Das darüberliegende Leitungsband ist durch eine verbotene Zone von 0,76 eV Breite vom Valenzband getrennt. Germanium ist demnach ein Isolator. Wird nun an Stelle eines Germaniumatoms ein fünfwertiges Arsenatom eingebaut, so besitzt dieses infolge seiner höheren Wertigkeit ein Elektron mehr. Dieses Elektron wird im Gitter bedeutend loser an das Arsenatom gebunden als die übrigen vier zur Gitterbindung benötigten Elektronen. Es wird daher in der Nähe des Arsenatoms herumvagabundieren und leicht von ihm zu trennen sein (Ionisation). In erster Näherung kann die Bindungsenergie berechnet werden, wenn man ein wasserstoffähnliches Modell [13] zugrunde legt: Um den einfach positiv geladenen „Kern" (das Arsenion) · kreist im Medium mit der Dielektrizitätskonstante ε (im Germanium ist $\varepsilon = 16{,}1$) das lose gebundene Elektron. Der Radius der ersten Bohrschen Bahn dieses Quasiwasserstoffatoms ist dann

$$a = \frac{\varepsilon\,\hbar^2}{m\,e_0^2} \approx 8,5 \text{ Å} . \tag{11}$$

Die Ionisierungsenergie des Elektrons beträgt

$$\Delta E = \frac{m\,e_0^4}{\varepsilon^2\,2\,\hbar^2} \approx 0,05 \text{ eV}, \tag{12}$$

ist also, verglichen mit der Breite der verbotenen Zone, äußerst klein.
Das bedeutet im Bändermodell, daß etwa 0,05 eV von der unteren Kante

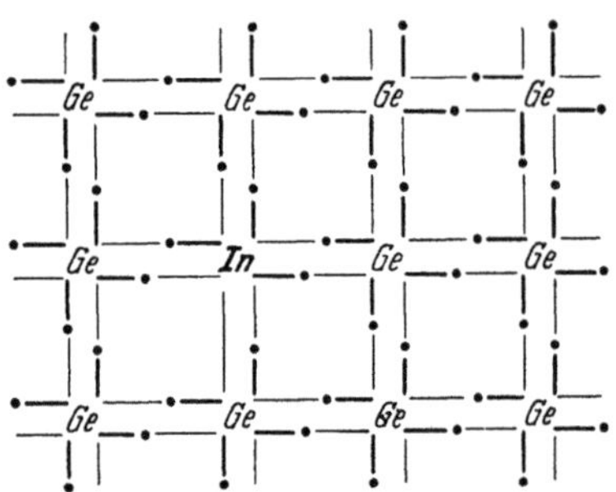

Abb. III.12. Ein in einem Germaniumkristall
eingebautes dreiwertiges Indiumatom auf einem
Gitterplatz führt zur Bildung eines Akzeptors
(unvollständige Bindung)

des Leitungsbandes entfernt an der Stelle, an der sich das Arsenatom befindet, ein Term auftritt, der bei neutralem Arsenatom mit einem Elektron besetzt ist. Bereits bei Zimmertemperatur kann das Elektron durch thermische Anregung in das Leitungsband gehoben werden. Im Gegensatz zu seiner räumlich fixierten Lage am Störterm ist es nun beweglich und kann sich am Stromtransport beteiligen. Man nennt solche Fremdatome, da sie leicht Leitungselektronen abgeben, auch *Spender* oder *Donatoren*, die entsprechenden Terme *Donatorterme*.

Ein dreiwertiges Element, wie z. B. Indium, das auf einem Gitterplatz im Germanium eingebaut wird, versucht zur Ergänzung seiner Bindung ein Elektron (das z. B. im Leitungsband herumvagabundiert) einzufangen (vgl. Abb. III.12). Ein solches Atom wirkt als *Elektronenfänger* oder *Akzeptor*. Es gibt zur Schaffung eines Termes dicht oberhalb des Valenzbandes, eines sog. *Akzeptortermes*, Veranlassung. Ist das Atom im elektrisch neutralen Zustand eingebaut, so ist der Term unbesetzt; im besetzten Zustand ist der Akzeptor negativ geladen. Man kann daher für Donatoren D und Akzeptoren A die folgenden Umladungsgleichungen schreiben

$$D^\times \to D^+ + \ominus \tag{13}$$

und

$$A^\times \to A^- + \oplus , \tag{14}$$

wobei das schräggestellte Kreuz den neutralen Zustand der Störstelle symbolisieren soll und $\ominus$ ein Elektron sowie $\oplus$ ein Defektelektron bedeutet. Im Bändermodell werden diese Terme in der aus Abb. III.13 ersichtlichen Weise eingezeichnet.

In ähnlicher Weise, wie das hier am Germanium gezeigt wurde, werden durch Gitterstörungen Terme in der verbotenen Zone geschaffen, die je nach Art der Störung eine unterschiedliche energetische Lage und unterschiedliche Eigenschaften hinsichtlich ihrer Besetzungsmöglichkeit mit Elektronen aufweisen. Diese Störterme beeinflussen das physikalische Geschehen in mannigfacher (oft entscheidender) Weise. So bestimmen sie in von der Substanz abhängigen Temperaturbereichen wesentlich die elektronische Leitfähigkeit, verändern in gewissen Frequenzbereichen die optische Absorption, verursachen die Lumineszenz der Kristalle usf.

Da man in der Festkörperphysik zunächst von der experimentellen Seite Aufschluß über die Störtermspektren zu erhalten suchte und sich

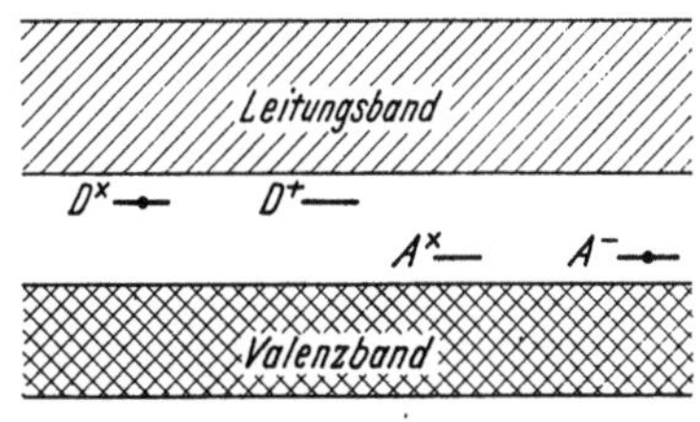

Abb. III.13. Energetische Lage und Ladungszustände von Donator- und Akzeptortermen im Bändermodell

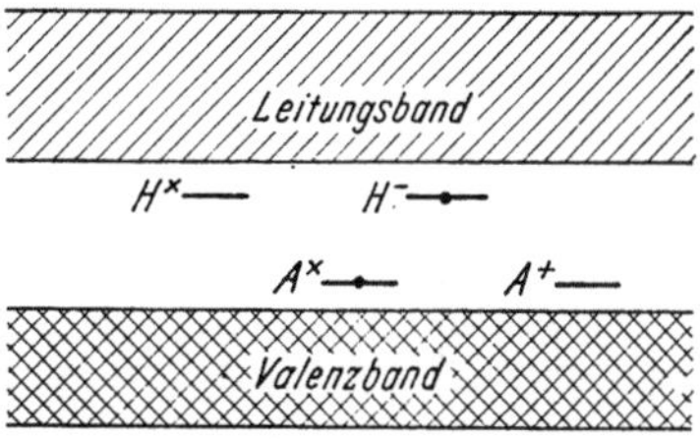

Abb. III.14. Energetische Lage und Ladungszustände von Haft- und Aktivatortermen im Bändermodell

dabei unterschiedlicher Untersuchungsmethoden bediente, haben sich auch unterschiedliche Bezeichnungsweisen für diese Störterme eingebürgert, deren hauptsächlichste Vertreter, soweit sie im Rahmen dieses Buches von Interesse sind, hier kurz angeführt werden mögen:

In der Halbleiterphysik (Untersuchung der Leitfähigkeit und verwandter Eigenschaften fester Körper) spricht man in der oben angegebenen Weise von Donatoren und Akzeptoren.

In der Physik der Luminophore spricht man dagegen meist von *Aktivatoren* (Störterme, die eine Lumineszenz hervorrufen) und von *Haftstellen* (Störterme, an denen Elektronen anhaften können). Dabei befinden sich die Aktivatoren gewöhnlich etwas oberhalb des Valenzbandes, die Haftterme dicht unterhalb des Leitungsbandes (vgl. Abb. III.14 [*13*])

Bei der optischen Absorption in Alkalihalogeniden unterscheidet man eine große Zahl verschiedener Störterme, die als Zentren je nach der Lage ihrer Absorptionsbande mit verschiedenen Buchstaben, so z. B. mit F, F', α, β, M, N, V_1, V_2, ... usf., bezeichnet werden. Am bekanntesten sind die F-Zentren, die sog. *Farbzentren*.

29. Elektronische Leitfähigkeit

Infolge ihrer thermischen Energie (im Leitungsband von Halbleitern beträgt ihre Geschwindigkeit bei Zimmertemperatur im Mittel etwa 10^7 cm/sec) sind die Elektronen in einem Kristall in ungeordneter Bewegung. Dabei kann ein Elektron nur eine relativ kurze

Strecke „geradlinig" zurücklegen, nämlich bis es mit irgendeinem Atom des realen Kristallgitters zusammenstößt und dadurch von seiner Bahn abgelenkt wird. Auf seinem Flug durch das Kristallgitter wird das Elektron über sein Coulombfeld in Wechselwirkung mit dem Gitter treten, das ja seinerseits aus elektrisch geladenen Teilchen aufgebaut ist und die Bahn des Elektrons mehr oder minder stark beeinflußt. Die so zustande kommende Bewegung des Elektrons durch den Kristall ist außerordentlich kompliziert und grundsätzlich nicht mathematisch exakt zu behandeln (Lösung eines Vielkörperproblems).

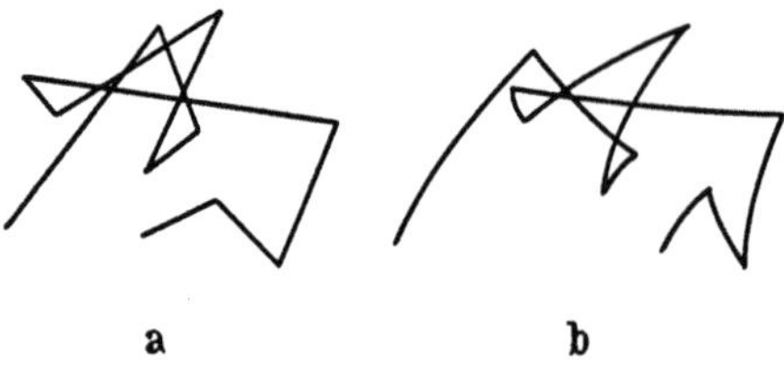

Abb. III.15. Elektronenbahn im Kristall (a) ohne äußeres Feld, (b) bei angelegtem äußeren Feld (Krümmung stark übertrieben gezeichnet)

Es zeigt sich jedoch, daß bereits die wesentlichen Züge der Elektronenbewegung richtig erfaßt werden, wenn man diese komplizierte Bewegung näherungsweise so beschreibt, als wäre sie aus vielen geraden Stücken zusammengesetzt, die jeweils dort mit einem Knick aufeinandertreffen, wo im Kristallgitter ein Stoß mit sehr starker Winkelablenkung erfolgt (vgl. Abb. III.15a). Diese Darstellung ermöglicht die Einführung des Begriffes der *mittleren freien Weglänge l* und unter Verwendung der mittleren thermischen Geschwindigkeit v auch der *mittleren freien Flugzeit τ*

$$\tau = \frac{l}{v}.$$ (15)

Wird nun ein elektrisches Feld F an den Kristall gelegt, so können die Elektronen (im Leitungsband) für die Dauer ihrer freien Flugzeit Energie aus dem Feld aufnehmen (Abb. III.15b); sie bewegen sich dann beschleunigt durch den Kristall. DRUDE [66] konnte zeigen, daß sich mit einer einfachen Zusatzannahme die Theorie der elektrischen Leitfähigkeit in beachtlicher Übereinstimmung mit dem Experiment aufbauen läßt. Nach dieser Annahme soll bei jedem Stoß des Elektrons mit dem Gitter die gesamte aus dem Feld aufgenommene Energie wieder an das Gitter abgegeben werden.

Aus der Bewegungsgleichung (in Feldrichtung)

$$m\,\dot{v} = e_0 F$$ (16)

ergibt sich als mittlere Zusatzgeschwindigkeit während eines freien Fluges[1]

$$\Delta v = \frac{e_0}{m} F\tau.$$ (17)

---

[1] Wenn man berücksichtigt, daß die mittleren freien Weglängen im allgemeinen bei etwa 100 Å liegen, dann ergibt sich bei einer angelegten Feldstärke von $10^2\,\mathrm{V/cm}$, daß ein Elektron zwischen zwei Stößen eine Potentialdifferenz von etwa $10^{-4}\,\mathrm{V}$

Die Stromdichte berechnet sich durch Summation über alle Leitungselektronen n in einem Kubikzentimeter des Kristalls

$$i = e_0 \frac{e_0}{m} \tau \, n F \, . \tag{18}$$

Die Verbesserungen, die an diesen elementaren Überlegungen von LORENTZ [159] und später von SOMMERFELD [241] durchgeführt wurden, betreffen besonders das physikalische Geschehen in einem Metall (insbesondere durch die Einführung der Quantenstatistik).

a) Beweglichkeit

Unter Einführung der *Beweglichkeit* der Elektronen

$$\mu_n = \frac{e_0}{m} \tau \tag{19}$$

ergibt sich für die Leitfähigkeit eines Halbleiters, bei dem nur die Elektronen im Leitungsband zum Strom einen Beitrag liefern,

$$\sigma = e_0 \, n \, \mu_n \, . \tag{20}$$

Für die Bewegung von Defektelektronen im Valenzband lassen sich die obigen Überlegungen in ganz analoger Weise übertragen. Mit der entsprechenden Beweglichkeit für Defektelektronen μ_p und ihrer Konzentration p ergibt sich dann für die Leitfähigkeit im allgemeinen Fall

$$\sigma = e_0(n \, \mu_n + p \, \mu_p) \, . \tag{21}$$

Ist der erste Summand von Gl. (21) für die Leitfähigkeit ausschlaggebend, so spricht man von *Überschußleitung*, im anderen Falle von *Defektleitung*.

Bei der Behandlung der Leitfähigkeit nichtmetallischer fester Körper wird es sich darum handeln, Art und Konzentration der Ladungsträger sowie ihre Beweglichkeit zu bestimmen.

Wir wollen uns zunächst dem letzteren Problem zuwenden.

Zur Berechnung der Beweglichkeit muß die Wechselwirkung der Ladungsträger — wir berücksichtigen hier zunächst nur Leitungselektronen — mit dem realen Gitter behandelt werden. Wie bereits oben erwähnt, ist eine exakte Lösung mathematisch unmöglich, so daß zu Näherungsbetrachtungen übergegangen werden muß. Zu diesem Zweck teilt man das Gitter in eine Reihe von Untersystemen auf und berücksichtigt — soweit wie möglich — den Einfluß dieser Untersysteme (jeweils allerdings auch wieder als Näherungsbetrachtung) auf die Bewegung des Elektrons. Als Untersysteme wurden bisher behandelt:

---

durchläuft. Damit beträgt sein Geschwindigkeitszuwachs gegenüber der thermischen Geschwindigkeit bei Zimmertemperatur nur etwa $2^0/_{00}$. Die Darstellung in Abb. III.15 b ist also stark übertrieben und nur im Bereich der Durchbruchsfeldstärke in dem angegebenen Maße realisiert.

das Gitter mit seinen thermischen Gitterschwingungen (aber ohne Fehlordnung und Baufehler),

das als Kontinuum aufgefaßte Gitter mit geladenen Störatomen,

das als Kontinuum aufgefaßte Gitter mit ungeladenen Störatomen,

das Gitter mit räumlich ausgedehnten Störungen,

das Gitter mit seinen thermischen Schwingungen unter Berücksichtigung sekundärer Störungen (Polaronen) [198],

erste Ansätze zur Berücksichtigung der Elektron-Elektron- bzw. Elektron-Defektelektron-Wechselwirkung [60a].

Die resultierende Gesamtbeweglichkeit errechnet sich dann durch geeignete Superponierung der aus den Untersystemen berechneten Teilbeweglichkeiten, z. B.:

$$\frac{1}{\mu} = \frac{1}{\mu_s} + \frac{1}{\mu_I}, \tag{22}$$

wobei μ_s die Beweglichkeit ist, die sich allein durch Berücksichtigung der Gitterschwingungen ergibt, und μ_I die Beweglichkeit ist, die sich bei Berücksichtigung der Streuung an geladenen Fremdatomen errechnet.

BARDEEN und SHOCKLEY [9] haben μ_s unter Berücksichtigung einer elastischen Streuung von Elektronen an akustischen Gitterschwingungen (insbesondere also für homöopolar gebundene Kristalle) unter der Annahme kugelförmiger Energieniveauflächen berechnet und erhalten

$$^{ak}\mu_s = \frac{(8\,\pi)^{1/2}\,\hbar^4\,C_{ll}}{3\,E_m^2\,m_{eff}^{5/2}\,k^{3/2}}\,T^{-3/2} \sim T^{-3/2}. \tag{23}$$

Hierbei ist C_{ll} eine elastische Konstante und E_m eine dem Experiment entnehmbare mit der Druckverschiebung des Leitungsbandes zusammenhängende Energiegröße. Die Beweglichkeit nimmt mit wachsender Temperatur gemäß einem Potenzgesetz ab. Experimentelle Untersuchungen von PEARSON und BARDEEN [192] am Si liefern mit der Theorie übereinstimmende Ergebnisse.

Für polare Substanzen haben FRÖHLICH und MOTT [93] [94] [131a] unter Berücksichtigung der optischen Gitterschwingungen die Beweglichkeit ausgerechnet. Sie erhalten unter der Annahme, daß eine vollständige Energieübertragung bei jedem Stoß stattfindet

$$^{opt}\mu_s = 2\left(\frac{3}{\pi\,m\,k\,\Theta}\right)\frac{\varepsilon - \varepsilon_0 + 1}{\varepsilon - \varepsilon_0}\frac{\hbar^2}{m\,c}\left(\exp\left(\frac{\Theta}{T}\right) - 1\right), \tag{24}$$

wobei Θ die DEBYE-Temperatur des Kristalls und ε_0 die Vakuum-Dielektrizitätskonstante ist.

CONWELL und WEISSKOPF [58] haben die Beweglichkeit der Elektronen bei Streuung an geladenen Fremdatomen behandelt (Rutherfordstreuung) (vgl. auch [43a] [60a] [63a]). Sie leiten für den nichtentarteten Fall die Formel

$$\mu_I = \frac{8}{\pi} \sqrt{\frac{2}{\pi}}\; T^{3/2}\; \frac{\varepsilon^2\, k^{3/2}}{N_I\, e_0^3\, m_{eff}^{1/2} \ln\left[1 + \left(\dfrac{3\,\varepsilon\, k\, T}{e^2\, N_I^{1/3}}\right)^2\right]} \sim T^{3/2} \qquad (25)$$

ab, wobei N_I die Konzentration der geladenen Störatome ist. Im entarteten Fall (für hohe Temperaturen) ist die Beweglichkeit dann temperaturunabhängig

$$\mu_I' = \frac{4}{\pi} \sqrt[3]{\frac{\pi}{3}}\; \frac{e_0}{h\, N_I^{2/3}}, \qquad (26)$$

wie JOHNSON und LARK-HOROWITZ [138] gezeigt haben.

Die Beweglichkeit in einem Kristall, der nur neutrale Störstellen besitzt, ist schließlich von ERGINSOY [70] untersucht worden (Streuung am Wasserstoffatom in einem homogenen Medium der Dielektrizitätskonstanten ε). Die sich hier ergebende Beweglichkeit ist unabhängig von der Temperatur:

$$\mu_N = \frac{1}{20}\; \frac{m_{eff}\, e_0^3}{\varepsilon\, \hbar^3\, N_N}, \qquad (27)$$

hierbei ist N_N die Konzentration der neutralen Störatome.

Die von DEXTER und SEITZ [62a] berechnete Wechselwirkung von Elektronen mit Dislokationen (z. B. mit Gitterstörungen, die bei der Kaltverformung von Kristallen entstehen) ergibt Beweglichkeiten, die proportional mit T wachsen,

$$\mu_V = \alpha\, T, \qquad (28)$$

wobei α ein temperaturunabhängiger Faktor ist.

Für die Angabe der resultierenden Beweglichkeit ist zunächst zu entscheiden, welche der angeführten Einflüsse die Beweglichkeit im untersuchten Parameterbereich (Temperatur, Störtermkonzentration, Gitterbindung, Vorbehandlung usw.) hauptsächlich bestimmen. Es muß jedoch bemerkt werden, daß bei dem augenblicklichen Stand der Theorie infolge der zum Teil recht groben Näherungen eine zuverlässige Berechnung der Beweglichkeit nicht möglich ist. Die erhaltenen Werte stimmen jedoch größenordnungsmäßig mit den experimentell gefundenen Werten überein. Insbesondere wird die Parameterabhängigkeit (z. B. die Temperaturabhängigkeit) manchmal recht gut wiedergegeben.

Diese theoretisch angebbare Beweglichkeit wird auch als *mikroskopische Beweglichkeit* bezeichnet. Experimentell kann die Beweglichkeit nicht allein aus der Leitfähigkeit bestimmt werden, da in ihr das Produkt zweier unbekannter Größen, nämlich von Konzentration und Beweglichkeit enthalten ist. Daher ist die Ausführung mindestens eines weiteren unabhängigen Experimentes notwendig, das die Meßgrößen Konzentration und Beweglichkeit in anderer Kombination enthält. Es ist eine größere Zahl von Experimenten bekannt, die diese Bedingung erfüllen, also zur Bestimmung der Beweglichkeit benutzt werden können.

Bei der Auswertung dieser Experimente ist man wiederum gezwungen, Näherungsrechnungen durchzuführen, die für verschiedene Experimente auch verschieden sind, so daß man etwas voneinander abweichende Ergebnisse erhält. Es ist daher sinnvoll, bereits mit der Bezeichnungsweise zum Ausdruck zu bringen, durch Auswertung welcher Experimente eine Beweglichkeit bestimmt wurde.

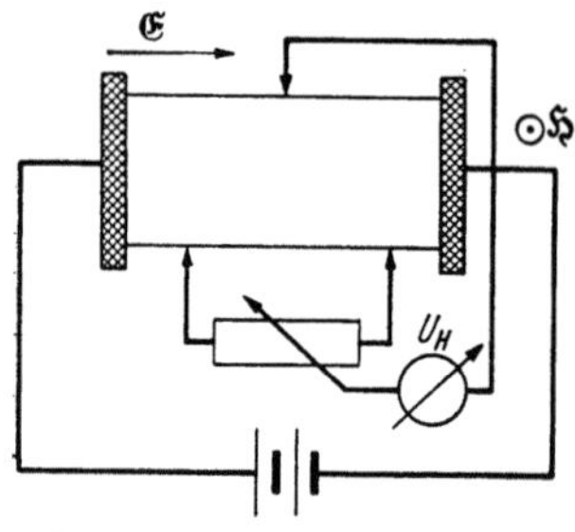

Abb. III.16. Anordnung zur Messung des Hallwinkels Θ

b) Experimentelle Beweglichkeitsbestimmung

Als Methoden zur Beweglichkeitsbestimmung lassen sich verwenden:

die Messung des Halleffektes,
     der magnetischen Widerstandsänderung,
     der Thermokraft,
     des Elektronenrauschens,
     des Print-out-Effektes,
     der Injektion von minority carriers

sowie Untersuchungen der Reaktionskinetik, die eine Aussage über die Stromträgerkonzentration ermöglichen.

Überlagert man einem an einen Kristall angelegten elektrischen Feld ein dazu senkrechtes magnetisches Feld, so entsteht durch Verschiebung der Stromfäden infolge der Lorentzkraft senkrecht zu beiden Feldern eine zusätzliche Spannung, die sog. *Hallspannung* [243]. Der Stromvektor dreht sich unter dem Einfluß des Magnetfeldes gegen die Richtung des äußeren angelegten elektrischen Feldes. Der Winkel, den die beiden Vektoren einschließen, ist der Hallwinkel Θ, der mit einer aus Abb. III.16 ersichtlichen Anordnung meßbar ist. Zwischen der magnetischen Feldstärke H und dem Hallwinkel Θ besteht die Beziehung

$$\operatorname{tg} \Theta = \frac{e_0}{m_{eff}} \tau_H \frac{H}{c} \tag{29}$$

(c ist die Lichtgeschwindigkeit).

Entsprechend der Definition Gl. (19) kann $\dfrac{e_0}{m_{eff}} \tau_H$ als Beweglichkeit gedeutet werden. τ_H ist hier eine der mittleren freien Flugzeit verwandte Größe (Relaxationszeit). Die explizite Berechnung ergibt, daß sich diese

Hallbeweglichkeit

$$\mu_H = \frac{c \, \mathrm{tg}\, \Theta}{H} \tag{30}$$

lediglich um Zahlenfaktoren der Größenordnung 1 von den bisher behandelten mikroskopischen Beweglichkeiten unterscheidet, worüber Tab. III.1 Aufschluß gibt.

Tabelle III.1.

Verhältnis der Hallbeweglichkeit zu verschiedenen mikroskopischen Beweglichkeiten

μ_i	$^{ak}\mu_s$	$^{opt}\mu_s$	μ_I
$\dfrac{\mu_H}{\mu_i}$	$\dfrac{3\pi}{8} \approx 1{,}18$	1	$\dfrac{315\,\pi}{512} \approx 1{,}93$

Die Theorie des Halleffektes wurde zunächst unter Berücksichtigung kugelförmiger Energieniveauflächen durchgeführt.

Eine Verbesserung wurde von SHOCKLEY [234] vorgeschlagen, nachdem sich Abweichungen von Ergebnissen sehr genauer experimenteller Untersuchungen am Germanium [233] [194] ergaben.

Beim Anlegen eines *longitudinalen magnetischen Feldes ändert sich die Leitfähigkeit* eines Kristalles. Die Elektronen werden aus ihrer geradlinigen Bahn zwischen zwei Stößen etwas abgelenkt, ihre Bahn gekrümmt und damit die Bedingungen für die Streuung der Elektronen geändert. Theoretisch wurde der Effekt von SEITZ [229], PEARSON und SUHL [193] [195] [252] behandelt. Aus der meßbaren Änderung $\Delta\varrho$ des spezifischen Widerstandes ϱ in einem Magnetfeld H ergibt sich die entsprechende Beweglichkeit

$$\mu_{\varrho,H} = \left\{\frac{\Delta\varrho}{3{,}8\cdot 10^{-17}\,\varrho\,H^2}\right\}^{1/2}. \tag{31}$$

Aus Messungen der *differentiellen Thermokraft* $\dfrac{dU}{dT}$ läßt sich nach Untersuchungen von LARK-HOROWITZ [150] die Elektronenkonzentration (bei n-Leitern) entnehmen (vgl. auch [122] [273])

$$\frac{dU}{dT} = \frac{k}{e_0}\left\{\ln\frac{n\,h^3}{2\,(2\pi\,m_{eff}\,kT)^{3/2}} - 2\right\}. \tag{32}$$

Wird gleichzeitig die Leitfähigkeit gemessen, so läßt sich damit sofort die Beweglichkeit angeben.

Unter geeigneten Versuchsbedingungen läßt sich der *Schroteffekt* [11] in Halbleitern messen [20] [53]. In das Stromschwankungsquadrat geht direkt die Beweglichkeit ein:

$$\overline{i^2_{\mathrm{Schrot}}} = \frac{4\,e_0\,\mu\,F\,\tau_L}{R}\,\frac{\Delta\nu}{1+(\omega\,\tau_L)^2}, \tag{33}$$

wobei τ_L die mittlere Aufenthaltsdauer eines Elektrons im Leitungsband, R der Widerstand des Halbleiters, $\nu = \dfrac{\omega}{2\pi}$ die betrachtete Frequenz und $\Delta\nu$ die Bandbreite des verwandten Verstärkers (hier wurde $\Delta\nu \ll \dfrac{1}{\tau}$ vorausgesetzt) ist [22] [23] [33].

Bei den Silberhalogeniden eignet sich der *Print-out-Effekt* (Schwärzung bei Lichtbestrahlung) zur Messung der Beweglichkeit. Nach MOTT und GURNEY [Z 32] werden durch Lichteinstrahlung im Kristall freie Elektronen geschaffen, die sich infolge ihrer thermischen Energie ungeordnet durch das Gitter bewegen. Sie können sowohl Silberionen neutralisieren wie auch Silberatome aufladen und damit negative Störzentren bilden. An diesen Störzentren lagern sich sukzessive weitere Silberatome an und bilden Silberkolloide, ein Vorgang, der durch die relativ hohe Beweglichkeit der Silberionen im Gitter möglich ist.

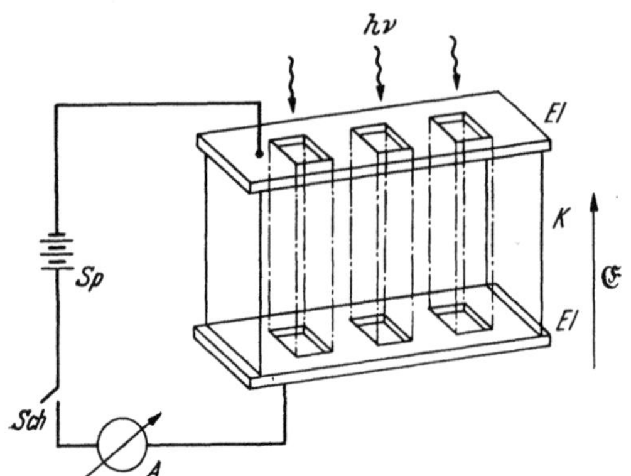

Abb. III.17. Anordnung zur Messung der Driftbeweglichkeit mit Hilfe des print-out-Effektes nach HAYNES und SHOCKLEY [116].
El Elektroden; *Sch* Schalter; *K* Kristall; *Sp* Spannungsquelle; *A* Amperemeter; ℰ Richtung des elektrischen Feldes; *hν* durch quadratische Öffnungen in den Elektroden einfallendes Licht

Wird ein elektrisches Feld an den Kristall gelegt, so überlagert sich der ungeordneten eine gerichtete Bewegung der Elektronen. Bei geeigneter Wahl der Belichtung erzeugt man nur in einer dünnen Oberflächenschicht Leitungselektronen, die durch ein entsprechend gerichtetes elektrisches Feld in den Kristall hineingezogen werden und dort im Kristallinnern geladene Störzentren erzeugen, um die herum sich dann kolloidales Silber ausscheidet. Der Kristall schwärzt sich also von der Oberfläche aus noch ein Stück in das Kristallinnere hinein (vgl. Abb. III. 17 und III. 18). Die Beweglichkeit (in Feldrichtung gerichtete Geschwindigkeit pro Feldstärkeeinheit) läßt sich dann aus der Beziehung

$$\mu_D = \frac{l}{\Delta t\, F} \tag{34}$$

angeben. Hier ist l die in Feldrichtung in der Zeit Δt, in der das Feld F wirkte, geschwärzte Strecke des Kristalls [116] [256].

Die Erfahrung hat gezeigt, daß sich diese Beweglichkeit μ_D, die als *Driftbeweglichkeit* bezeichnet wird, um Größenordnungen von der mikroskopischen Beweglichkeit unterscheiden kann. Die Elektronen befinden sich auf ihrem Wege in den Kristall nicht ständig im Leitungsband. Sie haften zwischendurch an Gitterirregularitäten an und werden, wenn die Ionisationsenergie dieser Störungen nicht zu hoch ist, nach

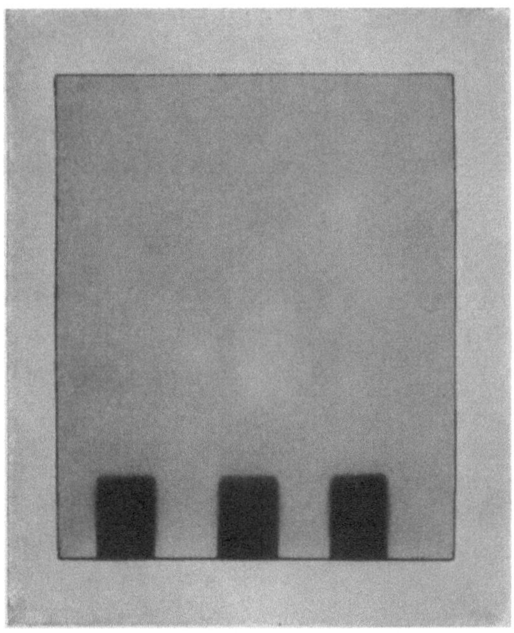

Abb. III.18. Schwärzung eines in der Anordnung nach Abb. III.17 untersuchten Kristalls nach HAYNES und SHOCKLEY

kurzer „Rastzeit" durch thermische Anregung wieder in das Leitungsband befördert. Hier bewegen sie sich wieder ein Stück in Feldrichtung, bis sie erneut an solchen Gitterstörungen geringer Ionisationsenergie oder schließlich an den Störzentren anhaften, die infolge ihrer größeren Ionisationsenergie die Elektronen fester binden und damit Keime für die Silberausscheidung darstellen (vgl. Abb. III. 19). Durch

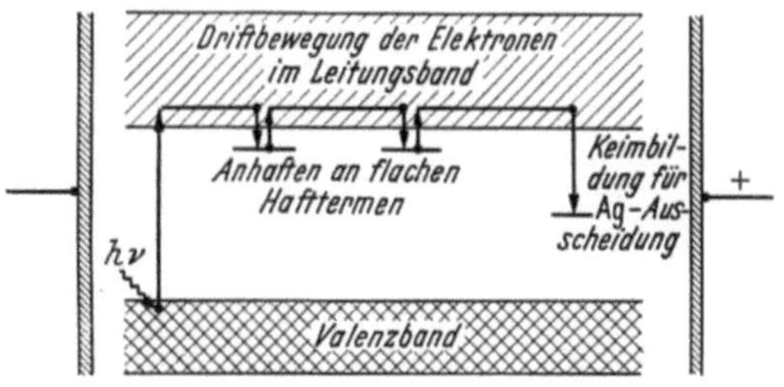

Abb. III.19. Driftbewegung eines Elektrons im Energiebändermodell

das Anhaften an den flachen Haftstellen wird die mittlere gerichtete Geschwindigkeit der Elektronen in Feldrichtung, die als *Driftgeschwindigkeit* bezeichnet wird, u. U. bedeutend herabgesetzt und die in der gegebenen

Zeit Δt zurückgelegte Strecke l verkleinert. Daher ist auch die *Driftbeweglichkeit* μ_D kleiner als die mikroskopische Beweglichkeit. Das Verhältnis beider Beweglichkeiten läßt sich näherungsweise (z. B. für Leitungselektronen) durch

$$\mu_n = \mu_D\left(1 + \frac{h}{n}\right) \qquad (35)$$

beschreiben, wobei h die mittlere Konzentration von Elektronen in solchen flachen Hafttermen und n die mittlere Leitungselektronenkonzentration ist [233].

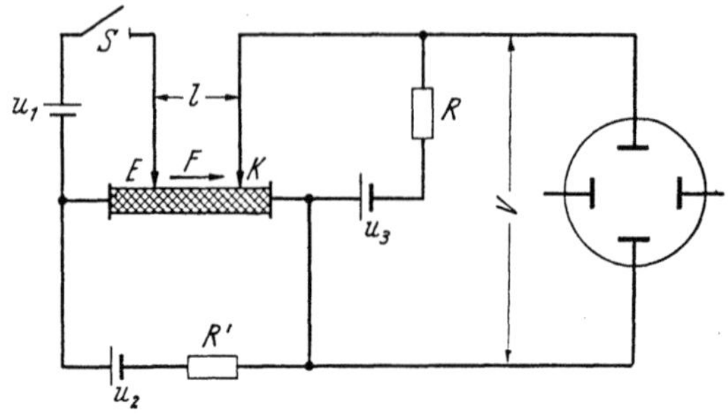

Abb. III.20. Prinzipschaltbild zur Messung der Driftbeweglichkeit von „minority carriers"

Die Driftbeweglichkeit läßt sich auch sehr elegant durch die Injektion von *minority carriers* (bei n-Leitern sind das Defektelektronen, bei p-Leitern Leitungselektronen) bestimmen [114] [115] [117]. Dieser Methode liegt die Beobachtung zugrunde, daß durch Wirkung starker elektrischer Felder (z. B. an Spitzenkontakten) minority carriers zusätzlich in einen Kristall gebracht werden können und hier die Leitfähigkeit erhöhen. In einer aus Abb. III. 20 ersichtlichen Schaltung kann man ihre Wanderung von der Emitterelektrode E bis zur Kollektorelektrode K nach dem Einschalten des Emitterstromes direkt oszillographisch verfolgen (vgl. das schematische Oszillogramm in Abb. III.21). Die Defektelektronen legen im dargestellten Fall die Strecke l in der Zeit $t_2 - t_1$ bzw. $t_4 - t_3$ zurück. Ihre Driftbeweglichkeit berechnet sich entsprechend Gl. (34).

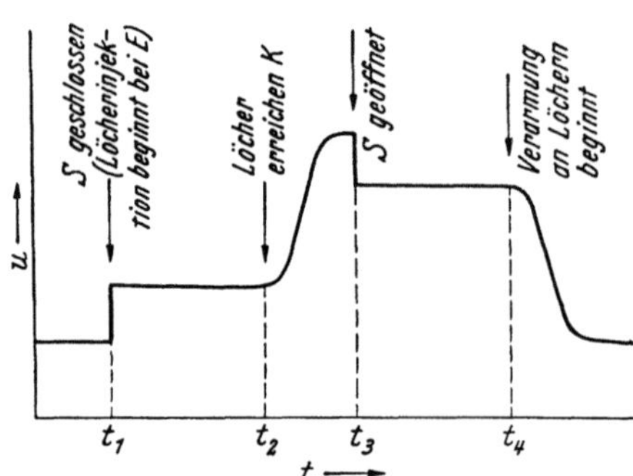

Abb. III.21. Oszillogramm (schematisch) zur Messung der Driftbeweglichkeit gemäß Abb. III.20

Schließlich erhält man die Beweglichkeit auch direkt aus der Leitfähigkeit, wenn es gelingt, die Stromträgerkonzentration getrennt zu messen. Das ist in gewisser Beziehung möglich, wenn man nichtstationäre Vorgänge der elektrischen Leitfähigkeit (z. B. das An- und Abklingen bei Photoleitern nach dem Ein- bzw. Abschalten der optischen Anregung) näher untersucht. Diese — reaktionskinetischen — Untersuchungen gestatten theoretisch eine direkte Bestimmung der Stromträgerkonzentration (wir werden in Ziff. 32 hierauf noch näher eingehen). Allerdings führen die reaktionskinetischen Modelle, die das physikalische Geschehen annähernd richtig beschreiben, zu sehr komplizierten Differentialgleichungssystemen, deren numerische Auswertung beträchtliche Schwierigkeiten macht. Andererseits liefert die Verwendung vereinfachter reaktionskinetischer Modelle nur sehr ungenaue Angaben über die Stromträgerkonzentration und damit auch über die Beweglichkeit [44]. Durch geschickte Auswahl von Experimenten und Versuchsmethoden ist es jedoch in letzter Zeit gelungen, bei Photoleitern unter Benutzung der Reaktionskinetik relativ einfache Verfahren zur Bestimmung der Beweglichkeit zu erhalten [71] [72] [186] [187].

c) Bestimmung der effektiven Masse

Aus Gl. (19) geht hervor, daß die Beweglichkeit entscheidend von der Masse der Stromträger abhängt. Nun wurde in Ziff. 27 b gezeigt, daß bei den dort benutzten Ansätzen die Masse eines Leitungselektrons keineswegs immer mit der Masse m_0 eines freien Elektrons im Vakuum übereinstimmt, sondern daß im festen Körper eine effektive Masse m_{eff} in Erscheinung tritt, die je nach der Lage des Elektrons im Band größer oder auch kleiner als die Masse eines freien Elektrons sein kann. An Stelle von Gl. (19) ist daher besser zu schreiben

$$\mu_n = \frac{e_0}{m_{eff}} \tau \, . \tag{19a}$$

Es gibt nun eine Methode (Zyklotronen-Resonanz-Methode), diese effektive Masse über die Elektronenbewegung direkt zu messen [225]. Dabei geht man ähnlich vor wie bei der $\frac{e_0}{m}$-Bestimmung an freien Elektronen: Man zwingt die Elektronen durch Verwendung eines magnetischen Feldes auf Kreisbahnen. Aus der Größe der Kreisbahnen läßt sich dann direkt bei Kenntnis des Magnetfeldes und der Elektronengeschwindigkeit die Größe $\frac{e_0}{m_{eff}}$ bestimmen. Die Elektronenbewegung darf jedoch auf einer solchen Kreisbahn nicht durch Stöße mit dem Gitter gestört werden (diese Kreise haben einen sehr kleinen Durchmesser). Die Größe der Kreise mißt man — da eine direkte Ausmessung im festen Körper natürlich nicht möglich ist — durch Bestimmung der Absorptionsfrequenz eines elektromagnetischen Wechselfeldes, das zusätzlich eingestrahlt wird. Wenn diese Frequenz mit der Kreisfrequenz der umlaufenden Elektronen übereinstimmt, tritt eine starke Absorption ein. Die effektive Masse berechnet sich dann gemäß

$$m_{eff} = \frac{e_0 H}{\omega c} \tag{19b}$$

(ω ist die Frequenz der umlaufenden Elektronen, c die Lichtgeschwindigkeit, H das wirkende Magnetfeld).

Durch Drehung der Richtung des Magnetfeldes in verschiedene kristallographische Richtungen kann man die effektive Masse in Abhängigkeit von der Richtung der Elektronenbewegung im Kristallgitter untersuchen. Im Germanium, wo bisher eine größere Zahl solcher Untersuchungen durchgeführt wurde, ergab sich eine starke Anisotropie der effektiven Masse. So wurde z. B. eine „longitudinale" Elektronenmasse (in 111-Richtung) von $m_1 = 1,5\,m_0$ und eine „transversale" Elektronenmasse (senkrecht zur 111-Richtung) von $m_2 = 0,08\,m_0$ gefunden. Bei defektleitenden Germaniumproben wurden zwei effektive Löchermassen von $0,04\,m_0$ und $0,3\,m_0$ gemessen [63] [64] [140] [152] [235].

30. Anregung von Elektronen

Sieht man von einigen theoretisch noch nicht geklärten Besonderheiten (z. B. *Offenbandhalbleiter* [60] [65] [197] [216] [264], supraleitende Halbleiter [246]) ab, so sollten Halbleiter bei verschwindender Anregung keine Leitfähigkeit zeigen. Das Valenzband ist vollständig gefüllt, das Leitungsband leer. Erst wenn dem Halbleiter so viel Energie zugeführt wird, daß Elektronen über die verbotene Zone hinweg in das Leitungsband gehoben werden können, resp. eine Ionisierung von Störzentren möglich wird, tritt eine meßbare Leitfähigkeit auf. Diese Energie kann thermischer, optischer, elektrischer oder mechanisch-elektrischer Natur sein. Dementsprechend unterscheidet man eine

thermische Anregung,

optische Anregung,

elektrische Anregung

und eine Anregung durch Korpuskelbeschuß.

a) Thermische Anregung

Wird ein Halbleiter oder Isolator erwärmt, so nimmt seine Leitfähigkeit im allgemeinen rasch mit der Temperatur zu. Genauere Untersuchungen (z. B. gleichzeitige Bestimmung der Beweglichkeit) zeigen, daß die Leitungselektronen- bzw. Defektelektronenkonzentration exponentiell mit der Temperatur anwächst. Dabei wird gewöhnlich im Bereich niedriger Temperaturen ein kleinerer Exponent als im Bereich hoher Temperaturen gefunden (vgl. Abb. III. 22a—c).

Im Bereich niedriger Temperaturen stammen die Leitungselektronen aus Termen in der verbotenen Zone und werden von dort aus thermisch angeregt. Die hier gefundene Leitfähigkeit wird als *Stör- oder Fremdleitfähigkeit* bezeichnet. Die Abb. III. 22a—c zeigen, daß die Leitfähigkeit im Fremdleitungsgebiet mit wachsender Fremdatomkonzentration anwächst. Gleichzeitig nimmt die Neigung des exponentiellen Anstieges der Leitfähigkeit mit der Temperatur in diesem Gebiet bei wachsender Fremdatomkonzentration ab (MEYERsche Regel [170] [171]).

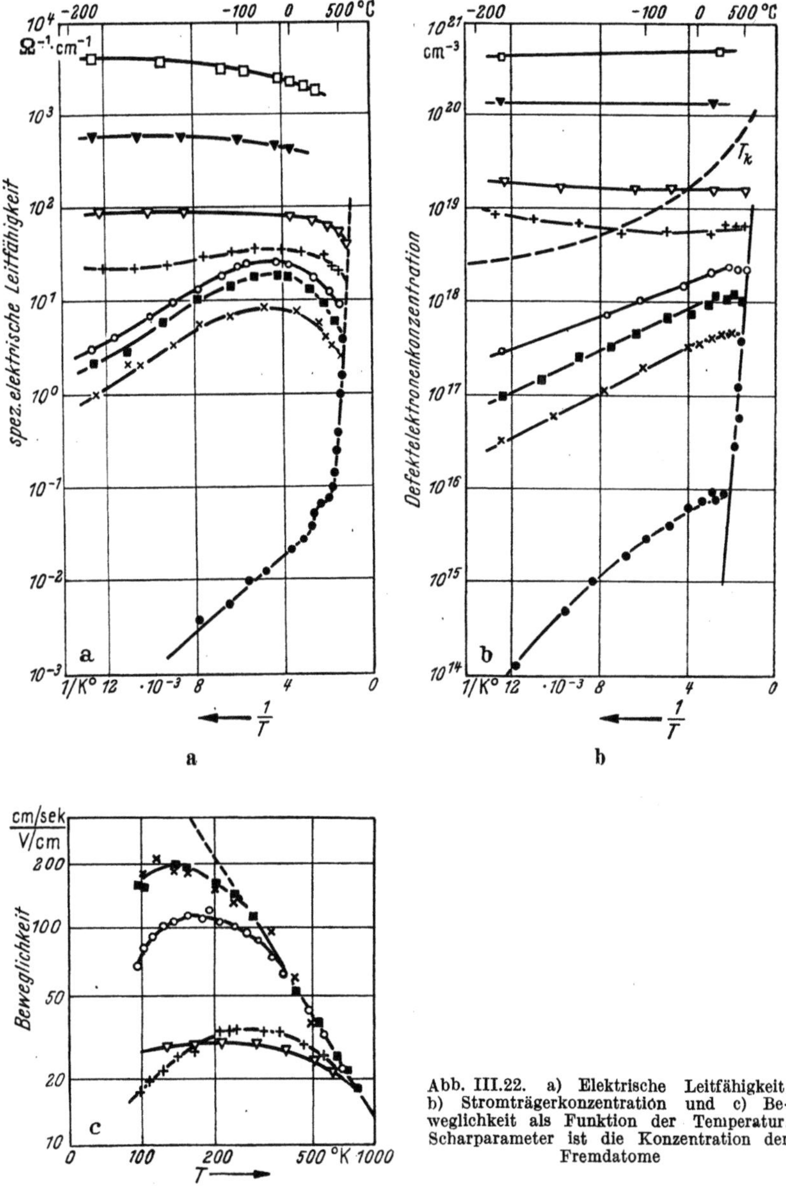

Abb. III.22. a) Elektrische Leitfähigkeit, b) Stromträgerkonzentration und c) Beweglichkeit als Funktion der Temperatur. Scharparameter ist die Konzentration der Fremdatome

Im Bereich höherer Temperaturen, in dem der Anstieg der Leitfähigkeit mit der Temperatur mit größerem Exponenten erfolgt und der Exponent durch einen Energiebetrag erklärt werden kann, der der

Breite der verbotenen Zone[1] entspricht, wird die gefundene Leitfähigkeit als *Eigenleitung* bezeichnet. Man schreibt sie einer direkten thermischen Anregung von Elektronen aus dem Valenz- in das Leitungsband zu[2].

Ohne bestimmte Annahmen über die physikalische Natur thermischer
Anregungsprozesse zu machen, läßt sich im Bändermodell auf Grund
statistischer Überlegungen die Konzentration von Leitungselektronen
bei thermodynamischem Gleich-
gewicht und gegebener Temperatur
berechnen.

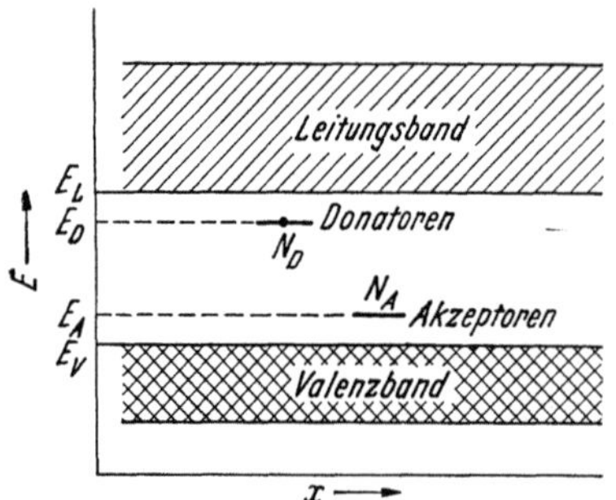

Abb. III.23. Energetische Lage von Donator
und Akzeptortermen im Bändermodell

Kommen z. B. bei tiefen Temperaturen alle Leitungselektronen
aus Donatoren mit einheitlichem
energetischen Abstand vom Leitungsband $E_L - E_D$ (vgl. Abb. III.23),
so berechnet sich ihre Konzentration
nach der klassischen Statistik (was
wegen der gewöhnlich geringen
Elektronenkonzentration im Leitungsband bei den meisten Halb-
leitern lange Zeit als berechtigt angenommen wurde) zu

$$^{(D)}n = \left(\frac{m_{eff}\,kT}{2\,\pi\,\hbar^2}\right)^{3/4} N_D^{1/2} \exp\left(-\frac{E_L - E_D}{2\,kT}\right). \tag{36}$$

N_D ist die Konzentration der Donatoren (vgl. WILSON u. a. [Z 24] [272]).
Bei höheren Temperaturen werden schließlich auch Elektronen zu einem
merklichen Anteil direkt aus dem Valenzband angeregt. Ihre Konzentration berechnet sich zu

$$^{(V)}n = 2\left(\frac{\sqrt{^{(V)}m_{eff}\,^{(L)}m_{eff}}}{2\,\pi\,\hbar^2}\,kT\right)^{3/2} \exp\left(-\frac{E_L - E_V}{2\,kT}\right). \tag{37}$$

(Die Indices (V) und (L) weisen auf das Valenz- bzw. Leitungsband hin.)
In letzter Zeit wurde jedoch darauf hingewiesen [16] [185] [233], daß
in Halbleitern durch das Vorhandensein von Donatoren und Akzeptoren
verschiedener energetischer Lage eine solche einfache Berechnung der
Leitungselektronenkonzentration im allgemeinen nicht zulässig ist und
zu beträchtlichen Fehlern führen kann. Auch in Halbleitern mit geringen
Elektronenkonzentrationen erweist sich die Anwendung der Fermi-
statistik als unerläßlich, da ja die Lage der Fermigrenze, die die Kon-

---

[1] Z. B. aus dem Einsatz der optischen Grundgitterabsorption gemessen.

[2] Es gibt allerdings experimentelle Anzeichen dafür, daß eine solche Zuordnung nicht in allen Fällen gerechtfertigt ist, sondern daß bei höheren Temperaturen auch Veränderungen im Fehlordnungsgrad Ursache des steilen exponentiellen Anstieges der Leitfähigkeit sein können [30].

zentration der Leitungselektronen bestimmt, wesentlich von *allen Termen* in der verbotenen Zone beeinflußt werden kann (in der WILSON-schen Näherung wird z. B. der Einfluß von Akzeptoren auf die Leitungs-elektronenkonzentration nicht berücksichtigt).

Berücksichtigt man diese Erkenntnisse, so ergibt sich die Leitungs-elektronenkonzentration bei thermischer Anregung im stationären Fall zu

$$n = \sum g_i f(E_i), \qquad (38)$$

wobei g_i das statistische Gewicht für den i-ten Energiezustand und $f(E_i)$ die zugehörige Fermifunktion

$$f(E_i) = \frac{1}{\exp\left(\dfrac{E_i - \zeta}{kT}\right) + 1} \qquad (39)$$

ist.

Bei bekannter Störtermdichte als Funktion der Energie kann n direkt an-gegeben werden, wenn die Fermigrenz-energie ζ bekannt ist. Zur Bestimmung von ζ muß eine weitere Relation heran-gezogen werden. Dazu bietet sich die Quasineutralitätsbedingung[1] an. Sie lautet:

$$n + \int_{E_V}^{E_L} h(E)\, dE = p + \int_{E_V}^{E_L} d(E)\, dE, \qquad (40)$$

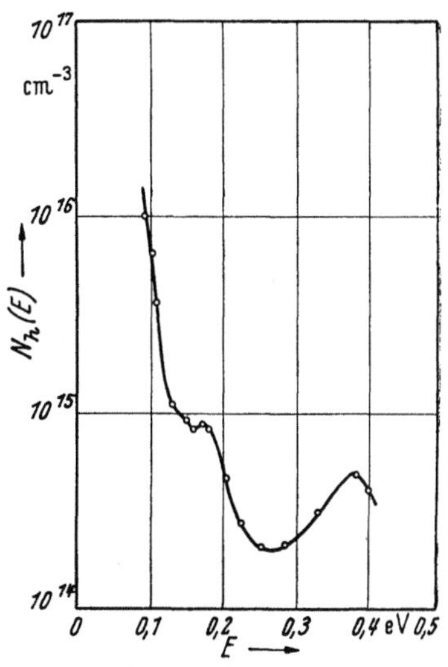

Abb. III.24. Eine nach der Wechsellicht-methode von NIEKISCH [*187*] gemessene Hafttermverteilung in einem CdS-Ein-kristall

wobei $h(E)$ die Elektronendichte in den Akzeptortermen mit der ener-getischen Lage E und $d(E)$ die Defektelektronendichte in den ent-sprechenden Donatoren ist (Abb. III.24).

Die Gl. (40) ist nicht mehr allgemein zu lösen. In vielen Fällen kann man jedoch die Integrale in (40) zu einer Summe über einige wenige, in besonders großer Konzentration auftretende Termgruppen umformen

$$n + \sum h_i = p + \sum d_j. \qquad (41)$$

Damit läßt sich (41) als transzendente Gleichung für ζ nach einem ein-fachen graphischen Verfahren lösen [*233*].

Die Konzentrationen h_i bzw. d_j berechnen sich gemäß

$$h_i = \left(\frac{m_{eff}\, kT}{2\,\pi\,\hbar^2}\right)^{3/4} H_i^{1/2} \frac{1}{\exp\left(\dfrac{{}^H E_i - \zeta}{kT}\right) + 1} \qquad (42)$$

bzw.

$$d_j = \left(\frac{m_{eff}\, kT}{2\,\pi\,\hbar^2}\right)^{3/4} D_j^{1/2} \frac{1}{\exp\left(\dfrac{\zeta - {}^D E_j}{kT}\right) + 1}, \qquad (43)$$

---

[1] Der Kristall ist als Ganzes nach außen elektrisch neutral.

wobei H_i bzw. D_j die Konzentration der Akzeptoren bzw. Donatoren der energetischen Lage ^HE_i bzw. ^DE_j ist.

Bei bekanntem ζ berechnet sich dann die Elektronenkonzentration im Leitungsband gemäß

$$n = 2 \left(\frac{m_{eff}\, kT}{2\,\pi\,\hbar^2}\right)^{3/2} \cdot \frac{1}{\exp\left(\dfrac{E_L - \zeta}{kT}\right) + 1}. \tag{44}$$

Die Rechnung zeigt, daß sich die Fermigrenze bei Halbleitern beträchtlich mit der Temperatur verschieben kann.

Eine Entwicklung der Fermigrenze nach Potenzen der Temperatur

$$\zeta = \zeta_0 + \zeta_1 T + \cdots \tag{45}$$

zeigt, daß bereits die Berücksichtigung des linearen Gliedes der Entwicklung in vielen Fällen sehr genaue Resultate ergibt.

Die Zunahme der Elektronenkonzentration im Leitungsband mit wachsender Temperatur wurde bislang allein einer Zunahme der thermischen Anregung von Elektronen aus Termen in der verbotenen Zone bzw. einer solchen Anregung direkt aus dem Valenz- in das Leitungsband zugeschrieben.

Mit wachsender Temperatur nimmt jedoch gleichzeitig (von der „Einfrierungstemperatur" der Fehlordnung an) die gittereigene Fehlordnung (z. B. Schottky- oder Frenkeltyp) zu. Fehlgeordnete Gitterbausteine erzeugen neue Terme in der verbotenen Zone und veranlassen daher eine Veränderung der Gln. (40) bis (44), bewirken also auch eine zusätzliche Änderung der Elektronenkonzentration im Leitungsband [31]. Aus energetischen Gründen läßt sich leicht einsehen, daß durch einen solchen Effekt zusätzlich Elektronen in das Leitungsband gelangen können.

An Hand eines einfachen Beispiels soll der Einfluß einer solchen Termneubildung gezeigt werden. Dazu wird angenommen, daß durch die Schaffung neuer Fehlordnung lediglich eine Donatortermgruppe der energetischen Lage $^DE_1$ gebildet wird. Die Konzentration D_1 dieser Gitterstörung läßt sich bei bekannter Fehlordnungsenergie E_F im thermodynamischen Gleichgewicht angeben (z. B. Schottkyfehlordnung):

$$D_1 = N_0 \exp\left(\frac{-E_F}{kT}\right) \tag{46}$$

(N_0 ist die Konzentration der Atome auf Gitterplätzen). Die Leitungselektronenkonzentration, die von der thermischen Ionisierung der Terme D_1 herrührt, läßt sich in erster Näherung nach Gl. (36) angeben:

$$^{(D_1)}n = \left(\frac{m_{eff}\, kT}{2\,\pi\,\hbar^2}\right)^{3/4} D_1^{1/2} \exp\left(-\frac{E_L - ^DE_1}{2\,kT}\right). \tag{36a}$$

In dem Temperaturbereich, in dem die Elektronenkonzentration im Leitungsband wesentlich von den Störtermen D_1 bestimmt wird, ändert sich nun diese Konzentration nicht nach Gl. (36a), also proportional zu $\exp\left(\frac{E_L - {}^D E_1}{2\,k\,T}\right)$, sondern unter Berücksichtigung von (46) nach folgender Beziehung:

$$_{(D_1)}n = \left(\frac{m_{\text{eff}}\,k\,T}{2\,\pi\,\hbar^2}\right)^{3/4} N_0^{1/2} \exp\left(-\frac{E_L - {}^D E_1 + E_F}{2\,k\,T}\right), \qquad (47)$$

also mit einem steileren Exponenten. Außerdem ist vor den Exponentialausdruck an Stelle der Konzentration der Störatome D_1 jetzt die viel größere Gesamtkonzentration der Gitteratome N_0 getreten.

Die Steigung der Leitfähigkeitskurve mit wachsender Temperatur täuscht also bei Nichtberücksichtigung dieses Effektes einen zu großen energetischen Abstand der Störterme vom Leitungsband vor. Gleichzeitig werden zu hohe Störtermkonzentrationen und evtl. sogar eine Eigenleitung vorgetäuscht, da die Leitfähigkeit in diesem Bereich nicht mehr von der Konzentration irgendwelcher anderer Fremdatome abzuhängen braucht. Sie verdeckt bereits durch ihre hohe Elektronenkonzentration die Fremdleitung, ist aber nicht als Eigenleitung im Sinne obiger Definition anzusprechen, sondern sollte besser als *Eigenstörstellenhalbleitung* bezeichnet werden [30]. Damit wird auch verständlich, daß gelegentlich größere Steigungen beobachtet wurden [183], als sie der Breite der verbotenen Zone gemäß Gl. (37) entsprechen. Diese Eigenstörstellenhalbleitung kann auch dann das Leitfähigkeitsverhalten eines Halbleiters weitgehend bestimmen, wenn die Steigung der Leitfähigkeitsgeraden in der $\ln \sigma$ über $1/T$-Darstellung gerade der Breite der verbotenen Zone entspricht und dadurch eine Eigenleitung vorgetäuscht wird[1].

Bislang wurde die Konzentration von Leitungselektronen bei thermischer Anregung im stationären Zustand berechnet. Dabei wurden keinerlei Annahmen über den Anregungsvorgang, die Übergangswahrscheinlichkeiten und die Einstellzeit des thermodynamischen Gleichgewichtes gemacht.

Der Anregungsvorgang entspricht der Absorption von Schallquanten an einem Gitteratom. Aus den gemessenen Werten ergibt sich, daß für einen solchen Anregungsakt gleichzeitig oft vierzig und mehr Schallquanten nötig sind und ein solcher „Vielfachstoß" auch noch mit einer — zwar sehr kleinen —, aber endlichen Wahrscheinlichkeit realisierbar

---

[1] Es ist besonders zu beachten, daß nach dem FRANCK-CONDON-Prinzip [55] [56] [57] [78] [263] für die thermische Anregung eine geringere Breite der verbotenen Zone zugelassen ist, als sie z. B. optisch gemessen und im allgemeinen für $E_L - E_V$ zugrunde gelegt wird.

sein muß. Besonders in jüngster Zeit wurden ernsthafte Bedenken laut, Anregungsprozesse zuzulassen, die einem Simultanstoß von vierzig und mehr Schallquanten entsprechen. Diese Bedenken entstanden insbesondere aus dem inversen Prozeß der simultanen Erzeugung einer ähnlich großen Zahl von Schallquanten bei einer strahlungslosen Rekombination (vgl. Ziff. 31 b). Allerdings sind die Bedenken bei der Anregung nicht ganz so schwerwiegend wie bei der Rekombination, da der sehr kleinen Wahrscheinlichkeit eines solchen Anregungsprozesses die sehr große Konzentration der Valenzelektronen gegenübersteht.

Bislang sind zum Problem der thermischen Anregung von Valenzelektronen noch keine Untersuchungen im Sinne einer Mikrotheorie bekannt. Dagegen wurde die thermische Anregung von Elektronen aus lokalisierten Störstellen in letzter Zeit näher betrachtet. Unter anderem hat sich KUBO [144], basierend auf einer alten Theorie von FRENKEL [86] [87] [88] bemüht, für dieses Problem eine Mikrotheorie unter Verwendung der adiabatischen Näherung zu entwickeln. Die Kompliziertheit der Rechnung gestattet es jedoch nicht, numerische Ergebnisse für reale Kristalle zu erhalten. Es konnte allerdings gezeigt werden, wie eine solche Anregung quantenmechanisch verstanden werden kann, und daß besonders bei tiefen Temperaturen eine Reihe anderer, bisher in diesem Zusammenhang noch nicht betrachteter Prozesse (Temperaturstrahlung, Tunneleffekt usw.) begünstigend auf eine Ionisierung wirken können.

b) Optische Anregung

Mißt man die Absorption elektromagnetischer Strahlung in einem festen Körper, so kann man Spektralbereiche starker und schwacher Absorption unterscheiden. Die verschiedenen Mechanismen, die zur Absorption elektromagnetischer Strahlung beitragen, sollen im folgenden näher untersucht werden.

Das Spektrum der elektromagnetischen Strahlung läßt sich hinsichtlich seiner Absorption durch feste Körper (deutlich vor allem bei Nichtmetallen) in zwei Bereiche trennen, einen *kurzwelligen und einen langwelligen Bereich*. Im kurzwelligen Bereich nimmt die Absorption von sehr kurzen Wellen her zu, weist im ultravioletten Spektralbereich im allgemeinen ein deutliches Maximum auf und fällt zum sichtbaren Spektralbereich äußerst steil ab. *Im langwelligen Bereich* nimmt die Absorption dagegen von sehr langen Wellen her immer mehr zu und durchläuft ein Maximum im ultraroten Spektralbereich. Zum Sichtbaren hin fällt sie ebenfalls rasch ab. Isolatoren absorbieren im sichtbaren Spektralbereich im allgemeinen sehr wenig, hier sind sie durchsichtig (vgl. Abb. III. 25).

Die Absorption im kurzwelligen Bereich beruht auf der Anregung von Elektronen, die Absorption im langwelligen Bereich hauptsächlich auf der Anregung von Schwingungen schwerer Gitterbausteine (Atome,

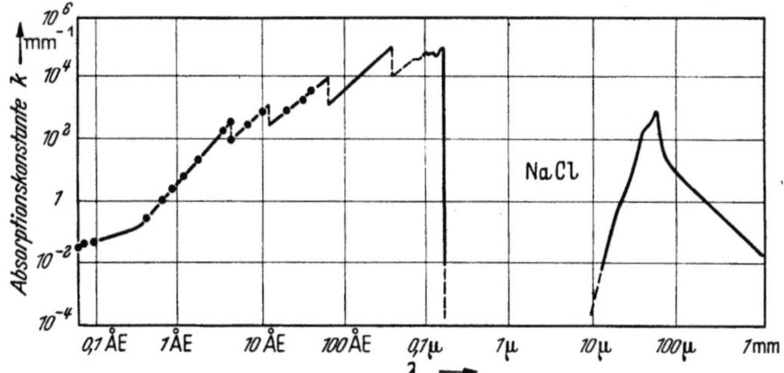

Abb. III.25. Absorptionsspektrum eines NaCl-Kristalls nach POHL

Ionen, Moleküle). Je kleiner der homöopolare Anteil an der Gitterbindung ist, um so strukturierter ist die Absorption (vgl. als Beispiel die Grundgitterabsorption in der Nähe der Kante (s. u.) beim heteropolar

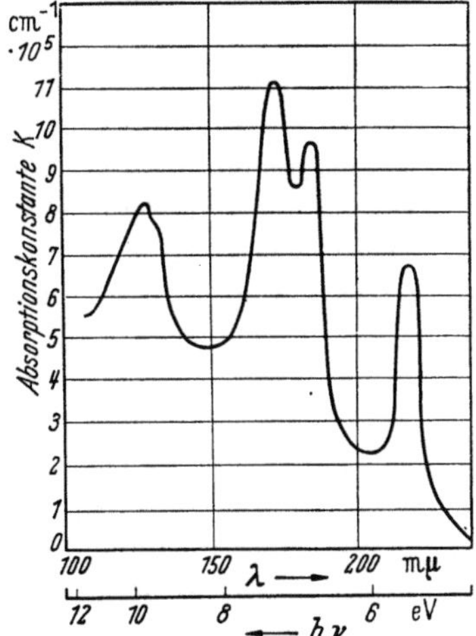

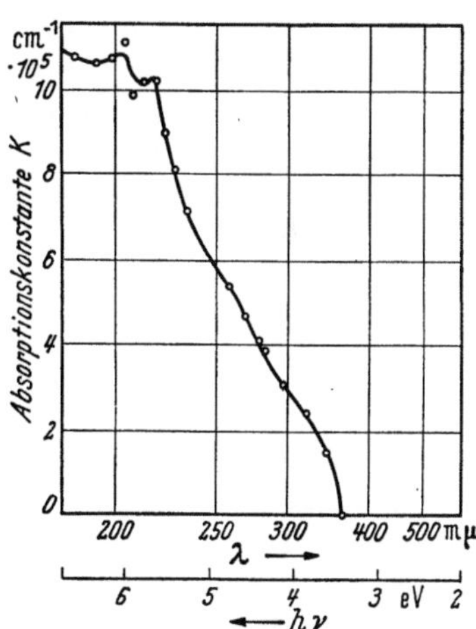

Abb. III.26. Stark strukturierte Grund-gitterabsorption des KJ nach FESEFELDT

Abb. III.27. Absorption des ZnS in der Nähe der Grundgitterabsorptionskante nach MOLLWO

gebundenen KJ in Abb. III.26 und den entsprechenden Absorptions-bereich beim mehr homöopolar gebundenen ZnS in Abb. III.27).

Das Absorptionsspektrum der festen Körper ist jedoch bedeutend weniger strukturiert als das der Gase, da die Wechselwirkung der schweren Gitterbausteine viel größer ist als die Wechselwirkung der Gasatome bzw. Moleküle. Andererseits sind die Absorptionskonstanten in festen Körpern in stark absorbierenden Bereichen auch bedeutend größer als bei Gasen und liegen hier im allgemeinen zwischen 10^5 und $10^7\,\mathrm{cm}^{-1}$.

Außer den obengenannten stark absorbierenden Bereichen, die in ihrer Struktur lediglich von der chemischen Zusammensetzung und dem Bindungstyp des Kristalls, also von der Idealstruktur abhängen (wenn man von einer Beeinflussung dieses Absorptionsspektrums von Druck und Temperatur absieht), treten bei genauerer Betrachtung auch im Gebiet geringer Absorption Strukturierungen auf, die stark von den Gitterstörungen abhängen, also für Kristalle gleicher chemischer Zusammensetzung verschieden sein können. Dieser Spektralbereich, der zwischen dem kurzwelligen und dem langwelligen Bereich starker Absorption liegt, wird gewöhnlich als Bereich der *Ausläuferabsorption* bezeichnet. Den kurzwelligen Bereich starker Absorption nennt man *Grundgitterabsorption*. Mit diesen Bereichen, in denen vor allem Elektronen angeregt werden, wollen wir uns später ausführlich beschäftigen.

Zunächst soll noch auf den langwelligen Absorptionsbereich eingegangen werden. Hier können *Schwingungen schwerer Gitterbausteine* (Gittereigenschwingungen, Molekülschwingungen, Schwingungen und Rotationen von Radikalen usw.) angeregt werden. Am übersichtlichsten lassen sich die Verhältnisse bei einfachen heteropolar gebundenen Kristallen beschreiben. Infolge ihrer thermischen Energie schwingen die Ionen um ihre Ruhelagen näherungsweise in Form von Pendelschwingungen. Jedes Ion ist durch elastische Kräfte im Gitter gebunden, d. h., die rücktreibende Kraft ist der Entfernung des Ions aus seiner Ruhelage direkt proportional. Das ist eine bei kleinen Elongationen berechtigte Annahme. Die „Eigenfrequenz" dieser Pendelschwingungen ist dann leicht anzugeben:

$$v_i = \frac{1}{2\pi}\sqrt{\frac{b}{M}} \tag{48}$$

(b ist die Direktionskraft und M die Ionenmasse der i-ten Ionengruppe)

Schwingt nun ein Ion mit der Frequenz v_i, so sendet es als beschleunigte Ladung eine elektromagnetische Welle mit derselben Frequenz aus. Diese Eigenfrequenz liegt im ultraroten Spektralgebiet (Wärmestrahlung).

Wird umgekehrt ein elektromagnetisches Feld eingestrahlt, so kann es, wenn es in dieser Eigenfrequenz schwingt, die Pendelschwingungen der Ionen weiter anfachen; dadurch wird dem eingestrahlten Feld Energie entzogen. In diesem Spektralbereich tritt eine Absorption ein.

Die Ionen eines Kristalls schwingen jedoch nicht unabhängig voneinander. Sie sind miteinander gekoppelt. Eine solche Kopplung führt zu einem breiten Frequenzspektrum. Die Berechnung solcher Spektren nach der Gittertheorie von BORN und v. KÁRMÁN [*36*] (vgl. Abb. III.8 S. 154) ist für eine Reihe von Kristallen ausgeführt worden (vgl. [*37*] [*58a*] [*133*] [*155*] [*156*] [*157*] [*239*]). Es zeigt sich, daß in einem sehr breiten Frequenzgebiet Gitterschwingungen auftreten.

Bekanntlich unterscheidet man bei den Gitterschwingungen einen optischen und einen akustischen Zweig (vgl. Ziff. 28, Abb. III.9). Nur die Schwingungen im optischen Zweig besitzen ein größeres Dipolmoment, tragen also zur elektromagnetischen Strahlung entsprechend intensiv bei und sind damit auch gut in der Absorption nachzuweisen.

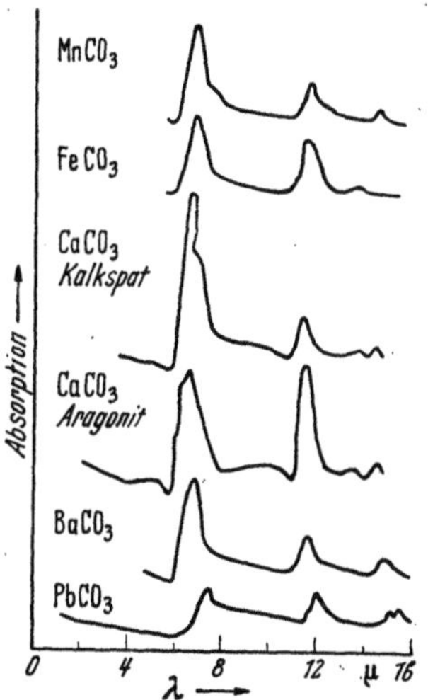

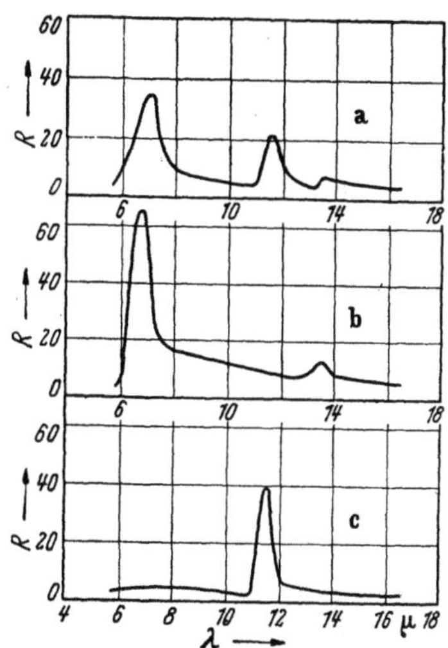

Abb. III.28. Absorptionsbanden verschiedener Kristalle im Infraroten, die dem Radikal CO₃ zuzuschreiben sind. Nach SCHAEFER und SCHUBERT

Abb. III.29. Infrarotabsorptionsspektrum des FeCO₃ (a) bei zirkular polarisiertem Licht, (b) bei linear polarisiertem Licht; 𝕰 senkrecht zur Achse (ordentlicher Strahl), (c) bei linear polarisiertem Licht; 𝕰 parallel zur Achse (außerordentlicher Strahl). Nach SCHAEFER und SCHUBERT

Das Absorptionsspektrum einfacher Verbindungen (z. B. das der Alkalihalogenide) zeigt ein ausgeprägtes Absorptionsmaximum im langwelligen Ultrarot (etwa zwischen 20 und 200 μ). Dagegen zeigen kompliziertere Verbindungen, die Radikalionen enthalten (NO_3, CO_3, SO_4, ClO_4 usf.), weitere Absorptionsbanden im mittleren Ultrarot. Diese Absorptionen sind unabhängig z. B. vom Kation eines Kristalls, also charakteristisch für ein bestimmtes Radikalion (vgl. Abb. III.28). Über die räumliche Anordnung der schwingenden Dipole kann man in einigen Fällen Auskunft erhalten, wenn man mit linear polarisiertem Licht anregt (vgl. Abb. III.29). Gitterschwingungen können nämlich nur angeregt werden, wenn sie eine nicht verschwindende Komponente in Richtung des elektrischen Vektors der elektromagnetischen Strahlung besitzen.

Abgesehen von der bisher behandelten langwelligen Absorption durch Anregung von Gitterschwingungen ist bei einer Reihe von Halbleitern noch eine zusätzliche Absorption beobachtbar, die zu langen Wellen hin etwa proportional zu λ^2 ansteigt (Abb. III. 30). Es handelt sich hierbei um die *Absorption durch freie Leitungselektronen*, d. h., Elektronen im Leitungsband können auch sehr langwellige Lichtquanten absorbieren. Es ist verständlich, daß diese Absorption nur bei solchen Halbleitern bemerkbar wird, die über eine große Konzentration freier Elektronen verfügen (bei Metallen stellt diese Absorption den dominierenden Effekt im langwelligen Spektralbereich dar). Eine ähnliche Absorption wird auch durch Defektelektronen im Valenzband verursacht. Allerdings zeigt die Absorptionskurve dann nicht immer den in Abb. III. 30 gezeigten glatten Verlauf, sondern weist besonders bei tiefen Temperaturen eine gewisse Strukturierung auf, die z. Z. noch nicht erklärt werden kann [135].

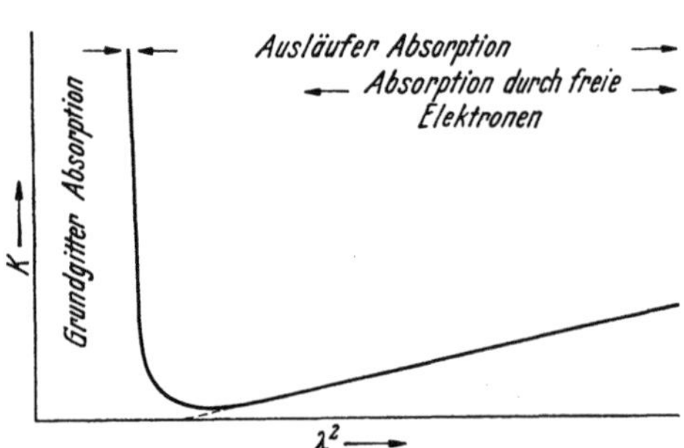

Abb. III. 30. Absorption von Leitungselektronen im Halbleiter

Ganz anders liegen die Verhältnisse bei der kurzwelligen Absorption, die durch Anregung von Elektronen bestimmt wird (soweit man von einer Anregung im Gebiet kurzwelliger γ-Strahlen bzw. der kosmischen Strahlung absieht, unter deren Einfluß Veränderungen in den Atomkernen erzwungen werden können [204]). Belichtet man einen Kristall mit sehr kurzwelliger Strahlung (Röntgenlicht), so werden mit zunehmender Wellenlänge Elektronen aus der K-, L-, M-Schale in das Leitungsband (resp. in höhere erlaubte Energiebereiche — allerdings mit rasch abnehmender Anregungswahrscheinlichkeit) angeregt. Überlappen die oberhalb des Leitungsbandes gelegenen Energiebänder, so ist im sehr kurzwelligen Energiebereich zunächst eine kontinuierliche Absorption zu erwarten (vgl. Abb. III. 25). Sie steigt mit zunehmender Wellenlänge langsam an (die Übergangswahrscheinlichkeit nimmt zu) und fällt dann beim Erreichen einer kritischen Wellenlänge steil ab. Hier reicht die Energie der Strahlung nicht mehr aus, um ein Elektron der K-Schale in das Leitungsband zu befördern, der untere Rand des Leitungsbandes ist erreicht, eine Anregung in die verbotene Zone hinein ist jedoch nicht möglich. Es kommt somit zur Ausbildung einer *Röntgenabsorptionskante*. Mit weiter wachsender Wellenlänge kann nun die K-Schale nicht mehr an der Anregung beteiligt werden. Jetzt werden in stärkerem Maße die Elektronen der L-Schale angeregt, bis mit wachsender Wellenlänge auch hier eine entsprechende Absorptionskante auftritt. (Bei mehratomigen Substanzen ist zu berücksichtigen, daß es entsprechend der Zahl der verschiedenen beteiligten Elemente auch verschiedene energetische Lagen der K-, L- usw. Bandkanten geben kann). Schließlich erfolgt eine Anregung von Elektronen aus dem Valenzband.

In diesem Bereich der Grundgitterabsorption, der nach langen Wellenlängen hin bei Halbleitern und Isolatoren gewöhnlich durch eine letzte sehr steile *Absorptionskante* abgeschlossen wird, werden demnach Elektronen durch eine entsprechende optische Anregung aus energetisch tiefliegenden vollständig gefüllten Termen und Bändern in leere Bänder gehoben. Nach den Ausführungen der Ziff. 27 über die elektronische Leitfähigkeit ist zu erwarten, daß die nunmehr angeregten Elektronen beim Anlegen eines elektrischen Feldes einen Beitrag zum Strom leisten können, daß also in diesem Bereich durch eine solche optische Anregung die Leitfähigkeit eines festen Körpers zunimmt. Diesen Effekt bezeichnet man als *inneren photoelektrischen Effekt* (da hier im Gegensatz zum äußeren photoelektrischen Effekt auf Grund der Wirkung des Lichtes Elektronen zwar aus ihrer Bindung befreit werden, jedoch nicht ohne weiteres in der Lage sind, aus der Kristalloberfläche auszutreten), die zusätzliche Leitfähigkeit als *Photoleitfähigkeit* [248], [249].

Nach dem bisher Gesagten ist es nun nicht ohne weiteres verständlich, daß nicht alle Isolatoren und Halbleiter diesen inneren Photoeffekt im gesamten Gebiet ihrer Grundgitterabsorption zeigen. So findet man z. B. bei KCl, KBr, NaBr, $CaCl_2$, $SrCl_2$, As_2O_3 keine Änderung der Leitfähigkeit bei Belichtung im Grundgittergebiet. Obwohl die Kristalle mit Lichtquanten angeregt werden, die Elektronen aus dem Valenzband in höhere Bänder befördern können, kommt es zu keiner Photoleitung. Ursache dafür kann sein:

1. Beim optischen Anregungsprozeß werden zunächst keine Elektronen und Defektelektronen gebildet, die sich ohne Aufwendung weiterer Energie voneinander trennen können und damit einen Beitrag zum Stromtransport liefern (vgl. Abb. III.31), sondern zunächst nur *Excitonen* [Z 32] (s. auch Ziff. 28). Erst wenn eine gewisse Dissoziationsenergie aufgebracht wird (z. B. thermische Energie), kann dieses Exciton in ein Paar Defektelektron-Elektron zerfallen, und die nunmehr getrennten Ladungsträger können einen Beitrag zum Strom liefern.

2. Es entstehen zwar freie Ladungsträger durch die optische Anregung, sie rekombinieren jedoch so schnell, daß sie für die Leitfähigkeit praktisch kaum in Erscheinung treten (Abb. III.32). Die sich stationär einstellende Stromträgerkonzentration, die sich aus der Differenz der pro Zeiteinheit durch optische Anregung erzeugten und durch Rekombination wieder vernichteten Stromträger berechnet, bleibt also außerordentlich klein.

3. Die durch thermische Anregung vorhandene Leitfähigkeit ist bereits so groß, daß eine an sich vorhandene Photoleitfähigkeit in ihr untergeht und nicht mehr nachzuweisen ist. Mit abnehmender Temperatur kann sich die thermisch angeregte Leitfähigkeit so weit verkleinern, daß dann eine Photoleitung bemerkbar wird.

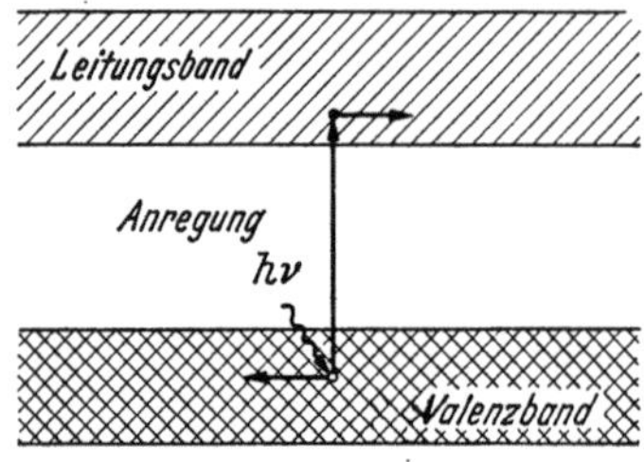

Abb. III.31. Erzeugung eines Leitungselektrons und eines Defektelektrons durch Lichtabsorption

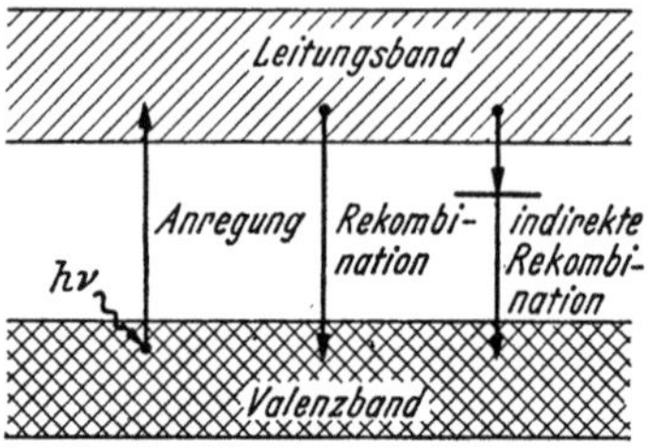

Abb. III.32. Optische Anregung und Rekombination von Elektronen im Bändermodell

Aus einer Vielzahl experimenteller Untersuchungen kann man entnehmen, daß je nach der chemischen Zusammensetzung der Substanz und je nach der Realstruktur der eine oder der andere der oben beschriebenen drei Effekte für das Fehlen einer Photoleitung wesentlich verantwortlich gemacht werden muß. Bei den meisten Festkörpern tritt jedoch eine Photoleitung auf, die wir weiter unten ausführlich behandeln wollen (bekannte Photoleiter sind z. B.: PbS, PbSe, Se, Te, Ge, CdS, ZnS, TlS, Si).

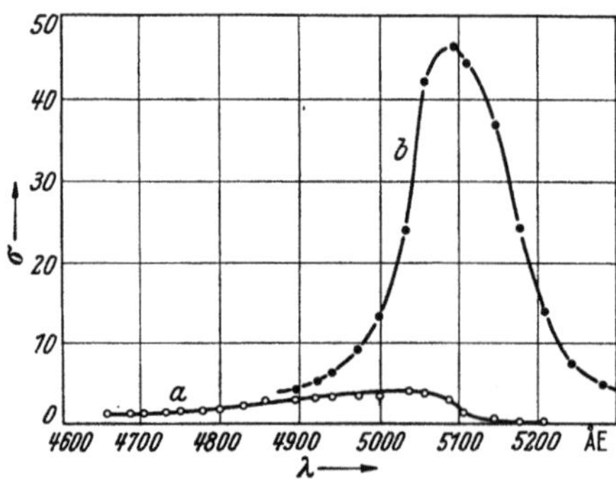

Abb. III.33. Abhängigkeit der Photoleitfähigkeit von der Wellenlänge der anregenden Lichteinstrahlung (a) bei einem dünnen Kristall und (b) bei einem dicken CdS-Einkristall

Hier wollen wir zunächst nur erwähnen, daß die meßbare Photoleitung im allgemeinen in der Nähe der Absorptionskante besonders groß ist (vgl. Abb. III.33). Das hat einen sehr einfachen Grund [73].

Im Gebiet der Grundgitterabsorption ist die Absorptionskonstante sehr groß, daher wird bei dickeren Kristallen nur eine sehr dünne Oberflächenschicht (10^{-5} bis 10^{-6} cm) vom Licht angeregt, hier werden Leitungselektronen erzeugt. Der Hauptteil des Kristalles bleibt jedoch unbelichtet, da das Licht nicht bis in das Kristallinnere eindringen kann. In der dünnen Oberflächenschicht werden zwar relativ viel Leitungselektronen erzeugt, die jedoch auf das gesamte Kristallvolumen bezogen nur eine geringe Vergrößerung der Elektronenkonzentration bedeuten.

Die Abnahme der Absorptionskonstante an der Absorptionskante
erlaubt eine wachsende Eindringtiefe des Lichtes. Zwar fällt damit auch
die angeregte Elektronenzahl pro Volumeneinheit des durch Licht erregten Kristallteiles, jedoch nicht in dem Maße, wie das angeregte Volumen zunimmt (die Rekombination erfolgt im allgemeinen stärker als
linear). Dadurch steigt die Photoleitfähigkeit des Gesamtkristalls.

Mit weiter fallender Absorptionskonstanten wird auch die Photoleitfähigkeit nach Durchlaufen eines Maximums absinken. Es wird zu wenig
Licht absorbiert, um noch genügend Elektronen in das Leitungsband
zu schaffen.

Ein solches Maximum der Photoleitfähigkeit im Bereich der Absorptionskante (vgl. Abb. III.33) tritt besonders stark bei dicken Kristallen
(Kristalldicke $d \gg$ [Absorptionskonstante K]$^{-1}$), praktisch überhaupt
nicht bei dünnen Aufdampfschichten in Erscheinung.

Verfolgt man die Leitfähigkeit bei optischer Anregung jenseits der
Absorptionskante (langwelliger) weiter, so bemerkt man häufig auch
hier noch eine beträchtliche Photoleitfähigkeit (z. B. beim CdS, ZnS).
In diesem Spektralbereich *(Ausläuferbereich)* reicht die Energie der
Photonen nicht mehr aus, um Elektronen aus dem Valenzband in das
Leitungsband zu befördern. Hier muß eine Anregung von Elektronen
aus Termen in der verbotenen Zone in das Leitungsband hinein stattfinden. Es sind auch Fälle bekannt, in denen wahrscheinlich Elektronen
aus dem Valenzband in Terme in der verbotenen Zone optisch angeregt
werden (vgl. Abb. III.34). In letzterem Falle tritt dann eine Defektleitung auf.

Da im Ausläufer die Idealgitteratome nicht mehr absorbieren[1], kann
man durch genauere Untersuchung der Absorption sowie der Anregung
einer entsprechenden Photoleitung weitgehende Aufschlüsse über die
Gitterstörungen und das Termspektrum in der verbotenen Zone erhalten. Es ist bereits eine große Zahl solcher Untersuchungen angestellt
worden. So wird der Absorptionsbereich, der direkt neben der Kante
liegt und häufig ein Gebiet deutlich erhöhter Absorption darstellt, auch·
den Gitteratomen an inneren und äußeren Oberflächen zugeschrieben.

Bei den Alkalihalogeniden sind bereits detailliertere Aussagen möglich [204] [227]. Am bekanntesten ist hier eine ausgeprägte Absorptionsbande, die gewöhnlich als F-Bande[2] bezeichnet und auf die Absorption

---

[1] Gelegentlich wurde allerdings geäußert, daß der erste Teil des Ausläufers,
dicht neben der Kante, auch auf eine Absorption der Gitterbausteine unter Verletzung der Auswahlregeln zurückgeführt werden kann [177]. Es muß jedoch
weiteren Untersuchungen vorbehalten bleiben, hier eine Entscheidung zu treffen.

[2] Diese Bande liegt bei den farblos durchsichtigen Alkalihalogenidkristallen
im sichtbaren Spektralbereich, z. B. beim KCl im Grünen. Bei der Erzeugung
von Farbzentren (s. u.) *verfärbt* sich daher der Kristall.

einer mit einem Elektron besetzten Anionenfehlstelle (*Farbzentrum*) zurückgeführt wird (vgl. Abb. III.35). Bei Einstrahlung in diese Bande werden die Elektronen in das Leitungsband befördert, es ergibt sich eine Photoleitung. Nicht alle Elektronen rekombinieren mit entleerten Anionenfehlstellen, ein Teil haftet auch an bereits bestehenden

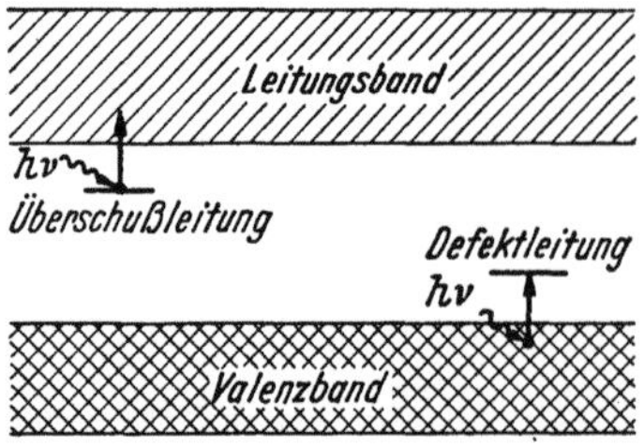

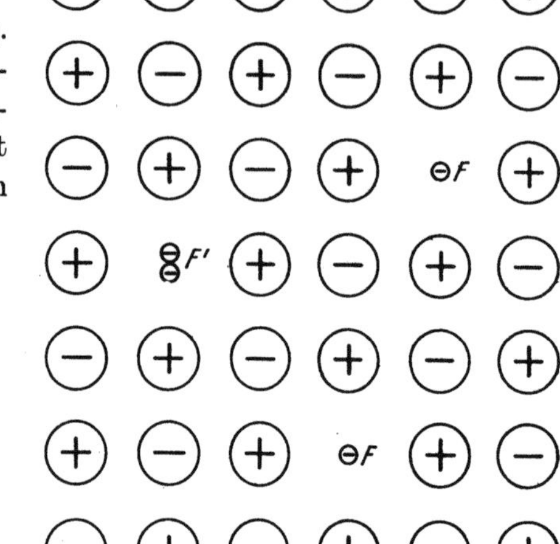

Abb. III.34. Ionisierung von Donatoren bzw. Akzeptoren durch Licht

Abb. III.35. *F*- und *F'*-Zentren in einem Ionenkristall

F-Zentren an. Dann befinden sich dort zwei Elektronen in einer Anionenfehlstelle, es bildet sich eine neue Absorptionsbande, die *F'*-Bande. Diese ist langwelliger als die *F*-Bande und bedeutend breiter, da das 2. Elektron weniger fest an die Anionenfehlstelle gebunden und damit auch weniger an der Fehlstelle lokalisiert, d. h. über eine breitere Umgebung der Fehlstelle „verschmiert" ist. Die *F*-Bande wird also durch den Anregungsprozeß teilweise abgebaut, wobei sich im gleichen Maße die *F'*-Bande aufbaut (vgl. Abb. III.36).

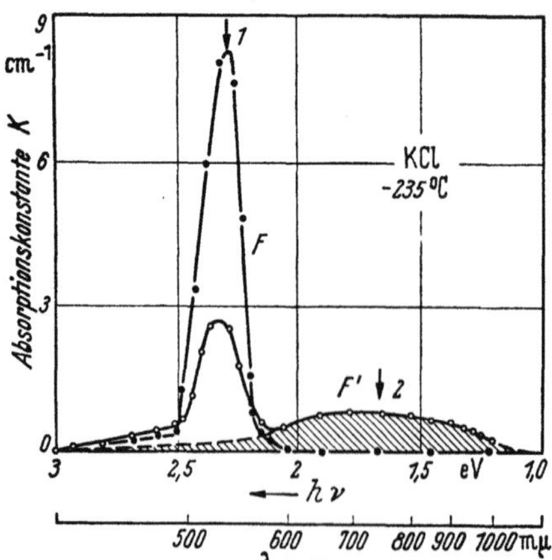

Abb. III.36. *F*- und *F'*-Banden in einem KCl-Kristall; Kurve *1*: verfärbter KCl-Kristall; Kurve *2*: nach Einstrahlung in die *F*-Bande. Die *F*-Bande wird ab- und die *F'*-Bande aufgebaut. Nach R. W. POHL

Die Gitterumgebung einer solchen Anionenfehlstelle ist natürlich auch gestört [61] [163]. Die Gitteratome nehmen hier neue Gleichgewichtslagen ein. Damit verändert sich auch ihr Absorptionsspektrum. Dieser Einfluß wird bei tiefen Temperaturen[1] nachweisbar. Dann werden der Grundgitterabsorption vorgelagert zwei weitere Banden sichtbar, die α- und die β-Bande. Diese werden der Absorption des gestörten Grundgitters in der Nachbarschaft einer unbesetzten Anionenfehlstelle bzw. eines *F*-Zentrums zugeordnet (vgl. Abb. III.37).

Die Farbzentren werden gewöhnlich auf zwei verschiedene Arten gebildet:

1. Durch *subtraktive Verfärbung*. Hierbei werden freie Elektronen im Kristall erzeugt, die dann zu bereits vorhandenen Anionenfehlstellen

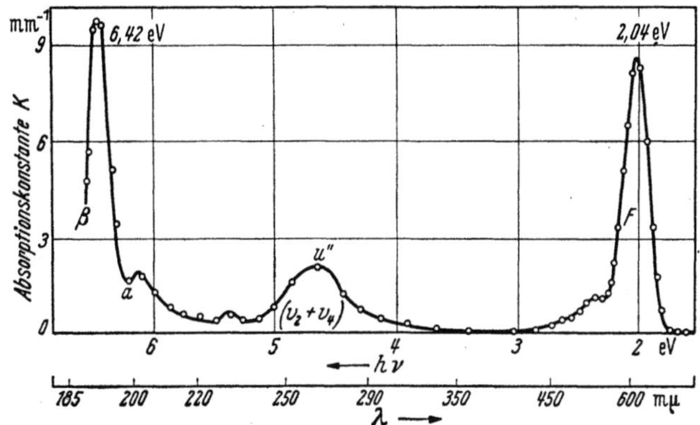

Abb. III.37. Ausläuferabsorption eines KBr-Kristalls nach MARTIENSSEN

wandern und dort eingefangen werden. Die freien Elektronen werden durch UV- bzw. Röntgenanregung resp. durch Beschuß mit β-Strahlen oder schließlich durch Injektion von Elektronen aus einer Spitzenelektrode unter Wirkung hoher elektrischer Felder in den Kristall gebracht. Diese subtraktive Verfärbung ist wenig beständig. Sie verschwindet bereits bei Zimmertemperatur nach kurzer Zeit infolge der Rekombination der Elektronen mit ihren Ursprungsplätzen im Gitter.

2. Durch *additive Verfärbung*, z. B. durch Temperung in einer Alkalidampfatmosphäre. Es wird dabei zunächst Alkalimetall an der Oberfläche atomar angelagert. Dann beginnt eine Diffusion von Halogenionen aus dem Kristallinneren zur Bildung eines Alkalihalogenidgitters. Dabei werden Anionen- (Halogenionen-) Fehlstellen im Kristallinneren gebildet. Andererseits werden bei der Bildung von Alkaliionen Elektronen frei, die zu den Anionenfehlstellen wandern können und dort *F*-Zentren

---

[1] Mit abnehmender Temperatur verschiebt sich die Absorptionskante zu kleineren Wellenlängen und wird steiler. Die Gitterkonstante verkleinert sich und die Gitterschwingungen, die eine Verbreiterung der Absorptionskante zur Folge haben, werden kleiner [*231*].

bilden. Diese sind wesentlich stabiler als die subtraktiv gebildeten Zentren [*205a*].

Außer den bisher beschriebenen Absorptionsbanden ist bei Alkalihalogeniden noch eine größere Zahl von Banden bekannt. So ordnet man die U-Bande den Hydridzentren zu. Sie entstehen, wenn bei Temperung in einer Wasserstoffatmosphäre Wasserstoff in das Gitter eingebaut wird (vgl. die Sensibilisierung bei photochemischen Prozessen Ziff. 34).

Die V_1- und K-Banden werden gewöhnlich Defektelektronenzentren zugeordnet [*68*]. Außerdem sind V_2-, V_3-, V_4-, R_1- und R_2-Banden bekannt sowie ausgedehntere Absorptionsgebiete, die mit den Buchstaben M, N und O bezeichnet werden und die vermutlich auf Gruppen von mehreren Störzentren bzw. bereits auf Kolloidabsorption zurückzuführen sind [*67*] [*227*] [*247*].

Dieser Verlauf der Ausläuferabsorption mit ausgeprägten Absorptionsbanden wurde jedoch bislang nur an heteropolar gebundenen Substanzen gefunden. Kristalle mit vorwiegend homöopolarer Bindung zeigen dagegen im allgemeinen eine praktisch strukturlose breit verwaschene Ausläuferabsorption, so daß eine Zuordnung bestimmter Absorptionsbereiche zu bekannten Gitterstörungen hier viel schwieriger ist.

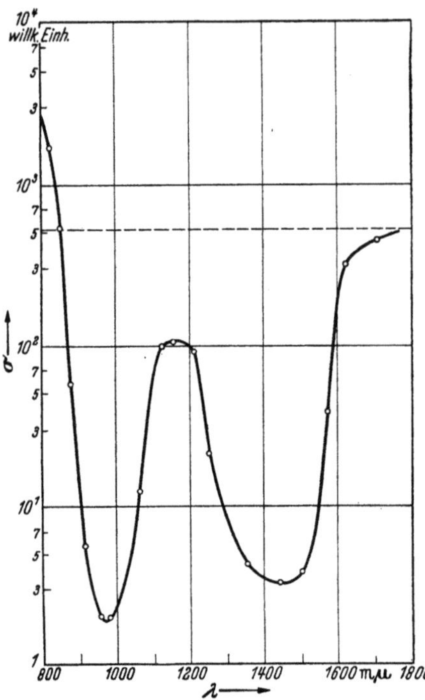

Abb. III.38. Änderung der Photoleitfähigkeit eines CdS-Einkristalls bei zusätzlicher Einstrahlung im Infraroten nach Gutsche

Durch geschickte Experimentiermethoden kann man jedoch auch hier weiterkommen. Regt man z. B. eine schwache Photoleitung durch Einstrahlung nahe der Absorptionskante an und belichtet den Kristall jetzt zusätzlich mit einer zweiten monochromatischen Lichtquelle, so stellt man fest, daß sich die Leitfähigkeit mit wachsender Wellenlänge der zusätzlichen Bestrahlung ändert. Es zeigen sich deutlich ausgeprägte Maxima und Minima (vgl. [*90*] [*257*] [*49*]), wie das in Abb. III.38 am Beispiel des CdS gezeigt ist. Danach tritt zunächst in der Nähe der Absorptionskante eine Erhöhung der Photoleitfähigkeit auf, wie das auch durch die hier doppelt wirkende Belichtung verständlich ist. (Die gestrichelte Linie in Abb. III.38 gibt die Photoleitfähigeit ohne zusätzliche Bestrahlung an.) Im langwelligen Bereich sind jedoch auch Spektralbereiche zu finden, in denen eine deutliche Minderung der Photoleitung unter den Wert der Leitfähigkeit ohne Zusatzbelichtung auftritt. Hier handelt es sich um einen neuen Effekt. Durch optische Anregung von Elektronen aus Termen in der verbotenen Zone wird eine *Minderung der bestehenden Leitfähigkeit* erzwungen (in gewisser Beziehung also der inverse Effekt zum inneren photoelektrischen Effekt) (*Tilgung*).

Zum Verständnis der Minderung der Photoleitung durch eine Anregung in bestimmten Spektralbereichen im Ausläufer soll zunächst die Photoleitung realer Kristalle etwas ausführlicher beschrieben werden. Durch Absorption eines Lichtquantes im Grundgittergebiet wird ein Elektron und ein Defektelektron geschaffen. Beide Ladungsträger bewegen sich unter der Wirkung eines äußeren elektrischen Feldes auf die Elektroden zu. Diese Bewegung kann von Anhaftprozessen, bei denen die Ladungsträger vorübergehend oder dauernd von Störtermen in der verbotenen Zone eingefangen werden, unterbrochen werden.

Nehmen wir zunächst an, die eine Sorte von Ladungsträgern, hier z. B. die Defektelektronen, wird bald nach ihrer Erzeugung an Störtermen dauerhaft eingefangen. Bewegen sich die Leitungselektronen von ihrem Entstehungsort — in dessen Nähe ja die Defektelektronen festsitzen — fort, so bleibt eine Raumladung zurück, die dem äußeren Feld entgegenwirkt.

Nun bestehen grundsätzlich zwei Möglichkeiten:

a) Es beteiligen sich nur die primär erzeugten Leitungselektronen am Stromtransport. Der Strom fließt so lange, bis genügend Elektronen zur Anode abgewandert sind, um durch Polarisation ein Gegenfeld zurückzulassen, das gerade die Stärke des äußeren Feldes hat und es genau kompensiert. Dieser Strom wird als photoelektrischer *Primärstrom* bezeichnet [*106*],

b) oder es können, nachdem das durch die Polarisation erzeugte Feld stark genug geworden ist, aus der Kathode Elektronen nachgezogen werden, die immer wieder für einen Ausgleich des Polarisationsfeldes sorgen.

In diesem Fall, in dem also pro primär erzeugtem freien Elektron weitere Elektronen durch den Kristall gezogen werden, spricht man von einem *Sekundärstrom*. Das Verhältnis von sekundär den Kristall durchquerenden Elektronen zu den primär durch optische Anregung erzeugten Leitungselektronen wird gewöhnlich als *Verstärkungsfaktor V* bezeichnet [*205*]. Ist τ_L die Zeit, die ein Elektron zur Durchquerung eines Photoleiters in Feldrichtung benötigt,

$$\tau_L = \frac{L}{bF} \tag{49}$$

(L ist die Länge des Photoleiters zwischen beiden Elektroden, b die Elektronenbeweglichkeit und F die wirkende Feldstärke), und t_p die mittlere Lebensdauer eines Defektelektrons, das an einem Störterm eingefangen wurde, so ist

$$V = \frac{t_p}{\tau_L}. \tag{50}$$

Es sind Photoleiter bekannt, bei denen dieser Verstärkungsfaktor bis zu 10^5 betragen kann (z. B. Kadmiumsulfid), bei denen also infolge der langen Lebensdauer von Defektelektronen in Störtermen eine außerordentlich große Zahl von Elektronen pro primär angeregtem Paar Elektron-Defektelektron den Photoleiter unter Wirkung eines elektrischen Feldes durchqueren kann. Wird durch eine zusätzliche Einstrahlung im Ausläufergebiet die Lebensdauer der Defektelektronen in den Störtermen herabgesetzt (indem z. B. Elektronen aus dem Valenzband in die Störterme hinein angeregt und dadurch auch Rekombinationen Elektron-Defektelektron begünstigt werden), so muß der Verstärkungsfaktor abnehmen, es werden also bei konstanter Lichtanregung weniger Elektronen den Photoleiter durchqueren, die Photoleitfähigkeit wird absinken.

c) Elektrische Anregung

Wird die an einen Isolator gelegte Spannung sukzessive erhöht, so bricht bei einem bestimmten hohen Wert die Isolationsfähigkeit zusammen; der Isolator wird an einer räumlich lokalisierten Stelle zerstört. Dieser Effekt wird als *elektrischer Durchschlag* bezeichnet. Beobachtet man die elektrische Leitfähigkeit kurz vor dem elektrischen Durchschlag genauer, so stellt man fest, daß sie hier in starkem Maße von der Feldstärke abhängt. Dabei kann die Leitfähigkeit je nach den Versuchsbedingungen und der Untersuchungssubstanz mit wachsender Feldstärke zunächst zu- oder abnehmen. Beim Erreichen der Durchschlagsfeldstärke nimmt die Leitfähigkeit jedoch stets zu[1], bis infolge der hohen zugeführten elektrischen Leistung (beim Überschreiten einer kritischen Leistung) eine thermische Zerstörung des Materials eintritt [*17*] [*18*] [*21*] [*83*].

Die Zunahme der elektrischen Leitfähigkeit im Durchschlagsbereich kann auf zwei grundsätzlich verschiedene Mechanismen zurückgeführt werden:

a) Die durch den Strom erzeugte Joulesche Wärme führt zur Temperaturerhöhung des Prüflings. Bei höheren Temperaturen werden jedoch mehr Stromträger thermisch angeregt, die Leitfähigkeit nimmt

---

[1] Das ist gewöhnlich nur im stabilisierten Fall nachweisbar. Zu diesem Zweck wird in Serie zum Prüfling ein sehr hoher Ohmscher Widerstand geschaltet (vgl. Abb. III.39).

zu. Damit ist wieder eine erhöhte Leistungsaufnahme aus dem elektrischen Feld verknüpft, der Prüfling erwärmt sich weiter, seine Leitfähigkeit wird weiter zunehmen usf. Dieser Prozeß führt dann zu einem stabilen stationären Zustand, wenn die aus dem Feld aufgenommene Leistung gleich der durch Wärmeverluste an die Umgebung abgegebenen Leistung ist (vgl. Abb. III.40). Man spricht bei diesem Mechanismus der Leitfähigkeitserhöhung durch Wirkung eines elektrischen Feldes von *elektrisch-thermischer Anregung*. Mit wachsender Feldstärke nimmt diese Anregung zu, die Leitfähigkeit vergrößert sich, bis bei einem bestimmten Feldstärkewert das elektrisch-thermische Gleichgewicht instabil wird (am Punkte B' in Abb. III.40). Hier wird bei einem Temperaturanstieg über den Punkt B' hinaus mehr Energie aus dem Feld aufgenommen, als an die Umgebung durch Wärmeverlust abgeführt werden kann. Die Temperatur wird also — sehr rasch —

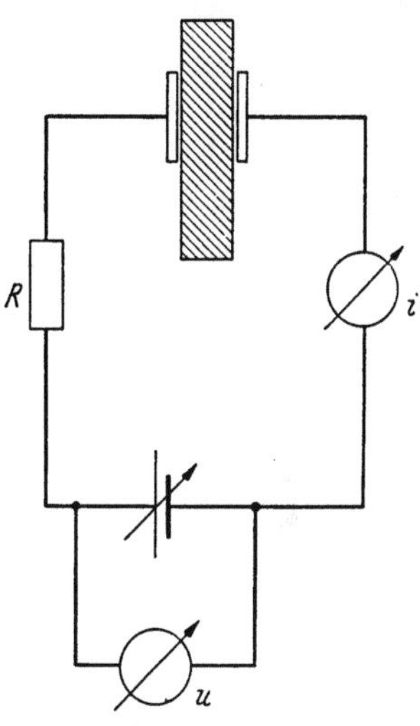

Abb. III.39. Schaltung zur Messung der Leitfähigkeit im Bereich des elektrischen Durchschlages (im stabilisierten Fall)

weitersteigen, bis der Prüfling (an einer Stelle, an der die Wärmeabführung] besonders schlecht ist und sich daher dort die Temperatur besonders stark erhöht), thermisch zerstört wird. Es kommt zum sog. *Wärmedurchschlag* [98] [21] [265].

b) Bei sehr kleiner Leitfähigkeit eines Prüflings reicht die aus dem elektrischen Feld aufgenommene Leistung nicht aus, um den ·Prüfling merklich zu erwärmen. Trotzdem mißt man auch hier bei hohen Feldstärken eine Erhöhung der Leitfähigkeit mit wachsender Feldstärke, die schließlich ·ebenfalls zum Durchschlag führt. Hier werden allein

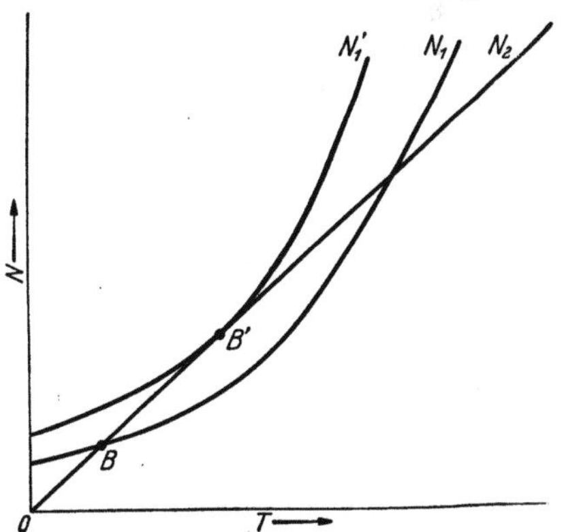

Abb. III.40. Aus dem Feld erzeugte Wärmeleistung N_1 (bzw. N_1' bei höherer Feldstärke) und an die Umgebung der Prüflinge abgegebene Wärmeleistung N_2. Der Punkt B entspricht dem stabilen, der Punkt B' dem labilen Gleichgewicht zwischen aufgenommener und abgegebener Wärme

durch Wirkung des elektrischen Feldes (ohne Umweg über eine Erwärmung) zusätzliche Stromträger geschaffen. So können Elektronen (oder Defektelektronen) aus nichtleitenden Zuständen in das Leitungs-(oder Valenz-) Band befördert werden — man spricht in diesem Fall von einer *elektrischen Anregung* [21] [28].

Durch den Mechanismus der elektrischen Anregung von Stromträgern wird die Leitfähigkeit schließlich so groß, daß eine entsprechende Erwärmung des Prüflings einsetzt. Er wird thermisch zerstört. Der Zerstörungsmechanismus ist also wieder derselbe wie beim Wärmedurchschlag. Im Gegensatz zum Wärmedurchschlag nennt man den gesamten Vorgang jedoch hier *Felddurchschlag*.

Über den Vorgang der elektrischen Anregung sind verschiedene Vorstellungen entwickelt worden. Am bekanntesten sind die Stoßionisations- und die Feldemissionstheorien.

Werden Elektronen in einem Isolator durch die Wirkung eines angelegten elektrischen Feldes so stark beschleunigt, daß gebundene Elektronen in merklichem Umfang durch Elektronenstoß befreit werden, so spricht man von einer Stoßionisation (vgl. v. HIPPEL [126]).

Die Wahrscheinlichkeit für eine Stoßionisation ist mathematisch nicht leicht zu erfassen. Bis jetzt liegen noch keine brauchbaren Rechnungen vor. Es ist jedoch eine größere Zahl von Arbeiten über den Felddurchschlag durch Stoßionisation erschienen. Darin gehen unter gewissen Annahmen diese bislang unbekannten Übergangswahrscheinlichkeiten nicht ein.

Allen diesen Theorien ist gemeinsam, daß sie sich weniger um die Feldanregung, d. h. um die Zunahme der Leitungselektronenkonzentration bemühen, als daß sie den sog. Durchschlagspunkt, den Feldstärkewert, an dem schließlich eine Materialzerstörung stattfindet, erfassen wollen[1]; dieser Punkt wird z. Z. lediglich durch entsprechende Postulate festgelegt.

v. HIPPEL postuliert als Durchschlagsfeldstärke das Maximum der Gleichgewichtsfeldstärke[2]. Er fordert für alle freien Elektronen, daß die Feldwirkung größer als die Bremsung durch das Realgitter sein muß („low energy criterion"). Diesem Postulat schließen sich SEEGER und TELLER an und berechnen die Bremsung unter Berücksichtigung einer Elektronenstreuung an Gitterschwingungen im optischen Zweig [221 bis 223] (polare Kristalle).

FRÖHLICH postuliert als Durchschlagsfeldstärke den Wert der Gleichgewichtsfeldstärke an der Stelle der Ionisationsenergie der Elektronen („high energy criterion"). Er berechnet ebenfalls unter Berücksichti-

---

[1] Gerade diese Bemühungen sind aber bedenklich, da sie zur experimentellen Kontrolle über nur einen zudem noch stark streuenden Punkt verfügen.

[2] Angelegte äußere Feldstärke, die einem Leitungselektron den Energiebetrag ersetzt, den es durch Stoß mit dem Realgitter verliert.

gung der Streuung an optischen Gitterschwingungen für polare Kristalle die Durchschlagsfeldstärke [91—93] [95] [96].

Kritiken am „high energy criterion" stammen von FRANZ [79] [80] [81] und CALLEN [54]. SEITZ [228] stellte fest, daß durch statistische Schwankungen der Elektronenverteilung bereits etwa ein Fünftel der v. HIPPELschen Feldstärke zum Durchschlag ausreicht, also beide Kriterien nicht anwendbar sind.

Die Stoßionisation setzt primäre frei bewegliche Elektronen voraus, die nach entsprechender Beschleunigung durch Stoß ionisieren können. Demgegenüber benötigt die Feldemissionstheorie keine freien Primärelektronen.

Auf Grund des wellenmechanischen Tunneleffektes besteht eine gewisse, sich mit der angelegten äußeren Feldstärke vergrößernde Wahrscheinlichkeit für einen Elektronenübergang aus dem Valenzband (vgl. ZENER [276], FRANZ [83] u. a. [168] [131] [180] [130]) bzw. aus Termen in der verbotenen Zone (vgl. FRANZ [82]) in das Leitungsband.

Für direkte Band-Band-Übergänge ist jedoch die verbotene Zone im allgemeinen zu breit, als daß die Prozesse der Feldemission mit denen der Stoßionisation konkurrieren könnten (vgl. FRENKEL [89]). FRANZ berechnet die Übergangswahrscheinlichkeiten bei einer Feldanregung von Elektronen aus Termen in der verbotenen Zone und findet, daß die entsprechenden Übergänge bei zu überbrückenden Energiedifferenzen, die kleiner als 0,5 eV sind, im Bereich der Durchschlagsfeldstärke merklich werden können.

Bei dem heutigen Stand der Forschung kann lediglich festgestellt werden, daß es experimentell möglich ist, Ladungsträger, insbesondere Elektronen aus Termen in der verbotenen Zone, durch Wirkung eines angelegten elektrischen Feldes anzuregen [21] [24] [25] [28]. Ob eine solche Anregung bei höheren Feldstärken vor dem Felddurchschlag auch aus dem Valenzband möglich ist und ob insbesondere der Felddurchschlag durch eine solche Anregung von Stromträgern aus dem Valenzband zustande kommt, ist z. Z. noch nicht geklärt. Experimentell gesichert ist lediglich, daß es Fälle gibt (vgl. BÖER und KÜMMEL [21]), in denen auch der Felddurchschlag[1] von Stromträgern erzwungen wird, die nicht aus dem Valenzband, sondern aus Termen in der verbotenen Zone stammen.

d) Anregung durch Korpuskularstrahlung

Werden feste Körper mit Korpuskularstrahlen (z. B. α-, β-Strahlen oder Neutronen) beschossen, so treten zunächst ähnliche Effekte auf wie bei Bestrahlung mit elektromagnetischen Wellen:

---

[1] Für den Wärmedurchschlag ist das seit langem bekannt.

Ein Teil der Strahlung wird reflektiert, ein Teil der Strahlung dringt in den festen Körper ein und kann absorbiert werden. Bei der Absorption werden Leitungselektronen angeregt, die je nach der Energie des einfallenden Teilchens mehr oder weniger energiereich sind. Weiter können Umwandlungen im Kristallgitter erzwungen werden, z. B. durch Schaffung zusätzlicher Fehlordnung etwa bei Beschuß mit α-Teilchen, und schließlich können auch im Kristallgitter Kernumwandlungen erzwungen werden (z. B. durch den Einfang von Neutronen) [149].

Die Mannigfaltigkeit der Effekte ist beim Beschuß mit Korpuskeln größer als bei der Wechselwirkung fester Materie mit elektromagnetischer Strahlung.

Im allgemeinen wird nur eine dünne Oberflächenschicht angeregt. Dabei nimmt die Leitfähigkeit von Halbleitern bzw. Isolatoren je nach Art und Energie der Korpuskeln mit der Strahlungsdichte zu. Die Gitteratome werden beim Stoß mit den Korpuskeln ionisiert, es werden zum Teil sehr schnelle Leitungselektronen gebildet, die ihrerseits durch Stoß weitere Gitteratome ionisieren bzw. nach entsprechender Streuung zur Oberfläche zurückdiffundieren, diese durchdringen, den Kristall also wieder verlassen. Wenn die primäre Anregung durch Elektronenstrahlen erfolgt, spricht man von einer Sekundärelektronenemission [107], die technisch beträchtliches Interesse erlangt hat (vgl. Kap. VI).

Die Anregung von Leitungselektronen durch Korpuskelbeschuß kann zum Bau von Kristallzählern ausgenutzt werden. Hier ist die Eindringtiefe der Korpuskeln im allgemeinen so groß, daß eine Rückdiffusion genügend energiereicher Elektronen zur Oberfläche unwahrscheinlich ist und damit eine direkte Zählung der einfallenden Teilchen durch Messung der Leitfähigkeitserhöhung des Kristalls möglich wird. Nach entsprechender Eichung lassen sich sowohl Zahl als auch Energie der anregenden Korpuskeln angeben [99] [139] [251].

31. Rekombinationsmechanismen

Der zur Anregung inverse Prozeß ist die Rekombination, ein Vorgang, der zur Verringerung der Stromträgerkonzentration führt.

Es ist zunächst durchaus denkbar, daß zu jedem Anregungsprozeß auch der inverse Prozeß existiert. Alle möglichen Rekombinationen verlaufen jedoch nicht mit gleicher Wahrscheinlichkeit. Eine ganze Reihe von Übergängen ist sehr unwahrscheinlich, obwohl die entsprechenden Anregungen recht häufig realisierbar sind. Die Rekombinationswahrscheinlichkeit ist eine wichtige Größe zur Bestimmung der Lebensdauer freier Ladungsträger. Diese Lebensdauer wird um so größer sein, je kleiner die Rekombinationswahrscheinlichkeit ist.

Bei der Rekombination wird ein Energiebetrag frei, der entweder als Lichtquant ausgesandt *(strahlende Rekombination)* oder an das Kristallgitter abgegeben werden kann *(strahlungslose Rekombination)*.

a) Strahlende Rekombination

Bei der Rekombination von Ladungsträgern in Halbleitern oder Isolatoren sind zu unterscheiden: Rekombinationen vom Leitungsband in das Valenzband, vom Excitonenzustand in den Grundzustand [*108*] [*169*], vom Leitungsband in einen Störterm, von einem Störterm in das Valenzband sowie vom angeregten Term eines Störatoms in den Grundzustand. (Vgl. Abb. III. 41.) Dabei werden Energiebeträge bis zu mehreren eV frei.

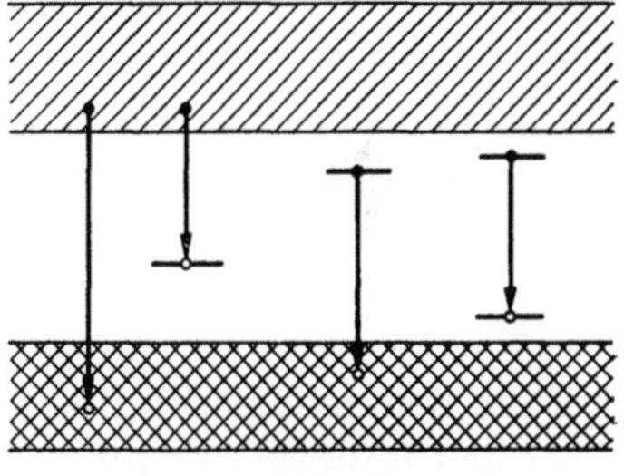

Abb. III.41. Mögliche Rekombinationen von Elektronen in Halbleitern

Im Rahmen des Bändermodells oder entsprechender einfacher Näherungen ist es notwendig, diese Rekombinationen als einen Einquantenprozeß anzunehmen. Wird der frei werdende Energiebetrag als Lichtquant emittiert, so führt das zu den bekannten Lumineszenzerscheinungen. Es kann gezeigt werden, daß Band-Band-Übergänge in einem idealen Gitter außerordentlich unwahrscheinlich sind. Diese Übergänge erfordern die Erhaltung des Ausbreitungsvektors, was bei sich unabhängig voneinander frei durch den Kristall bewegenden Elektronen und Defektelektronen äußerst selten erfüllt ist[1]. Die Übergangswahrscheinlichkeiten für eine strahlende Rekombination sind abschätzbar (vgl. HAUG [*113*]).

Vergleicht man die Zahl der insgesamt zu erwartenden Rekombinationen mit den gemessenen Lumineszenzintensitäten, so findet man, daß im allgemeinen nur ein geringer Anteil der angeregten Elektronen unter Aussendung von Lichtquanten rekombiniert. Die meisten Elektronen rekombinieren besonders bei höheren Temperaturen strahlungslos.

b) Strahlungslose Rekombination

Die physikalische Natur der strahlungslosen Übergänge ist bis heute noch nicht hinreichend geklärt. Werden doch bei jeder solchen Rekombination Energiebeträge frei, die gewöhnlich sehr groß gegen die

---

[1] Dieser Band-Band-Übergang wird dann wichtig, wenn nach der Anregung Elektron- und Defektelektron nicht die Möglichkeit haben, ihre Ausbreitungsvektoren gegeneinander zu verstimmen. Das ist z. B. bei der Excitonenanregung der Fall [*108*] (vgl. auch Resonanzfluoreszenz).

Energie eines Schallquantes[1] sind, die bei Zimmertemperatur nur einen Wert von etwa 0,025 eV annehmen kann. Es ist zu diesem Problem eine ganze Reihe von Lösungsvorschlägen gemacht worden. Die wesentlichsten stammen von FRENKEL [88], PEIERLS [196], MÖGLICH und ROMPE [176], GOODMAN, LAWSON und SCHIFF [102], KUBO [144], HUANG und RHYS [132], ANSBACHER [4], TEWORDT [258], ADIROWITSCH [3] und HAUG [112] (vgl. auch [146] [169]).

Grundsätzlich lassen sich zwei verschiedene Gruppen von Theorien unterscheiden:

1. Theorien, die den Elektronenübergang unter simultaner Emission einer größeren Zahl von Schallquanten verständlich machen wollen (Mehrquantenprozesse) und

2. Theorien, die eine sukzessive Emission je eines Schallquantes ermöglichen, die also zu zeigen versuchen, daß die verbotene Zone „leitersprossenartig" durch eine größere Zahl erlaubter Terme überbrückt werden kann.

Alle zur ersten Gruppe gehörenden Theorien legen das Hauptgewicht auf die Behandlung der Ionengleichung (4), die allerdings teilweise weit über den Rahmen der adiabatischen Näherung hinaus vereinfacht wird. Es sind jedoch auch hier noch zwei Gruppen von Theorien zu unterscheiden:

a) Theorien, die eine strahlungslose Rekombination bereits im geringfügig deformierten Idealgitter erklären wollen, FRENKEL [85], PEIERLS [196], MÖGLICH und ROMPE [176] und

b) Theorien, die eine solche strahlungslose Rekombination an fehlgeordneten Gitterbausteinen behandeln (GOODMAN, LAWSON, SCHIFF [102], KUBO [144], HUANG und RHYS [132], ANSBACHER [4], TEWORDT [258]).

Im Gegensatz zu den unter 1. genannten Theorien legen ADIROWITSCH [3] und HAUG [112] beim Einfang eines Elektrons an einer Störstelle das Hauptgewicht nicht auf die Ionengleichung (4), sondern auf die Elektronengleichung (3) der adiabatischen Näherung.

Bis jetzt kann keine dieser Theorien in ihrer augenblicklichen Form in auch nur annähernd befriedigender Weise zur Erklärung des Effektes herangezogen werden. Vorschläge, die Wechselwirkung der Elektronen untereinander (ANSBACHER [4]) für strahlungslose Übergänge verantwortlich zu machen bzw. eine Kritik an der Verwendung der adiabatischen Näherung für dieses Problem (HAUG [112]) liegen vor.

Es kann jedoch in Übereinstimmung mit den experimentellen Ergebnissen festgestellt werden, daß wahrscheinlich alle strahlungslosen Rekombinationen an Gitterstörungen stattfinden. Der Einbau

---

[1] Energetisch gequantelte Gitterschwingung.

definierter Fremdatome (*Killer*) kann den Anteil strahlender Rekombinationen (Lumineszenz) gegenüber strahlungslosen Rekombinationen stark herabsetzen. Andere Fremdatome, die in das Gitter eingebaut werden, begünstigen jedoch die strahlende Rekombination *(Aktivatoren)*. Demnach ist für die Art der Rekombination wesentlich die chemische Beschaffenheit der Gitterstörung verantwortlich.

32. Reaktionskinetik

Die konkurrierenden Prozesse der Anregung und der Rekombination bestimmen z. B. die Zahl der Stromträger. So ergibt sich die zeitliche Änderung der Stromträgerkonzentration n als Differenz von Anregung a und Rekombination r:

$$\frac{dn}{dt} = a(n) - r(n) . \tag{52}$$

In realen festen Körpern sind sowohl Anregungs- wie auch Rekombinationsvorgänge von komplizierter Natur, so daß an Stelle der einfachen Differentialgleichung (52) meist ein System von Differentialgleichungen zu lösen ist.

Als einfaches Beispiel sei ein zur Darstellung von Photoleitungs- und Lumineszenzvorgängen häufig benutztes Modell angegeben (vgl. Abb. III.42): Durch Lichtanregung im Ausläufergebiet werden Elektronen aus Aktivatortermen A in das Leitungsband angeregt. Das soll mit der Häufigkeit a pro sec und cm³ geschehen. Bei diesem Prozeß werden Leitungselektronen n [cm^{-3}] und positiv geladene ionisierte Aktivatoren A^+ [cm^{-3}] gebildet. Die Leitungselektronen können nun wieder mit den ionisierten Aktivatoren rekombinieren oder an leeren

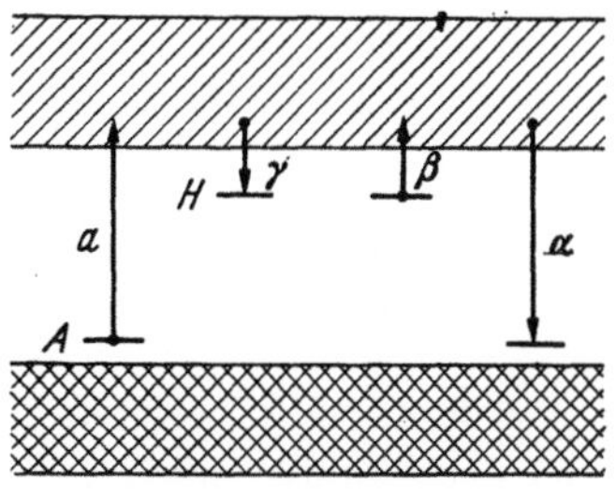

Abb. III.42. Einfaches energetisches Modell eines Photoleiters

Hafttermen H eingefangen werden. Die in den Hafttermen eingefangenen Elektronen der Konzentration h werden wiederum durch thermische Anregung in das Leitungsband befördert. Die für die genannten Prozesse maßgebenden Übergänge mit den Wahrscheinlichkeiten α, β und γ sind in Abb. III.42 eingezeichnet.

Das reaktionskinetische Differentialgleichungssystem für dieses Modell lautet:

$$\left.\begin{aligned}
\frac{dn}{dt} &= a - \gamma\, n(H - h) + \beta\, h - \alpha\, n A^+, \\[2mm]
\frac{dh}{dt} &= \gamma\, n(H - h) - \beta\, h .
\end{aligned}\right\} \tag{53}$$

Nimmt man an, daß sich im nicht angeregten Fall keine Elektronen im Leitungsband und in den Hafttermen befinden und alle Aktivatoren neutral sind, so gilt die Quasineutralitätsbedingung

$$A^+ = h + n \,. \tag{54}$$

Ist das Anregungsglied eine einfache Funktion der Zeit $a = a(t)$ (z. B. „Ein- oder Ausschalten" der Lichtanregung), so sind die Lösungskurven dieses Systems von Differentialgleichungen nicht geschlossen analytisch darstellbar. Eine Auswertung des Gleichungssystems kann nur nach Näherungsverfahren erfolgen, wobei gewöhnlich — abgesehen von den Konzentrationen — die Übergangswahrscheinlichkeiten zunächst unbekannt sind und durch Anpassung an den experimentell gefundenen Verlauf bestimmt werden sollen. Infolge der Vielzahl der unbekannten Parameter ist das Problem im allgemeinen nicht mit hinreichender Genauigkeit und Eindeutigkeit lösbar, so daß man häufig gezwungen ist, zu noch einfacheren reaktionskinetischen Modellen überzugehen.

Vernachlässigt man den Einfluß von Haftstellen, so ergibt sich an Stelle von (53) und (54) die einfachere Differentialgleichung

$$\frac{dn}{dt} = a - \alpha\, n^2 \tag{55}$$

(bimolekulare Rekombination). Vernachlässigt man die Rekombination mit ionisierten Aktivatoren und betrachtet lediglich das Anhaften an unbesetzten Hafttermen, so ergibt sich

$$\frac{dn}{dt} = a - \gamma'\, n \tag{56}$$

(monomolekulare Rekombination). Es ist von vornherein zu erwarten, daß diese stark vereinfachten Modelle nur einen sehr beschränkten Gültigkeitsbereich besitzen und die daraus abzuleitenden Ergebnisse nicht überbewertet werden dürfen.

a) Stationäre Probleme

Bei Anregung mit konstanter Intensität stellt sich schließlich ein stationärer Zustand ein. Die zeitlichen Ableitungen verschwinden. So wird aus Gl. (53) und (54) das einfache Gleichungssystem

$$\left. \begin{aligned} 0 &= a - \alpha\, n(n + h)\,, \\ 0 &= \gamma\, n(H - h) - \beta\, h\,. \end{aligned} \right\} \tag{57}$$

Die Leitungselektronenkonzentration berechnet sich aus (57) durch Lösung einer Gleichung dritten Grades. Unter Vernachlässigung der thermischen Emission von Elektronen aus Hafttermen (tiefe Temperaturen) ergibt sich für n die einfache Beziehung

$$n = \frac{H}{2}\left(\sqrt{1 + \frac{4a}{\alpha H^2}} - 1 \right), \tag{58}$$

die für kleine Anregungsintensitäten a eine Zunahme der Elektronenkonzentration proportional a (entsprechend einem monomolekularen
Gesetz) und für größere Anregungsintensitäten proportional $\sqrt{a}$ (entsprechend einem bimolekularen Gesetz) zeigt. Bei einer Reihe von Photoleitern wird diese Gesetzmäßigkeit erfüllt (vgl. Abb. III.43). Bei
anderen zeigen sich beträchtliche Abweichungen. Es kommen Exponenten vor, die sowohl größer als 1 wie auch kleiner als $^1/_2$ sind. Hier

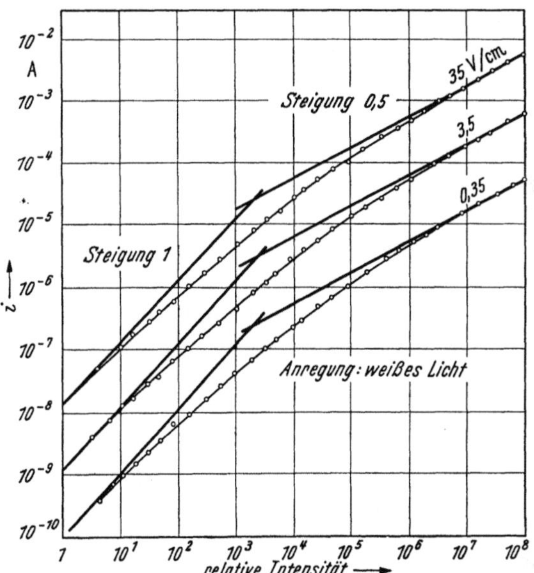

Abb. III.43. Photostrom eines CdS-Einkristalls als Funktion der anregenden Lichtintensität nach
BUTTLER und MUSCHEID

treten offensichtlich kompliziertere Vorgänge auf, die nicht mehr mit
dem einfachen System (57) zu erfassen sind (so kann z. B. mehr als eine
Hafttermgruppe vorhanden sein).

b) Nichtstationäre Vorgänge

Über das An- und Abklingen der Leitfähigkeit nach dem Ein- bzw.
Abschalten einer Lichtanregung geben die Lösungskurven reaktionskinetischer Differentialgleichungssysteme Auskunft. Da es sich bei der
Auswertung von Untersuchungsergebnissen meist um größere Bereiche
handelt (Zeit- oder Intensitätsbereiche), ist die Berechtigung zur Anwendung vereinfachter Modelle oft recht fraglich (vgl. die Kritik von
HÖHLER [127] [128] an den Untersuchungen von FASSBENDER und
SERAPHIN [74] [224]), da ihre Gültigkeitsbereiche meist überschritten
werden. Umgekehrt ist eine analytische Darstellung der Lösungskurven

von Differentialgleichungssystemen genauerer Modelle nicht möglich. So muß teils zu numerischen Näherungsverfahren [*134*], teils zu halbqualitativen Diskussionen von Lösungskurvenverläufen [*29*] [*32*] sowie zu graphischen Methoden [*3*] übergegangen werden, um die experimentellen Ergebnisse auswerten zu können [*45*].

Dabei ist zu berücksichtigen, daß die eindeutige Bestimmung der Vielzahl der unbekannten Parameter durch Vergleich mit dem Experiment keineswegs gewährleistet ist.

In letzter Zeit ist eine Reihe von Methoden entwickelt worden, die zu ihrer Auswertung nicht mehr die vollständige Lösung eines reaktionskinetischen Differentialgleichungssystems fordern, das im allgemeinsten Falle die Form

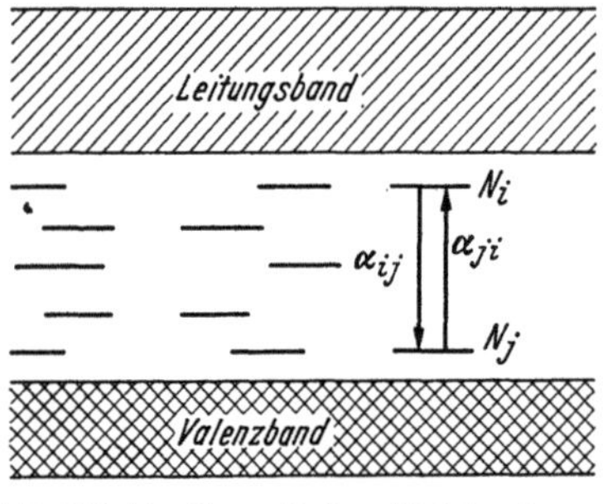

Abb. III. 44.   Energetisches Modell eines Photoleiters

$$\frac{d n}{d t} = \sum^{i \neq j} \alpha_{ji}\, n_j (N_i - n_i) - \alpha_{ij}(N_j - n_j),$$

$$i, j = 1, \ldots, K \qquad (59)$$

hat und alle möglichen Übergänge zwischen K verschiedenen Termgruppen und Bändern enthält (vgl. Abb. III. 44).

a) Man wählt die Versuchsbedingungen so, daß das System der Elektronen in einem festen Körper (z. B. in einem Photoleiter) in mehrere Untersysteme aufgespalten werden kann, wobei die Untersysteme für sich einfach berechenbar sind.

Bei den in der Reaktionskinetik zur Diskussion stehenden Problemen interessiert zunächst die energetische Verteilung der Elektronen über die vorhandenen Terme und Bänder sowie die zeitliche Änderung dieser Verteilung. Dabei ist es erst dann notwendig, zu reaktionskinetischen Methoden zu greifen, wenn eine Störung des thermodynamischen Gleichgewichtes — z. B. durch optische Anregung — oder eine zeitliche Änderung desselben untersucht werden soll. Sonst ist eine einfache Bestimmung der Verteilung durch die Methoden der Statistik (z. B. FERMI-DIRAC-Statistik) möglich.

Gelingt es, Untersysteme zu finden, deren Elektronenverteilungen sich in jedem Zeitelement der Untersuchung im thermodynamischen Gleichgewicht befinden, so können durch die Kombination statistischer und reaktionskinetischer Methoden die mathematischen Schwierigkeiten bei der Behandlung des Problems bedeutend verringert werden. In vielen Fällen ist dann eine einfache Auswertung des Problems möglich. Diese *Näherung* partieller thermodynamischer Gleichgewichte in der Reaktionskinetik wurde von ROSE [*208*] und BROSER, BROSER-WAR-

MINSKI [45] [46] benutzt, um eine Reihe bisher ungelöster Probleme in Übereinstimmung mit dem Experiment zu diskutieren. Als Versuchsbedingung wird gefordert, daß die Temperatur der Photoleiter nicht zu gering ist und die Zeitauflösung der Messungen nicht zu groß wird, um die Einstellung des thermodynamischen Gleichgewichtes in den Untersystemen jeweils zu gewährleisten.

b) Eine andere Methode wurde von ADIROWITSCH vorgeschlagen [1] [2] [3], der damit zunächst das Nachleuchten von Kristallphosphoren berechnete. Aus dem vorliegenden experimentellen Material kann man schließen, daß in den meisten Fällen bei nicht zu hohen Anregungsintensitäten die Lebensdauer der Leitungselektronen klein gegen die der Elektronen in den Haſttermen ist. Dann ist auch im allgemeinen die Konzentration der Leitungselektronen klein gegen die der Haftelektronen, und es gilt unter beiden Voraussetzungen

$$\frac{dn}{dt} \ll \frac{dh}{dt}. \tag{60}$$

Dann ist es gestattet, in einer *quasistationären Näherung* zu rechnen, d. h. die zeitliche Änderung der Elektronenkonzentration im Leitungsband gegen die der Elektronenkonzentration in den Haſttermen zu vernachlässigen.

Führen wir diese Näherung in Gl. (53) ein, so ergibt sich zunächst für das Abklingen $(a = 0)$

$$h \approx A^+ \tag{61}$$

und damit

$$-\frac{dh}{dt} = \frac{\beta h^2}{h + \frac{\gamma}{\alpha}(H - h)}, \tag{62}$$

also eine einfache Differentialgleichung zur Bestimmung von $h(t)$ bzw. $A^+(t)$. Die Lösung mit der Anfangsbedingung $h(0) = h_0$ läßt sich sofort angeben:

$$\left(1 - \frac{\gamma}{\alpha}\right)\ln\frac{h_0}{h} + \frac{\gamma}{\alpha}H\left(\frac{1}{h} - \frac{1}{h_0}\right) = \beta t. \tag{63}$$

Das ist eine Gleichung für die Zeitabhängigkeit von h bzw. A^+. Für die Untersuchung der Lumineszenz ist $A^+(t)$ von großer Bedeutung, da $A^+(t)$ der zum Zeitpunkt t noch aufgespeicherten Leuchtsumme entspricht. Damit ist eine physikalisch sinnvolle Auswertung von (53) in diesem Falle durch einfache Integration gelungen. In ähnlicher Weise lassen sich auch kompliziertere Differentialgleichungssysteme nach der quasistationären Näherung vereinfachen und einer quantitativen Auswertung näherbringen.

c) In einigen Fällen ist es von vornherein nicht zu übersehen, ob die vorliegenden Versuchsbedingungen die Anwendung einer der unter a) und b) genannten Näherungsmethoden erlauben. Gelegentlich treten dann aber in den Meßkurven charakteristische Punkte, wie z. B. Wendepunkte oder Extrema, auf (vgl. z. B. Abb. III. 45). BÖER und VOGEL zeigen, daß es beim Vorliegen solcher charakteristischer Punkte relativ einfach ist, eine Reihe von Parametern (Übergangswahrscheinlichkeiten und Konzentrationen) auch unter Zugrundelegung sonst nicht geschlossen lösbarer Differentialgleichungssysteme zu bestimmen [29]. Umgekehrt läßt sich nach einer von denselben Autoren entwickelten Methode [32] in kurzer Zeit eine Vielzahl von Differentialgleichungssystemen dahingehend untersuchen, ob ihre Lösungskurven überhaupt charakteristische Punkte in einer mit dem Experiment übereinstimmenden Anordnung enthalten können. Durch diese Untersuchungen wird es möglich, mit relativ einfachen Mitteln zu entscheiden, welche reaktionskinetischen Modelle ein gefundenes experimentelles Verhalten auf keine Weise wiedergeben können und diese auszusondern, wodurch numerische Rechenarbeit erspart werden kann.

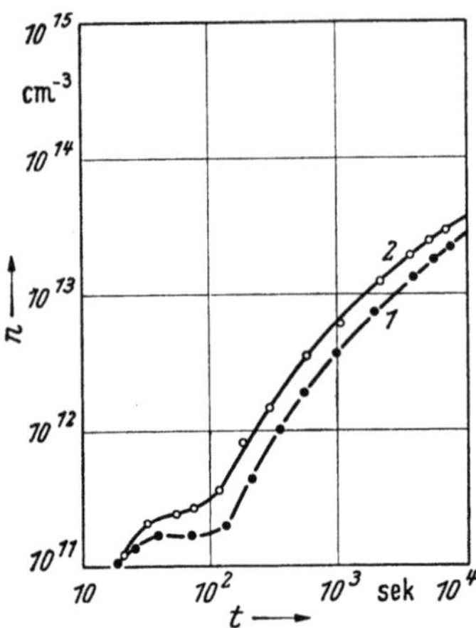

Abb. III. 45. Anklingen des Photostromes in einem CdS-Einkristall nach dem Einschalten des Lichtes bei kleinen Anregungsintensitäten. Vor Aufnahme der Meßkurve *1* wurden durch Ausheizen alle Haftelektronen entfernt. Von der Meßkurve *2* wurde durch Wahl einer kleineren Ausheiztemperatur diese Entfernung nicht so gründlich besorgt

c) Nichtstationäre thermische Anregung

Eine wichtige Methode zur Störtermanalyse ist die Aufnahme von sog. Glowkurven [Z 34] [47] [48] [123] [184] [206]. Bei diesem Verfahren werden durch optische Anregung bei tiefen Temperaturen zunächst Haftterme mit Elektronen weitgehend gefüllt. Nach dem Abschalten der Lichtanregung werden die ganz flachen Haftterme durch die geringe thermische Anregung entleert, tiefer liegende Terme werden jedoch gefüllt bleiben, da bei der niedrigen Temperatur die thermische Anregung zu ihrer Entleerung nicht ausreicht. Erhöht man nunmehr die Temperatur sukzessiv (z. B. mit einer konstanten Aufheizgeschwindigkeit von etwa 1° pro sec), so werden zunächst Elektronen aus flacheren, später aus immer tiefer gelegenen Termen in das Leitungsband angeregt. Dabei wird entsprechend der wachsenden Anregung die Leitfähigkeit und bei Luminophoren auch die Lumineszenz zunehmen. Mit zunehmender Temperatur, also wachsender Anregung, werden jedoch auch diese Terme entleert, und da keine Elektronen nachgeliefert werden, erfolgt nach Durchlaufen eines Maximums von Leitfähigkeit und Lumineszenz bei weiterer Temperatursteigerung eine Abnahme dieser Größen, bis eine neue, energetisch tiefer liegende, noch mit Elektronen besetzte

Termgruppe von der Anregung erfaßt wird und ein erneutes Ansteigen von Leitfähigkeit und Lumineszenz bewirkt.

Die auf diese Art gemessenen Glowkurven weisen im allgemeinen eine ausgeprägte Strukturierung auf (vgl. Abb. III.46) und deuten damit an, daß in den untersuchten Kristallen eine Reihe von Termgruppen verschiedener energetischer Lage vorhanden ist. RANDALL und WILKINS [206] geben einen Ausdruck zur Abschätzung der energetischen Lage der Hafttermgruppen aus der Temperatur der entsprechenden Maxima der Glowkurve an. Danach soll

$$E_H \approx 25\,k\,T_{\mathrm{max}} \qquad (64)$$

betragen. Diese Beziehung, die zunächst unter recht groben Näherungsannahmen abgeleitet wurde, konnte in letzter Zeit durch BROSER [45] und VOGEL [261] auch unter genaueren Voraussetzungen bestätigt werden.

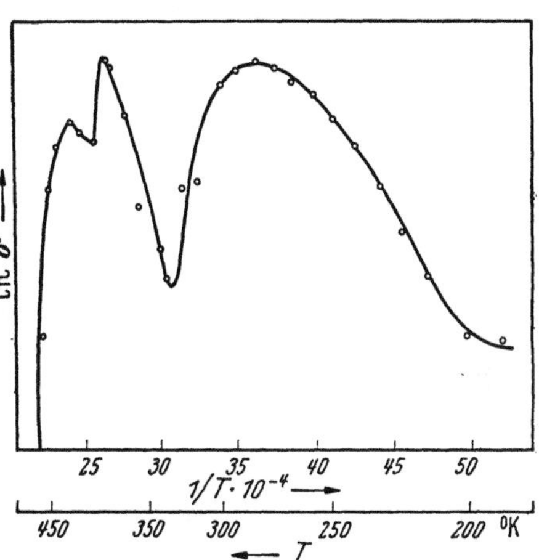

Abb. III. 46. Glowkurve der Leitfähigkeit eines CdS-Einkristalls

33. Elektronenschwankungserscheinungen

Die in einem festen Körper frei beweglichen Ladungsträger bewegen sich infolge ihrer thermischen Energie ungeordnet durch das Gitter (vgl. Ziff. 29). Das hat zur Folge, daß auch ohne angelegtes äußeres Feld statistisch schwankende Ströme in einem solchen festen Körper fließen. Diese Ströme sind nach entsprechender Verstärkung direkt nachweisbar und können z. B. in einem an den Verstärker angeschlossenen Lautsprecher als *Rauschen* wahrgenommen werden. Eine genauere Analyse dieses Rauschens zeigt, daß verschiedene Effekte für die meßbaren Stromschwankungen verantwortlich sind, was im folgenden näher ausgeführt wird.

a) Innere Schwankungseffekte

Der durch einen festen Körper fließende Strom läßt sich als Produkt von Stromträgerkonzentration n und Geschwindigkeit v angeben:

$$i = e_0\,n\,v \qquad (65)$$

(e_0 ist die Ladung eines Stromträgers).

Bei den Metallen ist die Konzentration der Stromträger fest vorgegeben. Jedes Atom des Metalls stellt eine u. a. durch seinen Platz im periodischen System der Elemente bestimmte Anzahl von Elektronen als Stromträger zur Verfügung. Hier kann also nur der Geschwindigkeitsvektor dieser Stromträger schwanken, die Stromschwankung ergibt sich also gemäß

$$\delta i = e_0\, n\, \delta v\,. \tag{66}$$

Dieser Schwankungseffekt wurde zuerst von NYQUIST [190] näher untersucht. Liegt kein äußeres Feld an dem Prüfling, so wird der resultierende Strom Null sein, da sich im Mittel gleichviel Elektronen in der einen wie in der anderen Richtung bewegen ($\bar{i} = 0$). Quadriert man jedoch die zeitlichen Abweichungen vom Mittelwert und mittelt wieder, so ergibt sich ein endlicher Wert, der als mittleres Stromschwankungsquadrat bezeichnet wird und nach elementaren Überlegungen von NYQUIST umgekehrt proportional zum Widerstand R des untersuchten Festkörpers ist:

$$\overline{(\bar{i} - i)^2} = \overline{\delta\, i_v^2} = \frac{4\, k\, T}{R}\, \Delta v \tag{67}$$

(k ist die Boltzmannsche Konstante, T die absolute Temperatur und Δv die Bandbreite des Verstärkers, mit dem das Rauschen gemessen wird). Es zeigt sich, daß dieses Rauschen unabhängig von der Frequenz ist, d. h. im ganzen Frequenzbereich gleiche Fourieranteile besitzt.

Das aus thermodynamischen Überlegungen abgeleitete Ergebnis von NYQUIST konnte später von SPENKE durch Berechnung eines korpuskularen Modells bestätigt werden [244]. Quantenmechanische Berechnungen von BAKKER und HELLER [7] sowie von GINSBURG [100] führten zu dem verfeinerten Ergebnis

$$\overline{\delta\, i_v^2} = \int\limits_{v_1}^{v_2} \frac{4\, k\, T}{R\,(v)}\, \frac{h\, v}{k\, T}\, \frac{1}{e^{\frac{h\,v}{k\,T}} - 1}\, d\, v \tag{68}$$

(h = Plancksches Wirkungsquantum), das im Radiofrequenzbereich sehr genau mit dem von NYQUIST abgeleiteten Ergebnis übereinstimmt. Abweichungen von Gl. (67) sollten sich erst bei extrem tiefen Temperaturen bemerkbar machen.

Die experimentellen Ergebnisse an Metallwiderständen stimmen beachtenswert gut mit den theoretischen Werten überein[1].

---

[1] Wenn sich gelegentlich bei gewickelten Drahtwiderständen bei höherer Strombelastung Abweichungen von den theoretischen Werten gezeigt haben, so sind diese darauf zurückzuführen, daß die Lackisolation zwischen den einzelnen Windungen einen schwankenden Nebenschluß darstellte, der die Meßergebnisse verfälschte [H. BITTEL und K. SCHEIDHAUER, Z. angew. Phys. 8, 417 (1956)].

Bei Halbleiterwiderständen steigt jedoch das Rauschen mit wachsender angelegter Feldstärke stark an und kann um Größenordnungen über dem Rauschen nach NYQUIST liegen.

Hier ist nun die Stromträgerkonzentration nicht mehr fest gegeben. Sie wird im allgemeinen durch thermische Ionisation von Störzentren bestimmt und kann daher ebenfalls schwanken. Die Stromschwankung berechnet sich nun gemäß

$$\delta i = e_0(n\,\delta v + v\,\delta n)\,.\tag{69}$$

Der zweite Summand dieser Gleichung kann ein bedeutendes Ansteigen des Rauschens bedingen, worauf zuerst BERNAMONT [11] und später GISOLF [101] hingewiesen haben (vgl. auch [22] [23] [33]). Die Größe dieser zusätzlichen Schwankung läßt sich leicht berechnen, wenn man berücksichtigt, daß jeder Stromträger für die Dauer τ_0 seines Aufent-

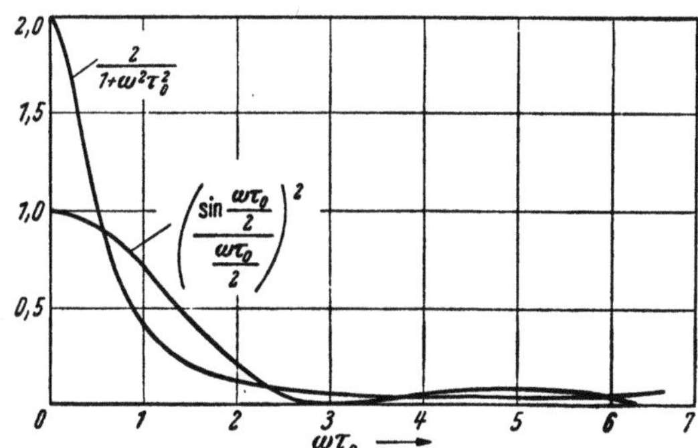

Abb. III.47. Frequenzfaktoren des Rauschens gemäß Gl. (70) bzw. (72)

haltes in einem Band einen Stromstoß verursacht, der proportional seiner mikroskopischen Beweglichkeit und der wirkenden Feldstärke F ist. Die statistische Mittelung solcher Stromimpulse führt zu dem Ergebnis:

$$\overline{\delta i_n^2} = \frac{2\,e_0\,b\,F^2\,\tau_0}{R}\int\limits_{\nu_1}^{\nu_2}\left[\frac{\sin\pi\,\nu\,\tau_0}{\pi\,\nu\,\tau_0}\right]^2 d\nu\,.\tag{70}$$

Dabei ist angenommen, daß alle Stromträger dieselbe mittlere Lebensdauer τ_0 besitzen. Berücksichtigt man, daß die Lebensdauern ebenfalls statistisch verteilt sind [22] [23], so ergibt sich an Stelle der Gl. (70):

$$\overline{\delta i_n^2} = \frac{2\,e_0\,b\,F^2}{\pi^2\,R\,\tau_0^2}\int\limits_{\nu_1}^{\nu_2}\frac{d\nu}{\nu^2}\int\limits_0^{\infty} e^{-\frac{\tau}{\tau_0}}\sin^2(\pi\,\nu\,\tau)\,d\tau\tag{71}$$

oder integriert

$$\overline{\delta i_n^2} = \frac{4\,e_0\,b\,F^2\,\tau_0}{R}\,\frac{\varDelta\nu}{1 + 4\,\pi^2\,\nu^2\,\tau_0^2}\,. \tag{72}$$

Das Rauschen nimmt also mit wachsender Frequenz ab [277] (vgl. Abb. III.47) und proportional dem Quadrat der angelegten Feldstärke zu. Bei verschwindendem äußeren Feld tritt diese Schwankungserscheinung nicht auf. Sie ist bei Halbleitern mit großer Beweglichkeit, großer Lebensdauer der Stromträger und kleinem inneren Widerstand besonders groß.

Ein überzeugender experimenteller Nachweis der Elektronenkonzentrationsschwankungen nach Gl. (70) bzw. (72) ist bisher nicht gelungen [20] [167]. Das liegt hauptsächlich daran, daß Halbleiter einen weiteren Schwankungseffekt, das Kontaktschichtrauschen, zeigen, das ebenfalls mit wachsender Feldstärke rasch zunimmt und gewöhnlich um einige Größenordnungen über dem Rauschen der Stromträgerkonzentrationsschwankung liegt.

b) Kontakt- und Randschichtrauschen

Bekanntlich tritt bei Elektronenröhren mit Oxydkathoden neben dem reinen Schroteffekt ein zusätzlicher frequenzabhängiger Anteil des Rauschens auf, der als Funkeleffekt bezeichnet wird. Dieser zuerst an Röhren beobachtete Effekt beruht vermutlich auf Emissionsschwankungen infolge statistischer Schwankung der Ionenkonzentration in den Zentren, aus denen die Elektronenemission bevorzugt erfolgt (vgl. MacFarlane [160] [161]). Ein ähnlicher Effekt ist auch an der Grenzschicht eines Halbleiters mit einem Metall zu erwarten, worauf bereits Schottky [217] hingewiesen hat. Im allgemeinen ist die Berührungsschicht eines Metallkontaktes mit dem Halbleiter nicht völlig homogen. Sie enthält eine Reihe von Stellen, an denen durch günstige Anordnung der Ionen ein besonders guter elektrischer Kontakt mit kleinem Übergangswiderstand vorhanden ist. Diese Stellen werden als „specks" bezeichnet. Durch Oberflächendiffusion entlang der Grenzschicht Metall-Halbleiter können diese „specks" ihre Gestalt und Ausdehnung verändern. Dadurch kommt die Schwankung des durch die Kontaktschicht fließenden Stromes zustande.

MacFarlane hat diese Stromschwankung berechnet und erhält

$$\overline{\delta i_k^2} = c\cdot\frac{e_0\,b\,F^2\,n^2}{R}\,f(\nu)\,\varDelta\nu\,, \tag{73}$$

wobei $f(\nu)$ eine von der Form der „specks" abhängige Frequenzfunktion und c eine von der Temperatur und gewissen Materialgrößen abhängige Konstante ist. Für kreisförmige „specks" ist $f(\nu)$ eine Potenzfunktion, deren Exponent zwischen $-\tfrac{3}{4}$ und $-\tfrac{9}{8}$ liegt. Für lange schmale

„specks“ schwankt der Exponent zwischen $-1/_2$ und $-3/_2$. Führt man eine Mittelung über verschiedene Größen und Formen der „specks“ durch, so ergibt sich in recht guter Näherung

$$f(\nu) \sim \frac{1}{\nu},$$

ein Ergebnis, das gut mit dem experimentell häufig gefundenen $1/\nu$-Gesetz übereinstimmt.

Die Größe des Kontaktschichtrauschens schwankt von Probe zu Probe beträchtlich und hängt wesentlich von der „Güte“ der Kontaktierung ab. So rauschen im allgemeinen Kristalle (besser Kontaktschichten), bei denen die Kontakte mit Graphit- oder Silberpasten aufgestrichen sind, bedeutend stärker als solche, bei denen eine Kontaktierung durch Aufdampfen im Hochvakuum vorgenommen wurde.

Besonders geringes Kontaktschichtrauschen stellt man dann fest, wenn vor dem Aufdampfen des Kontaktmetalls der Halbleiter einer Gasentladung ausgesetzt wurde [52] [53] [75] [268] bzw. wenn als Elektroden Metalle verwendet werden, die in den Halbleiterkristall hineindiffundieren und hier durch Donatorbildung eine Kontaktschicht mit sehr geringem Übergangswiderstand bilden (z. B. Indium und Gallium beim CdS [240]).

Der Einfluß der Rand- und Kontaktschichtschwankungen auf das meßbare Gesamtrauschen wurde auch von MATARÉ [164] [165] [166] sowie hinsichtlich der Frequenzabhängigkeit von BÖER und JUNGE [20] untersucht. Es wird hier gezeigt, daß auch andere Frequenzfunktionen als $1/\nu$ auftreten können, was gelegentlich experimentell gefunden wurde (Wirkung eines komplexen Widerstandes im Ersatzschaltbild eines Kristalls).

In derselben Weise, wie Kontaktschichten eine Vergrößerung des Rauschens besonders im Bereich kleiner Frequenzen bewirken können, führen auch innere Kontakte zu einer Erhöhung der Stromschwankungen. Solche inneren Kontakte treten z. B. bei Preß- und Sinterkörpern und anderen volumeninhomogenen Festkörpern (auch Polykristallen) in Erscheinung. Die geringsten Stromschwankungen sind in dieser Hinsicht bei Einkristallen zu erwarten (vgl. auch THORREY und WHITMER [Z 31]).

c) Schwankungserscheinungen durch äußere Einflüsse

Ein weiteres Stromrauschen kann durch Temperaturschwankungen entstehen. Diese Schwankungen sind im allgemeinen träge. Wird jedoch der Kristall durch den Strom merklich erwärmt, so können besonders dann, wenn der Kristall größere Volumeninhomogenitäten aufweist, recht beträchtliche zusätzliche Stromschwankungen auftreten [256].

Bei Photoleitern entstehen darüber hinaus Stromschwankungen durch statistische Schwankungen der Beleuchtungsintensität. Abgesehen von dem oft recht beträchtlichen Flackern der Gasentladungs- oder Bogenlampen ist auch die Lichtemission „ruhig brennender Lampen" nicht konstant. Nach elementaren Überlegungen ergibt sich die Strahlungsschwankung eines schwarzen Körpers der Temperatur T und des Volumens V im Spektralgebiet von ν_1 bis ν_2 zu (vgl. Ziff. 70a)

$$\overline{\delta S_s^2} = \frac{8\,\pi\,V}{c^3} \int\limits_{\nu_1}^{\nu_2} \frac{\nu^2\,(h\,\nu)^2\,e^{\frac{h\nu}{kT}}}{\left[e^{\frac{h\nu}{kT}} - 1\right]^2}\,d\nu\,. \tag{74}$$

Damit wird das mittlere Schwankungsquadrat der pro Frequenzintervall aus der Oberfläche f emittierten Lichtquanten n_L:

$$\overline{\delta n_L^2} = \frac{2\,\pi\,f}{c^2}\,\frac{\nu^2\,e^{\frac{h\nu}{kT}}}{\left[e^{\frac{h\nu}{kT}} - 1\right]^2}\,. \tag{75}$$

Die mittlere Zahl der pro Frequenzintervall aus derselben Oberfläche emittierten Lichtquanten [97] [158] [174] beträgt:

$$dn_L = \frac{2\,\pi\,f}{c^2}\,\frac{\nu^2\,d\nu}{e^{\frac{h\nu}{kT}} - 1}\,. \tag{76}$$

Eine Abschätzung der Größe der zusätzlichen Stromschwankungen realer Photoleiter durch Strahlungsschwankungen liegt noch nicht vor.

34. Photochemische Prozesse

Werden Photoleiter belichtet, so treten gelegentlich neben reversiblen Leitfähigkeitsänderungen auch irreversible Änderungen der Realstruktur dieser Photoleiter auf. Durch die Wirkung der Belichtung kann z. B. eine zusätzliche Fehlordnung entstehen, ja es können sich sogar Baufehler bilden (z. B. die Ausscheidung kolloidalen Silbers bei Silberhalogeniden; Print-out-Effekt [201]). Diese Änderung der Realstruktur bei Lichtanregung *(photochemische Reaktion)* beeinflußt auch die Photoleitfähigkeit der untersuchten Substanzen. Bei technischen Photoleitern ist die sog. „Alterung" der Zellen zum großen Teil auf photochemische Reaktionen zurückzuführen.

Die bekanntesten photochemischen Reaktionen sind die Bildung des latenten Bildes in photographischen Schichten sowie die Erzeugung von Farbzentren insbesondere in sensibilisierten Alkalihalogenidkristallen.

In beiden Fällen wird durch den Belichtungsprozeß ein Paar Elektron-Defektelektron gebildet, das durch Anhaften an Störzentren am Rekombinieren in die Ausgangsposition gehindert wird. Im Falle der

Silberhalogenide haftet das Defektelektron an einem eingebauten
Schwefelfremdatom, das Elektron an einer Halogenfehlstelle, im
Falle eines mit Wasserstoff sensibilisierten Alkalihalogenidkristalls
bleibt das Defektelektron am Wasserstoff, während das Elektron eben-

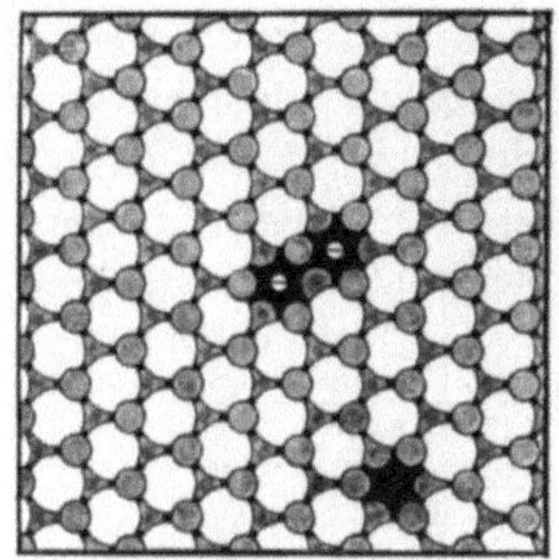 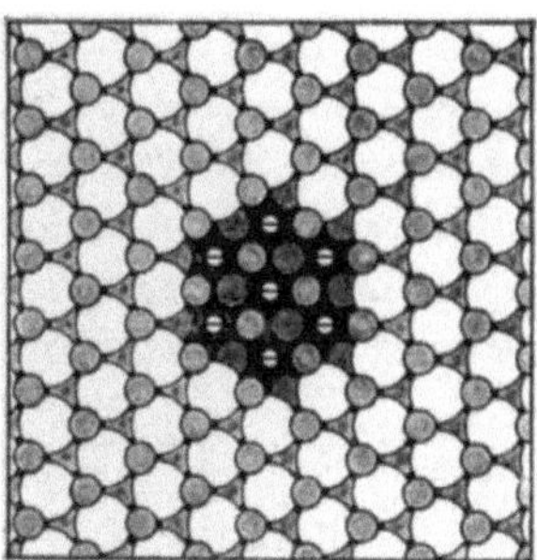

Abb. III.48. Bildung von Silberkolloiden in einem Silberhalogenidkorn durch Aneinanderlagerung
von F-Zentren nach PICK [201]; links unten: Halogenionen-Fehlstelle

falls in eine Halogenfehlstelle eingefangen wird und dort ein F-Zentrum
bildet.

Die nun elektrisch umgeladenen Störzentren können durch den Kristall hindurch diffundieren. So wandern z. B. die Anionenfehlstellen
eines Silberhalogenidkristalls, wenn sie mit einem Elektron besetzt (also
elektrisch neutral) sind, zueinander und bilden einen Keim kolloidalen
Silbers (vgl. Abb. III.48). (Durch den Entwicklungsprozeß wird dann
das ganze Silberhalogenidkorn, in dem sich ein solcher Keim befindet,
zu metallischem Silber reduziert.) Eine beträchtliche Zahl hauptsächlich
experimenteller Untersuchungen be-
faßt sich mit der Klärung der hier
kurz angeführten photochemischen
Reaktionen [227] [230] [247].

Eine andere Art photochemischer
Prozesse stellen die Reaktionen dar,
die z. B. bei Belichtung von CdS-
Einkristallen bereits bei Tempera-
turen auftreten, die nur wenig über
Zimmertemperatur liegen. Diese Pro-
zesse äußern sich in einer allmäh-
lich mit der Dauer der optischen
Anregung immer mehr abnehmenden
Photoleitfähigkeit (vgl. Abb. III. 49).

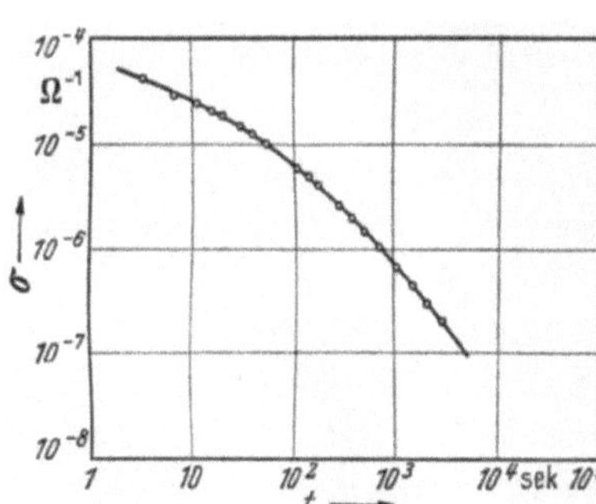

Abb. III. 49. Abnahme des Photostromes mit
der Dauer der Belichtung beim Auftreten
photochemischer Reaktionen an einem CdS-
Einkristall

Die Leitfähigkeitsabnahme ist in gewissem Grade reversibel, d. h., nach
langen Ruhezeiten des Kristalls im Dunkeln nimmt die Photoleitung
wieder zu.

Bei höheren Temperaturen kann man den Prozeß bequem in seinem zeitlichen Ablauf verfolgen (Abb. III.50): Nach dem Einschalten der Lichtanregung nimmt der Photostrom rasch zu. Bereits nach weniger als 10^{-1} sec wirksam werdende photochemische Prozesse[1] verhindern jedoch einen weiteren Anstieg der Photoleitung auf einen stationären Wert und bedingen ein langsames Absinken der Leitfähigkeit.

Bei der Temperatur von 220° C hat die Konzentration der gebildeten photochemischen Reaktionsprodukte nach etwa 10^3 sec ihren stationären Endwert erreicht. Nach dem Abschalten der Lichtanregung klingt die Leitfähigkeit zunächst weit unter ihren stationären Endwert ab und steigt dann langsam wieder an, bis sie nach etwa 10^4 sec

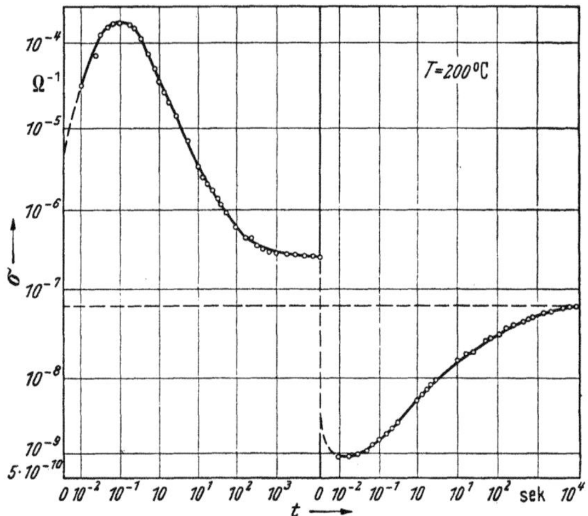

Abb. III.50. Änderung des Photostromes nach dem Einschalten (1. Teil der Zeitachse) bzw. nach dem Abschalten (2. Teil der Zeitachse) der Lichtanregung beim Auftreten photochemischer Reaktionen in CdS-Einkristallen

wieder ihren ursprünglichen Dunkelleitungswert erreicht hat. Nach dieser Zeit scheinen sich alle photochemischen Reaktionsprodukte zurückgebildet zu haben.

Die Einsatztemperatur dieser photochemischen Prozesse ist abhängig von der Fremddotierung der Kristalle. Zuweilen wurde bereits bei Zimmertemperatur eine beträchtliche Abnahme der Photoleitung bei langzeitiger optischer Anregung wahrgenommen.

Ähnliche Erscheinungen sind auch an anderen Photoleitern in großer Zahl gefunden, jedoch unterschiedlich gedeutet worden [42] [43] [136] [137] [141] [143] [175] [274].

---

[1] Es handelt sich hier nicht um Polarisationseffekte, sondern um die Bildung von Störzentren im Kristallgitter, welche die Rekombination von Leitungselektronen begünstigen und damit eine Abnahme der Leitfähigkeit bewirken [26] [27].

35. Räumlich inhomogene Felder

Realkristalle weisen stets Baufehler auf, die auch für Einkristalle gröbere Inhomogenitäten darstellen. Auf solche Baufehler, wie innere Oberflächen, Mosaikblockgrenzen, Einschlüsse anderer Phasen, äußere Oberflächen und Dislokationen ist es zurückzuführen, daß nicht jedes Volumenelement des Kristalls die gleichen physikalischen Eigenschaften hat. So werden z. B. die Dielektrizitätskonstante, die Elektronenkonzentration, die Elektronenbeweglichkeit und damit auch die Feldliniendichte für verschiedene Kristallbereiche verschieden groß sein.

In manchen Fällen kann man nun hoffen, daß sich diese Inhomogenitätseffekte als Mittelwerte darstellen lassen und dann z. B. lediglich einer Vergrößerung der Konzentration von quasi homogen über das Volumen verteilten Störtermen entsprechen.

Das ist aber nicht immer der Fall, wie leicht einzusehen ist. So bewirken z. B. größere eingebaute Hohlräume neben der Schaffung einer Reihe von Störtermen eine Herabsetzung des wirksamen Querschnittes. Oberflächen und Grenzschichten geben zur Schaffung eines zusätzlichen elektrischen Potentials Veranlassung. In gleicher Richtung wirken Elektrodenkontakte. Diese Effekte sind bei Leitfähigkeitsuntersuchungen zu berücksichtigen, da sonst unrichtige Schlüsse aus der fälschlich als räumlich homogen angesehenen Leitfähigkeit gezogen werden.

a) Randschichten

Werden Metalle mit Halbleitern in Kontakt gebracht, so zeigt dieses System im allgemeinen gleichrichtende Eigenschaften, d. h., die Stromstärke ist bei konstanter angelegter Spannung von der Polung abhängig.

Zur Erklärung dieses Effektes ist eine Reihe von theoretischen Vorstellungen entwickelt worden. Allen diesen Theorien gemeinsam ist die Annahme, daß ein Übertritt von Elektronen aus dem Metall in den Halbleiter nicht ohne Energiezufuhr vor sich geht. Ähnlich wie beim Austritt der Elektronen aus einem Metall in das Vakuum muß auch hier eine Austrittsarbeit geleistet werden. Diese Austrittsarbeit der Elektronen vom Metall in den direkt angrenzenden Halbleiter ist kleiner als die Austrittsarbeit der Elektronen vom Metall ins Vakuum und berechnet sich näherungsweise als Differenz der Austrittsarbeiten des Metalls und des Halbleiters gegen das Vakuum.

Durch diese Austrittsarbeit wird eine stationäre Elektronenkonzentration im Halbleiter an der Grenze des Metallkontaktes festgelegt. Diese „Randkonzentration" n_R ist bei einem vorgegebenen Kontakt Metall-Halbleiter lediglich eine Funktion der Temperatur, ändert sich also nicht, wenn im Halbleiterinnern, z. B. durch optische Anregung, die

Elektronenkonzentration verändert wird. Sie wird im allgemeinen wesentlich von der Elektronenkonzentration im Halbleiterinnern verschieden sein.

Dann bildet sich innerhalb des Halbleiters ein Konzentrationsgefälle von der Kontaktgrenze zum Halbleiterinnern aus, das eine Raumladung zur Folge hat. Diese Raumladung berechnet sich nach der Poissongleichung

$$\Delta U = -4\pi\,\varrho(n)\,, \tag{77}$$

wobei $\varrho(n)$ die — von Ort zu Ort verschiedene — räumliche Ladungsträgerdichte ist.

Die Halbleiterschicht, in der die Ladungsträgerdichte beträchtlich von der Dichte im Halbleiterinnern abweicht, wird als *Randschicht* bezeichnet.

Die Nachlieferung von Elektronen aus dem Metallkontakt in den Halbleiter kann in grober Näherung ähnlich wie der Stromfluß in einer Diode beschrieben werden *(Diodentheorie)* (vgl. [Z 31]). Beim Anlegen einer Spannung werden die Elektronen aus der Randschicht (Vakuum) abgesaugt und strömen aus dem Metallkontakt (Kathode) entsprechend nach. Eine einfache Rechnung zeigt, daß sich der durch die Randschicht fließende Strom i dann exponentiell mit der angelegten Spannung U ändern muß:

$$i = A \cdot \left\{\exp\left(\frac{e_0\,U}{k\,T}\right) - 1\right\}. \tag{78}$$

Diese exponentielle Abhängigkeit wird im allgemeinen nicht beobachtet. Die Randschicht ist dann so dick, daß man sie nicht als Vakuum idealisieren darf, in dem die Elektronen keine Stöße ausführen, sondern man muß annehmen, daß in ihr Diffusionseffekte eine wesentliche Rolle spielen *(Diffusionstheorie)* (vgl. [77]) [215]). Dann tritt in der Stromgleichung noch das Diffusionsglied auf:

$$i = e_0\,b\,n\,\mathrm{grad}\,U + b\,k\,T\,\mathrm{grad}\,n\,. \tag{79}$$

Durch Integration der simultanen Gln. (77) und (79) sind bei bekanntem i die beiden unbekannten Ortsfunktionen $n(\mathfrak{r})$ und $U(\mathfrak{r})$ zu bestimmen [15] [59] [105] [111] [178] [180] [181] [214] [215] [217] [220] [226] [245].

Abgesehen von der vorausgesetzten Kenntnis entsprechender Randwerte (Randkonzentration und Randfeldstärke), über die allgemein keine hinreichend genauen Angaben gemacht werden können, ist eine geschlossene Integration des Gleichungssystems (77), (79) nicht möglich.

Es ist daher eine Reihe von Näherungsansätzen gemacht worden.

Als wesentlichste sind für den Fall nichtverschwindender Ströme zu nennen:

1. Voraussetzung einer Erschöpfungsrandschicht (SCHOTTKY [*217*]) und

2. Annahme der Existenz eines „sinnvollen" Ladungsschwerpunktes in der Randschicht (vgl. FLIETNER [*77*]).

Beide Näherungen führen zu auswertbaren Ergebnissen, wobei in der Näherung 1 die sogenannte Randschichtdicke aus dem Experiment zu entnehmen ist. In der Näherung 2 ist außer der Randschichtdicke noch ein weiterer experimentell bestimmbarer Parameter erforderlich, und zwar der Randabstand des Ladungsschwerpunktes, der direkt über die Randschichtkapazität meßbar ist. Im ersten Falle ist das erhaltene Ergebnis nur auf die Halbleiter anwendbar, die eine Erschöpfungsrandschicht besitzen, d.h., z.B. bei Überschußleitung, daß alle Donatoren in der Randschicht restlos ionisiert sind („gute" Gleichrichter).

Die zweite Theorie ist auch dann noch anwendbar, wenn diese Bedingung nicht erfüllt ist, und gestattet insbesondere „schlechte" Gleichrichter zu beschreiben.

Die Ergebnisse dieser theoretischen Überlegungen [*246*] stehen in vielen Fällen in guter Übereinstimmung mit dem Experiment [*202*]. So sind für Kristallgleichrichter sowie für Photoelemente recht brauchbare Ergebnisse erhalten worden.

b) Gleichrichter

Im Falle der Kristallgleichrichter kann man aus den theoretischen Überlegungen folgende experimentell bestätigte Regeln ableiten:

1. Ist der Halbleiter ein Überschußleiter, so erfolgt ein Elektronenübergang im allgemeinen leichter vom Halbleiter zum Metall als umgekehrt. (Bei Defektleitern gilt das umgekehrte Verhalten.)

2. Der Halbleiter kann grob in drei Bereiche eingeteilt werden: In je eine Randschicht an den beiden Elektroden und in das Halbleiterinnere. Diese drei Gebiete besitzen unterschiedliche Leitfähigkeit und unterschiedliche Dicke. Leitfähigkeit und Dicke der Randschichten ändern sich mit der angelegten Spannung. Die Randschichtdicke wird dabei um so größer, je mehr Stromträger durch Wirkung des Feldes aus dem Randschichtbereich herausgezogen werden und um so kleiner, je mehr Elektronen bei Umpolung des Feldes in diese Randschicht hineingedrückt werden (vgl. Abb. III.51) *(Sperr- und Durchlaßrichtung)*.

3. Gleichrichtereigenschaften treten nur auf, wenn zwei verschiedene Randschichten, z. B. durch verschiedene Elektrodenmaterialien bedingt vorhanden sind, und wenn mindestens eine Randschicht eine *Verarmungsrandschicht* ist, d. h., die Stromträgerkonzentration in der Randschicht

geringer ist als im Halbleiterinnern. Nur in diesem Fall kann nämlich
der Widerstand der (normalerweise — verglichen mit dem Halbleiter-

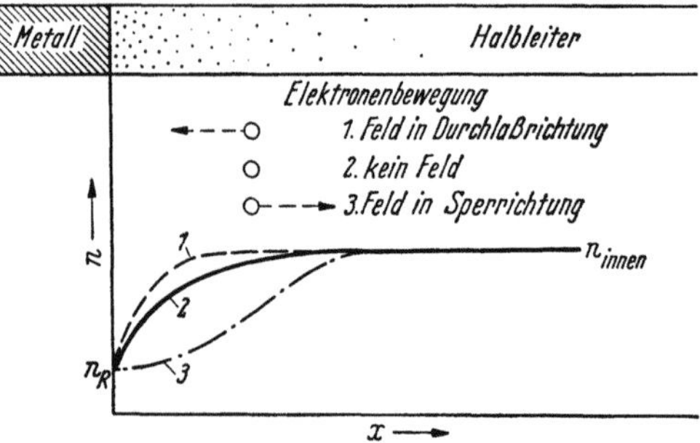

Abb. III. 51. Wirkung des elektrischen Feldes auf die Elektronenkonzentration in der Randschicht
(Verarmungsrandschicht)

innern — dünnen) Randschicht den Widerstand der Gesamtanordnung
(Halbleiter mit beiden Elektroden) maßgeblich bestimmen. Bei einer

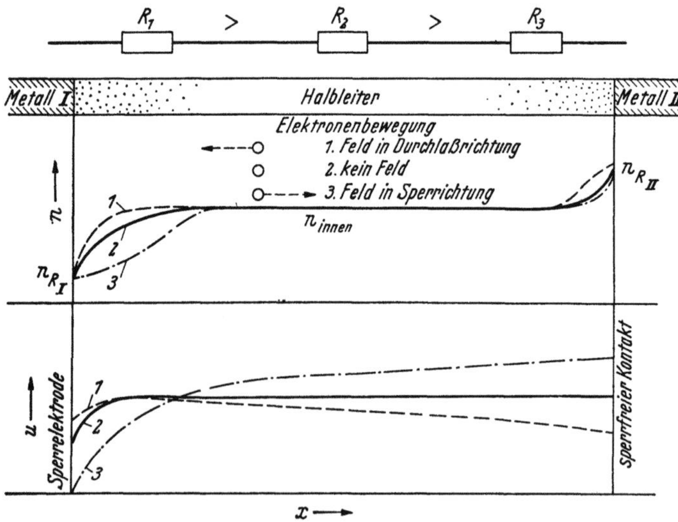

Abb. III. 52. Verarmungs- und Anreicherungsrandschicht in einem Kristallgleichrichter

Anreicherungsrandschicht, bei der also in der Randschicht mehr Stromträger als im Halbleiterinnern sind, ist ein elektrischer Einfluß der Randschicht auf den Stromverlauf nicht festzustellen. Man spricht hier von
sperrfreien Kontakten (vgl. Abb. III. 52).

4. Mit der Randschichtdicke ändert sich auch die Randschichtkapazität [19] [77]. Das Ersatzschaltbild eines Gleichrichters läßt sich gemäß Abb. III. 53 darstellen. Zwischen Metall und Halbleiterinnern (R_2) mit relativ großer Leitfähigkeit liegt als Dielektrikum eines „Kondensators" C die Randschicht mit sehr kleiner Leitfähigkeit (großer Widerstand R_1).

Eine große Zahl weiterer Untersuchungen hat gezeigt, daß man Schichten, die den hier beschriebenen Randschichten sehr ähnlich sind, auch im Innern eines Kristalls erzeugen kann, wenn man durch ent

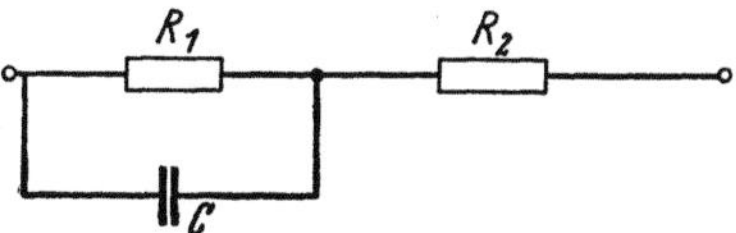

Abb. III. 53. Ersatzschaltbild eines Kristallgleichrichters

sprechende Dotierung dafür sorgt, daß ein überschußleitender Teil des Halbleiters an einen defektleitenden Teil desselben Halbleiters grenzt [232].

Die gleichrichtende Übergangsschicht wird als *p-n-Übergang* (*p-n-junction*) bezeichnet. In ihr nimmt die Elektronenkonzentration mit wachsender Entfernung vom n-leitenden und die Defektelektronen-

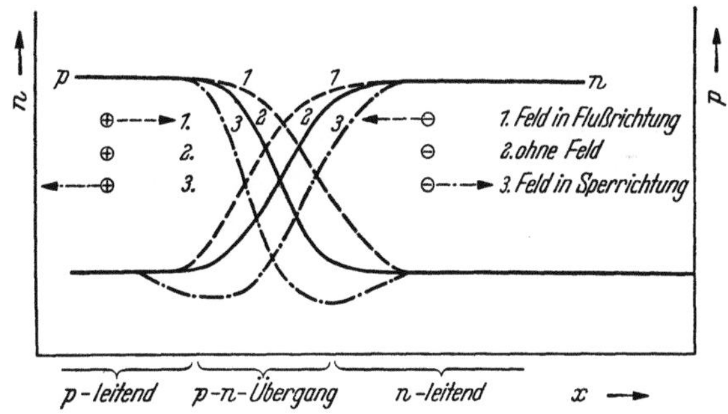

Abb. III. 54. Verlauf der Elektronen- und Defektelektronenkonzentration in einem *p-n*-Übergang

konzentration mit wachsender Entfernung vom p-leitenden Gebiet rasch ab (vgl. Abb. III. 54).

Wird nun ein elektrisches Feld in Flußrichtung an den Halbleiter gelegt, so werden sowohl Elektronen als auch Defektelektronen in das Gebiet des p-n-Überganges hineingedrückt (Kurven *1* in Abb. III. 54), die Dicke der schlechtleitenden p-n-Übergangsschicht nimmt ab, der Gesamtwiderstand des Halbleiters verringert sich. Wird das elektrische Feld umgepolt, so werden Elektronen und Defektelektronen aus dem p-n-Übergangsgebiet herausgesaugt (Kurven *3* in Abb. III. 54), die Breite des p-n-Überganges nimmt zu, der Widerstand wächst beträchtlich. Es ergibt sich das typische Verhalten eines Gleichrichters mit einer in Abb. III. 55 wiedergegebenen Kennlinie [109] [110] [219].

Die mathematische Behandlung eines solchen p-n-Überganges verläuft analog zur oben angegebenen Behandlung einer gewöhnlichen Randschicht, mit dem Unterschied, daß hier ein annähernd symmetrisches Problem zu lösen ist (auf beiden Seiten des p-n-Überganges befindet sich ein Halbleiter mit ganz ähnlichen Eigenschaften [233] [246]).

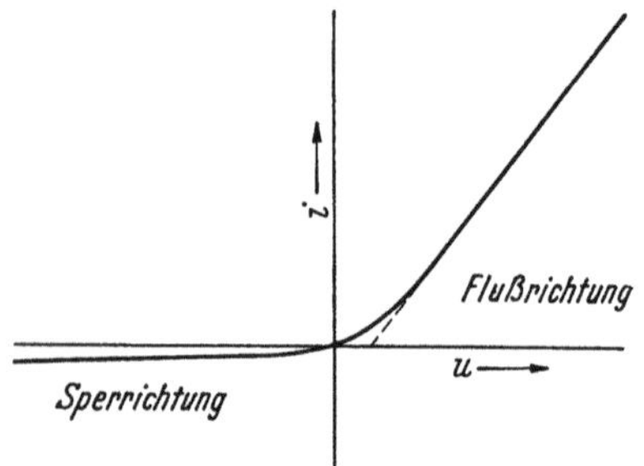

Abb. III. 55. Strom-Spannungskennlinie eines Kristallgleichrichters

Die p-n-Übergänge haben wegen ihrer hervorragenden gleichrichtenden Eigenschaften sehr große technische Bedeutung erlangt. Außerdem sind sie Voraussetzung zur Konstruktion moderner Transistoren (Verstärkerelemente) [8] [218] [246].

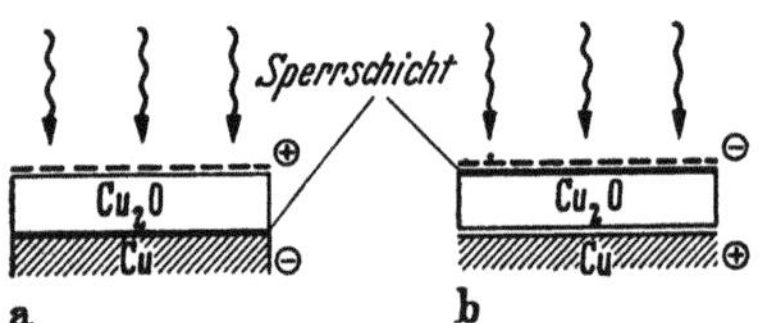

Abb. III. 56. Sperrschichtphotoelemente.
a) Hinterwandzelle, b) Vorderwandzelle

c) Sperrschichtphotoeffekt

Wird ein Photoleiter belichtet, so ändert sich nicht nur seine Leitfähigkeit, sondern es fließt gelegentlich auch ohne angelegte Spannung ein Strom, es tritt eine Photo-EMK auf. Das ist besonders dann der Fall, wenn sich an einer Elektrode eine starke Verarmungsrandschicht ausgebildet hat.

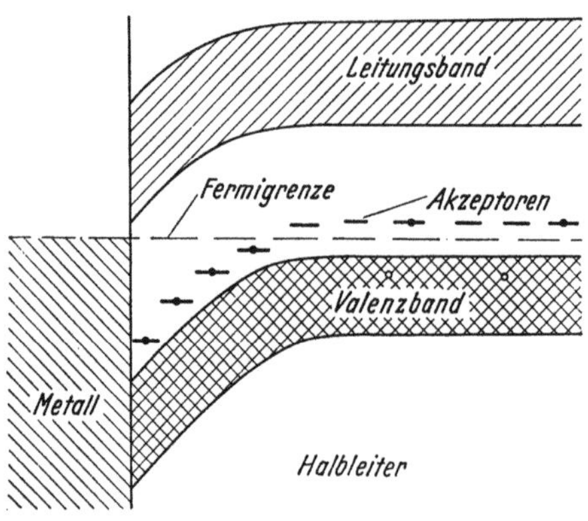

Abb. III. 57. Verarmung an Defektelektronen in der Sperrschicht eines p-Leiters (● Elektronen, o Defektelektronen)

Am deutlichsten ausgeprägt und am übersichtlichsten zu behandeln ist der Effekt, wenn man den Photoleiter mit seinen Kontakten in einer aus Abb. III. 56 ersichtlichen Form anordnet (*Hinterwand- bzw. Vorderwandzellen*). Als Beispiel soll eine Kupferoxydulzelle näher betrachtet werden.

Kupferoxydul ist ein Defektleiter. Er besitzt dicht oberhalb des Valenzbandes eine größere Anzahl von Akzeptoren, die Elektronen aus dem Valenzband einfangen und dadurch als Defektelektronenspender wirken. In der Sperrschicht tritt infolge der

Kontaktbedingung eine Verarmung an Defektelektronen ein (vgl. Abb. III. 57). Dadurch werden hier praktisch alle Akzeptoren mit Elektronen besetzt *(Erschöpfungsrandschicht)*. Die gebildeten Defektelektronen wandern sofort zur Elektrode ab, es bildet sich eine entsprechende Raumladung aus.

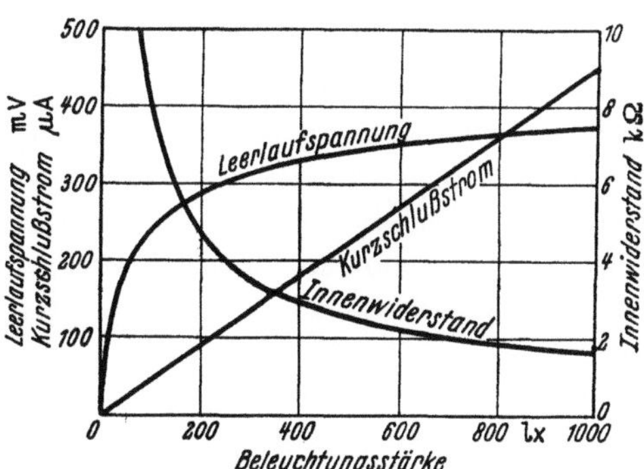

Abb. III. 58. Abhängigkeit von Leerlaufspannung Kurzschlußstrom und Innenwiderstand einer Selen-Sperrschichtzelle von der Beleuchtungsstärke

Werden nun durch Belichtung der Sperrschicht freie Elektronen und Defektelektronen gebildet, so wandern diese unter der Wirkung des Randschichtpotentials in das Kontaktmetall bzw. in den benachbarten Kristall ab. Die Elektronen laden also die Sperrelektrode negativ gegen den Photoleiter, in den die Defektelektronen abfließen, auf. Der Photostrom, der sich auf Grund dieses Effektes einstellt, ist wesentlich abhängig vom äußeren Widerstand (vgl. Abb. III.59) und für den Fall verschwindenden Außenwiderstandes bis zu nicht allzu hohen Lichtintensitäten direkt der Beleuchtungsstärke J_0 proportional

$$i_k = \text{const}\, J_0 \qquad (80)$$

$(i_k = \text{Kurzschlußstrom})$.

Die Photo-EMK (Leerlaufspannung) U_{ph} ist hingegen logarithmisch von der Beleuchtungsstärke abhängig

$$U_{ph} = \text{const}\, \log J_0 . \qquad (81)$$

Die Leerlaufspannung liegt in Flußrichtung, der Photostrom entspricht einem Stromfluß in Sperrichtung (vgl. Abb. III. 58).

Die Theorie des Sperrschichtphotoeffektes schließt sich wieder eng an

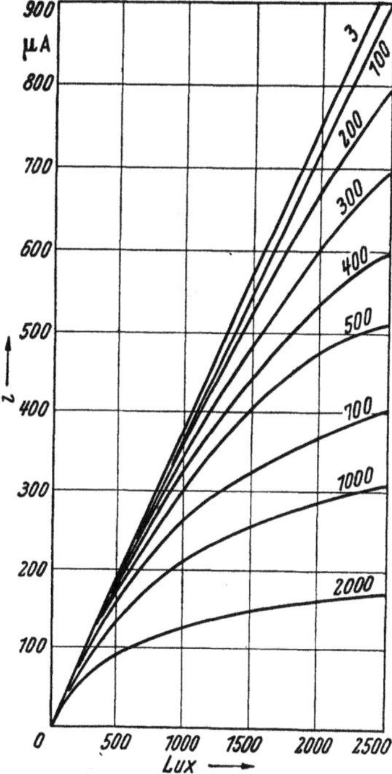

Abb. III. 59. Photostromcharakteristiken einer Selen-Sperrschichtzelle. Parameter ist der äußere Widerstand in Ω

die theoretischen Untersuchungen der Randschichten an und führt zu Ergebnissen, die in einer Reihe von Fällen gut mit den empirisch gefundenen Resultaten [Gl. (80) und (81)] übereinstimmen [*153*] [*154*] [*179*] [*Z 35*].

d) Inhomogene Anregung

Besonders bei Photoleitern besteht die Möglichkeit einer stark inhomogenen Anregung von Ladungsträgern. Wird nämlich zur Anregung eine Wellenlänge benutzt, für welche die Absorptionskonstante vergleichbar oder größer als die reziproke Kristallausdehnung in Einstrahlungsrichtung (Kristalldicke) ist, so werden in den Kristallbereichen, die der der Lichtquelle zugewandten Oberfläche benachbart sind, mehr Lichtquanten pro Volumeneinheit absorbiert als in jenen Kristallbereichen, die weiter von der Oberfläche entfernt liegen.

Die Konzentration der durch Lichtabsorption befreiten Stromträger kann sich dann als Funktion der Lage des Volumenelementes um viele Größenordnungen ändern. Durch Diffusion beweglicher Ladungsträger in nicht angeregte Kristallbereiche können sich Diffusionspotentiale bilden(DEMBER-Effekt [*62*]), die in Richtung der Lichteinstrahlung die Ausbildung einer — kleinen — zusätzlichen Photo-EMK bewirken.

e) Oberflächenschichten

Nicht nur im Randgebiet eines Metall-Halbleiterkontaktes, sondern bereits an gewöhnlichen Oberflächen bzw. besonders an Oberflächen mit chemischen Adsorptionsschichten treten ähnliche Randschichten wie die vorher behandelten auf.

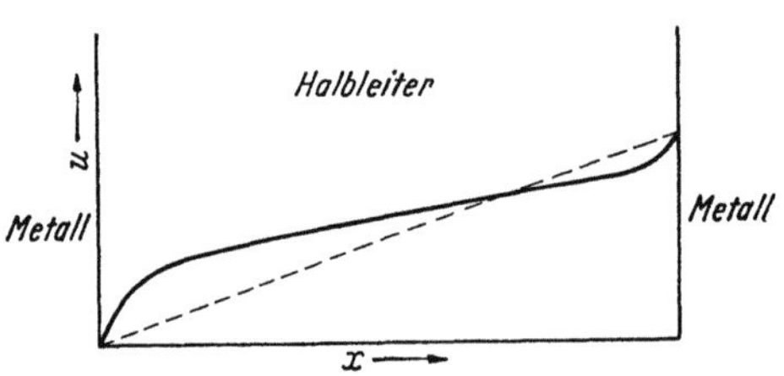

Abb. III. 60. Feldverlauf in einem Kristall mit Randschichten

Diese Oberflächenrandschichten können theoretisch wie gewöhnliche Randschichten behandelt werden [*250*].

Die Messung solcher Oberflächenschichten geschieht vorallem an dünnen Aufdampfschichten, bei denen der Oberflächeneffekt gegenüber dem Volumeneffekt stärker in Erscheinung tritt [*69*] [*76*] [*118*] [*172*] [*173*] [*203*] [*253*] bis [*255b*].

Es ist gezeigt worden, daß diese Oberflächenschichten (z. B. chemische Adsorptionsschichten [*253*]) sowohl eine größere als auch eine geringere Leitfähigkeit als das Volumen zeigen können. Bei Nichtbeachtung dieser Oberflächenschichten können daher größere Fehler entstehen, soweit man die experimentell gefundene Leitfähigkeit als homogene Volumenleitfähigkeit betrachtet. Die z. Z. vorliegenden Experimente zeigen, daß diese Oberflächenschichten bei Metallen sehr dünn sind, also praktisch nur bei dünnen Metallaufdampfschichten bemerkbar werden, wogegen sie in Halbleitern durchaus makroskopische Ausdehnung besitzen können und auch bei größeren Einkristallen die Gesamtleitfähigkeit merklich beeinflussen (vgl. HEILAND [*118*]).

f) Vermeidung von Randschichteinflüssen bei Leitfähigkeitsmessungen

Bei der Messung der Leitfähigkeit von Halbleitern stören Verarmungsrandschichten beträchtlich, da sie eine einfache Auswertung der Strommessung verbieten. Es ist dann nämlich bei der Berechnung der Leitfähigkeit nicht mehr gestattet, die Stromdichte durch die aus dem Elektrodenabstand und der angelegten Spannung zu entnehmende Feldstärke zu dividieren. Es fällt bereits ein beträchtlicher Teil der Spannung in der Verarmungsrandschicht ab, so daß die unter Verwendung einer konstanten Feldstärke sich ergebende Leitfähigkeit für das Kristallinnere zu klein und für die Randschicht zu groß herauskäme (vgl. Abb. III. 60).

Um eine solche Täuschung zu vermeiden, ist die Verwendung von Potentialsonden vorgeschlagen worden, zwischen denen elektrometrisch die Potentialdifferenz gemessen und durch Division durch ihren Abstand die im Kristallinnern tatsächlich herrschende Feldstärke bestimmt werden kann [*189*] [*211*].

In vielen Fällen ist die sperrschichtfreie Kontaktierung von Halbleiterkristallen zweckmäßiger, die häufig durch geschickte Wahl von Elektrodenmaterialien oder durch entsprechende Behandlung der Kristalloberflächen vor dem Kontaktierungsprozeß gelingt [*52*] [*53*] [*75*] [*209*].

Literatur

[*1*] ADIROWITSCH, E. J.: Ber. Akad. Wiss. UdSSR **53**, 317 (1946).
[*2*] ADIROWITSCH, E. J.: Nachr. Akad. Wiss. UdSSR Phys. **10**, 467 (1946).
[*3*] ADIROWITSCH, E. J.: Einige Fragen zur Theorie der Lumineszenz der Kristalle. Übersetzung. Berlin: Akad. Verl. 1953.
[*4*] ANSBACHER, F.: The quenching of radiation in phosphor. Bristol 1951 (unveröffentlicht).
[*5*] APKER, L., u. E. TAFT: Phys. Rev. **81**, 698 (1951).
[*6*] APKER, L., u. E. TAFT: Phys. Rev. **82**, 814 (1952).
[*7*] BAKKER, C. J., u. G. HELLER: Physica **3**, 262 (1939).
[*8*] BARDEEN, J., u. W. BRATTAIN: Phys. Rev. **74**, 230, 231 (1948); **75**, 1208 (1949).
[*9*] BARDEEN, J., u. W. SHOCKLEY: Phys. Rev. **75**, 865 (1949).
[*10*] BECKER, R., u. G. LEIBFRIED: Z. Phys. **125**, 347 (1949).
[*11*] BERNAMONT, I.: C. R. Acad. Sci. **198**, 1755, 2144 (1934).
[*12*] BETHE, H. A.: vgl. Handbuch Phys. **24**, II (1933).
[*13*] BETHE, H. A.: R. L. Report Nr. 43—12 (1943).
[*14*] BLOCH, F.: Z. Phys. **52**, 55 (1929).

[15] BLOCHINZEW, D. J., u. B. J. DAVYDOW: Ber. Akad. Wiss. UdSSR **20**, 279 (1939).

[16] BÖER, K. W.: Ann. Phys. **10**, 20, 32 (1952).

[17] BÖER, K. W., U. KÜMMEL u. R. ROMPE: Z. phys. Chem. **200**, 180 (1952).

[18] BÖER, K. W., U. KÜMMEL u. R. ROMPE: Arbeitstagung Festkörperphysik Dresden (1952), Dtsch. Verlag d. Wiss. Berlin S. 25.

[19] BÖER, K. W.: Arbeitstagung Festkörperphysik Dresden (1952), Dtsch. Verlag d. Wiss. Berlin S. 112.

[20] BÖER, K. W., u. K. JUNGE: Z. Naturforsch. **8a**, 753 (1953).

[21] BÖER, K. W., u. U. KÜMMEL: Ann. Phys. **14**, 341 (1954).

[22] BÖER, K. W.: Ann. Phys. **14**, 87 (1954).

[23] BÖER, K. W.: Ann. Phys. **15**, 55 (1954).

[24] BÖER, K. W., u. U. KÜMMEL: Z. Naturforsch. **9a**, 177 (1954).

[25] BÖER, K. W., u. U. KÜMMEL: Z. Naturforsch. **9a**, 267 (1954).

[26] BÖER, K. W., W. BORCHARDT u. E. BORCHARDT: Z. phys. Chem. **203**, 145 (1954).

[27] BÖER, K. W.: Physica **20** (1954).

[28] BÖER, K. W., u. U. KÜMMEL: Ann. Phys. **16**, 181 (1955).

[29] BÖER, K. W., u. H. VOGEL: Ann. Phys. **17**, 10 (1955).

[30] BÖER, K. W.: Z. Naturforsch. **10a**, 898 (1955).

[31] BÖER, K. W.: Habilitationsschrift Berlin 1955.

[32] BÖER, K. W., u. H. VOGEL: Z. phys. Chem. **1**, 1, 17 (1956).

[33] BÖER, K. W., U. KÜMMEL u. G. MOLGEDEY: Ann. Phys. **17**, 344 (1956).

[34] BOGOLJUBOW, N. N.: Vorträge über Quantenstatistik Kiew 1949.

[35] BOGOLJUBOW, N. N.: Ukr. Math. Žurn. **2**, 3 (1950).

[36] BORN, M., u. TH. V. KÁRMÁN: Phys. Z. **14**, 15 (1913).

[37] BORN, M.: Atomtheorie des festen Zustandes. Berlin: Teubner 1923.

[38] BORN, M., u. I. R. OPPENHEIMER: Ann. Phys. **84**, 457 (1927).

[39] BORN, M.: Festschr. Göttingen Akad. Wiss., math.-phys. Kl. **1** (1951).

[40] BORN, M.: Nachr. Göttingen Akad. Wiss., math.-phys. Kl. **6** (1951).

[41] BORISSOW, M., u. ST. KONEV: Ber. Bulgar. Akad. Wiss. Sofia **7**, 21 und 25 (1954).

[42] BORISSOW, M., u. ST. KONEV: Z. phys. Chem. **205**, 56 (1955).

[43] BORSYK, P. G.: Phys. Schr. Akad. Wiss. UdSSR **6**, 289 (1937).

[43a] BROOKS, H.: Phys. Rev. **93**, 879 (1954).

[44] BROSER, I., u. R. WARMINSKY: Ann. Phys. **7**, 289 (1950).

[45] BROSER, I., u. R. WARMINSKY: Ann. Phys. **16**, 361 (1955).

[46] BROSER, I., u. R. WARMINSKY: J. appl. Phys., Suppl. **4**, 90 (1955).

[47] BUBE, R. H.: Phys. Rev. **80**, 655 (1950).

[48] BUBE, R. H.: Phys. Rev. **83**, 393 (1951).

[49] BUBE, R. H.: Phys. Rev. **99**, 1105 (1955).

[50] BUERGER, M. J.: Z. Kristallogr. **87**, 195 (1934).

[51] BURGERS, J. M.: Proc. Kon. Ned. Akad. Wet. **42**, 294 (1939).

[52] BUTTLER, W., u. W. MUSCHEID: Ann. Phys. **14**, 215 (1954).

[53] BUTTLER, W., u. W. MUSCHEID: Ann. Phys. **15**, 82 (1954).

[54] CALLEN, H. B.: Phys. Rev. **76**, 1394 (1949).

[55] CONDON, E. U.: Phys. Rev. **28**, 1182 (1926).

[56] CONDON, E. U.: Phys. Rev. **32**, 858 (1928).

[57] CONDON, E. U.: Phys. Rev. **37**, 17 (1931).

[58] CONWELL, E., u. V. F. WEISSKOPF: Phys. Rev. **77**, 388 (1950).

[58a] CURIEN, H.: Theses Paris Nr. 2466/3338 (1952).

[59] DAVYDOW, B. J.: Z. exper. theor. Phys. **10**, 1342 (1940).

[60] Boer, J. H. de, u. E. J. W. Verweg: Proc. phys. Soc., Lond. 49, 59 (1935).
[60a] Debye, P. P., u. E. M. Conwell: Phys. Rev. 93, 693 (1954).
[61] Delbecq, J., P. Pringsheim u. P. H. Yuster: J. Chem. Phys. 19, 574 (1951).
[62] Dember, H.: Phys. Z. 33, 207 (1932).
[62a] Dexter, D. L., u. F. Seitz: Phys. Rev. 86, 964 (1952).
[63] Dingle, R. B.: Proc. roy. Soc. A 212, 38 (1952).
[63a] Dingle, R. B.: Phil. Mag. 46, 831 (1955).
[64] Dresselhaus, G., A. F. Kip u. C. Kittel: Phys. Rev. 92, 827 (1953).
[65] Dressnandt, H.: Z. Phys. 115, 369 (1940).
[66] Drude, P.: Ann. Phys. 1, 566 (1900).
[67] Duerig, W. H., u. J. J. Markham: Phys. Rev. 88, 1043 (1952).
[68] Duerig, W. H.: Phys. Rev. 94, 65 (1954).
[69] Engell, H. J.: Halbleiterprobleme I (1954) S. 249.
[70] Erginsoy, C.: Phys. Rev. 79, 1013 (1950).
[71] Ewald, A. W., u. L. Gildard: Phys. Rev. 83, 359 (1951).
[72] Fassbender, J., u. H. Lehmann: Ann. Phys. 6, 215 (1949).
[73] Fassbender, J.: Ann. Phys. 5, 45 (1950).
[74] Fassbender, J., u. B. Seraphin: Ann. Phys. 10, 374 (1952).
[75] Fassbender, J.: Z. Phys. 145, 301 (1956).
[76] Fianda, F., u. E. Lange: Z. Elektrochem. 35, 237 (1951).
[77] Flietner, H.: Diss. Berlin 1955.
[78] Franck, J.: Z. phys. Chem. 120, 144 (1926).
[79] Franz, W.: Z. Phys. 113, 607 (1939).
[80] Franz, W.: Naturwiss. 27, 433 (1939).
[81] Franz, W.: Z. angew. Phys. 3, 72 (1952).
[82] Franz, W.: Ann. Phys. 11, 17 (1952).
[83] Franz, W.: Ergebn. exakt. Naturw. 27, 1 (1953).
[84] Frenkel, J.: Z. Phys. 35, 652 (1926).
[85] Frenkel, J.: Phys. Rev. 37, 17, 1276 (1931).
[86] Frenkel, J.: Phys. Rev. 37, 1276 (1931).
[87] Frenkel, J.: Phys. Rev. 37, 17 (1931).
[88] Frenkel, J.: Sow. Phys. 9, 158 (1936).
[89] Frenkel, J.: J. techn. Phys. USSR 5, 685 (1938).
[90] Frerichs, R.: Phys. Rev. 72, 594 (1947).
[91] Fröhlich, H.: Phys. Rev. 56, 349 (1939).
[92] Fröhlich, H.: Proc. roy. Soc. A 172, 94 (1939).
[93] Fröhlich, H.: Proc. roy. Soc. A 160, 230 (1937).
[94] Fröhlich, H., u. N. F. Mott: Proc. roy. Soc. A 171, 496 (1939).
[95] Fröhlich, H.: Proc. roy. Soc. A 178, 493 (1941).
[96] Fröhlich, H.: Phys. Rev. 61, 200 (1942).
[97] Fürth, R.: Z. Phys. 50, 310 (1928).
[98] Germant, A., u. K. W. Wagner: Berliner Ber. 1934, 101.
[99] Gerthsen, Chr.: Z. Naturforsch. 8a, 315 (1953).
[100] Ginsburg, W. L.: Fortschr. Phys. 1, 51 (1954).
[101] Gisolf, I. H.: Physica 15, 825 (1949).
[102] Goodman, B., A. W. Lawson u. L. J. Schiff: Phys. Rev. 71, 101 (1947).
[103] Grillot, M. E., M. Grillot, P. Pesteil u. A. Zmerli: Compt. rend. 242, 1794 (1956).
[104] Gross, J. F.: Izv. An. SSSR 20, 89 (1956).
[105] Gubanow, A. I.: Abh. Sow. Phys. 4, 98 (1954).
[106] Gudden, B., u. R. W. Pohl: Z. Phys. 16, 170 (1923); 21, 1 (1924).
[107] Hachenberg, O., u. W. Brauer: Fortschr. Phys. 1, 439 (1953/54).

[*108*] HAKEN, H.: J. Rad. **17**, 826 (1956).

[*109*] HALL, N. R., u. W. C. DUNLAPP: Phys. Rev. **80**, 467 (1950).

[*110*] HALL, N. R.: Proc. Inst. Radio Engrs., N.Y. **40**, 1512 (1952).

[*111*] HARTEN, H. U., W. KOCH, H. L. RATH, u. W. SCHULTZ: Z. Phys. **138**, 336 (1954).

[*112*] HAUG, A.: Z. Phys. **138**, 529 (1954).

[*113*] HAUG, A.: Halbleiterprobleme I (1954).

[*114*] HAYNES, J. R., u. W. SHOCKLEY: Phys. Rev. **75**, 691 (1949).

[*115*] HAYNES, J. R., u. W. SHOCKLEY: Phys. Rev. **81**, 835 (1951).

[*116*] HAYNES, J. R., u. W. SHOCKLEY: Phys. Rev. **82**, 935 (1951).

[*117*] HAYNES, J. R., u. W. C. WESTPHAL: Phys. Rev. **85**, 680 (1952).

[*118*] HEILAND, G.: Z. Phys. **132**, 354 (1952).

[*119*] HEISENBERG, W.: Ann. Phys. **10**, 888 (1931).

[*120*] HEITLER, W., u. F. LONDON: Z. Phys. **44**, 455 (1927).

[*121*] HELLER, R., u. A. MARCUS: Phys. Rev. **84**, 809 (1951).

[*122*] HENKELS, H. W.: Phys. Rev. **77**, 734 (1950).

[*123*] HERRMAN, R. C., u. C. F. MEYER: J. Appl. Phys. **17**, 743 (1946).

[*124*] HERRING, C., u. A. G. HILL: Phys. Rev. **58**, 132 (1940).

[*125*] HERRING, C.: Bell Syst. techn. J. **34**, 237 (1955); Vortrag auf der Halbleiter-tag. 1956 Garmisch-Partenkirchen.

[*126*] v. HIPPEL, A.: Ergebn. exakt. Naturwiss. **14**, 79 (1935).

[*127*] HÖHLER, G.: Ann. Phys. **12**, 379 (1953).

[*128*] HÖHLER, G.: Ann. Phys. **14**, 426 (1954).

[*129*] HÖHLER, G.: Z. Phys. **140**, 192 (1955).

[*130*] HONILIUS, J.: Diss. Münster 1953.

[*131*] HOUSTON, W. V.: Rev. mod. Physics **20**, 161 (1948).

[*131a*] HOWARTH, D. u. E. SONDHEIMER: Proc. roy. Soc. A **219**, 53 (1953)

[*132*] HUANG, K., u. A. RHYS: Proc. roy. Soc. A **204**, 406 (1950).

[*133*] IONA, M.: Phys. Rev. **60**, 823 (1941).

[*134*] ISAY, W. H.: Ann. Phys. **13**, 326 (1953).

[*135*] JAUMANN, J., u. R. KESSLER: Z. Naturforsch. **11a**, 387 (1956).

[*136*] JENSCH, R. G.: Sow. Phys. **5**, 75 (1934).

[*137*] JOFFEE, A. W.: Sow. Phys. **11**, 241 (1937).

[*138*] JOHNSON, V. A., u. K. LARK-HOROVITZ: Phys. Rev. **71**, 374 (1947).

[*139*] KALLMANN, H., u. R. WARMINSKY: Ann. Phys. **6**, 69 (1948).

[*140*] KIP, A. F.: Physica **20**, 813 (1954).

[*141*] KIRILLON, E. A.: Z. wiss. Photogr. **38**, 367 (1931).

[*142*] KOCHENDÖRFFER, A.: Z. Elektrochem. **56**, 283 (1952).

[*143*] KRONHAUS, A. N., u. W. K. LJAPIDEWSKI: Z. exp. theor. Phys. **26**, 115 (1954).

[*144*] KUBO, R.: Phys. Rev. **86**, 929 (1952).

[*145*] KUBO, R.: Phys. Rev. **89**, 1154 (1953).

[*146*] KUBO, R., u. Y. TOYODZAVA: Progr. theor. Phys. **13**, 160 (1955).

[*147*] LANDAU, L. D.: Phys. Z. Sowjet **3**, 664 (1933).

[*148*] LANDAU, L. D., u. S. I. PEKAR: Z. exp. theor. Phys. **18**, 419 (1948).

[*149*] LARK-HOROVITZ, K.: Nucleon bombarded semiconductors. Reading conference on semiconducting materials, 47 Butterworths Sci. Publ. London 1951.

[*150*] LARK-HOROVITZ, K., u. V. A. JOHNSON: Phys. Rev. **92**, 226 (1953).

[*151*] LAVES, F.: Z. Elektrochem. **45**, 2 (1939).

[*152*] LAX, B., H. J. ZEIGER, R. N. DEXTER u. E. S. ROSENBLUM: Phys. Rev. **93**, 1418 (1953).

[*153*] LEHOVEC, K.: Z. Naturforsch. **1**, 258 (1946); **2a**, 398 (1947).

[*154*] LEHOVEC, K.: Phys. Rev. **74**, 463 (1948).
[*155*] LEIBFRIED, G., u. W. BRENIG: Fortschr. Phys. **1**, 187 (1953/54).
[*156*] LEIBFRIED, G., u. W. BRENIG: Z. Phys. **134**, 451 (1955).
[*157*] LEIGHTON, R. B.: Rev. mod. Physics **20**, 165 (1948).
[*158*] LEWIS, W. B.: Proc. phys. Soc. **59**, 34 (1947).
[*159*] LORENZ, H. A.: Proc. Akad. Sci. Amst. **7**, 438, 585, 684 (1904).
[*160*] MACFARLANE, G. G.: Proc. phys. Soc. **59**, 366 (1947).
[*161*] MACFARLANE, G. G.: Phil. Mag. **7**, 188 (1949); **8**, 807 (1950).
[*161a*] MADELUNG, O.: Handbuch der Physik XX (1957).
[*162*] MARKHAM u. F. SEITZ: Phys. Rev. **74**, 1014 (1948).
[*163*] MARTIENSSEN, W.: Z. Phys. **131**, 488 (1952).
[*164*] MATARÉ, H. F.: Z. Naturforsch. **4a**, 275 (1949).
[*165*] MATARÉ, H. F.: Phys. Verh. **3**, 14 (1950).
[*166*] MATARÉ, H. F.: Bull. Soc. franç. Électr. VI, 10 Kr 107.
[*167*] MATTSON, R. H., u. A. VAN DER ZIEL: J. appl. Phys. **24**, 222 (1953).
[*168*] MCAFEE, K. B., E. J. RYDER, W. SHOCKLEY u. M. SPARKS: Phys. Rev. **83**, 650 (1951).
[*169*] MEYER, H. J. G.: Thesis Amsterdam 1956.
[*170*] MEYER, W.: Z. Phys. **85**, 278 (1933).
[*171*] MEYER, W., u. H. NELDEL: Z. techn. Phys. **18**, 588 (1937).
[*172*] MIGNOLET, I. C.: Diss. Farad. Soc. **8**, 105, 326 (1950).
[*173*] MIGNOLET, I. C.: J. Chem. Phys. **20**, 341 (1952).
[*174*] MILATZ, I. M. W., u. H. A. VAN DER VELDEN: Physica **10**, 369 (1943).
[*175*] MISSELJUK, E. G., u. E. MARTENS: Z. exp. theor. Phys. **14**, 115 (1952).
[*176*] MÖGLICH, F., u. R. ROMPE: Z. Phys. **115**, 707 (1940).
[*177*] MÖGLICH, F.: Arbeitstagung Festkörperphysik Dresden 1954. Leipzig: Barth 1955.
[*178*] MOTT, N. F.: Proc. Cambridge philos. Soc. **34**, 568 (1938).
[*179*] MOTT, N. F.: Proc. roy. Soc., Lond. A **171**, 281 (1939).
[*180*] MOTT, N. F.: Proc. roy. Soc., Lond. A **171** 944 (1939).
[*181*] MOTT, N. F.: Proc. roy. Soc., Lond. A **171**, 27 (1939).
[*182*] MOTT, N. F., u. M. J. LITTLETON: Franz. Faraday Soc. **34**, 485 (1948).
[*183*] MUSCHEID, W.: Ann. Phys. **13**, 305 (1953).
[*184*] MUSCHEID, W.: Ann. Phys. **13**, 322 (1953).
[*185*] MÜSER, H.: Z. Naturforsch. **5a**, 18 (1950).
[*186*] NIEKISCH, E. A.: Z. Naturforsch. **9a**, 700 (1954).
[*187*] NIEKISCH, E. A.: Ann. Phys. **15**, 279, 288 (1955).
[*188*] NONILIUS, J.: Z. Naturforsch. **7a**, 290 (1951).
[*189*] NASLEDOW, D. N., u. L. M. NEMENOW: Z. exp. theor. Phys. **5**, 264 (1935).
[*190*] NYQUIST, H.: Phys. Rev. **32**, 110 (1928).
]*191*[PAULI, W.: Handb. Phys. 24, I (1933) § 11.
[*192*] PEARSON, G. L., u. J. BARDEEN: Phys. Rev. **75**, 865 (1949).
[*193*] PEARSON, G. L.: Phys. Rev. **78**, 646 (1950).
[*194*] PEARSON, G. L., J. R. HAYNES u. W. SHOCKLEY: Phys. Rev. **78**, 295 (1950).
[*195*] PEARSON, G. L., u. H. SUHL: Phys. Rev. **83**, 768 (1951).
[*196*] PEIERLS, R.: Ann. Phys. **13**, 905 (1932).
[*197*] PEIERLS, R.: Proc. phys. Soc., Lond. **49**, 72 (1935).
[*198*] PEKAR, S. I.: Elektronentheorie der Kristalle. Berlin: Akad. Verl. 1954.
[*199*] PEKAR, S. I.: Fortschr. Phys. **1**, 367 (1954).
[*200*] PFIRSCH, D.: Halbleiterprobleme I (1954).
[*201*] PICK, H.: Naturwiss. **38**, 323 (1951).
[*202*] POGANSKI, S.: Z. Phys. **134**, 469 (1953).

[203] POGANSKI, S.: Halbleiterprobleme I (1954).
[204] POHL, R. W.: Optik. Berlin: Springer 1948.
[205] POHL, R. W., u. F. STÖCKMANN: Ann. Phys. 6, 89 (1949).
[205a] POHL, R. W.: Phys. Z. 39, 36 (1938)
[206] RANDALL, R., u. M. WILKINS: Proc. roy. Soc., Lond. 184, 366, 347 (1945).
[207] RITTNER, E. S., R. A. HUTNER u. F. K. DU PRÉ: J. Chem. Phys. 17, 198 (1949).
[208] ROSE, A. L.: FCA-Review 12, 362 (1951).
[209] ROSE, A., u. R. W. SMITH: Phys. Rev. 92, 857 (1953).
[210] ROSE, A.: Phys. Rev. 97, 1538 (1955).
[211] RYWKIN, S. M.: Z. exp. theor. Phys. 20, 139 (1950).
[212] SCHIFF, L. J.: Quantum mechanics. New York 1949.
[213] SCHOTTKY, W.: Z. Phys. 113, 367 (1939).
[214] SCHOTTKY, W.: Naturwiss. 26, 843 (1938).
[215] SCHOTTKY, W., u. E. SPENKE: Wiss. Veröff. Siemens-Konz. 18, 299 (1939).
[216] SCHOTTKY, W.: Z. Elektrochem. 45, 33 (1939).
[217] SCHOTTKY, W.: Z. Phys. 118, 539 (1942).
[218] SCHOTTKY, W., M. SPARKS u. G. K. TEAL: Phys. Rev. 83, 151 (1951).
[219] SCHOTTKY, W., u. W. T. READ jr.: Phys. Rev. 87, 835 (1952).
[220] SCHULTZ, W.: Z. Phys. 138, 598 (1954).
[221] SEEGER, R. J., u. E. TELLER: Phys. Rev. 54, 515 (1938).
[222] SEEGER, R. J., u. E. TELLER: Phys. Rev. 56, 352 (1939).
[223] SEEGER, R. J., u. E. TELLER: Phys. Rev. 58, 279 (1940).
[224] SERAPHIN, B.: Ann. Phys. 13, 198 (1953).
[225] SERAPHIN, B.: Halbleiterprobleme II (1955) 40.
[226] SEILER, K.: Z. Naturforsch. 5a, 393 (1950).
[227] SEITZ, F.: Rev. mod. Physics 18, 384 (1946).
[228] SEITZ, F.: Phys. Rev. 76, 1376 (1949).
[229] SEITZ, F.: Phys. Rev. 79, 372 (1950).
[230] SEITZ, F.: Rev. mod. Physics 26, 7 (1954).
[231] SEIWERT, R.: Ann. Phys. 6, 241 (1949).
[232] SHOCKLEY, W.: Bell Syst. tech. J. 28, 435 (1949).
[233] SHOCKLEY, W.: Electrons and holes in semiconductors. New York 1950.
[234] SHOCKLEY, W.: Imperfections in nearly perfect crystals. New York 1952.
[235] SHOCKLEY, W.: Phys. Rev. 90, 491 (1953).
[236] SLATER, J. C.: Phys. Rev. 45, 794 (1935).
[237] SLATER, J. C., u. W. SHOCKLEY: Phys. Rev. 50, 705 (1936).
[238] SLATER, J. C.: Rev. mod. Physics 25, 199 (1953).
[239] SMITH, H.: Pleil. Trans. Ld. A 241, 105 (1948).
[240] SMITH, R. W.: Phys. Rev. 97, 1525 (1955).
[241] SOMMERFELD, A.: Z. Phys. 47, 1, 43 (1928).
[242] SOMMERFELD, A., u. H. BETHE: Handb. Phys. 24, 2 (1933).
[243] SOMMERFELD, A., u. H. BETHE: Handb. Phys. 24, 2, 2. Aufl. S. 562.
[244] SPENKE, E.: Wiss. Veröff. Siemens-Konz. 18, 174 (1939).
[245] SPENKE, E.: Z. Phys. 126, 67 (1949).
[246] SPENKE, E.: Elektronische Halbleiter. Berlin/Göttingen/Heidelberg: Springer 1955.
[247] STASIW, O.: Halbleiterprobleme II (1955) 184.
[248] STÖCKMANN, F.: Z. Phys. 128, 185 (1950).
[249] STÖCKMANN, F.: Arbeitstagung Dresden 1952, Dtsch. Verlag d. Wiss. Berlin, S. 33.
[250] STÖCKMANN, F.: Z. Phys. 146, 407 (1956).

[251] Stöckmann, F.: Naturwiss. **36**, 82 (1949).
[252] Suhl, H.: Phys. Rev. **78**, 646 (1950).
[253] Suhrmann, R.: Z. Elektrochem. **56**, 351 (1952).
[254] Suhrmann, R., u. K. Schulz: Naturwiss. **40**, 193 (1953).
[255] Suhrmann, R.: Arbeitstagung Festkörperphysik Dresden 1954. Leipzig: Barth 1955.
[255a] Suhrmann, R.: Z. Elektrochem. **60**, 804 (1956).
[255b] Suhrmann, R., u. H. Keune: Z. Elektrochem. **60**, 898 (1956).
[256] Süptitz, W.: Arbeitstagung Festkörperphysik Dresden 1954. Leipzig: Barth 1955.
[257] Taft, E. A., u. M. H. Hebb: J. opt. Soc. Amer. **42**, 249 (1952).
[258] Tewordt, L.: Z. Phys. **137**, 604 (1954).
[259] Tjablikow, S. W.: Z. exp. theor. Phys. **21**, 377 (1951).
[260] van der Velden, H. A.: Ph. d. Thesis, Utrecht 1947.
[261] Vogel, H.: unveröffentl. persönl. Mitteilung.
[262] Volz, H., u. K. H. Haken: Z. phys. Chem. **189**, 61 (1951).
[263] Wagner, C., u. W. Schottky: Z. phys. Chem. **11**, 163 (1930).
[264] Wagner, C., u. E. Koch: Z. phys. Chem. Abt. B **32**, 439 (1936).
[265] Wagner, K. W.: Arch. Elektrotechn. **39**, 4, 215 (1938).
[266] Wannier, G.: Phys. Rev. **52**, 191 (1937).
[267] Weizel, W.: Handb. f. exper. Phys. 1 (1931), Erg.-Band.
[268] Weizel, W., u. J. Fassbender: Forsch.-Ber. des Wirtschafts- und Verkehrsministeriums Nordrhein-Westfalen, Nr. 104, Westdeutscher Verlag Köln u. Opladen 1954.
[269] Weizel, W.: Lehrbuch d. theor. Physik. Berlin/Göttingen/Heidelberg: Springer 1956, II, S. 1381.
[270] Wigner, E., u. H. Pelzer: Z. phys. Chem. **315**, 445 (1932).
[271] Wigner, E., u. F. Seitz: Phys. Rev. **43**, 804 (1933).
[272] Wilson, A. H.: Proc. roy. Soc., Lond. **133**, 458 (1931).
[273] Wilson, A. H.: Theory of metals. Cambridge 1953.
[274] Wlérick, G., u. E. Prégermain: J. Phys. Radium **15**, 757 (1954).
[275] Wonssowski, S. W.: Fortschr. Phys. **1**, 239 (1953).
[276] Zener, C. C.: Proc. roy. Soc. A **145**, 523 (1934).
[277] van der Ziel, A.: Physica **16**, 369 (1950).

IV. Herstellung von Photozellen mit äußerem Effekt

Von **H. Simon**, Berlin

36. Aufbau eines Pumpstandes zur Evakuierung von Photozellen

Photozellen, die auf dem äußeren Photoeffekt beruhen, erfordern ein extrem hohes Vakuum und extrem reine Kathodenmaterialien bei ihrer Herstellung, da oft eine dünne, nur wenige Atomlagen betragende Oberflächenschicht für die Austrittsarbeit maßgebend ist (vgl. Kap. II, Ziff. 14 u. 15). Im folgenden sollen zwei Stufen von Evakuierungsprozessen beschrieben werden: eine erste zur Erzielung eines Druckes von 10^{-6} bis 10^{-8} Torr *(Hochvakuum)* und eine zweite, bei der Drucke unter 10^{-8} Torr erreicht werden *(Höchstvakuum)*. Tab. IV. 1 (auf S. 224) enthält einen Vorschlag [*80*] für eine Benennung der verschiedenen Gebiete des Gasdrucks in einem Gefäß (Zeile 1).

In der zweiten Zeile der Tab. IV, 1 sind die geeigneten Mittel und Wege angeführt, mit denen man die in der ersten Zeile angegebenen

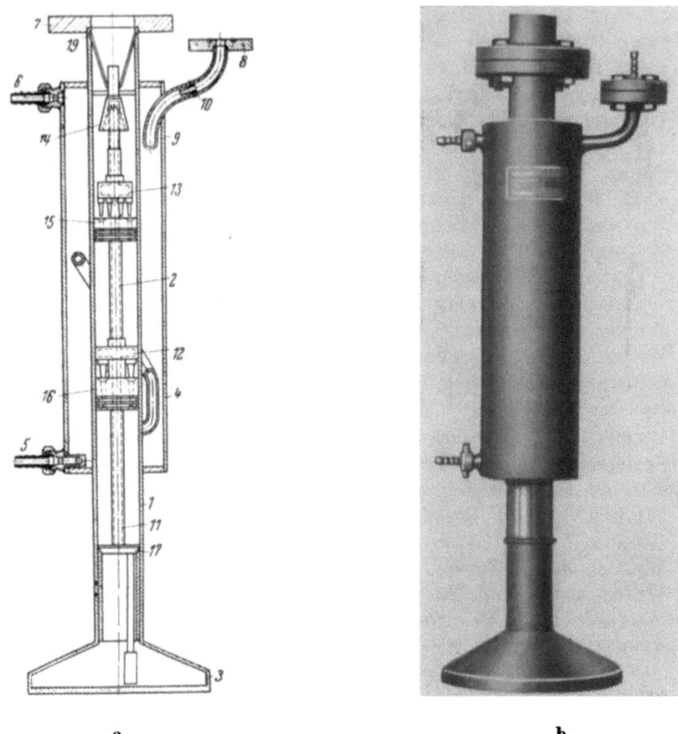

a   b

Abb. IV. 1. Diffusionspumpen.
a) Querschnitt einer Diffusionspumpe nach GAEDE; b) Außenansicht dieser Pumpe.
(Aus dem Katalog der Fa. LEYBOLD)

Drucke erreichen kann. In der dritten Zeile stehen die für den betreffenden Druckbereich bekanntesten Meßgeräte.

a) Hochvakuum

Zur Erzeugung des Hochvakuums kommen heute nur Diffusionspumpen in Frage. Abb. IV.1, a—d, zeigt Diffusionspumpen aus Glas oder Hartglas und aus Stahl [*28*] [*37*] [*53*] [*97*], die meistens mit zwei Vorstufen (Treibdüsen) ausgerüstet sind und nach dem Dampfstrahl- oder Kondensationsprinzip arbeiten [*45*]. Eine Dreistufenpumpe stellt keine hohen Anforderungen an das Vorvakuum. Es genügt eine normale rotierende Ölpumpe, z. B. eine Drehschieberpumpe, die 10^{-1} bis 10^{-2} Torr liefert. Als Treibmittel für die Diffusionspumpen wird sowohl Quecksilber als auch Öl benutzt. Öldiffusionspumpen haben den Vorteil, daß in einzelnen Fällen die Ausfriertaschen in Fortfall kommen können und damit der Strömungswiderstand durch Verkürzung des Pumpweges verkleinert werden kann. Sie erfordern ein Vorvakuum von mindestens 10^{-2} bis 10^{-3} Torr und einen häufigeren Ölwechsel. Nachteilig wirkt sich aus, daß sich u. U. Zersetzungsprodukte mit höherem Dampfdruck bilden und die Pumpleistung nachläßt oder daß Ölmoleküle rückdiffundieren und eine unkontrollierbare Fehlerquelle darstellen.

Die Entwicklung der Öldiffusionspumpen hat in den letzten Jahren einen Stand erreicht, der als optimal in bezug auf die Sauggeschwindigkeit anzusehen ist. Die Fa. Leybold baut z. B. ihre Pumpen

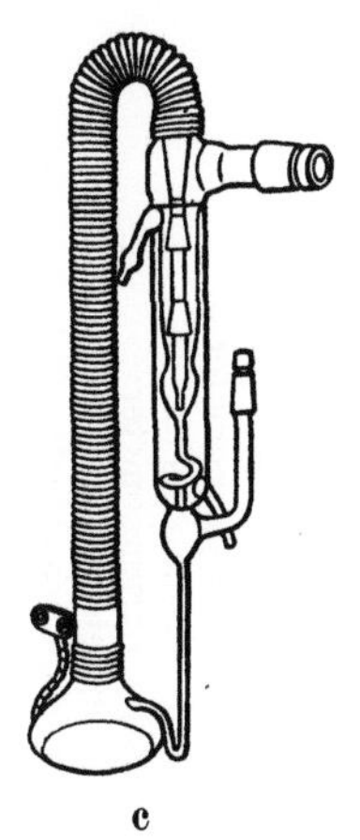

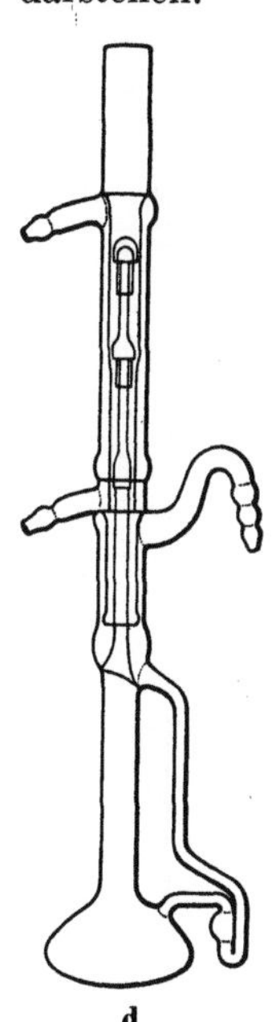

Abb. IV.1. Diffusionspumpen.
c) Glasdiffusionspumpe nach LANGMUIR; d) Glasdiffusionspumpe nach VOLMER

so, daß die Entgasung des Öls durch sorgfältig abgestimmte Temperaturverteilung in der Pumpe eine fortschreitende Selbstreinigung des Öles bewirkt. Um die Rückdiffusion von Öl ins Hochvakuum zu vermeiden, werden Prallplatten (buffles) als Ölfänger eingebaut, die — da sie im Pumpweg liegen — zu einer Verminderung der Sauggeschwindigkeit führen (Abb. IV.2 gestrichelte Kurve). Naturgemäß ist die Pumpzeit auch noch von der Art des verwendeten Öles abhängig. Bei mehrstufigen Öldiffusionspumpen ist es heute üblich, die verschiedenen Düsen mit besonderen Ölfraktionen zu betreiben, und zwar derart, daß sich die Dampfdrucke bei Zimmertemperatur von den für die einzelnen Düsen verwendeten

Tabelle IV.1

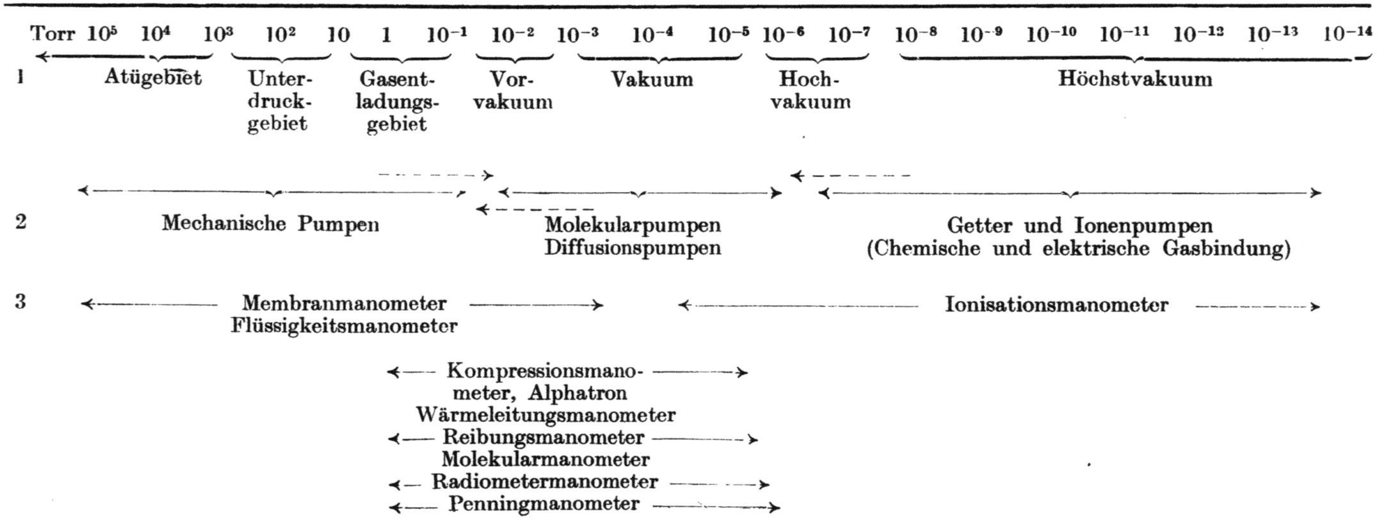

Torr	10^5	10^4	10^3	10^2	10	1	10^{-1}	10^{-2}	10^{-3}	10^{-4}	10^{-5}	10^{-6}	10^{-7}	10^{-8}	10^{-9}	10^{-10}	10^{-11}	10^{-12}	10^{-13}	10^{-14}

1 — Atügebiet | Unterdruckgebiet | Gasentladungsgebiet | Vorvakuum | Vakuum | Hochvakuum | Höchstvakuum

2 — Mechanische Pumpen | Molekularpumpen / Diffusionspumpen | Getter und Ionenpumpen (Chemische und elektrische Gasbindung)

3 — Membranmanometer / Flüssigkeitsmanometer | Ionisationsmanometer

Kompressionsmanometer, Alphatron
Wärmeleitungsmanometer
Reibungsmanometer
Molekularmanometer
Radiometermanometer
Penningmanometer

Fraktionsprodukten von Stufe zu Stufe verkleinern. Dabei erfolgt die Fraktionierung und Regelung der Beschickung jeder Düse ganz automatisch durch ein Temperaturgefälle am Siedekolben und durch Trennung der zu den einzelnen Düsen führenden Dampfzuleitungskanäle voneinander.

Quarzglas- oder Hartglaspumpen werden am besten direkt mit der Anlage — gegebenenfalls unter Verwendung eines Glasübergangsstücks (Schachtelhalm, s. S. 241) — verschmolzen. Diese Pumpen gestatten

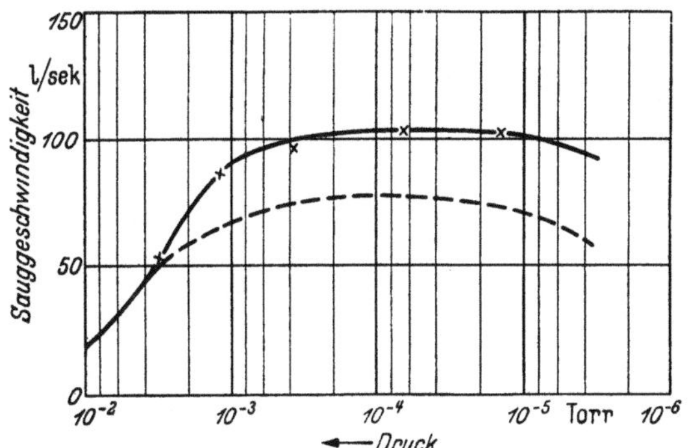

Abb. IV.2. Verminderung der Sauggeschwindigkeit einer Öldiffusionspumpe durch Einbau von Prallplatten (buffles)

eine leichte Reinigung und eine Beobachtung des Pumpvorganges im Innern der Pumpe.

Metallpumpen müssen mit einem Schliff an die Glasanlage angeschlossen werden. Der Schliff soll immer kühl gehalten werden. Andernfalls können schädliche Dämpfe frei werden und in die Anlage eindiffundieren. Wenn Schliffe und Hähne sich nicht vermeiden lassen, dann müssen die Dichtungsfette einen möglichst kleinen Dampfdruck besitzen (unter 10^{-5} Torr). In der Tab. IV.2 sind beispielsweise die von der Fa. Leybold hergestellten Dichtungsmittel und der Verwendungszweck angegeben[1].

---

[1] Einen gut bewährten Kitt für Schliffe (und zum Verschließen kleiner Löcher in einer Hochvakuumapparatur) erhält man nach folgendem Rezept:

Man schmilzt etwa 6 Gewichtsteile gelbes Bienenwachs und 4 Gewichtsteile Kolophonium auf einem Sandbad zusammen. Nachdem alles innig vermischt ist, läßt man die noch flüssige Masse erkalten und gießt sie in dünner Schicht auf eine große, schwach gefettete Eisenplatte (vgl. E. ANGERER: Technische Kunstgriffe bei physikalischen Untersuchungen, 6. Aufl., 1944. S. 37/38). Das abgekühlte gelblich-weiße Wachs hebt man (evtl. unter Nachhilfe mit einem sauberen Messer) ab, während man den spezifisch schwereren, rötlich gefärbten Rückstand aus kolophoniumreicherer Masse verwirft. Das helle Wachs wird in einen Rundkolben gebracht, der an eine Hochvakuumapparatur angesetzt werden kann. Der Kolben-

Fortsetzung S. 226

Simon/Suhrmann, Lichtelektr. Effekt, 2. Aufl.   15

Tabelle IV.2. (Entnommen aus dem Leybold-Katalog)

Dichtungsmittel	Verwendungszweck	Dampfdruck bei Zimmertemperatur Torr	Maximale Arbeitstemperatur
Hochvakuum-Fett P	Schliffe	unmeßbar[1]	25° C
Hochvakuum-Fett S (zäh)	Schliffe und Hähne	unmeßbar[1]	30° C
Hochvakuum-Fett R (sehr zäh)	hochviskoses Fett für Schliffe und Hähne	unmeßbar[1]	30° C
Silicon-Hochvakuum-Fett	Schliffe und Hähne	unmeßbar[1]	250° C
Ramsay-Fett (zäh)	Schliffe, Vorpumpenseite	10^{-4}	25° C
Ramsay-Fett (weich)	Hähne, Vorpumpenseite	10^{-4}	25° C
Hochvakuum-Dichtungsöl U	ölüberlagerte Dichtungen	—	—
Wachs V	ungeschliffene Verbindungen	10^{-4}	30° C

[1] Mit McLeod-Manometer (!) $\sim 10^{-6}$ bis 10^{-7} Torr.

In Abb. IV. 3 ist eine Anlage zur Erzielung des Hochvakuums (10^{-6} bis 10^{-8} Torr) schematisch dargestellt. Die Vorvakuumpumpe *1* ist mit der Diffusionspumpe *6* so verbunden, daß man das Zwischenvakuum *4* einerseits an die Hochvakuumseite der Diffusionspumpe anschließen, andererseits für die Hochvakuumpumpe als Vorvakuum verwenden kann. Im ersten Abschnitt des Pumpvorganges ist der Hahn *5* offen, während der Dreiweghahn *3* die Vorvakuumpumpe mit der Hochvakuumpumpe verbindet. Beträgt der Druck auf der Hochvakuumseite etwa 10^{-5} Torr, so wird der Hahn *5* geschlossen und mittels des

hals soll etwa 20 cm senkrecht ansteigen und dann zum Ansatz an die Quecksilberausfrierfallen eingebogen sein. Es sind mindestens 2 Kühlfallen mit flüssiger Luft zu verwenden, so daß alle Verunreinigungen, die das Wachs abgibt, rasch und sicher kondensiert werden können. Nach dem Erreichen des optimalen Vakuums setzt man unter den Rundkolben ein Wasserbad und heizt vorsichtig an. Besonders zu Anfang tritt, sobald das Wachs schmilzt, starke Blasenentwicklung ein. Deshalb füllt man den Kolben zu Beginn auch nur etwa zu einem Drittel des Volumens. Während der Druck anfangs gewöhnlich auf mehr als 10^{-2} Torr ansteigt, sinkt er mit dem Nachlassen der Blasenbildung rasch ab. Nach einer Stunde dürfte bei der Entgasung von ca. 200 g Rohprodukt ein Druck von 10^{-4} Torr unterschritten werden. Nach weiteren 2 bis 3 Stunden verbessert sich das Vakuum auf 10^{-5} bis 10^{-6} Torr.

Der so gewonnene völlig geruchlose Hochvakuumkitt wird herausgeschmolzen und in Reagenzgläser abgefüllt. Es ist zweckmäßig, für den jeweiligen Verbrauch nur eine kleine Probe im Trockenschrank bei 70° C zum Schmelzen zu bringen, da bei häufigem Aufschmelzen der Kitt, der anfangs weißgelb ist, allmählich nachdunkelt, besonders, wenn man zu hoch erhitzt, also bei direkter Flamme. Das normale Erweichungsintervall liegt um 60° C, so daß der Kitt mit warmer Fönluft flüssig zu machen ist und Schliffe gedichtet werden können. Der Schliff muß bis zum Erkalten zusammengedrückt werden.

Hahnes *3* die Vorvakuumseite der Diffusionspumpe mit dem Zwischenvakuum verbunden und die Vorpumpe abgeschaltet. Damit beim Abschalten das Öl der Vorvakuumpumpe nicht hochsteigt, wird der Luft-
einlaßhahn *19* geöffnet. Zum Schutze gegen das Eindringen des Öles
in die Diffusionspumpe dient außerdem der Ölfänger *2*. (Andere Siche-
rungsvorrichtungen für Pumpenanlagen in [*68*].)

Bei allen Vakuumapparaturen ist es notwendig, die Hochvakuumseite aus möglichst weiten Rohren aufzubauen und den Pumpweg so
kurz wie möglich zu halten.

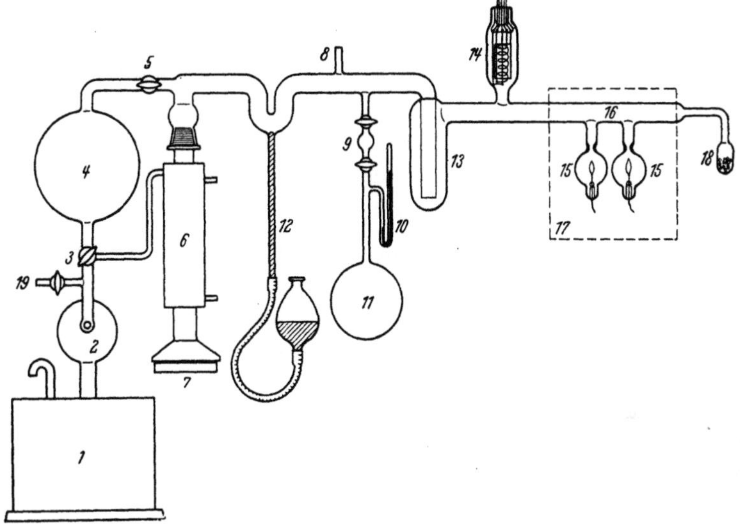

Abb. IV. 3. Schematische Darstellung einer Pumpanlage

Sobald Hähne und Schliffe in die Anlage eingebaut sind, ist mit
Fett- und Öldämpfen zu rechnen. Bei der Verwendung von Queck-
silberdampfpumpen kommen noch die meist störenden Hg-Dämpfe
dazu. Deshalb müssen zwischen den Zellen und allen Teilen der Apparatur, in denen Dämpfe entstehen können, mehrere Ausfriertaschen *13*
eingeschaltet werden. Hinter den Ausfriertaschen sind nur solche Meßeinrichtungen anzubringen, die keinerlei Dämpfe abgeben, wie z. B. ein
Ionisationsmanometer *14*. Die Kühlung der Ausfriertaschen erfolgt entweder mit flüssiger Luft ($-190°$ C) oder mit einer Azeton-Kohlensäure-
schnee-Mischung ($-80°$ C). Bei $-80°$ C beträgt der Hg-Dampfdruck
10^{-9} Torr, der Wasserdampfdruck 10^{-4} Torr; bei $-190°$ C ist der Hg-
Dampfdruck unmeßbar klein, der H_2O-Druck 10^{-16} Torr, aber der CO_2-
Druck noch 10^{-2} Torr. Aus diesen Zahlen erkennt man den Vorteil der
Kühlung mit flüssiger Luft. Stehen keine Kühlmittel zur Verfügung,
so verwendet man Öldiffusionspumpen [*29*] [*11*] und beseitigt die H_2O-

Dämpfe durch Getter (s. S. 261). Bleibt eine Pumpapparatur längere Zeit ohne Kühlung, so empfiehlt es sich, trockene Luft oder Stickstoff oder noch besser ein inertes Gas (z. B. ein Edelgas) einzufüllen, damit die Diffusionsgeschwindigkeit des Quecksilberdampfes möglichst weit herabgesetzt wird; denn auch bei kalter Pumpe stellt sich in der ganzen Apparatur, also auch in den herzustellenden Zellen, ein der Raumtemperatur entsprechender Hg-Druck ein, der auf jeden Fall für die Güte der Zellen nachteilig ist und die Reproduzierbarkeit ihrer Werte unter Umständen unmöglich macht.

Je höher das Vakuum in der Anlage wird, um so stärker macht sich ihr Strömungswiderstand bemerkbar. Liegt der Druck unter 10^{-2} Torr, so kommt die freie Weglänge der Gasmoleküle in die Größenordnung der Rohrdurchmesser. Der Strömungswiderstand W läßt sich aus der Länge l und dem Durchmesser d des Rohres berechnen. Wenn der zwischen Anfang und Ende der Leitung berechnete mittlere Druck mit $\bar{p}$ [dyn $\cdot$ cm^{-2}] und die Dichte des Gases mit ϱ [g $\cdot$ cm^{-3}] bezeichnet wird, ergibt sich für ein zylindrisches Rohr (l und d in cm) [1]:

$$W = 2{,}394\,\frac{l}{d^3} \cdot \sqrt{\frac{\varrho}{\bar{p}}}\,. \tag{1}$$

Zwischen der Sauggeschwindigkeit S_1 am Ende der Rohrleitung und S_0 an der Pumpe besteht die Beziehung

$$S_1 = \frac{1}{W + \dfrac{1}{S_0}}\,. \tag{2}$$

Setzt sich der Strömungswiderstand W aus mehreren Widerständen W_1, W_2 usw. zusammen, so ist

$$W = \mathrm{const}\left[\frac{l_1}{d_1^3}\sqrt{\frac{\varrho}{\bar{p}_1}} + \frac{l_2}{d_2^3}\sqrt{\frac{\varrho}{\bar{p}_2}} + \cdots\right]. \tag{3}$$

Eine Überschlagsrechnung ergibt, daß Rohre, deren Durchmesser unter 3 cm liegen bzw. deren Querschnitte kleiner als 7 cm^2 sind, nicht verwendet werden sollten, wenn man die Restgase schnell abpumpen will. Lediglich zu Meßstellen, z. B. zu einem Mc-LEODschen Manometer (in Abb. IV.3 *Anschlußstutzen 8*) kann man geringere lichte Weiten benutzen. Die Ausfriertaschen sollen so konstruiert sein, daß ihr Strömungswiderstand möglichst klein ist. Die Abb. IV.4 zeigt verschiedene Formen von Ausfriertaschen. Die Ausführung IV.4b von Hanff & Buest hat einen besonders kleinen Strömungswiderstand.

Zur Dichtigkeitsprüfung der Anlage befindet sich zwischen Diffusionspumpe und Vakuumsystem ein Absperrventil. In der schematischen Darstellung Abb. IV.3 ist ein *Quecksilberbarometerverschluß 12* vorgesehen. An dessen Stelle kann auch ein Hahn oder noch besser ein mechanisches, ausheizbares Ventil verwendet werden (vgl. S. 232).

Bei gasgefüllten Zellen muß der Druck genau dosiert werden. Man bringt deshalb zwischen dem Kolben *11*, der das Gas enthält, und der Anlage eine Kammer *9* an, deren Volumen möglichst klein sein soll. Die Kammer *9* wird zunächst ausgepumpt, durch Schließen des oberen Hahnes von der Pumpapparatur getrennt und durch Öffnen des unteren Hahnes mit Gas gefüllt. Durch Schließen des Barometerverschlusses *12* wird das Abpumpen unterbrochen und das Gas aus der Kammer *9* in die Apparatur eingelassen.

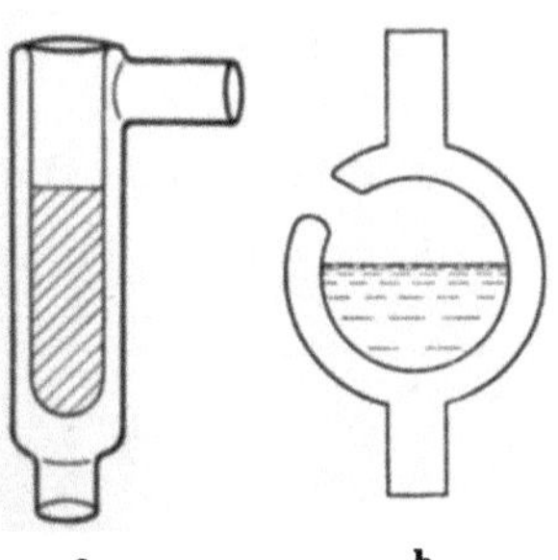

a   **b**

Abb. IV. 4. Ausführungsformen von Ausfriertaschen.

a) normale Ausführung; b) Ausführungsform HANFF und BUEST

Die Pumpgabel *16* mit den Zellen *15* wird so ausgebildet, daß ein Ofen *17* darüber geschoben werden kann. Vor dem Einbringen des Kathodenmaterials, z. B. eines Alkalimetalls, wird ausgeheizt (vgl. weiter unten). Die Ampullen mit Alkalimetall *18* befinden sich außerhalb des Ofens *17*.

Bei abgeschmolzenen Zellen kann das Vakuum weiter verbessert werden, indem man die Gase, die durch den Abschmelzprozeß oder nach Entladungsvorgängen in der Zelle frei geworden sind, durch Getterung beseitigt oder in einem am Zellenkolben angesetzten, mit granulierter Aktivkohle gefülltem Glasgefäß durch Eintauchen in flüssige Luft absorbieren läßt. Außer Aktivkohle kann auch Silikagel benutzt werden. Das die Kohle enthaltende Hartglasrohr hat zweckmäßigerweise die in Abb. IV.5 wiedergegebene Form. Da die im Handel erhältliche Absorptionskohle oder das Silikagel große Mengen gasförmiger Verunreinigungen enthalten, wird das Hartglasrohr vor dem Ansetzen an die Zelle in einer besonderen Vakuumapparatur unter dauerndem Pumpen bei 400 bis 500° C so lange erhitzt, bis bei laufender Pumpe ein Druck bei 10^{-6} Torr aufrechterhalten werden kann. Dann schmilzt man es bei *4* ab. Es wird an die Zelle so angesetzt, daß das Gefäß *1* nach unten hängt. Nachdem die Zellenkathode entsprechend präpariert und die Zelle abgeschmolzen ist, hebt man den im Ansatzrohr *3* befindlichen,

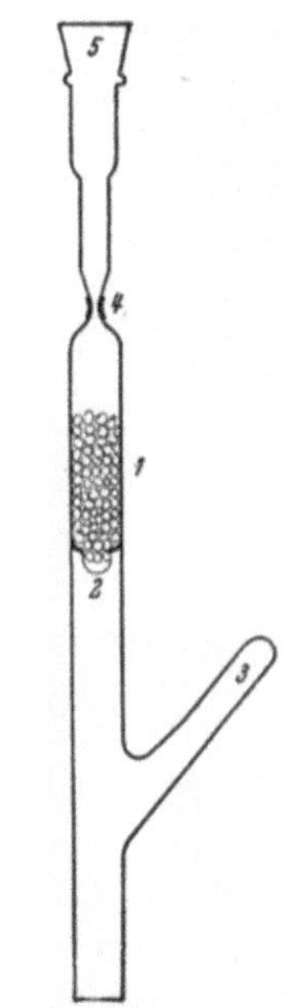

Abb. IV. 5. Gefäß mit Absorptionskohle zur Aufnahme von Restgasen. *5* Schliff zum Ansetzen an eine besondere Pumpapparatur zum Reinigen der Absorptionskohle *1*

in eine Glashülle eingeschmolzenen Eisenkern (in der Abbildung nicht gezeichnet) mit Hilfe eines Magneten und zertrümmert das dünne Glashäutchen *2*. Darauf wird der Eisenkern wieder nach *3* gebracht, der Teil *1* in flüssiger Luft gekühlt und dann von der Zelle langsam abgeschmolzen. Gasfreie Kohle, meist Kokosnußkohle, nimmt bei der Temperatur der flüssigen Luft beträchtliche Mengen von Gasen auf.

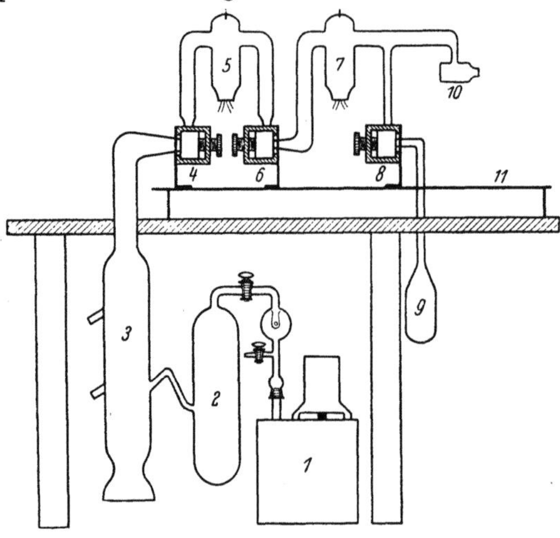

Abb. IV. 6. Schematische Darstellung einer Anlage zur Erzeugung eines Höchstvakuums

Auch das in der Hochvakuumanlage an verschiedenen Stellen verwendete Quecksilber muß vorher sorgfältig gereinigt werden. Man kann z. B. folgende Methode anwenden: Um den oberflächlich anhaftenden Schmutz zu entfernen, filtriert man das Hg durch trockenes Filterpapier, in das man mit einer Nadel mehrere feine Löcher sticht. Dann saugt man etwa 24 Stunden lang feine Luftperlen durch das Hg, wobei besonders solche Metalle, die bei der Destillation u. U. mit übergehen, oxydiert werden. Darauf destilliert man das vorgereinigte Quecksilber unter ständigem Evakuieren. Zur Vermeidung des Siedeverzugs, der ein starkes Stoßen und Klopfen zur Folge hat, kann man dem Quecksilber eine kleine Menge reines Blei zusetzen.

b) Höchstvakuum

Da die Austrittsarbeit von Metallen stark von der Adsorption geringer Gasmengen an der Oberfläche abhängt, genügt das mit den bisher beschriebenen Mitteln erreichte Hochvakuum in manchen Fällen nicht, um einwandfreie Meßergebnisse zu erhalten. Bei einem Druck von 10^{-6} Torr bildet sich auf einer reinen Oberfläche bereits in einer Sekunde eine einatomare Schicht der in der Anlage vorhandenen Restgase. Das heißt also, *eine genaue Bestimmung der Austrittsarbeit ist bei 10^{-6} Torr überhaupt nicht möglich.* Kann man dagegen in einem Druckbereich von 10^{-10} Torr die Untersuchungen vornehmen, so bildet sich in diesem Druckbereich eine einatomare Schicht erst nach einigen Stunden aus. Man muß also im *Höchstvakuum* arbeiten [6] [57]. Um derartig niedrige Drucke zu erreichen, wendet man besondere Mittel an. In der

Abb. IV.6 ist eine moderne Höchstvakuumanlage beschrieben. Mit dieser lassen sich in wenigen Stunden Drucke von 10^{-9} Torr und kleiner

erzielen [2]. Die grundsätzliche Forderung zur Erreichung eines Höchstvakuums ist die vorherige Entgasung des gesamten Vakuumsystems bei möglichst hohen Temperaturen. Aus diesem Grunde wird es vollständig von einem Ofen umgeben, dessen oberer Teil sich leicht abheben läßt, während die Grundfläche fest am Pumptisch montiert ist und gleichzeitig die Halter für das Vakuumsystem trägt, vgl. Abb. IV.7. Für die fabrikmäßige Herstellung der Photozellen werden meistens genormte Öfen verwendet, wie sie z.B. von ALPERT [2] beschrieben wurden. Da die Höchstvakuumseite nach Erreichen eines Druckes von 10^{-6} bis 10^{-7} Torr vom Vorpumpensystem dicht abgeschlossen werden muß und das Ventil selbst keine Gase abgeben darf, müssen Ventile verwendet werden, die sich ausheizen lassen. Solche Ventile sind in Abb. IV.8 [2] und IV.9 [80] wiedergegeben. Bei beiden Ventilen wird mit Hilfe eines Kovarkonus bzw. einer Stahlkugel durch Eindrücken in einen Kupferkonus der Abschluß erreicht. Die beiden Ventilzuführungen sind über Glas-Metall-Verbindungen mit dem übrigen Vakuumsystem verschmolzen.

Wie aus der Abb. IV.6 zu ersehen ist, werden meist mehrere solcher Ventile in einer Anlage verwendet. Der Aufbau einer Höchstvakuumanlage besteht also aus der mechanischen Vorpumpe *1*, dem Zwischenvakuumgefäß *2*, der

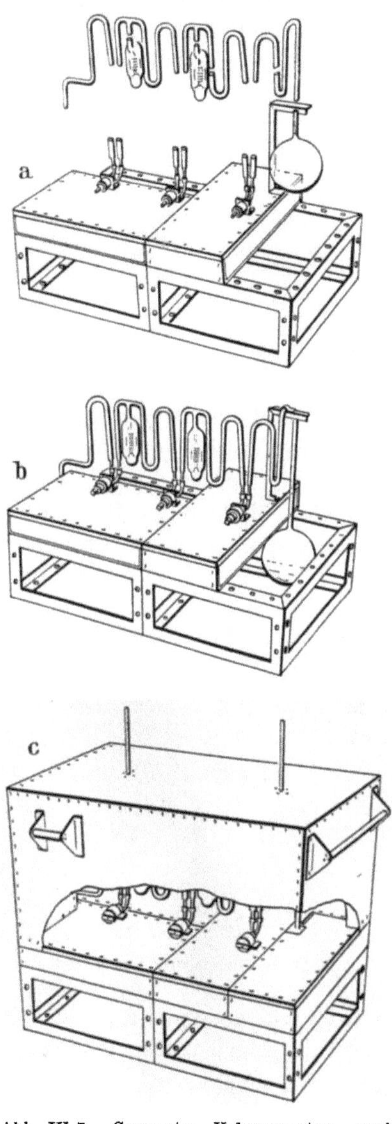

Abb. IV.7. Genormtes Vakuumsystem nach ALPERT.
a) Vor dem Zusammenbau; b) zusammengebaut; c) beim Ausheizvorgang

Öldiffusionspumpe *3* und dem ersten Ventil *4*, welches das Höchstvakuumsystem abtrennen kann. Es gibt Öle für Diffusionspumpen, z.B. das Octoil-S-Öl (USA) oder Silikonöle, die einen so niedrigen Dampfdruck besitzen, daß man ganz ohne Kühlfallen auskommen kann. Anschließend an das Ventil *4* kommt eine Ionisationspumpe *5*, weiter das

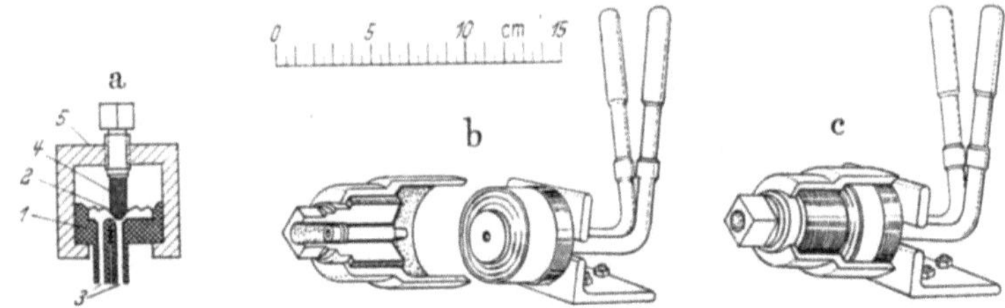

Abb. IV.8. Ausheizbares Ventil nach ALPERT

Ventil *6* und eine zweite Ionisationspumpe *7*, deren Saugseite wiederum durch ein Ventil *8* von einem Edelgaskolben oder einer Alkaliampulle *9* abgetrennt werden kann. Ein solcher Pumpstand enthält neben den normalen Meßgeräten für Antrieb der Vorpumpe und Heizung der Diffusionspumpe einen besonderen Meßsatz zum Betrieb und zur Konstanthaltung der Ionisationspumpen, die gleichzeitig als Ionisationsmanometer benutzt werden [*80*].

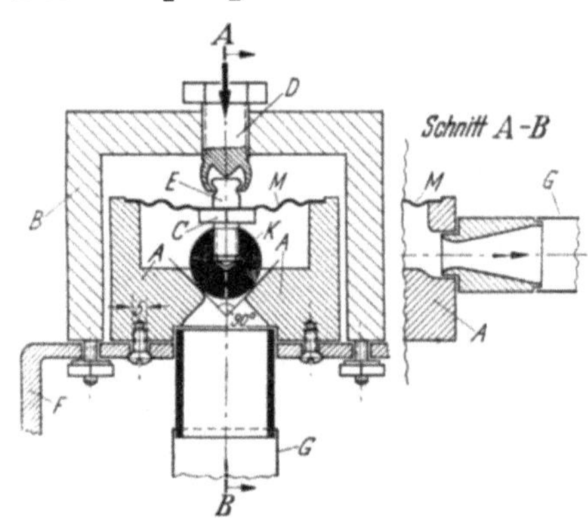

Abb. IV.9. Ausheizbares Ventil nach SIMON

Einer der ersten Vorschläge für eine Ionenpumpe stammt von R. CHAMPEIX [*14*]. Diese hat sich jedoch in der Praxis nicht eingeführt. Erst als BAYARD und ALPERT auf Grund ihrer eingehenden Versuche am Ionisationsmanometer [*2*] [*6*] aus diesem eine außerordentlich wirksame Ionisationspumpe entwickelt hatten, konnte der Schritt zum Höchstvakuum getan werden. Wird das Höchstvakuumsystem, das eine oder zwei solcher Pumpen enthält, von der Diffusionspumpe abgetrennt, so lassen sich mit Hilfe des elektrischen „clean up" [*2*] [*80*], auf dessen Wirkung das Arbeiten der Ionisationspumpe (IP) beruht, Drucke bis 10^{-11} Torr und kleiner erreichen. (Vgl. S. 260.)

Als notwendige und hinreichende Bedingung fand SCHWARZ [*74*] unter der Voraussetzung einer guten Ionisierung, daß die Wandladung der benutzten JP ein negatives Potential hatte. Dadurch können die

Elektronen aus der Glühkathode das von der Wand aufgenommene Gas nicht wieder heraustrommeln. Die negative Wandaufladung wird dadurch erzeugt, daß die auftreffenden Primärelektronen eine kleinere Zahl Sekundärelektronen auslösen ($\delta < 1$, vgl. Kap. VI), was praktisch nur bei gut entgasten Wandungen der Fall ist. SCHWARZ untersuchte die gebräuchlichsten Ionisationsmanometer-Typen und fand, daß die Gasaufzehrung bei den meisten von ihnen außerordentlich stark ist. Die Aufzehrung von Edelgasen ist wesentlich geringer als die der anderen Gase.

In einem durch Ausheizen und Hochfrequenzglühen der Metallteile gut entgasten Gefäß, das durch eine Ionisationspumpe evakuiert wird, kann man Drucke von 10^{-10} Torr erreichen. Das Absorptionsvermögen der Glaswände und der Auffangelektrode ist bei derartig niedrigen Drucken außerordentlich groß.

Es gibt noch eine zweite Methode, ein Höchstvakuum zu erreichen: das Gettern (vgl. S. 261). Die hiermit erzielbaren, gemessenen kleinsten Drucke liegen bei 10^{-10} Torr.

37. Eigenschaften der Gläser: Gasabgabe, Leitfähigkeit, spektrale Durchlässigkeit, Quarz und Glassorten, Einschmelzmaterialien

Die auf dem äußeren lichtelektrischen Effekt beruhenden Photozellen benutzen als Kathodensubstanz hauptsächlich Alkalimetalle, die oft in extrem dünnen Schichten auf den Trägersubstanzen niedergeschlagen sind. Infolgedessen spielen die kleinsten Verunreinigungen, besonders Sauerstoff oder Wasserdampf, für die Empfindlichkeit der Zelle eine entscheidende Rolle. Ähnliche Wirkungen zeigen Dämpfe verschiedener organischer Substanzen. Die Glaskolben, die für die Zellen benutzt werden, müssen deshalb sorgfältig gereinigt und die Glassorte zweckentsprechend ausgewählt werden. Eine Reihe von Gläsern wird besonders bei höheren Temperaturen von Alkalimetallen angegriffen und evtl. zerstört. Dies tritt z. B. beim gewöhnlichen bleihaltigen Platin-Einschmelzglas in Erscheinung, so daß Undichtigkeiten an den Einschmelzungen auftreten.

Alle Glassorten geben beim Evakuieren adsorbierte Gase ab, deren Menge vom Alter, der Fertigungsserie, der Glassorte und der Vorbehandlung abhängt.

Die Gläser besitzen sog. *Wasserhäute*, die in der Glasoberfläche aus einer wasserhaltigen Quellschicht und nach außen aus adsorbiertem Wasserdampf bestehen, in dem CO_2, H_2, O_2 und N_2 gelöst enthalten sind [27]. Die Dicke der Wasserhaut hängt von der chemischen Angreifbarkeit des Glases ab und nimmt mit dem Alter des Glases zu, wenn es der Atmosphäre ausgesetzt bleibt. Jahrelang gelagerte Gläser sollte man auch wegen der evtl. Rekristallisation nicht verwenden. Die Wasserhaut muß entfernt werden, wenn man eine gute Isolation erzielen will.

Beim Evakuierungsprozeß verschwindet schon bei Zimmertemperatur ein Teil der adsorbierten Wasserhaut, die nach WARBURG und IHMORI [98] *temporäre Wasserhaut* genannt wird. Die noch verbleibende adsorbierte Schicht bildet die *permanente Wasserhaut*. Es ist vorteilhaft, die Glaskolben vor dem Benutzen nach deren Durchspülung zuerst mit Kali- oder Natronlauge und danach mit konzentrierter Schwefelsäure längere Zeit in destilliertem Wasser zu kochen[1]. So vorbehandelte Gefäße geben im Vakuum beim Erhitzen auf 120 bis 150° C auch die in der permanenten Wasserhaut adsorbierten Dämpfe und Gase ab. Bei weiterer Erhöhung der Temperatur über 300 bis 360° C verschwinden schließlich auch die oberflächlich gelösten Gase einschließlich der fest haftenden an der Oberfläche befindlichen permanenten Wasserhaut[2]. Die Gasabgabe von Glühlampengläsern wurde sehr eingehend von LANGMUIR [46] und von SHERWOOD [16] [47] [91] untersucht[3]. Bei noch weiterer Temperatursteigerung treten, wenn auch in kleinen Mengen, immer wieder Gase aus, die jedoch bereits eine Folge teilweiser Zersetzung des Glases sind. Die Glasgefäße müssen daher so hoch wie möglich erhitzt werden, da die gelösten Gase erst in der Nähe des Transformationspunktes vollständig abgegeben werden. Andererseits darf man die Erhitzung nicht zu hoch treiben, besonders wenn Spannung an den Elektroden liegt, da sonst durch Elektrolyse eine Zerstörung des Glases ein-

---

[1] Bei einem anderen Reinigungsverfahren wendet man Chromschwefelsäure (Gemisch von Kaliumbichromat und konzentrierter Schwefelsäure) an und spült anschließend mit reiner verdünnter Natronlauge und destilliertem Wasser aus. CRAWLEY [Chem. and Ind. **1953**, 1205) empfiehlt als Reinigungsflüssigkeit eine kalte Mischung aus 5% Flußsäure, 33% Salpetersäure, 2% eines Netzmittels (Teepol) und 60% Wasser, wobei die Mengenverhältnisse weitgehend variiert werden können. Diese Lösung ist verwendbar zur Reinigung von Glasgeräten von Kieselsäureablagerungen, kohlenstoffhaltigen Rückständen, Fett, Quecksilber usw. Ihre Wirkung beruht auf der Entfernung eines dünnen Glasfilms. Die Reinigung nimmt nur wenige Minuten in Anspruch.

[2] Die Wasserhaut kann auch durch Elektronenbombardement beseitigt werden, sofern sich im Entladungsgefäß eine Glühkathode befindet oder eine Gasentladung (Teslaentladung) durchgeschickt werden kann. Da bei Zimmertemperatur nach kurzer Zeit die Glaswand sich auflädt und einen weiteren Stromdurchgang verhindert, erhitzt man das Gefäß. Die erhöhte Leitfähigkeit des Glases sorgt für Abfluß der Ladungen nach einer außen angebrachten Elektrode. Die auftreffenden Elektronen zerstören dann die Wasserhaut [16] [67].

[3] Aus den umfassenden Untersuchungen von LANGMUIR seien folgende Angaben gemacht: Ein 40-Watt-Glühlampenkolben von ca. 200 cm[2] innerer Oberfläche evakuiert und von Zimmertemperatur auf 200° C erwärmt, gibt 200 mm[3] H_2O-Dampf, 5 mm[3] CO und 2 mm[3] N_2 ab. Danach weiter auf 350° C erhitzt, werden noch 300 mm[3] H_2O, 20 mm[3] CO und 4 mm[3] N_2 frei. Schließlich auf 500° C erhitzt, geben die Glaswände nochmals 450 mm[3] H_2O, 30 mm[3] CO und 5 mm[3] N_2 ab [77].

tritt. Die dissoziierten Alkali-Ionen wandern zur negativen Elektrode. Die Anreicherung des Alkali führt zur Änderung des Ausdehnungskoeffizienten des Glases und es entstehen feine Haarrisse, die Undichtigkeiten hervorrufen (meist tritt Grau- oder Schwarzfärbung des Glases ein). Oft wird gleichzeitig H_2 frei, wodurch sich das Vakuum verschlechtert. Die durch zu hohes Erhitzen erhöhte Leitfähigkeit des Glases [22] [30] kann bei angelegten Spannungen zu so starkem Stromdurchgang führen, daß beim Erkalten die Einschmelzung sofort springt. Abb. IV.10 gibt eine von SHERWOOD gefundene Temperaturabhängigkeit der Gasabgabe verschiedener Gläser wieder.

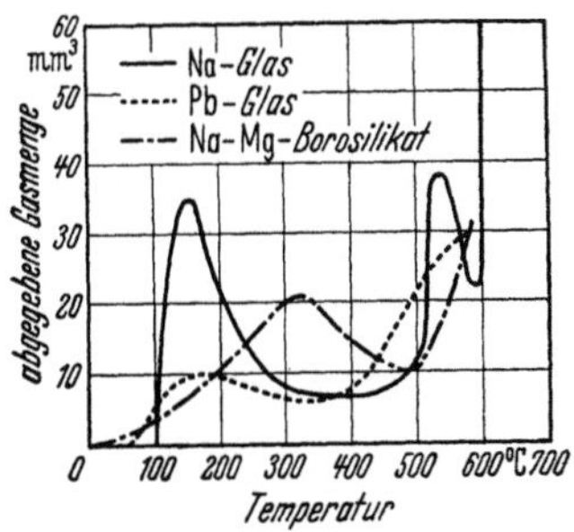

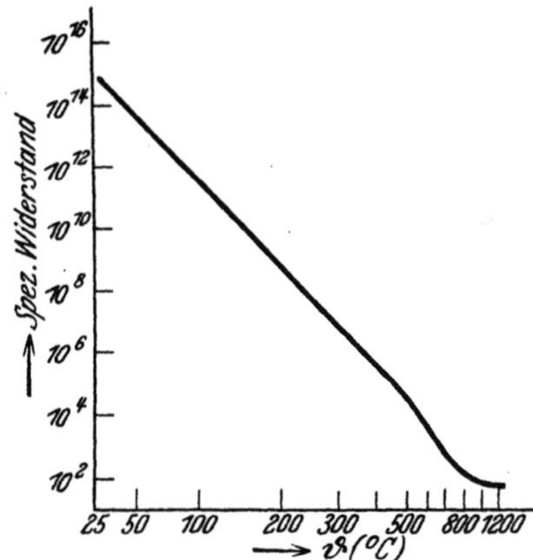

Abb. IV.10. Gasabgabe verschiedener Gläser in Abhängigkeit von der Temperatur

Abb. IV.11. Temperaturwiderstandskurve eines Thüringer Glases

Die Diffusion von Gasen durch Glaswände ($< 10^{-17}$ l·Torr/sec) ist im allgemeinen vernachlässigbar. Eine Ausnahme machen bei Quarzglas Helium und Wasserstoff, die schon bei 300° C in recht beträchtlicher Menge hindurchdiffundieren. Deshalb sollen Quarzgefäße nicht mittels Gasbrenner, sondern im elektrischen Ofen erhitzt werden. Duranglas (Schott-Jena) und Pyrexglas (GEC-USA) lassen bei Temperaturen über 100° C Helium durch. Gläser mit hohem SiO_2 oder B_2O_3-Gehalt scheinen besonders durchlässig zu sein.

Die *Wasserhaut* erhöht die Oberflächenleitfähigkeit der Gläser. Sieht man zunächst vom Einfluß der Wasserhaut ab, so haben Alkaligläser (besonders Natrongläser) die höchste Eigenleitung. Mit der Dicke der Wasserhaut, auf deren Bildung die Alkalien einen starken, die anderen Glasbildner einen geringeren Einfluß ausüben, steigt das Leitvermögen. Es ist daher zweckmäßig, das Entstehen einer Wasserhaut auch auf der Außenseite der Zelle zu vermeiden, indem man nach dem Erhitzen der Zellen im Ofen die Glaswand in der Umgebung der Einschmelzung mit einer isolierenden Schicht, z. B. aus Schellack oder Silikonlack (vgl. S. 271, Abb. IV.37a und S. 275 Abb. IV.44), überzieht. In Abb. IV.11 ist die Temperaturwiderstandskurve eines Thüringer Glases dargestellt.

Derartige Gläser haben, wenn sie frei von Wasserhaut sind, ein sehr hohes Isolationsvermögen. Bei Zimmertemperatur beträgt der spezifische Widerstand ca. $10^{15}\,\Omega$ cm.

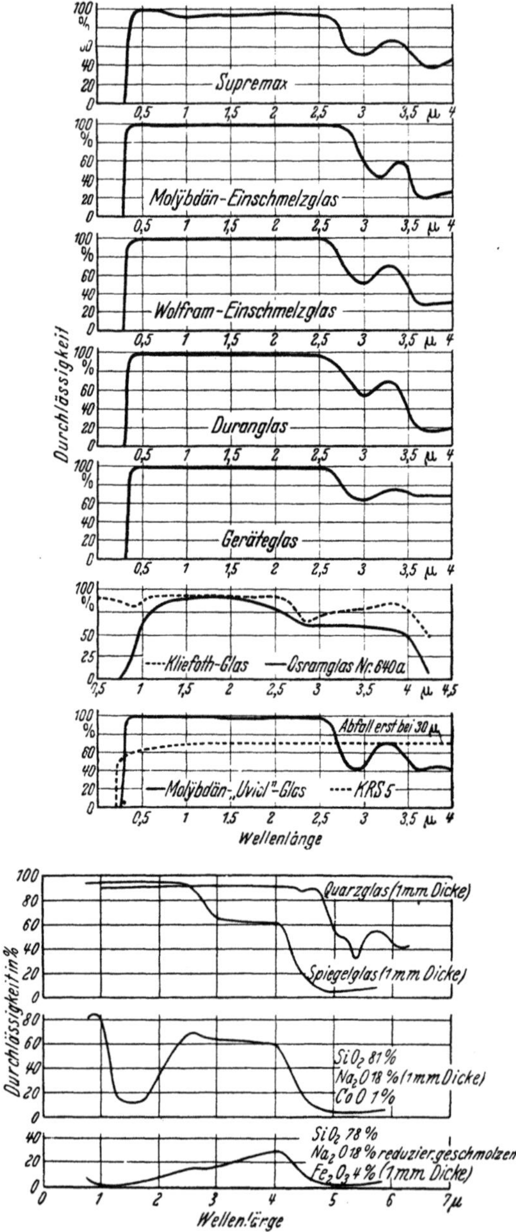

Abb. IV. 12. Ultrarotdurchlässigkeit verschiedener Gläser in Abhängigkeit von der Wellenlänge

Die chemische Zusammensetzung der Gläser ist sehr verschieden und bestimmt Transformationspunkt, Härte, Ausdehnungskoeffizient und Leitfähigkeit. Um Gläser mit verschiedenen Ausdehnungskoeffizienten, z. B. Hartglas mit Weichglas oder Quarzglas mit Weichglas verschmelzen zu können, sind von den Glashütten *Zwischengläser* entwickelt worden (s. S. 241).

Ein besonders wichtiger Gesichtspunkt für die Auswahl der Glassorte ist die *Lichtdurchlässigkeit*. Für Zellen, die im Ultrarot Verwendung finden sollen, gibt Abb. IV.12 einige geeignete Glassorten an. Nach GEHLHOFF [31] [26] ist eine bei 4,8 μ liegende Kieselsäurebande entscheidend. In besonderen Fällen kann man für UR-Fenster dünne Quarz-, Steinsalz-, Sylvin- und Flußspatplatten oder KRS 5- oder KRS 6-Platten (Schott-Jena) benutzen, die sich allerdings nur aufkitten lassen.

Werden ultraviolettdurchlässige Gläser benötigt, so ist folgendes zu beachten: Während Kieselsäure und Borsäure das UV weitgehend durchlassen, absorbieren Eisenoxyd, Titanoxyd, Ceroxyd besonders stark, wie Abb. IV.13 zeigt. Die vollständige Vermeidung von Eisenverbin-

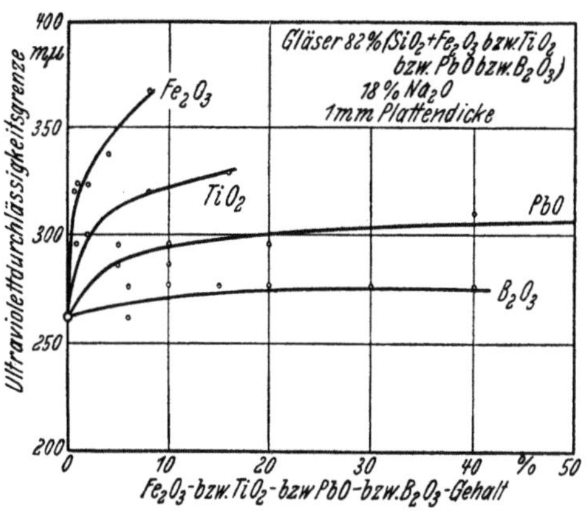

Abb. IV.13. Durchlässigkeit verschiedener Gläser im UV bei Änderung des Gehaltes von Fe₂O₃, TiO₂, PbO und B₂O₃ nach GEHLHOFF

dungen bei der Herstellung der Gläser stößt auf fast unüberwindliche Schwierigkeiten. Borat- und Kalk-Natron-Gläser sind für UV-Durchlässigkeit am geeignetsten. Bei hohen Anforderungen kommt für UV-Zellen nur kristalliner Quarz oder gutes, ausgesuchtes Quarzglas in Frage. Bei einer Dicke von einigen μ geht die Durchlässigkeit bis zu 150 mμ. Tab. IV.3 und Tab. IV.4 und Abb. IV.14 geben die UV-Durchlässigkeit für einige Glassorten in Abhängigkeit von der Wellenlänge an. Quarzglasfenster können mit Hilfe von Übergangsstücken mit gewöhnlichen Gläsern verschmolzen werden (vgl. MÖNCH [1] und S. 286).

Da bestimmte Zellen auch zur Dosismessung von Röntgenstrahlen dienen [78], sollen der Vollständigkeit halber auch Röntgenstrahlen absorbierende bzw. weiche Röntgenstrahlen weitgehend durchlassende Gläser erwähnt werden. Die Firma Osram stellt Röntgenstrahlen stark absorbierende Gläser her: Ein Klarglas 646a und ein Schwarzglas 989a, die beide eine Bleiäquivalenz von etwa 4:1 haben, d. h. 4 mm Glas

Tabelle IV.3.
Ultraviolettdurchlässigkeit einiger Glassorten für drei verschiedene Wellenlängen[1]

Glassorte	Durchlässigkeit in % bei 30 μ Dicke für		
	253,7 mμ %	290 mμ %	310 mμ %
Fischerglas....................	60	69	85
Gundelachglas (Thüringer Glas)	20	20	84
Uviolglas (Schott)	84	85	86
Jenaer Glas (Schott) Nr. 16[III].........	84	87	87
Jenaer Geräteglas Nr. 20 (Schott)	70	73	86
Duranglas.....................	65	68	87
Supremaxglas	80	84	85
Siborglas (Verreries de Folembray Aisne)...	80	84	87

Tabelle IV.4. *UV-Durchlässigkeit von Gläsern bei 1 mm Schichtdicke nach* W.-W. LOEBE *und* W. LEDIG

Glas	Durchlässigkeits-grenze
Quarz	unter 200 mμ
Uviolglas...............	ca. 270 mμ
UV-Glas (Schott)	ca. 275 mμ
Bleifreies Kolbenglas.........	ca. 280 mμ
Bleiglas	ca. 295 mμ
Thüringer Glas	ca. 300 mμ
I.G.-Phosphatglas[2] und Corexglas A (Kalziumphosphat)	ca. 240 mμ

entsprechen etwa 1 mm Blei. Eine besonders hohe Durchlässigkeit für langwelliges Röntgenlicht hat das „Lindemannfenster", ein Lithium-Berylliumborat-Glas. Es muß wegen seiner hygroskopischen Eigenschaft lackiert werden, läßt sich aber mit Thüringer oder Platin-Einschmelzglas verschmelzen. Die Sendlinger-Optischen Glaswerke liefern ein relativ gut durchlässiges Glas V 130i, das sich mit Kupfer und Eisen verschmelzen läßt. Es muß aber ohne Ce- und Fe-Gehalt hergestellt sein.

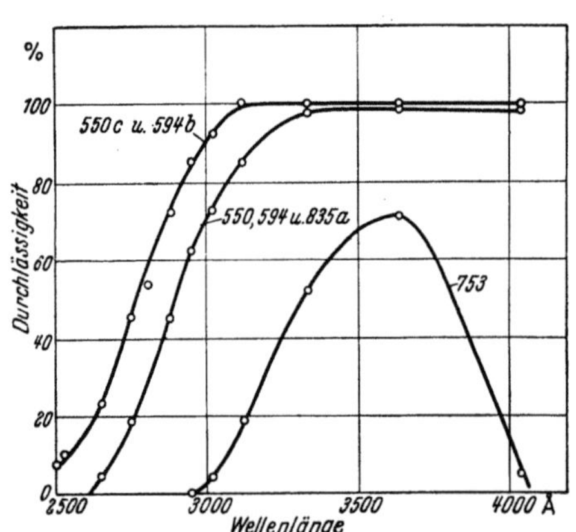

Abb. IV.14. UV-Durchlässigkeit einiger Osramgläser in Abhängigkeit von der Wellenlänge

Für den Aufbau der 'Pumpapparatur genügt im allgemeinen das sog. Thüringer Glas. Zur Herstellung von Alkalizellen sind Borsilikatgläser, wie das Jenaer Geräteglas 20 und 2954[III], ferner

---

[1] Z. Phys. **76**, 324 (1932).
[2] ENDE, W.: Z. techn. Phys. **15**, 313 (1934).

Tabelle IV.5. Die Konstanten der Jenaer Einschmelzgläser

Glassorten		Linearer thermischer Ausdehnungskoeffizient (20 bis 100°) C · 10⁷	Transformationspunkt °C	Wärmeleitfähigkeit $\frac{cal \cdot 10^6}{Grad\ cm\ s}$	Durchschlagsfestigkeit kV	Dielektrischer Verlustfaktor bei 10⁶ bis 10⁷ Hz tg · 10⁴	Ritzhärte nach Martens g	Elastizitätsmodul kg/mm²	Spezifisches Gewicht g/cm³
Platingläser	Jenaer Normalglas 16III	80	530	238	37	79	54	6600	2,58
	Jenaer Einschmelzbleiglas	81	475	208	—	10,5	—	—	3,13
	Jenaer Pt-Einschmelzglas 2962III	80	504	254	—	42	—	7400	2,43
Molybdängläser	Jenaer Geräteglas 20	48	555	279	38	75	57	7500	2,41
	Jenaer Molybdänglas 1447III	50	515	242	37	66	61	7300	2,50
	Jenaer Molybdän-Einschmelzglas 1639III	49	503	255	—	40	—	7300	2,29
Wolframgläser	Jenaer Duranglas	37	534	261	42	46	60	6750	2,28
	Jenaer Wolfram-Einschmelzglas 1646III	41	532	270	—	—	—	—	2,34
	Jenaer Supremaxglas	33	730	278	—	18	59	9050	2,52
Weitere Jenaer Sondergläser	Jenaer Glas 2954III	60	573	257	40	110	58	7600	2,42
	Jenaer natriumfestes Glas	81	545	192	—	—	—	—	3,21
	Jenaer Molybdän-Uviolglas	53	586	—	—	—	—	—	2,37
	Jenaer Schwarz-Uviolglas	81	520	—	—	—	—	—	2,58

Tabelle IV.6. *Jenaer Einschmelzgläser und deren Einschmelzmetalle und ein- oder anschmelzbare keramische Werkstoffe*

Glasart	Einschmelzmetall	Drahtdurchmesser	Keramische Werkstoffe
Jenaer Normalglas 16[III]	Platin und Pt-Ersatzlegierungen	bis 1 mm	Steatit T2 (Steatit-Magnesia, Werk Pankow)
Jenaer Einschmelzbleiglas	Pt und Pt-Ersatzlegierungen, Kupfer-Manteldraht	bis 5 mm	
Jenaer Platin-Einschmelzglas 2962[III]	Pt und Pt-Ersatzlegierungen und Pd	alle gebräuchlichen Drahtstärken	Steatit T2 (Steatit-Magnesia, Werk Pankow)
Jenaer Geräteglas 20	Molybdän	bis 1 mm	Hartporzellan 157/6a (Rosenthal, Selb) Hartporzellan Melalith (Steatit-Magnesia)
Jenaer Molybdänglas 1447[III]	Molybdän und seine Ersatzlegierungen (Eisen, Nickel, Kobalt)	bis 3 mm	
Jenaer Molybdän-Einschmelzglas 1639[III]	Molybdän und seine Ersatzlegierungen	alle gebräuchlichen Drahtstärken	
Jenaer Zwischenglas C6	Wolfram	bis 0,8 mm	Hartporzellan 37, 54, 65 und 70 (Rosenthal, Selb) Hartporzellan, Gruppe Ia (Kloster Veilsdorf) Hartporzellan B. N. (Rosenthal, Marktredwitz)
Jenaer Supremaxglas	Wolfram	bis 1 mm	
Jenaer Duranglas	Wolfram	bis 3 mm	Hartporzellan (Siemens-Schuckert, Werk Neuhaus) Porzellan C (Rosenthal, Erkersreuth) Sillimanit 9i und 10a (Sillimanit G.m.b.H., Hamburg)
Jenaer Wolfram-Einschmelzglas 1646[III]	Wolfram	alle gebräuchlichen Drahtstärken	Steatit (Rosenthal, Erkersreuth) G-Masse (Rosenthal, Marktredwitz) K-Masse (Staatliche Porzellanmanufaktur, Berlin)
Jenaer Glas 2954[III]			Keramische Masse HF 94b (Rosenthal, Selb) Frequenta (Steatit-Magnesia, Werk Pankow)

Supremaxglas, Duranglas und Pyrexglas und einige von Osram hergestellte Wolframgläser besonders geeignet. Diese lassen infolge ihres hohen Transformationspunktes — der Transformationspunkt stellt den Übergang vom spröden zum viskosen Zustand und damit die untere Temperaturgrenze für alle Entspannungsvorgänge dar — eine sehr hohe Erhitzung zu. Heiße Alkalimetalle (s. S. 242) lösen sich bei längerer Einwirkung in gewöhnlichem Glas, in Hartgläsern und auch im Quarzglas, wobei meist eine bräunliche Verfärbung eintritt [21].

Es sollen noch die wichtigsten Konstanten einiger Gläser, deren Einschmelzmetalle und verschmelzbare keramische Werkstoffe aufgeführt werden, vgl. Tab. IV.5 und Tab. IV.6.

Schließlich sind in Tab. IV.7 die von Schott & Gen., Jena, entwickelten Zwischengläser wiedergegeben, die Verschmelzungen aller möglichen Glassorten gestatten. Sie besitzen Ausdehnungskoeffizienten von $8 : 10^{-7}$ bis $8 \cdot 10^{-6}$.

Außer Schott & Gen. liefern auch die Osramwerke und die Medizinisch-Glastechnischen Werkstätten, Berlin-Reinickendorf, derartige Zwischengläser und auch fertige Übergangsstücke (Schachtelhalme).

Tabelle IV.7. *Jenaer Zwischengläser*

Zwischenglas Nr.	Ausdehnungskoeffizient $a \cdot 10^7$ (20 bis 100°C)	Transformationspunkt °C
C1	8	900
C2	9	820
C3	12	760
C4	15	725
C5	21	663
C6	26	640
C7	30	562
C8	35	542
9	37	534
10	48	558
11	50	514
12	61	551
13	62	562
14	73	555
15	73	548
16	80	505

Die Verwendung von Quarzglas zur Herstellung der Zellen bringt, abgesehen von der höheren Erweichungstemperatur, eine Reihe von Schwierigkeiten mit sich, z. B. die Frage der Elektrodendurchführungen und der Verbindung mit der Pumpapparatur, die mittels Zwischengläsern oder Schliffen hergestellt werden muß.

Dünne Drähte und sehr dünne Bänder aus Wolfram, Tantal oder Molybdän lassen sich in Quarz einschmelzen.

38. Darstellung reiner Metalle, Schmelzpunkte, Dampfdrucke, Destillationsverfahren, Azid-, Chlorid-, Chromat-, Thermitverfahren, Trägermetalle, Metallspiegel

Zur Herstellung lichtelektrischer Zellen mit äußerem Effekt werden vornehmlich Alkali- und Erdalkalimetalle, zur Herstellung der Halbleiterwiderstandszellen Selen, Tellur, Kadmium, Blei, Antimon, Indium, Gallium, Germanium, Silizium und Verbindungen vom Typ $A^{III}B^V$, also der 3. und 5. Gruppe der Elemente bzw. Verbindungen dieser Elemente und zur Herstellung der Photoelemente, besonders Selen, Kupferoxydul, Silizium und einige Halbleiterverbindungen, z. B. CdS, verwendet. In der folgenden Tab. IV.8 sind einige Daten der in Betracht kommenden Elemente zusammengestellt.

Tabelle IV.8

Metall	Atomgewicht	Atomvolumen	Schmelzpunkt °C	Siedepunkt °C
Lithium	6,94	13	179	1372
Natrium	23,00	23	97,7	883
Kalium	39,1	45,4	63,5	776
Rubidium	85,48	55	39	713
Cäsium	132,91	70,6	28,5	690
Kupfer	63,57	7,21	1084	2595
Silber	107,88	10,28	960,5	2170
Gold	197,2	10,23	1063	2960
Beryllium	9,02	4,85	1280	2967
Magnesium	24,32	14,0	657	1102
Kalzium	40,08	26,1	850	1487
Strontium	87,63	34,0	757	1364
Barium	137,36	38,2	710	1638
Kadmium	112,41	13,01	321	765
Thallium	204,39	17,26	302,5	1457
Blei	207,21	42,0	327,4	1750
Antimon	121,76	18,2	630	1635
Wolfram	183,92	9,55	3380	ca. 6000
Selen	78,96	17,7	220	685
Tellur	127,61	20,4	452	1300
Nickel	58,69	6,59	1453	3177
Platin	195,23	9,10	1773,5	4400
Indium	114,76	15,74	156,4	ca. 1450
Gallium	69,72	11,76	29,5	2064
Schwefel	32,06	15,0	119	444,6

Die Verarbeitung der Alkali- und Erdalkalimetalle erfordert besondere Vorsicht, da sie leicht oxydieren und sich entzünden. Zur Erzielung einwandfrei reproduzierbarer Werte müssen die Metalle äußerst rein, frei von Oxyd oder anderen Verbindungen und *gasfrei* sein.

a) Destillationsmethode

Zur Darstellung *reiner Alkalimetalle* wurde früher ausschließlich das Destillationsverfahren angewandt, das z. T. durch eine Reihe besserer Verfahren ersetzt worden ist. Das käuflich reine Alkalimetall (Na und K) wird mehrmals in Benzol gewaschen, zwischen Filtrierpapier getrocknet und unter dauerndem Evakuieren mehrmals umgeschmolzen, z. B. in einem Glasgefäß gemäß Abb. IV.15, in dem es aus dem oberen Teil als silberhelles Metall in den unteren Teil abfließt, der nach Beendigung des Prozesses von dem oberen Teil bei S abgeschmolzen wird. Es werden dabei außer den von der Aufbewahrung herrührenden Kohlenwasserstoffen beträchtliche Mengen von Wasserstoff frei. ELSTER und GEITEL

[*22*], Wiedmann und Hallwachs [*101*] benutzten zur weiteren Destillation die in Abb. IV. 16 schematisch dargestellte Apparatur.

Eine Abänderung dieser Apparatur ist besonders einfach und liefert ein sehr reines Alkalimetall, vgl. Abb. IV. 17. In den an der Pumpapparatur befindlichen Schliff (I) wird mit einem passenden Konusschliff

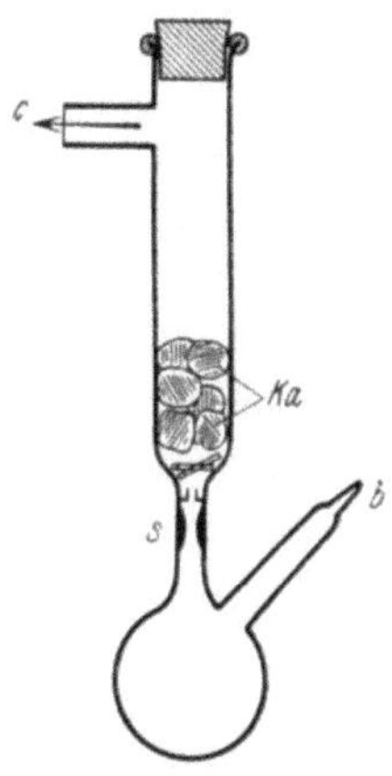

Abb. IV. 15. Gefäß zur Vorreinigung von Alkalimetallen, insbesondere Natrium und Kalium

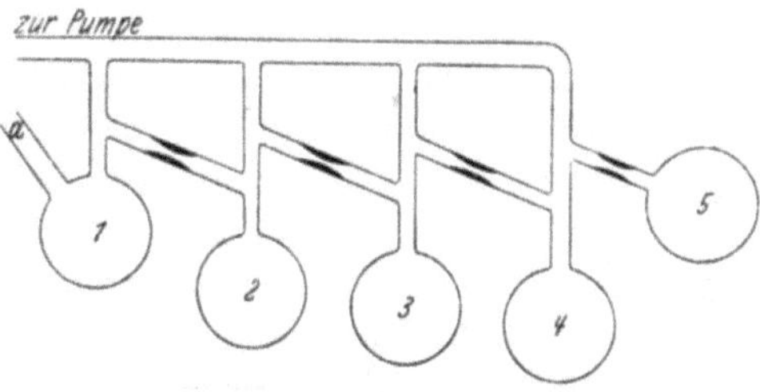

Abb. IV. 16. Alkalidestillationsanlage nach Elster und Geitel bzw. Wiedmann und Hallwachs.
Die Kugeln *2* bis *5* waren meist mit einem Einschmelzdraht und einer Gegenelektrode versehen, um sie u. U. sofort als Photozellen verwenden zu können

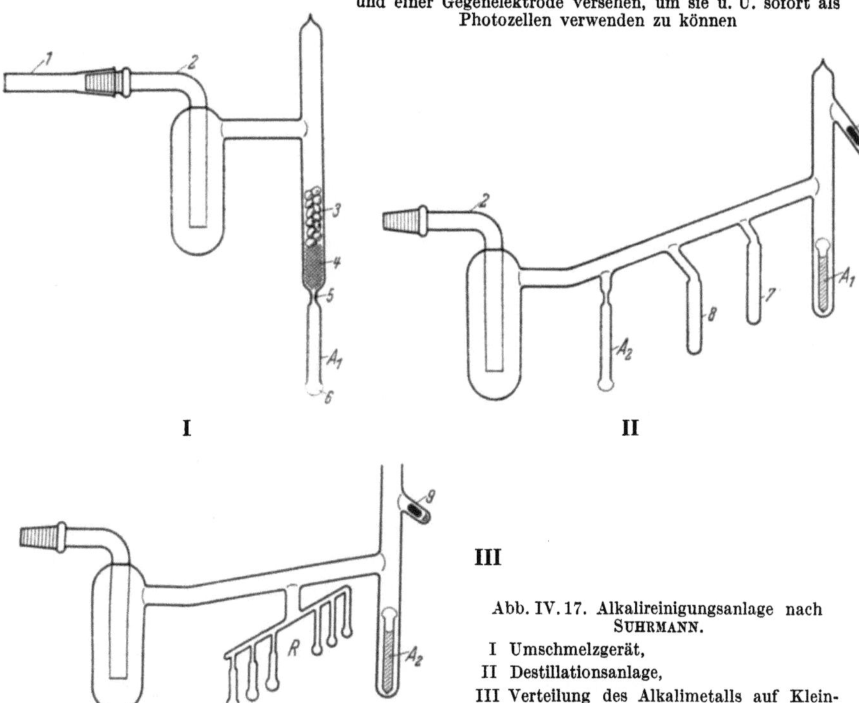

Abb. IV. 17. Alkalireinigungsanlage nach Suhrmann.

I Umschmelzgerät,

II Destillationsanlage,

III Verteilung des Alkalimetalls auf Kleinampullen

eine Kühlfalle *2* eingeschoben, an deren anderes Ende ein Rohr angesetzt wird, das bei *5* eine Abschmelzstelle besitzt. Oberhalb derselben befindet

16*

sich Glaswolle *4* und darüber die eingebrachten Alkalimetallkugeln *3*, wie sie handelsüblich sind. Sie sind vor dem Einbringen sorgfältig von anhaftenden organischen Substanzen durch Waschen in Petroläther und Trocknen mit Fließpapier gereinigt worden. Durch einen übergeschobenen elektrischen Ofen wird das Alkalimetall so weit erhitzt, daß es in den unteren Teil (Ampulle A_1) fließt. Am Ende des Teiles A_1 bei *6* ist das Glasrohr zu einer kleinen dünnwandigen Kugel ausgeblasen, die später erlaubt, durch Zertrümmern auf magnetischem Wege die Ampulle im Vakuum zu öffnen. Nach der Beendigung des Umschmelzvorganges wird bei *5* abgeschmolzen. Man dreht nunmehr die Ampulle A_1 um, so daß das Alkalimetall in dem gegenüber der Kugel *6* befindlichen Ende erstarrt. Hat man eine größere Reihe von Versuchen vor, so kann man derartige Ampullen in größerer Menge herstellen und in diesem vorgereinigten Zustande beliebig lange aufbewahren.

Nach dem Abschmelzen der Ampulle A_1 läßt man Luft in die Pumpapparatur ein oder schließt ein hinter der Diffusionspumpe sitzendes Ventil, nimmt die Apparatur *I* aus dem Schliff *1* heraus und setzt dafür die Apparatur *II* an. In dieser bedeutet *9* einen Eisenkern mit Glashülle zum Zertrümmern der Ampulle A_1. Nachdem dies unter bestem Vakuum geschehen ist, erfolgt eine langsame Destillation des Alkalimetalls in das Gefäß *7*. Von *7* wird es in das Gefäß *8* überdestilliert und schließlich in die Ampulle A_2. Diese ist wieder — wie A_1 — mit einer Abschmelzstelle und einer Zertrümmerungskugel versehen. Das nach dem Abschmelzen in A_2 befindliche Alkalimetall ist außerordentlich rein und kann zur Herstellung einwandfreier und reproduzierbarer Photozellen verwendet werden. Das Destillationsrohr soll wenigstens 30 mm lichte Weite haben, damit den frei werdenden Gasen und Dämpfen ein möglichst geringer Strömungswiderstand entgegensteht. Hat man die für eine Zelle benötigte Menge Alkalimetall bestimmt, so kann man die in der großen Ampulle A_2 befindliche Menge durch einen Umschmelzprozeß in der Apparatur *III* unter Vakuum auf eine Anzahl kleiner Ampullen verteilen, die die jeweils ermittelte Menge des Alkalimetalls aufnehmen[1].

Eine andere Methode zur Darstellung reinen Natriums oder Kaliums soll an Hand der Abb. IV.18 beschrieben werden, die eine von SCHRÖTER vorgeschlagene Vorrichtung darstellt und in der Technik oft benutzt wird. Zur besseren Beseitigung von Fremdstoffen besitzt das Vorreinigungsgefäß (Abb. IV.19) einen Trichter *Tr*, der nach dem Umschmelzvorgang aus der Abschmelzstelle herausgezogen wird, bevor das untere Gefäß abgetrennt wird. Das eigentliche Destillationsgefäß (Abb. IV.18) besteht aus einem v-förmig gebogenen Glasrohr von min-

---

[1] Bei besonders hohen Ansprüchen an die Reinheit des Alkalimetalls wird kein Schliff verwendet, sondern *1* mit *2* in Abb. IV.17 III durch Anschmelzen verbunden.

destens 40 mm lichter Weite. Der Glasbecher B, ebenso wie der Trichter Tr, sind aus Gläsern angefertigt, die bei Erwärmung von Alkalimetallen nicht angegriffen werden. In dem einen Schenkel befinden sich eine oder mehrere oben geschlossene und mit einem Haken versehene Glasröhren (Ampullenstange), wie Abb. IV.20 zeigt.

Nach gründlichem Ausheizen und Evakuieren des Destillationsgefäßes (Abb. IV.18) wird nach dem Erkalten trockener, reiner Stickstoff oder H_2 oder Edelgas mit einem kleinen Überdruck eingelassen, so daß beim Öffnen des Ansatzstutzens A das Gas ausströmt. Das untere Ansatzrohr a des Teiles II

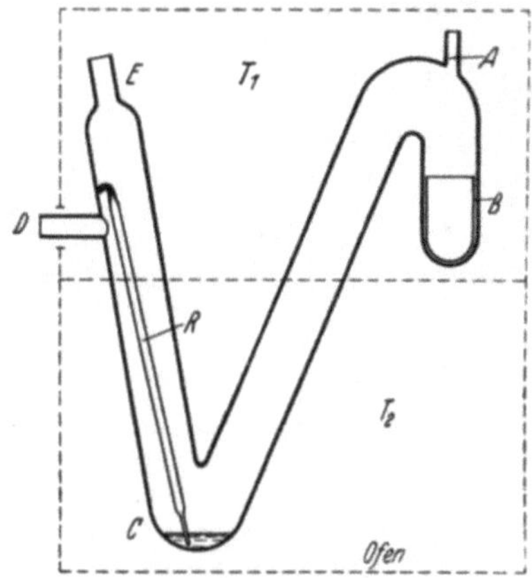

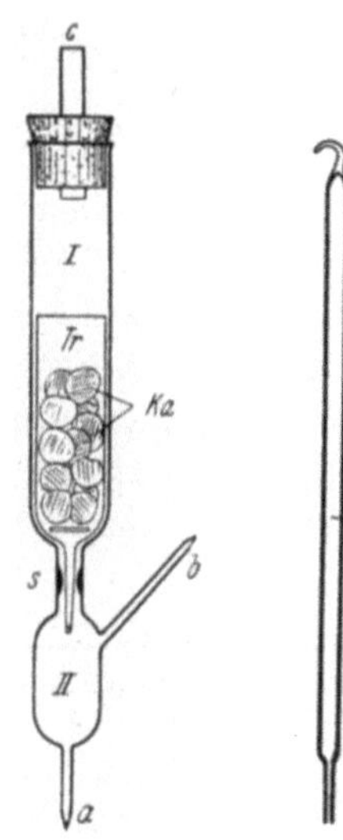

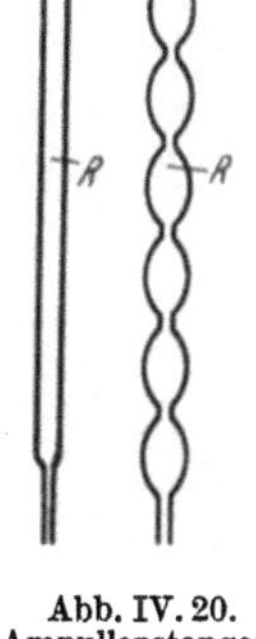

Abb. IV.18. Alkalireinigung für technische Zwecke nach SCHRÖTER

Abb. IV.19. Vorreinigungsgefäß zu Abb. IV.18

Abb. IV.20. Ampullenstangen

des Gefäßes (Abb. IV.19) wird geöffnet und in den Ansatzstutzen A des Destillationsgefäßes eingeführt. Das zweite Röhrchen b wird unter Stickstoff geöffnet, indem man einen Schlauch darüber schiebt, bevor die eingeritzte Spitze abgebrochen wird. Das Gefäß II wird so hoch erhitzt, bis das Alkalimetall in den Becher B (Abb. IV.18) abfließt. Der Gasstrom wird abgestellt, der Ansatzstutzen A geschlossen und nach Erreichung besten Hochvakuums destilliert. Infolge des großen Rohrquerschnitts werden die frei werdenden Gase schnell abgesaugt. Der Ofen hat zwei Temperaturstufen; die untere dient lediglich dazu, das bei C sich kondensierende Metall flüssig zu halten, damit nach Beendigung der Destillation durch Einlassen von Argon das flüssige Alkalimetall in die Ampullen gedrückt werden kann. Nach dem Erkalten erhöht man auf Atmosphärendruck, öffnet bei E und bringt die einzelnen Röhrchen in mit Argon oder trockenem Stickstoff gefüllte Glasröhren, die gut verschlossen oder zugeschmolzen werden.

b) Azidverfahren [83] [86]

Eine andere Methode, gasfreie Alkalimetalle zu erhalten, besteht darin, ihre Azide[1] NaN_3, KN_3, RbN_3, CsN_3 im Vakuum zu zersetzen. Sie zerfallen beim Erhitzen in reinen Stickstoff, reines Alkalimetall und einen Rest Nitrid [15] [24] [86]. Die Temperatur hält man ein wenig unter der Zersetzungstemperatur. Bei zu rascher und zu hoher Erhitzung tritt die Zersetzung explosionsartig ein, wodurch unzersetztes Azid in dem Gefäß verstreut wird. Will man eine größere Menge Azid zersetzen und ein möglichst hohes Vakuum aufrechterhalten, so ist ein größeres Puffervolumen vorzusehen. Die Zuleitungen zur Diffusionspumpe sind möglichst kurz und sehr weit zu halten.

Die Methode eignet sich auch zur Darstellung *reiner Erdalkalimetalle* [9] [93]. Die Erdalkaliazide müssen im feuchten Zustand aufbewahrt werden (sonst Explosionsgefahr). Insbesondere ist darauf zu achten, daß sie nicht mit Schwermetallen (Cu, Pb), ihren Verbindungen oder Legierungen in Berührung kommen, da deren Azide ebenso wie Lithium- und Magnesiumazid hochexplosiv sind.

In der folgenden Tab. IV.9 sind einige Eigenschaften der Alkali- und Erdalkaliazide angegeben.

Tabelle IV.9. Azide

Azid	Schmelzpunkt °C	Gleichmäßige Zersetzung °C	Ausbeute in %	Farbe des Rückstandes
NaN_3	—	275	100	—
KN_3	343	355	80	hellbraun
RbN_3	321	395	60	blaugrün
CsN_3	326	390	90	gelblichgrau
CaN_6	—	100	80	—
SrN_6	—	110	70	—
BaN_6	—	120	80	grauschwarz

Mit abnehmendem Reinheitsgrad geht die Zersetzungstemperatur u. U. herunter. Die in Tab. IV.9 angegebenen Temperaturen gelten für reine Substanzen. Cäsiumazid hat die Eigenschaft, bei der Zersetzungstemperatur bereits flüssig zu sein und zu verdampfen. Das Ende der Zersetzung erkennt man daran, daß keine weitere N_2-Entwicklung stattfindet (Druckmessung). Das Azidverfahren hat den Nachteil, daß infolge der relativ niedrigen Zersetzungstemperatur (besonders bei den Erdalkaliaziden) das Ausheizen des Glaßgefäßes der Photozelle bei zu niedriger Temperatur erfolgen muß, so daß man diese Azide zweckmäßig in einem Ansatzröhrchen unterbringt, das außerhalb des Ofens

---

[1] NaN_3 ist im Handel erhältlich; die übrigen Azide muß man selbst herstellen (vgl. hierzu [9] [93] [86]), wobei wegen der hochexplosiven Stickstoffwasserstoffsäure sehr vorsichtig gearbeitet werden muß.

bleibt. Durch Destillation bzw. Sublimation erfolgt dann die Einbringung in die Zelle.

c) Chlorid- und Chromatverfahren

Rubidium und Cäsium stellt man im Hochvakuum aus ihren Chloriden oder Bichromaten dar, indem man diese mittels eines Erdalkalimetalls, z. B. mit Kalziumspänen, oder mittels Zirkon reduziert [48] [9a]. In Abb. IV.21 ist eine Anordnung für dieses Verfahren skizziert. Ein kleiner Nickel- oder Eisenzylinder Z aus möglichst dünnem Blech wird mit dem Gemisch gefüllt, in ein Glasrohr G_1 eingehängt, das sich in einem weiteren Glasrohr G_2 befindet, welches an die Pumpanlage angeschlossen ist. Durch Hochfrequenz-Wirbelstromerhitzung (vgl. S. 264) bringt man Z, sobald Hochvakuum erreicht ist, auf Rotglut. Die beginnende Reduktion erkennt man daran, daß das Alkalimetall sich an der kälteren Glaswand niederschlägt. Das reduzierende Metall muß im Überschuß vorhanden und frei von Oxyden

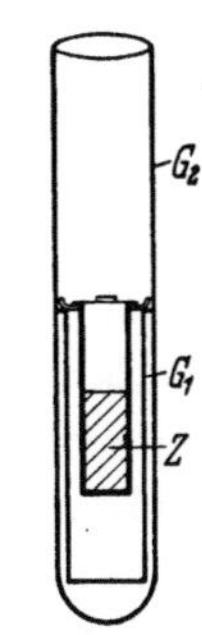

Abb. IV.21. Gefäß für die Herstellung reiner Alkalimetalle nach dem Chloridverfahren

sein. Die Mengenverhältnisse sind bei der Reduktion der Chloride durch Kalzium, auf 1 g Kalzium bezogen: 3,7 g KCl, 6 g RbCl, 9 g CsCl.

d) Thermitverfahren[1]

Zur Darstellung der Erdalkalimetalle kann man auch das Thermitverfahren benutzen. Man mischt feingepulvertes Aluminium, z. B. Al-Bronze, mit feingepulvertem Erdalkalioxyd — es können auch Hydroxyde und sogar Nitrate verwendet werden — und preßt nach innigem Vermischen (wobei man bei geringeren Reinheitsansprüchen Spuren eines Bindemittels, z. B. Kollodium, hinzufügen kann), kleine Pillen. Das Bindemittel soll entweder bei niedrigen Temperaturen völlig verdampfen oder vor der eigentlichen Reaktion ohne Rückstand verbrennen oder nichtverdampfbare Verbindungen eingehen. Diese Pillen werden auf einem Blech befestigt und in der Zelle nach dem Evakuierungsprozeß durch Erhitzen auf 1000 bis 1200° C zu folgender Reaktion gebracht. Zum Beispiel:

$$2\,Al + 3\,BaO = Al_2O_3 + 3\,Ba\,.$$

Um ein möglichst reines Bariummetall zu erhalten, muß Al im Überschuß (Gewichtsverhältnis Al : BaO etwa 1 : 6) verwendet werden, damit aller Sauerstoff gebunden wird. Anderenfalls kann sich H_2O bilden,

---

[1] Das Thermitverfahren wurde besonders von H. WIEGAND, Osram, für die Massenherstellung von Verstärkerröhren und Photozellen 1925 entwickelt.

da bei der Reaktion der im Al gelöste Wasserstoff frei wird. Hat die Pille gezündet, geht der Vorgang ohne weitere äußere Erhitzung von selbst vonstatten und steigert die Temperatur so weit, daß das Barium aus der Pille verdampft. Man konstruiert die Zelle so, daß das verdampfende Barium sich direkt auf der Kathode niederschlägt. Man kann es aber auch auf einer vorher durch Glühen gereinigten Hilfsplatte niederschlagen, die durch Verschieben in die Nähe der eigentlichen Kathode gebracht wird, und dann durch eine weitere Erhitzung die Übertragung des Ba vornehmen. Außer dem Vorteil, daß erst alle Metallteile und Glaswände ausreichend entgast werden können, hat das Verfahren den weiteren Vorteil, weniger gefährlich zu sein als das Azidverfahren und die Benutzung handelsüblicher Substanzen zu ermöglichen. Es ist darauf zu achten, daß die Erhitzung bis zum Beginn der Reaktion nicht zu schnell erfolgt, damit die frei werdenden Gase rechtzeitig abgepumpt werden können.

Stellt man größere Mengen Barium nach diesem Verfahren her und will man mit Sicherheit reines Metall erhalten, so wird man es bei ca. 900° C mehrmals sublimieren. Für Vakuumzwecke wird Ba in Röhrchen aus reinem Nickel oder Kupfer handelsüblich geliefert[1]. Kalzium ist im Handel meist stark verunreinigt (2 bis 5%) erhältlich. Durch Destillation im Vakuum wird es gereinigt — am zweckmäßigsten im Hochfrequenzofen.

e) Elektrolyseverfahren

Dieses Verfahren wurde erstmalig von WARBURG [99] angegeben, um in Gasentladungsröhren die letzten Spuren von Sauerstoff durch Na zu binden. Er tauchte das Entladungsrohr in Natriumamalgam, das er auf 300° C erhitzte, und legte zwischen das außen befindliche Amalgam und eine innere Elektrode der Entladungsröhre eine Spannung von 1000 V. Dann schied sich schon nach kurzer Zeit auf der Innenwand der Entladungsröhre metallisches Na ab. PIRANI und LAX [67] verbesserten die Methode, indem sie das Amalgam durch flüssiges Natriumnitrat ersetzten, das auf ca. 450° C erhitzt wurde, (Abb. IV. 22). Bei Anlegung der Spannung wandert das Natriumion infolge der Elektrolyse aus dem Nitrat durch das Glas auf die Innenwand der Zelle, ohne daß das Glas selbst zerstört wird. (Vgl. auch [13] [51] [102].)

Die Glaselektrolyse ist nur bei Gläsern möglich, die Alkalimetalle enthalten. Glasbildner, die das Alkalimetall reduzieren oder bei der Elektrolyse ausscheiden, wie z. B. Blei, müssen vermieden werden. Am besten verwendet man Borosilikatgläser. Ferner ist dafür zu sorgen, daß durch Gasfüllung (Glimmentladung in Edelgasen) oder durch eine Glühkathode der Stromkreis geschlossen ist.

---

[1] Lieferant z. B.: Schöllerwerk, Hellenthal/Rheinland.

f) Kathodenträgermetalle[1]

Da lichtelektrische Massivkathoden nur noch wenig Anwendung finden, wird die dünne lichtempfindliche Schicht oft auf einem Trägermetall niedergeschlagen, um ihren Querwiderstand herabzusetzen. Die hauptsächliche Forderung an das Trägermetall ist neben der Reinheit seiner Oberfläche die größtmögliche Gasfreiheit.

Als Trägermetalle werden Silber, Magnesium, Nickel, Wolfram, Platin und Gold verwendet. Trägermetallbleche ordnet man so in der Zelle an, daß eine Erhitzung durch Hochfrequenzwirbelstrom oder Elektronenbombardement möglich ist. In jedem Fall ist es erforderlich, eine weitgehende Entgasung des Trägers vorzunehmen, bevor die Kathodenschicht aufgedampft wird. Insbesondere muß die Oberfläche durch Elektronen- oder Ionenbombardement (Gasentladung in einem inerten Gase, nicht Luft oder Sauerstoff!) sorgfältig gereinigt

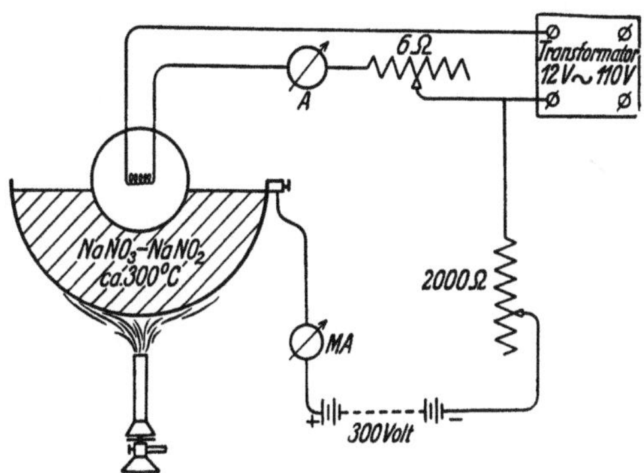

Abb. IV.22. Schematische Darstellung der Glaselektrolyse nach MARTON und ROSATZ [51]

werden. Bei Antimon-Cäsium-Kathoden erübrigt sich häufig die Verwendung eines besonderen Trägermetalls, insbesondere bei Durchsichtkathoden. Als Träger dient dann eine Fläche des Glasgefäßes.

g) Metallspiegel als Kathodenträger

In vielen Fällen bildet die Glaswand der Photozelle selbst die Unterlage für die photoempfindliche Schicht. Ein dünner Einschmelzdraht oder ein dünnes Band (meist Platin, Kupfermanteldraht oder Molybdänband) wird an der Innenseite eng angelegt und zweckmäßig an einer zweiten Stelle nochmals mit der Glaswand verschmolzen. Dann wird meistens ein Silberspiegel auf der Glaswand entweder durch Verdampfen einer Silberperle aus einer glühenden Wolframwendel bzw. durch induktive Hochfrequenzheizung oder durch chemische Abscheidung hergestellt.

Im letzteren Falle löst man 5 g Silbernitrat in destilliertem Wasser, versetzt mit Ammoniak bis der Niederschlag fast vollständig verschwindet, filtriert und verdünnt auf 500 cm³. Als zweite Lösung nimmt man 1 g Silbernitrat in etwas destilliertem Wasser gelöst und auf 500 cm³ mit Wasser (erwärmt auf 100° C) verdünnt. Hierzu setzt man 0,83 g Sei-

---

[1] Vakuumgeschmolzene Metalle liefert z. B. W. C. Heraeus, Vakuumschmelze A. G., Hanau.

gnettesalz, läßt die Lösung kurze Zeit sieden, wobei ein grauer Niederschlag entsteht, und filtriert heiß. Die beiden Lösungen müssen im Dunkeln aufbewahrt werden. Sie werden kurz vor Gebrauch zu gleichen Teilen gemischt und in die sorgfältig gereinigte — besonders fettfreie — Zelle eingefüllt[1]. Auf der Glaswand scheidet sich dann, soweit sie von der Lösung bedeckt ist, ein spiegelnder Silberniederschlag ab. Es ist zweckmäßig, die Zelle vor dem Ansetzen an die Pumpgabel mit destilliertem Wasser nachzuspülen und im Trockenschrank auf 150 bis 250° C zu erhitzen. Dabei stellt sich heraus, ob die Silberschicht fest an der Glaswand haftet.

Besser ist es jedoch, die Trägerschicht auf der gut entgasten Glaswand durch Verdampfen im Vakuum herzustellen. Die Kathodenzerstäubung ist weniger geeignet, da hierbei Gasreste in der Schicht eingeschlossen werden [7]. In eine Wolframwendel aus einem Draht von 0,3 mm $\varnothing$ mit einem Wendel-Innendurchmesser von 2 mm, die im Vakuum auf 2000° C erhitzt worden ist, bringt man ein Stück Silberdraht von 1 mm $\varnothing$ und 5 mm Länge. Nachdem man das Silber im Vakuum zu einer Perle zusammengeschmolzen hat, verdampft man es langsam. Auch Magnesium[2] wird häufig als Trägermetall benutzt und in Form eines Ringes mit Hilfe des Glühsenders verdampft. Es hat den Vorteil, daß man es von Stellen der Glaswand, die freibleiben sollen, durch Erhitzen wieder entfernen kann. Alle Metalle, durch deren Verdampfung die Trägerschicht hergestellt wird, sollen so rein wie möglich und vorher entgast sein und keine unkontrollierbaren Sauerstoffverbindungen, auch keine noch so dünnen Oxydhäute, enthalten.

Die induktive Hochfrequenzheizung hat gegenüber der direkten Heizung in einer Wolframwendel den Vorteil, daß die Frage der Verdampfungstemperatur und auch die Frage der Benetzung keine Rolle spielt. Ferner verdampft oft eine Spur des Wendelmaterials, wodurch Störungen der Spiegeloberfläche entstehen können. Da das zu verdampfende Metallstück meist nur wenige Kubikmillimeter groß ist, muß die zur induktiven Heizung benutzte Frequenz sehr hoch sein, etwa 60 bis 80 MHz. Während des Verdampfens soll der Druck kleiner als 10^{-4} sein. Das Tiegelmaterial muß besonders ausgewählt werden; ferner muß es vor Einbringen der zu verdampfenden Substanz durch hohe Erhitzung von allen schädlichen Gasen und Dämpfen befreit werden. Kleine Quarztiegel erfüllen am besten diese Forderungen. Die Hochfrequenzenergie wird durch eine aus Kupferrohr (evtl. wassergekühlt) hergestellte Spule übertragen.

---

[1] Weitere Rezepte z. B. in „Technologie des Glases" von Kitaigorodski. Übersetzung aus dem Russischen, Berlin: VEB Verlag Technik, und München: R. Oldenbourg, 1957. Gute Versilberungslösungen bei Max Ermes, Langelsheim/Harz.
[2] Die Zellen der Raytheon Co. New York/N. Y. besitzen Magnesiumspiegel.

39. Darstellung reiner Gase [*56*] (Wasserstoff, Sauerstoff, Stickstoff, Edelgase), Gasdosierung

In den lichtelektrischen Zellen kommen hauptsächlich folgende Gase und Dämpfe zur Anwendung: Wasserstoff, Sauerstoff, Schwefelwasserstoff, Schwefeldampf und Selendampf für die Herstellung von Zwischenschichten und als Sensibilisatoren, Dämpfe organischer Substanzen für Zwischenschichten, ferner Edelgase, Wasserstoff und Stickstoff für gasgefüllte Zellen.

Kleine Mengen reinen *Wasserstoffs* lassen sich am besten mittels Diffusion durch ein Palladiumröhrchen einbringen. Es wird an die Pumpgabel oder an die Zelle selbst angesetzt und mit einer Wasserstoffflamme schwach erhitzt, damit der in der Flamme vorhandene Wasserstoff ins Innere diffundieren kann. Sehr reinen Wasserstoff erhält man, wenn sich das Pd-Röhrchen in einem weiteren geschlossenen Glasrohr befindet, durch das H_2 hindurchströmt. Die Spitze des Röhrchens wird in diesem Falle mittels eines kleinen elektrischen Öfchens geheizt [*87*]. Zur Erhöhung der Dichtigkeit an der Einschmelzstelle ist das Pd-Röhrchen mit einem angeschweißten Platinröhrchen versehen [*88*]. Flaschenwasserstoff oder durch Elektrolyse aus einer 30%igen Natronlauge gewonnenen Wasserstoff befreit man vom Sauerstoff, indem man ihn über erhitzte Kupferspäne oder Platinasbest leitet und den Wasserdampf mittels flüssiger Luft ausfriert. Durch Adsorption an Aktivkohle, die mit flüssiger Luft gekühlt wird, kann man die noch vorhandenen Verunreinigungen entfernen.

Sauerstoff wird am einfachsten durch Erhitzen von reinem Kaliumpermanganat gewonnen. Man verwendet dabei zweckmäßig nicht zu kleine Kristalle, die in einem Glasröhrchen mit einem Pfropfen Glaswolle überdeckt werden. Das Röhrchen wird an die Vakuumapparatur angesetzt. Der beim ersten Erhitzen frei werdende Sauerstoff wird abgepumpt, da er noch Verunreinigungen enthält. Eine zweite, allerdings nur für sehr kleine Mengen geeignete Darstellung reinen Sauerstoffs ist von SELENYI [*75*] angegeben worden. Er erzeugt ihn durch Glaselektrolyse in der Zelle, und zwar in der gleichen Weise wie in der Abb. IV. 22, S. 249 beschrieben, indem er die Spannung umpolt, da der Sauerstoff anodisch abgeschieden wird.

Reinsten *Stickstoff* gewinnt man durch Zersetzung von einigen Gramm Alkaliazid, das mit einem elektrischen Ofen vorsichtig erhitzt wird. Dies ist notwendig, um eine plötzliche Zersetzung zu verhindern, da dabei u. U. Verunreinigungen in Gestalt von festen Azidkörnchen in die Apparatur gelangen können. Durch entsprechende Kühlmittel wird verhindert, daß Alkalidampf in die Vakuumanlage eindestilliert. Nach genügender Erzeugung reinen Stickstoffs wird das Azid und Alkali enthaltende Gefäß abgeschmolzen.

Die *Edelgase* sind alle in sehr gut gereinigtem Zustand im Handel erhältlich (z. B. Griesheim-Elektron oder Henear-Edelgas, Rotterdam Ribeslaan 97, Holland). Technisch reine (also meist kleine Mengen H_2, O_2 und N_2 enthaltende) Edelgase werden am besten mittels der in Abb. IV.23 schematisch dargestellten Anordnung gereinigt[1]. Aus der Gasflasche *1* wird das Edelgas über ein Reduzierventil durch ein mit Kupferspänen gefülltes Rohr geleitet, das innerhalb des elektrischen Ofens *2* auf Rotglut erhitzt werden kann. Der entstehende Wasserdampf wird in einem Trockengefäß *3* vom Phosphorpentoxyd oder Chlorkalzium aufgenommen oder wird ausgefroren. Das Quecksilberüber-

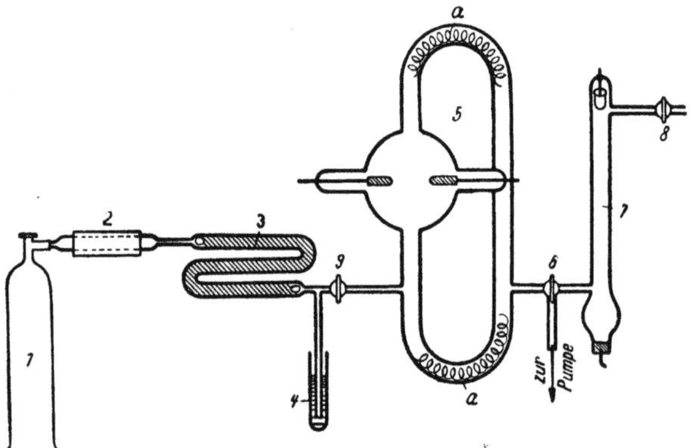

Abb. IV.23. Reinigungsanlage für Edelgase

druckventil *4* verhütet, daß die Apparatur durch zu hohen Druck gefährdet wird oder bei entstehendem Unterdruck Luft eindringt. Das vorgereinigte Edelgas wird durch den Hahn *9* in die Apparatur *5* eingelassen, in der ein Kaliziumlichtbogen brennt. Durch Zirkulation des Gases infolge Erwärmung erfolgt eine fast vollständige Bindung der Verunreinigungen. Damit Staubteilchen nicht mitgerissen werden, befinden sich im oberen und unteren Bogen bei *a* Glaswollefilter. Während dieses Vorganges bleiben die Hähne *9* und *6* geschlossen, bis das Gas spektral rein erscheint. Zur Beseitigung der letzten Reste läßt man das Gas durch Öffnen des Hahnes *6* in die GEHLHOFF-Zelle *7* [32] eintreten. Diese hat eine Alkalikathode und eine Tantalanode (bei Verwendung von Na als Kathode nimmt man für den Kathodenbecher ein Alumoborosilikatglas, z. B. V 612 e, Osram). Die Tantalanode wird vorher durch Hochfrequenz entgast. Zwischen beiden Elektroden brennt ein Glimmbogen, der die letzten Spuren von Verunreinigungen beseitigt. Abb. IV.24 zeigt

---

[1] Eine einfache Reinigung von Argon erzielt man, wenn man das Gas über Cu-Späne leitet, die auf 500° C erhitzt sind (Entfernung von O_2 und H_2), dann über Ti-Späne, die auf 800° C erhitzt werden (Entfernung von N_2) und darüber hinaus noch Trocknung durch Silikagel, das mit Kobaltchlorid vermischt ist.

die Photographie einer GEHLHOFF-Zelle mit brennendem Glimmbogen, die nach dem Vorschlag von SCHRÖTER einen horizontalen Rohrteil be-

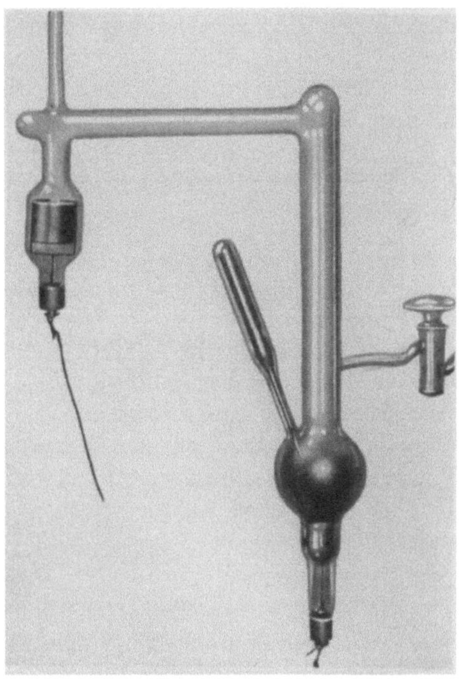

Abb. IV.24. GEHLHOFF-Zelle zur Beseitigung der letzten Spuren von Verunreinigungen in Edelgasen durch eine Glimmentladung in Kaliumdampf

sitzt, um die Reinheit des Gases spektroskopisch besser prüfen zu können.

Die Bemessung des *Druckes* spielt eine wichtige Rolle beim Füllen der Zellen mit Gasen. Die einfachste Einlaßvorrichtung besteht aus zwei Glashähnen, zwischen denen ein bestimmtes Volumen eingeschlossen ist (vgl. Abb. IV.3, S. 227). Zur Verkleinerung dieses Volumens kann man ein beiderseitig zugeschmolzenes Glasrohr einschieben. Will man mit strömenden Gasen arbeiten, so eignet sich das von BRÜCHE [8] angegebene Druckreduzierventil beson-ders gut, da es eine stetige Druckvermin-

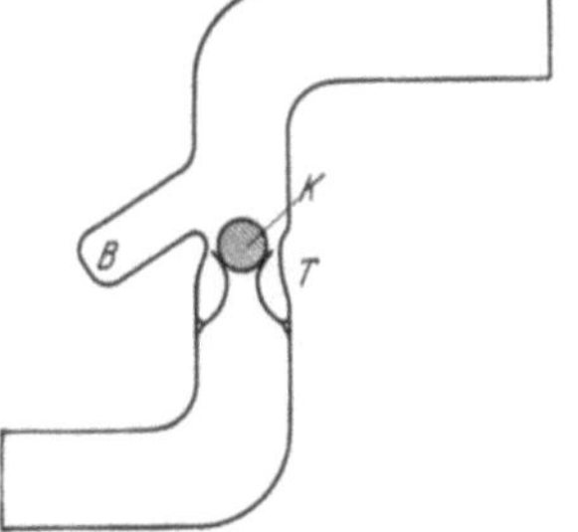

Abb. IV.25. Kugelventil zur Dosierung des Gasdruckes bei der Herstellung von Photozellen

derung bis auf 1 : 10000 gestattet. Ferner eignet sich zum Ein-lassen eine feine Kapillare, das BAUER-Ventil oder ein innen ausgeschliffenes Kapillarrohr von ca. 1 mm $\varnothing$, in das ein um 0,01 mm im Durchmesser dünneres Silberstahlstäbchen magnetisch eingeschoben wird. Durch Veränderung der eingeschobenen Länge kann eine recht genaue Dosierung erfolgen (SIMON). Oder man benutzt ein Kugelventil (Abb. IV.25), dessen Kugel magnetisch gegen den geschliffenen Konus gedrückt wird und damit die durchströmende Gasmenge regelt. Es eignet sich besonders bei der Erzeugung aktiver Oberflächenschichten (Sauerstoffdosierung, S. 266). Durch die Ventile dürfen jedoch keine Verunreinigungen (Fettdämpfe, Hg-Dampf) in die Zelle gelangen.

40. Reinigung der Zellen, Entgasungsverfahren, Gasdruckmessung, Getter, Glühsender

a) Reinigung und Entgasung

Es genügen schon die geringsten Spuren unbekannter Verunreinigungen, um eine Änderung der Austrittsarbeit der Photokathoden zu bewirken. Deshalb ist für die Qualität und Lebensdauer der aktiven Schichten der Photozellen eine äußerst sorgfältige, vorhergehende Reinigung des Gefäßes (vgl. S. 234) und, wenn vorgesehen, der Trägerplatten von entscheidender Bedeutung.

Nach dem Zusammenbau und Anschmelzen der Zelle erfolgt ein mehrmaliges Auspumpen und Einlassen getrockneter Luft, um den größten Teil des Wasserdampfes zu entfernen. Hierzu genügt die Vorpumpe. Nach Einschalten der Diffusionspumpe wird die Zelle bei mindestens 400° C so lange ausgeheizt, bis der Druck unter 10^{-6} Torr gefallen ist. Danach wird der Ofen ausgeschaltet und als letzte Maßnahme eine Teslaentladung durch die Zelle geschickt. Sind Metallteile eingebaut, werden diese einem Elektronenbeschuß unterworfen. Es wird auch ein Ionenbombardement in einem bestens gereinigten Edelgas vorgeschlagen. Bei größeren Metallmengen ist das Glühen der Metallteile mittels eines Hochfrequenzsenders durch Wirbelstrom notwendig. Durch Unterbrechungen des Hochfrequenzstromes sorgt man dafür, daß der Druckanstieg nicht zu groß wird. Am besten verfolgt man den Druck mit einem Vakuummeter, das eine laufende Kontrolle ermöglicht, z. B. mit einem Ionisationsmanometer.

Um die Rückdiffusion der Treibmitteldämpfe oder der Dämpfe von Hahnfetten auszuschalten, bringt man innerhalb des Ofens ein ausheizbares Ventil an, Abb. IV.8 und IV.9, S.232. Es wird vor dem Einbringen der aktiven Substanz geschlossen.

Das Eindestillieren des aktiven Materials erfolgt allmählich, so daß in der Ampulle nach der Zertrümmerung des Abschlußhäutchens (vgl. S. 244) der Metalldampf zunächst als Getter wirkt und das Vakuum weiter verbessert; denn bei einem dauernden Druck von einigen 10^{-6}

Torr kann sich bereits eine einmolekulare Schicht von Restgasen ausbilden. Man würde also die aktive Schicht auf eine unsaubere Oberfläche aufbringen. Nach Nottingham muß der Druck unterhalb 10^{-10} Torr sein, wenn eine Oberfläche mehrere Stunden ohne Restgasbedeckung bleiben soll [60].

b) Druckmessung

Zur Druckmessung bis 10^{-6} Torr verwendet man das McLeod-Manometer [33] [17] [92], das den Quecksilberdampfdruck und Drucke anderer kondensierbarer Dämpfe nicht anzeigt. Da es selbst Quecksilber enthält, muß zwischen dem Manometer und der Zelle mindestens

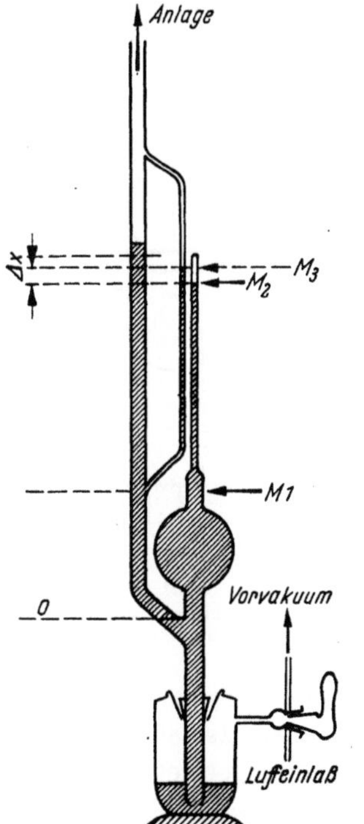

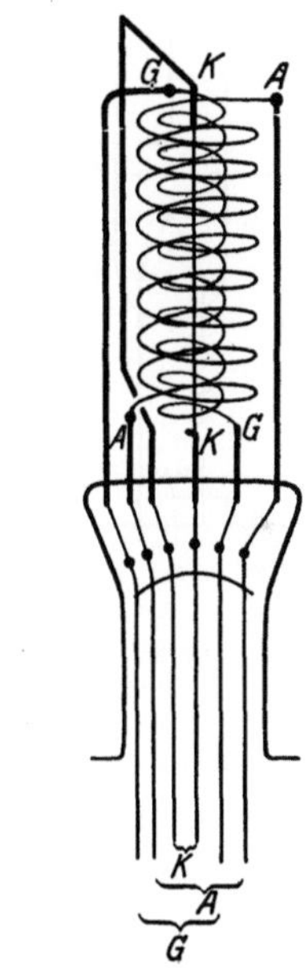

Abb. IV. 26. Verkürztes McLeod-Manometer   Abb. IV. 27. Ionisationsmanometer nach Simon

eine Kühlfalle mit flüssiger Luft liegen. Abb. IV. 26 zeigt ein McLeod-Manometer in der abgekürzten Form. Im allgemeinen besitzt es drei Eichmarken. Für Drucke über 10^{-2} Torr benutzt man die Marke M_1, für geringere Drucke die Marken M_2 oder M_3. Stellt man die Quecksilbersäule auf die Marke M_2 in der geschlossenen Kapillare ein und liest an der offenen, d. h. mit der Vakuumapparatur verbundenen Kapillare ab, so ist der Druck p der Höhendifferenz der beiden Quecksilbersäulen Δx proportional. Stellt man dagegen auf die Marke M_3 an der „offenen" Kapillare ein, dann geht der zu messende Druck p mit Δx^2. Bei einem Volumen von 500 cm³ im Kompressionsgefäß und einem Kapillardurchmesser von 0,5 mm geht der Meßbereich des McLeod-Manometers bis 10^{-6} Torr [52], also $p = 1 \cdot 10^{-6} \cdot \varDelta x$ [1].

Auf Grund der bei Telefunken durchgeführten Messungen der Restgasmengen in Verstärkerröhren entwickelte Simon das in Abb. IV.27 dargestellte *Ionisationsmanometer* [81]. Es hat drei Elektroden. Der gerade Wolframglühdraht wird von zwei frei tragenden Wendeln umgeben. Jede Wendel hat zwei Zuführungen, damit sie vor jeder Meßreihe ausgeglüht werden kann. Im Gegensatz zu der oft als geschlossener Zylinder ausgebildeten Ionenfängerelektrode wurde bewußt eine Wendel gewählt, um die Fläche möglichst klein zu halten. Der Meßbereich eines Ionisationsmanometers wird in erster Linie nach kleinen Drucken zu

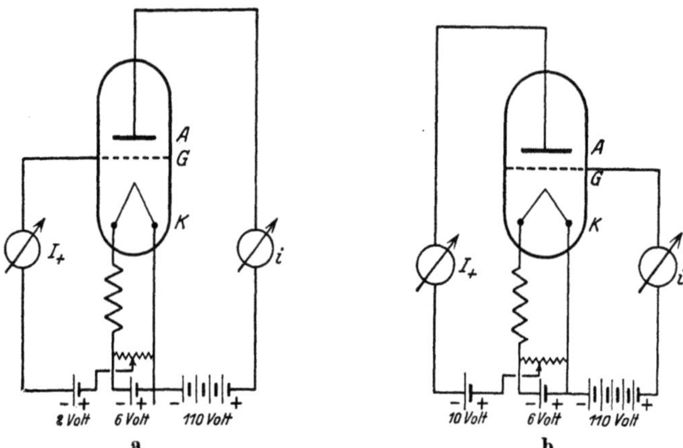

Abb. IV.28. Die beiden Schaltungen für das Ionisationsmanometer.
I_+ Ionenstrom; i Elektronenstrom; I_+/i Vakuumfaktor

durch die Isolation zwischen den Elektroden begrenzt. Der Ionenstrom muß mindestens eine Zehnerpotenz über dem Isolationsstrom liegen. Deshalb führt man die Zuleitung zum Ionenfänger getrennt heraus und verlängert so den Isolationsweg, wie dies Abb. IV.31 zeigt. Auch die Kriechströme über die Außenwand werden durch die gleichen Maßnahmen unterbunden wie bei den Zellen (Außenlackierung und Erdungsring). Um bei Gaseinbrüchen die Oxydation der Wolframkathode und damit ihre Zerstörung zu vermeiden, kann man eine Oxydkathode verwenden[2]. Zu berücksichtigen ist, daß durch Gasaufzehrung (vgl. S. 232) im Ionisationsmanometer ein zu niedriger Druck gemessen wird. Des-

---

[1] Ein Gerät im gleichen Meßbereich von Klumb u. Schwarz [44] beruht auf dem Radiometerprinzip. Es eignet sich besonders für Gasdosierungen.

[2] Einen 0,2 mm dicken Platindraht, der durch elektrisches Glühen geradegestreckt ist, spannt man in eine Klammer und taucht ihn in eine 10%ige Barium-Strontiumnitrat-Lösung. Nach jedem Tauchen wird der Draht an Luft geglüht, so daß das weiße Oxyd der Erdalkalimetalle auf der Drahtoberfläche sichtbar wird. Man wiederholt diesen Vorgang 3- bis 4mal.

halb soll die Verbindung zur Apparatur aus weiten Röhren bestehen. Verstärkerröhren mit normalem Pumpstengel sind nicht geeignet.

Zur Messung des Vakuums werden zwei Schaltungen (Abb. IV.28) benutzt [79], hauptsächlich die empfindlichere in Abb. IV.28b. Da die Ionisierungsenergien und die Wirkungsquerschnitte der verschiedenen Gase und Dämpfe nicht gleich sind und die Zusammensetzung des Restgasgemisches nicht bekannt ist, bleibt die Bestimmung des Druckes innerhalb einer Zehnerpotenz unbestimmt (vgl. Abb. IV.29). Die Restgase setzen sich vornehmlich aus H_2O, CO, O_2, N_2, H_2 und einigen Kohlenwasserstoffen zusammen.

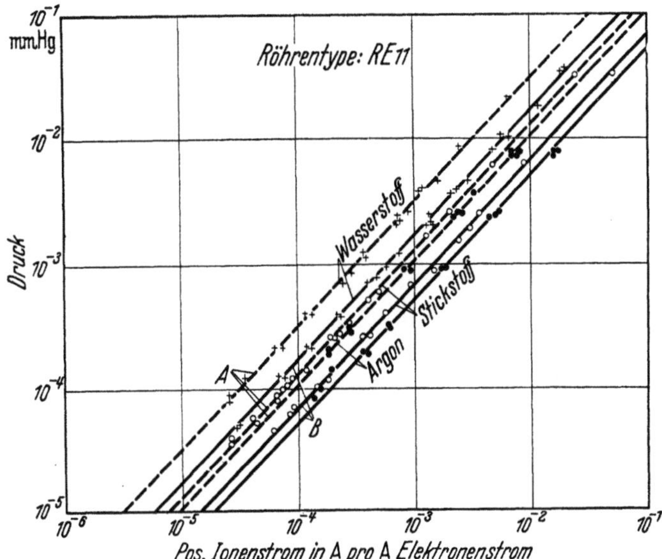

Abb. IV.29. Abhängigkeit des Verhältnisses Ionenstrom zu Elektronenstrom für verschiedene Gase. (*A* Schaltung nach Abb. IV.28b)

Da bei längeren Meßreihen der Wolframfaden durch Oxydation verbraucht wird (Sinken der Emission), hat die Firma Leybold ein Ionisationsmanometer mit auswechselbarem Faden herausgebracht. Für laufende Messungen und Arbeitsdrucke bis 10^{-6} Torr ist es zweckmäßig, wie oben erwähnt, eine Oxydkathode zu verwenden.

Das Ionisationsmanometer mißt die Zahl der durch Elektronenstoß erzeugten positiven Ionen. Bei konstantem Elektronenstrom und konstanten Spannungen an den Elektroden ist der Ionenstrom dem Druck proportional. An die Anode wird eine positive Spannung von 100 bis 200 V und an die andere Elektrode, den Ionenkollektor, eine negative von 6 bis 10 V gelegt. Die Glühkathode liegt an Erde. Die Elektronen können bei offener Ausbildung der Elektroden mehrmals im Entladungsraum hin und her pendeln und dabei eine große Anzahl von Gastteilchen ionisieren.

Für die Konstanthaltung des Elektronenstromes sind von verschiedenen Autoren [38] [40] [54] [59] [61] [70] spezielle Schaltungen angegeben worden. Die Konstanten für jedes Ionisationsmanometer müssen jeweils durch Vergleich mit einem McLeod-Manometer oder einem anderen Absolutmanometer bestimmt werden. Der Meßbereich des Ionisationsmanometers beginnt bei etwa 10^{-4} Torr.

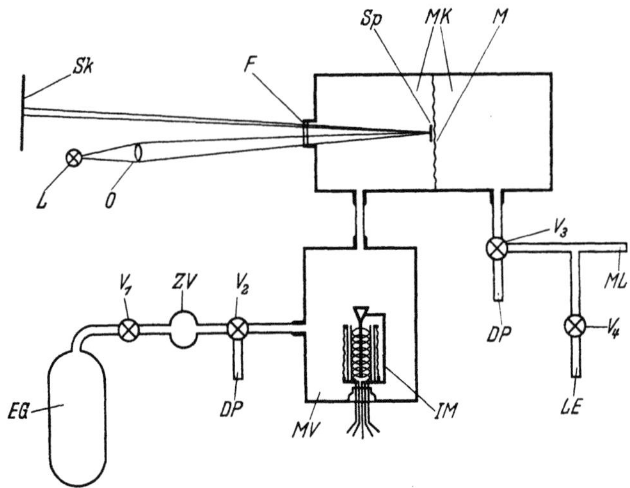

Abb. IV. 30. Eicheinrichtung für Ionisationsmanometer nach ALPERT.

IM Ionisationsmanometer; *MK* zwei durch die Membran *M* getrennte Meßkammern; *Sp* Spiegel, der das von *L* ausgehende Licht durch das Fenster *F* auf die Skala *Sk* wirft; *EG* Gefäß mit Edelgas; *ZV* kleines Zwischenvolumen; *V₁* bis *V₄* Hähne; *ML* Anschluß zum McLeod; *DP* Anschluß für die Diffusionspumpe; *LE* Lufteinlaß

In Abb. IV. 30 ist eine Eicheinrichtung schematisch dargestellt. Die Meßkammer hat zwei durch eine Membran getrennte Teile. Auf der Membran befindet sich ein kleiner Spiegel. Der rechte Teil ist mit einem McLeod-Manometer und der andere Teil mit dem Ionisationsmanometer verbunden. Die Nullstellung wird durch Spiegelablesung festgestellt. Bei verschiedenem Druck auf beiden Seiten der Membran biegt sich diese durch. Durch Drucknachregelung wird diese auf Null eingestellt und der Druck mit dem McLeod-Manometer gemessen. Es ist eine sehr genaue Druckregelung nötig (vgl. S. 253). Um chemische Prozesse auszuschalten, werden Edelgase oder reiner Stickstoff zur Füllung der Kammern benutzt. Das Volumen des McLeod-Manometers soll gegen das Meßkammervolumen klein sein. Wegen der Pumpwirkung des Ionisationsmanometers soll die Meßzeit kurz gewählt werden. Eine andere Methode benutzt v. ENGEL [23]. Er verwendet zwei Gefäße, die durch eine Kapillare verbunden sind. Im ersten wird ein konstanter (relativ hoher) Gasdruck aufrechterhalten. Das zweite Gefäß wird bis zu einem gewissen Grad evakuiert. Die Durchflußgeschwindigkeit durch die Kapillare läßt sich berechnen und aus dem Druck im ersten Gefäß der Druck im zweiten bestimmen, in welchem sich das Ionisationsmanometer befindet. Die Eichung erfolgt durch Änderung des Druckes im ersten Gefäß.

c) Meßgrenze des Ionisationsmanometers

Obwohl seit den grundlegenden Entwicklungen von BUCKLEY [12], SIMON [79] und DUSHMAN [18] das Ionisationsmanometer (IM) zu den meist gebrauchten Geräten zur Messung niedriger Drucke diente, wurde seine Meßgenauigkeit von vielen Seiten angezweifelt. Die Einfachheit seiner Bau- und Arbeitsweise anderen Methoden gegenüber regte den Hochvakuumtechniker immer wieder an, Versuche durchzuführen, die Ursache für die scheinbare Meßgrenze bei 10^{-8} Torr zu finden. Wäre im IM die Größe des Ionenstroms nur durch den Druckbereich bestimmt, so müßte es möglich sein, Drucke bis 10^{-16} Torr zu messen. Dagegen stand die Tatsache, daß mit dem normalen IM nur Drucke bis 10^{-8} Torr gemessen werden konnten. Andererseits war bekannt, daß der Druck in abgeschlossenen Hochvakuumgefäßen unter 10^{-9} Torr liegen kann. Dies wurde z. B. durch die Änderung der Austrittsarbeit einer reinen Wolframoberfläche von ANDERSON [3] und durch die Änderung der Deaktivierung eines thorierten Wolframdrahtes von NOTTINGHAM [60] festgestellt. Letzterer stellte 1947 die Hypothese auf, daß bei niedrigen Drucken (kleiner als 10^{-8} Torr) der restliche Strom zum Ionenkollektor ein durch Röntgenstrahlen erzeugter Photoelektronenstrom sei. Durch diesen wurde die Meßgrenze der früher üblichen IM festgelegt. APKER [4] führte die „Flash-Filament-Methode" zur Erweiterung des Meßbereiches zu kleineren Drucken ein, die auch von NOTTINGHAM und MOLNAR eingehend untersucht wurde. Mit dem Flash-Filament-Verfahren bestimmt man die erforderliche Zeit, in der sich ein zweiter in das IM eingebrachter Draht mit einer einmolekularen Schicht bedeckt. Mit Hilfe der gefundenen Zeitwerte kann man Drucke abschätzen, die unterhalb des Meßbereichs der früher üblichen IM liegen.

Mit der Veröffentlichung des BAYARD-ALPERT-Ionisationsmanometers (B.-A.-IM), vgl. Abb. IV.31, im Jahre 1950 wurde die Röntgenstrahlhypothese erhärtet. In Abb. IV.32 ist oben (a) der Aufbau des früher üblichen IM und unten (c) des B.-A.-IM dargestellt. Abbildung b zwischen beiden zeigt ein 1928 von SIMON [81] entwickeltes IM, das Drucke bis 10^{-9} Torr zu messen gestattete. Die Erweiterung des Meßbereiches wird heute durch die Röntgenstrahlhypothese erklärlich. BAYARD und ALPERT (c) bringen den Ionenkollektor I (einen außerordentlich dünnen Draht) in die Mitte des Anodengitters. Zwei Glühfäden K befinden sich außerhalb der Anode, vgl. Abb. IV.31. Infolge der kleinen Oberfläche des Ionenkollektors ist die Wahrscheinlichkeit außerordentlich gering, daß die am Anodengitter ausgelösten Röntgenstrahlen den Kollektor treffen. Der Photoelektronenstrom wird durch diese Anordnung etwa 3 bis 4 Zehnerpotenzen kleiner als der in den früher üblichen IM. Dagegen wird die Erzeugung von Gasionen nicht verringert. Das bedeutet, daß

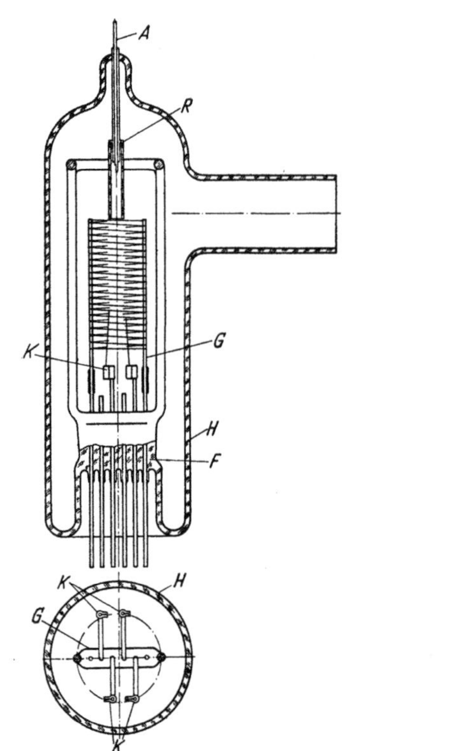

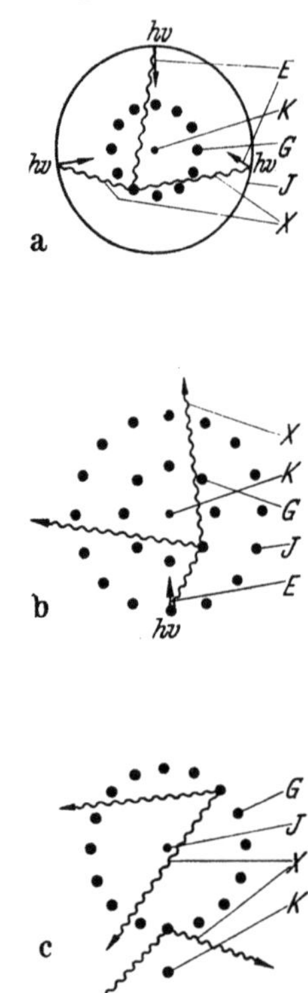

Abb. IV. 31. Ionisationsmanometer nach BAYARD und ALPERT. Die Glühkathoden K liegen außerhalb der Anode G und des Ionenfängers A

Abb. IV. 32. Schematische Querschnitte durch drei verschiedene Ionisationsmanometer. K Kathode; G Gitteranode; I Ionenkollektor; X ausgelöste Röntgenstrahlen; E ausgelöste Sekundärelektronen [80]

mit dem B.-A.-IM Drucke bis 10^{-11} Torr gemessen werden können. Durch weitere Verfeinerung der Anordnung konnten Drucke bis 10^{-13} Torr nachgewiesen werden.

Ein weiterer Einwand gegen das IM wird auf Grund der Tatsache gemacht, daß die Ionisierungsarbeit und damit der Ionenstrom für die verschiedenen Gase verschieden ist. Ferner ändert sich die Meßkonstante mit der Manometerausführung. Schon 1923 hatte SIMON [79] mitgeteilt, daß das *Empfindlichkeitsverhältnis verschiedener Gase* von

der Manometerausführung nahezu unabhängig ist. In neuerer Zeit haben
DUSHMAN und Mitarbeiter [19], ferner WAGENER und JOHNSON [96]
für eine Reihe von Gasen und Dämpfen die Empfindlichkeiten und
Empfindlichkeitsverhältnisse, bezogen auf Stickstoff gleich 1, bestimmt.
Die gefundenen Werte sind in der Tab. IV.10 zusammengestellt. Die
von SIMON gefundenen Werte, der sie auf Wasserstoff gleich 1 bezogen
hatte, sind auf Stickstoff gleich 1 umgerechnet. Obwohl die verschiedensten Manometerausführungen benutzt wurden, stimmen die Verhältnis-
werte relativ gut überein. Man sieht, daß die Empfindlichkeiten für
viele Gase innerhalb einer Zeh-
nerpotenz liegen, so daß Fehler
auch nur innerhalb einer Zehnerpotenz auftreten können.

Tabelle IV.10. *Empfindlichkeitsverhältnisse verschiedener Gase, bezogen auf $N_2 = 1$*

Gas	1921 SIMON	1945 DUSHMAN u. YOUNG	1951 WAGENER u. JOHNSON
N_2	1	1	1
H_2	0,44	0,47	0,53
He	—	0,16	—
Ne	—	0,24	—
A	1,23	1,19	—
CO	—	—	1,07
CO_2	—	—	1,37
H_2O	—	—	0,89
O_2	—	—	0,85
Kr	—	1,9	—
Xe	—	2,7	—
Hg	—	3,4	—

Gase und Dämpfe, welche sich am Glühdraht zersetzen, z. B. die Öldämpfe aus Diffusionspumpen, täuschen oft einen höheren als tatsächlich im Vakuumsystem vorhandenen Druck vor.

Beim Einsetzen einer Glimmentladung sind Druckmessungen unmöglich. Auf dem gleichen Prinzip — durch Ionisation, den Gasdruck zu bestimmen — beruht auch das Manometer
von PENNING [64] [65] [95]. Es besteht aus einem Anzeigegerät mit
Glimmlampe und Netzanschlußgerät. Die Länge der Glimmstrecke gibt
ein Maß für den Druck. Das Schaltschema und die Eichkurve zeigt
Abb. IV.33. Der Meßbereich geht bis 10^{-6} Torr.

In der folgenden Tab. IV.11 sind die Meßbereiche verschiedener
Manometer zusammengestellt.

d) Getterung [49]

Um die nach dem Abschmelzen der lichtelektrischen Zellen von der
Pumpe noch vorhandenen Gasreste zu binden, wendet man das *Getter-
verfahren* an. Während nichtentgaste Metalle ein Gasreservoir sind, können bestens entgaste Metalle wiederum Gase binden. Schon beim Aufbringen der lichtelektrischen Schicht findet eine solche (unerwünschte)
Getterung statt. Als Getter verwendet man solche Substanzen, die
entweder durch chemische Prozesse oder durch Adsorption Gase so fest
binden, daß beim späteren Betrieb einer Photozelle ein Wiederfrei-
werden dieser Gase nicht erfolgt. Die Gasabsorption und Gasadsorption
erfolgt während und nach der Kondensation des Getters (eventuell unter

Einschaltung einer Glimmentladung) auf den Glaswänden der Zelle oder in einem besonderen mit der Zelle verbundenen Gefäß (vgl. Abb. IV. 34).

Als Gettermetalle sind Al, Mg, Ba [55] und Ti [85] besonders geeignet, ferner die Legierungen Barium-Magnesium und Strontium-Barium-Magnesium[1]. Bei der Anwendung von Gettern muß man beachten, daß die lichtempfindliche Schicht durch Gasabgabe oder Metalldampf verändert werden kann. Die Getter werden in kleinen durchlöcherten Kapseln in die Zelle eingebracht oder, wie z. B. bei Magnesium, auf einem Blechtellerchen festgeschweißt. Die Erwärmung erfolgt entweder mittels einer glühenden Wolframwendel oder durch Hochfrequenzwirbelstrom oder durch Elektronenbombardement.

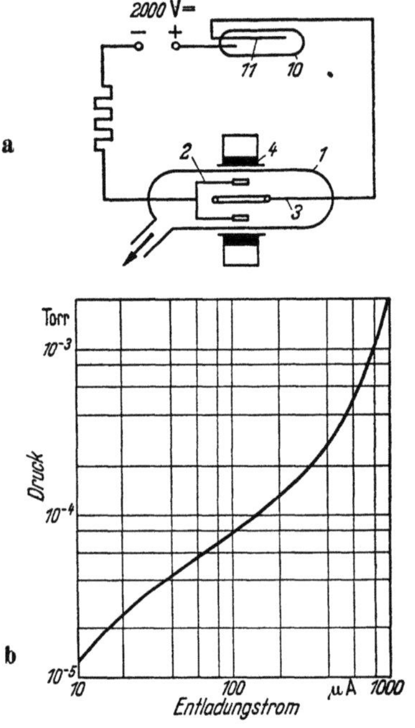

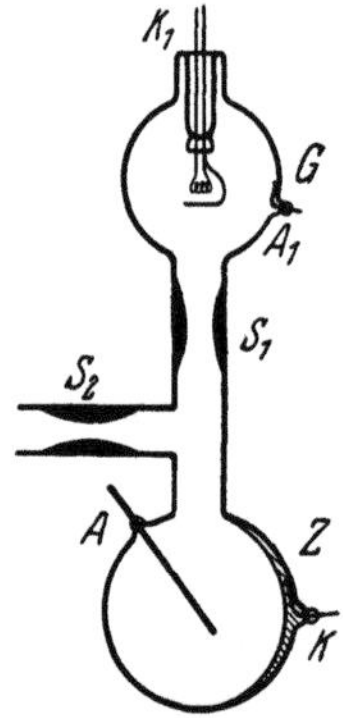

Abb. IV. 33. PENNING-Vakuummeter. a) Schaltschema: *1* Entladungsgefäß; *2* und *3* Elektroden; *4* Permanentmagnet; *10* Glimmlampe; *11* Kathode, die sich entsprechend dem Entladungsstrom mit Glimmlicht überzieht, dessen Länge ein Maß für den Druck ist; b) Meßkurve

Abb. IV. 34. Getteranbringung in einem von der Photozelle Z abschmelzbaren Gefäß G; S_1 und S_2 Abschmelzstellen; K_1 Fuß mit durch eine Glühwendel aufheizbarem Nickelblech, auf welchem das Gettermetall befestigt ist; Z Photozelle mit Kathode K und Anode A

Abschirmungen aus Blech oder Glimmer sorgen dafür, daß sich das Gettermetall nicht an unerwünschten Stellen niederschlagen kann. An der Schärfe des „Schattens" der Abschirmung kann man gleichzeitig die Güte des Vakuums bei der Verdampfung beurteilen.

Von allen Gettern ist ein Bariumgetter oder ein Bariummischgetter besonders gut geeignet, eine wesentliche Druckverminderung zu erzielen. Dies gilt besonders für die Sauerstoff- und Wasserdampfbindung, da sich auf der Oberfläche des Bariums kein Schutzfilm gegen weitere Gasaufnahme bildet. Das Molvolumen des Bariumoxyds (25,4 cm³) ist

---

[1] Solche Legierungen, die an Luft bei Zimmertemperatur relativ beständig sind, liefern die Deutschen Glühlampenwerke und die Philipswerke.

Tabelle IV.11

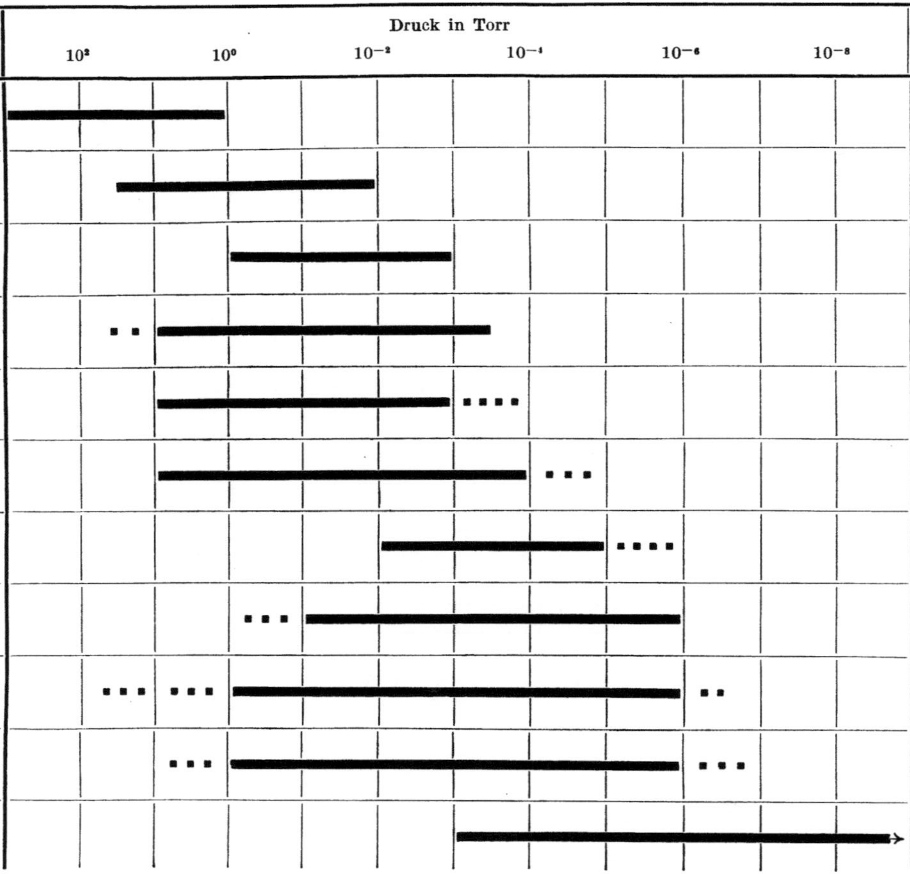

Meßgerät	Druck in Torr	Anzeige	Abhängig von der Gasart
Barometer		Totaldruck	nein
Vakuskope		Partialdruck	nein
Hochfrequenzvaku-prüfer		Totaldruck	ja
100 cm³ McLeod-Manometer		Partialdruck	nein
Thermoelektrisches Vakuummeter		Totaldruck	ja
Alphatron		Totaldruck	ja
Penning-Vakuum-meter		Totaldruck	ja
Pirani-Vakuum-meter		Totaldruck	ja
500 cm³ McLeod-Manometer		Partialdruck	nein
Molvakuummeter		Totaldruck	ja
Ionisations-manometer		Totaldruck	ja

··· bedeuten, daß unter besonderen Vorkehrungen und Mittelbildung aus mehreren Messungen der Meßbereich erweitert werden kann.

kleiner als das Atomvolumen des Bariums (38,2 cm³). Aus diesem
Grunde reißt die sich bildende Oxydhaut auf, und eine Schutzwirkung
ist nicht vorhanden. Bei anderen Gettern, die sich nicht so verhalten,
kann man durch Erhitzen eine Regenerierung erreichen. Findet eine
feste chemische Bindung zwischen Getter und Gas statt, so spricht man
von einem irreversiblen Vorgang, z. B. bei der Bariumoxydbildung.
Durch Getter lassen sich die mit Diffusionspumpen erzielten Vakua von
10^{-6} Torr leicht auf 10^{-8} Torr vermindern [34] [35].

e) Hochfrequenzentgasung

Zum Entgasen der Metallteile, zum Erhitzen der Getter und zum
Aufdampfen oder zum Entfernen aktiver Schichten benutzt man am

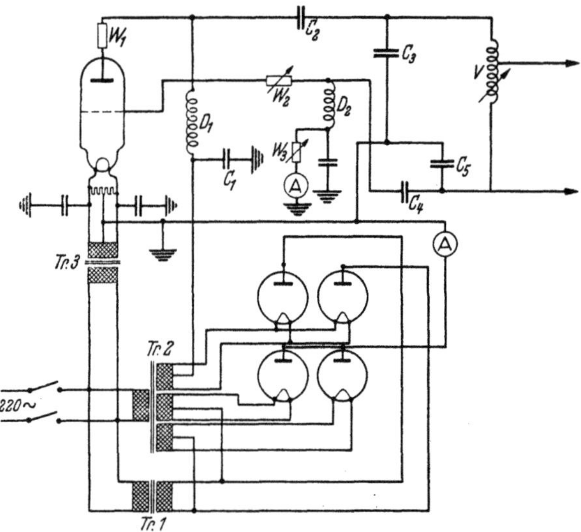

Abb. IV. 35. Schaltschema eines Glühsenders: *Tr 1* Hochspannungstrafo 2 kVA, 10 kV; *Tr 2* Heiztrafo für die Gleichrichterröhren 3 × 6 V/7 A; *Tr 3* Heiztrafo für die Senderöhre 20 V/20 A; Kondensatoren $C_1 = 5000$ pF, $C_2 = 5000$ pF, $C_3 = 1000$ pF, $C_4 = 0,5\,\mu$F; $C_5 = 0,01\,\mu$F; Luftdrosseln
$D_1 = 2$ bis 3 mH, $D_2 = 1$ mH; Widerstände W_1 300 bis 500 Ohm, W_2 veränderlich 10 bis 50 Ohm,
W_3 Drehwiderstand bis 2 kOhm; V Variometer zum Ankoppeln

besten Hochfrequenzwirbelströme. Es sollen hier einige Angaben über
einen einfachen Glühsender gemacht werden [81]. Das Erhitzen der
Metalle erfolgt durch die Einwirkung des elektromagnetischen Wechselfeldes einer außerhalb der Zelle liegenden Spule aus dickem Kupfer-
draht oder Kupferlitze. Man hat meist mehrere Spulen, da die zu ent-
gasenden Teile verschiedene Formen haben. Mit einer Senderleistung
von 2 kW kommt man in den meisten Fällen aus. Die Frequenz soll
zwischen 10^5 und 10^6 Hz liegen. Aber bereits mit einer Frequenz von
10000 Hz, wie sie von einer Hochfrequenzmaschine geliefert wird, kann
gearbeitet werden. Die erzeugte Hochfrequenzenergie läßt man auf einen

abstimmbaren Arbeitskreis wirken, der lose angekoppelt wird. Sobald beim Glühen der Metallteile die Gasabgabe so stark wird, daß eine leuchtende Entladung einsetzt, unterbricht man den Ausheizvorgang und glüht dann von neuem, wenn die Gase abgepumpt sind. In Abb. IV. 35 ist eine einfache Glühsenderschaltung wiedergegeben.

f) Lecksucher

Wenn eine Vakuumanlage fertiggestellt ist, dann kommt es vor, daß infolge einer Undichtigkeit das erwünschte Vakuum nicht erreicht wird. Bei Glasanlagen sucht man mit einem kleinen Teslagerät das Leck, indem man längs der Glaswandungen entlang fährt. Dort, wo die Ent-

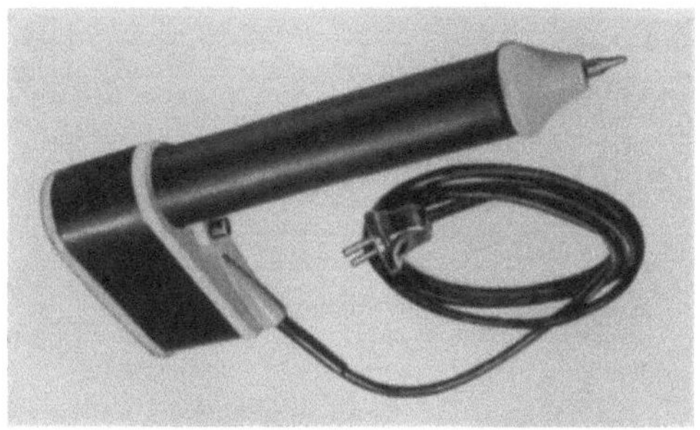

Abb. IV. 36. Vakuumprüfgerät der Fa. Dr. Stöhrer & Sohn, Leipzig

ladung nach innen leuchtend durchschlägt, befindet sich die Leckstelle. Ein solches Teslagerät zur Vakuumprüfung zeigt Abb. IV. 36. Das Gerät ist natürlich nur bei Glasapparaturen anwendbar. Bei Vakuumanlagen, die entweder ganz oder teilweise aus Metall bestehen, müssen andere Methoden angewendet werden. Man verwendet eine Art Massenspektrographen (als Testgas z. B. Helium) oder die Vergiftung einer Ionenquelle. Ein solches Gerät liefert die Fa. Leybold's, Nachf., Köln.

41. Herstellung einiger wichtiger Photokathoden

a) Herstellung einer [Ag]–Ag, Cs_2O, Cs–[Cs]-Photokathode [20 a]

Zur Herstellung sogenannter zusammengesetzter Photokathoden sind bisher zwei Verfahren entwickelt und erprobt worden:

Das Kaltformier- und Warmformierverfahren.

Die Photozelle wird einige Stunden bei 360 bis 380° C entgast. Die Glasoberfläche wird vor dem Aufdampfen des Silbers einer Sauerstoffentladung ausgesetzt (Dauer etwa 5 sec bei einer Spannung von 1200 V und einem Entladungsstrom von 400 μA, Fläche der Photokathode ca. 10 cm²).

Formierschema nach ECKART

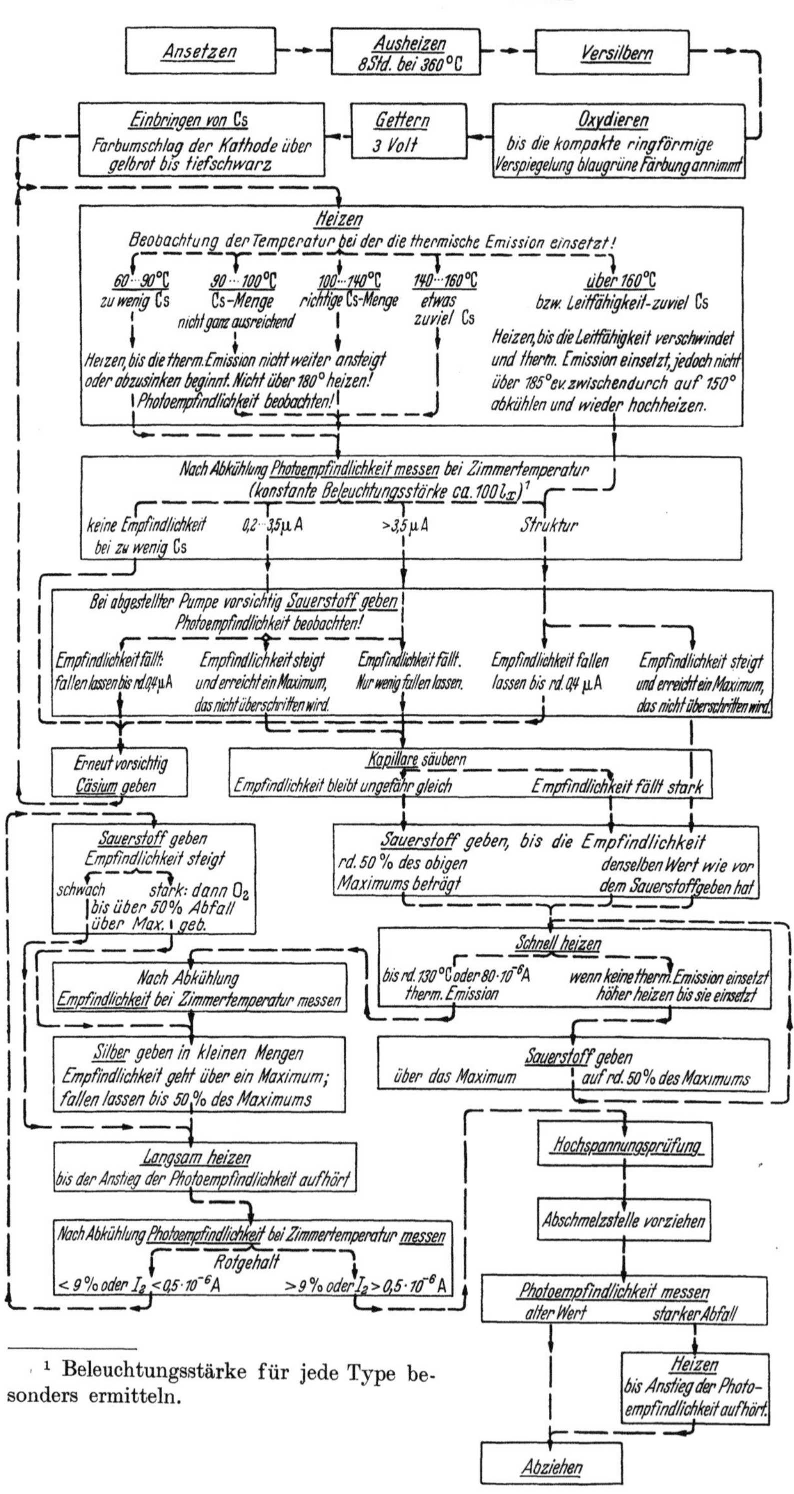

---

[1] Beleuchtungsstärke für jede Type besonders ermitteln.

Aus einer Wolframwendel wird, wie auf S. 250 beschrieben, reines Silber aufgedampft. Die Dicke der Silberschicht bestimmt man aus der Lichtdurchlässigkeit, die etwa 30% betragen soll.

Anschließend oxydiert man die Oberfläche der Schicht anodisch durch eine Sauerstoffglimmentladung (Gleichspannung 1200 V, Entladestrom 400 μA) bei einem Druck von 10^{-1} bis 10^{-3} Torr. Ist die Entladung sehr ungleichmäßig, so richtet man sie durch ein Magnetfeld. Die Entladungsdauer liegt zwischen 10 Sekunden und 1 Minute und wird aus der Anlauffarbe der Silberoberfläche bestimmt. Beim Kaltformierverfahren wird die Oxydation bis zur blaugrünen Verfärbung fortgesetzt, beim Warmformierverfahren hingegen nach dem ersten Erscheinen der Gelbverfärbung abgebrochen. Es ist zweckmäßig, vor und nach der Oxydation den O_2-Druck zu messen, um die Menge des gebundenen Sauerstoffs festzustellen. Das Silber ist nicht nur leitender Träger, sondern auch Bestandteil der halbleitenden Oxydschicht, die eine verhältnismäßig lockere Struktur besitzt. Spektralreiner Sauerstoff ist für die Schichtherstellung nicht unbedingt nötig. Nach der Oxydation wird der restliche Sauerstoff abgepumpt und mit dem Hochfrequenzglühsender gegettert. Das Bariumgetter wird langsam verdampft und auf eine Fläche von etwa 3 cm² niedergeschlagen.

Der wichtigste Prozeß bei der Herstellung von Cs-Photokathoden ist die Formierung. Sie besteht in der Einwirkung einer bestimmten Cs-Menge auf die Silberoxydschicht bei geeigneter Temperatur. Die obere Temperaturgrenze liegt bei 200° C, da Silberoxyd zwischen 200 und 250° C schon merklich zerfällt.

Das Cs kann auf zwei verschiedene Arten in den Kathodenraum eingebracht werden. Bei der ersten Art befindet sich in der Zelle oder in einem seitlichen Ansatzrohr ein kleiner Behälter aus vakuumgeschmolzenem Nickelblech, der eine Mischung z. B. aus Cäsiumbichromat und Zirkonpulver enthält (vgl. S. 247). Das Alkalimetall wird also durch Wirbelstromerhitzung frisch erzeugt. Bei der zweiten Art wird am Kathodenkolben eine Cs-Ampulle mit Glashäutchen und magnetisch zu bedienendem Eisenkern (vgl. S. 243 u. 244) angeschmolzen und das Cs im Formierofen in den Kathodenraum eindestilliert. Man erreicht damit, daß das Cs langsam eindestilliert, so daß eine genauere Dosierung möglich ist.

Bei der eigentlichen Formierung wird die Photozelle langsam bis auf max. 150° C hochgeheizt. Bei etwa 80° C setzt die Photoempfindlichkeit der Schicht ein und erreicht mit zunehmender Temperatur bei 135 bis 140° C ein Maximum. Die thermische Emission setzt bereits bei 110° C ein und hat bei 135° C ein Maximum, das etwa 5 Minuten erhalten bleibt. Das Eindestillieren des Cäsiums wird abgebrochen, wenn die Gesamtempfindlichkeit von Photostrom und thermischer Emission dieses

Maximum gerade überschritten hat. Die Empfindlichkeit fällt nach der Abkühlung erfahrungsgemäß um etwa 20%. Die Cs-Ampulle wird nach diesem Prozeß von der Zelle abgezogen (dünne Abschmelzkapillare), dann der Formierofen erneut bis zur Temperatur der maximalen thermischen Emission geheizt und darauf die Zelle wieder auf Zimmertemperatur abgekühlt. Dabei steigt die Photoempfindlichkeit weiter an. Der Rotwert (gemessen mit Schott-Filter UG 8/4 mm) beträgt etwa 3 bis 5% der Photoempfindlichkeit im ungefilterten Licht. Eine Verschiebung des Maximums der spektralen Empfindlichkeit nach größeren Wellenlängen wird durch einen Silberüberschuß erreicht (vgl. Ziff. 21 S. 101 f.). Man dampft daher nochmals langsam Silber aus der Wolframwendel so lange auf, bis die gemessene Photoempfindlichkeit etwa zwei Drittel des während des Silberaufdampfens gemessenen Empfindlichkeitsmaximums beträgt. Dabei ist es vorteilhaft, die Kathode zu kühlen, damit die thermische Emission unterdrückt und der Verlauf der reinen Photoempfindlichkeit ermittelt werden kann. Die Rotempfindlichkeit nimmt zunächst sehr ab.

Bei der Nachformierung der Ag-bedampften Schicht wird der Ofen möglichst langsam hochgefahren. Das erste Maximum der Photoempfindlichkeit wird zwischen 100 und 110° C gemessen. Die Formierung wird jedoch bis zum zweiten Maximum, das zusammen mit der thermischen Emission bei etwa 160° C erreicht wird, fortgesetzt, da erst bei Temperaturen größer als 110° C eine merkliche Rotempfindlichkeit einsetzt. Bei sehr trägen Galvanometern ist es daher zweckmäßig, die Formierung abzubrechen, kurz bevor das zweite Maximum erreicht wird. Danach wird die Zelle gekühlt, wobei die gesamte Photoempfindlichkeit und auch die Rotempfindlichkeit weiter ansteigt, und zwar ist der Rotanstieg prozentual größer.

Beträgt nach dieser Behandlung die Rotempfindlichkeit etwa 10% der Empfindlichkeit im ungefilterten weißen Licht, so wird die Zelle von der Pumpe abgezogen. Während man das Cäsium bei den früher üblichen Verfahren auf die Kathodenschicht ([Ag]–Ag$_2$O) aufdampfte, wird es bei dem geschilderten Verfahren warm eindestilliert. Dieses hat vor allem den Vorteil, daß die Empfindlichkeit der Kathode bei der Warmformierung während des Vorganges mit einer Galvanometeranordnung verfolgt und so die Cs-Zugabe dosiert werden kann.

b) Herstellung einer Cäsium-Antimon-Kathode Cs$_3$Sb

Cäsium-Antimon-Kathoden können so hergestellt werden, daß entweder Sb und Cs auf die als Träger dienende Kathodenoberfläche nacheinander aufgedampft werden oder daß eine durchscheinende Cs$_3$Sb-Schicht direkt auf der Glaswand der Zelle erzeugt wird. Bei dem ersten Verfahren kann man zuerst Cs aufdampfen und erhält bereits bei Zimmertemperatur während des darauffolgenden Aufdampfens von Sb eine gute Empfindlichkeit. Eine nachträgliche Formierung erübrigt sich hierbei. Erfahrungsgemäß sind jedoch nachträglich bei 160° C formierte Schichten haltbarer. Bei nicht ausreichender Empfindlichkeit kann man Cs und Sb mehrmals hintereinander aufdampfen und nachträglich formieren.

Bei dem zweiten Verfahren dampft man eine geringe Menge Sb aus einer Wolframwendel, die später als Anode dient, auf die Glaswand auf, bis eine eben nicht mehr durchscheinende graue Schicht entstanden ist. Das Fenster für den Lichteintritt hält man durch Erwärmen frei von Sb. Darauf umgibt man die an der Vakuumapparatur befindliche Zelle und das seitliche, das Alkalimetall enthaltende Ansatzrohr mit einem elektrischen Ofen und erwärmt vorsichtig auf 120 bis 160° C, wobei das Alkalimetall in die Zelle eindampft und die rötlich durchscheinende Cs_3Sb-Schicht entsteht.

Bei der Herstellung von Cs_3Sb-Schichten für zweistufige Doppelröhren (vgl. Kap. IX, Ziff. 83) ist zu beachten, daß die Kathodenempfindlichkeit jeweils in Aufsicht und in Durchsicht gemessen wird. Man darf sich also bei der Herstellung nicht von dem Grundsatz leiten lassen, in Aufsicht möglichst hochempfindliche Photokathoden erzeugen zu wollen; wie die Erfahrung zeigt, muß man die Formierung vielmehr bei einer *mittleren* Empfindlichkeit abbrechen, um auch in *Durchsicht* empfindliche Kathoden zu erhalten.

c) Herstellung einer Kaliumhydrid-Kathode [K]−KH, K−K [22] [50] [89]

Die Herstellung einer Kaliumhydrid-Kathode ist besonders einfach und geht in folgender Weise vor sich: Nach einer sorgfältigen Reinigung der Zelle (vgl. S. 254) und nach Ausheizen im Trockenschrank wird auf der Glaswand der Silberbelag nach einem der auf S. 249 beschriebenen Verfahren erzeugt. Die Zelle wird nochmals mit destilliertem Wasser durchspült, wenn die Silberschicht aus einer wäßrigen Lösung niedergeschlagen wurde. Bei der Herstellung der Trägerschicht durch Verdampfung bleibt die Zelle an der Pumpapparatur. Nach dem Evakuieren des Glasgefäßes unter gleichzeitigem Erhitzen auf etwa 350° C wird nach einem Verfahren S. 243−245 gereinigtes Kalium langsam in die Zelle eindestilliert, so daß ein kompakter Überzug aus Kalium entsteht. Dann wird die Kaliumampulle abgeschmolzen und reiner Wasserstoff von 0,1 bis 1,0 Torr eingelassen, der entweder durch die Emission einer Glühkathode oder einfacher durch eine Glimmentladung aktiviert wird. Hierbei bildet sich oberflächlich das farblose Kaliumhydrid, auf und in welchem Kalium in feiner Verteilung angelagert ist. Man verfolgt wieder während der Sensibilisierung den Photostrom mit einem Galvanometer und unterbricht die Glimmentladung, wenn der Maximalwert etwas überschritten ist. Gleichzeitig beobachtet man eine Änderung des Aussehens der Kaliumoberfläche von blaßblau zu violett. Schließlich pumpt man den Wasserstoff wieder völlig ab und nimmt die Zelle von der Pumpe.

Als Sensibilisatoren kommen auch Schwefel, Selen und Tellur [41], Sauerstoff [42] und organische Substanzen [90] in Frage. Neben der Verminderung der Austrittsarbeit durch die Sensibilisatoren erfolgt meistens auch eine Aufrauhung der Oberfläche und damit eine erhöhte Lichtabsorption.

d) Grenzen der Photoempfindlichkeit

Der Nachweis kleinster Photoströme wird erstens durch die Isolation, ferner durch die thermische Emission der Photokathode und evtl. auch durch die bei hohen Feldstärken auftretende Feldemission begrenzt. Die thermische Emission ist mit der spektralen Empfindlichkeitsverteilung insofern verknüpft, als Kathoden längerer Grenzwellenlänge auch die größere thermische Emission zeigen. Die thermische Emission der Photokathode kann durch Kühlung herabgesetzt werden. Z. B. wird die thermische Emission einer Cs_3Sb-Kathode durch Kühlung mit Trockeneis auf ca. $-79°C$ auf etwa 1% derjenigen bei Zimmertemperatur herabgesetzt.

Die Feldemission spielt bei den normal auftretenden Feldstärken keine Rolle, sofern man beim mechanischen Aufbau sehr kleine Radien oder Spitzen vermeidet.

Nicht vermeidbar sind die statistischen Schwankungen des Photostromes (vgl. Kap. VII Ziff. 65d).

Bei kleinen Belichtungsintensitäten ist bei Vakuumzellen mit gut ausformierten und gealterten Schichten die Anzahl der bei Belichtung aus der Photokathode austretenden Elektronen dem Lichtstrom streng proportional (vgl. Kap. VIII Ziff. 75b).

42. Konstruktion verschiedener Zellentypen mit äußerem Photoeffekt[1]

Alle Photozellen dieser Art bestehen aus einem hochevakuierten Glas- oder Quarzgefäß mit mindestens zwei Elektroden, wobei als Träger für die eine Elektrode häufig die Innenwand des Gefäßes benutzt wird. Der für den Lichteintritt benutzte Teil der Glaswand soll eine möglichst schwache Krümmung aufweisen, schlierenfrei und möglichst dünn sein.

Man unterscheidet vier Grundtypen:

a) Zellen mit zentraler Anode,
b) Zellen mit zentraler Kathode,
c) Zellen mit planparalleler Anordnung,
d) Zellen mit zwei gleichwertigen Elektroden.

---

[1] Die nachfolgende Beschreibung der Ausführung verschiedener Photozellen soll nicht eine Aufstellung aller von den verschiedenen Herstellungsfirmen gefertigten Typen geben, sondern lediglich prinzipielle Anordnungen beschreiben. Zur besseren Erläuterung sind einige wenige Firmentypen aufgezählt.

Bei der Konstruktion der Zellen ist auf möglichst gute Isolation zwischen den Elektroden zu achten.

a) Zellen mit zentraler Anode

Wie in Abb. IV.37 bildet meist die ganze Innenwand der Zelle die Kathode k. Ein Fenster o wird für den Lichteintritt freigelassen. Die Anode a besteht aus einem geraden bzw. ringförmig gebogenen Draht oder aus einem Drahtnetz. Um die geforderte hohe Isolation zwischen Kathode und Anode zu erreichen, wird über den Haltedraht der Anode (vgl. Abb. IV.38 und IV.39) ein Glasröhrchen g geschoben, das mit dem

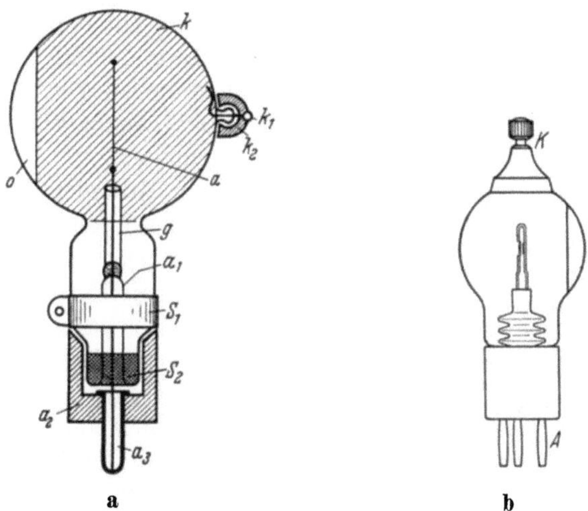

a   b

Abb. IV.37. Schema einer Photozelle mit zentraler Anode.

In 37a bedeuten k auf die Glaswand aufgebrachte Kathode; k_1 Kathodendurchführung; k_2 Schutzkappe; a Anode; a_1 Anodenfuß, a_2 Anodensockel; a_3 Anodenanschlußstecker; g Glasröhrchen zur Erhöhung der Isolation; o Fenster für den Lichteintritt; S_1 Schutz- und Erdungsring; S_2 Lackierung gegen Kriechströme. In 37b ist eine andere Form zur Verlängerung des Isolationsweges des Anodenfußes wiedergegeben

Glasfuß verschmolzen ist. Hierdurch erzielt man einen mehr als zehnmal größeren Isolationsweg. Um zu verhindern, daß verdampfendes Metall in das Röhrchen eindringt, wird entweder, wie Abb. IV.38 zeigt, eine Glaskappe c_1 oder eine Metallkappe c_2 über den offenen Rand des Glasröhrchens g geschoben, die aber das Glasröhrchen selbst nicht berühren darf. Die Kathode k in Abb. IV.37 stellt einen nahezu schwarzen Körper dar, so daß der größte Teil des einfallenden Lichtes absorbiert wird.

Ist die Isolation der Außenwand einer Photozelle nicht ausreichend, so reinigt man eine Elektrodenseite, z. B. die Umgebung der Anodenzuleitung, zunächst mit einem in Säure getauchten Wattebausch, dann mehrmals mit destilliertem Wasser in derselben Weise und trocknet vorsichtig mit heißer Luft (Fön), so daß die übrigen Teile der Zelle nicht erhitzt werden. Darauf überzieht man die noch warme Stelle mit Silikonlack oder Schellack oder Paraffin, welches letztere jedoch nur eine begrenzte Zeit seine Isolationsfähigkeit behält.

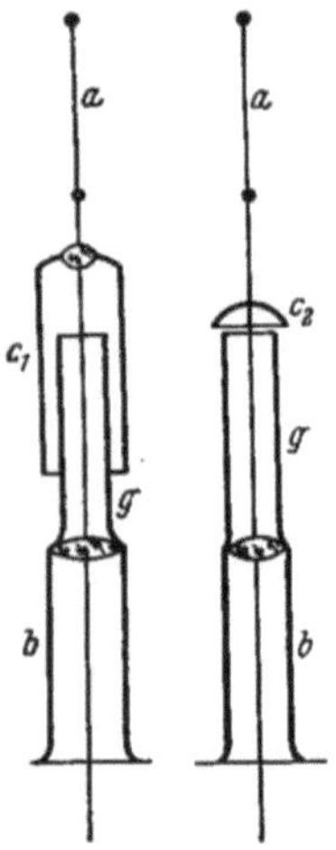

Zur Verhinderung von Kriechströmen auf der Außenwand legt man um den Anodenstutzen einen fest anhaftenden, ringförmigen Metallbelag S_1 (vgl. Abb. IV.37), der entweder aufgespritzt oder mit Schellack aufgeklebt wird. Es hat sich auch ein Hydrokollagüberzug vorzüglich bewährt. Ferner kann man auch einen Goldoder Platinbelag vor der Zellenherstellung auf den betreffenden Glasteil einbrennen. Dieser Metallbelag wird an Erdpotential oder an ein bestimmtes Potential gelegt. Die Lackierung S_2 verhindert eine neue Wasserhautbildung an der Außenfläche des Gefäßes.

Die Zellen haben entweder Kugel- oder Zylinderform. Abb. IV.40 zeigt verschiedene technische Ausführungen der Kugelform. Abb. IV.40a und b stellt die Einzelteile einer Cäsiumzelle der General Electric Co., Schenectady, N. Y., dar[1]. Der rechts neben der Zelle abgebildete Anodenfuß trägt in der Nähe der Quetschung einen kleinen Metallbecher, der eine Cäsiumverbindung enthält, um durch dessen Erhitzen das benötigte Cäsium zu entwickeln (vgl. S. 247). Ein Silberbelag auf der Zellenwand bildet

Abb. IV.38. Schematische Darstellung von Anodenfüßen mit besonders hoher Isolation.

a Anodennetz; b Anodenfuß; g mit dem Anodenfuß verschmolzenes Glasröhrchen; c_1 über g gestülptes Glasröhrchen vom Anodendraht gehaltert, das mit g keinerlei Berührung hat; c_2 mit dem Anodendraht verschweißte Metallkappe, die verhindert, daß Metalldämpfe im Röhrchen g sich niederschlagen können

die Trägerschicht. Abb. IV.40h ist eine nach dem elektrolytischen Verfahren hergestellte Kaliumzelle der Tungsram-Gesellschaft Ujpest (vgl.

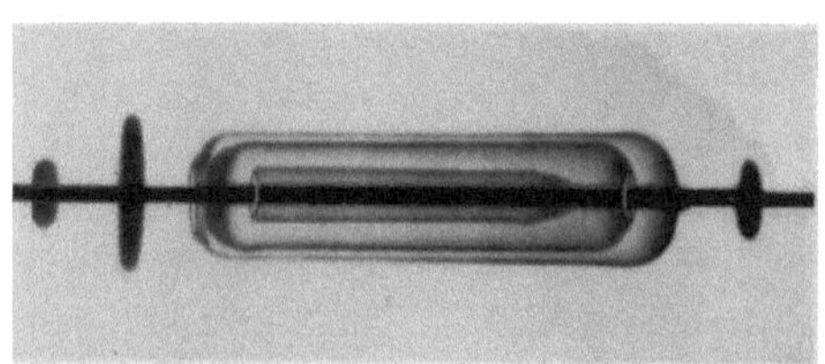

Abb. IV.39. Röntgenaufnahme einer Dreifachüberschmelzung, die keinerlei Kriechwege entstehen läßt.

S. 249). Die Zelle Abb. IV.40e hat einen Nickelbandring als Anode, auf dem sich ein Magnesiumband befindet. Durch Hochfrequenzwirbel-

---

[1] Diese Abbildungen wurden uns freundlicherweise von der General Electric Co., Schenectady, N. Y., zur Verfügung gestellt (1931).

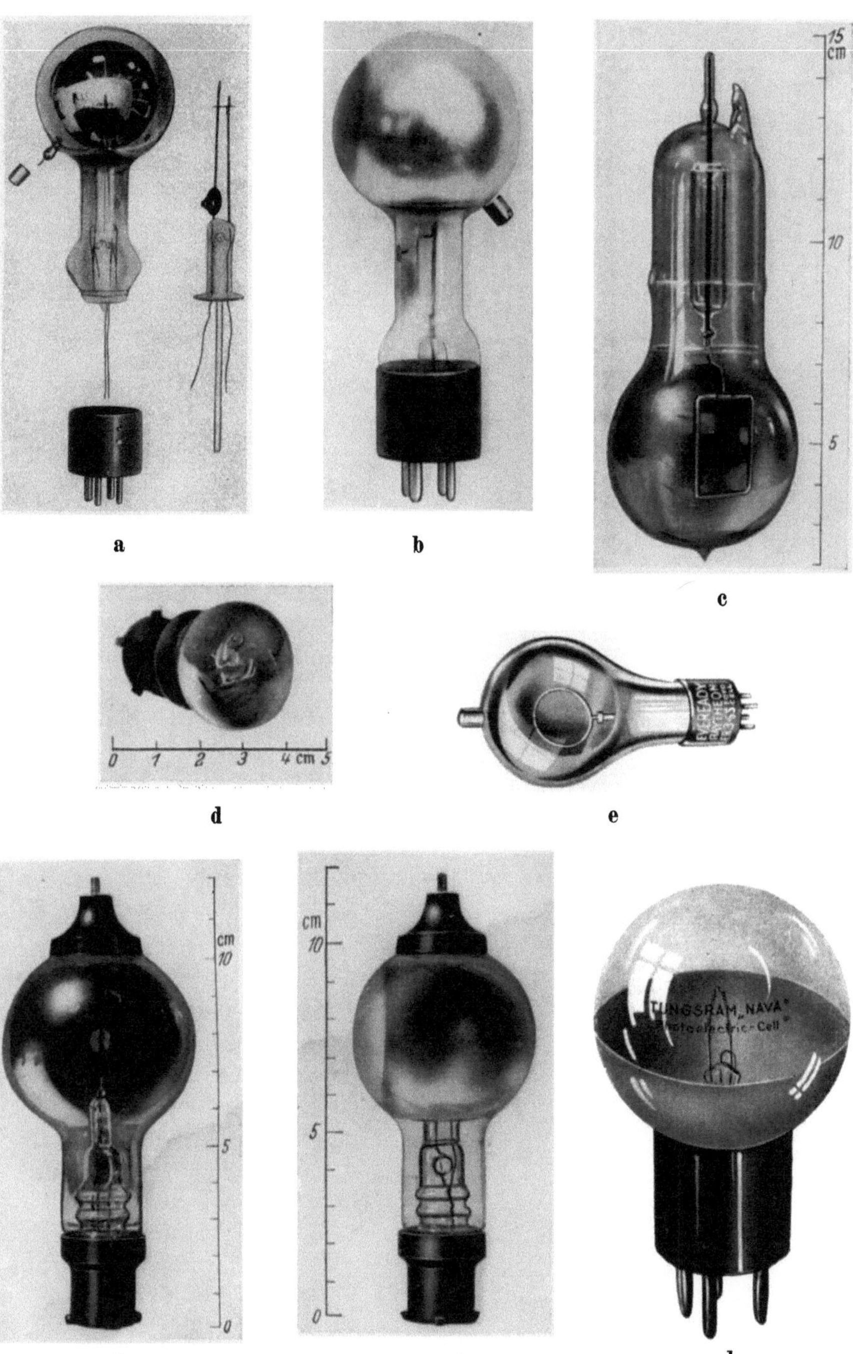

Abb. IV. 40. Typische Ausführungsformen von Alkaliphotozellen mit zentraler Anode.
a) und b) Photozelle der General Electric Co., Schenectady/N.Y.; c) Photozelle mit hochisolierter Anode nach ECKART; d) Telefunken-Knopfzelle; e) Raytheon-Zelle (USA) mit Magnesiumspiegel als Träger; f) und g) Vorder- und Seitenansicht einer AEG-Photozelle nach KLUGE, Wellrohrisolation des Fußes; h) nach dem ektrolytischen Verfahren hergestellte Zelle der Tungsram „NAVA"

Simon/Suhrmann, Lichtelektr. Effekt, 2. Aufl.   18

stromerwärmung wird das Mg verdampft und bildet auf der Glaswand die Trägerschicht [*100*] für die Kathode.

Eine Zelle in Zylinderform zeigt Abb. IV.41. Die Trägerschicht ist durch Verdampfen eines Silbertröpfchens hergestellt, das sich innerhalb der Wolframwendel befindet. Diese dient gleichzeitig als Anode. Ein kleiner Schirm *S* bewirkt, daß durch Schattenbildung ein Teil der Glaswand für den Lichteintritt von Silber frei gehalten wird.

Die Zelle wurde von der AEG als Hochvakuumtyp und als gasgefüllter Typ geliefert [*82*]. Die Charakteristiken zeigt Abb. IV. 42, und zwar Kurve *1* für die Hochvakuumzelle und Kurve *2* für die gasgefüllte Zelle gleichen Typs in Abhängigkeit von der Anodenspannung. Die Hochvakuumzellen haben über lange Betriebszeiten eine gute Konstanz, während die gasgefüllten Zellen, die naturgemäß keine Sättigung zeigen, eine nicht so gute Konstanz aufweisen, da der Gasdruck sich langsam ändert. Außerdem sind sie sehr temperaturabhängig. Es ist darauf zu achten, daß in der Zelle keine Glimmentladung zündet.

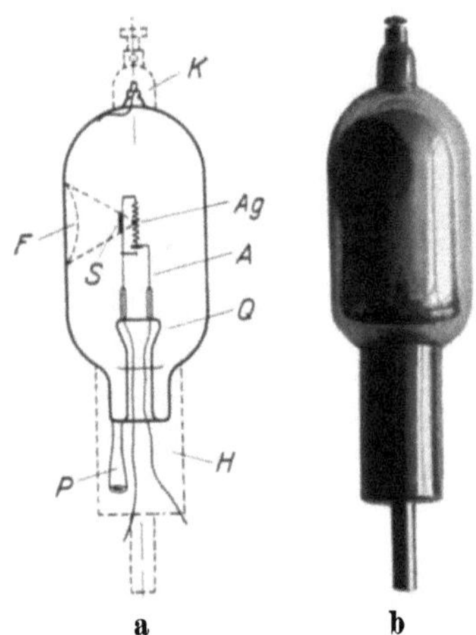

Abb. IV.41. AEG-Photozelle in Zylinderform.
a) Schema mit *A* Anode; *Ag* Silberperle auf Glühwendel; *Q* Quetschfuß; *S* Abschirmung gegen Bedampfen des Fensters *F*; *K* Kathode mit Anschlußkappe; *P* Pumpstutzen; *H* Anodensockel; b) Ausführungsform

Um in den Hochvakuumzellen die Sättigungsspannung möglichst niedrig zu halten, soll die Anode nicht zu klein sein. Man gibt ihr deshalb die Gestalt eines Ringes oder eines Drahtnetzes und trifft die Anordnung so, daß durch sie möglichst wenig Licht ausgeblendet wird. Die Anode muß ferner so fest

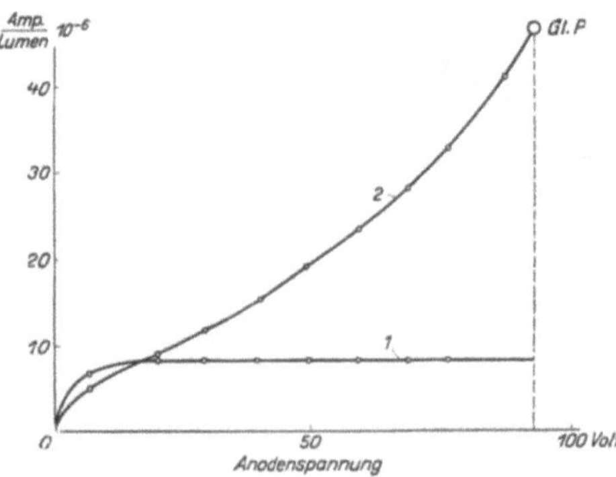

Abb. IV.42. Kennlinien der AEG-Photozelle gemäß Abb. IV.41.
1 Hochvakuumtyp; *2* Gastyp

montiert sein, daß sie bei Erschütterungen keine mechanischen Schwingungen ausführt, welche die sog. „mikrophonischen" Geräusche hervorrufen.

Eine besondere Zellenform mit zentraler Anode zeigt die in Abb. IV. 43 schematisch dargestellte Ringphotozelle [72]. Diese Zelle wird bei Reflexionsabtastungen benutzt (vgl. Ziff. 77). Bei ihrer Herstellung wird

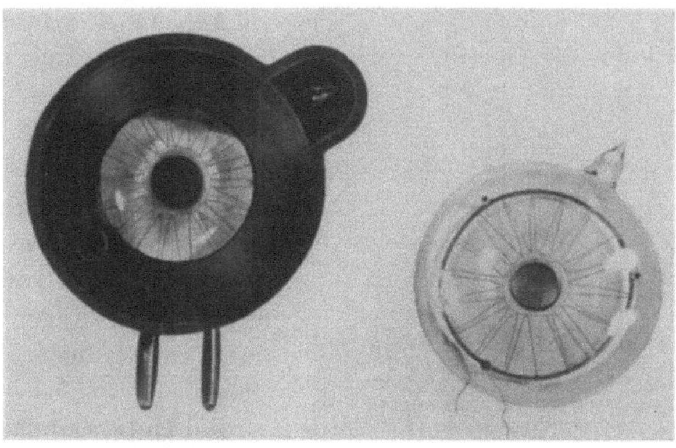

Abb. IV. 43. Ringphotozelle für Abtastung nach der Reflexionsmethode nach Schriever (Telefunken)

zunächst ein linsenförmiger Glaskörper ohne den mittleren Durchbruch angefertigt und die Drahtringanode eingeschmolzen. Dann werden die mittleren Zellenwandungen mit sehr spitzen Flammen von beiden Seiten erwärmt, bis die Mitten zusammenschmelzen. Schließlich zieht man den inneren Glasteil ab, wodurch die mittlere Öffnung entsteht.

b) Zellen mit zentraler Kathode

Zellen dieser Art werden in der Technik seltener angewendet, obwohl sie den Vorteil haben, daß die Sättigung schon bei sehr niedrigen Anodenspannungen erreicht wird. Der Nachteil besteht in der kleinen Kathodenfläche, welche die Zelle nur für ganz besondere Zwecke geeignet macht. Insbesondere erfordert sie eine spezielle Optik, um den gesamten Lichtstrom auf die Kathode zu konzentrieren. In Abb. IV. 44 ist die Kathode ein kleines Metallblech k, auf das die lichtempfindliche

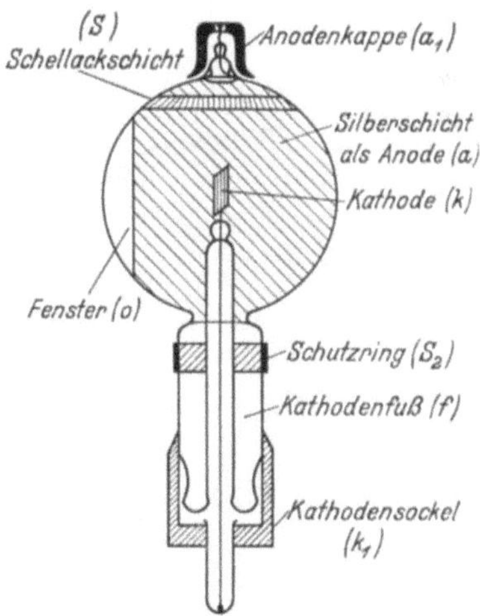

Abb. IV. 44. Schema einer Photozelle mit zentraler Kathode

Substanz aufgebracht ist. Der Metallbelag a auf der inneren Kolbenwand dient als Anode. Eine besondere Form, die für Tonfilmabtastung gedacht war, hatte folgenden Aufbau: Die Kathode bestand aus einem dünnen Draht, auf welchem der Tonstreifen abgebildet wird. Die Dicke des Drahtes und die Abbildung des Filmes wurde so gewählt, daß ein besonderer Spalt überflüssig war.

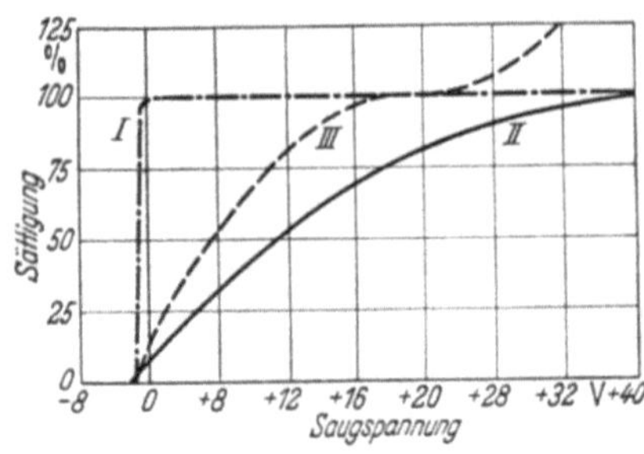

Abb. IV.45 gibt die Charakteristiken einer Zelle mit zentraler Kathode (Kurve I), einer Zelle mit zentraler Anode (Kurve II) und einer gasgefüllten Zelle wieder (Kurve III). Benötigt man nur kleine Ströme, so ist eine Zelle mit zentraler Kathode wegen der geringen Saugspannung von wenigen Volt vorzuziehen.

Abb. IV.45. Vergleich der Charakteristiken einer Photozelle, die einmal geschaltet ist als Zelle mit zentraler Kathode (Kurve I), zum anderen als Zelle mit zentraler Anode (Kurve II) und drittens als gasgefüllte Zelle mit zentraler Anode (Kurve III)

Bei Untersuchung der Temperaturabhängigkeit eines Kathodenmaterials, besonders bei tiefen Temperaturen, wird man die Kathode zentral auf einem Kühlfinger anordnen (s. Abb. IV.51, II.29 u. II.51).

c) Zellen mit planparalleler Elektrodenanordnung

Diese Zellen werden relativ häufig benutzt. Ist die Kathode als Schicht auf der Zellenwand angebracht, so hat der Zellenkolben bei plan-

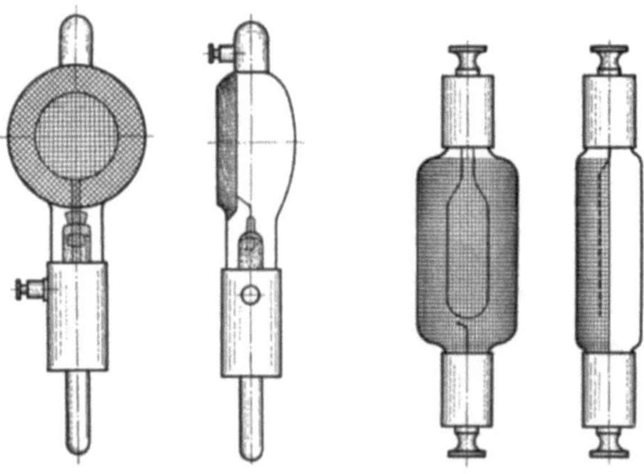

Abb. IV.46. Photozellen mit nahezu paralleler Elektrodenanordnung.
a) Preßler-Typ N 320; b) Preßler-Typ 002

paralleler Anordnung der Elektroden eine linsenförmige oder abgeflachte Gestalt [82]. Da das Licht bei dieser Ausführung durch die Anode hindurchtreten muß, nimmt man ein dünnes Drahtnetz, das auf einem stärkeren

Drahtring aufgeschweißt ist. Ein einfacher Drahtring als Anode hat den Nachteil, daß Wandladungen auf der durchsichtigen, also nicht belegten oder verspiegelten Vorderseite der Zelle entstehen, die durch die Anode hindurchwirken, so daß die Sättigung des lichtelektrischen Emissionsstromes erst bei höheren Anodenspannungen eintritt. Da die Wandladungen unkontrollierbar sind, gibt eine solche Zelle keine einwandfreien Resultate. Bei einer gasgefüllten Zelle machen sich Wandladungen praktisch nicht bemerkbar. Man kann sie völlig vermeiden, wenn man die Seite des Lichteintritts mit einer dünnen, leitenden, aber das Licht zum größten Teil durchlassenden Schicht vor dem Einbringen des aktiven Kathodenmaterials bedampft (z. B. Zinntetra-

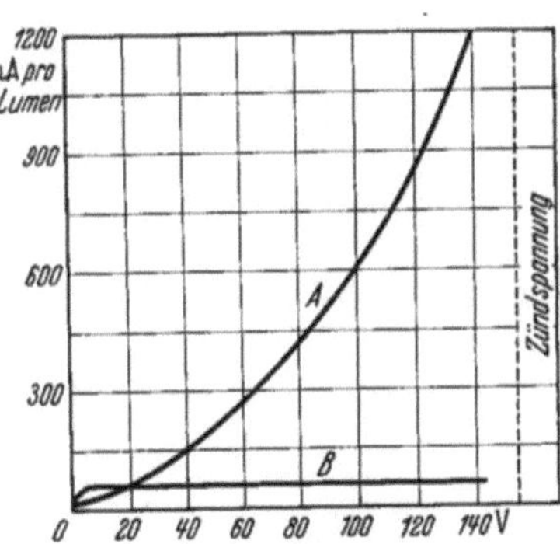

Abb. IV. 47. Abhängigkeit der Empfindlichkeit einer Preßler-Zelle von der Anodenspannung (Typ 320).
Kurve *A* gasgefüllt, Kurve *B* Hochvakuumzelle

chlorid). Abb. IV.46a und b zeigen technische Ausführungen solcher Zellen. Bei ihrer Benutzung muß man die Kathode voll ausleuchten,

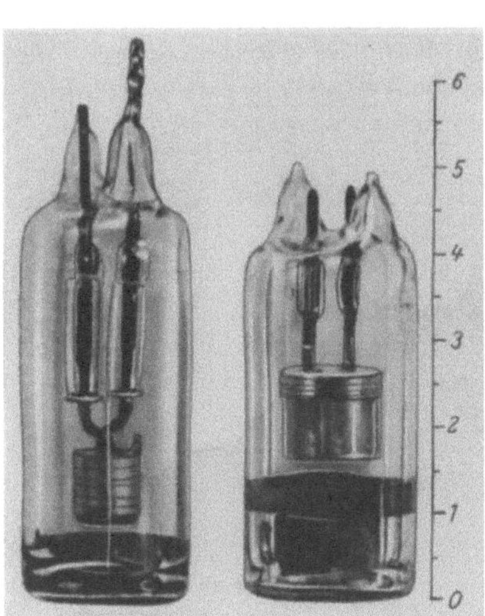
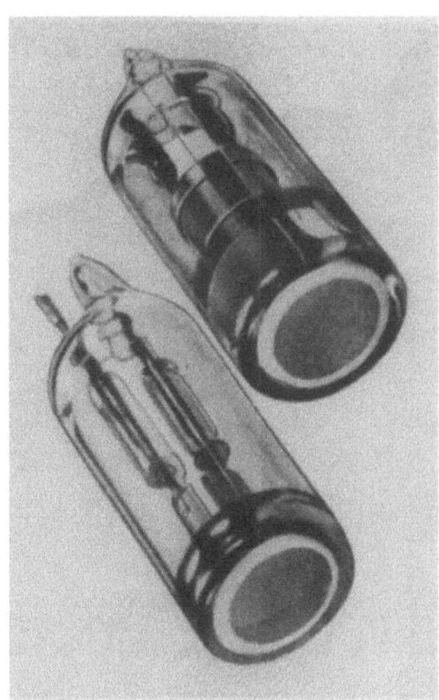

Abb. IV. 48. Moderne Photozellen mit planparallelen Lichteintrittsfenstern (etwa natürliche Größe)

da größere Oberflächen fast immer ungleichmäßig lichtelektrisch empfindlich sind. Die Kennlinie einer technischen Zelle ist in Abb. IV. 47 wiedergegeben.

Die Weiterentwicklung der Glastechnik ermöglichte, planparallele Glasplatten mit den Zellenkolben zu verschmelzen. Es entstand daher ein neuer Typ der Zellen mit paralleler Elektrodenanordnung, der in der Technik weiteste Verbreitung gefunden hat. In der Abb. IV.48 sind zwei derartige Zellen abgebildet. Ihr Aufbau ist außerordentlich stabil. Das Fenster ist mit einer halbdurchlässigen Schicht bedampft.

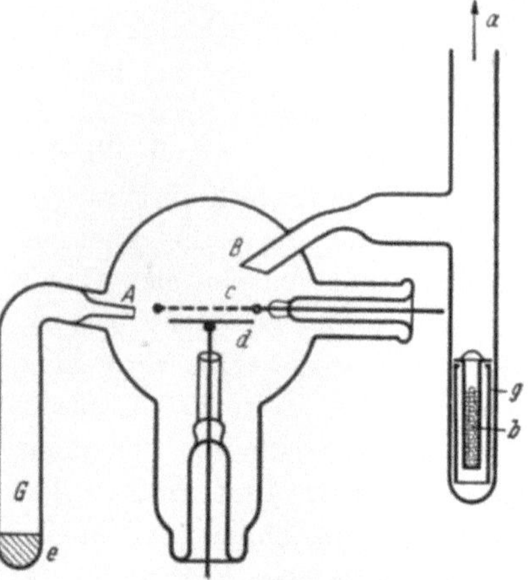

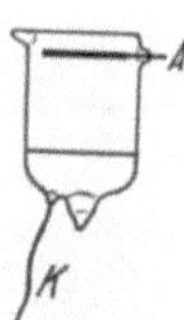

Abb. IV.49. Schematische Zeichnung der AEG‑Miniaturzelle (nahezu natürliche Größe)

Abb. IV.50. Aufbau einer Versuchszelle

Eine Miniaturausführung zeigt Abb. IV.49 in fast natürlicher Größe (schematisch dargestellt) (s. auch die Vergleichszelle in Ziff. 74 e).

Für Versuchszwecke und auch für technische Zwecke verwendet man an Stelle des Metallbelages auf der Glaswand ein festes Metallblech als Kathode, das sich durch Erhitzen leicht entgasen läßt.

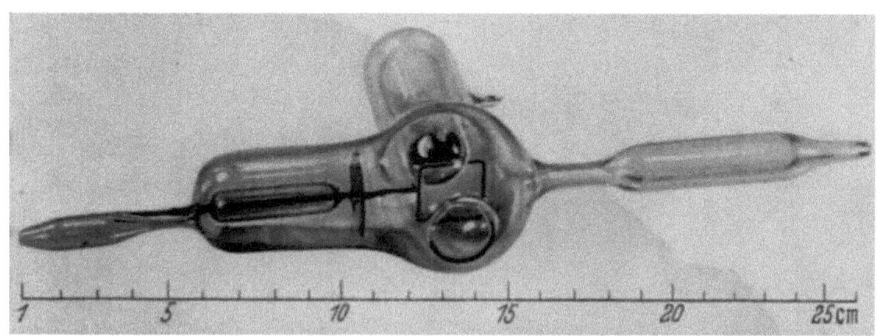

Abb. IV.51. Photozelle mit hochisolierter Anode und mit der Kathode auf einem Kühlfinger zur Untersuchung bei tiefen Temperaturen (nach ECKART)

In Abb. IV.50 ist eine Versuchszelle abgebildet. Durch die Düse A können aus dem Ansatz G Sensibilisatoren, z. B. Schwefel, oder auch zur Bildung von Zwischenschichten Salze [10] oder organische Substanzen auf der Kathode niedergeschlagen werden. Durch den Ansatz a, der mit der Vakuumapparatur in Verbindung steht, können

Gase, z. B. Sauerstoff, zum Oxydieren der Trägerschicht d eingelassen werden, wobei die Elektrode c als zweite Elektrode für eine Glimmentladung zwischen c und d dient. Durch die Öffnung B erfolgt die Bedampfung von d mit dem aktiven Material b, das mittels des hochfrequenzerhitzten Ofens g eindestilliert wird. Abb. IV.51 zeigt eine Versuchszelle, bei welcher sich die Kathode auf einem Kühlfinger befindet. Für den Lichteintritt ist ein planparalleles Fenster angeschmolzen.

d) Zellen mit gleichwertigen Elektroden

Wenn man an Stelle einer Gleichspannung eine Wechselspannung benutzen will, so verwendet man nach einem Vorschlag von HULL [39] Photozellen, die zwei gleich große und in gleicher Weise mit der lichtempfindlichen Substanz bedeckte Elektroden besitzen. Eine derartige Photozelle hat die Eigenschaft eines mit der Belichtung veränderlichen Wechselstromwiderstandes. Es werden also beide Halbwellen ausgenutzt, im Gegensatz zu den bisher geschilderten Zellen, die beim Anlegen einer Wechselspannung als

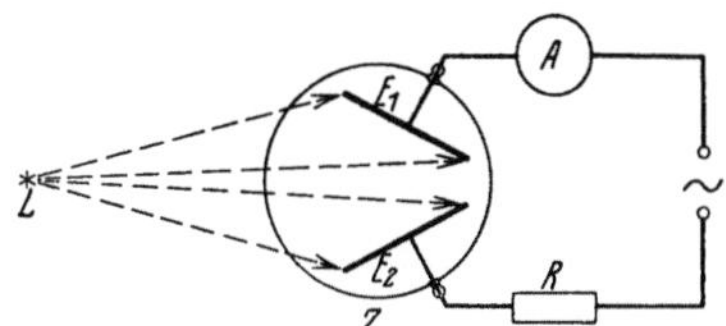

Abb. IV.52. Schematische Darstellung einer Photozelle mit zwei gleichwertigen Elektroden zum Betrieb bei Wechselspannung (nach HULL)

Gleichrichter wirken. Die Verstärkung der an der Zelle auftretenden Wechselströme kann dann leicht durchgeführt werden. Abb. IV.52 stellt im Schema die einfachste Anordnung dieses Zellentyps dar. Zwei Metallplatten, E_1 und E_2, die Träger für die lichtempfindliche Substanz, stehen sich unter einem Winkel gegenüber, so daß das Licht auf beide Platten gleichmäßig auffallen kann[1].

43. Verstärkung durch Stoßionisation

Aus den Abb. IV.42, S.274, Kurve *1* und *2*, und IV.47, S.277, Kurve *A* bzw. Kurve *B*, die mit Zellen gleicher Konstruktion erhalten wurden, ist die Erhöhung der Stromausbeute durch die Füllung mit einem inerten Gase deutlich erkennbar. In der Hochvakuumzelle ist der Strom im Sättigungsgebiet unabhängig von der angelegten Spannung. In der gasgefüllten Zelle gibt es keine Sättigung. Der Strom steigt mit der Anodenspannung immer weiter an, bis schließlich eine Glimmentladung einsetzt. Bei richtiger Wahl des Gasdruckes und der Anodenspannung kann die Verstärkung des Photostromes eine Zehnerpotenz und mehr betragen. Die aus der Kathode primär durch das einfallende Licht ab-

---

[1] G. DELOFFRE, E. PIERRE u. J. ROLG [C. R. Séances Acad. Sci., Paris **237**, 1507 (1913)] stellen einer planen Photokathode in gleichem Abstand zwei parallele Stiftanoden gegenüber (das Lichtbündel fällt zwischen ihnen auf die Kathode) und gleichen ab. Bei unsymmetrischem Einfall entsteht eine Potentialdifferenz.

gelösten Elektronen ionisieren die Gasmolekeln, sobald die Energie des stoßenden Elektrons die Ionisierungsenergie erreicht. Das Ionisierungspotential φ hat für jedes Gas einen bestimmten Wert, der für die benutzten Gase zwischen 12,1 und 24,5 V liegt. Wir wollen den durch das Licht ausgelösten Primärstrom mit i_0 und den im Anodenkreis gemessenen, infolge Ionisation verstärkten Strom mit I bezeichnen. Dann stellt I/i_0 den Verstärkungsfaktor dar.

Da die Füllgase mit dem Kathodenmaterial keine chemische Bindung eingehen dürfen, kommen nur die Edelgase Helium ($\varphi = 24{,}5$ V), Neon (21,5), Argon (15,7), Krypton (13,9) und Xenon (12,1) in Frage. Unter bestimmten Bedingungen kann man auch Wasserstoff (15,8) verwenden. Solche Zellen werden aber bei längerer Benutzung „hart", da der Wasserstoff absorbiert wird. In noch stärkerem Maße trifft dies für Stickstoff (15,8) zu, so daß er als Füllgas nicht geeignet ist.

Ist die Spannungsdifferenz zwischen Kathode und Anode $U = n \cdot \varphi$ (n eine ganze Zahl), so hätte ein primär ausgelöstes Elektron bei passend gewähltem Gasdruck n-mal die Möglichkeit zu ionisieren. Wir nehmen an, der Gasdruck sei richtig dosiert, d. h., jedes primär ausgelöste Elektron stoße mit einem Gasteilchen zusammen, nachdem es eine Energie von φ eV erreicht hat. Der Elektronenstrom wäre dann nach je *einem* Zusammenstoß auf $2\,i_0$ angewachsen. Dieser Vorgang müßte sich n-mal wiederholen, so daß der Strom schließlich $2^n i_0$ betragen würde. Da jedoch gleichzeitig eine Wiedervereinigung von Elektronen und Ionen stattfindet und die Elektronen außerdem durch vorzeitige Zusammenstöße abgebremst werden, wächst die Verstärkung auch bei günstigstem Gasdruck nicht mit 2^n, sondern wesentlich schwächer. Der Anteil der positiven Ionen am Zellenstrom kann vernachlässigt werden, da der Ionenstrom sich zum Elektronenstrom wie die Beweglichkeit des Gasions zu der des Elektrons verhält, also umgekehrt wie das Wurzelverhältnis ihrer Massen, z. B. bei Argonfüllung wie $1 : 271$ oder bei Helium wie $1 : 86$.

Für die Wahl des optimalen Gasdruckes in der Zelle sind Zellenform, Elektrodenabstand, Volumen der Zelle und Gasart maßgebend. Wenn man experimentell an der Pumpe den günstigsten Gasdruck festgestellt hat, so muß man um ein Weniges überdosieren, da zu Anfang immer ein Teil des Gases absorbiert wird.

Für die folgenden Betrachtungen wollen wir eine planparallele Elektrodenanordnung zugrunde legen und voraussetzen, daß nur Elektronen am Ionisierungsvorgang teilnehmen. Ebenso sollen die auf die Kathode auftreffenden positiven Ionen keine Elektronen auslösen. Zusammenstöße sollen also nur zwischen Elektronen und Gasatomen zustande kommen. Sie werden also häufiger eintreten und um so schneller aufeinanderfolgen, je höher der Gasdruck p ist. Die Gasatome können

gegenüber den Elektronen als ruhend angesehen werden. Zwischen zwei
Zusammenstößen wird jedes Elektron eine bestimmte Strecke zurück-
legen. Der Mittelwert $\overline{\lambda}$ dieser Strecken, die mittlere freie Weglänge, ist
vom Gasdruck oder, da wir die Gasteilchen als ruhend ansehen können,
von der Anzahl $N(p)$ im cm³ abhängig:

$$\overline{\lambda} \sim \frac{1}{r^2\pi \cdot N(p)}; \qquad n = \frac{d}{\overline{\lambda}}. \tag{5}$$

Dabei bedeutet $r^2\pi$ den Wirkungsquerschnitt des Atoms, d den Abstand der Elektroden und n die Anzahl der Stöße. Unter dem Einfluß
des Feldes U/d soll das Elektron bis zum Stoß eine Weglänge λ_0 durchlaufen, um eine solche Geschwindigkeit zu erlangen, daß der Stoß zur
Ionisation ausreicht, also das Ionisationspotential φ erreicht wird. Es
führen also nur die unter dem Einfluß des Feldes frei durchlaufenen
Strecken zur Ionisation, für die gilt:

$$\overline{\lambda} \geqq \lambda_0; \qquad n = \frac{d}{\overline{\lambda}} \cdot e^{-\frac{\lambda_0}{\overline{\lambda}}} = \frac{d}{\overline{\lambda}} \cdot e^{-\frac{\varphi \cdot d}{U \cdot \overline{\lambda}}}. \tag{6}$$

Führt man noch: $1/\overline{\lambda} = N \cdot p$ ein, so erhält man die von TOWNSEND [94]
für den lichtelektrischen Gesamtstrom I_{ph} aufgestellte Beziehung für
eine gasgefüllte Zelle:

$$I_{ph} = i_0 \cdot e^{N \cdot p \cdot d \cdot e^{-\frac{N \cdot p \cdot d \cdot \varphi}{U}}}. \tag{7}$$

STOLETOW [84] fand, daß $U/(d \cdot p_m) = N \cdot \varphi$ ist, wobei p_m den optimalen Gasdruck bedeutet. Für diesen Druck ist also:

$$p_m = \frac{U}{N \cdot \varphi \cdot d}. \tag{8}$$

Der Optimalwert I_m des Stromes ist also:

$$I_m = i_0 \cdot e^{\frac{U}{\varphi \cdot e}}. \tag{9}$$

Da die letzte freie Weglänge auf der Anode enden muß, kommt nach
PARTZSCH [62] nicht das ganze Potential U, sondern nur $U - \varphi$ in
Betracht:

$$I_m = i_0 \cdot e^{\frac{U-\varphi}{\varphi \cdot e}}; \qquad p_m = \frac{U - \varphi}{N \cdot d \cdot \varphi}. \tag{10}$$

Wäre $\overline{\lambda}$ eine konstante Größe, so müßte die Ionisation genau bei
$U = \dfrac{d \cdot \varphi}{\overline{\lambda}}$ plötzlich einsetzen. Da die freien Weglängen jedoch verschieden sind und die Austrittsenergie der primär ausgelösten Elek-
tronen ebenfalls um einige Volt differiert, setzt die Stromverstärkung
bei Steigerung der Spannung U allmählich ein. Dies bedingt eine Träg-

heit der Gasphotozellen, die sich in einer Abnahme der Verstärkung mit zunehmender Frequenz bemerkbar macht, vgl. Abb. IV.53, Kurve 2.

Hinzu kommt, daß der Rekombinationsvorgang nicht momentan vor sich geht, sondern (entsprechend einem Abklingvorgang) in einer Ex-

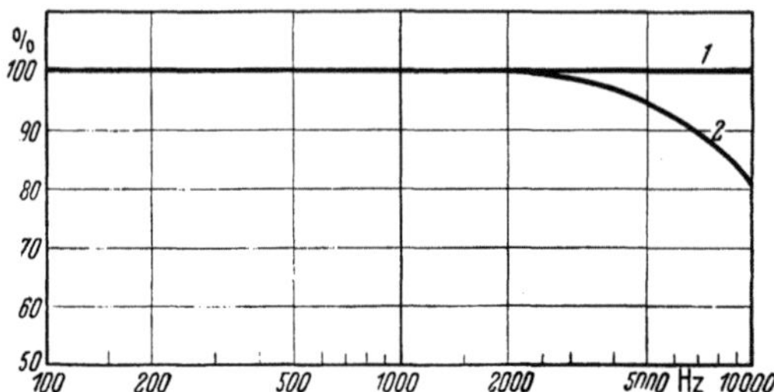

Abb. IV.53. Abnahme der Empfindlichkeit einer gasgefüllten Photozelle (Kurve 2) mit steigender Frequenz des Wechsellichtes im Gegensatz zu einer Hochvakuumzelle (Kurve 1)

ponentialkurve auf den Dunkelstrom absinkt. Belichtet man also eine Photozelle mit Gasfüllung z. B. mit einem Rechteckimpuls, so hat die zugehörige Photostromkurve den in Abb. IV.54 schematisch dargestellten Verlauf. Bei schnell aufeinanderfolgenden Impulsen wird dadurch die resultierende Wechselstromkurve des Photostromes um so stärker abgeflacht, je mehr Impulse innerhalb der Rekombinationsdauer erfolgen, d. h. je höher die Lichtwechselfrequenz ist.

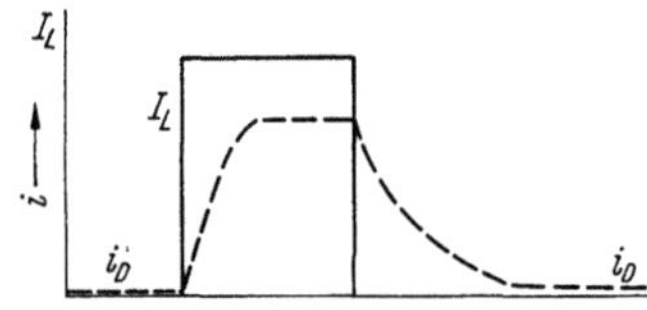

Abb. IV.54. An- und Abklingkurven einer gasgefüllten Photozelle.
I_L Lichtstrom; i_D Photostrom

Die Rekombinationszeit steigt mit der Ionisierungsspannung und kann bis zu mehreren Millisekunden betragen. Die im Augenblick der Abdunklung der Zelle vorhandenen Gasionen können ihrerseits wieder Fremdatome mit niedrigerer Ionisierungsspannung ionisieren, so daß der Abklingvorgang nochmals verlangsamt wird. Die Füllgase müssen daher außerordentlich rein sein und die Zelle muß besonders gut entgast

werden, damit aus den Wandungen usw. keine Fremdgase austreten. Am besten eignet sich Argon. Die Trägheitserscheinungen sind bei Argon verhältnismäßig klein. Nach Tab. IV.12 ergibt sich aus den Werten von U_j und U_a, daß Argon

Tabelle IV.12

Gas	U_j Volt	U_a Volt
Helium . . .	24,5	20,9
Neon	21,5	16,5
Argon	15,7	11,5

im metastabilen Zustand nicht mehr in der Lage ist, andere u. U. als Verunreinigung in Frage kommende Edelgase zu ionisieren.

Der Abfall ist bei höheren Frequenzen von der Betriebsspannung der

Zelle abhängig und beträgt bereits unter normalen Betriebsbedingungen
(ca. 100 V) bei 10000 Hz 20%.

Bei nichtparalleler Anordnung, z. B. bei einer Kugelform der Zelle, läßt
sich auch eine angenäherte Berechnung nicht durchführen, da das Feld
inhomogen ist und die Raumladung wirksam wird. In diesem Fall legt

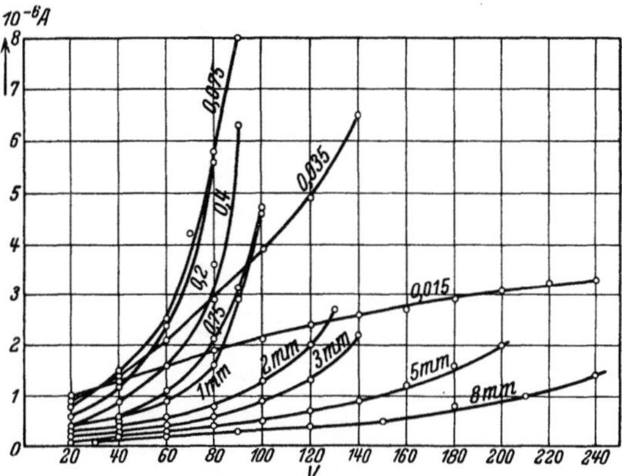

Abb. IV. 55. Strom-Spannungskurven einer argongefüllten Zelle bei verschiedenen Fülldrucken

man den optimalen Gasdruck am besten auf experimentellem Wege fest.
Abb. IV.55 zeigt für verschiedene Gasdrucke die Stromspannungs-
kennlinien [43]. Bei niedrigen Spannungen unterhalb des Ionisations-
potentials liegt die Vakuumkurve am höchsten. Mit zunehmendem Druck
steigt der Strom mit der Spannung an und erreicht bei einem Druck

von etwa 0,1 Torr seinen höchsten Wert. Erhöht man den
Druck weiter, so fallen die
Stromwerte wieder, die Kennlinien werden immer flacher.
Die Endpunkte der Kurven
geben den Wert an, bei dem
die Glimmentladung einsetzt.
Das Minimum der Glimmspannung liegt bei etwa 0,25 Torr,
fällt also mit dem für den
Verstärkungseffekt optimalen
Druck nicht zusammen. Für

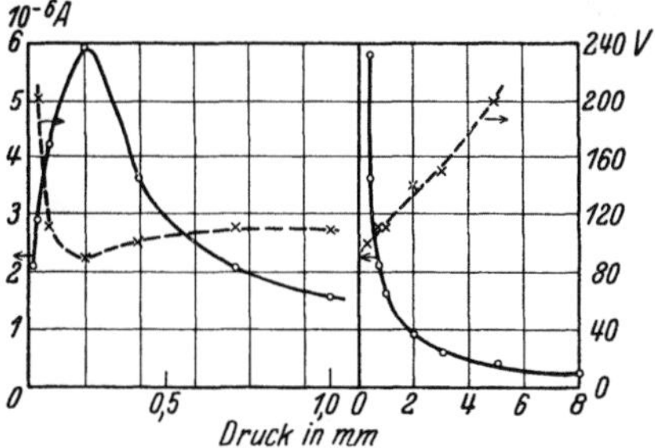

Abb. IV. 56. Abhängigkeit des durch Ionisation
verstärkten Photostromes (ausgezogene Kurven)
und der Zündspannung (gestrichelte Kurven) vom
Gasdruck

den praktischen Betrieb ist die Charakteristik mit der größten
Steilheit nicht die günstigste, da dann der Arbeitspunkt in der
Nähe des Glimmpunktes liegt. In Abb. IV.55 würde die zu 0,035 Torr
gehörende Kennlinie, oder noch besser eine einem Druck von 0,05 Torr
entsprechende, die richtige Arbeitskurve sein. Der Arbeitspunkt
würde im vorliegenden Falle bei etwa 90 V liegen. In Abb. IV.56

ist der Strom einer gasgefüllten Photozelle bei 80 V Anodenspannung
in Abhängigkeit vom Druck und das zugehörige Glimmpotential wieder-

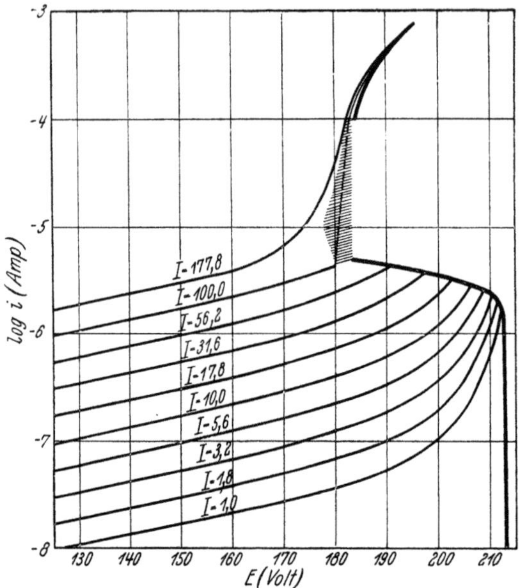

Abb. IV. 57. Strom-Spannungskennlinien bei verschiedener Belichtung und konstantem Gasdruck
(nach CAMPBELL)

gegeben. Man muß beachten, daß die Glimmspannung bei unbelichteter
Zelle niedriger liegt als bei belichteter. Aus der Abb. IV.57 erkennt

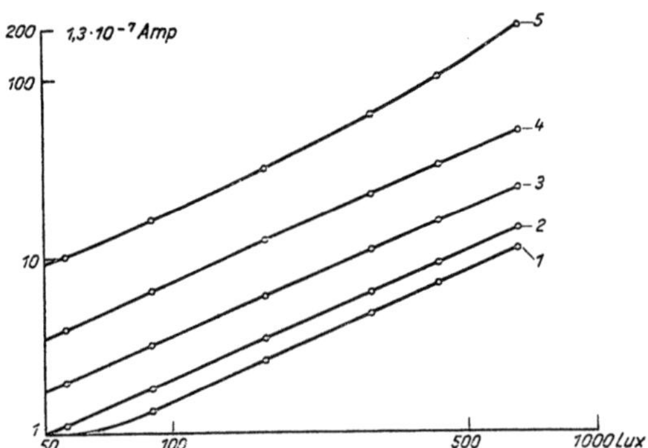

Abb. IV. 58. Photostrom in Abhängigkeit von der Belichtung. AEG-Typ, P.E. 2 (nach KLUGE).
Kurve 1 Vakuumzelle bei 20 V, Kurve 2 bei 90 V, Kurve 3 Gaszelle bei 60 V, Kurve 4 Gaszelle bei
80 V, Kurve 5 Gaszelle bei 90 V Anodenspannung

man, daß bei sehr hohen Belichtungen die Glimmspannung sehr stark
schwankt und mit der Belichtungsstärke fällt.

Die Kurven 3 und 4 der Abb. IV.58 zeigen, daß der Photostrom
einer Gaszelle bei richtiger Wahl der Anodenspannung der Belichtung

proportional ist. Erst in der Nähe der Glimmspannung (Kurve *5*) hört die Proportionalität auf, und nach dem Einsetzen der Glimmentladung wird jede exakte Steuerung unmöglich[1]. Zum Vergleich sind zwei Kurven *1* und *2* für eine Hochvakuumzelle gleichen mechanischen Aufbaus wiedergegeben [*82*].

Da die Photozellen mit kalter Kathode arbeiten, ist bei ihnen der Betriebsdruck vom Fülldruck nicht sehr verschieden. Die Zündspannung durchläuft für alle Gase (vgl. Abb. IV.56) ein Minimum, das bei Edelgasen zwischen 0,05 und 0,5 Torr liegt. Der durch die Ionisierung verstärkte Strom nimmt zunächst mit wachsendem Druck bis zu einem Maximalwert zu, um bei weiterer Steigerung infolge Abnahme der mittleren Elektronengeschwindigkeit und Erhöhung der Rekombinationswahrscheinlichkeit wieder zu fallen. Der Gasdruck muß beim Abschmelzen der Zelle von der Vakuumapparatur um 20 bis 50% höher als der experimentell bestimmte optimale Druck sein, um die während des Betriebes zunächst stärkere und später immer geringer werdende Gasadsorption in der Zelle zu kompensieren.

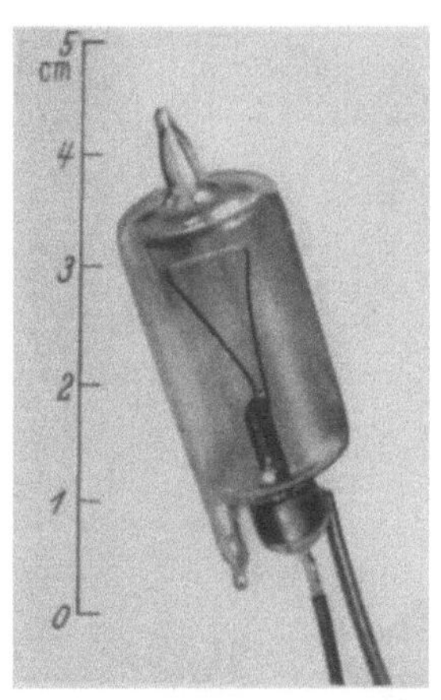

Abb. IV. 59. AEG-Patinzelle mit Gasfüllung und schräg gestellter Anode

Die mit Gaszellen erreichte Verstärkung des primär ausgelösten Photostroms beträgt das 5- bis 8fache gegenüber der Vakumzelle. Eine weitere Steigerung kann dadurch erzielt werden, daß man der Anode eine besondere Gestalt gibt, welche die Anodenspannung bis dicht an die Zündspannung zu erhöhen gestattet. Zellen dieser Art sind zuerst von PATIN [*63*] und HATSCHEK [*36*] angegeben worden. PATIN erreichte eine 25 bis 30fache Verstärkung. Abb. IV.59 zeigt eine Patinzelle, wie sie von der AEG hergestellt wurde.

FLEISCHER [*25*] hat bei einer Zelle mit planparalleler Anordnung — allerdings in Zylinderform — erreicht, daß auch ohne Saugspannung ein Strom von $3 \cdot 10^{-4}$ A floß, wenn er sie dem direkten Sonnenlicht aussetzte. Die Abmessungen waren 100 mm $\varnothing$ und 280 mm Länge. Die Anode bestand aus einem weitmaschigen Gitter. Der Gasdruck betrug etwa 10^{-3} Torr.

---

[1] Neuerdings haben W. KLUGE u. A. SCHULZ in der Z. angew. Phys. **6**, 364 (1954) nachgewiesen, daß eine gewisse Steuerung bei gasgefüllten Photozellen mit Kaliumhydrid-Photokathoden möglich ist. Es treten jedoch starke Unterschiede beim Vor- und Rücklauf der statischen Charakteristik auf.

44. Photozellen für besondere Meßzwecke

a) UV- und UR-Photozellen

Für Messungen, die neben dem sichtbaren auch das UV- und nahe UR-Gebiet umfassen, z. B. in der Meteorologie, müssen Quarzzellen zur

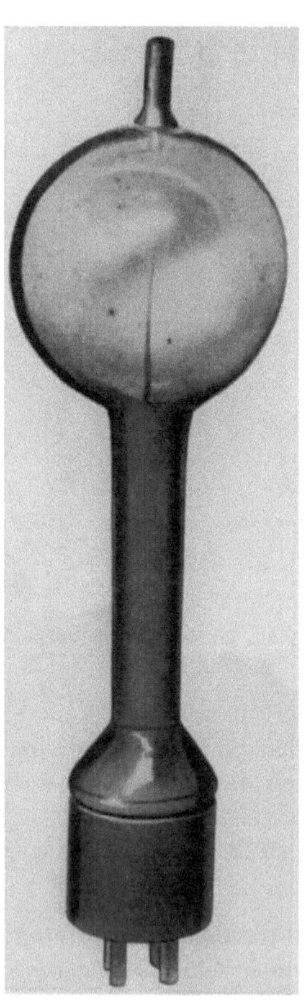

Abb. IV. 60. Quarzzelle der General Electric Co., Schenectady/N.Y.

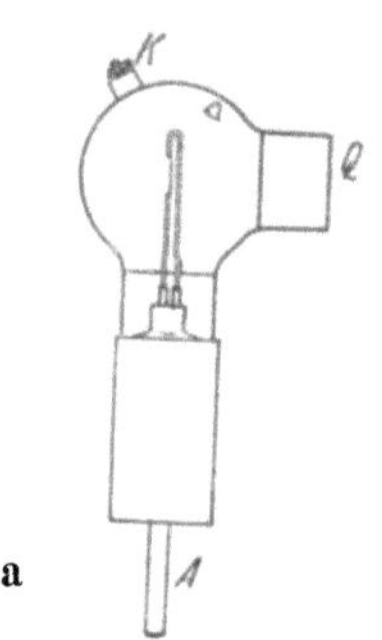

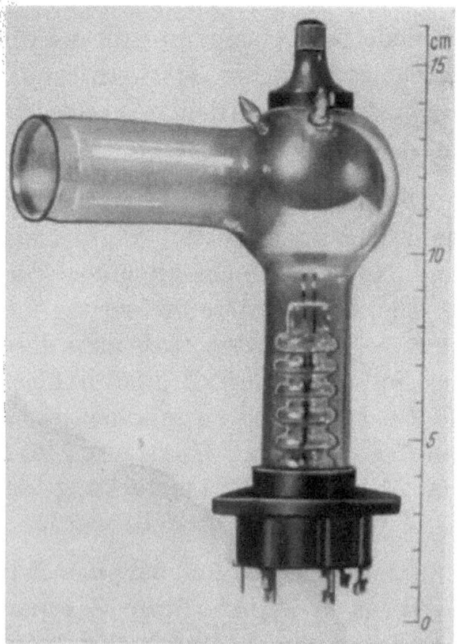

Abb. IV. 61. AEG-Photozelle mit angeschmolzenem Quarzglasfenster.
a) schematische Zeichnung; Q Quarzfenster; b) technische Ausführungsform. Die Länge des Rohres bis zur Anschmelzung des Quarzglasfensters ist bestimmt durch die Anzahl der notwendigen Zwischengläser

Anwendung kommen. Diese können entweder ganz aus Quarzglas hergestellt sein (vgl. Abb. IV. 60 und die Vergleichszelle in Ziff. 74 e) oder sie besitzen nur für den Lichteintritt ein planparalleles Quarzfenster, das entweder über Zwischengläser angeschmolzen (vgl. Abb. IV.61a und b) oder mittels eines Schliffes mit der Zelle verbunden ist.

Bei der Herstellung von Quarzzellen ist zu beachten, daß sich Quarz nicht so gut mit einem Silberspiegel durch chemischen Niederschlag überziehen läßt wie Glas. Auch die Durchführungen der Elektroden bereiten insofern Schwierigkeiten, als man sehr dünne, am besten platinierte Wolframdrähte oder Wolfram- oder Molybdänbänder benutzen muß. Man umgeht die Schwierigkeit der Einschmelzung, indem man zunächst eine Wolframeinschmelzung in einem entsprechenden Hartglas herstellt und dieses über eine Reihe von Zwischengläsern mit dem Quarzkolben verbindet. Benutzt man einen Schliff zum Verbinden des Quarzteiles mit der Zelle, so muß dieser gut eingeschliffen sein, damit man möglichst wenig Fett bzw. Spezialkitt benötigt. Vorteilhaft verwendet man den auf S.225 beschriebenen Wachs-Kolophoniumkitt. Bei sorgfältiger Herstellung des Kittes ist sein Dampfdruck so gering, daß sich die Empfindlichkeit solcher Zellen auch nach Jahren kaum geändert hatte.

Bei der Messung sehr kleiner Lichtintensitäten wird an die Isolation der Zelle eine sehr hohe Anforderung gestellt. Hier ist es unbedingt notwendig, einen Quarzfuß zu verwenden, den Quarzteil nicht zu kurz zu halten und durch besondere Ausbildung des Fußes (vgl. Abb. IV.38 und IV.39) alle Übergangswiderstände zu vermeiden, die durch Metallniederschläge entstehen könnten.

Soll die Photozelle lediglich zur Messung des UV unterhalb von 300 mμ benutzt werden, so verwendet man am besten Kadmium, Uran, Titan, Zirkon oder Thallium oder auch Erdalkalimetallegierungen wie Kadmium-Magnesium als Kathodenmaterial, da diese Metalle im reinen Zustand für Licht oberhalb 300 mμ praktisch unempfindlich sind (vgl. Tab. II.4 S.45). Kadmium, Thallium und die Legierung Kadmium-Magnesium lassen sich im Vakuum durch Erhitzen der Glaswandung (Jenaer- oder Duranglas) destillieren oder sublimieren. Besonders mit Thallium erhält man einen sehr gleichmäßigen Kathodenbelag. Wegen der Giftigkeit dieses Metalls muß man entsprechende Vorsichtsmaßnahmen treffen (Dämpfe an Luft vermeiden, Reste beseitigen!).

b) Zellen mit eingebauten Verstärkerstufen

Der Vollständigkeit halber seien hier einige besondere Ausführungen angegeben. SEWIG [76] ersetzte die Glühkathode einer Verstärkerröhre durch eine Photokathode (Abb. IV.62). ZWORYKIN [103] brachte in einem Kolben eine Photozelle und ein Verstärkerröhrensystem unter (Abb.

IV.63). Beide Konstruktionen sind durch die im nächsten Kapitel behandelten Sekundärelektronen-Vervielfacher ersetzt worden.

Abb. IV. 62. Verstärkerröhre mit Photokathode nach SEWIG

Abb. IV. 63. Westinghouse-Photozelle mit im unteren Teil eingebautem Verstärkersystem nach ZWORYKIN

Photozellen mit photoaktivem Gitter sind zuerst von NAKKEN [58] angegeben worden und unter dem Namen *Luminotron* in den Handel gekommen. Abb. IV.64a zeigt den schematischen Aufbau und Abb. IV.64b eine Ausführungform. Die Anode A ist als Drahtgitter ausgeführt, damit das auf der Glaswand befindliche Steuergitter G durch die Anode hindurchsteuernd wirken kann.

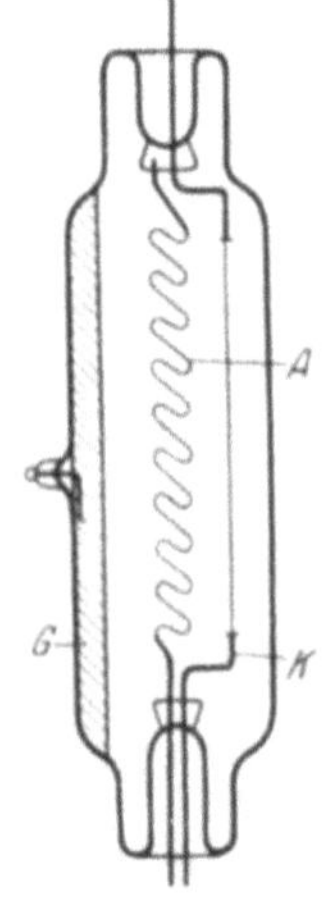

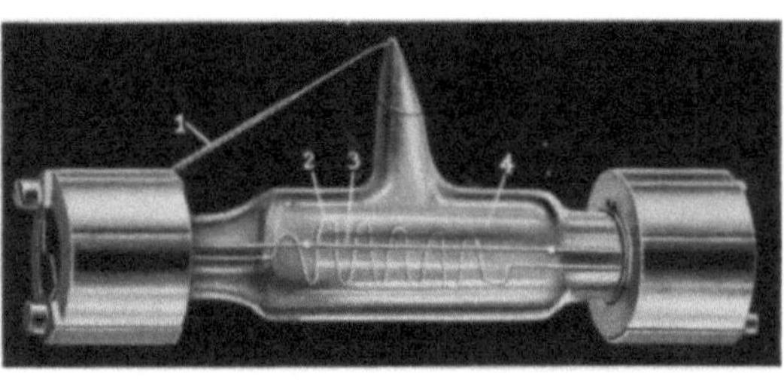

a   b

Abb. IV.64. Luminotron.
a) schematische Zeichnung nach NAKKEN; b) Ausführung nach RIES

Eine besondere Form dieser Photozelle ist die Wandladungsphoto-
zelle nach JOBST, RICHTER und WEHNERT [73], vgl. Abb. IV.65.

c) Zählrohre mit Photokathode

Von RAJEWSKY [104] wurde bereits 1931 der Vorschlag gemacht,
ein GEIGER-MÜLLER-Zählrohr innen mit einer Photoschicht zu versehen. In der Abb. IV.66 ist eine prak-
tische Ausführung dargestellt. Sie besteht
aus einem Metallzylinder a, in dem wie
üblich ein Draht zentral ausgespannt ist.
Die Oberfläche des Drahtes ist mit einer
dünnen halbisolierenden Schicht gleichmäßig
überzogen. Die Innenfläche des Zylinders
ist bis auf das Fenster f mit einer photoempfindlichen Schicht bedeckt. Das Fenster

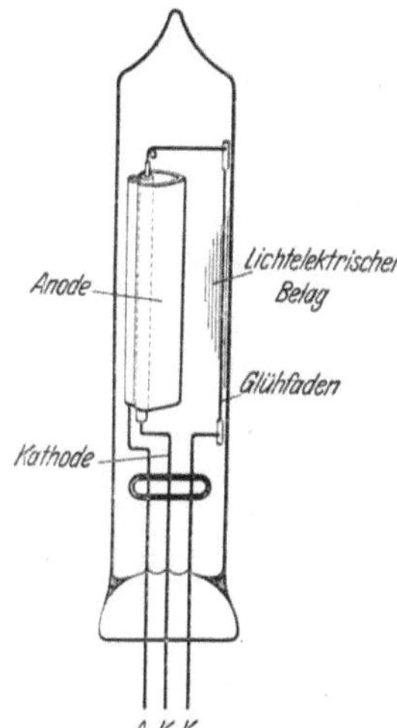

Abb. IV.65. Telefunken-Stab-
röhre mit Photozelle zur Steuerung des Anodenstroms nach
JOBST, RICHTER und WEHNERT

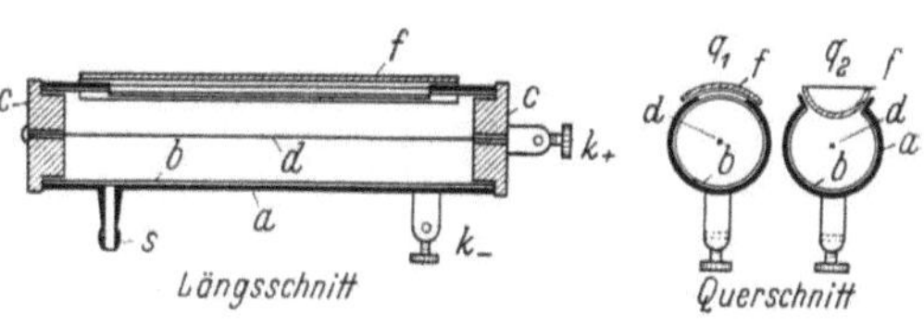

Abb. IV.66. Zählrohr mit Photokathode nach RAJEWSKY

besteht aus Uviolglas oder Quarzglas. RAJEWSKY konnte Empfindlichkeiten bis zu $9 \cdot 10^{-11}$ Erg/cm² sec messen (s. auch Ziff. 75a).

Literatur

[1] *Zusammenfassende Darstellungen:*
   ZWORYKIN, V. K., u. E. G. RAMBERG: Photoelectricity and its application.
   New York 1949.
   GÖRLICH, P.: Die Photozellen. Leipzig 1951.
   CAMPBELL, N. R., u. D. RITCHIE: Photoelectric cells. London 1929.
   DUSHMAN, S.: High Vacuum. Schenectady, N. Y., 1922.
   GOETZ, A.: Physik und Technik des Hochvakuums. Braunschweig 1926.
   MÖNCH, G. CH.: Hochvakuumtechnik. Pößneck 1950.
   GAEDE, W.: Handbuch der Experimentalphysik (Wien-Harms) IV, 3, 413.
   ANGERER, E. v.: Handbuch der Experimentalphysik (Wien-Harms) I, 384.
   JÄCKEL, R.: Kleinste Drucke, ihre Messung und Erzeugung. Berlin/Göttingen/
   Heidelberg 1950.
   SHRADER, J. E., u. R. G. SHERWOOD: Phys. Rev. 12, 70—80 (1918). Pro-
   duction a. Measurement of High Vacuum.
[2] ALPERT, D.: J. appl. Phys. 24, 860 (1953).
[3] ANDERSON, P. A.: Phys. Rev. 37, 958 (1935).

[4] APKER, L.: Industr. Engng. Chem. 40, 846 (1948).

[5] ANGERER, E. v.: Handbuch der Experimentalphysik (Wien-Harms) I, 387, 1926.

[6] BAYARD, R. T., u. D. ALPERT: Rev. sci. Instrum. 21, 571 (1950).

[7] BLECHSCHMIDT, E.: Ann. Phys. 81, 999 (1926).

[8] BRÜCHE, E.: Z. techn. Phys. 8, 12 (1927).

[9] BOER, J. H. DE, P. CLAUSING u. G. ZECKER: Z. anorg. allg. Chem. 160, 128 (1927).

[9a] BOER, J. H. DE, J. BROOS u. H. EMMENS: Z. anorg. allg. Chem. 191, 113 (1930).

[10] BOER, J. H. DE, u. M. C. TEVES: Z. Phys. 65, 489 (1930).

[11] BURCH, C. H.: Proc. roy. Soc. A. 123, 271 (1926).

[12] BUCKLEY, O. E.: Proc. nat. Acad. Sci., U.S. 2, 683 (1916).

[13] BURT, R. C.: J. opt. Soc. Amer. 11, 87 (1925); Phil. Mag. (6) 49, 1168 (1925).

[14] CHAMPEIX, R.: C. R. Séances Acad. Sci., Paris 231, 40 (1950); Le Vide 5. 912 (1950); C. R. 40, 231 (1950).

[15] CURTIUS, TH., u. J. RISSOM: J. prakt. Chem. (2) 58, 285 (1898).

[16] DAUDT, W., u. H. EWEST: Z. techn. Phys. 6, 329 (1925).

[17] DUSHMAN, S.: High Vacuum, Schenectady, N. Y., 1922, S. 84

[18] DUSHMAN, S., u. C. G. FOUND: Phys. Rev. 17, 7 (1921).

[19] DUSHMAN, S., u. A. H. YOUNG: Phys. Rev. 68, 278 (1945).

[20] EBERT, H.: Glas- u. Hochvakuumtechnik, Heft 1 (1951).

[20a] ECKART, F.: Elektronenoptische Bildwandler und Röntgenbildverstärker. Leipzig 1956.

[21] ECKERT, E.: Jb. Radiol. 20, 93 (1923).

[22] ELSTER, J., u. H. GEITEL: Phys. Z. 11, 257, 1082 (1910); 12, 609 (1911).

[23] ENGEL, A. v.: J. appl. Phys. 22, 257 (1951); Vakuum 1, 257 (1951).

[24] FISCHER, F., u. F. SCHRÖTER: Ber. dtsch. chem. Ges. 43, 1465 (1910).

[25] FLEISCHER, R.: Z. techn. Phys. 13, 92 (1932).

[26] FRITZ-SCHMIDT, M., G. GEHLHOFF u. M. THOMAS: Z. techn. Phys. 11, 289 (1930).

[27] FULDA, M.: Diss. Greifswald 1927 u. Sprechsaal 60, 789, 810, 831 u. 853 (1927).

[28] GAEDE, W.: Z. techn. Phys. 4, 337 (1923).

[29] GAEDE, W.: Z. techn. Phys. 13, 210 (1932).

[30] GEHLHOFF, G., u. M. THOMAS: Z. techn. Phys. 6, 544 (1925) u. 7, 105 u. 260 (1926).

[31] GEHLHOFF, G.: Die Physik des Glases (1930).

[32] GEHLHOFF, G.: Ber. dtsch. phys. Ges. 13, 271 (1911).

[33] GOETZ, A.: Physik und Technik des Hochvakuums, Braunschweig 1926, S.140.

[34] GRAAFF, I. E. DE, u. H. C. HAMAKER: Physica 9, 267 (1942).

[35] HAASE, G.: Z. angew. Phys. 2, 188 (1950).

[36] HATSCHEK, P.: Kinotechn. 15, 399 (1933).

[37] HICKMAN, K. C. D.: Vacuum pumps and Pumpoils. J. Franklin Inst. 221, 215 u. 383 (1936).

[38] HOAG, J. B., u. N. M. SMITH: Rev. sci. Instrum. 7, 497 (1936).

[39] HULL, A. W.: Gen. Electr. Rev. 32, 213, 390 (1929).

[40] JAYCOX, E. K., u. W. H. WEINHART: Rev. sci. Instrum. 2, 401 (1931).

[41] KLUGE, W.: Z. Phys. 67, 497 (1931); Jahrb. d. Forsch.-Inst. d. AEG 1930 S. 321.

[42] KOLLER, L. R.: Phys. Rev. 29, 902 (1927).

[43] KOLLER, L. R., u. H. A. BREEDING: Gen. Electr. Rev. 31, 376 (1928).

[44] KLUMB, H., u. H. SCHWARZ: Z. Phys. **122**, 418 (1944).

[45] LANGMUIR, J.: Phys. Rev. (6) **1**, 48 (1915); Gen. Electr. Rev. (19) **12**, 1060 (1916).

[46] LANGMUIR, J.: Trans. Amer. Inst. electr. Engrs. **32**, 1921 (1913); J. Amer. chem. Soc. **38**, 2283 (1916).

[47] LANGMUIR, J.: J. Amer. chem. Soc. **40**, 1645 (1918).

[48] LENNAN, J. C. MC., u. D. S. AINSLIE: Proc. roy. Soc., Lond. **103**, 304 (1923).

[49] LITTMANN, M.: Getterstoffe. Leipzig 1928.

[50] LUKIRSKY, P. I., u. S. RIJANOFF: Z. Phys. **75**, 249 (1932).

[51] MARTON, L., u. E. ROSATS: Z. techn. Phys. **10**, 52 (1929).

[52] MIELENZ, K.-D.: Glas- u. Vakuumtechnik **1**, 139 (1952).

[53] MÖNCH, G. CH.: Hochvakuumtechnik, S. 168.

[54] MONTGOMERY, C. C., u. D. MONTGOMERY: Rev. sci. Instrum. **9**, 58 (1938).

[55] MORRISON, J., u. R. B. ZETTERSTROM: J. appl. Phys. **26**, 437 (1955).

[56] MOSER, L.: Reindarstellung von Gasen. Stuttgart: Enke 1920.

[57] MÜLLER, E. W.: Z. Phys. **126**, 642 (1949).

[58] NAKKEN, TH. H.: DRP 371764 v. 21. 1. 1921 mit Holl. Prior. v. 21. 7. 20.

[59] NELSON, R. B., u. A. K. WINGS: Rev. sci. Instrum. **13**, 215 (1942).

[60] NOTTINGHAM, W. B.: Phys. Rev. **55**, 203 (1939); J. appl. Phys. **8**, 762 (1937).

[61] OVERBECK, W. P., u. F. A. MEYER: Rev. sci. Instrum. **5**, 287 (1934).

[62] PARTZSCH, A.: Diss. Rostock 1912; Verh. dtsch. phys. Ges. **14**, 60 (1912).

[63] PATIN, A.: DRP 588289.

[64] PENNING, F. M., u. K. NIENHUIS: Philips techn. Rdsch. **11**, 116 (1949).

[65] PENNING, F. M.: Physica **3**, 873 (1936); Philips tech. Rev. **2**, 201 (1937).

[66] PFUND, A.: Phys. Rev. **18**, 78 (1921).

[67] PIRANI, M., u. E. LAX: Z. techn. Phys. **3**, 232 (1922).

[68] PUPP, W.: Glas- u. Hochvakuumtechnik **1**, 3 (1952); Phys. Z. **33**, 530 (1932).

[69] REYNOLDS, N. B.: Physica **1**, 192 (1931).

[70] RIDENOUR, L. N., u. C. W. LAMPSON: Rev. sci. Instrum. **8**, 162 (1937).

[72] SCHRIEVER, O.: Telefunkenztg. **44**, 35 (1926).

[73] siehe SCHRÖTER, F.: Z. techn. Phys. **12**, 193 (1931).

[74] SCHWARZ, H.: Z. Phys. **117**, 23 (1941); Z. techn. Phys. **21**, 381 (1940); Z. Phys. **122**, 437 (1944).

[75] SELENYI, P.: Phys. Z. **30**, 933 (1929).

[76] SEWIG, R.: Die Abbildung wurde freundlicherweise von der Osram-K.G. zur Verfügung gestellt.

[77] SHRADER, I. E.: Phys. Rev. **13**, 434 (1919).

[78] SIMON, H.: Ann. Phys. **12**, 45 (1953).

[79] SIMON, H.: Z. techn. Phys. **5**, 221 (1924); Telefunkenztg. **6**, Heft 32/33, 56 (1923).

[80] SIMON, H.: Exp.-Techn. **4**, 8 (1956).

[81] SIMON, H.: Handbuch der Experimentalphysik (Wien-Harms) XIII/2, 339 (1928).

[82] SIMON, H., u. W. KLUGE: AEG-Mitt. 1931 S. 190.

[83] SKAUPY, F.: DRP 323494 v. 3. 11. 1917.

[84] STOLETOW, A.: J. Physique **9**, 468 (1890).

[85] STOUT, V. L., u. M. D. GIBBONS: J. appl. Phys. **26**, 1488 (1955).

[86] SUHRMANN, R., u. K. CLUSIUS: Z. anorg. allg. Chem. **152**, 52 (1926).

[87] SUHRMANN, R., u. W. KUNDT: Z. Phys. **121**, 118 (1943).

[88] SUHRMANN, R., u. W. SACHTLER: Z. Naturforsch. **9a**, 14 (1954).

[89] SUHRMANN, R., u. H. THEISSING: Z. Phys. **52**, 453 (1928).

[90] SUHRMANN, R.: Z. Elektrochem. **44**, 484 (1938).
[91] THIENE, H.: Glas I. Band S. 209 (1931) (Jena).
[92] THOM, H. G.: Glas- u. Hochvakuumtechnik 1, Heft 8, S. 159 (1953)
[93] TIEDE, B.: Ber. dtsch. chem. Ges. **49**, 1742 (1916).
[94] TOWNSEND, I. S.: The Theory of ionisation of gases by collision. London 1910.
[95] VALLE, G.: Nuovo Cim. 7, 174 (1950); 9, 145 (1952).
[96] WAGENER, S., u. C. B. JOHNSON: J. sci. Instrum. 28, 278 (1951).
[97] WALTER, R.: Chemie-Ing.-Technik **21**, 49 (1949).
[98] WARBURG, E., u. T. IHMORI: Wied. Ann. 27, 481 (1886).
[99] WARBURG, E., u. F. TEGETMEYER: Wied. Ann. **35**, 455 (1888).
[100] WESTINGHOUSE u. RAYTHEON stellten derartige Photozellen her.
[101] WIEDMANN, G., u. W. HALLWACHS: Verh. dtsch. phys. Ges. 16, 107 (1914).
[102] ZWORYKIN, V. K.: Phys. Rev. 27, 813 (1926).
[103] ZWORYKIN, V. K.: Phys. Rev. 25, 247 (1925).
[104] RAJEWSKY, B: Phys. Z. **32**, 321 (1931); Ann. Phys. 20, 13 (1934).

V. Konstruktion und Herstellung von Photowiderständen und Photoelementen (Halbleiterzellen)

Von **H. Simon**, Berlin

Einleitung

Da die Halbleiterzellen aus Substanzen bestehen, deren Eigenschaften wesentlich von der Verteilung und der Häufigkeit der Störstellen abhängen, erhält man bei der Herstellung selten Zellen mit gleichen Eigenschaften. Die in der Natur vorkommenden Halbleiterkristalle zeigen je nach dem Fundort sehr verschiedene Eigenschaften. Bei der Herstellung im Labor unter sonst gleichen Bedingungen treten von Charge zu Charge meist recht beträchtliche Unterschiede auf. Deshalb ist für den Hersteller die Erzeugung besonders reiner Substanzen als Ausgangsmaterial eins der Hauptprobleme. Es kann daher in diesem Rahmen nur der Weg für die Herstellungsverfahren angegeben werden. Einige später behandelte Fälle zeigen jedoch, daß es gelingt, so reine Verhältnisse zu schaffen (Materialien und Kontaktfragen), daß bei gleicher Herstellungsmethode Zellen mit fast gleicher lichtelektrischer Empfindlichkeit und guter Konstanz erhalten werden.

Bei der Untersuchung der Halbleiterphotozellen wird von verschiedenen Materialien ausgegangen. Man verwendet:

1. natürliche Kristalle,
2. aus der Dampfphase hergestellte Kristalle,
3. durch Sublimation aus Pulver hergestellte Kristalle,
4. aus Pulver gepreßte Pillen,

5. erstarrte Schmelzen und Sinterkörper,
6. durch Aufdampfen im Vakuum oder in einer Gasatmosphäre kondensierte dünne Schichten auf isolierender Unterlage (z. B. Glas).
7. aus Lösungen ausgeschiedene Kristalle,
8. aus der Schmelze gezogene Einkristalle,
9. Einkristalle nach dem Zonenschmelzverfahren.

Es muß bei allen Herstellungsverfahren angestrebt werden, von möglichst reinen Substanzen auszugehen und bei Zusätzen von Aktivatoren die Dosierung genau zu kennen. Dabei ist immer darauf zu achten, daß das Trägermaterial oder das Tiegelmaterial mit den Substanzen nicht reagiert. Ferner ist genau zu prüfen, welche Fremdstoffe besondere Wirkungen hervorrufen.

A. Photowiderstände

45. Herstellung der Elektroden

Ein einfaches Anpressen der Elektroden an die Kristallflächen genügt nicht [56]. Durch den Anpreßdruck wird der Übergangswiderstand verändert. Rausch- oder Gleichrichtereffekte werden hervorgerufen.

Um einwandfreie Resultate zu erzielen — insbesondere um Halbleiterzellen reproduzierbarer Qualität zu erhalten —, ist es notwendig, die Elektroden so anzubringen, daß sich „sperrfreie" Kontakte ergeben. Aus diesem Grunde muß bei der Herstellung die größte Sorgfalt angewandt werden [59] [71]. Einwandfreie Kontakte erkennt man am besten an einer guten Strom-Spannungsproportionalität der Zellen. (Rein ohmsches Verhalten [12] [22], vgl. Abb. V. 14.)

Bei Kristallen stellt man die Verbindung mit dem Meßkreis durch Aufdampfen der Edelmetalle Platin, Gold, Silber oder solcher Metalle her, die mit der Kristallsubstanz nicht reagieren — z. B. Aluminium oder Kupfer, Indium, Gallium — und an Luft beständig sind. Oft wird auch Aquadag als Elektrode aufgetragen. Man sollte das allerdings nur im Notfalle tun, wenn das Aufdampfen nicht möglich ist.

Eine Aufdampfapparatur ist in Abb. V. 1 dargestellt. Es handelt sich um eine transportable Anlage, bestehend aus einer rotierenden Ölvorpumpe 1, zwei in Serie wirkenden Diffusionspumpen 2 und 3, einer Kühlfalle 4, die direkt unter dem Glockenteller 5 sitzt (um den Pumpweg so kurz wie möglich zu halten) und der abnehmbaren Glocke 6, die auf den Pumpteller aufgeschliffen ist. Durch den Teller gehen vakuumdicht die Zuleitungen für die Glühwendel aus Wolframdraht, die mit der zu verdampfenden Substanz beschickt wird. Die Aufrechterhaltung eines hohen Vakuums ist beim Verdampfen erforderlich, um die Bildung von Zwischenschichten zwischen Kristall und Elektrode zu verhindern. Eine gute Reinigung der Kristalloberfläche ist vorzunehmen.

Bei Schmelzen und Preßkörpern benutzt man oft zwei auf einen Isolierkörper als Träger nebeneinander gewickelte dünne Drähte, vgl. Abb. V.2. Diese stellt eine Konstruktion von RUHMER [57] dar. Der Trägerkörper besteht aus zwei Hälften, die zur besseren Spannung der Drähte mittels eines kleinen Hebels gegeneinander verschoben und dann fixiert werden können. Die zu untersuchende Halbleitermasse wird zwischen die Drähte gebracht, wie schematisch in Abb. V.3 angedeutet ist.

Abb. V.1. Transportable Aufdampfapparatur

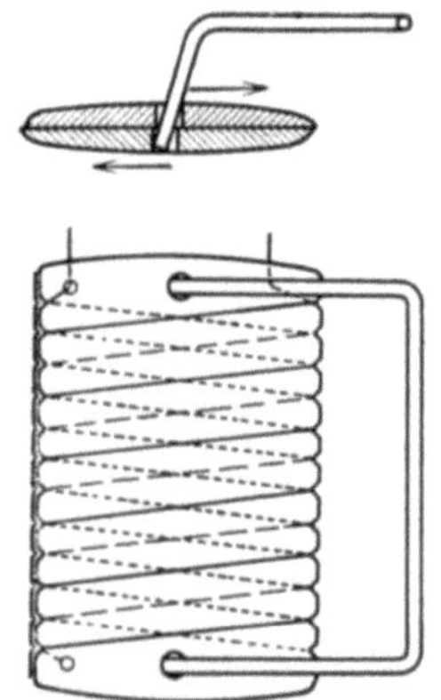

Abb. V.2. Drahtzelle nach RUHMER

Als Isolatoren für den Träger der Halbleiter kommen Glas, Porzellan, Steatit, oberflächlich oxydiertes Aluminium, Glimmer und Kunststoffe in Frage. Die Isolierkörper müssen hohe Wärmebeständigkeit, geringe Gasabgabe, hohe Isolation

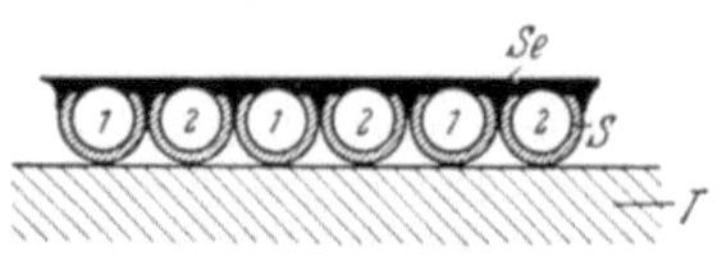

Abb. V.3. Schematische Darstellung der Aufbringung des Halbleitermaterials bei einer Selenzelle nach RILEY

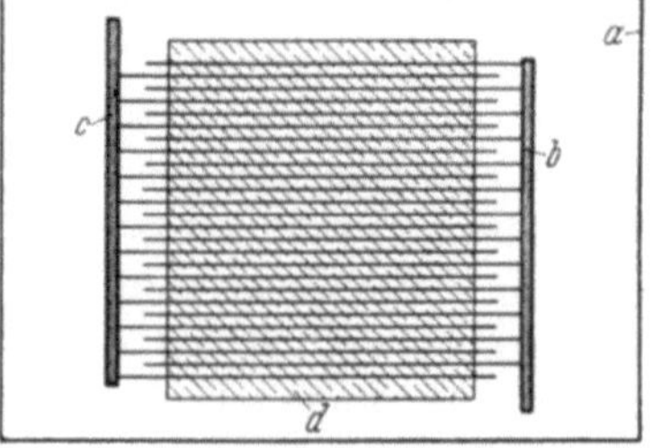

Abb. V.4. Rasterzelle.
a Glasplatte; b und c Elektroden; d Halbleiterschicht

($> 10^{12}\,\Omega$ cm), Unangreifbarkeit durch den Halbleiter und ungefähr den gleichen Ausdehnungskoeffizienten wie der Halbleiter besitzen.

Man ist von der vorstehenden Methode abgekommen und wendet jetzt ein besseres Verfahren an, das sich besonders für technische Zwecke eignet.

Eine isolierende Trägerplatte, z. B. aus Glas, wird mit einer Wachsschicht überzogen und in diese mit einer Teilmaschine ein feines Raster eingeschnitten, vgl. Abb. V.4. Durch Ätzen entstehen in der Oberfläche zwei ineinandergreifende Kämme. Man wählt einen möglichst kleinen Rasterabstand, etwa 0,1 mm und die Rasterlänge 10 mm. Die entstandenen Rillen werden mit einem Leiter (Gold, Platin, Silber, Graphit) ausgefüllt und die Halbleiterschicht durch Aufdampfen oder Kathodenzerstäubung aufgebracht.

Der Widerstand einer derartigen Zelle ist um so kleiner, je kleiner der Rasterabstand und je größer die Zellenfläche ist. Dadurch wächst aber zugleich die Zellenkapazität.

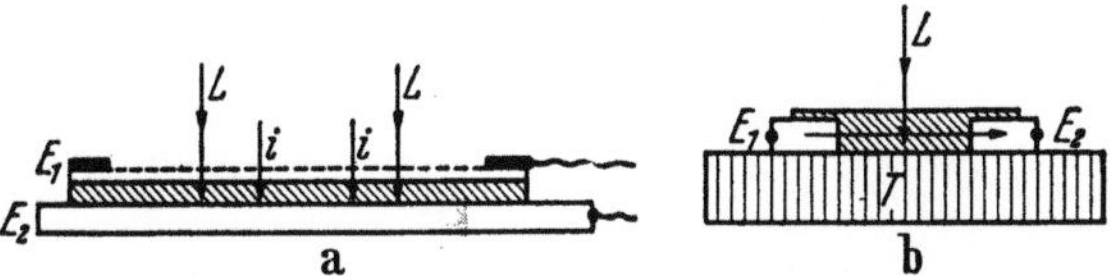

Abb. V. 5. Schematische Darstellung des Lichteinfalls (L) und des Stromflusses (i) bei zwei verschiedenen Zellentypen: a) Flächenzelle, b) Linienzelle; E_1 und E_2 Elektroden

Bei anderen Verfahren wird das Raster aufgedruckt oder in den Trägerkörper eingebrannt, z. B. ein Goldraster in eine Glasoberfläche [17] [21] [52].

Bei anderen Konstruktionen bringt man die lichtempfindliche Substanz auf eine Metallunterlage, wie es besonders bei Photoelementen üblich ist, und benutzt diese Unterlage als die eine Elektrode. Die andere Elektrode wird als durchsichtiger Metallüberzug auf die Oberfläche des Halbleiters aufgebracht, meistens ebenfalls durch Verdampfen oder Zerstäuben im Vakuum, vgl. Abb. V.5a (Flächenzelle). Es sind zwei prinzipielle Anordnungen der Elektroden möglich, die schematisch in Abb. V.5a und b angegeben sind, und zwar kann der Lichteinfall senkrecht (Abb. V.5b) oder parallel (Abb. V.5a) zum Stromdurchgang erfolgen. Im zweiten Fall muß die eine Elektrode eine für Licht halbdurchlässige dünne Schicht sein. Durch besondere Mittel wird der Querwiderstand der Schicht herabgesetzt, z. B. durch ein aufgepreßtes Kupferdrahtnetz. Vor dem Aufdampfen oder Aufstäuben der Elektroden im Vakuum muß eine äußerst sorgfältige Reinigung der Halbleiteroberfläche erfolgen (Ausheizen, Elektronenbeschuß, Glimmentladung usw.). Zum guten Haften der Halbleiterschicht wird die Trägerplatte oft aufgerauht.

Sobald bei kleinen Beleuchtungsstärken der lichtelektrische Strom in die Größenordnung des Dunkelstroms kommt, wird die Meßgenauigkeit bei Gleichlicht durch die Größe des Dunkelstroms begrenzt. Deshalb muß der Dunkelstrom möglichst klein gehalten werden. Seine Größe wird bestimmt durch Beimengungen, oberflächlich adsorbierten Wasserdampf, die Isolation des Zellenkörpers und die Temperatur des Halbleiters. Für technische Zwecke kann der Einfluß des Dunkelstroms durch Wechsellichtbestrahlung ausgeschaltet werden.

46. Herstellung von Selenwiderstandszellen

Selen zählt zu den technisch wichtigsten Halbleitern[1]. Aus den zahlreichen in den letzten 50 Jahren erschienenen Veröffentlichungen ist zu entnehmen, daß die Leitfähigkeit des hexagonalen oder metallischen Selens wesentlich durch Verunreinigungen beeinflußt wird [7]. Die Leitfähigkeitsmessungen an Einkristallen zeigen übereinstimmend eine Aniso-

a   b

Abb. V. 6. Drahtzelle vom SIEMENS-Typ.
a) Trägerkörper mit Drahtelektroden, b) mit aufgebrachter Halbleiterschicht

tropie parallel und senkrecht zur c-Achse [8] [34] [49]. Da eine Anisotropie in der Thermospannung nicht beobachtet wurde, muß die Leitfähigkeitsanisotropie durch eine Beweglichkeitsanisotropie der Leitungsträger verursacht werden. Leitfähigkeits- und Thermospannungsmessungen an mikrokristallinem Selen zeigen bei den verschiedenen Autoren unterschiedliche Ergebnisse, die nur auf unbekannte Beimengungen zurückgeführt werden können. Die dem reinen Selen zukommenden Eigenschaften sind heute weitgehend durch die Arbeiten von ECKART und Mitarbeitern geklärt.

Bei den Selenzellen vom *Siemens- oder Bidwelltyp* [7] sind auf einen Isolierkörper zwei Drahtelektroden aufgewickelt, zwischen denen sich das Selen befindet. Die erste Zelle dieser Art wurde bereits 1875 von W. SIEMENS hergestellt [4] [61]. Abb. V.6 gibt eine Ausführungsform wieder. Man erzielt einen sehr hohen gleichmäßigen Abstand der Elektroden, wenn man zwei mit einer Oxyd- oder Emailleschicht überzogene Drähte verwendet und Draht an Draht wickelt. Mit einer Feinfeile oder einem Schleifmittel wird dann der obere Teil der Isolation entfernt, bevor das Selen aufgebracht wird (vgl. auch Abb. V.3) [51].

---

[1] Siliziumphotozellen und -elemente scheinen jedoch dem Selen den Rang streitig machen zu wollen. (Siehe Anhang.)

Eine zweite Ausführungsart, die *Kondensatorzelle (Thirringscher Typ)* ist im Aufbau einem elektrischen Kondensator sehr ähnlich. Man schleift einen kleinen Glimmerkondensator an einer Seite plan (senkrecht zu den Elektrodenblättchen), so daß zwei Scharen *kammartig* ineinandergreifender Elektrodensysteme sichtbar werden. Von zwei aufeinanderfolgenden Metallfolien gehört dann die eine immer zu der einen Elektrode und die nächste zur anderen Elektrode. Sämtliche Folien werden fest zusammengepreßt [4] [5] [55] [66]. Auf die abgeschliffene Fläche wird das Selen aufgetragen. Die Herstellung wird wesentlich einfacher, wenn man an Stelle der einzelnen Folien zwei schmale Metall-

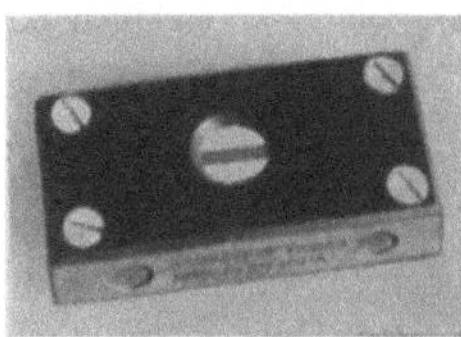
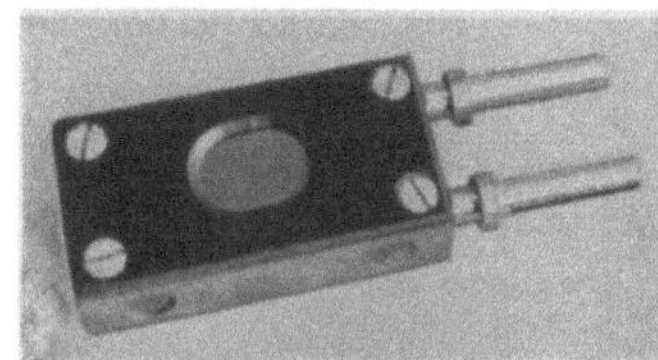
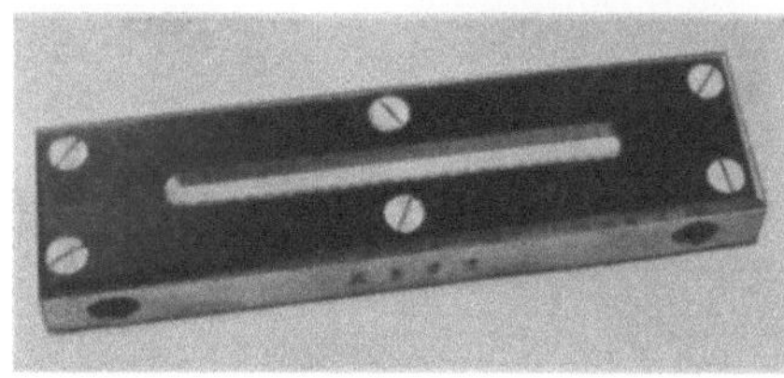

Abb. V. 7. Kondensatorzellen nach THIRRING

bänder, die durch ein isolierendes Band getrennt sind, aufwickelt, wie es beim Kondensatorwickel üblich ist, dann zusammenpreßt und die eine Endfläche nach dem Abschleifen und Polieren mit Selen überzieht. Man muß bei diesen Zellen dafür sorgen, daß das Isoliermaterial nicht übersteht, damit das Selen mit den beiden Elektroden einen sicheren Kontakt hat. An Stelle des zwischen die Elektroden gelegten Isolierstreifens kann auch eine Oxydschicht treten, die z. B. auf chemischem Wege auf den Elektroden erzeugt wird. Die Zellen dieser Art lassen sich viel gleichmäßiger herstellen als die oben beschriebenen Drahtzellen. Abb. V.7 zeigt einige technische Zellen [67]. Infolge ihrer hohen Kapazität eignen sie sich jedoch nur für Gleichlicht oder sehr langsame Lichtschwankungen.

Die dritte Form, die auch heute noch hergestellt wird, ist die sogenannte *gravierte* Zelle *(Liesegangscher Typ)* [33] [42]. Diese hat eine bedeutend kleinere Kapazität als die bisher erwähnten Zellen und eignet sich infolgedessen wesentlich besser zur Registrierung kurzzeitiger und schnell aufeinanderfolgender Lichtimpulse. Aus diesem Grunde sind die in neuerer Zeit hergestellten Zellen fast ausschließlich gravierte Zellen.

Bei einem älteren Verfahren wird auf den Isolierkörper eine dünne Metall-folie oder ein Kohleniederschlag aufgebracht. Mit einem Griffel oder einer Teilmaschine (bzw. Kopierfräse) ritzt man eine mäanderförmige Trennungslinie ein, etwa ähnlich wie in Abb. V.8 angegeben, die den Metallbelag in zwei Teile — die beiden Elektroden — zerlegt. Der Raum zwischen den Elektroden wird mit einer dünnen Schicht Selen ausgefüllt und darauf die Zelle formiert. Je länger die Trennungslinie, um so empfindlicher ist die Zelle.

Nach der Formierung und Fertigstellung ist es oft zweckmäßig, die Zellen in ein evakuiertes oder mit einem inerten, trockenen Gase ge-fülltes *Glasgefäß* einzuschließen [30], um die Luftfeuchtigkeit, insbesondere den Luftsauerstoff, und andere schädliche Dämpfe oder Gase fernzuhalten. Die Luftfeuchtigkeit und besonders der Luftsauerstoff haben auf den Dunkelwiderstand der Zelle einen direkten Einfluß und bewirken z. B. durch Oxydation des Selens eine dauernde Veränderung

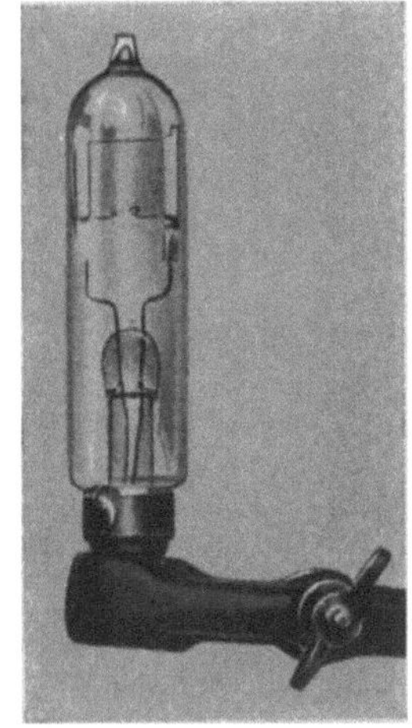

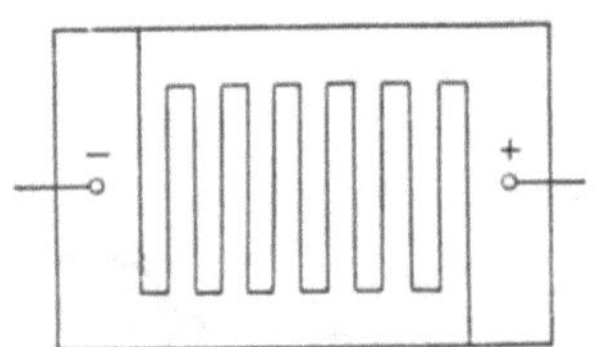

Abb. V.8. Schema einer gravierten Zelle vom LIESEGANG-Typ

Abb. V.9. Gravierte Zelle im evakuierten Glas-kolben (Telefunken)

der Empfindlichkeit. Abb. V.9 zeigt eine Versuchszelle in einem eva-kuierten Glasgefäß. Unter Umständen kann auch eine gutisolierende Lackierung der Zellenoberfläche, die im Vakuum oder in einem inerten Gase aufgebracht wird, den Einfluß der Atmosphäre ausschließen.

Das *amorphe* Selen hat im pulverisierten Zustand eine *rote* bis *schwarze* Färbung. Beim Schmelzen (*Schmelzpunkt* 220,2 $\pm$ 0,5° C) geht es in eine schwarze glasige Masse über, die beim Erstarren ihre schwarze Färbung beibehält. Der Schmelzpunkt läßt sich viel genauer aus dem Sprung der elektrischen Leitfähigkeit bestimmen als aus dem Übergang vom festen in den flüssigen Zustand beobachten [6] [22].
Die lichtempfindliche, grau aussehende, kristalline Form erhält man, indem man die Zelle langsam auf 190 bis 210° C erhitzt und längere Zeit (bis zu mehreren Stunden) auf dieser Temperatur läßt. Je nach der Temperatur und *Temperungs-* oder *Formierungszeit* erhält man Zellen mit verschiedenem Widerstand. Je höher die Temperatur und je länger

die Zeit, um so niedriger ist der Widerstand der Zellen, wie die folgende Tabelle V.1 zeigt.

Durch geringe *Metallzusätze*, z. B. Tellur, Antimon, Silber, die als Störstellen wirken, kann man die Empfindlichkeit erhöhen. Das gleiche gilt, wenn man das Selen vor der Formierung in eine 5- bis 8 %ige Chinolinlösung [20] bringt. Diese Sensibilisierungsmöglichkeit deutet darauf hin, daß die Grenzschicht Selen-Metallelektrode eine besondere Bedeutung für die Empfindlichkeit, allerdings auch für das Rauschen der Widerstandszellen hat.

Tabelle V.1 [15]

Zelle Nr.	Temperatur °C	Formierungszeit in Stunden	Dunkelwiderstand Ω
19	180	9	40 000 000
21	180	14	9 500 000
18	180 +210	9 0,5	976 000
20	180 +210	14 0,5	250 000
15	190	2	3 690 000
16	190	3,5	1 400 000
28	210	4	490 000
22	210	5	358 000
23	210—190	6	233 000

Beim Erhitzen des Selens auf 200 bis 220° C und bei seinem Übergang in die graue kristalline, metallische Form findet eine starke *Volumenänderung* statt, die kleine Haarrisse entstehen läßt und u. U. das Selen von den Elektroden ablöst, so daß der Kontakt mit den Elektroden nicht mehr einwandfrei ist, wodurch Störungen auftreten.

Die Tab. V.1 zeigt, daß der Dunkelwiderstand der Zellen je nach Formierung und Konstruktion zwischen 10^5 und 10^7 Ω liegt. Da er mit wachsender Saugspannung fällt, soll diese möglichst niedrig gewählt werden. Je nach der Höhe des Dunkelwiderstandes wählt man 5 bis 500 V [19] [44] [58].

Das geschmolzene Selen wird bei den älteren Drahtzellen mittels eines sorgfältig gereinigten Spachtels aus Glas oder Porzellan aufgetragen und auf der Oberfläche möglichst gleichmäßig verteilt. Eine sehr gute Temperaturregulierung des Formierofens ist hierbei notwendig, da bei zu niedriger Temperatur Klumpenbildung eintritt und bei zu hoher Temperatur das Selen eine zu große Oberflächenspannung hat, so daß es ähnlich dem Quecksilber (Tröpfchenbildung) nicht in die feinen Spalten zwischen den Elektroden eindringt. Nach dem Verteilen und Aufschmelzen des Selen läßt man die Zelle etwas abkühlen und formiert sie im Ofen. Die Formierungstemperatur richtet sich nach dem gewünschten Zellenwiderstand und muß auf experimentellem Wege bestimmt werden. GÖRLICH [31] gibt auf Grund eigener Versuche die in Abb. V.10 dargestellte Abhängigkeit der Stromausbeute von der Formierungstemperatur an. Er erhitzte jeweils langsam bis zu der angegebenen Temperatur und ließ die Selenschicht dann in etwa einer halben Stunde auf Zimmertemperatur abkühlen, bevor er die Stromausbeute bestimmte.

Eine unangenehme Eigenschaft der Selen-Photowiderstände ist ihre *Trägheit*, d. h., der zu einer bestimmten Beleuchtungsstärke gehörende Widerstandswert stellt sich erst nach einer gewissen Zeit ein (Abb. V. 11).

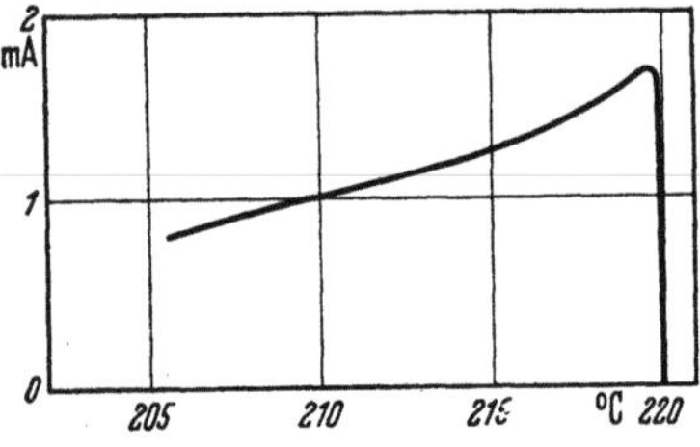

Abb. V. 10. Abhängigkeit der Stromausbeute von der Formierungstemperatur nach GÖRLICH

Die Trägheit ist auf verschiedene Ursachen zurückzuführen. Verbindet sich das Elektrodenmaterial, z. B. Kupfer, mit dem Selen [58], so hat eine solche Zelle eine größere Trägheit (Ausbildung von Sperrschichten!) als eine Zelle, die z. B. Platinelektroden hat, das mit dem Selen keine Verbindung eingeht [38]. In der Literatur sind jedoch auch entgegenstehende Angaben, z. B. für Silber, gemacht worden [21] [45] [69]. Geringe Zusätze von Silber (0,05 bis 0,2 Gew.-%), das Selenide bildet, sollen die Trägheit herabsetzen, was zu dem Vorhergesagten im Widerspruch steht.

Auch durch den Formierungsprozeß wird die Trägheit beeinflußt. Formiert man bei 100 bis 110° C, so erreicht eine Selenzelle erst nach

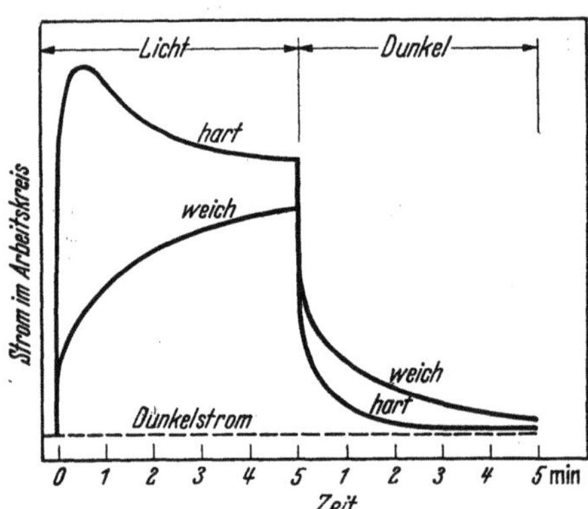

Abb. V. 11. An- und Abklingen zweier Selenzellen nach ZWORYKIN und RAMBERG. („Harter" und „weicher" Typ)

mehreren Stunden den zu der betreffenden Beleuchtungsstärke gehörenden maximalen Wert. Formiert man dagegen zwischen 200 und 210° C, so stellt sich der Endwert nach wenigen Sekunden oft nach Überschreiten eines Maximums ein, sog. „harte" Zelle. Die Dicke der Selenschicht hat auf die Trägheit ebenfalls Einfluß. Bei Zellen vom Drahttyp kann die Selenschicht nicht beliebig dünn gemacht werden. Das zwischen den Drähten befindliche und nicht vom Licht getroffene Selen bildet einen unerwünschten Nebenschluß. Am besten verhalten sich in dieser Hinsicht dünne Schichten (Strichrastertyp). Da das Licht nur bis zu einer Tiefe von $5 \cdot 10^{-5}$ mm eindringt, erfolgt die Leitfähigkeitsänderung des Selen nur in dieser Schicht. Zu dünne Schichten auf isolierender Unterlage haben wiederum einen zu hohen Querwiderstand, so daß als günstigste Schichtdicke 0,001 bis 0,01 mm angegeben wird. Adsorbierter Wasserdampf kann ebenso die Trägheit vergrößern. Völlig trägheitsfreie Selenzellen haben sich bisher nicht herstellen lassen. Es bleibt immer eine Restträgheit bestehen.

Bei Belichtung mit Röntgenstrahlen sind die Trägheitserscheinungen im allgemeinen größer als bei Belichtung mit sichtbarem Licht, was wahrscheinlich auf Sekundäreffekte zurückzuführen ist. Jedenfalls muß bei der Herstellung versucht werden, Sperrschichten am Übergang Halbleiter/Elektrode zu vermeiden.

ECKART hat in neuester Zeit Untersuchungen an außerordentlich reinem Selen durchgeführt [23]. Er löst das in der Hütte anfallende Rohselen in heißer Salpetersäure und oxydiert es zu seleniger Säure. Das durch Eindampfen entstehende Selendioxyd wird in wäßriger Lösung mit schwefliger Säure zu Selen reduziert, in destilliertem Wasser ausgewaschen, getrocknet und geschmolzen. Die Leitfähigkeit dieses Selens beträgt bei Zimmertemperatur $4 \cdot 10^{-8} \Omega^{-1}$ cm^{-1} im Gegensatz zu den z. B. von SCHWEIKERT angegebenen Werten, die zwischen 10^{-4} und $10^{-6} \Omega^{-1}$ cm^{-1} liegen.

In der in Abb. V.12 angegebenen Vakuumanlage zur fraktionierten Destillation des Selens erfolgt nun die weitere Reinigung, da das oben angegebene Verfahren allein nicht ausreicht. Die Anlage besteht aus drei getrennt beheizbaren Kammern. Die Heizung wird für jede Kammer automatisch gesteuert. Die Kammern enthalten von unten nach oben den Destillationskolben, das Kolonnenrohr und den Destillationsaufsatz.

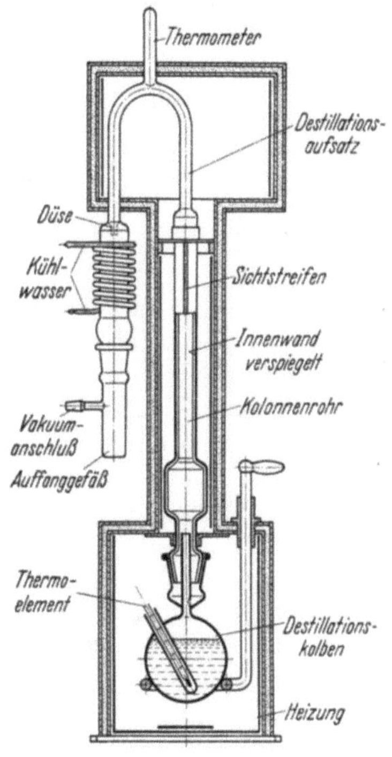

Abb. V. 12. Dreikammerofen für die Selendestillation nach ECKART und Mitarbeitern

Durch den hohen Siedepunkt (685° C bei 760 mm Hg) des Selens ergeben sich besondere Schwierigkeiten bei der Destillation. Um mögliche Verunreinigungen zu vermeiden, ist eine Hartglasapparatur zu verwenden. Die Arbeitstemperatur muß mit Rücksicht auf den Transformationspunkt des verwendeten Glases unter 500° C liegen, so daß nur eine Destillation bei Unterdruck durchgeführt werden kann. Abb. V.13 zeigt die Dampfdruckkurve, aus der man ersieht, daß bei Drucken zwischen 1 und 10 Torr gearbeitet werden muß. Bei der fraktionierten Destilla-

302 V. Konstruktion und Herstellung von Photowiderständen

tion des Selens müssen die Arbeitstemperaturen der verschiedenen Stufen
äußerst konstant gehalten werden. Die Kolonne wurde daher mit einem
verspiegelten Vakuummantel umgeben und mit Sichtfenstern versehen.
Auch der Destillationsaufsatz wurde mit einer besonderen Heizung versehen. Ein Thermometer im Destillationsaufsatz gestattet, die Temperatur

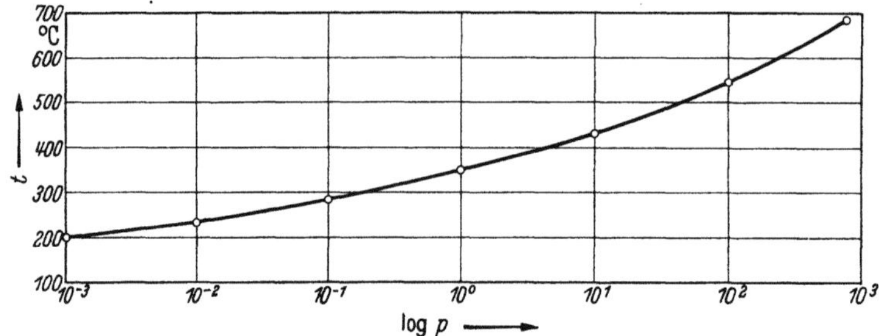

Abb. V.13. Dampfdruckkurve des Selens

des Selens beim Überlaufen in die Destillationsvorlage zu überwachen. Um
das Wiederverdampfen des Selens im Vorlagegefäß zu verhindern, wird
dieses in seiner ganzen Länge mit einer wasserdurchflossenen Schlange
gekühlt. Die Temperatur wurde in jeder Kammer durch die Regelein-
richtung auf 1 bis 2° C konstant gehalten.

Mit dieser Anlage war es bei einer Temperatur von 430° C entsprechend einem Druck von 10 Torr möglich, in eineinhalb Stunden
200 cm³ Selen zu destillieren. Das erhaltene Selen enthielt nur noch
Spuren von Bor, die wahrscheinlich aus der Destillationsanlage selbst
herrührten. Das Destillat wurde spektral-analytisch geprüft:

Tabelle V.2

Beimengungen:	Pb	Cu	Ag	Te	Sb	Hg	Tl	Al	Mg	Mn	Ca	Si	Fe	Sn	Zn	Cd	Bi	Na	Ti	B
Vor Vak.-Dest.	2	3	1	—	—	—	—	1	3	2	3	3	2	—	—	—	—	1	1	—
Nach Vak.-Dest.	—	—	—	—	—	—	—	—	—	1	1	—	1	—	—	—	—	1	1	—
2. Versuch																				
Vor Vak.-Dest.	1	—	—	1	1	—	—	—	1	—	—	1	1	1	—	1	2	—	—	—
Nach Vak.-Dest.	1	—	—	—	—	—	—	<1	—	—	—	—	—	—	—	—	—	—	—	1

Die oben angegebenen Zahlen sind keine Absolut-, sondern Relativ-
werte. 1 bedeutet, daß die Substanz spektralanalytisch gerade noch
nachweisbar ist.

Die Strom-Spannungskurve einer Selenzelle, deren Selen in der vorgeschriebenen Weise gereinigt wurde, hat eine absolute Proportionalität
zwischen Strom und Spannung. Es liegt also ein rein ohmsches Verhalten vor, wie man aus Abb. V.14 ersehen kann. Mit so gereinigtem

Selen kann man Zellen mit nahezu gleichen lichtelektrischen Eigenschaften erhalten.

Um die Lichtempfindlichkeit nach der *ultraroten* Seite zu verschieben, werden Schwefel [3] (0,5 bis 1,0%), Tellur (3 bis 10%), Antimon [40] (0,5 bis 4%), Kadmium (1 bis 2%) oder Metallverbindungen dieser Elemente in geringen Mengen dem Selen beigegeben. Kadmium hat den Vorteil, daß es sich mit dem Selen zusammen im Vakuum aufdampfen läßt (vgl. S. 242). Die in das Se-Gitter eingebauten Te- oder Sb-Atome wirken

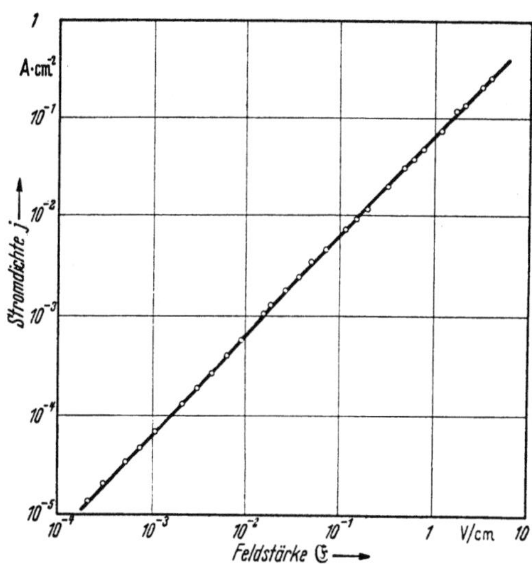

Abb. V.14. Strom-Spannungskurve einer Zelle mit äußerst reinem Selen (ohmsche Charakteristik)

als Störstellen. LEHOVEC [41] fand, daß ein Zusatz von Thallium zu Reinselen die Leitfähigkeit vermindert.

Telefunken hat durch Zusetzen von 7 bis 15 Atomgew.-% Tellur zum Selen ultrarotempfindliche Zellen sehr hoher Lichtempfindlichkeit hergestellt [46] [60]. Eine derartige Zelle ist in Abb. V.9 wiedergegeben. Für die Herstellung hat sich wegen der verschiedenen Schmelzpunkte (Se 220°, Te 495° C) und verschiedenen Dampfdrucke die Kathodenzerstäubung als brauchbar erwiesen [2]. Eine Temperaturformierung ist ebenso wie bei der Selenzelle erforderlich, um die richtige kristalline Beschaffenheit zu erhalten.

Die Ausbeute der auf dem inneren lichtelektrischen Effekt beruhenden Zellen wird meistens als das Verhältnis von Dunkelwiderstand R_d zu Hellwiderstand R_l angegeben, bezogen auf 1 Lumen.

Diese Vergleichswerte sind beim inneren Photoeffekt nicht eindeutig, wie dies beim äußeren Photoeffekt der Fall ist, sondern außerordentlich von den Versuchsbedingungen, insbesondere von der angelegten Spannung, abhängig. Mit steigender Spannung nimmt die Dunkelleitfähigkeit des Selens, auch in dem Bereich, in welchem von einer meßbaren Erwärmung noch nicht die Rede sein kann, im allgemeinen beträchtlich zu.

47. Herstellung von Thalliumsulfid- und Bleisulfidzellen

a) Thalliumsulfidzellen

Die Herstellung der Thalliumsulfidzelle [13] oder Thallofidzelle unterscheidet sich von der Selenzellenherstellung insofern, als die Formierung in einer Sauerstoffatmosphäre erfolgen muß. Eingehende Untersuchungen stammen von HIPPEL, CHESLEY, DENMARK, ULIN und RITTNER, ferner MICHELSSEN u. a. [15] [35] [36] [46] [64]. Es werden hauptsächlich Rasterzellen hergestellt (vgl. S. 294). Das Thalliumsulfid wird durch Verdampfen im Vakuum bis zu einer Schichtdicke von 200 bis 600 mμ auf eine geeignete Unterlage aufgebracht. Dann wird das dunkelgraue Tl$_2$S einige Minuten bei einer Temperatur von 300° C in einer Sauerstoffatmosphäre von ca. 0,8 Torr formiert. Dabei bildet sich, besonders an der Oberfläche, eine gelb aussehende Additionsverbindung, die in das Tl$_2$S-Gitter einwandert. Durch weiteres Tempern in Sauerstoff erfolgt eine Steigerung des Photostromes und gleichzeitig eine Verminderung des Dunkelstromes, siehe Abb. V.15 [36]. Um eine weitere Oxydation zu verhindern, muß die Thalofidzelle ins Vakuum eingeschlossen werden, siehe Abb. V.9 oder mit einer im Vakuum bzw. in einem Edelgase aufgetragenen Lackschicht überzogen und dadurch gegen den Einfluß der Atmosphäre geschützt werden.

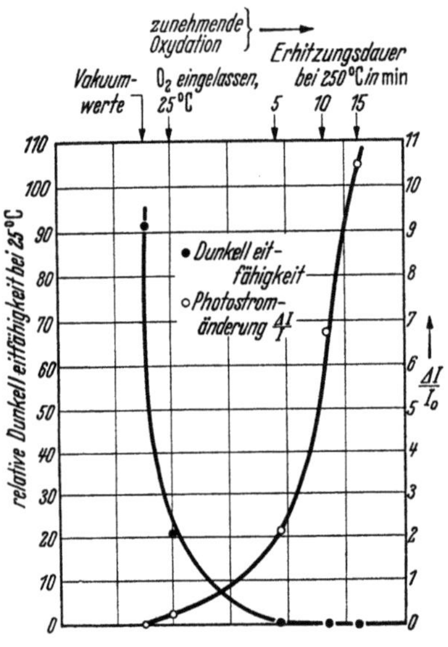

Abb. V.15. Abhängigkeit der Dunkelleitfähigkeit und des Photostroms von der Sauerstoffaufnahme einer Thalofidzelle

Abb. V.16 stellt die Abhängigkeit des Photostroms einer oberflächlich oxydierten Thallofidzelle von der Beleuchtungsstärke dar, wie sie von v. HIPPEL und Mitarbeitern [36] gefunden wurde.

Ein anderes Verfahren beschreibt WOLSKA [72]. Er bringt wenige Milligramm Tl$_2$S$_2$O$_3$ in eine Hartglaszelle und erhitzt diese bei bestem

Vakuum auf 450 bis 480° C. Dabei dissoziiert die Substanz. Auf der gekühlten Zellenwand läßt man eine etwa 1 μ dicke Schicht kondensieren. In die Glaswand eingeschmolzene Wolframdrähte dienen als Elektroden. Die Formierung erfolgt durch Erhitzen auf 250 bis 300° C in Sauerstoff von 0,05 bis 0,25 Torr. Der Sauerstoff dringt in das Kristallgitter ein und erzeugt Störstellen. Die Schicht ist zunächst inhomogen, da sie aus vielen Kristalliten besteht. Nunmehr schickt man einen konstanten Strom durch die Schicht, nachdem sie auf 200° C erhitzt worden war, kühlt sie dann schnell ab und formiert nochmals bei Zimmertemperatur im Vakuum.

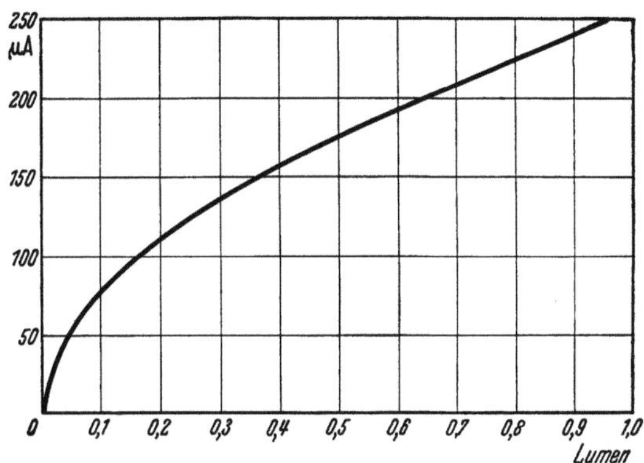

Abb.V.16. Abhängigkeit des Photostroms einer Thalofidzelle von der Beleuchtungsstärke

Die auf diese Weise erhaltenen Thalofidzellen zeigen bei 8300 Å das Empfindlichkeitsmaximum. Ihr Widerstand liegt zwischen 10^{-2} und $10^{-7} \,\Omega$ cm. Die Einstellzeit auf den Endwert erfolgt in wenigen Millisekunden. Ihre EMK beträgt 3 mV/μW/cm². Empfindlichkeit und EMK steigen mit fallender Temperatur.

b) Bleisulfidzellen [9]

Durch die Arbeiten von GUDDEN und Mitarbeitern [32] hat Bleisulfid Bedeutung erlangt [10] [16] [26] [65], das ein besonders im Ultraroten empfindliches Halbleitermaterial darstellt. Neben Bleisulfid wird auch Bleiselenid [20] benutzt. Es werden sowohl Rasterzellen als auch Flächenzellen hergestellt. Infolge der höheren Empfindlichkeit kann die Zelle wesentlich kleiner ausgebildet werden, da der spezifische Widerstand von PbS wesentlich niedriger ist als der von Tl₂S. Infolge der starken Absorption des Lichtes genügen Schichten von wenigen Mikron Dicke.

Man unterscheidet bei der Schichtherstellung grundsätzlich zwei Verfahren:

α) Das nasse oder chemische Verfahren,

β) das Trocken- oder Aufdampfverfahren.

α) Das **chemische Verfahren** geht auf einen Vorschlag von Tiede [68] zurück und benutzt alkalische Bleisalzlösungen, die mit Thioharnstoff versetzt auf Glas und gegebenenfalls auch auf Metallflächen einen festhaftenden Überzug von Bleisulfid bilden. Verwendet man reinstes Bleiazetat und fügt Kalilauge im Überschuß hinzu, so entsteht Bleihydroxyd nach der Gleichung:

$$(CH_3COO)_2Pb + 2\,KOH \rightarrow 2\,CH_3COOK + Pb(OH)_2\,.$$

Wegen seiner geringen Löslichkeit fällt Bleihydroxyd als weißer Niederschlag aus. KOH im Überschuß löst $Pb(OH)_2$ zu Kaliumplumbit:

$$Pb(OH)_2 + 2\,KOH \rightarrow K_2PbO_2 + 2\,H_2O\,;$$

denn das auf diese Reaktionsgleichung angewendete Massenwirkungsgesetz

$$\frac{[Pb(OH)_2]\,[KOH]^2}{[K_2PbO_2]} = const$$

verlangt, daß mit wachsender Konzentration der Lösung an KOH die Konzentration des $Pb(OH)_2$ zugunsten des Plumbits zurückgedrängt wird. $Pb(OH)_2$ wird mit Thioharnstoff zu PbS und Cyanamid umgesetzt:

$$Pb(OH)_2 + S = C\!\!\begin{array}{c}{\nearrow NH_2}\\{\searrow NH_2}\end{array} \rightarrow PbS + C\!\!\begin{array}{c}{\nearrow NH_2}\\{\searrow\!\!\!\!\backslash N}\end{array} + 2\,H_2O\,.$$

Der Reaktionsablauf und damit auch die Schichtstruktur und ihre Eigenschaften werden durch Konzentration und Temperatur wesentlich beeinflußt. Die Reihenfolge der Vermischung ist nicht gleichgültig. Bleiazetat und Thioharnstoff zu einer gemeinsamen Ausgangslösung zu vereinigen, hat sich nicht bewährt. Eckart [23] arbeitet mit folgenden Ausgangslösungen:

Bleiazetat: Konzentration 0,21 Mol/L,
Thioharnstoff: Konzentration 0,42 Mol/L,
Kalilauge: Konzentration 1,78 Mol/L.

Schon eine Kupfer-Ionenkonzentration von $5 \cdot 10^{-7}$ Mol/L hebt die Keimbildung nahezu vollständig auf. Demgegenüber beschreibt Pick [48] gerade die günstige Wirkung eines $CuSO_4$-Zusatzes. Außer Cu sollen nach Pick auch Ag-, Sn-, Hg- und Pt-Salze den Reaktionsablauf günstig beeinflussen. Die unmittelbar dem Bad entnommenen Schichten sind hellgrau und metallisch glänzend. Die lichtelektrischen Eigenschaften sind zunächst meist instabil. Durch jahrelange Versuche (Ändern von Temperatur, Konzentration, Bleimengen usw.) konnten Methoden gefunden werden, die einwandfreie Bleisulfidzellen liefern. Die Entwicklung wurde besonders durch die von Eckart [23] durchgeführten Versuche an Bleiselenid durch den Einbau von Sauerstoff nach Tempern bei 550° C gefördert.

β) Das Aufbringen der Schicht nach dem **Trockenverfahren** erfolgt durch Verdampfen von bestens gereinigtem Bleisulfidpulver im Vakuum [10] [16] [65]. Sehr reines PbS-Pulver erhält man, wenn man H_2S in der Kälte in $Pb(NO_3)_2$-Lösung einleitet (15 g $Pb(NO_3)_2$ in 500 cm³ dest. Wasser gelöst); Dekantieren und Nachwaschen mit H_2S-Wasser, Abnutschen und wiederholtes Nachwaschen mit dest. Wasser und danach mit Methanol; Trocknen möglichst im Vorvakuum und gegen Ende Erwärmen auf 50 bis 60° C. Schließlich wird das in ein Glasgefäß eingebrachte PbS-Pulver im Hochvakuum kurze Zeit bei etwa 200° C ausgeheizt, nach dem Erkalten in Ampullen gebracht und diese von der Pumpapparatur abgeschmolzen.

Wegen der zum Verdampfen des PbS erforderlichen hohen Temperatur müssen die Gefäße aus Hartglas oder Quarz sein. Nach dem Verdampfen des PbS wird die Zelle im Ofen auf 400 bis 550° C erhitzt und zugleich ein Sauerstoffdruck von einigen Zehntel Torr aufrechterhalten[1]. Die Sauerstoff-Formierung ist unbedingt erforderlich. Der Zellenwiderstand liegt in der Regel zwischen 0,1 und 10 MΩ. Die erforderliche Saugspannung liegt je nach der Größe der Zellenfläche und Ausbildung des Rasters zwischen 5 und 100 V. Von KASPAR [37] wurden Schichten hergestellt, deren Widerstand 100 MΩ betrug und die eine Saugspannung von 400 V benötigten. Solange der Photostrom klein gegen den Dunkelstrom ist, besteht Proportionalität zwischen Lichtintensität und Photostrom.

Als Elektrodenmaterial für die zweite Elektrode wird aufgedampftes Silber [39], Platin oder Gold bzw. aufgestrichenes Aquadag [14] oder Graphit genommen. Der Photostrom des PbS hat ein Maximum bei −40° C. Das Maximum kommt dadurch zustande, daß mit weiterem Absinken der Temperatur der Widerstand außerordentlich stark zunimmt. Infolgedessen ist es zweckmäßig, die PbS-Zellen mit entsprechenden Kühlvorrichtungen zu versehen.

In neuerer Zeit hat man das Trockenverfahren wie folgt abgeändert.

Zuerst wird Blei in dünner Schicht auf geeignete, sorgfältig gereinigte Glasunterlagen im Hochvakuum aufgedampft und anschließend bei etwa 200 bis 300° C im Schwefeldampf (bzw. Selendampf) in PbS (bzw. PbSe) umgewandelt. An diesen Schichten wurde erstmalig 1938 von ECKART der entscheidende Einfluß des Sauerstoffs festgestellt. Er formierte die Schichten in Luft bei verhältnismäßig hoher Temperatur (500 bis 550° C) und erhielt lichtelektrisch sehr wirksame Schichten. Werden die Schichten unter strengem Ausschluß von Sauerstoff hergestellt, dann ergibt sich entweder gar kein oder nur ein sehr geringer Photoeffekt.

---

[1] Hierzu ist das Kugelventil von ECKART sehr geeignet (s. S. 253).

20*

c) Herstellung von Kadmiumsulfidzellen

Zu den jüngsten Halbleiterzellen gehört die *Kadmiumsulfidzelle* (CdS). Es handelt sich dabei um Einkristalle oder Aufdampfschichten.

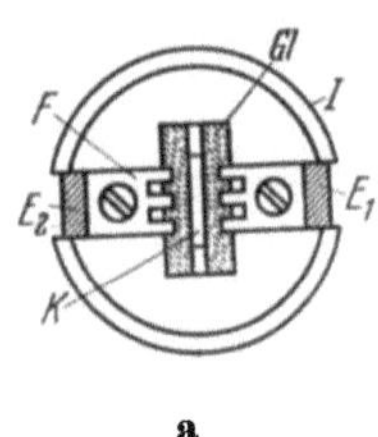

a

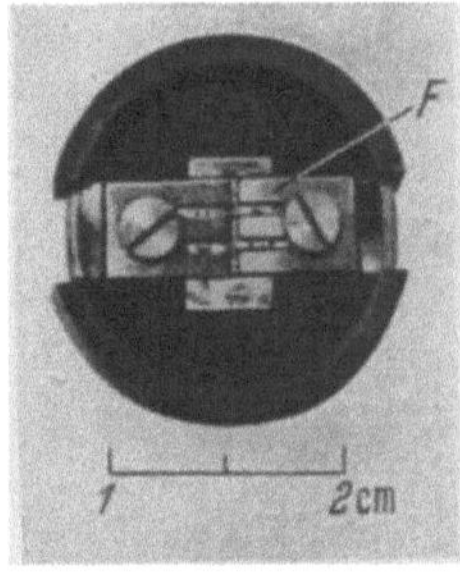

b

Abb. V. 17. CdS-Zelle nach FASSBENDER.
a) Schema, b) Ausführung

Man verwendet heute hauptsächlich *künstlich* gezüchtete Kristalle, die bei der Reaktion von H_2S und Cd-Dampf bei ca. 1000° C entstehen und erstmalig von LORENZ [43] im Jahre 1891 hergestellt worden sind. Dieses Verfahren wurde von FRERICHS [27] [28] [29] weiterentwickelt und ergibt klare Kristalle, die 10 bis 30 mm lang, 1 bis 3 mm breit und einige Hundertstel Millimeter dick sind. Die Kristalle wurden anfangs mit zwei Aluminiumelektroden bedampft und in einer Kunststoffassung gehaltert, Abb. V. 17 [25] [62]. Der Abstand der aufgedampften Elektroden beträgt mit Rücksicht auf die geringe Breite der bisher erhaltenen Kristalle 0,1 bis 1,5 mm. Die Saugspannung liegt dementsprechend zwischen 10 und 100 V.

Die Herstellung der Kristalle erfolgt in einem Quarz- oder Pythagorasrohr von 60 bis 70 mm lichter Weite, vgl. Abb. V. 18. Spektralreines Cd wird in einem Porzellanschälchen in das Rohr eingeführt und beim Beginn der Verdampfung des Cd gasförmiges H_2S eingeleitet. Die Ausgangssubstanzen müssen sehr rein sein. Als Schutzgas dient Wasserstoff. Das Rohr wird durch einen genau regulierbaren elektrischen Ofen erhitzt. Die Temperaturverteilung längs des Rohres ist in Abb. V. 19

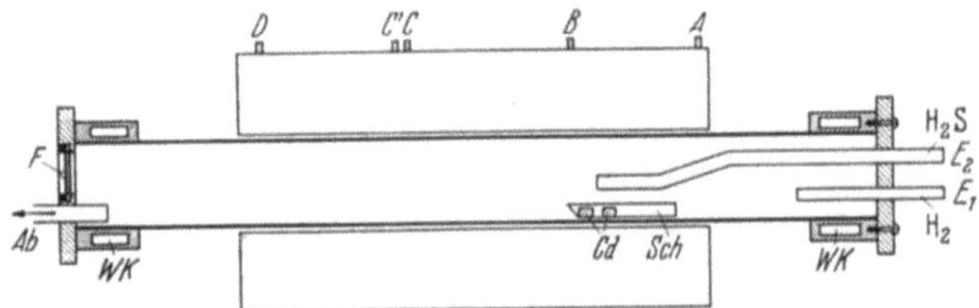

Abb. V. 18. Schematische Darstellung eines Ofens zur Erzeugung von CdS-Einkristallen.
A B C C′ D Anschlüsse für die drei getrennt regulierbaren Heizwicklungen des Ofens. *Sch* Verdampfungsschälchen für das Kadmium Cd; E_1 Einlaß für Wasserstoff; E_2 Einlaß für Schwefelwasserstoff; *WK* Wasserkühlung der Rohrabschlüsse; *F* Beobachtungsfenster; *Ab* Gasauslaß

schematisch angegeben. Drei getrennte Heizwicklungen des Ofens gestatten in der Verdampfungszone eine Temperatur von ca. 750° C, in der Reaktionszone von ca. 950° C und in der Kristallisationszone von ca. 700° C

aufrechtzuerhalten. Der Cd-Dampf wird durch den (langsamen) Wasserstoffstrom in die Reaktionszone getragen und reagiert dort mit dem
gasförmigen H_2S. Der CdS-Dampf kondensiert sich beim Abkühlen auf
700° C zu hexagonalen CdS-Kristallen. Man beobachtet durch ein Fenster F
(in Abb. V.18) das Wachsen der Kristalle und reguliert durch Veränderung der Durchflußgeschwindigkeiten des Wasserstoffs und des
Schwefelwasserstoffs die Wachstumsgeschwindigkeit der Kristalle, die
möglichst klein sein soll. Durch Veränderung des Heizstromes der dritten
Wicklung (vgl. in Abb. V.18 $C'D$) und damit Veränderung der Temperatur in der Kristallisationszone kann die Größe der Kristalle beeinflußt werden. Nach dem völligen Verdampfen des Cd wird der
Schwefelwasserstoffstrom abgeschaltet, während bis zur Abkühlung des
Rohres auf Zimmertemperatur der Wasserstoff weiter strömt. Die erhaltenen Kristalle sollen hellgelb aussehen und durchsichtig klar sein.

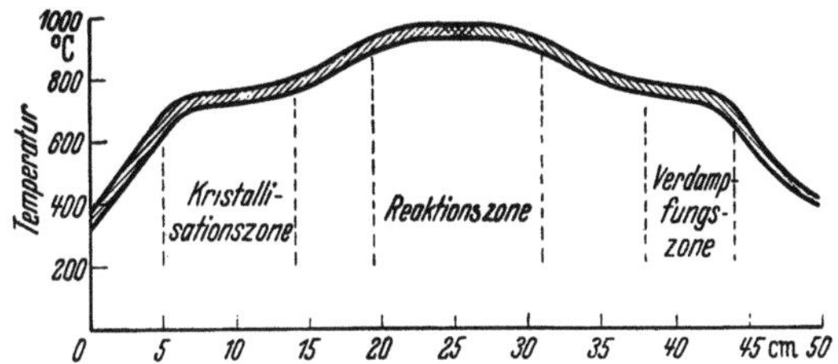

Abb. V.19. Temperaturverteilung im Ofen (gemäß Abb. V.18)

Mattgelb oder dunkelgelb gefärbte Kristalle sind weniger geeignet. Sie
zeigen oft ein starkes Strich- oder Fischgrätenmuster, d. h., sie bestehen
aus vielen kleinen Einkristallen mit ausgeprägten Kristallgrenzen. In
Abb. V.20 sind einige Kristalle wiedergegeben. Die Kristalle der Form 1
und 2 wurden nicht verwendet.

Man verwendet Platin, Gold und Aluminium für die Elektroden. Das
Aufdampfen erfolgt in der in Abb. V.1 dargestellten Apparatur (S.294).
Der Spalt wird durch Schattenwirkung eines Drahtes oder Bandes erzeugt. Silber hat sich als Elektrodenmaterial nicht bewährt, da Silberatome in das CdS-Gitter einwandern können und u. U. die Trägheit
erhöhen.

Abb. V.17 stellt eine von Fassbender hergestellte CdS-Zelle dar.
Durch fein ausgebildete Kontaktfedern F, die zugleich den Kristall
halten, wird der Kontakt mit den aufgedampften Elektroden vermittelt.
Die Dunkelströme dieser Zellen liegen bei einer Saugspannung von 30 V
bei 10^{-7} A. Mit steigendem Dunkelstrom nimmt die Trägheit der Zellen
zu. Man wird deshalb die Kristalle nach der Größe des Dunkelstroms
aussuchen. Bei dieser Zellenform ist der Kristall der Atmosphäre ausgesetzt. Da der Sauerstoff oberflächlich mit dem CdS reagiert und sich

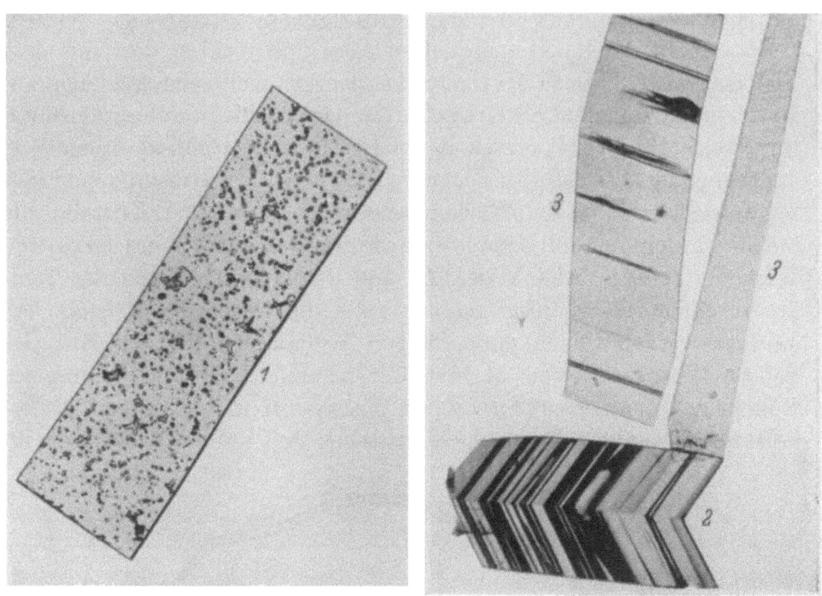

Abb. V. 20. CdS-Kristalle im polarisierten Licht (6 fach vergrößert)

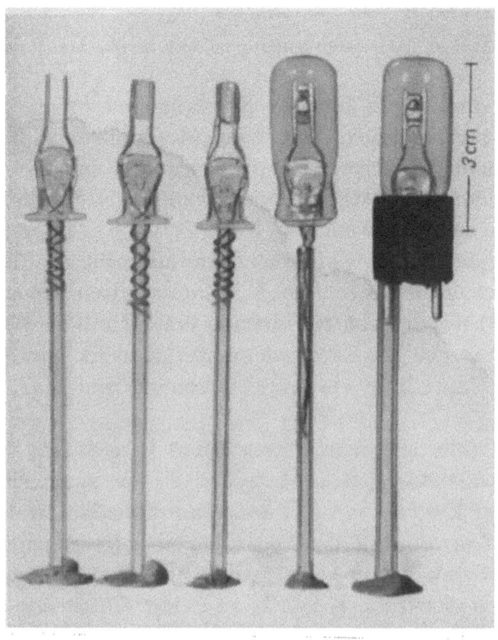

Abb. V. 21. Herstellungsgang einer Vakuum-CdS-Kristallzelle nach SIMON

Wasserhäute an der Oberfläche bilden, zeigen diese Zellen laufende Empfindlichkeitsänderungen.

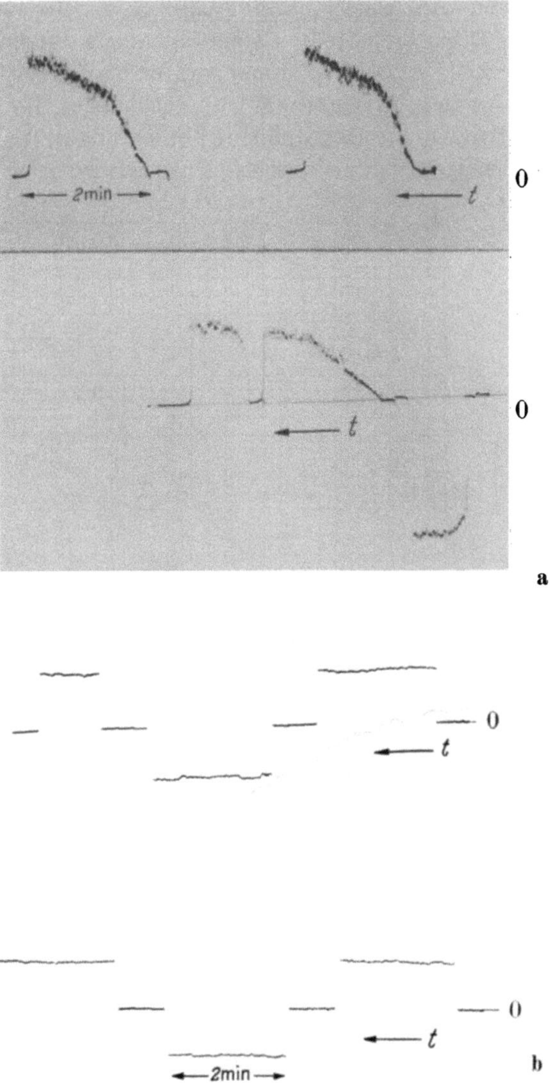

Abb. V. 22. Zeitdiagramme des Stromeinsatzes von CdS-Einkristallzellen.
a) ohne Formierung, b) nach Temperaturformierung im Hochvakuum. Die Zeit zählt von rechts nach links

Um dies zu verhindern, hat SIMON [63] die Kristalle in ein Vakuumgefäß eingeschlossen. Der Kristall selbst wurde mit Silikonlack auf einer einseitig plan- oder hohlgeschliffenen Glasperle befestigt, in welche die

beiden Zuführungselektroden eingepreßt sind, vgl. Abb. V. 21. Durch eine
im Hochvakuum aufgebrachte Aluminium- oder Goldschicht werden die
Zuführungselektroden mit dem Kristall verbunden. Der Spalt zwischen
den Elektroden wird wieder durch Abdecken der Kristallmitte durch
einen dünnen Draht hergestellt. Da der Silikonlack bis 400° C beständig
ist, kann die Zelle an der Vakuumapparatur bis auf 300° C ausgeheizt,
also formiert werden. MUSCHEID [47] untersuchte den Einfluß von Sauerstoff auf CdS und stellte fest, daß eine Temperung in trockenem Sauerstoff die Zelleneigenschaften wesentlich verbessert.

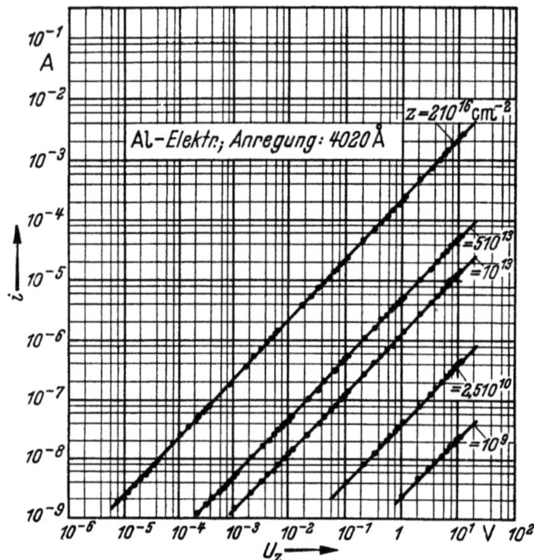

Abb. V. 23. OHMsche Charakteristikenschar eines CdS-Photowiderstandes. Parameter ist die pro cm²
und sec aufgestrahlte Quantenzahl z (BUTTLER und MUSCHEID)

Bei den Vakuumzellen sinkt der Dunkelstrom unter 10^{-8} A. Die
Trägheit wird infolge der Formierung außerordentlich klein, vgl.
Abb. V. 22 b, so daß die Zellen sich für Haustonfilmgeräte zur Abtastung
von Tonfilmen eignen (vgl. Kapitel XII, Ziff. 95). Die CdS-Zellen haben
eine so hohe Ausbeute [25], daß man anderen Photozellen gegenüber eine
bis zwei Verstärkerstufen einsparen kann. Bei der Messung hoher Lichtintensitäten können die Photoströme direkt mit einem Milliamperemeter
gemessen werden. Je nach der Anordnung der Elektroden und nach der
Art des Lichteinfalls (vgl. Abb. V. 5) werden Linienzellen (Punktzellen)
und Flächenzellen hergestellt. Bei letzteren muß die eine Elektrode
für Licht halb durchlässig sein.

ROSE [56] fand einen Einfluß des Elektrodenmaterials. Nach seiner
Auffassung sollen nur Gallium- und Indiumelektroden eine ohmsche

Charakteristik, keine Gleichrichtereffekte sowie Rauschfreiheit ergeben. SIMON [62] [63], BUTTLER und MUSCHEID [12] fanden dagegen keinen Einfluß des Elektrodenmaterials. Die beiden letzteren konnten nachweisen, daß bei sehr gut gereinigten Oberflächen[1] (z. B. Reinigung durch Ionenbombardement) — gleichgültig, ob Aluminium oder Gold als Elektrode aufgedampft wurde — die CdS-Kristalle ein rein ohmsches Verhalten zeigen, vgl. Abb. V.23. Der Einfluß von Zwischenschichten ist für die Trägheit, die Gleichrichtereffekte und das Rauschen der CdS-Photowiderstände maßgebend.

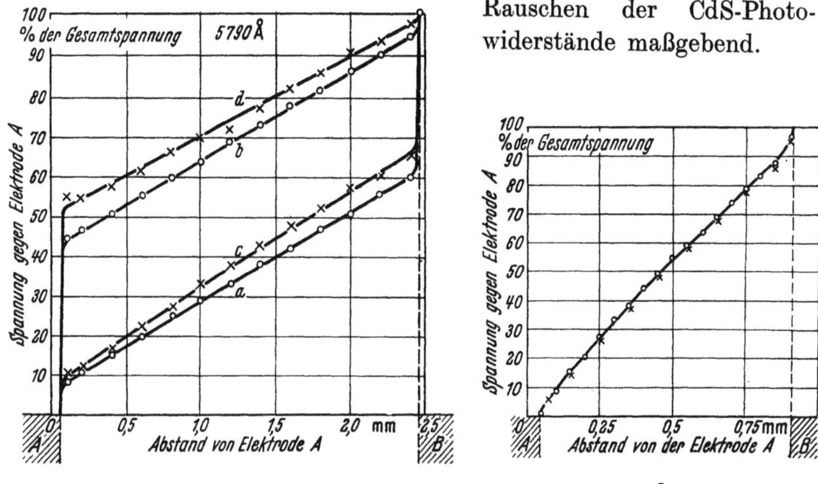

a   b

Abb. V.24. Potentialverlauf in CdS-Kristallen mit aufgedampften Goldelektroden bei Anregung im Ausläufer.
a) eine Zelle mit Randschichten, Kennlinie nicht ohmisch; b) eine Zelle ohne Randschichten, OHMsche Kennlinie (nach POPPE)

Von ausschlaggebender Bedeutung für das Verhalten einer CdS-Einkristallzelle ist die Art des Aufdampfens der Elektroden und die Höhe das Vakuums, in welchem der Aufdampfprozeß vorgenommen wird. Die Abb. V.22 zeigt je zwei Oszillogramme des Stromeinsatzes: V.22a nach dem alten Verfahren hergestellte Zellen ohne Formierung und V.22b nach Formierung im Vakuum (10^{-6} Torr) [62] [63]. Diese Eigenschaften verbesserten sich noch mehr, nachdem BUTTLER und MUSCHEID des Reinigungsverfahren der Kristalle durch Ionenbombardement [12] eingeführt hatten. Neuere Untersuchungen von POPPE [50] mit dem Mikromanipulator zeigen deutlich, daß bei sperrfrei aufgebrachten Elektroden der sonst übliche Spannungssprung an den Elektroden unmeßbar klein ist (Abb. V.24b). Welche große Bedeutung Randschichteffekten zukommt, kann man auch aus Ziff. 97 Abb. XII.18a u. b entnehmen.

---

[1] Nach neueren Untersuchungen handelt es sich nicht allein um eine Reinigung der Oberfläche von adhärierten atomaren Schichten von Fremdstoffen, sondern auch um den Abbau von Schwefel aus der obersten Kristallschicht.

Außer dem auf S. 308 f. geschilderten gibt es noch ein zweites Verfahren, CdS-Einkristalle herzustellen, und zwar durch Verdampfung bzw. Sublimation bereits einmal hergestellter Kristalle [18] [53] [54]. Diese können entweder durch Fällung aus einer Lösung gewonnen worden sein oder man verwendet den übriggebliebenen Rest kleiner Kriställchen, der immer bei der Herstellung nach dem Dampfverfahren anfällt, wie es auf S. 308 beschrieben worden ist. Die Sublimation kann entweder in einem inerten Gase oder in Schwefeldampf oder Schwefelwasserstoff vorgenommen werden, wobei gleichzeitig Spuren von Aktivatoren in die Kristalle eingebracht werden können. Auch die so gewonnenen Kristalle werden, wie vorstehend, mit Elektroden versehen, um CdS-Photowiderstände herzustellen.

Schließlich ist man neuerdings dazu übergegangen, durch Verdampfen im Vakuum oder Kathodenzerstäubung von CdS-Kristallen oder Kristallpulver [70] direkt einen feinkristallinen Niederschlag auf einer isolierenden Platte herzustellen und nach dem Rasterprinzip mit Elektroden zu versehen (vgl. Abb. V.4, S. 294). Man kann auf diese Weise sehr großflächige CdS-Photozellen sowohl für Photowiderstände als auch zur Gewinnung einer EMK aus der eingestrahlten Lichtenergie herstellen.

Literatur

[1]   *Zusammenfassende Abhandlungen:*
Das Selen. GMELINs Handbuch, 8. Aufl., Syst. Nr. 10, Verlag Chemie 1950 u. 1953.
BARNARD, G. R.: The Selenium Cell, its Properties and Applications. London 1930.
RIES, CH.: Das Selen, Dießen u. München 1918, S. 41.
ZWORYKIN, V. K., u. E. G. RAMBERG: Photoelectricity and its Applications. New York 1949.
GÖRLICH, P.: Die lichtelektrischen Zellen, ihre Herstellung und Eigenschaften. Leipzig 1951.
ANDERSON, J. S.: Photoelectric Cells and their Applications, London 1930, S. 206 ff.
LIESEGANG, R. E.: Wiss. Forschungsberichte, Naturwissenschaften, Reihe 27, 132. Dresden u. Leipzig 1932.
[2]   AEG: Franz. Patent 844071, 1938.
[3]   AFANASEW, N. W.: J. techn. Physics, Moskau 19, 225 (1950).
[4]   BELL, A. G.: Electr. 5, 305 (1880).
[5]   BELL, A. G.: Engineering 30, 408 (1880).
[6]   BERGER, E.: Z. anorg. allg. Chem. 85, 75 (1914).
[7]   BIDWELL, S.: Phys. Soc. Proc. 5, 167 (1882); Phil. Mag. (5) 15, 31 (1883).
[8]   BOER, F. DE: Phil. Res. Rep. 2, 352 (1947).
[9]   BOSE, I. G.: US-Patent 755840.
[10] BRÜCKMANN, G.: Kolloid-Z. 65, 1 (1933).
[11] BUTTLER, W. M.: Ann. Phys. 11, 362 u. 368 (1953).
[12] BUTTLER, W. M., u. W. MUSCHEID: Ann. Phys. (6) 14, 215 (1954); (6) 15, 82 (1954).
[13] CASE, T. W.: Phys. Rev. 15, 289 (1920).

[14] CASHMAN, R. J.: J. opt. Soc. Amer. **36**, 336 (1946).

[15] CASHMAN, R. J.: O.S.R.D.-Report 5998, Okt. 1945; J. opt. Soc. Amer. **36**, 356 (1946).

[16] CHASMAR, R. P., u. A. F. GIBSON: Proc. phys. Soc., Lond. **64**, 595 (1951).

[17] COSTABLE, F. H.: J. Roy. Soc. Arts **80**, 630 (1932).

[18] CZYZAK, S. J., CRAIG, MELAIN u. REYNOLDS: J. appl. Phys. **23**, 932 (1952).

[19] DIETERICH, E. O.: Phys. Rev. (2) **4**, 167 (1914).

[20] DRP 304261 (1916).

[21] DULIK, K.: Österr. Patent 136815 (1931).

[22] ECKART, F.: Ann. Phys. (6) **14**, 233 (1954).

[23] ECKART, F.: Ann. Phys. (6) **14**, 240 (1954).

[24] ECKART, F., u. B. GUDDEN: Naturwiss. **29**, 575 (1941).

[25] FASSBENDER, J.: Ann. Phys. (6) **5**, 33 (1949).

[26] FRANK, K., u. K. RAITHEL: Z. Phys. **126**, 377 (1949).

[27] FRERICHS, R.: DRP 879432 (1942).

[28] FRERICHS, R.: Naturwiss. **33**, 281 (1946).

[29] FRERICHS, R.: Phys. Rev. **72**, 594 (1947).

[30] GILTAY, J. W.: ETZ **26**, 313 (1905).

[31] GÖRLICH, P.: Z. techn. Phys. **16**, 268 (1935); Z. Phys. **112**, 490 (1939).

[32] GUDDEN, B., u. Mitarbeiter: Oberkommando des Heeres, Forsch.-Arb. über infrarotempf. Strahlungsempfänger. Berlin 1942 u. 1944; FISCHER, F., B. GUDDEN u. M. TREU: Z. Phys. **107**, 200 (1937).

[33] HAERTEL, E.: Österr. Patent 136505 (1931).

[34] HENKELS, H. W.: Phys. Rev. **76**, 1737 (1949).

[35] HEWLETT, C. W.: Gen. Electr. Rev. **50**, Nr. 4, S. 22 (1947).

[36] HIPPEL, A. v., F. G. CHESLEY, H. S. DENMARK, P. B. ULIN u. E. S. RITTNER: J. Chem. Phys. **14**, 355 (1946).

[37] KASPER, J.: Oberkommando des Heeres, Forsch.-Arb. über ultrarotempf. Strahlungsempfänger (1942).

[38] KESSEL, H.: DRP 623502 (1932).

[39] KITZSCHER, E.: Oberkommando des Heeres, Forsch.-Arb. über ultrarotempf. Strahlungsempfänger (1942).

[40] KOSLOUSKY, J. L., u. O. N. NASLEDOW: J. techn. Physics, Moskau **13**, 627 (1943).

[41] LEHOVEC, K.: Z. Phys. **124**, 278 (1949).

[42] LIESEGANG, R. E.: Probleme der Gegenwart, Bd. 1. Düsseldorf 1891.

[43] LORENZ, R.: Chem. Ber. **24**, 1509 (1891).

[44] LUTERBACHER, J.: Ann. Phys. **33**, 1392 (1910).

[45] MARC, R.: Die physik.-chem. Eigenschaften des Selens, Hamburg u. Leipzig 1907, S. 40.

[46] MICHELSSEN, F.: Z. techn. Phys. **11**, 514 (1930).

[47] MUSCHEID, W.: Ann. Phys. (6) **13**, 305 (1953).

[48] PICK, H.: Ann. Phys. (6) **3**, 255 (1948); Z. Phys. **126**, 12 (1949).

[49] PLESSNER, K. W.: Proc. phys. Soc. (B) **64**, 671 (1951).

[50] POPPE, I.: Arbeitstagung Festkörperphysik in Dresden 1954, S. 114—118.

[51] PRIOR, W., u. C. E. RILEY: DRP 403547 (1924).

[52] Radiovisor Parent Ltd.: Electr. Rev. **103**, 910 (1928).

[53] REYNOLDS, D. C., u. S. J. CZYZAK: Phys. Rev. **79**, 543 (1950).

[54] REYNOLDS, D. C., CZYZAK, ALEN u. REYNOLDS: J. opt. Soc. Amer. **45**, 136 (1955).

[55] RILLBE, P.: DRP 204535 (1907).

[56] ROSE, A.: Bull. Amer. Phys. Soc. **28**, 1 (1953) und Physikertagung Innsbruck 1953.

[57] Ruhmer, G. W.: ETZ **25**, 1023 (1904); DRP 146262 (1902).
[58] Sabine, R.: Phil. Mag. (5) **5**, 401 (1878).
[59] Sabine, R.: Phil. Mag. (5) **26**, 401 (1914).
[60] Schröter, F.: Z. techn. Phys. **12**, 193 (1931).
[61] Siemens, W. v.: Dinglers polytechn. J. **217**, 63 (1875).
[62] Simon, H.: Physikertagung Bad Nauheim 1950.
[63] Simon, H.: Ann. Phys. (6) **12**, 45 (1953).
[64] Starkiewics, J.: Brit. Patent 3571/44 u. 3572/44 (1944).
[65] Stein, R., u. B. Reuter: Z. Naturforsch. **10a**, 655 (1955).
[66] Thirring, H.: Optik Heft 10, 1 (1928); Phys. Z. **21**, 68 (1920) u. DRP
       339364 (1918).
[67] Thirring, H., u. O. P. Fuchs: Photowiderstände. Leipzig 1939.
[68] Tiede, E., u. G. Brückmann: Z. Phys. **80**, 302 (1933); DRP 566304 (1932).
[69] Tobis-Tonbild-Syndikat: DRP 573811 (1929).
[70] Veith, W.: Z. angew. Phys. **7**, 1 (1955).
[71] White, G. W.: Phil. Mag. (6) **27**, 370 (1914).
[72] Wolska, A.: Bull. Acad. Polonaise Sciences **1**, 179 (1953).

B. Photoelemente [1]

48. Becquereleffekt-Zellen (Photolytic Cells)

Obwohl bereits 1839 von Becquerel (s. S. 5) gefunden wurde, daß bei Belichtung einer von zwei in einen Elektrolyten getauchten Elektroden eine Potentialdifferenz zwischen den Elektroden auftritt, haben diese Photoelemente keine weitere Entwicklung erfahren und sind durch die „trockenen" Photoelemente ersetzt worden. Es soll daher hier nur kurz darauf eingegangen werden. Die bei Belichtung entstehende Potentialdifferenz ist außerordentlich klein, wenn die beiden Elektroden aus dem gleichen Material bestehen. Sie wird erhöht, wenn man zwei verschiedene Materialien verwendet, also für die eine Elektrode einen Halbleiter oder wenn man sie oberflächlich mit einem Halbleiter bedeckt, z. B. Kupfer mit Kupferoxydul. Es wurden dann eine EMK von 0,2 bis 0,3 V und Stromempfindlichkeiten von 0,1 bis 0,2 A/Lumen gefunden [8].

In früheren Untersuchungen wurde dieser Erscheinung ein rein lichtelektrischer Ursprung zugeschrieben, der aber durch Nebenerscheinungen überdeckt wird, welche verschiedentlich als die eigentliche Ursache angesehen werden konnten.

Eine weitere Komplikation kann dadurch entstehen, daß an der Elektrodenoberfläche von vornherein eine Sperrschicht vorhanden ist, wie es bei den elektrolytischen Ventilen [18] der Fall ist. Die Photoelemente, die den Becquereleffekt ausnutzen, wurden vielfach „Photolytic Cells" genannt.

Lowry nahm als Elektrolyt eine fluoreszierende Flüssigkeit und fand eine EMK von 0,25 V. Die belichtete Elektrode lud sich negativ gegenüber der unbelichteten auf. Die entstehende EMK schrieb er nicht einer

Photoemission der belichteten Elektrode zu, sondern der Photoionisation der fluoreszierenden Molekeln [22].

In Abb. V.25 ist eine technische Form der auf dem Becquereleffekt beruhenden Sperrschichtphotozellen wiedergegeben, die unter dem Namen „Arcturus Photolytic Cell" von der Arcturus Radio Tube Co.,

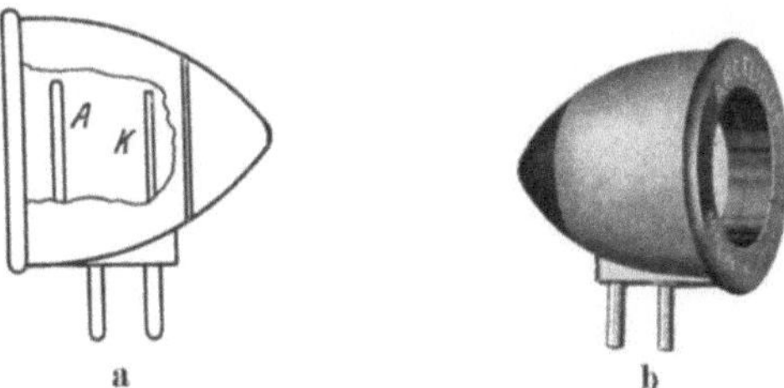

Abb. V.25. Schema und technische Ausführung der „Arcturus Photolytic Cell"

Newark, New Jersey, in den Handel gebracht worden ist. Die Kathode K der Zelle (Abb. V.25a) ist mit Kupferoxyd oder Kupferoxydul überzogen und befindet sich mit der Anode in einer Natriumhydroxydlösung. Der Photostrom ist bei diesen Zellen der auffallenden Lichtmenge nicht proportional, sondern steigt etwas langsamer an [19].

49. Konstruktion und Herstellung von Sperrschicht-Photoelementen

Gegenüber den Zellen mit äußerem und innerem Photoeffekt scheint die Herstellung der *Sperrschicht-Photozellen* am einfachsten zu sein. Ihr Auf-

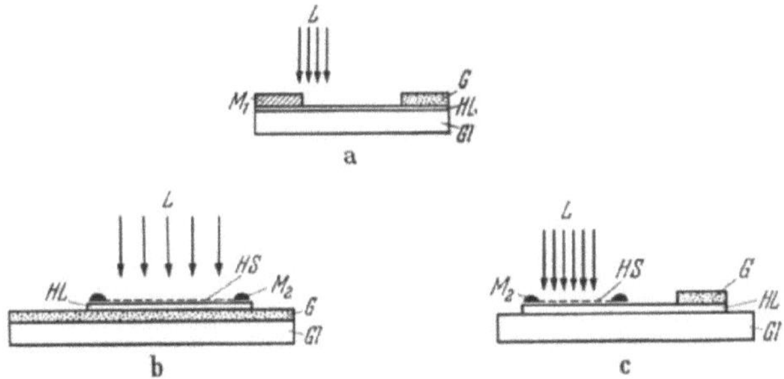

Abb. V.26. Schematische Darstellung verschiedener Ausführungsformen von Photoelementen. L Lichteinfall, HL Halbleiterschicht, M_1 und M_2 Metallelektroden, G Graphit- oder Metallgegenelektrode, HS halbdurchlässige Schicht, Gl Glasplatte

bau entspricht im wesentlichen den in Abb. V.26 wiedergegebenen Grundschemen. Es gibt also Linien- oder Punktzellen und Flächenzellen je nach der Flußrichtung des Stromes im Verhältnis zum Lichteinfall. In der Praxis haben sich hauptsächlich drei Zellenarten eingeführt: die Kupferoxydul-, die Selen- und die Bleisulfid-Sperrschichtzelle und in neuerer Zeit das Silizium-Photoelement (s. Nachtrag).

a) Kupferoxydul-Sperrschichtzelle Cu–Cu$_2$O [1]

Bei den Kupferoxydul-Sperrschichtzellen unterscheidet man zwei Arten, die *Hinterwandzelle* und die *Vorderwandzelle*.

Die *Hinterwandzelle* besteht aus einer 1 mm starken Kupferplatte aus möglichst reinem Kupfer, auf der eine etwa 0,1 mm dicke Kupferoxydulschicht aufgewachsen ist. Das Mutterkupfer bildet die eine Elektrode. Als Gegenelektrode wird auf die Cu$_2$O-Schicht ein Metalldrahtnetz (*M*), z. B. mittels einer Glasplatte (*Gl*), aufgepreßt. Zur Erzielung einer größeren mechanischen Festigkeit wird die Zelle in ein Isoliergehäuse eingeschlossen (Abb. V.27). Das Metalldrahtnetz soll den auffallenden Lichtstrom möglichst wenig beeinträchtigen. Die Drahtstärke und Maschenweite müssen deshalb in einem möglichst günstigen Verhältnis stehen. Die Maschenweite kann nicht beliebig groß gewählt werden, da der Querwiderstand in der Halbleiterschicht berücksichtigt werden muß.

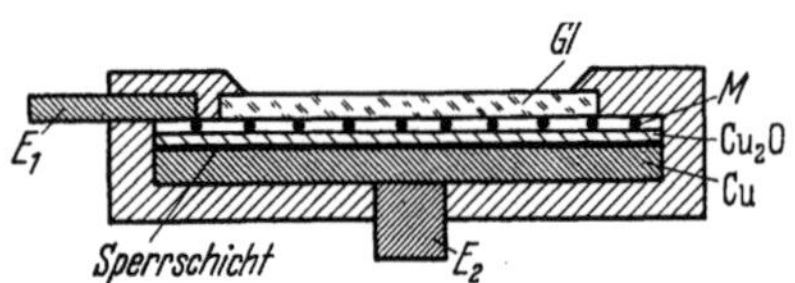

Abb. V.27. Hinterwandzelle nach SCHOTTKY. Cu Mutterkupfer, Cu$_2$O aufgewachsene Halbleiterschicht, *M* Metallnetz zur Verringerung des Querwiderstandes, E_1 und E_2 Elektrodenzuführungen, *Gl* Schutzglasplatte

An Stelle des Drahtnetzes kann auch ein Metallraster mittels einer Schablone auf die Cu$_2$O-Schicht aufgespritzt oder durch Kathodenzerstäubung aufgebracht werden. Schließlich kann man auch eine lichtdurchlässige dünne Metallschicht im Vakuum aufdampfen, im allgemeinen eine Edelmetallschicht. Die Dicke dieser Schicht wird begrenzt einerseits durch die bestmögliche Lichtdurchlässigkeit und andererseits durch den Querwiderstand dieser Schicht. Bei Platin liegt die Dicke zwischen 4 und 8 mμ, bei Gold zwischen 3 und 6 mμ und bei Silber zwischen 3 und 4 mμ [4].

Bei den Hinterwandzellen nimmt man zur Herstellung der Cu$_2$O-Schicht eine Platte von 20 bis 40 mm $\varnothing$ aus reinstem Kupfer. Es hat sich herausgestellt, daß der Fundort des Kupfers nicht ohne Bedeutung ist. Es scheinen also geringe Verunreinigungen, die unter der spektralanalytischen Nachweisbarkeit liegen, für die Ausbildung der Sperrschicht von Bedeutung zu sein. WAIBEL und SCHOTTKY stellten fest, daß die Reinheit der Oberfläche und die Aufbringung der Elektroden von entscheidendem Einfluß ist [27] [28]. Im allgemeinen benutzt man Elektrolytkupfer. Nach sorgfältiger Reinigung der Oberfläche und evtl. Aufrauhung mittels eines Sandstrahlgebläses oder durch Eintauchen in Kalilauge und nochmaligem Nachwaschen wird die Zelle in einem elektrischen Ofen auf 1000 bis 1020° C unter Hinzutritt von Sauerstoff erhitzt. Mit fortschreitender Oxydation nimmt die Oberfläche der Kupferplatte ein zunehmend glasiges Aussehen an, das der Bildung des Cu$_2$O zuzuschreiben ist. Das sauerstoffreichere CuO ist dagegen undurchsichtig und von blauschwarzer Farbe. Damit die Cu_2O-Schicht auf dem Mutterkupfer möglichst fest haftet, muß nach genügender Oxydation die Platte sehr langsam bis auf 600° C abgekühlt werden. Während dieses Vorganges wird der Sauerstoff durch ein inertes Gas ersetzt, um die weitere Sauerstoffaufnahme zu verhindern, die bei diesen Temperaturen eine CuO-Bildung bewirken würde. Von 600° C ab kann man die Platte schnell abkühlen. Trotz aller Vorsicht bildet sich auf der Oberfläche oftmals eine Kupferoxydschicht. Diese wird auf chemischem (z. B. durch verdünnte Salpetersäure) oder auf mechanischem Wege entfernt. CuO verursacht einen hohen Zellenwiderstand, und eine sichtbare CuO-Schicht würde die Sperrschichtzelle unbrauchbar machen. Der Widerstand einer so hergestellten Zelle liegt zwischen 10^3 und $10^4\,\Omega\,\text{cm}^2$. Es ist versucht worden, die Photo-EMK durch Edelmetallzusätze zu erhöhen. FUSON brachte z. B. vor der Oxydation der Cu-Platte eine dünne Edelmetallschicht auf diese auf [14].

Der Abkühlungsprozeß muß für jedes Kupfermaterial experimentell bestimmt werden. In der Literatur sind hierfür die verschiedensten Zeiten und Temperaturen angegeben worden.

Da bei den Hinterwandzellen die wirksame Sperrschicht sich dort befindet, wo der Halbleiter auf dem Muttermetall aufgewachsen ist, erfährt das Licht eine Filterung, weil es die als Rotfilter wirkende Cu_2O-Schicht durchdringen muß. Solche Zellen kommen deshalb nur für Messungen im roten und ultraroten Gebiet in Frage.

Bei der Herstellung von *Vorderwandzellen* (vgl. S. 4 Abb. I. 6) [5] benutzt man eine massive Cu_2O-Schicht, auf die eine dünne lichtdurchlässige Metallschicht, z. B. durch Kathodenzerstäubung, aufgebracht wird. Vor dem Aufbringen dieser Schicht ist die Oberfläche des Cu_2O anzuätzen, um mit Sicherheit CuO zu entfernen, das fast immer an der Oberfläche vorhanden ist. Durch Tempern sorgt man dafür, daß das Cu_2O auch sauerstofffrei ist. Die Sperrschicht liegt jetzt zwischen der dünnen Metallhaut und der Cu_2O-Oberfläche.

MÖNCH [13] geht von spektralreinem Elektrolytkupfer aus. Er hängt eine solche Kupferplatte an Chromnickeldrähten in einem Silitstabofen auf und erhitzt unter Luftzutritt zunächst auf 1000° C. Er läßt diese Cu-Platte acht Tage im Ofen. Während dieser Zeit steigert er die Temperatur bis auf 1040° C. Eine Cu-Platte von 3 mm Dicke ist dann durchoxydiert. Für eine Platte von 1 mm Dicke werden etwa zwei Tage benötigt. Die Temperatur kann nicht wesentlich höher gewählt werden, obwohl der Schmelzpunkt des reinen Kupfers bei 1083° C liegt. Das Eutektikum Cu–CuO schmilzt jedoch schon bei 1064° C. Anschließend läßt MÖNCH die Platten noch längere Zeit im Ofen und leitet dabei Stickstoff ein. Trotz dieser Vorsichtsmaßnahme haben auch diese Cu_2O-Platten eine CuO-Schicht, die entfernt werden muß.

Um einen sicheren Gegenkontakt herzustellen, preßt man ein Kupferdrahtnetz auf der nichtbedampften Seite in das Cu_2O zur Verminderung des Querwiderstandes ein. Zu dem gleichen Zweck kann man auch auf die aufgedampfte Metallschicht ein weitmaschiges Netz aus Kupfer, Nickel oder Silber aufpressen.

Abb. V. 28. Technische Ausführung eines Cu_2O-Photoelements nach SCHOTTKY

Abb. V. 28 zeigt eine technische Ausführung von Cu_2O-Photoelementen. Eine besondere Form einer Doppelzelle wurde von LANGE und auch von TEICHMANN [10] angegeben. Eine Kupferplatte wird beiderseitig oxydiert und beide Seiten mit Gegenelektroden versehen. Eine derartige Doppelzelle (Differential-Photoelement) kann als einfaches Vergleichsphotometer benutzt werden, indem man die beiden Ströme gegeneinander schaltet und beide Photo-EMK abgleicht. Für eine andere Ausführung eines Differential-Photoelements zerlegt man eine Hinterwandzelle durch eine Einfräsung in zwei Hälften, wobei die Kupfer- oder Trägerplatte nicht aufgetrennt wird.

b) Selen-Sperrschichtzellen [21]

Das erste Photoelement mit Selen als aktiver Schicht hat SABINE [24] 1878 hergestellt. Er überzog einen Platindraht mit einer dünnen Selenschicht und brachte auf diese einen dünnen durchsichtigen Platinüberzug. Er fand eine EMK von 0,1 V. Abb. V.29 zeigt schematisch ein 1888 von ULJANIN [26] hergestelltes Photoelement, das eine EMK von 0,1 bis 0,15 V lieferte. FRITTS schmolz Selen auf eine Kupferplatte auf und als Gegenelektrode benutzte er eine durchsichtige Goldfolie [12]. Da das Licht nur 0,01 mm in die Selenschicht eindringt, fand man, daß die besten Ergebnisse mit dünnen Selenschichten erzielt wurden [29].

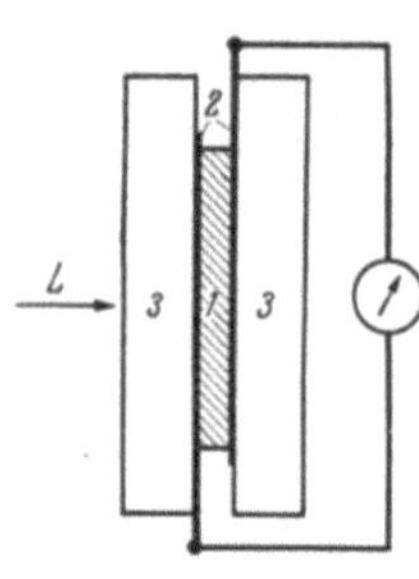

Abb. V. 29. Schematischer Aufbau eines Photoelements nach ULJANIN

Für Belichtungsmesser haben sich besonders die Selen-Sperrschichtzellen eingeführt. Es handelt sich hierbei ausschließlich um Vorderwandzellen, die in ihrer Empfindlichkeitsverteilung im sichtbaren Spektralbereich der Augenempfindlichkeitskurve sehr nahe kommen (vgl. Ziff. 76a). Der Aufbau gleicht der in Abb. V.26b dargestellten ohne Gl, wobei G eine Metallplatte ist [3].

Als Unterlage für die Selenschichten werden meistens vernickelte Eisenplatten genommen, die entweder auf chemischem Wege oder mittels eines Sandstrahlgebläses aufgerauht sind. Das Selen wird im feinverteilten Zustand aufgebracht und durch Erhitzen aufgeschmolzen; seine Schichtdicke soll 0,3 mm nicht überschreiten. Die Herstellung der Selenschicht kann auch durch Aufdampfen im Vakuum erfolgen. Die Formierung wird, wie bereits auf S. 300 bis 302 beschrieben, bei einer Temperatur von 218°C und möglichst in einem inerten Gas durchgeführt. Dann läßt man die Metallplatte langsam auf Zimmertemperatur abkühlen.

Die durchsichtige, vordere Metallhaut wird durch kathodisches Aufstäuben von Edelmetallen oder auch Kadmium erzeugt [3]. Größere Beimengungen von Kadmium bauen sich als reguläres CdSe in das Selengitter ein [6]. Die Kathodenzerstäubung soll in einem inerten Gas erfolgen. Bei Edelmetallen kann u. U. auch Luft verwendet werden. Die Leitfähigkeit der Metallhaut muß genügend groß sein, damit der Zellenwiderstand infolge des Querwiderstandes der aufgedampften Elektrode nicht unnötig hoch wird [16]. Erst nach einer elektrischen Formierung, Belastung in Sperrichtung, hat das Photoelement die gewünschte EMK.

Es ist notwendig, die Zellen möglichst voll auszuleuchten. Bei punktförmiger Beleuchtung zeigt sich deutlich ein Unterschied, wenn sich der Lichtfleck einmal am Rande oder in der Mitte der Zelle befindet, da der Schichtwiderstand der aufgedampften Elektrode in die Messung eingeht. Nach einem weiteren Verfahren [11] wird das Selen auf die Unterlage im Vakuum aufgedampft. Die aufgedampfte Schicht soll eine Dicke von ca. 0,2 mm besitzen. Die dünne Gegenelektrode wird durch einen aufgespritzten Metallring am Rande verstärkt (vgl. Abb. V. 26 b) und durch eine Glasplatte gegen mechanische Verletzung geschützt.

FALKENTHAL erkannte wohl als erster (1928), daß für die Güte einer Selen-Sperrschichtzelle die Art der innigen Berührung zwischen kristallinem Selen und der Sperrschichtelektrode maßgebend ist. Er verteilte bei seinen ersten Zellen sehr fein pulverisiertes Graphit auf die Selenoberfläche [7]. Zum besseren Anschluß an den Meßkreis wurde ein Rand aus einer stärkeren Graphitschicht oder aus WOODschem Metall[1] vorgesehen. Die andere Elektrode bildet die vernickelte Eisenplatte, auf der das Selen aufgetragen wurde. Später ersetzte FALKENTHAL die Graphitschicht durch eine aufgestäubte WOOD-Metallschicht. Durch Untersuchung der einzelnen Komponenten des WOOD-Metalls erkannte er, daß die größte EMK bei einer Deckschicht aus Kadmium erzielt wird. Er bringt deshalb auf die Oberfläche der formierten Selenschicht eine lichtdurchlässige ca. 1 bis 2 mμ dicke Kadmium-Schicht und dampft darüber zum Schutze gegen Oxydation und gleichzeitig zur Erhöhung der Leitfähigkeit der lichtdurchlässigen Schicht eine dünne etwa 4 mμ dicke Pt-Schicht auf. Die Gesamtdicke bei der Schicht soll so gewählt

---

[1] Woodsches Metall: Legierung aus 50% Bi, 25% Pb, 12,5% Sn und 12,5% Cd. Schmelzpunkt ca. 60° C.

werden, daß die graue Farbe des kristallinen Selens durch diese beiden Deckschichten hindurch deutlich sichtbar ist. Er bezeichnet diesen Typ als „Graue Zelle". 1942 ersetzte er die Cd–Pt-Schicht durch eine Cd–CdO-Schicht. Man kann ihre Dicke aus den Interferenzfarben bestimmen. Je nach der Dicke der Deckschicht sehen die Zellen blau, grün oder rot aus. Die grün-rote Zelle kommt in ihrer spektralen Empfindlichkeits-verteilung der Augenkurve sehr nahe, vgl. Abb. V.30. Die grauen Zellen sind besonders im UV empfind-lich, während die farbigen Zellen für alle technischen und photographischen Zwecke be-nutzt werden, insbesondere für Belichtungsmesser.

Auch SANNER [25] stellte fest, daß eine Cd-Zwischen-schicht eine Verschiebung der Empfindlichkeit nach dem Ultraroten hervorruft, und zwar tritt ein zweites Maxi-mum auf.

Da das Licht nur 0,01 mm tief in das Selen eindringt, kann die Selenschicht sehr dünn sein. ULJANIN [26], vgl. Abb. V.29, nahm zwei Glas-platten 3, auf deren einander zugekehrten Seiten je ein licht-

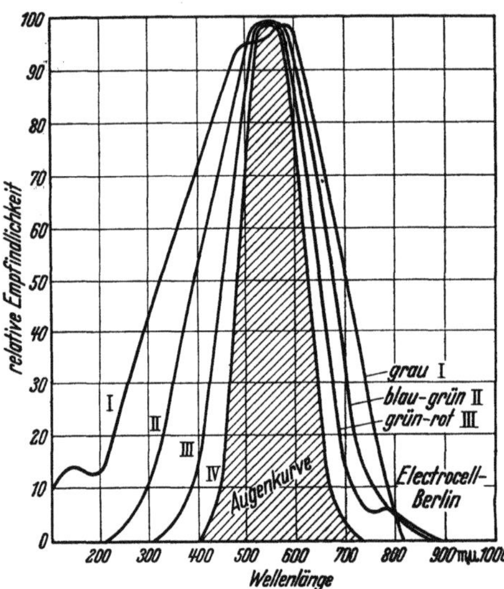

Abb. V.30. Spektrale Empfindlichkeitsverteilung ver-schiedener Selenphotoelemente nach FALKENTHAL im Vergleich zur Augenempfindlichkeit

durchlässiger Metallbelag 2 bzw. ein Metallgitter angebracht war. Zwi-schen den als Elektroden dienenden Metallbelägen befand sich eine dünne Selenschicht 1, deren Belichtung durch eine der Glasplatten und den durchlässigen Metallbelag erfolgte.

Infolge ihrer hohen Eigenkapazität sind die bisher beschriebenen Sperrschichtzellen nur für Gleichlicht oder Wechsellicht sehr langsamer Frequenz geeignet. Um die Kapazität einer Zelle zu verringern, ohne den lichtelektrischen Effekt wesentlich zu schwächen, kann man die Zellenfläche in eine größere Anzahl schmaler, streifenförmiger Zellen auflösen und diese in Serie schalten. Hierdurch wird gleichzeitig die ab-gegebene Spannung erhöht. Abb. V.31 zeigt schematisch eine derartige Zelle.

Bei geeigneter Anpassung und voller Ausleuchtung der ca. 4 cm² großen Zellenfläche lassen sich Photoströme von 0,6 bis 0,7 mA/lm und eine lichtelektrische Leistung von maximal $10^{-8} \frac{\mathrm{W}}{\mathrm{cm}^2 \cdot \mathrm{lx}}$ erzielen.

Eine besondere Form einer Selenzelle ist in Abb. V.32 dargestellt; sie eignet sich besonders zur Messung des Reflexionsvermögens von Oberflächen. Zellengehäuse und Zellenkörper sind zentrisch durchbohrt. Hinter der Durchbohrung ist auf der Rückseite eine Glühlampe angebracht, deren Licht durch die Bohrung hindurchtritt und nach Reflexion an der zu prüfenden Fläche auf die ringförmige Sperrschicht-Photozelle fällt. Diese Anordnung stellt ein einfaches technisches Gerät dar, um Helligkeitsbestimmungen, z. B. von kera-
mischen Platten P, durchzuführen. Abb. V.33 zeigt eine technische Ausführung eines Photoelements nach LANGE in ca. ½ natürlicher Größe.

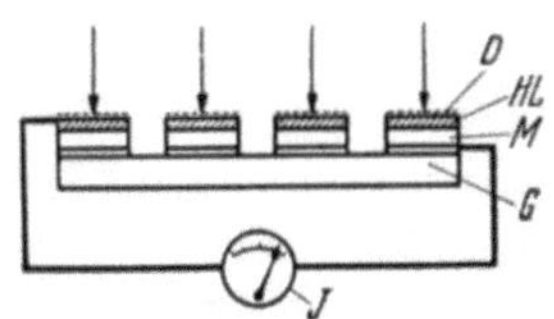

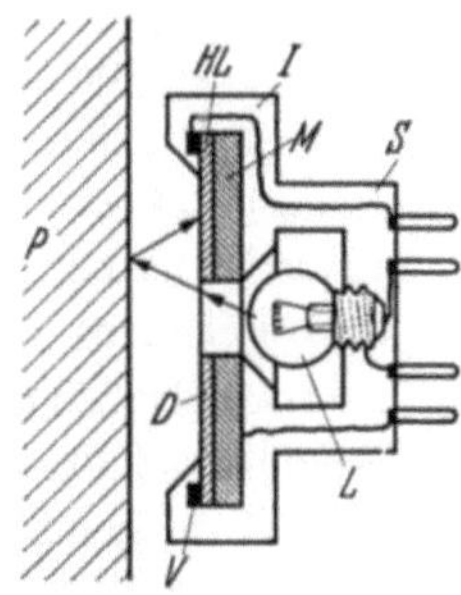

Abb. V.31. Ausführungsbeispiel für ein Photoelement mit verkleinerter Kapazität

Abb. V.32. Konstruktion eines Photoelements zur Bestimmung des Reflexionsgrades von Oberflächen für Sortiermaschinen

c) Bleisulfid-Sperrschichtzellen

Die PbS-Sperrschichtzellen wurden früher fast ausnahmslos mit natürlichem Bleiglanz ausgerüstet. Als Abnahmeelektroden dienten Wolfram- oder Molybdännetze. Das Empfindlichkeitsmaximum dieser Kristalle liegt wie das der Widerstandszellen bei 2,5 mμ. Die Frequenzunabhängigkeit der Photospannung wurde bis zu 40 kHz bestätigt. Es zeigte sich ferner, daß bei Abkühlung auf $-190°$ C die Empfindlichkeit, und zwar besonders für Gleichlicht, um etwa zwei Zehnerpotenzen ansteigt. Der Widerstand steigt dabei um den Faktor 30. Später wurde versucht, PbS-Sperrschichtzellen aus gepreßtem PbS-Pulver in Tablettenform herzustellen. Als Deckelelektroden zum Anschluß an den Meßkreis dienten aufgedampfte Silberschichten. Nach GUILLERY [17] tritt der Photoeffekt solcher Zellen erst einige Zeit nach der Herstellung in Erscheinung. Bei Belichtung durch die Deckelelektrode hindurch nimmt diese ein negatives Potential an.

Abb. V.33. Photoelement nach LANGE

ECKART stellt PbS-Sperrschichtzellen durch Aufdampfen von PbS im Vakuum auf Glasplatten her. Der lichtelektrische Effekt solcher Sperrschichtzellen ist weitgehend trägheitsfrei. Ihm überlagern sich entgegengerichtete träge Thermoeffekte. Die bei Belichtung entstehende

Spannung hängt vom Elektrodenmaterial ab, Ag-, Cd- und Al-Elektroden einerseits mit Graphitelektroden als anderem Pol zeigen fast durchweg eine *negative* Spannung, während Goldelektroden mit Graphitelektroden als anderem Pol in der Regel eine *positive* Spannung ergeben.

Geht man bei der Herstellung von PbS-Photoelementen von dünnen PbS-Schichten aus, so hat man die in Abb. V.26, S.317 im Prinzip gezeichneten Möglichkeiten. Bei den *Punktzellen* wird die PbS-Schicht auf eine polierte und sorgfältig gereinigte Glasplatte entweder nach dem chemischen Verspiegelungsverfahren oder nach dem Vakuum-Aufdampfverfahren aufgebracht, s. S. 306 u. 307. Im Abstand von 2 bis 5 mm befinden sich die beiden Elektroden. Als sperrschichtfreie Elektrode wird Hydrokollag (Aquadag) aufgestrichen oder aufgespritzt (Abb. V.26a). Als wirksame Sperrschichtelektrode M_1 wird Blei, Silber oder Gold im Hochvakuum in dicker Schicht aufgedampft. Vor der Aufbringung der Metallelektroden und des Hydrokollag erfolgt die Formierung der PbS-Schicht, vgl. S.307. Bei diesen Zellen steht der Lichtstrahl senkrecht zur Flußrichtung des lichtelektrischen Stromes, z. B. Abb. V.26a. Ein Maximum der entstehenden Spannung erhält man bei Belichtung der Grenzschicht Metall-PbS. Hieraus folgt, daß die Zellen einwandfreie Sperrschicht-Photoelemente sind, und zwar *Punktzellen* oder *Linienzellen*. Sie entsprechen in vieler Hinsicht den PbS-Lichtdetektoren. Ihr Aufbau hat den Vorteil, daß zwischen den Elektroden keine Kurzschlüsse auftreten können, und zwar auch nicht dann, wenn die Schicht inhomogen ist.

Flächenzellen (vgl. Abb. V.26b und c) stellt man her, indem man die sorgfältig gereinigte Oberfläche einer ca. 27×38 mm großen Glasplatte zuerst mit einer Metallschicht überzieht, auf die das PbS nach einem der oben genannten Verfahren aufgebracht wird, vgl. S. 306. Auf die PbS-Schicht wird dann eine halbdurchlässige Metallschicht aufgedampft. Bringt man auf die Glasunterlage an Stelle der Metallschicht eine kolloidale Graphitschicht auf, so verwendet man am besten Hydrokollag, das zunächst bei 200 bis 300° C getrocknet und dann kurzzeitig bis auf 500° C aufgeheizt wird. Der eine Teil der mit Hydrokollag versehenen Glasunterlage wird nach dem chemischen Verfahren mit PbS überzogen. Der nicht überzogene Teil der Hydrokollagschicht dient später zum Anschluß der einen Elektrode. Die Zelle wird nunmehr 15 Stunden bei einer Temperatur von 150° C formiert und schließlich 15 bis 20 Sekunden lang in einem vorgeheizten Röhrenofen auf 550° C hochgeheizt. Hierdurch wird sie durch Aufnahme von Sauerstoff sensibilisiert. Nach der vorausgegangenen Temperung ist die Aufnahmebereitschaft so groß, daß die erwünschte blaue Anlauffarbe schon in kurzer Zeit auftritt. Schichten, deren lichtelektrische Leitfähigkeit unmittelbar nach der Oxydation zunächst gering ist, erholen sich innerhalb von acht Tagen, um dann relativ konstant zu bleiben.

Um homogene PbS-Schichten für Flächenzellen zu erhalten, muß man sehr sorgfältig arbeiten. Schon die geringsten Spuren von Staub machen die Schicht löcherig und somit für die weitere Verarbeitung unbrauchbar, da dann zwischen Grund- und Deckelektrode Kurzschlüsse auftreten. Nur auf völlig homogene Schichten sollen die durchsichtigen Deckelektroden aufgebracht werden, die z. B. aus Gold oder aus Aluminium bestehen können. Zur Strom- bzw. Spannungsabnahme wird der Rand der dünnen Deckschicht im Vakuum z. B. durch aufgedampftes Aluminium so verstärkt, daß eine Beschädigung der Deckschicht beim Anbringen der Elektroden nicht eintreten kann. Gegen mechanische Beschädigung legt man eine Glas- oder Glimmer- oder Kunststoffplatte über die Zelle und befestigt sie in einem Gehäuse gleichzeitig mit der unteren Glasplatte.

Die Dicke der PbS-Schichten bestimmt man durch Wägung. Da der Dunkelstrom unabhängig von der Vorbehandlung für alle gemessenen Proben dem Ohmschen Gesetz gehorcht, kann die Dunkelleitfähigkeit durch einfache Stromspannungsmessung ermittelt werden. Aus dem gemessenen Widerstand und der Schichtdicke wird die Leitfähigkeit berechnet. Die bei Belichtung auftretenden Stromänderungen betragen bei Zimmertemperatur höchstens 1% des Dunkelstromes und sind deshalb gleichstrommäßig schwer bestimmbar. Deswegen arbeitet man zweckmäßigerweise mit Wechselstrom oder Wechsellicht.

Weitere Verfahren sind z. B. von BÄDECKER [2], GENZEL und MÜSER [15], HINTERBERGER [20] und PICK [23] beschrieben worden.

Literatur

[1] NÖLDGE, H.: Phys. Z. **39**, 546 (1938).
BRUCKSCH, W. F., W. T. ZIEGLER, E. R. BLANCHARD u. D. H. ANDREWS: Phys. Rev. **59**, 1045 (1941).
FRITZSCHE, C., u. K. WICHT: Halbleiter, Halle: Knapp 1953, S. 19—21.
SCHOTTKY, W.: Phys. Z. **31**, 913—925 (1930).
LANGE, B.: Photoelemente und ihre Anwendung. Leipzig 1936.
[2] BÄDECKER, K.: Ann. Phys. (4) **29**, 566 (1909).
[3] BERGMANN, L.: Phys. Z. **32**, 286 (1931); Phys. Z. **33**, 513 (1932); Phys. Z. **35**, 450 (1934).
[4] BULIAN, W.: Phys. Z. **34**, 745 (1933).
[5] DUHME, E., u. W. SCHOTTKY: Naturwiss. **18**, 735 (1930).
[6] ECKART, F., u. A. SCHMIDT: Z. Phys. **118**, 199 (1941).
[7] FALKENTHAL: Persönliche Mitteilung.
[8] FINK, C. G., u. D. K. ALPERN: Trans. Amer. elektrochem. Soc. **58**, 275 (1930).
[9] FRANK, K., u. K. RAITHEL: Z. Phys. **126**, 377 (1949).
[10] TEICHMANN, H.: Naturwiss. **18**, 867 (1930).
[11] FREIWERT, S. J., u. N. B. BERDNIKOW: Mém. Phys. ukrain. **5**, 211, 1936; J. techn. Physics (russ.) **7**, 1333 (1937).
[12] FRITTS, C. E.: Amer. Ass. Advancement Sci. Proc. **33**, 97 (1883).
[13] FRITZSCHE, C., u. K. WICHT: Halbleiter, Halle: Knapp, S. 22.
[14] FUSON, N.: J. opt. Soc. Amer. **38**, 845 (1948).

[15] GENZEL, L., u. H. MÜSER: Z. Phys. **127**, 194 (1950).
[16] GÖRLICH, P.: Z. techn. Phys. **16**, 268 (1935).
[17] GUILLERY, P.: Forsch.-Arbeiten über infrarote Strahlungsempfänger. Berlin 1944.
[18] GÜNTHERSCHULZE, A.: Elektrische Gleichrichter und Ventile. München 1924.
[19] HALTERMANN, H. L.: Photoelectric Division, Arcturus Radio Tube Co. Newark, New-Jersey 1930.
[20] HINTERBERGER, H.: Z. Phys. **119**, 1 (1942).
[21] LANGE, B.: Phys. Z. **31**, 139 u. 964 (1930).
[22] LOWRY, W. N.: Phys. Rev. **35**, 1270 (1930).
[23] PICK, H.: Ann. Phys. (6) **3**, 255 (1948).
[24] SABINE, R.: Phil. Mag. (5) **5**, 401 (1878).
[25] SANNER, H. G.: Ann. Phys. (6) **7**, 416 (1950).
[26] ULJANIN, W. v.: Wied. Ann. **34**, 241 (1888).
[27] WAIBEL, F.: Wiss. Veröff. Siemens-Konz. **10**, 4 u. 65 (1931).
[28] WAIBEL, F., u. W. SCHOTTKY: Phys. Z. **33**, 583 (1932).
[29] WHITE, C. W.: Phil. Mag. (6) **27**, 370 (1914).

VI. Sekundärelektronen-Verstärkung

Von **F. Eckart**, Berlin

50. Verstärkung durch Sekundärelektronen-Emission (SEE), Energieverteilung, SEE verschiedener Stoffe[1], Meßmethoden

Photozellen mit Sekundärelektronen-Vervielfachern (SEV) gewinnen immer mehr an Bedeutung als unmittelbare Nachweisgeräte für ultraviolette, sichtbare und ultrarote Strahlung sowie als mittelbare Meßgeräte zum Nachweis von Korpuskular- und Gammastrahlen. Sie finden daher in steigendem Maße Anwendung in Photometern, in Kolorimetern, in Trübungs-, Reflexions-, Beugungs- und Durchlässigkeitsmeßgeräten, ferner in der Astronomie zur Sternphotometrie, zum Auswerten von Spektrallinienaufnahmen, bei Fluoreszenz- und Phosphoreszenzmessungen, als Szintillationszähler in der Kernforschung sowie als weitgehend frequenzunabhängiges Lichtsteuerorgan in der Tonfilm-, Fernseh- und Nachrichtentechnik.

Die Sekundärelektronen-Emission (SEE) wurde erstmals von AUSTIN und STARKE [10] [190] beobachtet und von LENARD und seinen Schülern [127] weiter untersucht. Die erste technische Nutzanwendung der Sekundäremission bei Glühkathoden wurde von HULL [88—90] vorgeschlagen. Für Photokathoden hat als erster SUHRMANN [175] 1928 die Verstärkung durch Sekundärelektronen und dafür geeignete Oberflächen angegeben. Mit der Entwicklung des Fernsehens erfolgte gleich-

---

[1] Neue zusammenfassende Darstellungen der SEE geben H. BRUINING [25], K. G. McKAY [138] und R. KOLLATH im Handb. d. Physik (S. FLÜGGE) Bd. XXI, S. 232—303, Berlin/Göttingen/Heidelberg 1956.

zeitig eine intensive Entwicklung und Verbesserung der Vervielfacher [54] [155] [207] [220].

Als SEE bezeichnet man die Tatsache, daß aus Metallen, intermetallischen Verbindungen, Halbleitern und Isolatoren beim Beschuß mit Elektronen, deren Energie größer ist als 10 eV, Elektronen sekundär ausgelöst werden, deren mittlere Energie etwa 2 bis 5 eV beträgt und von der Energie der primären Elektronen unabhängig ist. Ein Maß für die SEE-Eigenschaften von Stoffen ist die SE-Ausbeute δ. Im Schrifttum ist die Definition der SE-Ausbeute nicht einheitlich. Der eigentliche „wahre" Ausbeutefaktor δ^* ist das Verhältnis der reinen Sekundärelektronen (SE) zu den tatsächlich in die Probe eindringenden Primärelektronen.

Für die technische Auswertung hat sich als SE-Ausbeute δ jene Zahl der Elektronen eingebürgert, die nach dem Auftreffen der Primärelektronen die Oberfläche der Probe verlassen, gleichgültig, ob es

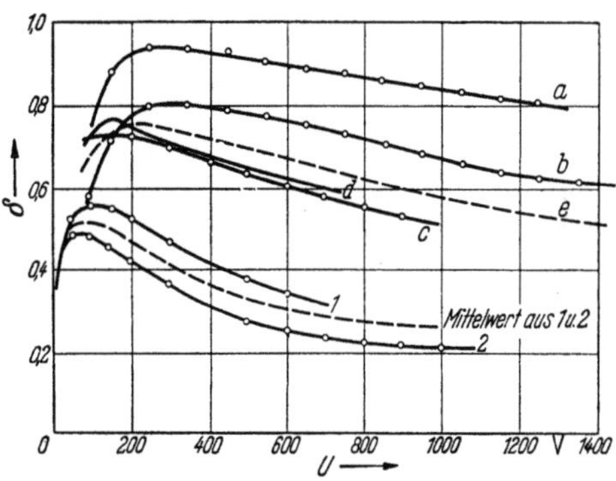

Abb. VI.1. Sekundärelektronen-Ausbeute δ in Abhängigkeit von der Primärenergie der Elektronen für Lithium-(Kurve a—c) und Kalium- (Kurve 1 u. 2) Aufdampfschichten. Kurve a auf Gold nach [21], Kurve b auf Silberunterlage nach [21], Kurve c auf Silberunterlage nach [176], Kurve d nach [130], Kurve e Mittelwert von a—d, Kurve 1 u. 2 nach [22]

sich dabei um reine Sekundärelektronen oder um rückdiffundierte und reflektierte Elektronen handelt.

Bei allen Stoffen nimmt δ mit wachsender Primärspannung (> 10 V) zunächst zu, und zwar bis zu einem Maximum, das für die verschiedenen Stoffe mehr oder weniger ausgeprägt ist und bei einigen hundert Volt liegt. Von da an nimmt δ wieder langsam ab (Abb. VI.1 bzw. VI.4). Dieses Verhalten wird durch das Anwachsen der Eindringtiefe der Primärelektronen mit zunehmender Energie erklärt, die schließlich so groß wird, daß nicht mehr alle im festen Körper erzeugten Sekundärelektronen diesen verlassen können, sondern ihre Energie in verschiedenen Elementarprozessen wieder verlieren. Bei Energien, die so klein sind, daß sie zur Erzeugung eines Sekundärelektrons nicht ausreichen, findet nur eine elastische Reflexion der Primärelektronen an der Schichtoberfläche statt (Streuelektronen).

Einen tieferen Einblick in das Wesen der SEE gibt die Energieverteilung der Sekundärelektronen. In Abb. VI.2 ist die relative Zahl der SE pro Energieintervall $1/N\,(dN/dU)$ über ihrer Energie U aufgetragen. Die Fläche, die von der Kurve und den zu zwei Energiewerten gehörenden Ordinaten eingeschlossen wird, ist ein Maß für die Anzahl der Elektronen, deren Energie im Bereich zwischen diesen beiden Energiewerten liegt. Die Energieverteilung der SE ist grundsätzlich für alle Stoffe ähnlich und unabhängig von der Primärenergie

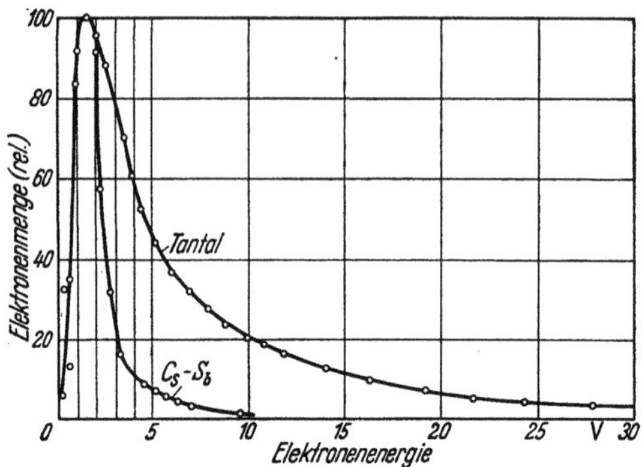

Abb. VI. 2. Energieverteilung der Sekundärelektronen von Tantal und Cs₃Sb-Schichten

der auftreffenden Elektronen (beachte in Abb. VI.2 die relativ höhere Zahl von SE mit höherer Energie bei Metallen!). Von der Auftreffstelle der Primärelektronen nehmen drei verschiedene Gruppen von Elektronen ihren Ausgang[1] (Abb. VI.3):

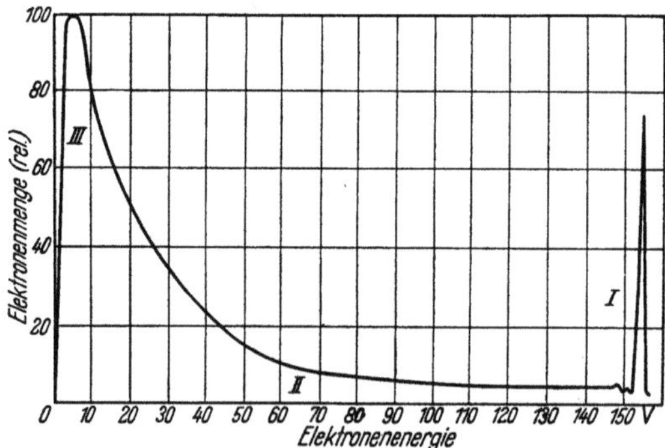

Abb. VI.3. Energieverteilung der von der Auftreffstelle der Primärelektronen ausgehenden Elektronen. *I* elastisch reflektierte Elektronen, *II* reflektierte und rückdiffundierende Primärelektronen, *III* Sekundärelektronen

1. Elektronen mit der vollen Primärenergie (in Abb. VI.3 mit *I* bezeichnet), die elastisch reflektiert werden, praktisch keine Energie verlieren und somit mit dem eigentlichen Vorgang der SEE nichts zu tun haben.

---

[1] Von den SE des AUGER-Effektes sei hier abgesehen [*123*].

2. Elektronen zwischen 0 und etwa 20 eV sind reine Sekundärelektronen mit einem Maximum bei einigen eV (etwa 2 eV) (*III*). Die Energieverteilung ist ähnlich einer Maxwellverteilung (vgl. Abb. VI.2).

3. Die unter Energieverlusten reflektierten und rückdiffundierenden Primärelektronen (*II*). In der Mehrzahl sind es rückdiffundierte Primärelektronen, die in den Körper eingedrungen sind, dabei einen Teil ihrer Energie einbüßen und wieder aus der Oberfläche austreten.

Entsprechend der Größe der SE-Ausbeute kann man drei Gruppen von Stoffen unterscheiden (Abb. VI.4):

1. Stoffe, deren SE-Ausbeute $\delta < 1$ ist. Zu diesen Stoffen zählen vor allem die Alkali- und Erdalkalimetalle.

2. Stoffe, deren Ausbeute zwischen 1 und 2 liegt, wie z. B. C, ferner Wo, Pt, Cu, Ag, Ni, sowie Ge, Si, Cu_2O, Se u.a.

3. Stoffe, deren Ausbeute $\delta > 2$ ist. Dazu zählen die Isolatoren KCl, RbCl, MgO, BeO, BaO, Cs_2O, insbesondere, wenn in ihnen Atome von Elementen geringer Ionisierungsspannung eingelagert sind [*176*]; ferner

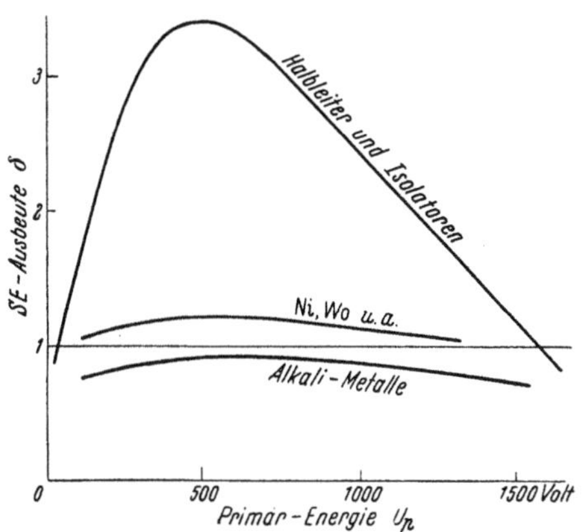

Abb. VI.4. Sekundärelektronen-Ausbeute δ in Abhängigkeit von der Primärenergie U_p der Elektronen für Metalle, Halbleiter und Isolatoren (halbschematisch)

halbleitende intermetallische Verbindungen wie Cs_3Sb und die Metalllegierungen CuBe, NiBe, MgAg, CuMg und andere nach einer Sauerstoffbehandlung.

a) Sekundärelektronen-Emission der Metalle

Bei den Metallen zeigen die Alkali- und Erdalkalimetalle Ausbeutewerte, die etwa zwischen 0,6 und 1 liegen [Tab. VI.1 (I)]. Abweichende Ergebnisse hiervon sind offenbar auf nicht einwandfrei gereinigtes Ausgangsmaterial, auf nicht genügende Entgasung oder auf den Einfluß zusätzlicher Oxydations- oder Adsorptionsschichten zurückzuführen (Abb. VI.5). So zeigen bspw. Messungen am kompakten Beryllium und an aufgedampften Berylliumschichten [*22*] [*65*] [*108*] [*177*] [*187*], daß nur jene Ergebnisse dem reinen Beryllium zuzuordnen sind, bei denen $\delta < 1$ gemessen wird (Abb. VI.6 [*92*]).

Alle übrigen Metalle, insbesondere die Schwermetalle, zeigen Ausbeutewerte zwischen etwa 1,1 und 1,8 [*10*] [Tab. VI.1 (I)]. Zwar zeigen bei kleinen Primärenergien Metalle kleiner Austrittsarbeit die größere Ausbeute, doch besteht bei höheren Primärenergien kein direkter Zusammenhang. Auch bei den Alkalimetallen ist $\delta < 1$, obgleich sie eine besonders niedrige Austrittsarbeit besitzen. Zwischen der maximalen SE-Ausbeute δ_{max} und der Austrittsarbeit der Metalle besteht insofern ein Zusammenhang, als δ_{max} für Metalle großer Austrittsarbeit groß und für solche niedriger Austrittsarbeit klein ist.

Auch die Oberflächenbeschaffenheit hat einen Einfluß auf die Ausbeute. Der Austritt der SE aus den Poren poröser Oberflächen ist sehr gehemmt, weshalb an solchen Oberflächen die niedrigsten Ausbeuten gemessen werden.

Der Verlauf der Ausbeutekurven ist bei allen Metallen ähnlich. Bei geeigneter Normierung der Ausbeutekurve kann man nach BAROODY

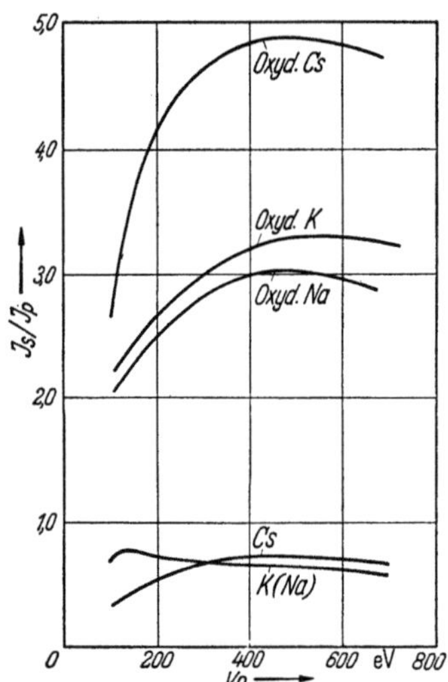

Abb. VI.5. Sekundärelektronen-Ausbeute $\delta = J_s/J_p$ in Abhängigkeit von der Primärenergie V_p der Elektronen für reine und oxydierte Alkalimetalle

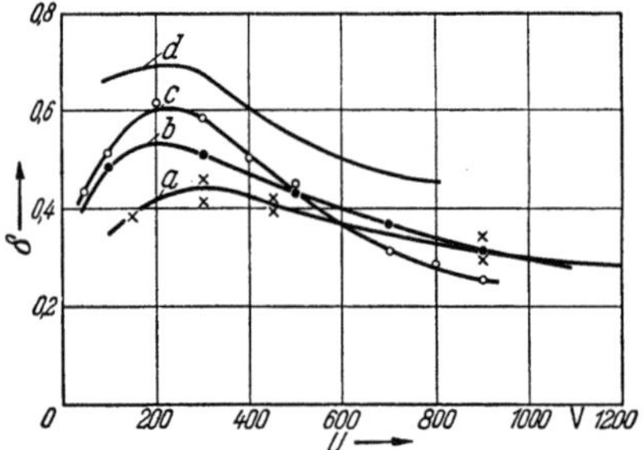

Abb. VI.6. Sekundärelektronen-Ausbeute δ in Abhängigkeit von der Primärenergie U der Elektronen von Beryllium. Kurve a nach [108], Kurve b nach [22], Kurve c nach [177], Kurve d nach [187]

sogar von einer mittleren Ausbeutekurve der Metalle sprechen. Bei kleinen Elektronenenergien (< 50 eV) sind Maxima und Minima der Ausbeutekurve gefunden worden [55] [203], die auf bevorzugte Elektronenübergänge hinweisen.

Die Maxima der Energieverteilungskurven liegen für eine Reihe von Metallen zwischen 1,4 und 2,2 eV, wobei der Streubereich bei höheren Energien etwas breiter wird [111]. Ob individuelle Abweichungen auftreten ist noch ungeklärt.

Abb. VI.7 zeigt die Abhängigkeit der Ausbeute δ vom Einfallswinkel der Primärelektronen. Die Zunahme von δ mit dem Einfallswinkel ist dadurch zu erklären, daß die bei schrägem Einfall in geringerer Tiefe ausgelösten Sekundärelektronen in demselben Maße absorbiert werden, wie die bei senkrechtem Einfall in größerer Tiefe erzeugten. Die Abhängigkeit vom Einfallswinkel ist aus dem gleichen Grunde bei

Metallen kleinen Atomgewichts (kleiner Kernladungszahl) am stärksten ausgeprägt (große Eindringtiefe der Primärelektronen).

Ein verschiedentlich vermuteter Zusammenhang mit der Kristallstruktur bzw. Kristallorientierung [16] [149] wurde von BEKOW [17], KNOLL und THEILE [106], TRELOAR und LANDON [199], WOOLDRIDGE [214][215] u.a. festgestellt, aber noch nicht im einzelnen geklärt [199]. Die Ausbeute der SE ist bei Metallen von der Temperatur nahezu unabhängig [20] [32] [110] [144] [177] [214] [215], da die Primärelektronen vornehmlich mit den freien Leitungselektronen und kaum oder überhaupt nicht mit dem Gitter in Wechselwirkung treten. Auch die Rückdiffusion der Primärelektronen von Metalloberflächen hängt von der Primärgeschwindigkeit ab, wenn auch in weit geringerem Maße als die SE-Ausbeute. Der sehr geringe Rückdiffusionskoeffizient p [s. Gl. (5), S. 335] (Abb. VI. 8) [123] von kolloidalem Graphit (C) erklärt dessen Verwendung in elektronischen Röhren.

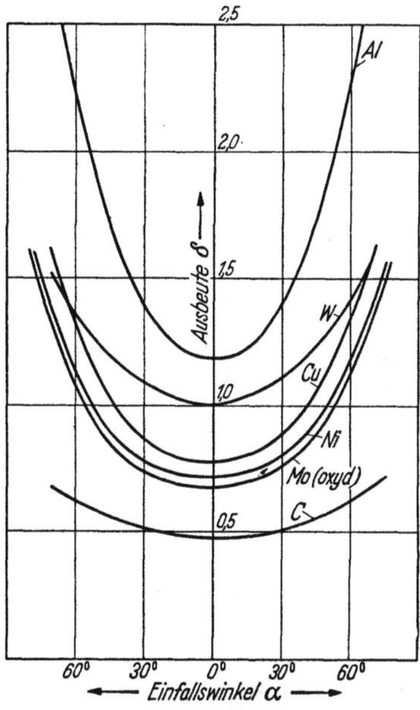

Abb. VI. 7. Sekundärelektronen-Ausbeute δ verschiedener Stoffe in Abhängigkeit vom Einfallswinkel des Primärstrahles (Elektronenenergie 2500 eV)

b) Sekundärelektronen-Emission von Isolatoren, Halbleitern und intermetallischen Verbindungen

Isolatoren, Halbleiter und offenbar auch eine bestimmte Gruppe von intermetallischen Verbindungen zeigen zwar in der Regel ein wesent-

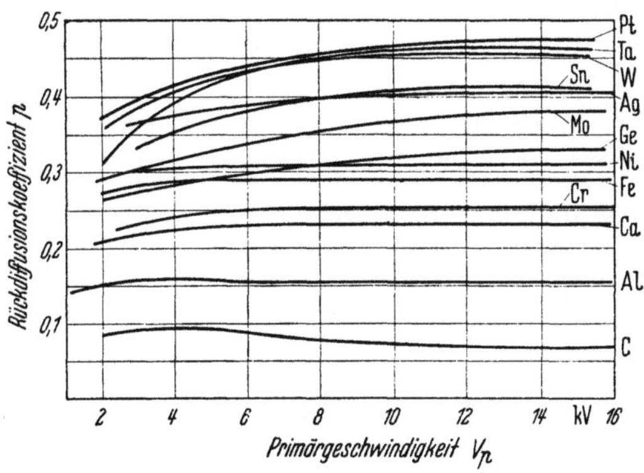

Abb. VI. 8. Rückdiffusionskoeffizient p in Abhängigkeit von der Primärgeschwindigkeit V_p der Elektronen für verschiedene Stoffe

Tabelle VI.1. *Ausbeutewerte der Sekundäremission*

	Stoff	δ_{max}	V	Literatur
I. Metalle	Li	0,65	70	[181]
		0,55	100	[22]
	Be	0,44—0,94	250	[26] [108] [161] [24] [178]
	C	1,0	300	[27] [28]
		0,48 Aquad.	460	[181]
	Mg	1,00	300	[80] [26]
	Al	0,97	300	[26] [24]
	K	0,7—0,8	150—350	[93] [130] [2] [176]
	Ti	0,85	250	[28]
	Fe	1,35	350	[156]
	Ni	1,27	500	[144] [156] [162] [205] [213]
	Cu	1,35	500	[205]
	Rb	0,87	400	[2]
	Zr	1,2	350	[28]
	Nb	1,18	350	[205]
	Mo	1,23—1,4	400	[144] [205] [33] [109]
	Ag	1,5	750	[205] [204] [28] [176]
	Cd	1,1	400	[216] [178]
	Pt	1,8	700	[3]
	Au	1,28—1,47	400—600	[156] [205] [34] [204] [178] [109]
	Sn	1,35	500	[81]
	Cs	0,74—0,94	400	[130] [30] [26] [176]
	Ba	0,8—0,9	400	[26] [24]
	Ta	1,27—1,34	600—750	[205] [206]
	W	1,25—1,4	650	[115] [3] [156] [205]
	Re	1,3	800	[216]
	Pb	1,08	500	[18]
	Bi	1,35	500	[18]
	Sb	1,2	700	[93]
	Co	1,2	600	[199] [213]
II. Isolatoren und Halbleiter	LiF	5,6	—	[29]
	KCl	7,0—9,0	800—1200	[29] [107]
	NaCl	6,0—7,0	600	[29]
	NaBr	6,2	—	[29]
	NaJ	5,5	—	[29]
	BeO	5—10	2000	[60]
	MgO	2,4—4	400—1500	[22] [60]
	CaO	2,2	500	[60]
	Oxydkathode	5—12	1400—1500	[95] [221]
	Cs_2O	5—10	500	[221]
	Al_2O_3	1,5—4,8	350—1300	[22] [83] [169]
	Ag_2O	0,90—1,17	—	[1]
	MoO_2	1,09—1,33	—	[1]
	MoS_2	1,10	—	[29]
	Cu_2O	1,19—1,25	—	[29]
	BaO	4,8	—	[22]
	NaF	5,7	—	
	CaF_2	3,15	—	
	BaF_2	4,5	—	
	RbCl	5,8	—	[29]
	CsCl	5,8	—	
	KJ	5,6	—	

Tabelle VI.1. *Ausbeutewerte der Sekundäremission* (Fortsetzung)

Stoff		δ_{max}	V	Literatur
III. Element-	Ge	1,15—1,5	400—600	[63] [113] [98]
halbleiter	Si	1,1	250	[113]
		1,64	350	[181]
	Se	1,3—1,5	400	[63]
	B	1,2	150	[113]
IV. Inter-	Cs_3Sb	8	200	[221] [146]
metallische	Cs_3Bi	6	—	
Verbindun-	Cu-Be (2%)	1,95	400	[181]
gen und Le-		2	200	[180] [108] [4]
gierungen	Cu-Be(2%)-Cs	5,5	200	[62] [180] [136] [168]
	Cu-Be(2%)-O	3,5—5,5	500—700	[181]
	Ni-Be(2%)-O	4,5	200	[62] [136]
		12,3	700	[181]
	Mg-Ag-Aktiv.	6	200	[146] [5] [168] [223] [15]
	BeO	3	200	[146]
	Ag-Mg(5%)-Cs	5	200	[180]
	Ag-Be(2%)	3	200	[180] [181]
	Ag-Mg(2%)-MgO	9,8	500	[181]
	Ag-Ca(2%)-Ca	4,5	360	[181]
	Ag-Al(2%)-Al	2,8	560	[181]
V. Zusammen-	$(Ag)-Cs_3Sb$	8	500	[181]
gesetzte	$(Ag)-Cs_2O$	3—4	200	[146]
Schichten		5,8—9,5	500—1000	[181]
	$(Ni)-Cs_2O-Cs$	5,7	500	[181]
	$(Ag)-Rb_2O-Rb$	5,5	800	[181]
	$(Ag)-K_2O-K$	2,7	600	[181]
VI. Gläser	Quarz	2,1—3,0	400—440	[169]
	Pyrex	2,3	400	[148]
	Hartglas 637h	2,3	340	[169]
	Weichglas	3,1	400—440	[169]

lich höheres SEE-Vermögen als reine Metalloberflächen, doch gibt es auch Isolatoren und Halbleiter, deren Ausbeute die der Metalle nur wenig übertrifft. In der Tab. VI.1 (II—VI) sind die SE-Ausbeuten für eine Reihe von Stoffen angegeben. Die Tabellen erheben keinen Anspruch auf Vollständigkeit, sie zeigen lediglich, daß die Ausbeute etwa zwischen 1,1 und 15 liegen kann.

Die Ausbeutekurven sind denen der Metalle ähnlich. Offenbar ist bei Stoffen mit großem δ auch die erforderliche Spannung U_{max}, um δ_{max} zu erreichen, nach höheren Spannungen zu verschoben.

Es gibt Stoffe, bei denen die Geschwindigkeitsverteilung der SE der der Metalle ähnlich ist, aber auch solche, bei denen die langsamen Elektronen mit größerer Häufigkeit auftreten. Zu letzteren zählen die technisch interessanten halbleitenden Cäsium-Antimon-Verbindungen (Abb. VI.2), ferner die Alkalihalogenide und wohl auch Cäsiumoxyd mit Zusätzen [61] [111] [157].

Während bei Metallen kaum eine Temperaturabhängigkeit der SEE besteht, fällt bspw. an Barium-Oxyd-Kathoden [95], an KCl-Aufdampfschichten [107] und an MgO-Schichten [20] [97] die Ausbeute mit steigender Temperatur.

Auch der Einfluß freier [107] und gebundener Elektronen [8] sowie der Einfluß von Störstellen auf die SEE ist untersucht worden. So nimmt bspw. bei Germanium und Selen die Ausbeute mit dem Störstellengehalt zu [63], und zwar gilt dies sowohl für mit Brom als auch für mit Tellur dotierte dünne Se-Schichten[1]. Die Ausbeute ist überdies für kristalline Selenschichten größer als jene für amorphe, in beiden Fällen aber von der Temperatur unabhängig.

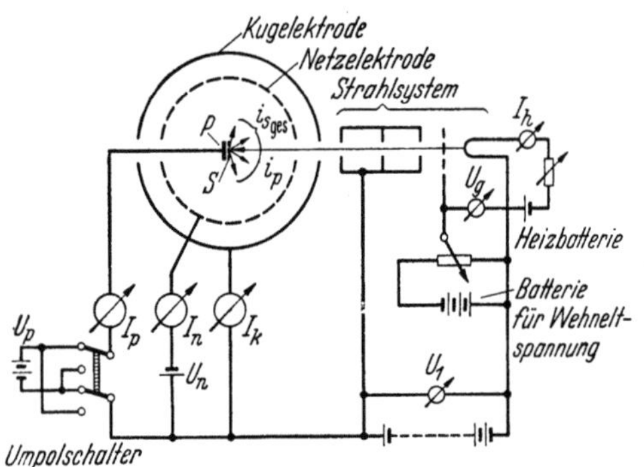

Abb. VI. 9. Prinzipschaltung einer Versuchsanordnung zur Messung der Sekundäremissions-Ausbeute

Für viele Anwendungen, bspw. als Szintillationszähler, spielt die Auslösezeit der Sekundärelektronen, also die Zeit zwischen dem Auftreffen des Primärelektrons und dem Austritt der Sekundärelektronen, eine entscheidende Rolle. Die verschiedenen Meßmethoden [70] [126] [202] ergeben Auslösezeiten von $3 \cdot 10^{-10}$ bis $3 \cdot 10^{-11}$ sec. Von diesen Werten unterscheidet sich natürlich die Bandbreite des mehrstufigen SEV, die etwa bei einigen hundert MHz liegen dürfte [132] [133] [170].

c) Meßmethoden

Eine Übersicht über die relativ einfachen Meßmethoden der SEE findet sich in der einschlägigen Literatur [23] [25]. Bewährt hat sich eine Versuchsanordnung zur Messung der Sekundäremission, wie sie in Abb. VI.9 dargestellt ist. Die auf der Metallplatte P aufgebrachte Schicht S befindet sich im Mittelpunkt einer kugelförmigen Netz- und einer größeren kompakten Kugelelektrode.

Wird das Plattenpotential wahlweise um ± 50 V gegen die Kugelelektrode[2] bei einem konstanten Netzpotential von etwa 12,5 V ge-

---

[1] Nach noch unveröffentlichten Meßergebnissen von G. OERTEL (Heinrich-Hertz-Institut der Deutschen Akademie der Wissenschaften in Berlin-Adlershof).

[2] Dies entspricht einem Vorschlag von MCKAY [138]. Allerdings ist dabei zu beachten, daß dann auch die Energie der Primärelektronen um ± 50 V schwankt, sofern man nicht das Plattenpotential konstant und das Kugel- bzw. Anodenpotential entsprechend verschiebt. Nur bei speziellen Strahlsystemen könnte man dann vermeiden, daß sich der Strahlstrom ändert [63] [64].

ändert, dann gelten nach Abb. VI.9 und Abb. VI.10 folgende Beziehungen:

$$I_p^{(+)} = i_p - i_r; \tag{1}$$

$$I_k^{(+)} + I_n^{(+)} = i_r; \tag{2}$$

$$I_p^{(-)} = i_p - i_r - i_s; \tag{3}$$

$$I_k^{(-)} + I_n^{-} = i_r + i_s. \tag{4}$$

Dabei bedeuten der Index $(+)$ bzw. $(-)$ die entsprechenden Ströme bei positiver (Abb. VI.10a) bzw. negativer Vorspannung (Abb. VI.10b) der Platte gegen das Kugelpotential.

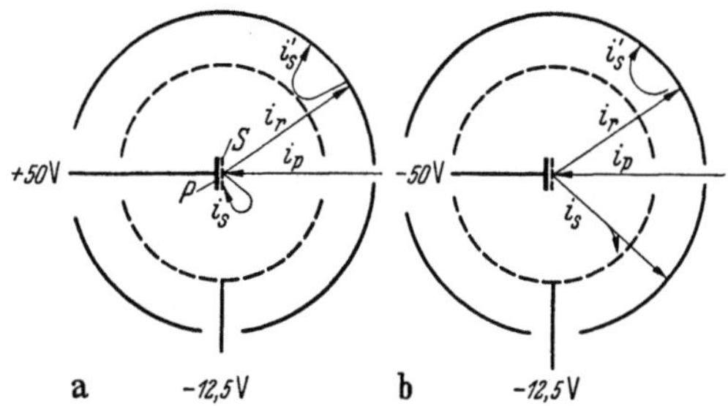

Abb. VI.10. Stromverteilung in der Meßröhre nach Abb. VI.9, und zwar
a) bei positiver Platte P und b) bei negativer Platte P

Für die Ausbeute δ ist mit den obigen Beziehungen:

$$\left.\begin{aligned}
\delta &= \frac{i_{s(\text{ges})}}{i_p} = \frac{i_s + i_r}{i_p} = \frac{\delta^*(i_p - i_r) + i_r}{i_p} = \delta^* + p(1 - \delta^*) \\
&= \frac{I_p^{(+)} + I_k^{(+)} + I_n^{(+)} - I_p^{(-)}}{I_p^{(+)} + I_k^{(+)} + I_n^{(+)}};
\end{aligned}\right\} \tag{5}$$

wobei $p = \dfrac{i_r}{i_p} = $ Rückdiffusionskoeffizient und $\delta^* = $,,wahre'' SE-Ausbeute.
Die wahre SE-Ausbeute δ^* ist:

$$\delta^* = \frac{i_s}{i_p - i_r} = \frac{i_{s(\text{ges})} - i_r}{i_p - i_r} = \frac{I_p^{(+)} - I_p^{(-)}}{I_p^{(+)}}. \tag{6}$$

Weniger einfach sind die Meßmethoden der SEE von Halbleitern und Isolatoren, da eine Verfälschung der Meßergebnisse durch Aufladungen der Oberflächen und evtl. auch durch Belichtung vermieden werden muß.

Von den hierfür möglichen Methoden seien folgende nur kurz erwähnt:

Dünne Schichten werden auf eine leitende Unterlage aufgebracht, wobei die Dicke so gewählt werden muß, daß eine genügende Nachlieferung von Ladungsträgern gewährleistet bleibt. Diese Nachlieferung kann auch dadurch sichergestellt werden, daß man den Halbleiter so

hoch erhitzt, daß er, ohne sich zu verändern, eine genügende Leitfähigkeit erreicht.

Bei den genannten Methoden wird indessen die Konzentration an
freien Ladungsträgern geändert, die ihrerseits u. U. die SEE beeinflussen kann.

Diese Schwierigkeiten führen zur Einführung von Impulsmethoden
zur δ-Bestimmung von Isolatoren. Nach dem Verfahren von HEIMANN
und GEYER [83] wird das Potential des Isolators auf den oberen Einspunkt[1] stabilisiert.

Da das Anodenpotential höher liegt als das Oberflächenpotential des
Isolators, entsteht eine Saugfeldstärke. Bei kurzzeitiger Änderung des
Kathodenpotentials werden die SE abgesaugt und gemessen.

Bei anderen Impulsmethoden [85] [96] [129] [186] werden entweder
durch Impulstastung des Kollektors alle SE abgesaugt [96] [97] [99]
[159] [186] oder durch Impulstastung der Signalplatte [85] [129] alle
SE auf den Isolator zurückgebracht. SALOW [169] hat SE-Emissions-
messungen durch Stabilisieren des Oberflächenpotentials des Isolators
mittels langsamer Elektronen ($U_p < 50$ eV), für die δ stets kleiner 1
ist, durchgeführt. Der Primärelektronenstrahl wird impulsgetastet. Mit
einem zweiten Strahlsystem wird mittels langsamer Elektronen das
Oberflächenpotential im Dauerstrich stabilisiert. Vergleichsmessungen
an Metallen zeigen, daß Dauerstrich- und Impulsmessungen im Rahmen
der bei Impulsmessungen geringeren Genauigkeit übereinstimmende Ergebnisse liefern.

51. Herstellung und Eigenschaften von Schichten hoher Sekundärelektronen-Emission

Für technische SE-Vervielfacher (vgl. S. 343) spielen die in Tab. VI. 1/
II, IV und V genannten Halbleiter, intermetallischen Verbindungen und
Legierungen (vgl. Abb. VI.11) eine wichtige Rolle, weshalb ihre Her-
stellung im folgenden kurz angegeben wird.

a) Schichten vom Typus (Ag)–Cs₂O–Cs

Die ersten Anwendungen dieses Schichttypus als sekundäremittierende Schichten hoher Ausbeute gehen auf SUHRMANN [175], FARNS-
WORTH [54], ZWORYKIN, MORTON, MALTER [219] [220], JAMS und SALZ-
BERG [91], WEISS [207] [208] und auf PENNING und KRUITHOF [155]
zurück. Die Herstellung der Schichten ist ähnlich wie die der entsprechenden Photoschichten, jedoch wird das Maximum der SE-Aus-

---

[1] Unter Einspunkt versteht man jene Spannung der Primärelektronen, für
die $\delta = 1$ wird. $\delta = 1$ wird sowohl unterhalb als auch oberhalb von $U_{p\,max}$ erreicht, wobei $U_{p\,max}$ jene Elektronenenergie ist, für die δ ein Maximum durchläuft
(vgl. Abb. VI.4).

beute bei wesentlich geringerem Cs-Überschuß erreicht [195] [220]. WEISS [207] hat gezeigt, daß die SE-Ausbeute wenig von der Dicke der Cs_2O-Schicht abhängt und für Ag als Unterlagemetall am größten ist.

Entsprechend ändern sich die SE-Eigenschaften wenig trotz stärkerer photoelektrischer Ermüdung [39] [41]. Die Zunahme der Ausbeute mit der Dauer des Primärelektronen-Beschusses wird einer Verlagerung des freien Cäsiums in der Schicht zugeschrieben [197].

DOBROLJUBSKI [39—42] konnte zeigen, daß eine Parallelität zwischen der Photoempfindlichkeit im UV und der SE-Ausbeute besteht, nicht aber eine solche mit der Photoempfindlichkeit im Sichtbaren oder UR. TRELOAR [198] erhält auch ohne eingebaute freie Silberatome in der Cs_2O-Schicht hohe Ausbeutewerte. KWARZCHAWA [120] vermutet adsorbierte Cs-Schichten als Emissionszentren für die Sekundäremission. CHLEBNIKOW und KORSHUNOWA [30] stellten indessen fest, daß für die hohe Ausbeute freie Silber- oder freie Cäsiumatome notwendig sind und schließen daraus, daß an diesen Zentren die SE-Emission erfolgt. Eine eindeutige experimentelle Entscheidung ist bis jetzt nicht möglich.

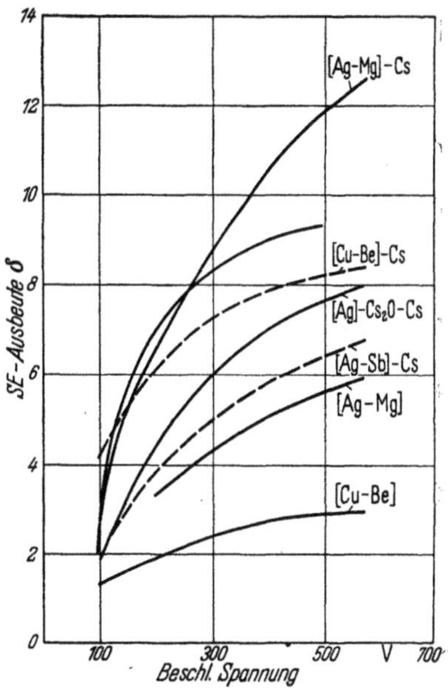

Abb. VI. 11. Sekundärelektronen-Ausbeute δ in Abhängigkeit von der Primärenergie (Beschleunigungsspannung) für verschiedene technisch wichtige Schichten

Das Maximum der SE-Ausbeute wird offenbar bei einer Schichtdicke von etwa 200 Silberoxydmolekeln erreicht. Ersetzt man in der Schichtkathode Cäsium durch Rubidium oder Kalium, so wird die Ausbeute in der gleichen Reihenfolge geringer [196]. Diese Schichten verlieren indessen immer mehr an Bedeutung für die SEV, da sie eine geringe Temperaturbeständigkeit und infolge der nicht vermeidbaren photoelektrischen Empfindlichkeit eine hohe thermische Emission aufweisen.

b) Cäsium-Antimon-Schichten

Die bisher in SEV meist verwendeten Schichten sind Cs_3Sb-Schichten. Sb bildet mit den einwertigen Alkalimetallen Verbindungen wie bspw. CsSb und Cs_3Sb. Cs_3Sb zeigt nicht allein eine hohe SE-Ausbeute [31] [38] [141] [194] [221], sondern hat bekanntlich auch bemerkenswerte photoelektrische Eigenschaften [66] (vgl. S. 104 und 133).

Eine dünne Antimonschicht wird auf einem Träger (Glas oder Metall) aufgedampft und im Vakuum mit Cäsiumdampf bei einer Temperatur um 150° C behandelt. Dabei entstehen Schichten, die in Durchsicht zunächst fahlgelb aussehen. Der Leitwert der Schicht fällt mit der Temperung um etwa 6 Größenordnungen (Abb. VI.12). Mit weiterem Cäsiumeinbau verfärbt sich die Schicht weiter, und zwar über Orange zu Karminrot. Der Leitwert durchläuft dabei noch zwei weitere Minima. MIYAZAWA [140] ordnet die Leitwertminima den stöchiometrischen Verbindungen $CsSb$, Cs_3Sb_2 und Cs_3Sb zu (vgl. dagegen das Leitwertverhalten des Systems K-Sb S. 105 und Abb. II. 67).

Während die maximale SE-Ausbeute für dünne Antimonschichten bei etwa 1,2 ($U = 700$ V) liegt, erreicht man erst bei der stöchiometrischen Zusammensetzung Cs_3Sb Maximalwerte von 6 ($U = 600$V)[1]. Die maximale Ausbeute liegt im Bereich V der Abb. VI.12, d. h. bei geringem Cs-Überschuß der Cs_3Sb-Schicht.

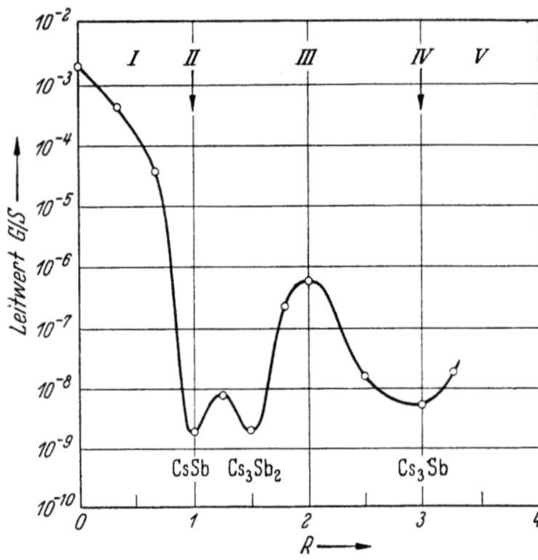

Abb. VI.12. Verlauf des Leitwertes einer Cäsium-Antimon-Schicht in Abhängigkeit vom Verhältnis Cäsium zu Antimon (= R) (nach MIYAZAWA)

Die Temperaturabhängigkeit der Ausbeute von Cs_3Sb-Schichten ist noch zu wenig untersucht, so daß einheitliche Aussagen noch nicht möglich sind.

Bei Stromdichten, die 1 mA/cm² übersteigen, sinkt die Ausbeute u. U. wieder ab. Dies führt bei Dauerbelastung zu Ermüdungserscheinungen [135]. Bei längeren Dunkelpausen wird aber trotzdem die ursprüngliche Verstärkung wieder erreicht.

c) Silber-Magnesium-Legierungen

Die SE-Eigenschaften von Ag-Mg-Legierungen wurden untersucht [223], nachdem bekanntgeworden war, daß Mg-Verbindungen eine hohe SE-Ausbeute aufweisen, in der Regel aber weniger stabil sind[2]. Es

---

[1] Nach PENNING und KRUITHOF [155] und DOBROLJUBSKI [39] besteht auch bei diesen Schichten ein enger Zusammenhang zwischen der UV-Empfindlichkeit und dem SE-Ausbeutefaktor.

[2] Nach 200 Betriebsstunden konnten stabile Schichten mit δ-Werten von ∼7 erhalten werden.

wurden deshalb Mg-Legierungen mit Ag, Cu, Au und Al untersucht [57] [222], wobei sich vor allem die Ag-Mg-Legierung bewährt hat (Abb. VI.11). Der Gehalt an Mg beträgt etwa 1 bis 15% [180], in der Regel 3 bis 6%, und ist für die SE-Eigenschaften nicht sehr kritisch. Die SE-Ausbeute kann durch Anlagerung von Cs noch gesteigert werden. Lediglich die mechanische Bearbeitbarkeit wird mit zunehmendem Mg-Gehalt schwieriger, da die Legierung spröde wird.

Die Ag-Mg-Legierung wird normalerweise in Stahltiegeln unter Salzschutzschicht erschmolzen und anschließend unter Zwischenglühen im Hochvakuum bei etwa 650° C zu dünnen Blechen ausgewalzt und zu Elektroden verarbeitet. Im einbaufertigen Zustand haben diese Elektroden bei 200 V Primärspannung eine SE-Ausbeute von etwa 1,5. Nach dem Ausheizen steigt die Ausbeute auf etwa 4 an und kann durch anschließendes Hochfrequenztempern im Sauerstoff (Druck: 0,2 mm Hg, Temperatur: 400 bis 450° C) noch weiter gesteigert werden. Mit Erhöhung der Ausbeute erscheint das zunächst silbrige Blech goldgelb. Anschließend wird der Sauerstoff abgepumpt und ein Ba-Al-Getter abgeschossen. Geringe Cs-Mengen bringen eine weitere Ausbeutesteigerung.

Die Ausbeute dieser Legierungen ist zeitlich sehr konstant, sofern man nicht auf maximale Ausbeute formiert. Die Schicht zeigt einen äußerst geringen äußeren Photoeffekt. Auch die thermische Emission ist äußerst gering. Die Ausbeutefaktoren schwanken von Herstellung zu Herstellung sehr, ihre Lagerfähigkeit an Luft ist beschränkt.

d) Aluminium-Magnesium-Legierungen

Aluminium-Magnesium-Legierungen werden zur Herstellung von SEV-Dynoden und Verstärkersystemen von Super-Orthicons ebenfalls häufig benutzt. Verwendet wird in der Regel ein AlMg-Blech mit 4% Mg [1], das vor dem Ausheizen mit Quarzsand im Stickstoffstrom gesandet wird. Nach 8- bis 10stündigem Ausheizen bei 350° C werden die Bleche in der Sauerstoffglimmentladung bis zur dunkelgrünen Färbung oxydiert. Offenbar werden gute SE-emittierende Schichten erst dann erhalten, wenn die Oxydation bei Temperaturen erfolgt, bei denen Mg und Al bereits merklich abdampfen. Dies läßt darauf schließen, daß in den entstehenden Oxydschichten Mg bzw. Al eingelagert sind.

An AlMg-Dynoden ist auch ein trägheitsloser „MALTER-Effekt" (vgl. S. 342) mit Ausbeuten von etwa 40 bei Spannungen um 20 V beobachtet worden [19], der darauf schließen läßt, daß an eingelagerten Störzentren eine Feldemission einsetzt. Diese Störzentren sind aber offenbar nicht sehr stabil, da in wenigen Stunden die normalen Ausbeutewerte wieder erreicht werden.

---

[1] Neuerdings verwendet man mit Erfolg auch CuAl (6 %) Mg (2 %)-Legierungen.

e) Nickel-, Kupfer- und Silber-Beryllium-Legierungen

NiBe [62] und CuBe [136] [180] zeigen gleichfalls eine hohe SE-Ausbeute (vgl. Tab. VI.1/IV). Die Cu-Bleche mit 2% Be werden bei etwa 0,2 mm Sauerstoffdruck eine Stunde bei 500° C[1] und das NiBe-Blech zwei Stunden bei 600 bis 700° C behandelt. Die CuBe-Legierung ist wesentlich stabiler als die AgMg-Legierung. Sie kann mehrfach an Luft gebracht und erneut evakuiert werden, ohne an Ausbeute wesentlich zu verlieren.

Besonders die CuBe-Legierung (Abb. VI.11) zeigte eine gute Reproduzierbarkeit bei vernachlässigbarer thermischer Emission und zeigt auch keine Ermüdungserscheinungen. Ein Nachteil ist allerdings, daß relativ hohe Stufenspannungen (200 bis 300 V) benutzt werden müssen.

An Stelle von Cu oder Ni kann auch Ag als Legierungskomponente gewählt werden. Die Ausbeutewerte entsprechen etwa denen des CuBe-Bleches.

Tabelle VI.2. *SE-Ausbeute von „Metallmischungen" nach* SALOW [168]

Konzentration in Gew.-%		δ-Wert bei 500 V	Formierungs-temperatur ° C	Formierungsdauer
Ag-Mg	5% Mg	9,5 (6)	570—620	30'
	15% Mg	8,5 (4)	570—620	40'
	5% Mg-Legierung	9,2 (12)	570	30'
Ag-Al	2,2% Al	5,1 (3)	600—680	70'
	1,4% Al	3,8 (3)	620—670	50'
Ag-Be	5% Be	4,9 (4)	720	60'
	15% Be	7,8 (4)	650	50'
Ag-Ca	1,3% Ca	4,9 (4)	700—750	30'
Ag-Ba	5% Ba	2,0 (4)	550—780	90'
Cu-Mg	5% Mg	12,2 (4)	550—620	35'
	10% Mg	9,4 (10)	570	30'
	15% Mg	9,1 (4)	570—620	30'
Cu-Al	15% Al	7,6 (4)	600	40'
	5% Al	9,6 (4)	620	30'
Cu-Be	2,3% Be	5,7 (4)	720—770	60'
	5% Be	6,2 (4)	650—700	40'
	2% Be-Legierung	5,2 (10)	630—700	40'

Die Tabelle enthält in der ersten Spalte die jeweils zu Ag oder Cu hinzugefügte Menge Erdalkalimetall in Gew.-%; in der zweiten Spalte den Mittelwert der SE-Ausbeute δ bei $V_p = 500$ V aus einer Anzahl von Formierungsprozessen, die in Klammern dahintergesetzt ist; in den letzten Spalten die ungefähre Formierungstemperatur in ° C und Formierungsdauer in Minuten.

---

[1] Nach einem von ALLEN [4] angegebenen Verfahren werden die Bleche im Hochvakuum mit Hochfrequenz bei 700 bis 800° C geglüht; die SE-Ausbeute solcher Bleche ist jedoch geringer.

Legierungen auf Berylliumgrundlage werden heute offenbar bevorzugt [*170*], wobei Beryllium auf Molybdän, Tantal oder Nickelbleche aufgedampft wird. Es ist dabei allerdings notwendig, das Beryllium zu oxydieren und die Schicht dann auf Temperaturen bis etwa 700° C aufzuheizen.

f) „Metallmischungen"

Ähnliche SE-Eigenschaften, wie erschmolzene Legierungen, zeigen auch „Metallmischungen", die im Vakuum aus zwei Komponenten gleichzeitig auf eine Unterlage aufgedampft sind (Tab. VI.2). Nach Formierung mit Sauerstoff (Formierungstemperaturen und Dauer siehe Tab. VI.2) werden bei 500 V Primärenergie δ-Werte von ungefähr 10 gemessen. Die Schichten sind elektrisch und thermisch stabil [*168*], sie zeigen halbleitenden Charakter. Nach SALOW [*168*] ist für die Bildung hochemittierender Kathoden nicht das Konzentrationsverhältnis der beiden Metallkomponenten zueinander, sondern ein nichtoxydierter Anteil des Erdalkalimetalls innerhalb der oxydierten Grundschicht von Bedeutung.

52. Vorstellungen zur Sekundärelektronen-Emission

Die theoretische Behandlung der SEE der *Metalle* stieß trotz der verhältnismäßig eindeutigen und erwarteten experimentellen Gesetzmäßigkeiten doch auf Schwierigkeiten, die auch heute noch nicht völlig überwunden sind.

FRÖHLICH [*59*] hat zuerst 1932 auf der Grundlage der BLOCHschen Theorie der Metalle eine erste Theorie aufgestellt und postuliert, daß SEE nur auftreten kann, wenn das Metallgitter an der Wechselwirkung beteiligt ist. Die Störungsrechnung mit zusätzlichem COULOMBschen Potential führt zur SEE. WOOLDRIDGE [*213*] verbesserte 1939 die Theorie von FRÖHLICH und konnte die Ausbeutekurve in ihrem ganzen Verlauf befriedigend erklären. KADYSCHEWITSCH [*100*] [*101*] [*102*] und BAROODY [*12*] versuchten eine Lösung ohne Mitwirkung des Gitters. Die quantenmechanische Formulierung der BAROODYschen Theorie durch DEKKER und VAN DER ZIEL [*36*] konnten die von BAROODY [*131*] und MARSHALL [*134*] aufgedeckten Schwierigkeiten der WOOLDRIDGE-Theorie gleichfalls nicht lösen. VAN DER ZIEL [*218*] hat schließlich die Wechselwirkung der Elektronen untereinander berücksichtigt, indem er als Störpotential das abgeschirmte Coulombpotential einführt.

In Analogie zum Photoeffekt wird allenthalben auch vermutet, daß für die SEE der Potentialsprung an der Oberfläche des Metalls ausschlaggebend sei [*210*] [*211*] [*212*].

Eine ausführliche Würdigung der genannten Vorstellungen wird in einer zusammenfassenden Darstellung von HACHENBERG und BRAUER [74] gegeben.

Eine Theorie der SEE aus *Halbleitern* und *Isolatoren* hätte zunächst drei Elementarprozesse abzuschätzen, und zwar

1. die Energieabgabe der Primärelektronen,

2. den Auslösemechanismus,

3. den Austritt der SE aus dem Festkörper.

Bisher bestehen für diese Elementarprozesse lediglich zwei Arbeitshypothesen.

Nach der einen Arbeitshypothese [23] [137] [142] [143] erfolgt die Energieabgabe der Primärelektronen im ungestörten Halbleiter, erzeugt also durch Anregung im Grundgitter Sekundärelektronen, die in Wechselwirkung mit den Gitterschwingungen sowie mit den übrigen beim Primärprozeß erzeugten freien Elektronen treten. Eine SEE tritt ein, wenn die Elektronen dann noch imstande sind, die Austrittsarbeit, d. h. die an der Oberfläche wirksame Potentialschwelle zu überwinden [25]. Der experimentelle Befund zeigt, daß die Stoffe hoher SEE sich in der Regel durch einen großen Abstand des Leitfähigkeitsbandes vom besetzten Band auszeichnen. Offenbar aber ist der Bandabstand keineswegs für die absolute Ausbeute ausschlaggebend, sondern vielmehr die Austrittsarbeit über dem unteren Rand des Leitfähigkeitsbandes. Eine theoretische Behandlung hätte weiter auch die Wechselwirkung der SE mit den gebundenen Elektronen und mit den Gitterfehlern bzw. Störstellen in Betracht zu ziehen [73]. Ein wesentlicher Einfluß von zusätzlich eingebauten Metallatomen bzw. Störstellen dürfte allerdings nicht bestehen. Die zusätzlich eingebauten Metallatome bzw. Störstellen sorgen lediglich für die Elektronennachlieferung.

Nach der anderen Arbeitshypothese [58] [158] [193] ist es für die SEE wesentlich, daß an der Oberfläche des schlecht leitenden bzw. isolierenden Halbleiters ein inneres Feld entsteht, das die eigentliche Emission bewirkt. Dieses Feld kann dadurch entstehen, daß an der Oberfläche adsorbierte Fremdatome durch die Primärelektronen ionisiert werden. Sind die Zwischenschichten reine Isolatoren, wie bspw. Al_2O_3, dann können die Feldstärken so hohe Werte erreichen, daß eine kalte Emission von Elektronen einsetzt, bei der relativ sehr hohe Ausbeuten ($\delta_{max} \sim 100$) auftreten (MALTER-Effekt).

Der MALTER-Effekt ist an Al_2O_3-Cs-Schichten experimentell sichergestellt [131] und zeigt wegen der erschwerten Nachlieferung von Elektronen durch die isolierte Al_2O_3-Schicht eine große Trägheit.

Man könnte erwarten, daß mit zunehmendem Einbau von Störzentren in die isolierende Zwischenschicht die Elektronennachlieferung erleichtert, gleichzeitig damit die Trägheit vermindert und wegen des nunmehr abnehmenden inneren Feldes auch die Ausbeute herabgesetzt wird.

Auch die Geschwindigkeitsverteilung der SE zeigt bei den technisch interessanten SEE-Schichten insofern eine charakteristische Besonderheit, als die langsamen Elektronen mit größerer Häufigkeit auftreten, als dies bspw. bei Metallen der Fall ist (vgl. Abb. VI. 2). Die SE großer Geschwindigkeit werden durch direkten Stoß der Primärelektronen erzeugt, und der Anteil an SE geringer Geschwindigkeit enthält die durch Feldemission ausgelösten SE. Demnach müßten zwischenschichtfreie Halbleiterschichten eine wenig von eins verschiedene Ausbeute besitzen.

53. Wirkungsweise, Aufbau und Ausführungsformen
einiger Sekundärelektronen-Vervielfacher (SEV)
a) Wirkungsweise und Aufbau

Im allgemeinen versteht man unter SEV solche Verstärkeranordnungen, bei denen die aus Photokathoden durch Lichteinstrahlung ausgelösten Elektronen auf geeignet präparierte Schichten mit solcher Energie auftreffen, daß aus diesen weitere Elektronen frei gemacht und emittiert werden (Sekundärelektronen). Diese Sekundärelektronen werden erneut beschleunigt und treffen auf eine zweite sekundäremittierende Schicht auf, so daß dort je Elektron erneut mehrere Elektronen ausgelöst werden. Dieser Vorgang wiederholt sich von Stufe zu Stufe, bis schließlich an der letzten Elektrode, der Anode, ein vielfach größerer Strom als der primäre auftritt. Grundsätzlich unterscheidet man zwischen dynamischen und statischen SEV.

Bei *dynamischen* Vervielfachern [54] [84] [139] [151] [153] [154] nehmen die Elektronen ihre Energie aus einem mit kleiner Amplitude wechselnden Feld auf. Diese Pendelvervielfacher haben indessen keine praktische Bedeutung erreicht [84]. Eine Variante des dynamischen Vervielfachers ist von Okabe [152] angegeben worden. Neuerdings wird von Greenblatt [71] ein dynamischer Vervielfacher für 3000 MHz beschrieben, der als Gammazähler Verwendung finden soll.

Bei *statischen* Vervielfachern wird in mehrfacher Hintereinanderschaltung von Einzelstufen und entsprechend unterteilter Beschleunigungsspannung eine möglichst optimale Ausbeute und Verstärkung erzielt. Erste Ausführungen stammen von Jarvis und Blair [92], Farnsworth [56] und Kubetzky [118].

Je nach den Führungsfeldern unterscheidet man bei den statischen SEV zwischen *elektrostatisch* und *magnetisch* fokussierten Vervielfachern[1].

---

[1] Photozellen mit einstufiger Verstärkung haben gleichfalls praktisch wenig Bedeutung [66] [91] [103] [172].

Abb. VI.13 zeigt eine schematische Übersicht über Bauformen von statischen Vervielfachern, bei denen man nach Art der Elektroden zwischen Netz-, Platten- und Jalousievervielfachern unterscheidet.

Man unterscheidet neuerdings bei elektrostatischen SEV oft auch zwischen unfokussierten und fokussierten Vervielfachern [147]. Zu den unfokussierten zählen die Netz- und Jalousievervielfacher, zu den fokussierten die verschiedenen Arten der Plattenvervielfacher.

α) Unfokussierte Sekundärelektronen-Vervielfacher. Unfokussierte SEV bestehen aus Gittern, die bestimmte Querschnittsformen haben und in mehreren Stufen nacheinander angeordnet sind. Zwei besonders charakteristische Typen haben sich herausgebildet: die Netz- und die Jalousievervielfacher.

Die Vorteile sind:

einfacher Aufbau auch bei vielstufigen SEV,

geringe Empfindlichkeit gegen elektrische und magnetische Störfelder,

hohes Auflösungsvermögen durch geringe Dimensionen der Gitter und geringe Gitterabstände,

je nach Verwendungszweck können groß- oder kleinflächige Photokathoden benutzt werden.

Gegenüber den fokussierten SEV nachteilig sind:

der geringere elektronenoptische Wirkungsgrad, da nicht alle SE zum nächsten Gitter abgesaugt werden und

die Verluste durch geometrische Strahlverbreiterung.

Die Konkurrenzfähigkeit zu den fokussierten SEV hängt nun davon ab, in welchem Maße man die letzt.

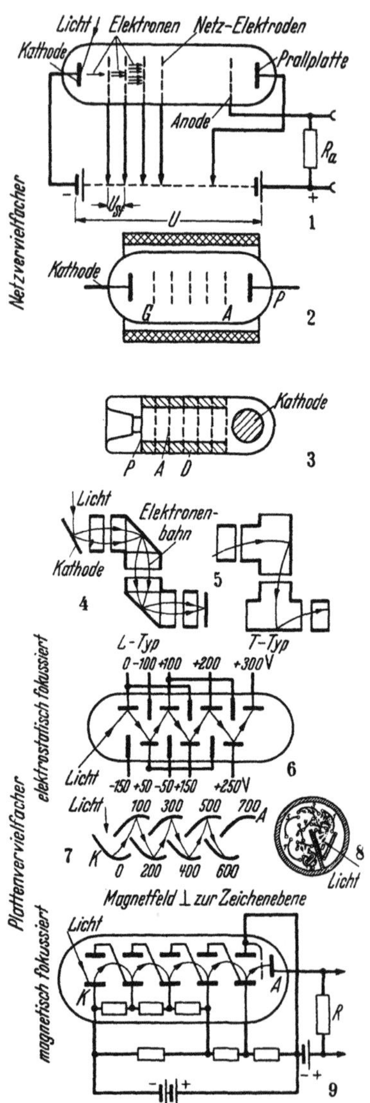

Abb. VI.13. Verschiedene Bauformen von statischen Sekundärelektronen-Vervielfachern. Netzvervielfacher: *1—3*, Plattenvervielfacher: *4—9*. Jalousie-SEV in Abb. VI.22

genannten Nachteile vermeiden und inwieweit man die Eigenschaften,
die die Nachweisempfindlichkeit begrenzen, beeinflussen kann.

Der *Netzvervielfacher* ist zuerst von WEISS angegeben [207] [208]
und von der RPF (Reichspost-Forschungsanstalt), AEG, Telefunken
und Fernseh-AG übernommen und weiterentwickelt worden. Beim Netzvervielfacher (Abb. VI.13/1, 2, 3) treffen die aus der Photokathode aus-

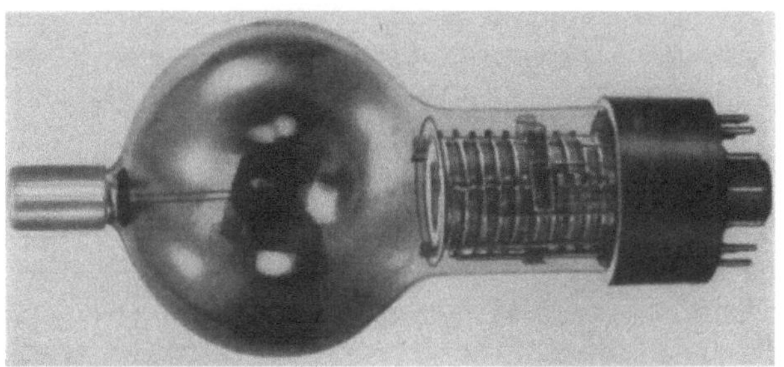

Abb. VI.14. Sekundärelektronen-Vervielfacher der AEG, Baujahr 1945

gelösten Elektronen auf eine Netzelektrode, die so präpariert ist, daß
zwei und mehr Sekundärelektronen je Primärelektron ausgelöst werden. Da die folgende Netzelektrode auf höherem Potential liegt als die
vorhergehende, werden die Elektronen jeweils auf die nächste Netzelektrode beschleunigt. Als letzte SE-emittierende Elektrode dient die
sogenannte Prallplatte, als Anode ein weitmaschiges Netz, das zwischen

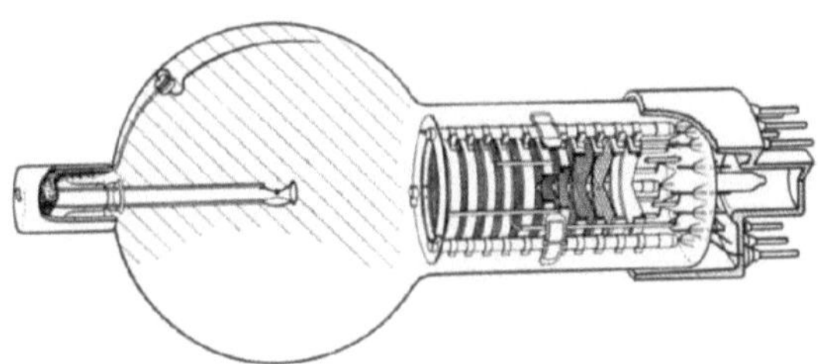

Abb. VI.15. Konstruktiver Aufbau des AEG-Vervielfachers nach Abb. VI.14 (Baujahr 1945)

Prallplatte und letztem Netz angeordnet ist. Die Netzelektroden bestehen aus feinmaschigem Netz mit 4000 bis 10000 Maschen pro cm²,
das Anodennetz aus 20 bis 50 Maschen pro cm² [103]. Die Netze sind
senkrecht, ähnlich dem Elektrodensystem einer Braunschen Röhre, aufgebaut. Die Abb. VI.14 und VI.15 zeigen 10 stufige Vervielfacher nach
WEISS (Kugeldurchmesser 100 mm, Gesamtlänge 260 mm, Netzdurch-
messer 30 mm). Die Netze sind an vier Glimmerstreifen (Telefunken)
bzw. an vier Keramikstäben (AEG) ganz analog dem System der Braun-

schen Röhre aufgebaut. Die Abstände der einzelnen Elektroden betragen hierbei nur etwa 5 mm. Bei dem von der Fernseh-AG versuchsweise gewählten Aufbau nach HARTMANN [75] [76] [77] [78] [79] wird die Isolation dadurch verbessert, daß die Netz- und Absaugelektroden jeweils getrennt ausgeführt werden. Um eine bessere Fokussierung bzw. Konzentration der Elektronen zu gewährleisten, sind die ersten Netze nach Art einer Kugelkalotte gewölbt [75] [122].

Der Bedeckungsfaktor der Netze beträgt nur etwa 50%, der Wirkungsgrad ist daher sehr ungünstig. Zudem liegen die SE-emittierenden Flächen der Netzelektroden bei runden Drahtquerschnitten jeweils auf der Seite des Verzögerungsfeldes, d. h. jener Teil der SE, dessen Bahnradius kleiner ist als der Drahtdurchmesser, ist durch die gegebene Feldverteilung für die weitere Verstärkung unwirksam. Dazu kommt noch, daß ein Teil der primären Elektronen die Drahtoberfläche überhaupt nicht erreicht, sondern erst das nächste oder übernächste Netz.

Aus der allgemeinen Theorie der ebenen Gittervervielfacher [14] ist bekannt, daß je nach Querschnittsform des Gitters und je nach Größe der Gitteröffnungen durch den Durchgriff des Feldes, da es von beiden Seiten des Gitters wirksam ist, ein Umkehrpunkt der elektrischen Feldstärke entsteht. Es sind daher alle jene Querschnittsformen der Gitter besonders günstig, bei denen die SE-emittierenden Flächen auf der Seite des Beschleunigungsfeldes liegen. Dieser Fall ist durch das Jalousiegitter [14] [121] verwirklicht.

Beim *Jalousievervielfacher* (vgl. Abb. VI.22) werden die Vorteile der Prallelektroden mit dem einfachen Aufbau der Gittervervielfacher dadurch kombiniert, daß die einzelnen Elektroden nach Art einer Jalousie ausgebildet sind. Beim Jalousiegitter werden alle Primärelektronen auch ihrerseits Sekundärelektronen anregen. Von dem Durchgriff des Absaugefeldes wird es abhängen, wieviel dieser Sekundärelektronen abgesaugt werden. Die Absaugbedingungen hängen von der Geometrie des Jalousiegitters und von der Feldverteilung ab. Dabei zeigt sich, daß der Gütefaktor, d. h. das Verhältnis der abgesaugten SE zur Gesamtzahl der erzeugten am größten ist, wenn die Vorderseite des Gitters feldfrei ist. Dieser Fall wird praktisch dadurch realisiert, daß man vor dem Gitter ein feines Maschennetz anordnet, das auf dem gleichen Potential liegt wie das Jalousiegitter.

Auch andere Gitterformen sind denkbar [14], insbesondere ergibt das „Viertelkreisgitter" einen hohen Gütefaktor (definiert als das Produkt aus dem Bedeckungsgrad uud dem Saugwirkungsgrad).

β) **Fokussierte Sekundärelektronen-Vervielfacher.** Beim fokussierten SEV bestehen die einzelnen Elektroden aus kompakten Schichten, und zwar in Form von geeignet geformten und präparierten Blechen. So besitzt bspw. der Vervielfacher des L- und T-Typs (Abb. VI.13/4 und 5) nach ZWORYKIN [220] durch die besondere Anordnung der Elektroden

eine fokussierende Wirkung, ebenso der Schaufelvervielfacher nach
RAYCHMAN und ZWORYKIN [222] (vgl. Abb. VI.13/7). Auf ähnlichem
Führungsprinzip ist der zuerst von LARSON und SALINGER [124] vorgeschlagene Kästchenvervielfacher aufgebaut. Beim Plattenvervielfacher
nach RAYCHMAN und SNYDER [164] sind die Prallplatten so ausgebildet
und kreisförmig angeordnet, daß eine geschlossene Bauweise des SEV
erzielt wird (vgl. Abb. VI.13/8).

Vervielfacher mit elektromagnetischem Führungsfeld (magnetisches
Querfeld) haben heute für kernphysikalische Untersuchungen erneut
Bedeutung erlangt (Abb. VI.13/9). Abb. VI.16 zeigt einen magnetischen
Plattenvervielfacher, bei dem die Platten einander eng gegenüberliegen,
um möglichst hohe Feldstärken und damit große Ströme zu erreichen,

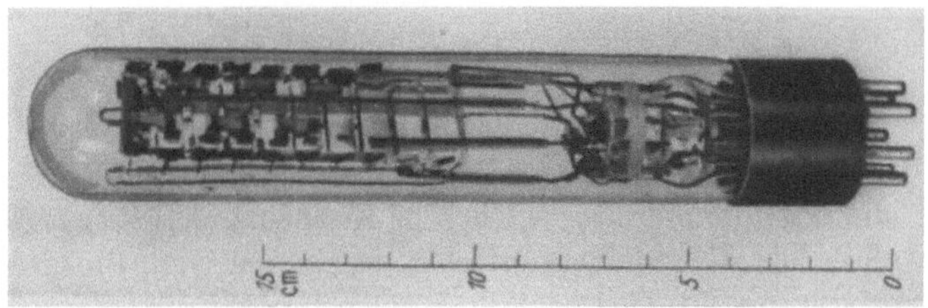

Abb. VI.16. Magnetisch fokussierter Plattenvervielfacher nach KLUGE, BEYER und STEYSKAL [103]

ohne daß sich eine Begrenzung durch auftreffende Raumladungen bemerkbar macht. Vor der Anode ist in der Regel ein Schirmgitter vorgesehen, um die Schwingungsneigung des Vervielfachers zu beheben.
Das erforderliche magnetische Feld von etwa 50 bis 100 Gauß kann
auch durch geeignete Permanentmagnete erzeugt werden.

b) Ausführungsformen einiger neuerer Sekundärelektronen-Vervielfacher

Bei den unfokussierten Vervielfachern wird der Netzvervielfacher
(Werk für Fernmeldewesen, Berlin) nur mehr vereinzelt gefertigt, während
der Jalousievervielfacher (E. M. I.) offenbar immer mehr an Bedeutung
gewinnt. Bei den fokussierten SEV sind heute drei Formen üblich: Der
Schaufelvervielfacher gestreckter Bauart (DU MONT, Fernseh-GmbH.),
der Plattenvervielfacher mit kreisförmig angeordneten Elektroden
(RCA) und der Kästchen-SEV (MAURER, Ernst Abbe, Jena).

α) Lineare Plattenvervielfacher. Bei den SEV nach RAYCHMAN und
ZWORYKIN ist die Form der Prallplatten so gewählt, daß durch das
dadurch entstehende elektrische Feld eine Fokussierung der Sekundärelektronen auf die nächstfolgende Prallplatte erfolgt (vgl. Abb. VI.13/7)
[192]. Eine ähnliche Anordnung ist von WINANS und PIERCE [209] angegeben worden (SEV der Western Electric D 159076) [182]. Für spezielle Anwendungen ist die Form der Prallplatten so geändert, daß von

jeder Stelle der Prallplatte aus auf die nächste gleichlange Elektronenbahnen führen, um die Streuungen in den Laufzeiten der Sekundärelektronen gering zu halten [147] [191].

Bei einer neueren Ausführung ist die Form der Platten so geändert,
daß die in der Nähe der Anode ausgelösten Ionen nicht auf die Kathode
gelangen können. Damit wird verhindert, daß bei höherer Stufenspan-

Abb. VI.17. Plattenvervielfacher der RCA (931A, 1 P 21)

nung der Ionenstrom unzulässig hoch ansteigt bzw. daß bei Impulsbetrieb die Satellitenimpulse stärker in Erscheinung treten [125].

Ebenfalls als Schaufelvervielfacher wurde der von PHILIPS [192]
sowie der von der TH Zürich [182] entwickelte 18stufige Vervielfacher
[184] [185] ausgeführt.

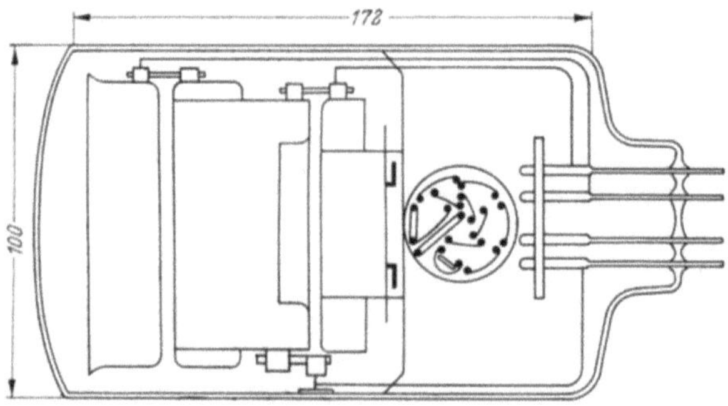

Abb. VI.18. RCA-Vervielfacher Type H 5037 mit großflächiger Photokathode

β) Plattenvervielfacher mit kreisförmig angeordneten Platten. Nach
RAYCHMAN und SNYDER [164] sind die Prallplatten so ausgebildet und
kreisförmig angeordnet, daß eine geschlossene Bauweise des SEV
erzielt wird (Abb. VI.13/8). Dieser Vervielfachertyp wird mit verschiedenen Photokathoden [147] von der RCA[1] unter den Typenbezeich-
nungen 931 A, 1 P21, 1 P22 und 1 P28 hergestellt. Sie haben die Abmessungen einer normalen Radioröhre (Abb. VI.17). Die sekundär-

---

[1] Radio Corporation of America, Tube Department, Harrison N. J.

emittierenden Schichten sind vorwiegend Cs_3Sb-Schichten. Bei RCA-Vervielfachern 5819, 7140, H-5037 wird das gleiche Vervielfachersystem benutzt, nur befindet sich die Photokathode als Durchsichtskathode auf einer Kugelkalotte, wobei die Photoelektronen auf die Beschleunigungselektrode des Vervielfachers fokussiert und beschleunigt werden (Abb. VI.18) [72]. RCA-Type 4646 ist ein 16stufiger SEV [72], der bei 10^9facher Verstärkung (Gesamtspannung etwa 2 kV) mit einer Laufzeitstreuung von nur $5 \cdot 10^{-9}$ sec einen raumladungsfreien Anodenstrom von 200 mA abzugeben imstande ist. Unfokussierte SEV haben naturgemäß eine größere Laufzeitstreuung [7].

γ) Kästchenvervielfacher nach Maurer. Die Abb. VI.19 zeigt Anordnung und Aufbau der Kästchen beim MAURERschen Vervielfacher[1]. Die Kästchen des Vervielfachersystems bestehen aus Silberblech. Die Sekundäremissionsschichten sind Ag-Cs_2O-Ag-Schichten, die auf den inneren Oberflächen der Kästchen nach dem von der Photokathodenherstellung bekannten Verfahren präpariert werden. Die Haltestäbe der einzelnen Kästchen sind mit Glas verschmolzen, so daß die Kriechwege von Elektrode zu Elektrode ebenfalls nur 5 bis 10 mm betragen (Typenaufstellung siehe Tab. VI.4).

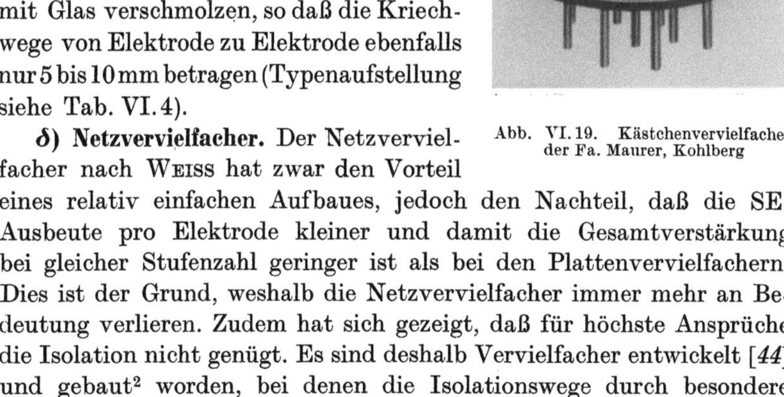

Abb. VI.19. Kästchenvervielfacher der Fa. Maurer, Kohlberg

δ) Netzvervielfacher. Der Netzvervielfacher nach WEISS hat zwar den Vorteil eines relativ einfachen Aufbaues, jedoch den Nachteil, daß die SE-Ausbeute pro Elektrode kleiner und damit die Gesamtverstärkung bei gleicher Stufenzahl geringer ist als bei den Plattenvervielfachern. Dies ist der Grund, weshalb die Netzvervielfacher immer mehr an Bedeutung verlieren. Zudem hat sich gezeigt, daß für höchste Ansprüche die Isolation nicht genügt. Es sind deshalb Vervielfacher entwickelt [44] und gebaut[2] worden, bei denen die Isolationswege durch besondere Elektrodendurchführungen vergrößert wurden. Die einzelnen Netze werden getrennt ausgeführt und die Durchführung mit einer möglichst langen und engen Glaskapillare versehen, die mit der Durchführung verblasen und durch eine kleine und gut verrundete Metallscheibe abgedeckt wird (Abb. VI.20). Derartige hochisolierende Durchführungen

---

[1] MAURER, Dr. G.: Forschungs- und Entwicklungslaboratorium für Elektronik und Elektro-Optik, Kohlberg, Kr. Nürtingen.
[2] Hersteller: RFT-Werk für Fernmeldewesen, Berlin-Oberschöneweide.

haben sich auch auf die Eigenschaften von Vakuum-Photozellen sehr günstig ausgewirkt (vgl. S. 272).

Ältere SEV haben den Nachteil, daß die Photokathode nur einen Teil des Kathodenkolbens bedeckt, damit ein Lichteintrittsfenster bleibt.

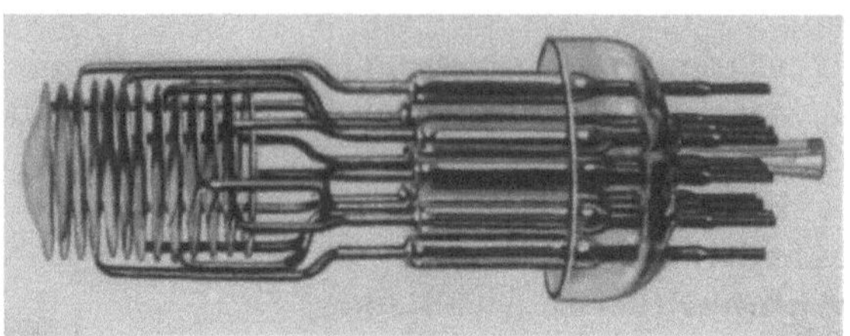

Abb. VI. 20. Hochisolierter Elektrodenaufbau eines Netzvervielfachers (WF-Werk für Fernmeldewesen, Berlin, Type 2740)

Das Potential dieser freien Fläche bleibt somit unbestimmt, so daß Wandladungen zu Abweichungen vom idealen Feldverlauf führen. Dieser Nachteil wird vermieden, wenn man eine kugelsymmetrische Anordnung nach Abb. VI. 21 wählt. Kathode und erstes Netz des SEV bilden ein Kugel-

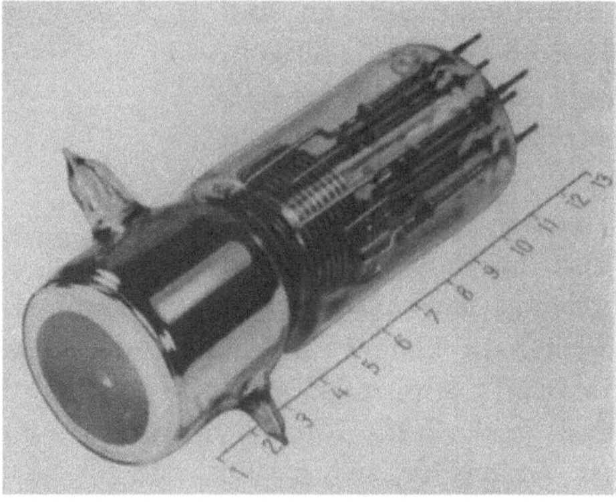

Abb. VI. 21. Ansicht der Versuchsausführung eines 12stufigen Netz-Vervielfachers mit großflächiger Durchsichts-Photokathode und hochisolierten Durchführungen der Netzdynoden [118] (Heinrich-Hertz-Institut der DAW, Berlin-Adlershof)

kondensatorfeld, bei dem die Fokussierung vom Einfallswinkel der Lichtstrahlen unabhängig ist. Ebenso ist auch der Weg der Elektronen vom Ort des Lichteinfalls bis zur Netzelektrode vom Einfallswinkel unabhängig. Dieser SEV besitzt zudem eine auf der gesamten wirksamen Fläche gleichmäßige Empfindlichkeit. Die Potentialverteilung im Kathodenraum ist durch die Innenmetallisierung stets eindeutig bestimmt.

ε) **Jalousievervielfacher.** Beim Jalousievervielfacher [14] [121] [174] ist versucht worden, die Vorteile der Prallelektroden mit dem einfachen Aufbau des Gitter- bzw. Netzvervielfachers dadurch zu kombinieren, daß die einzelnen Elektroden nach Art einer Jalousie angeordnet werden (Abb. VI. 22). Unmittelbar über den schräggestellten Stegen ist ein sehr feinmaschiges Netz angebracht, das jeweils auf dem gleichen Potential liegt wie die betreffende Jalousie. Das Netz ist notwendig, weil sonst die ausgelösten Sekundärelektronen durch das Verzögerungsfeld — das die vorhergehenden Stufen erzeugen — auf die Platte zurückgelenkt

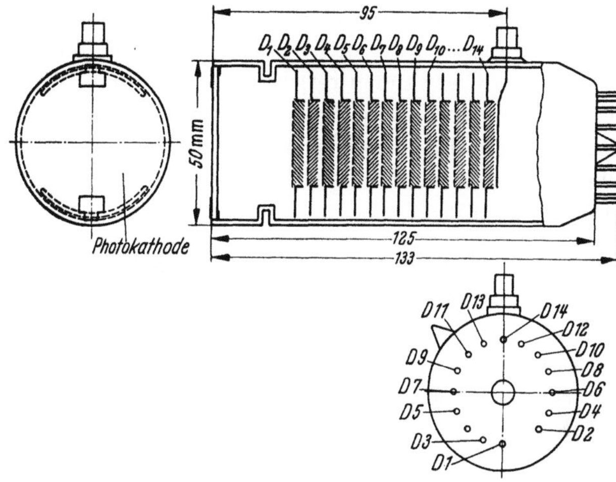

Abb. VI. 22. Elektrodenanordnung eines EMI-Jalousievervielfachers Typ 6262 (VX 5047)

würden. Das Netz schirmt somit die emittierende Oberfläche elektrostatisch ab, so daß die emittierten Elektronen durch das schwache Beschleunigungsfeld durch das folgende Netz hindurch auf die nachfolgende Jalousie beschleunigt werden. Ein Teil der Elektronen wird zwar durch diese Netze abgeschirmt, doch ist dieser Anteil geringer als der der rückdiffundierenden Elektronen, wie sie ohne Netze auftreten würden.

Die Jalousieanordnung hat den Vorteil, daß die positiven Ionen nur die Rückseite der Jalousie und nicht die empfindliche Emissionsfläche beeinträchtigen. Auch die zwischen den Jalousieelektroden entstehenden Ionen werden auf diese Weise unschädlich. Die feinmaschigen Netze verhindern überdies, daß die Ionen auf die Photokathode fallen und diese in ihrer Wirkung beeinträchtigen. Ähnlich wie beim Netzvervielfacher gestattet auch der Jalousievervielfacher den bequemen Aufbau einer Vielzahl von aufeinanderfolgenden Stufen. So wurden bspw. bisher bis zu 19stufige Jalousievervielfacher aufgebaut [122].

Die Jalousievervielfacher werden von der EMI[1] (vgl. Tab. VI.4) mit 9, 11, 13 und 14 Stufen gefertigt; die Jalousien sind auf Trägern aufgeschweißt, die ihrerseits auf Haltestreben, ähnlich wie dies bei Systemen von Braunschen Röhren der Fall ist, aufgebaut sind. Als Abstandsstücke dienen Glasröhren, die offenbar auf die Haltestäbe aufgeschoben werden. Die Photokathoden sind durchweg halbdurchlässige Schichten auf Planscheiben mit verschiedenen Durchmessern. Die Empfindlichkeit der Durchsichtskathoden beträgt im Mittel etwa $30\,\mu A/\mathrm{lm}$. Die Kenndaten sind in Tab. VI.4 zusammengestellt.

Bei dem beschriebenen Aufbau ist nachteilig, daß die sich an der seitlichen zylindrischen Rohrwand ebenfalls bildende Photoschicht gleichfalls Elektronen emittiert, die nicht ausnutzbar sind. Auch die Rückwirkung der an den Glaswänden reflektierten Strahlung auf die Photokathode ist unerwünscht. Diese Nachteile werden durch einen metallischen Ring, der an das Glasrohr angeschmolzen bzw. durch einen zylindrischen Rohrkörper, der auf die erste Elektrode aufgepunktet wird, verhindert[2].

54. Eigenschaften der technischen Sekundärelektronen-Vervielfacher

Die Eigenschaften von SEV werden allgemein gekennzeichnet durch:

a) Spektrale Ausbeuteverteilung von Photokathoden,
b) thermische Emission und Feldemission der Photokathoden,
c) Verstärkungsfaktor,
d) Dunkelstrom,
e) Rauscheigenschaften,
f) Signal/Rauschverhältnis,
g) Ermüdungserscheinungen (Alterung).

a) Spektrale Ausbeuteverteilung von Photokathoden
(vgl. auch Ziff. 21, 22 u. 41)

Für SEV kommen als Photoschichten nur dünne Schichten bestimmter Halbleiter in Frage, bei denen die Ausbeute in Abhängigkeit von der Wellenlänge des eingestrahlten Lichtes ein mehr oder weniger ausgeprägtes Maximum bzw. auch mehrere Minima und Maxima aufweist. Als Photokathoden werden heute in SEV fast ausschließlich Schichtkathoden (zusammengesetzte ultrarotempfindliche Photokathoden) vom Typ: Silber-Cäsiumoxyd, Silber-Cäsium und die intermetallischen Verbindungen von Wismut und Antimon mit den Alkalimetallen, insbesondere Cs_3Sb und Li_3Sb-Kathoden benutzt (Abb. VI.23) [95].

---

[1] Electric and Musical Industries Comp. Research Laboratories Ltd. Hayes, Middlesex, England. [2] 1958 wird auch im RFT-Werk für Fernmeldewesen in Berlin-Oberschöneweide die Fertigung eines 12stufigen Jalousievervielfachers Type V 12 J 1 mit Durchsichtskathode und hochisolierten Elektrodendurchführungen aufgenommen (vgl. Tab. VI.4).

Tabelle VI.3. *Kenndaten von Photokathoden*

Kathodentyp	Langwellige Grenze λ_0	Empfindlichkeit in μA/lm *	Thermische Emission A/cm²
A. Zusammengesetzte Kathoden:			
(Ag)-Cs₂O, Cs-Ag . .	1,2—1,4 μ	25—40	10^{-13}—10^{-15}
(Ag)-Ag₂O, Rb . . .	0,95 μ	6—10	
B. „Legierungs"kathoden:			
Cs₃Sb	0,67—0,89 μ	30—70	10^{-13}—$2 \cdot 10^{-16}$
Li₃Sb	0,57 μ	5—20	10^{-17}
Cs₃Bi	0,8 μ	8—25	

Je nach Konstruktion des SEV werden sowohl kompakte Aufsichts- als auch halbdurchlässige Durchsichtskathoden verwendet. Die Eigenschaften solcher Photokathoden sind in Tab. VI.3 zusammengestellt. Die Cs₃Sb-Kathoden [67][173][200] sind die empfindlichsten der heute bekannten Photokathoden (einer Empfindlichkeit von 40 μA/lm entspricht eine Quantenausbeute von 0,1 Elektron pro Lichtquant bei $\lambda = 0,4\,\mu$). Auch Li₃Sb-Kathoden scheinen wegen ihrer geringen thermischen Emission eine gewisse Bedeutung zu erlangen.

Abb. VI.24 zeigt die lichtelektrische Ausbeute η in A pro W

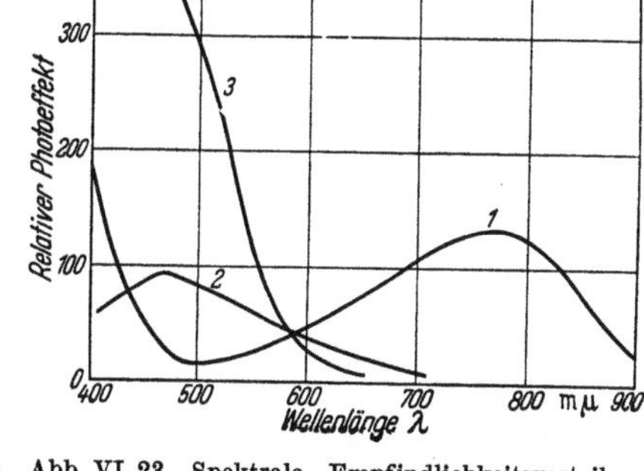

Abb. VI.23. Spektrale Empfindlichkeitsverteilung von Schicht- und „Legierungs"-Photokathoden (Ordinaten vergleichbar).
1 (Ag)-Cs₂O, Cs-Ag (Silberoxyd-Cäsium), *2* Cs₃Bi (Cäsium-Wismut), *3* Cs₃Sb (Cäsium-Antimon)

eingestrahlte Lichtleistung in Abhängigkeit von der Wellenlänge für verschiedene Photokathoden. Mit eingezeichnet ist das Quantenäquivalent, d. h. jene Ausbeute, bei der je eingestrahltes Lichtquant ein Elektron emittiert wird. Selbstverständlich handelt es sich bei den spektralen Ausbeutekurven der Abb. VI.24 nur um Mittelwerte. Auch bei den industriell hergestellten Photokathoden muß man stets mit einem gewissen Streubereich sowohl der Empfindlichkeit als auch ihrer spektralen Verteilung rechnen.

b) Thermische Emission und Feldemission der Photokathoden

Der Nachweis kleinster Photoströme wird durch die thermische Emission und durch die bei hohen Feldstärken auftretende Feldemission

---

* Bezogen auf eine Farbtemperatur von 2640° K.

Simon/Suhrmann, Lichtelektr. Effekt, 2. Aufl.   23

der Photokathode begrenzt. Für die thermische Emission von Halbleiter-Photokathoden gilt bspw. für Überschußhalbleiter:

$$I_{th} = \frac{e\,(2\,\pi\,m_0\,k)^{5/4}}{2\,m_0\,h^{3/2}}\,N_0^{1/2}\,T^{5/4}\,e^{-\frac{\Phi_{Th}}{kT}} = A_0^*\,N_0^{1/2}\,T^{5/4}\,e^{-\frac{\Phi_{Th}}{kT}}, \qquad (7)$$

wobei:

Φ_{Th} thermische Austrittsarbeit in eV

m_0 Elektronenmasse $= 9{,}1 \cdot 10^{-18}$ g

h Plancksches Wirkungsquantum $= 6{,}62 \cdot 10^{-34}$ W sec²

k Boltzmannkonstante $= 8{,}62 \cdot 10^{-5}$ eV/grad

e Elektronenladung $= 1{,}6 \cdot 10^{-19}$ Asec

N_0 Störstellendichte in cm⁻³

T absolute Temperatur in grad

A_0^* 10^{-6} (A grad⁻⁵ᐟ⁴ cm⁻¹ᐟ²).

Die thermische Emission ist insofern mit der spektralen Empfindlichkeitsverteilung verknüpft, als Photokathoden mit längerer Grenzwellen-

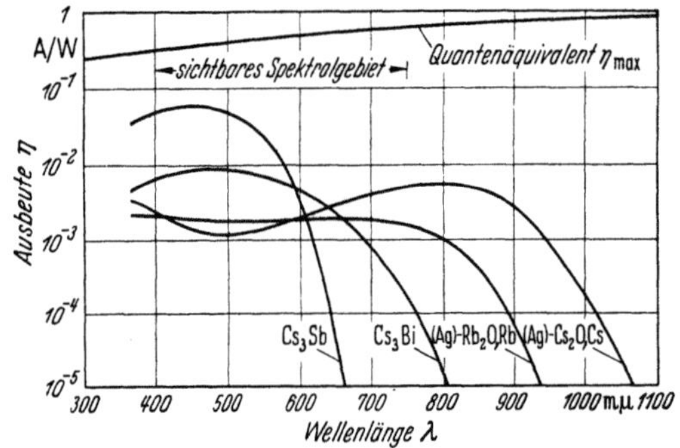

Abb. VI. 24. Lichtelektrische Ausbeute in A je W eingestrahlter Lichtleistung für verschiedene Photokathoden

länge auch die höhere thermische Emission zeigen. So wird für die ultrarotempfindlichen Photokathoden die spezifische thermische Emission von RAYCHMAN zu $4{,}2 \cdot 10^{-15}$ A/cm² bei 17 °C bzw. von $9 \cdot 10^{-15}$ A/cm² bei 27 °C, von SCHAETTI [183] eine solche von 10^{-12} A/cm² und von ECKART [45—47] eine solche von $1 \cdot 10^{-15}$ A/cm² bei 19,7° C angegeben (vgl. Tab. VI. 3).

Für die thermische Emission von Cs₃Sb-Photokathoden wird von SCHAETTI [183] ein Wert von $8 \cdot 10^{-16}$ A/cm² und von ECKART [45—47] ein solcher von $2 \cdot 10^{-16}$ A/cm² angegeben. Für die Li₃Sb-Kathoden findet SCHAETTI eine spezifische thermische Emission von 10^{-17} A/cm² (vgl. Tab. VI.3).

Aus der Temperaturabhängigkeit der thermischen Emission wird für die (Ag)·Cs₂O, Cs-Ag-Kathode mit einer Grenzwellenlänge von $1{,}17\,\mu$

entsprechend einer lichtelektrischen Austrittsarbeit von 1,06 eV eine thermische Austrittsarbeit Φ_{Th} von etwa 0,95 eV gemessen [45].

Für die Cs_3Sb-Kathoden ergibt sich aus der Temperaturabhängigkeit der thermischen Emission eine Austrittsarbeit von 1,2 eV sowie aus der Grenzwellenlänge des äußeren Photoeffekts (allerdings bei Zimmertemperatur gemessen) eine lichtelektrische Austrittsarbeit von 1,4 eV [47].

Die aus der Grenzwellenlänge bestimmbare lichtelektrische Austrittsarbeit ist bei zusammengesetzten Photokathoden größer als die thermische Austrittsarbeit (vgl. S. 100), andererseits emittiert eine Photokathode um so stärker thermische Elektronen, nach je längeren Wellenlängen sich ihre spektrale Empfindlichkeit erstreckt. Es ist daher auch kaum verwunderlich, daß im Schrifttum für die lichtelektrische Grenzwellenlänge und für die thermische Emission sehr verschiedene Werte angegeben werden, wenn man berücksichtigt, daß die einzelnen Herstellungsverfahren u. U. erheblich voneinander abweichen. Die thermische Emission kann, wie aus Gl. (7) zu ersehen, durch Kühlung der Photokathode wesentlich herabgesetzt werden.

Die Elektronenemission wird für alle praktischen Zwecke, also auch bei Photozellen und beim SEV, durch ein äußeres elektrisches Feld begünstigt, das die Potentialschwelle beim Übergang vom Halbleiter ins Vakuum herabsetzt. Reine Feldemission setzt indessen erst bei relativ hohen Feldstärken ein und spielt normalerweise bei Photokathoden üblicher Bauart keine Rolle, sofern man beim mechanischen Aufbau zu kleine Radien und vor allem Spitzen und Kanten dadurch vermeidet, daß alle Spannung führenden Teile gut verrundet werden.

Bei Photokathoden können indessen möglicherweise an der Oberfläche adsorbierte Fremdatome die Austrittsarbeit bei angelegtem äußerem Feld ebenfalls so weit herabsetzen, daß eine kalte Emission einsetzt. Im Gebiet der Sättigung läßt sich dann die Abhängigkeit des Photostromes i_{ph} von der Anodenspannung U_A in folgender Form darstellen [179a] (vgl. S. 120 ff.):

$$i_{ph} = I_0\, e^{a\sqrt{U_A}}\,, \tag{8}$$

wobei a wesentlich von der Temperatur, bei größerem Abstand von der langwelligen Grenze weniger von der Wellenlänge und bei tiefen Temperaturen auch von der Belichtungsintensität, und zwar im kurzwelligen Teil des Empfindlichkeitsbereichs stärker als im langwelligen, abhängt [201].

c) Verstärkungsfaktor

Der Verstärkungsfaktor V (= Gesamtvervielfachung = Verhältnis des Ausgangsstromes I_a zum Photostrom i_{ph} eines n-stufigen SEV ist:

$$V = \alpha_1\,\delta_1 \cdot \alpha_2\,\delta_2 \cdot \alpha_3\,\delta_3 \ldots \alpha_n\,\delta_n, \tag{9}$$

wenn

$\delta_{1,2}, \ldots =$ Ausbeutefaktor pro Stufe,

$\alpha_{1,2}, \ldots =$ Wirkungsgrad pro Stufe ($\alpha = 1$ bedeutet, daß alle Elektronen die nächstfolgende Elektrode erreichen).

Beträgt bei einer Kathodenempfindlichkeit E (μA/lm) und einem auffallenden Lichtstrom Φ (lm) der Photostrom i_{ph}:

$$i_{ph} = E\,\Phi\,(\mu\mathrm{A}); \tag{10}$$

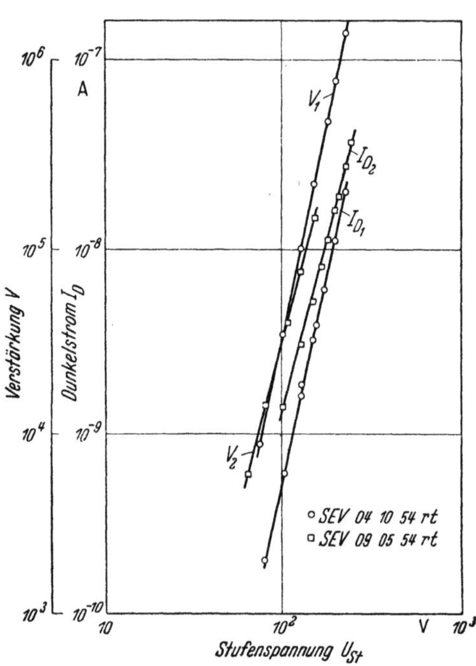

Abb. VI. 25.1. Verstärkungsfaktor V und Dunkelstrom I_D in Abhängigkeit von der Stufenspannung U_{St} für verschiedene unfokussierte SEV
V und I_D als Funktion von U_{St} für 12stufige Netzvervielfacher mit Ultrarotkathoden [46]

dann ist der Anodenstrom I_a des SEV:

$$I_a = V\,i_{ph} = V E\,\Phi\,(\mu\mathrm{A}). \tag{11}$$

Sind die Ausbeutefaktoren $\delta_{1,2}, \ldots$ pro Stufe gleich δ und $\alpha_{1,2} = \alpha$, dann ist:

$$I_a = \alpha\,\delta^n\,E\,\Phi\,(\mu\mathrm{A}); \tag{12}$$

δ hängt aber von der Geschwindigkeit der Elektronen und damit von der Stufenspannung ab, d. h., die Gesamtverstärkung V ist noch abhängig von der Aufteilung der Gesamtspannung U auf die n-Stufen.

Im normalen Arbeitsbereich (Stufenspannungen U_{St} von 40 bis 200 V) des SEV besteht bei jeweils gleicher Spannung pro Stufe zwischen der Stufenspannung U_{St} bzw. der Gesamtspannung U und der Gesamtverstärkung V ein exponentieller Zusammenhang (Abb. VI.25):

$$V = \text{const} \cdot U_{St}^{\beta} = \text{const} \cdot U^{\beta}. \tag{13}$$

Die Verstärkung wird somit durch eine Spannungsänderung exponentiell beeinflußt, d. h., die Nachweisgrenze zur Messung kleinster

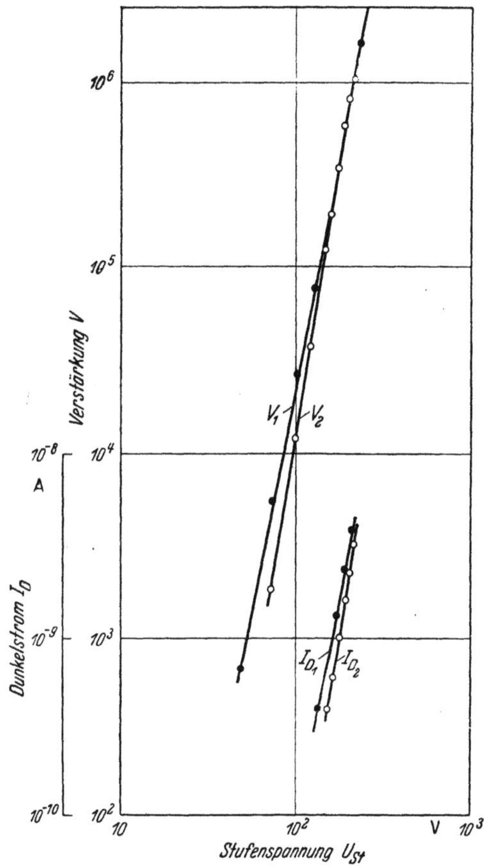

Abb. VI.25.2. Verstärkungsfaktor V und Dunkelstrom I_D in Abhängigkeit von der Stufenspannung U_{St} für verschiedene unfokussierte SEV

V und I_D als Funktion von U_{St} für einen 12stufigen Netzvervielfacher (V_1, I_{D1}) und einen 8stufigen Jalousie-SEV (V_2, I_{D2}), beide mit Cs_3Sb-Photokathoden [46]

Lichtströme kann unter Umständen auch durch die „Welligkeit" $\frac{\Delta U}{U}$ der Gesamtspannung bedingt sein. Es ist:

$$\frac{\Delta V}{V} = \beta \frac{\Delta U}{U}. \tag{14}$$

Bei einem 12stufigen SEV würde also eine Spannungsänderung von 1% eine Verstärkungsänderung von etwa 5% bewirken.

d) Dunkelstrom

Der Dunkelstrom setzt sich zusammen aus:

dem temperaturabhängigen Isolationsstrom,

dem temperaturunabhängigen Feldemissionsstrom der Dynoden,

dem thermischen und dem Feldemissionsstrom der Photokathoden und Dynoden und

dem positiven Ionenstrom der Restgase.

Neben diesen normalen Dunkelstromeffekten können bspw. vagabundierende Elektronen Oberflächenladungen erzeugen bzw. den Glas-

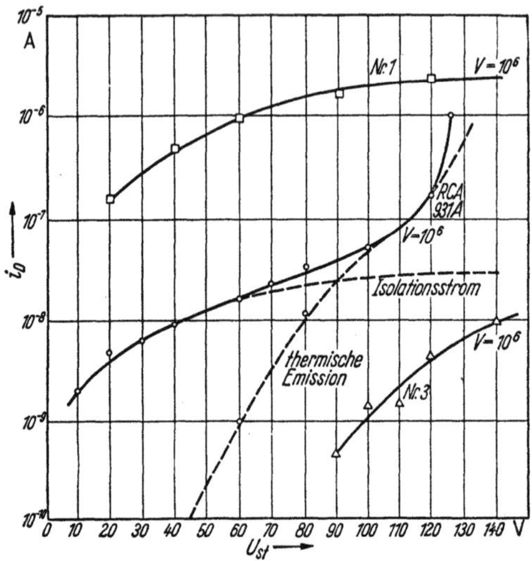

Abb. VI. 26. Dunkelstrom I_D in Abhängigkeit von der Stufenspannung U_{St} für verschiedene SEV.

Nr. 1: SEV—AEG/1944
Nr. 2: SEV—RCA/931A
Nr. 3: SEV—WF/2740

kolben zur Emission von Fluoreszenzlicht anregen, das auf die Photokathode rückwirkend weitere zusätzliche Elektronen auslösen kann.

Ob thermische Emission oder Feldemissionseffekte oder auch beide gleichzeitig auftreten, ist durch Messen der Temperatur- bzw. Spannungsabhängigkeit relativ leicht zu entscheiden.

Durch sorgfältigen Aufbau des Vervielfachersystems und durch besondere Arbeitsverfahren ist man bemüht, den Dunkelstrom auf den Anteil durch die thermische Emission der Photokathode zu beschränken.

Ein geringer Dunkelstrom kann sowohl durch konstruktive Maßnahmen als auch durch geeignete Wahl der Schichten und ihre Herstellung erreicht werden. Da aber in der Regel zumindest zur Sensibilisierung der Photokathoden Cs-Dampf eindestilliert werden muß, so reichen die vorgesehenen Isolationswege nicht immer aus, um den

Isolationsstrom wirksam zu unterdrücken. Es ist bekannt, daß sich Cs sehr leicht, vor allem auf nicht völlig gereinigten Oberflächen niederschlägt. Um möglichst geringe Isolationsströme zu erreichen, werden einmal die Anoden unmittelbar hochisoliert ausgeführt oder die Metalldurchführungen zusätzlich auf einer Länge von 10 bis 20 mm mit Glas isoliert. Dem gleichen Zweck dienen bei einer neueren Ausführung die engen Glaskapillaren, mit denen die Durchführungen zusätzlich versehen sind und wie sie in Abb. VI.20 deutlich sichtbar werden.

Die möglichst langen und engen Glaskapillaren sind mit der Durchführung verblasen und durch kleine, gut verrundete Metallscheiben zusätzlich abgedeckt. Die Abb. VI.26 zeigt den Dunkelstrom verschiedener Vervielfacher, und zwar den Isolationsstrom eines SEV der RCA 931 A nach ENGSTROM [49], eines alten AEG-Vervielfachers (Nr. 1) und eines neueren WF-Vervielfachers (Nr. 3) (Systemaufbau nach Abb. VI.20).

Um den Isolationsstrom durch Restgase gering zu halten, ist bestes Vakuum, notfalls eine abschließende Getterung, erforderlich.

Wie die Kurven der Abb. VI.25 (*1* und *2*) zeigen, besteht bei sorgfältigem Aufbau des SEV-Systems auch zwischen dem Dunkelstrom I_D und der Stufen- bzw. Gesamtspannung U im Arbeitsbereich ein exponentieller Zusammenhang. Dies spricht zweifellos dafür, daß in diesem Falle der Dunkelstrom überwiegend von der thermischen Emission der Photokathode herrührt [45] [46] [47].

e) Rauscheigenschaften

Die mit Rauschen bezeichneten Schwankungserscheinungen kommen durch zeitliche statistische Dichteschwankungen der Ladungsträger zustande [94] [150] [166] [188]. Für die Dichteschwankungen sind verschiedene Ursachen verantwortlich, und zwar:

1. Schrot-Rauschen: Statistische Schwankung des Elektronenstromes,

2. Funkeleffekt: Spontane Änderungen der Photokathodenemission,

3. Stromverteilungs-Rauschen: Statistische Schwankungen der Stromverteilung auf mehrere Elektroden,

4. Ionen-Rauschen: Durch Wechselwirkung der Elektronen mit Gasmolekülen der Restgase und durch Ionenemission hervorgerufenes Rauschen,

5. Isolations-Rauschen: Statistische Schwankung der Isolation bzw. statistischer Anteil des Isolationsstromes,

6. Influenz-Rauschen: Wenn die Frequenz vergleichbar mit der Elektronenlaufzeit ist.

Für SEV kommen zwar prinzipiell die gleichen Rauschursachen in Frage, doch können in dieser Zusammenfassung die Effekte 2, 4 und 6 vernachlässigt werden. Während sich bei Elektronenröhren der Isolationseffekt verhältnismäßig leicht vermeiden läßt, spielt er bei SEV eine nicht immer vernachlässigbare Rolle (vgl. Abschn. 54d).

Für den Schroteffekt des (gesättigten) Photostromes i_{ph} gilt nach SCHOTTKY [188]:

$$\overline{\Delta i_{Schr}^2} = 2\,e\,i_{ph}\,\Delta f = 3{,}2\cdot 10^{-19}\,i_{ph}\,\Delta f\,(A^2)\,, \tag{15}$$

wenn

e Elementarladung $= 16\cdot 10^{-19}$ Asec,
Δf Frequenzintervall (Bandbreite) in Hz.

Für den Schroteffekt der Sekundäremission kann eine analoge Beziehung abgeleitet werden [23] [48] [82] [119] [171] [217] [220]. Es ist:

$$\overline{\Delta i_{SEV}^2} = V^2\overline{\Delta i_{ph}^2} + V^2\overline{\Delta i_{ph}^2}\,b\cdot\frac{1-1/V}{1-1/\delta}\,. \tag{16}$$

Da die Gesamtverstärkung $V \gg 1$, so ist:

$$\overline{\Delta i_{SEV}^2} = V^2\,\overline{\Delta i_{ph}^2} + V^2\overline{\Delta i_{ph}^2}\,b\cdot\left(\frac{\delta}{\delta-1}\right)\,. \tag{17}$$

Das Rauschen setzt sich demnach aus zwei Anteilen zusammen, und zwar dem Rauschanteil des Primärstromes aus der Photokathode und dem Rauschen der Sekundäremission, das daher rührt, daß nicht alle auffallenden Elektronen gleich viele Sekundärelektronen auslösen.

Abschätzungen und experimentelle Untersuchungen zeigen, daß b von der Größenordnung 0,25 ist, so daß somit das zusätzliche Rauschen, das durch die SE verursacht wird, kleiner ist als der Rauschanteil des Photostromes. Dieser zusätzliche Rauschanteil des Sekundärstromes ist ferner von der Ausbeute δ abhängig, und zwar wird er um so kleiner, je größer der Ausbeutefaktor δ ist. Man wird also auch mit Rücksicht auf den Rauschanteil der SE bestrebt sein, möglichst hohe Ausbeuten zu erzielen.

Bei Verwendung des SEV in Schaltungen kommt noch das thermische Rauschen des Arbeitswiderstandes R hinzu, das nur von der absoluten Temperatur abhängt:

$$\overline{\Delta i_R^2} = \frac{4\,kT}{R}\,\Delta f\,. \tag{18}$$

Ist die mittlere quadratische Abweichung $b \sim 0$, dann vereinfacht sich Gl. (17), und das mittlere Rauschstromquadrat eines SEV wird:

$$\overline{\Delta i_{SEV}^2} = 2\,e\,V\,I_a\,\Delta f\,, \tag{19}$$

wenn $I_a =$ Anodenstrom des SEV ($= V\cdot i_{ph}$).

Der effektive Rauschstrom $I_R = \sqrt{\overline{\Delta i_{SEV}^2}}$ ist in Abhängigkeit vom Anodenstrom I_a für verschiedene Netzvervielfacher (Typ 2740, Werk

für Fernmeldewesen) und verschiedene Stufenspannungen in Abb. VI.27
wiedergegeben. Die Abbildung zeigt, daß Raumladungseinflüsse bei um
so größeren Anodenströmen auftreten, je höher die Stufenspannungen
sind.

f) Signal/Rausch-Verhältnis

Die Güte eines Vervielfachers ist bei Verwendung von Wechsellicht
im allgemeinen durch das Signal/Rausch-Verhältnis (S/N)[1] bestimmt,
das unter Vernachlässigung des Dunkelstromrauschens und der Flackereffekte allgemein gegeben ist durch:

$$\left(\frac{S}{N}\right)^2 = \frac{I_a^2}{\overline{\Delta i_{SEV}^2}} \; ; \quad (20)$$

wobei $I_a =$ Anodenstrom bei Belichtung und $\overline{\Delta i_{SEV}^2}=$ (mittleres) Rauschstromquadrat.

Da $I_a = i_{ph} \cdot V(\mathrm{A})$, wenn $i_{ph} =$ primärer Photostrom in A und $i_{ph} = \Phi \cdot E\,(\mathrm{A})$, wobei $\Phi =$ Lichtstrom in Lumen und $E =$ Kathodenempfindlichkeit in A/lm, ist unter der einschränkenden Bedingung $b = 0$ nach Gl. (17)

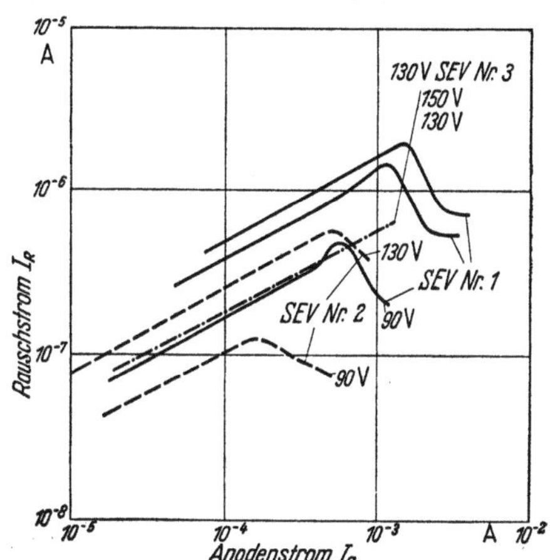

Abb. VI.27. Mittlerer Rauschstrom I_R in Abhängigkeit vom Anodenstrom I_a für verschiedene Netz-SEV (WF – 2740)

$$\left(\frac{S}{N}\right)^2 = \frac{\Phi \cdot E}{2\,e\,\Delta f} \, . \quad (21)$$

Das Signal/Rausch-Verhältnis ist demnach in erster Näherung vom
Verstärkungsfaktor V unabhängig, steigt dagegen mit der Zunahme von
Lichtstrom und Kathodenempfindlichkeit. Soweit aus anderen Gründen
nicht unmöglich, wird man daher stets Cs_3Sb-Kathoden verwenden,
deren hohe Stromausbeute das (S/N)-Verhältnis um mindestens den
Faktor 2 gegenüber (Ag)-Cs_2O, Ag, Cs-Cs-Kathoden erhöht. Da in der
Regel mit optischer Abbildung gearbeitet wird, ist es selbstverständlich,
für die Abbildung möglichst lichtstarke optische Anordnungen zu verwenden. Bei der Anwendung in der Fernsehtechnik ist dabei allerdings
zu beachten, daß bei der Übertragung von Abtastbildern die erforderliche Auflösung (bspw. für ein 625-Zeilenbild) erhalten bleibt.

In Abb. VI.28 ist das Signal/Rausch-Verhältnis von WF-SEV
(Typ 2740) für verschiedene Verstärkungsfaktoren in Abhängigkeit vom
einfallenden Lichtstrom Φ aufgetragen. Wie die vorstehende Gl. (21)
erwarten läßt, ist (S/N) proportional der Wurzel aus dem Lichtstrom

---

[1] $S =$ Signal. $N =$ Noise.

und unabhängig vom Verstärkungsfaktor. Abb. VI.28 ist weiter ein Beweis, daß der Unterschied in den Kathodenempfindlichkeiten für gleichartig hergestellte Vervielfacher so gering ist, daß die (S/N)-Werte innerhalb des gestrichelt angedeuteten Streubereiches liegen.

In der Regel arbeitet der SEV auf einem Arbeitswiderstand R mit
nachgeschaltetem Verstärker. Beide besitzen ein Eigenrauschen, welches
das Signal/Rausch-Verhältnis zwar herabsetzen kann, im allgemeinen
aber bei Verstärkungsfaktoren $V > 10^4$ gegenüber dem von der Photokathode herrührenden Rauschanteil vernachlässigbar ist.

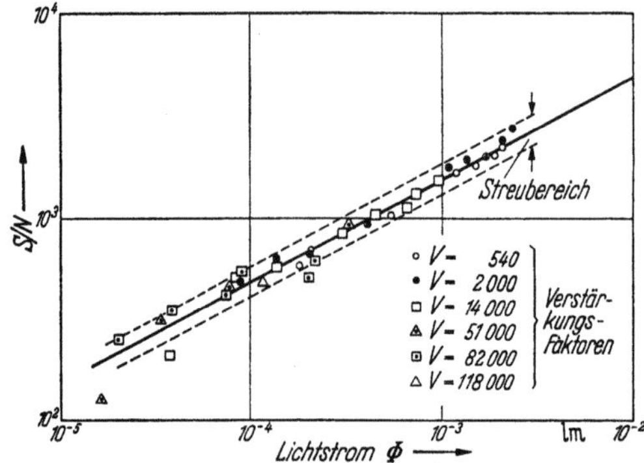

Abb. VI. 28. Signal/Rausch-Verhältnis in Abhängigkeit vom eingestrahlten Lichtstrom für verschiedene 12stufige Netz-SEV (WF 2740).

g) Ermüdungserscheinungen

Für die Anwendung der SEV spielt die Proportionalität des Ver-
vielfacherstromes mit der Beleuchtungsstärke eine wichtige Rolle. Im
Gegensatz zu älteren Untersuchungen [37] [51] [68] [103] finden KORTÜM
und MAIER [114], daß bei handelsüblichen SEV eine Proportionalität
zwischen Beleuchtungsstärke und Vervielfacherstrom im allgemeinen
nicht besteht und Abweichungen auftreten können, welche die als normal angenommene Genauigkeit von 1% um mehr als eine Zehnerpotenz
überschreiten. Als Ursache für diese Abweichung wird bei Cs_3Sb-
Kathoden der stets vorhandene Cs-Überschuß angenommen [135], der
sich mit der Beleuchtungsstärke verändere. Bei zusammengesetzten
Kathoden wird die Ursache für diese Ermüdung darin gesehen, daß
die bei der Photoionisation gebildeten und noch nicht neutralisierten
Alkali-Ionen in das Innere der Schicht abwandern [21] [160] (vgl. hierzu
jedoch S. 103). Eine weitere wichtige Rolle spielen — wie bereits erwähnt — die Raumladungserscheinungen und u. U. auch der Einfluß
der Temperatur. Die Ermüdungserscheinungen sind auch von der Anoden-
belastung abhängig [49] [86].

Diese irreversiblen Ermüdungserscheinungen machen sich für die Anwendung, insbesondere bei hohen Emissionsdichten, sehr störend be-

merkbar. Da bei Impulsbelichtung diese Schwierigkeiten offenbar nicht auftreten, so dürften es wahrscheinlich Effekte sein, die auf die thermische Belastung zurückzuführen sind. Immerhin konnte bei Versuchen mit Impulsstromdichten von $5 \cdot 10^{-2}$ A/cm² bei einer Impulsdauer von 20 msec entsprechend einer Ladungsdichte von 10^{-6} A sec/cm² gearbeitet werden.

h) Kenndaten handelsüblicher SEV

In der folgenden Tab. VI.4 sind Kenndaten handelsüblicher SEV, soweit diese uns zugänglich waren, zusammengestellt. Nicht mit aufgeführt sind ältere Versuchsausführungen [124] [209].

Tabelle VI. 4. *Kenndaten handels-*

Hersteller	Bezeichnung	Stufenzahl	Gesamtspannung max. V	Verstärkungsfaktor V	Kathodenfläche cm²
C.S.F. (Centre de	A 77 X	7	1200	10^3	
Recherches Tech	G 512	10	2000	10^6	
niques), Paris	G 810 X	10	2000	10^6	
E. M. I.	4588	9	1500	10^6	20
Research Labo	5060	11	1800	10^7	0,7
ratories Ltd.,	5311	11	1800	10^7	5
Hayes, Middle	5659	11	1800	10^7	0,7
sex, England	6094	11	1800	10^7	
	6095	11	1800	$4 \cdot 10^7$	
	6095 F	11	1800	—	
	6097	11	1800	$4 \cdot 10^7$	
	6097 F	11	1800	—	
	6099	11	1800	$2 \cdot 10^7$	
	6255	13	2100	10^7	5
	6256	13	2100	10^7	0,7
	6260	11	1800	10^7	4,8
	6262	14	2200	$5 \cdot 10^8$	4,8
	6685	14	2200	$5 \cdot 10^8$	
	9502	13	2100	$2,5 \cdot 10^8$	
	9514	13	2100	$2,5 \cdot 10^8$	
Cinema	MA 16	1		$4 \cdot 8$	
Television Ltd.,	MA 20	9	1500	$5 \cdot 10^3$	
London	MB 20	9	1500	$5 \cdot 10^3$	
	MS 20	9	1500	$5 \cdot 10^2$	
	QMA 20	9	1500	$5 \cdot 10^3$	
	N 102/X 1	7	1200		
Edison Swan	27 M 1	9	1100	10^6	
Electric Com	27 M 2	9	900	$25 \cdot 10^4$	
pany Ltd., Lon	27 M 3	9	950	10^6	
don/G. B.					
Radio	1 P 21	9	1250	$2 \cdot 10^6$	1,9
Corporation of	1 P 22	9	1250	$2 \cdot 10^5$	1,9
America (RCA),	1 P 28	9	1250	10^6	1,9
New York	931 A	9	1250	10^6	1,9
	2020	10	1500	$5,6 \cdot 10^5$	14,2
	5819	10	1250	$6 \cdot 10^5$	14,2
	6199	10	1250	$6 \cdot 10^5$	7,75
	6217	10	1250	$6 \cdot 10^5$	14,2
	6323	9	1250		
	6328	9	1250	10^6	
	6342	10	1500	$125 \cdot 10^3$	14,2
	6372	10	1200	$6 \cdot 10^5$	80
	6472	9	1250		
	6655	10	1250	$5 \cdot 10^5$	14,2
	6810[1]	14	2300	$6,6 \cdot 10^7$	~15

[1] Linear aufgebaute Vervielfacher, alle anderen kreisförmig.

üblicher Sekundärelektronen-Vervielfacher

Max. der Empfindlichkeit	Kathode	Mittlere Kathodenempfindlichkeit	Anodendunkelstrom A bei U_{St}		Dynodenmaterial	Kapaz. Anode gegen alles	Größe des SEV
mμ		μA/lm	A	V		pF	mm
760		15	$6 \cdot 10^{-7}$				165×72
550		35	$4 \cdot 10^{-11}$				143×57
550		35	$4 \cdot 10^{-11}$				260×85
400		40	$3 \cdot 10^{-8}$			8	
460	Bi–Ag–Cs	20	10^{-8}			8	50×190
460		20	10^{-7}			8	50×200
430		20	10^{-8}			8	50×100
415	Cs$_3$Sb	20	10^{-8}			8	50×94
460	Bi–Ag–Cs	20	10^{-7}			8	51×112
460	Bi–Ag–Cs	30	10^{-7}			8	51×112
415	Cs$_3$Sb	20	10^{-7}			8	51×112
415	Cs$_3$Sb	30	10^{-7}			8	51×112
415	Cs$_3$Sb	20	$5 \cdot 10^{-7}$			8	130×230
410		20	10^{-7}			8	$51,5 \times 121$
410		20	10^{-8}			8	$51,5 \times 108$
460		20	10^{-7}	0,07		8	50×112
460		20	$5 \cdot 10^{-6}$			8	50×125
415	Cs$_3$Sb	20	$5 \cdot 10^{-7}$			8	50×113
415	Cs$_3$Sb	20	10^{-7}			8	50×108
415	Cs$_3$Sb	20	10^{-6}			8	51×121
460		45					175×55
460		30—80					175×55
460		20—40					175×55
840		20—40					175×55
		30—80					
460		40	10^{-10}			9	168×55
		10	$25 \cdot 10^{-8}$				
464		10	$25 \cdot 10^{-8}$			6,7	94×28
404		10	$25 \cdot 10^{-8}$			6,7	94×28
400		40	10^{-7}	2,6	Cs$_3$Sb	6,5	93×33
420		3	$2,5 \cdot 10^{-7}$		Cs$_3$Sb	6,5	93×33
340		20	10^{-7}	6,6	Cs$_3$Sb	6,5	93×33
400		20	10^{-7}	13		6,5	93×33
440		50			Cs$_3$Sb	7,0	59×147
480		40	$5 \cdot 10^{-8}$	0,75	Cs$_3$Sb	6,5	142×57
400		40			Cs$_3$Sb	7	110×39
400		40			Cs$_3$Sb	6,5	142×57
400						6,5	34×94
400			10^{-7}			5,5	79×33
400		60			AgMg	7	142×57
400		33			Cs$_3$Sb	6,5	196×65
400						5,5	30×70
440		50			Cs$_3$Sb	7	57×142
440		60				7,5	60×190

Tabelle VI.4

Hersteller	Bezeichnung	Stufen-zahl	Gesamt-spannung max. V	Verstärkungsfaktor V	Katho-den-fläche cm^2
Radio Corporation of America (RCA), New York *Versuchstypen*	C 7187 A[1]	14		10^8-10^9	14,2
	H 5723[1]	9		$3\cdot10^5$	1,6
	H 4646[1]	16		10^9	3,2
	H 6687[1]	14		10^8-10^9	14,2
	H 5037[1]	10	1000	10^6	62
	H 6699[1]	10		10^6	410
ETH, Zürich	mit Frontkathode	12	3000	10^6	24
	mit Frontkathode	17	4000	10^8-10^9	24
	mit Kugelkathode	12	3000	10^6	20
	mit Kugelkathode	17	4000	10^8-10^9	20
	mit großer Kathode	12	3000	10^4-10^5	500
Allen B. Du Mont Laboratories, Inc., New York	6291	10	1800	$2,15\cdot10^5$ $2\cdot10^6$	6,4
	6292	10	1800	$2,15\cdot10^5$ $2\cdot10^6$	13,4
	6363	10	1800	$2\cdot10^6$	31,4
	6364	10	1800	$2\cdot10^6$	8,9
	6365	6	1300	$3\cdot10^3$	1,3
	6467	10	1800	$2,15\cdot10^5$ $2\cdot10^6$	5,1
Versuchstypen	K 1209	12	1330	$2\cdot10^5$	88,8
	K 1213	12	1330	$2\cdot10^5$	31,4
	K 1295	12	1330	$2\cdot10^5$	13,4
	K 1328	12	1460	$2\cdot10^5$	995
	K 1382	10		$3\cdot10^5$	
Sowjetunion	1 S ⎱ 1 D ⎰ linear	11 11	1800—1850 1800—2000	10^5-10^6 10^6	15 50
	1 O kreisförmig	10	1800—2100	10^6	15
	2 M ⎱ 2 B ⎰ linear	13 11	1250—1500 1800—2000	10^5 10^5	5,5 175
Fernseh-GmbH., Darmstadt	FS 9-A	9	1150	10^5-10^6	
	FS 9-C	9	1150	10^4-10^5	
Dr. Georg Maurer, Neuffen/ Württemberg	Vpuv 69.I	11	2200	$2\cdot10^6$	
	Vp 69.I	11	2200	$2\cdot10^6$	
	Vp 69.A/c	11	2200	$3\cdot10^6$	
	Vp 69.A/d	11	2200	$7\cdot10^6$	
	Vp 69.A/e	11	1600	10^6	
	Vp 72.A/d	8	1600	$3\cdot10^4$	
	Vp 72.A/e	8	1500	$5\cdot10^4$	
	Vpd 72.A/d	8	1600	$3\cdot10^4$	
	Vpd 72.A/e	8	1500	$5\cdot10^4$	
	Vp 80.A/d	5	1000	900	
	Vp 80.A/e	5	900	1000	

[1] Linear aufgebaute Vervielfacher, alle anderen kreisförmig.

(Fortsetzung)

Max. der Empfindlichkeit	Kathode	Mittlere Kathodenempfindlichkeit	Anodendunkelstrom A bei U_{St}		Dynodenmaterial	Kapaz. Anode gegen alles	Größe des SEV
mμ		μA/lm	A	V		pF	mm
		60			AgMg		
		40			AgMg		
		40			AgMg		
		40			AgMg		
		60			AgMg		
		40			AgMg		
450	Cs_3Sb-Cs	>20	$<10^{-8}$		CuBe		
450	Cs_3Sb-Cs	>20			CuBe		
450	Cs_3Sb-Cs	>20	$<10^{-8}$		CuBe		
450	Cs_3Sb-Cs	>20			CuBe		
450	Cs_3Sb-Cs	>20	$<10^{-7}$		CuBe		
440		60	$5\cdot10^{-8}$	105	AgMg	3,3	121×38
450		60	$5\cdot10^{-8}$	105	AgMg	3,3	143×50
400		60	$5\cdot10^{-8}$	105	AgMg	3,3	115×76
400		60	$5\cdot10^{-8}$	105	AgMg	3,3	189×132
440		50	10^{-6}	150	AgMg	3,3	21×70
440		60	$5\cdot10^{-8}$	105	AgMg	3,3	113×31
		60			AgMg		
		60			AgMg		
		60			AgMg		
		40			AgMg		
		—			AgMg		
	Cs_3Sb-Cs	30—90	10^{-7}		AgMg		
	Cs_3Sb-Cs	30—90	10^{-7}		AgMg		
	Cs_3Sb-Cs	30—90	10^{-8}		AgMg		
	Cs_3Sb-Cs	30—90	10^{-7}		AgMg		
	Cs_3Sb-Cs	30—90	10^{-7}		AgMg		
420	Cs_3Sb-Cs	30	10^{-7}			6	120×35
420	Cs_3Sb-Cs	15				6	120×35
390	Cs_3Sb-Cs		10^{-7}			11	95×46
390	Cs_3Sb-Cs		10^{-7}			11	95×46
380/700	$Ag-Cs_2O,\ Cs$		$2,1\cdot10^{-6}$			11	95×46
380/700	$Ag-Cs_2O,\ Cs$		$7\cdot10^{-5}$			11	95×46
380/800	$Ag-Cs_2O,\ Cs$		10^{-10}			11	95×46
380/750	$Ag-Cs_2O,\ Cs$		$2\cdot10^{-10}$			8	62×35
380/800	$Ag-Cs_2O,\ Cs$		$3,5\cdot10^{-11}$			8	62×35
380/750	$Ag-Cs_2O,\ Cs$		$2,1\cdot10^{-6}$			8	80×35
380/800	$Ag-Cs_2O,\ Cs$		$3,5\cdot10^{-11}$			8	80×35
380/750	$Ag-Cs_2O,\ Cs$		$6,3\cdot10^{-9}$			5	55×25
380/800	$Ag-Cs_2O,\ Cs$		$7\cdot10^{-7}$			5	55×25

Tabelle VI.4

Hersteller	Bezeichnung	Stufenzahl	Gesamtspannung max. V	Verstärkungsfaktor V	Kathodenfläche cm^2
Ernst Abbe, Jena	M 12	12	1800	10^6-10^7	2,4
mit Kühlung	M 13 gek	13	1800	10^6-10^7	—
	M 12 S	12	1800	$5 \cdot 10^5-5 \cdot 10^6$	2,4
Anode getrennt ausgeführt	M 13 S	13	1800	$8 \cdot 10^5-5 \cdot 10^6$	2,4
mit Quarzfenster	M 12 Q	12	1800	10^6-10^7	2,4
mit Quarzfenster	M 12 QS	12	1800	$5 \cdot 10^5-5 \cdot 10^6$	2,4
	M 13 Sz	13	1800	$\geq 10^6$	—
	M 12 Sz	12	1800	$\geq 5 \cdot 10^5$	—
Werk für Fernmeldewesen, Berlin	2740	12	2100	$6 \cdot 10^4-10^6$	10
	2740 M	12	2100	$2 \cdot 10^5-1,2 \cdot 10^6$	10
	V 12 J 1	12	2100	$5 \cdot 10^5-10^7$	10

Literatur

[1] AFANASJEWA, A. W., u. P. W. TIMOFEEW: The secondary electron emission from oxidized silver and molybdenum surfaces. Phys. Z. Sowjet. **10**, 831 (1936).

[2] AFANASJEWA, A. W., u. P. W. TIMOFEEW: Sekundärelektronen-Emission von mit dünnen Alkalimetallschichten bedecktem Gold, Silber, Platin. Z. techn. Phys. UdSSR **4**, 953 (1937).

[3] AHEARN, A. J.: The emission of secondary electrons from tungsten. Phys. Rev. **38**, 1858 (1931).

[4] ALLEN, J. S.: An improved electron multiplier particle counter. Rev. sci. Instrum. **18**, 739 (1947).

[5] ALLEN, J. S.: Experimental evidence for the existence of a neutrino. Phys. Rev. **61**, 692 (1942).

[6] ALLEN, J. S.: Recent applications of electron multiplier tubes. Proc. I. R. E. **38**, 346—358 (1950).

[7] ALLEN, J. S., u. TH. ENGELDER: Scintillation counting with an EMI 5311 photomultiplier tube. Rev. sci. Instrum. **22**, 401 (1951).

[8] APKER, L., E. TAFT u. J. DICKEY: Electron scattering and the photoemission from cesium antimonide. J. opt. Soc. Amer. **43**, 78 (1953).

[9] APPELT, G.: Sekundäremissionsmessungen am System Cs–Sb. Int. Ber. Heinrich-Hertz-Inst. d. DAW, Berlin-Adlershof, Dez. 1955.

[10] AUSTIN, L. W., u. H. STARKE: Über die Reflexion der Kathodenstrahlen und eine damit verbundene neue Erscheinung sekundärer Emission. Ann. Phys. **9**, 271 (1902); Verh. dtsch. phys. Ges. **4**, 106 (1902).

[11] BAKKER, C. J., u. O. HELLER: Physica **6**, 262 (1939).

[12] BAROODY, E. M.: A theory of secondary electron emission from metals. Phys. Rev. **78**, 780 (1950).

[13] BAROODY, E. M.: A note on Wooldrige's theory of secondary emission. Phys. Rev. **86**, 915 (1952).

[14] BARUTH, A.: Elektronenoptisches und statisches Verhalten der Gittervervielfacher. Dissertation. Mitt. Inst. techn. Phys. der ETH Zürich Nr. 4 (1951).

(Fortsetzung)

Max. der Empfindlichkeit	Kathode	Mittlere Kathodenempfindlichkeit	Anodendunkelstrom A bei U_{St}		Dynodenmaterial	Kapaz. Anode gegen alles	Größe des SEV
mμ		μA/lm	A	V		pF	mm
	Ag-Cs$_2$O, Cs	10—50	10^{-8}—10^{-7}		AlMg		
	Ag-Cs$_2$O, Cs	5—20	—		AlMg		
	Cs$_3$Sb, Cs	60	10^{-9}—10^{-8}		AlMg		
	Cs$_3$Sb, Cs	60	10^{-9}—10^{-8}		AlMg		
			10^{-8}—10^{-7}				
	Ag-Cs$_2$O, Cs	60	—		AlMg		
	Cs$_3$Sb, Cs	60	10^{-9}—10^{-8}		AlMg		
	Cs$_3$Sb, Cs	≥ 35	—		AlMg		
	Cs$_3$Sb, Cs	≥ 20	10^{-7}		AlMg		
	Cs$_3$Sb, Cs	60—120	$\geq 10^{-4}$		Ag-Cs$_2$O	5,5	30 $\varnothing \times 150$
	Cs$_3$Sb, Cs	60—120	$\geq 3 \cdot 10^{-6}$		Ag-Cs$_2$O	5,5	30 $\varnothing \times 150$
	Cs$_3$Sb, Cs	60	10^{-8}—10^{-7}		AlMg	~ 3	40 $\varnothing \times 135$

[15] BAY, Z.: Elektronenvervielfacher als Elektronenzähler. Z. Phys. **117**, 227 (1941).

[16] BECKER, J. A.: Thermionic electron emission and adsorption, Part I: Thermionic emission. Rev. mod. Physics **7**, 95 (1935).

[17] BEKOW, G.: Sekundäremission von Cu-Einkristallen bei kleinen Primärgeschwindigkeiten. Phys. Z. **42**, 144 (1941).

[18] BHAWALKER, P. R.: An explanation of the maximum in secondary electron emission of metals. Proc. Indian Acad. Sci. A **6**, 74 (1937).

[19] BIERMANN, M., u. W. KRÜGER: Aluminium-Magnesium-Legierungen als Sekundäremissionsschichten. Nachrichtentechn. **5**, 470—472 (1955).

[20] BLANKENFELD, G.: Sekundärelektronen-Emission von Ni, Mg, MgO und Glas. Ann. Phys. **9**, 48—56 (1951).

[21] BOER, J. H. DE, u. M. C. TEVES: Die Rotverschiebung der Photoionisation von Alkaliatomen durch Adsorption an negativen Salzoberflächen. Z. Phys. **73**, 192—200 (1932).

[22] BRUINING, H., u. J. H. DE BOER: Secondary electron emission. Part I: Secondary emission of metals. Physica **5**, 17 (1938).

[23] BRUINING, H.: Die Sekundärelektronen-Emission fester Körper, Berlin: Springer 1942, S. 33.

[24] BRUINING, H., u. J. H. DE BOER: Secondary electron emission of metals with a low work function. Physica **4**, 473 (1937).

[25] BRUINING, H.: Physics and applications of secondary electron emission. London: Pergamon Press Ltd. 1954.

[26] BRUINING, H.: Secundaire electronenemissie. Ned. natuuren geneesk. Congr. 119 (1935).

[27] BRUINING, H.: Diss. Leiden 1938.

[28] BRUINING, H., u. J. H. DE BOER: Sekundärelektronen-Emission. Philips techn. Rdsch. **3**, 80 (1931).

[29] BRUINING, H., u. J. H. DE BOER: Secondary electron emission. Part V: The mechanism of secondary electron emission. Physica **6**, 834 (1939).

[30] CHLEBNIKOW, N. S., u. A. KORSHUNOWA: Die Sekundäremission zusammengesetzter Schichten. Z. techn. Phys. USSR **5**, 363 (1938).

[31] CHLEBNIKOW, N. S.: Über einige Eigenschaften wirksamer Emitter. J. techn. Physics (russ.) 9, 367 (1939).

[32] COOMES, E. A.: Total secondary electron emission from tungsten and thorium coated tungsten. Phys. Rev. 55, 519 (1939).

[33] COPELAND, P. L.: Secondary emission of electrons from molybdenum. J. Franklin Inst. 215, 593 (1933).

[34] COPELAND, P. L.: Thesis, Univ. Iowa 1931.

[35] CURRAN, S. C.: Luminescence and the scintillation counter. Butterworths Scient. Publ., London 1953.

[36] DEKKER, A. J., u. A. VAN DER ZIEL: Theory of the production of secondary electrons in solids. Phys. Rev. 86, 755 (1952).

[37] DIEKE, G. H., u. H. M. CROSSWHITE: J. opt. Soc. Amer. 35, 471 (1945).

[38] DJATLOWITZKAJA, B. I.: Sekundäremission von Cäsium-Antimon-Kathoden. DAN (russ.) 63, 641 (1948).

[39] DOBROLJUBSKI, A. N.: Einige Daten zur Frage des Verhältnisses sekundärer Elektronenemission und Photoempfindlichkeit. Phys. Z. Sowjet. 11, 118 (1937).

[40] DOBROLJUBSKI, A. N.: On the secondary electron emission from composite surfaces. J. techn. Physics USSR 6, 1489 (1936).

[41] DOBROLJUBSKI, A. N.: On the relation of secondary electron emission to the photoeffect and thermionic effect. Z. Phys. 102, 626—628 (1936).

[42] DOBROLJUBSKI, A. N.: On the correlation of the secondary emission of electrons possessing photosensitivity and the thermoeffect of ions. Phys. Z. Sowjet. 10, 242 (1936).

[43] DUNKELMAN, L., u. C. LOCK: Ultraviolet spectral sensitivity characteristic of photo multiplier having quartz and glas envelopes. J. opt. Soc. Amer. 41, 802—804 (1951).

[44] ECKART, F.: Zur Entwicklung von Sekundärelektronen-Vervielfachern. Ann. Phys. 11, 181—202 (1953).

[45] ECKART, F.: Verhalten des Dunkelstroms von Sekundärelektronen-Vervielfachern mit (Ag)-Cs₂O, Cs–Ag-Photokathoden. Ann.Phys.16, 322—330(1955).

[46] ECKART, F.: Zur Entwicklung von unfokussierten Sekundärelektronen-Vervielfachern. Z. angew. Phys. 8, 303—312 (1956).

[47] ECKART, F.: Verhalten des Dunkelstroms von unfokussierten Sekundär-elektronen-Vervielfachern mit Cs₃Sb-Photokathoden. Ann. Phys. 19, 133 bis 144 (1956).

[48] ENGBERT, W.: Das Rauschen bei Sekundäremission. Telefunkenröhre Heft 13 (1938).

[49] ENGSTROM, R. W.: Multiplier phototube characteristics: Application to low light levels. J. opt. Soc. Amer. 37, 420—431 (1947).

[50] ENGSTROM, R. W.: Refrigerator for multiplier phototube. Rev. sci. Instrum. 18, 587 (1947).

[51] ENGSTROM, R. W.: Phototube characteristics application to low light levels. J. opt. Soc. Amer. 37, 420 (1947).

[52] ENGSTROM, R. W., R. G. STOUDENHEIMER u. A. G. GLOVER: Production testing of multiplier phototubes. Nucleonics 10, 58—62 (1952).

[53] FARAGO, P. S.: Electron multiplier tube of large effective surface area. Nature 161, 60 (1948).

[54] FARNSWORTH, H. E.: Television by electron image scanning. J. Franklin Inst. 218, 441—444 (1934).

[55] FARNSWORTH, H. E.: Electronic bombardment of metal surfaces. Phys. Rev. 25, 41 (1925).

[56] FARNSWORTH: U.S. Pat. 1969399 v. 3. 3. 1930.

[57] FRIEDHEIM, J., u. G. WEISS: SE-Ausbeute von Silber-Magnesium-Legierungen. Naturwiss. **29**, 777 (1941).

[58] FRIMER, A. I.: A study of the secondary electron emission from copper oxide, pure or treated with alkali metals. J. techn. Physics USSR **10**, 394 (1940).

[59] FRÖHLICH, H.: Theorie der Sekundärelektronen-Emission von Metallen. Ann. Phys. **13**, 229 (1932).

[60] GEYER, K. H.: Observations on the secondary electron emission from non-conductors. Ann. Phys. **42**, 241 (1942).

[61] GEYER, K. H.: On the properties of yields and energy distribution of secondary electrons from evaporated layers of increasing thickness. Ann. Phys. **41**, 117 (1942).

[62] GILLE, C.: Sekundärelektronen-Emission von Nickel-Beryllium-Legierungen. Z. techn. Phys. **22**, 228 (1941).

[63] GOBRECHT, H., u. F. SPEER: Ein Beitrag zur Sekundärelektronen-Emission von Störstellenhalbleitern. Z. Phys. **135**, 602—614 (1953).

[64] GOBRECHT, H., u. F. SPEER: Ein Beitrag zur Messung der Sekundärelektronen-Emission. Z. Phys. **135**, 331—348 (1953).

[65] GÖRLICH, P.: Contribution to the problem of secondary electron emission of condensed alkali-earth metal films. Phys. Z. **42**, 129 (1941).

[66] GÖRLICH, P.: Über die Charakteristik von Hochvakuumphotozellen mit Sekundärstrahlung. Z. Phys. **96**, 588—592 (1955).

[67] GÖRLICH, P.: Über zusammengesetzte durchsichtige Photokathoden. Z. Phys. **101**, 335—342 (1936). Messungen an durchsichtigen zusammengesetzten Photokathoden. Z. techn. Phys. **18**, 460 (1937).

[68] GÖRLICH, P.: Die Photozellen, Leipzig: Akad. Verl.-Ges. 1951, S. 194.

[69] GRAVES, J. D., u. G. E. KOCH: A photomultiplier gamma ray detector. Rev. sci. Instrum. **21**, 304—307 (1951).

[70] GREENBLATT, M. H., u. P. A. MILLER: A microwave secondary emission multiplier. Phys. Rev. **72**, 160 (1947).

[71] GREENBLATT, M. H.: A microwave secondary electron multiplier. Rev. sci. Instrum. **20**, 646 (1949).

[72] GREENBLATT, M. H., W. M. GREEN, P. W. DAVIDSON u. G. A. MORTON: Two new photomultipliers for scintillation counting. Nucleonics **10**, 44—47 (1952).

[73] HACHENBERG, O.: Beitrag zum Mechanismus der Sekundäremission I. Absorption der im Festkörper ausgelösten Sekundärelektronen auf ihrem Weg zur Oberfläche. Ann. Phys. **2**, 404—416 (1948).

[74] HACHENBERG, O., u. W. BRAUER: Der gegenwärtige Stand der Theorie der Sekundärelektronen-Emission. Fortschr. Phys. **1**, 439 (1954).

[75] HARTMANN, W.: Über Photozellen mit Sekundärelektronen-Vervielfachern. Hausmitt. Fernseh-GmbH. **1**, 226 (1939).

[76] HARTMANN, W.: Über die Herstellung von Photokathoden des Aufbaus (Ag)-Cs_2O, Ag–Cs. Hausmitt. Fernseh-GmbH. **2**, 157 (1943) und Z. techn. Phys. **24**, 111 (1943).

[77] HARTMANN, W.: Über Photozellen mit Sekundärelektronen-Vervielfachern Z. Fernseh-GmbH. **1**, 130 (1939).

[78] HARTMANN, W., u. A. ROTHE: Der Schrot bei Photozellen mit Sekundärelektronen-Vervielfachung. Z. Fernseh-GmbH. **2**, 81 (1941).

[79] HARTMANN, W.: Über die Herstellung von Photokathoden. Z. Fernseh-GmbH. **2**, 157—178 (1943).

[80] HAWORTH, L. J.: The energy distribution of secondary electrons from molybdenum. Phys. Rev. 48, 88 (1935).

[81] HAYAKAWA, K.: Studies on the transformation of metals by secondary electron emission. Sci. Rep. Tôhoku Univ. (1) 22, 934 (1933).

[82] HAYNER, L. J.: Shot effects of secondary electron currents. Physics 6, 323—332 (1935).

[83] HEIMANN, W., u. K. GEYER: Direct measurement of the secondary electron yield from insulators. Elektr. Nachr.-Techn. 17, 1 (1940).

[84] HENNEBERG, W., R. ORTHUBER und E. STEUDEL: Zur Wirkungsweise des Elektronenvervielfachers. 1. Mitt. Z. techn. Phys. 17, 115 (1936).

[85] HEYDT, H. L.: Measurement of secondary electron emission from dielectric surfaces. Rev. sci. Instrum. 21, 639 (1950).

[86] HILLERT, M.: The time dependence of the sensitivity of photomultiplier tubes. Brit. J. appl. Phys. 2, 164—167 (1951).

[87] HILSCH, R.: Der Elektronenstoß an Kristallschichten zum Nachweis optischer Energiestufen. Z. Phys. 77, 427—436 (1932).

[88] HULL, A. W.: Proc. Inst. Radio Engrs. 6, 5 (1918).

[89] HULL, A. W.: Jb. drahtl. Telegr. 14, 157, 217 (1919).

[90] HULL, A. W.: The reflection of slow-moving electrons by copper. Phys. Rev. 7, 141 (1916).

[91] JAMS, H., u. B. SALZBERG: The secondary emission phototube. Proc. Inst. Radio Engrs. 23, 55—64 (1935).

[92] JARVIS u. BLAIR: Electron-tube. U.S. Pat. 1903569 v. 15.9.1926.

[93] JOFFE, M., u. I. NECHAEW: Phys. Ber. 23, 1242 (1942).

[94] JOHNSON, I. B.: Thermal agitation of electricity in conductors. Phys. Ber. 32, 97—109 (1928).

[95] JOHNSON, I. B.: Secondary emission from targets of Ba-Sr-oxyde. Phys. Rev. 73, 1058 (1948).

[96] JOHNSON, I. B.: Enhanced thermionic emission. Phys. Rev. 66, 352 (1944).

[97] JOHNSON, I. B., u. K. G. McKAY: Secondary electron emission of crystalline MgO. Phys. Rev. 91, 582 (1953).

[98] JOHNSON, I. B., u. K. G. McKAY: Secondary electron emission from germanium. Phys. Rev. 85, 390 (1952).

[99] JOHNSON, I. B., u. K. G. McKAY: Secondary electron emission from germanium. Phys. Rev. 93, 668 (1954).

[100] KADYSCHEWITSCH, A. E.: Theory of secondary electron emission from metals. J. exp. theor. Phys. UdSSR 2, 115—129 (1940).

[101] KADYSCHEWITSCH, A. E.: J. exp. theor. Phys. UdSSR 4, 341 (1940).

[102] KADYSCHEWITSCH, A. E.: The velocity distribution of secondary electrons of various emitters. J. exp. theor. Phys. UdSSR 9, 431 (1945).

[103] KLUGE, W., O. BEYER u. H. STEYSKAL: Über Photozellen mit Sekundärverstärkung. Z. techn. Phys. 18, 219 (1937).

[104] KLUGE, W., u. S. WEBER: Impulsbestrahlung von zusammengesetzten Photokathoden mit halbleitenden Zwischenschichten. Naturwiss. 40, 315 (1953).

[105] KLUGE, W., u. S. WEBER: Über das Verhalten von Vakuum-Photozellen bei Bestrahlung mit Lichtimpulsen. Z. angew. Phys. 7, 126 (1955).

[106] KNOLL, M., u. R. THEILE: Elektronenbilder der Oberflächenstruktur dünner Schichten. Z. Phys. 113, 260 (1939).

[107] KNOLL, M., O. HACHENBERG u. J. RANDMER: Mechanism of secondary emission in the interior of ionic crystals. Z. Phys. 122, 137 (1944).

[108] KOLLATH, R.: On the secondary electron emission of Beryllium. Ann. Phys. **33**, 285 (1938).

[109] KOLLATH, R.: Sekundäremission fester Körper. Phys. Z. **38**, 202 (1937).

[110] KOLLATH, R.: Einige Versuche zur Sekundärelektronen-Emission. Phys. Z. **39**, 916 (1938).

[111] KOLLATH, R.: Zur Energieverteilung der Sekundärelektronen. II. Ann. Phys. **1**, 357—380 (1937).

[112] KOLLATH, R.: Zur Energieverteilung der Sekundärelektronen. Ann. Phys. **39**, 59—80 (1941).

[113] KOLLER, L. R., u. J. S. BURGESS: Secondary emission from germanium, boron and silicon. Phys. Rev. **70**, 571 (1946).

[114] KORTÜM, G., u. H. MAIER: Zur Frage der Abhängigkeit von Photostrom und Beleuchtungsstärke bei Photozellen und Sekundärelektronen-Vervielfachern. Z. Naturforsch. **8a**, 235—245 (1953).

[115] KREFFT, H. E.: Critical primary velocities in the secondary electron emission of tungsten. Phys. Rev. **31**, 199 (1928).

[116] KRON, G. E.: Test of an RCA Type C-7050 red sensitive multiplier phototube. Harvard College Observatory Nr. 451, S. 37—38 (1947) aus: Advances in electronics V (1953) S. 93 bzw. 58.

[117] KRON, G. E.: Developments in the practical use of photocells for measuring faint light. Astrophys. J. **115**, 1—13 (1952).

[118] KUBETZKY, L. A.: Multiple Amplifier. Proc. Inst. Radio Engrs. **25**, 421 (1937).

[119] KURRELMEYER, B., u. L. J. HAYNER: Shot effect of secondary electrons from nickel and beryllium. Phys. Rev. **52**, 952—958 (1937).

[120] KWARZCHAWA, I. F.: Sekundäremission und Ermüdungseffekte in photoempfindlichen Cäsium-Sauerstoff-Elektroden. Phys. Z. Sowjet. **10**, 809 (1936).

[121] LALLEMAND, A.: Présentation d'une cellule à multiplicateur d'électrons, son utilisation en télévision. Congrès de télévision, Paris 1948.

[122] LALLEMAND, A.: Détermination des éléments et réalisation d'une cellule à multiplicateur d'électrons. Le Vide 4, 618 (1949).

[123] LANDER, J. J.: Auger peaks in the energy spectra of secondary electrons from various materials. Phys. Rev. **91**, 1382 (1953).

[124] LARSON, C. C., u. H. SALINGER: Photocell multiplier tubes. Rev. sci. Instrum. **11**, 226—229 (1940).

[125] Latest developments in scintillation counting. Nucleonics **10**, 32 (1952).

[126] LAW, R. R.: Decay time of secondary electron emission. Phys. Rev. **85**, 391 (1952).

[127] LENARD, P.: Über die Beobachtung langsamer Kathodenstrahlen mit Hilfe der Phosphoreszenz und Sekundärentstehung von Kathodenstrahlen. Ann. Phys. **12**, 449 (1903).

[128] LENARD, P.: Über sekundäre Kathodenstrahlung in gasförmigen und festen Körpern. Ann. Phys. **15**, 485 (1904).

[129] LITTING, C. N. W.: Brit. J. appl. Phys. **5**, 289 (1954).

[130] MAHL, H.: Beobachtungen über Sekundärelektronen-Emission von Alkali-Aufdampfschichten mit einer oszillographischen Methode. Jb. AEG-Forsch. **6**, 33 (1939).

[131] MAHL, H.: Feldemission der geschichteten Kathoden bei Elektronenbestrahlung. Z. techn. Phys. **18**, 559 (1937).

[132] MALTER, L.: The behavior of electrostatic electron multipliers as a function frequency. Proc. I. R. E. **29**, 587—589 (1914).

[133] MALTER, L.: The behavior of magnetic electron multipliers as a function of frequency. Proc. I. R. E. **35**, 1074—1076 (1947).

[134] MARSHALL, T. F.: The secondary electron emission. Phys. Rev. **88**, 416 (1952).

[135] MARSHALL, COLTMAN u. HUNTER: The photomultiplier x-ray detector. Rev. sci. Instrum. **18**, 504 (1948).

[136] MATTHES, I.: Secondary electron emission properties of some alloys. Z. techn. Phys. **22**, 232 (1941).

[137] MAURER, G.: The secondary electron emission from semiconductors and insulators. Z. Phys. **118**, 122 (1941).

[138] McKAY, K. G.: Secondary electron emission. Advances in electronics I, 66—130 (1948).

[139] MITO, S.: Electrotechn. J. Japan **1**, 168 (1937).

[140] MIYAZAWA, H., K. NOGA, S. CHIKAZUMI u. A. KOBAYASHI: On the composition of antimony-cesium-photocathode. J. Phys. Soc. Japan **7**, 647 bis 649 (1952).

[141] MORGULIS, N. D., u. B. T. DJATLOWITZKAJA: Die Emissionseigenschaften von Cäsium-Antimon-Kathoden. J. techn. Physics (russ.) **10**, 657 (1940).

[142] MORGULIS, N.: Sekundäremission von zusammengesetzten Kathoden. J. techn. Phsyics (russ.) **9**, 853 (1939).

[143] MORGULIS, N.: J. techn. Physics (russ.) **11**, 67 (1947).

[144] MOROZOW, P. M.: The effect of temperature on secondary electron emission. J. exp. theor. Phys. UdSSR **11**, 402 (1941).

[145] MOROZOW, P. M.: Phys. Ber. **23**, 1565 (1942).

[146] MORTON, G. A.: RCA-Rev. **12** (1949).

[147] MORTON, G. A.: Photomultiplier for scintillation counting. RCA-Rev. **10**, 525—553 (1949).

[148] MUELLER, C. W.: The secondary emission of "Pyrex" glass. J. appl. Phys. **16**, 453 (1945).

[149] NICHOLS, M. H.: The thermionic constants of tungsten as a function of crystallographic direction. Phys. Rev. **57**, 297 (1940).

[150] NYQUIST, A.: Thermal agitation of electric charge in conductors. Phys. Rev. **32**, 110—113 (1928).

[151] OKABE, K.: Rep. Radio Res. Japan **6**, 75 (1936).

[152] OKABE, K.: Electron multipliers of new design. Rep. Radio Res. Japan **5**, 1 (1936).

[153] OKABE, K.: Rep. Radio Res. Japan **6**, 1 (1936).

[154] ORTHUBER, R., u. E. RECKNAGEL: Jb. AEG-Forsch. **6**, 86 (1939).

[155] PENNING, F. M., u. A. A. KRUITHOF: Verstärkung von Photoströmen durch Emission von Sekundärelektronen. Physica **2**, 793 (1935).

[156] PETRY, R. L.: Critical potentials in secondary electron emission from iron, nickel and molybdenum. Phys. Rev. **26**, 346 (1925).

[157] PJATNITZKI, A.: Distribution of the energy of secondary electrons emitted by a composite caesium cathode. Phys. Ber. **20**, 437 (1939).

[158] PJATNITZKI, A., u. P. TIMOFEEW: Phys. Ber. (russ.) **23**, 1070 (1942).

[159] POMERANTZ, M. A.: Secondary electron emission from oxide coated cathodes. J. Franklin Inst. **241**, 415 (1946) u. **242**, 41 (1946).

[160] PRESTON, I. S., u. L. H. McDERMOTT: Proc. phys. Soc., Lond., Sect. A **46**, 256 (1934).

[161] RAO, S. R., u. P. S. VADACHARI: Secondary electron emission of nickel at the Curie-Point. Ref. Chem. Abstr. **32**, 8916 (1938).

[162] RAO, S. R.: Total secondary electron emission from a single crystal face of nickel. Proc. roy. Soc., Lond. A **128**, 57 (1930).

[163] RAYCHMAN, J. A.: Le Courant résiduel dans les multiplicateurs d'électrons électrostatiques. Diss. Genf 1938.

[164] RAYCHMAN, J. A., u. R. L. SNYDER: An electrically focussed multiplier phototube. Electronics 13, 20—23 (1940).

[165] RODDA, S.: Photoelectric multipliers, London 1953, S. 66.

[166] ROTHE, H., u. PLATE: Telefunkenröhre 7, 94 (1937).

[167] ROUBINEK, F., u. R. SEIDL: Über die Emission negativer Teilchen, die als Begleiterscheinung der Einwirkung einer Gasphase auf eine Metalloberfläche entsteht. Czech. J. Phys. 2, 84—101 (1953).

[168] SALOW, H.: Die Sekundärelektronen-Emission von Metallmischungen. Ann. Phys. 5, 417—428 (1950).

[169] SALOW, H.: Über den Sekundäremissionsfaktor elektronenbestrahlter Isolatoren. Z. techn. Phys. 21, 8—15 (1940).

[170] SARD, R. D.: Calculated frequency spectrum of the shot noise from a photomultiplier tube. J. appl. Phys. 17, 768—777 (1946).

[171] SHOCKLEY, W., u. J. R. PIERCE: A theory of noise for electron multipliers. Proc. Inst. Radio Engrs. 26, 321—332 (1938).

[172] SIMON, H., u. R. SUHRMANN: Lichtelektrische Zellen und ihre Anwendung, Berlin 1932, S. 101.

[173] SOMMER, A.: Photo-electric alloys of alkali metals. Proc. phys. Soc. 55, 145 (1943).

[174] SOMMER, A., u. W. E. TURK: New multiplier phototubes of high sensitivity, J. sci. Instrum. 27, 113—117 (1950).

[175] SUHRMANN, R., u. H. CSESCH: DRP 656525 v. 31. 3. 1928.

[176] SUHRMANN, R., u. W. BERGER: Über die Emissionszentren der Sekundärelektronen-Emission von aufgedampften Alkalicarbonat-Schichten. Z. Phys. 123, 73—92 (1944).

[177] SUHRMANN, R., u. W. KUNDT: Über die Sekundäremission reiner Metallschichten im ungeordneten und geordneten Zustand und deren Durchlässigkeit für Sekundärelektronen. Z. Phys. 120, 363—382 (1943).

[178] SUHRMANN, R., u. W. KUNDT: Einfluß des adsorbierten Sauerstoffs auf die Sekundäremission aufgedampfter Metallschichten bei 293° und 83° abs. Z. Phys. 121, 118—132 (1943).

[179] SUHRMANN, R., u. W. KUNDT: Die Sekundärelektronen-Emission reiner Metalle in ungeordnetem Zustand. Naturwiss. 27, 548 (1939).

[179a] SUHRMANN, R.: Neue Beobachtungen über Feld- und Photoeffekte an äußeren Grenzflächen. Phys. Z. 32, 929—937 (1931).

[180] SCHAETTI, N.: Photozellen mit Sekundärvervielfachern. Helv. phys. Acta 23, 108 (1950).

[181] SCHAETTI, N.: Sekundärelektronen-Vervielfacher. Z. angew. Math. Phys. 2, 123—158 (1951).

[182] SCHAETTI, N.: Quelques considérations sur un tube analyseur pour film. Le Vide 5, 739 (1950). Eine Bildzerlegerröhre ohne Speicherung nach FARNSWORTH für Filmabtastung. Bull. schweiz. elektrotechn. Ver. 40, 569 (1949).

[183] SCHAETTI, N.: Transactions of instruments and measurements. Conference Stockholm 1952.

[184] SCHAETTI, N., u. W. BAUMGARTNER: Antimon-Lithium-Photokathode. Z. angew. Math. Phys. 1, 268 (1950).

[185] SCHAETTI, N., u. W. BAUMGARTNER: Le Vide 6, 1041 (1951).

[186] SCHAGEN, P.: On the mechanism of high-velocity target stabilisation and the mode of operation of television camera tubes of the image iconoscope type. Phil. Res. Rep. 6, 135 (1951).

[187] Schneider, E. G.: Secondary emission of beryllium. Phys. Rev. 54, 185 (1938).

[188] Schottky, W.: Über spontane Stromschwankungen in verschiedenen Elektrizitätsleitern. Ann. Phys. 57, 541—567 (1918); Siemens-Veröff. 16, 1 (1937).

[189] Schottky, W.: Ann. Phys. 104, 248 (1937).

[190] Starke, H.: Wied. Ann. 66, 49 (1898); Ann. Phys. 3, 75 (1900).

[191] Stone, R. P.: A secondary-emission electron multiplier tube for the detection of high energy particles. Rev. sci. Instrum. 20, 935 (1949).

[192] Teves, M. C.: Eine Photozelle mit Verstärkung durch Sekundäremission. Philips techn. Rdsch. 5, 261 (1940).

[193] Timofeew, P. W.: Phys. Ber. (russ.) 23, 1070 (1942).

[194] Timofeew, P. W., u. I. Lunkowa: Antimon-Cäsium-Emitter. J. techn. Physics (russ.) 10, 20 (1940).

[195] Timofeew, P. W., u. A. I. Pjatnitzki: Die sekundäre Elektronenemission einer Sauerstoff-Cäsium-Elektrode. Phys. Z. Sowjet. 10, 518 (1936).

[196] Timofeew, P. W., u. A. I. Pjatnitzki: Die Sekundärelektronen-Emission von Rb- und K-Komplex-Kathoden. Z. techn. Phys. UdSSR 4, 945 (1937).

[197] Timofeew, P. W., u. A. I. Pjatnitzki: Sekundärelektronen-Emission von Cäsium-Sauerstoff-Emittern bei verschiedenen Dichten des Primärstromes. J. techn. Physics (russ.) 10, 39 (1940).

[198] Treloar, L. R. G.: The measurements of secondary emission in valves. Wireless Engr. 15, 535 (1938).

[199] Treloar, L. R. G., u. D. H. Landon: Secondary electron emission from nickel, cobalt and iron as a function of temperature. Proc. phys. Soc., Lond. 50, 625 (1938).

[200] Veith, W.: Les qualités et le méchanisme d'émission photoélectrique des couches césium-antimoine. J. Phys. Radium 11, 507 (1950).

[201] Wallis, G.: Zum äußeren Photoeffekt an Cäsium-Antimon-Photokathoden. Arbeitstagung Festkörperphysik, Dresden 1954, S. 145—148.

[202] Wang, C. C.: Reflex oszillators utilizing secondary emission current. Phys. Rev. 68, 284 (1945).

[203] Warnecke, R.: Critical potentials of secondary emission. J. Phys. Radium 7, 318 (1936).

[204] Warnecke, R.: Secondary emission of pure metals. J. Phys. Radium 7, 270 (1936).

[205] Warnecke, R.: J. Franklin Inst. 215, 593 (1933).

[206] Warnecke, R.: Recherches expérimentales sur l'emission secondaire du tantale. J. Phys. Radium 5, 267 (1934).

[207] Weiss, G.: Sekundärelektronen-Vervielfacher. Z. techn. Phys. 17, 623 (1936).

[208] Weiss, G.: Über Sekundärelektronen-Vervielfacher. Fernsehen 7, 41 (1936).

[209] Winans, R. C., u. J. R. Pierce: Operation of electrostatic photomultipliers. Rev. sci. Instrum. 12, 269—277 (1941).

[210] Wjatskin, A.: J. exp. theor. Phys. UdSSR 9, 826 (1939).

[211] Wjatskin, A.: J. exp. theor. Phys. UdSSR 9, 1050 (1939).

[212] Wjatskin, A.: J. exp. theor. Phys. UdSSR 12, 1 (1942).

[213] Wooldridge, D. E.: The secondary electron emission from evaporated nickel and cobalt. Phys. Rev. 56, 1062 (1939); vgl. auch A. J. Dekker u. A. van der Ziel: Theory of the production of secondary electrons in solids. Phys. Rev. 86, 735 (1952).

[214] WOOLDRIDGE, D. E.: Temperature effects on the secondary electron emission from pure metals. Phys. Rev. **57**, 1080 (1940).

[215] WOOLDRIDGE, D. E.: Temperature effects in secondary emission. Phys. Rev. **58**, 316 (1940).

[216] WRIGHT, D. A.: Semi-conductors. New York: John Wiley & Sons, Inc. 1950.

[217] ZIEGLER, M.: Shot effect of secondary emission. Physica **3**, 1—11 u. 307 bis 316 (1936).

[218] VAN DER ZIEL, A.: A modified theory of production of secondary electrons in solids. Phys. Rev. **92**, 35 (1953).

[219] ZWORYKIN, V. K.: Secondary emission electron multiplier. Electronics **8**, 424 (1935).

[220] ZWORYKIN, V. K., G. A. MORTON u. L. MALTER: The secondary emission multiplier a new electronic device. Proc. Inst. Radio Engrs. **24**, 351—375 (1936).

[221] ZWORYKIN, V. K., u. F. G. RAMBERG: Photoelectricity and its Application. New York: John Wiley & Sons 1949, S. 137.

[222] ZWORYKIN, V. K., u. J. RAYCHMAN: The electrostatic electron multiplier. Proc. I. R. E. **27**, 558—566 (1939).

[223] ZWORYKIN, V. K., J. E. RUEDY u. E. W. PIKE: Silver-magnesium-alloy as a secondary emitting material. J. appl. Phys. **12**, 696 (1941).

VII. Methoden und Apparate bei lichtelektrischen Messungen

Von **W. Leo,** Braunschweig, und **R. Suhrmann,** Hannover

55. Allgemeines über lichtelektrische Messungen

Messungen mit Photozellen können zwei voneinander zu unterscheidende Zielsetzungen haben:

a) Entweder will man die Stromausbeute oder die sonstigen lichtelektrischen *Eigenschaften* einer Zelle bei gegebenen Belichtungsbedingungen quantitativ bestimmen oder

b) man will umgekehrt mittels bekannter Eigenschaften der Zelle aus ihrer Stromlieferung auf die zugehörige *Beleuchtungsstärke* oder den *Strahlungsfluß* zurückschließen, den die Zelle erhalten hat.

Die zweite dieser Aufgabenstellungen, d. h. die *photometrische* Verwendung von Photozellen, setzt Messungen der erstgenannten Art (a) bereits voraus und wird weiter unten in Kap. VIII eingehender behandelt. Im vorliegenden Abschnitt sollen allgemein die Meßverfahren und die zugehörigen apparativen Einrichtungen besprochen werden, mit denen *Photoströme* und sonstige lichtelektrische Veränderungen einer Zelle bei Belichtung gemessen werden. Dabei gehen wir zunächst von der Photostrommessung bei *konstanter* Belichtung (Gleichlicht) aus, der dann in Abschn. 66 und 67 die Meßverfahren bei *periodisch veränderlicher* Belichtung (Wechsellicht) oder kurzzeitigen Belichtungsimpulsen folgen.

Bei der Beurteilung und Auswahl eines Verfahrens für eine gegebene Meßaufgabe ist im Auge zu behalten, daß jede lichtelektrische Messung nur mit einer bestimmten endlichen Genauigkeit möglich ist, die im wesentlichen von den Eigenschaften der Zelle selbst abhängt. Bei sehr guten Vakuumzellen kann der einer gegebenen Belichtung entsprechende Photostrom unter geeigneten Vorsichtsmaßregeln (s. S. 420) auf etwa 10^{-4} seines Wertes gemessen werden; bei anderen Zellenarten ist die erreichbare Genauigkeit wesentlich geringer. Das Meßverfahren muß in seiner Genauigkeit einigermaßen der Leistungsfähigkeit der zu messenden Zelle angepaßt sein. Bei Präzisionsmessungen an evakuierten oder gasgefüllten Zellen mit äußerem Photoeffekt wird man die empfindlichsten Methoden wählen (Ziff. 57 bis 59) und sich über die möglichen Fehlerquellen der Messung genau Rechenschaft geben müssen. Bei einfacheren Betriebsmessungen andererseits oder beim Arbeiten mit Zellen geringerer Reproduzierbarkeit wird man vernünftigerweise an die Genauigkeit der Meßeinrichtung keine höheren Anforderungen stellen, als die benutzte Zelle erfüllen kann oder für den gegebenen Meßzweck erforderlich ist. Man wird deshalb nach Möglichkeit jeweils ein Meßverfahren auswählen, das der gegebenen Aufgabe mit tunlichst geringem Aufwand und hinreichender Genauigkeit gerecht wird. Die subtilen elektrometrischen Methoden bleiben daher im allgemeinen den genauesten Meßaufgaben im Laboratorium vorbehalten, während z. B. für Messungen im praktischen Betrieb, für Serienprüfungen u. dgl. überwiegend direkte Strommessungen mit Zeigerinstrumenten oder in vielen Fällen Verstärkermeßverfahren in Frage kommen.

Allgemein muß bei Messungen mit Photozellen beachtet werden, daß ihre Empfindlichkeit an den verschiedenen Stellen ihrer lichtempfindlichen Schicht Abweichungen aufweisen kann. Belichtet man sie nur auf einem kleinen Flächenbezirk, so ändert sich der Photostrom u. U. erheblich, sobald der Lichtfleck auf der empfindlichen Schicht verschoben wird. Es muß daher in diesem Fall sorgsam auf *unveränderliche Aufstellung* der Zelle zum Strahlengang geachtet werden, wenn man reproduzierbare Meßwerte erhalten will. Besser ist es gewöhnlich, die Zelle so auszuleuchten, daß ihre *ganze* lichtempfindliche Fläche gleichmäßig bestrahlt wird, was bei einem kleinen Lichtfleck durch Einschalten einer Mattglas- bzw. -quarzscheibe in den Strahlengang unmittelbar vor der Photozelle erreicht werden kann. In diesem Fall machen sich kleine, ungewollte Lageänderungen der Zelle zum Lichtbündel weniger störend bemerkbar.

A. Methoden direkter Photostrommessung[1]

56. Messung von Photoströmen mit Galvanometern. Einfluß des Galvanometerwiderstandes

Wie in den vorhergehenden Kapiteln gezeigt wurde, sind die Photozellen ihrem Wesen nach *Strom*erzeuger, d. h., es entstehen durch Belichtung ausgelöste Elektronenströme — im Gegensatz z. B. zu Thermoelementen, die bei Energieeinstrahlung zunächst elektromotorische Kräfte liefern. Bei lichtelektrischen Messungen handelt es sich daher in den meisten Fällen um tatsächliche *Strommessung*, wobei es im Prinzip unwesentlich ist, ob der Photostrom unmittelbar *galvanometrisch* gemessen oder — bei höheren Empfindlichkeitsforderungen — aus dem Spannungsabfall an einem hochohmigen Arbeitswiderstand ermittelt wird (s. Abschn. B und C). Solange man es mit nicht zu kleinen Photoströmen zu tun hat, ist die galvanometrische Messung am einfachsten und daher meist vorzuziehen.

Zur Messung größerer Photoströme, wie man sie besonders mit Sperrschichtzellen (Photoelementen) oder Zellen mit innerem

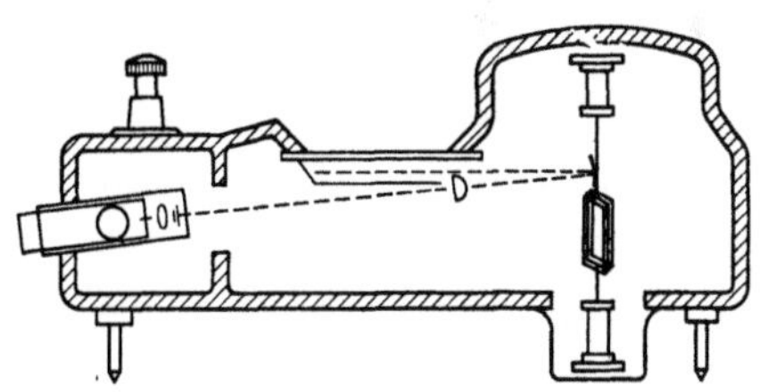

Abb. VII.1. Querschnitt durch ein Lichtmarkengalvanometer

Photoeffekt (Photowiderständen) bei stärkeren Belichtungen erzielen kann, genügen oft empfindliche *Zeigergalvanometer* mit Spitzenlagerung, Faden- oder Bandaufhängung, deren Empfindlichkeit in der Größenordnung von 10^{-7} A/Skt liegt und die leicht zu transportieren sind. Noch geeigneter sind häufig *Lichtmarkengalvanometer* (Abb. VII.1), die Empfindlichkeiten bis zu etwa einigen 10^{-9} A/Skt erreichen und den Vorzug haben, daß sie auch bei Messungen im abgedunkelten Raum gut ablesbar sind.

Bei Messungen mit spektral zerlegtem Licht stehen fast immer nur so geringe Beleuchtungsstärken zur Verfügung, daß die vorgenannten Instrumententypen nicht mehr ausreichen, sondern hochempfindliche *Spiegelgalvanometer* verwendet werden müssen. Die nachstehende Tabelle gibt eine Übersicht über Daten einiger üblicher Galvanometertypen, die für Strommessungen an Photozellen in Betracht kommen.

Die Wahl des zweckmäßigsten Anzeigeinstruments hat sich einerseits nach den gegebenen Empfindlichkeitsanforderungen zu richten, andererseits soll der Innenwiderstand des Meßwerks nach Möglichkeit den Eigenschaften der jeweiligen Zellenart angepaßt sein, mit der man arbeitet.

---

[1] Verfasser: W. Leo, Braunschweig.

Tabelle VII.1. *Stromempfindliche Galvanometer*

Art	System-widerstand Ω	Äußerer Grenz-widerstand Ω	Strom-konstante in 10^{-8} A/mm	Einstellzeit in Sekunden
Zeigergalvanometer				
spitzengelagert	80	300	90	1,2
Spannband	360	2000	18	4
Bandaufhängung	500	30000	4	11
Lichtmarkengalvanometer				
RFT	3000	75000	1	2
Hartmann & Braun	9000	60000	0,4	3,5
Kipp & Zonen, A 75 . . .	450	100000	0,05	3,5
Multiflex-Galvanometer				
B. Lange	5000	—	0,05	2
Siemens-Supergalvanometer .	480	75000	0,007	8
Kipp & Zonen, Modell A . . .	340	200000	0,002	7

a) Photoelemente

Die Leistungsübertragung auf das Meßsystem ist, wie bei allen elektrischen Messungen, immer dann am günstigsten, wenn das Instrument einen Innenwiderstand von annähernd gleicher Größe hat wie die stromliefernde Zelle. Bei Sperrschichtzellen, deren Innenwiderstände je nach Bauart und Beleuchtungsstärke zwischen etwa 10^2 und $10^4\ \Omega$ liegen, läßt sich das weitgehend verwirklichen (s. obige Tabelle). Da jedoch der Photostrom von Sperrschichtzellen der Lichtintensität bei *kleinem* Außenwiderstand am besten proportional verläuft (vgl. Abb. VII.2), ist gerade bei diesen Zellen eine hochohmige Anpassung oft nachteilig. Da sie nämlich infolge ihres Aufbaus nur eine geringe Photo-EMK aufrechtzuerhalten vermögen, würde bei höheren Außenwiderständen und bei stärkeren Belichtungen ein zunehmender Teil des Photostroms im Inneren der Zelle zurückfließen, statt das Galvanometer zu durchlaufen. Der

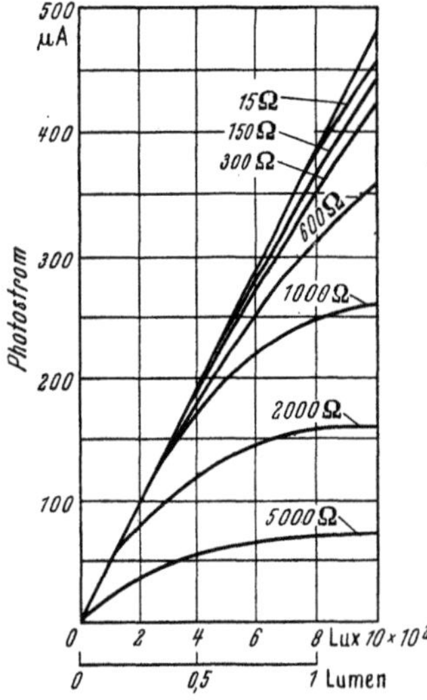

Abb. VII.2. Stromanstieg eines Selen-Photoelementes mit der Beleuchtungs-stärke bei verschiedenen Außenwider-ständen (nach B. LANGE [*Z 25*])

im Außenkreis gemessene Photostrom bleibt dann um so mehr hinter der *Proportionalität* mit der Belichtung zurück, je höher der Galvanometerwiderstand ist. Schon mit 300 Ω Außenwiderstand verringert sich z. B. für die in Abb. VII.2 benutzte Zelle die Stromausbeute bei Belichtung mit 1 lm auf etwa 350 μA gegenüber 380 μA/lm bei schwacher Belichtung bzw. kleinen Außenwiderständen. Dieser

verringerten Stromausbeute steht andererseits eine bessere Leistungsübertragung auf das Meßsystem gegenüber, so daß es für jede Intensität der Zellenbelichtung einen optimalen Instrumentenwiderstand R_i
gibt, mit dem die höchstmögliche Leistung auf das Galvanometer
übertragen wird. Wie Abb. VII.3 am Beispiel einer Western Photronic-
Zelle 3RR zeigt [Z 35], nimmt dieser günstigste Außenwiderstand mit
steigender Zellenbelichtung schnell ab, während die an das Instrument

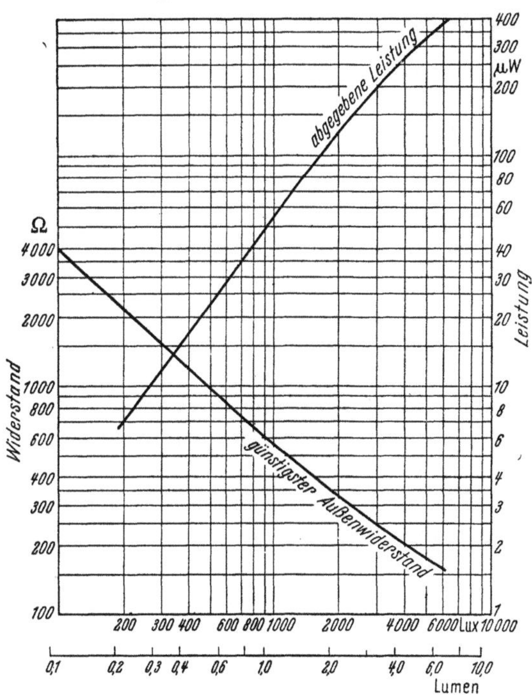

Abb. VII.3. Verlauf des optimalen Außenwiderstandes und der abgegebenen Leistung einer Western
Photronic-Zelle 3 RR mit der Beleuchtungsstärke (nach ZWORYKIN-RAMBERG [Z 35])

abgegebene Leistung zunächst linear, dann fortschreitend langsamer
ansteigt.

Je nach den gegebenen Belichtungsverhältnissen kann man hiernach eine Instrumententype mit zweckmäßiger Anpassung wählen. Wenn
es sich bei genaueren Messungen um möglichst *lineare Anzeige* handelt,
benutzt man aus den genannten Gründen an Photoelementen verhältnismäßig *niederohmige* Instrumente, insbesondere bei hinreichender Belichtung und größeren Strömen, bei denen man eine nichtoptimale Anpassung in Kauf nehmen kann. Nur bei schwachen Belichtungen, bei
denen die Abweichungen von der Proportionalität gering sind, wird man
höherohmige Instrumente wählen, um möglichst empfindliche Anzeige
zu erzielen.

Mit einer Sperrschichtzelle von 400 μA/lm Stromlieferung und einem Spiegelgalvanometer von etwa 10^{-10} A/mm Ausschlagempfindlichkeit kann man noch Lichtströme von 0,25 μlm erfassen, was z. B. bei 12 cm^2 Nutzfläche der Zelle einer Beleuchtungsstärke von etwa $2 \cdot 10^{-4}$ lx entspricht.

b) Photowiderstände

Photowiderstände sind wegen der Nichtproportionalität ihres Belichtungsstroms und ihrer oft ausgeprägten Trägheits- und Ermüdungserscheinungen (s. S. 448) nur in Sonderfällen zu empfindlichen Messungen geeignet. Sie liefern jedoch meist hohe Stromausbeuten, die mit verhältnismäßig einfachen Instrumenten gemessen werden können (s. Tab. VII.1).

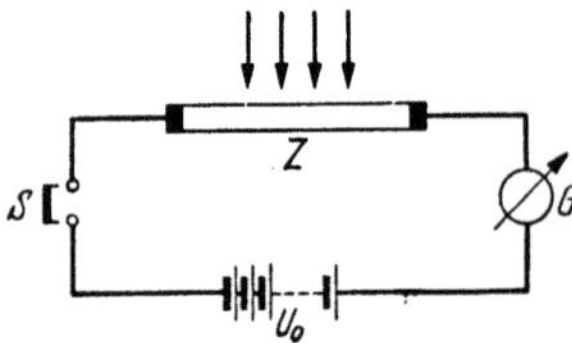

Abb. VII.4. Prinzipschaltung zur Strommessung mit einer Widerstandszelle.
U_0 Spannungsquelle; Z Zelle; G Galvanometer; S Ausschalter

Während die vorhergenannten Photoelemente den Photostrom bei Belichtung unmittelbar selbst erzeugen, so daß der Meßkreis dort nur aus der Zelle und dem Meßinstrument zu bestehen braucht, ist bei Photowiderständen stets eine äußere Stromquelle U (meist etwa 20 bis 50 V je nach Zellentyp) erforderlich (Abb. VII.4). Im unbelichteten Zustand haben die Zellen je nach ihrer Bauart Innenwiderstände von etwa 10^5 bis $10^7\ \Omega$, die sich bei Belichtung in einem von der Beleuchtungstärke abhängigen Maß verringern. Auch bei 100 lx hat man es gewöhnlich noch mit Zellenwiderständen zwischen $^1/_5$ und $^1/_{30}$ des Dunkelwiderstandes, also mit Beträgen von mindestens $10^4\ \Omega$, zu tun, im Verhältnis zu denen die Systemwiderstände der Meßgalvanometer (Tab. VII.1) stets als *klein* angesehen werden können. Man kann also hier unbedenklich möglichst *hochohmige* Instrumente wählen, um eine günstige Leistungsanpassung zu erzielen.

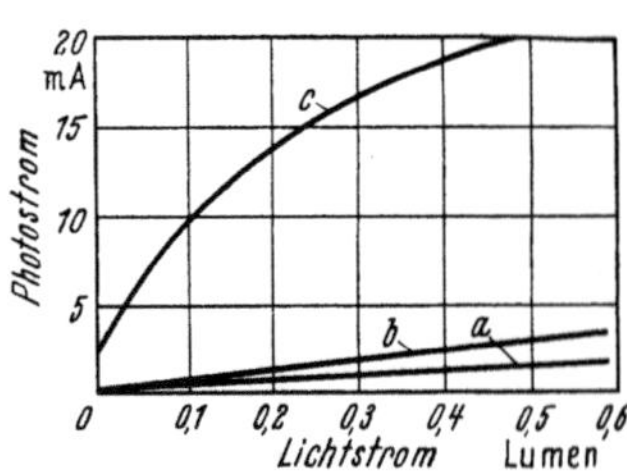

Abb. VII.5. Kennlinien verschiedener Zellenarten.
a Zelle mit äußerem Photoeffekt; *b* Photoelement; *c* Photowiderstand

Entsprechend dem Dunkelwiderstand entsteht bei gegebener Betriebsspannung stets ein *Dunkelstrom* von einigen Mikroampere bis Zehntel Milliampere; dieser muß bei der Messung der Belichtungsströme in Rechnung gesetzt werden, indem man ihn von dem bei Belichtung gemessenen Gesamtstrom abzieht. Die Stromkurve in Abhängigkeit von der Beleuchtungsstärke B verläuft im allgemeinen *nicht linear*, ihre Steilheit di/dB nimmt vielmehr mit zunehmender Beleuchtungsstärke ab (Abb. VII.5). Bei 100 lx erreichen die Photoströme einer guten

Widerstandszelle je nach Größe ihrer lichtempfindlichen Fläche Werte von einigen mA. In diesem Fall kann man mit verhältnismäßig groben Instrumenten messen, bei denen der Dunkelstrom nur noch schwach zur Anzeige kommt.

Allgemein ist zu beachten, daß insbesondere solche Widerstandszellen, deren lichtempfindliche Halbleiterschicht zwischen rasterförmigen Elektroden angeordnet ist (S. 292 ff.), längs ihrer Fläche meist merkliche örtliche Empfindlichkeitsunterschiede haben. Hier gilt daher in besonderem Maß das auf S. 378 Gesagte.

c) Zellen mit äußerem Photoeffekt

Diese Zellenart ist die meßtechnisch wichtigste. Sie wird trotz ihrer geringeren Stromausbeute (Abb. VII.5) für genauere Messungen fast ausschließlich benutzt, da bei ihr der Photostrom in weiten Grenzen genau proportional der Belichtung ist und der jeweiligen Helligkeit praktisch trägheitslos folgt (S. 7). Ihr Photostrom bleibt je nach Spektralbereich und Stärke der Belichtung gewöhnlich wesentlich unter 10^{-6} A, so daß man zur direkten Strommessung hier fast stets auf hochempfindliche Galvanometer angewiesen ist.

Gegenüber dem Innenwiderstand dieser Zellen von mindestens $10^8\,\Omega$ — gemessen durch den Quotienten aus der Zellenspannung (ca. 100 V) und dem Photostrom — haben auch hochohmige Galvanometer mit Spulensystem hoher Windungszahl vernachlässigbar kleine Eigenwiderstände. Insofern arbeitet man bei galvanometrischer Photostrommessung stets mit *Unteranpassung*, was zwar die erreichbare Meßempfindlichkeit begrenzt, aber andererseits den Vorteil mit sich bringt, daß der Spannungsabfall im Meßinstrument gegenüber der angelegten Zellenspannung völlig außer Betracht bleiben kann, so daß der *Arbeitspunkt* auch

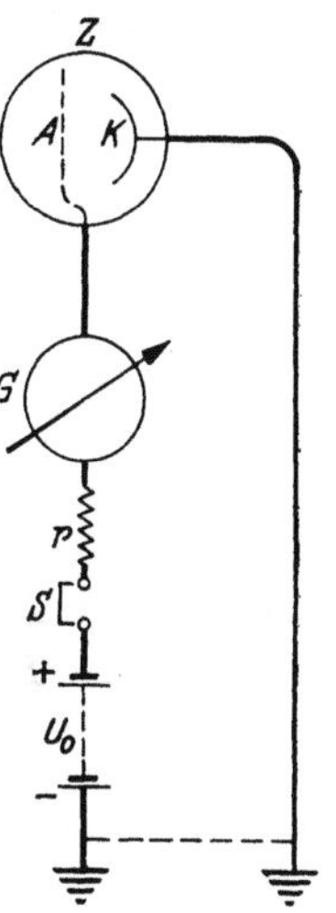

Abb. VII.6. Schaltung zur direkten Messung des Photostromes mit Galvanometer

von Zellen mit ansteigender Stromspannungscharakteristik (s. S. 283) bei jeder Belichtungsintensität erhalten bleibt.

Der Meßkreis besteht auch hier aus der Zelle Z, dem Galvanometer G und der Spannungsquelle U (Abb. VII.6), zwischen denen man zweckmäßigerweise einen Schutzwiderstand r von einigen $10^4\,\Omega$ und einen Stromschlüssel S zur Unterbrechung des Kreises einfügt.

Je kleiner die zu messenden Photoströme sind, um so sorgfältiger müssen bei dieser Anordnung Isolationsfehler vermieden werden. Will man galvanometrisch bis etwa 10^{-10} A messen (s. Tab. VII.1), so muß das Auftreten ungewollter Kriechströme nach Möglichkeit bis unter

10^{-11} A verhindert werden, d. h., bei etwa 100 V Zellenspannung müssen sämtliche spannungführenden Punkte des Meßkreises gegen den geerdeten Batteriepol mindestens eine Isolation der Größenordnung $10^{13}\,\Omega$ besitzen. Was die Zellen selbst anbelangt, so haben *gasgefüllte* Zellen infolge der Ionenleitung des Füllgases stets einen gewissen *Dunkelstrom*, weshalb man zu empfindlichsten Messungen nach Möglichkeit *Vakuumzellen* verwendet. Bei diesen kann ein Dunkelstrom nur durch den Kriechweg zwischen Anode und Kathode längs des Zellenkörpers zustande kommen[1], der bei guten Zellen mindestens einen Widerstand von 10^{12} bis $10^{13}\,\Omega$ haben soll.

Ein Pol der Spannungsquelle wird unmittelbar mit einer der Zellenelektroden verbunden (gestrichelte Linie in Abb. VII.6) und am besten gemeinsam mit dieser *geerdet*. Die gegenüber diesem Pol und der Zellenhalterung möglichst hoch isolierte andere Elektrode der Zelle wird direkt an das Galvanometer angeschlossen. Zeigt das Galvanometer bereits bei noch fehlender Verbindung von Z nach G einen Strom, so ist das Instrument nicht genügend isoliert aufgestellt. Erhält man andererseits bei geschlossenem Stromkreis und abgedunkelter Zelle einen merklichen Ausschlag, so ist die Zellenisolation unzureichend.

Mit einwandfreien Zellen und hinreichend empfindlichen Galvanometern lassen sich in dieser Anordnung Photoströme bis zu einer unteren Grenze von etwa 10^{-10} bis 10^{-11} A messen. Die *Einstellzeiten* der Instrumente betragen dabei gewöhnlich mindestens 8 bis 10 sec, so daß schnelle Belichtungsänderungen damit nicht erfaßt werden können (s. S. 450). Wegen der sehr hohen Zellenwiderstände stellt sich das Galvanometer gewöhnlich auch nicht aperiodisch, sondern nach wiederholter Umkehr ein, was die Ablesung erschwert. Dieser Übelstand läßt sich nur dadurch beheben, daß man der Zelle einen Widerstand parallel schaltet, dessen Größe etwa dem Grenzwiderstand des Galvanometers entspricht. Das setzt allerdings in den meisten Fällen die Meßempfindlichkeit wesentlich herab. In solchen Fällen kann es vorteilhaft sein, nicht mit *stationärem*, sondern mit *ballistischem* Galvanometerausschlag zu arbeiten, zumal hiermit die Grenze der Meßempfindlichkeit noch gesteigert werden kann.

Man legt hierzu parallel zum Galvanometer einen größeren, gut isolierenden Kondensator C (Abb. VII.7), unterbricht mit einem Schalter U zunächst die Verbindung zum Galvanometer G und belichtet die Photozelle mit konstanter Helligkeit während einer bestimmten Meßzeit Δt. Der innerhalb dieser Zeit fließende Photostrom i lädt dann den Kondensator auf eine Spannung $\Delta u = \dfrac{i \cdot \Delta t}{C}$ auf, wenn C hinreichend groß bemessen

---

[1] Von der meist sehr kleinen thermischen Dunkelemission der Photokathode kann im allgemeinen abgesehen werden.

wird, daß Δu klein gegen die Zellenspannung U_0, also der Photostrom i während der Ladezeit Δt *konstant* bleibt.

Hat man es z. B. mit Strömen der Größenordnung 10^{-9} A zu tun und benutzt man einen Kondensator von 1 μF Kapazität, so lädt sich innerhalb 1 min Belichtung auf der Photozelle der Kondensator um

$$\Delta u \approx 10^{-9} \cdot 60 \cdot 10^6 = 0{,}06 \text{ V},$$

also um einen Spannungsbetrag auf, der gegenüber der Zellenspannung $U_0 \approx 100$ V praktisch vernachlässigt werden kann.

Wird nun durch Schließen des Schalters U die im Kondensator gespeicherte Ladungsmenge $Q = i \cdot \Delta t$ Asec über das Galvanometer entladen, so erzeugt sie einen ihrer Größe Q proportionalen ballistischen Galvanometerausschlag. Bei hinreichender Ladezeit Δt kann man hiermit noch Ladungsmengen Q bestimmen, die sehr kleinen Ladeströmen i entsprechen.

Ist die ballistische Konstante des Galvanometers in Asec/mm bekannt, so erhält man aus der Belichtungszeit Δt und dem Galvanometerausschlag unmittelbar die Stromstärke i, ohne daß man die Größe des Kondensators C

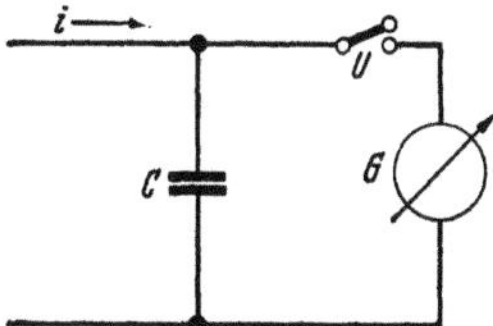

Abb. VII. 7. Schaltung zur ballistischen Messung des Photostromes

zu kennen braucht. Andernfalls bestimmt man die Größe von C nach der auf S. 396 beschriebenen Methode durch Vergleich mit einer *bekannten* Kapazität C' und erhält daraus einerseits die Galvanometerkonstante, andererseits die gesuchte Stromstärke i.

d) Zellen mit Sekundärelektronen-Vervielfachung (SEV).

Hier gilt weitgehend das im vorhergehenden Abschnitt Gesagte, allerdings mit gewissen Einschränkungen. Die hohe Empfindlichkeit dieser Zellen bringt es mit sich, daß der thermische Dunkelstrom der Photokathode (von 10^{-11} bis 10^{-13} A) hier meist nicht mehr vernachlässigt werden kann, sondern sich mit dem Verstärkungsfaktor von 10^6 und mehr der Anordnung im Anzeigestrom bemerkbar macht. Bei genauen Messungen muß daher der Dunkelstromanteil, der sich etwa in der Größenordnung von 10^{-7} A bewegt, gesondert bestimmt und als Nullpunktkorrektion mitberücksichtigt werden. Wenn der Dunkelstrom einigermaßen konstant ist, läßt sich der durch ihn entstehende Anzeigefehler auch mit einer passenden kleinen Gegenspannung aufheben [*81a*].

Bei Messungen mit SEV, wo es auf reproduzierbare und belichtungsproportionale Anzeige ankommt, hält man die Lichtintensitäten nach Möglichkeit niedrig und muß dann natürlich ein entsprechend empfindliches Anzeigeinstrument wählen. Gut eignen sich dazu Lichtmarken-

galvnaometer (Ziff. 56, S. 379) mit mehreren umschaltbaren Meß-
bereichen mit Skalenempfindlichkeiten zwischen etwa 10^{-8} und 10^{-6} A/
Skt. Man regelt dann zweckmäßig die Spannung am SEV so ein, daß der
maximale Ausgangsstrom der belichteten Zelle nicht höher als etwa
0,1 mA wird. In diesem Bereich sind die Zellen meist gut belichtungsproportional. Bei stärkerer Belichtung und höheren Ausgangsströmen
treten Ermüdungserscheinungen auf, die sich in laufender Abnahme des
Anzeigestromes äußern, also keine exakte Ablesung zulassen.

Um sehr kleine Lichtintensitäten zu messen, ist es häufig von Vorteil,
das Licht zu *modulieren* (Ziff. 66) und den Ausgangsstrom des
SEV mit einem *Wechselstromverstärker* geringer Bandbreite (S. 444) zu
messen. Hierdurch kann der Rauschpegel der Zelle in gewissem Umfang unterdrückt und die Signalempfindlichkeit gesteigert werden.

B. Elektrostatische Meßmethoden[1]

57. Messung mit stationärem Elektrometerausschlag

Anstatt den Photostrom i unmittelbar zu messen, kann man ihn
bei Zellen mit äußerem Photoeffekt vielfach mit Vorteil aus dem Spannungsabfall $\Delta u = i \cdot R$ an einem Arbeitswiderstand R im äußeren

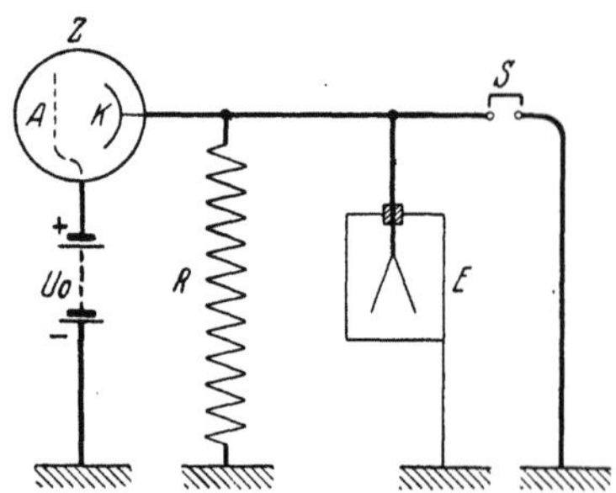

Abb. VII.8. Schaltung zur Photostrommessung mit Elektrometer bei stationärem
Ausschlag.
Z Zelle; U_0 Spannungsquelle; R Arbeitswiderstand; E Elektrometer; S Erdungsschlüssel

Stromkreis bestimmen. Da man hierzu mit Hinblick auf den hohen
Eigenwiderstand solcher Zellen Hochohmwiderstände von 10^8 bis etwa
$10^{11}\,\Omega$ benutzen kann, erhält man
dann schon bei verhältnismäßig
kleinen Photoströmen Spannungsbeträge von Zehntel Volt bis zu einigen
Volt, die sich leicht messen lassen.
Das Meßinstrument muß in diesem
Fall natürlich noch wesentlich hochohmiger sein als der Abfallwiderstand R, d. h. man arbeitet am zweckmäßigsten elektrostatisch, also mit
Elektrometern. Eine einfache Meß-
anordnung solcher Art ist in Abb. VII. 8 veranschaulicht. Mit ihr sind
noch um etwa 2 bis 3 Zehnerpotenzen kleinere Photoströme meßbar als
mit Galvanometern, überdies erzielt man z. B. bei Benutzung eines
Fadenelektrometers (s. S. 409) hohe Einstellgeschwindigkeit, mit der sich
auch verhältnismäßig schnelle Belichtungsänderungen messend verfolgen
lassen.

---

[1] Verfasser: W. Leo, Braunschweig, und R. Suhrmann, Hannover.

Die Messung erfolgt in der Weise, daß man zunächst bei abgedunkelter Zelle das Elektrometer enterdet und seine Einstellung abliest. Meist wird man gegenüber dem geerdeten Zustand einen geringen Ausschlag erhalten, wenn die Zellenisolation nicht vollkommen ist. Dieser stört so lange nicht, wie er von kleinem Betrage und innerhalb einer Beobachtungsreihe *konstant* ist. Man nimmt dann diese Elektrometereinstellung als neuen Nullpunkt und zieht den Dunkelausschlag jedesmal von dem Elektrometerausschlag ab, den man bei Belichtung der Zelle erhält. Sind die Elektrometerausschläge für die gegebene Schneidenstellung und Fadenspannung des Instruments in zugehörigen Spannungsbeträgen geeicht (S. 412), so erhält man aus dem angezeigten Spannungswerte Δu und der Größe R des Abfallwiderstandes unmittelbar den Photostrom

$$i = \frac{\Delta u}{R}. \tag{1}$$

Dabei ist jedoch folgendes zu beachten: Wie auf S. 10 f. ausgeführt wurde, ist bei Zellen mit äußerem Photoeffekt der Photostrom i nur dann dem einfallenden Lichtstrom *proportional*, wenn die an der Zelle wirksame Spannung U bei allen Beleuchtungsstärken die gleiche ist. Ändert sich U, so ändert sich entsprechend dem Verlauf der *Stromspannungskurve* der Zelle (Abb. II. 5 und 6) zugleich auch der Photostrom i; mit einer bestimmten vorgegebenen Betriebsspannung U_0 mißt man also bei verschiedenen Beleuchtungsstärken nur dann die zugehörigen proportionalen Photostromwerte i_0, wenn der Strom i_0 die Spannungsverhältnisse an der Zelle und damit ihren Betriebszustand nicht verändert. Wie wir in Ziff. 56c, S. 383, sahen, ist diese Bedingung bei galvanometrischer Photostrommessung praktisch stets erfüllt, da hier der Spannungsabfall am Meßinstrument in allen Fällen so klein ist, daß er gegenüber der an der Zelle liegenden Spannung U_0 vernachlässigt werden kann. Der *Arbeitspunkt* der Zelle wird also dort durch den im Galvanometer fließenden Strom i_0 nicht beeinflußt.

Anders liegen die Verhältnisse aber bei der hier in Rede stehenden Methode, bei der der Photostrom i_0 nach Gl. (1) an einem Hochohmwiderstand R einen meßbaren Spannungsabfall Δu erzeugt, denn dieser setzt stets die an der Zelle wirksame Spannung von ihrem Sollwert U_0 auf einen kleineren Wert $U_0 - \Delta u$ herab. Wie diese Spannungsverminderung sich auf die Messung auswirkt, hängt jeweils von dem Verlauf der Stromspannungskurve der Zelle ab, mit der man arbeitet.

Betrachten wir zunächst den Fall einer *Vakuumzelle*, deren grundsätzlicher Kennlinienverlauf in Kap. II (Abb. II. 5) näher behandelt worden ist. Solchen Zellen wird man stets eine hinreichend hohe Betriebsspannung U_0 geben, bei der sie mit Sicherheit im *Sättigungsgebiet* arbeiten (Abb. VII. 9). In diesem Bereich gelangen *alle* durch die Belichtung an der Kathode ausgelösten Elektronen zur Anode; die Stromspannungskurve verläuft hier horizontal, es ist also $\frac{di}{dU} = 0$. Solange man in diesem Gebiet arbeitet, hat, wie die Abb. VII.9 zeigt, die Verminderung der wirksamen Spannung an der Zelle um Δu keinen Einfluß auf die Größe des gemessenen Photostromes i_0. Die Gl. (1) gilt also in diesem Fall streng.

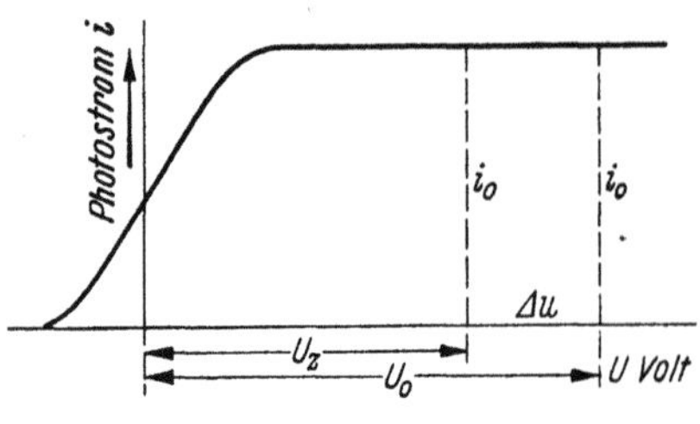

Abb. VII.9. Strom-Spannungskurve einer Vakuum-Photozelle

Sie gilt dagegen nur mit Einschränkung, wenn man mit Vakuumzellen im *ungesättigten Teil* der Kennlinie oder mit *gasgefüllten Zellen* arbeitet, die nach S. 283 stets eine *ansteigende Stromspannungskurve* besitzen. Hier ist $\frac{di}{dU} > 0$, und zwar verläuft bei den letztgenannten im Bereich nicht zu hoher Spannung und nicht zu großer Lichtintensitäten $\frac{di}{dU}$ proportional der Beleuchtungsstärke.

Bei solchen Zellen verschiebt ein Photostrom i, der nach Gl. (1) den Spannungsabfall Δu erzeugt, den Betriebszustand der Zelle von einem Arbeitspunkt der vorgegebenen Spannung U_0 zu einem Punkt der Spannung $U_z = U_0 - \Delta u$ (Abb. VII.10), an dem die Zelle nicht den vollen Strom i_0, sondern einen *kleineren* Strom i liefert. Man mißt daher stets etwas zu kleine Stromwerte, und zwar bleibt der gemessene Strom i um so mehr hinter dem belichtungsproportionalen Strom i_0 zurück, je größer i und damit $\Delta u = i \cdot R$ wird. Der Betrag des hierdurch bedingten Meßfehlers ergibt sich aus folgender Rechnung:

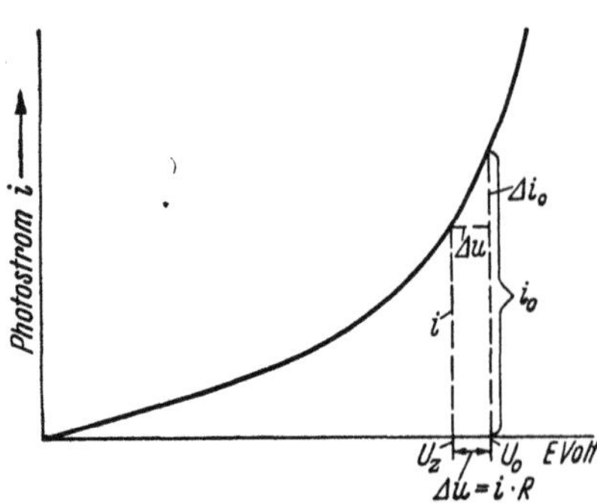

Abb. VII.10. Strom-Spannungskurve einer gasgefüllten Zelle bei Messung stationärer Elektrometerausschläge

Setzt man $i_0 - i = \Delta i_0$, so ist für nicht zu große Spannungsbeträge Δu das Verhältnis $\frac{\Delta i_0}{\Delta u}$ praktisch gleich der *Steilheit* di/dU der Stromspannungskurve an dem betrachteten Arbeitspunkt (Abb. VII.10). Daher ist

$$\Delta i_0 \approx \Delta u \frac{di}{dU} = i \cdot R \frac{di}{dU}$$

und

$$i_0 = i + \Delta i_0 = i\left(1 + R \frac{di}{dU}\right).$$

Die *relative* Abweichung des gemessenen Stromwertes i vom Sollwert i_0 ist dann

$$\frac{\varDelta i_0}{i} = R \frac{di}{dU}\,, \tag{2}$$

diese wird also um so größer, je größer der Abfallwiderstand R ist und je steiler bei der gegebenen Belichtung die Arbeitskennlinie der Zelle verläuft. Soll daher der Strom innerhalb einer gegebenen Fehlergrenze richtig gemessen werden, so darf nach Gl. (2) das Produkt $R \cdot \dfrac{di}{dU}$ den durch diese Grenze gegebenen Betrag nicht übersteigen. Ist z. B. $di/dU = 2 \cdot 10^{-11}$ A/V und die zulässige Fehlergrenze $1\% = 0{,}01$, so darf R nicht größer als $5 \cdot 10^8\,\Omega$ sein. Man wird demnach bei Zellen mit geneigter Stromspannungskurve den Arbeitswiderstand nicht größer wählen, als es zur Erzielung hinreichender Meßempfindlichkeit am Elektrometer unbedingt erforderlich ist. Ist der Widerstand R gegeben und für den vorliegenden Zweck zu hoch, so muß man u. U. durch Verminderung der Zellenspannung U_0 einen tieferen Arbeitspunkt auf der Kennlinie einstellen, für den der Ausdruck (2) innerhalb der zulässigen Fehlergrenze liegt. Da di/dU keine feststehende Größe ist, sondern sich mit der Belichtung und mit der Größe des Photostroms ändert, ist meist ihr Betrag selbst nicht bekannt, sondern nur die *relative* Zunahme des Photostroms pro Volt Zunahme der Zellenspannung, also die *relative Steilheit* $\dfrac{1}{i}\dfrac{di}{dU}$ der Kennlinie. In diesem Fall kann man an Stelle des obigen Ausdrucks (2) schreiben:

$$\frac{\varDelta i_0}{i} = \varDelta u \frac{1}{i} \frac{di}{dU}\,. \tag{2a}$$

Der Betrag von $\dfrac{1}{i}\dfrac{di}{dU}$ läßt sich in einfacher Weise ermitteln, indem man feststellt, um wieviel sich bei einer bestimmten Zellenbelichtung die Elektrometeraufladung $\varDelta u = i \cdot R$ vermindert, wenn man die Zellenspannung U_0 um 1 V herabsetzt. Mißt man z. B. bei 124 V Zellenspannung einen Elektrometerausschlag $i_1 R = 0{,}47$ V gegenüber $i_2 R = 0{,}55$ V bei $U_0 = 130$ V, so entspricht das einer relativen Photostromänderung $\dfrac{\varDelta i}{i} = \dfrac{0{,}08}{0{,}55} = 0{,}145$ auf 6 V Spannungsdifferenz. Demnach ist $\dfrac{1}{i}\dfrac{\varDelta i}{\varDelta U} \approx \dfrac{1}{i}\dfrac{di}{dU} = \dfrac{0{,}145}{6} = 0{,}024$ V^{-1}. Soll in diesem Fall der Meßfehler $\varDelta i_0/i$ wieder innerhalb $1\% = 0{,}01$ bleiben, so ergibt sich nach Gl. (2a) ein *maximal zulässiger Spannungsabfall* am Elektrometer $\varDelta u = \dfrac{0{,}01}{0{,}024} = 0{,}42$ V, der bei der Messung nicht überschritten werden darf. Bei gegebenem maximalem Photostrom i, der gemessen werden soll, kann dann hieraus wie oben der maximal zulässige Widerstand R berechnet werden.

Damit der zulässige Betrag $\Delta u_{\max}$ bei der Messung stets innegehalten wird, stellt man am besten die Elektrometerempfindlichkeit so ein, daß er gerade dem größtmöglichen Elektrometerausschlag über die ganze Skala entspricht.

Für einen Arbeitspunkt, an dem die *Tangente* an die Stromspannungskurve durch den Koordinatenanfangspunkt geht (Abb. VII. 11), ist

$$\frac{d\,i}{d\,U} = \frac{i_0}{U_0} = \frac{1}{R_Z},$$

worin R_Z den *inneren Widerstand der Zelle* bei der gegebenen Beleuchtungsstärke bedeutet. An einem solchen Punkt der Arbeitskennlinie kann man für Gl. (2) bzw. (2a) setzen:

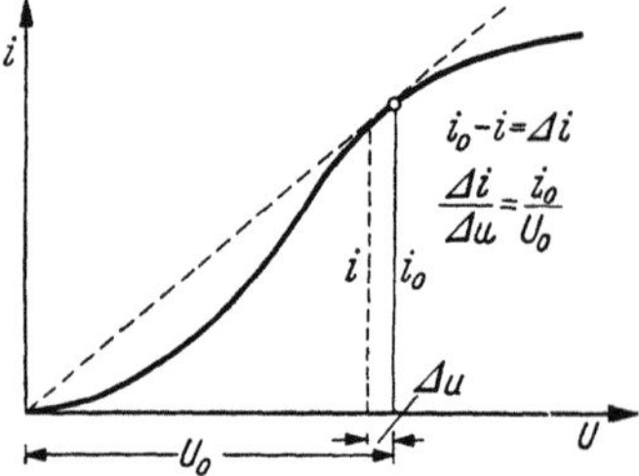

Abb. VII. 11. Strom-Spannungsverhältnis an einem Arbeitspunkt, dessen Tangente durch den Koordinatenanfangspunkt geht

$$\frac{\Delta i_0}{i} = \frac{R}{R_Z} = \frac{\Delta u}{U_0}, \qquad (3)$$

d. h., der relative Meßfehler ist hier gleich dem Verhältnis des Abfallwiderstandes R zum Zellenwiderstand R_Z oder gleich dem Verhältnis des Spannungsabfalls Δu am Elektrometer zur vorgegebenen Zellenspannung U_0. Diese Beziehung kann in vielen Fällen zur überschlägigen Fehlerabschätzung benutzt werden, wenn der genaue Kennlinienverlauf $\frac{d\,i}{d\,U}$ nicht bekannt ist.

Die Fehlergleichungen (2) und (2a) gelten in entsprechender Weise auch bei solchen Photozellen, die zwischen Anode und Kathode verhältnismäßig *schlecht isoliert* sind, bei denen also dem eigentlichen Photostrom i ein ständiger *Dunkelstrom* i' überlagert ist. Man mißt dann anstatt i einen Gesamtstrom $i'' = i + i'$, und der Spannungsabfall an der Zelle wird in diesem Fall

$$\Delta u = R \cdot i'' = R(i + i'),$$

d. h. Δu wird im Verhältnis des Dunkelstromanteils größer als bei guter Zellenisolation. Der Teilabfall $R \cdot i'$ ist dabei konstant und unabhängig von der Belichtung, wirkt also so, als ob die Zelle anstatt mit der Betriebsspannung U_0 mit der konstanten Spannung $U_0 - i'R$ betrieben würde. Sorgt man dafür, daß auch hier die relative Stromabweichung nach Gl. (2a) innerhalb der zulässigen Fehlergrenze bleibt, so können wiederum die gemessenen Photoströme als hinreichend belichtungsproportional angesehen werden. Man bestimmt dann, wie auf S. 387 ausgeführt, den Dunkelstrom i' gesondert und zieht ihn jedesmal von dem gemessenen Gesamtstrom i'' ab, um den tatsächlichen Photostrom $i \approx i_0$ zu erhalten.

58. Kompensation des Elektrometerausschlages (Nullmethode)

Die im vorhergehenden Abschnitt beschriebenen Einschränkungen hinsichtlich der Meßgenauigkeit bei geneigter Zellencharakteristik lassen sich ausschalten, wenn man eine veränderliche *Hilfsspannung* $\Delta u'$ einführt, die dem am Arbeitswiderstand R auftretenden Spannungsabfall $\Delta u = i \cdot R$ entgegengeschaltet wird (Abb. VII.12). Regelt man diese bei Belichtung der Zelle jeweils so ein, daß das Elektrometer keinen Ausschlag zeigt, so ist stets der Betrag der eingestellten Hilfsspannung $\Delta u' = \Delta u = i \cdot R$. Das Elektrometer dient in diesem Fall nur als *Nullinstrument*; der Spannungsabfall Δu wird hier also nicht mit dem Elektrometer selbst, sondern aus der Größe der kompensierenden Hilfsspannung $\Delta u'$ bestimmt. Auf diese Weise ist man von der Eichkurve und etwaigen Unproportionalitäten der Elektrometerausschläge ganz frei; man kann auch, da immer auf den Ausschlag Null kompensiert wird, mit so hoher Elektrometerempfindlichkeit arbeiten, daß der Ausschlag *ohne* Kompensation weit über die Skala des Instruments hinausreichen würde. Hierdurch läßt sich die kompensierende Spannung $\Delta u'$ sehr genau einstellen. Vor allem hat diese

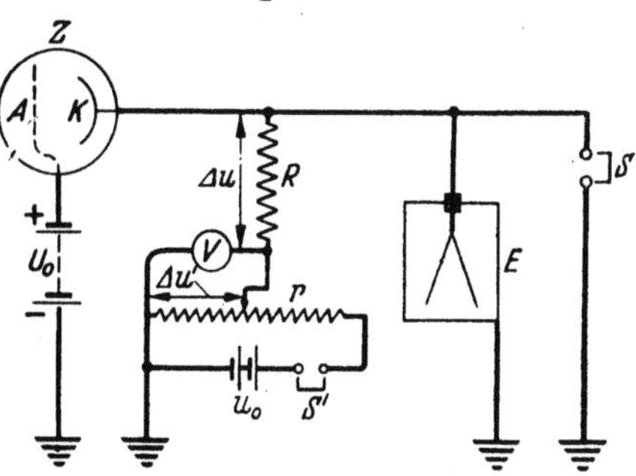

Abb. VII.12. Schaltung zur Kompensation des Elektrometerausschlages.
Z Photozelle; U_0 Zellenspannung; *R* Arbeitswiderstand; u_0 Hilfsspannungsquelle; *r* Kompensationswiderstand; *E* Elektrometer

Methode den Vorzug, daß die wirksame Spannung U_0 an der Zelle stets erhalten bleibt. Ihr Arbeitspunkt wird daher durch den Photostrom nicht beeinflußt, so daß man auch bei Zellen mit geneigter Kennlinie und bei Verwendung hoher Abfallwiderstände R belichtungsproportionale Spannungswerte $\Delta u' = i_0 R$ erhält. Auch zur Ermittlung der Energieverteilung der Photoelektronen durch Messung der Anlaufkurve nach der Gegenfeldmethode (vgl. S. 11f.) kann man die Widerstandsnullmethode verwenden[1].

Die Kompensationsspannung $\Delta u'$ wird, wie in Abb. VII.12 veranschaulicht, im Wege einer regelbaren Spannungsteilung an einem Widerstand r hergestellt, der *klein* gegen den Abfallwiderstand R sein muß (ca. 100 bis 1000 Ω). u_0 ist eine Hilfsspannungsquelle von einigen Volt, deren Größe sich nach den zu kompensierenden Spannungsgrößen Δu richtet. Zur Messung von $\Delta u'$ dient ein Präzisionsvoltmeter V, das zweckmäßig mehrere, leicht umschaltbare Meßbereiche besitzt.

Noch genauer läßt sich $\Delta u'$ einstellen und messen, wenn man die Spannungsteilung statt an einem einfachen Potentiometer an einer *Meß-*

---

[1] Vgl. R. Suhrmann u. H. Theissing: Phys. Z. **31**, 352 (1930).

brücke vornimmt, die aus einem sorgfältig gearbeiteten Widerstandssatz von mehreren Dekaden besteht. An ihr läßt sich der Teilwiderstand r', längs dessen der Spannungsabfall $\Delta u'$ herrscht, bequem auf 0,1% ablesen. Da die Batteriespannung u_0 auf ein Normalelement bezogen werden kann, berechnet sich $\Delta u'$ aus dem Gesamtwiderstand r der Meßbrücke zu

$$\Delta u' = u_0 \frac{r'}{r}$$

mit etwa der gleichen Genauigkeit.

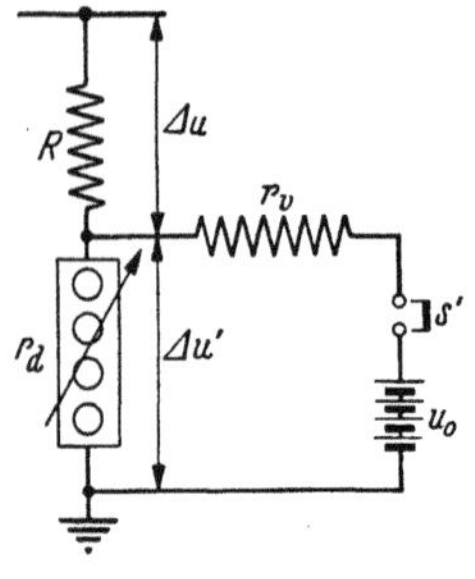

Abb. VII. 13. Spannungskompensation an einem Dekadenwiderstand

An Stelle einer Meßbrücke genügt oft auch ein genau einstellbarer Dekadenwiderstand r_d, den man nach Abb. VII. 13 mit einem größeren Vorwiderstand r_v in Reihe schaltet, so daß der Fußpunkt des Abfallwiderstandes R an einem Abgriff zwischen beiden liegt. Als Hilfsspannung u_0 benutzt man in diesem Fall zweckmäßig eine solche von etwa 100 bis 200 V und wählt den Widerstand r_v von solcher Größe (2 bis $4 \cdot 10^4\,\Omega$), daß im Spannungsteilerkreis z. B. gerade ein Strom von 5 mA fließt. Dann entspricht jedem am Dekadenwiderstand eingestellten Ohmbetrag ein Spannungsabfall von 5 mV/Ω. Mit vier Dekaden von 0,1 bis 1000 Ω lassen sich dann beliebige $\Delta u'$ zwischen 0,5 mV und 5 V einstellen und aus der Dekadenstellung unmittelbar auf 0,5 mV ablesen.

Mit hinreichender Elektrometerempfindlichkeit, die eine Kompensation auf 0,5 mV gestattet, kann man nach dieser Methode, z. B. an einem Abfallwiderstand R von $10^{11}\,\Omega$ noch Photoströme der Größenordnung 10^{-14} A messen, sofern die Güte der Isolation sowohl der Zelle wie aller spannungführenden Teile zwischen Zelle und Elektrometer dies zuläßt.

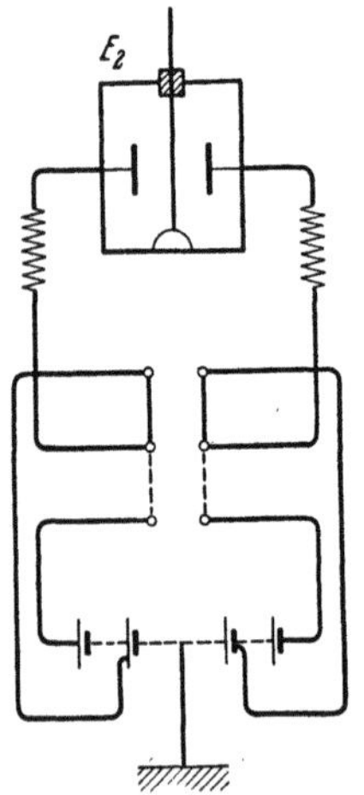

Abb. VII. 13 a. Schaltung zum Verändern der Elektrometerempfindlichkeit

Arbeitet man bei der Kompensation auf Null mit zu hoher Elektrometerempfindlichkeit, so besteht, bevor der Abgleich erreicht ist, oft die Gefahr, daß das Elektrometer aus seinem Skalenbereich herausläuft und daß, z. B. bei Benutzung eines Fadenelektrometers, der Faden sich an eine der Schneiden anlegt. Um dies zu vermeiden, verwendet man bei solchen Elektrometern mit Vorteil eine Umschaltung, wie sie in Abb. VII. 13 a dargestellt ist, mit der man die Elektrometerempfindlichkeit um eine bis zwei Zehnerpotenzen herabsetzen kann. Man kompensiert dann zunächst bei unempfindlichem Elektrometer grob und nimmt nach Umschaltung die Feineinstellung vor.

An Stelle eines Elektrometers kann bei dieser (wie auch bei der auf S. 402 beschriebenen) Nullmethode mit Vorteil ein Röhrenvoltmeter mit Zeiger- oder Schleifengalvanometer als Nullinstrument benutzt werden.

59. Potential- und Zeitmeßmethode (Auflademethode)

a) Meßverfahren im Sättigungsgebiet

Die in Ziff. 57 beschriebene elektrometrische Messung von Photoströmen wird, wie dort gezeigt wurde, um so empfindlicher, je *größer* der Arbeitswiderstand R im Außenkreis der Zelle ist. Macht man ihn im Extremfall unendlich groß, d. h., läßt man eine leitende Verbindung zwischen dem am Elektrometer liegenden Zellenpol und dem Erdpunkt der Schaltung überhaupt fort, so kann sich kein stationärer Endzustand, wie bei den bisher besprochenen Meßverfahren, mehr ausbilden. Das Elektrometer wird sich vielmehr fortschreitend aufladen, solange die Stromlieferung andauert. Aus der *Aufladung* innerhalb gegebener *Zeit* läßt sich in diesem Fall der Photostrom noch empfindlicher bestimmen als nach der Methode des stationären Ausschlages.

Abb. VII.14 zeigt zwei Schaltmöglichkeiten für solche Aufladungsmessungen. Man

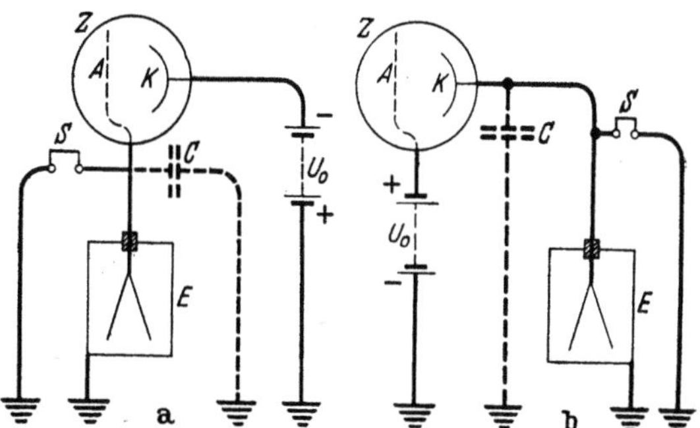

Abb. VII.14. Schaltung zur Messung von Photoströmen nach der Auflademethode. a) Anode hoch isoliert, b) Kathode hoch isoliert

verbindet entweder die Anode A (Abb. VII.14 a) oder die Kathode K (Abb. VII.14 b) der Photozelle mit der Zuführung des Elektrometers E und legt im Falle a den negativen Pol der Spannungsquelle U_0 an die Kathode, im Falle b den positiven Pol von U_0 an die Anode. Der freie Pol der Batterie und das Elektrometergehäuse werden geerdet, ebenso kann die am Elektrometer liegende Zellenelektrode über den Erdungsschlüssel S an Erde gelegt werden. Im geöffneten Zustand muß der Schalter S hoch isolieren.

Welche der beiden in Abb. VII.14 wiedergegebenen Schaltungen vorzuziehen ist, bestimmt man in folgender Weise: Man erdet zuerst K, verbindet A mit dem Elektrometer, hebt dessen Erdung bei verdunkelter Zelle mittels S auf, lädt es (z. B. mit einem geriebenen Hartgummistab) auf und mißt den *Elektrometerrückgang* mit der Stoppuhr. Dann erdet man A, verbindet K mit dem Elektrometer und ermittelt wiederum den Elektrometerrückgang, nachdem man das Instrument aufgeladen hat. Die am besten isolierte Elektrode verbindet man schließlich mit dem Elektrometer. Je nachdem, ob dies die Anode (Fall a) oder die Kathode (Fall b) ist, mißt man den auftreffenden (negative Aufladung) oder den weggehenden (positive Aufladung) Elektronenstrom.

Der Meßvorgang ist nun folgender: Nehmen wir an, daß die benutzte Zelle sehr gut isoliert, dann wird sie im unbelichteten Zustand keinen merklichen Dunkelstrom liefern, d. h., das Elektrometer wird bei Aufhebung der Erdung durch den Schlüssel S ganz oder wenigstens nahezu in Ruhe bleiben. Wird nun die Zelle belichtet, so entsteht entsprechend der Belichtungsintensität ein Photostrom i, der das Elektrometer auflädt, solange die Belichtung andauert.

Betrachten wir zunächst wieder den Fall einer *Vakuumzelle im Sättigungsgebiet* ihrer Stromspannungskurve wie bei Abb. VII.9, also in demjenigen Bereich, in dem ein Abfall der Zellenspannung U_0 um den Aufladungsbetrag Δu des Elektrometers den Photostrom i_0 der Zelle nicht beeinträchtigt. In diesem Fall ist bei gegebener Zellenbelichtung der Photostrom i_0 *konstant* und unabhängig vom Aufladepotential des Elektrometers. Man kann sich dann die *Kapazität* der Zelle und des Elektrometers gegen Erde durch den Kondensator C in Abb. VII.14 veranschaulicht denken und hat demnach einen Vorgang, bei dem ein Kondensator gegebener Kapazität durch einen zeitlich konstanten Strom i_0 aufgeladen wird. Die Potentialzunahme du pro Zeitelement dt ist dann gegeben durch

$$\frac{du}{dt} = \frac{i_0}{C}; \quad i_0 = C\frac{du}{dt} = C\frac{\Delta u}{\Delta t} . \tag{4}$$

Man erhält also bei dieser Methode den zu messenden Photostrom i_0, indem man die Kapazität des Systems Zelle-Elektrometer mit der *Aufladungsgeschwindigkeit* $\dfrac{du}{dt}$ multipliziert, die bei konstantem Strom mit dem Quotienten $\dfrac{\Delta u}{\Delta t}$ identisch ist. Voraussetzung ist dabei nur, daß nach dem oben Gesagten die wirksame Zellenspannung $U_Z = U_0 - \Delta u$ innerhalb des Sättigungsgebietes bleibt (Abb. VII.9).

Den Quotienten $\dfrac{\Delta u}{\Delta t}$ bestimmt man in der Weise, daß man entweder jedesmal das Potential Δu mißt, auf welches sich das System in bestimmter Zeit Δt auflädt *(Potentialmeßmethode)*, oder umgekehrt die Zeit Δt ermittelt, innerhalb deren ein bestimmtes Aufladepotential Δu erreicht wird *(Zeitmeßmethode)*.

Bei der Potentialmeßmethode geht die Messung so vor sich, daß man bei verdunkelter Zelle mittels des Schlüssels S das Elektrometer enterdet und zunächst prüft, ob die Isolation einwandfrei ist, d. h., ob ohne Zellenbelichtung das Elektrometer praktisch in Ruhe bleibt. Die Verhältnisse bei mangelnder Zellenisolation werden weiter unten besprochen (S. 396ff.). Um eine bestimmte Meßzeit Δt festzulegen, bedient man sich am besten eines laut gehenden Uhrwerks oder eines Metronoms, dessen Schläge man zählt. Man liest dann die Dunkeleinstellung des Elektrometers ab, öffnet bei einem Metronomschlag Null den Lichtverschluß zur Zelle und beobachtet, während man die weiteren Schläge zählt, den steigenden Elektrometerausschlag. Nach einer passenden Zahl von Metronomschlägen, die der gewählten Meßzeit Δt entspricht, schließt man den Lichtverschluß wieder und liest den nunmehr erreichten Elektrometerausschlag ab. Die den jeweiligen Ausschlägen zugehörigen Spannungsbeträge müssen vorher durch Eichung der Elektrometerskala bestimmt werden. Aus der Differenz zwischen dem Endausschlag und dem Dunkelausschlag erhält man dann den Aufladungsbetrag Δu in der Meßzeit Δt.

Bei der *Zeitmeßmethode* verfährt man im wesentlichen ebenso, beobachtet jedoch diesmal nicht die Elektrometerausschläge bei vorgegebener Meßzeit Δt, sondern mißt umgekehrt mit einer *Stoppuhr* die Zeiten Δt, die das Elektrometer braucht, um einen bestimmten Ausschlag zu erreichen. Das geschieht in der Weise, daß man nach Öffnen des Lichtverschlusses, wenn das Elektrometer zu wandern beginnt, bei Durchgang des Fadenkreuzes oder des Elektrometerfadens durch einen gut ablesbaren Anfangsskalenteil die Stoppuhr in Gang setzt und sie so lange laufen läßt, bis das System eine bestimmte Anzahl von Skalenteilen zurückgelegt hat, die der Aufladung Δu entspricht. In diesem Moment stoppt man die Uhr wieder ab und erhält damit die zugehörige Zeit Δt. Erst dann wird der Lichtverschluß wieder geschlossen.

Diese zweite Methode ist der vorhergenannten Potentialmeßmethode meist vorzuziehen, da sie bequemer ist und das Zählen von Metronomschlägen entbehrlich macht. Überdies braucht hier nicht die ganze Elektrometerskala in Volt durchgeeicht zu werden, sondern es genügt, wenn man den Spannungsbetrag Δu für den einmal gewählten Elektrometerausschlag kennt, den man dann beim Abstoppen jedesmal konstant hält. Die Unproportionalitäten verschieden großer Elektrometerausschläge fallen auf die Weise bei der Messung heraus.

In beiden Fällen, sowohl bei der Potential- wie bei der Zeitmeßmethode, werden die Aufladegeschwindigkeiten $\dfrac{\Delta u}{\Delta t}$ nur dann richtig gemessen, wenn die Aufladezeiten Δt *größer* sind als die *Einstellzeit*, die das Elektrometer zu stationärer Einstellung auf einen Spannungsbetrag Δu benötigen würde. Das trifft für schnellansprechende *Fadenelektrometer* unter normalen Bedingungen stets zu, dagegen sind *Quadrantelektrometer* hier nicht in allen Fällen geeignet, da sie infolge des merklichen Trägheitsmomentes ihrer Quadrantnadel meist Einstellzeiten von mehreren Sekunden haben. Will man mit solchem trägeren Instrument arbeiten, so muß man gegebenenfalls durch Vergrößerung der Kapazität C (Abb. VII. 14) dafür sorgen, daß $\frac{\Delta u}{\Delta t}$ klein wird, d. h., daß die Aufladung hinreichend *langsam* erfolgt.

Um aus den Meßwerten von $\frac{\Delta u}{\Delta t}$ nach Gl. (4) den Photostrom i_0 berechnen zu können, muß man in jedem Fall die Größe der Kapazität C gesondert bestimmen. Das geschieht am einfachsten in der Weise, daß man bei gleichbleibender Zellenbelichtung, also bei konstantem Photostrom i_0, die Größe $\frac{\Delta u}{\Delta t}$ einmal mit der *unbekannten* Kapazität C mißt und ein zweites Mal, nachdem man eine *bekannte* Kapazität C' parallel dazugeschaltet hat. Nach der Potentialmeßmethode (also bei gleichem Δt) erhält man dann zwei Potentialwerte Δu_1 und Δu_2, dementsprechend nach der Zeitmeßmethode (bei gleichem Δu) zwei Meßzeiten Δt_1 und Δt_2. Daraus ergibt sich:

$$i_0 = C \cdot \frac{\Delta u_1}{\Delta t} = (C + C') \frac{\Delta u_2}{\Delta t} \quad \text{bzw.} \quad i_0 = C \cdot \frac{\Delta u}{\Delta t_1} = (C + C') \frac{\Delta u}{\Delta t_2},$$

also

$$C = C' \frac{\Delta u_2}{\Delta u_1 - \Delta u_2} \quad \text{bzw.} \quad C = C' \frac{\Delta t_1}{\Delta t_2 - \Delta t_1}. \tag{5}$$

b) Einfluß der Isolationsfehler

Bisher war bei der Betrachtung des Aufladevorganges vorausgesetzt, daß die Isolation der Photozelle selbst zwischen ihren Elektroden und die des Elektrometers gegen Erde sehr gut ist, daß also die gemessene Aufladung Δu *nur* durch den konstanten Photostrom i_0 erzeugt und nicht durch ungewollte Kriechströme verändert wird. Tatsächlich wird jedoch in den meisten Fällen einerseits die Zelle einen endlichen Kriechwiderstand haben (in Abb. VII.15 durch den eingezeichneten Nebenschluß R_Z veranschaulicht), über den schon bei unbelichteter Zelle ein Dunkelstrom i' fließt und am Elektrometer eine *Dunkelaufladung* $\Delta u'$ erzeugt. Entsteht somit bei Belichtung eine Aufladung $\Delta u_0 + \Delta u'$, so wird andererseits bei nicht vollkommener Isolation des Elektrometers (R_e in Abb. VII.15) ein Teil $\Delta u''$ davon wieder zur Erde abfließen. An Stelle der reinen Belichtungsaufladung Δu wie im vorhergehen-

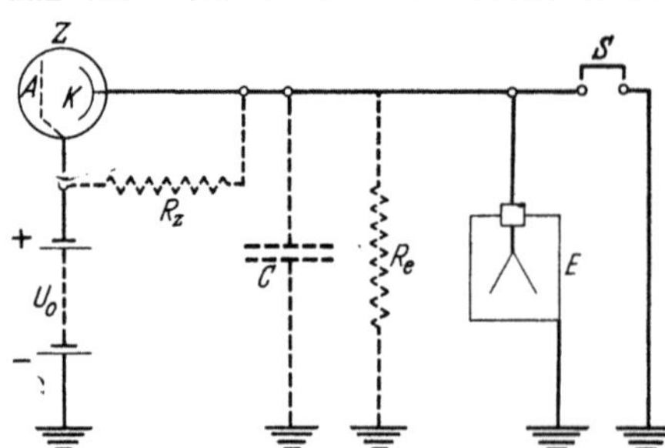

Abb. VII. 15. Ersatzschaltung einer Zelle mit schlechter Isolation an einem ebenfalls schlecht isolierten Elektrometer

den Abschnitt mißt man also in diesem Fall eine Gesamtaufladung $\Delta u = \Delta u_0 + \Delta u' - \Delta u''$.

Da das Elektrometer gewöhnlich mit guter Isolation ausgerüstet ist, wird $\Delta u''$ im allgemeinen sehr klein sein; der Meßfehler entsteht dann im wesentlichen durch die Dunkelaufladung $\Delta u'$, so daß wir uns bei der nachstehenden Rechnung zunächst auf diese beschränken und annehmen wollen, daß die Isolation des Elektrometers sehr gut, also $R_e \approx \infty$ und $\Delta u''$ praktisch zu vernachlässigen sei.

Wäre der Dunkelstrom i' und damit $\dfrac{\Delta u'}{\Delta t} = \dfrac{i'}{C}$ *konstant*, so würden sich die Aufladegeschwindigkeiten $\dfrac{\Delta u_0}{\Delta t}$ bei Belichtung und $\dfrac{\Delta u'}{\Delta t}$ im Dunkelzustand einfach additiv zusammensetzen, d. h., man könnte den reinen Belichtungsstrom i_0 nach Gl. (4) in der Weise bestimmen, daß man die Dunkelaufladung gesondert mißt und von der beobachteten Gesamtaufladung bei Belichtung jedesmal abzieht.

In Wirklichkeit ändert sich i' aber mit der Elektrometeraufladung Δu, da die am Kriechwiderstand R_Z wirksame Zellenspannung $U_Z = U_0 - \Delta u$ (vgl. S. 387) mit steigender Elektrometeraufladung abnimmt. Der Dunkelstrom ist daher

$$i' = \frac{U_0 - \Delta u}{R_Z} \, . \tag{6}$$

Der Unterschied von i' gegen den anfänglichen Dunkelstrom U_0/R_Z ist im allgemeinen geringfügig und bleibt um so kleiner, je kleiner die Elektrometeraufladung Δu gegenüber der vorgegebenen Zellenspannung U_0 ist. Bei schwachen Dunkelströmen kann man ihn daher meist vernachlässigen und in der oben angegebenen Weise verfahren, als ob i' konstant wäre. Bis zu welchem Betrag von R_Z das zulässig ist und welche Meßfehler dabei zu erwarten sind, ergibt sich aus folgender Rechnung:

Gibt man zu einem Zeitpunkt t_0 die Erdung des Elektrometers ($\Delta u = 0$) frei, so lädt sich, von diesem Anfangspunkt gerechnet, das Elektrometer unter der Einwirkung des Photostroms i_0 und des Dunkelstroms i' nach einer Zeitfunktion

$$\Delta u = \frac{1}{C}\int (i_0 + i')dt \tag{7}$$

auf. Da nach Gl. (6) $\Delta u = U_0 - i'R_Z$ ist, wird

$$\frac{1}{C}\int (i_0 + i')dt + i'R_Z = U_0 = \text{const} \, .$$

Durch Differentiation erhält man

$$\frac{di'}{dt} + \frac{i_0 + i'}{R_Z C} = 0 \, , \quad \text{also} \quad \frac{d(i_0 + i')}{dt} = \frac{di'}{dt} = -\frac{i_0 + i'}{R_Z C} \, .$$

Daraus folgt

$$i_0 + i' = a \cdot e^{-\frac{t}{R_Z C}},$$

worin a eine zunächst noch nicht festgelegte Konstante ist. Ihr Betrag ergibt sich für die vorliegende Betrachtung daraus, daß zur Zeit $t = 0$, also bei Beginn der Aufladung, wenn $\Delta u = 0$ ist, der Dunkelstrom i' seinen Anfangswert $i^* = \dfrac{U_0}{R_Z}$ hat. Daher wird $a = i_0 + i^{..} = i_0 + \dfrac{U_0}{R_Z}$ und somit

$$i_0 + i' = \left(i_0 + \frac{U_0}{R_Z}\right) e^{-\frac{t}{R_Z C}}.$$

Für den zeitlichen Verlauf der Aufladung erhält man demnach aus Gl. (7)

$$\Delta u = \frac{1}{C} \int_0^t (i_0 + i')\, dt = \frac{1}{C} \int_0^t \left(i_0 + \frac{U_0}{R_Z}\right) \cdot e^{-\frac{t}{R_Z C}}\, dt$$

und daraus die nach der Zeit Δt erreichte Aufladung

$$\Delta u = (i_0 R_Z + U_0)\left(1 - e^{-\frac{\Delta t}{R_Z C}}\right). \tag{8}$$

Entwickelt man dies in eine Reihe, so wird

$$\left.\begin{aligned}\Delta u &= (i_0 R_Z + U_0)\left[\frac{\Delta t}{R_Z C} - \frac{1}{2}\left(\frac{\Delta t}{R_Z C}\right)^2 + \cdots\right]\\ &= (i_0 + i^*)\frac{\Delta t}{C}\left[1 - \frac{1}{2}\frac{\Delta t}{R_Z C} + \cdots\right.\end{aligned}\right\} \tag{8a}$$

Für den Fall *guter* Isolation, wenn $R_Z \to \infty$ und $i^* = \dfrac{U_0}{R_Z} \to 0$, geht dieser Ausdruck in Gl. (4) $\Delta u = \dfrac{i_0 \Delta t}{C}$ über.

Bei endlicher Größe von R_Z, also bei *nicht vollkommener Isolation*, gestattet Gl. (8a) nunmehr abzuschätzen, welchen Fehler man begeht, wenn man an Stelle von (8a) den Näherungswert

$$\Delta u = i_0 \frac{\Delta t}{C} + i^* \frac{\Delta t}{C}$$

benutzt und daraus nach S. 397 die gesuchte, vom Photostrom bewirkte Aufladung $i_0 \dfrac{\Delta t}{C}$ in der Weise bestimmt, daß man die *Dunkelaufladung* $i^* \dfrac{\Delta t}{C} = \dfrac{u_0 \Delta t}{R_Z C}$ getrennt mißt und jeweils von der gemessenen Gesamtaufladung Δu abzieht. Der so erhaltene Betrag von i_0 ist dann gegenüber dem Wert nach (8a) um den relativen Fehler von Δu zu klein, nämlich um den Faktor $\dfrac{1}{2}\dfrac{\Delta t}{R_Z C}$. Soll dieser Fehler z. B. 1% nicht überschreiten, so darf der Faktor nicht größer als 0,01 sein, d. h., es muß $R_Z C \geqq 50\, \Delta t$ sein. Beträgt z. B. die Kapazität der Anordnung

$C \approx 50\,\mathrm{pF} = 5 \cdot 10^{-11}\,\mathrm{F}$ und die Aufladezeit 10 sec, so muß der Isolationswiderstand R_Z der Zelle mindestens eine Größe von $10^{13}\,\Omega$ haben. Eine entsprechende Rechnung kann man — unter sinngemäßer Änderung einiger Vorzeichen — für R_e (Abb. VII.15), also für den Fall eines Isolationsfehlers anstellen, bei dem das aufgeladene Elektrometer bei abgedunkelter Zelle einen Rückgang zeigt.

Wie man aus Gl. (8a) sieht, ist es im Fall größerer Dunkelaufladung zweckmäßig, dem Elektrometer eine größere *Zusatzkapazität* parallel zu schalten oder die Meßzeit Δt zu verkleinern, um den Wert von $\dfrac{\Delta t}{R_Z C}$ herunterzudrücken. Dadurch verringert sich dann allerdings Δu, so daß man entweder die Beleuchtungsstärke auf der Zelle erhöhen oder, wo dies nicht zu verwirklichen ist, mit entsprechend gesteigerter Elektrometerempfindlichkeit arbeiten muß.

c) Einfluß des Spannungsabfalls bei ansteigender Stromspannungskurve

Bei der Berechnung des Photostroms i_0 aus der Elektrometeraufladung Δu nach Gl. (4) bzw. (8a) war bisher vorausgesetzt, daß der Photostrom i_0 selbst zeitlich konstant ist, also durch die Aufladung Δu nicht beeinflußt wird. Das ist, wie wir sahen, nur bei Vakuumzellen im *Sättigungsgebiet* ihrer Stromspannungskurve der Fall, während bei Zellen mit *ansteigender Kennlinie* der Neigung $\dfrac{di}{dU} > 0$ (Abb. VII.16) der Photostrom $i = i_0 - \Delta u\,\dfrac{di}{dU}$ sich in dem Maß vermindert, wie die Elektrometeraufladung Δu steigt. Man hat hier also wieder die gleichen Verhältnisse, wie sie in Ziff. 57, S. 388, behandelt sind, daß bei merklicher Elektrometeraufladung *zu kleine* Photoströme gemessen werden,

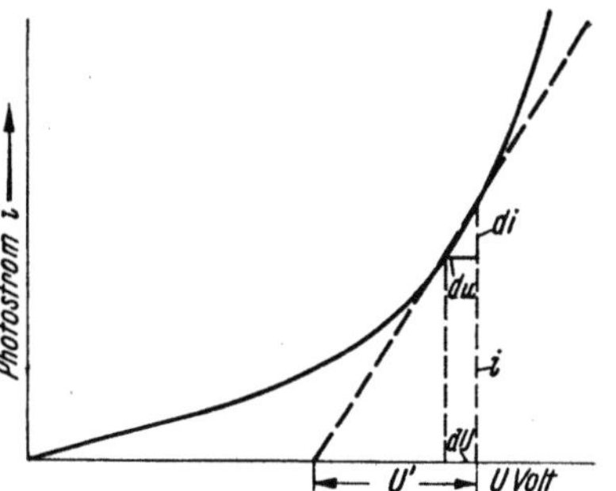

Abb. VII.16. Strom-Spannungskurve einer gasgefüllten Zelle bei Anwendung der Potentialmeßmethode

die nicht mehr der angelegten Zellenspannung U_0, sondern der verminderten Spannung $U_0 - \Delta u$ entsprechen. Man kann also eine ähnliche Fehlerrechnung wie dort vornehmen, allerdings mit dem Unterschied, daß die Stromverminderung $\Delta i = i_0 - i$ hier nicht durch einen stationären Aufladungsbetrag gegeben ist, sondern während der Aufladungszeit Δt alle Werte von Null bis $\Delta i = \Delta u\,\dfrac{di}{dU}$ durchläuft.

Die Aufladungsgeschwindigkeit $\dfrac{\Delta u}{\Delta t}$ ist also während der Aufladung nicht konstant. In der endlichen Meßzeit Δt mißt man deshalb eine mittlere Geschwindigkeit $\dfrac{\varDelta u}{\varDelta t}$, die zwischen der Anfangsgeschwindigkeit

$\dfrac{d u_0}{d t} = \dfrac{i_0}{C}$ und der Endgeschwindigkeit $\dfrac{d u'}{d t} = \dfrac{i_0 - \varDelta u \dfrac{d i}{d U}}{C}$ liegt und in

ihrem Betrag offenbar wieder von $\varDelta u$ und C abhängt. Diese Größe $\dfrac{\varDelta u}{\varDelta t}$ und

ihre Abweichung von $\dfrac{d u_0}{d t} = \dfrac{i_0}{C}$ können wir wie folgt berechnen:

Von der Anfangszeit $t = 0$ an, bei der man die Erdung des Elektrometers aufgehoben hat, wird das System durch den Photostrom i auf eine

Spannung $u_t = \dfrac{1}{C} \int\limits_0^t i\, d t$ aufgeladen, wobei sich die anfängliche Span-

nung U_0 an der Zelle jeweils um u_t und damit der Photostrom von i_0

auf $i = i_0 - u_t \dfrac{d i}{d U}$ vermindert. Bezeichnet man den differentiellen

inneren Widerstand $\dfrac{d U}{d i}$ der Zelle mit R, so wird

$$i = i_0 - \frac{1}{RC} \int\limits_0^t i\, d t\,.$$

Aus der Differentiation $\dfrac{d i}{d t} = - \dfrac{i}{RC}$ folgt in analoger Weise wie S. 398

$$i = i_0 \cdot e^{-\frac{t}{RC}}$$

und demnach

$$u_t = \frac{1}{C} \int\limits_0^t i\, d t = \frac{i_0}{C} \int\limits_0^t e^{-\frac{t}{RC}}\, d t\,.$$

Da zur Anfangszeit $t = 0$ die Aufladung $u_t = 0$ ist, wird nach einer Gesamtaufladungszeit $\varDelta t$

$$u_t = \varDelta u = i_0 R \left(1 - e^{-\frac{\varDelta t}{RC}}\right).$$

Entwickelt man diesen Ausdruck in eine Reihe und setzt wieder $R = \dfrac{d U}{d i}$,

so erhält man

$$\varDelta u = \frac{i_0}{C} \left(\varDelta t - \frac{1}{2} \frac{\varDelta t^2}{C} \frac{d i}{d U} + - \cdots\right) \tag{9}$$

und somit die *mittlere* Aufladungsgeschwindigkeit in der Meßzeit $\varDelta t$:

$$\frac{\varDelta u}{\varDelta t} = \frac{i_0}{C} \left(1 - \frac{1}{2} \frac{\varDelta t}{C} \frac{d i}{d U} + - \cdots\right). \tag{10}$$

Hieraus sieht man, daß der gemessene Wert $\dfrac{\varDelta u}{\varDelta t}$ um so mehr hinter der Anfangsgeschwindigkeit $\dfrac{d u_0}{d t} = \dfrac{i_0}{C}$ zurückbleibt, je weiter die Aufladungszeit $\varDelta t$ fortschreitet und je größer die Steigung $\dfrac{d i}{d U}$ der Stromspannungskurve der benutzten Zelle ist. Soll der Photostrom i_0 aus der

Aufladegeschwindigkeit $\frac{\Delta u}{\Delta t} \approx \frac{d u_0}{d t}$ innerhalb einer bestimmten zulässigen Fehlergrenze f richtig gemessen werden, so hat man demnach dafür zu sorgen, daß das zweite Glied der Reihe in Gl. (10)

$$\frac{1}{2} \frac{\Delta t}{C} \frac{d i}{d U} \leqq f$$

bleibt, d. h., bei gegebener Steilheit der Zellencharakteristik muß man die Meßzeit Δt hinreichend kurz wählen oder die Kapazität des Elektrometersystems entsprechend vergrößern. Die Kapazität C soll dabei stets mindestens so groß sein, daß die Meßzeit Δt nicht kleiner als etwa 10 sec wird, da sonst die Meßgenauigkeit darunter leidet (s. S. 409). Hat z. B. die Zellencharakteristik bei der gegebenen Beleuchtungsstärke eine Steilheit $\frac{d i}{d U} = 10^{-13} \frac{\text{A}}{\text{V}}$ und soll der Strom i_0 auf 1% richtig gemessen werden, so muß

$$\frac{\Delta t}{C} = \frac{\Delta u}{i} \leqq \frac{2 f}{d i / d U} = \frac{0{,}02}{10^{-13}} = 2 \cdot 10^{11} \frac{\text{sec}}{\text{F}} = 0{,}2 \ \text{sec/pF}$$

sein. Damit dieser Wert bei 10 sec Meßzeit innegehalten wird, muß das Elektrometersystem eine Kapazität von mindestens 50 pF haben.

Ist nicht die Steilheit $\frac{d i}{d U}$ der Kennlinie, sondern nur die *relative* Steilheit $\gamma = \frac{1}{i} \frac{d i}{d U}$ bekannt (vgl. S. 389), so liefert obige Beziehung den maximal zulässigen Aufladungsbetrag $\Delta u \leqq \frac{2 f}{\gamma}$.

Da $\frac{\Delta t}{C} \frac{d i}{d U} \approx \frac{\Delta u}{i} \frac{d i}{d U} = \Delta u \gamma$ ist, kann Gl. (10) auch in der Form

$$\frac{\Delta u}{\Delta t} = \frac{i_0}{C} \left(1 - \frac{1}{2} \Delta u \gamma + - \cdots \right) \tag{10a}$$

geschrieben werden. Hierin ist $\gamma = \frac{1}{i} \frac{d i}{d U}$ eine *Konstante*, da die Steigung $\frac{d i}{d U}$ der Kennlinie im Bereich nicht zu hoher Zellenspannungen und nicht zu großer Lichtintensitäten proportional der Beleuchtungsstärke und damit der Photostromstärke i ist (vgl. S. 388). Arbeitet man nach der *Zeitmeßmethode* (S. 395), bei der man das Elektrometer bei jeder Messung sich auf den gleichen Spannungsbetrag Δu aufladen läßt, so ist der gesamte Klammerausdruck in Gl. (10a) *konstant*. Er ist etwas kleiner als 1, bleibt aber bei allen Messungen, d. h. bei wechselnden Beleuchtungsstärken, unverändert. In diesem Fall sind daher, wenn die Photoströme i_0 belichtungsproportional sind, auch die gemessenen Aufladegeschwindigkeiten $\frac{\Delta u}{\Delta t}$ stets belichtungsproportional. Solange es sich also um *Helligkeits*messungen handelt, bei denen die Kenntnis der genauen Beträge von i_0 nicht erforderlich ist, braucht man den Klammerausdruck in Gl. (10a), der lediglich einen etwas von 1 abweichenden

Proportionalitätsfaktor darstellt, gar nicht zu berücksichtigen. Die zu messenden relativen Helligkeiten entsprechen vielmehr unmittelbar den beobachteten Aufladegeschwindigkeiten $\frac{\Delta u}{\Delta t}$.

d) Kondensator-Nullmethode

Die oben besprochene Beeinflussung des Photostroms durch die Elektrometerauladung läßt sich in ähnlicher Weise, wie in Ziff. 58 beschrieben, durch *Kompensation des Elektrometerausschlages* mit einer veränderlichen Hilfsspannung $\Delta u'$ vermeiden. Bei Verwendung der Auflademethode führt man zu diesem Zweck dem Elektrometer, während es durch den Photostrom der Zelle aufgeladen wird, gleichzeitig über

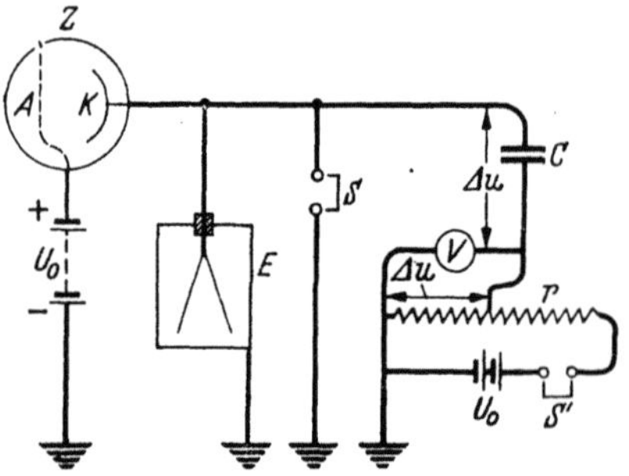

den Kondensator C entsprechende Spannungen $\Delta u'$ gegen Erde von entgegengesetztem Vorzeichen zu (Abb. VII.17). Wird die Gegenspannung jeweils so nachgeregelt, daß das Elektrometer während der Zellenbelichtung praktisch in Ruhe bleibt, so ist die zeitliche Aufladung des Kondensators entgegengesetzt gleich der durch den Photostrom bewirkten Aufladung des Systems, also $\Delta u' = \Delta u$. Man erhält also in

Abb. VII.17. Schaltung bei der Kondensator-Nullmethode (Bezeichnung s. Text)

diesem Fall i_0 aus der Aufladegeschwindigkeit nach der Potentialmeßmethode wie nach S. 394, wobei aber jetzt der Spannungsabfall an der Zelle vermieden ist, so daß i_0 auch bei ansteigender Stromspannungskurve unbeeinflußt bleibt. Diese Schaltung ist daher ebenso wie die Widerstands-Nullmethode zur Ermittlung der Energieverteilung der Photoelektronen (vgl. S. 12) geeignet [1].

Zur Einstellung der Spannung $\Delta u'$ am Widerstand r nach Abb. VII.17 benutzt man bei dieser Methode zweckmäßig ein leicht regelbares *Drehpotentiometer*, mit dem man das Elektrometer laufend auf einem gewünschten Skalenwert halten kann. Die Messung geht dann in der Weise vor sich, daß man zunächst bei Nullstellung des Potentiometers ($\Delta u' = 0$) den Erdungsschlüssel S öffnet und zu einem bestimmten Zeitpunkt t_0 den Lichtverschluß zur Zelle frei gibt. Die nun beginnende Elektrometerbewegung macht man durch entsprechende Potentiometerdrehung fortlaufend rückgängig, so daß das Elektrometer während der ganzen Dauer der Zellenbelichtung nahe seinem Nullpunkt bleibt. Nach der Belichtungszeit Δt schließt man den Lichtverschluß, reguliert genau

---

[1] Vgl. R. SUHRMANN u. A. MITTMANN: Z. Phys. 111, 137 (1938).

auf den Nullpunkt ein und liest $\Delta u'$ ab. Daraus ergibt sich dann der Photostrom

$$i_0 = C' \frac{\Delta u'}{\Delta t}.$$

Die Meßzeit Δt wird, wie S. 395 beschrieben, am besten mit einem Metronom bestimmt. Die Kapazität C wählt man zweckmäßig *kleiner* als die Kapazität C' des Elektrometersystems, damit die Aufladezeit nicht zu sehr vergrößert und $\Delta u'$ genügend groß erhalten wird. Im übrigen gelten sonst die gleichen Verhältnisse wie bei Kompensation stationärer Elektrometerausschläge nach Ziff. 58. Ist die Isolation der Zelle zwischen Anode und Kathode nicht zureichend, so muß auch hier die Dunkelaufladung in der Zeit Δt getrennt ermittelt und in Abzug gebracht werden.

60. Auflademethode mit periodischer Entladung

Die in Ziff. 59 besprochene Aufladungsmessung mit dem Elektrometer zeichnet sich durch große Empfindlichkeit aus und kommt daher vorwiegend für subtile Messungen hoher Genauigkeit in Frage. Das gleiche Meßprinzip läßt sich jedoch in vereinfachter Form auch für gröbere Messungen verwenden, wenn man an Stelle des Elektrometers ein Anzeigegerät verwendet, das die Spannung am Meßkondensator C (Abb. VII. 18) selbsttätig begrenzt. Dazu eignen sich z. B. *Glimmröhren* oder *Thyratronröhren*.

Edelgasgefüllte Glimmstrecken (Glimmlampen oder Glimmstabilisatoren) haben die Eigenschaft, daß sie unterhalb einer bestimmten Zündspannung U_z hoch isolieren, während beim Überschreiten von

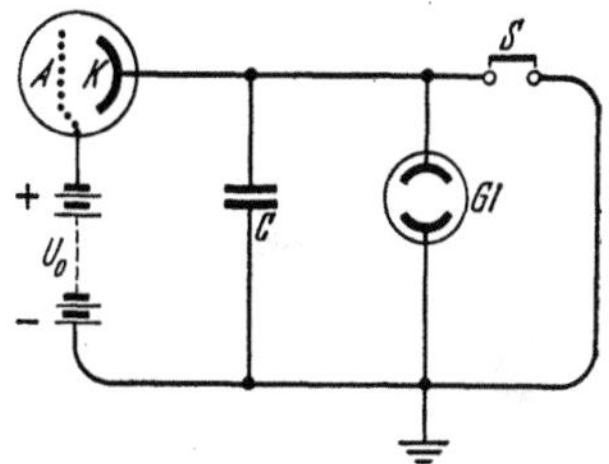

Abb. VII. 18. Photostrommessung mit Kondensatoraufladung und periodischer Entladung über eine Glimmstrecke.

C Meßkondensator; Gl Glimmlampe

U_z ihr differentieller Widerstand dU/di sprungartig zu sehr kleinen Werten absinkt. Umgekehrt bleibt bei fallender Spannung dieser geringe Widerstand bis zu einer bestimmten „Löschspannung" U_L erhalten, bei der die Strecke ebenso sprungartig wieder stromlos wird. Die Löschspannung liegt je nach Elektrodenabstand, Füllgas und Fülldruck der Glimmstrecke meist um etwa 8 bis 15 V niedriger als die Zündspannung ($U_z \approx 120$ bis 150 V), wobei U_z und U_L für eine gegebene Glimmröhre unter gleichbleibenden Betriebsbedingungen auf etwa 0,1 V konstant gehalten werden können. Eine solche Glimmröhre kann demnach als selbsttätiger Regler für die Ladespannung Δu am Meßkondensator C dienen [25]. Solange $\Delta u < U_z$ ist, bildet sie nahezu einen Isolator, beeinflußt also die Aufladung von C bei Belichtung der Photozelle nicht.

Ist die Zellenspannung U_0 hinreichend hoch gewählt, so wird der Kondensator fortlaufend aufgeladen, bis das Zündpotential U_z der Glimmröhre erreicht ist. In diesem Augenblick wird die Glimmstrecke leitend und entlädt den Kondensator schlagartig bis zum Potential U_L, bei dem die Strecke wieder hochohmig wird. Damit beginnt die Aufladung von neuem, bis beim Potential U_z wiederum Entladung erfolgt, usw. Man erhält demnach eine periodische Auf- und Entladung des Kondensators zwischen den beiden Potentialen U_L und U_z mit einem zeitlichen Verlauf nach Abb. VII. 19, wobei die *Aufladung* jedesmal nach der Zeitfunktion Gl. (4) vor sich geht, während die *Entladung* stoßartig unter kurzem Aufleuchten der Glimmstrecke erfolgt. Bei gegebener Kapazität C des Kondensators ist die Zeitdauer zwischen zwei aufeinanderfolgenden Kondensatorentladungen nur von der Stromstärke i_0 der Photozelle abhängig, und zwar ist

$$\Delta t = \frac{C}{i_0}\,(U_z - U_L)\,. \qquad (11)$$

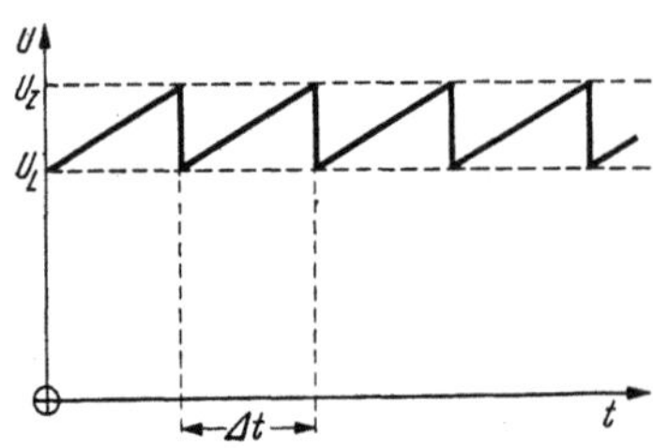

Abb. VII. 19. Zeitlicher Verlauf der Ladespannung am Kondensator bei periodischer Entladung

Die *Frequenz* $1/\Delta t$ der periodischen Kondensatorentladungen ist demnach direkt proportional dem Photostrom i_0. Das kann in einfacher Weise zur Strommessung benutzt werden, indem man z. B. die Aufleuchtimpulse (Anzahl der Kondensatorentladungen) während 1 min abzählt und daraus den Strom nach Gl. (11) berechnet. Verwendet man beispielsweise einen Kondensator von $20\,000\ \mathrm{pF} = 2 \cdot 10^{-8}\ \mathrm{F}$ und eine Glimmröhre, deren Zündspannung $U_z = 122\ \mathrm{V}$ und deren Löschspannung $U_L = 113\ \mathrm{V}$ beträgt, also $U_z - U_L = 9\ \mathrm{V}$, so ist

$$i_0 = \frac{1}{\Delta t} \cdot 1{,}8 \cdot 10^{-7}\ \mathrm{A}\,.$$

Liefert dann der Kondensator bei einer bestimmten Zellenbelichtung 11 Entladungen in 1 min, also 1 Entladung in 5,5 sec, so ist $i_0 = \dfrac{1{,}8}{5{,}5} \cdot 10^{-7}$ $= 3{,}3 \cdot 10^{-8}\ \mathrm{A}$. Die Genauigkeit dieser Messung hängt von der Reproduzierbarkeit von $U_z - U_L$ der verwendeten Glimmröhre ab. Sind U_z und U_L, wie im obigen Beispiel, um 9 V voneinander verschieden und jede auf 0,1 V konstant, so erhält man i_0 mit einer Genauigkeit von $\pm 1{,}1\ \%$.

Diese Methode eignet sich für solche Messungen, bei denen kein geeignet empfindliches Galvanometer zur Verfügung steht oder bei denen man die umständlicheren elektrometrischen Verfahren (Ziff. 57) vermeiden will. Anstatt mit einer Glimmröhre (Abb. VII. 18) kann man die periodische Entladung des Kondensators auch durch ein spannungsgesteuertes Schaltrelais bewirken. Dazu eignen sich im besonderen Maße *Thyratronröhren*, d. h. gasgefüllte Schaltröhren, deren Anodenstrom bei einem bestimmten, in gewissen Grenzen einstellbaren Gitterpotential sprungartig einsetzt [46] [56]. Die Größe des Thyratronstromes hängt nach erfolgter Zündung nur von dem Widerstand im Anodenkreise ab und kann bei üblichen Schaltröhren bis zu 0,2 oder 0,3 A betragen. Bei Verwendung einer solchen Röhre kann man daher mit der Kondensatoraufladung jedesmal bei Erreichen des Zündpotentials einen weit kräftigeren Stromimpuls auslösen als mit Glimmröhren. Mit diesen Impulsen lassen sich ohne weiteres robuste mechanische Zählwerke oder dgl. betätigen, mit denen die einzelnen Kondensatorentladungen selbsttätig registriert werden können.

Das Schema einer solchen Anordnung ist in Abb. VII.20 dargestellt. Die Photozelle P liegt hier mit ihrer Kathode am Steuergitter der Thyratronröhre T, das sich bei entladenem Kondensator C auf einem passend gewählten negativen Potential unterhalb der Zündschwelle des Thyratrons befindet.

Bei Belichtung der Photozelle lädt sich C je nach der Größe des Photostromes mehr oder weniger schnell auf. Dabei wird das Gitterpotential positiver,

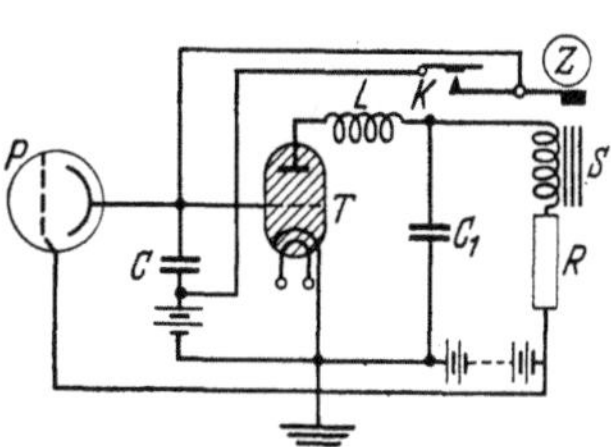

Abb. VII.20. Schaltung zur periodischen Kondensatorentladung mit Schaltröhre *(T)* und Relaiskontakt *(K)*.

$L\,C_1$ Drosselglied zur Löschung der Schaltröhre T

und zwar so lange, bis bei einer Kondensatorspannung U_z der Thyratronstrom einsetzt. Mit diesem Strom wird ein Relais S betätigt, das durch einen Kurzschlußschalter K den Kondensator C wieder auf Null entlädt. Zugleich bewirkt der Spannungsabfall am Anodenwiderstand R, den man hinreichend groß wählen muß und tunlichst noch durch ein Drosselglied $L\,C_1$ unterstützen kann, daß der Thyratronstrom nach erfolgter Zündung sofort wieder abreißt [47] [89]. Damit wiederholt sich der Vorgang der Kondensatoraufladung und -entladung periodisch, solange der Photostrom in P fließt[1], und zwar in diesem Fall, wo der Kondensator jedesmal auf Null entladen wird, mit Zeitintervallen

$$\Delta t = \frac{C \cdot U_z}{i_0}.\tag{11a}$$

U_z ist dabei diejenige Ladespannung des Kondensators, bei der die Zündung des Thyratrons erfolgt. Sie läßt sich durch Wahl der Anodenspannung und passende Einstellung der Gittervorspannung von T in ziemlich weiten Grenzen verändern, ebenso kann man natürlich durch

---

[1] Die Anordnung entspricht in ihrer Wirkungsweise weitgehend der früher für solche Zwecke verwendeten sogenannten *Mekapion*-Schaltung nach STRAUSS [98].

geeignete Größe von C die Entladungsfrequenz $1/\Delta t$ weitgehend dem zu messenden Photostrom i_0 anpassen.

Die Frequenz mißt man, wie erwähnt, am besten mit einem vom Thyratronkreis mitbetätigten Zählwerk Z in einer vorgegebenen Meßzeit. Mit einem solchen Zählwerk läßt sich die Anordnung auch in besonders einfacher Weise für *integrierende Lichtmessung* über längere Zeiten, also z. B. für Dosismessungen bei Ultraviolettbestrahlung u. dgl., verwenden (s. S. 586).

Bei solcher Zählung periodischer Aufladungen mit Thyratron oder Glimmröhre (Abb. VII. 18) müssen in jedem Fall Kondensatoren von hoher Isolation (mindestens $10^{12}\,\Omega$) benutzt werden, damit der Ladungsverlust während jeder Aufladeperiode stets mindestens um eine Größenordnung kleiner bleibt als die Ladungszufuhr durch den zu messenden Photostrom (vgl. Ziff. 59 b, S. 396 ff.). Am geeignetsten sind daher Quarzoder Glimmerkondensatoren. Aus den in Ziff. 59 c, S. 399 ff., dargelegten Gründen arbeitet man auch tunlichst nur mit *Vakuumzellen* und wählt. die Betriebsspannung U_0 hoch genug, so daß die Zelle auch bei maximaler Aufladespannung U_z des Kondensators mit der verbleibenden Saugspannung $U_0 - U_z$ in jedem Fall im Sättigungsgebiet ihrer Stromspannungskurve bleibt. Andernfalls würden nach Gl. (10a), S. 401, merkliche Meßfehler entstehen.

Nach dem beschriebenen Verfahren periodischer Kondensatoraufladungen lassen sich bei Verwendung von Glimmröhren oder Thyratronröhren nur Photoströme bis herab zu etwa 10^{-8} A direkt messen. Bei kleineren Strömen würde die Methode versagen, da sowohl Glimmstrecken wie auch Thyratronröhren im ungezündeten Zustand nicht hoch genug isolieren. Glimmröhren haben infolge restlicher Ionisierung ihrer Gasstrecke schon unterhalb ihrer Zündspannung spannungsabhängige *Vorströme* [53], die nahe der Zündschwelle bis auf etwa 10^{-8} A anwachsen, bei Thyratronröhren treten aus gleichen Gründen unvermeidliche *Gitterströme* gleicher Größenordnung auf, die die Isolation des Kondensators an der Photokathode begrenzen. Bei schwachen Photoströmen würde infolgedessen in Anordnungen nach Abb. VII. 18 oder VII. 20 keine periodische Kondensatoraufladung mehr zustande kommen, weil die durch den Photostrom zugeführte Ladung mit dem Vorstrom der Glimmstrecke oder dem Gitterstrom des Thyratrons bereits wieder abfließen würde, ehe das Zündpotential U_z erreicht wird. Anordnungen dieser Art haben also eine grundsätzlich in den Isolationsverhältnissen gegebene Ansprechgrenze, die bei einer Mindestgröße der Photoströme von 10^{-7} bis 10^{-8} A liegt.

Diese Grenze läßt sich aber wesentlich herabdrücken, wenn man bei der in Abb. VII. 20 angegebenen Thyratronschaltung zwischen die Photozelle und das Thyratron eine *Elektrometerröhre* (S. 425 ff.) als Übertragungsorgan eingeschaltet (Abb. VII.21). Die Photokathode und der Ladekondesator C liegen in diesem Fall am hochisolierten Gitter der Röhre E. Die positive Kondensatoraufladung bewirkt ein fortlaufendes Ansteigen des Anodenstromes und des Spannungsabfalls im Anodenwiderstand R_1, bis wiederum das Zündpotential der Schaltröhre T erreicht ist. Die Funktion entspricht dann genau der Schaltung in Abb. VII.20, jedoch hier mit weit höherer Isolation des Meßkondensators C.

Unter einwandfreien Bedingungen können mit dieser Anordnung ohne weiteres noch Photoströme von 10^{-11} bis 10^{-12} A gemessen werden. Hierbei gelten dann natürlich die obenerwähnten Anforderungen an die Isolation des Meßkondensators in erhöhtem Maße.

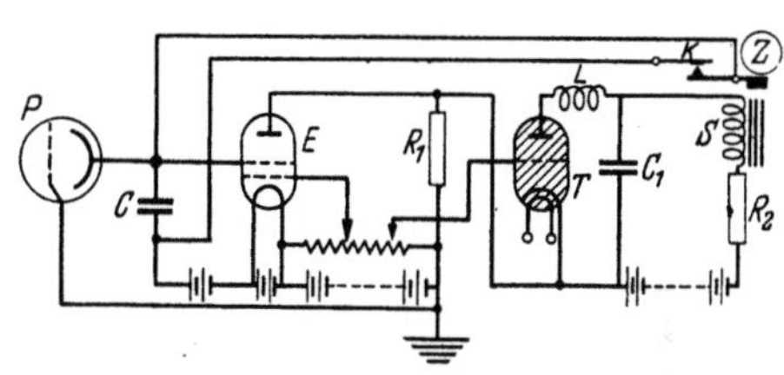

Abb. VII.21. Zählanordnung für periodische Kondensatoraufladungen mit Elektrometerröhre *(E)* und angeschlossener Schaltröhre *(T)*

61. Anwendbarkeit und Meßgenauigkeit der verschiedenen elektrostatischen Methoden

Bevor wir die in den vorhergehenden Abschnitten beschriebenen elektrostatischen Methoden gegeneinander abwägen, wollen wir noch einmal einen kurzen Überblick geben (Tab. VII.2).

Die Methode des *stationären Ausschlags* ist um etwa 2 bis 3 Zehnerpotenzen empfindlicher als die galvanometrische Messung, erreicht aber nicht die Höchstgrenze, wie man sie mit den Auflademethoden erzielen kann. Bis zu Photoströmen von etwa 10^{-13} A ist sie jedoch wegen ihrer einfachen Handhabung vorzuziehen und eignet sich in diesem Bereich auch zu registrierender Aufzeichnung und — bei Verwendung eines schnellansprechenden Fadenelektrometers — zur Erfassung kurzzeitiger Stromimpulse oder rascher Photostromänderungen. Hat man sehr verschiedene Lichtintensitäten miteinander zu vergleichen, so ist allerdings nachteilig, daß man bei schwachen Zellenbelichtungen nur kleine Ausschläge bekommt, da man nicht jedesmal den Hochohmwiderstand austauschen oder die Elektrometerempfindlichkeit verändern kann, um den Ausschlag zu vergrößern. Dieser Mangel fällt bei den Nullmethoden, d. h. bei Kompensation des Elektrometerausschlages unter Verwendung eines Hochohmwiderstandes oder Kondensators, weg, da man hier immer mit hoher Elektrometerempfindlichkeit arbeiten kann. Diese Methoden sind daher meist vorzuziehen, zumal sie auch völlig unabhängig vom Verlauf der Zellencharakteristik, also uneingeschränkt verwendet werden können. Die *Auflademethoden* (Potential- und Zeitmeßmethode) sind noch wesentlich empfindlicher als die Methode des stationären Ausschlages; sie gestatten, Ströme bis zu etwa 10^{-15} A zu messen. Bei so

Tabelle VII.2.

Methode	Erforderliche Instrumente	Photostrom wird gemessen nach der Beziehung	Bemerkungen
Methode des stationären Ausschlags	Auf Volt geeichtes Elektrometer und Hochohmwiderstand bekannter Größe	$i_0 = \dfrac{\Delta u}{R}$	Ohne Einschränkung nur im Sättigungsgebiet brauchbar. Isolationsfehler gehen additiv ein
Ausschlagkompensation (Nullmethode)	Ungeeichtes Elektrometer oder Röhrenvoltmeter, Hochohmwiderstand bekannter Größe. Kompensationseinrichtung	$i_0 = \dfrac{\Delta u'}{R}$	Ohne Einschränkung in und außerhalb des Sättigungsgebietes. Isolationsfehler gehen additiv ein
Auflademethode a) Potentialmeßmethode	Auf Volt geeichtes Elektrometer, Metronom, Eichkondensator	$i_0 = C\,\dfrac{\Delta u}{\Delta t}$	Ohne Einschränkung nur im Sättigungsgebiet brauchbar. Außerhalb und bei mangelnder Isolation nur mit Einschränkung
b) Zeitmeßmethode	Auf Volt geeichtes Elektrometer, Stoppuhr, Eichkondensator	$i_0 = C\,\dfrac{\Delta u}{\Delta t}$	Ohne Einschränkung in und außerhalb des Sättigungsgebietes. Bei mangelnder Isolation mit Einschränkung .
Aufladungskompensation (Nullmethode)	Ungeeichtes Elektrometer, Kondensator kleiner bekannter Kapazität, Metronom oder Stoppuhr, Kompensationsanordnung	$i_0 = C'\,\dfrac{\Delta u'}{\Delta t}$	Ohne Einschränkung in und außerhalb des Sättigungsgebietes. Isolationsfehler gehen additiv ein
Auflademethode mit periodischer Entladung	Kondensator bekannter Kapazität, Metronom oder Stoppuhr, Glimmlampe oder Röhrenschaltung bekannter Zünd- und Löschspannung	$i_0 = \dfrac{C\,(U_z - U_L)}{\Delta t}$	Wie Zeitmeßmethode (oben). Bei Verwendung von Glimmröhren durch Röhrenvorstrom empfindlichkeitsbegrenzt

empfindlichen Messungen ist es wichtig, sich über Fehlerquellen und ihre mutmaßliche Größe Rechenschaft zu geben.

Der Meßfehler setzt sich bei der Potential- und bei der Zeitmeßmethode additiv zusammen aus den relativen Fehlern von Δu und Δt, falls man C als gegeben annimmt. Da man bei der Potentialmeßmethode Δt zumeist unter Zuhilfenahme eines Metronoms konstant hält und das Ohr im allgemeinen sehr exakt auf Metronomschläge reagiert, besteht der Meßfehler bei dieser Methode hauptsächlich aus dem Fehler von Δu. Es ist also auf jeden Fall zweckmäßig, Δt so einzurichten, daß der Elektrometerausschlag Δu nicht zu klein wird.

Benutzt man die Zeitmeßmethode, so hält man Δu konstant gleich einer bestimmten Anzahl von Elektrometerskalenteilen und mißt Δt. Man muß dafür sorgen, daß Δt nicht zu klein wird, sondern ca. 5 bis 10 sec beträgt, wenn man mit einer auf 0,01 sec abstoppbaren Uhr arbeitet. Der Hauptmeßfehler liegt dann bei Δu. Da die Elektrometerskalenteile jetzt eine ganz bestimmte Anzahl ausmachen und man den Durchgang des Elektrometerfadens oder des Fadenkreuzes durch einen bestimmten Teilstrich beobachtet, ist die Meßgenauigkeit von Δu bei der Zeitmeßmethode größer als bei der Potentialmeßmethode; insbesondere, wenn man bei den beiden Methoden ein Fadenelektrometer verwendet, dessen Skala nur in 100 Teile geteilt ist und dessen bewegliches System (Elektrometerfaden) ca. ein Drittel eines Skalenteiles bedeckt. Die Zeitmeßmethode ist daher zumeist der Potentialmeßmethode vorzuziehen, zumal sie auch einen größeren Anwendungsbereich besitzt.

Die *Auflademethode mit periodischer Entladung* kommt wegen ihrer begrenzten Empfindlichkeit nur für verhältnismäßig gröbere Betriebsmessungen in Frage, ist aber hier wegen ihrer Einfachheit manchmal zweckmäßig. Häufiger als zu Photo*strommessungen* wird diese Methode zu zeitlich *integrierenden Beleuchtungsmessungen* herangezogen[1] (s. S.586).

C. Instrumente und Hilfsmittel für elektrostatische Messungen[2]

62. Elektrometer

Für lichtelektrische Messungen kommen hauptsächlich *Fadenelektrometer*, gelegentlich auch *Qudranten-* oder *Duantenelektrometer* in Betracht. In den meisten Fällen sind Fadenelektrometer wegen ihrer wesentlich höheren Einstellgeschwindigkeit vorzuziehen (s. Übersicht, S. 413).

Den schematischen Aufbau und die übliche Schaltungsart eines Einfadenelektrometers veranschaulicht Abb. VII.22. In einem geerdeten Gehäuse ist ein Wollastondraht F von etwa $5\,\mu$ Dicke parallel zu den Schneiden $S_1 S_2$ federnd ausgespannt. Der Stift A, über den die Meßspannung dem Faden zugeführt wird, sowie die Führungsstifte $M_1 M_2$ der Schneiden sind durch Bernstein gegen das Gehäuse G hoch isoliert. Der Abstand der Schneiden vom Faden F läßt sich meist fein regeln, ebenso kann die mechanische Spannung des Fadens zwischen dem Stift A und dem Haltebügel aus Quarz an seinem unteren Ende durch die Stellschraube Sch verändert werden. Der Elektrometerfaden wird mittels eines seitlich ein wenig verschiebbaren Mikroskops beobachtet und seine Stellung dabei auf einer Meßskala im Okular abgelesen.

---

[1] Vgl. R. Sewig: Objektive Photometrie, Berlin 1935, S. 47, 48.
[2] Verfasser: W. Leo, Braunschweig, u. R. Suhrmann, Hannover.

Abb. VII.23 zeigt die äußere Ausführung eines solchen Instruments nach LUTZ-EDELMANN [72], mit dem eine Empfindlichkeit bis zu

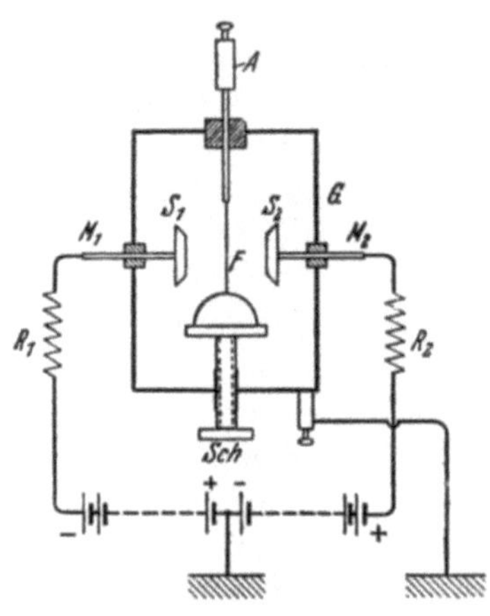

10^{-3} V/Skt erreicht werden kann. Die Kapazität zwischen Faden und Gehäuse beträgt etwa 2 pF. A ist die Fadenzuführung; K_2 (und analog K_1 hinter Sp) sind die Zuführungen zu den seitlichen Schneiden, deren Abstände vom Faden durch die Trommel T_2 (und eine entsprechende T_1 auf der anderen Seite des Instruments) meßbar verändert werden kann. Die Fadenspannung wird durch die Schraube Sp mit Meßeinteilung reguliert. Die Scharfeinstellung des Mikroskops geschieht mit dem Trieb Tr, die seitliche Einstellung der Okularskala zum Faden mit der Schraube m.

Abb. VII.22. Schaltungsschema eines Fadenelektrometers (Bezeichnung s. Text)

Bei E wird das Instrument geerdet. Der Spiegel B dient zur Ausleuchtung des Gesichtsfeldes. An seiner Stelle kann wahlweise eine kleine

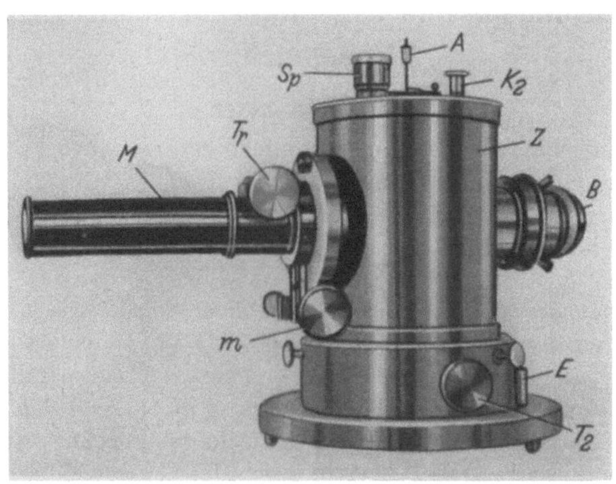

Abb. VII.23. Außenansicht eines Fadenelektrometers nach LUTZ-EDELMANN

2-Volt-Lampe in einem passenden Metallgehäuse angebracht werden. Ähnlich ist die Bauart des Einfadenelektrometers nach TH. WULF [110].

Einfacher gehalten und entsprechend niedriger im Preis ist das Fadenelektrometer nach R. W. POHL (Abb. VII.24), dessen Schneiden allerdings nicht verstellbar sind. Die Schutzwiderstände R_1 und R_2 der

Abb. VII. 22 sind hier innerhalb des Instruments fest eingebaut. Die Empfindlichkeit ist etwa $^1/_{10}$ von der des vorher beschriebenen Instruments; die Kapazität beträgt 2,6 pF.

Beim Arbeiten mit einem Fadenelektrometer geht man so vor, daß man den zunächst straff gespannten Faden und die Schneiden erdet, das Mikroskopokular auf die Meßskala scharf einstellt und nun durch Verstellung des Mikroskoptriebes und der Seitenverstellungen (Tr und m in Abb. VII. 23) den Faden aufsucht. Man stellt die Schneiden auf größere, tunlichst symmetrische Abstände zum Faden ein, was an den zugehörigen Ablesetrommeln zu erkennen ist, und legt nunmehr mittels eines doppelpoligen Schalters entgegengesetzte Potentiale von etwa 100 V über die beiden Schutzwiderstände R_1 und R_2 (Abbildung VII. 22) gleichzeitig an beide Schneiden. Als Spannungsquelle verwendet man dazu gewöhnlich zwei Anodenbatterien von je 90 bis 100 V, die

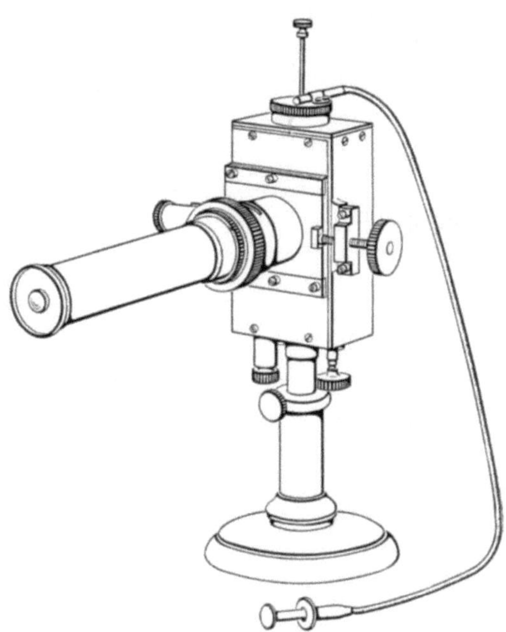

Abb. VII. 24. Außenansicht des Fadenelektrometers nach POHL

hintereinandergeschaltet und in ihrer Mitte geerdet werden. Die Schutzwiderstände von je etwa 10000 Ω sollen, falls der Faden mit den Schneiden in Berührung kommt, ein Durchbrennen verhindern. Wenn die Schneiden symmetrisch zum Faden stehen und beide Schneidenbatterien gleiche Spannung gegen Erde besitzen, wird der geerdete Faden beim Anlegen des Feldes keinen Ausschlag zeigen.

Die Erdung des Fadens und seine wahlweise Freigabe erfolgt mit einem *Erdungsschlüssel*, der am besten am Elektrometer selbst nahe bei A in Abb. VII. 22 und VII. 23 angebracht wird. Bewährt hat sich die in Abb. VII. 25 dargestellte Konstruktion, die z. B. mit einem biegsamen Drahtauslöser betätigt werden kann. Auf einem Metallring R ist ein um D drehbarer Stift M von rechteckigem Querschnitt und eine Mutter T, in die der Drahtauslöser eingeschraubt wird, aufgesetzt. R ist mit der Druckschraube S am Elektrometer befestigt. Die Feder F

drückt M im Ruhezustand stets an die Elektrometerzuführung A, wodurch A geerdet wird. Zur Enterdung hebt man M mit dem Druckstift St des Auslösers ab. Der Auslöser kann in dieser Stellung im Bedarfsfall leicht fixiert werden, falls das Instrument längere Zeit enterdet bleiben soll.

Nach Aufhebung der Erdung kann man nun die *Empfindlichkeit* der Fadenbewegung beim Anlegen bekannter Eichspannungen beobachten und von dem niedrigen Anfangszustand aus langsam steigern. Das geschieht bei Instrumenten mit feststehenden Schneiden durch Verringerung der mechanischen Fadenspannung, bei den anderen Typen gleichzeitig durch allmähliche (symmetrische) Annäherung der Schneiden an den Faden. Das darf jedoch nur so weit geschehen, bis der Faden sich einem labilen Zustand nähert, den man daran erkennt, daß er dann schon auf geringe Abstandsänderungen der Schneiden stark reagiert. In diesem Zustand hat das Elektrometer seine höchste Empfindlichkeit, allerdings besteht, wenn sie zu weit getrieben wird, Gefahr, daß der Faden in seiner Lage plötzlich instabil wird und sich an eine der Schneiden anlegt. Ist dies geschehen, so muß man bei abgenommener Schneidenspannung den Faden wieder straffer spannen, durch vorsichtiges Zurückbewegen der Schneiden von diesen lösen und dann die Empfindlichkeitseinstellung von neuem beginnen. Naturgemäß muß bei lichtelektrischen Messungen die Empfindlichkeit stets so hoch sein, daß zum Ausschlag des Fadens über die ganze Skala ein Spannungsbetrag ausreicht, der klein gegen die Anodenspannung der Photozelle ist. Andernfalls kann nur ein Teil der Skala ausgenutzt werden.

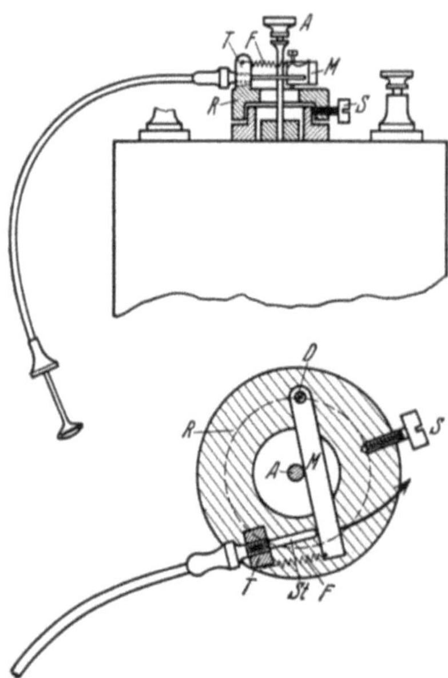

Abb. VII. 25. Querschnitt und Aufriß eines mit Drahtauslöser zu betätigenden Erdungsschlüssels (Bezeichnungen s. Text)

Im Bereich hoher Empfindlichkeit, d. h., wenn der Faden locker gespannt ist, sind bei einem guten Elektrometer die Ausschläge annähernd proportional der angelegten Spannung. Für exakte Messungen müssen jedoch die etwaigen Abweichungen ermittelt und als *Eichkurve* festgelegt werden. Nur wenn das Elektrometer als *Nullinstrument* benutzt wird (S. 391 und 402), ist das überflüssig.

An Stelle der üblichen *Fadenschaltung* nach Abb. VII. 22, bei der die Hilfsspannung an den Schneiden und die zu messende Spannung am Elektrometerfaden liegt, kann man auch die *Schneidenschaltung* verwenden, bei der umgekehrt die Hilfsspannung gegen Erde an den Faden und die zu messende Spannungsdifferenz zwischen die beiden Elektrometerschneiden gelegt wird. Diese Schaltungsart ist vor allem dann zweckmäßig, wenn Potential*unterschiede*, z. B. die Differenz der Aufladung zweier Kondensatoren (s. S. 396), bestimmt werden sollen. Fadenschaltung und Schneidenschaltung unterscheiden sich nur wenig in ihrer Empfindlichkeit, dagegen ist die Elektrometerkapazität bei der Fadenschaltung kleiner. Näheres über die verschiedenen Schaltungsmöglichkeiten siehe [*112*]. Über Elektrometer mit Lichtzeigerablesung vgl. [*30*] und [*82*].

An Stelle der vorstehend behandelten Fadenelektrometer, die für lichtelektrische Messungen wegen ihrer einfachen Handhabung und schnellen Einstellung ($\sim$0,05 sec) im allgemeinen vorzuziehen sind, können in Sonderfällen auch *Quadrantelektrometer* verwendet werden[1]. Diese erreichen etwa 5mal höhere Empfindlichkeit als die Fadenelektrometer, allerdings bei entsprechend höherer Kapazität und wesentlich langsamerer Einstellung. In nachstehender Übersicht sind die ungefähren Betriebsdaten verschiedener Elektrometerarten zusammengestellt.

Tabelle VII. 3. *Übersicht der Elektrometereigenschaften*

Bauart	Kapazität pF	Einstellzeit ca. sec	Maximale Empfindlichkeit V/Skt	Ablesung
Zweifadenelektrometer . .	3,5	< 0,2	3	Mikroskop
Einfadenelektrometer . . .	1—10	< 0,2	10^{-3}	Mikroskop
Quadrantelektrometer nach DOLEZALEK	50	5—10	$2 \cdot 10^{-4}$	Spiegel und Skala
Duantenelektrometer nach HOFFMANN	5	5—10	$2 \cdot 10^{-4}$	Spiegel und Skala
LINDEMANN-Elektrometer .	2	$\sim$0,2	$5 \cdot 10^{-4}$	Mikroskop

Der grundsätzliche Aufbau eines Quadrantelektrometers in der von DOLEZALEK [*17*] [*18*] herrührenden Konstruktion ist aus Abb. VII. 26 zu ersehen. Eine flache runde Messingschachtel ist in vier Quadranten Q zerschnitten, die je auf einen Bernsteinfuß gesetzt sind. Je zwei diagonal gegenüberliegende Quadranten sind leitend miteinander und mit den Zuführungen q_1 und q_2 verbunden. In dem Hohlraum zwischen den Quadranten befindet sich ein doppeltes lemniskatenförmiges Blatt aus dünnster Aluminiumfolie, die „Nadel", die mit einem Aluminiumstäbchen als Träger an einem feinen Wollastonfaden von 5 bis 10 μ Stärke

---

[1] Über die Theorie des Quadrantelektrometers und seiner verschiedenen Schaltungen vgl. [*82*].

aufgehängt ist. An dem Stäbchen befindet sich der möglichst leichte Spiegel Sp zur Beobachtung der Nadeldrehung mit Fernrohr und Skala. Der Wollastondraht wird von dem Torsionsknopf K aus gehalten; h wird dazu verwendet, die Nadel in der Höhe symmetrisch zum oberen und unteren Quadrantenboden zu stellen. N dient zum Anlegen einer Hilfsspannung an die Nadel. Die Dämpfung des schwingenden Systems erfolgt durch den Luftwiderstand, den die Doppelnadel erfährt.

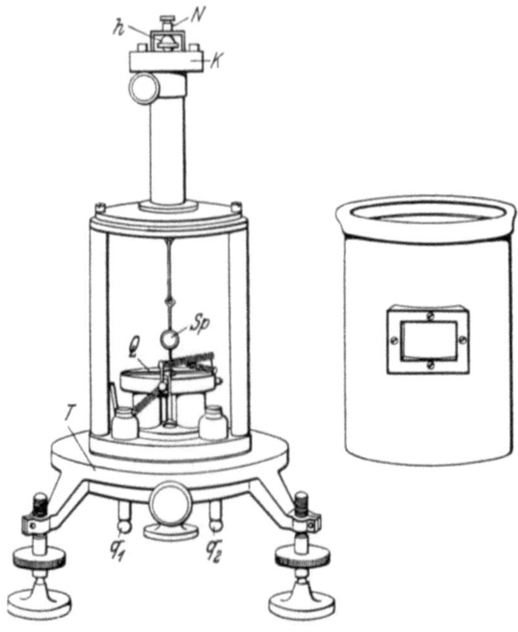

Abb. VII.26. Quadrantenelektrometer nach DOLEZALEK

Die *Justierung* des Instrumentes geht in folgender Weise vor sich: Nachdem man die Quadranten unter Verwendung einer Libelle mittels der Fußstellschrauben in horizontale Lage gebracht hat, kontrolliert und korrigiert man zunächst die Höhenlage der Nadel bzgl. der Quadranten. Dann stellt man den Torsionsknopf K so ein, daß die Nadel symmetrisch zu einem Quadrantenspalt hängt und dreht den Teller T, auf welchem Quadranten und Gehänge aufmontiert sind, bis der Spiegel die richtige Lage zum Fernrohr einnimmt. Darauf stülpt man das in Abb. VII.26 seitlich dargestellte Gehäuse mit Fenster über die Quadranten und das Gehänge und erdet das Gehäuse sowie q_1, q_2 und N. Man legt jetzt an N eine kommutierbare Hilfsspannung von 10 bis 20 V, welche die Nadel zunächst unsymmetrisch nach beiden Seiten vom Nullpunkt aus ausschlagen läßt. Nun ermittelt man diejenige Fußstellschraube, auf deren Verstellung die Nadel am empfindlichsten reagiert,

und stellt diese so ein, daß der Ausschlag beim Kommutieren der Nadelspannung symmetrisch wird. Da die Empfindlichkeit des Quadrantelektrometers in Abhängigkeit von der Nadelspannung ein Maximum
besitzt, ist es zweckmäßig, zunächst die Funktion Empfindlichkeit —
Nadelspannung zu bestimmen. Für große Ausschläge ergeben sich Abweichungen von der Proportionalität zwischen Ausschlag und Quadrant-
potential (bei konstantem Nadelpotential). Man muß daher die Skala
vor der Messung eichen.

Während die Spannungsempfindlichkeit dieses Instrumentes nach
Tab. VII.3 sehr groß ist, erreicht seine *Ladungsempfindlichkeit*
($\sim 10^{-13}$ Coul/mm) infolge der höheren Kapazität die eines guten
Fadenelektrometers ($\sim 10^{-14}$ Coul/Skt) nicht ganz. Praktisch macht
sich dieser Unterschied nicht in vollem Umfang geltend, denn die
Photozelle mit ihren Zuleitungen hat zumeist selbst eine Kapazität von
10 bis 20 pF, so daß die Ladungsempfindlichkeit von Zelle $+$ Elektro-
meter für beide Instrumententypen annähernd gleich wird. In manchen
Fällen, in denen es sich um die Messung sehr kleiner Photoströme bei
großer Kapazität von Zelle $+$ Zuleitungen handelt, kann man mit dem
Quadrantelektrometer noch höhere Empfindlichkeit erzielen als mit
dem Fadenelektrometer.

Eine Steigerung der *Ladungsempfindlichkeit* gegenüber dem einfachen
Quadrantelektrometer erzielte G. HOFFMANN [43] [44] mit der Konstruktion des „*Duantenelektrometers*", in dem an Stelle der Quadranten eine
kreisförmige Scheibe, in zwei Hälften geteilt, angebracht ist. Diese
beiden „Duanten" werden auf entgegengesetztem Hilfspotential gehalten. Die zu messende Spannung legt man an die „Nadel", welche
die Form eines Kreissektors hat und symmetrisch über den Duanten
hängt. Das Instrument hat eine Kapazität von 5 pF. Seine Spannungsempfindlichkeit beträgt bei 12 V Hilfsspannung etwa $2 \cdot 10^{-4}$V/mm, die
Ladungsempfindlichkeit $5 \cdot 10^{-15}$ Coul/mm; bei 30 V Hilfsspannung
wird die Spannungsempfindlichkeit labil, die Ladungsempfindlichkeit
beträgt dann annähernd 10^{-16} Coul/mm bei 1 m Skalenabstand. Das
Elektrometergehäuse muß bei dieser hohen Empfindlichkeit evakuiert
werden, um die Isolation der Luft, die immer Ionen enthält, zu verbessern. Duantenelektrometer dieser oder ähnlicher Art [14] [24]
[115] können im Gegensatz zu Quadrantelektrometern nicht zur
unmittelbaren Messung der *Differenz* zweier Aufladungen benutzt
werden.

Eine Art Quadrantelektrometer, bei dem die Trägheit des schwingenden Systems durch geringe Masse der Nadel herabgesetzt wird, ist das
Lindemann-Elektrometer [70], dessen Nadel aus zwei einander parallelen
Glasfäden von etwa 20 mm Länge besteht. Die Mitte der Nadel ist an
einem Torsionsfaden aus Quarz derart angebracht, daß die Nadel in

vertikaler Ebene schwingen kann. Nadel und Faden sind mit einem metallischen Überzug versehen. Am oberen Ende trägt die Nadel einen senkrecht zu ihrer Längsrichtung stehenden kleinen Zeiger, dessen Stellung mittels eines Mikroskopes abgelesen wird. Der Ausschlag ist der angelegten Spannung auch bei großer Empfindlichkeit streng proportional. Die Einstellung erfolgt bei nicht allzu großer Empfindlichkeit innerhalb einer Sekunde. Da die Kapazität 1 bis 2 pF, die Spannungsempfindlichkeit $< 10^{-3}$ V/Skt beträgt, ist die Ladungsempfindlichkeit etwa die gleiche wie die eines guten Fadenelektrometers. Eine Neigung des Instrumentes ändert die Nullpunktstellung nur wenig, die Empfindlichkeit gar nicht.

Bei der Wahl, welche der vorbeschriebenen Elektrometertypen für eine bestimmte Meßaufgabe am geeignetsten sind, kommen folgende Gesichtspunkte in Betracht: Während Fadenelektrometer bei allen in der Zusammenstellung S. 408 genannten Meßmethoden benutzt werden können, sind Quadrantelektrometer nur mit Vorbehalt zu verwenden. Ihre langsame Einstellung verzögert bei der *Potentialmeßmethode* den Meßvorgang beträchtlich. Da außerdem ihre Kapazität sich mit der jeweiligen Nadelstellung ändert, also eine Funktion des Ausschlags ist, werden die Messungen auch ungenau, falls man nicht entsprechende Korrektionen anbringt. Für absolute Messungen des Photostroms nach der Zeitmeßmethode sind Quadrantelektrometer ungeeignet. Bei relativen Messungen nach dieser Methode muß man nach dem Öffnen des Lichtverschlusses warten, bis sich eine mehr oder weniger konstante Aufladegeschwindigkeit eingestellt hat, und dieser den Photostrom proportional setzen.

Bei der Methode des *stationären Ausschlages* hingegen ist das Quadrantelektrometer wegen seines größeren Skalenbereiches vorteilhafter als das Fadenelektrometer. Wendet man eine *Nullmethode* an (S. 391 und 402), so ist in manchen Fällen, wo größte Empfindlichkeit verlangt wird, ebenfalls dem Quadrantelektrometer der Vorzug zu geben, da man dann nur festzustellen hat, nach welcher Richtung das Elektrometer beim Aufheben der Erdung einen Impuls erfährt, also keine großen Ausschläge erforderlich sind. Auch zur Messung der Differenz zweier Potentiale bietet das Quadrantelektrometer wegen seiner höheren Voltempfindlichkeit manche Vorteile gegenüber dem Fadenelektrometer.

Zusammenfassend kann man sagen, daß das Fadenelektrometer wesentlich einfacher zu bedienen und unempfindlicher gegen mechanische Störungen ist als das Quadrantelektrometer. Seine Anwendung ergibt nur eine relativ geringe Verminderung des Empfindlichkeitsbereiches bei zumeist gleicher oder sogar größerer Meßgenauigkeit und beträchtlicher Zeitersparnis.

63. Hochohmwiderstände, Kondensatoren, Stoppuhren

Bei allen in Ziff. 57/58 beschriebenen Meßschaltungen kommt es wesentlich auf gute *Konstanz* der verwendeten *Hochohmwiderstände* an. Im allgemeinen verwendet man im Handel erhältliche feste Widerstände von 10^8 bis $10^9\,\Omega$, die nach Art der Abb. VII.27 als sehr dünne Metall- oder Graphitüberzüge auf einem Isolierkörper aus Bernstein oder Quarz hergestellt sind [36] [41] [58]. Platinüberzüge dieser Art kann man z. B. durch Kathodenzerstäubung selbst herstellen. Die Enden des Isolators (*b* in Abb. VII.27) müssen dabei vorher mit einem kräftigeren Belag versehen sein, an den die Stromzuleitungen und die Klemmschrauben *d d* angeschlossen werden. Man umgibt den Widerstand mit einem Metallrohr *c*, das eine Klemmschraube für den Erdanschluß besitzt.

Auch konstant *belichtete Vakuumphotozellen* lassen sich in manchen Fällen als Widerstände verwenden, was den Vorteil hat, daß der Betrag des Widerstandes mit der Belichtungsintensität verändert werden kann. Das kann z. B. auch zum Ausgleich von Lichtschwankungen benutzt werden. Allerdings verhalten sich Photozellen nur im Bereich kleiner Spannungen, wo ihre Stromspannungscharakteristik linear

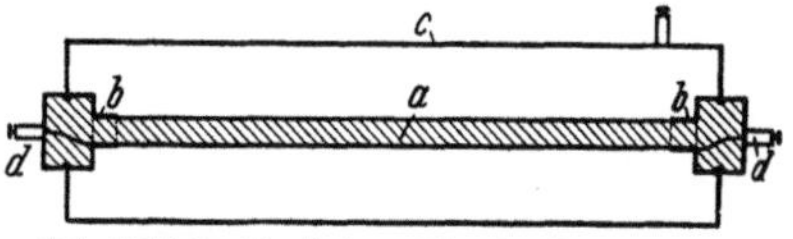

Abb. VII.27. Hochohmwiderstand nach KRÜGER (Platinbestäubung auf Preßbernstein)

ansteigt (Abb. VII.9), wie ein Ohmscher Widerstand, während sie bei größeren Spannungen entsprechend der Krümmung ihrer Charakteristik merklich davon abweichen.

Hochohmgrößen zwischen 10^9 und $10^{11}\,\Omega$ stellt man als *Flüssigkeitswiderstände*, d. h. als Elektrolyten geringer Leitfähigkeit her. Eine geeignete Kombination hierfür ist Pikrinsäure in einem Gemisch von Alkohol und Benzol als Lösungsmittel [37]. Die Tab. VII.4 gibt den spezifischen Widerstand ϱ solcher Lösungen in $\Omega \cdot$ cm wieder (d. h. Widerstand eines Würfels von 1 cm Kantenlänge) in Abhängigkeit vom Alkoholgehalt in Vol.-% bei 20° C und einem Pikrinsäuregehalt von 0,03 normal (0,7 proz.).

Tabelle VII.4

Vol.-% Alkohol	Spezifischer Widerstand ϱ in $\Omega \cdot$ cm	Vol.-% Alkohol	Spezifischer Widerstand ϱ in $\Omega \cdot$ cm
100	$3{,}03 \cdot 10^3$	10	$1{,}65 \cdot 10^8$
80	$4{,}77 \cdot 10^3$	5	$8{,}47 \cdot 10^9$
60	$1{,}29 \cdot 10^4$	3	$4{,}43 \cdot 10^{10}$
40	$6{,}96 \cdot 10^4$	2	$1{,}09 \cdot 10^{11}$
30	$2{,}81 \cdot 10^5$	1	$4{,}33 \cdot 10^{11}$
20	$1{,}61 \cdot 10^6$	0	$1{,}21 \cdot 10^{12}$

Hiernach kann man geeignete Konzentration der Lösung und zweckmäßige Abmessungen der Flüssigkeitssäule wählen, um Widerstände gewünschten Ohmbetrages herzustellen. Soll die Lösung z. B. bei einem Querschnitt von 0,5 cm² und einer Länge von 10 cm einen Widerstand R von $3 \cdot 10^9\,\Omega$ haben, so muß $\varrho = \dfrac{0{,}5}{10}\,R = 1{,}5 \cdot 10^8\,\Omega \cdot$ cm werden. Man wird also in diesem Fall ein Gemisch von 10 Vol.-% Alkohol und 90 Vol.-% Benzol verwenden.

Lösungen dieser Art zeigen keine Polarisationserscheinungen, erfüllen das Ohmsche Gesetz und ändern sich wenig mit der Zeit und Temperatur. Der Widerstandstemperaturkoeffizient in dem hauptsächlich in Betracht kommenden Intervall von 30 bis 5% Alkohol ist etwa $+0{,}02$. Der Widerstand nimmt also (im Gegensatz zu anderen Elektrolyten) mit der Temperatur um 2% pro Grad zu.

Dieser Temperaturgang läßt sich noch weitgehend unterdrücken [38], wenn man der Lösung eine bestimmte Menge Phenol zufügt. Der spezifische Widerstand ändert sich dadurch verhältnismäßig wenig. Aus Abbildung VII.28 ist zu entnehmen, wie groß der Gehalt an Alkohol und Phenol für eine Lösung von 1% Pikrinsäure bei einem Widerstand bestimmter Größe sein muß, damit der Temperaturkoeffizient nur wenige Promille beträgt. Bei $10^9\ \Omega$ z. B. setzt sich ein solches Gemisch aus ca. 5,5% Alkohol, 12% Phenol,

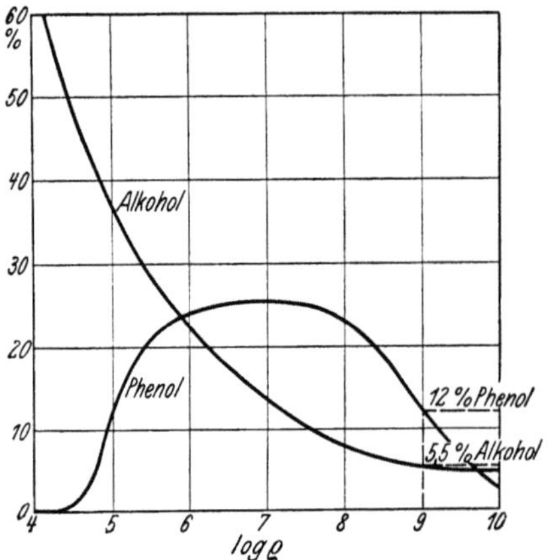

Abb. VII.28. Alkohol- und Phenolgehalt von Widerstandslösungen mit sehr kleinen Temperaturkoeffizienten als Funktion des Logarithmus des spezifischen Widerstandes (nach GYEMANT)

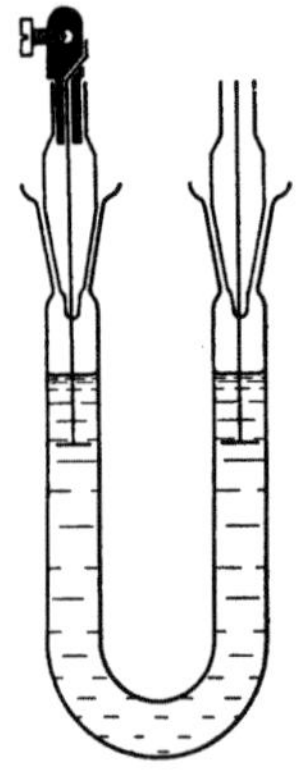

Abb. VII.29. Flüssigkeits-Hochohmwiderstand in einem Quarzgefäß

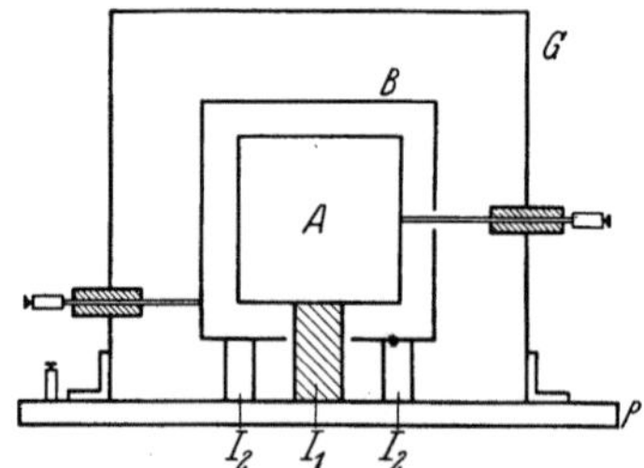

Abb. VII.30. Schnitt durch einen Eichkondensator nach HARMS (Bezeichnungen s. Text)

81,5% Benzol und 1% Pikrinsäure zusammen. Alkohol (99,8%) und Benzol müssen weitgehend wasserfrei sein.

Als *Gefäße* für *Flüssigkeitswiderstände* verwendet man am besten Quarzrohre von 4 bis 6 mm $\varnothing$, die in der aus Abb. VII.29 ersichtlichen

Weise aufgebaut sind. Das Gemisch wird schnell hergestellt, um Wasseraufnahme zu vermeiden, und in das Quarzrohr eingefüllt. Dann setzt man eingeschliffene, verhältnismäßig lange Glasstopfen mit eingeschmolzenen Platinzuführungen auf und füllt die Schliffbecher mit Wachskolophoniumgemisch. Auf die Glasstopfen hat man vorher Schutzkapseln aufgesetzt, mit dem Platindraht vorsichtig verlötet und mittels Siegellack aufgekittet.

Als *Kondensatoren* für elektrometrische Messungen kommen wegen der hohen Anforderungen an die Isolation (S. 406) in den meisten Fällen nur *Luft-, Trolitul-* oder *Glimmer*kondensatoren in Frage. Als Vergleichskapazität bekannter Größe, wie sie z. B. nach Gl. (5), S. 396, zur Bestimmung von Schaltungskapazitäten u. dgl. erforderlich ist, verwendet man hochisolierte geeichte Meßkondensatoren, die als Platten-, Schutzring- oder Zylinderkondensatoren ausgebildet [54] [86] und durch einen geerdeten Metallmantel gegen andere Leiter abgeschirmt sind. Geeignet ist z.B. die in Abb. VII.30 im Querschnitt veranschaulichte Bauart nach HARMS [40], die aus zwei mit Ebonit (I_2) bzw. Bernsteinisolation (I_1) gehalterten koaxialen Metallzylindern A und B besteht. Bei Kapazitätsvergleichen nach S. 396 wird der hochisolierte Zylinder A mit dem

Abb. VII.31. Stoppuhr mit Ablesemöglichkeit auf 0,01 sec

Elektrometer verbunden; die Zuleitung von B wird gemeinsam mit dem Gehäuse G geerdet.

Für manche Messungen sind auch *veränderliche* Kondensatoren einstellbarer Größe zweckmäßig. Solche lassen sich z. B. aus koaxialen Metallrohren oder -zylindern herstellen, die mittels einer Spindel in ihrer Achsenrichtung um meßbare Beträge gegeneinander verschoben werden können. Je nach Größe und Bauart [35] [111] lassen sich auf diese Weise Kapazitäten zwischen etwa 20 und 500 pF einstellen. Werden solche Kondensatoren bei 3 oder 4 Stellungen mit bekannten Normalkondensatoren verglichen, so kann man hiernach eine Eichkurve festlegen, aus der für jede Kondensatorstellung der zugehörige Kapazitätswert entnommen werden kann.

Die bei der elektrometrischen Zeitmeßmethode erforderlichen *Stopp-uhren* müssen sehr stabil gebaut sein und Ablesungen möglichst auf 0,01 sec gestatten. Gut bewähren sich Uhren der in Abb. VII.31 dargestellten Art, deren großer Zeiger in 3 sec einmal umläuft.

64. Elektrostatischer Schutz und Isolation

Wegen der hohen Empfindlichkeit der bei lichtelektrischen Messungen benötigten Instrumente gegen kapazitive Einflüsse ist es unbedingt erforderlich, alle Teile der Anordnung, die nicht durch Erdung oder Verbindung mit einem Batteriepol auf einem festen Potential gehalten werden, sorgfältig *elektrostatisch* zu *schützen*. Meist umgibt man daher die Zelle und die Zuleitungen zum Elektrometer sowie alle Metallteile, die direkt mit ihnen verbunden sind, mit geerdeten Kästen oder Röhren aus Blech (Zinkblech, Weißblech, Messingrohr), deren Abstand von den Leitungen einige cm betragen soll, damit die Kapazität der Anordnung nicht zu groß wird. Innerhalb der Schutzeinrichtung dürfen sich nur die zum Halten der Zuleitungsdrähte notwendigen Isolatoren befinden; denn Ladungen auf den Isolatoren können durch Influenzierung anhaltende Störungen hervorrufen. Solche Ladungen kann man, soweit es sich um Isolatoren aus wärmebeständigem Material handelt, durch vorsichtiges Bestreichen mit einer Gasflamme beseitigen, wenn man den Brenner hierbei erdet.

Zellen der in Abb. II.3 und S. 271 dargestellten Art, bei denen eine der Zellenelektroden die andere nahezu völlig umgibt, brauchen nicht besonders abgeschirmt zu werden, falls die Hilfsspannung an der äußeren Elektrode liegt. In diesem Fall muß nur die hochisolierte Zuführung zum Elektrometer, soweit sie aus der umhüllenden Elektrode herausragt, mit einem geerdeten Kasten oder Rohr geschützt werden.

Welche *Isolationsmaterialien* für Photozellen und damit zusammenhängende Apparate hauptsächlich in Betracht kommen, zeigt nachstehende Tab. VII.5, in der ϱ den Widerstand eines cm-Würfels bedeutet.

Einige der darin genannten Substanzen können allerdings nur mit Vorbehalt empfohlen werden. *Glas* ist an der Oberfläche meist mit einer adsorbierten, Alkalien enthaltenden Wasserhaut bedeckt, welche die

Tabelle VII.5. *Spezifischer Widerstand ϱ einiger Isolierstoffe*

Material	ϱ (Ω)	Material	ϱ (Ω)
Glas	$10^{13}-10^{14}$	Kolophonium	$5 \cdot 10^{16}$
Quarz ‖	10^{14}	Glimmer	$10^{15}-10^{17}$
Weißes Wachs	$6 \cdot 10^{14}$	Schwefel	10^{17}
Siegellack	$10^{15}-10^{16}$	Hartgummi	$10^{15}-10^{18}$
Schellack	10^{16}	Paraffin	$3 \cdot 10^{18}$
Quarz ⊥	$3 \cdot 10^{16}$	Quarzglas	$10^{16}-5 \cdot 10^{18}$
Preßbernstein	$5 \cdot 10^{16}$	Trolitul (Polystyrol) .	10^{18}

Leitfähigkeit beträchtlich heraufsetzt. Man kann daher seine Isolation verbessern, indem man es zuerst in verdünnter Säure, dann in destilliertem Wasser kocht und anschließend im Trockenschrank bei etwa 360°C ausheizt. Am besten isolieren Borsilikatgläser, die wenig Alkali enthalten. Flintglas, schwer schmelzbares Kaliglas und Jenaer alkalifreie Gläser isolieren besser als gewöhnliches Natronglas (vgl. auch S. 235).

Von den übrigen in Tab. VII.5 genannten Materialien sind *Wachs*, *Kolophonium*, *Paraffin* insofern weniger zweckmäßig, als sie Ladungen aufnehmen und allmählich wieder abgeben. Dadurch verursachen sie unerwünschte Trägheitserscheinungen. *Schwefel* ist wegen seiner schlechten Bearbeitbarkeit nicht zu empfehlen, Hartgummi deshalb nicht, weil sich auf seiner Oberfläche, namentlich unter Einfluß des Lichtes, mit der Zeit ein Belag von schwefliger Säure bildet, der die Leitfähigkeit stark erhöht.

Nach den vorliegenden praktischen Erfahrungen sind die geeignetsten Isolationsmaterialien *gut polierter Preßbernstein* und besonders klares *Quarzglas* und *Trolitul*. Während sich auf Bernstein manchmal noch vagabundierende Ladungen befinden, ist Quarzglas weitgehend störungsfrei. Preßbernstein läßt sich gut auf der Drehbank und mit dem Bohrer bearbeiten; er muß hinterher mit Wiener Kalk geschliffen und mit einem in Petroleum oder Alkohol angefeuchteten Lappen poliert werden. Trolitul ist ein vorzüglicher Isolator, der sich z. B. auch in feuchter Luft nicht mit störenden Wasserhäuten überzieht [4]. Benutzt man Quarzglas als Isoliermaterial, so wird man häufig eine Verbindung zwischen Quarzglas und gewöhnlichem Glas herstellen müssen; das kann, wenn man die teuren Übergangsstücke ersparen will, z. B. mittels eines Schliffes geschehen, bei dem das Quarzstück wegen seiner geringen Wärmeausdehnung den Konus bilden muß. Die beiden Teile werden mit Wachs-Kolophoniumkitt verbunden.

Ist die *Glasisolation* einer *Photozelle* nicht ausreichend, so reibt man die betreffenden Teile, z. B. die Anodenzuführung, gründlich mit einem in Säure getauchten Wattebausch, dann in gleicher Weise mit destilliertem Wasser ab, trocknet vorsichtig mit einem kleinen elektrischen Ofen, so daß die übrigen Teile der Zelle nicht gefährdet werden, und überzieht die fragliche Stelle mit Schellack oder Paraffin[1], indem man mit einem Stück aus diesem Material über das noch warme Glas streicht. Um die Neubildung einer Wasserhaut zu verhindern, ist es oft zweckmäßig, die Zelle mit einem geerdeten Blechgehäuse zu umgeben, an dem seitlich ein Gefäß mit einem Trocknungsmittel, z. B. Phosphorpentoxyd, angebracht wird. Das Gehäuse muß dann natürlich geschlossen sein, also Glas- oder Quarzfenster für den Lichteintritt und hochisolierte Zuführungen zu den beiden Zellenelektroden besitzen.

---

[1] Ein Paraffinüberzug isoliert jeweils nur einige Zeit. Nach Monaten bilden sich Fettsäuren, welche die Isolation herabsetzen.

Das *Überkriechen* von *Ladungen* über die Zellenwandung oder einen anderen Isolator kann man manchmal dadurch verhindern, daß man geerdete Schutzringe aus aufgestrichenem „Hydrokollag" (kolloidalem Graphit), Stanniol oder Platinfolie anbringt. Die Platinfolie kann auf das Glas aufgeschmolzen werden. Hochspannungsbatterien stellt man zweckmäßig auf geerdete Bleche. Auch Stative, optische Bänke u. dgl. werden am besten geerdet.

Vor Beginn einer Messung soll man stets *Isolation* und *elektrostatischen Schutz prüfen*. Zu diesem Zweck löst man zunächst die Verbindung zwischen Zelle und Elektrometer unmittelbar an der Zelle und stellt fest, ob sich das Elektrometer nach dem Aufheben der Erdung nicht auflädt und ob eine auf das Elektrometer gebrachte Ladung konstant bleibt. Ist dies der Fall, so schließt man die Zelle an, kontrolliert deren Isolation im Dunkeln in gleicher Weise und prüft, ob Bewegungen des Beobachters an der Apparatur keine Änderung der Stellung des enterdeten Elektrometerfadens hervorrufen, der elektrostatische Schutz der Schaltung also ausreicht.

D. Photostrommessung mit Verstärkerröhren[1]

65. Gleichstromverstärkung

a) Allgemeines über das Arbeiten mit Elektronenröhren

Obwohl die in den vorhergehenden Abschnitten behandelten Meßverfahren mit *Galvanometern* und *Elektrometern* den meisten Anforderungen hinsichtlich Empfindlichkeit und Genauigkeit genügen, werden heute für lichtelektrische Messungen statt der vorgenannten Verfahren in zunehmendem Grade *Verstärkermethoden* benutzt. Das hat seinen Grund darin, daß die zu hoher Vollkommenheit entwickelten *Elektronenröhren* handliche und in vielen Fällen leicht zu handhabende Geräte darstellen, mit denen auch schwache Photoströme in einfacher Weise in größere Anzeigeströme umgesetzt und dann mit verhältnismäßig groben, betriebssicheren Instrumenten gemessen werden können. Das hat für viele technische Meßaufgaben mit Photozellen wesentliche Vorteile gegenüber den galvanometrischen Verfahren. Mit besonderen Vorkehrungen erreicht man bei hoher Verstärkung etwa die gleiche Meßempfindlichkeit wie mit den vorhergenannten Methoden.

Um zu beurteilen, in welchen Fällen eine Verstärkermethode Vorteile bietet, veranschaulichen wir uns am besten das grundsätzliche Prinzip einer Photostrommessung mit Verstärkerröhre an Hand der Abb. VII.32, um hieraus den nutzbaren Anwendungsbereich und die Grenzen des Verfahrens abzuleiten.

---

[1] Verfasser: W. Leo, Braunschweig.

Das Prinzip entsteht in einfachster Weise dadurch, daß man in einer Schaltung, wie sie in Abb. VII.8, s. S. 386, zur elektrometrischen Messung des Spannungsabfalls $\varDelta U$ an einem Arbeitswiderstand R dargestellt war, das Elektrometer durch das Steuergitter einer Elektronenröhre ersetzt. Solange die Photozelle Z unbelichtet und stromlos ist ($\varDelta U = 0$), befindet sich das an R_g angeschlossene Steuergitter (2) der Röhre auf dem gleichen (festen) Potential wie der Fußpunkt von R_g, den man durch eine geeignete Vorspannung U_g, gegen die Kathode (4) auf einen gewünschten „Arbeitspunkt" der Röhrenkennlinie (s. Abb. VII.33) einstellen kann. Entsprechend diesem Arbeitspunkt fließt durch die Röhre bei gegebener Anodenspannung U_a ein bestimmter Anodenruhestrom i_{a0}. Wird die Zelle belichtet und liefert im Arbeitswiderstand R_g einen Photostrom i_p, so wird das Gitterpotential um $\varDelta U_g$

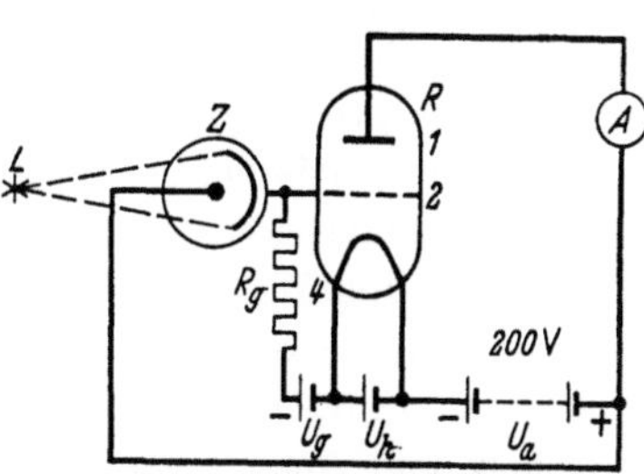

Abb. VII.32. Prinzipschaltung zur Photostrommessung mit einer Verstärkerröhre. L Lichtquelle; Z Photozelle; R_g Arbeitswiderstand im Zellenkreis, zugleich Gitterableitwiderstand der Röhre R, 4 geheizte Kathode, 2 Steuergitter, 1 Anode, A Anzeigeinstrument

$= i_p R_g$ positiver oder negativer (je nach der Stromrichtung von i_p im Gitterwiderstand); dementsprechend wächst oder fällt der Anodenstrom der Röhre um einen Betrag $\varDelta i_a = i_a - i_{a0}$. Die Größe $\varDelta i_a$, die im allgemeinen wesentlich *größer* als i_p ist, dient als Meßgröße für den Photostrom selbst.

Welche Verstärkung bzw. Meßempfindlichkeit dabei erzielt wird, hängt wesentlich von den Widerstandsverhältnissen im Photozellenkreis und im Anodenkreis der Röhre sowie von der *Kennlinien*form der verwendeten Röhrenart ab. Solche Kennlinien, die z. B. die Abhängigkeit des Anodenstroms i_a von der jeweiligen Gitterspannung u_g angeben, haben

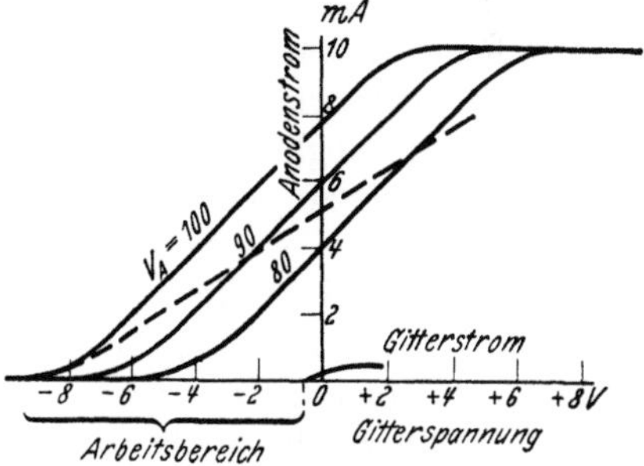

Abb. VII.33. Anodenstromkennlinien einer Verstärkerröhre

im allgemeinen etwa den durch die Kurvenschar der Abb. VII.33 veranschaulichten Verlauf. Sie können so lange als tatsächliche Arbeitskurven der Röhre betrachtet werden, wie im Anodenkreis lediglich ein Strommesser von *geringem Widerstand* als Anzeigeinstrument eingeschaltet wird, dessen Spannungsaufnahme bei Stromdurchgang gegenüber der angelegten Anodenspannung vernachlässigt werden kann (vgl. S. 429). Die jeweils wirksame Kennlinie innerhalb der Kurvenschar wird dann nur durch die gewählte Anodenspannung U_a bestimmt, der Ruhestrom i_{a0} der Röhre bei stromlosem Photozellenkreis durch die vorgegebene Gitterspannung U_{g_0}. Diese wird stets so eingestellt, daß das Gitter auch bei maximaler Spannungsänderung ΔU_g auf *negativem* Potential gegenüber der Kathode bleibt, da sonst merkliche Gitterströme auftreten würden, die einen exakten Meßvorgang mit der Röhre unmöglich machen. U_{g_0} muß also in negativer Richtung mindestens so groß sein wie die größte zu erfassende Spannungsänderung ΔU_g. Damit ist zugleich der zulässige *Aussteuerbereich* der Röhre begrenzt. Innerhalb dieses Aussteuerbereiches entspricht einer vom Photostrom i_p erzeugten Gitterspannungsänderung $\Delta U_g = i_p \cdot R_g$ eine zugehörige Anodenstromänderung $\Delta i_a = S \cdot U_g$, wo S die mittlere *Steilheit* der Röhrenkennlinie (z. B. in mA/V) zwischen U_{g_0} und $U_{g_0} + \Delta U_g$ ist. Das Verhältnis zwischen dem Anzeigestrom Δi_a und dem dadurch angezeigten Photostrom i_p, also die Größe

$$V_i = \frac{\Delta i_a}{i_p} = R_g \cdot S \tag{11}$$

stellt den Zahlenfaktor der *Stromverstärkung* dar, der mit der Anordnung erreicht wird[1]. Da die $U_g - i_a$-Kennlinien gewöhnlich nur in einem begrenzten mittleren Bereich annähernd geradlinig verlaufen, ist die Steilheit S längs der Kurve nicht konstant, sondern ändert sich mit der Größe von ΔU_g. Deshalb sind die Anzeigeströme Δi_a im allgemeinen den Photoströmen i_p nicht genau proportional. Die Anordnung muß also mit Meßströmen bekannter Größe *geeicht* werden, soweit sie nicht lediglich als Nullinstrument dienen soll (s. S. 392).

Um hohe Verstärkung zu erzielen, wäre es nach Gl. (11) wünschenswert, den Gitterwiderstand R_g, der zugleich Arbeitswiderstand der Photozelle ist, möglichst groß zu machen und eine Röhre mit tunlichst steiler Kennlinie zu verwenden. Beides läßt sich jedoch nur bis zu bestimmten Grenzen verwirklichen.

Die *Steilheit* einer Röhrenkennlinie ist weitgehend von der Bauart der Röhre, der Anordnung ihrer Elektroden und ihrer Glühkathodenemission abhängig; im mittleren, annähernd geradlinigen Teil der Kurve (Abb. VII. 33), wo die Steilheit am größten ist, erreicht sie bei üblichen Dreipolröhren (Hochvakuumtrioden mit Glühkathode, Steuergitter und Anode) und normalen Betriebsspannungen (200 V) Werte von einigen mA/V, und zwar ist sie um so größer, je kleiner der *Innenwiderstand* $\left(R_i = \frac{\partial U_a}{\partial i}\right)$ der Röhre am gewählten Arbeitspunkt ist. Zugleich mit der Steilheit wächst deshalb auch der Anodenruhestrom i_{a_0}, den die Röhre bei $\Delta u_g = 0$ liefert. Der tatsächliche Meßstrom Δi_a stellt daher in vielen Fällen auch bei verhältnismäßig steilem Kennlinienverlauf nur

---

[1] Nähere Einzelheiten über Röhreneigenschaften siehe [5] [*87*].

eine kleine prozentuale Änderung des Anodenruhestroms dar, deren genaue Messung oft besonderer Hilfsmaßnahmen bedarf (s. S. 427).

Auch die Größe des *Gitterwiderstandes* R_g kann nicht beliebig hoch gewählt werden. Sie muß wesentlich kleiner als die *Isolationswiderstände* zwischen Gitter, Anode und Kathode der Röhre sein, weil das Gitter sich sonst auf undefiniertem und instabilem Potential befindet. Wenn R_g nämlich in die Größenordnung dieser Isolationswiderstände (in Abb. VII.34 als Beispiel gestrichelt gezeichnet) kommt, so wird das Gitterpotential durch den zur Anode fließenden Kriechstrom in positiver Richtung verschoben. Dadurch wird wiederum der ohnehin unerwünschte Gitterstrom innerhalb der Röhre vergrößert und macht dadurch die Anordnung für Meßzwecke nahezu unbrauchbar. Um stabile Verhältnisse sicherzustellen, muß deshalb der Gitterwiderstand mindestens um 2 bis 3 Zehnerpotenzen kleiner sein als die zwischen den Röhrenelektroden bestehenden Isolationswiderstände. Erfahrungsgemäß geht man bei gewöhnlichen Röhren mit dem Gitterwiderstand nicht über etwa $10^8\,\Omega$ hinaus. Bei einer Kennliniensteilheit von 1 bis 2 mA/V (Röhrentypen RE 034 oder AC 2) erhält man dann eine etwa 10^5fache Stromverstärkung.

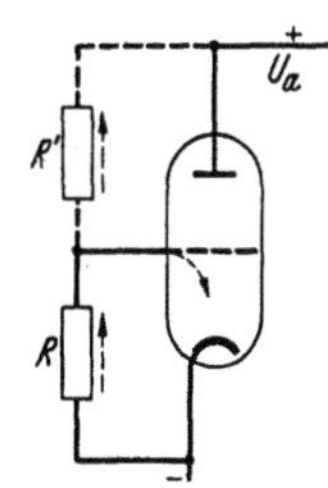

Abb. VII.34. Gitterwiderstand und Isolationswiderstand einer Triode

Trotz dieser Umsetzung schwacher Meßströme in verhältnismäßig große Anzeigeströme kann man mit solcher Anordnung nicht beliebig kleine Photoströme messen. Die Grenze ist durch den unvermeidbaren geringen *Gitterstrom* zwischen Kathode und Steuergitter ($\sim 10^{-11}$ A) gegeben, der — auch bei hinreichend negativer Gittervorspannung und gutem Röhrenvakuum — durch Ionenbildung in den verbleibenden geringen Gasresten des Röhrenkolbens zustande kommt und sich im Gitterwiderstand dem Photostrom i_p überlagert. Hierdurch wird $\varDelta u$ verfälscht, und zwar wird der Fehler um so größer, je mehr der zu messende Photostrom in vergleichbare Größe mit dem restlichen Gitterstrom der Röhre kommt. Damit ein Photostrom i_p auf 1% richtig gemessen werden kann, muß er mindestens 100mal größer sein als der Gitterstrom, d. h. bei normalen Röhrentypen etwa 10^{-9} A.

b) Elektrometerröhren

Soll die vorgenannte Meßgrenze unterschritten werden, so müssen Spezialröhren mit sehr hoher Isolation und verringertem Gitterstrom verwendet werden. Solche Röhren für Meßzwecke sind als sogenannte *Elektrometerröhren* im Handel. Bei diesen ist die Gitterzuführung gesondert von den Anoden- und Heizfadenzuleitungen des Röhrensockels angeordnet (Abb. VII.35). Hierdurch wird die Gitterisolation wesentlich erhöht ($\sim 10^{14}\,\Omega$). Etwaige restliche Kriechströme längs des Glasweges zwischen den Elektroden können in der auf S. 421 beschriebenen

Weise wie bei Photozellen beseitigt werden. — Der Gitterstrom kann nur dadurch wirksam herabgedrückt werden, daß man die Anodenspannung der Röhre bis unter die Ionisierungsspannung der im Röhrenkolben vorhandenen Gasreste auf etwa 6 bis 7 V verringert. Bei —3 V Gittervorspannung bleibt der Gitterstrom einer guten Elektrometerröhre dann unter 10^{-14} A.

Da die Steilheit der Röhrenkennlinie bei so niedriger Anodenspannung sehr gering wäre, sind die Elektrometerröhren meist nicht als Dreielektrodenröhren ausgebildet, sondern besitzen ein zusätzliches *Raumladegitter* (*RG* in Abb. VII.36), das auf positives Potential gegenüber der Kathode gebracht wird und durch Vorbeschleunigung der Elektronen für eine günstigere Form der Röhrenkennlinie sorgt [5] [87]. Allerdings beträgt auch dann die erreichbare Steilheit nur ca. 40 bis 50 μA/V (Röhrentyp T 114, s. Abb. VII.37), also etwa $^1/_{20}$ derjenigen einer gewöhnlichen Triode bei üblicher Betriebsspannung.

Abb. VII. 35.   Ansicht einer Elektrometerröhre T 115

Diese verringerte Steilheit wird weitgehend dadurch ausgeglichen, daß man bei Elektrometerröhren den Gitterwiderstand bis etwa $10^{11}\,\Omega$ steigern kann. Auf die Weise läßt sich eine Strom-

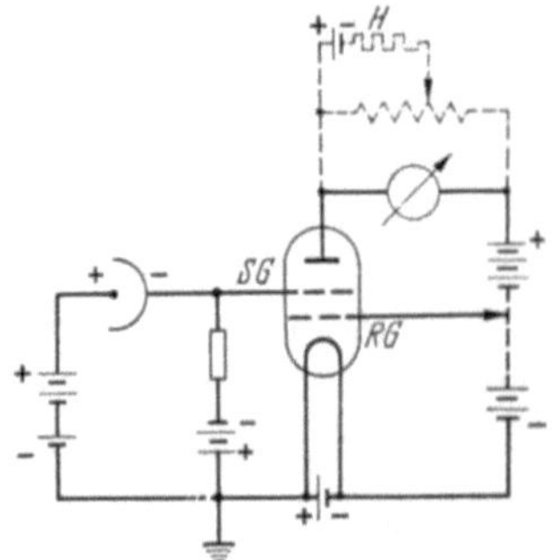

Abb. VII. 36. Messung von Photoströmen mit Vierpolröhre.
SG Steuergitter;   *RG* Raumladungsgitter;
H Hilfsspannung zur Kompensation des Anodenruhstromes

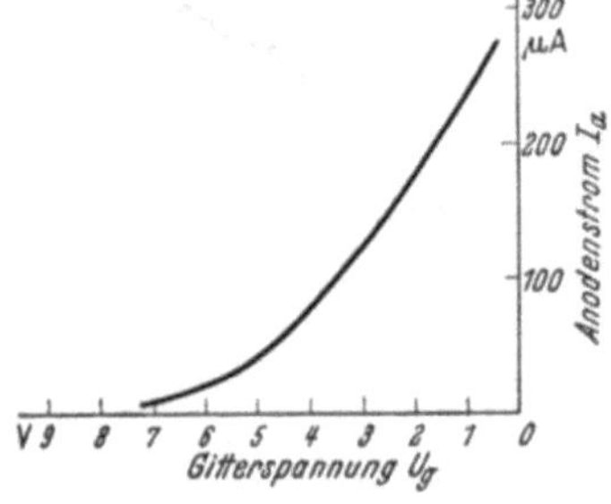

Abb. VII. 37.   Anodenstrom-Gitterspannungskennlinie einer Elektrometerröhre T 114

verstärkung $V_i > 10^6$ erzielen. Benutzt man z. B. einen Gitterwiderstand von $5 \cdot 10^{10}\,\Omega$, so erzeugt ein Photozellenstrom $i_p = 10^{-12}$ A eine Gitterspannungsänderung $\Delta U_g = 0{,}05\,\mathrm{V}$, die ihrerseits eine Anodenstromänderung an der Röhre $\Delta i_a \approx 2{,}5\,\mu\mathrm{A}$ hervorruft. Bei einem mittleren Anodenruhestrom von etwa $100\,\mu\mathrm{A}$ würde diese Stromänderung i_a nur 2,5% ausmache und sich in diesem Fall mit einem Meßinstrument, das den vollen Anodenruhestrom aufzunehmen hätte, nur ungenau messen lassen. Deshalb ist es zweckmäßig, den Anodenruhestrom i_a im Anzeigeinstrument durch den Strom einer entgegengeschalteten Hilfsspannungsquelle H (Abb. VII.36) zu kompensieren, so daß nur die jeweilige *Änderung* Δi_a zur Anzeige kommt. Auf diese Weise kann man nach eingeregelter Kompensation ein hochempfindliches Anzeigeinstrument verwenden. Benutzt man z. B. ein Drehspulgalvanometer mit einer Empfindlichkeit von $10^{-7}\,\mathrm{A/Skt}$, so lassen sich damit noch Gitterspannungsänderungen von etwa $2\,\mathrm{mV}$ erkennen, die im vorstehenden Zahlenbeispiel Photoströmen von $4 \cdot 10^{-14}\,\mathrm{A}$ entsprechen.

So hoch kann die Meßempfindlichkeit allerdings nur getrieben werden, wenn einerseits die stromliefernde Photozelle selbst ebenso einwandfreie Isolation besitzt wie der Gittereingang der Elektrometerröhre und wenn andererseits deren Anodenruhestrom äußerst

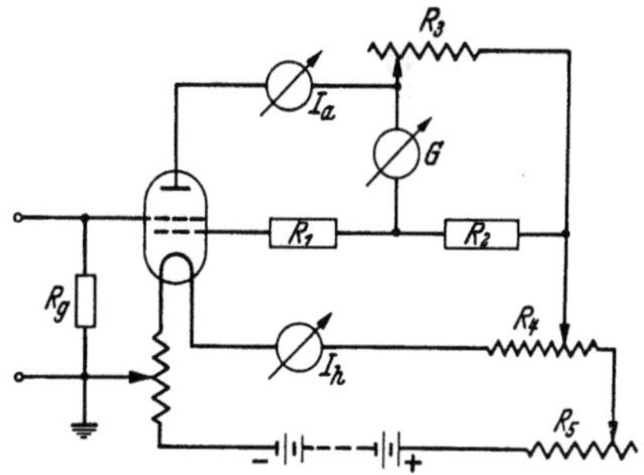

Abb. VII.38. Elektrometerröhre in Brückenschaltung nach [*21*]

konstant gehalten wird [*79*]. Eine Stromänderung $\Delta i_a = 10^{-7}\,\mathrm{A}$ läßt sich bei den oben angegebenen normalen Daten einer Elektrometerröhre ($i_a \approx 100\,\mu\mathrm{A}$) nur dann beobachten, wenn der Ruhestrom selbst innerhalb weniger als $^1/_{1000}$ seines Wertes konstant ist. Soll dabei Δi_a auf wenige Prozent genau gemessen werden, so wird an die Konstanz des Anodenruhestromes noch wesentlich höhere Anforderung gestellt. Das setzt wiederum sehr sorgfältige Konstanthaltung aller Betriebsspannungen, insbesondere der Heizspannung der Röhrenkathode, voraus.

Dazu kann z. B. eine Schutzschaltung der von DuBridge und Brown [*21*] angegebenen Art dienen (Abb. VII.38), bei der das Galvanometer G in einer Brückenverzweigung zwischen dem Anodenkreis und dem Raumladungsgitter der Röhre angeordnet ist. Regelt man bei einem von diesem Gitter durch $R_1\,R_2$ fließenden Strom i_{gr} die Verzweigungswiderstände so ein, daß $\dfrac{R_2}{R_3} = \dfrac{i_a}{i_{gr}}$ ist, so wird die Anzeige im Galvanometerzweig von kleinen Schwankungen der Kathodenemission weitgehend unabhängig, da i_a und i_{gr} von diesen Schwankungen in gleichem Maße beeinflußt werden. Noch bessere Stabilität bei hoher Empfindlichkeit wird mit *zwei* Elektrometerröhren in Gegentaktschaltung erzielt (Abb. VII.39), bei der das Galvanometer in Brückenanordnung zwischen beiden Röhrenanoden liegt [20]. Hier werden die verschiedenen Brückenwiderstände so eingeregelt, daß kleine Anodenspannungsänderungen bzw. Änderungen des Heizstromes sich am Galvanometer nicht mehr bemerkbar machen. Nach erfolgter Justierung der besten Ruhelage kann der Galvanometerausschlag bei unbelichteter Photozelle durch Nachregelung der Gitterspannungen auf Null gebracht werden. Zur Eliminierung von Einflüssen etwaiger Schwankungen der Raumtemperatur oder der Luftfeuchtigkeit ist es bei empfindlichsten Messungen oft zweckmäßig, die Photozelle zusammen mit dem Elektrometerrohr in ein evakuiertes Gehäuse einzubauen [13].

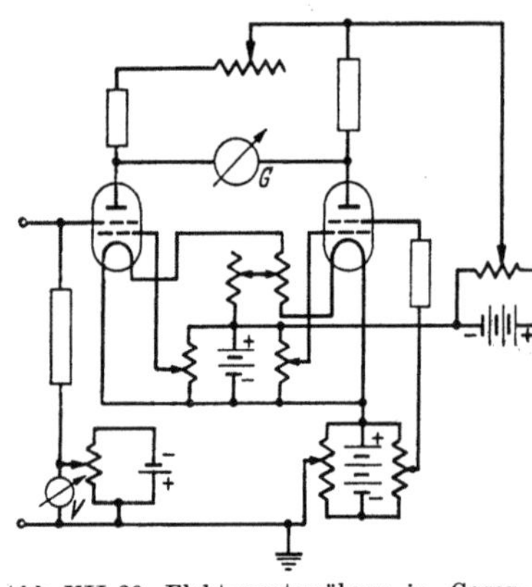

Abb. VII.39. Elektrometerröhren in Gegentaktschaltung nach [20]

c) Mehrstufige Gleichstromverstärker

Wie oben erläutert wurde, sind auch bei hoher Stromverstärkung, die mit *einer* Verstärkungsstufe erzielbar ist, zur Messung schwacher Photoströme verhältnismäßig empfindliche Anzeigeinstrumente (Spiegelgalvanometer) im Anodenstromkreis erforderlich. Will man solche vermeiden, so kann man statt dessen den durch die Anodenstromänderung Δi_a in einem Arbeitswiderstand erzeugten Spannungsabfall ΔU_a einer zweiten oder weiteren Verstärkungsstufen zuführen und in diesen eine nochmalige Stromverstärkung vornehmen.

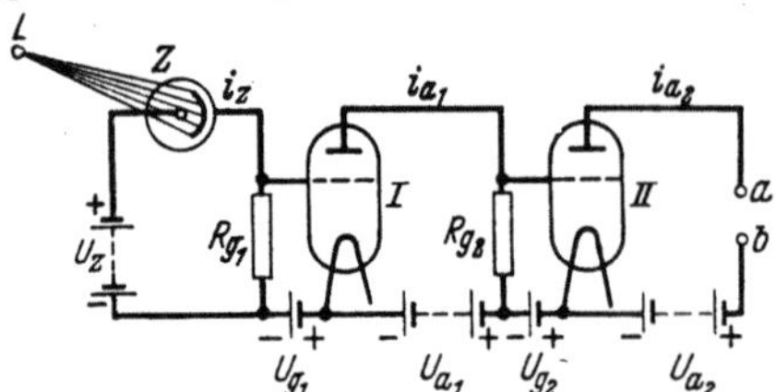

Abb. VII.40. Zweistufiger Gleichstromverstärker (Bezeichnungen s. Text)

Abb. VII.40 zeigt die grundsätzliche Schaltung eines zweistufigen Gleichstromverstärkers. Als erste Stufe (*I*) verwendet man gewöhnlich eine Elektrometerröhre, als zweite (*II*) häufig eine Triode oder Pentode (Fünfpolröhre mit Schutz- und Bremsgitter) größerer Steilheit. Die Kopplung zwischen beiden erfolgt durch einen Widerstand R_{g2}, der zugleich Arbeitswiderstand im Anodenkreis von *I* und Gitterwiderstand von *II* ist. Die Größe von R_{g2} wählt man vorteilhaft etwa ebenso groß wie den Innenwiderstand $R_i = \dfrac{dU_a}{di_a}$ der Eingangsröhre ($\sim 20000\ \Omega$).

Hierdurch wird zwar deren *Arbeitssteilheit* und Verstärkungsfaktor $V_i = R_{g_1} \cdot S$ verringert, da die Röhre nicht mehr auf einer statischen Kennlinie (s. S. 423), sondern auf einer flacher geneigten Widerstandskennlinie arbeitet (vgl. [*5*] [*87*]). Dieser Verlust an Verstärkung in der ersten Röhre (*I*) wird aber durch die nachfolgende Verstärkung in *II* weitaus aufgewogen, so daß zur Anzeige von $\Delta i_{a\,2}$ im allgemeinen ein einfaches, verhältnismäßig unempfindliches Zeigerinstrument ausreicht.

Angesichts der Empfindlichkeit der Gesamtanordnung kommt es hier in besonderem Maße auf gute Isolation und Abschirmung aller spannungsführenden Teile und äußerste Konstanthaltung aller Betriebsspannungen an. Die galvanische Kopplung zwischen den einzelnen Stufen, die sich bei Gleichstromverstärkung nicht vermeiden läßt, bringt die unerwünschte Begleiterscheinung mit sich, daß jede Verstärkerstufe sich auf einem genau definierten, festen Potential gegen die Nachbarstufen und gegen Erde befinden muß, und zwar liegen diese Potentiale im allgemeinen von Stufe zu Stufe auf höherem Niveau, da ja das gegenüber der Röhrenkathode *negative* Steuergitter jeder Stufe meist unmittelbar mit dem *positiven* Anodenpotential der vorhergehenden Stufe verbunden ist. Hierdurch wird bewirkt, daß bei geerdetem Verstärkereingang das Anzeigeinstrument am Ausgang der letzten Stufe meist auf erheblicher Spannung liegen muß. Hierdurch wird naturgemäß der Aufbau der Anordnung und ihre Handhabung erschwert; überdies setzt die genaue Innehaltung der unterschiedlichen Potentiale der einzelnen Röhren sehr gute Isolation aller spannungsführenden Teile, meist auch besonderen kapazitiven Schutz und Verwendung mehrerer getrennter Anoden- und Heizspannungsquellen voraus.

Einige dieser Schwierigkeiten lassen sich von Fall zu Fall durch geeignete Spezialschaltungen umgehen. So kann z. B. ein gemeinsames Kathodenpotential (gemeinsame Heizspannung) aufeinanderfolgender Röhren aufrechterhalten werden, wenn man die Anodenspannungsquelle jeder Stufe in der in Abb. VII.41 dargestellten Weise anordnet und durch einen geeignet eingeregelten Spannungsabfall im Anodenstromkreis die negative Gitterspannung der Folgeröhre erzeugt. Auch ein Betrieb mehrerer aufeinanderfolgender Stufen mit gemeinsamer Anodenspannungsquelle mit Hilfe geeigneter Spannungsteilungen in den einzelnen Gitterkreisen ist grundsätzlich möglich (Abb. VII.42), doch entheben alle solche Schaltungsarten nicht der Notwendigkeit, bei Gleichstromverstärkung aus den obenerwähnten Gründen für sehr gute Isolation und für Stabilität aller Betriebsspannungen usw. zu sorgen. Einzelheiten über verschiedenartige Schaltungsmöglichkeiten von Gleichstromverstärkern, auch mit stabilisierenden Brückenanordnungen (Gleichstrom-Gegentaktverstärker), finden sich in übersichtlicher Darstellung bei SCHINTLMEISTER [*89*].

In manchen Fällen empfiehlt es sich, zur Stabilisierung bei mehrstufigen Verstärkern einen Teil der Ausgangsspannung, die von der Endröhre erzeugt wird, dem Gittereingang der ersten Röhre mit entgegengesetzter Polung wieder zuzuführen *(Gegenkopplung)*, um der Gefahr einer Eigenerregung des Systems entgegenzuwirken [*21b*]. Dadurch wird zwar die *Spannungs*verstärkung V_u der Anordnung, die bei Ver-

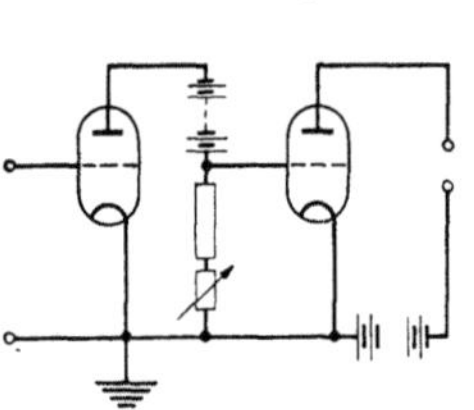

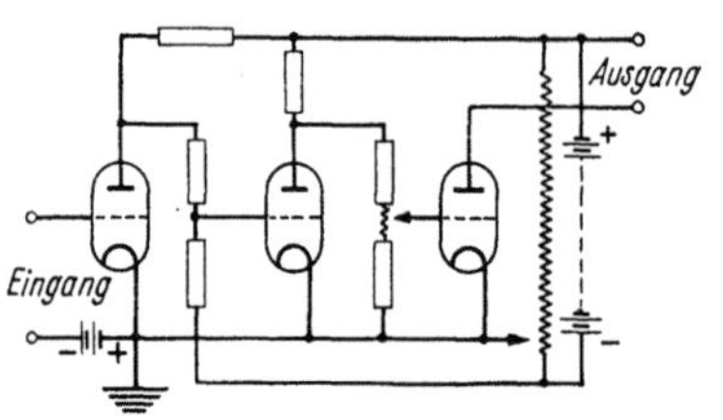

Abb. VII.41. Gleichspannungskopplung zweier Röhren mit gemeinsamem Kathodenpotential

Abb. VII.42. Dreistufiger Gleichstromverstärker mit gemeinsamer Anodenspannung und Spannungsteilung in den Gitterkreisen

wendung von Elektrometerröhren ohnehin gering ist, herabgesetzt; trotzdem kann bei geeigneter Wahl der Größen der Eingangs- und Ausgangswiderstände eine hinreichend hohe *Stromverstärkung* erzielt werden, auf die es ja bei der Photostrommessung mit Verstärkerröhren entscheidend ankommt.

Hat die Anordnung ohne Gegenkopplung eine Spannungsverstärkung V_u und wird ein Anteil $\varepsilon \cdot U_a$ der Ausgangsspannung der Eingangsspannung U_e entgegengeschaltet, so wird

$$U_a = V_u (U_e - \varepsilon \cdot U_a),$$

d. h., die wirksame Spannungsverstärkung wird damit auf

$$V^* = \frac{U_a}{U_e} = \frac{V_u}{1 + \varepsilon V_u}$$

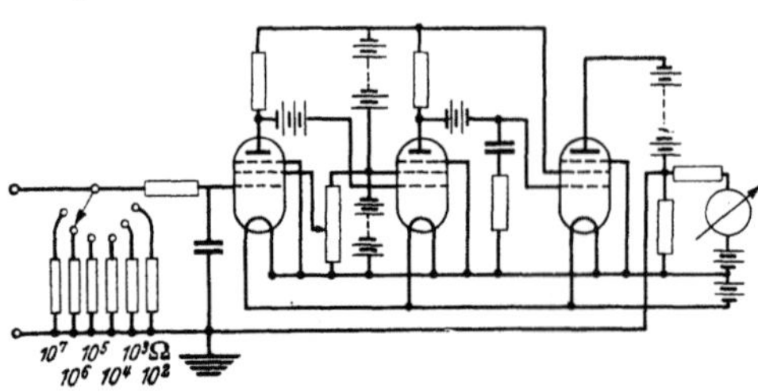

Abb. VII.43. Dreistufiger Gleichstromverstärker mit Gegenkopplung nach [*103*]

vermindert. Ist $V_u \gg 1$, wie es bei hochverstärkenden Anordnungen und nicht zu kleinem ε immer der Fall sein wird, so ist $V^* \approx 1/\varepsilon$. Damit ist die Verstärkung weitgehend unabhängig von dem augenblicklichen Betriebszustand der einzelnen Verstärkerstufen und wird im wesentlichen nur durch die konstanten Schaltungselemente bedingt, die den Übertragungsfaktor ε der Gegenkopplung festlegen. Die wirksame *Stromverstärkung* ist dann gegeben durch

$$V_i = V^* \cdot \frac{R_g}{R_a} = \frac{R_g}{\varepsilon \cdot R_a},$$

wo R_g der Gittereingangswiderstand der ersten Röhre, R_a der Arbeitswiderstand im Anodenkreis der letzten Röhre ist. In Abb. VII.43 ist

als Schaltbeispiel das Schema eines empfindlichen dreistufigen Gleich-
stromverstärkers mit Gegenkopplung nach VANE [*103*] wiedergegeben.
Für die meisten Zwecke wird man im allgemeinen mit einer *zwei*stufigen
Verstärkung auskommen.

d) Störerscheinungen und Meßgrenzen bei Gleichstromverstärkung

α) **Schroteffekt.** Der hohe Verstärkungsgrad, der mit empfindlicher,
mehrstufiger Röhrenverstärkung erreicht werden kann ($V_i \sim 10^6$),
bringt es mit sich, daß auch geringe *Schwankungen* des Photostromes
einer Zelle bemerkbar werden, da sie ja in gleichem Maße mitverstärkt
werden wie der Photostrom selbst. Schließt man an den Ausgang eines
empfindlichen Verstärkers, an dessen Eingang sich eine belichtete Photozelle befindet, einen Lautsprecher, so hört man auch bei ganz konstanter Zellenbelichtung ein trommelartiges Geräusch. Das rührt daher,
daß sowohl die Emission der Photokathode wie auch die Kathodenemission der Verstärkerröhren nicht völlig kontinuierlich, sondern in
einem pulsierenden Strom einzelner Elektronen erfolgt, deren Anzahl
je Zeitintervall statistischen Schwankungen unterworfen ist [*90*]. Je
länger das Zeitintervall ist, innerhalb dessen das Meßgerät Änderungen
des Photostromes zu folgen vermag, um so mehr wird über die einzelnen
Schwankungsimpulse *gemittelt*, so daß sich die Unruhe meist wenig oder
gar nicht bemerkbar macht. Bei schnellansprechenden Verstärkeranordnungen und hoher Verstärkung kann die Schwankung aber so in
Erscheinung treten, daß sie die Messung beeinflußt und die erreichbare
Meßgenauigkeit schließlich begrenzt.

Die unregelmäßigen kleinen Schwankungen eines Photostromes oder
Röhrenstromes um einen Mittelwert i_0 können als Überlagerung einer
großen Zahl schwacher Störwechselströme aller beliebigen Frequenzen
$f_1, f_2, \ldots, f_n$ aufgefaßt werden. Die quadratische Summe aller dieser
Störströme in einem Frequenzbereich Δf ist dann gegeben durch

$$\overline{i_s^2} = 2\,e\,i_0\,\Delta f, \tag{14}$$

wo e die Elektronenladung ($1{,}60 \cdot 10^{-19}$ Asec) und i_0 der mittlere Emissionsstrom ist. Man erkennt aus dieser Beziehung, welche Rolle für
die resultierende Schwankung einerseits die Elementarladung des einzelnen Photoelektrons, andererseits das wirksame zeitliche Meßinter-
vall, d. h. die Frequenzbandbreite des Meßorgans spielt. Schreibt man
Gl. (14) in der Form

$$\frac{i_s}{i_0} = \sqrt{\frac{2\,e\,\Delta f}{i_0}}, \tag{14a}$$

so sieht man, daß sich die nach SCHOTTKY [*91*] als *Schroteffekt* bezeichnete
Unruhe gegenüber dem zu messenden Strom i_0 um so stärker bemerkbar macht, je *kleiner* i_0 wird und je *größer* der Frequenzbereich ist, auf

den die Meßanordnung noch anspricht. Dieser Frequenzbereich ist — sofern man nicht besondere, frequenzbegrenzende Maßnahmen trifft (s. S. 444) — durch die *reziproke Einstellzeit* $\frac{1}{\tau}$ gegeben, innerhalb deren das Meßsystem den Schwankungen zu folgen vermag. Das ist der Grund für die oben schon erwähnte Tatsache, daß bei relativ trägen Meßorganen, wie Spiegelgalvanometern od. dgl., die sich erst in einer Meßzeit von mehreren Sekunden auf ihren Anzeigewert i_0 einstellen, die Störschwankung meist unmerkbar klein bleibt. Bei schnellansprechenden Verstärkern kann sie dagegen um so spürbarer in Erscheinung treten, je höher der Verstärkungsgrad getrieben wird und je kleinere i_0 man messen will. Der nach Gl. (14) gegebene Rauschpegel läßt sich grundsätzlich nicht beheben und stellt die *natürliche Grenze* dar, bis zu der eine Photostrommessung möglich ist. Wenn der Rauschstrom i_s beispielsweise den Betrag von etwa $^1/_{10}$ des zu messenden mittleren Stromes i_0 nicht überschreiten soll, so liegt die mit üblichen Gleichstromverstärkern erfaßbare untere Grenze für i_0 etwa bei 10^{-13} bis 10^{-14} A.

Die Beziehung Gl. (14) gilt in gleicher Weise für Photoströme wie für die Anodenströme der an eine Photozelle angeschlossenen Verstärkerröhren. Maßgebend für den tatsächlichen Rauschpegel ist im allgemeinen nur die Unruhe der Emission der Zelle und die der ersten Verstärkerröhre. Die Vorgänge in den etwa nachfolgenden Röhren bei mehrstufiger Verstärkung können praktisch stets vernachlässigt werden, da die Verstärkung hier nicht mehr so hoch ist, daß man in die Nähe des Störeinflusses gelangt.

β) Rauscheffekt bei gasgefüllten Photozellen. Während der vorerwähnte Schroteffekt bei *Vakuum*zellen nur bei besonders empfindlichen Messungen eine Rolle spielt und sonst meist außer Betracht bleiben kann, können bei *gasgefüllten* Photozellen stärkere Rauscherscheinungen auftreten. Und zwar macht sich dieses Rauschen besonders bemerkbar, wenn man mit der Saugspannung der Zelle nahe an ihre *Glimmspannung* herankommt.

Wie in Ziff. 43 gezeigt wurde, beruht die Stromverstärkung in gasgefüllten Zellen darauf, daß durch den primären Photostrom infolge von Stoßionisation in der Gasstrecke neue Ladungsträger gebildet werden, deren Anzahl bis zur 20fachen Menge der primären Photoelektronen anwachsen kann. Die Größe des Sekundärstromes hängt nun jeweils in erheblichem Maße vom augenblicklichen Ionisierungszustand der Gasstrecke vor der Kathode, von geringen Gasverunreinigungen u. dgl. ab, soweit letztere eine niedrigere Ionisierungsspannung als das Füllgas besitzen. Die negative Raumladung vor der Kathode wird dadurch in einem dauernden Wechsel begriffen sein und örtliche Unebenheiten der Kathodenoberfläche werden eine merkliche Rolle dabei spielen. Aus der zeitlichen Schwankung des Ionisierungszustandes innerhalb der Zelle ergibt sich eine entsprechende ständige Schwankung ihres mittleren Gesamtstromes, ganz ähnlich wie beim Schroteffekt, aber infolge der Stromverstärkung von merklich höherem Betrage. In gleichem Maße wie der Ionisierungsstrom wächst der Rauschpegel von gasgefüllten Zellen mit *steigender Zellenspannung* erst langsam, dann immer schneller an (Abb. VII.44) [*26*]. Bei Verwendung empfindlicher Verstärkeranordnungen muß also erforderlichenfalls die Betriebsspannung so weit herabgesetzt werden, daß die am Verstärkerausgang auftretende Rauschspannung ein zulässiges Maß nicht überschreitet.

γ) Wärmerauschen in Photowiderständen. Verwendet man an Stelle von Photozellen mit äußerem Photoeffekt *Photowiderstände*, so macht sich auch bei diesen ein ähnlicher Störpegel bemerkbar, der dadurch zustande kommt, daß hier der translatorischen Bewegung der Leitungselektronen im Widerstand bei Stromdurchgang gleichzeitig eine von der *Temperatur des Widerstandes* abhängige ungeordnete Wärmebewegung überlagert ist. Das mittlere Schwankungsquadrat der elektro-

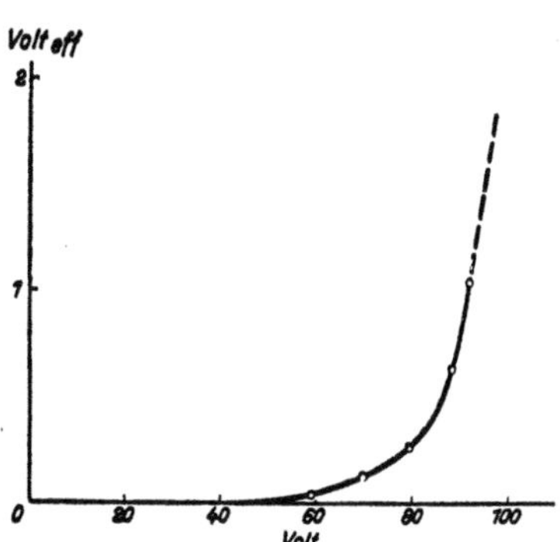

Abb. VII.44. Abhängigkeit des Störpegels einer gasgefüllten Photozelle von der Zellenspannung (nach Kluge)

motorischen Kraft an den Enden eines Widerstandes der Größe R ergibt sich dabei aus thermodynamischen Betrachtungen [*81*] [*96*] zu

$$\overline{U_s^2} = 4\,k\,T\,R\,\Delta f, \tag{15}$$

wo $k = 1{,}38 \cdot 10^{-23}$ Wsec/Grad, T die absolute Temperatur des Widerstandes und Δf, wie in Gl. (14), der von der Meßanordnung erfaßte Frequenzbereich ist. Das mittlere Schwankungsquadrat des *Stromes* im Widerstand wird dann

$$\overline{i_s^2} = \frac{\overline{U_s^2}}{R^2} = \frac{4\,k\,T}{R}\,\Delta f. \tag{15a}$$

Man bezeichnet diesen durch Wärmebewegung verursachten Störpegel als *Nyquist*-Rauschen. Auch er stellt eine naturgegebene untere Grenze für die Meßbarkeit von Photoströmen dar [*80*]. Aus einem Vergleich der Zahlenfaktoren $\dfrac{4\,k\,T}{R}$ in Gl. (15a) gegenüber $2\,e\,i_0$ in Gl. (14) läßt sich schon überschlagsmäßig leicht ersehen, daß unter normalen Bedingungen der Störpegel durch das Nyquist-Rauschen um mehrere Zehnerpotenzen *höher* liegt als der früher besprochene Schroteffekt. Er läßt sich nur durch *Kühlung des Photowiderstandes* in gewissen Grenzen verringern.

Dem eigentlichen Wärmerauschen ist in Photowiderständen aus *Halbleiter*material im allgemeinen noch ein gröberer Rauscheffekt überlagert, der vermutlich durch Schwankung der Übergangswiderstände innerhalb des Halbleitergefüges zustande kommt (Kontaktrauschen) [*21a*] [*35a*] [*35b*] [*105a*] und die erreichbare Meßgenauigkeit weiter herabsetzt. Er macht sich insbesondere an den Zuleitungsstellen und in den Randzonen des Halbleiters bemerkbar; die geeignete (sperrfreie) Ausbildung der Zuführungskontakte ist daher bei Photowiderständen von wesentlichem Einfluß auf ihre Rauscheigenschaften (s. a. Ziff. 33).

66. Wechselstromverstärkung

Die in der vorhergehenden Ziffer beschriebenen Besonderheiten der Gleichstromverstärkung bringen es mit sich, daß sie im allgemeinen nur für Meßzwecke höchster Empfindlichkeitsanforderung Anwendung findet. Für einfachere Betriebsmessungen, wo es nicht auf äußerste Empfindlichkeit, sondern auf tunlichst einfachen Aufbau und fehlerfreie, schnelle Anzeige ankommt, führt statt dessen häufig eine *Wechselstrom*verstärkung besser und mit geringerem Aufwand zum Ziel.

Wechselstromverstärkung von Photoströmen ist natürlich nur dann möglich, wenn entweder der Photostrom, der ja bei gleichbleibender Zellenbelichtung einen Gleichstrom darstellt, auf irgendeine Weise in einen gleichstrom-proportionalen Wechselstrom umgewandelt oder wenn die Photozelle selbst einer Belichtung von dauernd wechselnder Intensität ausgesetzt wird, bei der sie einen der Helligkeitsamplitude entsprechenden Photowechselstrom liefert.

a) Modulation des Photostroms

Methodisch ist an sich eine rein elektrische Modulation gegenüber den Wechsellichtverfahren vorzuziehen, weil die Photozelle hier gleichbleibenden, definierten Belichtungsverhältnissen ausgesetzt werden kann. Allerdings werden dann an die exakte Funktion des modulierenden Steuerorgans hohe Anforderungen gestellt, damit die Amplitude des entstehenden Wechselstroms tatsächlich möglichst genau der Stärke des jeweiligen Zellengleichstroms entspricht.

Die Modulation des Photostroms kann auf verschiedene Weise erfolgen, z. B. durch periodisch veränderliche Widerstände oder durch periodische mechanische Unterbrechung mittels schwingender elektrischer Relaiskontakte (Wechselrichter) [*57*] [*108*]. Letztere Methode ist schaltungstechnisch die einfachste, da sie im wesentlichen nur eine mit Relaisspule angetriebene schwingende Kontaktfeder benötigt; sie setzt aber sehr hochwertige, dem Verschleiß möglichst wenig ausgesetzte Kontaktflächen voraus (Platinkontakte), um Störungen und Fehlerquellen im Unterbrecherkreise zu vermeiden. Unterbrecher dieser Art für feste

Modulationsfrequenzen von ca. 100 Hz sind bei sorgfältiger Bauweise durchaus brauchbar. Bei allen mechanischen Unterbrechern ist jedoch zu beachten, daß der entstehende intermittierende Strom *nicht sinusförmig* ist, sondern aus Einzelimpulsen besteht, die einen hohen Gehalt an Oberwellen besitzen. Darauf muß gegebenenfalls bei der Bauweise des anzuschließenden Wechselstromverstärkers Rücksicht genommen werden (S. 442).

An Stelle mechanischer Stromunterbrechung läßt sich zur Modulation vielfach mit Nutzen ein Kondensator von periodisch veränderlicher Kapazität verwenden. Als solcher könnte z. B. ein motorisch angetriebener umlaufender Drehkondensator dienen; besser noch eignen sich *Schwingkondensatoren* der in Abb. VII. 45 im Schnitt dargestellten Art nach DORSMAN [19]. Hier ist eine der zwei Kondensatorplatten (P_1)

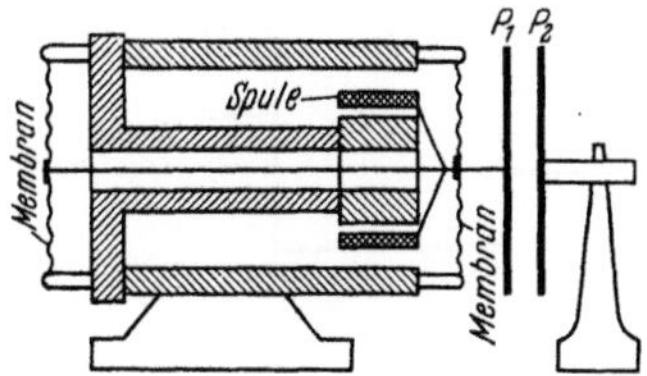

Abb. VII. 45. Schwingender Kondensator nach [*19*]

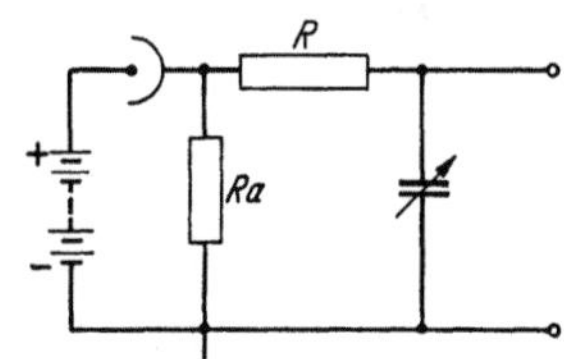

Abb. VII. 46. Wechselstromerzeugung mit Schwingkondensator

an einem federnden Membransystem befestigt, mit dem sie durch eine Stromspule mit vorgegebener Wechselfrequenz gegen einen Feldmagneten und gegen die feststehende zweite Kondensatorplatte (P_2) zum Schwingen gebracht werden kann. Wenn die Erregerfrequenz auf die mechanische Eigenfrequenz des Systems abgestimmt ist, entsteht ein gut sinusförmiger Verlauf des Plattenabstandes zwischen P_1 und P_2.

Die Kapazität zwischen beiden hat dann einen Verlauf $C = \dfrac{C_0}{1 + a \sin \omega t}$, wobei a den „Modulationsgrad" des Kondensators darstellt, der durch das Verhältnis der Schwingungsamplitude der beweglichen Platte P_1 zum mittleren Abstand $P_1 P_2$ gegeben ist. Bei der in Abb. VII. 45 gezeigten Ausführung werden Modulationen bis etwa $a = 0,3$ erreicht.

Legt man einen solchen Schwingkondensator nach Abb. VII. 46 in Serie mit einem hinreichend *großen* Vorwiderstand R parallel zu dem Arbeitswiderstand R_a einer Photozelle, so entsteht bei einem Photostrom i im Zellenkreise, der am Arbeitswiderstand die Gleichspannung $U_0 = i \cdot R_a$ erzeugt, am Kondensator eine Wechselspannung

$$U = U_0 (1 + a \sin \omega t) \cdot \left(1 + \frac{a}{\omega R C_0} \cos \omega t\right).$$

Diese Näherungsgleichung für den Verlauf von U ist gültig, solange bei gegebener Schwingungsfrequenz ν, also gegebenem $\omega = 2 \pi \nu$, und gegebener mittlerer Kapazität C_0 des Kondensators das Produkt $\omega R C_0 \gg a$ ist. Man wählt also R möglichst groß, in jedem Fall $R \gg R_a$, damit die Zelle praktisch nur an R_a als wirksamem Außenwiderstand arbeitet, ohne daß die am Kondensator entstehende Wechselspannung auf die Zelle zurückwirken kann. In diesem Fall vereinfacht sich der obige Ausdruck für U mit hinreichender Genauigkeit zu

$$U = i \cdot R_a(1 + a \sin \omega t),$$

d. h., die Kondensatorwechselspannung ist jeweils dem Zellengleichstrom i direkt proportional und kann als Maßgröße unmittelbar einem Wechselstromverstärker zugeführt werden.

Der zu wählenden Größe des Vorwiderstandes R ist nach oben hin nur dadurch eine Grenze gesetzt, daß mit wachsendem R die Zeit-

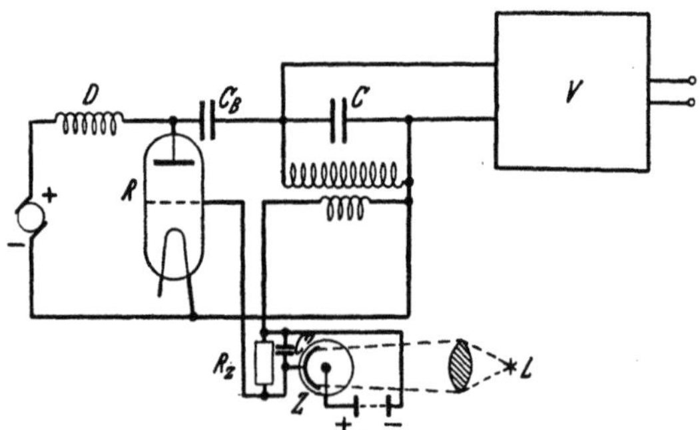

Abb. VII. 47. Modulation des Photostromes durch einen Überlagerer.
R Schwingröhre; D Drossel; C_B Blockkondensator; C Kreiskondensator, der mit der ihm parallel liegenden Induktivität die Kreisfrequenz des Überlagerers bestimmt; L Lichtquelle; Z Photozelle; R_Z Gitterwiderstand, an dessen Enden durch den Photostrom ein Spannungsabfall entsteht; C' Überbrückungskondensator; V Verstärker

konstante RC_0 der Schaltung, d. h. die Einstellzeit, in der die Wechselspannungsamplitude Änderungen von i folgt, unzulässig groß werden kann. Mit $R \approx 10^6 \,\Omega$, $C_0 \approx 0{,}05\,\mu\mathrm{F}$ und $RC_0 \approx 0{,}05$ sec arbeitet die Anordnung praktisch noch nahezu trägheitsfrei.

Eine einfache, wenn auch etwas grobe Methode zur Modulation des Photostroms besteht darin, daß die Photozelle mit Wechselspannung oder modulierter Gleichspannung betrieben wird. Bei konstanter Belichtung durchläuft die Zelle dann in jeder Periode der Betriebsspannung einen mehr oder weniger großen Teil ihrer Stromspannungskurve (S. 388), d. h., es entsteht ein Zellenwechselstrom, der einem Wechselstromverstärker zugeführt werden kann. Die Kurvenform des Wechselstroms weicht allerdings infolge der nichtlinearen Zellencharakteristik im allgemeinen erheblich vom Verlauf der angelegten Zellenwechselspannung ab; aus diesem Grunde wird sich das Verfahren nur in seltenen Fällen empfehlen.

Besser ist es, falls man Wechselrichter der oben beschriebenen Art vermeiden, aber trotzdem Wechselstromverstärker benutzen will, in der ersten Stufe des Verstärkers eine feste Trägerfrequenz einzuführen, die nach Art der in Abb. VII. 47 dargestellten Schaltung durch den Zellengleichstrom moduliert wird. Die Trägerschwingung muß hierbei natürlich gut konstant gehalten werden, da ihre von der Photozelle gesteuerte Amplitude die Anzeigegröße für die Zellenbelichtung darstellt. Mit stabilisierten Spannungsquellen läßt sich das aber hinreichend genau verwirklichen. Verwendet man gleichzeitig einen auf die feste Trägerfrequenz abgestimmten Resonanzverstärker (S. 444), der von Störspannungen anderer Frequenz weitgehend unabhängig ist, so kann man mit dieser Anordnung hohe Meßgenauigkeit erreichen, die den nachstehend beschriebenen Wechsellichtverfahren überlegen ist [52].

b) Erzeugung von Wechsellicht

Gegenüber den oben beschriebenen Methoden der Modulation des Photostromes wird in der Praxis meist die *Modulation der Zellen-*

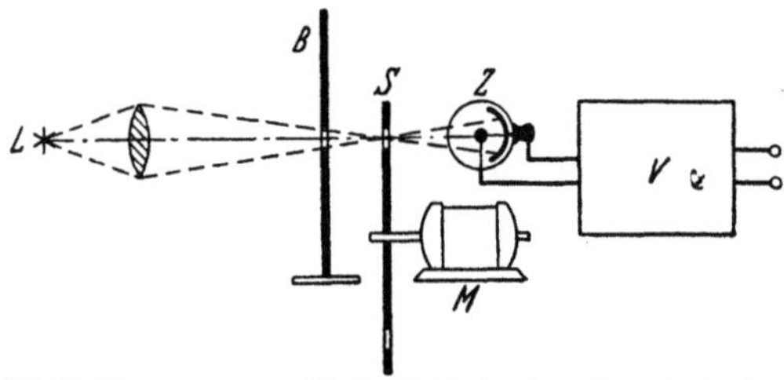

Abb. VII. 48. Erzeugung von Wechsellicht durch rotierende Lochscheibe

belichtung vorgezogen, die bei hinreichend trägheitsfrei arbeitenden Photozellen unmittelbar Zellenwechselströme von der Kurvenform des Helligkeitswechsels liefert. Die Lichtmodulation auf der Zelle kann auf verschiedene Weise erfolgen, am einfachsten z. B. mit einem Lochkranz auf einer rotierenden Unterbrecherscheibe S (Abb. VII. 48), die in den Strahlengang zwischen Lichtquelle L und Photozelle Z eingeschaltet wird. Bei richtiger Wahl der Lochform der feststehenden Blende B und der rotierenden Scheibe S läßt sich ein gut sinusförmiger Helligkeitsverlauf erreichen [77a].

Im allgemeinen treibt man solche Lochscheibenanordnungen mit konstanter Drehzahl (Synchronmotor) an und wählt die Lochzahl pro Umlauf so, daß eine gewünschte Frequenz des Helligkeitswechsels entsteht, auf die der anzuschließende Wechselstromverstärker passend abgestimmt ist (s. S. 444). Soll dagegen die Photozelle bei verschiedenen Belichtungsfrequenzen untersucht werden, so benutzt man einen Antriebsmotor veränderlicher Drehzahl und verwendet

Scheiben mit verschieden enger Lochteilung. Für höhere Drehzahlen müssen die Scheiben aus hinreichend steifem Material (z. B. Stahlblech) hergestellt sein, das keine Flattererscheinungen zeigt, weil sonst die Lichtwechselkurve in unkontrollierbarer Weise verzerrt wird. Aus dem gleichen Grunde muß hier auch für spielfreie Lagerung der Scheibenachse gesorgt werden, da besonders bei kleinen Lichtdurchtrittsöffnungen schon geringe Lagerschwingungen störende Meßfehler verursachen.

Eine Lochscheibenanordnung, die nach diesen Gesichtspunkten gebaut ist, ist in Abb. VII.49 als Beispiel veranschaulicht. Mit Drehzahlen

Abb. VII.49. SCHÄFFERsche Lichtsirene

bis zu etwa 100 sec^{-1} und 360 Öffnungen auf dem Scheibenumfang gelangt man bis zu etwa 36000 Lichtwechseln/sec [68]. Wenn bei hohen Lochzahlen die einzelnen Lichtdurchtrittsöffnungen, die sich auf einer Scheibe gegebenen Durchmessers anbringen lassen, sehr eng werden, ist es vorteilhaft, den Lochkranz nicht an einer einzelnen Blendenöffnung, sondern an einer festen Blende mit *mehreren* Öffnungen vorbeilaufen zu lassen (B in Abb. VII.50), die in Form und Größe den Öffnungen der rotierenden Scheibe entsprechen. Auf die Weise macht jede Öffnung beim Vorbeilauf der Scheibe den gleichen Helligkeitswechsel, so daß insgesamt ein größerer Teil des auftreffenden Lichtbündels moduliert ausgenutzt werden kann.

Will man zu noch höheren Lichtwechselzahlen gelangen, als dies mit rotierenden Lichtsirenen möglich ist, so kann man eine *Kerrzellen*-anordnung verwenden, wie sie in Abb. VII.51 angegeben ist. Der von L ausgehende Lichtstrom durchsetzt vor seinem Eintritt in die Photozelle zwei Polarisatoren N_1 und N_2 (NICOLsche oder GLAN-THOMPSON-Prismen oder Polarisationsfolien), deren Polarisationsrichtungen um 45° gegeneinander geneigt sind, so daß eine bestimmte mittlere Beleuchtungsstärke auf der Photokathode entsteht. Zwischen den Polarisatoren wird die Kerrzelle K angeordnet. Näheres über Aufbau und Betrieb solcher Zellen findet sich bei Fünfer [4]. Legt man an die Kondensatorplatten der Zelle eine sinusförmige Wechselspannung, so wechselt auch der aus N_2 austretende Lichtstrom sinusförmig um seinen Mittelwert. Mit dieser Anordnung kann man nahezu beliebig hohe Lichtwechselfrequenzen erzielen. Ihr Nachteil liegt lediglich in der verhältnis-mäßig geringen Ausnutzung des Licht-bündels, von dem ein merklicher Teil durch die Polarisation und durch Absorption (besonders bei Verwendung von Polarisationsfolien) verlorengeht. Man muß daher im allgemeinen kräftige Lichtquellen verwenden, um diese Verluste auszugleichen.

Kerrzellenanordnungen ermöglichen es, Photozellen nicht nur mit periodischem Wechsellicht, sondern erforderlichenfalls auch mit außer-

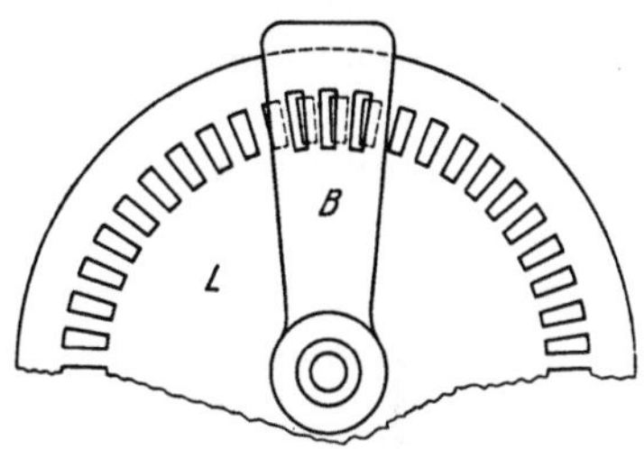

Abb. VII. 50. Schema eines Lochkranzes mit gleichzeitigem Lichtwechsel in mehreren Blendenöffnungen.
L Lochscheibe; B feste Blende

ordentlich kurzen Belichtungsimpulsen zu belichten. Mit zwei Kerrzellen, deren Wirkung bei gleicher Erregung sich gegenseitig aufhebt, konnten Lichtblitze von nur 10^{-9} sec Dauer erzeugt werden [63] (vgl. auch S. 7).

c) Röhrenvoltmeter

Die Photostrommessung mit Wechselstromverstärkern erfolgt im Prinzip in ähnlicher Weise wie bei Gleichstrom (s. S. 423, Abb. VII. 32).

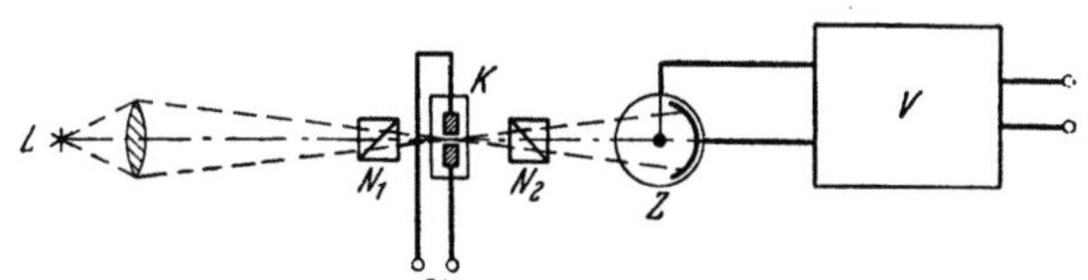

Abb. VII. 51. Kerrzellenanordnung zur Modulation eines Lichtstromes

Während dort jedoch die vom Photostrom erzeugte Gitterspannungs-änderung ΔU_g einer Röhre unmittelbar durch die zugehörige Anoden-stromänderung Δi_a gemessen wurde, muß hier die *Amplitude* der auftretenden Gitterwechselspannung in eine geeignete Meßgröße im Anodenkreis umgesetzt werden. Hierzu muß entweder in der Röhre selbst oder in einem Zusatzorgan eine *Gleichrichtung* vorgenommen werden, die den Anzeigestrom für das Meßinstrument liefert.

In der einfachsten Weise kann das durch Verlegung des Arbeitspunktes der Röhre in den unteren (oder oberen) gekrümmten Teil ihrer

Gitterspannungs-Anodenstromkennlinie (Abb. VII.33) geschehen. An diesen Stellen tritt, wenn dem Gitter von der Photozelle her eine Wechselspannung zugeführt wird, in bekannter Weise eine von der Wechselamplitude abhängige Änderung des *mittleren* Anodenstroms ein [*88*]. Diese kann von einem Anzeigeinstrument, das der Wechselamplitude selbst nicht zu folgen vermag, gemessen werden und als Maß für die jeweilige Wechselamplitude am Steuergitter dienen. In dieser Form kann daher eine Röhre als einfaches Röhrenvoltmeter benutzt werden, wobei die am Gitter gemessene Wechselamplitude wieder ein Maß für den im Arbeitswiderstand R (Abb. VII.52) fließenden Zellenwechselstrom i_p ist.

Aus der Erzeugung der Meßspannung durch teilweise Gleichrichtung in den gekrümmten Teilen der Röhrenkennlinie ergibt sich für diese Anordnung

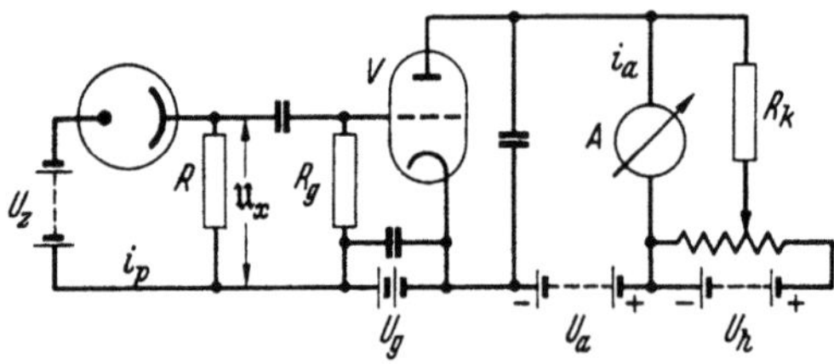

Abb. VII.52. Messung von Zellenwechselströmen mit Röhrenvoltmeter.

R Arbeitswiderstand; *V* Röhre, mit ihrem Arbeitspunkt durch U_g im unteren, gekrümmten Teil der Kennlinie eingestellt; *A* Anzeigeinstrument; U_h Hilfsspannung zur Kompensation des Anodenruhestromes i_{a0}

1. daß mit einem Röhrenvoltmeter stets *Amplituden* gemessen werden, aus denen sich die effektive Gitterwechselspannung bzw. der effektive Photostrom nur dann genau ermitteln läßt, wenn die Kurvenform der Wechselspannung hinreichend bekannt oder gut sinusförmig ist;

2. daß die Anzeigebeträge (Δi_a) nicht proportional der angelegten Wechselamplitude sind. Jedes Röhrenvoltmeter muß daher zunächst mittels bekannter Wechselspannungen *geeicht* werden;

3. daß die bei der Eichung gefundenen Werte sich nur dann als reproduzierbar zu exakten Messungen verwenden lassen, wenn der Betriebszustand der Röhre, ihr Arbeitspunkt und die Form ihrer Kennlinie möglichst genau erhalten bleibt.

Die letztgenannten Bedingungen machen es erforderlich, die Betriebsspannungen der Anordnung gut konstant zu halten. Man entnimmt sie daher entweder hinreichend kräftigen Batterien oder sorgt bei Netzbetrieb für geeignete Stabilisierung. Abb. VII.52 zeigt das Schema eines einfachen Röhrenvoltmeters [*23*]. Auch hier gilt das auf S. 427 Gesagte, daß es zuweilen zweckmäßig ist, den Anodenruhestrom i_a, den die Röhre im gewählten Arbeitspunkt ohne Wechselspannung ($\mathfrak{U}_x = 0$) liefert, durch eine Hilfsspannung (U_h in Abb. VII.52) zu kompensieren, so daß das Anzeigeinstrument A nur die der jeweiligen Wechselspannung $\mathfrak{U}_x$ entsprechende Anodenstromänderung Δi_a anzeigt.

Die in Abb. VII. 52 gezeigte Schaltungsart mit Anodengleichrichtung ist die für Röhrenvoltmeter übliche. Läßt man die Röhre statt dessen ohne Gittervorspannung arbeiten, so wird eine angelegte Gitterwechselspannung durch periodisch einsetzenden Gitterstrom teilweise gleichgerichtet (Gittergleichrichtung). Auch die hierdurch bewirkte Anodenstromänderung kann wie im obigen Fall zur Anzeige benutzt werden. Ein Röhrenvoltmeter dieser Art mit Netzanschluß ist in Abb. VII. 53 dargestellt [49]. Der Heizstrom der Röhre ist hier durch einen Eisenwasserstoffwiderstand EW, die Anodenspannung durch einen Glimmspannungsteiler Gl stabilisiert. Die Anodengleichspannung kann dann gleichzeitig als Saugspannung für die Photozelle dienen.

Bei Messung kleiner Photoströme, d. h. also kleiner Wechselamplituden am Gitter der Röhre, kommt es wie bei den entsprechenden Gleichstromschaltungen (S. 425, Abb. VII. 34) auf gute *Isolation* der Röhrenzuleitungen an. Diese läßt sich auch bei handelsüblichen Röhren meist verbessern, indem

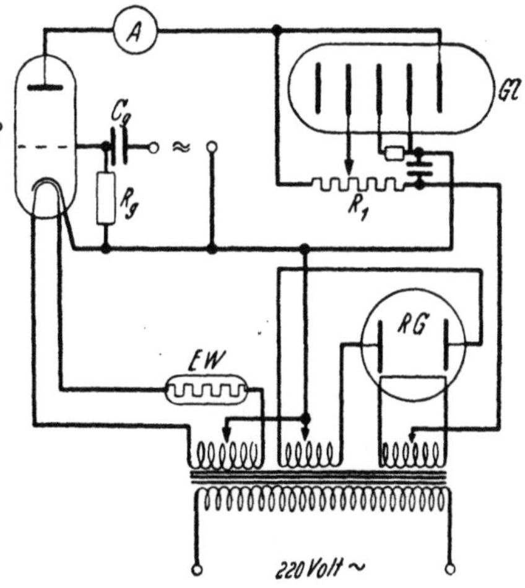

Abb. VII. 53. Röhrenvoltmeter nach KALLMANN [49]

man den Röhrensockel gut reinigt bzw. ganz entfernt und die Zuleitungen direkt an die Durchführungsdrähte anschließt.

Im Unterschied zu den früher behandelten Gleichstromschaltungen spielt jedoch bei allen Wechselstromverstärkungen die Gitter-Kathodenkapazität der verwendeten Röhren eine wesentliche Rolle, da diese Kapazität ja einen frequenzabhängigen Nebenschluß zum Eingangswiderstand der Verstärkeranordnung darstellt. Im statischen (d. h. kalten, stromlosen) Zustand ist die Kapazität üblicher Dreipolröhren im allgemeinen gering — wenige pF —, kann sich aber im Betrieb durch Influenzwirkung der auftretenden Raumladungen erheblich vergrößern [89] [99]. Aus diesem Grund sind für Wechselstromverstärkung *Schirmgitterröhren* vorzuziehen, die das Entstehen von Raumladungswolken weitgehend verhindern. Wenn der Eingangswiderstand R_g der Schaltung so bemessen ist, daß die wirksame Gitterkapazität $C < \dfrac{1}{\omega R_g}$ ist, so kann ihr Einfluß auf die Messung vernachlässigt werden. Für Kapazitäten bis zu etwa 5 pF und Frequenzen bis zu 2000 Hz ist diese Bedingung mit Eingangswiderständen $< 10^7\,\Omega$ stets erfüllt.

d) Mehrstufige Wechselstromverstärker

Bei Verwendung von Wechselstrom lassen sich leichter als bei Gleichstromverstärkung mehrere Verstärkerstufen hintereinanderschalten, um hohe Gesamtverstärkung zu erzielen. Handelt es sich um verstärkte amplitudentreue *Wiedergabe* tonfrequenter Photowechselströme (wie z. B.

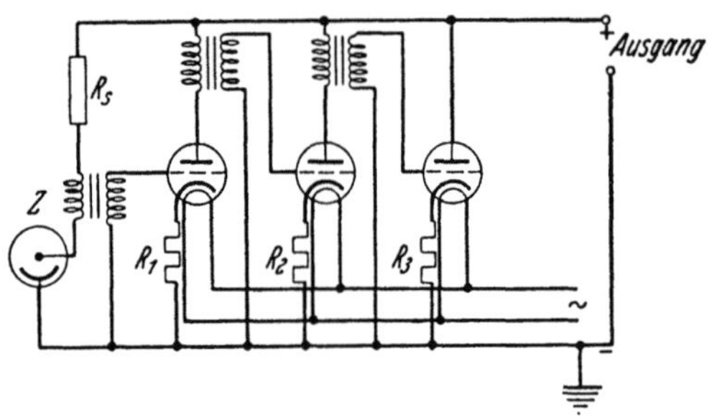

Abb. VII.54. Photozelle mit dreistufigem Transformatorenverstärker

beim Tonfilm), so werden vorwiegend Verstärker mit *Transformatorkopplung* zwischen den einzelnen Stufen verwendet (Abb. VII.54). Solche handelsüblichen Klangverstärker gestatten bei Verwendung geeigneter Transformatorkerne meist nahezu verzerrungsfreie Verstärkung eines Frequenzbereiches von etwa 20 bis 10000 Hz.

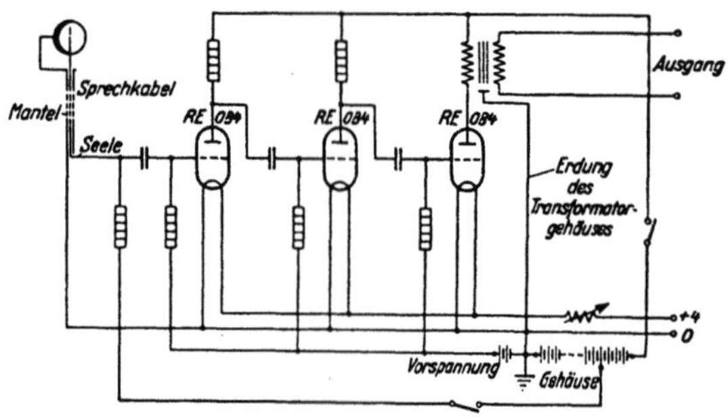

Abb. VII.55. Photozellenverstärker mit Widerstands- und Kapazitätskopplung

Für *Meßzwecke* sind im allgemeinen *widerstandsgekoppelte* Verstärker vorzuziehen (Abb. VII.55), obwohl hier wegen des höheren Ohmschen Widerstandes in den Anodenkreisen die Arbeitssteilheit und damit der Verstärkungsgrad jeder Stufe geringer ist. Bei sorgfältiger Dimensionierung der Kopplungsglieder (Widerstände und Kondensatoren) erreicht man mit ihnen über größere Bereiche weitgehende Frequenzunabhängigkeit. Dazu ist es wichtig, die Schaltungskapazitäten zwischen Gitter-

und Kathodenpotential jeder Stufe möglichst klein zu halten, d. h. die Gitterzuleitungen möglichst kurz zu machen und frei tragend in hinreichendem Abstand von geerdeten Gehäuseteilen usw. zu verlegen. Bei hohen Anforderungen sind u. U. Spezialröhren zu verwenden, deren Gitter- und Anodenzuleitungen nicht gemeinsam mit der Kathode im Röhrensockel, sondern getrennt aus dem Röhrenkolben ausgeführt sind (Abb. VII.56), weil sich hierdurch die schädliche Schaltungskapazität wesentlich vermindern läßt. Bei Meßverstärkern ist es auch vorteilhaft, den Verstärkungsgrad der gesamten Anordnung regeln und der jeweiligen Eingangsamplitude geeignet anpassen zu können. Eine in Grob- und Feinstufen regelbare Anordnung dieser Art, die sich besonders für Wechselstrommessungen an Photozellen eignet, zeigt Abb. VII.57.

Die zur Anzeige der Wechselamplitude dienende Gleichstromgröße kann natürlich auch bei mehrstufiger Verstärkung durch Anoden- oder Gittergleichrichtung wie bei einfachen Röhrenvoltmetern (S. 439) erzeugt werden. Günstiger ist es bei Mehrröhrenverstärkung, an die Endröhre eine *Zweipolröhre* (Diode D in Abb. VII.57) anzuschließen, die lediglich die Aufgabe hat, die Ausgangsamplitude gleichzurichten. Da die Diodengleichrichtung nahezu amplitudengetreu

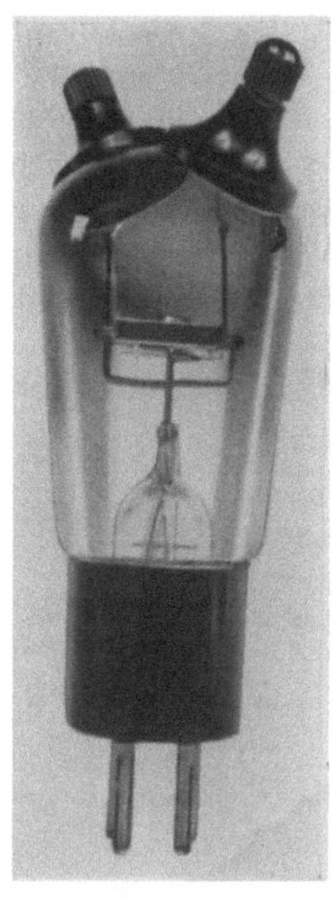

Abb. VII.56. Verstärkerröhre mit gesonderter Gitter- und Anodenzuleitung zur Herabsetzung der Kapazitäten

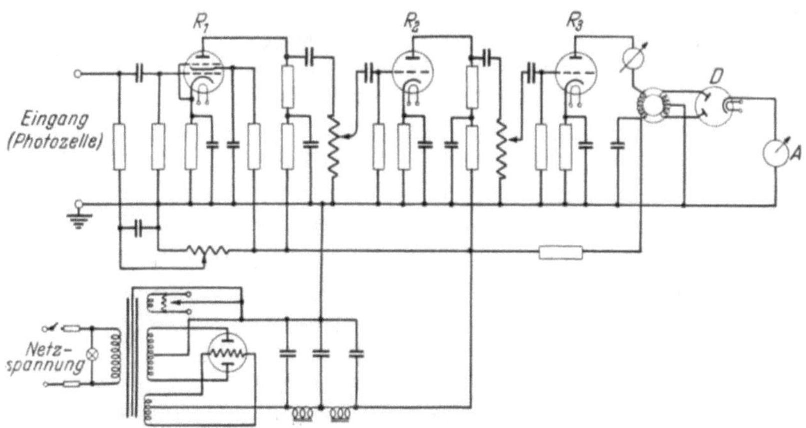

Abb. VII.57. Dreistufiger Meßverstärker mit einstellbarer Stufenregelung und Diodengleichrichtung der Ausgangsspannung (D Diode)

erfolgt [*88*], hat man hiermit den Gewinn, daß die Anzeige am Verstärkerausgang in weitem Bereich amplituden*proportional* ist. Das vereinfacht den Meßvorgang in vielen Fällen erheblich. Bei hinreichender Ausgangsamplitude kann die Gleichrichtung statt mit Röhren in vielen Fällen auch mit *Trockengleichrichtern* erfolgen.

Die vorstehend beschriebenen Verstärkerarten sind vorwiegend für solche Fälle geeignet, wo modulierte Photoströme *verschiedener Frequenz* mit möglichst gleichem Verstärkungsgrad gemessen oder wiedergegeben werden sollen (Breitbandverstärker). Hat man es mit einer *konstanten* Wechselfrequenz zu tun (S. 437), so ist es in vielen Fällen günstiger, die Verstärkeranordnung von vornherein auf die gegebene Frequenz ab-

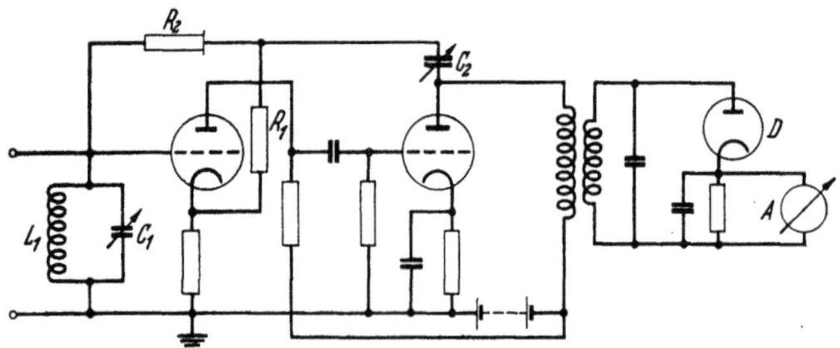

Abb. VII.58. Zweistufiger Resonanzverstärker mit Diodengleichrichtung.
$L_1 C_1$ Abstimmkreis; $R_2 C_2$ selektive Rückkopplung; $R_1 C_2$ Gegenkopplung zur Stabilisierung; D Diode; A Anzeigeinstrument

zustimmen (Resonanzverstärker). Da der Verstärker in diesem Fall nur auf die Abstimmfrequenz anspricht, wird hierdurch nach Gl. (14), S. 431, bzw. Gl. (15a), S. 433, der Störpegel des Photozellenkreises und des Verstärkers selbst, soweit er nicht in das schmale Frequenzband der Zellenmodulation fällt, weitgehend unterdrückt. Eine solche Anordnung ist daher störfreier als eine Breitbandverstärkung und gestattet deshalb, die Gesamtverstärkung sehr hoch zu treiben.

Abb. VII.58 zeigt das Schema eines zweistufigen, abstimmbaren Resonanzverstärkers. Da man aus Gründen der unvermeidlichen Frequenzabhängigkeit der meisten Photozellentypen (s. S. 445ff.) nur mit verhältnismäßig niedrigen Modulationsfrequenzen arbeiten kann, muß die Selbstinduktion L_1 und die Kapazität C_1 des Abstimmungskreises entsprechend groß dimensioniert werden[1]. Deshalb begnügt man sich in den meisten Fällen mit *einem* Abstimmkreis und sorgt durch eine *Rückkopplung* für eine gute Entdämpfung des Verstärkers, um eine möglichst scharfe Resonanzabstimmung zu erzielen.

In der in Abb. VII.58 dargestellten Schaltung erfolgt die Rückkopplung über C_2 und R_2, über die ein Teil der verstärkten Wechsel-

---

[1] Gewöhnlich kommen Frequenzen bis zu einigen 100 Hz in Frage. Für $v = 159$ Hz, $\omega = 2\pi v = 1000$ Hz muß $LC = 1/\omega^2 = 10^{-6}\,\mathrm{sec}^2$ werden.

spannung phasengleich auf die Eingangsspannung zurückübertragen wird. Da der Eingangskreis $L_1 C_1$ nur für die Abstimmfrequenz hohen Widerstand besitzt, erzeugt die Rückkopplung nur für diese Frequenz einen hohen Verstärkungsgrad, während alle anderen Frequenzbereiche unterdrückt werden.

Eine gleichzeitig verwendete *Gegenkopplung* $C_2 R_1$, mit der ein weiterer Teil der verstärkten Spannung an die *Kathode* der Eingangsröhre zurückgeführt wird, ist zur Stabilisierung des Verstärkers vorteilhaft (s. S. 430). Sie läßt sich auch zu weiterer Steigerung der Selektivität ausnutzen [*93*], wenn man in den Gegenkopplungskanal nochmals einen Siebkreis oder mehrere Siebglieder einfügt, die nur für die gleiche Abstimmfrequenz, wie der Eingangskreis $L_1 C_1$, hohen Widerstand besitzen. Dadurch kann man erreichen, daß der Verstärker auf alle Frequenzen außerhalb des schmalen Abstimmbereiches nur schwach anspricht, in dem gewünschten Frequenzband dagegen, wo die Gegenkopplung unwirksam ist, hohe Empfindlichkeit besitzt. Mit solcher Kombination von abgestimmter Rück- und Gegenkopplung ist auch für niedrige Wechselfrequenzen hohe Abstimmschärfe erzielbar [*84*] [*42*].

Auch die in dem ausgesiebten schmalen Frequenzband noch vorhandenen Störspannungen lassen sich nach einer Methode von LUTHER, BERGMANN und MÜHLFELD [*71*] weiter unterdrücken, indem man die zu messende Wechselspannung in der in Abb. VIII. 39, S. 554, schematisch dargestellten Weise über einen Transformator einem *Gegentaktsystem* zweier Röhren R_1, R_2 zuführt, deren Anodenspannungen von einem Wechselstromgenerator G mit gleicher Phase und Frequenz moduliert werden wie der zu messende Photostrom (Signalstrom). Alle Stör- und Rauschspannungen zufälliger Frequenz und Phase, die das Meßergebnis fälschen würden — also z. B. auch etwaige, von dem *Dunkelstrom* der Photozelle herrührende Wechselspannung —, werden in diesem Fall von beiden Röhren gleichmäßig verstärkt. Die eigentliche Signalspannung dagegen, die eine definierte Phasenlage gegen die Modulationsfrequenz von G besitzt, wird in einer der Röhren *verstärkt*, in der anderen, gegenphasigen dagegen *geschwächt*. Der *Unterschied* der von beiden Röhren gelieferten Amplituden, der nach Gleichrichtung z. B. als Spannungsdifferenz an zwei Ladekondensatoren gemessen werden kann, ist dann ein Maß für die rauschfreie Signalspannung. Durch diesen Kunstgriff kann der Störpegel weitgehend unschädlich gemacht und die nutzbare Verstärkung entsprechend hochgetrieben werden.

e) Frequenzabhängigkeit von Photozellen

α) **Einfluß der Zellenkapazität.** Die in den vorhergehenden Abschnitten besprochenen Methoden der Wechselstromverstärkung werden überwiegend zur Übertragung oder Messung von Strömen von *Photo-*

zellen mit äußerem lichtelektrischen Effekt benutzt. Soweit es sich dabei um *Vakuumzellen* handelt, folgt hier, wie auf S. 383 näher ausgeführt war, der Photostrom praktisch *trägheitslos* beliebig schnellen Belichtungsänderungen. Die Frequenz spielt also bei ihnen keine Rolle, d. h., sie liefern bei gleicher Helligkeitsamplitude in jedem Frequenzbereich den gleichen Photostrom. Das macht gerade die Vakuumzellen für alle Anwendungen bei Wechsellicht mit angeschlossener Wechselstromverstärkung besonders geeignet.

Trotzdem ist dabei zu beachten, daß auch Vakuumzellen im Zusammenwirken mit Verstärkeranordnungen einen gewissen Frequenzeinfluß zeigen, der von der *Zellenkapazität* zwischen Anode und Kathode verursacht wird. Legt man eine Vakuumzelle an einen Breitbandverstärker (Abb. VII. 55, S. 442) und setzt die Zelle dem konstanten Helligkeitswechsel einer *Lichtsirene* (Abb. VII. 49, S. 438) mit steigender Frequenz aus, so wird man am Verstärkerausgang einen allmählichen Abfall der Amplitude feststellen. Das hat seine Ursache darin, daß die erwähnte Kapazität C der Zelle einen *frequenzabhängigen Widerstand* $R_c = \dfrac{1}{\omega C}$ darstellt, der dem Arbeitswiderstand R_a im Zellenkreise parallelgeschaltet ist (Abb. VII. 59).

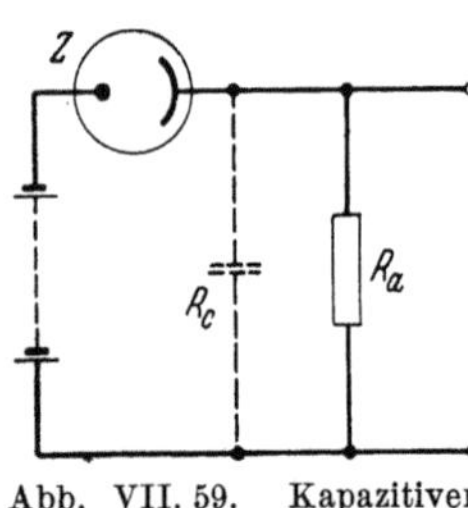

Abb. VII. 59.   Kapazitiver Nebenschluß R_c zum Arbeitswiderstand R_a einer Photozelle

Der wirksame Gesamtwiderstand, an dem die Zelle arbeitet, ist dann

$$R = \frac{R_c \cdot R_a}{R_c + R_a} = \frac{R_a}{1 + \omega C R_a}.$$

Bei gleichbleibendem Zellenwechselstrom i wird daher eine mit steigender Frequenz $\omega = 2\pi\nu$ langsam *abnehmende Spannungsamplitude*

$$U = i \cdot R = \frac{i R_a}{1 + \omega C R_a}$$

auf den Verstärkereingang übertragen. Der Abfall wächst, wie man sieht, mit $\omega C R_a$, d. h. bei gegebener Wechselfrequenz mit der Größe der Zellenkapazität C und des Ankoppelwiderstandes R_a am Verstärkereingang.

Die Kapazität üblicher Photozellen mit äußerem lichtelektrischem Effekt bewegt sich im allgemeinen etwa zwischen 2 und 10 pF. Bei Verwendung von Widerständen $R_a \sim 10^5\,\Omega$ beträgt das Produkt $C \cdot R_a$ dann ca. 2 bis $10 \cdot 10^{-7}$ sec, d. h., bis zu Frequenzen von einigen 1000 Hz bleibt $\omega C \cdot R_a \leqq 0{,}01$, der relative Abfall also innerhalb 1%. Begnügt man sich also mit verhältnismäßig kleinem Eingangswiderstand R_a und hat man es mit nicht zu hohen Lichtwechselfrequenzen zu tun, so kann man erreichen, daß der frequenzbedingte Abfall sehr klein bleibt. Bei hohen Frequenzen wird er in jedem Fall so merklich, daß man, um ihn in zulässigen Grenzen zu halten, nur kleine Widerstände R_a benutzen kann. Auch dann muß der durch den kapazitiven Nebenschluß bedingte Amplitudenverlust rechnerisch berücksichtigt werden, um eventuelle Fehlmessungen am Verstärkerausgang zu vermeiden.

β) **Frequenzabhängigkeit von gasgefüllten Photozellen.** Der in Abschn. α) besprochene Frequenzeinfluß, der bei jedem Zusammenwirken kapazitiver mit anderen Schaltungselementen in Wechselstromkreisen auftritt, stellt keine Eigenschaft der Photozelle selbst dar. Benutzt man jedoch an Stelle von Vakuumzellen solche mit *Gasfüllung*, so überlagert sich dem kapazitiven Einfluß auch eine Frequenzabhängigkeit des Photostromes. Und zwar wächst diese Frequenzabhängigkeit mit steigender Betriebsspannung U der Zelle. Solange U unterhalb der Ionisierungsspannung U_j des Füllgases bleibt, zeigen auch gasgefüllte Zellen keine Trägheit. Sie verhalten sich dann wie Vakuumzellen. Bei Überschreitung der Ionisierungsspannung folgt aber der Photostrom schnellen Helligkeitswechseln nicht mehr ganz streng.

Offenbar wird das durch die positiven Ionen verursacht, die bei

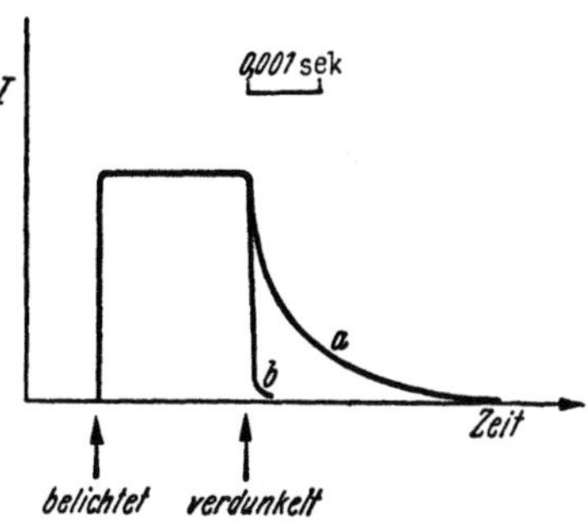

Abb. VII.60. Schematische Darstellung der durch den Rekombinationsvorgang verursachten Trägheit des Photostromes in gasgefüllten Zellen.

a Zelle mit Helium-Neon-Füllung; *b* Zelle mit Argonfüllung

genügend hoher Saugspannung in der Gasstrecke gebildet werden (s. Kap. IV, S. 279). Der Aufbau des Ionenstromes bei einsetzender Belichtung erfolgt zwar außerordentlich schnell, aber bei plötzlicher Unterbrechung der Belichtung geht der Strom infolge endlicher Dauer des Rekombinationsvorganges nicht momentan, sondern in einem Exponentialverlauf auf Null zurück. Belichtet man also eine Gaszelle z. B. mit einem Rechteckimpuls, so erhält man als zugehörige Photostromkurve etwa den in Abb. VII. 60 schematisch dargestellten Verlauf. Bei schnell aufeinanderfolgenden Impulsen wird dadurch die resultierende Wechselstromkurve des Photostromes abgeflacht, und zwar um so stärker, je mehr Impulse noch innerhalb der Rekombinationsdauer der vorhergehenden erfolgen, d. h. je höher die Lichtwechselfrequenz ist.

Abb. VII. 61 veranschaulicht an einem Beispiel, wie sich die durch das Füllgas verursachte Frequenzabhängigkeit von Zellen im Bereich bis zu 30 000 Hz praktisch auswirkt. Man sieht, daß der Abfall nach höheren Frequenzen hin in starkem Maß von der Zellenbetriebsspannung abhängt. Unter normalen Betriebsbedingungen (100 bis 120 V) ist er bei etwa 1000 Hz schon durchaus merkbar und macht bei 10000 Hz bereits etwa 25 bis 30% aus [*68*].

γ) **Photowiderstände.** Noch stärker als bei gasgefüllten Zellen macht sich der Frequenzeinfluß meist bei *Photowiderständen* bemerkbar. Bei dem hier wirksamen *inneren Photoeffekt* rufen die durch das Licht ausgelösten Elektronen zunächst eine Lockerung des Kristallgitters und

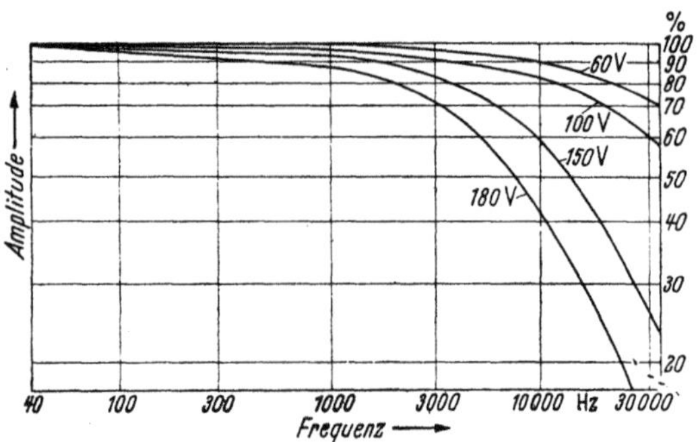

Abb. VII.61. Frequenzgang einer gasgefüllten Cs-Zelle bei verschiedenen Betriebsspannungen nach [*68*]

erst als Folgeerscheinung eine Widerstandsabnahme des Halbleiters hervor. Dieser Sekundärvorgang der Leitfähigkeitssteigerung bei Belichtung wie auch das Wiederabklingen bei Abdunkelung erfolgen im allgemeinen mit merklicher zeitlicher Verzögerung. Daraus ergibt sich in der Regel ein erheblicher Frequenzabfall bei schnellem Belichtungswechsel (Abb. VII.62), der solche Photowiderstände meist nur in einem

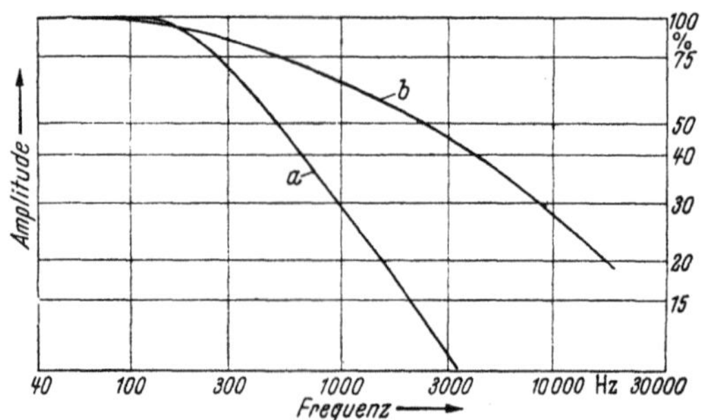

Abb. VII.62. Frequenzgang von Photowiderständen nach [*68*].
a Selenzelle; *b* Thallofidzelle

Bereich bis zu etwa 500 oder höchstens 1000 Hz verwendbar macht. Neuere Kadmiumsulfidzellen weisen allerdings wesentlich günstigeren Frequenzverlauf auf, so daß sie auch zur Tonfrequenzwiedergabe benutzt werden können (s. Kap. XII).

δ) **Photoelemente.** Photoelemente werden in den meisten Fällen nur bei *Gleich*licht benutzt, kommen daher im Zusammenwirken mit Wechselstromverstärkern nur selten in Frage. Im Zusammenhang mit den vorher behandelten Zellentypen soll aber auch ihr Verhalten gegenüber Wechsellicht verschiedener Frequenz erwähnt werden.

Bei Photoelementen handelt es sich, ähnlich wie bei Vakuumzellen, um einen primären lichtelektrischen Auslösungsvorgang, der als solcher praktisch trägheitsfrei verläuft. Da die wirksamen Elektroden der Photoelemente aber — nur durch wenige Moleküllagen der dünnen Sperrschicht voneinander getrennt — in sehr geringem Abstand aufeinanderliegen (s. Kap. V, S. 320), haben diese Zellen eine außerordentlich *hohe Kapazität* [68]. Diese liegt je nach Zellentyp gewöhnlich etwa zwischen 0,03 und 0,2 μF. Der dadurch gegebene niedrige Wechselwiderstand $R_c = 1/\omega C$ wirkt mit zunehmender Belichtungsfrequenz in steigendem Maße als kräftiger innerer Nebenschluß der Zelle, der den nutzbaren Photostrom im Außenkreis stark herabsetzt. Der Nebenschluß macht sich natürlich — ganz entsprechend, wie in Abschn. α), S. 445, näher ausgeführt — um so stärker bemerkbar, je größer der Außenwiderstand ist, an dem die Zelle arbeitet.

Rechnet man bei einem Photoelement mit einem mittleren Kapazitätswert $C \approx 0,1\,\mu$F, so kann man aus nachstehender Tab. VII. 6 entnehmen, welche ungefähren Werte R_c der kapazitive Nebenschluß der Zelle bei verschiedenen Frequenzen annimmt und wie groß man den Außenwiderstand R_a im Zellenkreis höchstens wählen darf, wenn man einen Abfall des Zellenstroms um 10% zuläßt:

Man sieht aus diesen Zahlen, daß Photoelemente in Wechselstromkreisen selbst bei niedrigen Frequenzen nur mit sehr ungünstig kleinen Außenwiderständen verwendbar sind. Eine einigermaßen brauchbare Anpassung an einen hochohmigen Verstärkereingang ist meist nur mittels besonderer Eingangsübertrager (Transformatoren) möglich. Auch dann bleibt der Amplitudenabfall nach höheren Frequenzen hin sehr stark.

Tabelle VII. 6. *Blindwiderstand R_c von Photoelementen mit 0,1 μF Eigenkapazität und zulässiger Außenwiderstand R_a bei 10% frequenzbedingtem Stromabfall*

Frequenz Hz	$R_c\ \Omega$	$R_a\ \Omega$
100	16000	1800
300	5300	600
1000	1600	180
3000	530	60
10000	160	18

E. Oszillographische Meßmethoden[1]

67. Schnellschwingende Galvanometer und Schleifenoszillographen

Die in den vorhergehenden Abschnitten behandelten Methoden eignen sich für den meist gegebenen Fall, daß man es mit der Messung

---

[1] Verfasser: W. Leo, Braunschweig.

stationärer Photoströme zu tun hat, deren Größe sich innerhalb der Meßdauer praktisch nicht ändert. Es liegt dabei im Wesen jedes Meßvorganges, daß die Empfindlichkeit der einzelnen Verfahren um so höher getrieben werden kann, je längere Meßzeit dabei zur Verfügung steht. Denn gerade bei sehr kleinen Meßgrößen (Photoströmen) ist eine endliche Zeit erforderlich, um eine genügende Mindestenergie zur Anzeige auf das Meßsystem zu übertragen. Außerdem können bei längerer Meßdauer kurzzeitige Schwankungen der Meßgröße eliminiert und damit die Meßsicherheit gesteigert werden. Deshalb sind insbesondere die empfindlichsten der in den vorhergehenden Kapiteln beschriebenen Methoden (mit langsam schwingenden Galvanometern, S. 379, oder Auflademethode mit Elektrometer, S. 393ff.) nur zur Messung zeitlich konstanter Ströme zu verwenden.

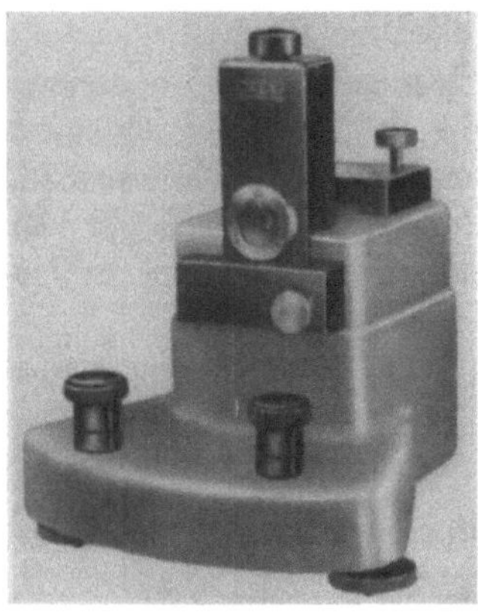

Abb. VII.63. Mollsches Mikrogalvanometer von Kipp & Zonen, Delft. Systemwiderstand 20 Ω Einstellzeit etwa 0,2 sec; Stromkonstante etwa $3 \cdot 10^{-8}$ A/mm/m

Hat man es mit *veränderlicher* Beleuchtung auf der Photozelle oder mit kurzzeitigen Belichtungsimpulsen zu tun, bei denen man die *Momentanwerte* des Photostroms und deren zeitlichen Verlauf bestimmen will, so muß man zu schnellregistrierenden oszillographischen Methoden übergehen, die aus den genannten Gründen nicht die äußerste Empfindlichkeit erreichen.

Bei nicht allzu schnellen Helligkeitswechseln kann der entstehende Photostrom u. U. noch mit *Galvanometern* kurzer Einstellzeit verfolgt werden. Das kommt bei Frequenzen von einigen Hertz insbesondere für Messungen mit *Photoelementen* in Frage, die günstig mit *niederohmigen* Anzeigeinstrumenten arbeiten (vgl. S. 380). In diesem Fall kann man z. B. schnellschwingende Galvanometer nach Art des *Mollschen Mikrogalvanometers* (Abb. VII.63) oder der neuerdings von Kipp & Zonen, Delft[1], entwickelten Stylo-Galvanometer verwenden. Das erstgenannte Instrument hat bei einem Systemwiderstand von 20 Ω und einer Stromempfindlichkeit von ca. $3 \cdot 10^{-8}$ A/mm/m eine Einstellzeit von 0,2 sec. Noch schneller sprechen die Stylo-Galvanometer an (Abb. VII.64), die mit verschiedenen Einsatzsystemen von 20 bis 100 Ω Widerstand für Frequenzen zwischen 20 und 230 Hz geliefert werden und je nach Typ Empfindlichkeiten von etwa $3 \cdot 10^{-8}$ bis $4 \cdot 10^{-7}$ A/mm/m besitzen.

Wenn man über den Drehspiegel eines solchen Galvanometers einen Lichtzeiger erzeugt und auf einer photographischen Registriertrommel

---

[1] Zu beziehen durch E. Leybold's Nachf., Köln-Bayental.

abbildet, so kann man damit in verhältnismäßig einfacher Weise den zeitlichen Verlauf veränderlicher Photoströme festhalten. Die jeweiligen Ausschläge werden an Hand mitphotographierter Zeitmarken oder nach der vorher ermittelten Umlaufgeschwindigkeit der Registriertrommel auf dem Schreibstreifen ausgemessen und ausgewertet.

Abb. VII.64. Reihenblock schnellansprechender Stylo-Galvanometer verschiedener Frequenz von Kipp & Zonen, Delft

Schneller verlaufende Belichtungsimpulse, für die die Einstellgeschwindigkeit solcher Instrumente nicht mehr ausreicht, machen eine Aufzeichnung der Photostromkurven mit schnellarbeitenden Oszillographen erforderlich. Bei Messung mit Photoelementen eignen sich dazu handelsübliche *Schleifenoszillographen*. Hier erfolgt die Stromanzeige durch momentan folgende Drehbewegungen einer dünnen Metallschleife in einem kräftigen Magnetfeld (Abb. VII.65). Die Schleife ist so geformt und federnd gehaltert, daß sie möglichst geringes Trägheitsmoment besitzt. Das System ist gewöhnlich in einem geschlossenen Gehäuse in einer geeigneten Dämpfungsflüssigkeit untergebracht, um die aperiodische schnelle Einstellung der Schleife zu verbessern. Ein kleiner Galvanometerspiegel, der mit der Schleife fest verbunden ist, zeichnet die momentanen Drehbewegungen mit einem Lichtzeiger auf einen photographischen Registrierstreifen.

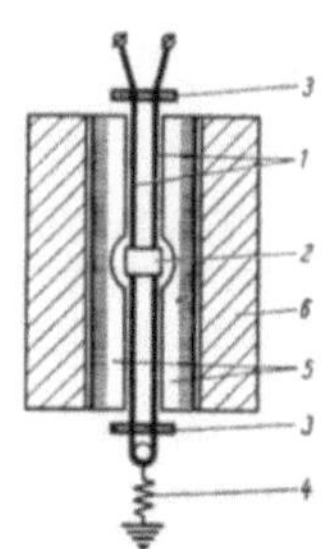

Abb. VII.65. Oszillographenschleife (Schleifenschwinger) von Siemens

Abb. VII.66 zeigt schematisch die Gesamtanordnung eines modernen Schleifenoszillographen. *1* ist die Meßschleife, deren Drehspiegel von einer Niedervoltlampe *2* über ein Kondensor- und Spiegelsystem *3—5* kräftig beleuchtet wird. Der vom Spiegel kommende Lichtzeiger *6—9* erzeugt auf dem gleichmäßig vorbeilaufenden Registrierstreifen *14* eine Lichtspur, deren Auslenkung aus der Ruhelage ein Maß für den momentanen Strom in der Schleife *1* ist. Die jeweiligen Lichtzeigerstellungen können dabei an einem Teillichtbündel *10,* das über einen rotierenden Polygonspiegel *12* auf einen Bildschirm *13* gelangt, fortlaufend beobachtet werden. Gleichzeitig mit der Stromkurve werden durch periodische, vom Wechselstromnetz gesteuerte Belichtungen der Lampe *23* Zeitmarken auf dem Registrierstreifen aufgezeichnet, an Hand deren der zeitliche Verlauf der Stromkurve ausgewertet werden kann.

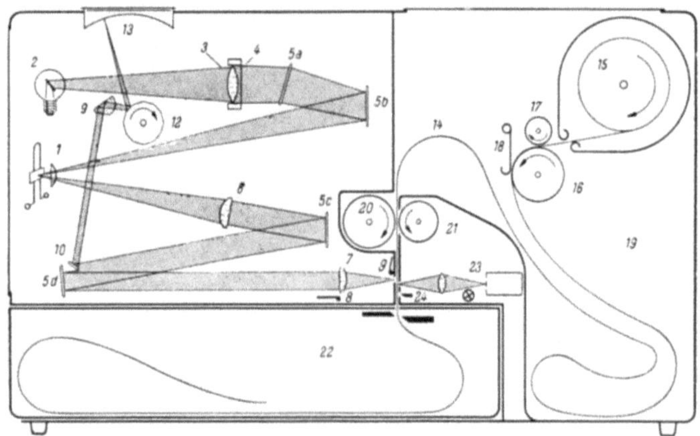

Abb. VII.66. Prinzipskizze des transportablen Schleifenoszillographen von Siemens & Halske

Mit solchen Schleifenoszillographen werden verhältnismäßig hohe Anzeigegeschwindigkeiten erreicht. Die nachstehende Tabelle gibt Daten einiger gebräuchlicher Meßschleifen (Schleifenschwinger), wie sie z. B. in tragbaren oder ortsfesten SIEMENS-Oszillographen verwendet werden:

Tabelle VII.7 *Kenndaten einiger Schleifenschwinger mit Dauermagnet*

Bezeichnung	Widerstand ca. Ω	Registrierempfindlichkeit bei 50 cm Lichtzeiger: mm/mA	Maximale Belastung mA	Verwendbar bis Höchstfrequenz Hz
1,3 T	9,5	30	3	450
2,5 T	4,8	9	10	850
5 T	1,9	1,15	50	1750
10 T	0,9	0,16	180	3500
17 T	0,5	0,03	200	6000

Bei ortsfesten Geräten mit längerem Lichtzeiger sind die Registrierempfindlichkeiten entsprechend größer. Wichtig sind die in der letzten Spalte der Tabelle angegebenen Zahlen der zulässigen Frequenzbereiche. Man kann danach mit der Wahl der Schleifenempfindlichkeit nur so weit gehen, wie es die Schnelligkeit des zu verfolgenden Lichtwechsels auf der Zelle, d. h. die Höchstfrequenz der entstehenden Stromkurve zuläßt. Wird die Schleife mit zu hoher Frequenz beansprucht, so besteht die Gefahr merklicher *Verzerrung* der Registrierkurven, da man sich dann der Eigenschwingung des Schleifensystems nähert.

In den üblichen Oszillographen können wahlweise Schleifenschwinger verschiedenen Typs nebeneinander eingesetzt und damit mehrere Strom-verläufe gleichzeitig auf dem Re-gistrierstreifen aufgenommen wer-den. Das ist oft vorteilhaft, z. B. wenn man den kurzzeitigen Hellig-keitsverlauf von photographischen Blitzlichten oder ähnlichen schnel-len Lichtimpulsen mit der Photo-zelle verfolgen und dabei zugleich Zeitmarken für den Zündaugenblick des Blitzes oder die Dauer des Zündstromes u. dgl. festhalten will (Abb. VII.67). Photoelemente kön-nen dabei gewöhnlich ohne Zwi-schenverstärkung des Stromes un-mittelbar an die Meßschleifen an-geschlossen werden. Bei Licht-impulsen von einigen 1000 lx reicht die Empfindlichkeit meist völlig aus, um gut meßbare Auslenkungen der Oszillographenkurve zu erhalten [*32*] [*66*].

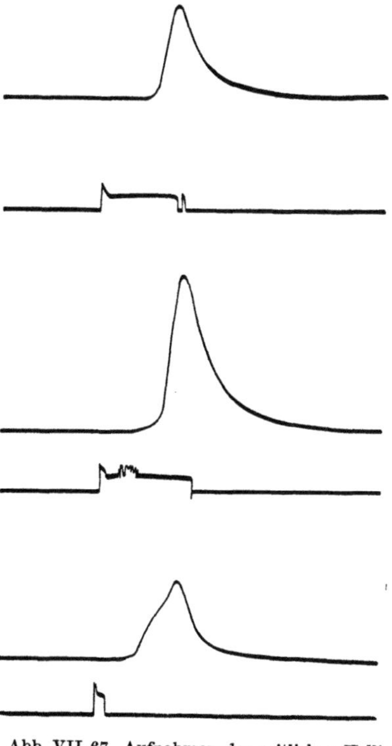

Abb. VII. 67. Aufnahmen des zeitlichen Hellig-keitsverlaufes verschiedener photographischer Blitzlampen mit Sperrschichtzelle und Schleifen-oszillograph (nach [*66*])

68. Messung mit Kathodenstrahl-oszillographen

Für Photozellen mit äußerem Photoeffekt, die nur kleinere Photo-ströme liefern und empfindlicherer *hochohmiger* Anpassung bedürfen, sind die in Ziff. 67 genannten Verfahren gewöhnlich nicht mehr brauchbar. Hier kann man zur registrierenden Aufzeichnung nicht allzu schnell veränderlicher Photoströme häufig ein *Fadenelektrometer* oder ein *Spiegelelektrometer* (s. S. 413) verwenden. Wo dies nicht mehr aus-reicht, geht man zu einer *Verstärker*methode über (Ziff. 66), mit welcher der zeitliche *Strom*verlauf in einen entsprechenden *Spannungs*verlauf von hinreichender Amplitude umgesetzt wird. Diese kann man dann zur meßbaren Ablenkung des Kathodenstrahls in einer *Braunschen Röhre* verwenden. Die üblichen Kathodenstrahloszillographen besitzen meistens vor den Ablenkplatten der Röhre einen eingebauten passenden

Eingangsverstärker, der ohne weiteres an Stelle eines der in Ziff. 66 behandelten Photozellenverstärker benutzt werden kann. Man braucht dann nur die Zelle mit passender Betriebsspannung an den Verstärkereingang anzuschließen (Abb. VII. 68) und den Verstärkungsgrad entsprechend der Zellenempfindlichkeit und der Beleuchtungsstärke auf der Zelle einzuregeln. Die Auslenkung des Kathodenstrahls im Schirmbild des Oszillographen folgt dann auch schnellen Lichtwechseln auf der Zelle bis zu hohen Frequenzen.

Um den Verlauf als Kurvenbild beobachten zu können, gibt man dem Kathodenstrahl in üblicher Weise eine geeignete periodische *Zeitablenkung* senkrecht zur Spannungsablenkung durch den Photostrom. Erfolgt auch der Belichtungsimpuls auf der Zelle periodisch, so erzielt

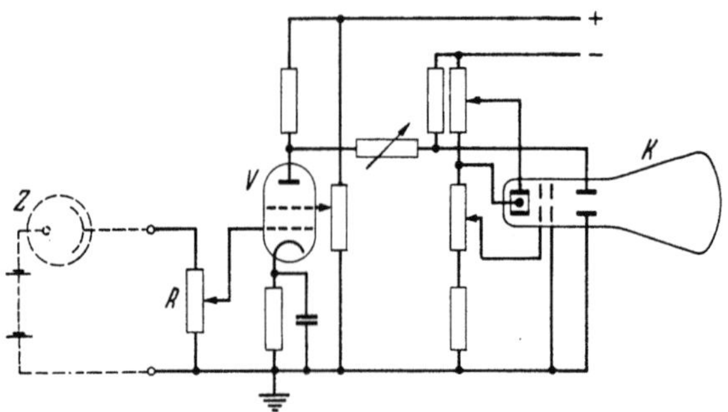

Abb. VII. 68. Schema eines Kathodenstrahloszillographen mit Eingangsverstärker.
Z Photozelle; *V* Verstärker; *R* Amplitudenregler; *K* Kathodenstrahlröhre

man bei Synchronlauf der Zeitablenkung mit der Impulsfrequenz auf dem Oszillographenschirm ein stehendes Bild, in dem man den zeitlichen Verlauf der Photostromkurve in Einzelheiten verfolgen kann. Es sei allerdings darauf hingewiesen, daß der Spannungsverlauf, den die Eingangsverstärker der üblichen Oszillographen auf die Ablenkplatten der Kathodenstrahlröhre übertragen, häufig *nicht* unmittelbar dem zeitlichen Verlauf $i = f(t)$ der Photostromkurve, sondern deren zeitlichem Differentialquotienten $f'(t) = \dfrac{d\,i}{d\,t}$ entspricht. Dieser Differentialquotient, d. h. die Spannungskurve des Oszillographenbildes, hat nur bei annähernd *sinusförmigem* Stromverlauf die gleiche Kurvenform wie der ursprüngliche Photostrom. Bei stärkerer Abweichung der Lichtwechselkurve von der Sinusform muß daher aus der beobachteten Kurve $f'(t)$ der tatsächliche Stromverlauf $i = f(t)$ erst rechnerisch ermittelt werden, da das Oszillographenbild sonst zu erheblichen Täuschungen Anlaß geben kann.

Hat man es nicht mit periodischen, sondern nur mit *Einzel*impulsen zu tun, so kann man das kurzdauernde Schirmbild mit dem Auge nicht mehr messend verfolgen, sondern ist auf photographische Momentaufnahme des Oszillographenbildes angewiesen. Im verdunkelten Raum oder bei lichtdichter Verbindung zwischen der Kamera und dem Oszillographenschirm kann man solche Aufnahmen gewöhnlich in einfacher Weise vornehmen, indem man den Photoverschluß von Hand kurz vor der Belichtung der Zelle öffnet und danach wieder schließt. Andernfalls koppelt man, wie bei photographischen Blitzlichten, den Kameraverschluß mit der Auslösung des im Oszillographenbild festzuhaltenden Belichtungsimpulses und sorgt nur dafür, daß dabei die Öffnungsdauer des Verschlusses etwas länger ist als der zu messende Impulsvorgang.

F. Methoden und Apparate zur Ermittlung der spektralen Empfindlichkeitskurve[1]

69. Spektrale Empfindlichkeit und Gesamtempfindlichkeit

Die *Empfindlichkeit von Photozellen* wird häufig noch in A/lx oder A/lm angegeben, d. h. die Photostromausbeute wird auf eine bestimmte *Beleuchtungsstärke E* oder auf den in die Zelle einfallenden *Lichtstrom* Φ unzerlegten Lichtes bezogen. Solche Angaben sind jedoch mehr oder weniger illusorisch, solange der *spektrale Verlauf der Zellenempfindlichkeit* und die *spektrale Intensitätsverteilung der Lichtquelle* nicht bekannt sind, bei denen die betreffende Stromausbeute gemessen wurde. Denn da die verschiedenen Arten von Photokathoden auf Strahlung verschiedener Wellenlängen mit ganz unterschiedlicher Empfindlichkeit ansprechen, muß auch die lichtelektrische Gesamtausbeute je nach der spektralen Strahlungsverteilung der Lampe verschieden ausfallen.

Ist $S(\lambda)$ die spektrale Strahlungsverteilung der Lampe, deren Licht in einem Raumwinkel ω in die Photozelle fällt, so erhält diese einen spektralen Strahlungsfluß $dL = \omega \cdot S(\lambda)\,d\lambda$ (in Watt) des schmalen Wellenlängenintervalls zwischen λ und $\lambda + d\lambda$. Spricht die Zelle auf diesen Strahlungsfluß mit der Empfindlichkeit $f(\lambda)$ (in A/W) an, so wird die gesamte, in die Zelle gelangende Strahlung einen Zellenstrom

$$i = \int\limits_0^\infty f(\lambda)\,dL = \omega \int\limits_0^\infty f(\lambda) \cdot S(\lambda)\,d\lambda$$

erzeugen. Welchem Lichtstrom Φ diese Stromausbeute entspricht, wird ganz von dem spektralen Verlauf von $f(\lambda)$ und $S(\lambda)$ gegenüber der Spektralkurve der Augenempfindlichkeit (s. S. 516) abhängen. Um also die tatsächlich nutzbare Ausbeute einer Photozelle bei gegebenen Beleuchtungsverhältnissen zu ermitteln, müssen wir sowohl den spektralen

---

[1] Verfasser: W. Leo, Braunschweig, u. R. Suhrmann, Hannover.

Verlauf ihrer Empfindlichkeit als auch die spektrale Intensitätsverteilung der benutzten Lichtquelle kennen. Wir wollen uns daher im nachfolgenden zunächst mit den Eigenschaften der gebräuchlichen *Lichtquellen* für photoelektrische Messungen beschäftigen und dann mit den Methoden der Spektralzerlegung des Lichts, die zur Messung von Empfindlichkeitskurven angewendet werden.

70. Lichtquellen

Die spektrale Strahlungsverteilung $S(\lambda)$ von Lichtquellen unterscheidet sich grundsätzlich danach, ob es sich um thermische Strahlung erhitzter fester Körper (*Temperaturstrahlung*) oder um — thermisch oder elektrisch angeregte — atomare Emission in verdünnten Gasen handelt (*Atom-* oder *Molekülstrahlung*). Im ersteren Fall entsteht ein *kontinuierliches Spektrum* aller Wellenlängen, im zweiten Fall im allgemeinen eine linienhafte Emission bestimmter einzelner Wellenlängen, die durch die Höhe der verschiedenen anregbaren Energieniveaus der strahlenden Atome oder Moleküle gegeben ist *(Linienspektrum)*.

a) Temperaturstrahler

Die festen Temperaturstrahler wie *Kohle* (Lichtbogen), *Metalle* (Leuchtfäden von Glühlampen) oder Metall*oxyde* u. dgl. unterscheiden sich hinsichtlich ihrer Strahlungseigenschaften im wesentlichen durch ihr mehr oder weniger wellenlängenabhängiges *Emissionsvermögen* α. Dieser Zahlenfaktor $\alpha = f(\lambda, T)$*, der eine Materialeigenschaft darstellt, gibt an, welchen *Anteil der maximal möglichen Strahlung* der betreffende Körper bei einer gegebenen Temperatur T und gegebener Wellenlänge λ tatsächlich ausstrahlt. Die höchstmögliche Strahlung bei gegebener Temperatur emittiert ein sogenannter *Schwarzer Körper*, der z. B. durch einen gleichmäßig temperierten strahlenden *Hohlraum* verwirklicht werden kann. Hier ist α von Temperatur und Wellenlänge unabhängig stets gleich 1. Die Strahlungsverteilung $S = f(\lambda, T)$ läßt sich in diesem Fall nach der PLANCKschen Strahlungsgleichung

$$S_s(\lambda,\ T) = \frac{c_1}{\lambda^5} \, \frac{1}{e^{\frac{c_2}{\lambda T}} - 1} \tag{16}$$

mit den Konstanten:

$$c_1 = 2\,h\,c^2 = 1{,}176 \cdot 10^{-16}\ \mathrm{W \cdot m^2}$$

und

$$c_2 = \frac{h \cdot c}{k} = 1{,}438 \cdot 10^{-2}\ \mathrm{m \cdot Grad**}$$

---

* Mit T sind hier stets *absolute* Temperaturen ($^\circ$K), bezogen auf den absoluten Nullpunkt ($-273{,}15^\circ$ C), bezeichnet.

** c = Lichtgeschwindigkeit = $3 \cdot 10^8$ m/sec; h = Plancksches Wirkungsquantum = $6{,}62 \cdot 10^{-34}$ W $\cdot$ sec^2; k = Boltzmannsche Konstante = $1{,}380 \cdot 10^{-23}$ W sec/Grad.

für jede Temperatur T des Strahlers berechnen[1]. Ihr Verlauf bei verschiedenen Temperaturen ist in Abb. VII. 69 dargestellt. Man sieht aus diesen Kurven, daß die Strahlung aller Wellenlängen mit steigender Strahlertemperatur zunimmt und daß sie jeweils in einem bestimmten Wellenlängengebiet ein *Maximum* durchläuft, beiderseits dessen die Emission nach dem Ultraroten oder Ultravioletten abfällt.

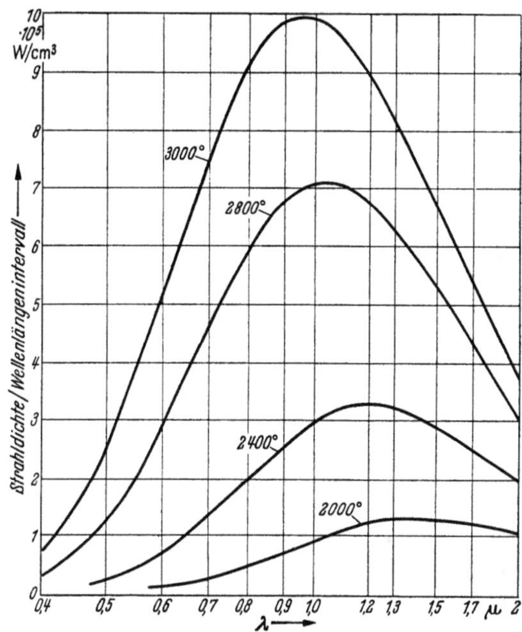

Abb. VII. 69. Spektrale Strahldichteverteilung des Schwarzen Körpers zwischen $\lambda = 0{,}4$ und $2\,\mu$ bei verschiedenen Temperaturen

Die Lage des Maximums ist durch die WIENsche Beziehung

$$\lambda_{\mathrm{max}} \cdot T = 2{,}88 \cdot 10^{-3}\,\mathrm{m} \cdot \mathrm{Grad} = 2880\,\mu \cdot \mathrm{Grad} \qquad (17)$$

gegeben, d. h., das Schwergewicht der Strahlung verschiebt sich mit *steigender* Temperatur nach *kleineren* Wellenlängen. Bei allen Temperaturen bis etwa 3800° K liegt der überwiegende Teil der Strahlung im *ultraroten* Gebiet ($\lambda > 0{,}76\,\mu$), erst darüber hinaus rückt das Strahlungs-

---

[1] Die zahlenmäßige Berechnung von $S_s\,(\lambda,\,T)$ für eine gegebene Temperatur T nach Gl. (16) ist ziemlich mühsam und zeitraubend. Sie läßt sich für die Bereiche, in denen $\lambda \cdot T < 3 \cdot 10^{-3}\,\mathrm{m} \cdot \mathrm{Grad} = 3000\,\mu \cdot \mathrm{Grad}$ ist, d. h. im sichtbaren und ultravioletten Spektralgebiet ($\lambda < 0{,}75\,\mu$) bis zu Temperaturen von 4000° K etwas vereinfachen, indem man das Glied -1 im Nenner wegläßt (Näherungsformel von W. WIEN). Der Fehler gegenüber der strengen Strahlungsverteilung bleibt dann unter 1 Promille. Für die in der Praxis häufig vorkommenden Temperaturen zwischen 1000 und 6000° K kann man in den meisten Fällen bereits ausgerechnete Werte von $S_s\,(\lambda,\,T)$ aus Tabellen entnehmen [*31*] [*95*] [*97*].

maximum in den Bereich der *sichtbaren* Wellenlängen, gleichzeitig flacht sich der Abfall der Strahlungskurven nach kürzeren Wellenlängen hin mehr und mehr ab, d. h., der *relative Anteil an blauer, violetter und ultravioletter* Strahlung nimmt mit steigender Temperatur stark zu.

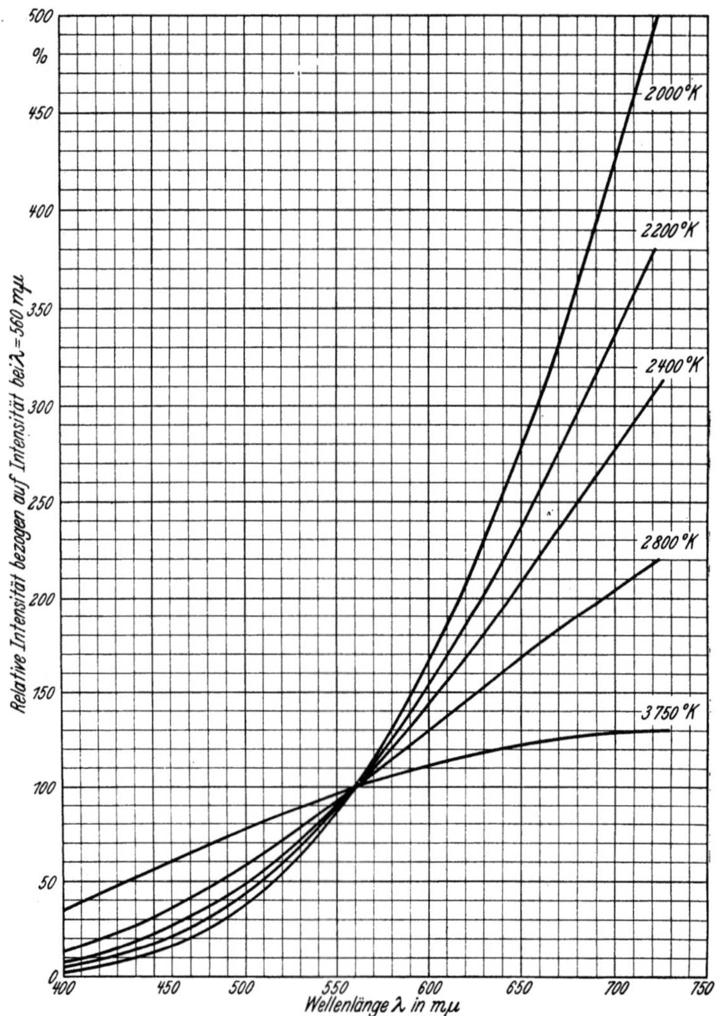

Abb. VII. 70. Relative Energieverteilung im Spektrum des Schwarzen Körpers bei verschiedenen Temperaturen, bezogen auf Energie bei 560 m μ gleich 100

Das ist in Abb. VII. 70 nochmals veranschaulicht, indem hier einige Kurven aus Abb. VII. 69 für verschiedene Temperaturen einheitlich auf den gleichen, willkürlichen Wert 100 für die Wellenlänge der maximalen Augenempfindlichkeit (ca. 560 mμ) reduziert sind. Aus dieser Darstel-

lung erkennt man deutlich, wie sich die *Neigung* der Strahlungsvertei-
lungskurven im sichtbaren Spektralbereich mit der Temperatur ändert.

Der Verlauf der Kurven in Abb. VII.69 und 70 zeigt auch, weshalb
man die Temperatur einer Strahlungsquelle möglichst hoch steigern
muß, um eine günstige *Licht*ausbeute (Strahlungsanteil im sichtbaren
Gebiet von etwa 400 bis 760 mμ) und eine entsprechende lichtelektrische
Wirksamkeit zu erzielen.

$S_s(\lambda, T)$ nach Gl. (16) gibt, mit dem jeweils betrachteten Wellenlängenintervall $\Delta\lambda$ und einem Raumwinkelelement $d\omega$ multipliziert, den
spektralen Strahlungsfluß dL_λ in Watt im Intervall $\Delta\lambda$ an, der von
1 cm² strahlender Fläche eines schwarzen Körpers in den kleinen Raumwinkel $d\omega$ ausgestrahlt wird. Eine Empfangsfläche F (etwa die Öffnung
einer Photozelle) im Abstand a vom Strahler[1] erhält dann, sofern die
Abmessung des strahlenden Körpers klein gegen a ist, einen Strahlungsfluß

$$L_\lambda = S_s(\lambda, T) \cdot \frac{F}{a^2}\, \Delta\lambda \text{ Watt}. \tag{18}$$

Bei den praktisch verwendeten Lichtquellen, wie sie für lichtelektrische Arbeiten in Frage kommen, hat man es nie streng mit „schwarzen"
Strahlern der oben definierten Strahlungsverteilung zu tun. Ihr Emissionsvermögen α ist, wie S. 456 erwähnt, meist wellenlängenabhängig
und *kleiner als 1*, d. h., sie strahlen bei gleicher Temperatur *weniger*
als ein schwarzer Körper und der spektrale Intensitätsverlauf ihres
Spektrums weicht mehr oder weniger von den PLANCKschen Verteilungskurven ab.

Stoffe (wie z. B. Kohle[2]), deren Emissionsvermögen zwar kleiner
als 1, aber in einem größeren Spektralbereich nahezu *wellenlängenunabhängig* ist, bezeichnet man in diesem Bereich als *Graustrahler*. Sie
emittieren, soweit $\alpha \approx$ const. ist, in jedem Wellenlängenintervall $\Delta\lambda$ den
gleichen Anteil $\alpha \cdot S_s(\lambda)\, \Delta\lambda$ der entsprechenden schwarzen Strahlung.
Sie liefern damit zwar weniger Gesamtstrahlung, haben aber *gleiche
relative Strahlungsverteilung* wie ein schwarzer Körper gleicher Temperatur. Auch für solche Graustrahler gelten also die relativen Verteilungskurven der Abb. VII.70.

Bei anderen Materialien, bei denen das Emissionsvermögen von
Wellenlänge zu Wellenlänge verschieden ist, ergibt sich naturgemäß eine
von der schwarzen Strahlung abweichende Strahlungsverteilung, d. h.,
die Verteilungskurve wird in den einzelnen Spektralbereichen eine andere
Neigung haben als bei einem schwarzen Körper *gleicher* Temperatur. Man

---

[1] Eine zur Beobachtungsrichtung senkrechte Fläche F im Abstand a wird
vom Strahler aus unter dem Raumwinkel $\omega = F/a^2$ gesehen.

[2] Für *Kohle* ist α im gesamten *sichtbaren* Spektralbereich nahezu konstant
und beträgt etwa 0,75 bis 0,9, je nach Art und Oberfläche des Materials. Erst im
ultravioletten Gebiet fällt das Emissionsvermögen von Kohle allmählich ab.

wird aber allgemein, wenn $\alpha = f(\lambda, T)$ nicht einen sehr unregelmäßigen Verlauf hat, die resultierende spektrale Strahlungsverteilung $S(\lambda, T)$ $= \alpha \cdot S_s(\lambda, T)$ eines Temperaturstrahlers dadurch kennzeichnen können, daß man eine *andere* Temperatur T' angibt, bei der ein schwarzer Körper etwa die gleiche Verteilung aufweist (vgl. Abb. VII. 70). Diejenige Temperatur T', bei der ein schwarzer Körper praktisch die gleiche spektrale Intensitätsverteilung im *sichtbaren Gebiet* hat wie der betrachtete Strahler mit wellenlängenabhängigem α bei der Temperatur T, nennt man seine *Farbtemperatur*, weil hierdurch seine Lichtfärbung festgelegt wird. Bei den meistbenutzten Lampen mit Leuchtsystemen aus *Wolfram*, dessen Emissionsvermögen nach längeren Wellen hin abfällt (s. Abb. VII. 71), liegt die Farbtemperatur *höher* als die wahre Temperatur. Für eine Reihe von gebräuchlichen Lichtquellen sind die Farbtemperaturen in der folgenden Tabelle zusammengestellt:

Tabelle VII. 8 *Farbtemperaturen einiger Lichtquellen* [94] [97]

Lichtquelle	Farb-temperatur °K	Lichtquelle	Farb-temperatur °K
Hefnerkerze	1850	Schmalfilmprojektions-lampe, 110 V, 750 W . .	3250
Paraffinkerze	1925		
Kohlefadenlampe	2080	Nitraphot S, 220 V, 250 W	3400
Nernstbrenner	2400	Reinkohlenbogenlampe . .	ca. 3800
Wolframvakuumlampe . .	2450	*Beck*bogen	ca. 5000
Wolframbogenlampe . . .	ca. 3000	Sonne	6000
Nitrawendellampe, 40 W .	2640	Xenonlampe[1]	ca. 6500

Von den hier genannten Lampenarten kommen für Arbeiten mit Photozellen im sichtbaren Gebiet nur solche von guter *Konstanz* in Betracht. Von den Kohlestrahlern scheiden deshalb die Kohle*lichtbögen* trotz ihres Vorzuges hoher Farbtemperatur und Intensität in den meisten Fällen aus, da sie zu unruhig brennen. *Kohlefadenlampen* sind heute wegen ihrer geringen Belastbarkeit und Lichtausbeute nicht mehr gebräuchlich. Ebenso kommt der *Nernstbrenner*, ein glühender Zirkonoxydstab mit geringen Beimengungen von seltenen Erden [4], die sein Emissionsvermögen verbessern, nur im gelben, roten und ultraroten Gebiet in Frage.

Am günstigsten zur Erzeugung eines kontinuierlichen sichtbaren Spektrums sind die verschiedenen Arten von *Wolframglühlampen*. Das Emissionsvermögen von Wolfram im sichtbaren Gebiet bewegt sich etwa zwischen 0,3 und 0,4 mit einem nach steigenden Wellenlängen hin abfallenden Verlauf (Abb. VII. 71). Die Steilheit der Kurve hängt dabei

---

[1] Die *Xenon*lampe gehört an sich nicht zu den Temperaturstrahlern (s. S. 456), hat aber im sichtbaren und ultravioletten Gebiet ein kontinuierliches Spektrum, dem eine Farbtemperatur zugeordnet werden kann.

von der Temperatur ab [28] [104]. Da der Verlauf von $\alpha = f(\lambda, T)$ in weitem Bereich genau untersucht ist, kann man für jede wahre Temperatur T_w eines Wolframkörpers die zugehörige Farbtemperatur T' angeben und umgekehrt. In Tab. VII.9 sind die einander entsprechen-

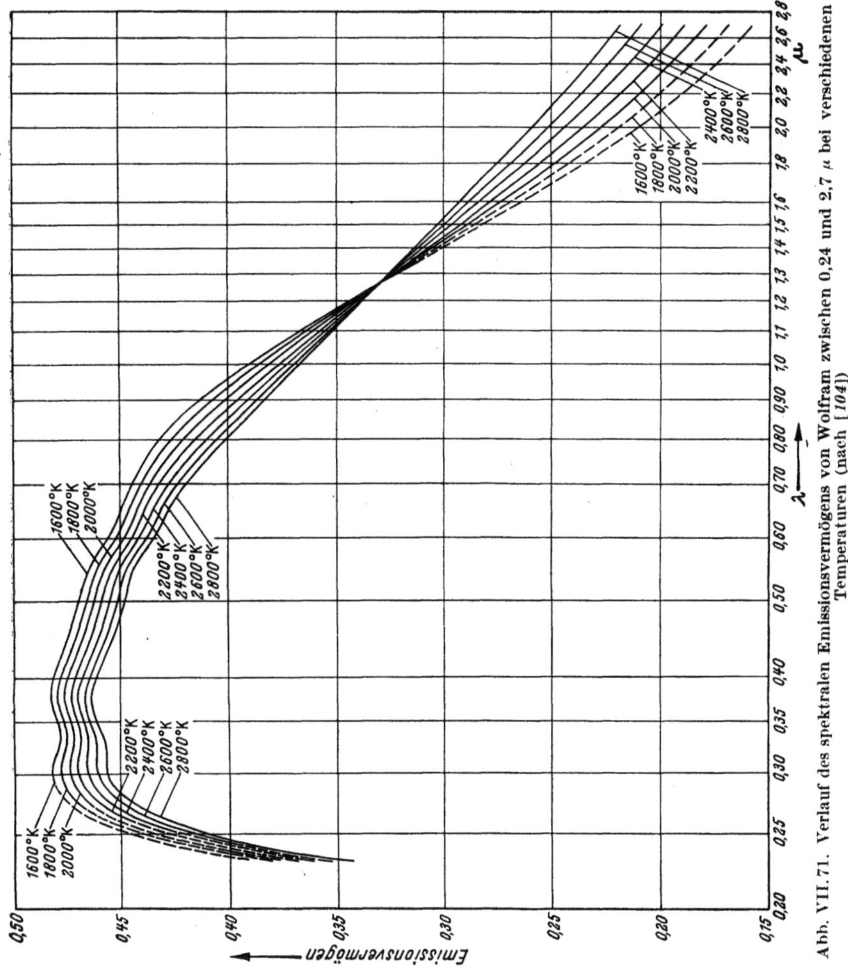

Abb. VII.71. Verlauf des spektralen Emissionsvermögens von Wolfram zwischen 0,24 und 2,7 μ bei verschiedenen Temperaturen (nach [104])

den Temperaturen T_w und T' sowie die Leuchtdichte von Wolfram für einen Temperaturbereich von 800 bis 3400° K angegeben.

Trotz der stark ansteigenden Lichtausbeute sind hochtemperierte Lampen für Meßzwecke meist nicht günstig. Die hochbelastbaren Typen haben gewöhnlich eng gewendelte Leuchtdrähte, deren Temperatur nicht überall gleichmäßig ist und deren Lichtemission sich im Betrieb durch

Rekristallisation des Wolframfadens zuweilen verändert. Für Meßzwecke mit Photozellen eignen sich daher besser die weniger hoch belasteten Lampentypen, insbe-
sondere auch die *Wolframbogen-
lampe* („Punktlichtlampe",
Abb. VII.72). Bei dieser befinden sich in einer Gasatmosphäre zwei halbkugelförmige
Wolframelektroden, die sich im
kalten Zustand der Lampe zunächst berühren, so daß die
Bogenstrecke zwischen ihnen
kurzgeschlossen ist. Bei Stromdurchgang wird ein Bimetall-
streifen erwärmt, der die Elektroden etwas auseinanderzieht,
wobei sich ein Lichtbogen ausbildet. Wegen des anfänglichen
Kurzschlusses darf die Lampe
nicht direkt an Netzspannung

Tabelle VII.9. *Farbtemperaturen und Leuchtdichten von Wolfram bei wahren Temperaturen zwischen 800 und 3400° K*

Wahre Temperatur °K	Farbtemperatur °K	Leuchtdichte sb
800	803	—
1000	1006	0,00013
1200	1210	0,0067
1400	1414	0,122
1600	1619	1,021
1800	1825	5,61
2000	2033	22,2
2200	2242	68,1
2400	2453	174,4
2500	2557	264
2600	2665	385
2700	2772	553
2800	2879	770
3000	3094	1395
3200	3312	2340
3400	3533	3740

gelegt, sondern nur in Verbindung mit einem Vorschaltwiderstand benutzt werden, der ihre Stromaufnahme auf den zulässigen Wert (max
ca. 7,5 A) begrenzt. Auf richtige Po-
lung ist sehr zu achten; der äußere
Lampensockel soll an den positiven
Pol angeschlossen werden. Man darf
die Lampe in horizontaler Stellung,
die Elektroden nebeneinander, und
in vertikaler Stellung, nach oben
stehend, brennen, *nicht* jedoch nach
unten hängend. Die Leuchtfläche
der Punktlampe hat einen Durchmesser von 1,2 bis 6 mm, ihre
Leuchtdichte beträgt ca. 1700 bis
1800 sb. Das entspricht etwa der halben Leuchtdichte, die man mit hoch-
belasteten Nitrawendellampen erzielt.

Wo es auf eine möglichst gleichmäßig strahlende Leucht*fläche* ankommt, benutzt man Wolfram*band-

Abb. VII.72. Wolfram-Punktlichtlampe von
Osram

lampen, die an Stelle eines Leuchtfadens ein ausgestrecktes, dünnes
Wolframband von etwa 20 bis 30 mm Länge und ca. 2 mm Breite als

Leuchtkörper besitzen. Wenn diese Lampen mit *Quarzfenster* versehen sind (Abb. VII. 73), können sie noch im nahen *Ultraviolett* bis etwa 300 mμ verwendet werden[1].

Alle Glühlampen speist man, um möglichst konstante Lichtintensität zu erzielen, am besten aus *Akkumulatorenbatterien* von großer Kapazität. Ist man auf eine weniger konstante Netzspannung angewiesen, so schaltet man einen passenden *Eisen-Wasserstoffwiderstand* mit der Lampe in Reihe. Die Strom-Spannungscharakteristik dieser Widerstände ver-

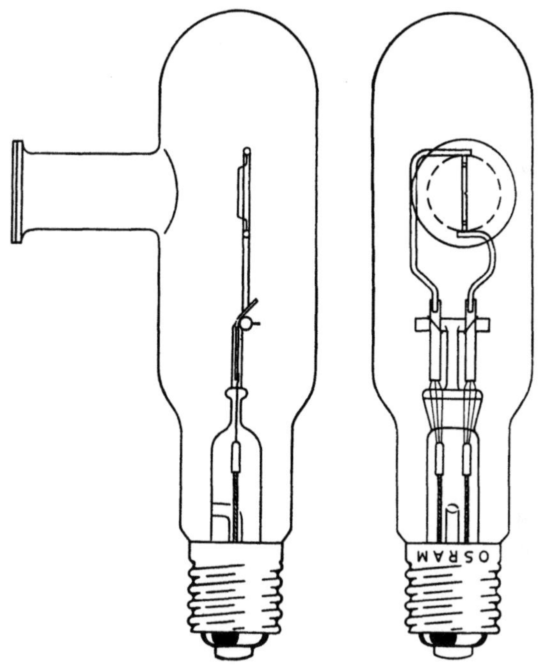

Abb. VII. 73. Vorder- und Seitenansicht der Osram-Bandlampe Wi 17

läuft in einem gewissen Spannungsbereich nahezu parallel der Spannungsabszisse. In diesem Bereich ist der Strom daher weitgehend unabhängig von Spannungsschwankungen. Für jede Lampe muß entsprechend ihrem Betriebsstrom, der innegehalten werden soll, der dazu passende Eisenwiderstand ausgewählt werden. Solche Widerstände sind in verschiedenen Abmessungen für Stromstärken zwischen 0,1 und 10 A*, für Spannungen bis zu 300 V und für Belastungen bis zu 240 W pro Widerstand im Handel.

---

[1] Unterhalb 300 mμ ist die von solchen Lampen gelieferte Ultraviolettstrahlung für lichtelektrische Messungen zu schwach.

* Bei Stromstärken, die von den gängigen Stufen abweichen, kann ein Abgleich vorgenommen werden, indem man dem Eisenwiderstand einen gewöhnlichen Widerstand parallel schaltet.

b) Gasentladungslampen

Handelt es sich darum, möglichst intensive *ultraviolette* oder *monochromatische* Strahlung zu erzeugen, so verwendet man an Stelle von

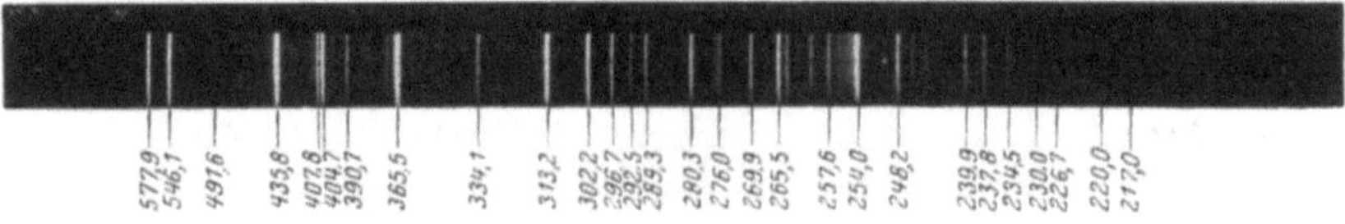

Abb. VII.74. Spektrum eines Quecksilberlichtbogens

Temperaturstrahlern *Gasentladungslampen*, die, wie S. 456 erwähnt, überwiegend Licht *einzelner* Wellenlängen emittieren.

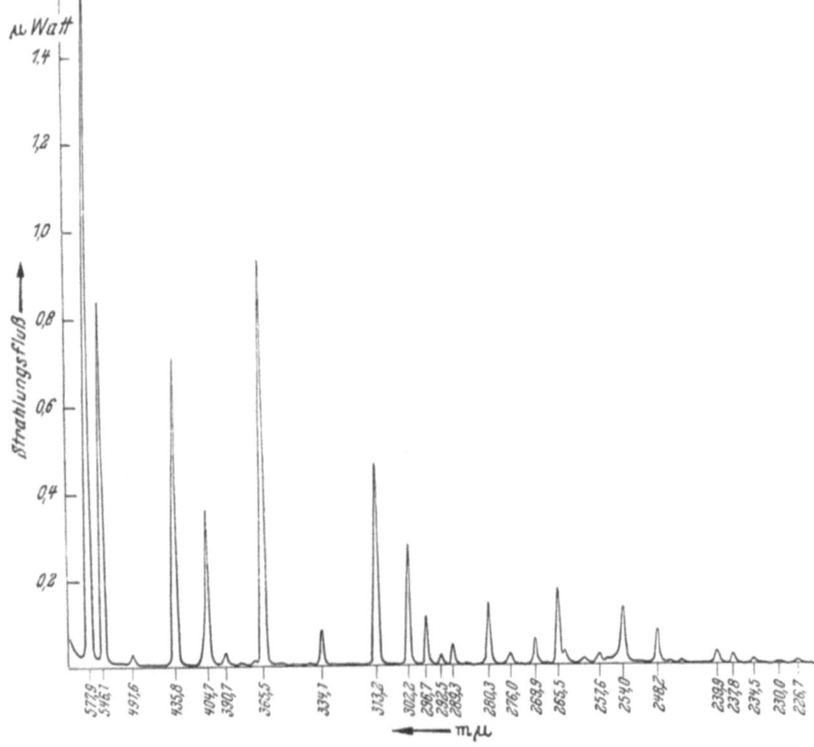

Abb. VII.75. Intensitätsverteilung im Spektrum einer Quarz-Quecksilberlampe bei Belastung mit
80 V; 3,5 A

Die meistgebrauchten Strahlungsquellen dieser Art sind die *Quecksilberbogenlampen*, die ein intensives Spektrum im grünen, blauen, violetten und ultravioletten Gebiet aussenden (Abb. VII.74). Es gibt eine große Anzahl verschiedener Bauarten solcher Lampen. Sie enthalten in einem Hartglas- oder Quarzkolben zwei Wolframelektroden in einer Atmosphäre von Quecksilberdampf, zuweilen mit geringen Beimengungen von Wasserstoff. Der Lichtbogen zwischen den Elektroden wird entweder durch Abreißen eines Quecksilbertropfens zwischen den Elektroden oder durch eine kurzzeitige Hochfrequenzentladung gezündet. Je nach der Füllmenge des Quecksilbers, der Stromdichte im Bogen und der dadurch entstehenden Bogentemperatur kann der Dampfdruck

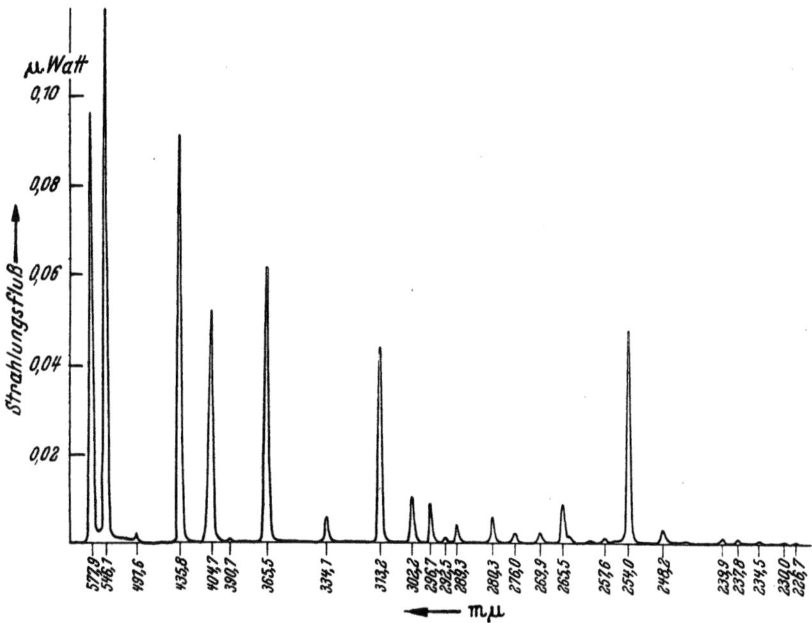

Abb. VII.76. Intensitätsverteilung im Spektrum einer Quarz-Quecksilberlampe bei Belastung mit 30 V; 8,3 A

im Entladungsraum sehr verschiedene Werte von < 1 Atm. (Niederdrucklampen) bis zu ca. 50 Atm. (Höchstdrucklampen) annehmen.

Bei mäßigen Drucken erhält man ein Spektrum mit verhältnismäßig scharfen Linien. Der Druck, die Temperatur des Bogens und die Intensität der Strahlung nimmt mit steigender Belastung zu. Die Abb. VII.75 bis VII.77 zeigen Intensitätsverteilungen von Niederdruckbögen bei verschiedenen Belastungen. Wie man darin erkennt, ändert sich die Intensität des Spektrums vor allem mit der *Klemmenspannung* an der Lampe, und zwar für die einzelnen Spektrallinien in verschiedenem Maße. Mit zunehmender Spannung wächst insbesondere die Intensität der Linien im ultravioletten Gebiet.

Bei *Höchstdruck*lampen wird die Emission der einzelnen Linien *verbreitert*. Sie liefern sehr hohe Strahlungsausbeute, besonders im *sichtbaren Gebiet*. Hier erreichen sie Lichtausbeuten von etwa 50 lm/W und hohe Leuchtdichten von etwa 25 000 sb. Einige Typen mit besonders kleinen Elektrodenabständen (Osram HBO 17/24, HBO 17/36, HBO 200 u. ä.) können als nahezu *punktförmige* Lichtquellen von extrem hoher Leuchtdichte bis zu etwa 10^5 sb dienen.

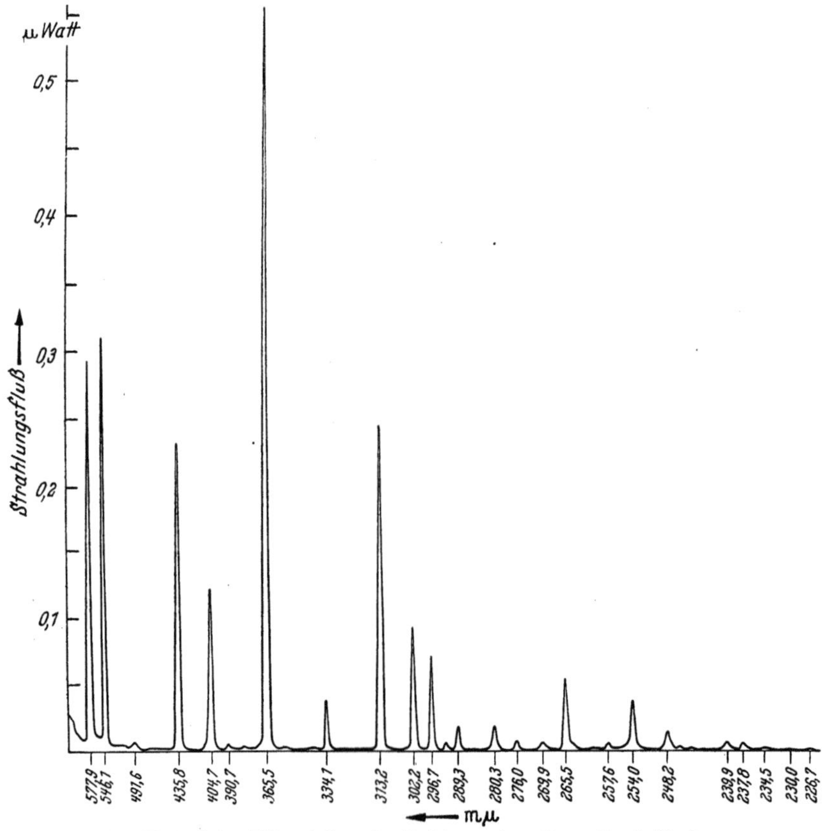

Abb. VII.77. Intensitätsverteilung im Spektrum einer Quarz-Quecksilberlampe.
Belastung 14 V; 2,3 A

Für Messungen im *Ultravioletten* müssen Lampen mit *Quarzkolben* verwendet werden, und zwar sind nach dem oben Gesagten hier meist Typen mit niedrigerem Dampfdruck und geringerer Belastung günstiger, schon weil der Quarz des Lampenkolbens mit steigender Temperatur weniger durchlässig für Ultraviolettstrahlung wird. Zu *Eichzwecken* bei Absolutmessungen eignet sich besonders die UV-*Normallampe* nach KREFFT [55]. Diese besteht aus einem geraden, gleichmäßig starken Quarzrohr mit Elektroden von genau festgelegten Abmessungen in einer Quecksilberatmosphäre von mäßigem Druck. Bei vorgegebener Leistungsaufnahme von 250 W bei 130 V Klemmspannung liefert diese Lampe im sichtbaren und ultravioletten Gebiet Strahlung von gut definierter, konstanter Intensität [*85*].

Mit Hilfe geeigneter Filter läßt sich aus dem Quecksilberspektrum *monochromatische* Strahlung einzelner Linien aussondern (s. S. 475).

Neben den Quecksilberlampen kommen für lichtelektrische Zwecke gelegentlich *Natriumdampflampen* in Betracht (zur Erzeugung monochromatischer gelber Strahlung der Wellenlänge $\lambda = 589$ nm) und für einen weiten Spektralbereich neuerdings in steigendem Maße *Xenonlampen* [*60*] [*92*]. Abb. VII.78 zeigt die Form einer solchen Lampe. In ihr

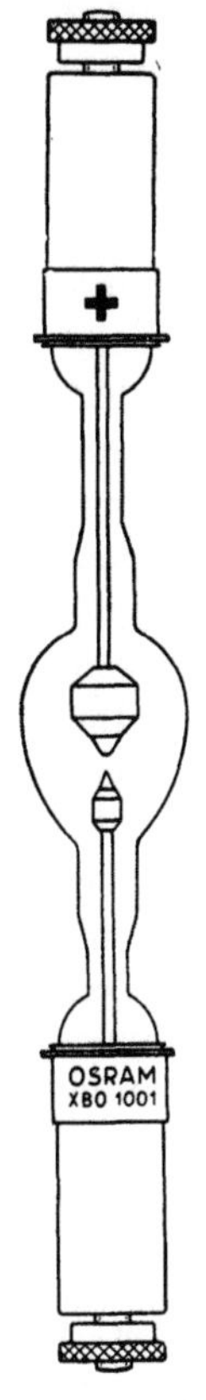

Abb. VII.78. Xenon-Hochdrucklampe XBO 1001. Brennspannung 22 V, Stromaufnahme 45 A, Leuchtdichte 40 000 sb

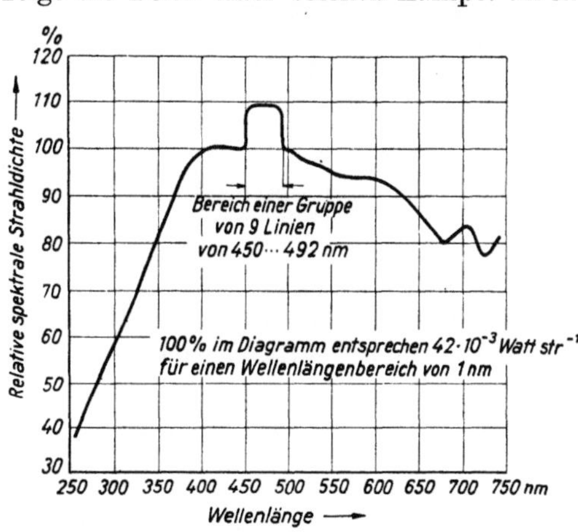

Abb. VII.79. Intensitätsverteilung im Spektrum einer Xenon-Hochdrucklampe XBO 301; nm $\equiv$ mμ

wird, ähnlich wie bei Quecksilberlampen, ein *Lichtbogen* in einer Hochdruckatmosphäre von Xenon erzeugt. Hierbei entsteht nur im roten Spektralgebiet ein *Linien*spektrum, während im übrigen sichtbaren und ultravioletten Gebiet vorwiegend ein intensives *Kontinuum* emittiert wird (Abb. VII. 79). Im sichtbaren Gebiet übertrifft die Intensität der Xenonlampe die aller sonst gebräuchlichen künstlichen Lichtquellen. Ihre Leuchtdichte kann bis über Sonnenhelligkeit ($1{,}8 \cdot 10^5$ sb) gesteigert werden. Die Lichtfarbe ist rein *weiß*; die Strahlungsverteilung entspricht, wie schon auf S. 460 erwähnt war, einer Farbtemperatur von über 6500° K.

Als *kontinuierliche* Lichtquelle für das *ultraviolette* Gebiet kommt auch das *Wasserstoff*spektrum in Frage. In einem Entladungsrohr mit verdünntem Wasserstoffgas entsteht bei geeigneten Anregungsbedingungen eine Glimmentladung, die unterhalb 300 mμ ein verhältnismäßig kräftiges kontinuierliches Spektrum aussendet [62]. Da es sich um eine Glimmentladung handelt, ist die Strahldichte zwar geringer als bei den vorgenannten Lichtquellen mit Linienemission. Bei Wasserkühlung des Rohres kann die Intensität immerhin so weit gesteigert werden [1] [7] [105], daß die Wasserstofflampe in vielen Fällen, wo man kontinuierliche Strahlung braucht, eine geeignete Ultraviolettlichtquelle darstellt.

Eine solche Lampe der Heraeus-Quarzlampengesellschaft, Hanau, ist in Abb. VII.80 dargestellt. Eine etwas andere Bauform zeigt die Wasserstofflampe H 30, die neuerdings in dem Spektralphotometer von Zeiss, Oberkochen (s. S. 558), Verwendung findet. Diese Lampe ist mit einer Glühkathode ausgestattet, die eine Entladung schon bei niedriger Betriebsspannung (100 V) ermöglicht[1]. Durch geeignete Elektrodenform, bei der die Entladung stark zusammengedrängt wird, ist hier trotz geringer Leistungsaufnahme von nur etwa 30 W in einem Ausstrahlungsfenster von 1 mm Durchmesser eine hohe Strahldichte erzielt.

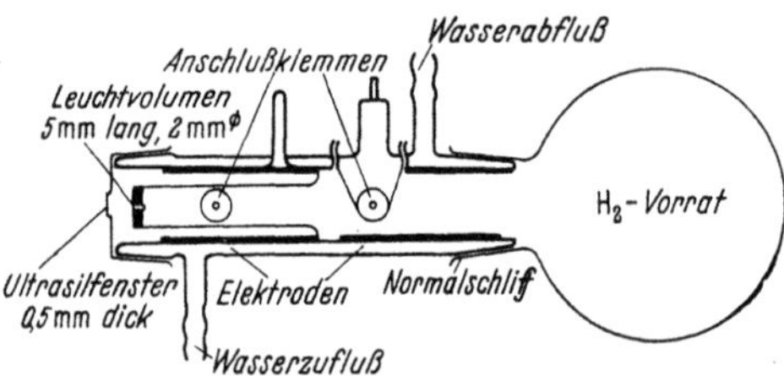

Abb. VII.80. Wasserstofflampe der Heraeus-Quarzlampengesellschaft mit Ultrasilfenster und Wasserkühlung

c) Funkenlicht

Mit den in Abschn. b) genannten Lampen, auch soweit sie Quarzkolben oder -fenster besitzen, gelangt man im ultravioletten Gebiet nur bis etwa 220 mμ, da kürzerwelliges Licht vom Quarz absorbiert wird. Für lichtelektrische Untersuchungen unterhalb dieses Bereiches ist man daher auf andere Lichtquellen angewiesen[2]. Besonders geeignet zur Erzeugung kurzwelliger Strahlung sind *Funkenentladungen* zwischen *Aluminium-*, *Kadmium-* oder *Zink*elektroden. Man erhält dann intensive Linienemission bei folgenden Wellenlängen:

Aluminium	186	193	199	282 mμ		
Zink	203	206	210	214	250	256 mμ
Kadmium	214	219	226	232	257	275 mμ

---

[1] Eine ähnliche Lampe ist bei der Firma Hilger u. Watts, London, zu erhalten.

[2] Über die Verwendung von Gasentladungen im Schumann-UV vgl. Bomke: Vakuumspektroskopie. Leipzig 1937.

Die Funkenstrecke wird an die Sekundärklemmen eines Transformators oder Funkeninduktors gelegt, der eine möglichst große Stromstärke im Sekundärkreis liefert bei einer Spannung, die nicht höher zu sein braucht als der erforderlichen Funkenlänge von 1 bis 2 mm entspricht. Damit sich möglichst große Elektrizitätsmengen in kurzer Zeit entladen, schaltet man der Funkenstrecke einen Kondensator von etwa 0,01 μF Kapazität parallel. Man erreicht dadurch einen Energieumsatz pro Zeiteinheit, der drei Zehnerpotenzen größer als der eines Lichtbogens sein kann[1], und erzielt damit eine besonders hohe Intensität im *kurzwelligen* Ultraviolett.

Die Intensität der Funkenentladung ist stark von der Funken*länge*, also dem Abstand der Elektroden, abhängig. Da dieser Abstand sich durch örtlichen Abbrand und Zerstäubung des Elektrodenmaterials ständig etwas verändert, ist die Intensität im Betrieb meist nicht ganz konstant. Diesen störenden Einfluß kann man zuweilen verringern und gleichmäßigere Helligkeit — insbesondere bei längerdauernden Belichtungen — erzielen, indem man den Funken nicht zwischen *festen* Elektroden, sondern zwischen den Rändern gegeneinander *rotierender Scheiben* aus dem gewählten Elektrodenmaterial übergehen läßt [*39*] [*64*]. Die Gleichmäßigkeit des Funkenüberganges und die Lichtausbeute läßt sich auch noch steigern, wenn man die Funkenstrecke durch einen kräftigen Stickstoffstrom anbläst, der die entstehende Metalldampfhülle ständig wegführt [*2*].

Bei der Benutzung von Funkenentladungen als Lichtquelle entstehen in der Umgebung der Funkenstrecke starke elektrische Störfelder, gegen die, besonders bei Messungen mit Elektrometern, der gewöhnliche elektrostatische Schutz (S. 420ff.) nicht mehr ausreicht. In diesem Fall ist es häufig notwendig, auch die Funkenstrecke mit ihren Zubehörteilen, also Induktorium, Kondensator und Zuleitungen, in geerdete Kästen einzubauen. Bei Zeiss ist für diesen Zweck eine besondere, auch geräuschdicht eingekapselte Funkenstrecke mit Quarzfenster entwickelt worden [*51*].

Die erwähnten Metallfunken in *Luft* liefern im wesentlichen *Linienspektren*. Ein kräftiges, nahezu *kontinuierliches ultraviolettes Spektrum*, besonders zwischen ca. 250 und 350 mμ, erhält man mit „kondensierten" *Unterwasserfunken*, bei denen man die Funkenentladung zwischen Aluminium-, Kupfer- oder Kohleelektroden in einem von Wasser durchspülten Gefäß übergehen läßt, das mit einem Quarzfenster versehen ist. Die Elektroden müssen dabei wegen der starken mechanischen Beanspruchung während der Entladung ziemlich starr konstruiert und in der Weise gehaltert sein, daß sie während des Betriebes nachgestellt werden können. Der Isolationsschutz der Zuleitungen soll möglichst

---

[1] Betr. Einzelheiten der Schaltung [*107*].

nahe an die Funkenstrecke heranreichen. Den Sekundärklemmen des Transformators oder Induktors legt man eine Luftfunkenstrecke parallel, welche die Regelmäßigkeit des Überganges im Unterwasserfunken verbessert[1].

Über die relative Intensitätsverteilung im Spektrum des Aluminium-Unterwasserfunkens orientiert Abb. VII.81, aus der hervorgeht, daß die ausgestrahlte Energie ein Maximum bei ca. 285 mμ hat. Das würde bei einem Temperaturstrahler einer Temperatur von ca. 10000° K entsprechen; mit abnehmender Entladungsenergie verschiebt sich das Intensitätsmaxima nach längeren Wellen [109].

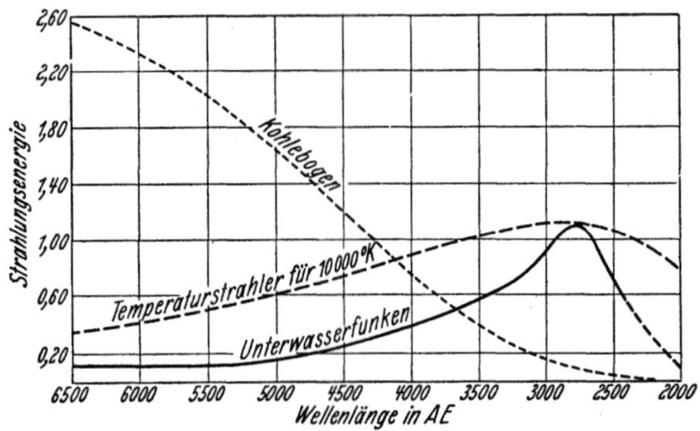

Abb. VII.81. Relative Intensitätsverteilung im Unterwasserfunken gegenüber Kohlebogen nach [113]. (Ordinatenmaßstäbe für beide Kurven sind verschieden!)

71. Aussonderung von Spektralbereichen mit Filtern

Um exakte quantitative Messungen mit Photozellen durchzuführen, braucht man nach dem in Ziff. 69 (S. 455) Gesagten möglichst *monochromatische* oder wenigstens auf verhältnismäßig schmale Wellenlängenbereiche begrenzte Strahlungsfelder mit bekanntem oder meßbarem Strahlungsfluß. Die Größe des Strahlungsflusses L in Watt oder die Flußdichte $E = \dfrac{dL}{dF}$ in W/cm² mißt man mit einem *geeichten* thermischen Empfänger (Thermoelement, Thermosäule oder Bolometer, s. Ziff. 74, S. 487) und einem Spiegelgalvanometer. Aus dem Strom i, den die zu untersuchende Photozelle im Strahlungsfluß L_λ des Wellenlängenbereiches $\varDelta\lambda$ liefert, kann dann ihre Empfindlichkeit $f(\lambda) = \dfrac{i}{L_\lambda}$ in A/W für den betreffenden Wellenlängenbereich ermittelt werden.

Licht enger, nahezu einfarbiger Wellenlängenintervalle stellt man in den meisten Fällen mit den weiter unten beschriebenen *Monochromatoren* her. Wenn man etwas breitere Bereiche verwenden kann, lassen

---

[1] Einzelheiten der Schaltung und Konstruktion der Funkenstrecke [3] [106] [113].

sich solche statt dessen oft auch mit *Filtern* aussondern, was vielfach den Vorteil hat, daß dabei beträchtlich weniger Licht verlorengeht, also höhere Strahlungsintensitäten erreicht werden können als bei Zerlegung mit Monochromatoren.

a) Absorptionsfilter

Die üblichen Lichtfilter bestehen aus geeigneten Lösungen von *Farbstoffen* oder mit solchen Stoffen gefärbten *Gläsern* oder *Gelatinefolien*, die in bestimmten Wellenlängenbereichen gut lichtdurchlässig sind, in anderen Bereichen dagegen möglichst stark absorbieren. Bei allen Filtern hängt der spektrale Verlauf ihrer Durchlässigkeit, auf dem ihre Wirksamkeit beruht, neben ihrer Materialeigenschaft von der *Konzentration* des Farbstoffes und von der *Dicke* der durchstrahlten absorbierenden Schicht ab.

Wird bei der Wellenlänge λ von einem 1 mm starken Filter der Anteil $L = D_1 \cdot L_0$ des eingestrahlten Flusses L_0 hindurchgelassen, d. h., ist $D_1 = \dfrac{L}{L_0}$ die spektrale *Durchlässigkeit* des Filters für die Schichtdicke 1, so ist für eine andere Schichtdicke d die zugehörige Durchlässigkeit $D_d = D_1^d$*. In Gebieten, wo ein Filter merklich absorbiert, wo also D_1 klein ist, steigt wegen der exponentiellen Abhängigkeit die Absorption mit der Schichtdicke viel schneller als in den Bereichen höherer Durchlässigkeit. Das gibt die Möglichkeit, die Steilheit des spektralen Verlaufes der Durchlässigkeit $D = f(\lambda, d)$ durch geeignete Wahl der Dicke d in gewissen Grenzen einem vorgegebenen Zweck anzupassen.

Hat man z. B. zur Trennung zweier Wellenlängen in einem Linienspektrum ein Filter zur Verfügung, das bei 1 mm Stärke die gewünschte Wellenlänge λ_1 zu 90% ($D = 0{,}9$), eine störende andere Wellenlänge λ_2 aber noch zu 10% ($D = 0{,}1$) durchläßt, so hätte man für die unerwünschte Wellenlänge noch ein Durchlaßverhältnis von 1 : 9 der Hauptlinie. Verdoppelt man dagegen die Stärke des Filters, so wird zwar die Hauptlinie auf 81% ($D = 0{,}81$) geschwächt, die störende Nebenlinie aber auf 1% ($D = 0{,}01$), d. h. auf ein Durchlaßverhältnis 1 : 81. Allgemein wird auch bei Verwendung von Filtern steilere Absorption, d.h. größere spektrale Reinheit, mit verringerter Gesamtdurchlässigkeit erkauft. Bei gelösten Farbstoffen (Flüssigkeitsfiltern) wirkt eine Erhöhung der Konzentration im gleichen Sinne wie eine Steigerung der Schichtdicke.

Abb. VII.82 zeigt in einem übersichtlichen Schaubild die hauptsächlichen Absorptions- und Durchlaßbereiche einer Anzahl gebräuch-

---

* Dabei ist vorausgesetzt, daß bei der Bestimmung von D_1 der an der Vorderfläche des Filters *reflektierte* Anteil von L_0, der nicht mit in das Filter einfällt, in Rechnung gesetzt ist (s. S. 473).

licher Filterfarbstoffe. Man kann hieraus für viele Zwecke geeignete Kombinationen von Farbstofflösungen zusammenstellen, die einzeln

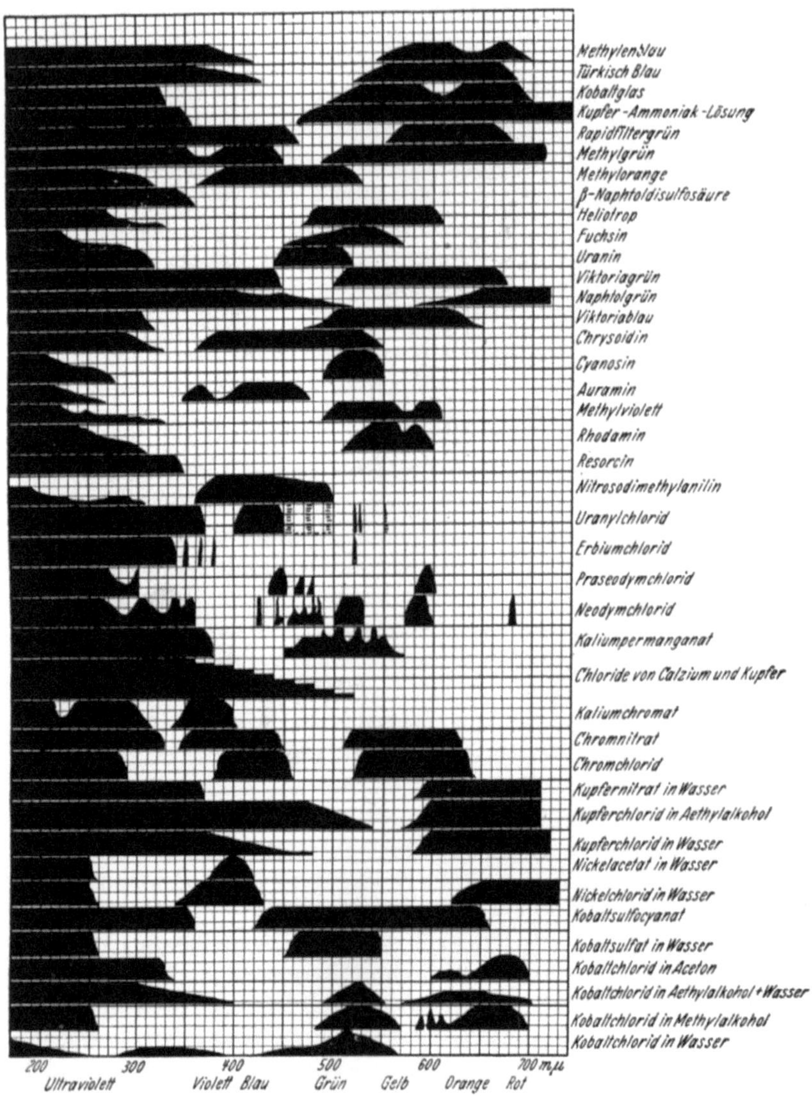

Abb. VII.82. Spektrale Durchlässigkeitsgebiete verschiedener Lichtfiltersubstanzen
nach R. W. Wood

oder hintereinandergeschaltet bestimmte gewünschte Spektralgebiete ausfiltern.

An Stelle von Flüssigkeitsfiltern werden heute in den meisten Fällen *Filtergläser* benutzt, die in zahlreichen verschiedenen Durchlässigkeitsverläufen, z. B. von den Optischen Glaswerken Schott & Gen., Jena bzw. Mainz, in den Handel gebracht werden. Diese Filter werden aus Glasschmelzen mit geeigneten Metallsalzen oder ähnlichen färbenden Zusätzen in gewünschten Dicken hergestellt, sind daher homogen in der Färbung, beiderseits plangeschliffen und bequem zu handhaben. Durch-

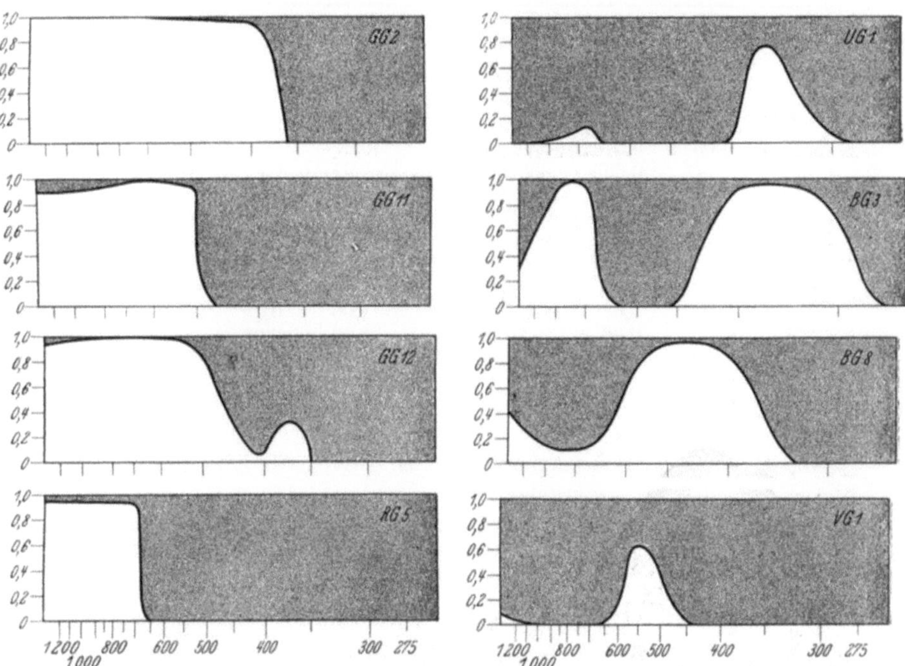

Abb. VII.83. Durchlässigkeitskurven einiger Filtergläser von Schott & Gen., bezogen auf 1 mm Dicke, ohne Berücksichtigung der Reflexionsverluste

lässigkeitskurven einiger solcher Gläser sind in Abb. VII.83 dargestellt. Die zugehörigen Durchlässigkeitswerte für 1 mm Glasstärke sind in Tab. VII.10 angegeben. Bei diesen Zahlen sind die *Reflexionsverluste* noch *nicht* berücksichtigt. Diese Verluste hängen von der Güte der Politur der Flächen, dem Einfallswinkel der Strahlen und dem Brechungsvermögen des Glases ab. Für senkrechten Lichteinfall kann man sie in erster Annäherung dadurch in Rechnung stellen, daß man die angegebenen Durchlässigkeitswerte mit dem in der Tabelle ebenfalls beigefügten Reflexionsfaktor multipliziert

Es gibt viele solche Filter mit verschiedenartigen Spektralverläufen, die im einzelnen den Katalogen von Schott & Gen. entnommen werden können. Die UG-Gläser filtern aus dem Gesamtspektrum mehr oder

Tabelle VII.10. *Durchlässigkeitszahlen D einiger Filtergläser von Schott & Gen., bezogen auf 1 mm Dicke ohne Berücksichtigung der Reflexionsverluste*

Wellen-länge in $m\mu$	Bezeichnung der Farbe							
	UG 1 dunkles Violett	BG 3 Blau	BG 8 helles Blau	VG 1 Gelb-grün	GG 2 farblos	GG 11 dunkles Gelb	GG 12 Gelb-grünfluor.	RG 5 dunkles Rot
Re-flexions-faktor R	0,911	0,921	0,913	0,905	0,916	0,913	0,919	
281	—	0,14	—	—	—	—	—	—
302	0,17	0,68	—	—	—	—	—	—
313	0,37	0,82	—	—	—	—	—	—
334	0,69	0,93	0,23	—	—	—	0,03	—
366	0,85	0,96	0,75	—	0,64	—	0,74	—
405	0,08	0,91	0,94	—	0,97	—	0,53	—
436	—	0,66	0,98	0,02	0,99	0,01	0,71	—
480	—	0,15	0,97	0,47	1,00	0,24	0,90	—
509	—	0,01	0,96	0,75	1,00	0,97	0,96	—
546	—	—	0,91	0,77	1,00	0,99	0,99	—
578	—	—	0,84	0,56	1,00	0,99	1,00	—
644	—	—	0,57	0,12	1,00	0,99	1,00	0,02
700	0,01	0,06	0,42	0,06	1,00	0,99	1,00	0,96
775	0,34	0,90	0,34	0,04	1,00	0,98	1,00	0,98
850	0,22	0,98	0,32	0,05	1,00	0,97	1,00	0,98
950	0,11	0,94	0,36	0,09	1,00	0,96	1,00	0,98
1050	0,07	0,81	0,44	0,13	1,00	0,96	1,00	0,98

weniger breite Ultraviolettbereiche aus, BG-Gläser entsprechende Bereiche im Blauen. GG-Gläser haben meist Absorptionskanten im blauen oder grünen Gebiet, oberhalb deren sie alle längerwelligen Strahlen durchlassen, während das blaue, violette und ultraviolette Spektrum abgeschnitten wird. Ähnliche Absorptionsgrenzen haben die RG-Gläser im Roten, während umgekehrt durch „Wärmeschutzgläser" das langwellige Gebiet ausgeschaltet und das gesamte übrige Spektrum durchgelassen werden kann.

Hiermit lassen sich also, einzeln oder in Kombination, für viele Zwecke gewünschte Durchlaßbereiche herstellen, allerdings sind diese meist nicht sehr schmal. Immerhin gestatten solche Filter, z. B. aus dem Quecksilberspektrum, *nahezu monochromatisches* Licht der kräftigsten Spektrallinien auszufiltern, und zwar eignen sich dazu die in der folgenden Tab. VII.11 angegebenen Filterkombinationen [54].

Zum Teil sind solche Kombinationen als *Monochromatfilter* fertig im Handel[1]. Das Licht der Quecksilberresonanzlinie $\lambda = 254\ m\mu$ kann man weitgehend durch eine Küvette von 12 cm Länge mit *Chlordampf* von Atmosphärendruck isolieren, der praktisch das gesamte längerwellige Gebiet bis 436 $m\mu$ absorbiert. Zur Ausfilterung der gelben Natriumlinie $\lambda = 589\ m\mu$ eignet sich eine Kombination der Filter WG 1 und BG 19 oder eine 6%ige *Kaliumbichromat*lösung (ca. 15 mm). Ultrarote Strah-

---

[1] U. a. bei Carl Zeiss, Oberkochen, und VEB Jenoptik, Jena.

Tabelle VII.11. *Monochromatfilter zur Ausfilterung einzelner Quecksilberlinien*

Wellen-länge λ mμ	Filter	Dicke mm	Durch-lässigkeit f. λ ca. %	Zusatzfilter zur Unterdrückung von Ultrarotstrahlung
313	UG 5 Kaliumchromat (150 mg/l)	3 20	44	10 mm CuSO$_4$ (57 mg/l)
365	UG 1 BG 12	2 4	27	,,
405	GG 4 UG 3 BG 19	1,5 9 2	6	,.
436	BG 12 GG 3 BG 19	4 4 2	23	,,
546	OG 1 BG 11 BG 19	2 20 3	55	,,
578	VG 3 OG 2 BG 19	1 2 3	46	,,
1014 ⎫ 1130 ⎭	UG 7 H$_2$O	2 10	50	—

lung erhält man aus einem ausgedehnteren Spektrum durch Zwischen-schalten einer Jod-Schwefelkohlenstofflösung oder einer sehr dünnen Hartgummiplatte. Der hindurchgelassene Teil umfaßt etwa den Wellen-bereich von 800 bis 2100 mμ.

Im Zusammenhang mit den eigentlichen Farbfiltern, die mehr oder weniger schmale Wellenlängenbereiche durchlassen, sollen auch die spek-tralen Durchlässigkeitseigenschaften der gebräuchlichen farblosen Gläser erwähnt werden, die in Lampenkolben, Prismen, Gerätefenstern u. dgl. eine Rolle spielen. Die Durchlässigkeit der meisten üblichen Gläser reicht, wenn es sich um Schichtdicken von wenigen Millimetern handelt, nach kürzeren Wellen hin etwa bis 320 mμ, die von *Uviolglas* bis ca. 280 mμ (Abb. VII.84). Bezüglich Spezialgläsern für das kürzerwellige UV sowie für UR vgl. S. 237.

Klares *Quarzglas* in geringer Dicke ist von 220 mμ bis 5000 mμ durchlässig (bei 5000 mμ und 1 mm Stärke ca, 10%), *Kristallquarz* von 180 mμ bis 5000 mμ, *Flußspat* von 120 mμ bis 7500 mμ, *Kalkspat* von 200 mμ bis 2200 mμ, *Lithiumfluorid* von 180 mμ bis 9500 mμ, *Stein-salz* von 180 mμ bis 14 000 mμ.

b) Interferenzfilter

Schmalere Wellenlängenintervalle als mit den oben besprochenen Absorptionsfiltern kann man mit *Interferenzfiltern* erzielen, die für nahezu

beliebige, gewünschte Durchlaßbereiche hergestellt werden. Sie bestehen
aus je zwei gut plangeschliffenen, halbdurchlässig verspiegelten Glasplatten, die, durch eine sehr dünne aufgedampfte Zwischenschicht getrennt, aufeinanderliegen. Die Brechzahl n und die Dicke d des durchsichtigen Zwischenmediums ist so gewählt, daß das Produkt $n \cdot d$ gerade
einer *halben Wellenlänge* λ_0 der durchzulassenden Lichtfarbe entspricht.
Das einfallende Licht erfährt innerhalb des Filters mehrmalige Reflexionen an den metallverspiegelten Glasflächen. Alles Licht der Wellen-

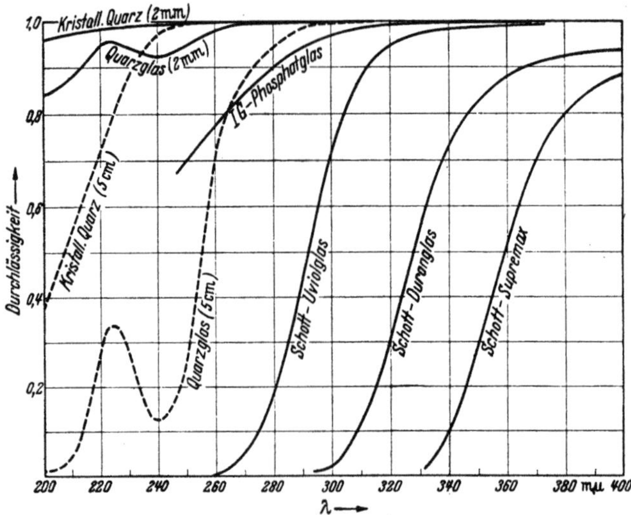

Abb. VII.84. Spektrale Durchlässigkeit von Quarz und verschiedenen Glasarten im unbestrahlten
Zustand

länge λ_0 hat dann nach 2-, 4-, 6- ... facher Reflexion Gangunterschiede
von *ganzen Vielfachen einer Wellenlänge*; es tritt daher phasengleich,
d. h. nahezu ungeschwächt aus dem Filter aus. Für andere, von λ_0 abweichende Wellenlängen ergeben sich bei den wiederholten Reflexionen
Phasendifferenzen, die das Licht mehr oder weniger auslöschen. Bei hinreichend hohem Reflexionsvermögen der Spiegelflächen und bei geeigneter Brechungseigenschaft der Zwischenschicht kann man auf diese
Weise stark selektive Filter herstellen, die bei 30 bis 40% Durchlässig-
keit für die gewünschte Wellenlänge λ_0 nur ein Intervall von ca. $\pm 5\,\mathrm{m}\mu$
beiderseits λ_0 durchlassen [33] [83]. Solche Filter eignen sich in besonderem Maße zur Ausfilterung einzelner Linien aus einem Linienspektrum.

Interferenzfilter müssen in *parallelem Licht* verwendet werden, da
nur hier konstante Phasenverhältnisse gegeben sind. Bei *senkrechtem*
Lichtdurchtritt hat die Durchlaßwellenlänge λ_0 ihren kleinsten Wert.
Bei *Neigung* der Filternormalen gegen die Einfallsrichtung um einen
Winkel δ wird λ_0 (entsprechend der Erhöhung der Gangunterschiede

$\left.\dfrac{2\,n\cdot d}{\cos\delta}\right)$ *größer.* Das kann man benutzen, um die Durchlaßwellenlänge genau auf einen gewünschten Wert einzustellen. Will man ein Interferenzfilter, z. B. zur Ausfilterung einer Spektrallinie der Wellenlänge λ benutzen, so wählt man die Durchlaßwellenlänge λ_0 für senkrechten Einfall *etwas kleiner als* λ und neigt dann das Filter so weit, bis die gewünschte Linie mit maximaler Intensität durchgelassen wird.

Es muß noch bemerkt werden, daß die Interferenzfilter zwar *benachbarte* Wellenlängen zu λ_0 wirksam unterdrücken, aber für entferntere Wellenlängen, die in einem ganzzahligen oder einfachen rationalen Verhältnis zu λ_0 stehen, wieder durchlässig sind. Man erhält also eine Durchlaßkurve mit einer Reihe von Nebenmaximis zu λ_0. Diese unerwünschten Nebenmaxima müssen gegebenenfalls durch Zusatzfilter abgefangen werden.

72. Lichtzerlegung mit Monochromatoren

a) Bauarten

Wie aus den Darlegungen in Ziff. 71 hervorgeht, ist eine spektrale Lichtzerlegung mit *Filtern* nur verhältnismäßig grob zu erreichen; sie ist allerdings meist vorteilhaft, wenn man an die spektrale Reinheit keine allzu hohen Anforderungen zu stellen braucht, dafür aber möglichst *hohe Lichtstärke* benötigt. Ist man dagegen auf möglichst *spektralreines Licht* eines schmalen Wellenlängenbereiches angewiesen, so kommt nur prismatische Lichtzerlegung mit *Monochromatoren* in Frage.

Monochromatoren sind im Prinzip einfache Spektralapparate, d. h., sie entwerfen durch ein oder mehrere Prismen ein Spektrum der Lichtquelle, aus dem ein gewünschter enger $\Delta\lambda$-Bereich durch einen verstellbaren schmalen „Austrittsspalt" ausgeblendet wird. Um den durchgelassenen Wellenlängenbereich beliebig wählen zu können, muß entweder der Austrittsspalt längs des vom Apparat entworfenen Spektrums seitlich bewegt werden können oder man muß umgekehrt das Spektrum nach Wunsch an dem feststehenden Austrittsspalt vorbeibewegen. Die letztere Anordnung ist bei weitem vorzuziehen und allgemein üblich geworden, da hierbei der Ort des Strahlaustrittes, an dem man z. B. die Photozelle aufstellt, nicht verändert wird, wenn man von einer Wellenlänge zur anderen übergeht.

Für lichtelektrische Messungen im sichtbaren Spektralgebiet verwendet man Monochromatoren mit *Glas*optik, für das ultraviolette Spektrum solche mit *Quarz*- oder — im kurzwelligsten Bereich — mit *Flußspat*optik. Das Dispersionsprisma wird in bekannter Weise im *parallelen Strahlengang* zwischen zwei Linsen angeordnet, mit denen der Eintrittsspalt des Apparats in der Ebene des Austrittsspaltes scharf abgebildet wird. Bei Verwendung von *achromatischen Linsen,* deren Brennweiten

im ganzen benutzten Spektralbereich nahezu konstant bleiben, erhält
die Abbildungsoptik feste Aufstellung im Apparat. Gewöhnliche Linsen,
die von Wellenlänge zu Wellenlänge merkliche Brennweitendifferenzen
haben, müssen jeweils für den Spektralbereich nachfokussiert werden,
auf den der Monochromator eingestellt wird (s. S. 480).

Zur Dispersion benutzt man gewöhnlich Prismen von ca. 60°
brechendem Winkel. Die Einstellung der gewünschten Wellenlängenintervalle auf den Austrittsspalt geschieht durch *Drehung des Prismas*
um eine zur brechenden Kante parallele Achse. Um hierbei in den
Extremstellungen ungünstige Einfalls- oder Austrittswinkel des Lichtes

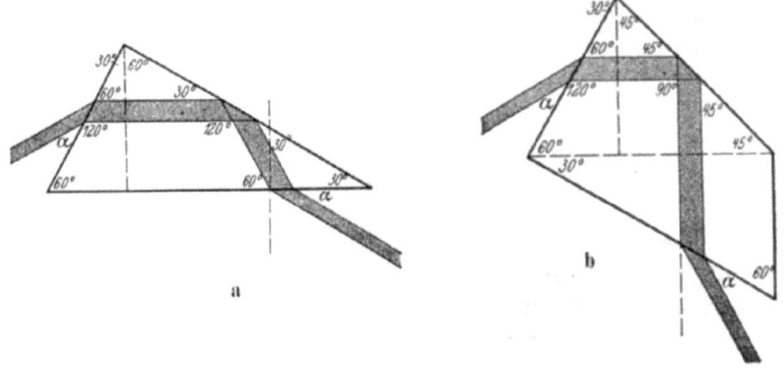

Abb. VII.85. Strahlengang in Prismen konstanter Ablenkung.
a Abbesches Prisma; b Straubelsches Prisma

zu vermeiden, bevorzugt man Prismenformen nach ABBE oder STRAUBEL
(Abb. VII. 85), bei denen durch Totalreflexion innerhalb des Prismas
bewirkt wird, daß in jeder Stellung — d. h. für jede Durchlaßwellenlänge des Monochromators — das zum Austrittsspalt gelangende Strahlenbündel das Prisma stets im *Minimum der Ablenkung* durchsetzt.
Dadurch wird bei gegebener Prismengröße zugleich das günstigste spektrale Auflösungsvermögen des Monochromators erreicht. Beim ABBE-
schen Prisma beträgt die konstante Gesamtablenkung des Strahls 60°,
beim STRAUBELprisma 90°.

Abb. VII. 86 zeigt einen nach diesem Prinzip aufgebauten lichtstarken
Monochromator mit 90° Ablenkung. Als Kollimator- und Abbildungsobjektive dienen hier vierlinsige Quarz-Steinsalz-Achromate von 250 mm
Brennweite und einem Öffnungsverhältnis 1 : 5. Das Quarzprisma kann
für das sichtbare Gebiet gegen ein höher dispergierendes Glasprisma
ausgewechselt werden, und zwar hat jedes Prisma eine feste Halterung
in einem eigenen Prismenstuhl mit plangeschliffener Grundfläche, mit
der es leicht in eine vorgegebene Stellung auf dem drehbaren Prismentisch gesetzt werden kann. Die Prismendrehung erfolgt mit einer in der
Abbildung vorn rechts erkennbaren Trommelschraube, an deren Teilung

mit einem Läuferindex die jeweils im Austrittsspalt eingestellte Wellenlänge abgelesen wird.

An Stelle der obengenannten Prismenarten werden, wenn es sich
um kostspieliges Material wie Quarz oder Flußspat handelt, häufig auch

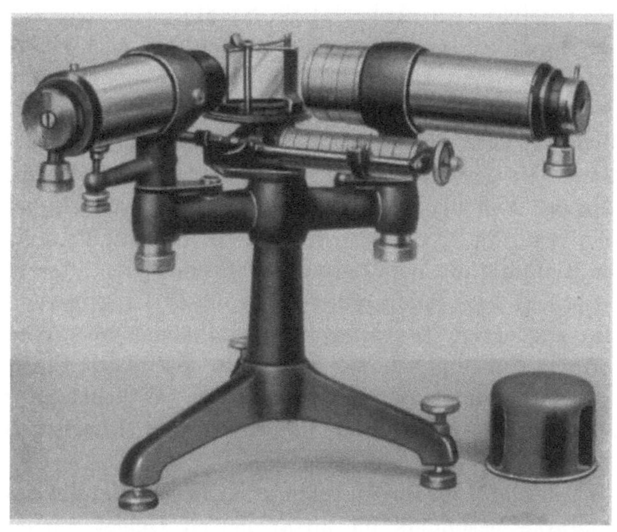

Abb. VII.86. Lichtstarker Monochromator von Zeiss mit 90° Ablenkung

solche mit nur etwa 30° brechendem Winkel und einer *verspiegelten
Kathetenfläche* benutzt, bei denen das Prisma im Hin- und Rücklauf
des Lichtes *zweimal* durchsetzt wird (Abb. VII.87) (Littrow-Anordnung).

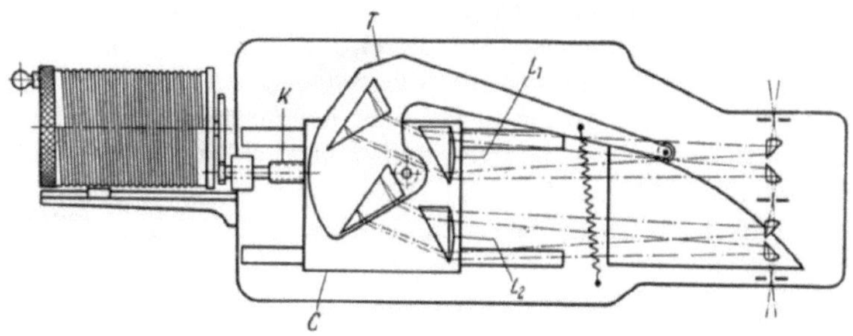

Abb. VII.87. Schema eines Doppelmonochromators nach C. MÜLLER (Bezeichnungen s. Text

Hierdurch erzielt man mit geringerem Materialaufwand gleiche Dispersion wie mit größeren Prismen. Da die Gesamtablenkung im Prisma
in diesem Fall nahezu 180° beträgt (Autokollimation), würden bei dieser
Bauart Eintritts- und Austrittsspalt dicht beieinanderliegen, was bei

Strahlungsmessungen wegen der Wärmebeeinflussung der Photozelle durch die nahe befindliche Lichtquelle unerwünscht ist. Um das zu vermeiden, lenkt man deshalb hier den Strahlengang zwischen den Spalten und dem Prisma in geeigneter Weise um, so daß entweder eine geradsichtige Anordnung (Abb. VII. 87) oder eine rechtwinklige Gesamtablenkung entsteht (vgl. Abb. VII.89, S. 481).

Bei der in Abb. VII. 87 dargestellten Bauform nach C. MÜLLER, die z. B. von der Firma Ad. Hilger, London, für Quarzmonochromatoren verwendet wurde, dienen zur Abbildung *asphärische* Quarzlinsen $L_1 L_2$, die von Wellenlänge zu Wellenlänge auf Scharfabbildung nachfokussiert werden müssen. Das geschieht bei dieser Konstruktion selbsttätig mit der Verstellung der Wellenlängentrommel, indem die Trommelschraube K zunächst den Schlitten C und den Prismentisch T mit Prisma und Linse in axialer Richtung um den Betrag der Brennweitendifferenz von den Spalten abrückt bzw. ihnen nähert. Mit dieser Längsbewegung ist zugleich die zugehörige *Drehbewegung* des Prismas über eine passende kurvenförmige Führungsschiene gekoppelt. Bei jeder Einstellung der Wellenlängentrommel auf eine gewünschte Wellenlänge wird also die Linsenoptik automatisch in die zugehörige Scharfeinstellung gebracht.

Neben solchen Monochromatoren mit *Linsenoptik*, die aus Gründen der Lichtstärke besonders im ultravioletten Gebiet vorteilhaft sind, werden in steigendem Maße auch Apparate mit Abbildungs*hohlspiegeln* an Stelle von Linsen gebaut. Das hat den Vorteil, daß hierbei die Verwendung kostspieliger Achromate oder besonderer Fokussierungseinrichtungen erspart werden kann. Spiegelmonochromatoren haben infolge ihrer grundsätzlich achromatischen Abbildung unveränderliche Brennweite und können daher mit fester Spiegelaufstellung im gesamten Spektralbereich benutzt werden, für den das jeweils verwendete Dispersionsprisma durchlässig ist (S. 475). Es muß dabei jedoch bemerkt werden, daß dieser Vorteil sich überwiegend im sichtbaren und ultraroten Gebiet auswirkt, wo die in Betracht kommenden Spiegelflächen hohes Reflexionsvermögen besitzen und daher genügende Lichtstärke liefern. Unterhalb 400 mμ fällt das Reflexionsvermögen aller Spiegelmetalle merklich ab, so daß hier Linsenoptik an Lichtausbeute meist überlegen ist.

Eine der gebräuchlichsten Arten von Spiegelmonochromatoren ist die Anordnung nach WADSWORTH (Abb. VII.88), bei der ein mit dem drehbaren Prismentisch verbundener *Planspiegel* dafür sorgt, daß das Prisma in jeder Stellung von dem Licht der zugehörigen Wellenlänge stets im Minimum der Ablenkung durchlaufen wird.

Gut bewährt hat sich auch die an Prismenmaterial sparende *Littrow*-Anordnung (vgl. S. 479), deren Strahlengang in Abb. VII.89 veranschaulicht ist[1]. Man kann diese Bauweise auch noch vereinfachen, indem bei geeigneter Strahlenführung an Stelle getrennter Kollimator- und Abbildungshohlspiegel nur *ein* gemeinsamer Spiegel von größerer Breite

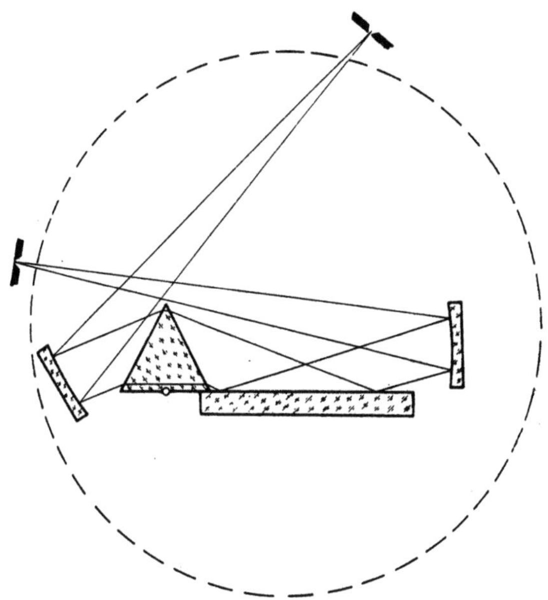

Abb. VII.88. Schema einer Spiegelspektrometer-Anordnung nach WADSWORTH

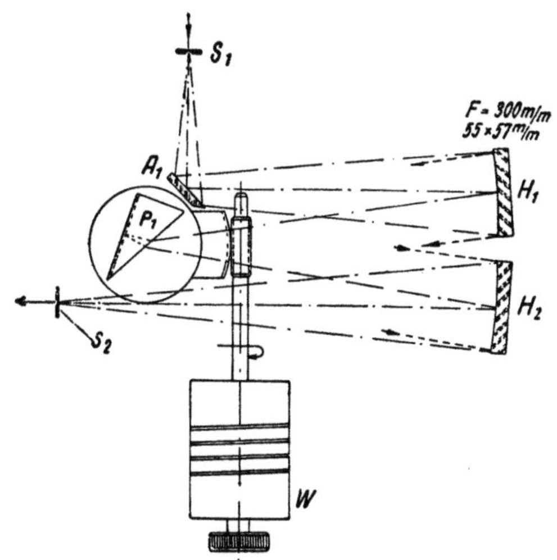

Abb. VII.89. Strahlengang im Spiegelmonochromator von LEISS

<hr>

[1] Diese Ausführung wird von der Firma Carl Leiß, Berlin-Steglitz, geliefert.

Simon/Suhrmann, Lichtelektr. Effekt, 2. Aufl.   31

verwendet wird. Hierdurch wird der Aufbau besonders übersichtlich und die genaue Justierung des Abbildungsspiegels zum Prisma erleichtert.

Ein Zeiss-Monochramotor M 4, der in dieser Form gebaut ist (Abb. VII.90), hat auch noch die Neuerung, daß die Wellenlängeneinstellung nicht mehr an der Betätigungstrommel der Prismendrehung, sondern unmittelbar optisch mittels eines Spaltbildes abgelesen wird, das durch Reflexion an einer Prismenfläche auf eine Wellenlängenskala geworfen wird. Die Lage dieses Spaltbildes ist dadurch stets mit der tatsächlichen Prismenstellung fest gekoppelt und von etwaigem totem Gang zwischen dem Antriebsmechanismus und der Prismenbewegung frei. Überdies gibt die optische Anzeige die Möglichkeit, zugleich mit der Wellenlängenablesung auch das der eingestellten Spaltbreite entsprechende Wellenlängenintervall in mμ unmittelbar auf der Skala zu beobachten.

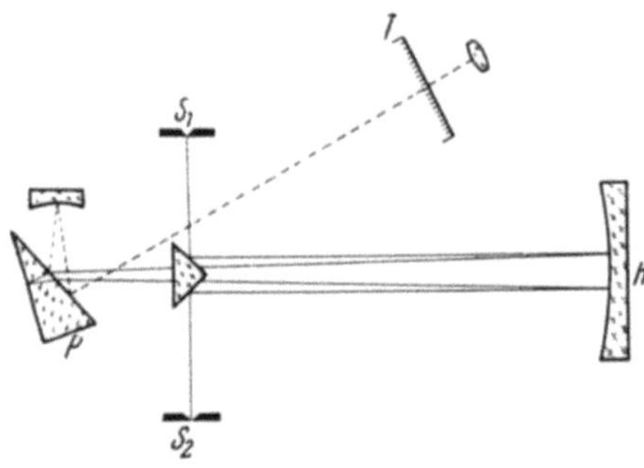

Abb. VII.90. Strahlengangschema des Monochromators M 4 von Zeiss.
$S_1 S_2$ Ein- und Austrittsspalt; H Hohlspiegel; P Prisma; T Wellenlängenskala

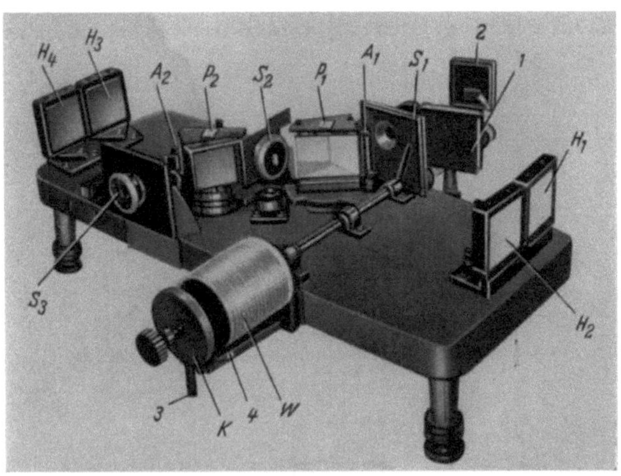

Abb. VII.91. Innenansicht eines Spiegel-Doppelmonochromators

Auch bei guter optischer Abbildung enthält das nach einmaliger spektraler Zerlegung aus einem Monochromator austretende Wellenlängenintervall noch einen unvermeidlichen Rest von störendem Nebenlicht fremder Wellenlängen, der durch Streuung innerhalb des Apparates

— an Prismen-, Linsen- oder Spiegelflächen — zustande kommt. Für lichtelektrische Untersuchungen, bei denen sehr reines monochromatisches Licht erforderlich ist, kann man sich von diesem Streulicht nur dadurch weitgehend befreien, daß man das aus dem Austrittsspalt kommende Licht nochmals einen zweiten Monochromator durchlaufen läßt. Das geschieht meistens, indem beide Apparate fest zu einem *Doppelmonochromator* vereinigt werden, wobei der Austrittsspalt der ersten Apparathälfte gleichzeitig den Eintrittsspalt des zweiten Monochromatorteiles bildet. Solcher Zusammenbau hat den Vorteil, daß alle Betätigungen zur Wellenlängeneinstellung für beide Apparathälften von einer gemeinsamen Einstelltrommel aus erfolgen können. Durch feste Hintereinanderschaltung zweier Apparate mit dem in Abb. VII. 89 dargestellten Strahlengang entsteht z. B. der gut gewährte Spiegel-Doppelmonochromator von Leiß, Berlin-Steglitz, dessen inneren Aufbau die Abb. VII. 91 veranschaulicht[1].

b) Arbeitsweise mit Monochromatoren

Bevor man einen Monochromator für die eigentlichen Messungen in Gebrauch nimmt, ist es nützlich, den richtigen Justierungszustand seiner Optik, seine Lichtdurchlässigkeit und Streulichtfreiheit zu kontrollieren.

Die Lichtquelle soll mit der zugehörigen Ausleuchtungsoptik vor dem Eingangsspalt des Apparates so ausgerichtet stehen, daß die Linse bzw. der Spiegel des Eingangskollimators gleichmäßig und voll mit Licht ausgefüllt ist. Das durch den Kollimator kommende Lichtbündel muß, wenn es bis auf einen dünnen Achsenstrahl abgeblendet wird, in Höhe und Seite *zentrisch* auf die zugewandte Prismenfläche und, nach Durchlaufen des Prismas, für die im Austrittsspalt eingestellte Wellenlänge, die man durch ein Monochromatfilter ausfiltern kann, auch zentrisch in die Abbildungsoptik hinter dem Prisma fallen. Bei Doppelmonochromatoren hat man diese Prüfung in beiden Apparathälften durchzuführen und vergewissert sich am Schluß durch Beobachtung eines Linienspektrums, daß jede im eng gestellten Mittelspalt erscheinende Linie mit der *Mitte* des Austrittsspaltes zusammenfällt. Etwa vorhandene seitliche Abweichungen können meist durch geringes Nachstellen der Abbildungsoptik bzw. eines der im Strahlengang vorhandenen Umlenkspiegel korrigiert werden. Nur wenn in beiden Apparathälften völlige Symmetrie des Strahlenganges erreicht ist, bleibt die zu fordernde Koinzidenz von Mittel- und Austrittsspalt beim Durchlaufen des Spektrums für alle Linien genau erhalten.

Bei Apparaten mit nicht auf Farbabweichung korrigierten Linsen, die jeweils für die im Spalt eingestellte Wellenlänge nachfokussiert

---

[1] Ein Spiegel-Doppelmonochromator in Wadsworth-Anordnung (Abb. VII.88) wird von der Firma Kipp & Zonen, Delft (Holland), geliefert.

werden müssen (S. 478), prüft man zweckmäßigerweise auch die Justierung der Brennweiteneinstellung nach. Diese soll so sein, daß für jede Wellenlängeneinstellung des Apparates das zugehörige monochromatische Lichtbündel als *Parallelstrahl* in das Prisma eintritt. Man kann das für eine oder mehrere Wellenlängen in folgender Weise kontrollieren: Man beleuchtet den Eintrittsspalt mit einer Quecksilberlampe und schaltet z. B. ein Blaufilter davor, das nur das Licht der Linie 436 mμ in das Spaltrohr eintreten läßt. Hinter der Kollimatorlinse lenkt man das Strahlenbündel über einen gut ebenen Planspiegel um 90° seitlich aus dem Apparat, so daß man es dort in ein Fernrohr einfallen lassen kann, das vorher auf einen weit entfernten Gegenstand, also auf ∞ eingestellt ist. Bei Einstellung der Wellenlängentrommel auf 436 mμ soll dann der beleuchtete Eingangsspalt, den man im Fernrohr sieht, in der Ebene des Fadenkreuzes scharf erscheinen. Ist das nicht der Fall, so ist das Kollimatorlichtbündel nicht hinreichend parallel und die Kollimatorlinse muß dementsprechend so weit verschoben werden, bis das Bild scharf wird.

Nimmt man nun den Planspiegel heraus, so daß das Lichtbündel seinen Weg durch das Prisma nimmt, so muß bei richtiger Stellung der zweiten Linse die Spektrallinie jetzt im Austrittsspalt (bzw. bei Doppelmonochromatoren im Mittelspalt) scharf abgebildet werden, was man am besten mit einer Lupe kontrolliert, in der man das Zusammenfallen der Scharfabbildung der Spaltschneiden mit der dazwischen eingestellten Spektrallinie beobachtet. Gegebenenfalls muß auch die zweite Linse etwas nachgestellt werden, bis die beste Linienschärfe im Spalt erzielt ist.

Bei Doppelmonochromatoren wiederholt man die entsprechende Prüfung für die dritte und vierte Linse, so daß schließlich in beiden Apparathälften die Lichtbündel durch die Prismen gut parallel verlaufen und die Scharfabbildung der Spektrallinie mit dem Mittel- und Austrittsspalt einwandfrei zusammenfällt.

Zu praktischen Arbeiten muß man dann noch die *Dispersionskurve* des Apparates ermitteln, d. h., man stellt fest, bei welcher Einstellung der Prismentrommel die einzelnen Linien eines bekannten Spektrums, z. B. einer Quecksilberlampe, genau zentrisch in den Austrittsspalt gelangen, und trägt die Wellenlängen als Funktion dieser Einstellungen in ein Koordinatensystem ein. Sehr zweckmäßig ist hierfür das Hartmannsche *Dispersionsnetzpapier*[1], dessen Einteilung so gewählt ist, daß die Dispersionskurve als nahezu gerade Linie erscheint. Hierdurch wird die Interpolation auf zwischen den Eichlinien liegende Wellenlängen sehr erleichtert. Bei der Eichung eines Monochromators im *Ultraviolett* verwendet man, um die Einstellung der Eichlinien im Austrittsspalt beobachten zu können, eine in die Spaltebene gebrachte fluoreszierende Uranglasplatte.

---

[1] Zu beziehen bei Schleicher & Schüll, Düren i. Rhld.

Nach diesen Vorbereitungen können nunmehr spektrale Energiemessungen (s. Ziff. 74) am Monochromator vorgenommen werden. Man beachte hierbei, daß die nach *prismatischer Zerlegung* aus dem Monochromator austretende Strahlung nicht mehr die ursprüngliche Intensitätsverteilung hat wie die Lichtquelle, mit der der Eingangsspalt beleuchtet wird. Das liegt einerseits daran, daß der Monochromator infolge des Spektralverlaufes der Durchlässigkeit seiner Prismen und Linsen bzw. des Reflexionsvermögens der Spiegel nicht für alle Wellenlängen den gleichen *Lichtleitwert* besitzt. Dieser fällt vielmehr meistens nach Ultraviolett hin allmählich ab, besonders bei Spiegelapparaten. Außerdem entwirft ein Prismenapparat ja kein „Normalspektrum", bei dem gleichen Wellenlängenintervallen gleiche Dispersionsintervalle entsprechen, sondern die Dispersionskurve hat einen in dem Sinne *gekrümmten* Verlauf, daß die zu einem Wellenlängenintervall $\Delta\lambda$ gehörigen Dispersionswinkel $\Delta\alpha$ oder Trommelintervalle Δw von langen nach kurzen Wellen hin erheblich zunehmen.

Arbeitet man also mit einer gleichbleibenden Breite des Austrittsspaltes, die einem gegebenen Dispersionswinkel $\Delta\alpha$ entspricht, so fällt in das Winkelintervall, welches der Spalt durchläßt, im langwelligen Gebiet, z. B. im Roten, ein wesentlich größeres Wellenlängenintervall als im Violetten oder Ultravioletten. Das bedeutet, daß bei fester Spaltbreite die relative Energieverteilung des durchgelassenen Spektrums verzerrt wird, und zwar im langwelligen Gebiet nach relativ zu *hohen* Werten, im kurzwelligen zu *niedrigen* Werten.

Man kann beide Einflüsse, den spektralen Gang des Lichtleitwertes und den Dispersionseinfluß, durch Messung ermitteln und als Korrektion berücksichtigen.

Der Verlauf des Lichtleitwertes läßt sich z. B. feststellen, indem man vor den zu prüfenden Monochromator einen *zweiten* schaltet und dabei die Spalte beider Apparate so einstellt, daß das aus dem vorderen Apparat kommende monochromatische Licht vollständig in den Eingangsspalt des nachfolgenden hineinfällt. Mißt man dann die Intensitäten J_1 und J_2 jeder Wellenlänge *vor* und *hinter* dem zweiten Monochromator, so kann man daraus den spektralen Verlauf seiner Durchlässigkeit $D = \dfrac{J_2}{J_1}$ bestimmen.

Der Dispersionseinfluß kann rechnerisch berücksichtigt werden, wenn man aus der gemessenen Trommeleichkurve $w = f(\lambda)$ (s. S. 484) den Verlauf $\dfrac{dw}{d\lambda} = f'(\lambda)$ ermittelt und feststellt, welchem Trommelintervall Δw die gewählte Breite des Austrittsspaltes entspricht, d. h. um welches Intervall man die Wellenlängentrommel verstellen muß, um eine Spektrallinie von einer Spaltschneide zur anderen zu verschieben. Diesem gleichbleibenden Trommelintervall Δw entspricht dann bei jeder Wellenlänge λ ein anderes Wellenlängenintervall $\Delta\lambda = \dfrac{\Delta w}{f'(\lambda)}$. Um auf die ursprüngliche Energieverteilungskurve, d. h. auf *gleiche* Wellenlängenintervalle umzurechnen, hat man danach die im Austrittsspalt *gemessene* Energie jeder Wellenlänge mit $f'(\lambda)$ zu multiplizieren.

In den meisten Fällen wird man solche Korrektionsrechnungen ersparen können und sich darauf beschränken, unabhängig von der primären Intensitätsverteilung, mit welcher der Eingangsspalt des Monochromators beleuchtet wird, lediglich die hinter dem Monochromator austretende, spektral zerlegte Strahlung quantitativ zu messen (Ziff. 74).

73. Polarisiertes Licht

In manchen Fällen benötigt man für lichtelektrische Untersuchungen *linear polarisiertes* Licht. Gewöhnlich ist das aus einem Monochromator kommende spektral zerlegte Licht infolge der Reflexionen im Apparat

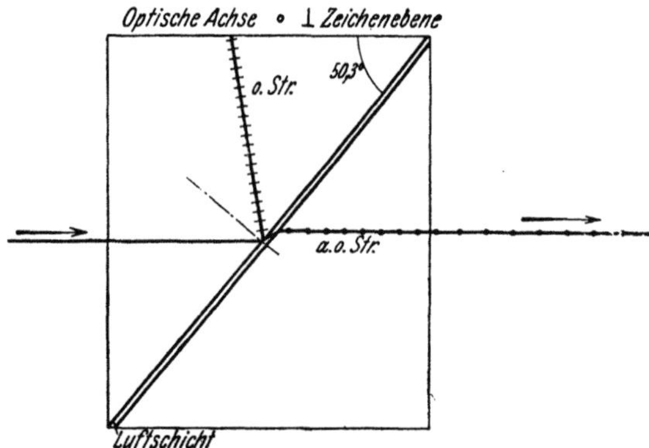

Abb. VII.92. Strahlengang im Polarisationsprisma nach GLAN

bereits teilpolarisiert. Um völlige Polarisation mit definierter Polarisationsrichtung zu erhalten, muß man es aber noch durch einen Polarisator laufen lassen, der hinreichend große Öffnung besitzt, um das Lichtbündel voll aufzunehmen.

Im *sichtbaren* Gebiet eignen sich hierzu besonders Polarisationsfolien oder *Polarisationsfilter*, die in Größen bis zu ca. 60 mm $\varnothing$ im Handel sind[1] und weißes Licht zu etwa 98% polarisieren.

Für noch höhere Ansprüche und insbesondere im *ultravioletten* Gebiet verwendet man zusammengesetzte Kalkspatprismen[2] in der Art des GLAN-THOMPSONschen Prismas, das im Gegensatz zum NICOLschen

---

[1] Zu beziehen von Zeiss, Oberkochen.
[2] Zu beziehen von B. Halle Nachfolger, Berlin-Steglitz.

Prisma senkrechte quadratische Endflächen besitzt. Der maximale Divergenz- oder Konvergenzwinkel, für den noch vollkommene Polarisation der Strahlung erfolgt, beträgt bei diesem Prisma 30°. Die beiden Teilprismen sind mit eingedicktem Leinöl gekittet und können bis 250 mμ benutzt werden. Zum Arbeiten mit noch kurzwelligerem Ultraviolett dienen Prismen nach FOUCAULT, GLAN und GROSSE, die statt der sonst verwendeten Kittung eine Luftschicht haben. Sie können jedoch nur in annähernd parallelem Licht Verwendung finden. So hat das in Abb. VII.92 wiedergegebene Prisma nach GLAN mit quadratischem Querschnitt und senkrechten Endflächen einen Öffnungswinkel von 9°. Bei allen solchen Polarisatoren, bei denen es auf Innehaltung bestimmter Einfallswinkel des Lichtes ankommt, ist es vorteilhaft, mit möglichst punktförmigen Lichtquellen (z. B. den auf S. 466 genannten) zu arbeiten.

Neben den vorerwähnten Polarisatoren benutzt man gelegentlich auch doppelbrechende Prismen nach SÉNARMONT, ROCHON oder WOLLASTON, bei denen ein Strahl abgeblendet werden muß.

74. Vorrichtungen zum Messen der Lichtintensitäten
a) Thermoelemente, Thermosäulen und Bolometer

Mit monochromatischem Licht, das nach einer der in Ziff. 71 oder 72 beschriebenen Methoden hergestellt ist, kann nunmehr die *spektrale Empfindlichkeit* $f(\lambda)$ (s. S. 455), d. h. die Ausbeute an Photoelektronen einer Zelle in den verschiedenen Spektralgebieten festgestellt werden. Um sie in *absolutem Maß* zu bestimmen, muß man einerseits die Stärke L_λ des monochromatischen Strahlungsflusses in cal/sec, Watt oder Mikrowatt (μW) ermitteln, dem die Zelle ausgesetzt ist. Andererseits mißt man den zugehörigen Photostrom i in A oder μA, mit dem die Zelle bei der gegebenen Bestrahlung anspricht. Daraus ergibt sich dann $f(\lambda) = \dfrac{i}{L_\lambda}$ in Coul/cal, A/W oder μA/μW.

Zur Messung der Größe des Strahlungsflusses L_λ braucht man einen energetischen Strahlungsempfänger, d. h. ein Anzeigeinstrument, das die der Einstrahlung entsprechende *Energiemenge* unabhängig von der Wellenlänge des Strahlenbündels zu messen gestattet. Dazu dienen möglichst kleine *geschwärzte* Auffangkörper, die durch den einfallenden Strahlungsfluß geringfügig *erwärmt* werden und diese Erwärmung thermoelektrisch oder durch Widerstandsänderung anzeigen (Thermoelemente, Thermosäulen oder Bolometer).

Wenn sich die zu messende Strahlung zu einem schmalen Bündel konzentrieren läßt, wie z. B. im Austrittsspalt eines Monochromators, so kann man mit Vorteil *Strahlungsthermoelemente* verwenden, die aus einem dünnen, geschwärzten Auffangstreifen zweier aneinanderstoßender

Metalle geeigneter Thermokraft bestehen [29] [76] [78]. Solche Thermoelemente, die zur Wärmeisolierung gewöhnlich in ein evakuiertes Gefäß eingeschmolzen, mit einem schützenden, doppelwandigen Metallmantel umgeben und mit einem Quarz- oder Flußspatfenster zum Strahleneintritt versehen sind, werden in verschiedenen Ausführungsformen und Empfindlichkeiten hergestellt[1]. Abb. VII.93 zeigt als Beispiel den Aufbau eines Thermoelementes nach HASE. Die gebräuchlichen Typen erreichen pro μW aufgenommene Strahlung Thermospannungen von ca. 5 bis 20 μV.

Wieviel von der einfallenden Strahlung vom Auffangstreifen des Thermoelementes tatsächlich aufgenommen und in Wärme umgesetzt

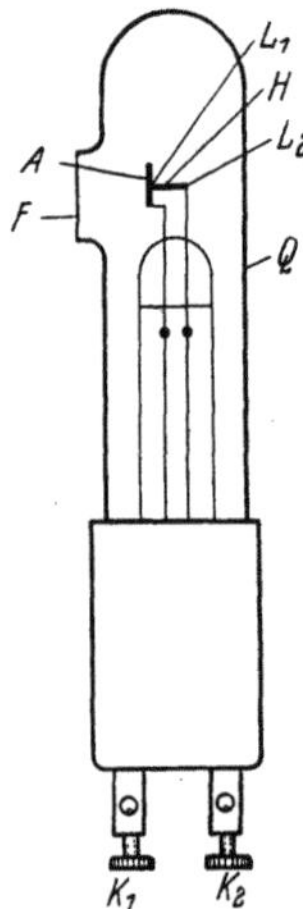
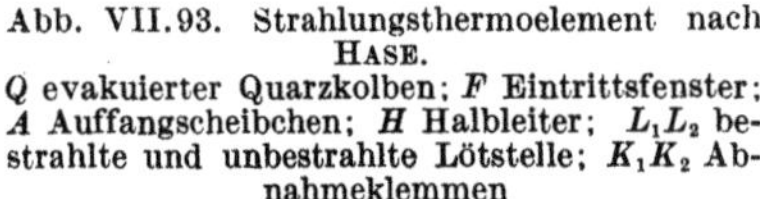

Abb. VII.93. Strahlungsthermoelement nach HASE.
Q evakuierter Quarzkolben; F Eintrittsfenster; A Auffangscheibchen; H Halbleiter; L_1L_2 bestrahlte und unbestrahlte Lötstelle; K_1K_2 Abnahmeklemmen

Abb. VII.94. Gepanzerte Thermosäule nach ZERNICKE

wird, läßt sich meist nur ziemlich ungenau feststellen, da der Streifen gewöhnlich sehr schmal, in seiner Fläche wenig definiert und beiderseits der Lötstelle, an der die beiden thermoelektrisch reagierenden Metalle aneinanderstoßen, von örtlich stark unterschiedlicher Empfindlichkeit ist. Deshalb ist es grundsätzlich besser, Strahlungsempfindlichkeiten von Thermoelementen nicht auf ihre Flächengröße und den daraus berechneten *Strahlungsfluß*, sondern auf die *Bestrahlungsstärke* (Strahlungsflußdichte) in einem *homogenen Strahlungsfeld* zu beziehen. Setzt man das Thermoelement einer Bestrahlung mit der meßbaren homogenen Strahlungsflußdichte von x W/cm² aus und liefert es dabei eine Thermo-

---

[1] U. a. von Pyrowerk G.m.b.H., Wennigsen; Kipp & Zonen, Delft (Holland), zu beziehen durch E. Leybold's Nachf., Köln; Hilger & Watts Ltd., London.

spannung von y V, so ist die Empfindlichkeitsangabe $\frac{y}{x}$ V/W/cm² eindeutig, ohne daß man die wirksame Flächengröße des Empfängers zu kennen braucht.

Man sieht hieraus sofort, daß Thermoelemente mit sehr kleiner Auffangfläche aus einem gegebenen homogenen Strahlungsfeld verhältnismäßig wenig Energie aufnehmen und daher trotz hoher spezifischer Empfindlichkeit zuweilen gegenüber Empfängern mit größerer Fläche im Nachteil sind. Sie sind besonders geeignet, wo man, wie eingangs erwähnt, die vorhandene Strahlung genügend auf den schmalen Empfängerfaden konzentrieren, also dort eine räumlich begrenzte hohe Strahlungsflußdichte erzeugen kann. In anderen Fällen ist es oft günstiger, *Thermosäulen* zu verwenden (Abb. VII.94), die aus einer Reihe hintereinandergeschalteter Thermoelemente bestehen. Obwohl diese nicht so dünn und hochempfindlich hergestellt werden können wie Einzelelemente, wird mit der gesamten Säule doch eine höhere Thermospannung erreicht, da sie flächenmäßig mehr Energie aus dem Strahlungsfeld entnimmt. Auf Grund dieser gesteigerten Empfindlichkeit können Thermosäulen zuweilen auch ohne evakuierten Gefäßkolben, d. h. ohne Fenster, frei in Luft benutzt werden, was in manchen Fällen, wo die Fensterabsorption die Messung stören würde, wesentlich sein kann.

Nachstehend sind Empfindlichkeitsdaten für einige gebräuchliche thermische Empfänger zusammengestellt:

Tabelle VII.12. *Daten einiger thermoelektrischer Empfänger* [34] [45] [48]

Empfänger	Nutzbare Fläche ca. mm²	Widerstand Ω	Empfindlichkeit μV/μW/cm² bei voller Öffnung	hinter 1 mm Spalt
Strahlungsthermoelemente				
MOLL und BURGER	0,5	45	0,046	0,046
C. MÜLLER	1	25	0,35	0,35
HASE.............	7	10	0,3	ca. 0,13
HORNIG-O'KEEFE	1	10	0,085	0,085
PERKIN-ELMER	0,4	20	0,04	0,04
HILGER-SCHWARZ	0,8	35	0,3	0,3
Thermosäulen				
RUBENS............	—	5,2	—	0,025
MOLL (lineare)........	20	20	0,07	0,07
ZERNICKE (gepanzert)	—	20	0,095	0,05
Zeiss (VOEGE)	50	25	0,13	0,065

Man sieht aus dieser Übersicht, daß Thermosäulen die Empfindlichkeit guter Vakuumthermoelemente gewöhnlich nicht ganz erreichen, daß sie diesen Unterschied aber mit ihrer größeren Fläche wieder ausgleichen, sobald man es mit ausgedehnteren Strahlungsfeldern zu tun hat. Ist das Feld durch einen ca. 1 mm breiten Spalt begrenzt, wie es z. B. hinter einem Monochromator häufig der Fall ist, so kann man bei allen gebräuchlichen Empfängertypen etwa mit einer mittleren Empfindlichkeit von 0,05 μV/μW/cm^2 rechnen. Das entspricht bei Bestrahlung mit einer Hefnerkerze aus 1 m Abstand (94 μW/cm^2) einer Thermospannung von ca. 4 bis 5 μV.

Außer den genannten Empfängerarten kann man auch *Bolometer* zur Bestimmung der Strahlungsenergie verwenden. Dies sind hochempfindliche Widerstandsthermometer aus dünnen geschwärzten Metallfolien mit tunlichst hohen Temperaturkoeffizienten des Widerstandes und mit möglichst geringer Wärmekapazität. Gewöhnlich werden zwei solche Widerstandsstreifen in der in Abbildung VII. 95 dargestellten Weise in eine Wheatstonesche Brückenanordnung geschaltet.

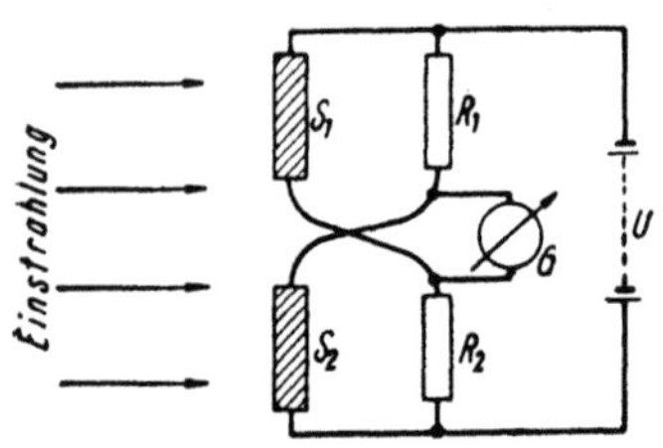

Abb. VII.95. Schema einer Bolometeranordnung.
$S_1 S_2$ bestrahlte Widerstandszweige; $R_1 R_2$ Abgleichwiderstände; G Meßinstrument

Man gleicht dann bei nicht bestrahltem Bolometer die Brücke ab, so daß das Galvanometer auf Null einspielt, und setzt entweder den bei Bestrahlung auftretenden Galvanometerausschlag der eingestrahlten Energie proportional oder die Widerstandsänderung, die man im korrespondierenden Brückenzweig vornehmen muß, um den Ausschlag wieder auf Null zu kompensieren.

Mit guten Bolometern wird etwa die gleiche Meßempfindlichkeit erzielt wie mit Thermoelementen [*101*]. Sie können wie diese in Luft oder — zur Empfindlichkeitssteigerung — in Vakuumgefäßen mit geeigneten Lichteintrittsfenstern benutzt werden. An die Konstanz der Betriebsspannung, die für jedes Bolometer erforderlich ist, werden hohe Anforderungen gestellt.

Auch mit thermischen Strahlungsempfängern können aus den gleichen Gründen, wie sie in Ziff. 65d, S. 433, für Photowiderstände erläutert worden sind, nicht beliebig kleine Strahlungsflüsse gemessen werden. Eine Messung ist nur so weit möglich, wie sich die durch Einstrahlung erzeugte geringe Temperaturerhöhung noch erkennbar aus den spontanen Wärmeschwankungen des Empfängers heraushebt. Das setzt voraus, daß die in der Meßzeit τ durch Einstrahlung im Empfänger entwickelte Wärmemenge W_s größer ist als die mittlere Wärmeenergie $W_{th} = 2\,k\,T$ des Meßsystems bei der Arbeitstemperatur T. Betrachtet man nach dem Vorgang von DAHLKE und HETTNER [*12*] [*22*] die thermischen Empfänger als Wärmekraftmaschinen, deren Leistungsumsatz grundsätzlich den Wirkungsgrad $\eta = \dfrac{\Delta T}{T}$ nicht überschreiten kann, so wird bei gegebener Einstrahlung L in der Meßzeit τ die im Empfänger erzeugte Strahlungsenergie

$$W_s = L \cdot \tau \cdot \frac{\Delta T}{T}.$$

Aus der Bedingung $W_s \geqq W_{th}$ folgt dann die Mindestgröße ΔL der noch meßbaren Strahlung:

$$\Delta L = \frac{2\,k\,T^2}{\tau \cdot \Delta T}. \tag{19}$$

Bezeichnet man die spezifische Energieaufnahme bzw. -abgabe des Systems pro Grad Temperaturdifferenz gegen die Umgebung, also die Größe dL/dT mit Λ, so wird für kleine ΔT

$$\Delta L = \frac{2\,k\,T^2\,\Lambda}{\tau \cdot \Delta L},$$

also

$$\Delta L = T\,\sqrt{\frac{2\,k\,\Lambda}{\tau}}. \tag{20}$$

Ein Empfänger gestattet hiernach, um so kleinere Strahlungsflüsse ΔL zu messen, je besser seine Wärmeisolation, d. h. je kleiner seine spezifische Wärmeaufnahme und -abgabe Λ ist. Leistungsfähige Empfänger erreichen Λ-Werte von ca. 30 bis 40 μW/Grad. Unter normalen Bedingungen ($T \approx 300°$ K, $\tau \approx 1$ sec) könnten damit theoretisch noch Strahlungsflüsse $\Delta L \approx 10^{-11}$ W erfaßt werden, was einer Temperaturerhöhung des Empfängers gegen die Umgebung um $\Delta T \approx 2{,}5 \cdot 10^{-7}$ Grad entspräche. Tatsächlich wird von guten Empfängern eine Meßgrenze von ca. $5 \cdot 10^{-11}$ W, entsprechend einer Temperaturdifferenz von 10^{-6} Grad erreicht.

Man sieht hieraus jedoch, daß bei solchen Messungen nahe der theoretischen Grenze sehr hohe Anforderungen an die Konstanz der Raumtemperatur[1], an die Wärmeisolation des Empfängers sowie an die Stabilität der etwaigen Spannungsquelle (beim Bolometer) und der angeschlossenen Meßeinrichtung gestellt werden. Aus diesen Gründen kommt man der theoretischen Grenze mit *Vakuumthermoelementen* meist etwas näher als mit *Bolometern* [101].

Auch hier gilt nach Gl. (20), daß die untere Grenze der Meßbarkeit um so höher rückt, je kürzer die verfügbare Meßzeit ist, d. h. je schneller ansprechende Empfänger man verwendet. Bei Messung sehr kleiner Strahlungsflüsse muß also jeweils ein Kompromiß zwischen geforderter Ansprechgeschwindigkeit und der Nullpunktruhe des Empfängers getroffen werden.

---

[1] Die Firma Kipp & Zonen, Delft, stellt eine *kompensierte Thermosäule* her, die von Schwankungen der Raumtemperatur weitgehend unabhängig ist.

b) Spannungsempfindliche Galvanometer

Zur quantitativen Strahlungsmessung mit Thermoelementen, Thermosäulen oder Bolometern benutzt man in den meisten Fällen *Galvanometer* von niedrigem Systemwiderstand, der möglichst dem Eigenwiderstand des Strahlungsempfängers (20 bis 50 Ω, s. Tab. VII. 12, S. 489) angepaßt sein soll.

Hat man es mit relativ kräftigen Strahlungsfeldern von einigen μW/cm^2 und mehr zu tun, so kann man als Anzeigeinstrument z. B. ein *Mikrogalvanometer* nach MOLL (s. S. 450) benutzen oder ein *Schleifengalvanometer*. Beide Instrumente haben den Vorteil schneller Einstellung. Das Mikrogalvanometer ist ein Drehspulinstrument von kleinem Trägheitsmoment des Spulensystems; es hat bei 20 Ω innerem Widerstand und 0,2 sec Einstellzeit eine Empfindlichkeit von ca. 1 μV/mm/m. Bei dem Schleifengalvanometer von ZEISS [73] dient die Bewegung einer dünnen Metallschleife von ca. 1 μ Stärke in einem kräftigen Magnetfeld zur Strommessung. Die Auslenkung der Schleife aus ihrer mechanischen Ruhelage wird an einer Skala mikroskopisch abgelesen. Das Instrument hat bei 6 bis 10 Ω innerem Widerstand eine

Abb. VII.96. Drehspulgalvanometer nach ZERNICKE

Schwingungsdauer von ca. 0,6 sec. Die Empfindlichkeit kann durch zwei verschiedene Mikroskopvergrößerungen (80- bzw. 640mal) sowie dadurch, daß man die Stromschleife wahlweise in hängender (stabiler) oder stehender (labiler) Lage benutzen kann, in einem Bereich von $3 \cdot 10^{-7}$ bis $7{,}5 \cdot 10^{-9}$ A/Skt verändert werden. Das entspricht Spannungsempfindlichkeiten zwischen ca. $2{,}5 \cdot 10^{-6}$ und $6 \cdot 10^{-8}$ V/Skt.

Zur Messung kleiner Spannungen bei schwachen Strahlungsintensitäten, wie sie bei spektraler Zerlegung meistens gegeben sind, benutzt man vorwiegend hochempfindliche *Drehspulgalvanometer* mit kleinem Systemwiderstand. Gut bewährt haben sich dafür z. B. die Galvanometer nach ZERNICKE (Abb. VII.96)[1], bei denen der Strom nicht durch die Aufhängung, sondern durch zwei nur 0,4 μ starke, biegsame Kupferbänder dem System zugeführt wird [114]. Auf diese Weise kann die

---

[1] Hergestellt von Kipp & Zonen, Delft (Holland), zu beziehen durch E. Leybold's Nachf., Köln.

Drehspule an einem sehr feinen Quarzfaden aufgehängt werden. Die
Polschuhe des ringförmigen Magneten und der Eisenkern der Stromspule sind so geformt, daß sie ein genau radiales Feld erzeugen. Das
Feld ist sehr kräftig und kann mittels eines veränderlichen magnetischen
Nebenschlusses bis zu einem Drittel seines maximalen Wertes verringert
werden. Dadurch läßt sich das Instrument in ziemlich weitem Bereich
an Außenwiderstände verschiedener Größe anpassen. Die Type Zc, die
sich für Strahlungsmessungen mit thermischen Empfängern am besten
eignen dürfte, hat bei einem Systemwiderstand von 35 Ω, je nach Einstellung des Nebenschlusses, eine Spannungsempfindlichkeit von $6 \cdot 10^{-8}$
bis $17 \cdot 10^{-8}$ V/mm bei 1 m Skalenabstand und eine Schwingungsdauer
von 7 sec.

Ähnliche Empfindlichkeit erreicht das *Supergalvanometer* von Siemens; für etwas geringere Anforderungen eignet sich auch das Spiegelgalvanometer, Typ D, der gleichen Firma mit 9 Ω Systemwiderstand
und einer Spannungsempfindlichkeit von 0,6 μV/mm/m.

c) Anzeigeverstärkung. Kompensationseinrichtungen

Bei schwachen Strahlungsintensitäten erhält man auch mit den
empfindlichsten Galvanometern oft nur so kleine Ausschläge, daß ihre
Ablesung nur ungenau möglich ist oder unhandlich große Lichtzeiger-
längen erforderlich macht. In
solchen Fällen läßt sich die
Anzeigeempfindlichkeit zuweilen durch *Relais*anordnungen
steigern, indem man den Licht-

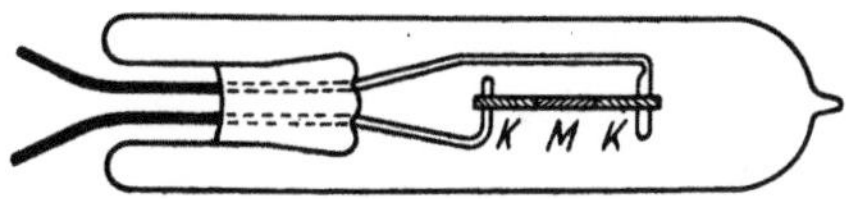

Abb. VII.97. Thermorelais nach [77]

zeiger des Galvanometers nicht unmittelbar auf einer Skala beobachtet, sondern auf ein thermoelektrisches oder lichtelektrisches Steuerorgan auffallen läßt, das bei Auslenkung des Zeigers aus der Ruhelage stärkere Anzeigeströme liefert. Natürlich kann solche Relaisverstärkung der Ausschläge nur bis an die durch natürliche Nullpunkt-
schwankungen des Empfängers und des Galvanometers gegebene Grenze
(s. S. 491) einen Gewinn an Ablesegenauigkeit erbringen.

Als Steuerorgan zu Anzeigeverstärkung kann z. B. das *Thermorelais* nach MOLL und BURGER [77] dienen, das aus einem 0,5 mm breiten
und 1 μ starken Thermostreifen aus Konstantan-Manganin-Konstantan
besteht (Abb. VII.97). Der Streifen, der sich in einem evakuierten Glasgefäß befindet, wird mit seinen Zuführungen an ein Millivoltmeter angeschlossen und so aufgestellt, daß der Lichtzeiger des Spiegelgalvano-
meters in seiner Ruhelage genau auf die *Mitte* des Thermostreifens trifft.
In dieser Stellung werden beide Lötstellen des Thermorelais durch das
vom Spiegelgalvanometer einfallende Licht gleich stark erwärmt, so
daß die Thermokräfte beiderseits einander entgegenwirken und das

Anzeigeinstrument stromlos bleibt. Bei sehr kleiner Drehbewegung des Galvanometersystems aus seiner Ruhelage wandert der Lichtzeiger aus der Symmetriestellung auf dem Thermostreifen in Richtung auf eine der beiden Lötstellen, die dadurch verschieden stark erwärmt werden und eine der Zeigerwanderung entsprechende Anzeigespannung liefern.

An Stelle eines Thermostreifens kann man auch eine *Photozelle* als Relaisorgan verwenden, z. B. indem man vor der Zelle eine Blende mit zwei einander benachbarten spaltförmigen Öffnungen anbringt und den ebenfalls spaltförmigen Lichtzeiger des Galvanometers so richtet, daß er in der Ruhelage gerade auf den abdeckenden Zwischensteg zwischen

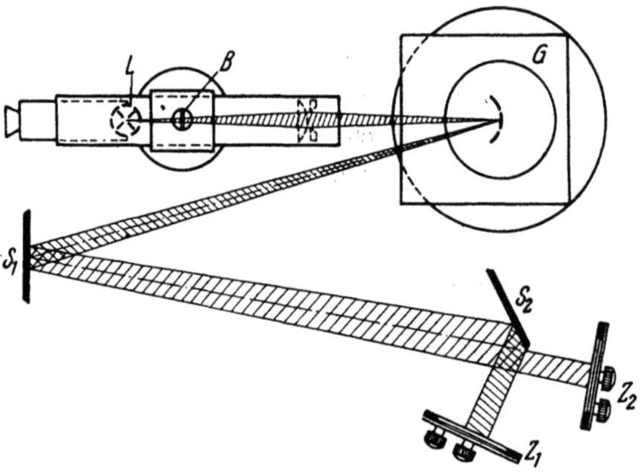

Abb. VII.98. Anzeige kleiner Galvanometerausschläge mit Differenzstrom zweier Photozellen. *L* Galvanometerlampe; *G* Galvanometer; S_1 Umlenkspiegel; S_2 Strahlteilungsspiegel mit scharfer Kante; Z_1 und Z_2 Photozellen

den beiden Blendenöffnungen fällt. Im Nullpunkt des Galvanometers bleibt die Zelle dann unbelichtet und stromlos, während schon bei kleinen Ausschlägen des Galvanometerspiegels das Licht rechts oder links vom Zwischensteg in eine der Öffnungen hineinwandert und die Photozelle belichtet. Benutzt man z. B. ein *Photoelement* hinter der Blende, so kann der Anzeigestrom gewöhnlich mit einem einfachen Zeigerinstrument (z. B. mit einem Lichtmarkengalvanometer, s. S. 379) beobachtet werden [*8* und *61*].

An Stelle eines Doppelspaltes kann man auch zwei gegeneinandergeschaltete Photoelemente benutzen, die über eine *Strahlteilung* (Abb. VII.98) des Lichtbündels vom Spiegelgalvanometer so belichtet werden, daß sie in der Ruhelage gleichviel Licht erhalten. Bei Ablenkung des Galvanometerspiegels vermindert sich dann die Belichtung der einen Zelle, während die der anderen um den gleichen Betrag zunimmt. Bei geeigneter Rechteckform des Lichtbündelquerschnittes kann dabei erreicht werden, daß in einem bestimmten kleinen Winkelbereich der

Differenzstrom der Photozellen dem Galvanometerausschlag proportional ist.

Trotzdem ist bei allen Messungen mit Relaisverstärkung anzuraten, sich nicht auf die Proportionalität der Relaisanzeige zu verlassen, sondern das Galvanometer nur als *Nullinstrument* zu verwenden, indem man den Ausschlag jeweils durch eine gegengeschaltete Hilfsspannung U_k auf Null kompensiert. An Stelle des Ausschlages dient dann der Betrag von U_k als Meßgröße.

Solche Kompensation des Ausschlages ist bei Messungen mit thermischen Strahlungsempfängern allgemein vorzuziehen, da Thermoelemente und Thermosäulen stets *stromlos* bleiben, d. h. nur Thermo*spannungen* liefern sollen. Man schaltet sie am besten mit dem Galvanometer und einem niederohmigen *Kompensationsapparat*, z. B. einem solchen nach DIESSELHORST [*15, 16*], in Serie, der in Dekadenstufen meßbare kleine Spannungen einzustellen gestattet. Die der Bestrahlung des Empfängers entsprechende Spannung, bei der der Galvanometerausschlag gerade wieder auf Null kompensiert ist, kann dann an den Dekadenkurbeln des Apparates unmittelbar abgelesen werden.

In Ermangelung eines besonderen Kompensationsapparates kann man sich auch mit einem Dekadenmeßwiderstand mit je 10 Stufen von 0,01, 0,1 1 und 10 Ω helfen, den man in einer Schaltung nach Art der in Abb. VII. 99 dargestellten verwendet. R_1 ist ein fester Widerstand von ca. 2,5 Ω, der mit dem Thermoempfänger *Th* und dem Galvanometer *G* zu einem geschlossenen Stromkreis verbun

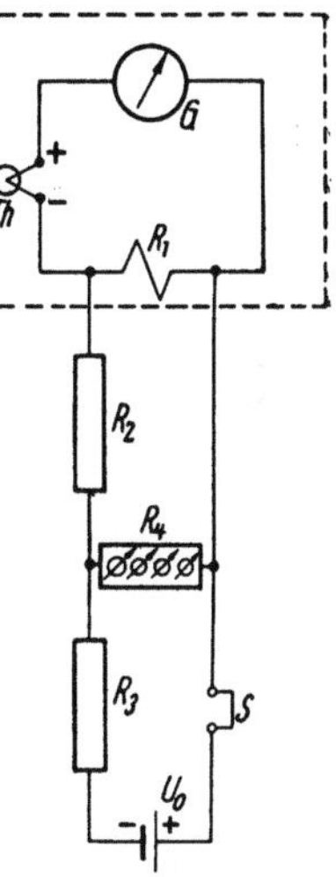

Abb. VII.99. Kompensation von Thermospannungen mit Dekadenwiderstand.
Th Thermoelement;
G Galvanometer;
U_0 Hilfsspannung;
S Ausschalter;
$R_1 R_2 R_3$ Festwiderstände;
R_4 Dekaden-Meßwiderstand

den wird. R_4 ist der regelbare Dekadenwiderstand, R_2 und R_3 sind feste Vorwiderstände, die groß gegen R_1 und den Höchstwert von R_4 sein müssen. Macht man z. B. für $R_1 = 2,5\ \Omega$, $R_2 = R_3 = 15800\ \Omega$ und legt an den Eingang der Schaltung eine Spannung $U = 100$ V, so entspricht jeder Einstellung des Dekadenwiderstandes auf $x\ \Omega$ eine Kompensationsspannung im Galvanometerkreise von $x\ \mu$V. Auch hier kann also die zu messende Thermospannung bei erfolgter Kompensation unmittelbar an der Stellung der Dekadenkurbeln abgelesen werden. Bis zu einigen μV ist hierbei die Kompensationsspannung praktisch völlig proportional den jeweils eingestellten Stufenwerten von R_4, und zwar innerhalb weniger Promille. Erst bei größeren Strahlungsintensitäten, wenn zur Kompensation Ohmbeträge von R_4 erforderlich werden, die nicht mehr vernachlässigbar klein gegen R_2 und R_3 sind, treten geringe Abweichungen auf, die man dann aus der Stromverzweigung berechnen und als Korrektion berücksichtigen kann. Bei einer angelegten Spannung U_0 ist die kompensierende Spannung im Galvanometerkreise stets

$$U_k = U_0 \cdot \frac{R_1 R_4}{(R_1 + R_2) \cdot (R_3 + R_4) + R_3 R_4}.$$

Mittels Spezialschaltungen, z. B. nach Merz [74], Kuntze [59] und anderen, kann die Kompensation der zu messenden Empfängerspannung U_x durch eine gegenzuschaltende gleich große Spannung U_k auch *selbsttätig* erfolgen, wenn man den Lichtzeiger des Galvanometers über eine Photozelle und eine Regelröhre zur Steuerung des Stromes in einem Abfallwiderstand R_h (Abb. VII. 100) verwendet. Der sich selbst einstellende kompensierende Strom $I_a = \dfrac{U_x}{R_h}$ ist dann ein Maß für die jeweilige Größe der zu messenden Spannung U_x. Er kann bei geeigneter Wahl der Schaltelemente so groß gemacht werden, daß er an einem gewöhnlichen Milliamperemeter abgelesen oder mit einem Drehspullinienschreiber aufgezeichnet werden kann. Das ist z. B. zur registrierenden Aufnahme des Energieverlaufes von Spektren mit Thermoelementen oder Thermosäulen oft von erheblichem Vorteil. Mit einem selbst-

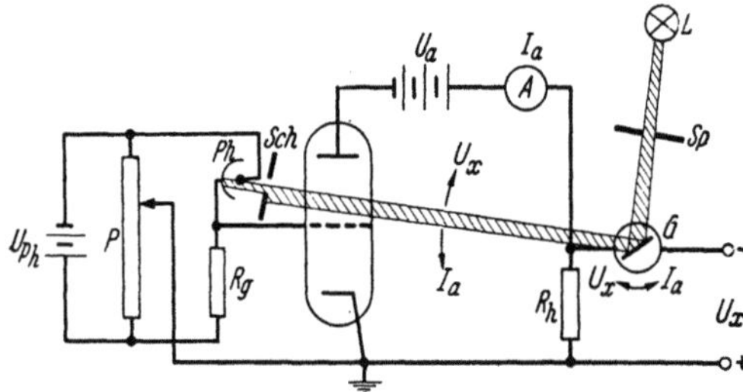

Abb. VII. 100. Selbsttätige lichtelektrische Spannungskompensation.
U_x Eingangsklemmen der Meßspannung; G Steuergalvanometer; L Galvanometerlampe; Sp Spaltblende, die auf dem Blendenschirm Sch vor der Photozelle Ph abgebildet wird; Helligkeitsänderung auf Ph regelt den Strom I_a der Röhre jeweils nach, bis $I_a \cdot R_h = U_x$ ist

tätigen *Photozellenkompensator* dieser Art nach Leo und Hübner [69] können noch Thermospannungen von 10^{-7} V gemessen und registrierend aufgezeichnet werden.

Bei Verwendung von Bolometern oder Thermoelementen *kurzer Einstellzeit* kann die Messung statt mit einem Galvanometer auch mit den in Ziff. 66 (S. 434 ff.) beschriebenen Methoden der *Wechselstromverstärkung* erfolgen. Hierzu eignen sich allerdings im wesentlichen *Halbleiterbolometer* mit verhältnismäßig hohem Widerstand [6] [9] [10], der sich an Verstärkeranordnungen wirksamer anpassen läßt als an Galvanometer.

d) Energiemessung und Photostrommessung im gleichen Strahlungsfeld

Zur Bestimmung der spektralen Empfindlichkeit $f(\lambda) = \dfrac{i}{L_\lambda}$ einer Photozelle (vgl. S. 470) muß diese bei der Photostrommessung einem genau definierten Strahlungsfluß ausgesetzt werden, dessen Betrag $L_{(\lambda)}$ vorher oder nachher mit einem thermischen Empfänger ermittelt ist. Die Feststellung der Größe von L_λ in *absolutem Maß* erfordert eine Eichung der verwendeten Thermosäule bzw. des Bolometers mit einer Strahlung bekannter Stärke, und zwar kann diese Eichung entweder in einem gegebenen *Strahlungsfluß*, d. h. mit einem Lichtbündel von *definierter Querschnittbegrenzung*, vorgenommen werden, oder in einem homogenen Strahlungsfeld von definierter *Strahlungsflußdichte*. Im ersteren Fall erhält man den Eichwert des Empfängers in V/W ($= \mu V/\mu W$) und muß dann dafür sorgen, daß der Fluß L_λ, den man an Hand dieses Eichwertes mit dem Thermoempfänger gemessen hat, bei der zugehörigen Photostrommessung ungeschmälert in die Photozelle gelangt. — Im zweiten Fall, wenn man den Thermoempfänger in der Strahlungsflußdichte ($\mu V/\mu W/cm^2$, s. S. 488) eines homogenen Strahlungsfeldes eicht, muß die Bündelbegrenzung durch eine Blendenöffnung ausgemessener Größe vor der *Photozelle* vorgenommen werden, um dieser bei der Photostrommessung aus dem Strahlungsfeld einen definierten Fluß L_λ zuzuführen (s. S. 502).

Die unmittelbare Eichung des Thermoempfängers in $\mu V/\mu W$ wird sich in denjenigen Fällen empfehlen, bei denen man es, z. B. am Ausgang eines Monochromators mit schmalen konvergenten Strahlenbündeln, also mit nichthomogenem Strahlungsfeld zu tun hat. In diesem Fall ist es zweckmäßig, die Energiemessung des austretenden Strahlenbündels am Ort seiner engsten Zusammenschnürung vorzunehmen, d. h. den thermischen Empfänger bei der Messung von L_λ direkt an den Ort des Austrittsspaltes des Monochromators zu setzen.

Die vorherige *Eichung des Empfängers* erfolgt dann in der Weise, daß man ihn hinter einem Spalt, dessen Breite den Linienbreiten im Monochromatorausgang entspricht, in definiertem Abstand der Strahlung einer Lichtquelle bekannter Strahlstärke aussetzt. Dazu eignen sich am besten *Glühlampennormale* festgelegter Strombelastung, deren Strahlstärke S in vorgegebener Richtung durch Vergleich mit einem schwarzen Körper bekannter Temperatur ermittelt ist[1]. Wo solche Normallampen nicht vorhanden sind, bewährt sich als einfaches Hilfsmittel auch die *Hefnerlampe*[2], die in 1 m Abstand eine Bestrahlungsstärke von 94 $\mu W/cm^2$ erzeugt.

Zu genauer Eichung eines Thermoempfängers müssen dabei bestimmte Bedingungen eingehalten werden, um störende Beeinflussung

---

[1] Für solche Strahlungsnormale in Form gealterter Kohle- oder Metallfadenlampen niedriger Belastung wird z. B. von der Physikalisch-Technischen Bundesanstalt in Braunschweig die Strahlstärke in bestimmter Ausstrahlungsrichtung für bestimmte Strom- und Spannungswerte festgestellt und in Prüfscheinen angegeben.

[2] Eine auf 40 mm Höhe regulierte Flamme von primärem Isoamylazetat, die an einem runden, 8 mm dicken Docht in einem Neusilberrohr von 0,15 mm Wandstärke brennt.

aus der Umgebung zu verhindern [11]. Das Strahlungsnormal bzw. die Hefnerlampe soll sich, wie in Abb. VII.101 veranschaulicht, in 1 m Abstand von einem möglichst schwarzen, also nichtreflektierenden Hintergrund befinden. Zwischen Lampe und Empfänger bringt man eine oder mehrere Blenden an, die so bemessen sind, daß nur die Strahlung der Lampe den Empfänger erreicht, während die Raumstrahlung der Umgebung soweit wie möglich abgeschirmt wird. Eine Verschlußklappe, mit der die Strahlung zum Empfänger freigegeben oder unterbrochen werden kann, wird entweder durch Wasserkühlung auf konstanter Temperatur gehalten oder wenigstens aus mehreren, mit Luftisolation hintereinandergestellten Blechen gebildet, um zu vermeiden, daß die dem Empfänger zugewandte Seite der Klappe sich von der Lampe her erwärmt und dann durch Eigenstrahlung den Nullpunkt der Energiemessung verfälscht.

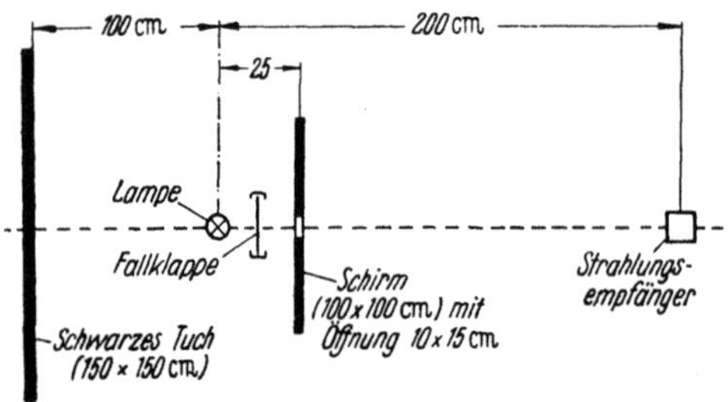

Abb. VII.101. Genormte Meßanordnung zum Eichen von Strahlungsempfängern im homogenen Strahlungsfeld nach [11]

Die Flächengröße F der freien Spaltöffnung vor dem Empfänger in Quadratzentimetern und der Abstand a dieser Öffnung von der Lampe in Metern muß genau ausgemessen werden. Der Spalt soll, wie bereits erwähnt, etwa ebenso breit sein wie die einzelnen Spektrallinien im Monochromatorausgang bei der Messung von L_λ. Dabei muß seine freie Öffnung F noch in einem solchen Verhältnis zur wirksamen Auffangfläche des Empfängers stehen, daß bei gleichmäßiger Beleuchtung eine Spaltverengung eine proportionale Verringerung der Empfängerspannung bewirkt.

Benutzt man zur Eichung eine Hefnerlampe, so wird der Spalt vor dem Empfänger im Abstand a von der Lampe mit einer Bestrahlungsstärke $E = \dfrac{94}{a^2}\,\mu\text{W}/\text{cm}^2$ bestrahlt, bei einer Spaltfläche F beträgt demnach der in den Empfänger eintretende Fluß $L = 94 \cdot \dfrac{F}{a^2}\,\mu\text{W}$. Liefert der Empfänger bei dieser Bestrahlung eine Thermospannung von $x\,\mu\text{V}$, so ergibt sich daraus der Eichwert $\varepsilon = \dfrac{x \cdot a^2}{94 \cdot F}\,\mu\text{V}/\mu\text{W}$. Bringt man nunmehr den Empfänger an den Ausgangsort des Monochromators und mißt hier bei Bestrahlung mit der Wellenlänge λ eine Thermospannung $y\,\mu\text{V}$, so kennt man an Hand des Eichwertes die Größe des monochromatischen Strahlungsflusses $L = \dfrac{y}{\varepsilon}\,\mu\text{W}$ *.

____

* Bei *Vakuum*empfängern oder solchen, die zum Schutz gegen Luftströmungen mit einem Lichteintrittsfenster aus Glas, Quarz oder anderem Material versehen

Um diesen somit ermittelten Strahlungsfluß im anschließenden Versuch nunmehr in genau gleicher Größe der zu messenden Photozelle zuzuführen, ist z. B. eine in Abb. 102 dargestellte Anordnung geeignet. M ist darin der zur Lichtzerlegung dienende Monochromator, auf dessen Eintrittsspalt die Strahlung der Lichtquelle L durch einen Kondensor C konzentriert wird, solange der Lichtverschluß V geöffnet ist. Am Ausgang des Monochromators ist mit einem Rohrstutzen in der dargestellten Weise ein Metallkasten K_1 befestigt, in dem sich die Thermosäule (bzw.

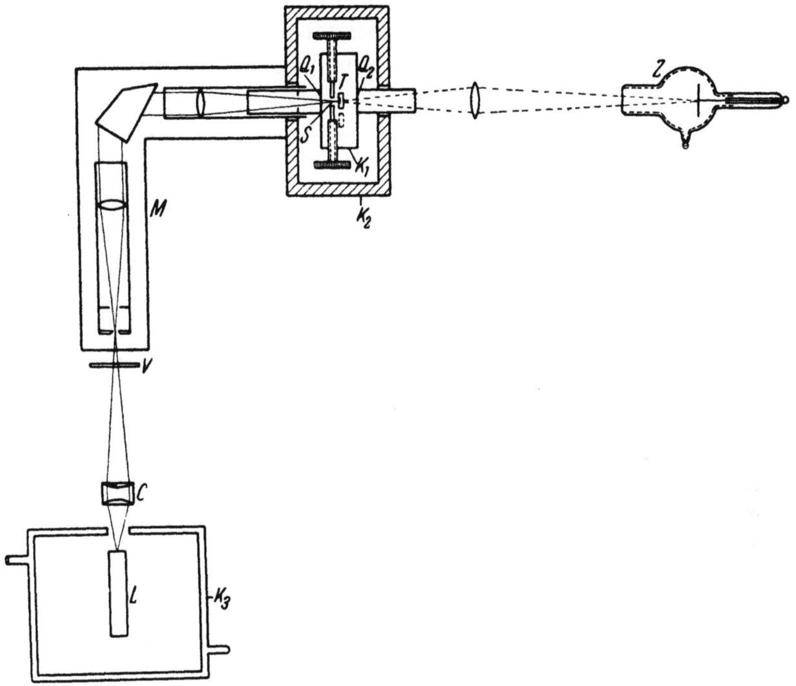

Abb. VII.102. Anordnung einer thermisch geschützten Thermosäule im Strahlengang.
Bezeichnungen s. Text

das Thermoelement oder Bolometer) auf einem feinverstellbaren Verschiebeschlitten befindet. Mit dieser Feinverstellung kann sie unmittelbar hinter den Austrittsspalt S des Monochromators gebracht werden. Das Gehäuse K_1 hat an der Vorder- und Rückseite Lichtdurchtritts-

sind, muß der Verlust eines Teiles der langwelligen Strahlung der Hefnerlampe durch Absorption im Fenstermaterial berücksichtigt werden. Läßt sich das Fenster herausnehmen, so kann man den Verlustfaktor durch Messung mit und ohne Fenster leicht feststellen. Andernfalls bestimmt man ihn am besten, indem man noch ein zweites Fenster von gleichem Material und möglichst gleicher Stärke in den Strahlengang bringt und die Verringerung der Empfängeranzeige mißt.

Bei einem *Quarz*fenster von 1 mm Dicke kann der Strahlungsverlust im Ultraroten mit etwa 30% angesetzt werden.

öffnungen, die zum Schutz des Empfängers vor Luftbewegungen mit dünnen Quarzplatten Q_1 und Q_2 abgeschlossen sind. Um auch den Einfluß kleiner Temperaturänderungen der Umgebung möglichst fernzuhalten, sind die Zuleitungsdrähte unmittelbar hinter den nichtbestrahlten Nebenlötstellen des Empfängers mit wenig Spielraum isoliert in dünne Bohrungen eines kräftigen Kupferklotzes eingekittet, der die massive Unterfläche des Kastens K_1 bildet. Zusätzlich ist das ganze Gehäuse K_1 zur Wärmeisolation allseitig noch von einem Schutzmantel K_2 aus 10 mm dickem Kupferblech umgeben, durch dessen Deckel von oben in einer Durchbohrung ein Hartgummistift eingeführt ist, mit dem die seitliche Feinbewegung des Thermoempfängers auf dem Verschiebeschlitten vorgenommen werden kann. Falls trotz des doppelten Schutzes am Empfänger die Wärmeentwicklung der Lichtquelle L sich noch störend bemerkbar macht, kann auch L noch in einen doppelwandigen Kasten K_3 eingeschlossen werden, der mit Wasser umspült wird.

In dieser Anordnung läßt man das spektral zerlegte Licht zunächst auf den hinter den Spalt gerückten Thermoempfänger fallen und bestimmt hier in der oben (S. 498) geschilderten Weise den Strahlungsfluß L_λ. Wird dann der Empfänger T auf dem Schlitten beiseite gerückt, so fällt der gleiche Fluß in die Photozelle Z, mit der nun die zugehörige Photostrommessung vorgenommen wird.

Hierbei müssen die *Lichtverluste* durch *Reflexion* und evtl. *Absorption* berücksichtigt werden, die der Fluß L zwischen dem Punkt T und der Photozelle Z an dem Lichtaustrittsfenster Q_2 und der nachfolgenden Linse erfährt. Man bestimmt den Betrag dieser Verluste am exaktesten dadurch, daß man die Empfindlichkeitskurve einer Zelle einmal unmittelbar hinter dem Austrittsrohr des Kastens K_1 mißt und ein zweites Mal nach dem Einschalten der Linse und einer gleichartigen Quarzplatte wie Q_2. Dabei ist darauf zu achten, daß in beiden Fällen die gleiche Stelle der Photokathode mit einem Lichtfleck möglichst gleicher Größe ausgeleuchtet wird.

Arbeitet man in einem Spektralgebiet, in dem Quarz oder das Material, aus dem die Linse besteht, noch nicht merklich absorbieren, so braucht nur der Reflexionsverlust r in Betracht gezogen zu werden. Diesen kann man nach der Fresnelschen Gleichung

$$r = \left(\frac{n-1}{n+1}\right)^2$$

berechnen, indem man die zur verwendeten Wellenlänge gehörige Brechzahl n der Quarzplatte bzw. der Linse einsetzt[1]. Findet mehrmalige

---

[1] Brechzahlwerte der verschiedenen Materialien in Abhängigkeit von der Wellenlänge können aus KOHLRAUSCH: Praktische Physik oder dem Tabellenwerk LANDOLT-BÖRNSTEIN entnommen werden.

Reflexion an z Flächen an gleichem Material statt, so ist der durchgelassene Anteil der Strahlung

$$D = (1 - r)^z = \left[1 - \left(\frac{n-1}{n+1}\right)^2\right]^z \approx 1 - z \cdot \left(\frac{n-1}{n+1}\right)^2,$$

da r meist klein gegen 1 ist.

Um $f_{(\lambda)} = \dfrac{i}{L_\lambda}$ hinreichend genau zu messen, muß im allgemeinen sowohl die energetische Messung des Strahlungsflusses L_λ als auch die zugehörige Photostrommessung mehrmals wiederholt werden, um die unvermeidlichen Fehler der Einzelbeobachtung durch Mittelbildung zu verringern. Das bedeutet, daß der Strahlungsfluß L_λ mehrmals abwechselnd auf den Thermoempfänger und auf die Photozelle geleitet werden muß. Das wiederum stellt an die Genauigkeit der Schlittenführung in einer Anordnung, wie in Abb. VII.102, erhebliche Anforderungen, damit gewährleistet ist, daß der Thermoempfänger bei jeder Energiemessung zwischen zwei Photostrommessungen wieder genau an den gleichen Ort im

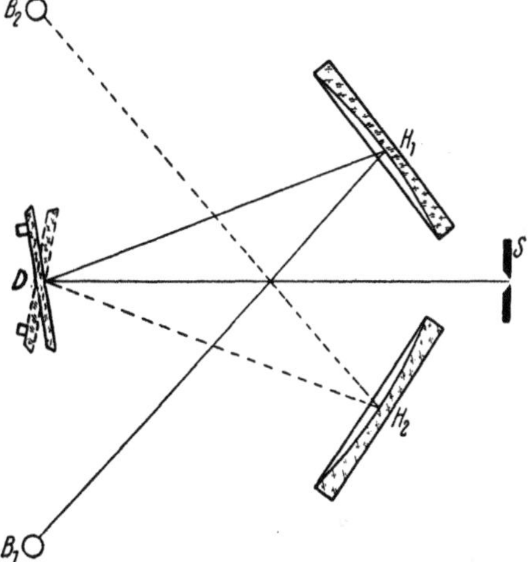

Abb. VII.103. Spiegelanordnung zur wechselweisen Bestrahlung zweier feststehender Empfänger nach [65]

Zusammenschnürungspunkt des Lichtbündels hinter dem Monochromatorspalt S gelangt.

Es erleichtert daher in vielen Fällen das Arbeiten, wenn man nicht den *Empfänger* verschiebt, sondern statt dessen das aus dem Monochromator kommende *Lichtbündel* auf optischem Wege durch ein auf einem drehbaren, mit Anschlägen versehenem Tischchen angebrachtes Quarzprisma (vgl. S. 505 Abb. VII.105)[1] oder durch eine Spiegelanordnung nach Abb. VII.103 wahlweise dem thermischen Empfänger und der Photozelle zuführt, die auf diese Weise beide fest an ihrem Platz bleiben können [65]. Das aus dem Monochromator kommende divergente Lichtbündel wird hier von einem Planspiegel D, der in zwei feste Anschlagstellungen gedreht werden kann, wahlweise auf einen der beiden Hohlspiegel H_1 oder H_2 gelenkt und von diesem in einem der Punkte B_1 oder B_2 als Spaltbild wiedervereinigt. An dem einen dieser Punkte wird der Thermoempfänger, am anderen die Photo-

---

[1] Als Linse L in Abb. VII.105 verwendet man einen Quarz-Steinsalz- oder Quarz-Flußspat-Achromaten.

zelle aufgestellt. Die genaue Justierung, besonders des thermischen Empfängers, auf zentrische Stellung zur engsten Lichtbündelzusammenschnürung und auf maximalen Ausschlag braucht nur einmal vorgenommen zu werden und wird dann nicht mehr verändert. Durch einfache Drehbewegung des Planspiegels D gegen die festen Anschläge kann dann der gleiche Strahlungsfluß abwechselnd dem Empfänger zur Energiemessung und der Photozelle zur Photostrommessung zugeleitet werden, wobei Korrektionen wegen zusätzlicher Linsenabsorption usw. entfallen. Die etwaige Selektivität der Spiegelreflexion geht in dieser Anordnung bei der Photostrommessung und bei der Messung von L mit gleichem Betrage ein, beeinflußt also die Empfindlichkeitsbestimmung der Zelle nicht, vorausgesetzt, daß die beiden Hohlspiegel H_1 und H_2 im gleichen Arbeitsgang, also gleichartig, verspiegelt sind. Das kann man kontrollieren, indem man nach einer Meßreihe die Plätze des Thermoempfängers und der Photozelle vertauscht und die Messung in dieser Stellung wiederholt.

Wie eingangs (S. 497) erwähnt, kann auch die Eichung des Empfängers in manchen Fällen vereinfacht werden, indem man sie nicht auf den eintretenden *Strahlungsfluß*, sondern auf *Bestrahlungsstärke* (Strahlungsflußdichte) bezieht. Dabei entfallen die auf S. 498 erwähnten besonderen Bedingungen für eine begrenzende Spaltöffnung definierter Größe vor dem Empfänger. Die Größe der wirksamen Auffangfläche des Empfängers braucht nicht einmal genau bekannt zu sein, wenn man ihn nur zum energetischen *Vergleich* der spektralen Strahlungsflußdichte auf der Photozelle mit der Eichflußdichte des Strahlungsnormals benutzt [*67*].

Die Messung der spektralen Empfindlichkeitskurve einer Zelle geht dann in der Weise vor sich, daß man durch wechselweise Bestrahlung des Thermoempfängers und der Photozelle mit spektral zerlegtem Licht der verschiedenen Wellenlängen — etwa mit einer Anordnung nach Abb. VII. 103 — zunächst den *relativen* Empfindlichkeitsverlauf in beliebigem Maß feststellt, das sich einfach aus den Verhältniszahlen der gemessenen Photoströme i_{λ_1}, i_{λ_2}, ... zu den entsprechenden Empfängerspannungen U_{λ_1}, U_{λ_2}, ... ergibt.

Dann setzt man den thermischen Empfänger in definiertem Abstand a der Eichstrahlung der Normallampe (Hefnerlampe) aus und bestimmt dort seinen Spannungsbetrag U_n bei der bekannten Bestrahlungsstärke E_n (S. 497). Hieraus erhält man den Eichwert

$$\varepsilon = \frac{U_n}{E_n} \text{ in } \mu\text{V}/\mu\text{W}/\text{cm}^2.$$

Stellt man nunmehr für eine oder besser mehrere Wellenlängen λ_1, λ_2, ..., z. B. mit Monochromatfiltern (s. S. 475), homogene monochromatische Strahlungsfelder her, in denen der gleiche Empfänger die

Spannungsbeträge U_{λ_1}, U_{λ_2}, ... anzeigt, so kennt man hieraus die zugehörigen monochromatischen Strahlungsflußdichten

$$E_{\lambda_1} = \frac{1}{\varepsilon} \cdot U_{\lambda_1},\ E_{\lambda_2} = \frac{1}{\varepsilon} \cdot U_{\lambda_2},\ \dots \text{ in } \mu\text{W/cm}^2.$$

Setzt man dann die Photozelle mit exakt ausgemessener, z. B. 1 cm² großer Blendenöffnung an die Stelle des Thermoempfängers, so erhält sie aus dem Feld der Flußdichte E_{λ_1} den Fluß $L_{\lambda_1} = E_{\lambda_1} \cdot 1$ cm², aus dem Feld der Flußdichte E_{λ_2} den Fluß $L_{\lambda_2} = E_{\lambda_2} \cdot 1$ cm² usw. Aus den zugehörigen Photostrommessungen i_1, i_2, ... kann demnach für jede der gewählten Wellenlängen die Zellenempfindlichkeit $f_{(\lambda)} = \dfrac{i}{L_\lambda}$ in *absolutem Maß* angegeben werden.

Im allgemeinen genügt es, diese Absolutbestimmung für zwei oder drei Wellenlängen durchzuführen. An Hand jedes der so gefundenen $f_{(\lambda)}$-Werte kann man dann den vorher gemessenen *relativen* Verlauf der ganzen spektralen Empfindlichkeitskurve in Absolutmaß umrechnen, so daß die Kurve für λ durch den gemessenen $f_{(\lambda)}$-Wert geht. Dabei muß die Umrechnung mit jedem der gemessenen $f_{(\lambda)}$-Werte die gleiche resultierende Kurve mit den richtigen Werten für die beiden anderen Wellenlängen ergeben. Daraus erhält man zugleich eine Kontrolle für die erreichte Genauigkeit der gesamten Meßreihe bzw. Hinweise auf evtl. Meßfehler, die eine Nachkontrolle notwendig machen.

e) Anwendung einer Vergleichszelle

Aus den voranstehenden Ausführungen geht hervor, daß die Ermittlung der Intensität einzelner Spektrallinien mit recht mühsamen Messungen und manchmal mit beträchtlichen Schwierigkeiten verknüpft sein kann. In Fällen, in denen eine größere Zahl lichtelektrischer Messungen in Verbindung mit Energiemessungen ausgeführt werden soll, empfiehlt es sich daher, nicht jedesmal zur Energiemessung eine Thermosäule oder ein Bolometer zu benutzen, sondern eine *Vergleichszelle* anzuwenden. Diese möglichst konstante Photozelle (vgl. Ziff. 75b) wird von Zeit zu Zeit mit einem thermischen Empfänger in der oben beschriebenen Weise ausgeeicht und ermöglicht dann absolute Energiemessungen. Diese Messungen werden dadurch gegenüber solchen mit Thermosäulen oder Bolometern wesentlich erleichtert, insbesondere dann, wenn das Strahlenbündel, dessen gesamte Intensität gemessen werden soll, einen verhältnismäßig ausgedehnten Querschnitt besitzt, z. B. ein paralleles Lichtbündel darstellt.

Die *spektrale Empfindlichkeitskurve* der Vergleichszelle soll möglichst einen *normalen* Verlauf haben, da man in diesem Fall besser interpolieren kann und evtl. vorhandenes falsches Licht nicht in dem Maße stört wie möglicherweise bei stark selektivem Empfindlichkeitsverlauf. Handelt es sich um Intensitätsmessungen im sichtbaren und ultravioletten Teil des Spektrums, so versieht man die Zellenkathode z. B. mit einer nahezu monoatomaren Alkalimetallschicht, z. B. mit einem Natrium-, Kalium- oder Cäsiumfilm auf schwach oxydiertem Nickel, Magnesium oder Aluminium[1]. Damit die Empfindlichkeit möglichst unverändert bleibt, muß die Zelle bei ihrer Herstellung gut ausgeheizt und alles überschüssige Alkalimetall entfernt werden. Sie soll also möglichst keine Schliffe besitzen, dagegen hohe *Quarzisolation* zwischen Anode und Kathode, damit noch sehr kleine Lichtintensitäten mit ihr gemessen werden können.

Nach diesen Anforderungen ist z. B. die in Abb. VII. 104 dargestellte Zelle konstruiert, die am besten ganz aus *Quarzglas* angefertigt wird und sich in dieser Form gut bewährt hat. Das Licht tritt vorn durch

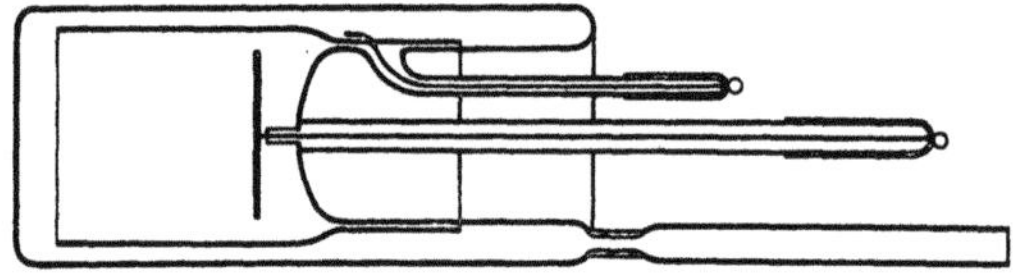

Abb. VII. 104. Vergleichszelle mit monoatomarer Alkalischicht auf Nickel

ein aufgeschmolzenes, geschliffenes und poliertes Planfenster ein. Die Kathode besteht aus einer kreisförmigen, schwach oxydierten Nickel- oder Aluminiumplatte, die Anode aus einem Nickelzylinder, der auf dem hinten angeschmolzenen Quarzfuß aufsitzt. Die Anoden- und Kathodenzuführungen bestehen aus Nickeldraht und sind an ihren unteren Enden entweder mittels dünner Molybdänfolien in Quarz oder mittels Wolframdrähten in Glas eingeschmolzen, was durch Verbindungsstücke aus Zwischengläsern ermöglicht wird (vgl. S. 241). Eine solche Zelle ist bereits bei wenigen Volt gesättigt, zeigt keinerlei Störerscheinungen und bleibt monatelang unverändert.

Auch ein im Ultravioletten empfindliches Photoelement[2] mit mattierter Quarzplatte eignet sich in Verbindung mit einem empfindlichen Spiegelgalvanometer gut als Vergleichszelle.

Zu Messungen stellt man die Vergleichszelle so auf, daß sie — ohne zusätzliche Zwischenoptik — genau die gleiche Belichtung erhält wie die zu prüfende Zelle. Das kann z. B. mit einer Schwenkspiegelanordnung wie in Abb. VII. 103 geschehen oder nach Art des in Abb. VII. 105 veranschaulichten Strahlenganges [*100*] [27]. Das aus dem Monochromatorspalt *Sp* kommende Licht trifft hier, von einer Quarzlinse (bzw. einem Achromaten) *L* gesammelt, ein totalreflektierendes Quarzprisma *P*, des-

---

[1] Betr. Herstellung vgl. Kap. IV, S. 242 f.
[2] Hersteller: B. Lange, Berlin-Zehlendorf.

sen optische Achse senkrecht zur Prismenkante liegt. Durch einfache Drehung des Prismas um 90° kann die Strahlung wahlweise der zu prüfenden Zelle N und der Vergleichszelle V zugeleitet werden. Diese Anordnung ist für Messungen im violetten und ultravioletten Teil des Spektrums hinsichtlich ihrer Lichtstärke der Spiegelanordnung nach Abb. VII.103 vorzuziehen, da das Reflexionsvermögen von Spiegeln nach kürzeren Wellen hin merklich abnimmt (s. S. 480).

Es sei noch erwähnt, daß man die meist recht langwierige und mühsame punktweise Ermittlung von spektralen Empfindlichkeitskurven, wie sie im vorhergehenden geschildert ist, durch selbsttätige registrierende Einrichtungen wesentlich vereinfachen kann, wenn es nicht auf Absolutbestimmung höchster Genauigkeit, sondern nur auf orientierende relative Messung des Spektralverlaufes ankommt.

Hat man z. B. eine hinsichtlich ihrer Spektralempfindlichkeit *geeichte* Photozelle zur Verfügung, so kann man ein selbstregistrierendes Spektralphotometer, wie es in Kap. VIII, S. 561, näher beschrieben wird, mit geringen Änderungen auch dazu verwenden, den relativen Spektralverlauf einer zu prüfenden Zelle gegenüber der bekannten Empfindlichkeitsverteilung der Eichzelle graphisch aufzeichnen zu lassen [*102*].

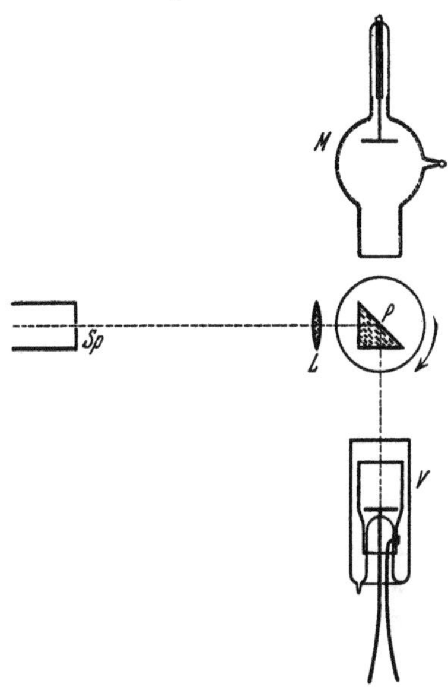

Abb. VII.105. Strahlengang mit geeichter Vergleichszelle; Prisma wird gedreht

Ein ähnliches Verfahren kann man anwenden, indem man vor dem Monochromator eine in ihren Betriebsdaten genau konstant gehaltene Lichtquelle *bekannter* Energieverteilung benutzt und durch eine dieser Energieverteilung angepaßte *wellenlängengesteuerte Lichtschwächung* dafür sorgt, daß die Photozelle beim Durchlaufen des Spektrums stets die *gleiche Energiemenge* erhält. Der hierbei gemessene Verlauf des Photostromes ist dann ein direktes Maß für die relative spektrale Empfindlichkeitsverteilung der Zelle. Die Bestimmung der absoluten Ordinatengrößen kann dann bei einer oder zwei Wellenlängen nach der auf S. 502 beschriebenen Methode erfolgen.

506   VII. Methoden und Apparate bei lichtelektrischen Messungen

Literatur

[1]   ALLEN, A. W.: J. opt. Soc. Amer. **31**, 268—270 (1941).
[2]   ANDRICH, K., u. LE BLANC: Z. wiss. Photogr. **15**, 183 (1915/16).
[3]   v. ANGERER, E., u. G. JOOS: Ann. Phys. **74**, 743—756 (1924).
[4]   v. ANGERER, E., u. H. EBERT: Technische Kunstgriffe bei physikalischen Untersuchungen. Braunschweig 1955.
[5]   BARKHAUSEN, H.: Elektronenröhren. Leipzig 1950.
[6]   BAUER, G.: Phys. Z. **44**, 53—62 (1943).
[7]   BAY, Z., u. W. STEINER: Z. Phys. **45**, 337—342 (1927); **59**, 48—52 (1930).
[8]   BERGMANN, L.: Phys. Z. **32**, 688—690 (1931).
[9]   BILLINGS, B. H., E. E. BARR u. W. L. HYDE: Rev. sci. Instrum. **18**, 429 bis 435 (1947).
[10]   BILLINGS, B. H., E. E. BARR u. W. L. HYDE: J. opt. Soc. Amer. **37**, 123 bis 132 (1947).
[11]   COBLENTZ, W. W., u. R. STAIR: Bur. Stand. J. Res. **11**, 79—87 (1934).
[12]   DAHLKE, W., u. G. HETTNER: Z. Phys. **117**, 74—80 (1940).
[13]   DECK, W.: Helv. phys. Acta **11**, 3—58 (1938).
[14]   DIEBNER, K.: Z. Phys. **85**, 373—383 (1933).
[15]   DIESSELHORST, H.: Z. Instrumentenkde. **26**, 297—305 (1906).
[16]   DIESSELHORST, H.: Z. Instrumentenkde. **28**, 1—13 (1908).
[17]   DOLEZALEK, F.: Z. Instrumentenkde. **21**, 345—350 (1901).
[18]   DOLEZALEK, F.: Ann. Phys. **26**, 312—328 (1908).
[19]   DORSMAN, C.: Philips techn. Rdsch. **7**, 24—32 (1942).
[20]   DUBRIDGE, L. A.: Phys. Rev. (2) **37**, 392—400 (1931).
[21]   DUBRIDGE, L. A., u. H. BROWN: Rev. sci. Instrum. **4**, 532—534 (1933).
[21a] ECKART, F.: Ann. Phys. (6) **11**, 166—168 (1952).
[21b] EHMERT, A.: Z. angew. Phys. **5**, 24—33 (1953).
[22]   EICHHORN, G., u. G. HETTNER: Ann. Phys. (6) **3**, 120—123 (1948).
[23]   ENGBERT, W.: Arch. techn. Messen J 8335-2 (1938).
[24]   ENGEL, K., u. W. S. PFORTE: Phys. Z. **32**, 81—84 (1931).
[25]   ENGEL, A., u. M. STEENBECK: Elektrische Gasentladungen, Berlin 1934, Bd. II S. 57 ff.
[26]   FISCHER, F., u. H. LICHTE: Tonfilm, Aufnahme und Wiedergabe nach dem Klangfilmverfahren, Leipzig 1931, S. 68.
[27]   FLEISCHMANN, R.: Ann. Phys. (5) **5**, 73—106 (1930).
[28]   FORSYTHE, W. E., u. A. G. WORTHING: Astrophys. J. **61**, 146—185 (1925).
[29]   FORSYTHE, W. E., u. A. G. WORTHING: Measurement of radiant energy. New York 1937.
[30]   FRANK, J.: Phys. Z. **36**, 647—648 (1935).
[31]   FREHAFER, M. K., u. CH. L. SNOW: Bur. Stand. Miscell. Publ. **56** (1925).
[32]   FRÜHLING, G. H., u. K. VOGEL: Licht **7**, 39—43 (1937).
[33]   GEFFCKEN, W.: Angew. Chem. **60**, 1—4 (1948).
[34]   GEILING, L.: Z. angew. Phys. **3**, 467—477 (1951).
[35]   GERDIEN, H.: Phys. Z. **5**, 294—298 (1904).
[35a] GÖRLICH, P.: Optik **8**, 512 (1951).
[35b] GÖRLICH, P.: Jenaer Jahrb. 1951, S. 229—239.
[36]   GÖSSINGER, J.: Ann. Phys. **39**, 308—320 (1941).
[37]   GYEMANT, A.: Wiss. Veröff. Siemens-Konz. **6**, 58—66 (1928).
[38]   GYEMANT, A.: Wiss. Veröff. Siemens-Konz. **7**, 134—143 (1928).
[39]   HARRISON, G. R.: Phys. Rev. (2) **24**, 466—477 (1924).
[40]   HARMS, F.: Phys. Z. **5**, 47—50 (1904).
[41]   HARTMANN, C. A., u. B. DOSSMANN: Z. techn. Phys. **9**, 434—438 (1928).

[42] HERSCHER, L. W., u. N. WRIGHT: J. opt. Soc. Amer. **37**, 211—216 (1947).

[43] HOFFMANN, C. A.: Ann. Phys. **52**, 665—708 (1917).

[44] HOFFMANN, C. A.: Phys. Z. **25**, 6—8 (1924).

[45] HORNIG, D. F., u. B. J. O'KEEFE: Rev. sci. Instrum. **18**, 474—482 (1947).

[46] HULL, A. W.: Gen. Electr. Rev. **32**, 213—223, 390—399 (1929).

[47] JÄGER, R., u. J. KLUGE: Z. Instrumentenkde. **52**, 229—232 (1932).

[48] JONES, R. C.: J. opt. Soc. Amer. **39**, 344—356 (1949).

[49] KALLMANN, H. E.: Hochfrequenztechn. **37**, 58—64 (1931).

[50] KAYSER, H.: Handbuch der Spektroskopie, Berlin 1900, Bd. I.

[51] KECK, P. H., u. H. J. HÖFERT: Spectrochim. Acta **1**, 572—576 (1941).

[52] KESSLER, G.: Arch. techn. Messen Z 634, 8—10 (1953).

[53] KNOLL, M., F. OLLENDORF u. R. ROMPE: Gasentladungstabellen. Berlin 1935.

[54] KOHLRAUSCH: Praktische Physik, 20. Aufl. Stuttgart 1955.

[55] KREFFT, H., F. RÖSSLER u. A. RÜTTENAUER: Z. techn. Phys. **18**, 20—25 (1937).

[56] KRETZMANN, R.: Industrielle Elektronik, Berlin 1952, S. 34—47.

[57] KRÖNERT, J., u. H. MIETING: Wiss. Veröff. Siemens-Konz. **9**, 112—118 (1930).

[58] KRÜGER, F.: Z. techn. Phys. **10**, 495—500 (1929).

[59] KUNTZE, A.: ETZ **61**, 195—198 (1940).

[60] LARCHÉ, K.: Z. Phys. **136**, 74 (1953).

[61] LARK-HOROVITZ, K., u. G. W. SHERMANN: Phys. Rev. **32**, 328 (A) (1928).

[62] LAU, E.: Z. Instrumentenkde. **50**, 581—582 (1930).

[63] LAWRENCE, E. O., u. J. W. BEAMS: Phys. Rev. **32**, 478—485 (1930).

[64] LEO, W.: Ann. Phys. (4) **81**, 786 (1926).

[65] LEO, W.: Z. Instrumentenkde. **60**, 48—50 (1940).

[66] LEO, W.: Z. angew. Photogr. **4**, 28—32 (1942).

[67] LEO, W.: Phys. Z. **45**, 46 (1944).

[68] LEO, W., u. C. MÜLLER: Phys. Z. **36**, 113—122 (1935).

[69] LEO, W., u. W. HÜBNER: Z. angew. Phys. **2**, 454—461 (1950).

[70] LINDEMANN, F. A., u. T. C. KEELEY: Phil. Mag. **47**, 577—583 (1924).

[71] LUTHER, H., G. BERGMANN u. A. MÜHLFELD: Naturwiss. **39**, 255 (1952).

[72] LUTZ, C. W.: Phys. Z. **24**, 166—170 (1923).

[73] MECHAU, R.: Phys. Z. **24**, 242—245 (1923).

[74] MERZ, L.: Arch. techn. Messen Z 64-3 (1937).

[75] MEYER, A. E. H., u. E. O. SEITZ: Ultraviolette Strahlen, 2. Aufl., Berlin 1949, S. 142.

[76] MOLL, W. J. H., u. H. C. BURGER: Z. Phys. **32**, 575—581 (1925).

[77] MOLL, W. J. H., u. H. C. BURGER: Z. Phys. **34**, 109—111 (1925).

[77a] MÖNCH, G. C.: Optik **10**, 365—374 (1953).

[78] MÜLLER, C.: Naturwiss. **19**, 416—419 (1931).

[79] MÜLLER, F., u. W. DÜRICHEN: Phys. Z. **39**, 657—661 (1938).

[80] MÜSER, H.: Z. Phys. **129**, 504—516 (1951).

[81] NYQUIST, H.: Phys. Rev. **32**, 110—113 (1928).

[82] PFLIER, P. M.: Siemens-Z. **22**, 66—71 (1942).

[83] RÖSCH, S.: Z. Instrumentenkde. **58**, 181—192 (1938).

[84] ROESS, L. C.: Rev. sci. Instrum. **16**, 172—183 (1945).

[85] RÖSSLER, F.: Ann. Phys. (5) **34**, 1—22 (1939).

[86] ROSA, E. B., u. N. E. DORSEY: Bull. Bur. Stand. **3**, 433—434 (1907).

[87] ROTHE, H., u. W. KLEEN: Grundlagen und Kennlinien der Elektronenröhren. Leipzig 1940.

[88] ROTHE, H., u. W. KLEEN: Elektronenröhren als Schwingungserzeuger und Gleichrichter. Leipzig 1941.
[89] SCHINTLMEISTER, J.: Die Elektronenröhre als physikalisches Meßgerät. Wien 1943.
[90] SCHOTTKY, W.: Ann. Phys. 57, 541—566 (1918).
[91] SCHOTTKY, W.: Ann. Phys. 68, 157—176 (1922).
[92] SCHULZ, P.: Ann. Phys. (6) 1, 95—118 (1947).
[93] SCOTT, H. H.: Proc. Inst. Radio Engrs. 26, 226—235 (1938).
[94] SEWIG, R.: Handbuch der Lichttechnik. Berlin 1938.
[95] SKOGLAND, J. F.: Bur. Stand. Miscell. Publ. 86 (1929).
[96] SPENKE, E.: Wiss. Veröff. Siemens-Werke 18, 54—72 (1939).
[97] STAUDE, H.: Physik.-Chem. Taschenbuch, Leipzig 1945, Bd. II, S. 1902 bis 1910.
[98] STRAUSS, S.: Strahlentherapie 28, 205—210 (1928).
[99] STRUTT, M. J. O.: Moderne Mehrgitterröhren, 2. Aufl. Berlin 1940.
[100] SUHRMANN, R.: Phys. Z. 29, 811—815 (1928).
[101] THEISSING, H.: Phys. Z. 38, 557—564 (1937).
[102] TYKOCINER, J. T., u. L. R. BLOOM: J. opt. Soc. Amer. 31, 689—692 (1941).
[103] VANE, A. W.: Rev. sci. Instrum. 7, 489—493 (1936).
[104] VOS, J. C. DE: The emissivity of tungsten ribbon. Diss. Amsterdam 1953.
[105] WEIZEL, W., H. ROHLEDER u. H. FINKEN: Z. techn. Phys. 21, 101 (1941).
[105a] WEIZEL, W.: Forschungsber. des Wirtschafts- u. Verkehrsministeriums Nordrh.-Westf., Nr. 104 (1954).
[106] WIEN-HARMS: Handbuch der Experimentalphysik 23, 1, S. 67.
[107] WIEN-HARMS: Handbuch der Experimentalphysik 23, 2, S. 1438.
[108] WÖLISCH, E.: Z. Instrumentenkde. 51, 312—317 (1931).
[109] WREDE, B.: Ann. Phys. (5) 3, 823—839 (1929).
[110] WULFF, TH.: Phys. Z. 15, 250—254 (1914).
[111] WULFF, TH.: Phys. Z. 26, 352—353 (1925).
[112] WULFF, TH.: Die Fadenelektrometer. Berlin u. Bonn 1933.
[113] WYNEKEN, J.: Ann. Phys. 86, 1071—1087 (1928).
[114] ZERNICKE, F.: Proc. k. nederl. Akad. Wetensch. 24, 239—245 (1922).
[115] ZIPPRICH, B.: Phys. Z. 37, 36—38 (1936).

VIII. Anwendungen der Photozelle in der Photometrie

Von **W. Leo**, Braunschweig, und **R. Suhrmann**, Hannover

75. Allgemeines über Lichtmessung mit Photozellen

a) Leistungsvergleich von Photozellen mit anderen Strahlungsempfängern. Meßgenauigkeit

Die Bedeutung und Leistungsfähigkeit photoelektrischer Methoden für die objektive *Lichtmessung* (entsprechend der auf S. 377 unter b) genannten Aufgabenstellung) ersieht man am besten aus den besonderen Eigenschaften der Photozellen gegenüber anderen lichtempfindlichen Organen (Auge, thermische Strahlungsempfänger, photographische Platte usw.).

Ursprünglich beruhte ja jede quantitative Photometrie allein auf der subjektiven Beurteilung von Helligkeiten durch das menschliche *Auge*. Das Auge ist zwar infolge seines wechselnden Adaptationszustandes nicht imstande, absolute Helligkeiten quantitativ zu bewerten, vermag aber *Unterschiede* gleichfarbiger Helligkeitsstufen verhältnismäßig empfindlich festzustellen. Unter geeigneten Bedingungen kann es Helligkeits-*gleichheit* von Flächen auf etwa 1% genau beurteilen [20] [31]. In solcher Gleichheitsbeurteilung im Zusammenwirken mit meßbaren Schwächungen einer Lichtquelle bestehen praktisch alle Methoden der subjektiven Photometrie.

Wenn diese subjektiven Meßverfahren mehr und mehr durch *objektive* Messung mit Photozellen ersetzt werden, so liegt der Grund dafür nicht so entscheidend in einer Steigerung der Empfindlichkeit und Meß-genauigkeit als vielmehr in einer Erweiterung des *Meßbereiches*, in der Vereinfachung der Messung selbst und in der Eliminierung von Fehler-quellen, die durch Anomalien, Farbabweichungen oder ähnliche Stö-rungen des individuellen beobachtenden Auges auftreten können.

Welche Stellung die Photozellen auf Grund ihrer Eigenschaften als Meß- und Anzeigeorgan in der Photometrie gegenüber anderen Strah-lungsempfängern einnehmen, macht in übersichtlicher Form die Abb. VIII.1 deutlich, in der über der Wellenlängenskala des optischen Spek-trums die unteren Grenzen der Strahlungsleistung in Watt eingetragen sind, auf die die einzelnen Empfängertypen ansprechen. Die Abbildung läßt die Unterschiede der Ansprechempfindlichkeiten und der spektralen Empfindlichkeitsbereiche erkennen.

Die *thermischen* Empfänger, die — soweit ihre Schwärzung aus-reicht — im gesamten Spektrum verwendet werden können, sind weit unempfindlicher als gute Photozellen, und zwar ist diese geringere

Empfindlichkeit gerade durch ihre *Unselektivität* verursacht. Denn, wie wir in Ziff. 65d [Gl. (14), S. 431] gesehen haben, wächst der unvermeidliche *Störpegel*, der die untere Grenze der Meßbarkeit eines Strahlungsflusses bestimmt, mit der Breite Δf des Frequenzbereiches, innerhalb dessen die Strahlung gemessen wird. Eine Steigerung der nutzbaren Empfindlichkeit ist daher nur durch Begrenzung des Frequenz- oder Wellenlängenbereiches möglich, auf den der Empfänger anspricht.

Zu empfindlichen Messungen im sichtbaren oder ultravioletten Gebiet sind daher solche Empfänger besonders geeignet, die in diesem Ge-

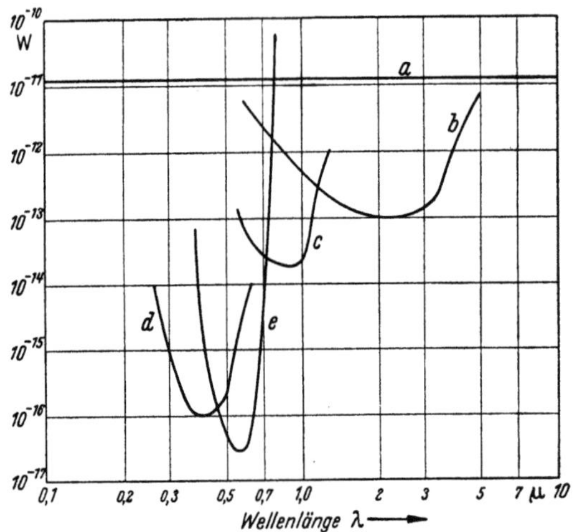

Abb. VIII. 1. Grenzen der mit verschiedenen Empfängern meßbaren Strahlungsleistung. *a* thermische Empfänger, *b* Bleisulfid-Zelle, *c* Cs_2O-Photozelle, *d* Cs_3Sb-Vervielfacher, *e* menschliches Auge

biet *selektiven Empfindlichkeitsverlauf* besitzen. Für das sichtbare Spektralgebiet ist das menschliche *Auge* in dieser Hinsicht erstaunlich günstig angepaßt durch den Verlauf seiner Hellempfindlichkeitskurve, deren Maximum mit der Wellenlänge der intensivsten Sonnenstrahlung ($\lambda = 555$ mμ) zusammenfällt und die insbesondere nach dem Ultraroten hin gerade so steil abfällt, daß der Sehvorgang durch die spontane Wärmebewegung innerhalb des Augenkörpers nicht gestört wird [14]. Auf diese Weise kann das Auge im voll dunkeladaptierten Zustand und im Maximum seiner Empfindlichkeitskurve noch äußerst kleine Lichtströme von ca. 60 bis 100 Lichtquanten pro Sekunde wahrnehmen [59], was einer aufgenommenen Strahlungsleistung von nur ca. $2 \cdot 10^{-17}$ W entspricht. Das bedeutet allerdings nur eine unterste *Reizschwelle*, d. h. die Grenze eines unter optimalen Bedingungen eben erkennbaren Lichtreizes. Zum *Messen* mit normal *helladaptiertem* Auge sind rund 10^5mal größere

Lichtströme erforderlich, die Strahlungsflußdichten in der Pupille von mindestens ca. $5 \cdot 10^{-12}$ W/cm² entsprechen.

Erst an Hand solcher Zahlen sieht man, wie hoch die Anforderungen sind, die moderne *Photozellen* bei der photometrischen Anwendung zu erfüllen haben, um hierbei das Auge zum Teil wesentlich zu übertreffen. Der Schwellenbereich solcher Zellen ist in Abb. VIII.1 ebenfalls dargestellt. Sie verdanken ihre hohe Leistungsfähigkeit gegenüber thermischen Empfängern einerseits ihrem besseren Energieumsatz (Quantenausbeute), andererseits gerade ihrer oft unerwünschten Selektivität, speziell ihrer nach dem Ultraroten hin begrenzten Empfindlichkeit [61]. Eine durch Wasserstoffglimmentladung *sensibilisierte Kaliumzelle* ohne Gasfüllung liefert z. B. im Blauen ca. 1% des Quantenäquivalents, d. h. ca. 3,6 mA/W. Ein mit dem Elektrometer eben noch meßbarer Photostrom von 10^{-15} A[1] entspricht demnach bei einer solchen Zelle einem einfallenden Strahlungsfluß von $2,8 \cdot 10^{-13}$ W. Hat die Zelle eine wirksame Auffangfläche von etwa 10 cm², so ruft also hier bereits eine Flußdichte von $2,8 \cdot 10^{-14}$ W/cm² einen noch gerade nachweisbaren Photostrom hervor[2]. Damit ist die sensibilisierte Kalium-Vakuumzelle im blauen Gebiet schon empfindlicher als das Auge im Maximum (Grün) an der Schwelle der Helladaptation (ca. 10^{-4} bis 10^{-5} sb), bei der es noch Intensitätsschätzungen vornehmen kann.

Unter besonderen Bedingungen kann man zwar nicht die Quantenausbeute, wohl aber die Anzeigeschwelle lichtelektrischer Messung noch weiter herabdrücken. Wie in Ziff. 43 gezeigt war, nimmt in *gasgefüllten* Photozellen der Photostrom mit steigender Zellenspannung um so steiler zu, je mehr man sich der Glimmspannung der Zelle, d. h. dem Zustand einer selbsttätigen Entladung innerhalb der Gasstrecke, nähert. Dieser Zustand, den man bei gewöhnlichen Zellen sorgfältig vermeidet, um unkontrollierbares Anwachsen des Stromes und Zerstörung der lichtelektrischen Schicht zu verhindern, kann bei *extrem schwachen Belichtungen* absichtlich herbeigeführt werden, wenn man dabei dafür sorgt, daß jede durch Lichteinfall entstehende Entladung innerhalb von Bruchteilen einer Sekunde sofort wieder abreißt. Das kann man z. B. durch einen genügend hohen Vorwiderstand im Stromkreis der Entladung (Abb. VIII.3) und durch Begünstigung der Rekombination innerhalb der Gasstrecke erreichen.

---

[1] Die durch den natürlichen Rauschpegel gegebene Grenze der Meßbarkeit von Augenblickswerten des Photostromes liegt, wenn man $\pm 5\%$ Unsicherheit zuläßt, bei ca. $3 \cdot 10^{-14}$ A (vgl. S. 432). Ströme von 10^{-15} A sind auch elektrometrisch nur durch Mittelbildung über die statistischen Schwankungen bei längerer Aufladezeit meßbar.

[2] Zum Vergleich sei angeführt, daß empfindliche photographische Platten blaue Strahlung einer Mindestflußdichte von etwa 10^{-14} W/cm² erst in ca. 20 Stunden Belichtungszeit mit erkennbarer Schwärzung anzeigen.

Man erhält auf diese Weise zwar keine eigentliche Photozelle mit belichtungsproportionalen Dauerströmen, aber einen *Lichtzähler*, der entsprechend der Belichtung intermittierende *Stromimpulse* liefert. Die Anzahl dieser Impulse in der Zeiteinheit kann als Maß für sehr kleine Lichtintensitäten dienen [*34*] [*62—64*].

Der Aufbau eines solchen Lichtzählers nach RAJEWSKY ähnelt dem eines GEIGERschen Zählrohres (Abb. VIII.2). Als Anode dient ein gerade ausgespannter, ca. 0,1 mm starker Wolframdraht, der sich in der Achse einer ihn umschließenden zylindrischen Kathode aus Aluminium, Zink, Kadmium oder Graphit befindet. Bei Verwendung für sichtbares Licht werden auch Kathoden aus Natrium oder Kalium benutzt. Die Kathode enthält ein passendes Lichteintrittsfenster und bekommt ca. 500 V negative Spannung gegen den Anodendraht. Das ganze System ist in einem Hartglaskolben mit Quarzglasfenster untergebracht, der mit Wasserstoff oder Argon[1] von ca. 20 bis 100 Torr gefüllt ist.

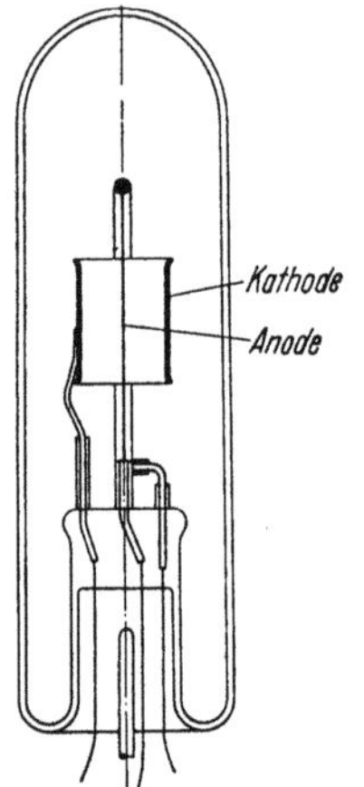

Abb. VIII.2. Aufbau eines Lichtquantenzählrohres

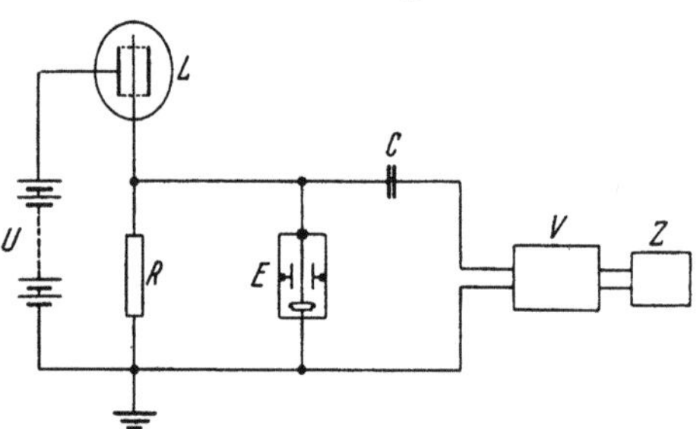

Abb. VIII.3. Schaltung eines Lichtzählers nach [*63*].
L Zählrohr, *U* Spannungsquelle, *R* Hochohmwiderstand, *E* Elektrometer, *C* Kondensator, *V* Verstärker, *Z* Zählwerk

Die Quantenausbeute einer solchen Anordnung ist an sich geringer als bei gewöhnlichen Photozellen. Im Durchschnitt wird auf je $3 \cdot 10^4$ Lichtquanten, d. h. beispielsweise im Ultravioletten bei 350 mμ auf ca. $1{,}75 \cdot 10^{-14}$ Wsec, 1 Stromimpuls erzeugt. Trotzdem wird damit eine außerordentlich hohe Ansprechempfindlichkeit erzielt, da eine untere Grenze hier nur durch einen schwachen *Dunkelzähleffekt* gegeben ist, der durch kosmische Strahlung und radioaktive Strahlung der Umgebung entsteht. Dieser minimale Störpegel liegt wesentlich tiefer als die normale Rauschgrenze gewöhnlicher Photozellen (S. 431) und läßt sich durch geeignete Abschirmung noch herabdrücken. Da die einfallende Strahlungsintensität hier nach der statistischen Häufigkeit einzelner

---

[1] Nach NEUERT [*57*] gibt man der Argonfüllung geringe Mengen von Alkoholdampf oder Methylal bei, um das sichere Wiederabreißen der einzelnen Entladungsimpulse zu verbessern.

Stromimpulse beurteilt wird, wächst die erreichbare Meßgenauigkeit mit $1/\sqrt{N}$, wo N die Zahl der beobachteten Impulse ist.

Die Zählung der Stromstöße erfolgt mit einem Fadenelektrometer oder besser noch mit einem parallel dazu liegenden Impulsverstärker[1], an dessen Ausgang ein Zählwerk angeschlossen wird (Abb. VIII.3) [35] [57]. Mit 3 bis 5% Genauigkeit sind in einer solchen Anordnung in 10 bis 12 Minuten noch kleinste Strahlungsflußdichten von annähernd 10^{-17} W/cm² erfaßbar, die im Ultravioletten einem Quantenfluß von ca. $20\,h\nu$/sec/cm² entsprechen [50]. Man erreicht also mit solchen Anordnungen Ansprechempfindlichkeiten, die etwa um das Zehntausendfache über der photometrischen Schwelle des menschlichen Auges liegen.

Auch wenn man von solchen äußersten Anforderungen bei extrem schwachen Belichtungen absieht, liegt der hauptsächliche Gewinn objektiver Photometrie mit Photozellen gegenüber den subjektiven visuellen Methoden, wie schon eingangs (S. 509) erwähnt, in der Erweiterung des spektralen Meßbereiches nach dem Ultraroten und Ultravioletten hin sowie in der *objektiven* Anzeige, deren Genauigkeit die der subjektiven Methode meist erheblich übertrifft.

Wie wir in Ziff. 76a sehen werden, gelingt es, den spektralen Empfindlichkeitsverlauf z. B. von gelbgrünempfindlichen Photozellen mit geeigneten Farbfiltern so abzugleichen, daß er praktisch mit der spektralen Empfindlichkeitskurve des Auges zusammenfällt (S. 516). Auf diese Weise kann man für objektive Messungen ein *künstliches Auge* schaffen, das in seinen Eigenschaften dem natürlichen weitgehend entspricht, diesem aber darin überlegen ist, daß es auf Grund seiner objektiven Helligkeitswertung auch den quantitativen Vergleich von Strahlung *unterschiedlicher Lichtfärbung* (heterochrome Photometrie) ermöglicht, der mit dem natürlichen Auge erhebliche Schwierigkeiten verursacht.

Die objektiven photometrischen Methoden sind dabei in den meisten Fällen wesentlich *genauer* als die mit dem Auge. Wenn man es nicht mit allzu schwachen Lichtintensitäten zu tun hat, kann bei lichtelektrischer Messung, z. B. mit den auf S. 391 und 402 erwähnten Nullmethoden, ohne weiteres eine Meßgenauigkeit auf ca. $\pm 0{,}1\%$ erreicht werden.

b) Anforderungen an Zellen für photometrische Zwecke

Zu genauen photometrischen Messungen muß, wie schon auf S. 378 erwähnt wurde, sorgfältig darauf geachtet werden, daß die Photokathode stets auf der *gleichen Stelle*, und zwar möglichst auf einem größeren Flächenbezirk, belichtet wird, um Fehler durch örtliche Empfindlich-

---

[1] Näheres über die Dimensionierung von Verstärkern kleiner Zeitkonstante für Anzeige kurzer Stromimpulse siehe bei J. SCHINTLMEISTER [69].

keitsunterschiede der Kathodenschicht zu vermeiden. Man stellt die Zelle also tunlichst unverrückbar und so zum Strahlengang auf, daß ein ausgedehnterer Flächenbereich der Photokathode ausgeleuchtet wird. Bei stark inhomogenem Strahlungsfeld kann man sich oft dadurch helfen, daß man ein *diffus streuendes Medium*, z. B. eine Opalglasscheibe, mattierte Uviolglas- oder Quarzplatten oder dgl. vor die Zelle schaltet.

Handelt es sich um Messung sehr kleiner Lichtmengen, bei der man auf gasgefüllte Zellen oder Elektronenvervielfacher angewiesen ist, so kommt es in hohem Maße auf exakte Konstanthaltung der Zellenbetriebsspannung an. Durch geeignete elektronische Kompensation [*68a*] läßt sich auch gewöhnliche Netzspannung in vielen Fällen genau genug stabilisieren.

Eine größere Anzahl von Untersuchungen über die Anwendung der Photozelle zu photometrischen Zwecken befaßt sich mit der Frage der *Proportionalität* des Photostromes mit der Lichtintensität. Allgemein kann heute als gesichert angenommen werden, daß diese Proportionalität unter *einwandfreien Versuchsbedingungen* in weitem Intensitätsbereich exakt erfüllt ist (s. z. B. [*44*]) und daß die von einigen Autoren gelegentlich gefundenen, z. T. beträchtlichen Abweichungen nur durch *sekundäre* Ursachen zu erklären sind.

Solche Abweichungen treten bei den meisten handelsüblichen technischen Photozellen, ebenso bei Sekundärelektronen-Vervielfachern auf, wobei geringe Gasadsorptionen an der Kathodenoberfläche, ungewollte Raumladungseffekte u. dgl. eine Rolle zu spielen scheinen [*42*]. So können beispielsweise in Zellen mit Glaskolben, bei denen die mit dem Elektrometer verbundene Elektrode (im allgemeinen die Anode) ebenfalls durch Glas isoliert ist, dünne, auf dem Glase niedergeschlagene *Alkalimetallhäute*, die sich bei der Belichtung elektrisch aufladen, sehr leicht Störfelder innerhalb der Zelle verursachen, die Anlaß zu „Ermüdungserscheinungen" geben. Ebenso kann ungenügende Leitfähigkeit der Kathodenschicht, z. B. bei kräftiger langwelliger Belichtung, Oberflächenaufladungen bewirken, die bei nachfolgender Ultraviolettbestrahlung zu anfänglicher gesteigerter Stromabgabe führen. Auf solche und ähnliche Störeffekte dürfte es zurückzuführen sein, wenn manche Zellen, je nach ihrer *Vorbelichtung*, verschiedenartig ansprechen. Solche Zellen sind für präzise Photometrie natürlich ungeeignet.

Auch ungünstige Elektrodenanordnung, z. B. eine zu kleine, zentral angebrachte Anode, bedingt Abweichungen vom Proportionalitätsgesetz. Bei gasgefüllten Zellen treten zusätzliche Abweichungen auf, wenn man sich aus einem bestimmten Intensitäts- und Spannungsbereich entfernt (vgl. S. 284); die Größe dieses Bereiches ist ebenfalls von der Elektrodenanordnung abhängig.

Aus alledem geht hervor, daß die Proportionalitätsbedingung für genaue photometrische Zwecke am besten von Vakuumzellen erfüllt wird, bei denen die Kathode zentral angeordnet und — bis auf die Öffnung für den Lichteintritt — von der Anode rings umschlossen wird. Die Kathode wird dabei zweckmäßig durch *Quarz* isoliert, auf dem sich störende Alkaliniederschläge nicht so leicht auszubilden vermögen wie auf Glas. Man gelangt so zwangsläufig zu Zellenkonstruktionen, wie sie auf S. 504 beschrieben sind.

Als *Kriterien* für die Brauchbarkeit einer Zelle zu Präzisionsmessungen auch schwacher Strahlungsintensitäten können die folgenden gelten:

1. Die Zelle soll bei der jeweils verwendeten Elektrometerempfindlichkeit weder Dunkelaufladung zeigen noch Rückgang nach einer Aufladung.

2. Wird das aufgeladene (mit der Zelle verbundene) Elektrometer geerdet und unmittelbar darauf wieder enterdet, so darf es hierbei keinen Gang aufweisen.

3. Die für die kleinste und größte vorkommende Lichtintensität ermittelten Strom-Spannungskurven der Zelle müssen sich innerhalb eines größeren Spannungsbereiches jeweils durch Multiplikation mit einem konstanten Faktor miteinander zur Deckung bringen lassen.

Eine Photozelle, die diese Forderungen erfüllt, genügt auch dem Proportionalitätsgesetz. Aber auch Zellen, die von diesen Bedingungen abweichen, können zu photometrischen Messungen benutzt werden, wenn man sie in einer Anordnung verwendet, in der sie nicht unmittelbar *Intensitäten* zu messen, sondern, wie bei der visuellen Photometrie, nur die *Gleichheit* zweier Lichtströme anzuzeigen haben. Wir werden solche Anordnungen, bei denen die eigentliche Messung in eine geeichte *Lichtschwächungseinrichtung* verlegt wird, in einem der folgenden Abschnitte (S. 535) näher behandeln. Die Photozelle braucht in diesem Fall nur die Forderung zu erfüllen, daß sich ihre Empfindlichkeit während der Vergleichsmessung nicht verändert.

76. Photometrierung von Lichtquellen. Lichtelektrische Pyrometrie

Bei der Betrachtung der gebräuchlichen photometrischen Verfahren mit Photozellen müssen wir uns vergegenwärtigen, daß mit dem Problem der Lichtmessung eine ganze Reihe verschiedenartiger Aufgabenstellungen umfaßt wird, die z. T. unterschiedliche Arbeitsmethodik erforderlich machen. Man kann hierbei zur Übersicht am besten zwei Gruppen von Aufgaben unterscheiden, nämlich die Messung der Strahlungseigenschaften (Lichtstärke, Lichtverteilung, Farbtemperatur usw.) von *Lichtquellen* und die Messung der Eigenschaften von lichtdurchlässigen oder reflektierenden *Medien* (Absorptions- und Reflexionsmessungen, Messung photographischer Schwärzungen, Trübungsmessung, Kolorimetrie usw.). Im ersteren Fall stellt die Lichtquelle das eigentliche Meßobjekt dar, im zweiten Fall ist sie eine Bezugsgröße, deren Eigenschaft in gewissen Grenzen der gegebenen Meßaufgabe angepaßt werden kann. Aus dieser Unterscheidung ergeben sich die verschiedenen, nachstehend zu besprechenden Meßmethoden.

Zunächst sollen im folgenden Lichtmessungen an *Strahlungsquellen*, d. h. die Lampenphotometrie und damit zusammenhängende Nachbargebiete, behandelt werden.

a) Allgemeines zur Photometrierung unzerlegten Lichtes verschiedener Farbtemperatur

Die quantitative *energetische* Auswertung von Lichtquellen ist schon in Ziff. 74 (S. 487) eingehender besprochen worden. Die eigentliche *Licht*messung stellt einen Sonderfall der Meßtechnik dar, weil hier mit *objektiven* Methoden derjenige *Teil* einer Strahlung ermittelt werden soll, der vom menschlichen Auge, also *physiologisch, als Licht bewertet wird.* Um diese Aufgabe zu lösen, muß der objektive Meßempfänger, d. h. die Photozelle, einen spektralen Empfindlichkeitsverlauf haben, der möglichst genau demjenigen des Auges entspricht. Man bezieht sich hierbei, da die Augen einzelner Beobachter merklich voneinander abweichen können, an Hand zahlreicher Vergleichsmessungen auf ein „mittleres Normalauge‟, dessen relativer Spektralverlauf bei photometrischer Adaptation in einer international angenommenen Hellempfindlichkeitskurve (IBK-Kurve[1]) festgelegt ist.

Die Spektralverteilungskurven von Photozellen, auch soweit sie ihr Empfindlichkeitsmaximum im sichtbaren Spektralgebiet haben, fallen nie genau mit der IBK-Kurve des Auges zusammen. Bei geeignetem Verlauf der Empfindlichkeit, besonders wenn diese genügend weit in den *langwelligen* Teil des Spektrums reicht, kann man aber durch Vorschalten passender *Filtergläser* (S. 470) eine weitgehende Angleichung an die Augenkurve erzielen. Insbesondere gelingt dies mit *Selenphotoelementen* [*17*] [*36*], deren natürlicher Spektralverlauf nur einer verhältnismäßig geringen Filterkorrektur, vorwiegend im blauen und violetten Gebiet, bedarf (Abb. VIII.4). Aber auch *Alkalizellen* (Kalium in dünner Schicht auf Silberunterlage) mit geeigneter selektiver Sensibilisierung lassen sich durch gelbgrüne Filtergläser, mit denen ihre zu starke Blau- und Violettempfindlichkeit passend beschnitten wird, einigermaßen befriedigend dem Verlauf der Augenkurve angleichen (Abb. VIII.5).

Solche Zellen sind für objektive Lichtmessung an Stelle des Auges weitgehend verwendbar [*21*]. Bei Photoelementen benutzt man dabei zur Photostrommessung, wie auf S. 380 erläutert wurde, ein möglichst

---

[1] Internationale Beleuchtungs-Kommission 1924, vgl. z. B. WALSH [*88*].

niederohmiges Anzeigeinstrument, um einen großen *linearen* Meßbereich sicherzustellen (Abb. VII.2) und sorgt dafür, daß dieser Bereich zu-

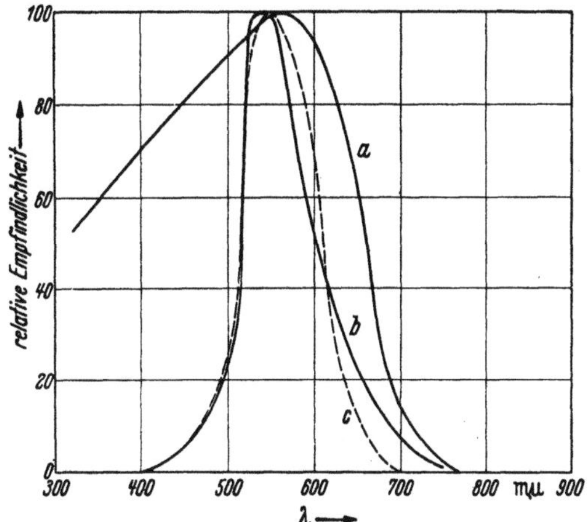

Abb. VIII.4. Angleichung der Empfindlichkeitskurve von Selenphotoelementen an die spektrale Augenempfindlichkeit.
a ungefilterte Zelle, *b* mit Filter nach [*17*], *c* spektrale Hellempfindlichkeit des Auges

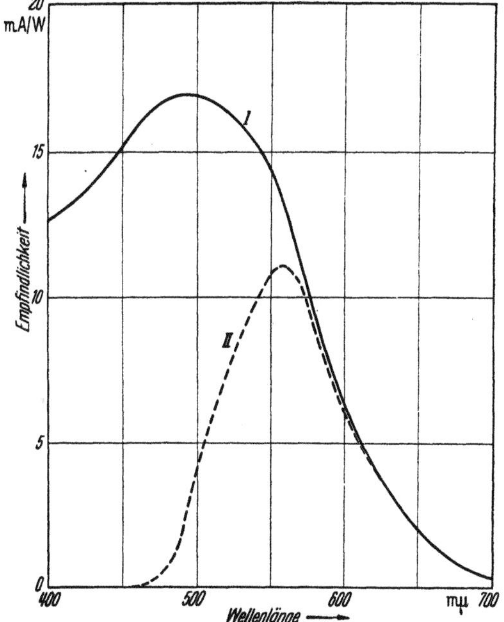

Abb. VIII.5. Spektraler Empfindlichkeitsverlauf einer Kaliumphotozelle (Silber, sensibilisiert mit O₂; K in dünner Schicht).
I Verlauf ohne Filter, *II* Verlauf mit Schottfilter GG11 (1 mm dick) und GG12 (20 mm dick)

lässiger Beleuchtungsstärken nicht überschritten wird. Die auch bei günstigster Filterangleichung noch bestehenden *Abweichungen* von der

Augenkurve beeinflussen die Meßergebnisse in verhältnismäßig geringem Grade, wenn man es mit Lichtquellen *kontinuierlicher* Strahlungsverteilung (Temperaturstrahlern) zu tun hat. Bei diskontinuierlichen Strahlern, wie z. B. Leuchtröhren, die gerade im Gebiet des nicht voll befriedigenden Abgleiches stärkere Linienemission besitzen, können jedoch merkliche Meßfehler entstehen. In diesem Fall muß man die Zelle an Hand eines oder mehrerer visuell gemessener Helligkeitswerte für diese Lampenart *neu eichen,* wobei der gefundene Eichwert dann natürlich nur für Lampen gleicher Strahlungsverteilung gilt.

b) Einfache Beleuchtungsmesser

Mit Zellen der geschilderten Art können auf einfache Weise objektive Messungen von Beleuchtungsstärken vorgenommen werden, ohne daß es dazu, wie bei visueller Photometrie, einer besonderen Vergleichslichtquelle bedarf. Verwendet man ein der Augenkurve angeglichenes *Photoelement* als Empfänger, so kann ein angeschlossener Strommesser durch einmaligen Anschluß an eine Lichtquelle bekannter Intensität direkt *in Lux geeicht* werden und gestattet dann innerhalb der im vorhergehenden Abschnitt erörterten Genauigkeit unmittelbare Messung von Beleuchtungsstärken.

Die hierbei erreichbare Empfindlichkeit hängt von der Flächengröße des benutzten Photoelementes und von der Empfindlichkeit des angeschlossenen Strommessers ab. Wie auf S. 382 ausgeführt ist, lassen sich mit einem Photoelement von etwa 12 cm² Nutzfläche und einem empfindlichen Spiegelgalvanometer noch Beleuchtungsstärken von ca. $2 \cdot 10^{-4}$ lx ($= 2 \cdot 10^{-8}$ lm/cm²) messen. Für technische Zwecke begnügt man sich oft mit empfindlichen Zeigerinstrumenten (s. Tab. VII. 1, S. 380), die bei ca. 0,5 bis 1 μA/Skt noch Mindestbeleuchtungsstärken von 1 bis 2 lx anzeigen. Durch Vergrößerung der Zellenfläche kann man bei homogenen Beleuchtungsfeldern die Anzeigeempfindlichkeit noch heraufsetzen.

Solche technischen *Luxmeter* sind verhältnismäßig robuste und einfach zu handhabende Geräte, die sich durch eine Meßbereichsumschaltung des Mikroamperemeters meist für einen größeren Belichtungsspielraum verwenden lassen. Sie haben den Vorteil leichter Beweglichkeit an jeden gewünschten Meßplatz, zumal der Strommesser mit dem Photoelement gewöhnlich zu einem festen Gebilde zusammengebaut (Abb. VIII. 6 und 7) oder durch ein flexibles Kabel mit ihm verbunden ist.

Man eicht solche Beleuchtungsmesser mit einer Lampe bekannter Lichtstärke in definiertem Abstand. Benutzt man dazu z. B. eine *Hefnerlampe* (s. S. 497), so kann deren Lichtstärke (1 HK) gleich 0,9 Neuen

Kerzen (cd) gesetzt werden. In 1 m Abstand erzeugt sie demgemäß eine Beleuchtungsstärke von 0,9 lx.

An die *Genauigkeit* der Anzeige von Beleuchtungsmessern mit Photoelementen dürfen keine allzu hohen Anforderungen gestellt werden. Man kann zwar innerhalb einer Meßreihe auf ca. $\pm 1\%$ reproduzierbare Werte erhalten. Aber die Photoelemente pflegen ihre Absolutempfindlichkeit allmählich merklich zu ändern, besonders im neuen Zustand, so daß im Verlauf der Zeit ein Abfall um 10% und mehr eintreten kann. Es empfiehlt sich deshalb zu genaueren Messungen, die Eichung mit einem Normal von Zeit zu Zeit zu wiederholen. Um eindeutige Meßwerte zu erhalten, soll das Licht bei den Messungen tunlichst nur *senkrecht*, in jedem Fall aber in gleicher

Abb. VIII.6. Tragbarer Beleuchtungsmesser mit eingebautem Photoelement. Hersteller: Gossen, Erlangen

Richtungsverteilung, auf die Zellenfläche fallen wie bei der Eichung. Andernfalls können Meßfehler entstehen, da bei schrägem Lichteinfall

Abb. VIII.7. Luxmeter mit getrenntem Selenphotoelement. Fabrikat Gossen, Erlangen

die Anzeige von Photoelementen nicht, wie zu erwarten, genau mit dem Kosinus des Neigungswinkels abnimmt [75].

Zum direkten Vergleich zweier Beleuchtungsstärken, z. B. auf einer Photometerbank, kann man zwei Photoelemente benutzen, die mit den Rückseiten aneinandergelegt und als *Differentialzelle* gegeneinandergeschaltet werden (Abb. VIII. 8). Wenn beide Zellen hinsichtlich ihrer Empfindlichkeit genau miteinander abgestimmt sind, was allerdings schwierig ist, so zeigen sie *Helligkeitsgleichheit* auf beiden Seiten durch Stromlosigkeit an. Man kann sich von dem Abgleich überzeugen, indem man die Zellen um 180° drehbar anordnet, also die Beleuchtungsstärken auf beiden Seiten vertauscht. Gegebenenfalls muß bei nicht vollständigem Abgleich ein Korrekturfaktor angebracht werden, der sich aus dem Empfindlichkeitsverhältnis der beiden zusammengeschalteten Zellen ergibt.

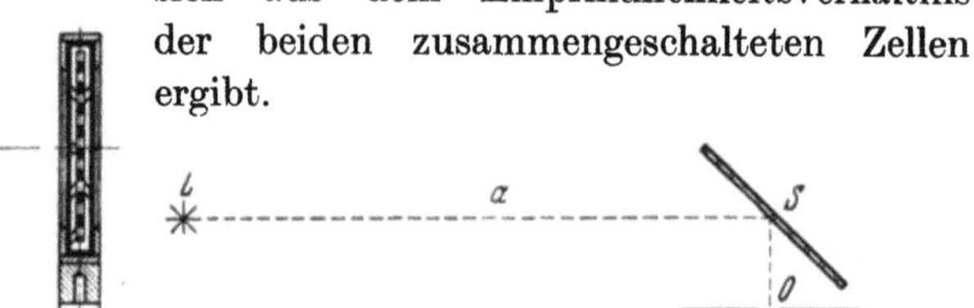

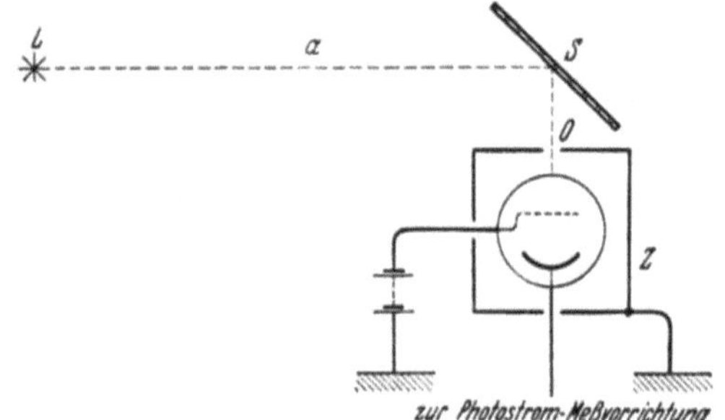

Abb. VIII. 8. Differentialphotoelement   Abb. VIII. 9. Lichtelektrisches Lampenphotometer

c) Lampenphotometer

Jeder Beleuchtungsmesser, wie er in Abschn. b beschrieben ist, kann bei bekanntem Abstand a zwischen Lampe und Photoelement natürlich auch zur *Lichtstärkemessung* dienen, und zwar ergibt sich bei gemessener Beleuchtungsstärke B in Lux die Lichtstärke der Lampe in gegebener Richtung zu $J = a^2 B$ in Kerzen (cd).

Aus Gründen der Genauigkeit wird man es bei exakten Lampenmessungen vorziehen, gasgefüllte oder *Vakuumzellen* zu verwenden. Zweckmäßig ist es dabei auch, um bei allen Lampengrößen und -abständen *gleichmäßig diffuse Beleuchtung* auf der Zelle zu gewährleisten, das Licht der Lampe an einem weißen Gipsschirm reflektieren zu lassen, dessen Beleuchtungsstärke bei gegebenem Lampenabstand dann ein Maß für die Lampenhelligkeit ist. Man erhält dann in einfachster Form eine Anordnung, wie sie in Abb. VIII. 9 dargestellt ist. Hier befindet sich die Lampe L und der unter 45° zur Strahlrichtung geneigte Schirm S auf einer optischen Bank, die Photozelle Z senkrecht dazu in einem Gehäuse, in dem sie vor störendem direktem Licht geschützt ist.

Die Photostrommessung erfolgt, je nach der geforderten Empfindlichkeit, mit Galvanometer, Gleichstromverstärker oder Elektrometer.

Man eicht die Anordnung entweder bei konstantem Lampenabstand a, indem man den Photostrom i_0 feststellt, der einer bekannten Lichtstärke J_0 einer Normallampe entspricht, und kann dann für jede andere Lampe aus der gemessenen Stromstärke i die zugehörige Lichtstärke J entnehmen. Oder man verändert bei der Lampenmessung den Abstand a jeweils so weit, daß die Zelle wieder den gleichen Strom i_0 liefert. Dann verhalten sich die Lichtstärken in bekannter Weise wie die Quadrate der zugehörigen Abstände a.

Eine solche Anordnung kann auch zum *unmittelbaren Vergleich* zweier Lampen ausgebaut werden, indem man z. B. in der in Abb. VIII. 10 dargestellten Weise zwei Photozellen Z_1 und Z_2 in einer Brückenschaltung benutzt und die *Differenz* des bei Belichtung von beiden erzeugten Spannungsabfalls an einem gemeinsamen Hochohmwiderstand R jeweils auf Null abgleicht. Die Größe der beiden Photoströme braucht dabei gar nicht bekannt zu sein; auch die evtl. voneinander abweichenden Charakteristiken beider

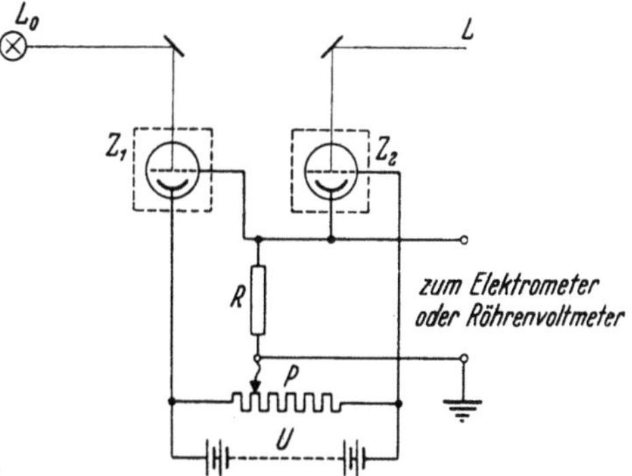

Abb. VIII. 10. Lampenphotometer mit zwei Zellen in Brückenschaltung

Zellen gehen in die Messung nicht ein, wenn man die Belichtung der einen Zelle (Z_1) mit einer Normallampe (L_0) in festem Abstand dauernd konstant hält. Man regelt die Anodenspannungen beider Zellen z. B. durch Verstellen eines mit dem Fußpunkt von R verbundenen Potentiometerabgriffes P so ein, daß bei *gleicher Beleuchtungsstärke* auf Z_1 und Z_2 der Spannungsabfall an R, der z. B. mit einem Elektrometer oder einem Röhrenvoltmeter gemessen werden kann, gerade Null wird. Zu diesem Abgleich verwendet man bei der Anfangsjustierung eine zweite, möglichst genau gleichhelle Normallampe, die man zur Kontrolle auch mit L_0 vertauscht, um sich von der Gleichheit der Beleuchtungsstärken auf beiden Zellen zu überzeugen. Wenn der Brückenabgleich erfolgt ist, kann jede Lampe L in einfacher Weise mit L_0 verglichen werden, indem man den Abstand von L so lange verändert, bis die Anzeige am Elektrometer bzw. Röhrenvoltmeter wieder auf Null einspielt. Aus dem Abstandsverhältnis zur Normallampe erhält man dann wieder direkt das Lichtstärkenverhältnis.

Für technische Zwecke noch vorzuziehen ist der unmittelbare Helligkeitsvergleich zweier Lampen durch periodisch abwechselnde Belichtung der *gleichen Photozelle*. Das kann z. B. durch eine rotierende, zur Hälfte verspiegelte Unterbrecherscheibe (*Sch* in Abb. VIII. 11) geschehen, die abwechselnd das Licht der zu messenden Lampe L und das der Vergleichslampe L_0 auf die Zelle gelangen läßt. Diese wird dann einen mittleren Gleichstrom mit mehr oder weniger großem überlagertem *Wechselstrom* liefern, solange die in die Zelle fallenden Lichtströme von L und L_0 verschieden sind. Legt man die Zelle an einen Wechselstromverstärker und mißt die Ausgangsamplitude z. B. mit einem Telefon oder besser mit einem *Vibrationsgalvanometer*, so hat man hierin ein empfindliches Maß für kleine Helligkeitsunterschiede der beiderseitigen Beleuchtung von L und L_0. Man braucht hiernach nur den Abstand der Lampe L

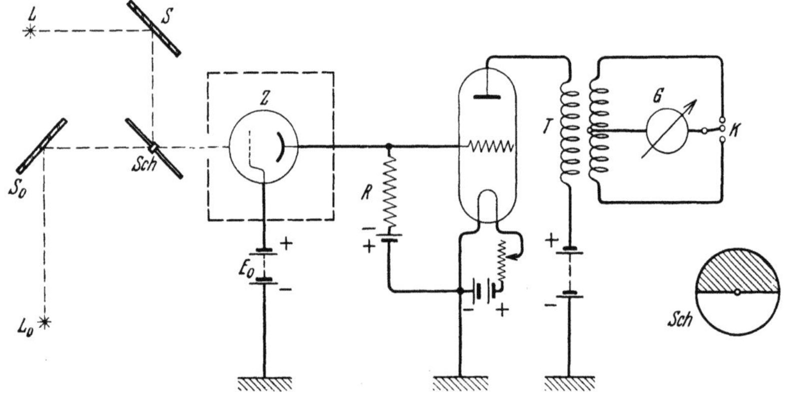

Abb. VIII. 11. Photometer mit intermittierender Belichtung (Einzellen-Flimmermethode)

so lange zu verändern, bis die Wechselamplitude nahezu oder völlig verschwindet, also Helligkeitsgleichheit in beiden Halbwellen erreicht ist. Aus den Abstandsverhältnissen kann dann, wie bei dem vorher beschriebenen Verfahren, das Lichtstärkenverhältnis beider Lampen unmittelbar entnommen werden. Auch hier ist man von der Form der Zellencharakteristik und von der Proportionalität zwischen Photostrom und Beleuchtung unabhängig, ebenso weitgehend von den Eigenschaften des benutzten Verstärkers. Das Verfahren entspricht im Prinzip der *Flimmermethode* der visuellen Photometrie und ist praktisch mindestens so empfindlich wie diese.

An Stelle eines Vibrationsgalvanometers kann man in obiger Anordnung natürlich auch ein gewöhnliches Galvanometer verwenden, wenn man die Ausgangsamplitude des Verstärkers in üblicher Weise gleichrichtet (S. 439 und 443) oder wenn man im vorliegenden Fall z. B. die Stromamplitude jeder Halbwelle durch einen mit der umlaufenden Scheibe *Sch* (Abb. VIII. 11) gekoppelten Umschalter K mit abwechselnder Polung auf das Galvanometer gibt, also die *Differenz* der Belichtungen in beiden Halbperioden mißt.

d) Registrierverfahren. Messung der räumlichen Lichtverteilung und des Gesamtlichtstromes

Soll eine größere Anzahl von Intensitätsmessungen an Lampen schnell hintereinander ausgeführt werden, so benutzt man am besten eine einfache Anordnung nach Abb. VIII. 9 (S. 520) mit festem Lampenabstand a, und zwar entweder mit einem *Fadenelektrometer* als Anzeigeinstrument oder mit periodischer Lichtunterbrechung (S. 437), wobei die Zelle an einen *Wechselstrommeßverstärker* angeschlossen werden kann. An der Größe des Elektrometerausschlages bzw. der Ausgangsamplitude des Verstärkers, die sich mit einer Normallampe bekannter Lichtstärke eichen läßt, kann man dann die nacheinander zu messenden Helligkeitswerte unmittelbar ablesen. In beiden Fällen besteht auch die Möglichkeit, die einzelnen Meßwerte fortlaufend *registrierend aufzuzeichnen*.

Benutzt man ein Fadenelektrometer zur Anzeige, so erfolgt eine solche Aufzeichnung der Ausschläge auf *photographischem* Wege, indem man wie bei dem auf S. 549 näher beschriebenen Registrierphotometer den Elektrometerfaden im Dunkelfeld intensiv beleuchtet und mit einer Zylinderlinse als hellen Lichtpunkt auf einer senkrecht zur Ausschlagrichtung bewegten photographischen Platte oder einem hochempfindlichen photographischen Papierstreifen abbildet. Bei abgedunkelter Zelle zeichnet der Lichtpunkt des Elektrometers eine Nullinie auf, bei Belichtung geben die jeweiligen Ausschläge der Registrierkurve von der Nullinie ein direktes Maß für die Lichtintensitäten auf der Zelle.

Bei Messung mit einem Verstärker kann man die *gleichgerichtete* Ausgangsamplitude meist unmittelbar mit einem *Drehspul-Tintenschreiber* auf einem Registrierstreifen aufzeichnen. Das letztere Verfahren verdient in mancher Hinsicht den Vorzug, da die Meßwerte auf dem Registrierstreifen sofort ablesbar sind, ohne erst photographischer Entwicklung in der Dunkelkammer zu bedürfen. Überdies kann man bei hinreichender Verstärkung und geeigneter Diodengleichrichtung (S. 443) mit Sicherheit erreichen, daß die Anzeige am Verstärkerausgang den Belichtungen auf der Photozelle in weitem Intensitätsbereich exakt proportional ist, was bei elektrometrischer Anzeige nicht immer streng gewährleistet ist (S. 412).

Jede der genannten Registriereinrichtungen kann man z. B. benutzen, um Meßwerte einer größeren Zahl zu prüfender Lampen hintereinander aufzuzeichnen oder auch Helligkeitsstufen der gleichen Lampe bei verschiedenen Strombelastungen oder in verschiedenen Ausstrahlungsrichtungen. Ordnet man z. B. die Lampe drehbar an und nimmt die Registrierung der Photometerausschläge auf einer Schreibvorrichtung vor, die ebenfalls um eine Achse um jeweils gleiche Winkelbeträge gedreht wird wie die Lampe, so kann man damit direkt eine Kurve ihrer räumlichen *Lichtverteilung* in Polarkoordinaten aufnehmen [53]

(Abb. VIII. 12). Ein solches registrierendes Verfahren mit Photozelle ist, besonders bei laufenden Serienprüfungen, wesentlich zeitsparender als punktweise Einzelmessungen in verschiedenen Richtungen zur Lampe.

Auch den *Gesamtlichtstrom* von Lampen kann man in üblicher Weise in einer *Ulbrichtschen Kugel* lichtelektrisch messen [*89*]. Wenn man hierzu

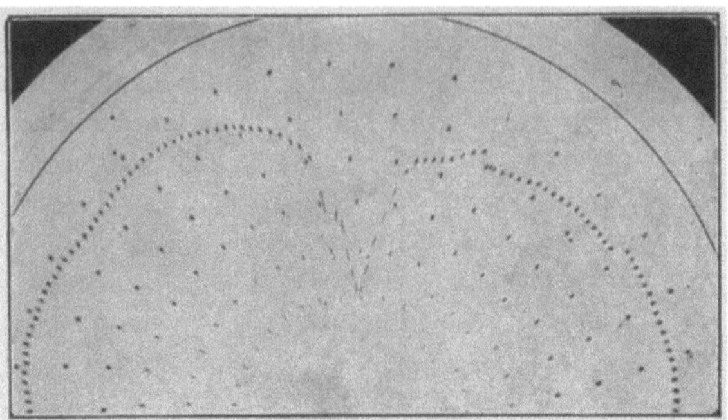

Abb. VIII.12. Registrieraufnahme der räumlichen Lichtverteilung einer Doppelfadenlampe; rechte Hälfte unter absichtlichen Nullpunktstörungen (nach [*53*])

ein Photoelement benutzt, so kann man dies gewöhnlich direkt in eine Öffnung der Kugelwand einbauen, wobei man natürlich durch einen passenden Blendenschirm dafür sorgen muß, daß die Zelle nicht von direktem Licht der Lampe, sondern nur von dem diffus zerstreuten Licht der Kugelwände getroffen wird. Vorteilhaft ist dabei zuweilen ein an die Kugel angebauter Meßkopf [*74*], in dem vor der Zelle eine verstellbare Irisblende oder auswechselbare Blenden abgestufter Öffnung angeordnet sind, mit denen der auf die Zelle gelangende Lichtstrom meßbar, z. B. auf $^1/_{10}$ oder $^1/_{100}$, herabgesetzt werden kann. Dadurch läßt sich in einfacher Weise der Meßbereich erweitern und trotzdem gewährleisten, daß das Photoelement auch bei Messung lichtstarker Lampen stets im Bereich proportionaler Stromanzeige bleibt (Abb. VII. 2 S. 380).

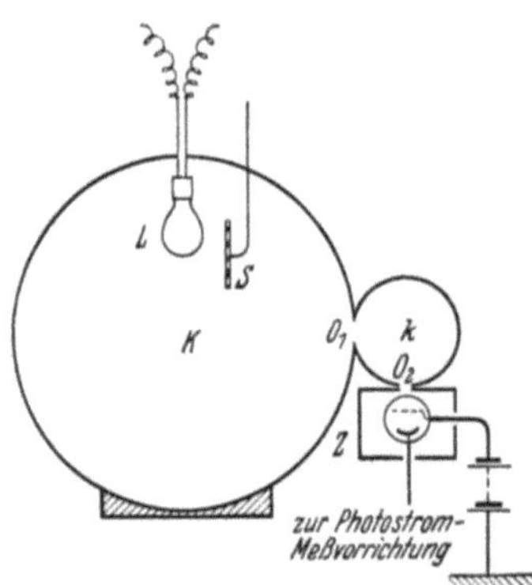

Abb. VIII.13. Ulbrichtsche Kugel mit Photozelle

Photozellen mit äußerem lichtelektrischem Effekt kann man in gleicher Weise für Kugelmessungen benutzen. Um gute Lichtzerstreuung zu erreichen, ist es dabei günstig, an die eigentliche Meßkugel K (Abb. VIII. 13) eine kleinere, ebenfalls innen geweißte Kugel k anzusetzen, an deren Öffnung O_2 die Photozelle angeschlossen wird.

Da die Beleuchtungsstärken auf der Zelle bei diffuser Beleuchtung in den meisten Fällen nicht sehr hoch sind, erfordert diese Art der Beleuchtung zur Photostrommessung verhältnismäßig empfindliche Instrumente. Für technische Lampenmessungen wird man daher, wie schon S. 523 erwähnt, am besten mit *Wechsellicht* oder mit *Modulation des Photostromes* (S. 434) arbeiten und zur Anzeige einen mehrstufigen Wechselstromverstärker, etwa der in Abb. VII.57 gezeigten Art, verwenden.

e) Technische Lampenphotometer

Bei laufenden Lampenkontrollen im technischen Betrieb genügt es zuweilen, nur nachzuprüfen, ob die Lichtstärken oder Lichtstromwerte der einzelnen Lampen, bei gegebener Belastung *innerhalb eines zulässigen*

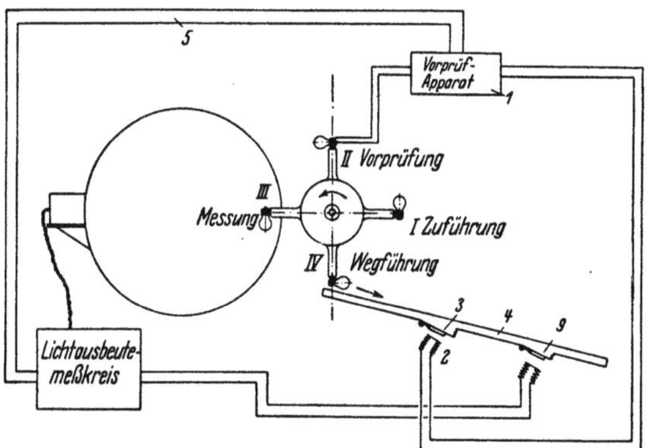

Abb. VIII.14. Schematischer Aufbau einer selbsttätigen Lampensortiermaschine nach [47]

Toleranzbereiches liegen. In diesem Fall läßt sich die Messung weitgehend automatisieren und dadurch beschleunigen. In einer von LOEBE und SAMSON [47] bei Osram entwickelten und dort jahrelang bewährten Anordnung geschieht das in folgender Weise:

Die Lampen werden nach dem in Abb. VIII.14 gezeigten Schema von einem Greifermechanismus nacheinander zunächst einer Vorprüfung (II) auf evtl. Sockelkurzschluß oder Wendelbruch zugeführt, von dort in die Meßkugel gebracht (III), wo ihr Lichtstrom bestimmt wird, und gelangen nach erfolgter Messung auf ein Transportband (IV) zur Weiterführung. Die in der Kugel mit Photozelle und Verstärker gemessenen Lichtstromwerte der einzelnen Lampen können direkt an einer mittels Normallampe geeichten Skala des Anzeigeinstrumentes abgelesen werden.

In den meisten Fällen interessiert das Verhältnis des *Lichtstromes* Φ zur aufgenommenen *Stromleistung* W der Lampe. Da alle Lampen gleicher Serie stets bei gleicher Betriebsspannung geprüft werden, genügt zur Leistungsmessung die Bestimmung ihrer *Strom*aufnahme. Die Anzeige des Lampenstromes i, die bei gegebener Betriebsspannung U zugleich die Leistungsaufnahme $W = i \cdot U$ angibt, wird bei der hier beschriebenen Anordnung in besonders einfacher Weise mit der Lichtstrommessung in der Ulbrichtschen Kugel gekoppelt. Die Systeme der beiden Anzeigeinstrumente für den Photostrom der Lichtstrommessung (*1* in Abb. VIII.15) und für die Lampenstrommessung *6* tragen je einen Drehspiegel *2* und *5*. Über beide Spiegel gemeinsam wird von einer Lichtquelle *3* ein Lichtzeiger auf einen Skalenschirm *7* geworfen. Zwischen den beiden Spiegeln *2* und *5* ist unter 45° ein Prisma *4* angeordnet, das horizontale Drehbewegungen des von *2* kommenden Lichtbündels um 90° in senkrechte Ausschläge umlenkt. Den Ausschlägen des Instrumentes *1* (Kugelmessung) entsprechen daher auf dem Schirm *7* *senkrechte* Lichtzeigerausschläge, Ausschlägen des Lampenstrommessers *6* *horizontale* Ausschläge. Der Schirm *7* kann auf diese Weise als gemeinsames Koordinatenfeld für beide Meßgrößen dienen, indem die Ordinaten in Lumen, die Abszissen in Watt geeicht werden. Jedem Wert einer bestimmten *Lichtausbeute* (Lumen/Watt) entspricht

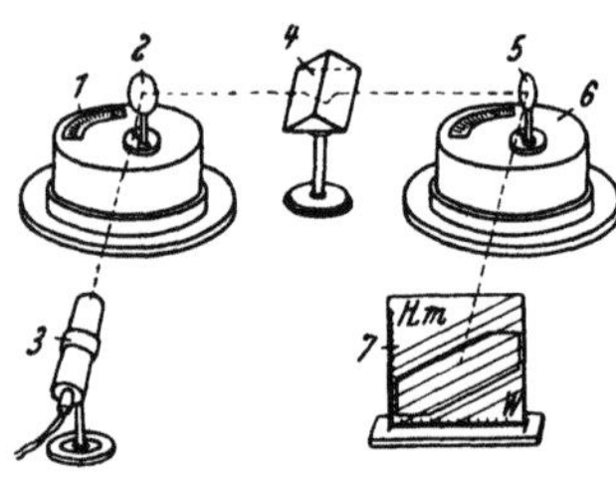
Abb. VIII.15. Anordnung zur Lichtausbeutemessung nach [47]

dann eine Diagonale dieses gemeinsamen Ablesungsfeldes. Bestimmte zugelassene Toleranzgrenzen für Wattaufnahme, Lichtstrom und Lichtausbeute können in der in Abb. VIII.15 veranschaulichten Weise durch eine umrandete Sechseckfigur gekennzeichnet werden. Man braucht dann bei der Serienprüfung von Lampen jedesmal nur festzustellen, ob der Lichtzeiger innerhalb des vorgeschriebenen Bereiches liegt. Diese Art der Prüfung geht außerordentlich schnell, so daß im Großbetrieb auf diese Weise in einer Stunde 1200 bis 1500 Lampen kontrolliert werden können.

f) Bestimmung der Farbtemperatur

Zu den Aufgaben der Lampenphotometrie gehört auch die Bestimmung von Strahlungstemperaturen oder Farbtemperaturen des Leuchtsystems. Wie wir auf S. 460 gesehen haben, kann für Temperaturstrahler die spektrale Strahlungsverteilung im vorwiegend interessierenden sichtbaren Gebiet durch die *Farbtemperatur* T gekennzeichnet werden, die der wahren Temperatur eines schwarzen Körpers gleicher Strahlungsverteilung entspricht und die *Lichtfärbung* der Lampe bestimmt. Die Farbtemperatur gehört daher neben Leuchtdichte und Lichtstrom zu den wesentlichen Kenndaten einer Lichtquelle.

Sie müßte an sich durch Messung des gesamten spektralen Intensitätsverlaufes im sichtbaren Gebiet bestimmt werden. Bei Lichtquellen

mit kontinuierlicher Strahlungsverteilung, wie bei Glühlampen, Nernst-
brennern u. dgl., genügt es aber, das *Verhältnis* der Strahlungsemission
bei *zwei Wellenlängen* festzustellen, um die *Neigung* der spektralen
Emissionskurve (Abb. VII. 70, S. 458) und hieraus die Farbtemperatur
mit hinreichender Genauigkeit zu bestimmen.

Schreibt man das Strahlungsgesetz in der vereinfachten WIENschen
Form (S. 457), so ist nämlich das Intensitätsverhältnis $J_{\lambda_2}/J_{\lambda_1}$ in zwei
Spektralbereichen $\varDelta\lambda_1$ und $\varDelta\lambda_2$ bei den Wellenlängen λ_1 und λ_2

$$Q = \frac{J_{\lambda_2}}{J_{\lambda_1}} = \frac{\varDelta\lambda_2}{\varDelta\lambda_1} \cdot \left(\frac{\lambda_2}{\lambda_1}\right)^{-5} \cdot e^{\frac{c_2}{T}\left(\frac{1}{\lambda_1} - \frac{1}{\lambda_2}\right)}.$$

Setzt man hierin für feste gegebene Größen von λ_1, λ_2 und $\varDelta\lambda_2/\varDelta\lambda_1$
die Konstanten $\frac{\varDelta\lambda_1}{\varDelta\lambda_2}\left(\frac{\lambda_2}{\lambda_1}\right)^5 = a$ und $c_2\left(\frac{1}{\lambda_1} - \frac{1}{\lambda_2}\right) = b$, so ergibt sich zwischen Q und T die einfache Be-
ziehung

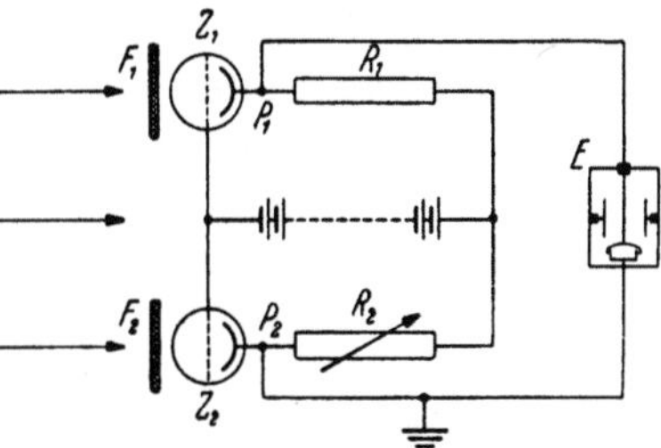

$$Q = \frac{1}{a} \cdot e^{\frac{b}{T}} \qquad (21\,\text{a})$$

oder

$$T = \frac{b}{\ln Q + \ln a}. \qquad (21\,\text{b})$$

Abb. VIII. 16. Bestimmung von Farbtemperaturen mit zwei selektiven Photozellen in
Brückenschaltung

Durch Messung des Intensitätsverhältnisses Q in zwei voneinander
entfernten Wellenlängenintervallen
kann demnach bei schwarzen Strah-
lern ihre wahre Temperatur, bei anderen Temperaturstrahlern ihre Farbtemperatur zwischen λ_1 und λ_2 bestimmt werden. Die relative Genauigkeit $\varDelta T/T$ der Temperaturangabe ergibt sich dabei nach Gl. (21 b) zu

$$\frac{\varDelta T}{T} = -\frac{T}{b} \cdot \frac{\varDelta Q}{Q},$$

sie hängt also linear von der Genauigkeit $\varDelta Q/Q$ ab, mit der das Intensitätsverhältnis $J_{\lambda_2}/J_{\lambda_1}$ gemessen werden kann.

Zur Messung dieses Intensitätsverhältnisses auf lichtelektrischem
Wege bestehen mehrere Möglichkeiten. Man kann z. B. zwei in verschiedenen Spektralbereichen selektiv empfindliche Zellen Z_1 und Z_2
verwenden (Abb. VIII. 16) und durch passende Farbfilter F_1 und F_2
dafür sorgen, daß die eine Zelle etwa nur auf *Rot*licht, die andere nur
auf *grünes* oder *blaues* Licht anspricht.

Setzt man diese Zellen gemeinsam der zu messenden kontinuierlichen
Strahlungsverteilung aus, so wird das Verhältnis ihrer Photoströme i_1
und i_2 je nach der Farbtemperatur der Lichtquelle verschieden sein.
Schaltet man die Zellen, wie in der Abb. VIII. 16 veranschaulicht, zu
einer Wheatstoneschen Brücke zusammen und regelt den veränder-

lichen Widerstand R_2 so, daß ein zwischen den Verzweigungspunkten P_1 und P_2 der Brücke liegendes Elektrometer keine Spannung anzeigt, so ist $i_2/i_1 = R_1/R_2$. Benutzt man als Regelwiderstand R_2 z. B. einen hochohmigen Kurbelwiderstand, so kann man aus seiner Kurbelstellung gegenüber dem Betrag des festen Widerstandes R_1 direkt das Stromverhältnis i_2/i_1 entnehmen. In einem Bereich, in dem die Zellen proportional arbeiten, ist dann $Q = \dfrac{J_{\lambda_2}}{J_{\lambda_1}} = \alpha \cdot \dfrac{i_2}{i_1}$, wo α ein Zahlenfaktor ist, der von dem Empfindlichkeitsverhältnis beider Zellen und von der spektralen Durchlässigkeit der benutzten Farbfilter abhängt.

Da der Betrag von α sowie die Größen a und b in Gl. (21 b) im allgemeinen nicht bekannt sein werden, eicht man eine solche Anordnung mit einer Lichtquelle bekannter Farbtemperatur, z. B. mit einer Normallampe, die durch spektrale Vergleichsmessung an einen schwarzen Körper bekannter Temperatur angeschlossen ist. Ist der Eichwert für *eine* Temperatur damit ermittelt, so können die Farbtemperaturen anderer Lampen aus den gemessenen Photostromverhältnissen $i_2/i_1 = R_1/R_2$ entnommen werden.

Dabei ist allerdings zu beachten, daß jede Eichung der Anordnung nur gilt, solange die Verteilung des gesamten Lichtstromes auf die beiden Zellen unverändert bleibt. Das läßt sich vielleicht am besten in der Weise erreichen, daß man den Lichtstrom — etwa mit Hilfe eines halbdurchlässigen Spiegels — erst dann teilt, nachdem er von einem rein weißen, diffus reflektierenden Schirm zurückgeworfen worden ist.

Für technische Zwecke, z. B. zur Bestimmung des Farbcharakters von photographischen oder anderen Lichtquellen, genügt es meist, das Meßgerät der Strahlung direkt auszusetzen und nur dafür zu sorgen, daß beide Zellen gleichmäßig ausgeleuchtet werden. Einen nach diesem Prinzip arbeitenden technischen Farbtemperaturmesser der Firma Gossen, Erlangen, der mit zwei rot- bzw. blaugefilterten Sperrschichtphotoelementen Farbtemperaturen auf ca. $\pm 3\%$ zu ermitteln gestattet, zeigt Abb. VIII.17. Die Anzeige ist hier in einem Bereich zwischen ca. 300 lx und 100000 lx nahezu unabhängig von der Beleuchtungsstärke.

An Stelle der beschriebenen Zweizellenmethode kann man auch zur Farbtemperaturmessung ein Verfahren mit nur einer Zelle anwenden, wenn man dieser das Licht der beiden zu vergleichenden Wellenlängenintervalle abwechselnd zuführt. Das setzt natürlich voraus, daß die Zelle einen hinreichend breiten spektralen Empfindlichkeitsverlauf hat, um in beiden verwendeten Spektralbereichen $\Delta\lambda_1$ und $\Delta\lambda_2$ noch genügend anzusprechen. Man gelangt dann zu einer Anordnung, die weitgehend der in Abb. VIII.11 dargestellten flimmerphotometrischen Methode entspricht, nur daß hier nicht die Gesamthelligkeiten zweier Lichtquellen, sondern die spektralen Helligkeiten zweier Wellenlängenintervalle einer Strahlungsverteilung miteinander verglichen werden. Das geschieht nach Abb. VIII. 18 durch eine rotierende Filterscheibe *Sch*, deren eine Hälfte

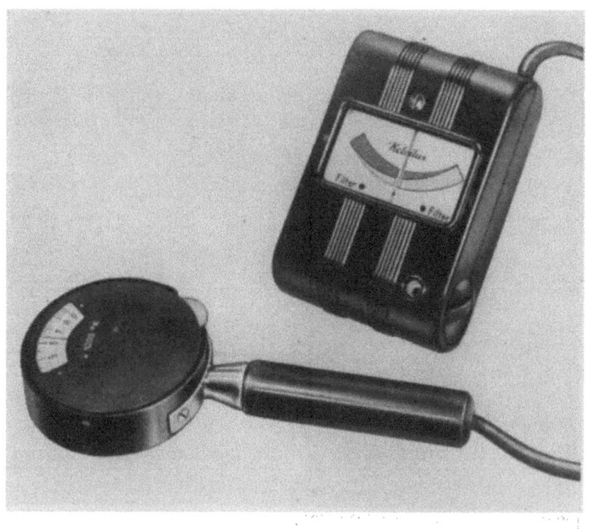

Abb. VIII. 17. Farbtemperaturmesser von Gossen, Erlangen, für photographische und technische Lichtquellen

z. B. rot gefärbt ist, während die andere Hälfte nur blaues Licht durchläßt [*9*].

Je nach der Farbtemperatur der Lichtquelle L und der spektralen Durchlässigkeit der beiden Filterhälften der Scheibe *Sch* wird die Licht-

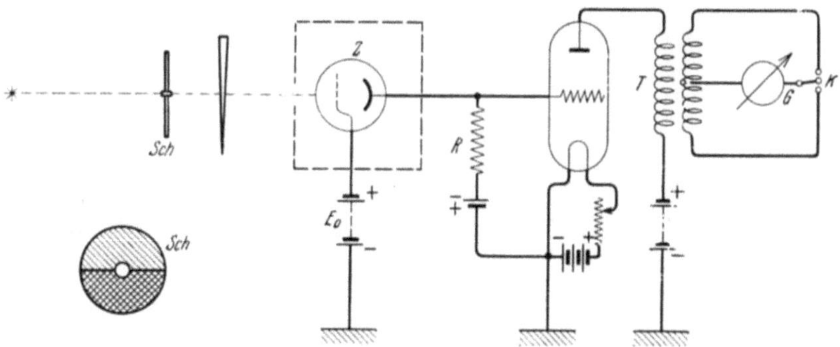

Abb. VIII. 18. Lichtelektrisches Photometer zur Ermittlung von Farbtemperaturen nach [*9*]

intensität auf der Zelle und der zugehörige Photostrom bei der abwechselnden Belichtung mehr oder weniger verschieden sein, die Photozelle wird daher im allgemeinen einen *Wechselstrom* liefern. Man kann

diesen aber zum Verschwinden bringen, wenn man die Rot- und Blau-
intensität jeweils so abgleicht, daß in beiden Halbperioden der gleiche
Photostrom entsteht. Das kann z.B. bei Überwiegen der Rotbelichtung
durch Zwischenschieben eines *Blaukeiles* oder umgekehrt bei Überwiegen
der Blaubelichtung durch Einschieben eines *Gelbkeiles* geschehen. Die
an einer Feinbewegung ablesbare Keilstellung, bei welcher der Wechselstrom der Zelle gerade sein Minimum erreicht, ist dann ein Maß für das
Intensitätsverhältnis der beiden intermittierenden Belichtungen und
damit für die Farbtemperatur der betreffenden Lampe.

Die Messung der Wechselamplitude kann bei diesem Verfahren genau
in der gleichen Weise erfolgen wie bei dem auf S. 522 beschriebenen
Lampenphotometer (Abb. VIII. 11). Man eicht die Anordnung mit einer
Lampe, deren Farbtemperaturen in Abhängigkeit von der Belastung bekannt sind, indem man sie nacheinander mit verschiedenen Belastungen
brennt und dabei jedesmal diejenige zugehörige Keilstellung ermittelt,
bei der die Wechselamplitude der Photozelle verschwindet. Bei hinreichender Selektivität der rotierenden Filterhälften ist die Methode
so empfindlich, daß damit noch *Unterschiede* der Farbtemperatur festgestellt werden können, die einer Änderung der Klemmenspannung der
Lampe um ca. $\pm 0,1\%$ entsprechen.

g) Lichtelektrische Pyrometer

Die Strahlungstemperatur einer Lichtquelle kann nach dem Strahlungsgesetz auch aus ihrer Gesamtstrahlung oder aus ihrer Teilstrahlung
in einem bestimmten Wellenlängenintervall bestimmt werden. Messungen solcher Art laufen, wie aus der visuellen Pyrometrie bekannt ist,
stets auf eine *Leuchtdichte*messung hinaus.

Um solche Messungen auf lichtelektrischem Wege durchzuführen,
muß die Vorbedingung geschaffen werden, daß die Photozelle stets einen
der Leuchtdichte proportionalen Strahlungsfluß erhält. Das besagt, daß
bei jeder Messung die Strahlung *gleicher Flächenbezirke* der Lichtquelle
unter *gleichem Raumwinkel* in die Photozelle gelangen muß. Insofern
unterscheidet sich die pyrometrische Messung also wesentlich von den
im vorhergehenden Abschnitt besprochenen Methoden der Farbtempera-
turbestimmung, bei denen es nur auf den *relativen* Helligkeitsvergleich
bei zwei Wellenlängen ankam, die Intensitäten selbst, der Lampenabstand oder der Raumwinkel der Strahlung aber keine Rolle spielten.

Die genannten Bedingungen für pyrometrische Messungen setzen ein
optisches Abbildungssystem vor der Photozelle voraus, mit dem stets
gleich große Flächenbezirke der Lichtquelle auf der Zelle abgebildet
werden. Handelt es sich um Leuchtsysteme kleiner Flächen, so kann
das nur mit hinreichend starker *Vergrößerung* erreicht werden, damit
das Bild der zu messenden leuchtenden Fläche die wirksame Eintritts-

öffnung zur Photokathode stets gleichmäßig und voll ausfüllt (*Mikropyrometer*) [45]. Ein optischer Strahlengang für solche mikropyrometrische Messungen ist in Abb. VIII.19 dargestellt.

Die Photostromanzeige solcher Anordnungen läßt sich mit bekannten Strahlungstemperaturen *eichen*. Verwendet man zur Messung z. B. die Strahlung eines durch ein Farbfilter ausgegrenzten engeren Spektralbereiches (*Teilstrahlungspyrometer*), so ist der angezeigte Photostrom

$$i_{\Delta\lambda} = \alpha \cdot S_\lambda \Delta\lambda,$$

worin $S_\lambda \cdot \Delta\lambda$ die Strahlung im Intervall $\Delta\lambda$ [s. S. 459 Gl. (18)] und α ein Gerätefaktor ist, dessen Betrag von dem mit der Optik erfaßten Raumwinkel der Strahlung und von der spektralen Empfindlichkeit der Zelle abhängt.

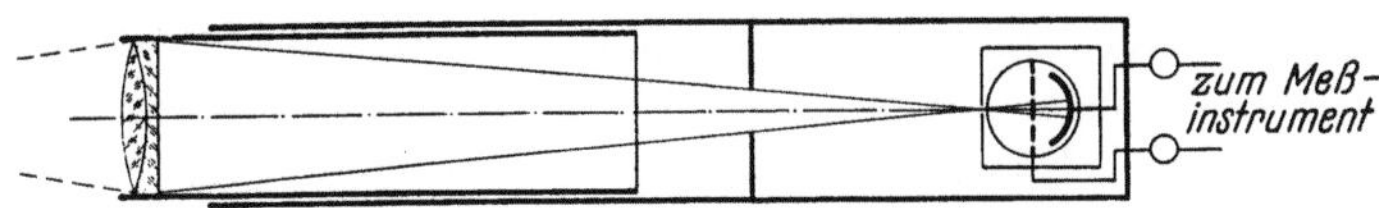

Abb. VIII.19. Lichtelektrisches Pyrometer

Nach dem Wienschen Strahlungsgesetz wird dann

$$i_{\Delta\lambda} = \frac{\alpha \cdot c_1}{\lambda^5} \cdot e^{-\frac{c_2}{\lambda T}} = a' \cdot e^{-\frac{b'}{T}}$$

oder, wenn man $\log a' = a$ und $\dfrac{b'}{2{,}3026} = \dfrac{6245\,\mu\,\text{Grad}}{\lambda} = b$ setzt:

$$\log i_{\Delta\lambda} = a - \frac{b}{T}. \tag{22}$$

Der Logarithmus des Photostromes $i_{\Delta\lambda}$ steht demnach in einer linearen Beziehung zu $1/T$ mit zwei Konstanten a und b, von denen die letztere durch den Wellenlängenschwerpunkt des benutzten Filterbereiches $\Delta\lambda$ gegeben ist. Ist die wirksame Wellenlänge λ bekannt, so braucht demnach nur die Konstante a aus einer Photostrommessung bei *einer* bekannten Strahlungstemperatur T bestimmt zu werden. Andernfalls ermittelt man beide Konstanten a und b durch Messung bei zwei Temperaturen T_1 und T_2.

In ähnlicher Weise, d. h. bei entsprechender optischer Anordung wie in Abb. VIII.19, kann auch die *Gesamtstrahlung* einer Lichtquelle, die eine dem schwarzen Körper ähnliche Strahlungsverteilung besitzt, zur Temperaturbestimmung benutzt werden. Wie auf S. 18 ausgeführt wurde, besteht bei Bestrahlung einer *normal* empfindlichen Photozelle mit unzerlegtem Licht eines schwarzen Körpers zwischen dessen Tem-

34*

peratur und dem Photostrom die Beziehung:

$$i = M \cdot T^r \cdot e^{-\frac{k}{T}}, \tag{23}$$

worin die Konstanten M, r und k wiederum teils von den optischen Daten der Anordnung und teils von den Eigenschaften der Photokathode abhängen. Die Zahlenwerte dieser Konstanten kann man aus Eichmessungen bei drei bekannten Strahlungstemperaturen ermitteln und die Anordnung somit als *Gesamtstrahlungspyrometer* verwenden [*80*], in dem nunmehr das ganze, vom Strahler ausgesandte Spektrum bis zur langwelligen Grenze λ_0 wirksam ist.

Dadurch sind die verfügbaren Beleuchtungsstärken und dementsprechend auch die Photoströme natürlich wesentlich größer als bei den vorher besprochenen Teilstrahlungspyrometern. Die Messung mit einem Gesamtstrahlungspyrometer gibt allerdings, da sie über das ganze Spektrum mittelt, nur dann einigermaßen richtige Werte, wenn es sich um eine Lichtquelle mit einer Strahlungsverteilung handelt, die praktisch der eines schwarzen Körpers entspricht. Man kann sie also mit Vorteil z. B. bei der Temperaturbestimmung von *Öfen* oder ähnlichen strahlenden Hohlkörpern anwenden, die sich bei verhältnismäßig kleiner strahlender Öffnung im Innern annähernd im Temperaturgleichgewicht befinden und daher wie ein schwarzer Körper strahlen.

Man darf die Beziehung der Gl. (23) bis zu relativ hohen Temperaturen extrapolieren, weil die von glühenden Körpern ausgehende Strahlung bei den praktisch erreichbaren Temperaturen nicht über die Grenze des Quarzultraviolett hinausgeht, in dem eine *normal* verlaufende Empfindlichkeitskurve der Photozelle noch monoton ansteigt.

77. Reflexions- und Glanzmessung

Die gleichen Verfahren, die in den vorhergehenden Abschnitten für die Photometrie von Lichtquellen besprochen worden sind, können weitgehend auch zur Messung von *reflektiertem Licht* oder des von einem schwächenden Medium *durchgelassenen* Lichtes benutzt werden. Die Methoden vereinfachen sich jedoch hier in den meisten Fällen dadurch, daß man es bei Reflexions- oder Absorptionsbestimmungen nicht mehr mit *absoluten* Helligkeitsmessungen, sondern mit der Feststellung des reflektierten bzw. durchgelassenen Licht*anteils*, relativ zur eingestrahlten Intensität, zu tun hat.

Dadurch hat man es bei den hier vorliegenden Meßaufgaben meist in der Hand, die Art und Intensität der verwendeten Lichtquelle für den gegebenen Zweck passend zu wählen. Es handelt sich dann im wesentlichen darum, in zwei nacheinander oder nebeneinander erfolgenden Messungen die relativen Intensitäten mit und ohne Einschaltung der zu messenden reflektierenden oder absorbierenden Probe möglichst genau zu bestimmen und daraus das Verhältnis zu bilden. Dabei ist natürlich Voraussetzung, daß die an sich willkürliche Intensität der Lichtquelle bei beiden Messungen möglichst konstant gehalten wird.

Für einfache Reflexionsmessungen an weißen, diffus reflektierenden Oberflächen, z. B. Anstrichfarben, Papieren u. dgl., eignen sich z. B. fest zusammengebaute Anordnungen einer Sperrschichtzelle Z mit einer Lichtquelle L definierter Lichtstärke

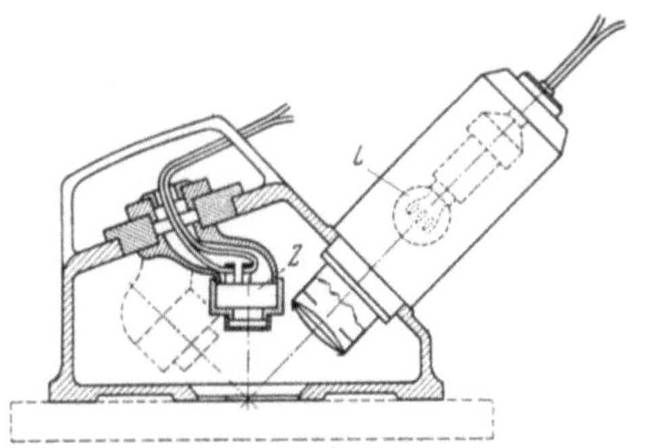

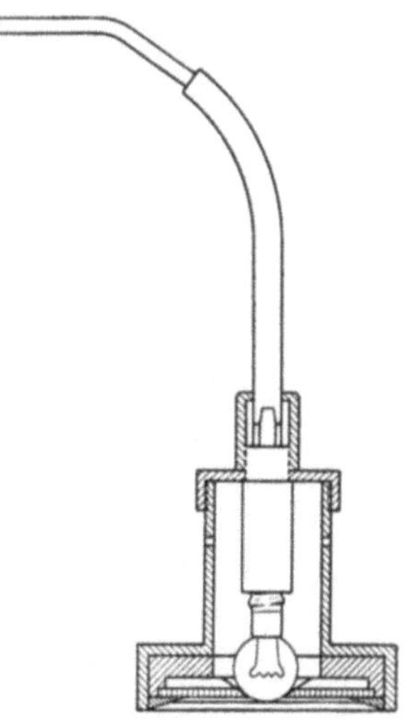

Abb. VIII. 20. Lichtelektrischer Reflexionsmesser (ältere Bauart von Siemens & Halske)

Abb. VIII. 21. Reflexionsmesser mit durchbohrtem Photoelement und zentrisch angeordneter Lichtquelle

und Farbtemperatur etwa nach Abb. VIII. 20. Die Messung erfolgt hier in der Weise, daß die Photostromanzeige der Zelle beim Aufsetzen des Gerätes auf eine zu prüfende Fläche mit der Anzeige an einer gut weißen Normalfläche bekannten diffusen Reflexionsvermögens, z. B. Magnesiumoxyd, verglichen wird.

Eine ähnliche, noch weiter vereinfachte Anordnung zeigt auch Abb. VIII. 21, bei der sich die Lichtquelle fest in einer zentrischen Aussparung der Zelle befindet und gemeinsam mit dieser auf die zu prüfende Fläche aufgesetzt werden kann. Statt einer Sperrschichtzelle kann natürlich auch eine Zelle mit äußerem Photoeffekt benutzt werden, die sich für diesen Zweck auch ringförmig ausbilden läßt (Abb. VIII. 22), so daß die Lichtquelle im Ringzentrum angeordnet werden kann.

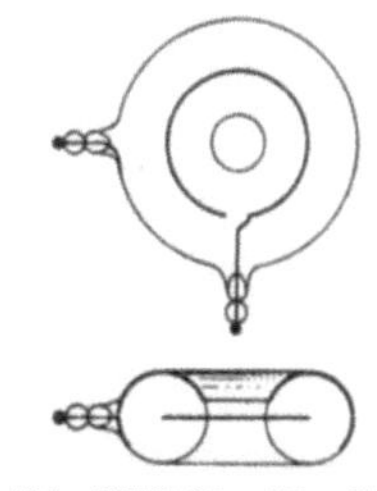

Abb. VIII. 22. Ringförmige Alkalizelle für Reflexionsmessungen

Geräte dieser Art kommen ihrem Prinzip nach nur für verhältnismäßig rasche, orientierende Reflexionsbestimmungen, z. B. in technischen Betrieben für laufende Kontrolle von Materialoberflächen u. dgl., in Frage. Sie können keine sehr genauen Meßwerte liefern, da sie beispielsweise über Verschiedenheiten der räumlichen Verteilung des reflektierten Lichtes und über etwaige Änderung der Lichtfärbung bei der Reflexion keinen unmittelbaren Aufschluß geben.

Will man den *Farbverlauf* der Reflexion bestimmen, so muß man zu den in Ziff. 79 behandelten spektralphotometrischen Methoden übergehen. Die *räumliche Verteilung* der Reflexion, also z. B. auch die *Glanz*eigenschaften der reflektierenden Fläche können nur in der Weise erfaßt werden, daß man etwa nach Art der Abb. VIII.23 sowohl die Lichtquelle als auch die Photozelle in verschiedene Winkel zur Fläche einstellbar anordnet und damit eine räumliche *Indikatrix*, d. h. eine Kurve des Reflexionsverlaufes in Abhängigkeit vom Neigungswinkel des Licht-

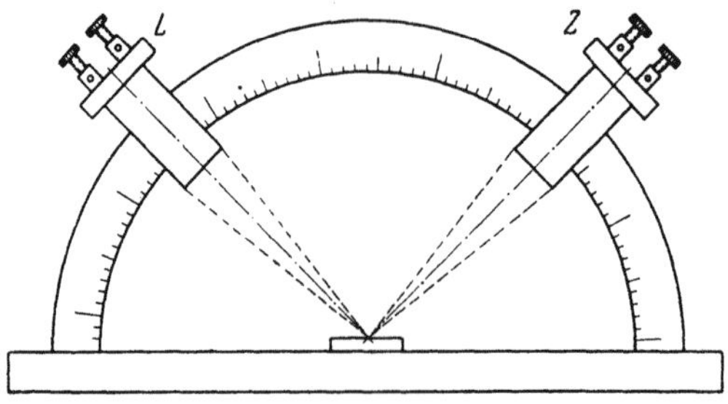

Abb. VIII.23. Anordnung zur Messung des Reflexionsvermögens unter verschiedenen Neigungswinkeln.
L Lichtquelle, *Z* Photozelle

einfalls aufnimmt. Für solche Zwecke sind verschiedene Geräteformen mit festen Schwenkeinrichtungen [*52*] oder zur gleichzeitigen Messung der diffusen und der spiegelnden Reflexion mit zwei Photozellen entwickelt worden [*30*], aber im Grundprinzip gehen alle diese Geräte auf das gleiche, in Abb. VIII.23 veranschaulichte Meßverfahren zurück.

78. Absorptions- und Trübungsmessung

a) Grundsätzliche Meßverfahren

Einen erheblichen Raum unter den photometrischen Aufgaben nehmen Messungen der Durchlässigkeit von absorbierenden oder lichtstreuenden Medien ein. Hier handelt es sich, wie im Vorhergehenden schon gesagt wurde, um die möglichst genaue Bestimmung des *Verhältnisses* von durchgelassenem zu eingestrahltem Lichtstrom, und zwar im allgemeinen bei *parallelem Durchtritt* des Lichtes durch das Medium.

Für diese Aufgabe gibt es zahlreiche verschiedene Verfahren, aber diese lassen sich mit geringen Abwandlungen alle auf zwei oder drei grundsätzliche Meßprinzipien zurückführen, die man sich, um das Wesentliche zu übersehen, am besten an einer schematischen Darstellung veranschaulicht, wie sie in Abb. VIII.24 und 25 gegeben ist. *L* bedeutet darin jeweils die Lichtquelle, P die zu messende lichtschwächende Probe, Z bzw. Z_1 und Z_2 eine oder mehrere Photozellen.

Das Teilbild a der Abb. VIII.24 zeigt dann die grundsätzlich einfachste Meßanordnung. Hier wird nämlich nur mit einem der früher behandelten Anzeigeverfahren (Kap. VII) einmal der Photostrom der Zelle Z bei direkter Belichtung, das andere Mal bei Einschaltung der absorbierenden Probe P in den Strahlengang gemessen und aus den beiden Anzeigen des Instrumentes A das Verhältnis der Lichtströme $D = \Phi/\Phi_0$ gebildet. Das Verfahren benötigt verhältnismäßig geringen apparativen Aufwand, setzt aber, um einigermaßen genaue Meßwerte zu liefern, gute Konstanz der Lichtquelle L während beider Teilmessungen und exakte Proportionalität der Photostromanzeigen in A mit den zugehörigen Lichtströmen Φ und Φ_0 voraus. Man wird also diese Methode

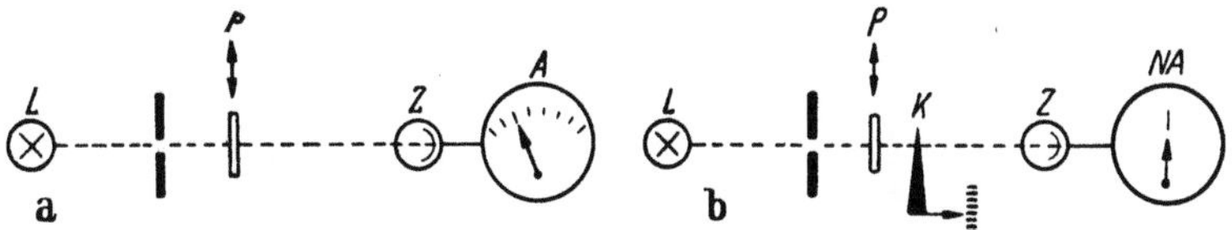

Abb. VIII.24. Schematische Anordnungen zur Messung optischer Durchlässigkeiten.
a) Ausschlagmethode, b) Methode der Kompensation

tunlichst nur mit gut konstant brennenden, aus Akkumulatoren gespeisten Lichtquellen und mit proportional arbeitenden Vakuumzellen im Sättigungsgebiet verwenden.

Von der Forderung der Proportionalität der Photostromanzeige kann man sich nach dem in Abb. VIII.24b dargestellten Schema frei machen. Hier wird der beim Einschalten der Probe P in den Strahlengang durchgelassene Lichtstrom Φ nicht mit dem ungeschwächten direkten Lichtstrom Φ_0 der Lampe verglichen, sondern nach dem Herausnehmen der Probe P wird Φ_0 durch Einschieben eines Graukeiles oder einer entsprechenden anderen einstellbaren Lichtschwächungseinrichtung K so weit geschwächt, bis das Anzeigeinstrument an der Photozelle wieder den gleichen Ausschlag liefert wie vorher, als sich P im Strahlengang befand. Wenn die Stellungen des Graukeiles bzw. der Schwächungseinrichtung vorher in zugehörigen Durchlässigkeitswerten geeicht sind, kann man hieraus unmittelbar die Durchlässigkeit der Probe P entnehmen. Da hierbei nur auf *Gleichheit von Ausschlägen* eingestellt wird, fällt etwaige Nichtproportionalität der Photozelle bei diesem Verfahren heraus. Die eigentliche Messung ist hier von der Photostromanzeige in die geeichte Lichtschwächungseinrichtung verlegt.

Will man sich für möglichst genaue Messung auch noch von etwaigen *Schwankungen der Lichtquelle* weitgehend frei machen, so kann man das in Abb. VIII.25a dargestellte Prinzip anwenden. Hier wird der von der

Lichtquelle L kommende Lichtstrom Φ_0 auf passende Weise — durch
Winkelspiegel, eine halbdurchlässige Platte oder dgl. — in zwei Teilbündel
zerlegt, die auf zwei gegeneinandergeschaltete Photozellen Z_1 und Z_2
fallen. Wie wir schon in den Anordnungen nach Abb. VIII.10, S. 521,
oder Abb. VIII.16, S. 527, gesehen haben, kann man solche Zellen auch
bei etwas voneinander abweichender Empfindlichkeit so abgleichen, daß
sich bei zunächst ungeschwächter Intensität in beiden Teilstrahlengängen ihre Stromanzeige im angeschlossenen Meßinstrument gerade zu
Null aufhebt. Bringt man dann in einen der beiden Strahlengänge die
zu messende Probe P und in den korrespondierenden Strahlengang eine
entsprechende Lichtschwächungseinrichtung wie in Abb. VIII.24 b, so

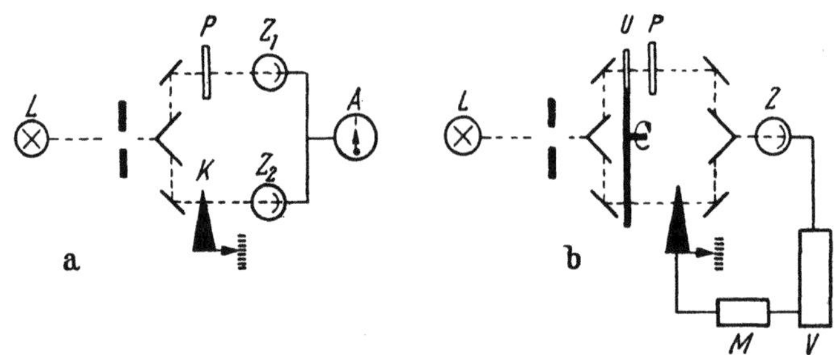

Abb. VIII.25. Schematische Anordnungen zur Messung optischer Durchlässigkeiten.
a) Zweizellen-Abgleichmethode, b) Wechsellicht-Nullmethode

kann man damit den Vergleichsstrahlengang so weit schwächen, bis das
Anzeigeinstrument wieder auf Null einspielt, also wieder Helligkeitsgleichheit in beiden Lichtwegen erreicht ist. Die Stellung der Schwächungseinrichtung K ist damit wieder ein unmittelbares Maß für die
Absorption der Probe P. Kleine Schwankungen der Helligkeit der
Lampe L werden hierbei unwirksam, da sie in beiden Teilstrahlengängen
gemeinsam auftreten, also den Abgleich zwischen P und K nicht beeinflussen.

Auch hier kann man sich von der Notwendigkeit der Benutzung
zweier Photozellen mit möglicherweise voneinander abweichenden Empfindlichkeiten noch frei machen, indem man in ganz entsprechender
Weise, wie wir es schon bei der Lampenphotometrie auf S. 522 gesehen
haben, die beiden Teilstrahlengänge mittels einer umlaufenden Unterbrecherscheibe U (Abb. VIII.25 b) *intermittierend* freigibt und wechselweise auf die gleiche Photozelle fallen läßt. In diesem Fall wird man
zur Nullanzeige zweckentsprechend einen Wechselstromverstärker V
benutzen. Die bei noch nicht abgeglichener Helligkeit beider Teilstrahlengänge entstehende Wechselamplitude kann dann bei hinreichender Verstärkung in vielen Fällen einem Regelorgan M zugeführt werden, das
selbsttätig die Lichtschwächungseinrichtung K im Vergleichsstrahlen-

gang so weit nachstellt, bis gleiche Helligkeit in beiden intermittierenden Strahlengängen erreicht ist und die Wechselamplitude in V verschwindet. Solche selbsttätigen Regelorgane werden wir in den nachfolgenden Abschnitten bei der Besprechung einzelner Gerätetypen, insbesondere für spektralphotometrische Zwecke (S. 560), näher behandeln. Sie ermöglichen eine weitgehende Automatisierung des Meßvorganges, indem jede von einer zu messenden Probe P in einem Teilstrahlengang bewirkte Lichtschwächung durch die sich selbsttätig einstellende gleich große Lichtschwächung in K unmittelbar angezeigt wird oder auch laufend aufgezeichnet werden kann.

Ehe wir die in Abb. VIII.24 und 25 im Grundschema veranschaulichten Methoden hinsichtlich ihrer praktischen Anwendung besprechen wollen wir noch kurz die Hilfsmittel betrachten, die in den letztgenannten Verfahren zum tunlichst genauen Intensitätsabgleich erforderlich sind.

b) Lichtschwächungseinrichtungen

Zur meßbaren Lichtschwächung in den vorstehend beschriebenen Prinzipanordnungen kommen, wenn man es mit parallelen Strahlenbündeln annähernd homogener Strahlungsflußdichte zu tun hat, Blendenöffnungen einstellbarer Größe, also z. B. übliche *Irisblenden*, verstellbare Spaltöffnungen, Raster oder dgl. in Betracht. Da auch bei möglichst gleichmäßiger Ausleuchtung des Blendenfeldes ein geringer Intensitätsabfall nach dem Rande hin meist unvermeidlich ist, wird man die Schwächungsfaktoren, die den verschiedenen Blendeneinstellungen entsprechen, zweckmäßig nicht aus den Flächengrößen der freien Öffnung errechnen, sondern durch Messung des jeweils durchtretenden Strahlungsflusses eichen. Bei gut konstruierten Irisblenden mit geringem totem Gang der Einstellung bleiben die ermittelten Eichwerte dann meist auf wenige Prozent oder Bruchteile davon erhalten, wenn die Homogenität der Ausleuchtung des Blendenfeldes nicht verändert wird.

Die freie Öffnung einer Irisblende oder ähnlicher Einrichtungen läßt sich im allgemeinen höchstens etwa im Verhältnis 1 : 100 einigermaßen reproduzierbar verändern, wobei natürlich die Genauigkeit der Einstellung abnimmt, wenn die Öffnung sehr klein wird. Es ist deshalb nicht vorteilhaft, bei Messungen die Blende sehr eng zu machen. Muß man stark schwächen, um auf den zu messenden Prüfling abzugleichen, so ist es günstiger, der Irisblende noch feste zusätzliche Schwächungsstufen auf $^1/_{10}$ oder $^1/_{100}$ vorzuschalten, die man z. B. mit feinmaschigen Filtern aus Drahtgaze herstellen kann. Solche Filter haben, wenn ihre Drähte stumpfschwarz sind, im allgemeinen keine Farbselektivität, sondern schwächen in weitem Bereich neutralgrau. Ihr Schwächungsbetrag hängt von dem Verhältnis der Drahtstärke zur Größe der Maschenöffnungen ab und läßt sich gegebenenfalls durch Aufeinanderlegen mehrerer solcher Gazefilter auf passende Beträge abstimmen. Ihr Schwächungsbetrag muß, da sie neben der Absorption auch eine gewisse lichtstreuende Wirkung haben, für die jeweilige Meßanordnung quantitativ bestimmt werden.

Günstig als Schwächungsmittel sind *Graukeile* aus gut plangeschliffenen neutralgrauen Gläsern, wie sie von verschiedenen optischen Firmen hergestellt werden[1]. Da hier die Lichtschwächung exponentiell mit der örtlichen Keildicke zunimmt, läßt sich aus Messungen bei zwei Keilstellungen im Strahlengang die Eichkurve des Schwächungsverlaufes für jeden Verschiebungsbetrag des Keiles rechnerisch festlegen. Die wirksame Gesamtschwächung stellt dabei in jeder Keilstellung einen Mittelwert über alle Dickenbereiche des Keiles dar, die sich gleichzeitig im Strahlengang befinden. Deswegen eignet sich ein Graukeil zu wirksam veränderlicher Lichtschwächung praktisch nur dann, wenn das Lichtbündel an der Stelle, wo die Schwächung erfolgt, auf einen *kleinen Querschnitt* zusammengezogen ist. Auch bei Verwendung von Graukeilen kann man den begrenzten Schwächungsbereich im Bedarfsfall durch Zuschalten von festen Neutralgraustufen [*86*] erweitern.

Eine stetige Lichtschwächung über einen ziemlich großen Bereich erzielt man mit *Polarisationsprismen* oder *Polarisationsfolien* (S. 486), die um genau ablesbare Winkelbeträge gegeneinander gedreht werden können. Auch hier kann man eine feste Eichkurve der Lichtschwächung in Abhängigkeit von der Winkelstellung aufnehmen. Dabei ist allerdings zu beachten, daß die Schwächungsbeträge sich ändern können, wenn das zu messende Licht bereits vor Eintritt in die Schwächungseinrichtung in unterschiedlichem Grade teilpolarisiert ist. Das kann insbesondere bei den später behandelten spektralphotometrischen Verfahren auftreten, weil das aus einem Monochromator austretende Licht meist merklich polarisiert ist.

Mit die genaueste, von grundsätzlichen Fehlern freie Methode der Lichtschwächung ist die mit einem *rotierenden Sektor*, der das Lichtbündel bei jedem Umlauf während eines bestimmten, durch die Sektorbreite gegebenen Bruchteiles der Umlaufperiode freigibt [z. B. *39*]. Da Photozellen nicht, wie das menschliche Auge, auf den *zeitlichen Mittelwert* der Helligkeit während des Umlaufes ansprechen, sondern dem durch den Sektor gegebenen momentanen Helligkeitswechsel folgen, muß bei Lichtschwächung mit einem Sektor zur Anzeige des Photostromes ein verhältnismäßig *träges* Instrument, z. B. ein Elektrometer oder Spiegelgalvanometer nicht zu kurzer Einstellzeit, verwendet werden, das seinerseits über die Momentanwerte des Photostromes während jeder Umlaufperiode des Sektors integriert. In diesem Fall entspricht die Photostromanzeige einwandfrei der mittleren, durch die Sektorbreite gegebenen

---

[1] Z. B. von Carl Zeiss, Oberkochen.

Lichtschwächung[1], allerdings gilt dies nur für hinreichend trägheitsfrei arbeitende Zellen mit äußerem Photoeffekt, während bei Photowiderständen oder Photoelementen, die selbst ausgeprägte Frequenzabhängigkeit aufweisen (S. 448), die Verwendung eines Sektors zu Fehlern führen kann und daher nicht zu empfehlen ist.

Für genaue Messungen am günstigsten sind Sektoren, deren Öffnungsbreite sich während des Laufes um ablesbare Beträge verstellen läßt[2], so daß man damit den genauen Abgleich der Strahlengänge in den vorher beschriebenen Meßanordnungen vornehmen kann. Hat man eine solche Einrichtung nicht zur Verfügung, sondern muß sich mit einem Sektor behelfen, der nur in Ruhe verstellt werden kann, so ist die genaue Abgleichstellung natürlich schwieriger zu treffen. Hier kann man jedoch durch Interpolation zwischen zwei nicht genau abgleichenden Einstellungen, die noch einen kleinen positiven bzw. negativen Ausschlag des Anzeigeinstrumentes ergeben, die richtige Sektorstellung für genaue Kompensation auf Null ermitteln. Entsprechend kann man z. B. auch mit einem *Stufensektor* nach Abb. VIII.26 verfahren, der sich auf einem Schlitten absatz

Abb. VIII. 26. Stufensektor

weise in den Strahlengang einschieben läßt und dann, je nach seiner Stellung, feste Schwächungsstufen z. B. auf 80%, 60%, 40% und 20% liefert.

c) Trübungsmeßgeräte

Mit Anordnungen der vorstehend beschriebenen Art lassen sich ohne weiteres Lichtschwächungen in absorbierenden Medien, Trübungen von Flüssigkeiten, Schwärzungen photographischer Emulsionen u. dgl. quantitativ bestimmen. Alle solche Messungen gehen im Prinzip in gleicher Weise vor sich.

Als Beispiel sei das lichtelektrische Photometer *Elko II* von Zeiss angeführt, dessen in Abb. VIII.27 wiedergegebene Anordnung weitgehend dem Meßprinzip nach Abb. VIII.25a, S.536, entspricht. Das mit der halbdurchlässigen Platte T in zwei Teilbündel zerlegte Licht der Lampe L wird hier zwei gegeneinandergeschalteten Photozellen Z_1 und Z_2 zugeführt, deren Belichtungen bei eingeschalteter Küvette P im Strahlengang von Z_2 mit Hilfe des Graukeiles G vor der Zelle Z_1 so abgeglichen werden, daß ihre Photoströme sich gerade zu Null aufheben. Wird die

---

[1] Das setzt die Gültigkeit des TALBOTschen Gesetzes für die Photozelle voraus. Diese ist verschiedentlich nachgeprüft und bestätigt worden, vgl. z. B. C. MÜLLER u. R. FRISCH [54].

[2] Solche werden in verschiedenen Bauarten, z.B. von F. Schmidt & Haensch, Berlin, und den Askaniawerken A.G., Berlin-Friedenau, hergestellt.

Küvette P dann mit einer Vergleichsküvette vertauscht und die Anzeige der Photozellen durch Verstellung der Meßblende M wieder auf Null abgeglichen, so ergibt die Ablesung der Blendenverstellung unmittelbar den Absorptionsunterschied der beiden Küvetten.

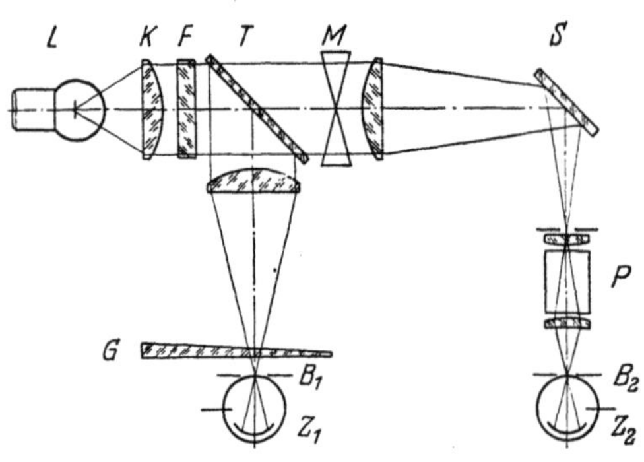

Abb. VIII. 27. Strahlengang des Elektrophotometers ELKO II von Carl Zeiss, Oberkochen. Bezeichnungen s. Text

Dies Meßprinzip ist, wie früher dargelegt, sowohl von etwaigen Helligkeitsschwankungen der Lichtquelle wie auch von der Charakteristik der verwendeten Photozellen weitgehend unabhängig, da die Zellen nur zur Nullanzeige dienen und der eigentliche Meßvorgang hier in die abgleichende Blende M verlegt ist. Auf dem Wege dieses Kompensationsverfahrens wird mit dem beschriebenen Gerät eine Meßgenauigkeit auf ca. $\pm 0,3\%$ erreicht. Mit Hilfe von Farbfiltern F kann man für kolorimetrische Zwecke (s. Ziff. 79, S. 565) die Messungen im Licht gewünschter Spektralbereiche vornehmen.

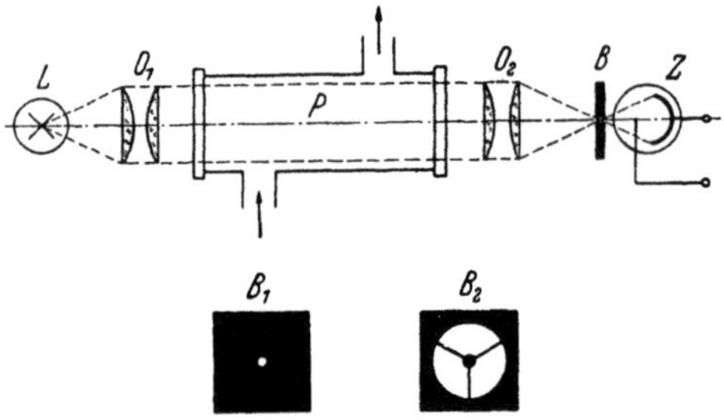

Bei *Trübungs*messungen, bei denen es sich nicht nur um Lichtverlust durch Absorption, sondern zugleich um *Richtungsänderung* des Lichtes durch Streuung handelt, ist eine möglichst exakte Parallelführung des eintretenden Lichtes erforderlich, um definierte Meßwerte zu erhalten. Als Maß der Trübung der Probe, die in das parallele Lichtbündel eingeführt wird, kann dann entweder die Schwächung des parallel durchtretenden oder die Intensität des seitlich abgebeugten Lichtes dienen (TYNDALL-Streuung). Am sichersten wird man zu einwandfreien Meßergebnissen kommen, wenn man *beide* Meßgrößen erfaßt und miteinander vergleicht, wie das z. B. in einem Trübungsmesser nach GEFFCKEN und RICHTER [23] geschieht (Abb. VIII.28). Hier wird das die Probe P durchsetzende Licht durch einen Kondensor O_2 in einem Brennpunkt vereinigt, in dem eine Blende B_1 oder B_2 angeordnet wird, die wahlweise

Abb. VIII.28. Trübungsmesser nach GEFFCKEN u. RICHTER [23]. L Lichtquelle, P Meßküvette, O_1, O_2 Kondensoren, B Meßblende der darunter dargestellten Form B_1 oder B_2, Z Photozelle

entweder das parallel durch die Probe durchtretende oder nur das seitlich abgebeugte Licht zur Photozelle Z gelangen läßt. Aus Messungen mit beiden Blenden erhält man dann quantitative Werte sowohl für die Absorption wie für den Grad der Lichtstreuung in der zu untersuchenden Probe.

Bei Trübungsmessungen an Flüssigkeiten, z. B. für chemische, medizinische oder gewerbliche Zwecke, genügt es häufig, nur die durch *Streuung* verursachte Schwächung eines durchsetzenden Parallellichtbündels längs einer definierten Meßstrecke zu bestimmen. Das hat den Vorteil, daß man hieraus ein Maß der Trübung unabhängig von etwaiger Färbung oder sonstiger Absorption der Flüssigkeit gewinnt [72]. Auf diesem Prinzip beruht z.B. der einfach aufgebaute *Trübungsmesser* nach

LANGE, dessen Wirkungsweise in Abb. VIII.29 veranschaulicht wird. Das Licht einer Lampe L wird hier durch eine Linse O parallel gerichtet und fällt nach Reflexion an zwei Umlenkspiegeln S_1 und S_2 auf ein Photoelement Z. Eine Küvette K mit der zu prüfenden Flüssigkeit kann durch Verschiebung längs einer Schiene einmal in die Stellung *1* direkt vor der Zelle, das andere Mal in die Stellung *2* vor der Kollimator-

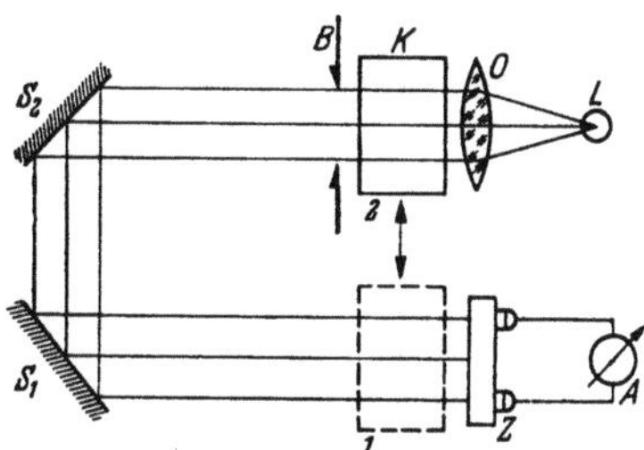

Abb. VIII.29. Strahlengangschema eines Trübungsmessers nach LANGE. Bezeichnungen s. Text

linse gebracht werden. Bei einer völlig *klaren* Flüssigkeit ist die Lichtabsorption in beiden Stellungen die gleiche, man mißt also beim Verschieben der Küvette keinen Unterschied der Photoströme. Bei trüben Lösungen dagegen wird ein Teil des Lichtes aus dem Parallelstrahl seitlich abgebeugt; dieser Teil gelangt in Stellung *1* noch auf die Zelle Z, während er in Stellung *2* von passenden seitlichen Blenden B abgefangen wird. Der Unterschied der Photoströme in beiden Stellungen ist dann ein unmittelbares Maß für den Grad der Trübung.

Die Messung erfolgt hier in der Weise, daß man bei der Küvettenstellung *1* mit einem Vorwiderstand den Photostrom jeweils auf Vollausschlag des Anzeigeinstrumentes A einregelt. Aus der Verringerung des Ausschlages bei Verschiebung der Küvette in Stellung *2* kann dann der Trübungsgrad direkt abgelesen werden.

Bei Absorptions- und Trübungsmessungen dieser Art im technischen Betrieb, bei laufender Überwachung von Lösungen oder Gasen, bei Rauchkontrollen usw. handelt es sich zuweilen nur darum, einen bestimmten *Schwellenwert* der Trübung oder der Absorption festzustellen und zur Anzeige zu bringen. Auch in diesen Fällen kann man ähnliche Anordnungen wie oben mit einem parallelen Strahlengang durch die zu prüfende Probe benutzen (Abb. VIII. 30), kann dann aber an die Photozelle statt eines Anzeigeinstrumentes z. B. eine Schaltröhre (s. Kap. XII. S. 712) anschließen, die bei einer vorgegebenen Mindestbelichtung der

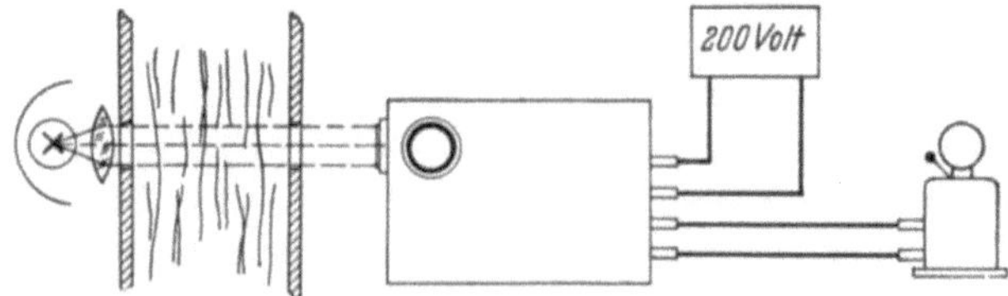

Abb. VIII.30. Schematische Anordnung eines Rauchanzeigers

Zelle eine beliebige Signaleinrichtung oder dgl. über einen Relaiskontakt betätigt. Selbsttätige Trübungs- oder Rauchmelder dieser Art sind in verschiedenen Bauformen für technische Zwecke entwickelt worden.

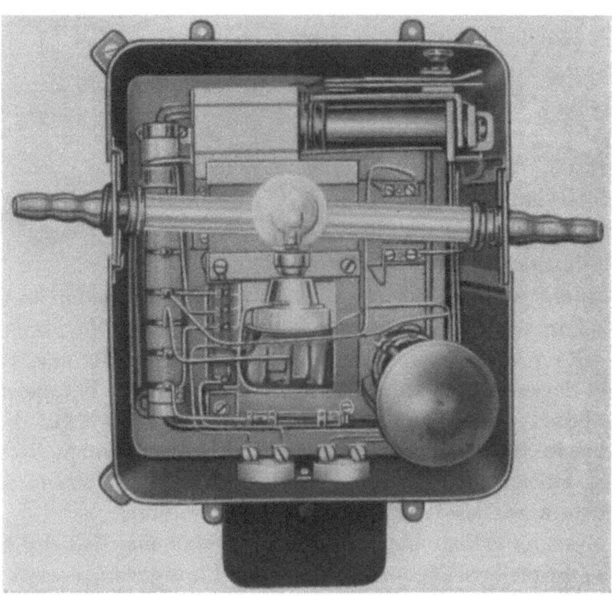

Abb. VIII.31. Trübungsmesser der AEG zur Kontrolle der Trübung oder Verfärbung von Flüssigkeiten und Gasen

Abb. VIII.31 zeigt als Beispiel die äußere Ansicht eines solchen Trübungsmessers für Gase und Flüssigkeiten.

d) Schwärzungsphotometer

Ein weiteres wichtiges Anwendungsgebiet der Absorptionsmessung ist die Bestimmung *photographischer Schwärzungen*. Hier handelt es sich, ganz entsprechend wie bei Lichtfiltern, um die Ermittlung der örtlichen Lichtabsorption $A = 1 - D$, wobei die Durchlässigkeit D im Falle der photographischen Emulsion mit der *Schwärzung S* durch die Beziehung $S = \log(1/D) = -\log D$ gekoppelt ist.

Hier kann die zu messende photographische Schicht natürlich nicht einem parallelen Strahlenbündel größeren Querschnittes ausgesetzt werden, das Licht muß vielmehr zu einem möglichst engen Bündel zusammengezogen werden, das man nacheinander durch die verschieden geschwärzten Stellen der Emulsion hindurchtreten läßt.

Abb. VIII.32. Schwärzungsphotometer mit Photoelement nach LANGE

Je nach Art des zu messenden photographischen Prüflings wird man durch geeignete feste oder einstellbare Blenden die Form und Abmessung des Lichtbündelquerschnittes passend wählen. Zur Vermessung der örtlichen Schwärzungen einer Emulsion ist außerdem eine Vorrichtung zur meßbaren Verschiebung der Platte erforderlich, mit der sich nacheinander jede Stelle der Emulsion in den Strahlengang bringen läßt.

Eine verhältnismäßig einfache Anordnung dieser Art stellt das *Densometer* nach LANGE[1] dar (Abb. VIII.32). Hier wird mit der links in der Abbildung sichtbaren Niedervoltlampe über einen dreilinsigen Kondensor ein verstellbarer Lichtspalt ausgeleuchtet, der mittels einer Mikroskopoptik im Verhältnis 1 : 10 verkleinert in der Ebene der photographischen Platte abgebildet wird. Die Platte kann auf einem Plattentisch mit einer Schraubenspindel quer zur Strahlrichtung vorbeibewegt werden; der Betrag der Verschiebung ist an der vorn in der Abbildung

---

[1] Hergestellt von der Firma F. Schmidt & Haensch, Berlin.

sichtbaren Einstelltrommel auf 0,001 mm ablesbar. Die Spaltbreite läßt sich von 0,1 bis 20 mm verändern, entspricht also in der verkleinerten Abbildung auf der Platte eingegrenzten Bezirken von 0,01 bis 2 mm Breite. Die Spalthöhe ist bis zu 25 mm verstellbar.

Das durch den eingestellten engen Bezirk der Emulsion durchtretende Lichtbündel fällt auf ein Photoelement (Abb. VIII.33), das an einem Haltearm hinter dem Plattenschlitten angebracht ist. Aus dem Photostrom i im Verhältnis zum Photostrom i_0, den die Zelle beim Durchtritt des Lichtbündels durch eine glasklare ungeschwärzte Stelle der Platte liefert, erhält man den jeweiligen örtlichen Schwärzungsbetrag $S = \log\left(\dfrac{i_0}{i}\right)$. Die erreichbare Genauigkeit der Messung hängt davon ab, wieweit die Photoströme den Lichtintensitäten proportional sind (s. S. 380).

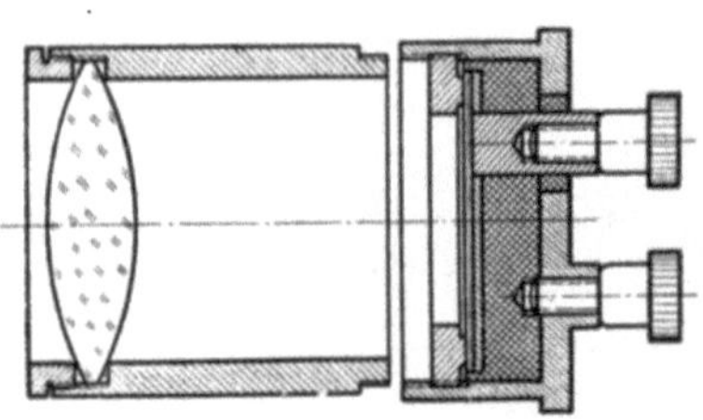

Abb. VIII.33. Photoelement mit Linse (nach B. Lange)

Neben der photometrischen Verwendung kann das Instrument auch als Meßtisch zum Ausmessen von Linienabständen auf Spektrogrammen dienen, wenn man an die Stelle der Photozelle ein Okular setzt und vor dem Spalt eine Opalglasplatte mit einer Strichmarke anbringt.

In ähnlicher Weise wie das vorstehend beschriebene Gerät arbeitet auch das früher von Zeiss hergestellte *Spektrallinienphotometer*, lediglich mit dem Unterschied, daß hier nicht der Lichtspalt verkleinert auf der photographischen Platte, sondern umgekehrt die zu vermessende photographische Platte vergrößert auf einem einstellbaren Spalt abgebildet wird, der sich in diesem Fall unmittelbar vor der Photozelle befindet.

Die mit Schwärzungsphotometern der beschriebenen Art erreichbare Genauigkeit, die, wie gesagt, von der Proportionalität der Photostromanzeige abhängt, wird für die meisten Messungen an Spektrogrammen u. dgl. ausreichen. Dort, wo eine erhöhte Genauigkeit erforderlich ist, z. B. bei photographischer Sternphotometrie oder ähnlichen Aufgaben, wird man von Meßanordnungen mit direkter Photostrommessung (Teilbild a der Abb. VIII.24) lieber zu einem *Kompensationsverfahren* nach Abb. VIII.24 b oder 25 übergehen.

Ein solches Schwärzungsphotometer nach dem Kompensationsprinzip stellt das *Mikrophotometer* nach Rosenberg [66] dar (Abb. VIII.34). Hier sind in ähnlicher Weise, wie wir es schon in Abb. VIII.10, S. 521, gesehen haben, zwei Photozellen Z_1 und Z_2 so gegeneinandergeschaltet und mit einem Fadenelektrometer El verbunden, daß bei Helligkeitsgleichheit oder bei einem bestimmten Intensitätsverhältnis auf beiden Zellen der Elektrometerausschlag gerade Null wird. Beide Zellen erhalten ihre Belichtung von der gemeinsamen Lichtquelle L, die eine (Z_2) auf direktem Wege über ein Objektiv O_5 und durch eine Irisblende J, die andere (Z_1) durch eine Blende Bl, durch die zu messende photographische Schicht Pl, die zugehörigen Abbildungsobjektive O_1 bis O_4 und einen Meßkeil K. Form und Größe der Blende Bl wählt man je nach der vorliegenden Meßaufgabe; sie wird durch das Mikroskopobjektiv O_2 stark verkleinert in der Schichtebene der Platte Pl scharf abgebildet. Das von der durchstrahlten Stelle weiterlaufende Licht-

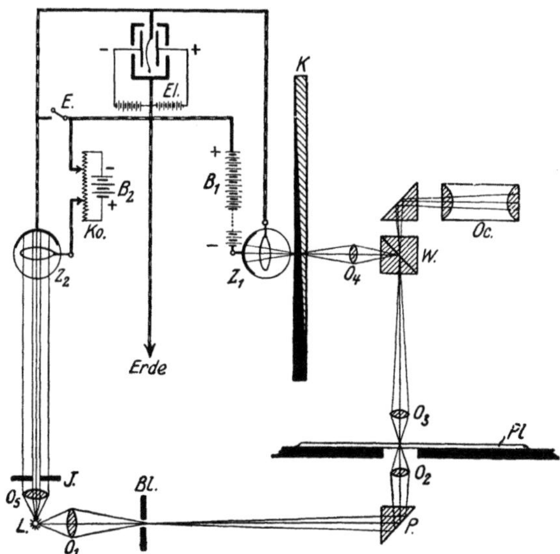

Abb. VIII.34. Strahlengang und Schaltschema des Mikrophotometers nach ROSENBERG

bündel, dessen Helligkeit mit der örtlichen Plattenschwärzung variiert, durchsetzt wiederum in enger Zusammenschnürung den Graukeil K und gelangt dahinter in die Zelle Z_1. Durch passende Einstellung der Irisblende J kann man die Anordnung jeweils so einregeln, daß bei Durchstrahlung einer Plattenstelle *mittlerer* Schwärzung und einer *mittleren* Stellung des Graukeiles K das Fadenelektrometer den Ausschlag Null zeigt. Wird jetzt die Platte Pl so verschoben, daß eine Stelle anderer Schwärzung in den Strahlengang gelangt, so muß der Meßkeil K um einen bestimmten Betrag verschoben werden, um den Elektrometerausschlag wieder auf Null zu bringen. Die Verschiebung des Meßkeiles, die an einer Feinstellschraube abgelesen wird, ist dann ein exaktes Maß für den Schwärzungs*unterschied* zwischen den einzelnen Stellen der Platte Pl.

Auf diesem Wege der Differenzmessung läßt sich wie bei dem auf S. 539 beschriebenen Photometer eine verhältnismäßig hohe Meßgenauigkeit erzielen. Der in dem beschriebenen Gerät verwendete Graukeil ändert pro Millimeter Längsverschiebung die Intensität des durchgelassenen Lichtes um 5%; eine noch ablesbare Verschiebung um 0,1 mm gestattet demnach Messung von Schwärzungsdifferenzen auf ca. $\pm 0,002$, was Intensitätsunterschieden des durchgelassenen Lichtes auf ca. $\pm 0,5\%$ entspricht. Um diese erreichbare Meßgenauigkeit ausnutzen zu können, müssen Lampenhelligkeit, Zellenempfindlichkeit und Elektrometer-

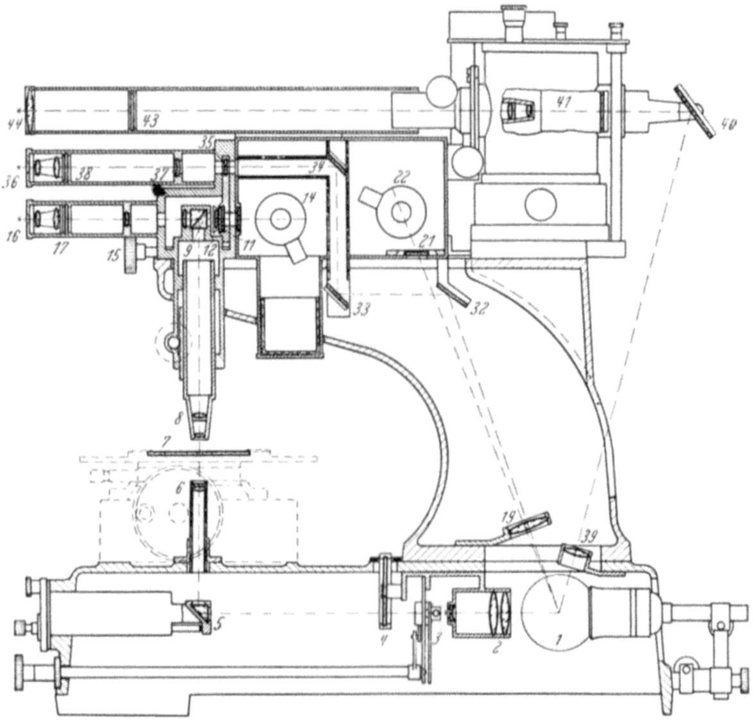

Abb. VIII.35. Lichtelektrisches Mikrophotometer nach ROSENBERG

empfindlichkeit so aufeinander abgestimmt werden, daß einer Keilverschiebung um 1 mm ein Elektrometerausschlag von mindestens etwa 10 Skt entspricht [33]. Die Charakteristik der verwendeten Zellen geht bei dieser Anordnung in die Messung nicht ein, da durch Nullkompensation des Elektrometers mit dem Graukeil stets wieder auf gleiche Zellenbelichtung eingestellt wird.

Zur Erleichterung der Bedienung besitzt das Instrument eine Einrichtung, die es gestattet, die jeweils gewünschte Stelle der Platte Pl genau in den Meßpunkt des Strahlenbündels einzustellen und auch während der Messung okular zu beobachten. Dazu ist zwischen den Objektiven O_3 und O_4 ein Photometerwürfel W eingeschaltet, an dessen

Spiegelfläche der überwiegende Teil des Lichtbündels zum Meßkeil und der Photozelle Z_1 umgelenkt wird. Ein kleiner Teil des Lichtes (ca. 0,5%) tritt hier geradlinig durch W aus und zeigt im Okular Oc ein Bild des eingestellten Meßpunktes der Platte Pl.

Den konstruktiven Aufbau des Gerätes zeigt Abb. VIII.35. Darin ist *1* die Lichtquelle, *2* der Kondensor, *3* die Blende Bl, *4* ein Hilfskeil, *5* das Prisma P, *6* das Objektiv O_2, *7* die photographische Platte, *8* das Mikroskopobjektiv O_3, *9* der Würfel W, *11* der Meßkeil, *14* die Zelle Z_1. Ein Strichkreuz *17* und das Okular *16* dienen zur Beobachtung. Der Strahlengang *19, 21, 22* führt zur Kompensationszelle Z_2. Das Strahlenbündel *19, 32, 33, 34* beleuchtet die Ableseskala *35* des Meßkeils, die von *36* her beobachtet wird. Der vierte Lichtweg *39, 40* führt zum Elektrometerfaden *41*, der von *44* aus zu beobachten ist.

Schwärzungsphotometer hoher Meßgenauigkeit können natürlich anstatt mit zwei Zellen in Kompensationsschaltung wie bei dem ROSENBERGschen Instrument auch nach dem Prinzip der Abb. VIII.25b mit intermittierender Belichtung *einer* Zelle arbeiten. Anordnungen solcher Art sind insbesondere in der Sternphotometrie gebräuchlich und in verschiedenen Bauformen beschrieben worden [6] [9a].

e) Registrierende Schwärzungsphotometer

Bei den vorstehend beschriebenen Geräten müssen die einzelnen Stellen der zu photometrierenden Platte jeweils von Hand nacheinander in den Strahlengang gebracht und die zugehörigen Meßwerte vom Beobachter einzeln abgelesen werden. Bei Vermessung größerer Plattenfelder ist dies Verfahren oft mühsam und zeitraubend, so daß man hier in steigendem Maße zu apparativen Einrichtungen übergegangen ist, bei denen die zu messende Platte selbsttätig an dem Meßstrahlengang vorbeigeführt wird, wobei die den örtlichen Schwärzungen entsprechenden Meßwerte fortlaufend aufgezeichnet werden.

Solche registrierenden Schwärzungsphotometer sind im Meßprinzip gleichartig aufgebaut wie die in Abschn. d) behandelten Geräte, besitzen aber zusätzlich Einrichtungen zum mechanischen Plattentransport und zur Aufzeichnung der Meßwerte.

Seit Jahren bewährt haben sich die Registrierphotometer nach KOCH [37] und GOOS [24], die nach der *Zweizellen-Kompensationsmethode* (Abb. VIII.25a, S. 536) arbeiten und den der reziproken Plattenschwärzung entsprechenden Ausschlag eines Fadenelektrometers fortlaufend photographisch aufzeichnen (Abb. VIII.36). Die gleichmäßige Transportbewegung der zu messenden photographischen Platte und der Registrierplatte, auf der die jeweiligen Stellungen des Elektrometerfadens als kontinuierlicher Kurvenzug aufgezeichnet werden, erfolgt hier selbsttätig durch einen Motor. Das Übersetzungsverhältnis zwischen den

Transportgeschwindigkeiten beider Platten kann in mehreren Stufen nach Bedarf eingestellt werden.

Einfacher im Aufbau sind in mancher Hinsicht die heute meistgebrauchten Registrierphotometer, die mit nur *einer* Photozelle nach der Methode des *stationären Elektrometerausschlages* (vgl. S. 386) arbeiten. Hier ist die Genauigkeit der Anzeige natürlich von der Konstanz der Lichtquelle abhängig. Da die registrierende Messung auch ausgedehnterer Plattenbereiche aber verhältnismäßig kurze Zeit in Anspruch nimmt, kann man die notwendige Konstanz während der Meßzeit bei Verwendung

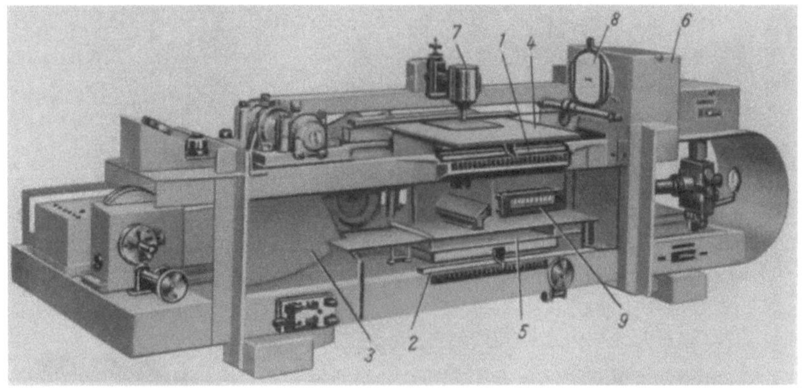

Abb. VIII.36. Registrierendes Mikrophotometer nach KOCH-GOOS.

1, 2 Gleitschienen; *3* Antriebssegment für Stahlbandtransport; *4, 5* Transportschlitten für die zu messende und die Registrierplatte; *6* Photozellengehäuse; *7* Projektionsmikroskop; *8* Bildschirm mit Registrierspalt; *9* Mattglasskala zur Beobachtung des Elektrometerfadens

von Niedervoltlampen, die aus hinreichend kräftigen Akkumulatoren gespeist werden, meist ohne weiteres erreichen [*26*].

Ein nach diesem Prinzip gebautes Instrument ist das früher von Zeiss hergestellte *registrierende Mikrophotometer* (Abb. VIII. 37). Hier ist die zu photometrierende Platte justierbar auf dem Tisch eines Schlittens S_1 gelagert, der mit dem Motorantrieb A über eine Transportspindel T_s und eine Hebelübertragung L, K_1 längs einer zylindrischen Führung Z_1 an dem von unten kommenden Lichtbündel der Beleuchtungslampe vorbeibewegt wird. Durch verkleinerte Scharfabbildung eines Präzisionsspaltes in der Plattenebene wird das Lichtbündel hier zu einer schmalen Lichtlinie zusammengezogen. Das Bild der von unten durchleuchteten Stelle der Platte kann im Tubus T beobachtet werden, während der überwiegende Teil des durchtretenden Lichtes in den eigentlichen Registrierspalt und durch diesen in die darüber angeordnete Photozelle gelangt. Um den vor der Zelle befindlichen Spalt genau einstellen zu können (minimale Breite 0,001 mm), wird er dreifach vergrößert auf einer Mattscheibe im

Tubus E abgebildet. Seine Abmessungen in Höhe und Breite können an feingeteilten Meßschrauben abgelesen werden.

Die Photozelle ist über einen auswechselbaren Hochohmwiderstand von 10^8 bis $10^9\,\Omega$ mit einem Fadenelektrometer verbunden, das in der Abbildung in der Mitte der Grundplatte des Instrumentes erkennbar ist. Der Elektrometerfaden wird schräg von vorn beiderseits intensiv beleuchtet und kann auf einer Mattscheibe M als heller Lichtpunkt im Dunkelfeld beobachtet werden. Gleichzeitig wird der Lichtpunkt auf einer photographischen Registrierplatte scharf abgebildet, die senkrecht zur Ausschlagrichtung langsam vorbeibewegt wird. Diese seitliche Trans-

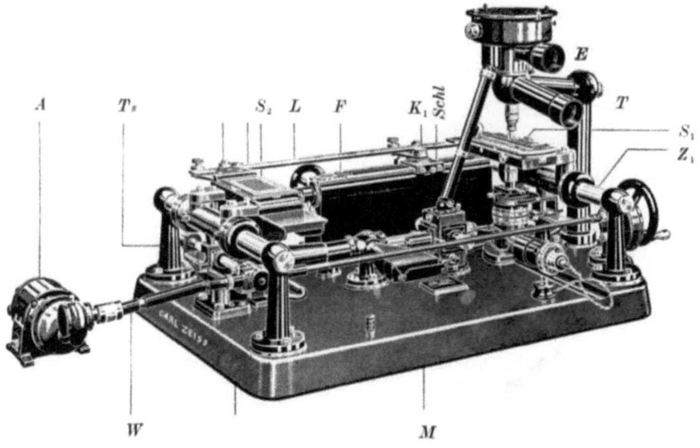

Abb. VIII.37. Registrierendes Einzellen-Mikrophotometer von Carl Zeiss.

portbewegung erfolgt auf einem Schlitten S_2 durch die Spindel T_s, die mit dem erwähnten Hebel L über den Drehpunkt K_1 zugleich die Bewegung von S_1 steuert. Das Geschwindigkeitsverhältnis der Transportbewegungen von S_1 und S_2 läßt sich durch Verstellung des Hebeldrehpunktes K_1 mit dem Schlitten $Schl$ längs einer Führung F in weiten Grenzen (1 : 500) nach Wunsch verändern. Die Registrierplatte auf dem Schlitten S_2 kann dabei jedesmal eine Gesamtstrecke von 16 cm zurücklegen. Der Schwärzungsverlauf desjenigen Bereiches der Platte auf S_1, der diesem Registrierbereich bei dem eingestellten Übersetzungsverhältnis entspricht, wird in Form der zugehörigen Elektrometerausschläge als Kurvenzug auf der Registrierplatte aufgezeichnet. Die Dunkelfeldbeleuchtung des Elektrometerfadens erlaubt es dabei, mehrere Schwärzungskurven nacheinander auf der gleichen Registrierplatte aufzunehmen.

Schwärzungsphotometer der vorstehend beschriebenen Art finden bei Untersuchungen an photographischen Emulsionen, an Röntgenfilmen,

Debye-Scherrer-Aufnahmen, bei photographischer Dosimetrie und zahlreichen ähnlichen Aufgaben vielseitige Anwendung. Ihre Bedeutung bei der Vermessung von Spektralaufnahmen ist in letzter Zeit etwas zurückgegangen, seit es mit den im nächsten Abschnitt behandelten spektralphotometrischen Methoden möglich geworden ist, Energieverteilungen in Spektren auf direktem lichtelektrischem Wege, also ohne Umweg über die photographische Platte, mit hoher Genauigkeit zu messen [16] [5a].

79. Spektralphotometrie

Spektralphotometer dienen zur Messung der spektralen Intensitätsverteilung von Lichtquellen und zur Aufnahme von Emissions- und Absorptionsspektren, insbesondere auch im ultravioletten und im nahen ultraroten Gebiet, in dem das Auge nicht mehr anspricht. Sie bestehen demgemäß aus einem Monochromator zur Lichtzerlegung und einer Meßeinrichtung (Photozelle mit Anzeigeinstrument), mit der die Strahlung der einzelnen Wellenlängenbereiche in absolutem oder relativem Maß bestimmt werden kann.

Zur Lichtzerlegung verwendet man eine der in Ziff. 72 beschriebenen Monochromatoranordnungen. Soll die durchtretende zerlegte Strahlung in *absolutem* Maß gemessen werden, so müssen Länge und Breite des Eintrittsspaltes bekannt sein und die prozentualen Lichtverluste im Spektralapparat in Abhängigkeit von der Wellenlänge sowie der Einfluß des Dispersionsverlaufes $f'(\lambda)$ nach S. 485 bestimmt und in Rechnung gesetzt werden. Man kann jedoch, wie weiter unten gezeigt wird (S. 563), die unterschiedliche Dispersion in den verschiedenen Spektralbereichen auch durch entsprechende selbsttätige Veränderung der Spaltbreiten des Monochromators ausgleichen.

a) Zellen für spektralphotometrische Zwecke

Die aus dem Monochromator austretende Strahlung eines schmalen Wellenlängenbereiches ist in den meisten Fällen von geringer Intensität. Deswegen kommen zur lichtelektrischen Messung hier nur empfindliche Anzeigemethoden mit Elektrometer, Wechselstromverstärkung oder Zellen mit Sekundärelektronen-Vervielfachung (Kap. VI) in Betracht. Für quantitative Messungen muß natürlich die spektrale Empfindlichkeitsverteilung der verwendeten Zelle nach Kap. VII (Ziff. 74 d) ermittelt werden.

Je nach dem Spektralgebiet, in dem gemessen werden soll, wird man eine Zelle mit passender, tunlichst breiter Empfindlichkeitsverteilung wählen. Um ein ausgedehnteres Spektrum durchzumessen, müssen gegebenenfalls nacheinander zwei oder mehrere Zellen mit aneinandergrenzenden Empfindlichkeitsbereichen benutzt werden. Stark selektive

Zellen sind nur für Arbeiten in bestimmten, engeren Spektralbereichen geeignet. Sonst sind im allgemeinen Zellen mit *normaler* Empfindlichkeitsverteilung vorzuziehen, da ihr Empfindlichkeitsanstieg von langen nach kurzen Wellen den in gleicher Richtung verlaufenden Intensitätsabfall der meisten Lichtquellen in gewissem Umfang ausgleicht.

Bei Zellen mit breiterer, tunlichst normaler Empfindlichkeitsverteilung besteht auch weniger Gefahr einer Verfälschung der Meßergebnisse durch Streulicht „falscher" Wellenlängen als bei ausgeprägter Selektivität der Empfindlichkeitskurve. Denn wenn man mit einer stark selektiven Zelle z. B. Strahlung eines Wellenlängenbereiches mißt, in dem die Zellenempfindlichkeit verhältnismäßig gering ist, so würde gleichzeitig vorhandenes schwaches Streulicht der Wellenlänge des selektiven Empfindlichkeitsmaximums unter Umständen einen Zusatzstrom erzeugen, der den von der eigentlichen zu messenden Strahlung hervorgerufenen Strom sogar übersteigen kann. Deswegen muß bei Verwendung von Zellen, die in den verschiedenen Spektralbereichen stark unterschiedliche Empfindlichkeit besitzen, in besonderem Maß auf Fernhaltung von Fremdlicht „falscher" Wellenlängen geachtet werden. Bei größeren Ansprüchen an die Meßgenauigkeit ist also in solchen Fällen eine *doppelte spektrale Zerlegung* (S. 483) unbedingt geboten.

Bei Verwendung einer *normal* empfindlichen Zelle kommt eine Störung durch falsches (kurzwelliges) Licht nur im langwelligen Teil des Spektrums in Betracht. Da jedoch in diesem Gebiet die Strahlungsintensität meist verhältnismäßig hoch ist, fällt der Einfluß gestreuten Fremdlichtes hier weniger ins Gewicht. Man muß in diesem Fall lediglich dafür sorgen, daß die Empfindlichkeitskurve möglichst weit nach dem langwelligen Gebiet verschoben ist und nach kurzen Wellen hin nur langsam ansteigt. Das läßt sich z. B. mit einer Kathode aus Silber erreichen, auf der sich Platinmohr, überzogen mit einer monoatomaren Cäsiumschicht, befindet (vgl. S. 62). Eine solche Photokathode hat etwa den in Abb. VIII. 38 dargestellten Empfindlichkeitsverlauf.

Kathoden dieser Art mit Platinmohrbedeckung als Unterlage für die monoatomare Schicht haben auch den Vorteil einer ziemlich *gleichmäßigen Empfindlichkeit* auf der ganzen Kathodenfläche. Das ist bei spektralphotometrischen Arbeiten oft wichtig, weil die Zellenbelichtung hier in bestimmter, durch den Monochromator gegebener Strahlrichtung erfolgt. Jede Änderung dieser Strahlrichtung würde sich bei Kathoden mit merklich wechselnder örtlicher Empfindlichkeit auf die Meßergebnisse auswirken. Hierauf werden wir im nachfolgenden Abschnitt bei der Besprechung des Einflusses von Meßküvetten u. dgl. im Strahlengang noch eingehen.

Für Photokathoden von Sekundärelektronen-Vervielfachern, die für spektralphotometrische Zwecke in steigendem Maße Verwendung finden, gelten die gleichen Gesichtspunkte, wie sie vorstehend für einfache Photozellen dargelegt sind.

Da es sich bei spektral zerlegtem Licht, wie erwähnt, stets um schwache Strahlungsenergien handelt, die empfindliche Meßanordnungen erfordern, werden auch an die Güte der *Isolation* zwischen Kathode und Anode bei spektralphotometrischen Arbeiten hohe Anforderungen gestellt. Gut bewähren sich deshalb auch hier Zellen der in Ziff. 74e beschriebenen Art mit Quarzisolation (Abb. VII.104, S. 504). Man kann solche Zellen auch kugelförmig ausbilden und innen mit einer Versilberung versehen, die in diesem Fall als Anode dient und eine entsprechende Zuführung

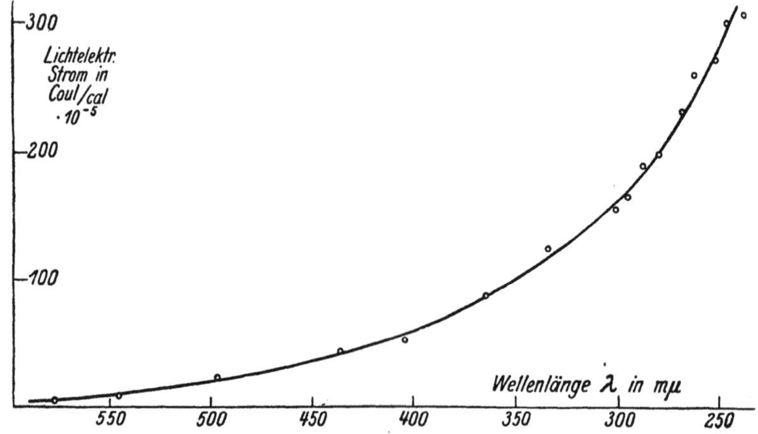

Abb. VIII.38. Spektraler Empfindlichkeitsverlauf einer Silberkathode, mit Platinmohr bedeckt, auf dem sich eine monoatomare Cäsiumschicht befindet (nach [83])

durch einen eingeschmolzenen Wolframdraht erhält. Diese, die ganze Zelle umfassende Innenversilberung, die auf konstantem Potential gehalten wird, stellt dann zugleich einen wirksamen elektrostatischen Schutz dar, so daß nur noch die Kathodenzuführung geeignet abgeschirmt zu werden braucht. Zellen solcher Form sind daher praktisch frei von elektrostatischen Störungen [81—84] und können auch ohne Bedenken zum Photometrieren polarisierten Lichtes benutzt werden, was gerade bei spektraler Zerlegung wesentlich ist (vgl. S. 538).

b) Meßverfahren

Nach dem oben Dargelegten kann man ein Spektralphotometer in einfacher Form aus Lichtquelle, Monochromator und Photozelle etwa in gleicher Weise aufbauen wie bei der in Abb. VII.102, S. 499, dargestellten Anordnung, im vorliegenden Fall unter Weglassung der dort eingefügten Thermosäule. Die aus dem Monochromator austretende Strahlung läßt man, gegebenenfalls unter Zwischenschaltung einer Linse oder einer Spiegeloptik (Abb. VII. 103), in die Photozelle fallen und mißt den Photostrom nach einer der in Kap. VII angegebenen Methoden.

Handelt es sich um die Messung der spektralen *Strahlungsverteilung von Lichtquellen*, so muß die spektrale Empfindlichkeitskurve der verwendeten Zelle nach Kap. VII, F, bekannt sein; außerdem müssen, wie erwähnt, die Durchlässigkeits- und Dispersionseigenschaften des Monochromators (vgl. S. 484 bis 486) sorgfältig berücksichtigt werden. Von den letztgenannten Korrektionen wird man frei, wenn man die zu messende Energieverteilung relativ zu einer *bekannten Strahlungsverteilung*, z. B. der eines schwarzen Körpers bekannter Temperatur oder einer geeichten Normallampe bekannter Farbtemperatur, bestimmt. In diesem Fall sind nur *relative* Intensitätsmessungen bei den verschiedenen Wellenlängen erforderlich. Allerdings muß hierbei darauf geachtet werden, daß der Monochromator von beiden zu vergleichenden Lichtquellen in möglichst genau gleicher Weise ausgeleuchtet wird (S. 483).

Zu relativen Vergleichsmessungen der genannten Art kann man mit Vorteil eine ähnliche Anordnung verwenden wie bei dem in Abb. VIII. 11 dargestellten Lampenphotometer. Man läßt mit Hilfe einer rotierenden Spiegelscheibe das Licht der beiden zu vergleichenden Strahlungsquellen abwechselnd in den Monochromator fallen und mißt dann mit einem Verstärker die entsprechende Wechselamplitude der Photozelle. Durch meßbare Schwächung einer der beiden Lichtquellen (S. 537 ff.) kann man dann für jede im Monochromator eingestellte Wellenlänge auf das Minimum der Verstärkeramplitude, d. h. auf Helligkeitsgleichheit beider Lichtquellen abgleichen und hieraus längs des ganzen Spektrums deren Intensitätsverhältnis ermitteln.

Wenn die spektrale Empfindlichkeitskurve der Meßanordnung bekannt ist, kann sie mit hinreichender Photostromverstärkung auch zur Aufnahme *schwacher* Emissionsspektren dienen, was in manchen Fällen gegenüber dem photographischen Verfahren wesentliche Vorteile hat (vgl. auch S. 571). So verwenden z. B. LUTHER und BERGMANN [48] einen Sekundärelektronen-Vervielfacher mit anschließender hoher Wechselstromverstärkung des Photostromes, um *Ramanspektren* registrierend aufzuzeichnen. Die Photozelle (SEV) mit einem passend geformten Spalt wird hier mittels einer Schlittenführung langsam an dem von einem Spektrographen entworfenen Spektrum vorübergeführt (Abb. VIII. 39). Dabei liefert sie einen der jeweiligen örtlichen Intensität des Spektrums proportionalen Photostrom, der, mit einer vorgegebenen Wechselfrequenz moduliert, einem Resonanzverstärker (s. S. 444) zugeleitet wird. Die Größe der Ausgangsamplitude dient nach erfolgter Gleichrichtung als Maß der Zellenbelichtung und wird mit einem Tintenschreiber aufgezeichnet, dessen Papiervorschub synchron mit der Spaltbewegung des Apparates erfolgt. Auf diese Weise erhält man eine fortlaufende Registrierkurve des zu untersuchenden Spektrums, die man nach Eichung des Geräts mit einem bekannten Spektrum in zugehörige Intensitätswerte umrechnen kann. In der gleichen Weise lassen sich natürlich auch beliebige andere Spektren aufnehmen.

Häufiger noch als zur Messung der Energieverteilung von Emissionsspektren werden Spektralphotometer zu *Absorptions*messungen bei bestimmten Wellenlängen oder zur Aufnahme des spektralen Absorptionsverlaufes zu prüfender Substanzen benutzt. Es handelt sich in diesem Fall im Grunde um gleichartige Meßaufgaben, wie wir sie schon in Ziff. 78 ausführlicher behandelt haben, hier lediglich mit dem Unter-

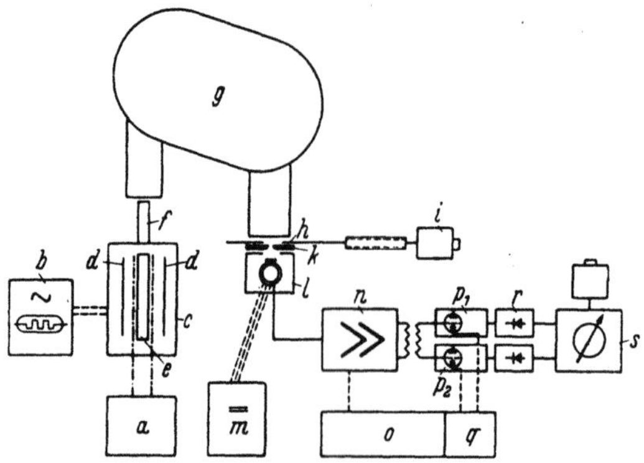

Abb. VIII.39. Blockschema eines registrierenden Ramanspektrometers nach LUTHER und BERGMANN [48]

a Filter- und Kühlflüssigkeitspumpe, *b* Eisen-Wasserstoff-Widerstände, *c* Ramanlampe, *d* Quecksilberbrenner, *e* Ramanrohr mit Filter, *f* Lampenvorsatz, *g* Spektrograph, *h* Transportschlitten, *i* Synchronmotor, *k* gekrümmter Austrittsspalt, *l* Elektronenvervielfacher in Kühlgefäß, *m* Speisegerät zum SEV, *n* Verstärker, *o* Netzgerät, $p_1 p_2$ Gegentaktstufen, *q* 100-Hz-Generator, *r* Gleichrichter, *s* Tintenschreiber

schied, daß die Absorptionsbestimmung in spektral zerlegtem Licht geschieht. Man kann also im wesentlichen die gleichen Methoden anwenden, deren Prinzipschema in den Abb. VIII.24 und 25 (S. 536) zur Darstellung gebracht ist. Man hat hier nur zusätzlich zwischen der Lichtquelle und der eigentlichen Meßeinrichtung den Monochromator eingeschaltet zu denken.

Eine einfache Anordnung solcher Art für spektrale Absorptionsmessungen nach der Ausschlagmethode ist in Abb. VIII.40 veranschaulicht. Das Licht der Strahlungsquelle L wird hier in üblicher Weise zweimal spektral zerlegt, durchläuft dann, nachdem es durch eine achromatische (oder verschiebbare) Linse A parallel gerichtet ist, die Öffnungen einer rotierenden Sektorscheibe R, einen in den Schirm V eingesetzten photographischen Verschluß sowie eine Begrenzungsblende Bl und gelangt schließlich, nachdem es die zu messende absorbierende Probe T durchsetzt hat, in die Photozelle Z. Man bestimmt in dieser Anordnung im Licht der jeweils eingestellten Wellenlänge λ die Photoströme i_{0_λ} und i_λ ohne und mit Einschaltung der absorbierenden Probe und erhält daraus die spektrale Durchlässigkeit D als Verhältnis der zugehörigen Strahlungsflüsse Φ_{0_λ} und Φ_λ, also

$$D = \frac{i_\lambda}{i_{0_\lambda}} = \frac{\Phi_\lambda}{\Phi_{0_\lambda}} .$$

Diese Messung setzt voraus, daß der ungeschwächte Strahlungsfluß Φ_{0_λ} der Lichtquelle während der Meßdauer mit und ohne Probe gut konstant bleibt[1] und daß die Photozelle in dem betrachteten Intensitätsbereich

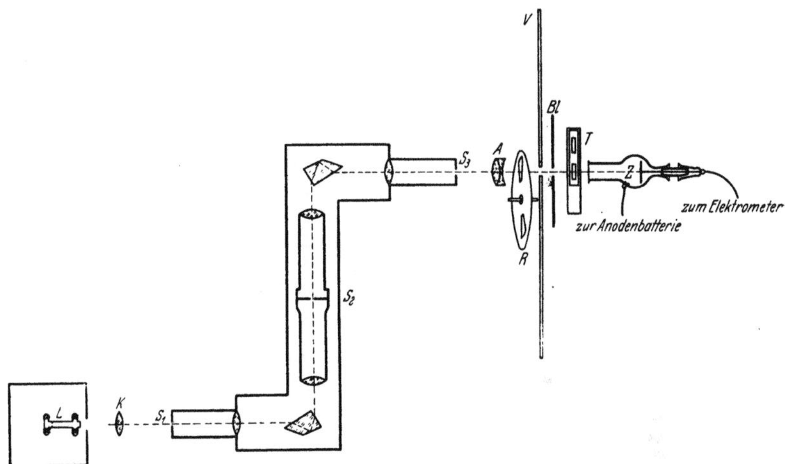

Abb. VIII.40. Einfache spektralphotometrische Anordnung für Absorptionsmessungen

proportionale Photoströme liefert. Bei stark absorbierenden Proben, zu deren Messung ein großer Intensitätsunterschied überbrückt werden muß, wird die Photostromanzeige im allgemeinen genauer, wenn das Verhältnis $\Phi_\lambda / \Phi_{0_\lambda}$ durch definierte Schwächung von Φ_{0_λ} in einem bekannten Maß herabgesetzt wird. Dazu dient in der Anordnung nach Abb. VIII. 40 der Sektor R, mit dem die Lichtintensität bei nichteingeschalteter Probe T im Verhältnis 1 : 10 geschwächt werden kann[2].

In der geschilderten Weise läßt sich z. B. der Spektralverlauf der Durchlässigkeit von Filtergläsern oder anderen absorbierenden Medien

---

[1] Konstanthaltung von Glühlampen s. S. 463. Quecksilberbögen lassen sich bei geeigneter Anordnung der Elektroden und des Entladungskanals durch ein Magnetfeld stabilisieren [18].

[2] Die Sektorscheibe soll, um ruhigen Lauf zu gewährleisten, mit symmetrisch zur Achse angeordneten Öffnungen versehen sein; etwaige Erschütterungen des Antriebsmotors, die die Meßanordnung stören könnten, lassen sich durch Filzunterlagen wirksam dämpfen.

bestimmen. Handelt es sich um flüssige Substanzen, so werden diese in *Küvetten*[1] passender Schichtdicke in den Strahlengang gebracht.

Für homogene Stoffe gilt dann das LAMBERT-BEERsche Gesetz [40], wonach die reine (d. h. von Reflexionsverlusten[2] freie) Durchlässigkeit D mit der wirksamen absorbierenden Schichtdicke d in der Exponentialbeziehung steht:

$$D = 10^{-\alpha d}.$$

Die Größe α wird als dekadischer *Extinktionsmodul* bezeichnet[3] und ist eine charakteristische Materialkonstante, deren Verlauf mit der Wellenlänge λ man gewöhnlich messen will. Der Betrag von α_λ ist nach obiger Beziehung

$$\alpha_\lambda = \frac{1}{d} \cdot \log\left(\frac{\Phi_{0\lambda}}{\Phi_\lambda}\right). \tag{24}$$

Die Genauigkeit, mit der sein Wert bestimmt werden kann, hängt demnach von der möglichst genauen Messung der Schichtdicke d und des Verhältnisses der Strahlungsflüsse $\Phi_{0\lambda}$ und Φ_λ ohne und mit absorbierender Schicht ab. Sind $\frac{\Delta d}{d}$, $\frac{\Delta \Phi_0}{\Phi_0}$ und $\frac{\Delta \Phi}{\Phi}$ die relativen Meßunsicherheiten der Schichtdicke bzw. der Strahlungsflüsse, so ergibt sich die Unsicherheit des gemessenen Extinktionsmoduls zu

$$\frac{\Delta\alpha}{\alpha} = \frac{0{,}4343}{\alpha \cdot d}\left(\frac{\Delta\Phi_0}{\Phi_0} + \frac{\Delta\Phi}{\Phi}\right) + \frac{\Delta d}{d}.$$

Da der Fehler $\frac{\Delta d}{d}$ der Dickenbestimmung zumeist genügend klein gehalten werden kann, hängt $\frac{\Delta\alpha}{\alpha}$ im wesentlichen von der Genauigkeit der

---

[1] Als Absorptionsküvetten für größere Schichtdicken haben sich die von G. SCHEIBE angegebenen [68] sehr bewährt. Sie bestehen aus zylindrischen, beiderseits offenen und plangeschliffenen Glasrohren, auf welche Quarzplatten ätherdicht aufgedrückt werden. Für sehr geringe Schichtdicken (5 bis 100 μ) erwiesen sich Küvetten nach SUHRMANN u. BREYER [84 a] als geeignet, bei denen in eine Quarzplatte eine Vertiefung ähnlich einem Tafelberg eingeschliffen ist, die mit einer zweiten Quarzplatte abgedeckt wird. Vgl. auch [85] und Anm. S. 557.

[2] Um den Einfluß der Reflexion an den Küvettenfenstern zu eliminieren, geht man bei Absorptionsmessungen an Lösungen gewöhnlich so vor, daß man den von der Lösung durchgelassenen Strahlungsfluß Φ auf denjenigen Fluß Φ_0 bezieht, der von einer gleich beschaffenen, aber nur mit dem Lösungsmittel gefüllten Küvette durchgelassen wird. Auch diese Methode ist nicht ganz exakt, wenn Lösung und Lösungsmittel verschiedene Brechzahlen haben. In diesem Fall benutzt man als Vergleichsküvette am besten eine solche von sehr geringer Schichtdicke, die man ebenfalls mit der zu untersuchenden Lösung füllt. Die Größe d in der obigen Gleichung ist dann gleich der Differenz der Schichtdicken beider Küvetten.

[3] Bei Lösungen der Konzentration c (Mol/Liter) ist $\alpha_\lambda = c \cdot \varepsilon_\lambda$, wobei die Materialkonstante ε_λ als molarer Extinktionskoeffizient bezeichnet wird.

beiden Lichtintensitätsmessungen und von der Größe der Lichtschwächung selbst ab. Werden z. B. bei einer auf $^1/_{10}$ schwächenden Probe
$(\alpha \cdot d = 1)$ die Lichtintensitäten auf 1% genau gemessen, so erhält man
daraus α mit einer Unsicherheit $\dfrac{\varDelta \alpha}{\alpha} = 0{,}9\%$, dagegen unter gleichen
Verhältnissen bei einer Probe, die nur auf $^1/_2$ schwächt $(\alpha \cdot d = 0{,}301)$,
mit einer Unsicherheit $\dfrac{\varDelta \alpha}{\alpha} = 2{,}9\%$. Je geringer die Lichtschwächung in
der gegebenen absorbierenden Probe ist, um so genauer müssen dem-
nach die relativen Lichtintensitäten gemessen werden, damit der Fehler
von α nicht zu groß wird. Für schwach absorbierende Substanzen ist
daher die lichtelektrische Spektralphotometrie mit ihrer hohen Meßgenauigkeit meist der einzig mögliche Weg zur exakten Bestimmung
der Materialkonstanten α.

Bei stärker absorbierenden
Stoffen, bei denen andererseits
wieder große Intensitätsunter-
schiede zwischen $\varPhi_0$ und $\varPhi$
auftreten, ist es zu tunlichst
genauer Messung oft vorteilhaft, *verstellbare* Küvetten zu
benutzen, deren wirksame
Schichtdicke d der Absorption
der zu messenden Flüssigkeit geeignet angepaßt werden kann[1].

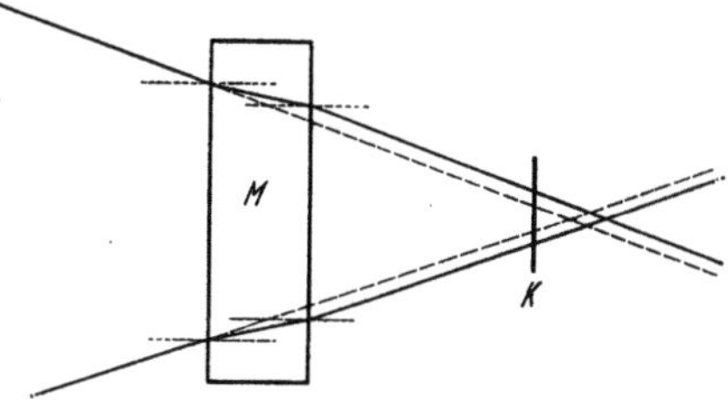

Abb. VIII. 41. Änderung eines konvergierenden
Lichtbündels beim Einschieben eines lichtbrechenden
Mediums mit planparalleler Begrenzung

Allgemein müssen die Küvetten für genaue Absorptionsbestimmung
stets in gut *parallelem* Strahlengang angeordnet werden, da nur in diesem
Fall die durchstrahlte Schichtdicke d exakt definiert ist. Der parallele
Durchtritt der Lichtstrahlen durch absorbierende Schichten, Filter,
Planplatten oder dgl. ist auch sonst wesentlich, um den *Strahlen-
verlauf* des Lichtbündels durch das eingefügte Medium nicht zu verändern. Bei einem konvergenten Strahlenbündel würde der Strahlen-
verlauf z. B. durch Zwischenschieben einer lichtbrechenden Küvette M
in der in Abb. VIII. 41 dargestellten Weise verschoben, d. h. das Licht
würde andere Stellen einer Photokathode K treffen als bei Wegnahme
der Küvette. Bei Photokathoden mit ungleichmäßiger örtlicher Empfindlichkeit würden also in diesem Fall die mit und ohne Küvette gemessenen Photoströme nicht mehr im gleichen Verhältnis stehen wie
die zugehörigen Strahlungsflüsse.

---

[1] Über die Konstruktion solcher Küvetten nach COATES [10] und anderen, bei
denen eine der Fensterplatten mit einer Feinbewegung in der Durchstrahlungs-
richtung meßbar verschoben werden kann, s. [46]. Dort finden sich auch Hinweise
für die genaue Ausmessung kleiner Schichtdicken d durch Interferenz des an
den beiden Begrenzungsflächen der Küvette reflektierten Lichtes.

Man fügt die zu messenden absorbierenden Medien tunlichst stets *hinter* dem Monochromator in den Strahlengang, da sie hier nur dem bereits zerlegten, monochromatischen Licht ausgesetzt sind. Damit wird die Entstehung unerwünschten Streulichtes fremder Wellenlänge im Absorptionswege vermieden und die zu messende Probe weit geringerer Bestrahlung und möglicher Erwärmung oder photochemischer Veränderung ausgesetzt als vor dem Monochromator. Das gilt insbesondere für Absorptionsmessungen an *lichtempfindlichen* Substanzen [76]. Gerade bei solchen ist die lichtelektrische Messung hinter dem Monochromator weit günstiger als die photographische Spektralphotometrie, weil bei dieser die zu messende Probe *vor* dem Spektrographenspalt angeordnet werden muß und dort die gesamte unzerlegte Strahlung der Lichtquelle erhält.

c) Technische Ausführung. Registrierende Spektralphotometer

Für serienmäßige Absorptionsmessungen, wie sie z. B. bei laufenden chemischen Untersuchungen oder dgl. durchzuführen sind, wird man in

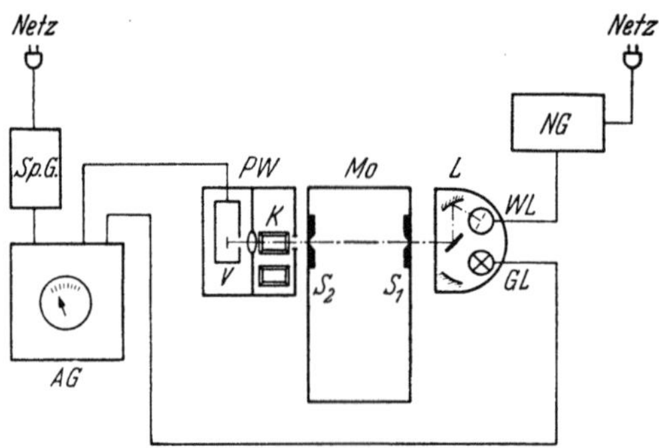

Abb. VIII. 42. Aufbauschema des Spektralphotometers M4 von Carl Zeiss, Oberkochen. Bezeichnungen s. Text

den meisten Fällen ein Spektralphotometer nach den vorstehend gegebenen Gesichtspunkten nicht laboratoriumsmäßig aufbauen. Hierfür ist vielmehr in neuerer Zeit eine ganze Anzahl von Geräten in *technischer* Ausführung mit erprobtem Aufbau und mit ergänzenden Einrichtungen entwickelt worden, durch welche die Handhabung oft weitgehend vereinfacht wird.

Ein zweckmäßiges Gerät dieser Art ist z. B. das Spektralphotometer von Zeiss, Oberkochen, dessen schematischer Aufbau in Abb. VIII. 42 wiedergegeben ist. Als Lichtquelle dient hier wahlweise eine Wasserstofflampe *WL* oder eine Niedervolt-Glühlampe *GL*, erstere für das ultraviolette Spektralgebiet von ca. 210 mμ bis 330 mμ, letztere für das anschließende längerwellige Gebiet (vgl. Abb. VIII. 44). Das Licht

wird in einem Spiegelmonochromator *Mo* zerlegt, dessen Strahlengang
wir in Ziff. 72 (Abb. VII. 90, S. 482) bereits erläutert haben. Die zerlegte
Strahlung fällt nach Durchtritt durch eine der Meßküvetten *K* in eine
Photozelle mit Sekundärelektronen-Vervielfachung. Ihr Photostrom
wird mit einem Anzeigegerät *AG* gemessen. Die Einrichtung ist dabei
so getroffen, daß die Photostromanzeige bei der jeweils eingestellten
Wellenlänge und bei Einschaltung einer Vergleichsküvette auf einen
Anzeigebetrag 100 der Ableseskala eingeregelt wird. Wird dann an Stelle
der Vergleichsküvette die Küvette mit der zu messenden Substanz in
den Strahlengang gebracht, so zeigt das Anzeigeinstrument unmittelbar
den Durchlässigkeitswert in Prozenten oder den Betrag der Extinktion an.

Abb. VIII. 43 veranschaulicht schematisch die Ankopplung des
Sekundärelektronen-Vervielfachers an das Anzeigegerät. Die Verstär-

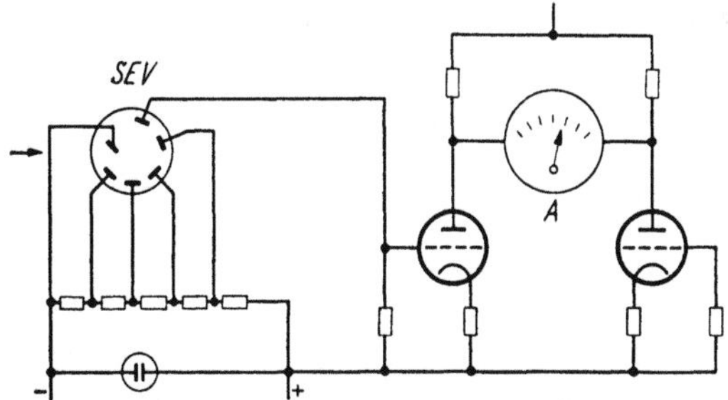

Abb. VIII. 43. Anzeigegerät zum Spektralphotometer M 4 von Zeiss (schematisch)

kung des Vervielfachers kann in mehreren Stufen der Intensität der
Lichtquelle bei der eingestellten Wellenlänge und der gewählten Spaltbreite angepaßt werden. Letztere läßt sich dabei so einstellen, daß man
— je nach dem Spektralbereich — noch mit dem Licht eines Wellenlängenintervalls von ca. 5 bis 15 Å Breite Vollausschlag des Anzeigeinstruments erhält (Abb. VIII. 44).

Bei der Verwendung von Spektralphotometern mit variabler Spaltbreite können jedoch beträchtliche Meßfehler auftreten, wenn das
Lösungsmittel in der Vergleichsküvette in dem betreffenden Spektralgebiet absorbiert; denn erstens ist die Konzentration des Lösungsmittels
in Meß- und Vergleichsküvette verschieden groß und zweitens muß (bei
eingeschalteter Vergleichsküvette) die Spektralbreite so weit eingestellt
werden, um den Ausschlag 100 des Meßinstrumentes zu erreichen, daß
die Monochromasie des Gerätes nicht mehr genügt. Hierdurch werden
nicht nur falsche Werte für den Extinktionskoeffizienten erhalten, sondern es können auch Scheinmaxima an den Flanken von Absorptionsbanden vorgetäuscht werden [*85a*].

Mit dem Spektralphotometer von Zeiss kann nicht nur die Durchlässigkeit absorbierender Medien, sondern mit geringer Änderung

auch das spektrale *Reflexionsvermögen* von Oberflächen untersucht werden.

Ähnlich wie das vorstehend beschriebene Gerät sind auch die Spektralphotometer der *Unicam Instruments Ltd.*, Cambridge, aufgebaut. Bei diesen dient eine normale Vakuumphotozelle mit angeschlossenem Röhrenvoltmeter zur Anzeige. Der vom jeweiligen Photostrom an einem Widerstand von $2 \cdot 10^9 \, \Omega$ erzeugte Spannungsabfall wird durch eine feste Hilfsspannung über ein geeichtes Potentiometer auf Nullausschlag des Röhrenvoltmeters abgeglichen, so daß die Röhrencharakteristik in die Messung nicht eingeht. Die zugehörigen Durchlässigkeits- oder Extinktionswerte können an der Stellung des abgleichenden Potentiometers unmittelbar abgelesen werden. Auch diese Bauart kann wahlweise zur Messung spektraler *Reflexion* verwendet werden.

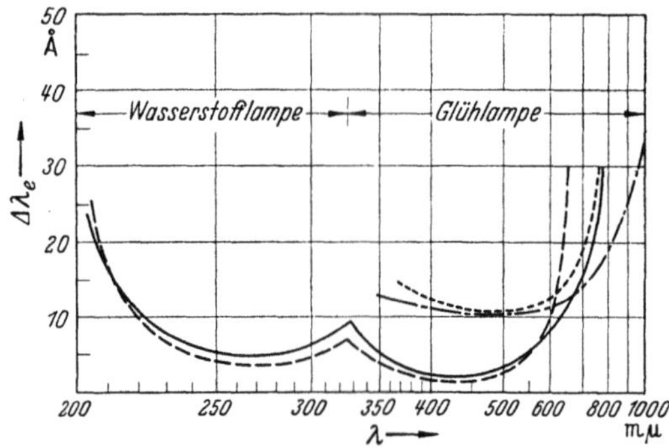

Abb. VIII.44. Bandbreiten für Vollausschlag des Spektralphotometers M 4 von Zeiss

Alle diese Geräte arbeiten verhältnismäßig betriebssicher und schnell, solange es sich um Messungen bei einer oder wenigen Wellenlängen handelt, wie z. B. bei den üblichen kolorimetrischen Aufgaben (s. folgenden Abschnitt). Die Durchmessung eines ausgedehnteren Absorptionsspektrums oder eines spektralen Reflexionsverlaufes durch punktweise Messung bei zahlreichen, mit dem Monochromator einzustellenden Wellenlängen bleibt aber in den meisten Fällen recht mühsam und zeitraubend. Deshalb sind gerade für diesen Zweck Spezialgeräte entwickelt worden, bei denen der ganze Meßvorgang selbsttätig abläuft und der Verlauf der Meßwerte (Durchlässigkeit, Extinktion oder Reflexionsvermögen der eingeschalteten Probe) längs des Spektrums unmittelbar als Kurvenzug aufgezeichnet wird.

Solche selbstregistrierenden Spektralphotometer erfordern naturgemäß angesichts der vielfältigen, zum Teil komplizierten Funktionen, die sie automatisch ausführen sollen, einen erheblichen apparativen Aufwand, der sich meist nur bei laufenden Serienprüfungen, z. B. in größeren Industrielaboratorien u. dgl., lohnt. Hier können solche Geräte aber oft schnelle und nützliche Arbeit leisten.

Als Meßprinzip dient im allgemeinen das Verfahren des *selbsttätigen Abgleiches zweier Helligkeiten*, dessen Schema wir schon auf S. 536 (Abb. VIII.25b) erwähnt haben und dessen praktische Ausführung im nachstehenden an einigen typischen Geräteformen erläutert werden soll.

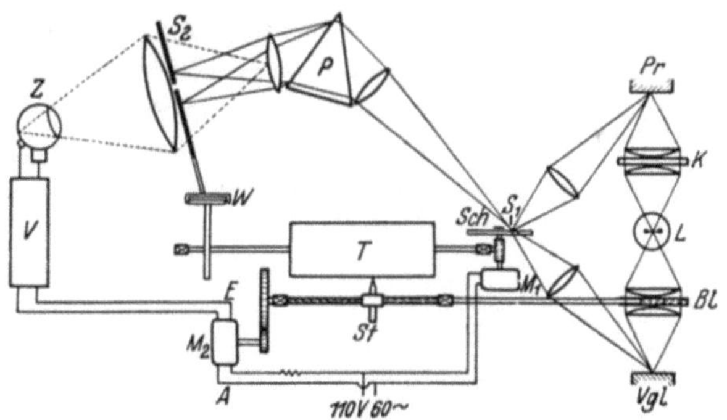

Abb. VIII.45. Schematische Anordnung des registrierenden Farbenanalysators von A. C. HARDY [27]

Die gebräuchlichen Spektralphotometer dieser Art haben sich meist aus den von HARDY [27] [28] geschaffenen Anordnungen entwickelt, die zunächst hauptsächlich zur Aufnahme von spektralen *Reflexionskurven*, später mit einigen Abänderungen aber auch zu *Absorptions*messungen gebaut worden sind[1].

Bei dem ursprünglichen HARDYschen „Farbenanalysator" handelte es sich darum, das spektrale Reflexionsvermögen einer beliebigen Oberfläche Pr (Abb. VIII.45) durch Vergleich mit einer weißen Vergleichsfläche Vgl (z. B. Magnesiumoxyd) im Licht der verschiedenen Wellenlängen zu messen. Dazu werden beide Flächen mittels zweier Kondensorsysteme von einer gemeinsamen Lichtquelle L intensiv beleuchtet. Das von beiden reflektierte Licht wird durch Linsen in der Ebene einer

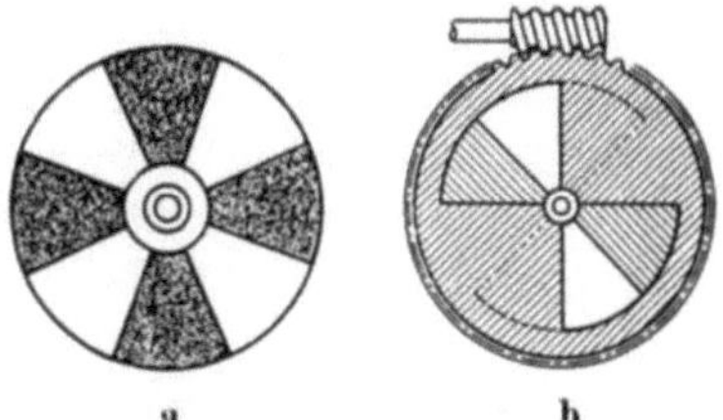

Abb. VIII.46. a) rotierende Spiegelscheibe; b) veränderliches Diaphragma des registrierenden Farbenanalysators nach HARDY

rotierenden Scheibe Sch vereinigt, die aus abwechselnd durchsichtigen und verspiegelten Sektoren besteht (Abb. VIII.46a). Bei Umlauf dieser Scheibe gelangt abwechselnd das von Pr und das von Vgl reflektierte Licht in den Eintrittsspalt S_1 eines Monochromators und wird hier vom Prisma P zu einem Spektrum in der Ebene des Spaltes S_2 auseinander-

---

[1] Hergestellt von der General Electric Co., Schenectady.

gezogen. Der Spalt S_2 wird von dem gleichen Motor M_1, der die Scheibe *Sch* antreibt, langsam durch das Spektrum bewegt, so daß das Licht der einzelnen Wellenlängenbereiche nacheinander in die Photozelle Z gelangt. Bei jeder Stellung von S_2 erhält die Zelle demnach intermittierend den von den Proben *Pr* und *Vgl* reflektierten Lichtanteil, der dem gerade von S_2 durchgelassenen Wellenlängenintervall entspricht. Haben beide Proben in diesem Intervall gleiches Reflexionsvermögen, so bleibt die Beleuchtungsstärke bei der intermittierenden Belichtung konstant, die Zelle erzeugt demgemäß einen Gleichstrom. Bei unterschiedlichem Reflexionsvermögen entsteht dagegen ein Helligkeitswechsel, den die Zelle als Gleichstrom mit überlagertem Wechselstrom wiedergibt. Dieser Wechselstrom wird in einem Verstärker V verstärkt und der Feldwicklung E eines Kleinmotors M_2 zugeführt, dessen Anker A an derselben Wechselspannungsquelle liegt, die auch den Motor M_1 und die Scheibe *Sch* antreibt. Dadurch besteht ein festes Phasenverhältnis zwischen dem Ankerstrom in A und dem verstärkten Zellenwechselstrom in E. Infolgedessen entsteht in dem Motor M_2 ein Drehmoment in der einen oder in der entgegengesetzten Richtung, je nach dem Intensitätsverhältnis der beiden Halbwellen, die durch die abwechselnde Belichtung der Zelle von *Pr* und *Vgl* erzeugt werden. Seine Drehachse

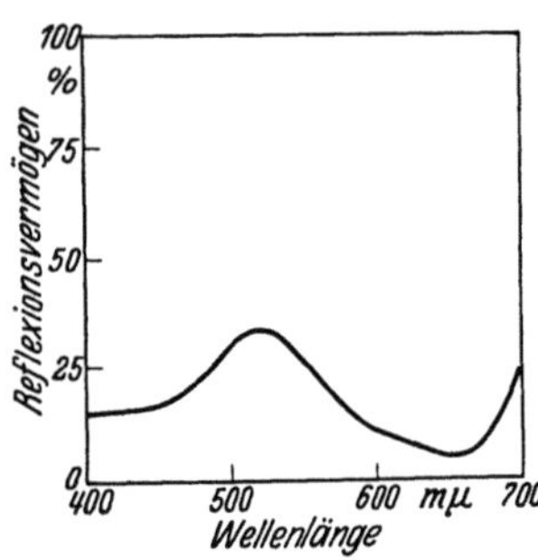

Abb. VIII. 47. Farbkurve eines Stückes grüner Seide, mit dem HARDYschen Farbenanalysator registriert

ist durch ein Untersetzungsgetriebe mit einer verstellbaren Blende *Bl* gekoppelt, die zwischen der Lichtquelle L und der Fläche *Vgl* angeordnet und deren Ausführung in Abb. VIII.46b wiedergegeben ist. Je nach seiner Umlaufrichtung vergrößert oder verkleinert der Motor M_2 die freie Öffnung dieser Blende, und zwar jeweils so weit, bis das von *Vgl* kommende Licht gleich hell ist wie das von *Pr* kommende. Wenn diese Stellung erreicht ist, verschwindet die Wechselamplitude in V und E, so daß der Motor M_2 zum Stillstand kommt.

Die Anordnung regelt also beim Durchlauf des Spektrums in jedem Wellenlängenintervall die Blende *Bl* selbsttätig so nach, daß die von *Pr* und *Vgl* kommenden Lichtströme einander gleich sind. Wenn *Vgl* eine rein weiße Vergleichsprobe ist, ist die Stellung der Blende *Bl* ein Maß für das jeweilige spektrale Reflexionsvermögen der Probe *Pr*. Der mit der Blendenbewegung gekoppelte Schreibstift *St* zeichnet daher auf einer Registriertrommel T, die beim Durchlauf des Spaltes S_2 durch das Spektrum eine Umdrehung ausführt, unmittelbar den Verlauf des spektralen Reflexionsvermögens von *Pr* auf (Abb. VIII.47).

Wie man sieht, ist das hier verwendete Meßverfahren, das selbsttätig stets auf *Gleichheit* zweier Flächenhelligkeiten einstellt, unabhängig
von der Art der Lichtquelle, von etwaigen Lichtschwankungen, von der
Charakteristik der benutzten Photozelle oder des Verstärkers. Ein syste-
matischer Meßfehler würde nur in einem Spektralbereich entstehen, in
dem das Reflexionsvermögen der Spiegelsektoren der Scheibe *Sch*, mit
der der Lichtwechsel zwischen *Pr* und *Vgl* bewirkt wird, merklich von 1
abweicht. Um diesen Fehler auszugleichen, ist im Strahlengang zwischen
der Lichtquelle *L* und der Probe *Pr* noch eine kompensierende Blende *K*
angeordnet, die, ebenfalls vom Motor M_1 mittels einer Welle angetrieben,
jeweils so gesteuert wird, daß der Apparat längs des ganzen Spektrums
100% Reflexionsvermögen anzeigt, wenn sich bei *Pr* und *Vgl* Proben
aus gleichem Material befinden. Auch der Einfluß der unterschiedlichen
Prismendispersion in den verschiedenen Spektralgebieten wird bei diesem Gerät aufgehoben, indem über eine passend geformte Kurvenscheibe
und eine Welle *W* der Spalt S_2 automatisch so nachgeregelt wird, daß
stets ein Wellenlängenintervall von 10 mμ Breite in die Photozelle
gelangt.

Die vorstehend beschriebene Anordnung kann statt zu *Reflexionsmessungen* mit geringer Änderung ebensogut auch zum *spektralen Vergleich zweier Lichtquellen* benutzt werden, die man an die Stelle der
Proben *Pr* und *Vgl* setzt. Ebenso läßt sich natürlich in einen der beiden
Vergleichsstrahlengänge auch eine absorbierende Substanz einschalten
und auf die Weise deren *Absorptionsspektrum* selbsttätig aufnehmen.
Solche Geräte lassen sich also unter Beibehaltung des grundsätzlichen
Meßprinzips auf verschiedene Weise konstruktiv abwandeln und bestimmten Verwendungszwecken anpassen.

In einer späteren, wahlweise für spektrale Absorptions- oder Reflexionsmessungen verwendbaren Ausführung des HARDYschen Apparates [*28*] [*51*] ist die einfache spektrale Zerlegung des Lichtes durch
eine doppelte ersetzt worden, um die spektrale Reinheit zu steigern.
Außerdem wurde zweckmäßigerweise die Strahlteilung in zwei zu vergleichende Lichtbündel, die bei der ursprünglichen Anordnung *vor* dem
Monochromator erfolgen mußte, bei der neuen Bauweise *hinter* den
Monochromator verlegt[1]. Das Schema dieses abgeänderten Spektralphotometers, das auch weitere wesentliche Verbesserungen gegenüber
dem Farbenanalysator enthält, ist in Abb. VIII.48 veranschaulicht.

Das Licht der Lampe *L* durchläuft hier zunächst einen Doppelmonochromator $P_1 S_2 P_2$, dessen Dispersionssystem von einem Motor M_1 lang-

---

[1] Diese Anordnung ist aus den auf S. 558 dargelegten Gründen vorzuziehen.
Außerdem wird hier nur Licht *einer* definierten Ausstrahlungsrichtung der Lichtquelle *L* benutzt, so daß Meßfehler, die durch mögliche Lichtstärkenunterschiede
der Lampe nach verschiedenen Richtungen entstehen können, vermieden werden.

sam bewegt wird, so daß nacheinander die verschiedenen Wellenlängen des Spektrums durch den Austrittsspalt S_3 in die photometrische Meßeinrichtung gelangen. Durch eine passende Kurvensteuerung des Motorantriebes wird dabei bewirkt, daß in gleichen Zeitintervallen stets gleich große Wellenlängenbereiche am Austrittsspalt S_3 vorbeiwandern; zugleich werden, wie bei der früheren Ausführung, die Spaltbreiten des Apparates entsprechend dem Dispersionsverlauf der Prismen so nachgeregelt, daß jeweils Spektralintervalle gleicher Breite in den Photometerteil des Instrumentes eintreten.

Der wesentliche Unterschied gegenüber der früheren Anordnung nach Abb. VIII.45 besteht darin, daß der bei der Messung vorzuneh-

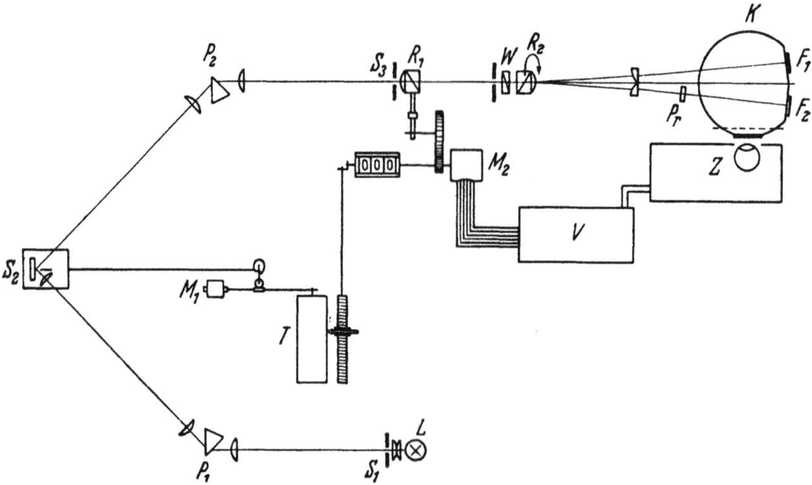

Abb. VIII.48. Schema des selbstregistrierenden Spektralphotometers nach HARDY

mende Abgleich von Intensitäten hier nicht durch mechanische Verstellung von Blendenöffnungen, sondern im Wege der *Polarisation* (vgl. S. 486) zweier Lichtbündel erfolgt.

Das durch S_3 austretende, annähernd monochromatische Licht wird mit Hilfe eines Rochonprismas R_1 zunächst linear polarisiert und durchsetzt dann ein Wollastonprisma W. Hier entstehen zwei senkrecht zueinander polarisierte Teilbündel, deren Intensitätsverhältnis von der Winkelstellung zwischen R_1 und W abhängt. Beide Lichtbündel gelangen schließlich in eine Photometerkugel K, wo sie entweder auf zwei verschiedenartige Flächen F_1 und F_2 fallen, deren Reflexionsvermögen miteinander verglichen werden soll, oder auf gleichmäßig weiße Flächen, wenn das Instrument zur Absorptionsmessung von Proben Pr benutzt werden soll, die in eins der beiden Teilbündel eingeschaltet werden.

Beide Teilbündel durchsetzen vor ihrem Eintritt in die Photometerkugel noch ein zusätzliches Rochonprisma R_2, das, von einem Synchronmotor angetrieben, um die optische Achse der Anordnung rotiert. Dadurch werden die beiden Bündel periodisch abgedunkelt, und zwar entsprechend ihren Polarisationsrichtungen mit entgegengesetzter Phase, so daß also ihr Licht intermittierend in die Kugel K fällt. Bei *gleicher Helligkeit* beider Bündel bzw. bei gleichem Reflexionsvermögen der Flächen F_1 und F_2 bleibt demnach, wenn R_2 umläuft, die Helligkeit in der Kugel konstant, bei unterschiedlichen Helligkeiten entsteht ein periodischer Lichtwechsel, auf den die hinter einem Lichtaustrittsfenster der Kugel angebrachte Photozelle Z mit einem Wechselstrom anspricht. Dieser wird in entsprechender Weise wie bei dem vorher beschriebenen Gerät verstärkt und zur Steuerung eines Motors M_2 benutzt, der den in einer Drehfassung angeordneten Polarisator R_1 jeweils so weit nachdreht, bis in der Photometerkugel wieder Helligkeitsgleichheit in beiden Halbperioden eintritt und die Wechselamplitude der Photozelle verschwindet. Um die Drehbewegung des Motors M_2 von der Größe der Amplitude des verstärkten Zellenwechselstromes unabhängig zu machen, erfolgt die Ein- und Ausschaltung hier mittels eines empfindlichen Kontaktgalvanometers, das schon bei geringem Überwiegen einer Phase des Helligkeitswechsels in der Meßkugel den Motor über eine von zwei Thyratronschaltröhren in der erforderlichen Drehrichtung in Bewegung setzt.

Auf diese Weise regelt das Instrument beim Durchlaufen des Spektrums für jede Wellenlänge selbsttätig diejenige Polarisatorstellung ein, bei der in der Meßkugel Helligkeitsgleichheit der beiden Strahlwege eintritt. Die jeweiligen Winkelstellungen des Polarisators R_1, die an einer Meßskala genau abgelesen werden können, sind ein Maß für die spektrale Absorption der eingeschalteten Probe Pr oder für den Unterschied des Reflexionsvermögens der Flächen F_1 und F_2. Ihr Verlauf längs des Spektrums wird auf der synchron mit dem Monochromator angetriebenen Registriertrommel T als Kurvenzug aufgezeichnet.

Bei sorgfältiger Bauweise wird mit Geräten solcher Art, mit denen die Absorptions- oder Reflexionsmessung beliebiger Proben längs eines ausgedehnten Spektrums in wenigen Minuten selbsttätig durchgeführt wird, ein hoher Grad von Meßgenauigkeit erreicht [*51*]. Die Bauweise nach Abb. VIII.48 läßt sich auch als Spektral*polarimeter* [*7*] zur Messung des Drehvermögens optisch aktiver Stoffe verwenden (s. S. 576).

d) Kolorimetrie

Ein wichtiges Anwendungsgebiet lichtelektrischer Absorptionsmessung bei definierten Wellenlängen ist die *Kolorimetrie*, deren Aufgabe darin besteht, die Stärke der Färbung von Lösungen für analytische Zwecke zu messen. Auf diesem Wege wird die *Konzentration* einer farbigen Lösung bestimmt, indem man den Grad ihrer Färbung mit einer gleichartigen Lösung *bekannter* Konzentration vergleicht, z. B. durch Veränderung der Schichtdicke einer der beiden Lösungen, so daß gleiche Färbung entsteht. Aus dem Verhältnis der Schichtdicken kann dann nach Anm. 3, S. 556, die gesuchte Konzentration der gemessenen Probe entnommen werden. Solche Vergleichsmessungen lassen sich statt mit dem Auge in den meisten Fällen genauer auf lichtelektrischem Wege ausführen.

Zu kolorimetrischen Messungen sind daher ohne weiteres die im vorhergehenden Abschnitt beschriebenen Spektralphotometer verwendbar,

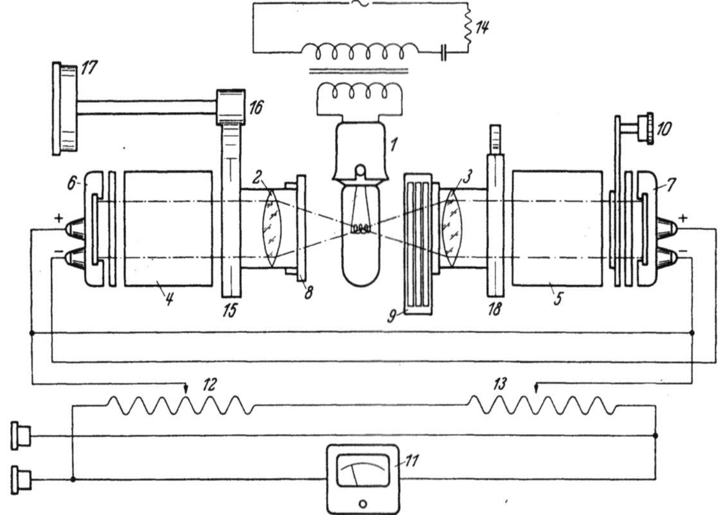

Abb. VIII.49. Anordnung des Universalkolorimeters von B. LANGE, Berlin

indem man damit im Licht einer passenden Wellenlänge die spektrale Absorption der zu messenden Lösung mit der einer bekannten Normallösung vergleicht. In den meisten Fällen ist jedoch eine strenge spektrale Zerlegung dazu nicht erforderlich, sondern es genügt an Stelle eines Spektralphotometers ein gewöhnliches Absorptionsphotometer (S. 539), wobei ein *Farbfilter* in den Strahlengang geschaltet wird, das im wesentlichen nur das von der Lösung absorbierte Licht hindurchläßt, also zur Lösung komplementär gefärbt ist. Hierdurch wird das von der Lösung nicht absorbierte Licht ausgeschaltet und damit die Meßempfindlichkeit gesteigert.

Lichtelektrische Kolorimeter dieser Art finden heute in Laboratorien sehr vielfältige Anwendung und sind daher in verschiedenen Ausführungen im Handel. Eine gebräuchliche und zweckdienliche Bauart ist z. B. das Kolorimeter nach LANGE[1], dessen schematischer Aufbau in Abb. VIII.49 dargestellt ist. Als Lichtquelle dient hier eine Niedervolt-

[1] Hergestellt von Dr. B. LANGE, Berlin-Zehlendorf.

lampe *1*, die über einen Transformator und einen Spannungsgleichhalter *14* aus dem Wechselstromlichtnetz gespeist wird. Ihr Licht fällt durch austauschbare Farbfilter *8* und *9* in zwei Linsensysteme *2* und *3*, wird hier zu Parallelbündeln gerichtet, durchsetzt die beiden zu vergleichenden Küvetten *4* und *5* und gelangt dann auf zwei gegeneinandergeschaltete Photoelemente *6* und *7*. Deren Differenzstrom, dessen Größe ein Maß für Absorptions*unterschiede* in *4* und *5* ist, wird an einem Mikroamperemeter *11* abgelesen; für empfindliche Messungen im Licht dunkler Farbfilter, die nur einen schmalen Wellenbereich durchlassen, kann an Stelle des Zeigerinstrumentes *11* ein hochempfindliches Spiegelgalvanometer benutzt werden.

Abb. VIII.49a. Lichtelektrisches Kolorimeter nach B. LANGE

Die äußere Ansicht eines solchen Kolorimeters zeigt Abb. VIII.49a. Die Messung mit diesem Instrument kann wahlweise nach der Ausschlagmethode oder durch Kompensation erfolgen. Im ersteren Fall werden die beiden Photoelemente vor Beginn der Messung mit Hilfe der Potentiometer *12* und *13* (Abb. VIII.49) so abgeglichen, daß sie bei *gleicher* Belichtung, d. h. ohne Lichtschwächung in den Küvetten *4* und *5*, den Differenzstrom Null und bei einseitiger Lichtschwächung auf $^1/_2$ mittels der Eichblende *10* einen Instrumentenausschlag von 50 oder 100 Skalenteilen liefern. Wird dann an Stelle der Eichblende eine Küvette mit der zu prüfenden Lösung in den Strahlengang gebracht, so kann ihre Absorption in Prozenten unmittelbar am Meßinstrument *11* abgelesen werden, ebenso natürlich Färbungs*unterschiede*, wenn sich in einer der Küvetten die zu prüfende Lösung, in der anderen die Vergleichslösung bekannter Konzentration befindet.

Färbungsunterschiede können auch durch *Kompensation* gemessen werden, indem der Differenzstrom der Photoelemente mit der Meßblende *15* auf Null abgeglichen wird. Die Stellungen der Blende werden an der feingeteilten Meßtrommel *17* abgelesen und lassen sich mit Hilfe von Normallösungen unter Verwendung von Indikatoren ebenfalls in Konzentrationswerten eichen.

Ähnlich sind auch Kolorimeter für biologische oder medizinische Untersuchungen gebaut. Bei diesen wird zwecks einfacher Handhabung meist nur nach der Ausschlagmethode gemessen. Um auch mit kleinen Flüssigkeitsmengen arbeiten zu können, werden hier vielfach Röhrenküvetten von kleinem Durchmesser verwendet, die zugleich als Zylinderlinsen wirken und das Licht der Strahlenquelle in geeigneter Weise auf die Photozelle konzentrieren (R in Abb. VIII.50; F Farbfilter).

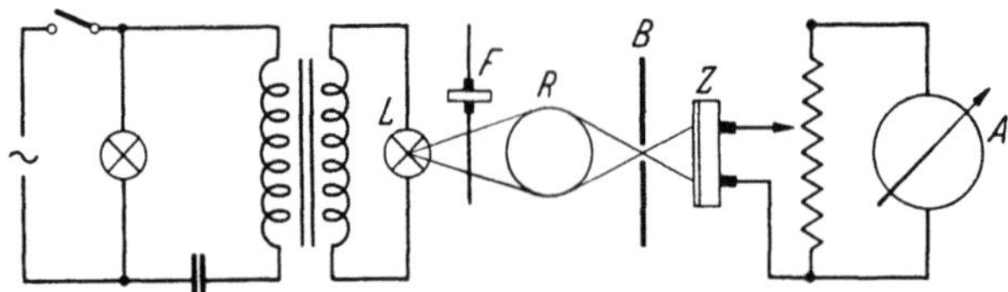

Abb. VIII.50. Medicokolorimeter nach B. Lange

Bei allen Geräten dieser Art erfolgt, wie erwähnt, die Konzentrationsbestimmung durch Vergleich mit Normallösungen gleicher Färbung. Ist die wirksame Schichtdicke d der benutzten Küvette genau bekannt und steht eine Lichtquelle zur Verfügung, die bei guter Konstanz einfarbiges Licht eines sehr engen Spektralbereiches liefert (z. B. eine Quecksilberlampe mit Monochromatfilter, vgl. S. 475), so läßt sich die Konzentration auch ohne Vergleichslösung nach dem Beerschen Gesetz (S. 556) direkt ermitteln. Dazu muß allerdings der Extinktionskoeffizient ε_λ der betreffenden Substanz (vgl. Anm. 3, S. 556) zunächst gesondert bestimmt werden oder bekannt sein. Man mißt dann im Licht der Wellenlänge λ mit einem exakt arbeitenden Absorptionsphotometer, wie es z. B. auf S. 539 beschrieben ist, das Verhältnis Φ_0/Φ der Lichtströme ohne und mit der absorbierenden Probe und erhält daraus nach Gl. (24), S. 556, die gesuchte Konzentration

$$c = \frac{1}{\varepsilon_\lambda d} \log\left(\frac{\Phi_0}{\Phi}\right).$$

Diese Methode muß jedoch mit Vorsicht angewendet werden, da das Beersche Gesetz in manchen Fällen versagt [40]. Aber auch bei Gültigkeit des Gesetzes ist spektrale Reinheit des verwendeten Lichtes für die direkte Messung sehr wesentlich.

e) Lichtelektrische Titration

Die besprochenen Verfahren der lichtelektrischen Kolorimetrie lassen sich in nützlicher Weise, z. B. bei *Titrationen*, anwenden. Hier handelt es sich um die Feststellung, daß bei Zugabe einer bestimmten Menge Titerlösung ein *Farbumschlag* eintritt, d. h. eine Substanz verschwindet oder entsteht, deren Absorption in einem gewissen Spektralgebiet liegt.

Bestrahlt man durch die Lösung hindurch eine Photozelle mit dem Licht dieses Spektralgebietes, so wird in dem Augenblick eine Stromänderung eintreten, in dem der Farbumschlag durch den Zusatz der Titerlösung erreicht ist. Um eine möglichst empfindliche Anzeige zu erhalten, ist es dabei zweckmäßig, ein *Farbfilter* in den Strahlengang zu schalten, das

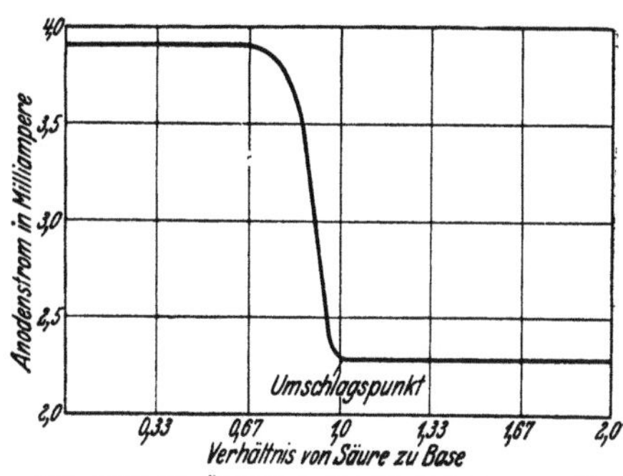

Abb. VIII.51. Änderung des Photostromes am Umschlagpunkt bei lichtelektrischer Titration (nach [55])

nur denjenigen Wellenlängenbereich auf die Zelle gelangen läßt, in dem bei dem Farbumschlag die charakteristische Absorption eintritt.

Da es hier nicht auf die Größe der Photoströme vor und nach dem Farbumschlag, sondern nur auf möglichst empfindliche Anzeige der *Stromänderung* ankommt, kann die lichtelektrische Titration mit einer einfachen Verstärkeranordnung und einem gewöhnlichen Milliamperemeter als Anzeigeinstrument durchgeführt werden. Man erhält dann eine Kurve, wie sie in Abb. VIII.51 dargestellt ist. Der Knick rechts unten zeigt den Umschlagpunkt an.

Legt man an den Ausgang der Verstärkeranordnung an Stelle des

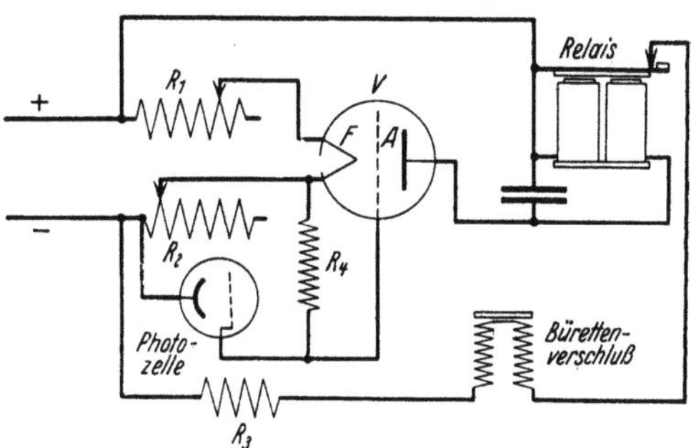

Abb. VIII.52. Schaltung zur Betätigung des Bürettenverschlusses bei lichtelektrischer Titration (nach [55])

Anzeigeinstrumentes ein *Relais*, das eine Vorrichtung zum Öffnen und Schließen des Bürettenhahnes betätigt, so kann man den Titriervorgang damit völlig selbsttätig ablaufen lassen [55]. Die in Abb. VIII.52 gezeigte Schaltung läßt sich unmittelbar an ein Gleichstromnetz anschließen. Die Widerstände R_1 und R_2 werden so gewählt, daß an der

Glühkathode F des Verstärkerrohres V gerade die erforderliche Heizspannung abfällt und an A ca. 90 V Anodenspannung liegen. Die
Verstärkerröhre soll bei dieser Spannung einen Strom von ca. 4 mA
liefern, um das im Anodenkreis eingeschaltete Telegraphenrelais von
ca. 3000 Ω Widerstand betätigen zu können. Im Gitterkreis der Röhre
liegt die Photozelle, deren Kathode mit dem negativen Pol des Netzes
verbunden ist. R_4 ist ein Widerstand von ca. 5 MΩ. Wird die Zelle
nur schwach belichtet, z. B. mit blauem Licht durch eine mit Paranitro-
phenol versetzte (gelbe) alkalische Lösung hindurch, so zieht der Anodenstrom den Relaisanker an, und der elektromagnetisch durch den

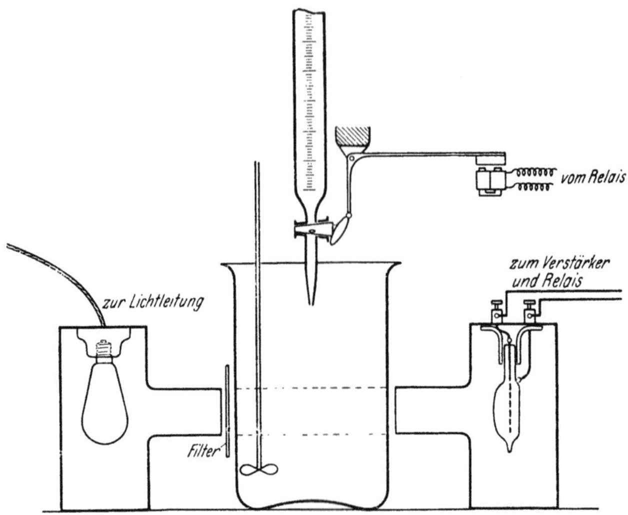

Abb. VIII.53. Apparatur zur lichtelektrischen Titration nach [55]

Bürettenverschluß betätigte Bürettenhahn bleibt geöffnet. Aus der Bü-
rette tropft nun so lange Säure hinzu, bis sich die Lösung aufhellt
und die Zelle durch die Lösung hindurch stärker belichtet wird. Jetzt
macht der über R_4 fließende Photostrom das Gitter negativ gegen F,
der Anodenstrom nimmt ab, der Relaisanker hebt sich und schließt
den Stromkreis über R_3 und den Bürettenelektromagneten, der nunmehr den Hahn schließt.

Der Aufbau der Apparatur ist aus Abb. VIII.53. zu ersehen. Die Belichtung der Zelle wird so gewählt, daß der Anodenstrom das Relais
gerade nicht mehr zu betätigen vermag, wenn der Indikator noch nicht
hinzugefügt ist.

Auch *Niederschlagsreaktionen* kann man mit der Photozelle verfolgen, die in diesem Fall senkrecht zum Strahlengang angeordnet wird.
Sobald die Trübung auftritt, fällt gestreutes Licht in die Zelle und der
entstehende Photostrom sperrt über das Relais den Bürettenhahn ab.

f) Flammenphotometer

In entsprechender Weise, wie bei den oben besprochenen kolorimetrischen Verfahren die *Absorption* von Proben im Licht bestimmter Wellenlängen gemessen wird, läßt sich natürlich auch die spektrale *Emission* von Leuchtvorgängen auf lichtelektrischem Wege quantitativ erfassen und für Zwecke der Analyse verwenden. Die unmittelbare Messung mit einer Photozelle ist hier in vielen Fällen den sonst üblichen Methoden photographischer Aufnahme des Spektrums vorzuziehen, da man aus der Größe des Photostromes ein unmittelbares Maß der Intensität der einzelnen Spektralbereiche oder Linien erhalten kann, ohne erst auf den Umweg über eine photographische Platte, zugehörige Schwärzungsmessungen (S. 542) und Auswertung der Schwärzungen in Intensitäten angewiesen zu sein. Im nahen *ultraroten* Gebiet ist die lichtelektrische Messung mit Cäsiumphotozellen oder entsprechenden Sekundärelektronen-Vervielfachern weit empfindlicher als das photographische Verfahren, so daß man damit z. B. die Strahlung nichtleuchtender heißer Flammengase erfassen kann [*49*].

Ein wichtiges praktisches Anwendungsgebiet haben solche lichtelektrischen Spektralmessungen bei der Analyse von *Lösungen*, insbesondere von *Metallsalzen*, gefunden, die in einer Flamme charakteristische Emissionslinien liefern. Solche Messungen sind verhältnismäßig schnell und einfach durchzuführen, seit man mit Hilfe von Interferenzfiltern (S. 475) in der Lage ist, auch ohne einen Spektralapparat gewünschte schmale Wellenlängenbereiche auszufiltern. Grenzt man auf diese Weise das Licht einer bestimmten Analysenlinie aus und mißt mit einer für diese Wellenlänge empfindlichen Photozelle die Leuchtintensität einer Flamme, die mit der zu analysierenden Probe gefärbt ist, so kann man bei definierten Verbrennungsbedingungen innerhalb der Flamme unmittelbar auf die Menge der in die Flamme gelangten Substanz und damit auf ihre Konzentration in der zu analysierenden Lösung schließen [*65*] [*71*] [*87*].

Das Prinzip eines *Flammenphotometers*, mit dem solche Messungen in einfacher Weise durchgeführt werden können, ist in Abb. VIII.54 dargestellt. Die zu analysierende Flüssigkeit *a* wird in einem Zerstäuber *b* in feiner Verteilung einem Luftstrom bestimmten Druckes zugeführt, der in einem Brenner *c* einem ebenfalls druckgeregelten Gasstrom (Azetylen, Propan oder Leuchtgas) beigemischt wird. Der Brennerkopf *d* läßt das Luft-Gas-Gemisch durch eine Düsenöffnung austreten, deren Größe je nach dem verwendeten Brenngas passend gewählt wird, so daß eine Flamme definierter Größe entsteht. Das Licht der Flamme gelangt durch ein Linsensystem *e* und ein auf die Wellenlänge der gewünschten Analysenlinie abgestimmtes Monochromatfilter *f* in die Photozelle *g*, deren Photostrom mit einem Galvanometer oder einer sonstigen geeigneten Meßeinrichtung gemessen wird.

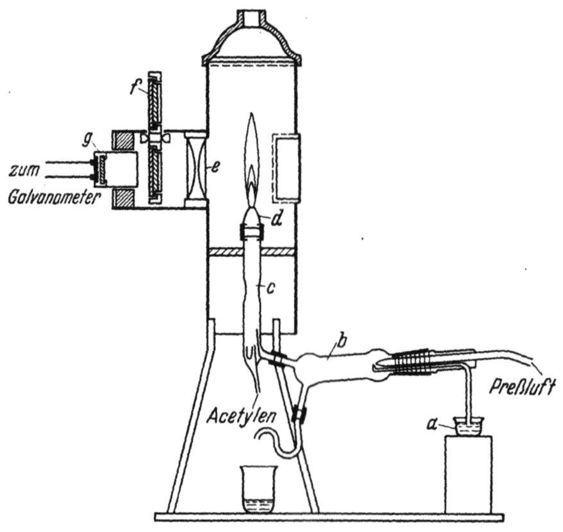

Abb. VIII.54. Flammenphotometer nach [65].

a Analysenflüssigkeit, *b* Zerstäuber, *c* Brenner (Glas), *d* Brennerkopf (Quarz), *e* Kondensor, *f* Wechselscheibe mit Interferenzfiltern, *g* Photoelement

Eine solche Einrichtung läßt sich mit Probelösungen bekannter Konzentration für die betreffende Analysenlinie eichen und ist insbesondere bei Bestimmung von Alkalien und Erdalkalien außerordentlich emp-

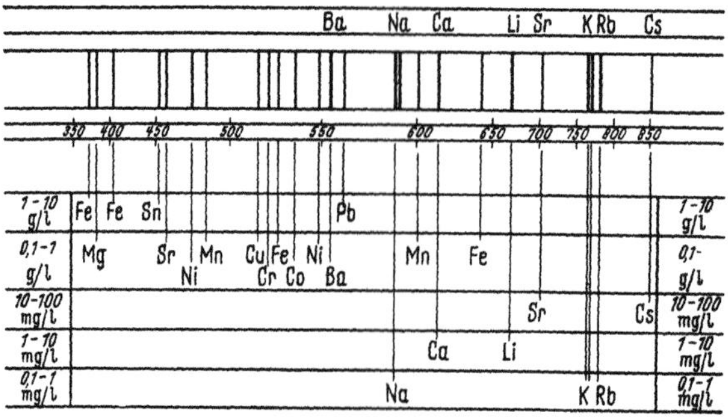

Abb. VIII.55. Empfindlichkeit verschiedener Analysenlinien im Flammenspektrum

findlich. Abb. VIII.55 veranschaulicht für eine Reihe von Elementen die Konzentrationsbereiche, die sich auf flammenphotometrischem Wege ohne weiteres messen lassen. Natrium kann noch in einer Konzentration von 0,006 mg/l quantitativ bestimmt werden [22], die Nachweisgrenze liegt noch etwa zehnmal tiefer. Die Intensität der ausgefilterten Analysenlinie, die zur Messung dient, wird auch durch Fremdsubstanzen in der Analysenflüssigkeit in den meisten Fällen kaum beeinflußt, so daß es gewöhnlich nicht notwendig ist, verschiedene in einer Probe vorhandene Substanzen vor der Analyse zu trennen.

Abb. VIII.56 zeigt die Laborausführung eines Flammenphotometers nach LANGE[1]. Man sieht rechts einen kleinen Kompressor, der die Druckluft für den Zerstäuber liefert, daneben die Regelventile für den Luft- und Gasdruck, deren Betrag an zwei Manometern abgelesen und dementsprechend eingeregelt wird. In der Mitte befindet sich das eigentliche

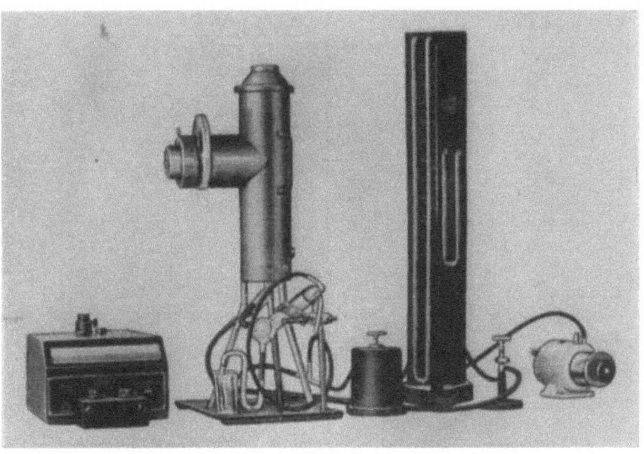

Abb. VIII.56. Laborausführung des Flammenphotometers nach B. LANGE

Photometergehäuse, in dem die Flamme brennt. Das Ansatzrohr des Photometers trägt ein Wechselrad, mit dem nacheinander gewünschte Monochromatfilter in den Strahlengang gebracht werden, und am Ende des Rohres ein Photoelement. Der Strom dieses Elements wird mit dem links daneben befindlichen Galvanometer gemessen. Für besonders empfindliche Messungen kann zwischen die Photozelle und das Anzeigeinstrument noch ein Gleichstromverstärker geschaltet werden.

80. Spezielle Anwendungsgebiete

a) Anwendung von Photozellen in der Refraktometrie und Polarimetrie

Neben den photometrischen Anwendungen, die in den vorhergehenden Abschnitten besprochen worden sind, können Photozellen in manchen Fällen auch für anderweitige Meßaufgaben herangezogen werden, bei denen eine Helligkeitsänderung zwar nur als Sekundäreffekt auftritt, aber zugleich als Meßgröße benutzt werden kann.

---

[1] Hergestellt von Dr. B. LANGE, Berlin-Zehlendorf.

Bei *Brechzahl*messungen mit *Refraktometern* oder Spektrometern handelt es sich im allgemeinen um die Bestimmung des Ablenkungswinkels eines Lichtbündels bzw. des Grenzwinkels der Totalreflexion; solche Beobachtungen erfolgen gewöhnlich am einfachsten mit dem Auge. Wenn derartige Messungen jedoch außerhalb des sichtbaren Spektralbereiches in ultraviolettem oder ultrarotem Licht durchzuführen sind, wo eine okulare Beobachtung nicht mehr möglich ist, so kann man das Auge durch eine Photozelle mit vorgesetzter Spaltblende ersetzen, die sich im Gesichtsfeld des Refraktometers oder im Spektrometerfernrohr in definierte Strahlrichtungen einstellen läßt. Auf die Weise kann man

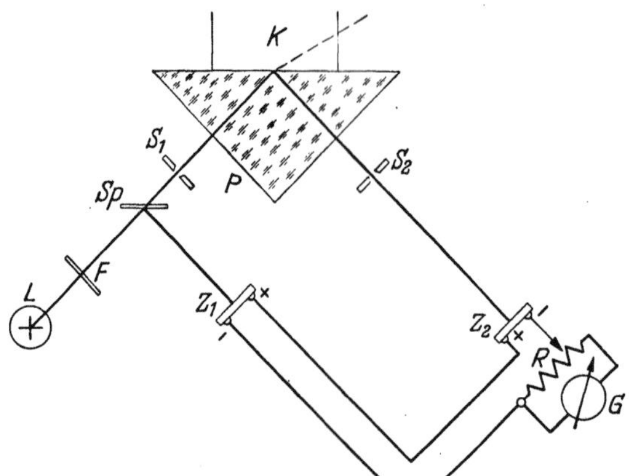

Abb. VIII.57. Methode zur lichtelektrischen Brechzahlmessung.
L Lichtquelle; *F* Filter; *Sp* halbdurchlässiger Spiegel; S_1, S_2 Spaltblenden; Z_1, Z_2 Photozellen; *P* Prisma; *K* Gefäß mit der zu messenden Flüssigkeit; *G* Galvanometer; *R* Abgleichwiderstand

die Ablenkung eines Lichtbündels oder die Lage des Grenzwinkels der Totalreflexion auch lichtelektrisch bestimmen.

Die Verwendung von Photozellen für refraktometrische Messungen ist auch dann von Vorteil, wenn die Substanz, deren Brechzahl bestimmt werden soll, stark absorbiert, so daß das durchtretende gebrochene Licht zur Beobachtung und Messung zu schwach wird. In diesem Fall kann man den *reflektierten* Lichtanteil messen und hieraus an Hand der Fresnelschen Gleichungen (vgl. S. 500) das Brechungsverhältnis des zu prüfenden Materials gegenüber dem Außenmedium ermitteln. Auf diese Weise wird die Brechzahlmessung statt auf eine *Winkel*messung auf eine *Intensitäts*messung zurückgeführt.

Eine hierzu geeignete lichtelektrische Refraktometeranordnung nach Karrer und Orr [*32*] ist in Abb. VIII.57 dargestellt. Die zu messende Probe, deren Brechzahl bestimmt werden soll, befindet sich, z. B. wenn es sich um eine Flüssigkeit handelt, in einem Gefäß *K* mit plangeschliffenem Boden in optischem Kontakt mit einem rechtwinkligen Prisma *P*. Als Prismenmaterial wählt man ein Glas, das eine *höhere* Brechzahl hat als die zu messende Probe. Von der Lichtquelle L läßt man durch ein Monochromatfilter F ein schmales, einfarbiges Lichtbündel der geforderten Wellenlänge teils über einen halbdurchlässigen Spiegel Sp auf ein Photoelement Z_1, teils durch einen Spalt S_1 so in das Prisma fallen, daß der Einfallswinkel an der Trennfläche zum Gefäß K etwas unter dem Grenzwinkel der Totalreflexion bleibt. Dann hängt der an dieser Trennfläche reflektierte Lichtanteil in der erwähnten Weise von der Differenz der Brechzahl der Flüssigkeit in K gegenüber der des Prismas P ab. Das reflektierte Lichtbündel fällt auf ein Photoelement Z_2, das in der dargestellten Art gegen die Zelle Z_1 geschaltet ist. Die beiden Zellen werden in dieser Anordnung so abgeglichen, daß ihr Strom im Anzeigeinstrument G sich gerade zu Null aufhebt, wenn sich im Gefäß K eine Standardflüssigkeit bekannter Brechzahl n_0 befindet. Wird dann die Standardflüssigkeit durch die zu messende Probe ersetzt, so ist der in G angezeigte Differenzstrom der beiden Photozellen ein empfindliches Maß für den Unterschied ihrer Brechzahl n gegenüber der Standardflüssigkeit, und zwar sind die Ausschläge in einem weiteren Bereich, der durch Eichung bestimmt werden muß, der Brechzahldifferenz direkt proportional. Bei hinreichend konstant gehaltener Temperatur können mit dieser Anordnung Brechzahlen auf ca. $\pm 2 \cdot 10^{-5}$ gemessen werden.

Das gleiche Meßprinzip läßt sich nach den genannten Verfassern [32] auch noch in einer bemerkenswerten Abwandlung anwenden. Bei diesem Verfahren fällt das Licht einer Lichtquelle L (linke Seite der Abb. VIII.58) in einen massiven zylindrischen Glasstab von gebogener Form und mit polierter Oberfläche. Solange der Stab rings von Luft umgeben ist, tritt infolge der höheren Brechzahl des Glases kaum Licht nach außen; dies wird vielmehr im Inneren der Zylinderwände ständig totalreflektiert und gelangt daher trotz der Krümmungen des Stabes nahezu ungeschwächt bis ans andere Ende des Stabes, wo es auf die Photozelle Z_1 fällt.

Wird nunmehr der untere, gekrümmte Teil des Stabes in der dargestellten Weise in ein Gefäß mit einer Flüssigkeit gebracht, deren von 1 merklich abweichende Brechzahl bestimmt werden soll, so wird hier die Reflexion der Zylinderwandung gegen außen herabgesetzt, d. h. ein Teil des im Stabe verlaufenden Lichtes tritt in das Gefäß aus, so daß sich der zur Zelle Z_1 gelangende Lichtstrom entsprechend vermindert. Im Extremfall, wenn die umgebende Probe die gleiche Brechzahl hat wie der eintauchende Glasstab, erhält die Zelle überhaupt keine Belichtung mehr, da alles Licht aus dem gebogenen Stabe ungebrochen in die Probe übertritt. Die Verminderung des Stromes der Photozelle gegenüber dem anfänglichen Strom, wenn der Glasstab nur von Luft umgeben ist, kann daher als Maß für die Brechzahl der Probe dienen, in die der gekrümmte Teil des Stabes eingetaucht ist.

Diese Methode wird noch verfeinert und empfindlicher, wenn man, wie in der Abb. VIII.58 veranschaulicht, zwei gleichartige Glasstäbe verwendet, in die Licht von der gemeinsamen Lichtquelle L einfällt und zu zwei gegeneinandergeschalteten Photozellen Z_1 und Z_2 geleitet wird. Diese können dann wie bei der in Abb. VIII.57 gezeigten Anordnung so abgeglichen werden, daß bei Proben *gleicher* Brechzahl in den Gefäßen T_1 und T_2 das Anzeigegalvanometer I gerade stromlos ist. Kleine Brechzahl*unterschiede* werden dann durch den Differenzstrom der beiden Zellen angezeigt; die Anzeige läßt sich mit Probeflüssigkeiten bekannter Brechzahldifferenz eichen. An Stelle der Ausschlagsmessung kann auch hier eine Kompensation auf jeweiligen Ausschlag Null zur

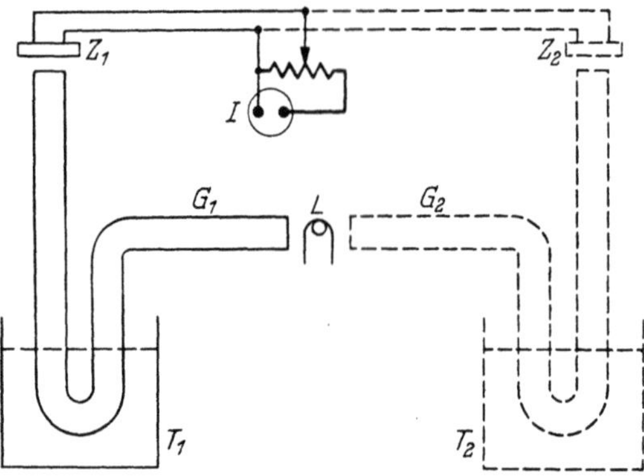

Abb. VIII.58. Anordnung zur lichtelektrischen Bestimmung von Brechzahlen.
L Lampe; G_1, G_2 Glasstäbe; T_1, T_2 Tröge für Meßflüssigkeiten; Z_1, Z_2 Photozellen; I Meßinstrument

Messung benutzt werden[1], so daß man von etwaigen Schwankungen der Lichtquelle frei wird und das Verfahren auch zu *registrierenden* Messungen anwenden kann.

Auch zu *polarimetrischen* Messungen sind Photozellen in vielen Fällen gut geeignet. In entsprechender Weise, wie durch Einstellung von Polarisatoren auf verschiedene Richtungen zueinander die Belichtung einer Zelle um gewünschte, meßbare Beträge geändert werden kann (S. 538), lassen sich in bekannter Weise auch umgekehrt durch Abgleich von Helligkeiten aus den zugehörigen Polarisatorstellungen Polarisationszustände des Lichtes messen [*38*]. Für solche Messungen ist man, wenn es sich um mit dem Auge nicht erfaßbares ultraviolettes oder ultrarotes Licht handelt, auf die Verwendung von Photozellen angewiesen.

Abb. VIII.59 veranschaulicht als Beispiel eine polarimetrische Anordnung, mit der das optische Drehvermögen von Proben lichtelektrisch gemessen werden kann. Das Licht einer Lichtquelle L durchsetzt hier

---

[1] Vgl. das auf S. 539 und S. 561 ff. beschriebene Meßprinzip.

nach Durchtritt durch eine Kollimatorlinse K als Parallelbündel zunächst einen Polarisator R_1, der sich in einer Drehfassung mit feiner Winkelteilung befindet. Das durchtretende linear polarisierte Licht kann damit in beliebige Schwingungsrichtungen eingestellt werden und durchläuft nunmehr ein Wollastonprisma W, wo es in zwei senkrecht zueinander polarisierte Bündel zerlegt wird, deren Intensitätsverhältnis von der Winkelstellung zwischen R_1 und W abhängt. Die beiden Teilbündel werden in derselben Weise, wie wir bereits bei dem in Abb. VIII. 48 dargestellten HARDY-Spektrometer beschrieben haben, von einem rotierenden Analysator R_2 abwechselnd abgedunkelt und freigegeben, fallen also intermittierend auf die Opalglasscheibe O und belichten dort die Photozelle Z. Diese liegt an einem Wechselstromverstärker; die angezeigte Helligkeitsamplitude kann durch Drehung des Polarisators R_1 auf Minimum eingestellt werden.

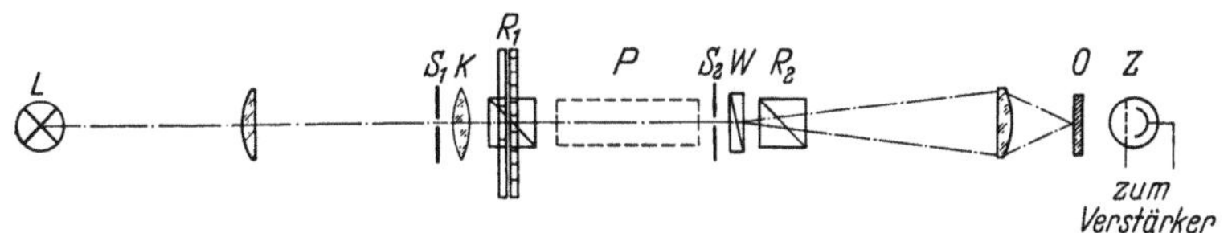

Abb. VIII.59. Anordnung zur lichtelektrischen Messung des optischen Drehvermögens

Wird nunmehr in das parallele Lichtbündel zwischen R_1 und W eine Substanz P gebracht, in der das von R_1 einfallende Licht beim Durchlauf eine fortschreitende Drehung der Polarisationsebene erfährt, so ändert sich in entsprechendem Maß das Intensitätsverhältnis zwischen den aus W austretenden Lichtbündeln, so daß die Photozelle wieder eine größere Helligkeitsamplitude anzeigt. Um diese erneut auf Null abzugleichen, muß der Polarisator R_1 um einen Winkel zurückgedreht werden, welcher der zu messenden Drehung der Polarisationsebene in der Probe P entspricht.

Eine solche Anordnung kann, wenn die Messung in monochromatischem Licht erfolgen soll, entweder mit geeigneten Monochromatfiltern ausgestattet oder auch in eine Spektraleinrichtung nach Abb. VIII.48 eingefügt werden. Im letzteren Fall läßt sie sich in der dort beschriebenen Weise zu einem selbstkompensierenden und automatisch registrierenden *Spektralpolarimeter* [7] ausbauen.

b) Photoelektrische Belichtungsmesser für photographische Zwecke

Neben den früher behandelten allgemeinen photometrischen Aufgaben hat sich auch eine Reihe spezieller Anwendungsgebiete ergeben, in denen Lichtmessung mit Photozellen wachsende Bedeutung gewonnen hat.

Dazu gehören z. B. photoelektrische Verfahren zur Bestimmung der *Belichtungszeit für photographische Aufnahmen,* Reproduktionen, Vergrößerungen u. dgl. Während früher solche Belichtungszeiten vielfach nur auf Grund von Erfahrungswerten geschätzt oder an Hand von Behelfsmitteln mit dem Auge bestimmt wurden, vermag man mit Photozellen eine unmittelbare, objektive Beleuchtungsmessung vorzunehmen, aus der für gegebene Empfindlichkeit des photographischen Materials und für bestimmte Aufnahmebedingungen die erforderliche Belichtungszeit direkt abgeleitet werden kann. Die lichtelektrische Ermittlung von Belichtungszeiten hat sich in großem Umfange eingebürgert, seitdem geeignete, einfach zu handhabende Instrumente hierfür mit *Photoelementen* als Meßorgan geschaffen worden sind.

Bei der Lichtmessung für photographische Zwecke handelt es sich im Prinzip um die Bestimmung von *Beleuchtungsstärken,* da die gewünschte Schwärzung eines herzustellenden photographischen Bildes bei gegebener Empfindlichkeit der verwendeten Emulsion und bei normaler Entwicklung von dem Produkt aus Beleuchtungsstärke am Bildort und der Belichtungsdauer abhängt[1]. Ist die Beleuchtungsstärke bekannt, so ist damit die erforderliche Belichtungszeit gegeben.

Bei der Herstellung photographischer Reproduktionen, Vergrößerungen u. dgl. kann man in vielen Fällen die Beleuchtungsstärke unmittelbar am Ort des herzustellenden Bildes, also hinter dem zu kopierenden Negativ oder in der Bildebene des Vergrößerungsapparates messen. Dazu könnte ein einfaches *Luxmeter* dienen, wie es in Ziff. 76b beschrieben ist. Aus Gründen der raschen Handhabung wird man allerdings im allgemeinen für photographische Arbeiten keine in Lux geeichten Beleuchtungsmesser verwenden, die eine Umrechnung erforderlich machen, sondern das Meßgerät unmittelbar in *Belichtungszeiten* eichen.

Ein solches Instrument, das sonst völlig den früher beschriebenen Luxmetern entspricht, zeigt Abb. VIII.60 in einer Ausführungsform der Firma Gossen, Erlangen. Das durch ein Kabel mit dem Meßinstrument verbundene Photoelement wird so in die Bildebene des Kopier- oder Vergrößerungsapparates gebracht, daß es die Beleuchtung bekommt, die in den bildwichtigen Teilen des herzustellenden Bildes herrscht. Gegebenenfalls kann dazu die Empfangsfläche der Zelle durch eine vorschlagbare Blende verkleinert werden, um abweichende Helligkeiten unwichtiger Bildteile bei der Messung auszuschalten. Das Meßinstrument

---

[1] Die Empfindlichkeitskennzeichnung photographischer Emulsionen ist nach DIN 4512 so festgelegt, daß eine Schicht von 10/10° DIN bei einer Belichtung mit 0,0275 Luxsekunden gerade eine Mindestschwärzung von 0,1 über dem Schleier erreicht und daß um je $^1/_{10}$° DIN unterschiedliche Empfindlichkeiten bei gleicher Belichtung jeweils um 0,1 verschiedenen Schwärzungen entsprechen.

zeigt dann für ein Kopiermaterial mittlerer Empfindlichkeit unmittelbar die günstigste Belichtungszeit an; die Ablesungen für Messungen mit und ohne Blende vor dem Photoelement erfolgen dabei mit einem passenden Umrechnungsfaktor (1 : 10). Abweichende Empfindlichkeiten der verschiedenen photographischen Emulsionen können in gewissem Umfang durch einen Umschalter des Instrumentes ausgeglichen werden; darüber hinaus müssen die aus der DIN-Zahl des Kopiermaterials gegebenen Umrechnungsfaktoren berücksichtigt werden.

Etwas anders liegt die Aufgabe der gebräuchlichen photoelektrischen Belichtungsmesser, mit denen Expositionszeiten photographischer *Aufnahmen* bei gegebener Kameraöffnung bestimmt werden sollen. Hier

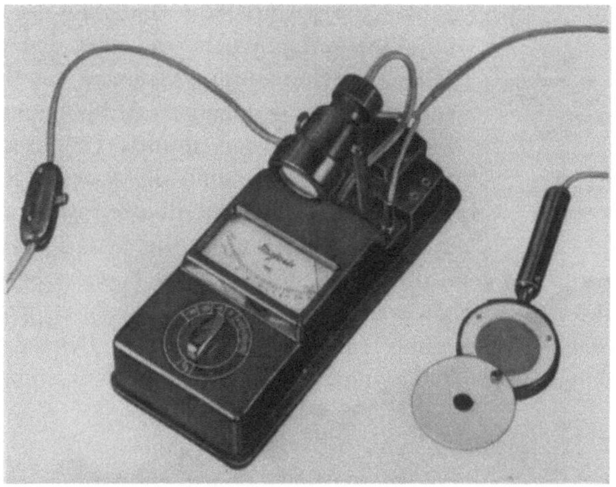

Abb. VIII.60. Belichtungsmesser für photographische Kopien und Vergrößerungen

könnten die für die Bildschwärzung maßgebenden Beleuchtungsstärken in der Bildebene nur bei großformatigen Mattscheibenkameras gemessen werden, die bis auf Ausnahmefälle kaum noch gebräuchlich sind. Man ist daher durchweg darauf angewiesen, statt dessen das vom Aufnahmegegenstand kommende Licht vor seinem Eintritt in die Kamera zu messen und hieraus unter Berücksichtigung der Kameraöffnung auf die Beleuchtungsstärke in der Bildebene zu schließen, die für die erforderliche Belichtungszeit maßgebend ist. Wenn diese Messung innerhalb des photographischen Belichtungsspielraumes zu richtigen Ergebnissen führen soll, muß dafür gesorgt sein, daß die lichtmessende Photozelle ihre Belichtung etwa *aus dem gleichen Raumwinkel* erhält, der bei der Aufnahme erfaßt wird [58]. Aus diesem Grunde enthalten photoelektrische Belichtungsmesser für photographische Aufnahmen als wesentlichen Bestandteil eine Lichtführungseinrichtung, die den Raumwinkel des eintretenden Lichtes in einer gewünschten Weise begrenzt. Dazu können passend geformte Blenden oder auch, wie in Abb. VIII.61 schematisch angedeutet, wabenförmige, hinter einem Linsenraster angeordnete Eintrittsöffnungen dienen, die nur Licht unter einer vorgegebenen Winkelverteilung in die Photozelle gelangen lassen.

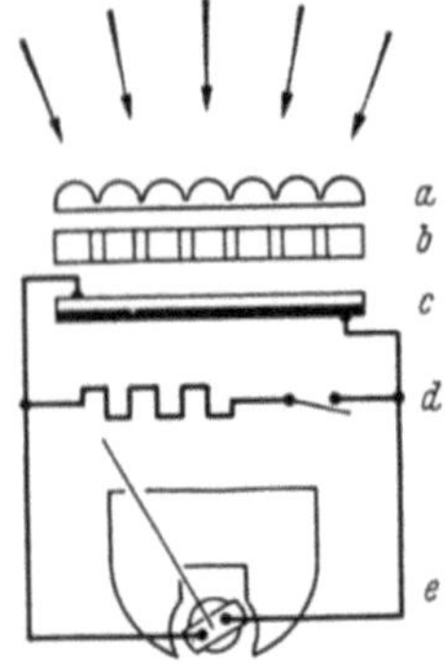

Abb. VIII.61. Schema eines photographischen Belichtungsmessers. *a* Rasterlinse, *b* Wabenblende, *c* Photoelement, *d* Nebenwiderstand und Meßbereichschalter, *e* Anzeigeinstrument

Die von dem Photostrom der Zelle angezeigte Bildhelligkeit würde für jede Platten- oder Filmempfindlichkeit und für jede gewählte Blendenöffnung der Kamera eine andere Belichtungszeit ergeben. Ursprünglich lieferten die photoelektrischen Belichtungsmesser daher nur relative Meßzahlen, die der mittleren Helligkeit des Aufnahmeobjektes entsprachen und aus denen erst mit Hilfe von Umrechnungstabellen die Belichtungszeit für die gegebenen Aufnahmebedingungen entnommen werden mußte. Um diese Umrechnung zu ersparen, sind die neueren Belichtungsmesser meist mit verstellbaren Skalen ausgerüstet, mit denen die Empfindlichkeit der verwendeten Emulsion und die gewählte Blendenöffnung der Kamera bereits vorweg als Meßfaktor einbezogen werden kann. Abb. VIII.62 zeigt als Beispiel den inneren Aufbau eines solchen einstellbaren Belichtungsmessers (Sixtomat von Gossen, Erlangen). Für gegebene Filmempfindlichkeit

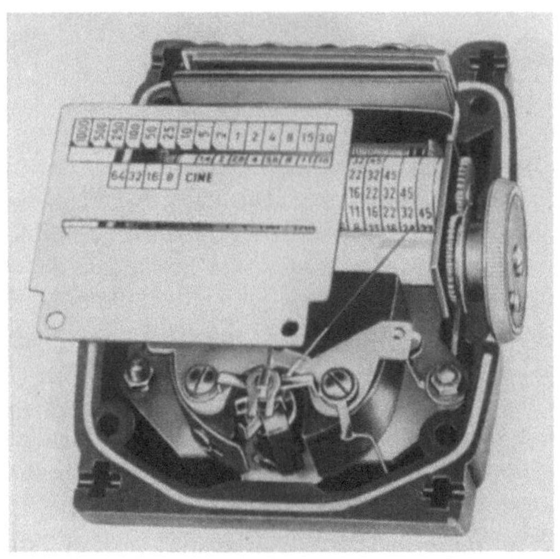

Abb. VIII.62. Innerer Aufbau eines Belichtungsmessers für photographische Aufnahmen (Sixtomat von Gossen, Erlangen). Obere Gehäusehälfte abgenommen und Skala etwas angehoben

kann hier aus der Photostromanzeige zu jeder Blendenöffnung unmittelbar die zugehörige Belichtungszeit abgelesen werden.

Geräte dieser Art sind heute weitverbreitet und in verschiedenen Ausführungen im Handel. Sie arbeiten durchweg mit Photoelementen. Ihre spektrale Empfindlichkeitsverteilung (s. S. 322) weicht zwar von der üblicher photographischer Emulsionen erheblich ab, so daß strenggenommen eine exakte Eichung solcher Belichtungsmesser nur für eine bestimmte Farbverteilung der Aufnahmebeleuchtung möglich ist; die Praxis hat aber ergeben, daß die dadurch bedingten Abweichungen, die etwa bei künstlichem Licht gegenüber dem Tageslicht auftreten, noch innerhalb des zulässigen Belichtungsspielraumes der üblichen Aufnahmeemulsionen liegen [19] und erforderlichenfalls durch einen Korrekturfaktor berücksichtigt werden können.

c) Photometer für meteorologische und biologische Zwecke

Vielseitige Anwendung finden Photozellen auch bei allen Arten von Strahlungsmessungen, die bei *meteorologischen, klimatologischen, biologischen* und ähnlichen Untersuchungen erforderlich sind. Soweit es sich hier um Beobachtung von Strahlungsintensitäten über längere Zeiten handelt, kommt es dabei in besonderem Maße auf Störungsfreiheit und Konstanz der verwendeten Photozelle an, die aber bei geeigneten neueren Zellentypen ohne weiteres gegeben ist (vgl. S. 504).

Messungen der Sonnen- oder Himmelsstrahlung können, wie schon oben angedeutet, sehr verschiedenartigen Aufgaben dienen. Die Gesamtstrahlung des terrestrischen Sonnenspektrums, das sich etwa von 290 mμ bis 2400 mμ erstreckt, kann lichtelektrisch nicht erfaßt werden. Messungen mit Photozellen kommen vielmehr im wesentlichen für den *sichtbaren* und *ultravioletten* Strahlungsanteil in Betracht, und zwar müssen, je nach dem Spektralbereich, dessen Strahlung hauptsächlich gemessen werden soll, Zellen mit geeigneter Empfindlichkeitsverteilung ausgewählt werden.

Handelt es sich um die Messung von *Helligkeiten* des unzerlegten Tageslichtes, so wird man gewöhnlich eine der spektralen Empfindlichkeitsverteilung des Auges angepaßte *Selen-Sperrschichtzelle* verwenden (s. S. 517). Je nachdem, ob nur das Licht aus bestimmter Richtung oder die mittlere Helligkeit in einem großen Raumwinkel gemessen werden soll, bringt man vor der Zelle passend geformte Gesichtsfeldblenden oder halbkugelförmige Opalglasfilter für den Lichteintritt an. Der Photostrom wird bei einfachen Beleuchtungsmessern (S. 518) mit einem Mikroamperemeter gemessen oder kann für Dauerbeobachtungen über längere Zeiten auch mit einem *Fallbügelschreiber* in seinem Verlauf kontinuierlich aufgezeichnet werden. Solche Aufzeichnung von Schwan-

·kungen des Tageslichtes ist auch mit hinreichend empfindlichen Zellen mit äußerem Photoeffekt möglich [*77*] (Abb. VIII. 63).

Zur Messung der Strahlungsintensität bestimmter *Spektralbereiche* im sichtbaren Gebiet kann man Selen-Photoelemente oder auch Zellen mit *Cäsium-* oder *Kalium*schicht als Kathode verwenden, wenn man sie mit passenden Lichtfiltern (s. S. 470ff.) kombiniert[1]. In diesem Fall sollte man sich vor der Inangriffnahme der Strahlungsmessung stets einen Überblick über die *wirkliche spektrale Empfindlichkeitsverteilung* der kombinierten Anordnung verschaffen, entweder durch direkte Messung in spektral zerlegtem Licht mit Thermoempfänger und Photozelle (s. S. 496ff.) oder durch Multiplikation der spektralen Empfindlichkeit der ungefilterten Zelle mit den spektralen Durchlässigkeitszahlen der Lichtfilter. Damit der von der Photozelle mit Filter tatsächlich erfaßte Spektralbereich bereits durch die Filterdurchlässigkeit definiert wird, verwendet man tunlichst Zellen, die bei hoher Empfindlichkeit entweder einen schwachen normalen Anstieg oder ein nur schwach ausgeprägtes Maximum in ihrer Empfindlichkeitskurve aufweisen.

Bei Verwendung von Zellen mit äußerem Photoeffekt wird der Photostrom am empfindlichsten mit einem Fadenelektrometer gemessen. Eine geeignete Apparatur[2], bei der die Photozelle mit dem Elektrometer so zusammengebaut ist, daß damit Strahlungsmessungen nach bestimmten Höhen- und Azimutrichtungen vorgenommen werden können, ist in Abb. VIII. 64 dargestellt. Die in einem Gehäuse untergebrachte Zelle läßt sich um eine horizontale Achse neigen und dadurch auf gewünschte Höhenwinkel einstellen, die an einer rechts sichtbaren Kreisskala abgelesen werden können. Zugleich läßt sich die ganze Anordnung um die senkrechte Elektrometerachse schwenken. An Stelle des rechts außen befindlichen Gegengewichtes kann auch ein Gehäuse mit einer zweiten Photo-

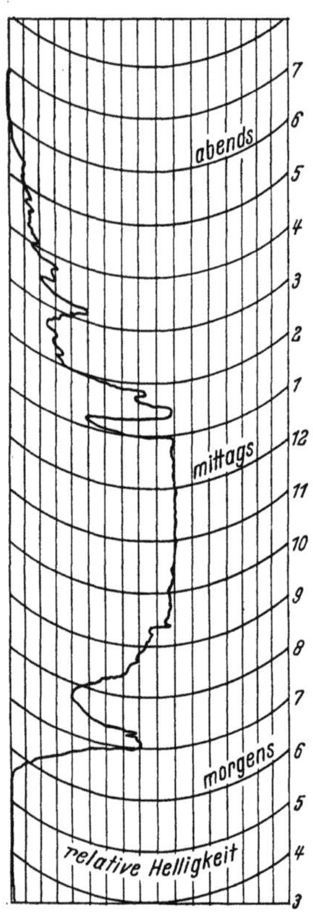

Abb. VIII. 63. Photoelektrische Aufzeichnung der Tageslichtschwankungen in einem Fabrikraum (nach [*77*])

---

[1] Angaben über Lichtfilter für meteorologische Zwecke s. [*8*].

[2] Nach ELSTER und GEITEL, verbessert von C. DORNO; hergestellt von Günther & Tegetmeyer, Braunschweig.

zelle angesetzt werden. Beide Zellen lassen sich dann durch einen Umschalter wahlweise mit dem Elektrometer verbinden.

Auf die Lichteintrittsöffnung der Zelle kann ein Tubus mit Blenden sowie eine Irisblende, ein Milchglas, Matt-Uviolglas oder Lichtfilter aufgesetzt werden. Die Schutzwiderstände vor den Elektrometerschneiden sind eingebaut. Über den Schrauben zum Verstellen der Schneiden befinden sich Schutzkapseln. Ferner ist das Instrument mit einer Erdungseinrichtung und einer Vorrichtung zum Anlegen von Potentialen an

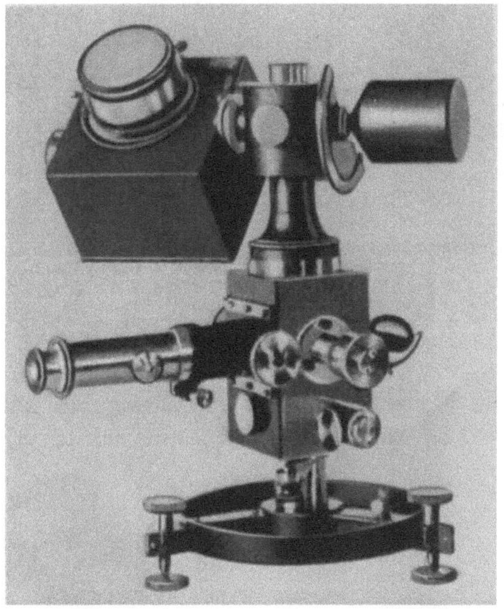

Abb. VIII. 64. Lichtelektrisches Strahlungsphotometer

Faden und Zelle versehen. Der gesamte Apparat ist sehr stabil und kann z. B. auch auf Expeditionen oder bei Ballonfahrten u. dgl. mitgenommen werden.

Zur Messung von *ultravioletter* Strahlung verwendet man *Kadmium*- oder *Natrium*zellen mit *Quarz*kolben (vgl. Ziff. 44); auch hier können bestimmte Wellenlängenbereiche, deren Intensität gemessen werden soll, in den meisten Fällen mit passenden Filterkombinationen ausgeblendet werden [50]. Abb. VIII. 65 zeigt z. B. nach SEITZ [73] die Empfindlichkeitsbereiche, die mit einer Natriumzelle hinter verschiedenen solchen Filtern erfaßt werden. Auch Selen-Photoelemente lassen sich unter entsprechender Filterung in diesem Spektralgebiet noch verwenden [43].

Wo solche Ausfilterung nicht ausreicht, muß die Messung in spektral zerlegtem Licht erfolgen. Eine geeignete spektralphotometrische Anordnung für meteorologische Strahlungsmessungen nach DEMBER [*15*] mit einem lichtstarken Ultraviolettmonochromator ist in Abb. VIII. 66

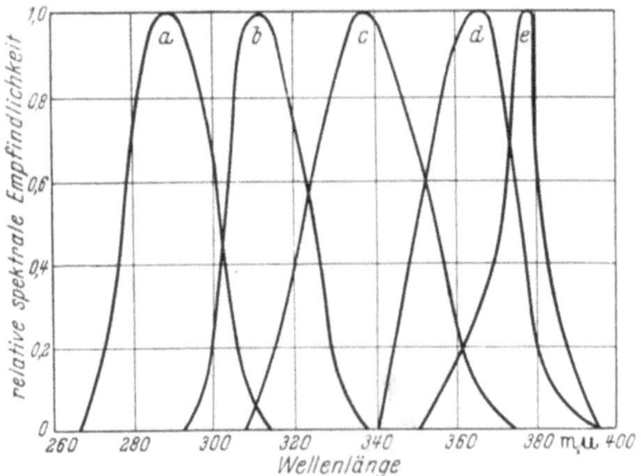

Abb. VIII.65. Empfindlichkeitsbereiche einer Natriumzelle mit verschiedenen Filtern:
a Schottfilter UG 5, 3 mm stark + Pikrinsäurelösung
b Schottfilter UG 5, 3 mm stark + Kaliumchromat
c Schottfilter UG 4, 3 mm stark + Tartrazin
d Schottfilter UG 4, 3 mm stark + Phoron
e Schottfilter UG 2, 2 mm stark + Äskulin

dargestellt. Der Monochromator ist festarmig mit konstanter Strahlablenkung von 120° und läßt sich um eine horizontale Achse neigen,

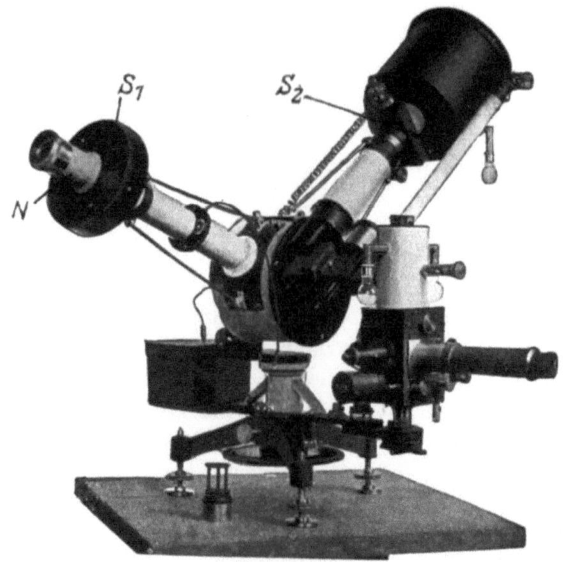

Abb. VIII.66. Lichtelektrisches Spektralphotometer für meteorologische Strahlungsmessung
(nach [*15*])

so daß Himmelsstrahlung aus gewünschten Höhenwinkeln in den ebenfalls horizontal liegenden Eintrittsspalt S_1 gelangt. Die Photozelle befindet sich in einem Gehäuse unmittelbar hinter dem Austrittsspalt S_2;
ihr Photostrom wird mit einem angeschlossenen Fadenelektrometer gemessen. Um die Zelle energetisch auseichen zu können, besteht die
Möglichkeit, den Austrittsspalt wie bei der in Abb. VII.102 gezeigten
Anordnung durch eine Thermosäule mit eigenem Spalt zu ersetzen. Auch
den Grad der Polarisation der Himmelsstrahlung kann man mit dem
Instrument bestimmen, indem man ein Nicolsches Prisma N, dessen
Stellung an einer Skala abzulesen ist, vor den Eintrittsspalt S_1 schaltet.

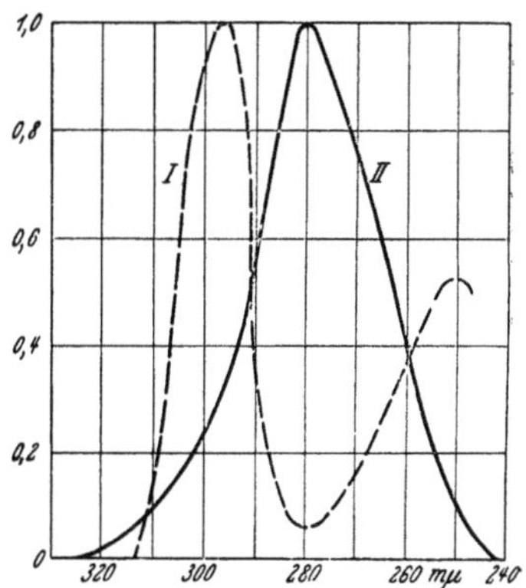

Abb. VIII.67. Kurve *I*: Spezifische Erythemwirkung in Abhängigkeit von der
Wellenlänge (nach [29]). Kurve *II*: Spektraler Empfindlichkeitsverlauf einer Kadmiumzelle aus Uviolglas

In den meisten Fällen wird die *einmalige* Lichtzerlegung in einem solchen
Instrument für die durchzuführenden
Strahlungsmessungen ausreichen. Werden besonders hohe Anforderungen
an die spektrale Reinheit gestellt
(vgl. S. 483), so kann erforderlichenfalls durch Vorschaltung von Filtern
oder eines zusätzlichen kleinen Spektroskops vor dem Eintrittsspalt auch
restliches falsches Licht noch beseitigt
werden.

Bei Strahlungsmessungen im Zusammenhang mit *biologischen* Fragen handelt es sich gewöhnlich nicht um Ausfilterung sehr enger Wellenlängenintervalle, sondern um breitere, physiologisch
wirksame Spektralbereiche, wobei es darauf ankommt, die Gesamtwirksamkeit dieser Bereiche möglichst genau zu bestimmen. Eine besondere
Bedeutung für den Organismus kommt dabei dem kurzwelligen Teil der
Sonnenstrahlung, dem *Dornogebiet* bei Wellenlängen um 300 mμ zu. Dieser
Teil des ultravioletten Spektrums ruft die bekannte, als *Sonnenbrand* oder
Erythem bezeichnete Rötung der Haut hervor, als deren Folgeerscheinung
nach einiger Zeit die Hautbräunung entsteht. Die spezifische Erythemwirkung der Strahlung der verschiedenen Wellenlängen hat etwa den
in der Kurve *I* der Abb. VIII.67 dargestellten Verlauf [1] [2] [13] [29];
sie zeigt vor allem ein ausgeprägtes Maximum bei 296 mμ. Da die
biologische Wirkung dieser Strahlung so augenfällig ist, besteht ein
großes Interesse, ihren relativen Anteil an der Sonnen- und Himmelsstrahlung unter verschiedenen meteorologischen und klimatologischen
Bedingungen zu messen. Ebenso ist es auch wünschenswert festzustellen,
wie groß der Gehalt an Dornostrahlung bei jenen künstlichen Lichtquellen ist, die als *Höhensonnen* bezeichnet werden.

Für Messungen dieser Art ist eine strenge spektrale Zerlegung der Strahlung im allgemeinen entbehrlich und würde auch im Falle der Sonnenstrahlung durch gestreutes *falsches* Licht der weit intensiveren langwelligen Teile des Spektrums leicht zu Fehlmessungen Anlaß geben. Es ist deshalb in diesem Falle günstiger, eine Zelle zu verwenden, die praktisch nur auf Strahlung des in Rede stehenden ultravioletten Gebietes anspricht und deren spektrale Empfindlichkeitskurve gegebenenfalls durch geeignete Filter soweit wie möglich der Hauterythemkurve angeglichen wird. Wie Abb. VIII. 67 zeigt, läßt sich das mit einer Kadmiumzelle einigermaßen erreichen (Kurve *II*), ebenso nach Abb. VIII. 65 mit einer passend gefilterten *Natrium*zelle. Nach COBLENTZ [*11*] benutzt man zur Messung der biologisch wirksamen Strahlung Zellen mit Kathoden aus *Zirkon*, deren spektrale Empfindlichkeit bei geeignetem Glas als Filter (Ziff. 37 u. 71) gerade in dem gewünschten Bereich zwischen etwa 290 mμ und 320 mμ liegt.

Mit solchen Zellen kann die jeweilige Intensität der erythemerzeugenden Strahlung ermittelt oder fortlaufend aufgezeichnet werden [*12*].

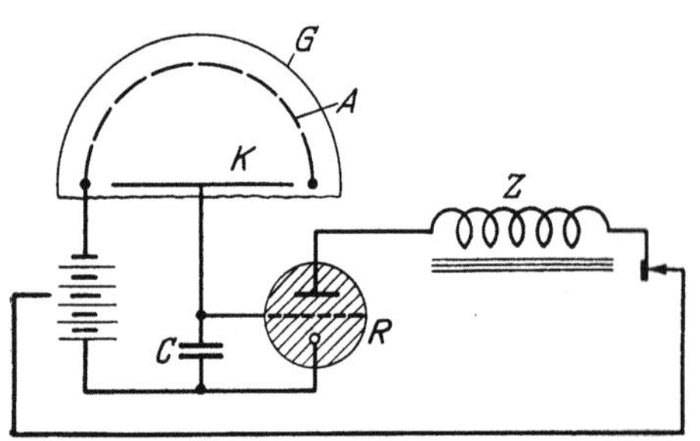

Abb. VIII. 68. Prinzip eines Dosismessers für ultraviolette Himmelsstrahlung.
G Schutzgefäß aus Quarzglas, *A* Anode, *K* Photokathode, *C* Kondensator, *R* Thyratronröhre, *Z* Zählrelais

Noch wichtiger ist für biologische Zwecke oft eine *integrierende* Messung, die selbsttätig die Gesamt*dosis* an wirksamer Strahlung innerhalb einer bestimmten Zeit feststellt. Einrichtungen für solche integrierende Messungen haben wir schon in Ziff. 60 (S. 406) erwähnt. Ihr Prinzipaufbau für Dosismessung ultravioletter Strahlung ist in Abb. VIII. 68 veranschaulicht. Der Zellenkolben aus Quarzglas ist in seinem oberen Teil halbkugelförmig ausgebildet, um allseitigen Lichteintritt zu gestatten. Ein dünnes Drahtgitter *A* als Anode umgibt ebenfalls halbkugelförmig die Kathodenplatte *K*. In demselben Behälter wie die Photozelle befindet sich ein Kondensator *C* und ein Thyratronrohr *R*. Bei Bestrahlung der Photozelle tritt in der auf S. 404 beschriebenen Weise eine periodische Auf- und Wiederentladung des Kondensators ein, wobei jede Aufladung bei gegebener Kondensatorkapazität und gegebener Zellenempfindlichkeit einer bestimmten Menge ultravioletter Einstrahlung entspricht. Die Stromimpulse des Thyratrons, die bei den periodischen Entladungen eintreten, werden mit einem elektromagnetischen Zählwerk gezählt; die angezeigte Impulszahl ist dann ein unmittelbares Maß für die Gesamtmenge der eingefallenen wirksamen Strahlung.

Meteorologische oder biologische Strahlungsmessungen bedürfen zu ihrer Ergänzung häufig auch einer Kenntnis der jeweiligen *Durchlässigkeit der Atmosphäre*, weil diese ja die durchsetzende Strahlung wesentlich beeinflußt. Damit in unmittelbarem Zusammenhang stehen auch die atmosphärischen *Sicht*verhältnisse, deren quantitative Messung für die Schiffahrt, das Flugwesen und viele andere Gebiete von Wichtigkeit ist.

Die wechselnde optische Durchlässigkeit der Luft und damit die atmosphärische Sichtweite hängt im wesentlichen von dem jeweiligen Grad der *Lichtstreuung* an Dunstpartikeln (vor allem Staub und Wassertröpfchen) ab. Um sie objektiv zu ermitteln, kann man zweckmäßig

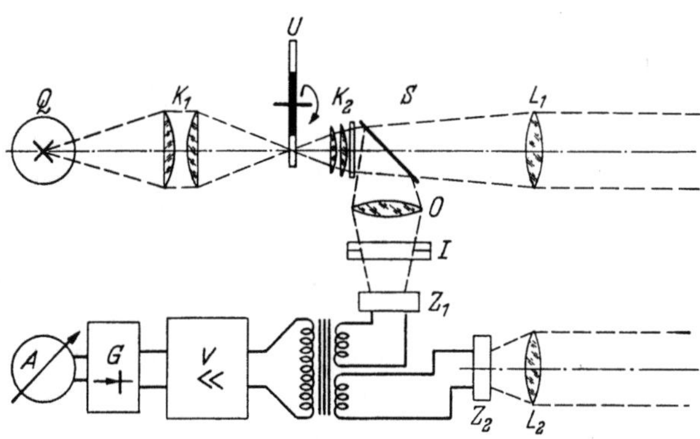

Abb. VIII. 69. Lichtelektrischer Sichtmesser nach BERGMANN [5]. Bezeichnungen s. Text

ähnliche lichtelektrische Verfahren anwenden wie bei den in Ziff. 78c beschriebenen *Trübungsmessungen*. Da es sich in der Atmosphäre im allgemeinen um verhältnismäßig schwache Trübungen handelt, muß man die Meßstrecke, längs deren der Extinktionsmodul (S. 556) bestimmt wird, entsprechend lang machen. Man läßt dazu gewöhnlich ein Lichtbündel definierter Stärke zu einem in größerer Entfernung aufgestellten Spiegel und von dort wieder zurücklaufen und vergleicht den nach Durchlaufen dieser Strecke verbleibenden Lichtstrom mit dem eines gleich starken zweiten Bündels der gleichen Lichtquelle, das nur eine sehr kurze Strecke, also praktisch ohne Absorption und Streuungsverlust, zurückgelegt hat.

Einen lichtelektrischen Sichtmesser nach diesem Prinzip in einer von BERGMANN [5] angegebenen Form zeigt Abb. VIII. 69. Das Licht einer starken Projektionslampe Q wird hier durch einen Kondensor K_1 zu einem engen Bündel zusammengezogen und von einer rotierenden Lochscheibe U periodisch unterbrochen. Das durchtretende Wechsellicht wird, nachdem es einen weiteren Kondensor K_2 durchsetzt hat, von einem halbdurchlässigen Spiegel S in zwei Teilbündel zerlegt, von denen das eine auf kurzem Wege durch die Linse O in eine Photozelle Z_1, das andere durch die Kollimatorlinse L_1 zu einem entfernt aufgestellten Spiegel und von dort zurück durch die Linse L_2 in die Photozelle Z_2 gelangt.

Die beiden Zellen sind so an zwei Wicklungen eines gemeinsamen Transformators gelegt, daß die Induktion der beiden Zellenwechselströme einander entgegenwirkt. Das an die Sekundärwicklung des Transformators über einen Verstärker V und einen Gleichrichter G angeschlossene Nullgalvanometer A wird daher stromlos, wenn die Belichtung auf beiden Zellen gleich stark ist, d. h. wenn auf der langen Meßstrecke über $L_1 L_2$ bei ideal durchsichtiger Luft praktisch ebensoviel Licht zur Zelle Z_2 zurückkehrt, wie auf dem kurzen Wege über O zur Zelle Z_1 gelangt. Eine merkliche Absorption oder Streuung auf dem langen Lichtweg macht sich dagegen als unterschiedliche Belichtung der beiden Zellen und damit in einer mehr oder weniger großen Wechselamplitude des Verstärkers bemerkbar, die vom Galvanometer A angezeigt wird. Die Lichtschwächung auf dem langen Strahlweg kann durch entsprechende Schwächung des Vergleichslichtbündels mit der Irisblende J wieder auf Nullanzeige des Galvanometers A abgeglichen werden. Die Stellung der Blende J ist dann ein Maß für die auf der Meßstrecke zum Spiegel eingetretene Lichtschwächung, die in geeigneter Weise in Sichtweiten geeicht oder auf Größe des zu messenden Extinktionsmoduls umgerechnet werden kann.

Die Empfindlichkeit, mit der sich Trübungen der Atmosphäre mit einer solchen Anordnung messen lassen, hängt weitgehend von der Länge der gewählten Meßstrecke, von guter Parallelität des Lichtbündels zwischen L_1 und L_2 und von der Güte des Spiegels ab, von dem das Licht am Ende der Meßstrecke zurückgeworfen wird. Bei neueren Ausführungen verwendet man für solche Sichtmeßgeräte statt gewöhnlicher Spiegel *Tripelspiegel*, d. h. räumliche Polygonspiegel, die durch ihre Anordnung stets eine Autokollimation des Strahlenganges aufrechterhalten. Dadurch wird das zum Empfänger zurückkehrende Lichtbündel von kleinen Änderungen der Spiegelstellung weitgehend unabhängig. Das Reflexionsvermögen des Spiegels muß bei der Eichung der Gesamtanordnung natürlich einbezogen werden.

Sichtmesser dieser Art, die nach dem Prinzip des Vergleiches zweier Strahlwege arbeiten (Abb. VIII.25), werden von etwaigen Schwankungen der Lichtquelle kaum beeinflußt. Durch die Verwendung von *Wechsellicht* zur Anzeige wird auch der Einfluß von außen einfallenden Lichtes praktisch ausgeschaltet, so daß man damit unabhängig vom jeweils herrschenden Tageslicht messen kann. Das Meßverfahren läßt sich in verhältnismäßig einfacher Weise auch mit einer *selbsttätigen*

Kompensation ergänzen, wie sie z. B. bei dem HARDY-Photometer angewandt ist (Abb. VIII. 45 und 48). Gewöhnlich läßt man dazu das Licht der Meßstrecke und der Vergleichsstrecke intermittierend, also um 180° gegenphasig, auf die gleiche Photozelle fallen und steuert, wie auf S. 565 beschrieben, mit dem resultierenden Zellenwechselstrom die Einstellung einer kompensierenden Blende des Vergleichsweges [70]. Die Blendenstellungen zeigen dann jeweils die zu messende Lufttrübung an. Mit solchen selbstkompensierenden Einrichtungen kann unter wechselweiser Vorschaltung von Farbfiltern der zeitliche Verlauf der Durchlässigkeit der Atmosphäre in verschiedenen Spektralbereichen fortlaufend automatisch aufgezeichnet werden.

d) Lichtelektrische Helligkeitsmessung und Ortsbestimmung von Sternen

In der Astronomie spielt die Messung von *Sternhelligkeiten,* und zwar sowohl die Bestimmung der absoluten Helligkeit von Sternen verschiedener Größenklassen als auch die laufende Untersuchung veränderlicher Sterne für zahlreiche astrophysikalische und stellarastronomische Probleme eine erhebliche Rolle [4] [67]. Die Sternhelligkeiten werden je nach der besonderen Aufgabenstellung teils auf visuellem Wege, teils photographisch, bolometrisch, thermoelektrisch oder mit Photozellen gemessen. Wie auf S. 509 ff. näher dargelegt wurde, übertrifft die lichtelektrische Messung die visuellen und thermoelektrischen Methoden wesentlich an Empfindlichkeit. Auch dem photographischen Verfahren ist sie hinsichtlich der Schnelligkeit der Messung überlegen; mit Photozellen lassen sich noch Sternhelligkeiten direkt und objektiv messen, die auf photographischem Wege erst in mehrstündiger Belichtungszeit und auf dem Umwege über Schwärzungsmessungen erfaßt werden können. Aus diesen Gründen, vor allem auch mit Hinblick auf die mit dem lichtelektrischen Verfahren erreichbare *Meßgenauigkeit,* hat sich die Sternphotometrie mit Photozellen, um deren Einführung und Methodenentwicklung sich insbesondere GUTHNICK und ROSENBERG verdient gemacht haben, vielfältig bewährt.

Bei den sehr geringen Helligkeiten der meisten astronomischen Objekte werden allerdings an die Empfindlichkeit der lichtelektrischen Meßeinrichtung höchste Anforderungen gestellt. Ein heller Fixstern nullter Größe[1] erzeugt am Beobachtungsort eine Strahlungsflußdichte

---

[1] Die Skala der Größenklassen (m) der Sterne ist so festgelegt, daß der Polarstern die scheinbare visuelle Helligkeit $2{\overset{m}{,}}12$ hat. Sterne, deren Intensitäten im Verhältnis 2,512 : 1 zueinander stehen, unterscheiden sich jeweils um eine Größenklasse. Ein Stern 6. Größe hat demgemäß $\dfrac{1}{2{,}512^{6}} = \dfrac{1}{251}$ der Intensität eines Sternes nullter Größe.

von ca. $1{,}25 \cdot 10^{-12}$ W/cm² [60]; in einem Fernrohr mittlerer Größe, z. B. von ca. 25 cm Objektivdurchmesser oder rund 500 cm² nutzbarer Öffnung entspricht das (ohne Berücksichtigung der Lichtverluste in der Optik) einem Strahlungsfluß von ca. $6 \cdot 10^{-10}$ W. Strahlungsflüsse dieser Größe sind lichtelektrisch noch gut meßbar (vgl. S. 511), verlangen aber, wie der angeführte Zahlenwert zeigt, schon für verhältnismäßig helle Sterne empfindliche Meßmethoden. Ein Stern 6. Größe, der mit freiem, volladaptiertem Auge gerade noch wahrgenommen werden kann, liefert in ein Fernrohr von 25 cm Objektivdurchmesser einen Strahlungsfluß von ca. $2{,}5 \cdot 10^{-12}$ W. Auf diese Strahlung spricht eine Photozelle von ca. 3 mA/W Empfindlichkeit mit einem Photostrom von $7{,}5 \cdot 10^{-15}$ A an.

Diese Zahlenbeispiele veranschaulichen, daß es sich in der Sternphotometrie durchweg um Messung sehr kleiner Photoströme handelt, die nahe der Beobachtungsgrenze liegen (vgl. Anm. 1, S. 511). Deswegen wird in den meisten Fällen mit der hochempfindlichen elektrometrischen *Auflademethode* (Ziff. 59, S. 393ff.) gearbeitet. Wo es nicht auf äußerste Empfindlichkeit, aber auf schnellere Anzeige ankommt, kann bis zu ca. $3 \cdot 10^{-14}$ A auch mit empfindlichen Elektrometerröhren und Gleichstromverstärkung (S. 422ff.) gemessen werden [79].

Man verwendet Zellen mit tunlichst hoher *selektiver* Empfindlichkeit, und zwar gewöhnlich mehrere Zellen, die in verschiedenen Spektralbereichen empfindlich sind. Die vergleichende Messung mit solchen Zellen ermöglicht dann z. B. die Bestimmung der Farbindizes von Sternen oder die Untersuchung des Helligkeitsverlaufs veränderlicher Sterne in verschiedenen Wellenlängengebieten, ohne daß dabei ein Empfindlichkeitsverlust durch Farbfilter in Kauf genommen werden müßte.

Um hohe Empfindlichkeit zu erzielen, benutzt man im allgemeinen *gasgefüllte* Zellen, und zwar mit tunlichst hoher, bis nahe unter dem *Entladepotential* eingestellter Betriebsspannung (s. S. 283). In diesem Zustand sind solche Zellen außerordentlich labil und müssen bereits lange Zeit, ehe sie zu Messungen benutzt werden sollen, unter konstanter Spannung gehalten werden, damit sich eine definierte Empfindlichkeit einstellt. Da sie außerdem leicht in den Bereich der Glimmspannung geraten und während einer Meßreihe unbrauchbar werden können, bringt man in einem Sternphotometer immer mehrere Zellen nebeneinander an, die ständig unter Spannung gehalten und wahlweise in den Strahlengang gebracht werden.

Ein nach diesen Gesichtspunkten von GUTHNICK konstruiertes *lichtelektrisches Sternphotometer* [25] zeigen die Abb. VIII.70 und 71. In Abb. VIII.70 ist es an der Okularöffnung des 125-cm-Reflektors der Sternwarte Babelsberg angebracht. In der Seitenansicht (Abb. VIII.71) erkennt man rechts den Flansch, der an den Okulartubus des Fernrohres angesetzt wird. Von diesem führt ein Tubus zu einem zylindrischen Gehäuse, in dem die verschiedenen Photozellen untergebracht sind. Im vorderen Teil des Tubus befindet sich in der Brennebene des Fernrohres eine Blende, in deren Öffnung das Bild des zu photometrierenden Sternes

Abb. VIII.70. Lichtelektrisches Sternphotometer nach GUTHNIK [25] am 125-cm-Reflektor der Sternwarte Babelsberg

eingestellt wird. Durch die Blende wird bewirkt, daß praktisch nur das Licht des Sternes auf die Photozelle gelangt, während die Strahlung des benachbarten Himmelshintergrundes weitgehend ferngehalten wird. Zur genauen Einstellung des Sternes in die Blendenöffnung kann hinter der Blende ein rechtwinkliges Prisma in den Strahlengang geschoben werden, mit dem das aus dem Fernrohr kommende Licht senkrecht nach unten in ein Beobachtungsrohr gespiegelt wird, so daß es dort mit einem kleinen Hilfsfernrohr beobachtet werden kann. Nach Wegschieben des Prismas fällt das Sternlicht in die jeweils eingeschaltete

Photozelle. Ihr Photostrom wird mit dem unten sichtbaren Elektrometer gemessen, das an einer Drehachse aufgehängt ist, damit es in jeder Fernrohrlage in senkrechter Stellung bleibt.

Unter geeigneten Vorkehrungen können mit einem solchen Sternphotometer bei 60 sec Aufladezeit des Elektrometers und einer Elektro-

Abb. VIII.71. Seitenansicht des in Abb. VIII.70 gezeigten Sternphotometers

meterempfindlichkeit von 50 Skt/V noch Photoströme von ca. $3 \cdot 10^{-14}$ A auf ca. $\pm 1\%$ genau gemessen werden. Ein meßbarer Helligkeitsunterschied von 1% bedeutet in der astronomischen Größenskala (s. Anm. S. 589), daß Sterngrößen auf $\pm 0^{m}\!,01$ bestimmt werden können. Erst durch diese hohe Genauigkeit der lichtelektrischen Methode ist es möglich geworden, auch kleine Amplituden ($< 0^{m}\!,1$) schwach veränderlicher Sterne zu messen.

Neben den beschriebenen Aufgaben der Stern*photometrie* gibt es auf astronomischem Gebiet noch weitere Anwendungsbereiche, bei denen objektive lichtelektrische Meßmethoden mit Vorteil herangezogen werden können. Dazu gehört z. B. die astronomische *Zeitbestimmung* aus dem Meridiandurchgang von Sternen bekannter Rektaszension oder umgekehrt die genaue *Bestimmung von Rektaszensionen* aus dem Zeitunterschied der Meridiandurchgänge verschiedener Sterne. Alle Messungen dieser Art erfordern genaue Beobachtung des Zeitpunktes, an dem ein Stern durch den Mittelfaden im Gesichtsfeld eines Meridianinstrumentes hindurchtritt. Die subjektive Beurteilung, wann der Stern mit der Meridianmarke koinzidiert, ist mit den bekannten Unsicherheiten und Fehlern der sogenannten „persönlichen Gleichung" behaftet, die Abweichungen bis zu 0,2 sec von der wahren Durchgangszeit des Sternes ergeben kann. Um diese Fehler zu eliminieren, wendet man

schon bei subjektiver Beobachtung gewöhnlich besondere Hilfsmittel an [*3*]; eine wesentliche Steigerung der Genauigkeit kann jedoch durch die im folgenden beschriebene *objektive* Methode der Durchgangsbeobachtung mit einer Photozelle erreicht werden, weil die individuellen Faktoren der Beobachtung hierbei völlig ausgeschaltet sind.

Man bringt dazu in der Bildebene des Meridianinstrumentes ein Blendensystem der in Abb. VIII.72 dargestellten Art an [*78*] und dahinter an Stelle des beobachtenden Auges eine Photozelle. Das durch das Gesichtsfeld wandernde Bild eines Sternes passiert dann auf

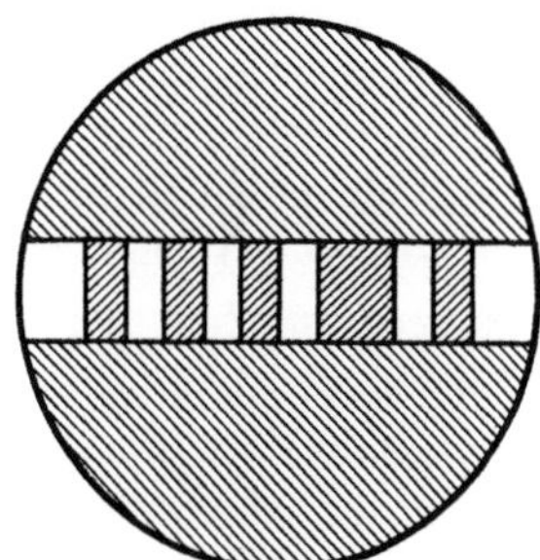

Abb. VIII.72. Blendenanordnung in der Brennebene eines Meridiankreises zur lichtelektrischen Zeitgebung bei Sterndurchgängen (nach [*78*])

seinem Wege nacheinander freie und abgedeckte Stellen des Blendensystems; die Photozelle wird daher im zeitlichen Verlauf der Sternwanderung abwechselnd belichtet und wieder abgedunkelt und liefert demgemäß einen diesem Helligkeitsverlauf entsprechenden Photostrom. Der Strom wird geeignet verstärkt und betätigt ein Morserelais, mit dem jedesmal, wenn das Sternbild durch eine freie Öffnung des Blendensystems läuft, ein Zeichen auf dem mit einer Sternzeituhr verbundenen Chronographenstreifen markiert wird. Aus der Lage dieser Zeitmarken gegenüber den Sekundenzeichen der Uhr kann dann der Augenblick des Sterndurchganges durch den Meridian weit genauer entnommen werden als bei subjektiver Beobachtung.

Da es sich bei allen Sterndurchgängen um sehr schwache Photoströme handelt (S. 590), verwendet man zur Anfangsverstärkung zweckmäßig eine Elektrometerröhre mit hochisoliertem Gitter (s. S. 425ff.). Alle zufälligen Stromschwankungen im Verstärkereingang müssen sorgfältig vermieden werden. Den Einfluß geringer Heizstromänderungen eliminiert man dadurch, daß man zur Heizung und für das Gitterpotential mittels eines passend gewählten Widerstandes die gleiche Batterie benutzt. Bei geringer Vergrößerung des Heizstromes wird das

Gitter entsprechend etwas negativer und umgekehrt, so daß der Anoden-strom praktisch konstant bleibt. Kriechströme werden durch geerdete Metallringe beseitigt, mit denen man die Isolatoren umgibt. Die ganze Apparatur wird durch Einbau in geerdete Metallkästen sorgfältig gegen elektrostatische Störungen geschützt. Mit einem in dieser Weise zu-sammengestellten Verstärker vermag man noch Durchgänge von Sternen zu registrieren, die bedeutend lichtschwächer sind als die schwächsten mit dem bloßen Auge wahrnehmbaren.

Bei der Auswertung der Zeitmarken, die von dem Photostrom auf dem Chronographenstreifen erzeugt werden (vgl. Kap. XII, S. 714), muß die Zeitkonstante der Photozellenanordnung und des Verstärkers sowie die etwaige Ansprechverzögerung des Schreibrelais natürlich berück-sichtigt werden. Vom Augenblick der einsetzenden Belichtung der Zelle in den einzelnen Blendenfeldern benötigt die Aufladung der Zellen- und Gitterkapazität über den großen Gitterwiderstand nach Gl. (8), S. 398, eine gewisse Zeit, deren Größe von dem Produkt aus Kapazität und Widerstand abhängig ist. Der hierdurch bedingte Anzeigefehler kann bis zu ca. 0,1 sec betragen, läßt sich aber aus den gemessenen elektrischen Daten der Anordnung ermitteln und in Rechnung setzen.

Es ist auch zu berücksichtigen, daß der Stern nicht punktförmig, sondern als kleine Scheibe abgebildet wird. Bei Eintritt des Sternbildes in eins der Blendenfelder steigt der Photostrom daher nach einer be-stimmten Funktion an, die für verschieden helle Sterne etwas von-einander abweichenden Verlauf hat. Es empfiehlt sich daher, den Ver-stärkungsgrad der Anordnung entsprechend der Größe des Sternes in der Weise zu verändern, daß man bei einem helleren Stern eine geringere Verstärkung anwendet. Der Fehler, mit dem man die Verzögerung der Registrierung angeben kann, beträgt insgesamt ca. 0,0001 sec.

Eine andere wichtige Anwendung finden Photozellen auch zur selbst-tätigen *Nachführung von Fernrohren*. Bei größeren Teleskopen ist es bekanntlich auch mit guten Antriebsuhrwerken schwierig, die optische Achse über längere Zeit entgegen der Erddrehung genau in ihrer Rich-tung festzuhalten, damit ein Stern, z. B. bei längerdauernden photo-graphischen Aufnahmen, seinen unveränderten Platz im Gesichtsfeld behält.

Hier kann man mit einer lichtelektrischen Selbststeuerung eine wesentlich erhöhte Genauigkeit erreichen. Eine geeignete Anordnung nach WHITFORD und KRON [*90*] ist in Abb. VIII.73 dargestellt. Die optische Achse des Fernrohres wird in der Weise festgelegt, daß das Bild eines „Haltesternes" in einem mit dem Hauptrohr fest verbundenen Leitfernrohr auf die Kante eines Dachkantprismas P eingestellt wird. Das vom Objektiv einfallende Licht dieses Sternes gelangt dann zu gleichen Anteilen über die beiden Spiegel S_1 und S_2 in die Photozelle Z.

Die beiden Teillichtbündel werden von einer rotierenden Unterbrecherscheibe U abwechselnd freigegeben, so daß die Photozelle bei genau richtiger Lage des Sternbildes auf der Prismenkante in beiden Halbperioden gleiche Belichtung erhält und einen konstanten Photostrom liefert. Sobald aber das Sternbild etwas seitlich von der Prismenkante herauswandert, wird die Zellenbeleuchtung in einer Halbwelle stärker, in der anderen entsprechend schwächer. Es entsteht daher ein *Wechselstrom*, der, je nachdem ob der Stern links oder rechts der Prismenkante auswandert, entgegengesetzte Phasenlage hat.. Dieser Wechselstrom wird in entsprechender Weise, wie wir es schon beim HARDY-Photometer (S. 563) beschrieben haben, nach geeigneter Verstärkung einem Motor zugeführt und setzt diesen je nach der Stromphase in rechts- oder linksgerichtete Drehung, mit der das Fernrohr so lange nachbewegt wird, bis das Sternbild wieder seine symmetrische Lage auf der Prismenkante erreicht und der Wechselstrom damit verschwindet.

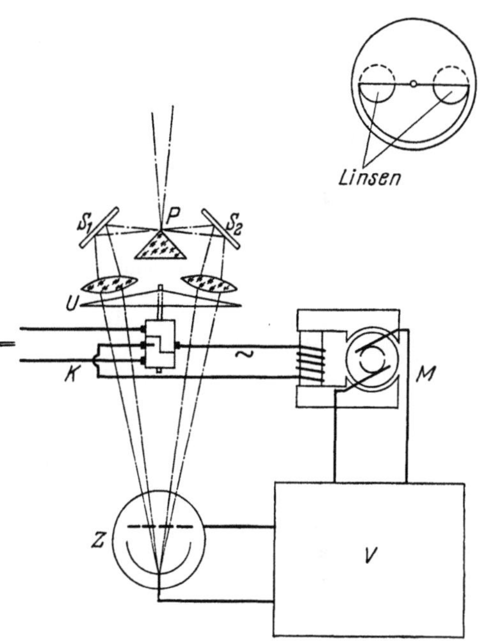

Abb. VIII. 73. Einrichtung zur lichtelektrischen Nachführung von Fernrohren.
P Dachkantprisma, S_1 S_2 Spiegel, U Unterbrecherscheibe, K Kommutator, Z Photozelle, V Verstärker, M Nachlaufmotor.
Oben rechts Ansicht der Unterbrecherscheibe U von der Zelle Z gesehen

Mit solcher lichtelektrischen Steuerung wird eine erheblich genauere Fernrohrführung erreicht als mit visueller Berichtigung einer Uhrwerksbewegung. In der beschriebenen Form korrigiert die Anordnung Sternauswanderungen nur in *einer* Koordinate. Um die Visierrichtung des Fernrohres in Rektaszension *und* Deklination genau festzuhalten, kann man zwei gleichartige Steuerorgane benutzen, deren Prismenkanten senkrecht zueinander angeordnet sind und mit zwei passenden Haltesternen zur Deckung gebracht werden.

Bezüglich der Anwendung von Sekundärelektronen-Verstärkern in der Astronomie vgl. Kap. XI, Ziff. 91.

Literatur

[1] ADAMS, E. Q., B. T. BARNES u. W. E. FORSYTHE: J. opt. Soc. Amer. **21**, 208 bis 222 (1931).

[2] ADAMS, E. Q., B. T. Barnes u. W. E. FORSYTHE: Strahlentherapie **48**, 235 bis 249 (1933).

[3] BECKER, F.: Einführung in die Astronomie, Leipzig 1947, S. 20.

[4] BECKER, W.: Sterne und Sternsysteme, 2. Aufl. Dresden u. Berlin 1950.

[5] BERGMANN, L.: Phys. Z. **35**, 177—179 (1934).

[5a] BILLINGS, D. E., R. H. COOPER, J. W. EVANS u. R. H. LEE: Electronics **27**, 174—178 (1954).

[6] BOUTRY, G.: Editions de la Revue d'Optique. Paris 1934.

[7] BRODE, W. R., u. C. H. JONES: J. opt. Soc. Amer. **31**, 743—749 (1941).

[8] BÜTTNER, K.: Strahlentherapie **39**, 358—368 (1931).

[9] CAMPBELL, N. R.: Electronics **1930**, 245.

[9a] CARPENTER, ROB. O. B., u. JOHN WHITE: Spectrochim. Acta **5**, 505 (1953).

[10] COATES, V. J.: Rev. sci. Instrum. **22**, 853 (1951).

[11] COBLENTZ, W. W.: J. opt. Soc. Amer. **36**, 72—76 (1946).

[12] COBLENTZ, W. W., u. R. STAIR: J. Res. Nat. Bur. Stand. **33**, 21—44 (1944).

[13] Comité d'étude sur le rayonnement UV: Compte Rendu **9**, Session, S. 596 bis 625.

[14] CZERNY, M.: Z. Naturforsch. **4a**, 521—523 (1949).

[15] DEMBER, H.: Gerlands Beitr. Geophys. **24**, H. I (1929).

[16] DIEKE, G. H., u. H. M. CROSSWHITE: J. opt. Soc. Amer. **35**, 471—480 (1945).

[17] DRESSLER, A.: Licht **3**, 41—43 (1933).

[18] EBERT, L., u. G. KORTÜM: Z. phys. Chem. Abt. B **13**, 105—133 (1931).

[19] EGGERT, J., u. A. KÜSTER: Photogr. Industr. **38**, 516—518 (1940).

[20] EULER, J., u. W. SCHNEIDER: Z. angew. Phys. **3**, 459—467 (1951).

[21] FINKELNBURG, W., u. H. SCHLUGE: Z. techn. Phys. **24**, 72—75 (1943).

[22] FISCHER, J., u. H. ZETTLER: Chemie-Ing.-Technik **1952**, 146—148.

[23] GEFFCKEN, H., H. RICHTER u. J. WINKELMANN: Die lichtempfindliche Zelle als technisches Steuerorgan, Berlin 1933, S. 199.

[24] GOOS, F., u. P. P. KOCH: Z. Phys. **44**, 855—859 (1927).

[25] GUTHNIK, P.: Z. Instrumentenkde. **44**, 303—310 (1924).

[26] HANSEN, G.: Z. Instrumentenkde. **47**, 71—74 (1927).

[27] HARDY, A. C.: J. opt. Soc. Amer. **18**, 96—117 (1929).

[28] HARDY, A. C.: J. opt. Soc. Amer. **25**, 305—311 (1935).

[29] HAUSSER, K. W., u. W. VAHLE: Wiss. Veröff. Siemens-Konz. **6**, 101—120 (1927).

[30] HUNTER, R. S.: J. opt. Soc. Amer. **30**, 536—559 (1940).

[31] KARRER, E., u. E. P. T. TYNDALL: Sci. Pap. Bur. Stand. **15**, 679—692 (1920).

[32] KARRER, E., u. R. S. ORR: J. opt. Soc. Amer. **36**, 42—46 (1946).

[33] KIENLE, H.: Handbuch der Experimentalphysik **26**, S. 719.

[34] KIEPENHEUER, K. O.: Z. Phys. **107**, 145—152 (1937).

[35] KLUGE, W.: ETZ **59**, 647—651 (1938).

[36] KNOLL, O. H.: Licht **5**, 167 (1935); Diss. Karlsruhe 1936.

[37] KOCH, P. P.: Ann. Phys. **39**, 706—751 (1912).

[38] KOHLRAUSCH, F.: Praktische Physik, 20. Aufl. S. 595 ff.

[39] KORTÜM, G.: Z. Instrumentenkde. **54**, 373—377 (1934).

[40] KORTÜM, G.: Z. phys. Chem. Abt. B **33**, 243—264 (1936).

[41] KORTÜM, G.: Kolorimetrie und Spektralphotometrie. Berlin 1942.

[42] KORTÜM, G., u. H. MAIER: Z. Naturforsch. **8a**, 235—245 (1953).

[43] KREFFT, H., u. F. RÖSSLER: Z. techn. Phys. **17**, 479—481 (1936).

[44] KUNZ, J.: Astrophys. J. 45, 69 (1917).

[45] LEWIN, G., W. W. LOEBE u. C. SAMSON: Z. techn. Phys. 13, 415—419 (1932).

[46] LIPPERT, E.: Z. angew. Phys. 4, 435 (1952).

[47] LOEBE, W. W., u. C. SAMSON: ETZ 52, 861—877 (1931).

[48] LUTHER, H., u. G. BERGMANN: Chemie-Ind.-Technik 1953, 499—504.

[49] MECKE, R., u. H. KEMPTER: Z. techn. Phys. 21, 85—88 (1940).

[50] MEYER, A. E. H., u. E. O. SEITZ: Ultraviolette Strahlen, 2. Aufl. Berlin 1949.

[51] MICHAELSON, J. L.: J. opt. Soc. Amer. 28, 365—371 (1938).

[52] MOON, P., u. J. LAURENCE: J. opt. Soc. Amer. 31, 130—139 (1941).

[53] MÜLLER, C.: Z. techn. Phys. 9, 154—157 (1928).

[54] MÜLLER, C., u. R. FRISCH: Z. techn. Phys. 9, 445—451 (1928).

[55] MÜLLER, R. H., u. H. M. PATRIDGE: Industr. Engng. Chem. 20, 423—425 (1928).

[56] MÜLLER, F., in W. BÖTTGERS „Physikalische Methoden der analytischen Chemie", Leipzig 1939, Teil II, S. 322—388.

[57] NEUERT, H.: Arch. techn. Messen V 422—4 (1942).

[58] NIDETZKY, G.: Handb. wiss. u. angew. Photogr., Erg.-Bd. 1, Wien 1943, S. 234—285.

[59] NODDACK, W.: Z. Instrumentenkde. 45, 238 (1925).

[60] PETTIT, E., u. S. B. NICHOLSON: Astrophys. J. 56, 259 (1922); 68, 279 (1928).

[61] POHL, R. W., u. F. STÖCKMANN: Ann. Phys. (6) 3, 199—200 (1948).

[62] RAJEWSKY, B.: Z. Phys. 63, 576 (1930).

[63] RAJEWSKY, B.: Phys. Z. 32, 121—124 (1931).

[64] RAJEWSKY, B.: Ann. Phys. (5) 20, 13—32 (1934).

[65] RIEHM, H.: Z. anal. Chem. 128, 249 (1948).

[66] ROSENBERG, H.: Z. Instrumentenkde. 45, 313—333 (1925).

[67] ROSENBERG, H.: Handbuch der Astro-Phys. Bd. 2, 2. Hälfte.

[68] SCHEIBE, G., F. MAY u. H. FISCHER: Ber. dtsch. chem. Ges. 57, 1330—1336 (1924).

[68a] SAUER, M.: Optik 11, 18—21 (1954).

[69] SCHINTLMEISTER, J.: Die Elektronenröhre als physikalisches Meßgerät, 2. Aufl., Wien 1943, S. 148f.

[70] SCHÖNWALD, B., u. TH. MÜLLER: Z. techn. Phys. 23, 30—38 (1942).

[71] SCHUHKNECHT, W.: Angew. Chem. 50, 299—301 (1937).

[72] SCHULZ, H.-D.: Brauwirtsch. 1953, H. 1.

[73] SEITZ, E. O.: Strahlentherapie 48, 578—588 (1933); Licht 3, 108—110, 128 bis 129 (1933).

[74] SEWIG, R.: Objektive Photometrie, Berlin 1935, S. 162.

[75] SEWIG, R., u. W. VAILLANT: Licht 4, 57—58 (1934).

[76] SHLAER, S.: J. opt. Soc. Amer. 28, 18—22 (1938).

[77] SIMON, H., u. W. KLUGE: AEG-Mitt. 1931, 190—195.

[78] STRÖMGREN, E. u. B.: Zweite Sammlung astronomischer Miniaturen. Berlin 1927.

[79] STRÖMGREN, B.: Handbuch der Experimentalphysik 26, S. 898—902.

[80] SUHRMANN, R.: Z. Phys. 33, 63—84 (1925).

[81] SUHRMANN, R.: Phys. Z. 30, 959—965 (1929).

[82] SUHRMANN, R.: Strahlentherapie 31, 389—401 (1929).

[83] SUHRMANN, R.: Z. wiss. Photogr. 29, 156—159 (1930).

[84] SUHRMANN, R., u. F. BREYER: Strahlentherapie 40, 789—794 (1931).

[84a] SUHRMANN, R. u. F. BREYER: Z. phys. Chem. Abt. B 20, 17—53 (1933).

[85] SUHRMANN, R., u. H. LUTHER: Chemie-Ing.-Technik 22, 409—432 (1950).

[85a] STEGEMEYER, H.: Diplomarbeit Hannover (1958), H. LUTHER u. G. POCHELS:
Z. Elektrochem. **59**, 159 (1955).
[86] THEISSING, H., u. M. GOEBERT: Z. techn. Phys. **21**, 149—153 (1940).
[87] WAIBEL, F.: Z. techn. Phys. **19**, 394—399 (1938).
[88] WALSH, W. T.: J. opt. Soc. Amer. **11**, 111—112 (1925).
[89] WEIGEL, R. G., u. O. KNOLL: Licht u. Lampe **17**, H. 21—24 (1932).
[90] WHITFORD, A. E., u. G. E. KRON: Rev. sci. Instrum. **8**, 78—82 (1937).
[91] WILLE, H.: Optik **9**, 84—93 (1952).

IX. Anwendung der Photozelle im elektronenoptischen Bildwandler und Röntgenbildverstärker[1]

Von **F. Eckart**, Berlin

Ausgangspunkt für die Entwicklung des Bildwandlers in den dreißiger Jahren waren Untersuchungen zur Strahlungsumwandlung, wie bspw. für Nachtsichtgeräte, Röntgenbildverstärkung u. a. Im 2. Weltkrieg diente der Bildwandler fast ausschließlich militärischen Zwecken. Erst in neuerer Zeit wird der Anwendung der Bildwandler und der Röntgenbildverstärker wieder mehr Aufmerksamkeit gewidmet. Insbesondere zeigte es sich, daß der Bildwandler auch als Kurzzeitverschluß geeignet ist und somit Beobachtungen sehr schnell ablaufender Vorgänge, wie Geschoßeinschläge, Explosionen u. a., ermöglicht.

81. Wirkungsweise des Bildwandlers bzw. Bildverstärkers

Der Grundgedanke des Bildwandlers, nämlich die Umwandlung eines optischen Bildes in ein Elektronenbild, ist von FARNSWORTH [32] und HOLST [51] [52] [101] 1934 erstmalig beschrieben worden. BRÜCHE [8] [9] hatte vorher gezeigt, daß sich Photoelektronen abbilden lassen. Eine mit UV bestrahlte Zinkoberfläche konnte mit Hilfe der photoelektrisch ausgelösten Elektronen vergrößert abgebildet werden.

Die prinzipielle Wirkungsweise eines Bildwandlers veranschaulicht Abb. IX.1. Die erste Umwandlung erfolgt mittels einer halbdurchlässigen Photokathode, aus der durch das auffallende Licht, entsprechend der Helligkeitsverteilung, mehr oder weniger Elektronen ausgelöst werden. Die zweite Umwandlung erfolgt mittels eines fluoreszierenden Schirmes, des Leuchtschirmes, der beim Auftreffen von genügend energiereichen Elektronen sichtbares Licht emittiert. Die

---

[1] Verwiesen wird auf eine neuere Monographie „Elektronenoptische Bildwandler und Röntgenbildverstärker" [30].

aus der Photokathode ausgelösten Elektronen müssen demnach auf dem Leuchtschirm fokussiert werden. Die Fokussierung ist in Abb. IX.1 schematisch durch die gestrichelt eingezeichnete Linse angedeutet.

Um diese Fokussierung zu erreichen, gibt es verschiedene Möglichkeiten:

In Abb. IX.2a ist das hochevakuierte Glasgefäß so ausgebildet, daß sich Kathode K und Leuchtschirm A parallel in geringem Abstand von-

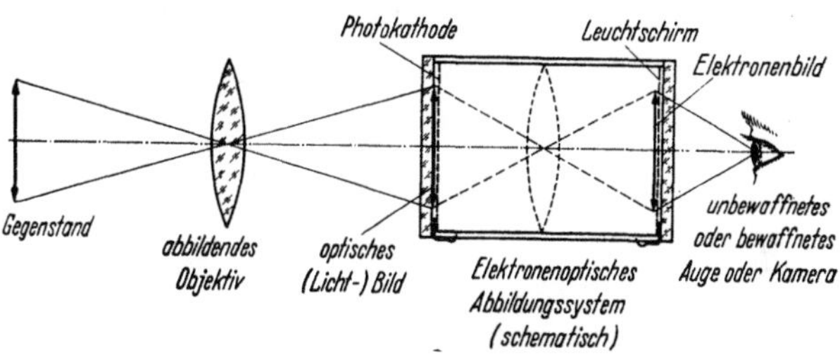

Abb. IX.1. Prinzip des Bildwandlers und Bildverstärkers

einander gegenüberstehen. Zwischen diesen beiden Platten liegt die beschleunigende Spannung, die so groß gewählt werden muß, daß die Bewegungskomponente der Elektronen parallel zu den Platten vernachlässigt werden kann. In erster Näherung kann man das Feld als homogen und die Elektronenbahnen daher als Parabeln ansehen. Von einer Abbildung im optischen Sinne kann dabei nicht gesprochen werden, da die von einem Punkt ausgehenden Elektronen durch das Beschleunigungs-

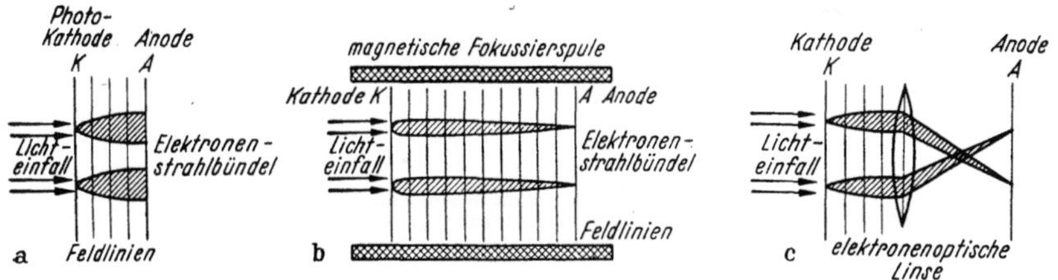

Abb. IX.2. Elektronenoptik des Bildwandlers.
a homogenes elektrisches Feld (ohne Strahlfokussierung), b homogenes magnetisches und elektrisches Feld (mit Strahlfokussierung), c Abbildung mit elektronenoptischer Linse

feld zwar gerichtet, aber nicht fokussiert werden. Diese erste Möglichkeit ist somit vergleichbar mit einem Kontaktabzug in der Photographie.

Bei einer weiteren ebenfalls von FARNSWORTH [33] angegebenen Anordnung (Abb. IX.2b) wird bereits auf dem Leuchtschirm ein Bild der Kathode erzeugt. Zwischen Kathode und Anode liegt ein Beschleunigungsfeld, wobei ein dünner metallischer Belag auf der zylindrischen Glaswand des Versuchsrohres für ein homogenes elektrisches Feld sorgt. Über die ganze Anordnung wird eine lange Magnetspule geschoben, deren homogenes Feld bei geeigneter Einstellung die Elektronen auf dem Schirm zu einem Bild der Kathode sammelt. Dieses Bild ist aufrecht und unvergrößert (Abbildungsmaßstab 1 : 1).

Die Anordnung nach Abb. IX.2 c ist von POHL [68] [83] angegeben. Hier ist in den Strahlengang eine kurze elektronenoptische Linse eingeschaltet. Diese Anordnung stellt ein vollkommenes Analogon zu den optischen Instrumenten dar[1]. Die abbildenden Felder wirken bei dieser Anordnung

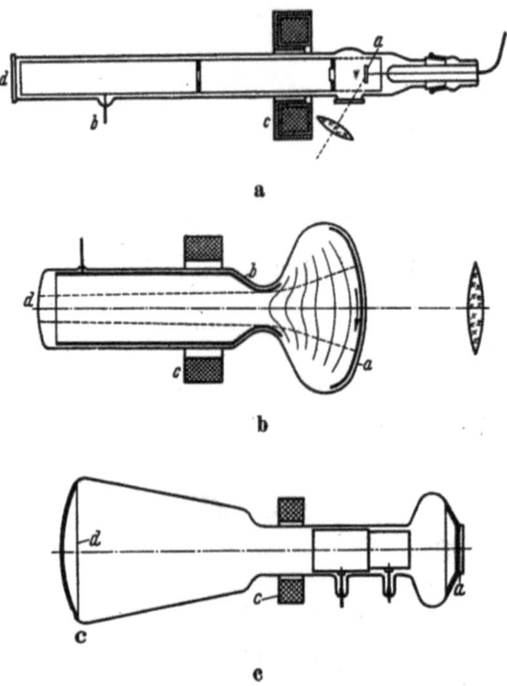

Abb. IX.3. Erstausführungen von Bildwandlern.
a) nach POHL, b) nacn SCHAFFERNICHT, c) nach HEIMANN, c Magnetische Abbildungslinse, a Photo kathode, b Beschleunigungselektroden, d Beobachtungsleuchtschirm

nicht auf dem ganzen Weg auf die Elektronen ein. Das Bild ist daher, je nach Stellung der Linse, entweder vergrößert oder verkleinert, während bei den obengenannten Anordnungen Gegenstand und Bild stets gleich groß sind. Diese Eigenschaft macht diese Anordnung anpassungsfähiger und sichert ihr größere Anwendungsmöglichkeiten. Bei der von POHL [83] ausgeführten Versuchsröhre wurde zur Abbildung eine kurze magnetische Linse c (Abb. IX.3 a) benutzt. Mit Hilfe einer UV-Licht-

---

[1] Nach einer brieflichen Mitteilung von M. v. ARDENNE ist ihm mit Priorität vom 22. 2. 1934 ein Patent auf die Anmeldeunterlagen des DRPa: A 72 615: „Abbildung einer Fotokathode mit Hilfe einer Elektronenoptik auf den Leuchtschirm" erteilt worden (vgl. auch [3]).

quelle wurde ein Netzbild auf die Kathode *a* projiziert. Diese erste Anordnung ist später von SCHAFFERNICHT [10] [95] [96] [97] (Abb. IX.3 b) und von HEIMANN [45] (Abb. IX.3 c) verbessert worden. Bei diesen Ausführungen wird die elektronenoptische Abbildung durch eine Kombination von elektrostatischen und magnetischen Linsen erzielt.

Alle praktisch ausgeführten Bildwandler bzw. Bildverstärker [3] [4] [5] lassen sich prinzipiell auf die Anordnung nach Abb. IX.2 c zurückführen, wobei zu beachten ist, daß bei magnetischen Linsen eine zusätzliche Bilddrehung auftritt. Diese Bilddrehung wird bei rein elektrostatischen Linsen vermieden [95] [114] [115], die Wirkungsweise ist deshalb für diesen Fall übersichtlicher und soll an Hand der Abb. IX.4 in ihren Wesenszügen näher erläutert werden.

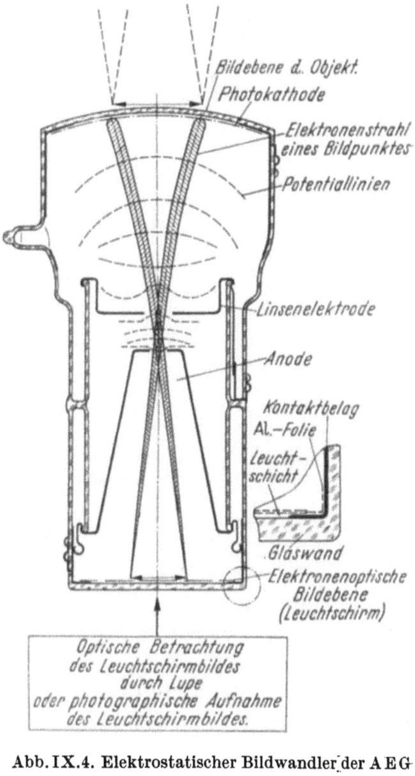

Bildverstärker und Bildwandler unterscheiden sich nur durch die in verschiedenen Spektralbereichen empfindlichen Photokathoden. Der Einfachheit halber werden wir daher im folgenden ausschließlich von *Bildwandlern* sprechen.

Die Wirkungsweise ist folgende: Durch das Objektiv, bspw. eines astronomischen Fernrohres, wird ein optisches Bild auf der halbdurchlässigen Photokathode erzeugt. Aus dieser treten infolge der Belichtung Elektronen aus, deren Anzahl in jedem Punkt der dort herrschenden Beleuchtungsstärke proportional ist. Die Elektronen verlassen die Kathode zunächst nach allen Seiten gleichmäßig; durch das Beschleunigungsfeld hinter der Kathode werden sie jedoch schon unmittelbar hinter dieser zu einem schlanken Bündel zusammengezogen. In dem Raum bis zur elektrischen Linse werden sie stark beschleunigt und erhalten nach Durchlaufen der zweiten Linsenelektrode ihre volle Spannung; es werden Spannungen bis zu 25 kV angewandt. Nachdem die Elektronen die zweite Linsenelektrode passiert haben, laufen sie von hier aus in dem praktisch feldfreien Anodenraum zum Leuchtschirm und

Abb. IX.4. Elektrostatischer Bildwandler der AEG

werden auf diesem zu einem reellen Bild vereinigt. Der Leuchtschirm
setzt die Energie der Elektronen in Licht um. Da die Energie proportional
zur angelegten Beschleunigungsspannung ist, so steigt die Helligkeit
des Leuchtschirmbildes mit der Beschleunigungsspannung an, und wir
haben eine Verstärkung, die in erster Näherung proportional zur Energie
der Elektronen ist.

Die Wirkungsweise eines Bildwandlers mit magnetischer Einzellinse
ist im Prinzip zwar ähnlich, wie soeben für die elektrische Einzellinse
besprochen, doch treten dabei noch einige Besonderheiten auf.

Der Vorteil der elektrostatischen Linse besteht darin, daß sie sowohl
die Abbildung der Elektronenstrahlen besorgt als auch die erforderliche
hohe Beschleunigung. Da ein
Magnetfeld indessen zwar die
Richtung der Elektronen,
nicht aber ihre Energie zu
ändern vermag, so ist bei
Bildwandlern mit magneti-
scher Abbildungslinse zusätzlich ein Beschleunigungsfeld
erforderlich. Aus Abb. IX.5
ist dies in halbschematischer
Darstellung ersichtlich. Zwischen der Metallelektrode A
und der Photokathode P ist

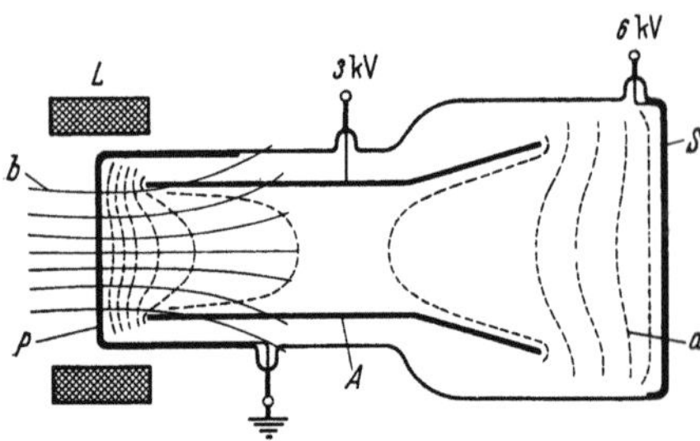

Abb. IX.5. Halbschematische Darstellung eines Bildwandlers mit elektromagnetischer Abbildungsspule.
S Leuchtschirm, A Beschleunigungselektrode, P Photokathode, L magnetische Abbildungslinse, a Potentiallinien, b magnetische Feldlinien

ein elektrisches Feld wirksam, dessen Potentialverteilung schematisch angedeutet ist. Aus der Photokathode austretende Elektronen
würden durch diese Feldverteilung zur Elektrode A hin abgelenkt
werden. Das zusätzliche Feld der magnetischen Linse (magnetische
Feldlinien b) bewirkt aber eine Fokussierung der Elektronenbahn und
damit eine Abbildung. Man benutzt zur Abbildung schwache (lange)
magnetische Linsen und ordnet diese so an, daß die Ebene der Photokathode von den Feldlinien möglichst senkrecht geschnitten wird.

Die dargelegte prinzipielle Wirkungsweise des Bildwandlers macht
zwangsläufig die in Abb. IX.6 dargestellte Gesamt-Bildwandleranlage
verständlich:

Der mit dem Bildwandler zu betrachtende Gegenstand muß, sofern
er nicht im Spektralbereich der Photokathodenempfindlichkeit des Bildwandlers selbst strahlt, mit einer geeigneten Lichtquelle beleuchtet werden. Die zu beobachtenden Gegenstände werden dann mit Hilfe geeigneter Objektive, die bei Beobachtung im ultraroten Spektralbereich entsprechend ultrarot korrigiert sein müssen, auf die Photokathode des
Bildwandlers abgebildet. Je nach Größe des Beobachtungsgegenstandes
ist die optische Abbildung stets so zu wählen, daß auf der Photokathode

ein so hinreichend großes Bild des Gegenstandes möglichst lichtstark
entsteht, daß eine ausreichende Auflösung der gesamten Anordnung
gewährleistet ist.

Auf dem Leuchtschirm des Bildwandlers wird somit das dem Original-
bild entsprechende Elektronenbild sichtbar und kann entweder mit dem
unbewaffneten Auge, mit der Lupe beobachtet oder mit einer Kamera
photographisch festgehalten werden.

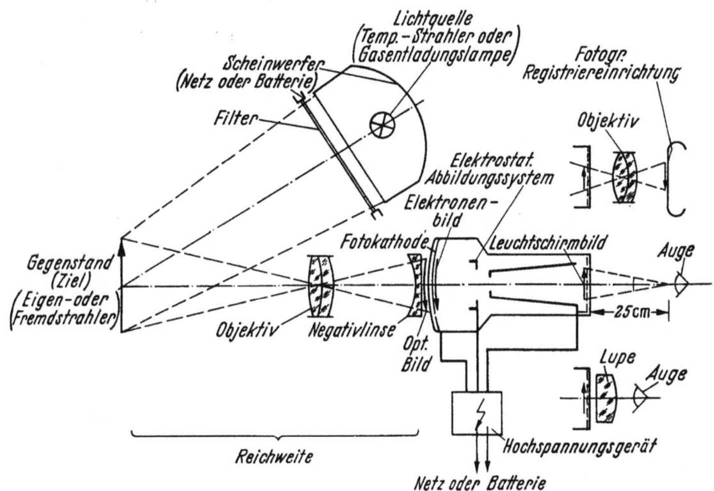

Abb. IX.6. Schematische Darstellung einer vollständigen Bildwandleranlage

Zum eigentlichen Betrieb des Bildwandlers ist eine Hochspannungs-
einrichtung bzw. für magnetische Bildwandler noch zusätzlich eine
Stromversorgung für die abbildende Linse erforderlich. Dabei sind Hoch-
spannungsanlage und Bildwandler in der Regel in getrennten Gehäusen
aufgebaut, die Hochspannungszuführung wird über Kabel besorgt.

82. Technische Ausführungen von Bildwandlern bzw. Bildverstärkern

Die in *England* entwickelten und gebauten[1] Bildwandlerröhren sind
erste technische Ausführungen des Vorschlages von HOLST. Die Bildwandler-Dioden CV 144 und CV 148 (Abb. IX.7) sind aus Pyrexglas hergestellt und haben einen Durchmesser von 50 mm bei einer Länge von ca.
40 mm, wobei der Abstand zwischen Photokathode P und Leuchtschirm S
nur etwa 5 mm beträgt. Das Bildwandlerrohr wird von zwei auf beiden
Seiten aufgeschmolzenen ca. 2 mm dicken Planscheiben abgeschlossen; auf
einer dieser Planscheiben wird die UR-empfindliche Photokathode aufgebracht. Der Willemitleuchtschirm wird auf eine dünne Glasscheibe sedi-

---

[1] Nach Angaben von T. H. PRATT [*84*] sind von 1942 bis 1945 mehrere tausend
Bildwandlerröhren bei der Grammophon-Co. und bei Line-Bros. gefertigt worden.

mentiert und — um Aufladungen zu verhindern — mit Platin bestäubt. Der Schirmträger wird von Wolframdrähten getragen, die in die leuchtschirm-

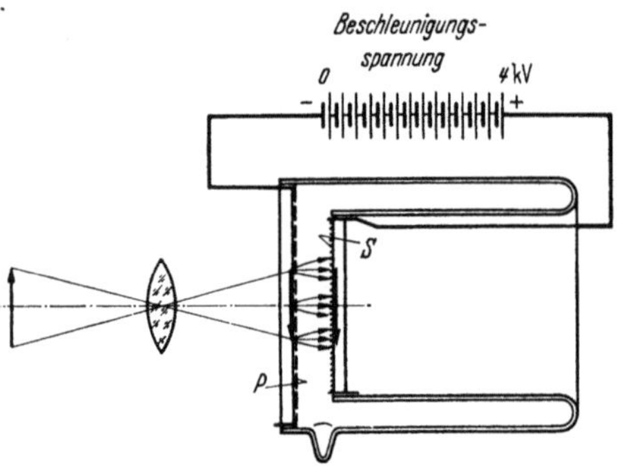

Abb. IX.7. Bildwandler ohne Strahlfokussierung (CV 144 der Electric Musical Industries). S Leuchtschirm, P Photokathode

seitige Planscheibe eingeschmolzen sind. Um zu verhindern, daß während der Herstellung der Kathode der Willemitleuchtschirm von Cäsiumdämpfen beeinflußt wird und um zu erreichen, daß die Kathode gleichmäßig empfindlich wird, liegt während der Kathodenherstellung der Leuchtschirm auf der unteren Planscheibe. Silber und Cäsium werden jeweils aus einem im Rohr untergebrachten Bedampfer aufgedampft. Die normale Betriebsspannung wird mit 3 bis 7 kV — je nach Verwendungszweck — und das Auflösungsvermögen zu etwa 150 Linien pro cm $(= 33\,\mu)$ auf der gesamten Schirmfläche angegeben.

Gleichfalls in England wurden von der Fa. Mullard Radio Valve Comp. [56] Bildwandler, und zwar die Typen ME 1200, ME 1201 und ME 1202 sämtlich mit magnetischer Fokussierung entwickelt (Abbildung IX. 8).

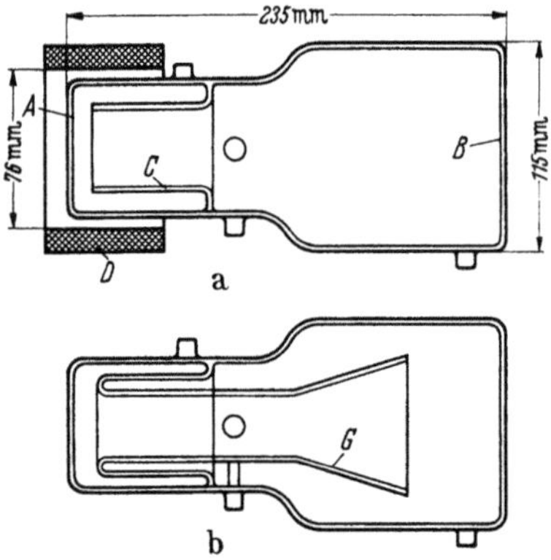

Die Type ME 1200 (Valvo 18 120) (Abb. IX. 8a) [17] ist eine Diode mit magnetischer Abbildung der ebenen Photokathode A von 76 mm $\varnothing$ auf den gleichfalls ebenen Leuchtschirm B mit 115 mm $\varnothing$. Die Gesamtlänge des Bildwandlerrohres beträgt etwa 235 mm. Um bei der Herstellung der Photokathode Kriechströme zu vermeiden,

Abb. IX.8. Bildverstärkerröhren (a) ME 1200 und b) ME 1201) der Fa. Mullard Radio Valve Comp. mit elektromagnetischer Abbildung. A Photokathode, B Leuchtschirm, C metallisierter Innenzylinder, G Steuergitter (metallisierter Glaszylinder)

ist ein Glaszwischenzylinder C vorgesehen, der überdies mit einer aufgedampften Al-Schicht versehen ist und auf gleichem Potential (etwa 6 kV) liegt wie der Leuchtschirm. Die Linearvergrößerung liegt zwischen 3:1 und 7:1, die Scharfstellung erfolgt mit dem Spulenstrom. Bei einer Stabilisierung des Spulenstromes von ca. 1% kann ein Raster von 200 Linien pro cm $(\sim 25\,\mu)$ noch aufgelöst werden.

Die Type ME 1201 (Valvo 18130) (Abb. IX.8b) [*17*] ist eine Triode und hat die gleichen Abmessungen wie Type 1200, ist aber zusätzlich mit einem von Kathode und Leuchtschirm gut isolierten Steuergitter G ausgerüstet. Mit Hilfe des Steuergitters wird der Elektronenstrom aus der Photokathode gesteuert, und zwar beträgt die Sperrspannung ca. — 60 V. Abb. IX.9 zeigt die Wiedergabe eines Testbildes, das mit der Bildverstärkerröhre ME 1201 bei einer Anodenspannung von 6 kV und einer Spannung an der Steuerelektrode von 3 kV aufgenommen wurde [*56*]. Die Anodenspannung beträgt im allgemeinen 6 kV, kann aber auch bis 12 kV gesteigert werden.

Offenbar ist eine Steuerspannung von ca. 3 kV erforderlich, damit die Feldstärke an der Photokathode so groß wird, daß einmal eine genügend hohe Elektronenemission erfolgt, zum anderen die Feldstärke vor der Kathode so hoch wird, daß die Abbildungsfehler möglichst gering werden. Die Steuerelektrode ist ein Teil der elektronenoptischen Anordnung, bei der mit Hilfe der magnetischen Fokussierspule das Elektronenbild auf den Leuchtschirm abgebildet wird. Das elektronenoptische System ähnelt dem elektronenoptischen

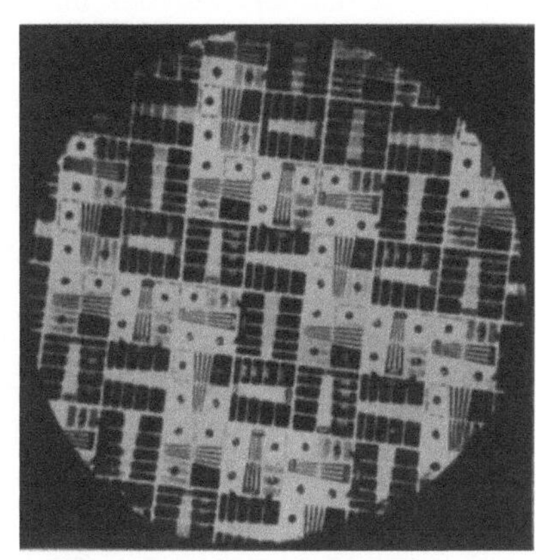

Abb. IX.9. Testbild, aufgenommen mit der Bildwandlerröhre ME 1201 der Fa. Mullard Radio Valve Comp. (Gesamtspannung: 6 kV, Gitterspannung $V_g = 3$ kV) [*56, 18*]

System eines normalen magnetisch fokussierten Super-Ikonoskops (Zwischenbild-Ikonoskops). Mit Hilfe einer solchen kombinierten elektrischen und magnetischen Abbildung erhält man von einer ebenen Photokathode ein nahezu ebenes Bild. Dies hat den Vorteil, daß man auf der Seite der Photokathode mit einem normalen (evtl. farbkorrigierten) Objektiv auskommt und daß man auch für die Photographie des Leuchtschirmbildes ein normales photographisches Objektiv benutzen kann. Ein Nachteil besteht aber darin, daß die für alle elektromagnetischen Abbildungssysteme charakteristische S-förmige Verzerrung auftritt. Diese S-förmige Verzeichnung ist vor allem bei niedrigen Spannungen am Steuergitter deutlich zu sehen. Zudem sind die Bildfehler wesentlich vom effektiven Durchmesser der Photokathode und von der an der Photokathode wirksamen Feldstärke abhängig. Ein Nachteil ist weiterhin der, daß für jeden Wert des Steuergitterpotentials auch der Strom der Fokussierspule von neuem eingestellt werden muß, um ein scharfes Bild auf dem Leuchtschirm zu erhalten. Praktisch wählt man den Fokussierstrom so, daß man mit dem 2. oder 3. Überkreuzungspunkt der Elektronenbahnen arbeitet.

Um ein hohes Auflösungsvermögen der Bildwandleranordnung zu erhalten, ist es natürlich erforderlich, daß sowohl der Spulenstrom als auch die Beschleunigungsspannung stabilisiert werden. Für kurzzeitige Aufnahmen, wie wir sie später noch im einzelnen beschreiben, hat die Stabilisierung keinen so großen Einfluß auf die Schärfe der elektronenoptischen Abbildung. Das Auflösungsvermögen, gemessen am Leucht-schirm, liegt auch bei dieser Type bei etwa 200 Linien pro cm. Normalerweise wird der Bildwandler mit einer Fokussierspule ausgerüstet, die eine 2- bis 4fache lineare Vergrößerung liefert. Da die Schirmhelligkeit

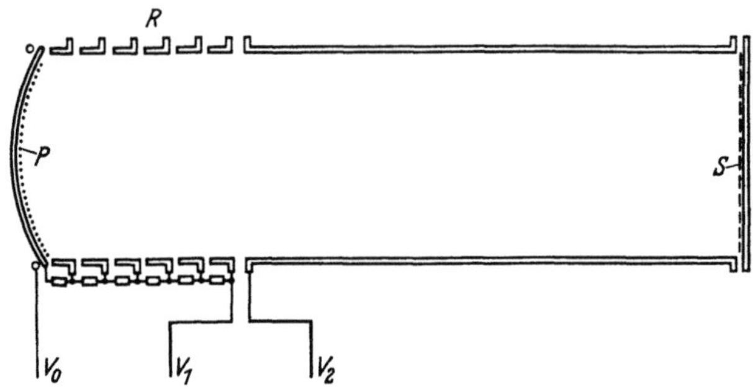

Abb. IX.10. Elektrostatischer Bildwandler nach MORTON und RAMBERG [*73*].
P Photokathode, *S* Leuchtschirm, *R* metallische Ringe zur Fokussierung

umgekehrt proportional dem Quadrat der Vergrößerung ist, so sind bei dieser Anordnung ziemlich hell leuchtende Objekte erforderlich.

In den *USA* haben ZWORYKIN und MORTON [*115*] 1936 eine erste Versuchsausführung mit ausschließlich elektrostatischer Fokussierung entwickelt. Bei den ersten Versuchsmustern wurde die Kathode flach, später aber gekrümmt als Kugelkalotte ausgeführt, wobei die erste Anode durch Ringelektroden gebildet wird, die über Widerstände miteinander verbunden sind (Abb. IX.10). Neben diesem Abbildungssystem [*73*] wurden auch andere untersucht, wie z. B. ein homogenes elektrisches und ein homogenes magnetisches Feld [*54*].

In großen Stückzahlen wurde während des Krieges von der RCA die Bildwandlerröhre 1 P 25 (Imagetube) mit elektrostatischem Abbildungssystem gefertigt. Bei dieser Type ist die Kathodenscheibe ebenfalls gekrümmt, da die Bildfehler kleiner sind als bei ebener Photokathode [*73*] [*115*]. Die Abb. IX.11 zeigt schematisch den Aufbau des RCA-Bildwandlers 1 P 25. Die eigentliche abbildende Linse entsteht zwischen der 3. und 4. Ringelektrode, die Scharfstellung erfolgt durch Spannungsänderung der 2. oder 3. Ringelektrode. Die Bildwandlerröhre 1 P 25 arbeitet mit einer Gesamtspannung von 4 bis 5 kV, der Radius der Kathodenscheibe hat einen Durchmesser von 60 mm [71]. Die Vergrößerung beträgt ca. 1 : 2, die Auflösung in Bildmitte mindestens 450 Zeilen (Definition nach Fernsehnorm), am Bildrand ca. 300 Zeilen. Bei einer Kathodenempfindlichkeit von ca. 20 bis 40 μA/lm (Farbtemperatur der Lichtquelle 2870° K) beträgt die Lichtverstärkung ca. 0,5 bis maximal 1.

Als Leuchtsubstanz wird ZinkorthoSilikat (Leuchtfarbe: gelb bis gelbgrün) mit einer Nachleuchtdauer von ca. 0,04 sec (Zeit, in der die Intensität bis auf 10% des Maximalwertes abgeklungen ist) benutzt. Von der RCA ist während des Krieges noch ein Einspannungsrohr mit ähnlichen Abmessungen wie der 1 P 25 und ein zweites Rohr mit 16 kV Gesamtspannung entwickelt worden, von dem uns Einzelheiten nicht bekannt sind.

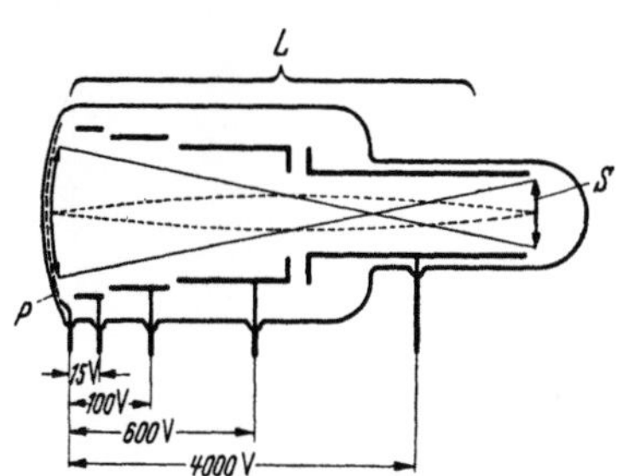

Abb. IX.11. Schematischer Aufbau einer Bildwandlerröhre der RCA (Typ 1 P 25) mit elektrostatischem Abbildungssystem. *L* elektrostatisches Abbildungssystem, *S* Leuchtschirm, *P* Photokathode

In *Deutschland* waren bis Kriegsende die RPF (Reichspost-Forschungsanstalt) und die AEG (Allgemeine Elektricitäts-Gesellschaft) Träger der Bildwandlerentwicklung, die während des 2. Weltkrieges so weit forciert wurde, daß schließlich einige Typen von der AEG zuerst in Berlin und dann in Freiburg/Schles. serienmäßig gefertigt wurden [62]. Mit Rücksicht auf die beabsichtigte und dann doch nicht zum Einsatz gekommene militärische Anwendung wurden in Deutschland ausschließlich elektrostatische Bildwandler entwickelt.

Die Abb. IX.12 zeigt eine von HEIMANN in der RPF entwickelte Bildwandler-Triode, die Abb. IX.13 ein Photo dieser Triode. Die sehr ausgeprägte Auswölbung des Kathoden

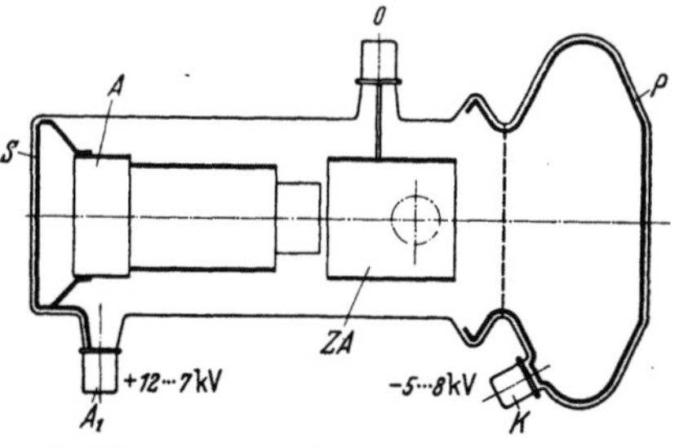

Abb. IX.12. Bildwandlertriode (nach HEIMANN). *S* Leuchtschirm, *ZA* Zwischenanode, *P* Photokathode, *A* Anode, *K* Kathodenanschluß, A_1 Anodenanschluß und *O* Ausführung der Zwischenanode

kolbens wurde gemacht, um bei der erforderlichen Krümmung der Potentiallinien vor der Photokathode mit einer Plankathode arbeiten zu können.

Die von der AEG entwickelte Bildwandlerröhre ist bereits in Abb. IX.4 halbschematisch dargestellt. Die Abb. IX.14 zeigt eine Röntgenaufnahme, die Abb. IX.15 eine Ansicht der Bildwandlerröhre mit Vinidursockel. Dieser Vinidursockel ist zentriert am Glaskolben festgekittet und konnte von der Fassung bzw. von dem Gehäuse des Bildwandler-rohres aufgenommen werden. Auf diese Weise war es möglich, die Bild-

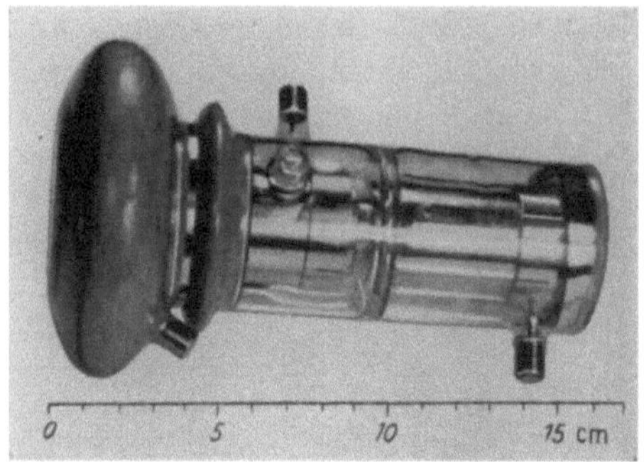

Abb. IX.13. Elektrostatische Bildwandlerröhre nach HEIMANN (RPF)

wandlerröhren gegenseitig auszuwechseln. Aus der Tab. IX.1 sind die Kenndaten der im 2. Weltkrieg gefertigten elektrostatischen (AEG-) Bildwandlerröhren zu entnehmen.

Tabelle IX.1. *Kenndaten von AEG-Bildwandlerröhren*

Rohr-type	Gesamt-länge	Kathoden-durch-messer	Krüm-mungs-radius der Kathode	Leucht-schirm-durch-messer	Gewicht des unge-sockelten Rohres	Betriebs-spannung	Elektrische Ver-kleinerung
	mm	mm	mm	mm	g	kV	
126	160	75	120	60	110	16/19	0,65
128	90	50	50	40	62	12	0,45
130	190	100	180	76	204	16/19	0,48

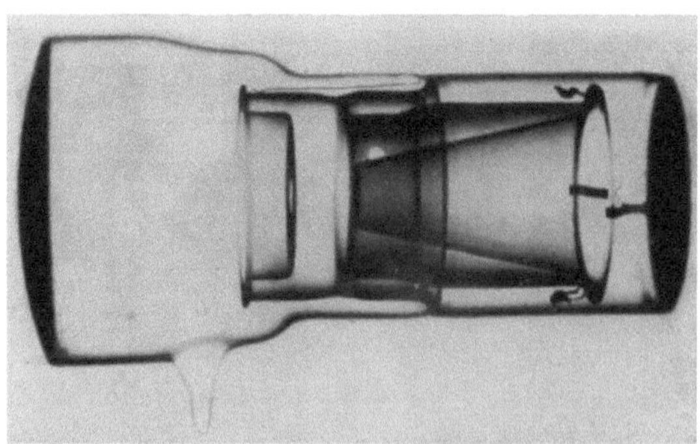

Abb. IX.14. Röntgenbild einer elektrostatischen Bildwandlerröhre (AEG)

Die elektronenoptische Vergrößerung betrug ca. 1 : 2 und ist etwas von der Wahl der Teilspannung am Rohr abhängig. Die Triode hat den Vorteil, daß die Scharfeinstellung sehr exakt durch Veränderung der 1. Anodenspannung eingestellt werden kann.

Das Auflösungsvermögen, definiert als der kleinste eben noch auflösbare Abstand eines Schwarz-Weiß-Strichrasters, liegt zwischen 50 und 70 μ, bezogen auf die Photokathode und gemessen in Bildmitte. Dies entspricht bei einer mittleren Vergrößerung von 0,6 einem Auflösungsvermögen des Leuchtschirmes von ca. 30 μ. Die Auflösung des elektronenoptischen Systems läßt hingegen ein Auflösungsvermögen von ca. 5 μ erwarten, d. h., die Auflösung der Bildverstärkerröhre wird durch die Beschaffenheit des meist sedi-

Abb. IX.15. AEG-Bildwandlerröhre gesockelt und fertig zum Einbau in das Gehäuse

mentierten Leuchtschirmes begrenzt. Gegen den Rand zu nimmt die Auflösung ab (Abb.IX.16). Da die Fläche größter Schärfe ebenfalls eine Kugelschale ist, kann man einen größeren Bereich an konstanter Auflösung

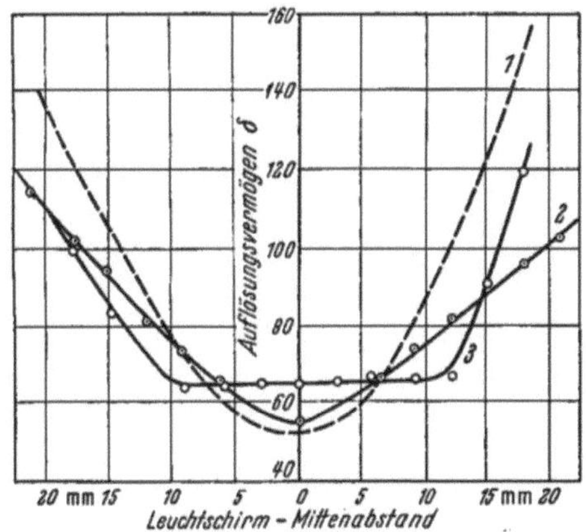

Abb. IX.16. Auflösungsvermögen verschiedener Bildwandler (1) und (2) (AEG) und eines Bildwandlers mit gekrümmtem Leuchtschirm (3) (Auflösungsvermögen bezogen auf Kathodenbild)

erreichen, wenn man auch die Bildfläche als Teil einer Kugelfläche ausbildet (Abb. IX.16, Kurve 3).

Das elektronenoptische System zeigt, wie zu erwarten, eine kissenförmige Verzeichnung, die bei den älteren Röhren ca. 7,8% (Abb. IX.17) und bei den neueren Röhren (Abb. IX.15) ca. 2,5% beträgt.

Die Leuchtschirmleuchtdichte B (Schirmhelligkeit) ist allgemein:

$$B = \text{const } j \cdot (U - U_0)^\alpha ;$$

wobei

$$j = \text{spez. Kathodenemission,}$$
$$U = \text{Beschleunigungsspannung,}$$
$$U_0 = \text{Schwellenspannung,}$$

d. h. im Arbeitsbereich des Bildwandlers ($U > U_0$) ist B proportional j, also proportional der Beleuchtungsstärke der Kathode (Abb. IX.18). Die

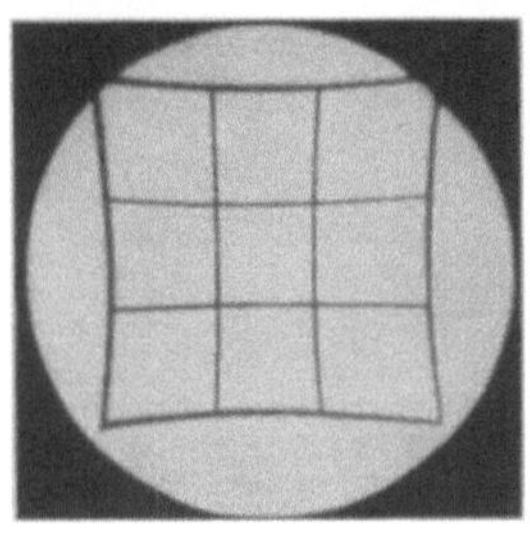

Abb. IX.17. Kissenförmige Verzeichnung des Leuchtschirmbildes eines älteren AEG-Bildwandlers

Leuchtdichte B ist für Spannungen $> 10\,\text{kV}$ bis $40\,\text{kV}$ proportional zu U^2 (Abb. IX.19), d. h. der Exponent ist in diesem Bereich $\alpha = 2$. Für Spannungen $< 10\,\text{kV}$ ist $\alpha > 2$, da zusätzlich absorptions- und spannungsabhängige Verluste in der Al-Folie[1] auftreten. Im übrigen erkennt man aus Abb. IX.19, daß bei Röhre BV 15 eine ca. 10fache Bildverstärkung ($=$ Leuchtschirmleuchtdichte/Kathodenbeleuchtungsstärke) bereits bei $U = 18\,\text{kV}$ möglich ist.

Eine gewisse Schwierigkeit bei der Herstellung der Röhren bietet stets die geforderte Spannungsfestigkeit. Bei höheren Spannungen treten u. U. unregelmäßige Entladungen auf, die den Untergrund stark aufhellen. Die

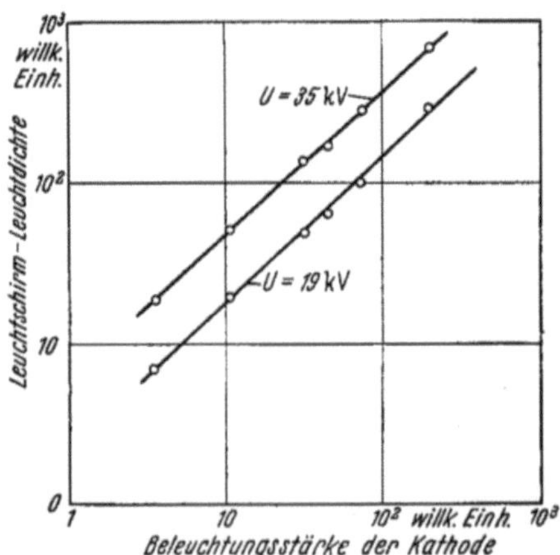

Abb. IX.18. Leuchtschirmleuchtdichte in Abhängigkeit von der Beleuchtungsstärke der Kathode eines elektrostatischen Bildwandlers für zwei verschiedene Werte der Gesamtspannung [28]

---

[1] Um einen möglichst günstigen Wirkungsgrad zu erhalten, werden die Leuchtschirmschichten auf der Seite, auf der die Elektronen einfallen, mit einem dünnen Metallspiegel, in der Regel Aluminium, belegt (Abb. IX.20). Damit wird auch der auf der Rückseite ausgestrahlte Lichtstrom zu einem großen Teil reflektiert, so daß er mit zu dem nutzbaren Lichtstrom beiträgt.

Ursache liegt darin, daß zwischen Kathode und erster Anode die Isolationswege nicht ausreichen. Um diese inneren Überschläge zu vermeiden, wurde, wie Abb. IX.21 zeigt, vorgeschlagen, die erste Linsen-

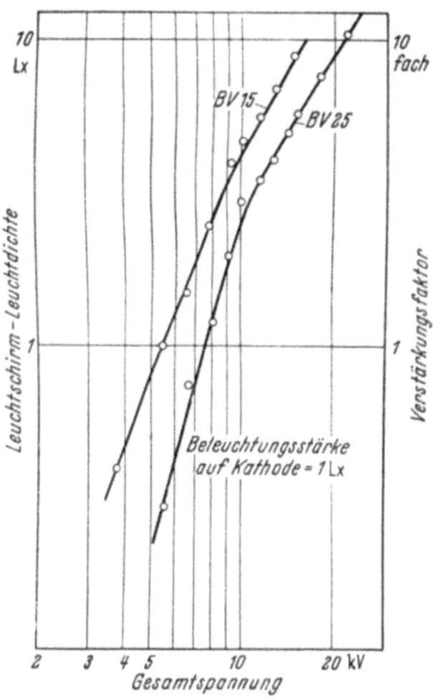

Abb. IX.19. Abhängigkeit der Leuchtschirmleuchtdichte von der Gesamtspannung für zwei verschiedene elektrostatische Bildwandlerröhren nach [28]

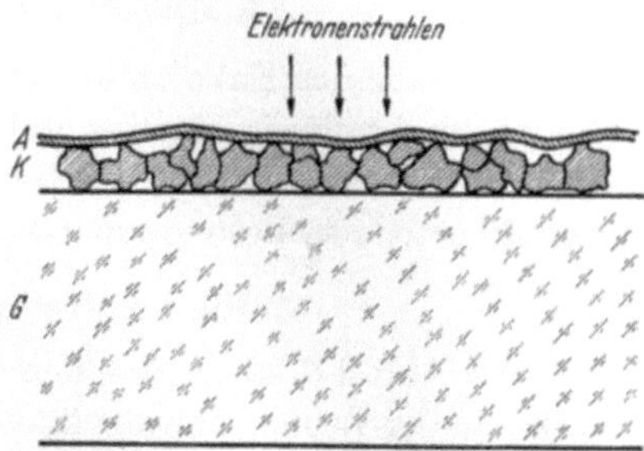

Abb. IX.20. Schematische Darstellung eines Bildwandlerleuchtschirmes.
G Glasscheibe, K Leuchtstoff, A Al-Folie

elektrode und die Kegelanode auf einem geeignet gestalteten Glaszylinder aufzubördeln. Die Kontaktausführung erfolgt unterhalb der Glasverschmelzung dieses inneren Glaszylinders mit dem Leuchtschirmkolben. Auf diese Weise wird der Kriechweg zwischen Kathode und erster Kontaktausführung etwa verdoppelt. Auf der Anodenseite wird gleichfalls ein Innenzylinder eingeschmolzen, der den Kriechweg zwischen Linsenelektrode und Anode und dadurch die Span-

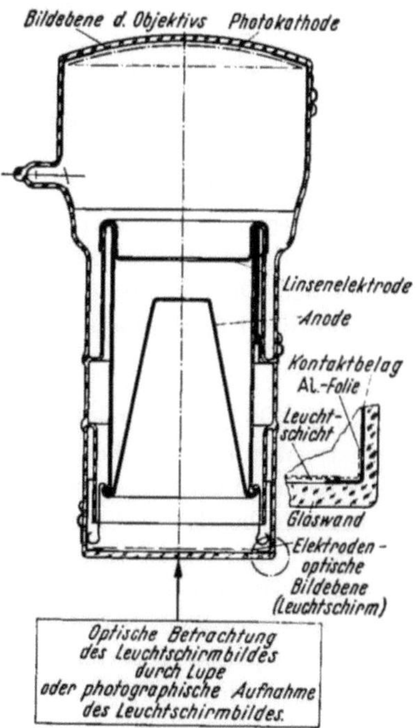

Abb. IX.21. Elektrostatischer Bildwandler neuerer Ausführung

nungsfestigkeit auch in der zweiten Beschleunigungsstufe entsprechend erhöht. Dieser Aufbau ist zweifellos technologisch etwas schwieriger, die Spannungsfestigkeit kann aber so weit gesteigert werden, daß man bis etwa 40 kV betriebssicher arbeiten kann [28].

83. Bildwandlersonderausführungen

Im Laufe der Entwicklung sind eine Reihe von Spezialausführungen gebaut und teilweise auch erprobt worden, die aus verschiedenen Gründen nicht serienmäßig gefertigt wurden, deren Aufbau und Eigenschaften jedoch Besonderheiten aufweisen.

a) Bildwandler mit Nachbeschleunigung

Die Abb. IX.22 zeigt einen Bildwandler mit Nachbeschleunigung, bei dem der Leuchtschirmzylinder isolatorartig ausgebildet ist. Die Auf-

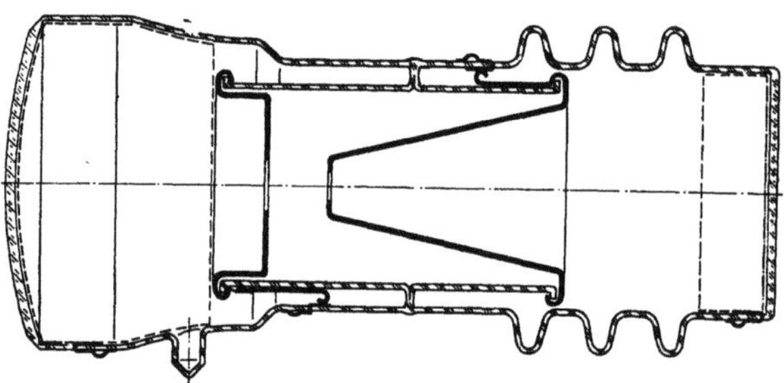

Abb. IX.22. Elektrostatischer Bildwandler mit Nachbeschleunigung

lösung ist unabhängig von der Gesamtspannung, die elektronenoptische Vergrößerung ändert sich von 0,67 bei 19 kV Gesamtspannung auf 0,47 bei 35 kV und das optimale Spannungsverhältnis entsprechend von 0,375 auf 0,325. Die Leuchtschirmleuchtdichte ist auch in diesem Bereich noch proportional dem Quadrat der Gesamtspannung (Abb. IX.23).

b) Bildwandler-Dioden

Die Abb. IX.24 zeigt eine Bildwandler-Diode (AEG-BD 32) mit einer elektronenoptischen Verkleinerung von etwa 1 : 4. Unmittelbar vor der Kathode befindet sich eine Steuerelektrode (Hilfsfeld), deren Sperrspannung bei 12 kV Gesamtspannung ca. 250 V beträgt. Dieses Rohr zeichnet sich durch eine wesentlich höhere Lichtverstärkung aus, da ja die Leuchtdichte des Leuchtschirmbildes quadratisch mit der Verkleinerung ansteigt. Selbstverständlich kann man durch eine geeignet gewählte Lupenvergrößerung auch eine Gesamtvergrößerung des Originalkathodenbildes erreichen. Ein Nachteil dieses Rohres ist zweifellos der, daß auch die Untergrundleuchtdichte mit der elektronenoptischen Verkleinerung quadratisch ansteigt. Es ist selbstverständlich prinzipiell möglich, durch Kathodenkühlung diese Untergrundleuchtdichte entsprechend zu verringern. Technologisch macht indessen diese Kühlung Schwierigkeiten. Immerhin ist es versuchsweise möglich gewesen, mit einem Kohlensäureventil in einer entsprechenden Kühlkammer die Ka-

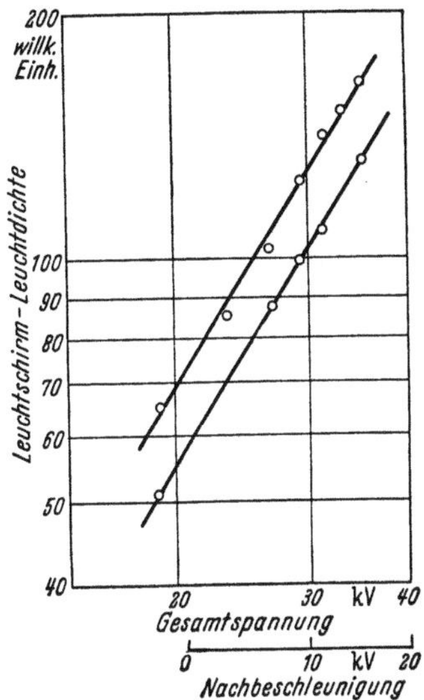

Abb. IX.23. Abhängigkeit der Leuchtschirmleuchtdichte von der Gesamtspannung eines elektrostatischen Bildwandlers mit Nachbeschleunigung nach [28]

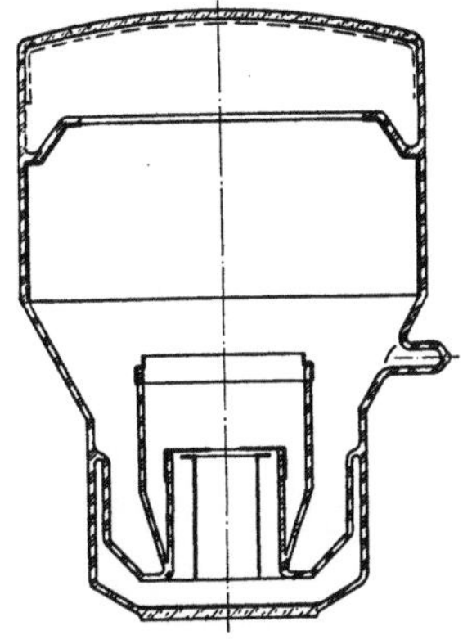

Abb. IX.24. Elektrostatischer Bildwandler (AEG—BD 32) (Kathoden-Leuchtschirmbild: 4:1)

thode auf -20 bis $-30°$ C zu kühlen [107]. Die Betriebszeit betrug bei einer normalen Kohlensäureflasche mit 10 kg Inhalt ca. 15 Stunden. Um zu verhindern, daß sich die Photokathode von außen bei dieser Kühlung beschlägt, wurde eine zusätzliche Metallkühlrippe angebracht.

Das Rohr nach Abb. IX.24 ist durch die Steuerelektrode auch für Impulsbelichtungen geeignet, d. h., es kann als Kurzzeitverschluß benutzt werden (s. Ziff. 85).

Für Sonderzwecke, z. B. für Nachtfeldstecher, sind Bildwandlerkleinströhren entwickelt worden, die als Dioden ausgeführt sind. So zeigt Abb. IX.25 eine AEG-Diode, die ca. 70 mm lang ist und einen Durchmesser von ca. 30 mm hat.

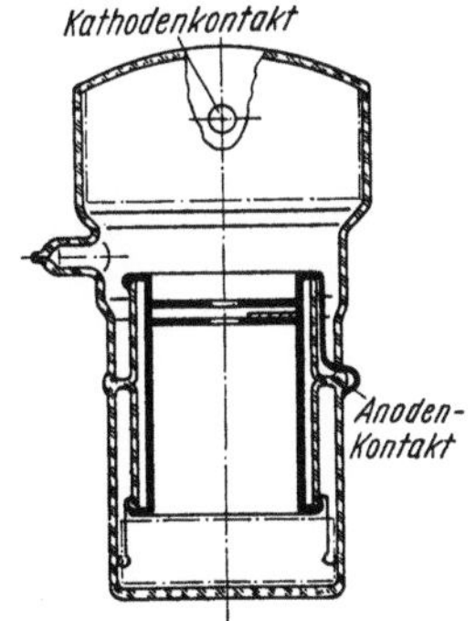

Abb. IX.25. Bildwandler-Diode der AEG

c) Doppelbildwandler (Kaskadenbildwandler)

Auch technische Ausführungsformen mehrstufiger Bildwandler sind bereits bekanntgeworden. Für den Zusammenbau mehrstufiger Bildwandler gibt es die in Abb. IX.26 dargestellten Möglichkeiten. Die unmittelbare Hintereinanderschaltung zweier oder mehrerer Bildverstärker ist zwar naheliegend, stößt aber auf erhebliche technische Schwierig-

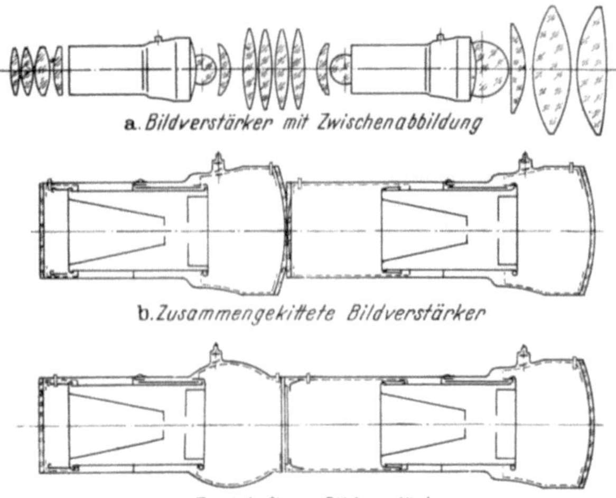

Abb. IX.26. Ausführungsmöglichkeiten mehrstufiger elektrostatischer Bildwandler

keiten. Lediglich die in Abb. IX.26 a und c dargestellten Möglichkeiten sind technisch lösbar. Bei dem Vorschlag nach Abb. IX.26 a werden

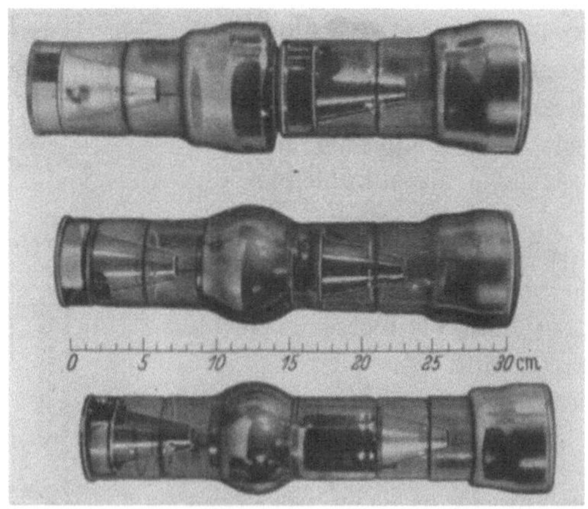

Abb. IX.27. Elektrostatischer Doppelbildwandler.
Oben: zwei verkittete Bildwandler, Mitte und unten: Doppelbildwandler

zwei normale Bildverstärkerröhren oder solche mit Nachbeschleunigung verwendet, wobei das Leuchtschirmbild des ersten Rohres mit einem Spezialobjektiv auf die (jetzt grünempfindliche) Photokathode des zweiten Rohres abgebildet wird. Nach Vorschlag c werden beide elektronenoptischen Systeme in einem Rohr vereinigt, wobei man Leucht-schirm und Kathode der Zwischenabbildung auf einer möglichst dünnen Glas- oder Glimmerfolie aufbringt. Bei den ausgeführten Mustern (in Abb. IX.27 die beiden unteren Röhren) dient als Träger der Leucht-schirm- und der Cs_3Sb-Schicht eine ca. $30\,\mu$ dicke Glimmerfolie. Eine Spezialbefestigung der Glimmerscheibe verhindert, daß sich die Glimmer-folie nach dem Ausheizen verzieht [28]. Mit diesen Röhren wird bei einer Gesamtspannung von 25 bis 27 kV eine ca. 100- bis 150fache Lichtverstärkung bei einem Auflösungsvermögen von ca. 100 bis $150\,\mu$ erreicht. Die elektronenoptische Verkleinerung beträgt 0,47 bis 0,48. Die Endbildverzeichnung ist ebenfalls schwach kissenförmig.

Abb. IX.28. Leuchtschirmzwischenbild eines elektrostatischen Doppelbildwandlers

Abb. IX.28 zeigt eine photographische Aufnahme des durch ein Fenster im Kolben aufgenommenen Bildes auf dem Zwischenbild-leuchtschirm.

Bei dem früher in der AEG von SCHAFFERNICHT und SCHMALEN-BERGER [94] entwickelten Doppelrohr (Abb. IX.29) wurden die beiden elektronenoptischen Systeme durch eine dünne Glasfolie von 0,1 mm Dicke vakuumdicht getrennt. Als Grund für diese Lösung wird an-gegeben, daß sich die Cs_3Sb- und die Cäsiumoxyd-Silberschicht nach-teilig beeinflussen. Die Herstellungsschwierigkeiten werden dadurch er-heblich vergrößert, abgesehen davon, daß die unzureichende Spannungs-festigkeit der aufgekitteten Glasfolie die Parallelschaltung der Hoch-spannungsgeräte für beide Verstärker kaum zuläßt.

Die Gesamtverstärkung bei Doppelbildwandlern beträgt etwa 100 bis 150. Noch höhere Verstärkungen sind möglich bei Kaskadenbild-wandlern, bei denen zwei oder mehr Verstärkerstufen nacheinander-geschaltet werden. Zweckmäßig wird man dann natürlich keine Bildwandler-Triodenstufen benutzen, sondern eine Anordnung, bei der einfache Bildwandler-Dioden nach Art des ersten HOLSTschen Vorschlages nacheinander angeordnet werden. Ein solcher Kaskadenbildwandler ist neuerdings für die Registrierung von Kernprozessen veröffentlicht worden [*92*].

d) Halbleiterbildwandler (Elektronenspiegel)

Die spektrale Nachweisgrenze von Bildverstärkern bzw. Bildwandlern mit äußerem Photoeffekt ist durch die spektrale Empfindlichkeit der Photoschicht begrenzt. Ein Weg, die bei größeren Wellenlängen empfindlichen Photohalbleiter zur direkten Bildwiedergabe infraroter Lichtbilder zu benutzen, ist durch den Elektronenspiegel gegeben. Die Arbeiten von HENNEBERG und RECKNAGEL [*47*] sowie von HOTTENROTH [*53*] zeigten auf theoretischem und experimentellem Wege die Spiegelung des Elektronenstrahls an negativen Potentialflächen. Auf diese Weise konnten bereits von HOTTENROTH geometrische Störungen, wie z. B. feine Drehrillen und Kratzer auf der Oberfläche im gespiegelten Elektronenbild, deutlich wiedergegeben werden. ORTHUBER [*75*] hat die Anwendung des Elektronenspiegels auf den Nachweis von lichtelektrisch erzeugten Potentialbildern auf Halbleiteroberflächen erweitert und so erstmalig gezeigt, daß es experimentell möglich ist, UR-Strahlung auch über $1{,}2\,\mu$ hinaus bildmäßig nachzuweisen.

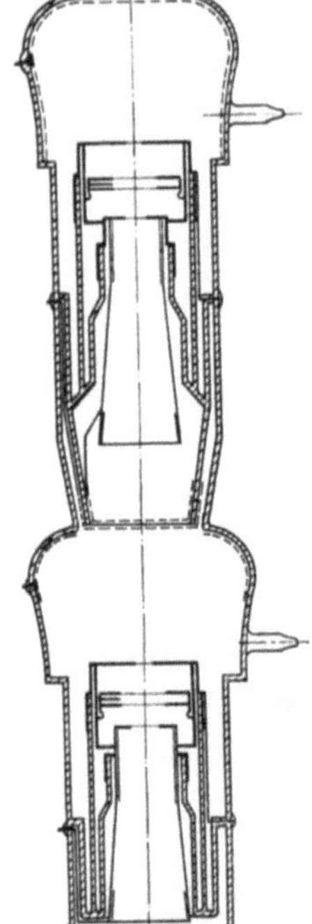

Abb. IX.29. Elektrostatischer Doppelbildwandler nach SCHAFFERNICHT und SCHMALENBERGER

Die hierzu benutzte Versuchsapparatur ist in Abb. IX.30 dargestellt. Auch von HOTTENROTH [*53*] ist eine ähnliche Apparatur benutzt worden. Die Elektronen einer Glühkathode K werden durch ein Anodensystem E beschleunigt und durch geeignete Potentialführung an der Spiegelelektrode S so weit abgebremst, daß ein Teil der Elektronen in die Spiegelelektrode eintritt und ein Teil an ihrem Potentialgebirge reflektiert wird. Die letzteren werden wieder beschleunigt und so das Potentialgebirge der Spiegelelektrode auf dem Leuchtschirm L abgebildet. Zur Trennung der auftreffenden und reflektierten Elektronen wurde ein senkrecht zur Abbildungsebene gerichtetes Magnetfeld mit Hilfe von Spulen erzeugt.

Als Schichten wurden die durch gleichzeitige Vakuumverdampfung hergestellten Schichten von $PbS-Sb_2O_3$, $Bi_2S_3-Sb_2S_3$ und Bi_2S_3-Se benutzt. Die langwellige Grenze der Bildumwandlung liegt bei $1{,}8\,\mu$. Eine

Erhöhung der Ultrarotempfindlichkeit ist zweifellos mit der Anwendung von Doppelkathoden und einer verbesserten Herstellung der

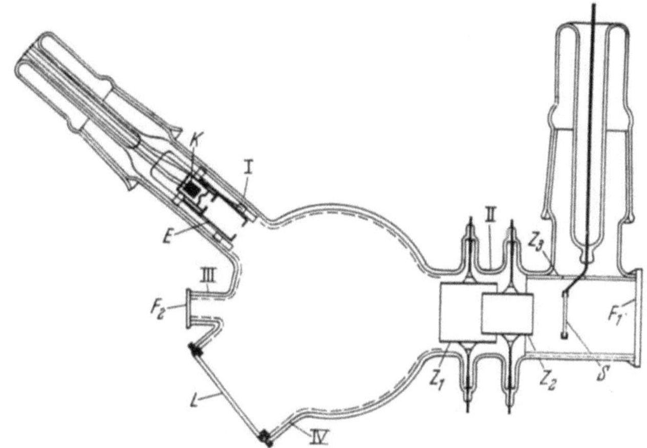

Abb. IX.30. Halbleiter-Bildwandler-Versuchsapparatur nach ORTHUBER [75]

Schichten zu erwarten. Eine erste technische Ausführung eines geradsichtigen Halbleiterbildwandlers nach SCHAFFERNICHT [94] zeigt Abb. IX.31.

e) Elektrolumineszenz-Licht- bzw. Bildverstärker

In neuerer Zeit wird mehrfach über Versuche berichtet, sowohl die Photoelektrolumineszenz als auch die Elektrolumineszenz von Leuchtstoffen als Strahlungstransformatoren anzuwenden [18] [25] [46] [77] [78] [88] [101].

Die Erscheinungen der Elektrolumineszenz sind zuerst an aktivierten ZnS-Phosphoren [26] [81] [99] eingehend untersucht worden. Dabei zeigte es sich, daß die von einer dünnen ZnS-Schicht emittierte Leuchtdichte B mit der angelegten Wechselspannung U und der Kreis-Frequenz ω zunimmt [81] [112] [113]:

$$B = \omega B_0\, e^{-A/\sqrt{U}}.$$

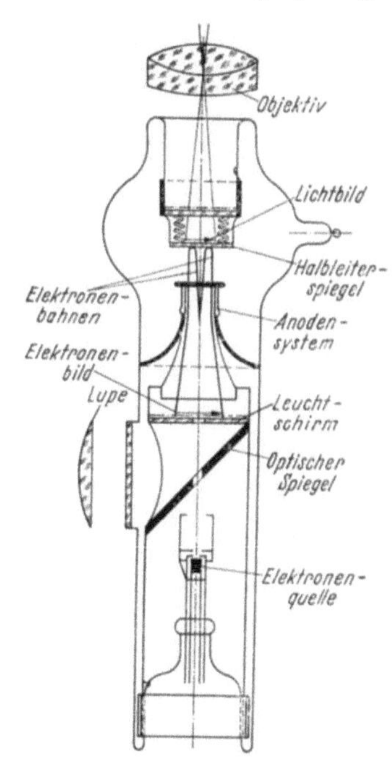

Abb. IX. 31. Halbleiter-Bildwandler in geradsichtiger Anordnung (nach SCHAFFERNICHT)

Die Elektrolumineszenz-Lichtverstärker arbeiten in der Regel mit vorgeschalteten hochohmigen photoempfindlichen CdS-Schichten. In Reihe damit ist eine dünne elektrolumineszierende Leuchtstoffschicht z. B. aus ZnS geschaltet, die zwischen zwei leitenden Elektroden angeordnet ist, deren eine durchsichtig ist. Die ZnS-Schicht leuchtet, wenn die an den Elektroden liegende Wechselspannung einen bestimmten Minimalwert erreicht. Ohne Belichtung ist der Scheinwiderstand der CdS-Schicht zwischen den Elektroden gegenüber dem Scheinwiderstand der dünnen ZnS-Schicht so groß, daß der größte Teil der Wechselspannung an der CdS-Schicht liegt. Wird die CdS-Schicht belichtet, dann steigt ihre Leitfähigkeit, so daß nunmehr an der ZnS-Schicht der größte Spannungsabfall auftritt, der den Phosphor zur Lichtemission anregt. Auf der Grundlage der elektrolumineszierenden Leuchtstoffe sind von KAZAN und NICOLL [59] u. a. [76] elektrolumineszierende Verstärker aufgebaut worden, die bei befriedigender Auflösung eine 10- bis 15fache Lichtverstärkung erzielen lassen.

Beim Photoelektrolumineszenz-Verstärker wird die Lumineszenzschicht durch die einfallende Strahlung, z. B. Röntgenstrahlung, unmittelbar gesteuert. Der Verstärkungsfaktor wird bis zu 50 angegeben [18a], doch zeigen diese Verstärkeranordnungen noch eine zu große Trägheit.

84. Röntgenbildverstärker

Die Entwicklung der Bildverstärkereinrichtungen zur visuellen Beobachtung von Röntgendurchleuchtungsschirmen erstrebt eine Leuchtdichteerhöhung des Röntgenbildes.

Bei der heute üblichen visuellen Röntgendiagnostik (bei 90 kV und etwa 2 mA Strahlstrom) beträgt die Helligkeit der hellsten Stellen des Leuchtschirmbildes nur ca. 0,1 lx (gemessen unmittelbar vor dem Leuchtschirm) und die mittlere Bildhelligkeit nur ca. 0,03 lx (die Beleuchtungsstärken bei Mondlicht liegen vergleichweise zwischen 0,2 und 0,3 lx). Die Adaptationszeit für ein normales Durchleuchtungsbild beträgt ca. 15 min, wobei nur Leuchtdichteunterschiede von 15 bis 40% wahrgenommen und Streifen von mindestens 2,5 mm Breite erkannt werden können, sofern letztere einen Kontrast von 100% haben [69], d. h. Sehschärfe und Kontrastempfindlichkeit bleiben trotzdem sehr gering.

Es ist daher verständlich, daß seit Bestehen dieses Diagnostikverfahrens der Wunsch besteht, durch eine Verstärkung des Röntgenbildes die Erkennbarkeit zu verbessern und dabei möglichst noch die Bestrahlungsstärke herabzusetzen. Man muß dabei bedenken, daß unter normalen Untersuchungsbedingungen bereits nach 7 min die zulässige Oberflächendosis von 100 r-Einheiten erreicht ist [40]. Um die Leuchtdichte der Röntgenbilder zu verstärken, sind eine Reihe von Verfahren bekanntgeworden [14] [48] [66] [69] [70], die wie folgt charakterisiert werden können:

1. Das auf dem Leuchtschirm sichtbare Röntgenbild wird mit Hilfe einer lichtstarken Optik auf die Photokathode eines elektronenoptischen Bildverstärkers oder eines Fernsehaufnahmerohres abgebildet und verstärkt.

2. Das Röntgenbild wirkt direkt auf die Leucht- oder Umwandlungsschicht eines elektronenoptischen Röntgenbildverstärkerrohres.

3. Das zu untersuchende Objekt wird durch ein enges Röntgenstrahlbündel punktweise abgetastet bzw. durchstrahlt. Die vom Objekt durchgelassene oder evtl. auch die reflektierte Strahlung wird von einer röntgenlichtempfindlichen Schicht zeitlich nacheinander absorbiert und in elektrische Impulse umgesetzt. Diese elektrischen Impulse werden dann, mit Mitteln der Fernsehtechnik, wieder in ein sichtbares Bild umgewandelt.

4. Das Röntgenbild wirkt unmittelbar auf die röntgenstrahlempfindliche Halbleiterschicht einer Vidiconröhre oder eines Ikonoskops ein.

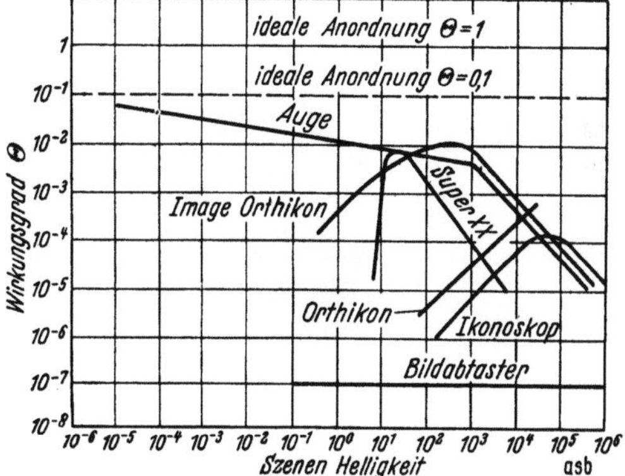

Abb. IX. 32. Wirkungsgrad verschiedener Bildaufnahmeanordnungen im Vergleich zum menschlichen Auge nach [89]

Das unter 1. genannte Verfahren ist bereits im DRP 688385 angegeben, in dem ein sog. Röntgen-Fluoreszenz-Bildwandler Verwendung findet, bei dem das nach der Körperdurchstrahlung auf dem Leuchtschirm sichtbare Röntgenschattenbild mit Hilfe einer Optik auf die Photokathode eines Bildwandlers abgebildet und im Bildwandler verstärkt wird. Die Nachteile dieses Prinzips liegen vor allem darin, daß die optische Zwischenabbildung erhebliche Energieverluste mit sich bringt. Man muß daher mit lichtstarken Objektiven und mit einer zusätzlichen elektronenoptischen Verkleinerung von mindestens 1 : 10 arbeiten, um eine Verstärkung von 50 bis 100 zu erreichen. Will man im Röntgenbild mehr sehen und von einer längeren Adaptationszeit befreit werden, so ist jedoch eine Steigerung der Leuchtdichte um das 100- bis 1000fache erforderlich [11].

Man kann zur Verstärkung von Röntgenschirmbildern auch an die Mittel der modernen Fernsehaufnahmetechnik denken, bei denen die Anwendung des Speicherprinzips zur Entwicklung von hochempfindlichen Aufnahmeröhren geführt hat. Abb. IX.32 gestattet einen Vergleich der Eigenschaften verschiedener Typen von Fernsehaufnahmeröhren mit der Empfindlichkeit des menschlichen Auges, wobei für einen sinnvollen Vergleich gleiche Durchmesser der Optiken, gleiche Seh- bzw. Öffnungswinkel und die gleiche Speicher- bzw. Belichtungszeit (0,2 sec) zugrunde gelegt sind. Man sieht, daß im Gegensatz zu den älteren Fernsehaufnahmeröhren mit den modernen Aufnahmeröhren eine Röntgenbildverstärkung möglich ist [66].

Abb. IX.33 zeigt das Schema einer Röntgenbildverstärkeranlage mit Hilfe eines Image-Orthicons. Der Patient wird wie üblich durchleuchtet und das Leuchtschirmbild über eine lichtstarke Spiegeloptik auf die

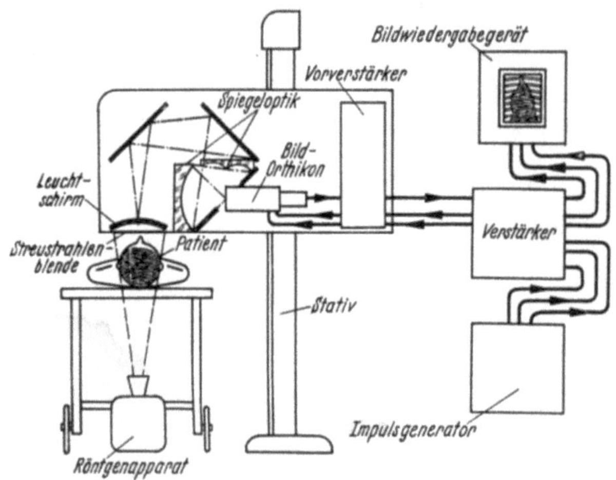

Abb. IX.33. Fernsehbildanlage als Röntgenbildverstärker nach MORGAN (entnommen aus [36])

Photokathode eines Bild-Orthicons abgebildet. Das verstärkte Bild erscheint dann auf dem Bildrohr des Fernsehempfängers. Das erfaßte Bildformat hat die in der Röntgentechnik übliche Größe. Es besteht damit selbstverständlich die Möglichkeit einer Fernsehübertragung, d. h. man kann ohne weiteres das Röntgenbild einem größeren Kreis von „Zuschauern" vermitteln.

Das Verfahren nach 2. kennzeichnet den eigentlichen Röntgenbildverstärker, bei dem der primär vom Röntgenlicht erregte Leuchtschirm in der Bildverstärkerröhre mit eingebaut ist, wobei das Röntgenleuchtschirmbild unmittelbar auf die Photokathode einwirkt (Abb. IX.34). Das eigentliche Problem besteht darin, Photokathode und Leuchtschirm in möglichst engen Kontakt zu bringen. Technisch wurde dies auf verschiedene Weise zu lösen versucht [28] [67] [101] [111].

Die Leuchtdichteverstärkung im Röntgenbildverstärker kommt einmal durch Vergrößerung des Lichtstromes (Lumenverstärkung) infolge der beschleunigenden Spannung und zum anderen durch die elektronenoptische Verkleinerung zustande. Beide Faktoren ergeben die praktisch erzielbare Verstärkung.

Die Abb. IX.35 zeigt schematisch die Röntgenbildverstärkerröhre von PHILIPS [100] [101][1], die zwar als Diode ausgebildet ist, bei der aber die Innenmetallisierung auf schwach positivem und veränderlichem Potential liegt, mit dem gleichzeitig die Schärfe des Bildes regelbar ist.

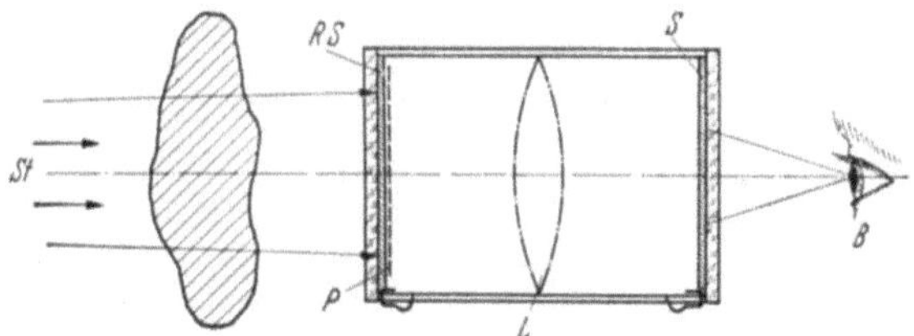

Abb. IX.34. Prinzip des Röntgenbildverstärkers.
S Leuchtschirm, *L* elektronenoptische Abbildungslinse (schematisch), *RS* Röntgenleuchtschicht, *B* Beobachter, *P* Photokathode, *ST* Röntgenstrahlen

Für die Abbildungseigenschaften sind Abstand und Krümmungsradien von Kathode und Anode maßgebend [93]. Der nutzbare Kathodendurchmesser beträgt 135 mm, der Bilddurchmesser 15 mm. Die elektronenoptische Verkleinerung beträgt 9 : 1 bei einer Gesamtspannung von 25 kV. Der Betrachtungsschirm wird mit einem 9fach vergrößernden Mikroskop beobachtet, so daß man das Röntgenbild in seiner ur-

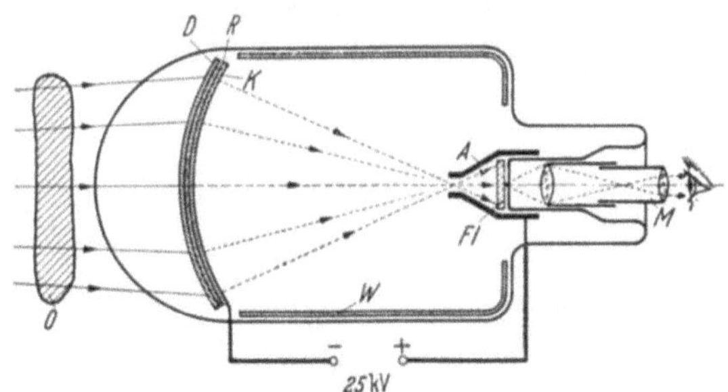

Abb. IX.35. Röntgenbildverstärkerröhre nach PHILIPS (halbschematisch).
O Objekt, *R* Röntgenleuchtschicht, *W* Metallbelag, *FL* Beobachtungsleuchtschirm, *D* Aluminiumträger, *K* Photokathode, *A* Anode, *M* Mikroskop

sprünglichen Größe (∼ 130 mm ⌀) aufrecht stehend sieht. Bei der von PHILIPS serienmäßig gefertigten Röntgenbildverstärkeranordnung wird entweder zur visuellen Beobachtung ein binokulares Mikroskop oder zur Registrierung wahlweise eine Photoeinrichtung vor den Bildverstärker geklappt [1]. Die Leuchtdichteverstärkung beträgt insgesamt ca. 800

[1] Auch die RCA, Siemens-Reiniger (Erlangen), Westinghouse Electric-Corporation (X-Ray Division Baltimore), Carl Zeiss haben in den Abmessungen etwa entsprechende Röntgenbildverstärkerröhren entwickelt.

bis 1200. Das Gesamtauflösungsvermögen von 0,4 mm ist dadurch erreicht worden, daß die Dicke des Röntgenfluoreszenzschirmes geringer ist als jene normaler Röntgenschirme, deren Auflösungsvermögen ca. 0,7 mm beträgt. Für den Betrachtungsleuchtschirm wird ein sehr feinkörniges gelbgrün leuchtendes Zinksulfid-Selenid sedimentiert. Die Unschärfe der elektronenoptischen Abbildung spielt noch keine Rolle. Der Cäsium-Antimon-Photokathode angepaßt ist das blaufluoreszierende silber-aktivierte Zinksulfid als Röntgenschirmsubstanz. Der Endbildleucht-schirm ist aus bereits bekannten Gründen mit einer Alu-Folie belegt.

Nach eingehenden „Phantomuntersuchungen" [102] hat sich der Röntgenbildverstärker in der Medizin schon recht erfolgreich eingeführt [21] [34] [35] [82].

Bei der Röntgenuntersuchung ist nur etwa $^1/_{10}$ der sonst nötigen Dosis erforderlich. Der Röntgenbildverstärker ist auch mit Erfolg beim Lokalisieren von Fremdkörpern in Geweben oder zur Kontrolle beim Richten von Frakturen (Knochenbrüchen) eingesetzt worden, abgesehen von der möglichen Kontrolle der Einstellung kurz vor der Anfertigung von normalen gezielten Röntgenaufnahmen.

Mit dem Röntgenbildverstärker ist zwar niemals die gleiche Bildqualität erreichbar wie mit dem normalen Röntgenaufnahmeverfahren, doch bringt er den entscheidenden Vorteil einer wesentlichen Herabsetzung der zur Diagnostik erforderlichen Dosisleistung und eröffnet eigentlich erst die Möglichkeit der Röntgenkinematographie, wie bereits vorgeführte Filme eindrucksvoll zeigten[1]. Selbst bei verhältnismäßig langen Filmstreifen stellt die erforderliche Dosis kaum noch eine Gefahr für den Patienten dar.

Damit das durch die Abmessungen der Röhre bedingte verhältnismäßig kleine Gesichtsfeld nicht zu störend ins Gewicht fällt, ist ein Zielgerät gebaut worden [108], bei dem es möglich ist, wahlweise mit dem normalen Leuchtschirm oder mit dem Röntgenbildverstärker zu durchleuchten und überdies gezielte Aufnahmen entweder im normalen Großformat direkt oder im Kleinbildformat indirekt in der Art der Schirmbildphotographie über den Röntgenbildverstärker anzufertigen. Das Beobachtungsgerät ist so konstruiert und aufgehängt, daß das Bild beim stehenden wie beim liegenden Patienten sowie auch in allen Zwischenlagen beobachtet werden kann[2] [109]. Selbstverständlich kann

---

[1] Fortbildungskurs der Deutschen Röntgengesellschaft vom 10. bis 13. 6. 1954 in Berlin. Vortrag Dr. phil. W. FEHR, Hamburg. Der Röntgenbildverstärker und seine Entwicklung. Anwendung in der Diagnostik sowie Filmvorführung des Röntgeninstituts und Strahlenklinik, Bonn, Prof. Dr. med. R. JANKER.

[2] Derartige Geräte werden von der Firma C. H. F. Müller A.G., Hamburg, vertrieben. Auch die RCA, Westinghouse und Siemens-Reiniger stellen entsprechende Geräte her.

man die Röntgenbildverstärkeranlage an jede beliebig zu untersuchende Stelle heranführen.

Der Röntgenbildverstärker wird auch mehr und mehr Eingang in die zerstörungsfreie Werkstoffprüfung finden [64] [65]. So können z. B. Stahlkonstruktionselemente von 20 mm Dicke mit einer ebenfalls von der Firma C. H. F. Müller A.G., Hamburg, vertriebenen Anlage noch leicht bei Tageslicht durchleuchtet werden.

Neuerdings wird auch ein „Röntgenikonoskop" beschrieben [60], dessen Signalplatte mit einer amorphen Selenschicht bedampft ist [90]. Diese Spezialfernsehaufnahmeröhre gestattet die unmittelbare Umwandlung eines Röntgenstrahlbildes in ein Fernsehbild. Die Leitfähigkeit der auf die Signalplatte aufgedampften amorphen Selenschicht beträgt ca. $10^{-15}\,\Omega^{-1}\,\mathrm{cm}^{-1}$ und ändert sich mit der Röntgenbestrahlung, und zwar ist dieser innere Röntgenphotoeffekt noch wesentlich von der Schichtdicke und der Strahlspannung abhängig. Die Trägheit von 10^{-3} bis 10^{-4} sec ist abhängig von Verunreinigungen und auch vom Kristallisationsgrad des Selens. Die Schicht hat zwar eine ausreichende Speicherfähigkeit, doch können beim derzeitigen Entwicklungsstand nur ruhende Objekte mit einer speziellen Abtasttechnik wiedergegeben werden.

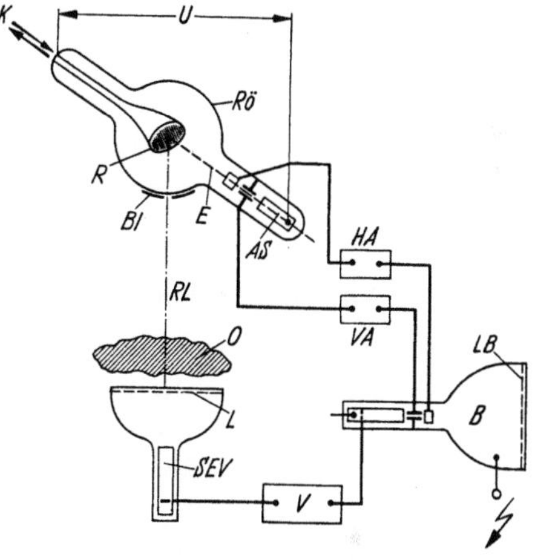

Abb. IX.36. Röntgenbildverstärker nach dem Abtastverfahren von MOON [69].
Rö Röntgenröhre, *O* zu untersuchendes Objekt, *AS* elektronenoptisches Abbildungssystem, *E* Elektronenstrahl, *U* Beschleunigungsspannung der Röntgenröhre (etwa 125 kV), *K* Wasserkühlung, *HA* Horizontalablenkgerät, *VA* Vertikalablenkgerät, *R* Raster, *RL* Röntgenlicht, *Bl* Austrittsöffnung der Bleiblende, *L* Einkristalleuchtschirm, *SEV* Vervielfachersystem, *V* Breitbandbildverstärker, *B* Bildröhre, *LB* Leuchtschirm der Bildröhre

Bei dem unter 3. S. 619 genannten Verfahren wird das Objekt mit einem feinen Röntgenstrahl abgetastet und mit den Mitteln der Fernsehtechnik wiedergegeben (vgl. Kap. X). Zur Röntgenstrahlabtastung gibt es zwei Möglichkeiten, und zwar kann einmal die Abtastung der kontinuierlich strahlenden Röntgenröhre durch eine zwischen Röhre und Objekt vorgesehene NIPKOW-Scheibe erfolgen, oder der die Röntgenstrahlen auslösende Elektronenstrahl der Röntgenröhre wird mit Hilfe eines Abtastsystems so über die Anode der Röntgenröhre bewegt, daß das bekannte Fernsehraster entsteht [69] [48] (Abb. IX.36). Durch ein feines Loch in der Bleiabschirmung *Bl* der Röntgenröhre tritt ein feiner Röntgenstrahl aus, der das Objekt *O* durchdringt und mehr oder weniger stark geschwächt wird. Das Objekt wird also wie beim Fernsehen von einem Röntgenlichtstrahl abgetastet. Nach Durchdringung des Objektes fällt dieses Röntgenstrahlraster auf einen Leuchtschirm L, der seinerseits punktweise erregt wird. Das Lichtraster des Leuchtschirmes wird in einem Sekundärelektronen-Vervielfacher SEV in Stromimpulse umgesetzt, verstärkt und auf dem Bildrohr B wiedergegeben. Wir haben also ein analoges Verfahren wie beim Leuchtschirmabtaster der Fernsehtechnik.

An Stelle des Bildrohres benutzte das „Radiophot" [19] eine vom Fernsehsignal gesteuerte Kerrzelle (vgl. S. 439). Dieses Verfahren besitzt bekanntlich nicht den Vorteil der Bildspeicherung. Die Verwendung eines ausgeblendeten feinen Röntgenstrahles bringt jedoch zweifellos den Vorteil, daß keine Bildverschleierung durch Streustrahlen auftritt. Man kann sich darüber hinaus der bei Film und Diaabtastern bereits bewährten Verfahren der Kontrastverstärkung bedienen [70] [74].

85. Anwendung des Bildwandlers und Bildverstärkers

Der Bildwandler wurde im 2. Weltkrieg zu einem Beobachtungsgerät hoher technischer Reife entwickelt und diente fast ausschließlich militärischen Zwecken. Diesbezügliche eingehende Veröffentlichungen liegen sowohl für die USA [72] als auch für England [85] und Deutschland [94] vor. Abb. IX.37 zeigt bspw. in Gegenüberstellung eine Nachtaufnahme, photographiert ohne und mit UR-Bildwandlerrohr. Die Reichweite der Bildwandleranlage ist, außer von der Nachweisempfindlichkeit der Röhren, wesentlich noch vom optischen Aufwand, also von der Brennweite und Lichtstärke des Objektivs, der Vergrößerung und Apertur der Lupen und bei Verwendung der Geräte im Anstrahlverfahren (aktives Nachweisverfahren) auch von der Lichtstärke der normalerweise gefilterten Scheinwerfer abhängig. Darüber hinaus spielen die atmosphärischen Sichtverhältnisse und das Reflexionsvermögen (Albedo) des Zieles eine Rolle. Entwickelt wurden komplette Geräte für alle Wehrmachtsteile [72] [85] [94].

Der Anwendung des Bildwandlers und Bildverstärkers in Forschung und Technik wird erst neuerdings mehr Aufmerksamkeit gewidmet, da man allenthalben wieder mit der Fertigung dieser Geräte beginnt. Abgesehen vom Röntgenbildverstärker kann der Bildwandler immer dort erfolgreich als Strahlungstransformator eingesetzt werden, wo dem menschlichen Auge Grenzen gesetzt sind [50] und eine unmittelbare bildmäßige Beobachtung hoher Auflösung Vorteile bringt [20]. So sind Emissionsspektren [21] [22] [23] [24] [31] [103], insbesondere von Quecksilber- und Natriumdampflampen [98] [104], die Absorptionsspektren von Benzol, Alkohol, Essigsäure und Wasser im nahen UR aufgenommen worden [*98*]. Auch biologische Objekte zeigen u. U. charakteristische Unterschiede der Reflexion oder Durchlässigkeit im nahen UR gegenüber dem sichtbaren Spektralbereich, wie bspw. am UR-durchlässigen Chitinpanzer von Insekten oder an der ausgeprägten UR-Reflexion des Blattgrüns festgestellt worden ist [*98*].

Auch zu Augenuntersuchungen, z. B. von Hornhauttrübungen, ist der Bildwandler als UR-Ophthalmoskop bereits vorgeschlagen worden [*61*] [*79*] [*80*] [*105*] [*106*]. Ob er auch für Untersuchungen des Augen-

Abb. IX 37. Nachtaufnahmen ohne (oberes Bild) und mit UR-Bildwandler (unteres Bild) nach MORTON und FLORY [*72*]

hintergrundes geeignet sein wird, bleibt abzuwarten. Jedenfalls kann erwartet werden, daß er auch bei Krebs-, Schleimhaut- und Geschwulstuntersuchungen zur Frühdiagnostik beitragen kann.

Der Bildwandler hat sich bereits im Prüfprozeß von photographischen Filmen bewährt. Man untersucht die Filme mit photographisch unwirksamem UR und beobachtet sie mit dem Bildwandler in einem anderen nur schwach verdunkelten Raum. Inwieweit es möglich ist, Bildwandler bspw. in der Eisenhüttenindustrie bzw. im Walzwerkbetrieb mit Erfolg einzusetzen, um bei den stets vorhandenen Dampf- und Rauchschwaden eine bessere Sicht zu gewähren, bedarf noch der Prüfung. Ebenso fehlen systematische Untersuchungen der Vorteile der UR-Beobachtung mit Bildwandlern für den Küstendienst und den Dienst auf Wasserstraßen unter schlechten Sichtverhältnissen [42]. In der Astronomie sind gleichfalls erste Versuche gemacht worden, um auch dort sowohl den Bildverstärker für die Spektrohelioskopie [58] als auch für die UR-Beobachtung einzusetzen. Abb. IX.38 gibt eine Aufnahme der Praesepe durch eine Bildverstärkerröhre wieder [43]. Aus Empfindlichkeitsmessungen mit Bildverstärkern folgt, daß die Bildverstärkerröhre eine ca. 50fach größere Nachweisempfindlichkeit besitzt als die photographische Platte. Auch als Pyrometer ist der Bildwandler bereits verwendet worden [61]. Ebenso liegen erste Untersuchungen zum Nachthimmelleuchten vor [27] [91].

Die Anwendung des Bildverstärkers für die Röntgendiagnostik wurde bereits ausführlich beschrieben. Für den Einsatz des Bildwandlers als Strahlungstransformator in der UV- und UR-Mikroskopie bestehen keine grundsätzlichen Schwierigkeiten [37] [44].

Zur Untersuchung sehr schnell ablaufender Vorgänge, wie bspw. das Verhalten von Geschossen, hochtourigen Motoren, Explosionen u. ä., kann der Bildwandler bzw. Bildverstärker herangezogen werden[1].

Bei den älteren mechanisch-optischen Verfahren bestimmen Materialkonstanten (Zerreißfestigkeit des Trommel- bzw. Filmmaterials) die maximale Aufnahmegeschwindigkeit. Auch mit der Registrierung von Momentaufnahmen durch Kerrzellentastung oder mit Hilfe von Funkenblitzen sind nur Belichtungszeiten der Größenordnung μsec erreichbar. Neuerdings benutzt man auch den Bildwandler zur Beobachtung schnell ablaufender Vorgänge, indem man die Bildwandlerröhren als Übertragungsorgane zwischen Objekt und Kamera verwendet, wobei von der Röhre sowohl die Funktion der rotierenden Trommel als auch die des Schnellverschlusses übernommen werden kann.

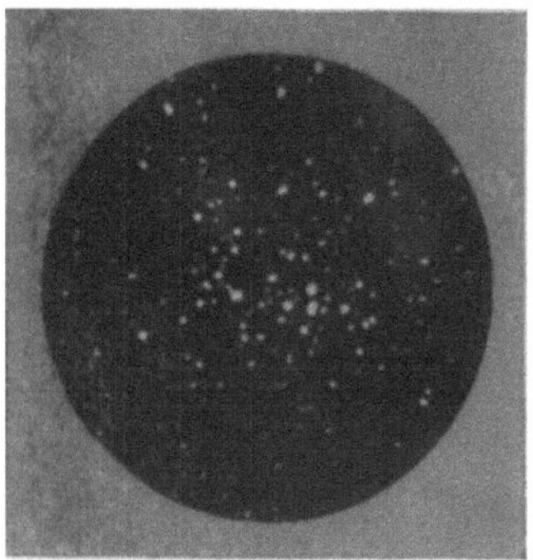

Abb. IX.38. Aufnahme der Praesepe mit einer Bildverstärkerröhre nach HACHENBERG [43] .

Bei Dioden hat man im Impulsbetrieb grundsätzlich folgende Schaltmöglichkeiten: Tastung der Kathode bei geerdeter Anode mit negativem Impuls bzw. Tastung der Anode bei geerdeter Kathode mit positivem Impuls. Ebenso ist eine Folgesteuerung möglich, wenn man Anode und Kathode aufeinanderfolgend über Wasserstoffthyratrons mit positivem Impuls hochtastet.

---

[1] Diese Möglichkeit ist in Deutschland bereits während des Krieges nicht nur erörtert, sondern praktisch in Angriff genommen werden. R. T. BAYNE hat wohl als erster diesen Gedanken veröffentlicht [7] (vgl. auch [15]).

Bildverstärker-Trioden haben den Vorteil, daß bereits ein negatives Gitterpotential von ca. 100 V die Kathodenemission sperrt. Möglich sind: Kathodensteuerung (wie oben), Gitteraussteuerung (Tastung des Gitters mit positivem Impuls), Gitterbasissteuerung (Tastung der Kathode mit negativem und der Kathode mit gleichgroßem positivem Impuls bei erniedrigtem Gitter) und Folgesteuerung (aufeinanderfolgende Tastung der Kathode und des Gitters über Wasserstoffthyratrons, die vor und nach dem Schaltvorgang gesperrt sind).

Bei dem *aktiven* Aufnahmeverfahren, also bei der Untersuchung von nicht selbstleuchtenden Objekten, kann man die einzelnen Bewegungsphasen bildlich festhalten, wenn man sie kurzzeitig z. B. mit Blitzlichtlampen belichtet. Abb. IX.39 zeigt eine Anordnung für die Verwendung als schnellen photographischen Verschluß. Der zu photographierende

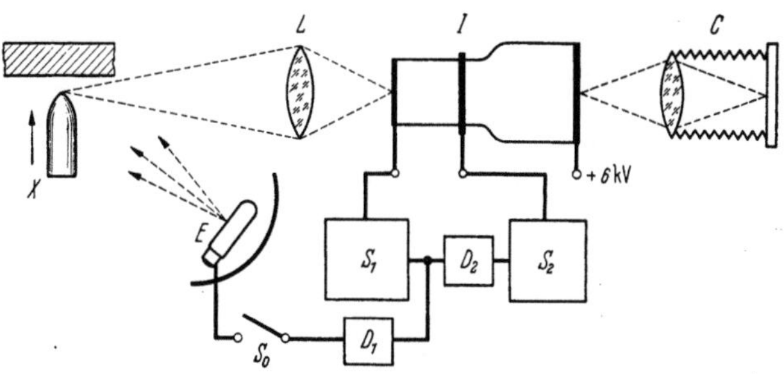

Abb. IX.39. Anordnung zur Verwendung des Bildwandlers als photographischen Verschluß [*12*].
E impulsgesteuerte Lichtquelle, *X* zu beobachtender Vorgang, *L* Objektiv, *I* Bildverstärker, *C* Kamera, $S_{0,1,2}$ Schaltelemente, $D_{1,2}$ Verzögerungselemente

Gegenstand X wird von einer Lichtquelle E beleuchtet und mit der Linse L auf die Photokathode abgebildet. Lichtquelle und Bildwandler werden mit Hilfe einer Synchronisierschaltung so gekoppelt, daß das Elektronenbild nur während eines bestimmten kurzen Zeitintervalls durchgelassen wird, wobei die Verzögerungselemente S_0 bis S_2 dafür sorgen, daß beliebige Phasen des Vorganges aufgenommen werden. Selbstverständlich ist es möglich, eine fortlaufende Darstellung des veränderlichen Vorganges aufzunehmen. Über die verschiedenen Möglichkeiten für eine schnelle Momentphotographie ist von JENKINS und CHIPPENDALE [*12*] [*55*] [*57*] u. a. [*16*] [*39*] [*49*] [*86*] ausführlich berichtet worden.

Mit auftastbaren Bildverstärkern kann man aus der Laufzeit von Lichtimpulsen auch die Entfernung des zu beobachtenden Gegenstandes bestimmen. Die Gasentladungslampe wird ebenfalls kurzzeitig getastet, wobei die Impulsbreite die Genauigkeit der Entfernungsmessung bestimmt. Das Bildwandlerrohr wird nur während der Zeit des ankommenden Lichtimpulses geöffnet, d. h., die Auslösung des Steuerimpulses wird in seiner Phase gegen den Belichtungsimpuls verschoben. Aus der auftretenden Phasenverschiebung kann dann auf die Entfernung geschlossen werden.

Beim *passiven* Aufnahmeverfahren, also zur Beobachtung von periodisch wiederkehrenden Zündungs- und Verbrennungsvorgängen, von einmalig ablaufenden Detonations- und Explosionsvorgängen an Treib- oder Sprengstoffen verwendet man gleichfalls auftastbare Bildwandler, so daß man zeitlich nacheinander verschiedene Phasen des zu untersuchenden Vorganges beobachtet. Durch zusätzliche magnetische Ablenkung kann man auf dem Schirmbild den Bewegungsvorgang in den

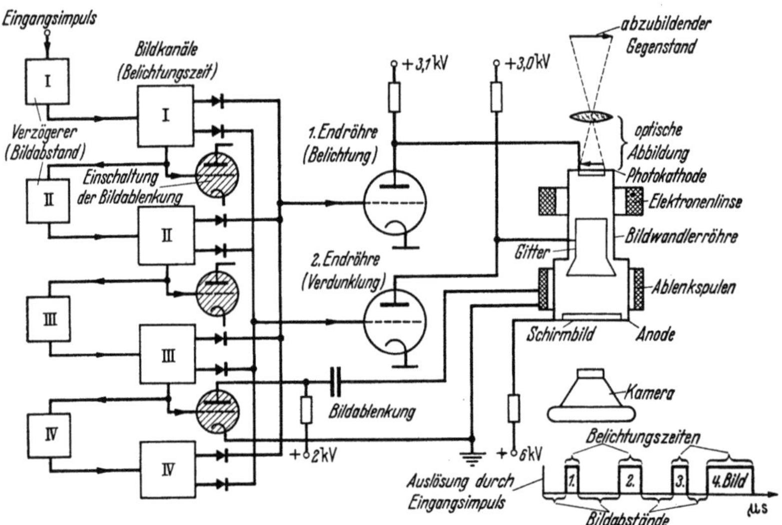

Abb. IX.40. Blockschema einer Schaltanordnung zur Verwendung des Bildwandlers in der passiven Aufnahmetechnik (nach FRÜNGEL [*38*])

zeitlich nacheinander folgenden Phasen festhalten. Die Abb. IX.40 gibt ein Blockschaltbild einer von FRÜNGEL [*38*] beschriebenen Zeitsteuerung eines Bildwandlers wieder. Der von dem zu untersuchenden Objekt ausgelöste erste Impuls wird auf den Eingang des ersten Verzögerers gegeben. Im ersten Bildkanal wird dieser Impuls aufgeteilt, und zwar in einen ersten Impuls, der das erste Bild auftastet, und in einen zweiten Impuls, der nach einer einstellbaren Belichtungszeit wieder dunkel tastet. Vom Impuls der Dunkeltastung wird das Thyratron für die erste dynamische Ablenkung gezündet und dient gleichzeitig als Eingangsimpuls des zweiten Verzögerers. Während der am zweiten Verzögerer eingestellten Verzögerungszeit wird das zweite Ablenkfeld aufgebaut. Der Ausgangsimpuls des zweiten Verzögerers ist zugleich der Eingangsimpuls für den zweiten Bildkanal. Die weiteren Vorgänge sind analog dem beschriebenen.

Schließlich sind auch noch Vorschläge gemacht worden, an Stelle des Leuchtschirmes eine photographische Platte in den Strahlengang einzuschleusen, ähnlich wie beim Elektronenmikroskop [63]. Ob diese Ausführungen eine technische Bedeutung haben [41], bleibt abzuwarten. Das gleiche gilt für einen Bildwandler mit Sekundäremissionskathoden [13], bei dem die aus der Kathode austretenden Elektronen auf eine SE-emittierende Schicht fokussiert werden. Die aus der SE-Schicht austretenden Elektronen werden ihrerseits auf den Leuchtschirm abgebildet. Man erhält somit eine Verstärkung, die etwa dem SE-Faktor der Schicht entspricht. Da die mittlere Geschwindigkeit der Sekundärelektronen ca. 2 bis 3 eV beträgt, ist auch die erzielbare Auflösung entsprechend geringer.

Literatur

[1] VAN ALPHEN, P. M.: Optische Hilfsmittel beim Bildverstärker. Philips techn. Rdsch. 17, 77—107 (1955).

[2] VAN ALPHEN, P. M., G. C. E. BURGER, W. J. OOSTERKAMP, M. C. TEVES u. T. TOL: Detailerkennbarkeit bei Durchleuchtung und Photographie mit der Bildverstärkerröhre. Fortschr. Röntgenstr. 77, 469—470 (1952).

[3] v. ARDENNE, M.: Über die Umwandlung von Lichtbildern aus einem Spektralgebiet in ein anderes durch elektronenoptische Abbildung von Photokathoden. ENT 13, 230—235 (1936).

[4] v. ARDENNE, M.: Arch. Elektrotechn. 30, 623 (1936).

[5] v. ARDENNE, M.: Wireless Engr. 18, 538 (1936).

[6] BARBER, C. R., u. E. C. PRATT: An optical pyrometer employing an image converter tube for use over the temperature range 350—700° C. J. sci. Instrum. 27, 4—6 (1950).

[7] BAYNE, R. T.: U. S. Pat. 2421182, angem. 1943, erteilt: 27. 5. 1947.

[8] BRÜCHE, E.: Arch. Elektrotechn. 29, 642 (1935).

[9] BRÜCHE, E.: Elektronenmikroskopische Abbildung mit lichtelektrischen Elektronen. Z Phys. 86, 448 (1933).

[10] BRÜCHE, E., u. W. SCHAFFERNICHT: Bericht über elektronenoptische Fragen auf dem Fernsehgebiet. ENT 12, 381—392 (1935).

[11] CHAMBERLAIN, W. E.: Fluoroscopes and fluoroscopy. Radiology 38, 383 bis 413 (1942).

[12] CHIPPENDALE, R. A.: Image converter techniques applied to high speed photography. Photogr. J. 92B, 149—157 (1952).

[13] COETERIER, F., u. M. C. TEVES: An apparatus for the transformation of light of long wavelength into light of short wavelength III. Amplification by secondary emission. Physica 4, 33—40 (1937).

[14] COLTMAN, J. W.: Fluoroscopic image brightening by electronic means. Radiology 51, 359—367 (1948).

[15] COURTNEY-PRATT, J. S.: A new method for photogr. study of fast transient phenomena. Research 2, 287 (1949); Proc. roy. Soc., Lond. 24, 27 (1950).

[16] COURTNEY-PRATT, J. S.: Image converter tubes and their application to high speed photography. Photogr. J. 92B, 137—148 (1952).

[17] CUBASCH, F.: Zwei neue Bildwandlerröhren für wissenschaftliche Zwecke „Valvo 18120" und „Valvo 18130". Elektr. Rdsch. 1, 5—11 (1955).

[18] CURIE, O.: Sur le méchanisme de l'ectroluminescence. J. Phys. Radium 14, 135—136 (1955).

[*18a*] CUSANO, D. A.: Radiation-controlled electroluminescence and light amplification in phosphor films. Phys. Rev. **98**, 546—547 (1955).

[*19*] DAUVILLIER, A.: Fortschr. Röntgenstr. **40**, 638 (1929).

[*20*] DÉJARDIN, G., u. R. FALGON: Beobachtung von Strahlung im nahen Ultrarot mit Hilfe des Bildwandlers. Ref. Chem. Zbl. **121**, 1698 (1950).

[*21*] DÉJARDIN, G., u. R. FALGON: Compt. rend. **228**, 1857 (1949).

[*22*] DÉJARDIN, G., u. R. FALGON: Compt. rend. **229**, 1211 (1949).

[*23*] DÉJARDIN, G., u. R. FALGON: Compt. rend. **234**, 200 (1952).

[*24*] DÉJARDIN, G.: Bull. Union Phys. **45**, 324 (1951).

[*25*] DESTRIAU, G.: The new phenomena of electroluminescence. Phil. Mag. **38**, 700—773 (1947).

[*26*] DIEMER, G.: Light patterns in electroluminescent ZnS single crystals activated by diffusion of Cu. Phil. Res. Rep. **10**, 194—204 (1955).

[*27*] DUFAY, J.: Compt. rend. **231**, 1531 (1950).

[*28*] ECKART, F.: Zur Entwicklung von Bildwandlern und Bildverstärkern. Ann. Phys. **14**, 1—13 (1954).

[*29*] ECKART, F.: Leuchtstoffschichten und Folien mit Polyvinylalkohol als Schutzkolloid und Bindemittel. Ann. Phys. **11**, 169—174 (1952).

[*30*] ECKART, F.: Elektronenoptische Bildwandler und Röntgenbildverstärker. Leipzig: Barth 1956.

[*31*] FALGON, R. J.: J. Phys. Radium **13** (1952), Anhang 4.

[*32*] FARNSWORTH, P.: Amer. Pat. 1773980 (1927/30).

[*33*] FARNSWORTH, P.: J. Franklin Inst. **218**, 411 (1934).

[*34*] FEDDEMA, J.: Medizinische Betrachtungen über den Bildverstärker. Philips techn. Rdsch. **17**, 77—107 (1955).

[*35*] FENNER, E., K. GABBERT u. TH. ZIMMER: Die Lichtverstärkung von Leuchtschirmbildern in der medizinischen Diagnostik. Fortschr. Röntgenstr. **77**, 459—468 (1952).

[*36*] FENNER, E., u. O. SCHOTT: Möglichkeiten und Grenzen der Bildverstärkung. Z. angew. Phys. **6**, 88—95 (1954).

[*37*] FOLSTER, L. V.: Anal. Chem. **21**, 432 (1949).

[*38*] FRÜNGEL, F.: Die Kontrolltechnik schneller Bewegungsvorgänge. Z. angew. Phys. **6**, 183—192 (1954).

[*39*] GIBSON, F. C., M. L. BOWSER, C. W. RAMALEY u. F. H. SCOTT: Image converter camera for studies of explosive phenomena. Rev. sci. Instrum. **25**, 173—176 (1954).

[*40*] GLOCKER, R.: Röntgen- u. Radiumphysik f. Med. Stuttgart 1949.

[*41*] GÖRLICH, P.: Die Anwendung der Photozellen, Leipzig: Akad. Verlagsges. 1954, S. 321.

[*42*] GRESKY, G.: Z. VDI **75**, 1270 (1939).

[*43*] HACHENBERG, O.: Der elektronenoptische Bildverstärker als Hilfsmittel der astronomischen Aufnahmetechnik. Die Himmelswelt **56**, 108—113 (1949).

[*44*] HARVALIK, Z. V.: Amer. J. Phys. **18**, 151 (1950).

[*45*] HEIMANN, W.: Elektronenoptische Abbildung von Photokathoden als Grundlage für Fernsehübertragung. ENT **12**, 68 (1935); **10**, 477 (1933).

[*46*] HENDERSON, S. T.: Electroluminescence. Research 8, 219—225. (1955).

[*47*] HENNEBERG, W., u. A. RECKNAGEL: Zusammenhänge zwischen Elektronenlinse, Elektronenspiegel und Steuerung. Z. techn. Phys. **16**, 621 (1935).

[*48*] HODGES, P. C., u. L. STAGGS: Electronic amplification of the röntgenoscopic image. Amer. J. Röntgenology Rad. Ther. **66**, 705—710 (1951).

[*49*] HOGAN: Use of image converter tube for high speed shutter action. Proc. I. R. E. **39**, 268—270 (1951).

[50] HOLIDAY, E. R., u. W. WILD: An image converter to extend the useful range of photomultiplier to larger wavelength. J. sci. Instrum. 28, 282 (1951).

[51] HOLST, G.: DRP 535208 (1929/31) u. Brit. Pat. 326200.

[52] HOLST, G., J. H. DE BOER, M. C. TEVES u. C. F. VEENEMANS: An apparatus for the transformation of light of long wavelength into light of short wavelength. Physica 1, 297—305 (1934).

[53] HOTTENROTH, G.: Untersuchungen über Elektronenspiegel. Ann. Phys. 30, 689 (1937).

[54] JAMS, H., G. A. MORTON u. V. K. ZWORYKIN: The image iconoscope. Proc. I. R. E. 27, 541 (1939).

[55] JENKINS, J. A., u. R. A. CHIPPENDALE: The application of image converters to high speed photography. J. Brit. Inst. Rad. Eng. 11, 505—517 (1951).

[56] JENKINS, J. A., u. R. A. CHIPPENDALE: Some new image converter tubes and their application. Electr. Engng. 24, 302—307 (1952).

[57] JENKINS, J. A., u. R. A. CHIPPENDALE: Ultraschnelle Momentphotographie mit Hilfe des Bildwandlers. Philips techn. Rdsch. 14, 382—396 (1933).

[58] KALINJAK, A. A.: Ber. Akad. Wiss. UdSSR 72, 661 (1950).

[59] KAZAN, B., u. F. H. NICOLL: An electroluminescent light amplifying picture panel. Proc. I. R. E., N. Y. 43, 1888—1896 (1955).

[60] KELLER, M., u. M. PLOKE: Sichtbarmachung von Röntgenbildern mittels einer auf Röntgenstrahlen ansprechenden Fernsehaufnahmeröhre. Z. angew. Phys. 7, 562—571 (1955).

[61] KOOMEN, M., R. ROUSAY u. H. A. KNOLL: J. opt. Soc. Amer. 38, 719 (1948).

[62] KRIZEK, V., u. V. VAND: The development of infrared technique in Germany. Electr. Engng. 18, 316 (1946).

[63] LALLEMAND, A., u. M. DUCHESNE: Compt. rend. 233, 305 (1951).

[64] LANG, G.: Röntgendurchleuchtungs-Einrichtung mit Bildverstärker. Energie u. Technik 6, 163 (1954).

[65] LANG, G., u. R. O. SCHUMACHER: Zerstörungsfreie Werkstoffprüfung mit dem Bildverstärker. Philips techn. Rdsch. 17, 77—107 (1955).

[66] LORENZ, H.: Jb. elektr. Fernmeldewes. 4, 373 (1940).

[67] LUSBY, W. S.: The intensification of x-ray fluorescent. Electr. Engng. 70, 292—296 (1951).

[68] MAHL, H., u. J. POHL: Elektronenoptische Abbildungen mit lichtelektrisch ausgelösten Elektronen. Z. techn. Phys. 16, 219 (1935).

[69] MOON, R. J.: Amplifying and intensifying the fluoroscopic image by means of a scanning x-ray tube. Science 112, 389—395 (1950).

[70] MORGAN, R. H., u. R. E. STURM: The John Hopkins fluoroscopic screen intensifier. Radiology 57, 556—560 (1951).

[71] MORTON, G. A., u. L. E. FLORY: Infrared imagetube. Electronics 19, 112 (1946).

[72] MORTON, G. A., u. L. F. FLORY: An infrared image tube and its military application. RCA-Rev. 7, 385—413 (1946).

[73] MORTON, G. A., u. E. G. RAMBERG: Electron optics of an image tube. Physics 7, 451—459 (1936).

[74] NELL, W., u. S. HELLER: Chirurg 22, 118 (1951).

[75] ORTHUBER, O.: Über die Anwendung des Elektronenspiegels zum Abbilden der Potentialverteilung auf metallischen und Halbleiteroberflächen. Z. angew. Phys. 1, 79—89 (1948).

[76] ORTHUBER, R. K., u. L. R. ULLERY: A solid-state image intensifier. J. opt. Soc. Amer. 44, 297—299 (1954).

[77] PAKSWER, S., u. P. INTISO: Liquid settled luminescent screens. J. electrochem. Soc. 99, 164—168 (1952).

[78] PAYNE, E. C., E. L. MAYER u. C. W. JEROME: Electroluminescence, a new method of producing light. Illum. Engr. 45, 688—693 (1950).

[79] PELEŚKA, M., u. A. VAŠKO: Visuálni diagnostika zakalu ocnich infraćervením zarenim. Fysika v technice 2, 199—203 (1948).

[80] PELEŚKA, M.: Infraskopie predniho segmentu oka. Čsl. Opthalmologie 7, 329 (1951).

[81] PIPER, W. W., u. F. E. WILLIAMS: The mechanism of electroluminescence in zinc sulphide. Brit. J. appl. Phys. 4, 39—44 (1954).

[82] VAN DER PLAATS G. J.: De röntgendoorlighting in verband met nieuve ervaringen met de beeldversterker. Ned. T. Geneesk. 97, 1056—1063 (1953).

[83] POHL, J.: Elektronenoptische Abbildung mit lichtelektrisch ausgelösten Elektronen. Z. techn. Phys. 15, 579 (1934).

[84] PRATT, T. H.: An infrared image converter tube. Electronic Eng. 20, 274 bis 278 (1948).

[85] PRATT, T. H.: An infrared image converter tube. Electronic Eng. 20, 314 bis 316 (1948).

[86] RICHARDS, M. S.: An industrial instrument for the observation of very high speed phenomena. Proc. Inst. Electr. Engrs. 99, 729—746 (1952).

[87] ROBERTS, S.: J. opt. Soc. Amer. 42, 850 (1952).

[88] ROBERTS, S.: Dielectric changes of electroluminescent phosphor during illumination. Phys. Rev. 90, 364 (1953).

[89] ROSE, A.: Advances in electronics 1, 131 (1948).

[90] ROSE, A., u. A. D. COPE: X-ray noise observation using a photoconductive pickup tube. J. appl. Phys. 25, 240 (1954).

[91] ROSENBERG, G.: Fortschr. phys. Wiss. (UdSSR) 38, 446 (1949).

[92] SAWOISKI, E. K., M. M. BUTHLOW, A. G. PLACHOW u. G. E. SMOLKIN: O Lumineszentnoi camere. Atomenergie (russ.) 4, 34—37 (1956).

[93] SCHAGEN, P., H. BRUINING u. J. C. FRANCKEN: A simple electrostatic electronical system with only one voltage. Phil. Res. Rep. 7, 119—130 (1952).

[94] SCHAFFERNICHT, W.: Bildwandler. Naturforsch. u. Med. Deutschl. 1939—1946 Bd. 15 S. 79—104 (1948). Über die Umwandlung von Lichtbildern in Elektronenbilder. Z. Phys. 93, 762—768 (1935).

[95] SCHAFFERNICHT, W.: Jb. AEG-Forsch.-Inst. 4, 45—46 (1936).

[96] SCHAFFERNICHT, W.: Der elektronenoptische Bildwandler. Z. techn. Phys. 17, 596 (1936).

[97] SCHAFFERNICHT, W., u. KATZ: Der elektronenoptische Bildwandler in Busch-Brüche. Beitr. Elektronenoptik 102 (1937).

[98] SCHAFFERNICHT, W., u. E. STEUDEL: Braunsche Röhre und Bildwandler. Jb. AEG-Forsch.-Inst. 5, 41—49 (1936/37).

[99] TAFT, E., u. L. APKER: J. opt. Soc. Amer. 43, 81—83 (1953).

[100] TEVES, M. C.: Anwendung des Röntgenbildverstärkers I. Allgemeine Übersicht. Philips techn. Rdsch. 17, 77—107 (1955).

[101] TEVES, M. C., u. T. TOL: Elektronische Verstärkung von Röntgenbildern. Philips techn. Rdsch. 14, 37—47 (1952).

[102] TOL, T., u. W. J. OOSTERKAMP: Anwendung des Röntgenbildverstärkers II. Die Erkennbarkeit kleiner Objektdetails. Philips techn. Rdsch. 17, 77—107 (1955).

[103] VAŠKO, A.: Bull. int. Acad. Tchèque Sci. 50, 263 (1949).

[104] VAŠKO, A.: Recherches visuelles de spectre proche infrarouge. Bull. int. Acad. Tchèque Sci. 17, 1—7 (1949).

[105] Vaško, A.: Použiti obrazového méniće ve vědé a technice. Elektrotechn. Obz. **42**, 146—154 (1953).

[106] Vaško, A., u. M. Peléska: Visual diagnosis of the eye diseases by means of infrared radiation. Brit. J. Ophth. **31**, 419—421 (1947).

[107] Veith, W.: Interne AEG-Berichte v. 7. 9. 1944.

[108] Verse, H., u. H. Jensen: Ein Untersuchungsgerät mit Röntgenbildverstärker. Fortschr. Röntgenstr. **79**, 115—118 (1953).

[109] Verse, H., u. H. Jensen: Ein Gerät für gezielte Röntgenaufnahmen mit Bildverstärker und Periskop-Optik. Philips techn. Rdsch. **17**, 77—107 (1955).

[110] Waymouth, J. F., u. F. Bitter: Experiments in electroluminescence. Phys. Rev. **95**, 941—949 (1954).

[111] Waymouth, J. F., u. F. Bitter: X-ray image amplifier. Electr. Engng. **67**, 477 (1948).

[112] Zalm, P., G. Diemer u. H. A. Klasens: Electroluminescent ZnS phosphors. Phil. Res. Rep. **9**, 81—108 (1954).

[113] Zalm, P., G. Diemer u. H. A. Klasens: Some aspects of the voltage and frequenca dependence of electroluminescent zinc sulphide. Phil. Res. Rep. **10**, 205—215 (1955).

[114] Zworykin, V. K.: Elektronenoptische Systeme und ihre Anwendung. Z. techn. Phys. **17**, 170 (1936).

[115] Zworykin, V. K., u. G. A. Morton: Applied electron optics. J. opt. Soc. Amer. **26**, 181—189 (1936).

X. Die Photozelle in der Fernsehtechnik

Von F. Eckart, Berlin[1].

Eine unmittelbare Fernübertragung ganzer Bilder ist nicht möglich. Für das Fernsehen besteht somit die Aufgabe, ein flächenhaftes optisches Bild in einzelne Bildelemente zu zerlegen, die Helligkeitswerte dieser Elemente in zeitlich nacheinander folgende elektrische Impulse umzusetzen, sie zu übertragen und auf der Empfangsseite wieder in ein optisches Bild zurückzuverwandeln.

Zur Umwandlung des optischen Bildes in ein elektrisches dienen die sogenannten Bildsignalgeber, die das optische Bild zeilen- und die Zeilen punktweise zerlegen. Man unterscheidet mechanische und elektronische Bildsignalgeber. Zu den mechanischen Bildsignalgebern gehören die Nipkow-Scheibe, das Weilersche Spiegelrad, die Spiegelschraube nach Okoliczanyi sowie der Mehrfach-Lochspiralenabtaster und der Linsenkranzabtaster nach Mechau.

Die nachfolgende Umsetzung der Helligkeitswerte der einzelnen Bildelemente erfolgt mit Photozellen.

Bei den elektronischen Bildsignalgebern unterscheidet man Bildfeldzerleger *ohne* und *mit* Speicherwirkung. Die erste Gruppe stellt das elektronische Analogon der mechanischen Bildsignalgeber dar. Die für hohe

---

[1] Unter Mitarbeit von C. Kunze, Berlin.

Zeilenzahlen wachsenden Konstruktionsschwierigkeiten der mechanischen
Abtaster werden hier durch eine elektronische Bildfeldzerlegung um-
gangen; zu diesem Zwecke sind die Leuchtschirmabtaster (flying spot
scanner) und die Sondenröhre (dissector tube) entwickelt worden. Bei der
zweiten Gruppe wird neben der elektronischen Bildfeldzerlegung gleichzeitig eine grundsätzlich neue Wirkung, nämlich die Speicherwirkung
besonderer Schichten, ausgenutzt. Damit erzielt man neben der Bildzerlegung noch eine wesentliche Erhöhung der Empfindlichkeit.

86. Mechanische Bildsignalgeber

Die erste Bildzerlegung wurde 1884 von NIPKOW mit der bekannten
Spirallochscheibe (Abb. X. 1) vorgenommen. Die Scheibe enthält eine
große Zahl von Lochblenden, die so auf einer Spirale angeordnet sind,
daß je ein Loch bei der Rotation den Weg einer Bildzeile im Bildfeld

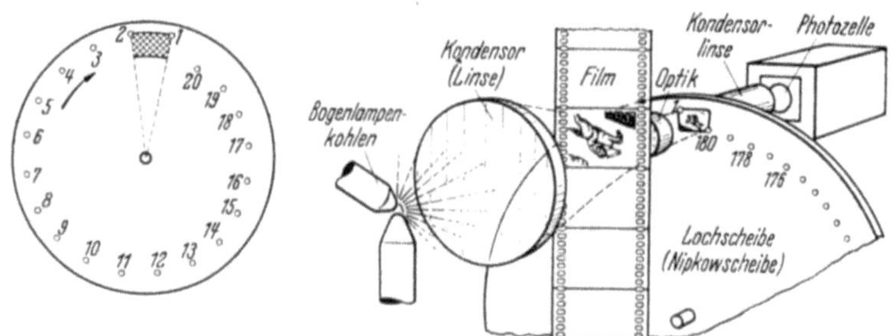

Abb. X.1. Bildfeldzerlegung mit NIPKOW-Scheibe

durchläuft. Eine hinter der Scheibe angebrachte Photozelle kann die
Helligkeitsfolge der Bildpunkte exakt wiedergeben. Die nächstfolgende
Blende ist gegenüber der vorangehenden gerade um eine Zeilenbreite
versetzt, so daß sie die nächste Zeile der Bildabtastung durchläuft.

Damit Bildaufnahme und -wiedergabe synchron erfolgen, müssen
Bild- und Zeilenfrequenz synchronisiert werden, d. h., der Empfangsseite muß außer der Modulation (Bildinhalt) auch der Zeitpunkt des
Zeilenanfangs und des Bildanfangs mitgeteilt werden. In der schemati-
sierten Abb. X. 2 werden die Zeilen- und Bildwechselimpulse jeweils
durch entsprechende Lichtimpulse mit Hilfe von Photozellen erzeugt.
Die Schlitze für den Zeilenwechsel sind dabei unmittelbar in der Abtast-
scheibe vorgesehen, der entsprechende Schlitz für den Bildwechselimpuls
befindet sich in einer auf der Achse gesondert angeordneten Scheibe.
In der technischen Ausführung sind alle Schlitze auf der NIPKOW-
Scheibe untergebracht. Um höhere Zeilenzahlen bei vernünftigem Schei-
bendurchmesser zu erreichen, wurden die Blenden auf einer Mehrfach-
spirale angeordnet [61] (Abb. X. 3). Die für 441 Zeilen erforderlichen

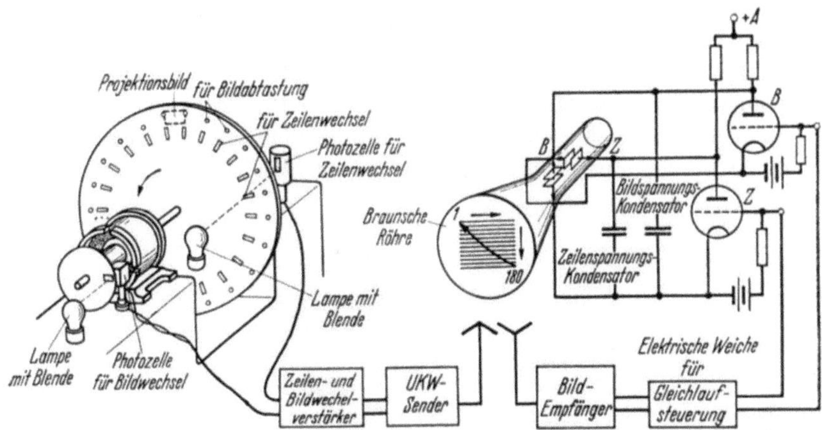

Abb. X.2. Synchronisierung der Bild- und Zeilenwechsel

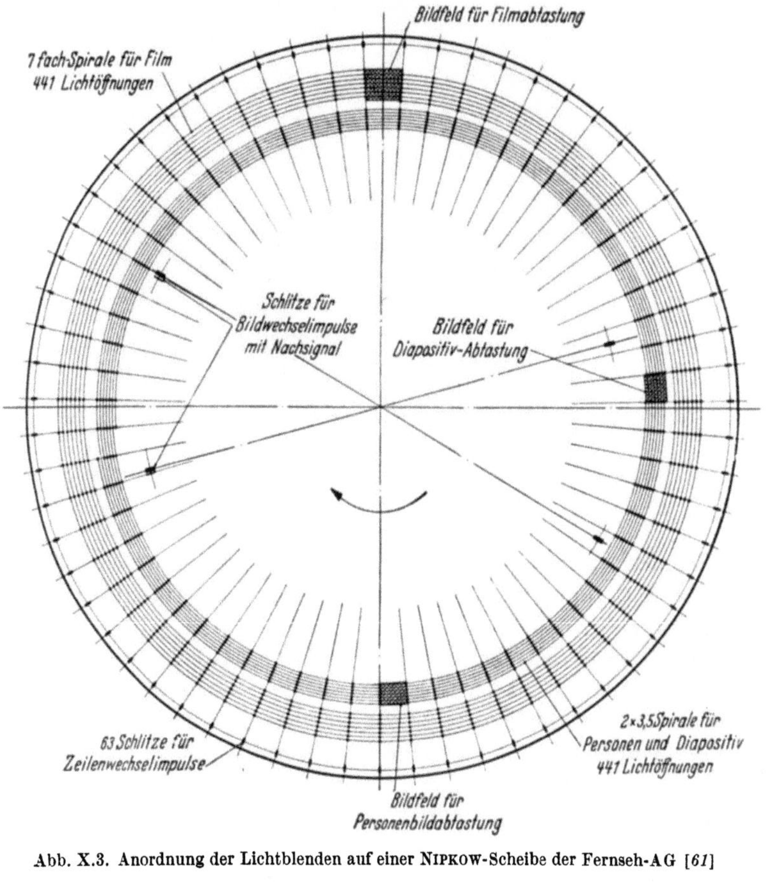

Abb. X.3. Anordnung der Lichtblenden auf einer NIPKOW-Scheibe der Fernseh-AG [61]

Blenden sind auf einer siebenfachen Spirale angeordnet. Die NIPKOW-
Scheibe hat einen Durchmesser von 72 cm, eine Stärke von 0,3 mm
und läuft mit 10500 Umdr./min in einem evakuierten Gehäuse. Die
Blenden haben ungefähr $50\,\mu$ $\varnothing$ und sind in $10\,\mu$ starke Leichtmetall-
folien eingearbeitet. Jede einzelne muß justiert auf die Scheibe aufgesetzt werden. Zur gleichzeitigen Abtastung von Personen, Diapositiven

Abb. X.4. Fernsehgeber mit Mehrfach-Spirallochscheibe der Fernseh-GmbH 1935 (aus SCHRÖTER:
Fernsehen 1937)

und Filmen wurden zwei getrennte Spiralen mit versetzten Bildfeldern
vorgesehen. Dadurch war eine pausenlose Überblendung möglich
(Abb. X. 4).

Die NIPKOW-Scheibe hat in allen Fernsehlaboratorien (BAIRD,
KAROLUS, JENKINS, BELL, Fernseh-AG. u. a.) eine entscheidende Rolle
gespielt. An ihre Stelle traten dann versuchsweise mechanische Zerleger
mit größerer Apertur, wie z. B. das Spiegelrad von WEILER, die Spiegelschraube von OKOLICZANYI und der Linsenkranzabtaster von MECHAU
(Abb. X. 5). Noch 1943 waren im ersten Deutschen Fernseh-Studio
solche mechanischen Filmabtaster für 441 Zeilen in Betrieb. Eine weitere

Erhöhung der Zeilenzahl scheiterte an dem zu hohen Lichtstrombedarf und vor allem an den mechanischen Schwierigkeiten.

Die Wiedergabe der übertragenen Bilder erfolgt mit der Braunschen Röhre, wie in Abb. X. 2 angedeutet ist.

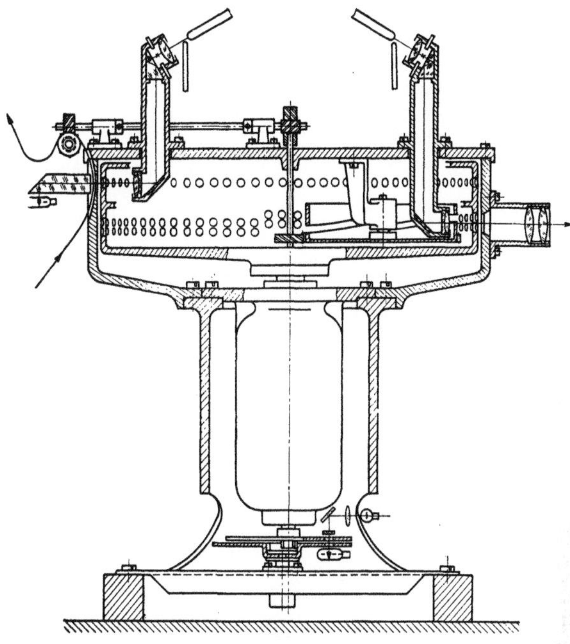

Abb. X.5. Telefunken-Linsenkranzabtaster, entwickelt von E. MECHAU 1933 (aus SCHRÖTER: Fernsehen 1937)

A. Elektronische Bildsignalgeber ohne Speicherwirkung

Einen entscheidenden Fortschritt bedeuten die *elektronischen* Bildzerleger, von denen die Kathodenstrahlröhren als elektronische Bildzerlegerröhren ohne Speicherwirkung noch heute in Film- und Diapositivabtastern benutzt werden. Die Sondenröhre nach FARNSWORTH hat heute keine praktische Bedeutung mehr.

87. Leuchtschirm- (Lichtpunkt-) Abtaster

Das in Europa vorherrschende Prinzip für den Aufbau von Film- und Diapositivabtastern ist die Leuchtschirm- oder Lichtpunktabtastung. Die Bildzerlegung erfolgt durch ein Zeilenraster, das auf dem Leuchtschirm einer Braunschen Röhre (Abtaströhre) geschrieben und auf das zu übertragende Bild abgebildet wird (Abb. X. 6). Der Lichtstrom wird entsprechend dem Grad der Schwärzung des Films oder Diapositivs moduliert und fällt direkt oder über eine Zwischenoptik auf die lichtempfindliche Schicht einer Photozelle oder eines Sekundärelektronen-Vervielfachers (SEV). Die Photozelle oder der SEV liefert das dem modulierten Lichtstrom entsprechende elektrische Bildsignal. Den Aufbau einer

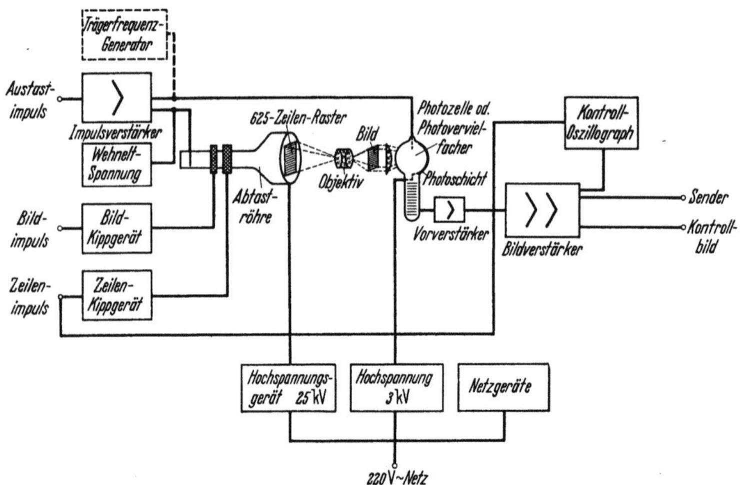

Abb. X.6. Blockschaltbild des Diapositivabtasters mit Braunscher Röhre

Abtaströhre zeigt schematisch Abb. X. 7. Der von der Kathode erzeugte und vom Wehneltzylinder in seiner Intensität gesteuerte Elek-

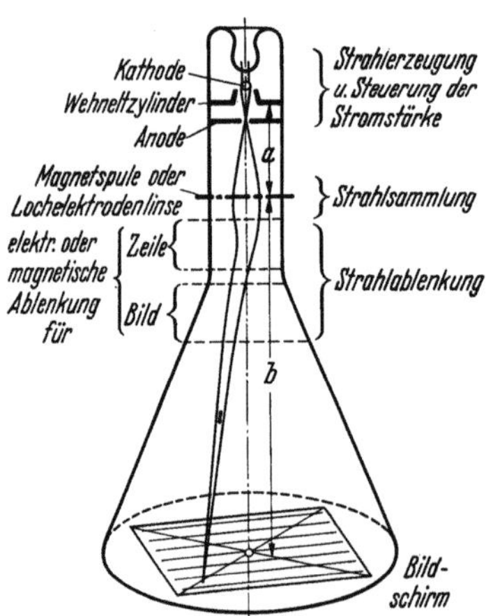

Abb. X.7. Schematischer Aufbau einer Abtaströhre

tronenstrahl wird bis zur Anode auf die volle Spannung beschleunigt. Dieses System liefert einen Elektronenstrahl, dessen Querschnitt mit zunehmender Entfernung von der Kathode einen kleinsten Querschnitt (Strahlüberkreuzungspunkt) aufweist. Dieser kleinste Querschnitt wird bei den Abtaströhren mit einer magnetischen Linse als feiner Leuchtfleck auf dem Leuchtschirm abgebildet. Der Leuchtschirm wird, um Aufladungen und das Auftreten eines Ionenfleckes zu vermeiden sowie die Lichtausbeute zu erhöhen, mit einer dünnen elektronendurchlässigen Al-Folie hinterlegt. Als Leuchtschirme werden meist sedimentierte ZnO-Schirme benutzt. Die Abklingzeit dieser Leuchtstoffe ist jedoch noch so groß, daß eine Kompensation des Schirmnachleuchtens notwendig wird [6] [27].

Zur Filmabtastung mit kontinuierlichem Filmtransport muß ein optischer oder elektronischer Ausgleich der Filmbewegung durchgeführt werden. Mit optischem Ausgleich arbeitet bspw. der MECHAU-Projektor [*54*]. Der kontinuierlich durchlaufende Film wird durch einen

rotierenden Kranz geneigter Spiegel (Abb. X. 8) so auf die Photozelle oder den SEV abgebildet, daß das Bild eine Bildperiode lang stillsteht. Beim elektronischen Ausgleich wird der in vertikaler Richtung erfolgende Vorschub des Filmes zur Erzeugung eines Teiles der ver-

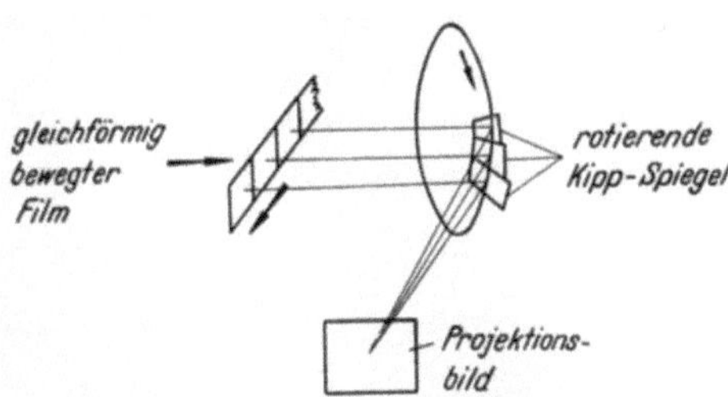

Abb. X. 8. Schema eines MECHAU-Projektors

tikalen Abtastkomponente mit herangezogen [*56*]. Diese Methode ist heute in Europa allgemein üblich. Abb. X. 9 zeigt einen von der Fernseh-AG. gebauten Abtaster dieser Art.

Abb. X. 9. Filmabtaster für 35-mm-Film. Links Filmlaufwerk, kontinuierlich laufender Film, Abtastung mit Braunscher Röhre; rechts Verstärker, Kontrollbild und Oszillograph zur Aussteuerungskontrolle (Fernseh-GmbH)

In den USA bevorzugt man auch für den Film- und Diapositiv-abtaster die speichernden Fernsehaufnahmeröhren, da die Bildwechsel-frequenz des Fernsehens (30 Bilder je Sekunde) nicht mit der des Ton-films (24 Bilder pro Sekunde) übereinstimmt.

Der Lichtpunktabtaster wird im modernen Fernsehbetrieb besonders für die Übertragung von Diapositiven eingesetzt. (Abb. X. 10).

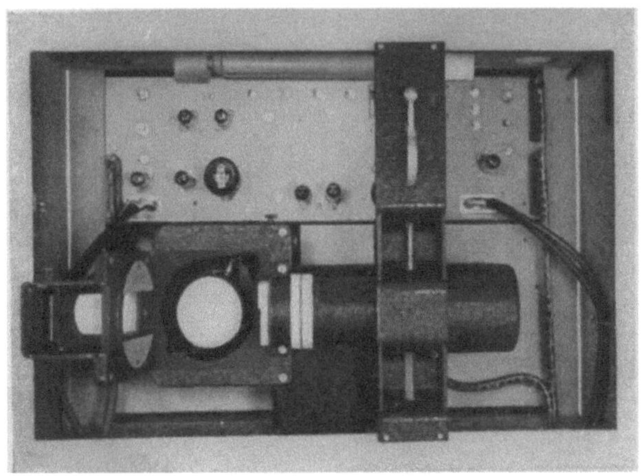

Abb. X.10. Diapositivabtaster, Spiegelgehäuse aufgeklappt, damit die Braunsche Röhre sichtbar wird (Fernseh-GmbH)

88. Sondenröhre

Die Sondenröhre wurde von FARNSWORTH [7] nach Vorschlägen von DIECKMANN und HELL [5] und ROBERTS [43] entwickelt (Abb. X. 11). Das zu übertragende Bild wird auf die großflächige Photokathode b projiziert. Dort werden ent-sprechend der Helligkeitsver-teilung Photoelektronen aus-gelöst und mittels der Längs-spule c in die Ebene f abgebil-det. Mit Hilfe der gekreuzten Ablenkfelder d und e wird das gesamte Elektronenbündel zei-lenweise an der Abtastblende B vorbeibewegt, so daß die zu jedem Bildpunkt gehörende Elektronenemission durch die

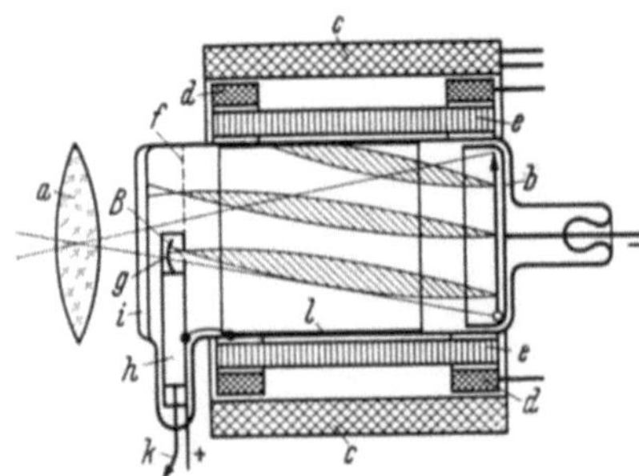

Abb. X. 11. Grundsätzlicher Aufbau des Elektronen-Blendenabtasters nach FARNSWORTH (Sondenröhre)

Blende B hindurchtreten kann. Um die dadurch entstehenden sehr schwachen Signale über den Rauschpegel des Verstärkers zu heben, wird hinter der Blende B ein SEV mit der Signalelektrode k angeordnet.

Mit der Sondenröhre wurden von FARNSWORTH die ersten praktischen Erfolge erzielt und sehr kontrastreiche und scharfe Bilder erhalten. Die Sondenröhre ermöglichte auch erstmalig den Bau einer bewegten Kamera und damit Fernsehreportagen. Die erforderlichen hohen Beleuchtungsstärken (ca. 50000 lx) schränkten allerdings die Anwendungsmöglichkeit stark ein. Den entscheidenden Fortschritt brachten die speichernden Bildsignalgeber.

B. Elektronische Bildsignalgeber mit Speicherwirkung

Den speichernden Bildsignalgebern (Aufnahmeröhren) ist gemeinsam, daß sie eine ladungsspeichernde Schicht besitzen, auf der während einer Abtastperiode ein Ladungsbild aufgebaut wird. Das Umsetzen des optischen Bildes in eine Folge elektrischer Impulse geschieht in folgender Weise:

1. Auf eine *photoelektrisch wirksame Schicht* wird das zu übertragende optische Bild entworfen.

2. Die in dieser Schicht erzeugten Ladungen werden auf einer *Speicherelektrode* in einer dem optischen Bild ähnlichen Verteilung kapazitiv gespeichert.

3. Ein *scharf gebündelter Elektronenstrahl* tastet diese Ladungsverteilung zeilenweise ab und wandelt sie in elektrische Impulse um. Diese Impulse werden an einer Ausgangselektrode abgenommen.

Die Signalerzeugung in den Aufnahmeröhren erfolgt in drei Schritten:

1. Durch Abtasten der Speicherelektrode mit dem Elektronenstrahl wird auf der Schichtoberfläche ein gleichförmiges Grundpotential eingestellt. Dieses Grundpotential ist entweder das der Anode (Abtasten mit schnellen Elektronen ($U \sim 500$ bis 1000 V, d. h. $\delta > 1$) oder das der Kathode (Abtasten mit langsamen Elektronen, $U \sim 5$ bis 50 V, d. h. $\delta < 1$). Bzgl. der Sekundärelektronenausbeute δ vgl. Ziff. 50.

2. Die Modulation des Grundpotentials mit dem Bildinhalt erfolgt durch eine örtlich verschiedene Verschiebung des Oberflächenpotentials aus dem Gleichgewichtszustand. Die Verschiebung kann je nach dem benutzten Schichtmaterial mit Hilfe des äußeren Photoeffektes (Verschiebung in positiver Richtung), durch Sekundäremission (Verschiebung in positiver Richtung) und mit Hilfe des inneren Photoeffektes (Verschiebung in positiver und negativer Richtung) erreicht werden.

3. Bei erneuter Abtastung wird das Grundpotential wiederhergestellt. Die dabei erfolgenden Umladungen der Speicherkapazitäten ergeben Stromstöße, die an einem Außenwiderstand abgenommen werden können.

Die einzelnen Typen der Fernsehaufnahmeröhren unterscheiden sich durch verschiedene Kombinationen von Abtastgeschwindigkeit und Modulationsart (Tab. X.1).

Tabelle X.1. *Typisierung der Fernsehaufnahmeröhren*

	Äußerer Photoeffekt	Sekundäremission	Innerer Photoeffekt
Schnelle Elektronen $(\delta > 1)$	Ikonoskop	Superikonoskop	Widerstandsgesteuerte Aufnahmeröhren
Langsame Elektronen $(\delta < 1)$	Orthicon CPS-Emitron	Superorthicon	Vidicon

89. Bildaufnahmeröhren mit schnellen Abtastelektronen

a) Ikonoskop

α) Aufbau, Konstruktion und Herstellung von Ikonoskopen. Das Ikonoskop [3] [17] [48] [53] [62] [71—73] ist schematisch in Abb. X. 12 dargestellt. Die zu übertragende Szene wird mit einem Objektiv auf die sog. Speicher- oder Rasterplatte abgebildet. Die Speicherplatte (Abb. X.13) ist in einem hochevakuierten Glaskolben untergebracht und

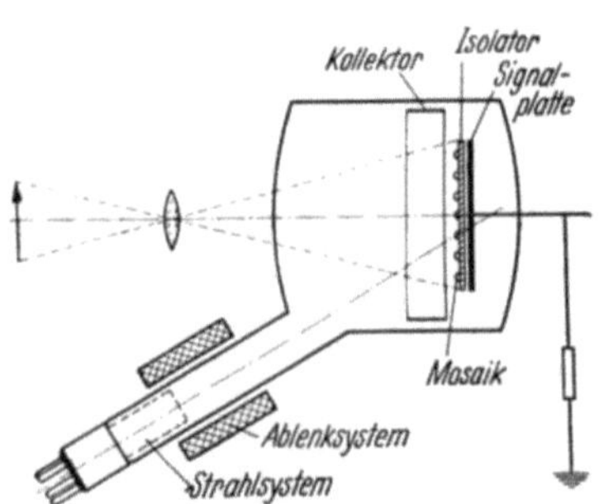

Abb. X.12. Bildspeicherröhre mit schnellen Abtastelektronen (Ikonoskop)

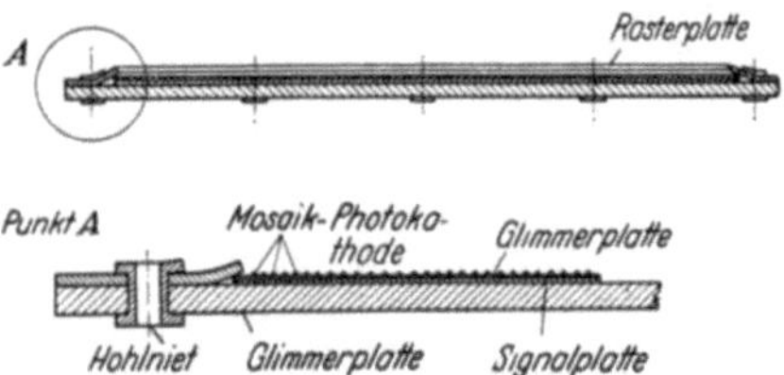

Abb. X.13. Speicher- oder Rasterplatte eines Ikonoskops (Telefunken)

besteht aus einer dünnen Glimmerplatte, die auf ihrer Vorderseite mit einem Mosaik von mikroskopisch kleinen, gegenseitig isolierten und photoelektrisch empfindlichen Teilchen [18] bedeckt ist. Auf der Rückseite dieser 10 bis 20 μ dicken Glimmerplatte ist ein Metallbelag aufgebracht, der als Signalplatte bezeichnet wird. Jedes Mosaikteilchen bildet zusammen mit der Signalplatte einen kleinen Kondensator, der durch Photoemission aufgeladen wird. Das in dem unter einem Winkel von ca. 35° seitlich angeschmolzenen Glasrohr eingebaute Strahlsystem erzeugt den Abtaststrahl. Dieser tastet die Mosaikelemente ab und entlädt die Elementarkondensatoren. An der Signalplatte können die Entladestromstöße abgenommen werden.

Äußere Form und Abmessungen technischer Ikonoskope zeigen die Abb. X. 14 und X. 15.

Beim Telefunken-Iko (Abb. X. 16) besteht der Glaskolben aus Molybdäneinschmelzglas und hat einen Durchmesser von 156 mm. Der

Durchmesser der Planscheibe beträgt 150 mm. Das Strahlsystem ist auf einem Preßglasteller montiert und in einem um 35° gegen die Kolbenachse geneigten Präzisionsglasrohr eingeschmolzen. Die Rasterplatte besteht aus einer Glimmerplatte von 20 bis 30 μ Dicke und trägt auf der Vorderseite die Mosaikphotokathode vom Schichttypus Silber-Cäsiumoxyd-Silber-Cäsium und auf der Rückseite eine leitende Nickel-, Silber-, Aluminium- oder Goldschicht. Die Seite der Rasterplatte, die später die Mosaikschicht trägt, wird mit Karborundumstaub mattiert. Diese Rasterplatte, auch Bildschirm genannt, wird auf einer Trägerplatte — ebenfalls meist aus Glimmer — befestigt (Abbildung X.13). Die nutzbare Fläche der Rasterplatte beträgt

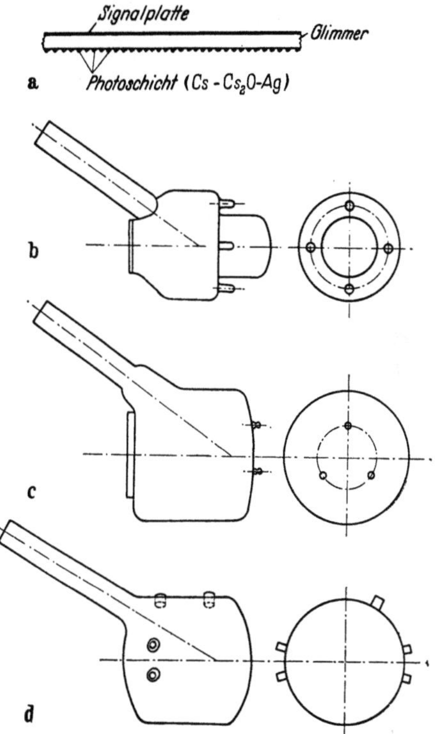

Abb. X.14. a Bildschirm eines Ikonoskops, b Ikonoskop der Fernseh-GmbH, c Ikonoskop von Telefunken, d Ikonoskop der RCA

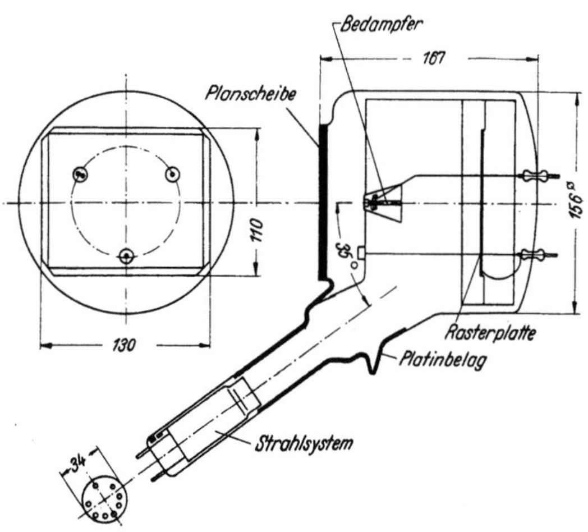

Abb. X.15. Aufbau eines Ikonoskops (Telefunken)

ca. 100 bis 120 mm im Quadrat. Den Kontakt zwischen der Signalplatte und der Trägerplatte gibt eine dünne gewellte Metallfolie. Der Bildschirm ist mit drei übereinander angeordneten Kupfer-Nickel-Ringen zusammengebaut, die ihrerseits an drei um 120° versetzten Streben angeschweißt sind. Die Kupfer-Nickel-Streben werden mit Hilfe von Nickelhülsen an den Molybdändrahtdurchführungen des Glaskolbens angepunktet. Die Innenseite des Glaskolbens wird metallisiert. Der Metallbelag dient als Absaugelektrode.

Zum Herstellen der Mosaikphotokathode sind verschiedene Verfahren entwickelt worden [12], die sich aber im wesentlichen auf die folgende Methode zurückführen lassen: Das pumpfertige Iko wird an die Hochvakuumanlage angesetzt, evakuiert und mehrere Stunden bei 400°C ausgeheizt. Nach dem Abkühlen wird mit einem der eingebauten Bedampfer auf die Glimmerplatte eine Silberschicht aufgedampft, deren Dicke kontrolliert wird. Anschließend wird in trockenem Stickstoff (ca. 50 mm Druck) das Iko 15 min auf 350°C geheizt. Dabei reißt die kompakte Silberschicht auf und es entsteht das erwähnte

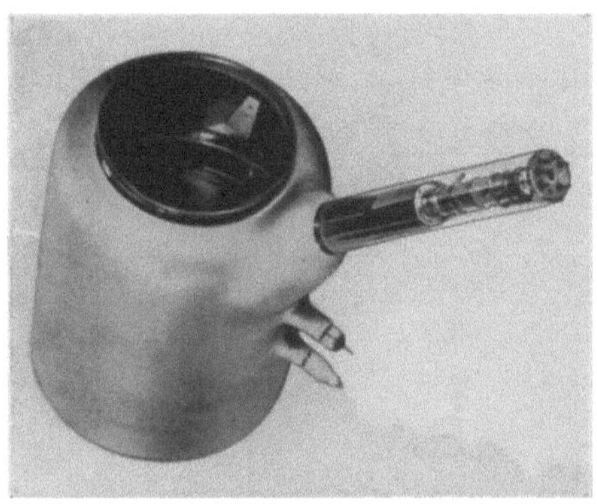

Abb. X.16. Ikonoskop von Telefunken

Silbermosaik. Dieses Mosaik wird anschließend in Sauerstoff bei einem Druck von ca. 0,1 Torr in der üblichen Glimmentladung oxydiert. Es kommt sehr darauf an, daß dies auf der gesamten Oberfläche gleichmäßig geschieht. Im allgemeinen wird die Glimmentladung unterbrochen, wenn sich die Silbermosaikschicht blau verfärbt hat. Danach wird Cäsium aus vorbereiteten Ampullen ca. 10 bis 20 min lang bei 200 bis 210° C eingedampft, bis die Schicht grün erscheint. Während des Heizprozesses wird die Empfindlichkeit kontrolliert. Wesentlich ist dabei, daß Cäsium über das Maximum des Photoeffektes hinaus in die Schichtoberfläche eingebaut wird. Diese Maßnahme ist notwendig, damit bei der anschließenden Bedampfung mit einer sehr dünnen Antimonschicht eine möglichst hohe Empfindlichkeit erreicht wird. Beim Aufdampfen des Antimons muß vorsichtig vorgegangen werden, damit die Isolation zwischen den einzelnen Mosaikteilchen nicht zerstört wird. Eine gewisse Empfindlichkeitssteigerung ist möglich, wenn die Photokathode anschließend noch einer Sauerstoffbehandlung unterworfen wird (vgl. Ziff. 22, S. 108).

β) Wirkungsweise des Ikonoskops. Die Vorgänge beim Abtasten der beim Belichten positiv aufgeladenen kleinen Mosaikkathoden mittels des vom Strahlsystem ausgehenden Elektronenstrahls sind nicht einfach zu übersehen, da sowohl der Photostrom als auch der durch den Abtaststrahl hervorgerufene Sekundärelektronenstrom bei der Signalerzeugung eine Rolle spielen. Um zunächst den Einfluß der Photoelektronen auszuschalten, betrachten wir den zeitlichen Potentialverlauf [13] [74] eines Mosaikelementes zwischen zwei Abtastungen. Während der Verweilzeit des Elektronenstrahls auf dem Mosaikelement lädt sich dieses gegenüber der Anode positiv auf, da die Zahl der durch den Abtast-

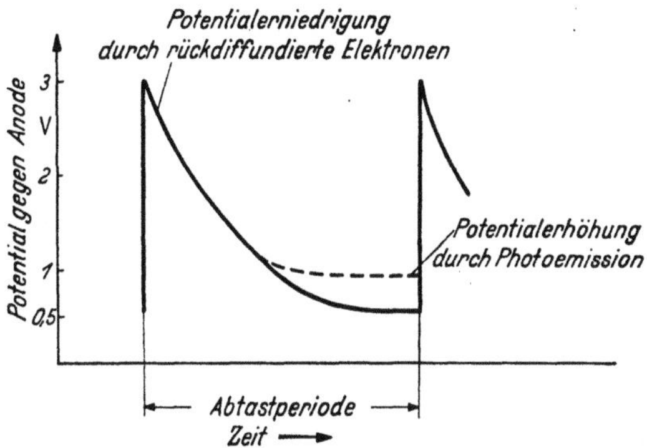

Abb. X.17. Schirmpotentiale mit und ohne Belichtung während des Abtastvorganges

strahl erzeugten Sekundärelektronen größer ist als die Zahl der auftreffenden Elektronen [25]. Der erreichbare Höchstwert dieser Aufladung ist bei ausreichendem Strahlstrom durch die Ausbildung einer Raumladung vor der Rasterplatte begrenzt. Das Raumladungspotential stellt sich so ein, daß im Gleichgewicht die Zahl der auf das Mosaik auftreffenden Elektronen gleich der Zahl der zur Anode fließenden Sekundärelektronen ist. Die restlichen Sekundärelektronen kehren unter dem Einfluß der negativen Raumladung auf die Rasterplatte zurück und begrenzen dadurch das Aufladepotential des Mosaikelementes auf etwa +3 V gegenüber der Anode.

Rückt der Abtaststrahl zu einem benachbarten Mosaikelement weiter, so nimmt das betrachtete Mosaikelement ein neues Gleichgewichtspotential an, da keine Sekundärelektronen mehr emittiert werden. Aus der Raumladung diffundieren nämlich Elektronen auf das bereits abgetastete Mosaikelement zurück und entladen es innerhalb einer Abtastperiode bis auf ca. +0,5 V (Abb. X. 17). Bei einer erneuten Abtastung wird das Element wieder auf +3 V aufgeladen. Im Arbeitskreis fließt ein Aufladestromstoß I entsprechend der Beziehung $I = C \frac{\Delta u}{\Delta t}$ (C = Bildpunktkapazität).

Wird das Mosaik zusätzlich belichtet, so wirkt die Photoemission der Rückverteilung der Elektronen aus der Raumladung und damit der Entladung eines Mosaikelementes entgegen. Die Entladung wird um so unvollständiger, je höher die Beleuchtungsstärke auf dem Mosaikelement ist. Das Gleichgewichtspotential, das der Elektronenstrahl bei Beginn der Abtastung antrifft, liegt höher als im unbelichteten Zustand. Da aber auch jetzt das Gleichgewichtspotential am Ende der Aufladung $+3$ V beträgt, ist der Aufladestromstoß kleiner.

Die einzelnen Impulse ergeben das Nutzsignal, die Unterschiede der Impulsamplituden entsprechen den Helligkeitsunterschieden des zu übertragenden Bildes.

Allerdings ist der Photoeffekt nicht in der gesamten Zeit zwischen zwei Abtastvorgängen wirksam, wie man es von einer ideal speichernden Röhre erwarten müßte. Das sich direkt nach der Abtastung einstellende Gleichgewichtspotential eines Elementes auf dem Raster ($+3$ V) kann durch lichtelektrisch ausgelöste Elektronen nicht unmittelbar beeinflußt werden, da die Austrittsenergie der Photoelektronen zu gering ist, um das Gegenpotential von ca. $+3$ V zu überwinden. Erst wenn das Potential durch die rückdiffundierten Sekundärelektronen so weit abgesunken ist, daß die bei Belichtung austretenden Photoelektronen dagegen anlaufen können, kann die weitere Entladung eines Elementes beeinflußt werden (Abb. X. 17). Eine Photoemission aus einem Rasterelement ist somit nur während eines Bruchteiles einer Abtastperiode möglich. Das entstehende Signal hängt deshalb nur von der kurz ($^1/_{250}$ sec) vor der Abtastung vorhandenen Belichtung ab.

Die Rückdiffusion von Elektronen ist demnach für die Wirkungsweise des Ikonoskops von wesentlicher Bedeutung. Dieser Effekt ist notwendig, damit eine Photoemission überhaupt wirksam sein kann.

γ) **Eigenschaften des Ikonoskops** [20] [74]. Eine ideale Ladungsspeicherung wird beim Ikonoskop durch den Aufbau der Raumladung vor der Rasterkathode verhindert. Diese Raumladung bestimmt die durch Photoelektronen erzielbare maximale Aufladung eines Mosaikelementes genauso wie die maximale Aufladung durch Sekundäremission. Während für die schnelleren Sekundärelektronen das Grenzpotential bei $+3$ V liegt, beträgt das Grenzpotential für die energieärmeren Photoelektronen nur ca. 1 V. Der maximale Signalhub ist demnach auf ca. 0,5 V beschränkt. Diese Begrenzung führt zu einer nichtlinearen Belichtungssignalkennlinie (Abb. X.18). In Abb. X. 18 ist der Signalstrom i_s in Abhängigkeit von der Beleuchtungsstärke E auf dem Mosaik eines RCA-Ikonoskops aufgetragen. Danach ist $i_s \sim E \cdot \gamma$, wobei $\gamma < 1$, und zwar ist γ im oberen Teil der Kennlinie etwa 0,4, im unteren Teil etwa 0,9. Das bedeutet eine kontinuierliche Gradationsänderung des übertragenen Objektes. Da die Braunsche Röhre γ-Werte von 1,8 bis 2 hat (vgl. Abb. X. 19), so ist die Wiedergabe doch recht gut, da das Produkt aus beiden γ-Werten nahezu den Wert 1 ergibt (in Abb. X. 19 gestrichelt eingezeichnet).

Die *Empfindlichkeit* ist ziemlich gering. Außer der geringen Speicherfähigkeit sind dafür der nur ca. 70% betragende Bedeckungsgrad der Rasterkathode und die ungünstigen optischen Eigenschaften des Ikonoskops verantwortlich. Um Bilder ausreichender Qualität zu erhalten, sind Beleuchtungsstärken von 5000 bis 10000 lx notwendig.

Die *spektrale Empfindlichkeit* des Ikonoskops ist im Vergleich zur Augenempfindlichkeit durch die Verwendung der Silber-Cäsium-Kathode stark zum Roten hin verschoben.

Um eine genügende Empfindlichkeit und Bildauflösung des Ikonoskops zu erreichen, muß die Rasterplatte verhältnismäßig groß gemacht

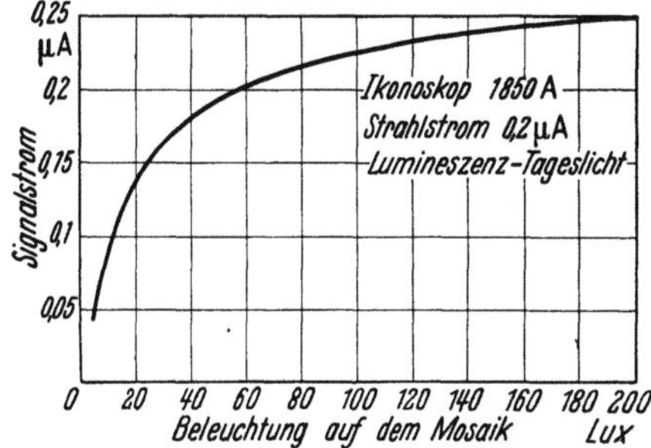

Abb. X.18. Charakteristik eines Ikonoskops nach RCA

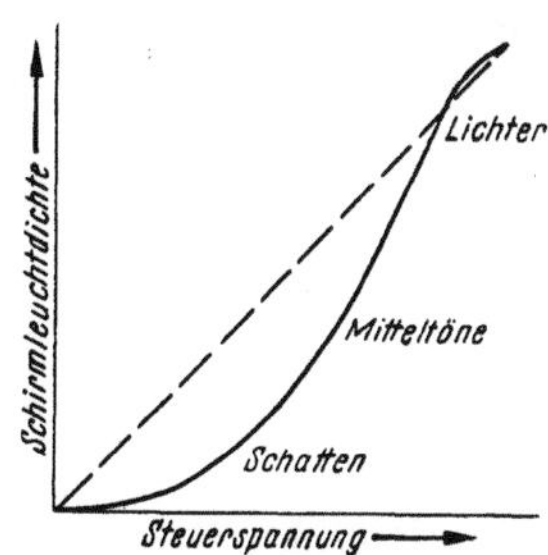

Abb. X.19. Steuercharakteristik einer Braunschen Röhre

werden. Man braucht daher langbrennweitige Objektive und muß bei der erwünschten möglichst großen Lichtstärke eine geringe Tiefenschärfe in Kauf nehmen. Dies erfordert auf der anderen Seite einen entsprechenden Aufbau der Szene, eine Forderung, die im Studio zwar noch tragbar ist, bei Außenaufnahmen jedoch eine starke Beschränkung bedeutet.

Ein weiterer Nachteil des Ikonoskops ist das Fehlen des Schwarzpegels im Signal, da weder der Signalausgang eine galvanische Verbindung mit der speichernden Oberfläche besitzt noch das bei unbelichteter Mosaikkathode erzeugte Signal wegen der auftretenden Störsignale eine feste Beziehung zu einem Nullpegel hat.

Trotz der vielen Nachteile konnte das Ikonoskop bei ausreichender Belichtung und geringer Tiefenausdehnung der zu übertragenden Szene recht gute Bilder liefern. Diese Einschränkungen erschwerten aber den Gebrauch des Ikonoskops für Außenaufnahmen. Ein Teil der Fehler konnte durch den Bildwandlervorsatz im Superikonoskop vermieden werden.

b) Superikonoskop (Zwischenbild-Ikonoskop)

Das Superiko (in den USA als Image Ico, in England als Super-Emitron bezeichnet) wurde von Lubszynski und Rodda im Jahre 1936 vorgeschlagen [35]. Im Gegensatz zum Ikonoskop sind beim Superiko photoempfindliche Schicht und Speicherelektrode räumlich getrennt (Abb. X. 20), so daß eine Bildaufnahmeröhre zur Verfügung steht, die den heutigen Ansprüchen im allgemeinen genügt.

α) **Aufbau.** Das zu übertragende optische Bild wird auf eine halbdurchlässige homogene Photokathode abgebildet (Abb. X. 20), von der, entsprechend der örtlichen Helligkeit des Bildes, Elektronen emittiert werden. Dieses Emissionsbild wird elektronenoptisch auf die Rasterplatte abgebildet (Maßstab ca. 3:1 vergrößert). Die dort ausgelösten

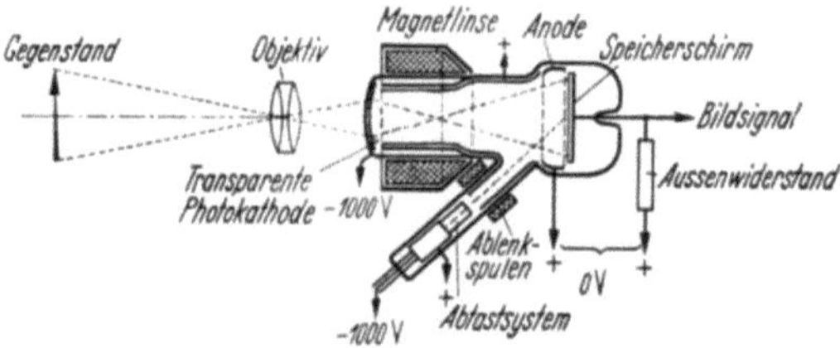

Abb. X.20. Prinzip des Superikonoskops (G. Lubszynski, R. Rodda, 1934)

Sekundärelektronen haben die gleiche Wirkung wie die Photoelektronen beim Iko. Im übrigen Aufbau unterscheidet sich das Superiko nicht vom Iko. Die Innenseite der Kolbenwand dient wieder als Absauganode, eine seitlich angebrachte Elektronenkanone liefert den feinen Elektronenstrahl, mit dessen Hilfe die Rasterplatte abgetastet wird.

β) **Konstruktive Durchbildung und Herstellung.** Beim Superikonoskop kann die Photokathode sowohl mit elektrischen als auch mit magnetischen Abbildungssystemen auf die Rasterplatte abgebildet werden. Ein elektrostatisches Abbildungssystem hat den Vorteil, daß eine besondere Absaugspannung für die Photoelektronen nicht erforderlich ist. Nachteilig ist, daß es nicht möglich ist, einen genügend großen Teil einer *ebenen* Photokathode auf der *ebenen* Rasterplatte abzubilden. Elektrostatische Abbildungssysteme erfordern daher gekrümmte Photokathoden, letztere zusätzliche optische Korrektionsmittel. Aus diesen Gründen ist heute ein magnetisches Abbildungssystem allgemein üblich.

Abb. X.21 zeigt ein solches Abbildungssystem. Ein dicht vor der Kathode angebrachter Metallzylinder oder metallisierter Glaszylinder liegt auf ca. +1000 V gegenüber der Kathode und dient als Anode für die Photoelektronen. Die nach Durchlaufen des elektrischen Feldes divergierenden Elektronenbündel werden durch eine lange Magnetspule, die konzentrisch um die Photokathode angeordnet ist, wieder gebündelt und auf die Rasterplatte fokussiert. Die Spule wird so weit auf die Röhre geschoben, daß die Photokathode im homogenen Bereich des Spulenfeldes liegt [10].

Die Inhomogenität des absaugenden elektrischen Feldes hat zwei Nachteile. Sie ruft eine, wenn auch nur schwache, S-Verzerrung hervor, und sie begünstigt die Entstehung des sogenannten Ionenflecks auf der Photokathode. Positive Ionen, die im Raum zwischen Rasterplatte und Photokathode entstehen, werden zur Photokathode hin beschleunigt und durch das inhomogene elektrische Feld auf die Mitte der Kathode fokussiert. Die aufprallenden Ionen zerstören die Kathoden-

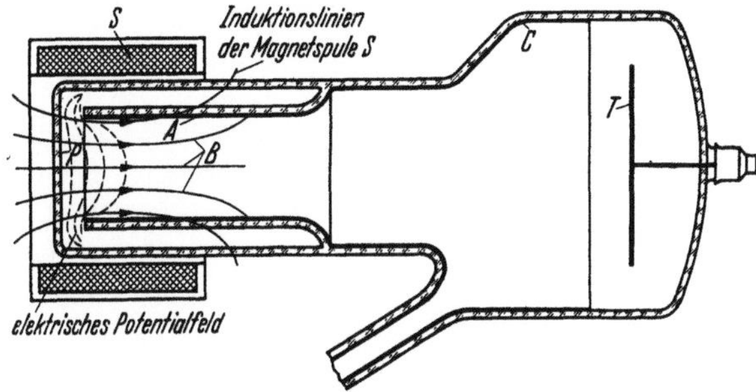

Abb. X.21. Superikonoskop: Elektronenoptische Abbildung der Photokathode P auf die Rasterplatte T mit Hilfe eines elektrischen und magnetischen Feldes

schicht. Dieser Fehler wird vermieden, wenn der Anodenzylinder zur Photokathode hin mit einem feinmaschigen Netz abgeschlossen und dadurch das Feld homogen gemacht wird [19]. Die Ionen werden dann über die gesamte Kathodenfläche verteilt und können so höchstens eine gleichmäßige, schwache Empfindlichkeitsminderung bewirken. Auch die S-Verzerrung wird durch diese Maßnahme vermieden.

Auf die Möglichkeit, mit Hilfe einer besonderen Spulenkonstruktion den Abbildungsmaßstab bei gleichbleibender Schärfe kontinuierlich zu verändern, sei hier nur hingewiesen [19].

Die Rasterplatte ist analog zu der der Ikos aufgebaut, nur ist die Photoschicht hier durch eine sekundärelektronenemittierende Schicht ersetzt. Auf die Rasterplatte (eine 20 bis 30 μ starke Glimmerfolie) wird vor dem Einbau in die Röhre im Hochvakuum Magnesium als metallische Schicht aufgedampft und bei 500° C ca. 10 min lang oxydiert[1]. Man kann auch Magnesium unter geringem Sauerstoffdruck aufdampfen und somit Magnesiumoxyd unmittelbar auf die Glimmerplatte „aufräuchern". Jedoch werden die Rasterplatten nach dem erstgenannten Verfahren gleichmäßiger.

---

[1] Man kann auch mit Erfolg die Glimmerplatte nur in Sauerstoff glühen und mit einer Spur von Cs bedecken. Allerdings ist es dann schwierig, gleichmäßige Schichten herzustellen.

Nach der beschriebenen Behandlung wird die Rasterplatte in der beim Iko üblichen Art mit dem Rasterteller zusammengebaut und entweder auf einen Preßglasteller oder auf den abgesprengten Teil des Kolbens aufmontiert. Die metallischen Halteringe werden bei dem nachträglichen Einschmelzprozeß ziemlich hoch aufgeheizt. Wäre die Rasterplatte starr eingebaut, so bestünde die Gefahr, daß sie sich nach dem Abkühlen wirft. Um dies zu vermeiden, wird sie in der in Abb. X.22 näher skizzierten Art aufgebaut. Die Rasterplatte wird zwischen zwei zylindrischen Metallkörpern eingeklemmt. Dadurch wird sie so elastisch gehaltert, daß sie sich bei der Wärmebehandlung nicht verzieht.

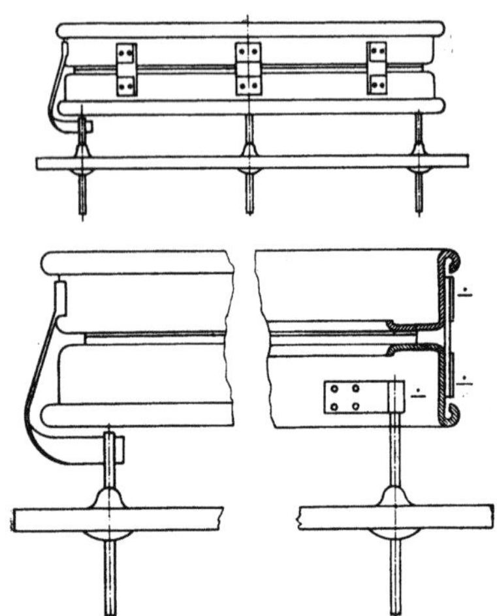

Abb. X.22. Halterung für die Glimmerscheibe bei Superikonoskopen

Das Strahlsystem zur Abtastung der Rasterplatte ist gleichfalls wie beim Iko seitlich in einem Rohr angeordnet. In der Regel benutzt man in Deutschland auch bei den Superikos magnetisch fokussierte Strahlsysteme. Die Bild- und Zeilenablenkung erfolgt elektromagnetisch.

Der Innenteil der Röhre, der nicht unmittelbar dem späteren Einschmelzprozeß unterliegt, ist möglichst vollkommen mit einer metallischen Abschirmung zu versehen. Diese bestand bei älteren Superikos aus Cu–Ni-Zylindern, die später durch unmittelbar auf die Glaskolben aufgestrichene (Glanzplatin u. a.) oder aufgedampfte metallische Schichten (Aluminium u. a.) ersetzt wurden. Neben der elektrostatischen Abschirmung ist für einen einwandfreien Betrieb der Röhre auch eine geeignete magnetische Abschirmung notwendig.

Der so vorbereitete Glaskolben wird dann mit dem Preßteller, der den Rasterteller trägt, zusammengeschmolzen. Zu diesem Zweck wird der Kolben des Superikos in eine Vertikaleinschmelzmaschine eingespannt. Über die zusammenzuschmelzende Stelle wird ein elektrischer Heizofen geschoben, der die Schmelzstelle so weit vorerwärmt, daß die Rohrteile ohne Bruchgefahr mit Hilfe eines Spezialbrenners „zusammengeschweißt" werden können. Hierbei muß auf eine einwandfreie Zentrierung der Einzelteile geachtet werden. Von erheblicher Bedeutung ist die genaue Lage des Strahlsystems.

Während des Einschmelzens wird das Innere des Kolbens laufend mit Stickstoff oder Formiergas (Stickstoff + Wasserstoff) gespült, um ein Anlaufen der Metallteile zu verhindern.

Das fertig aufgebaute Superikonoskop wird in üblicher Weise auf
Hochvakuum gepumpt und ausgeheizt. Schließlich wird die Photo-

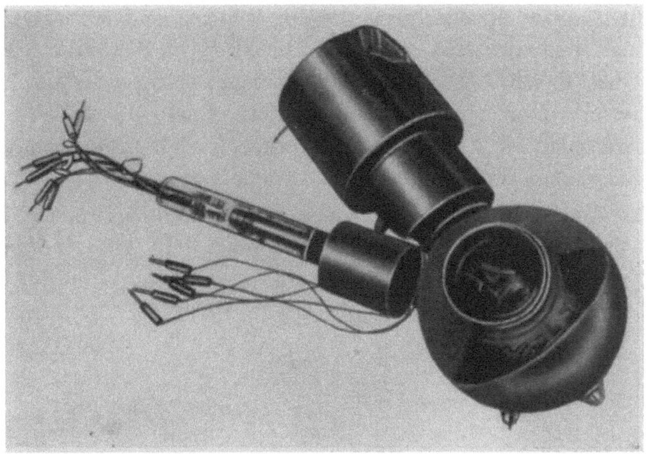

Abb.X.23. Bildwandler-Speicherrohr mit abgeschirmter Ablenkspule und Abbildungsspule (RPF 1939)

kathode hergestellt und die Strahlkathode formiert. Nach dem Gettern
wird die Röhre vom Pumpstand abgezogen. Abb. X.23 und Abb. X.24

Abb. X.24. Bildwandler-Bildspeicherröhre mit magnetischen Elektronenlinsen und elektrostatischer
Strahlablenkung (Fernseh-GmbH)

zeigen ältere Ikonoskope, Abb. X.25 ein modernes Superikonoskop als
Ausführungsbeispiel.

γ) Wirkungsweise und Eigenschaften [*14*] [*18*] [*19*] [*52*]. Der Mechanismus der Signalerzeugung ist beim Superikonoskop im Prinzip der gleiche wie beim Ikonoskop, nur daß das Ladungsbild auf der Rasterplatte nicht mehr direkt durch die bei Belichtung emittierten Photoelektronen aufgebaut wird, sondern indirekt durch Sekundärelektronen, die von den Primär- (Photo-) Elektronen ausgelöst werden. Da diese Sekundärelektronen eine größere mittlere Energie (~ 3 eV) als die Photoelektronen (~ 1 eV) besitzen, ergeben sich einige quantitative Unterschiede zum Ikonoskop:

1. Die durch die Photoelektronen ausgelösten Sekundärelektronen können der Rückverteilung bereits kurz nach dem Abtastvorgang ent-

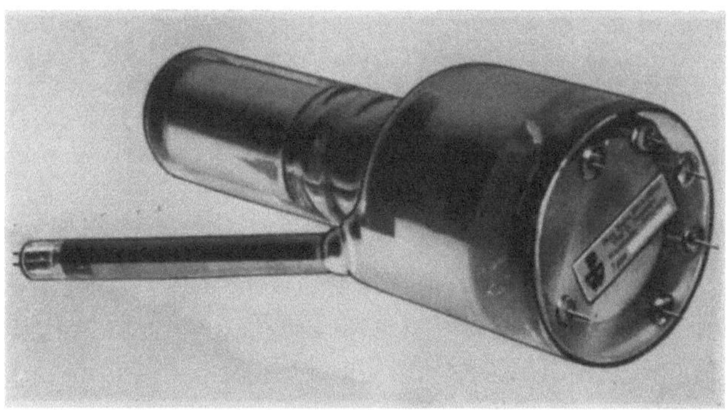

Abb. X.25. Superikonoskop mit magnetischem Strahlsystem (Physikalisch-Technische Werkstätten, Professor Dr. HEIMANN, Wiesbaden-Dotzheim)

gegen wirken. Der maximal erzielbare Potentialhub (die Differenz der Oberflächenpotentiale im vollbelichteten und unbelichteten Zustand) ist deshalb beim Superikonoskop höher als beim Ikonoskop.

2. Sekundärelektronen werden wegen ihrer höheren Energie auf ihrem Wege zur Anode nicht mehr so stark durch das Potential ihres Ursprungsortes kontrolliert. Das bedeutet, daß sie nicht so leicht wie die Photoelektronen beim Ikonoskop zu ihrem Ursprungselement zurückkehren und daß dadurch die Speicherfähigkeit erhöht wird.

Diese beiden Effekte führen zu einer wesentlichen Empfindlichkeitssteigerung.

Eine weitere Empfindlichkeitssteigerung außer der, die durch die bessere Speicherfähigkeit hervorgerufen wird, kommt dadurch zustande, daß jedes Photoelektron 3 bis 5 Sekundärelektronen auf dem Mosaik frei macht, d. h. daß die 3- bis 5fache Ladungsmenge zum Aufbau des Ladungsbildes zur Verfügung steht, verglichen mit der Ladungsmenge beim Ikonoskop. Außerdem kann jetzt eine zusammenhängende Photokathode benutzt werden, die einen Bedeckungsfaktor von 100% hat, während die Mosaikkathode des Ikonoskops nur zu 30 bis 35% mit einer lichtempfindlichen Schicht bedeckt ist. Es ist jetzt auch möglich, anstatt einer Cäsiumoxyd-Photokathode eine Cäsium-Antimon-Photokathode zu benutzen, die einmal eine spektrale Verteilung besitzt, die der Augenempfindlichkeit besser angepaßt ist und zum anderen eine höhere Absolutempfindlichkeit aufweist. Bei der Mosaikkathode konnte man Empfindlichkeiten von 5 bis 10 μA/lm erreichen; die Empfindlichkeit einer Cäsium-Antimon-Kathode kann bis auf ca. 80 μA/lm gesteigert werden. Aus diesen Gründen resultiert eine Empfindlichkeitssteigerung um etwa den Faktor 20. In der Praxis werden ca. 75% dieses Gewinnes dazu benutzt, durch Verwendung von Linsen mit kleinerem Öffnungsverhältnis eine bessere Tiefenschärfe zu erzielen. Außerdem ist es beim Superikonoskop möglich, Linsen mit kleiner Brennweite zu verwenden, da auf Grund der elektronenoptischen Nachvergrößerung das Bild auf der Photokathode entsprechend kleiner gemacht werden kann. Eine Superikonoskopkamera wird bei der besseren Tiefenschärfe mit ca. 20% der Belichtung, die für das Ikonoskop notwendig ist, Bilder mit befriedigender Güte liefern.

δ) **Störsignale und Schwarzpegel.** Bei allen Fernsehaufnahmeröhren vom Ikonoskoptyp, in denen zur Abtastung schnelle Elektronen verwendet werden, ist dem Nutzsignal noch eine Anzahl von Störsignalen überlagert. Diese werden durch die unkontrollierte Bewegung der auf dem Raster ausgelösten Photo- bzw. Sekundärelektronen verursacht [14]. Da die Störsignale beim Ikonoskop und Superikonoskop die gleichen Ursachen haben, werden ihre Erscheinungsformen und die Mittel zur Beseitigung für beide Röhren gemeinsam besprochen.

Es wurde bereits erwähnt, daß ein Rasterelement im Augenblick der Abtastung auf ein Gleichgewichtspotential von ca. 3 V gebracht wird. Da aber über eine volle Bildperiode gemittelt die Zahl der ankommenden Elektronen (Strahlelektronen) gleich der Zahl der abgehenden Elektronen (Sekundärelektronen) sein muß, kehrt der Überschuß an Sekundärelektronen aus der Raumladung wieder auf die Rasterplatte zurück. (Diese Überlegung gilt streng nur für ein stehendes Bild, es genügt aber, diesen statischen Vorgang allein zu betrachten.)

Diese zurückkehrenden Elektronen verschieben das Gleichgewichtspotential in negativer Richtung so lange, bis sich ein neues Gleichgewicht zwischen den durch die Lichteinwirkung ausgelösten Photoelektronen (bzw. Sekundärelektronen beim Superikonoskop)[1] und den zurückfallenden Elektronen einstellt [28].

---

[1] Da der Energieunterschied zwischen den Photoelektronen beim Ikonoskop und den Sekundärelektronen beim Superikonoskop für die folgenden Betrachtungen i. allg. keine Rolle spielt, werden beide als „Photoelektronen" bezeichnet.

Die Rückverteilung der Sekundärelektronen erfolgt nicht einheitlich über die gesamte Speicheroberfläche, sondern sie wird beeinflußt durch das Oberflächenpotential, das sowohl durch den Abtastvorgang als auch durch die örtlich verschiedene Belichtung bestimmt wird. Es wird zunächst der Einfluß des Strahles untersucht.

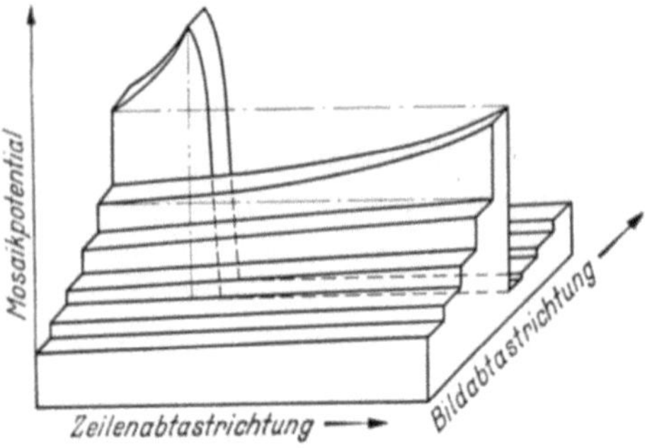

Die Fläche des Mosaiks, die bereits von dem Abtaststrahl überstrichen worden ist, wird sich auf einem positiven Potential gegenüber den noch nicht abgetasteten Teilen des Rasters befinden. Daraus folgt, daß die Rückkehr der Sekundärelektronen besonders leicht zu diesen Stellen hin erfolgt. Die Elektronen werden sich also vorzugsweise auf den zuerst abgetasteten Flächen ablagern und verschieben dort schneller das Gleichgewichtspotential in negativer Richtung als in dem Restgebiet. Entlang der Zeilenenden (rechter Rand des Rasters) und am Bildende (unterer Rand) wird die Verteilung der Sekundärelektronen dadurch gestört, daß der Strahl von einem Zeilenende zum nächsten Zeilenanfang bzw. vom Bildende zum Bildanfang plötzlich überspringt. Dadurch werden in der Umgebung dieser beiden Kanten weniger Sekundärelektronen ausgelöst und auf das Raster zurückkehren können. Es ergibt sich damit eine Potentialverteilung über das Raster, die in positiver Richtung von der linken oberen Ecke nach rechts unten ansteigt (Abb. X. 26). Da ein negativer

Abb. X.26. Potentialrelief auf dem Raster während der Abtastung

Abb. X.27. Statisches Störsignal eines Superikonoskops bei unbelichteter Kathode

Wert der Speicheroberfläche in der Wiedergabe einer dunklen Stelle entspricht, entsteht dadurch auch bei unbelichtetem Raster ein Bild, wie es in Abb. X. 27 dargestellt ist. Wird auf die Speicheroberfläche ein Bild projiziert, so wird die Modulationstiefe durch diese Schattensignale wesentlich verschlechtert.

Außer den durch den Strahl ausgelösten Sekundärelektronen werden bei der Projektion eines Bildes zusätzlich Photoelektronen ausgelöst. Deren Rückverteilung ist abhängig vom Bildinhalt und überlagert sich den oben beschriebenen Vorgängen. Wenn die zu übertragende Szene aus gleichmäßig über die gesamte Fläche verteilten hellen und dunklen Stellen besteht, ist die Ladungsverteilung auf dem Raster verhältnismäßig ausgeglichen, und es ist bekannt, daß bei genügender Helligkeit eine ausreichende Bildqualität erzielt werden kann. Das Störsignal ist dann reduziert und macht sich nur noch in den dunklen Bildstellen am unteren Rande bemerkbar. Das restliche Störsignal kann durch Überlagerung des Nutzsignales mit einem Kompensationssignal in Zeilen- und Bildrichtung beseitigt werden, vorausgesetzt, daß der Bildinhalt einigermaßen konstant bleibt.

Beim Superikonoskop ist das Störsignal, das durch den Abtaststrahl hervorgerufen wird, in der gleichen Stärke vorhanden wie beim Ikonoskop. Da aber die durch die Belichtung ausgelösten Sekundärelektronen auf Grund ihrer höheren Energie im Vergleich zu den Photoelektronen beim Ikonoskop nicht mehr so stark durch die Potentiale ihres Ursprungsortes kontrolliert werden, können sie sich weiter von ihrem Ausgangselement entfernen. Dadurch entsteht eine höhere Speicherfähigkeit, die zwar zu einer Signalvergrößerung führt, aber auch zu einer Verwischung der scharfen Bildgrenzen auf dem Mosaik. Dagegen erscheint eine sehr helle Bildstelle in der Wiedergabe in einem dunklen Rahmen (Haloeffekt), der dadurch hervorgerufen wird, daß die von der hellbelichteten Stelle ausgehenden Sekundärelektronen sich vorzugsweise auf die nahe Umgebung der stark positiven, hellen Bildstelle verteilen. Dieser Fehler ist jedoch weniger schwerwiegend, da er zu einer oft gewünschten Kontraststeigerung führt.

Alle diese Störsignale beruhen auf der nichtkontrollierten Bewegung der Sekundär- und Photoelektronen und haben zur Folge, daß das Signal, das an einem Punkt erzeugt wird, nicht allein eine Funktion der Belichtungsstärke in diesem Punkt ist, sondern gleichzeitig noch von der Belichtung der Umgebung, von der Höhe des Strahlstromes und von der Lage des betrachteten Punktes auf dem Mosaik abhängt. Bei allen Aufnahmeröhren vom Ikonoskoptyp bestimmen die Störsignale und nicht das Signal/Rauschverhältnis der Aufnahmeröhre bzw. des Nachverstärkers die untere Belichtungsgrenze.

Eine weitere Eigenschaft der Ikonoskopröhren ist das Fehlen des Schwarzpegels im Signalausgang. Zwei Gründe sind dafür verantwortlich:

1. Der Signalausgang steht nicht in galvanischer Verbindung mit der Speicheroberfläche. Dadurch erhält das Signal keinen Gleichstromwert.

2. Die Ausgangsimpulse haben keine feste Beziehung zu einem Nullpegel, da selbst bei unbelichteter Photokathode das Störsignal erzeugt wird.

In Abb. X.28 ist das Ausgangssignal schematisch dargestellt, das bei unbelichtetem Raster entsteht. Als Nullinie ist der Wert angenommen,

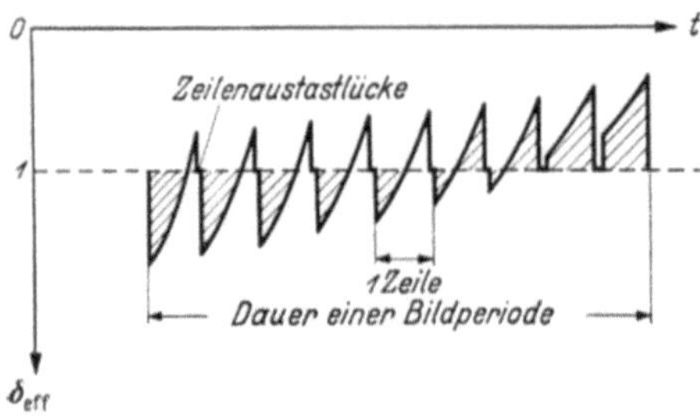

Abb. X.28. Schematische Darstellung der effektiven Sekundärelektronen-Ausbeute (Zahl der abgesaugten Sekundärelektronen zur Zahl der Primärelektronen) während einer Bildperiode

der sich einstellt, wenn kein Signalstrom fließt. Während der ersten Zeilen ist die Zahl der das Raster verlassenden Sekundärelektronen größer als die Zahl der ankommenden Strahlelektronen. Am Bildende hat sich dieses Verhältnis in umgekehrter Richtung verschoben. Nur für die gesamte Bildperiode ist das Integral über die ankommenden und das Raster verlassenden Ströme gleich Null, wie ja durch die Gleichgewichtsbedingung gefordert wird. Abb. X.29 zeigt noch ein Oszillogramm des Signalausganges, wie es bei Aufnahme eines aus schwarzen und weißen

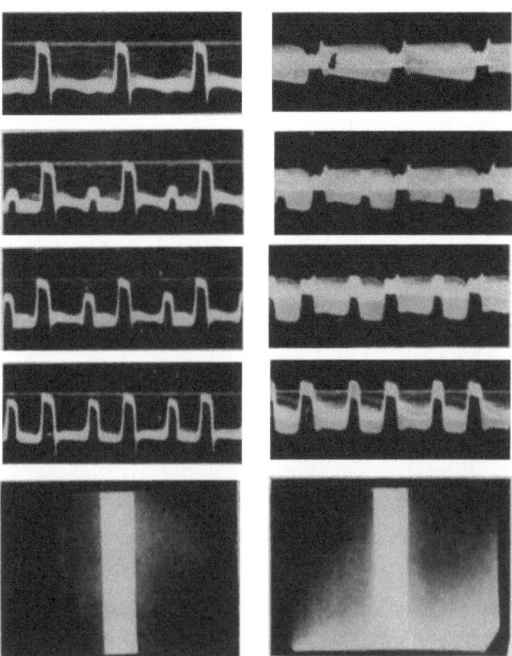

Abb. X.29. Oszillogramme des Bildsignals und Schirmbild eines weißen Streifens auf dunklem Feld in Abhängigkeit von der Belichtung (von oben nach unten zunehmend). Linke Reihe *mit*, rechte Reihe *ohne* zusätzliche Elektronenberieselung [4]

Längsstreifen bestehenden Bildes entsteht. Das Nutzsignal entwickelt sich mit wachsender Belichtung symmetrisch zur Nullinie, und der Einfluß des Störsignales nimmt ab. Auch kann festgestellt werden, daß die Beziehung zwischen dem Schwarzpegel und der Nullinie bei Änderung der Belichtung nicht konstant bleibt.

Da die Existenz der Störsignale und das Fehlen des Schwarzpegels die Güte der Bildübertragung durch ein Ikonoskop hauptsächlich beeinflussen, sind in den letzten Jahren zahlreiche Untersuchungen darüber angestellt worden, wie man diese beiden Fehler mit möglichst einfachen Mitteln beseitigen kann. Obwohl die neuen Aufnahmeröhren vom Orthicontyp frei von diesen Störsignalen sind, ist eine Verbesserung des Superikonoskops trotzdem wünschenswert, da das Orthicon sowohl in der Herstellung als auch im Gebrauch verhältnismäßig schwierig zu behandeln ist. Der Grundgedanke der Störsignalbeseitigung ist eine Verschiebung des Mosaikpotentials gegenüber dem Kollektor in negativer Richtung, da dadurch die Sekundäremission bzw. Photoemission der Rasterplatte voll gesättigt werden kann. Außerdem muß erreicht werden, daß die Mosaikoberfläche entweder zeitlich in bestimmten Abständen oder aber dauernd in den schwarzen Bildteilen auf einem konstanten Potential gehalten wird.

Das Mosaik ist mit der Kollektoranode nur kapazitiv verbunden. Deshalb ist eine Potentialerniedrigung durch Anlegen einer Vorspannung nicht möglich, da sich die Oberfläche sofort durch den Elektronenbeschuß wieder auf das neue Potential einstellen würde. Durch Verwendung eines halbleitenden Dielektrikums wäre eine Potentialverschiebung der Mosaikoberfläche möglich [49], dieses Verfahren würde aber die Güte der Bildwiedergabe durch andere Effekte verschlechtern. Eine weitere Möglichkeit besteht darin, die Mosaikoberfläche zusätzlich mit langsamen Elektronen (Sekundärelektronen-Ausbeute $\delta < 1$) zu beschießen [4] [63]. Man kann jedoch auch schnelle Elektronen benutzen, wenn man dafür sorgt, daß während des Beschusses die Kollektoranode negativ gemacht wird. Dieses Verfahren kann besonders beim Superikonoskop bei der Filmwiedergabe angewendet werden [57].

Die beiden zuletzt genannten Möglichkeiten sollen etwas genauer betrachtet werden. Es wurde bei der Anwendung des Ikonoskops schon frühzeitig erkannt, daß man eine Verminderung der Störsignale erreichen kann, wenn außer dem Mosaik auch die Wände der Glaskolben mit etwas Silber bedampft werden [20]. Bei der Formierung der Kathode entsteht dann auf dem Kolben eine photoempfindliche Schicht. Wenn die Wände durch eine getrennte Lichtquelle vorbelichtet werden (back light), kann man die Signalhöhe vergrößern und die Störsignale vermindern. Die Photoelektronen, die durch die Wände emittiert werden, verteilen sich auf der Rasterplatte und verschieben dadurch das Oberflächenpotential in negativer Richtung. Gleichzeitig lädt sich die Wandkathode gegenüber der Rasterplatte schwach positiv auf und ruft damit ein günstigeres Absaugfeld vor dem Mosaik hervor. Dieses Verfahren eignet sich jedoch nur für den Studiobetrieb, da dort die Szenenhelligkeit einigermaßen konstant gehalten werden kann. Für die Filmwiedergabe ist es nicht anwendbar, da die dabei plötzlich auftretenden Helligkeitsunterschiede zu neuen Störsignalen führen würden.

Eine Verbesserung dieser Methode kann dadurch erreicht werden, daß man die Photoelektronen der Wandkathode in definierter Weise lenkt [4]. Das geschieht, indem man die Mosaikoberfläche mit vier von ihr und untereinander isolierten streifenförmigen Elektroden umgibt. Diese werden gegenüber dem Kollektor schwach positiv vorgespannt, so daß man jetzt sowohl die Energie der zusätzlichen Photoelektronen als auch ihre Verteilung bestimmen kann. Die Elektronen werden dann so gelenkt, daß sie an die Stellen gelangen, die in bezug auf die Rückverteilung der Sekundärelektronen benachteiligt sind. Es gelingt damit, die Störsignale durch Entladung der entsprechenden Mosaikelemente weitgehend zu beseitigen. Auch die Speicherfähigkeit und damit die Signalhöhe werden durch den Beschuß mit langsamen Elektronen verbessert, da das Ausgangspotential des Mosaiks in negativer Richtung verschoben wird. Das Oberflächenpotential wird jetzt durch das Zusammenwirken der Sekundärelektronenverteilung und der langsamen Photoelektronen auf einen festen Wert stabilisiert, der etwas unter Anodenpotential liegt. Dadurch ist es möglich geworden, dem Signal den Schwarzpegel zu entnehmen, da jetzt die Signalimpulse, die einem schwarzen Bildwert entsprechen, in einer festen Beziehung zur Nullinie stehen. Die Wirksamkeit dieser sogenannten Photoelektronenstabilisierung wird in der Abb. X. 29 gezeigt. In den Oszillogrammen ist deutlich zu erkennen, wie der Pegel der Zeilenaustastimpulse unabhängig von der Belichtung mit der Nullinie zusammenfällt und daß der Schwarzpegel konstant bleibt. Bei den Versuchen mit Röhren dieser Art hat sich gezeigt, daß zwei Streifenelektroden am rechten und am unteren Rand des Rasters für eine Störsignalbeseitigung ausreichen[1]. Durch Veränderung der zusätzlichen Belichtung und der Vorspannung kann diese Störsignalkompensation an die verschiedensten Belichtungen angepaßt werden.

Soll das Superikonoskop zur Filmübertragung benutzt werden, so ist ein impulsmäßiger Beschuß mit schnellen Elektronen zweckmäßig (Abb. X. 30). Als zusätzliche Elektronenquelle dient die Photokathode selbst, die z. B. durch eine Kathodenstrahlröhre mit Lichtimpulsen bestrahlt wird [57]. Während dieser Lichtimpulse wird die Kollektoranode negativ vorgespannt, so daß alle auf dem Mosaik ausgelösten Sekundär-

---

[1] Dieses verbesserte Superikonoskop wird „Rieselikonoskop" genannt.

elektronen wieder zurückgetrieben werden. Das Mosaik bleibt am Ende des Lichtimpulses nach Wegnahme der Vorspannung von der Kollektoranode negativ gegenüber der Anode zurück. Wenn jetzt die Photokathode mit dem zu übertragenden Bild belichtet wird, finden die Sekundärelektronen ein günstigeres Absaugfeld vor. Nach erfolgtem Abtastvorgang ist dieses wieder ausgeglichen, so daß vor der Projektion des nächsten Filmbildes der eben beschriebene Vorgang wiederholt werden muß. In

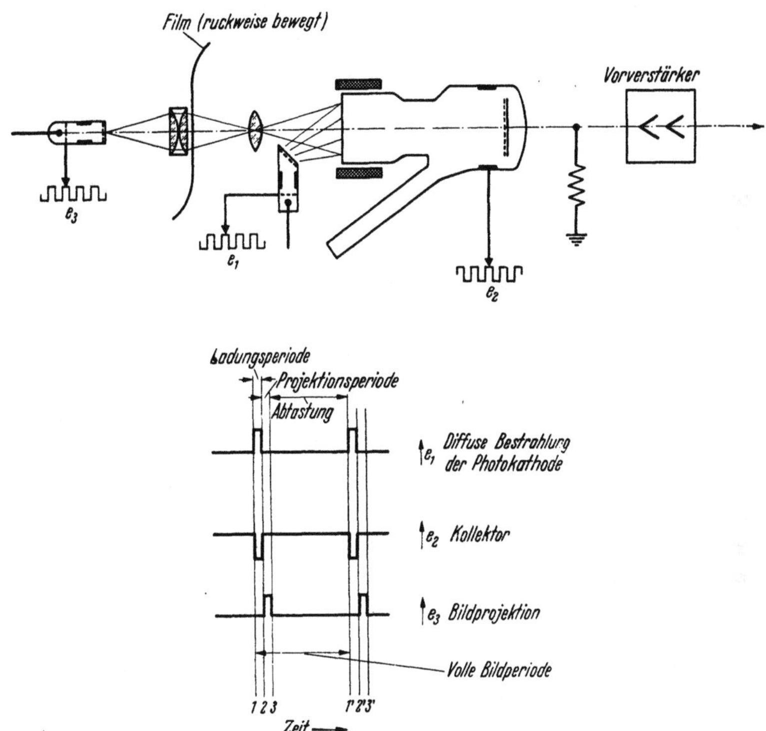

Abb. X.30. Prinzip der Filmübertragung mit einem Superikonoskop bei impulsweiser Vorbelichtung mit Impulsschema [57]

Abb. X. 30 wird das Verfahren erläutert und gezeigt, wie der aus drei Perioden (Lichtimpuls, Bildprojektion, Abtastung) bestehende Übertragungsvorgang im einzelnen verläuft. Es ist möglich, die Periode der Aufladung und der Bildprojektion in die Bildaustastlücke zu legen, so daß dadurch keine zusätzlichen Störsignale entstehen. Der Bildverstärker muß dann allerdings während dieser Zeit ausgetastet werden.

Durch die beschriebenen Verfahren konnte der Störpegel des Superikonoskops so weit verkleinert werden, daß jetzt der Rauschpegel des Nachverstärkers und nicht der Störsignalpegel des Superikonoskops die Empfindlichkeit einer Superikonoskopkamera begrenzt. Um die volle

Empfindlichkeit der Aufnahmeröhre ausnutzen zu können, wäre eine rauschfreie Verstärkung des vom Superikonoskop gelieferten Bildsignals bis über den Rauschpegel des Nachverstärkers wünschenswert. Es wurden auch versuchsweise [58] Sekundärelektronen-Vervielfacher in Superikonoskopen eingebaut, wodurch man eine Empfindlichkeitssteigerung bis zu *einer* Größenordnung erreichte. Die elektronenoptischen Schwierigkeiten sind allerdings erheblich. Eine derartige Verbesserung des Signal/Rauschverhältnisses ist mit gutem Erfolg erst in den später beschriebenen Röhren vom Orthicontyp möglich.

c) Aufnahmeröhren mit innerem Photoeffekt

Auch der innere lichtelektrische Effekt von Halbleitern kann zur Signalerzeugung in Fernsehaufnahmeröhren ausgenutzt werden [1]. Über den inneren Photoeffekt ist im Rahmen dieses Buches bereits ausführlich berichtet worden (Kap. III). Die innere lichtelektrische Wirkung von Halbleitern ist dadurch gekennzeichnet, daß sich die Leitfähigkeit bei Bestrahlung mit Licht geeigneter Wellenlänge vergrößert, wobei allgemein gilt:

$$\sigma \sim \Phi^{\alpha},$$

wenn σ die Leitfähigkeit bei Belichtung und Φ der Lichtstrom ist.

Der Exponent α liegt zwischen 0,5 und 1 und kann von Φ abhängig sein.

Der Aufbau eines Widerstandsabtasters [1] [29] [51] ähnelt äußerlich dem des Ikonoskops. Eine auf eine Metallplatte (Signalplatte) aufgebrachte lichtempfindliche, hochohmige Halbleiterschicht bildet die Speicheranordnung. Sie ersetzt die Glimmerfolie und Mosaikkathode des Ikonoskops. Das zu übertragende Objekt wird auf die Halbleiterschicht abgebildet. Die Helligkeitsunterschiede des Bildes erzeugen dort ein äquivalentes Widerstandsrelief, das mit einem Elektronenstrahl abgetastet wird. Die Geschwindigkeit der Abtastelektronen liegt wie beim Ikonoskop zwischen 500 und 1000 V, so daß die Sekundärelektronen-Ausbeute $\delta > 1$ ist (vgl. Kap. VI). Die Signalplatte wird gegen die Anode positiv oder negativ vorgespannt.

Das Signal wird ähnlich wie beim Ikonoskop erzeugt. Durch Abtasten der Halbleiterschicht wird deren Oberfläche annähernd auf Anodenpotential stabilisiert. Da die Signalplatte eine Vorspannung gegen Anode besitzt, entsteht durch die Schicht hindurch eine Potentialdifferenz. Der Halbleiter ist im unbelichteten Zustand nur schwach leitend. Daher findet zwischen Schichtoberfläche und Signalplatte innerhalb einer Abtastperiode nur ein geringer Ladungsausgleich statt, und die Potentialdifferenz bleibt erhalten. Wird jedoch die Halbleiterschicht belichtet, so wird das Oberflächenpotential durch Ladungsausgleich entsprechend der Helligkeitsverteilung aus dem Gleichgewicht heraus in positiver oder negativer Richtung (je nach Polarität der Vorspannung) verschoben. Bei der folgenden Abtastung wird der Anfangszustand wiederhergestellt, die Aufladestromstöße ergeben das Nutzsignal.

Die Empfindlichkeit dieser Widerstandsabtaster ist mit der des Ikonoskops vergleichbar. Aber außer den Störsignalen, die auch in Ikonoskopröhren auftreten, kommen noch weitere hinzu, die durch ungleichmäßige Sekundäremission und Leitfähigkeit der Halbleiterschicht hervorgerufen werden. Außerdem treten Trägheitseffekte durch die Schichtkapazität und durch Trägheit des inneren Photoeffektes auf. Sie sind identisch mit denen des Vidikons und werden dort besprochen.

Ein anderer Mechanismus der Signalerzeugung ist in den von THEILE [59] beschriebenen widerstandsgesteuerten Aufnahmeröhren wirksam. Die hier benutzten Halbleiterschichten sind niederohmig, so daß sich die obenerwähnte Potentialdifferenz nicht einstellen kann. Dadurch ist eine Ladungsspeicherung nicht möglich. Der belichtungsabhängige Widerstand eines Bildpunktes steuert die Stromstärke in dem Sekundäremissionskreis (Signalplatte — Bildpunktwiderstand — Sekundäremissionsstrecke — Anode — Arbeitswiderstand — Signalplatte), und der Abtaststrahl wirkt nur als trägheitsloser Schalter, der die einzelnen Bildelemente nacheinander in den Sekundärstromkreis einschaltet. Da es sich hier um keine speichernde Aufnahmeröhre handelt, wird nicht näher darauf eingegangen.

90. Bildaufnahmeröhren mit langsamen Abtastelektronen

Der Abtastvorgang in Aufnahmeröhren vom Ikonoskoptyp, also mit schnellen Abtastelektronen, ist wegen Sekundärelektronen-Ausbeute $\delta > 1$ mit einer beträchtlichen Erzeugung von Sekundärelektronen verbunden. Durch diese Sekundäremission nimmt die Speicheroberfläche ein in bezug auf die Absauganode schwach positives Gleichgewichtspotential an, und vor der Speicherfläche bildet sich eine negative Raumladung aus. Diese beiden Effekte begrenzen in folgender Weise die Güte der Aufnahmeröhren vom Ikonoskoptyp:

1. Aus der Raumladung findet eine örtlich ungleichmäßige Rückverteilung von Elektronen auf die Speicherfläche statt. Das führt zu Störsignalen.

2. Die Modulation des Oberflächenpotentials durch Photo- oder Sekundäremission erfolgt in positiver Richtung. Da das Gleichgewichtspotential ebenfalls schon positiv in bezug auf die Absauganode ist, ist die modulierende Emission nicht gesättigt. Deshalb bleibt ein großer Teil der möglichen Ladungsspeicherung ungenutzt und der erzielbare Potentialhub ist gering. Das führt zu ungenügender Empfindlichkeit und zu einer nichtlinearen Signalbelichtungskennlinie.

3. Durch die dauernd dem Nutzsignal überlagerten Störsignale ändert sich der Signalwert für schwarz während einer Bildperiode, so daß im ganzen Abtastzyklus kein Signal erzeugt wird, das als fester Schwarzpegel dienen kann.

Diese Nachteile können zwar zum Teil kompensiert werden, zu vermeiden sind sie aber nur, wenn die Geschwindigkeit der Abtastelektronen so weit vermindert wird, daß praktisch keine Sekundärelektronen durch den Abtaststrahl erzeugt werden [44].

Tastet man nämlich die Speicheroberfläche mit langsamen Elektronen ab, so lädt sie sich in bezug auf die Anode negativ bis annähernd auf das Potential der Elektronenquelle auf, da die Sekundärelektronen-Ausbeute $\delta < 1$ ist (Kathodenpotentialstabilisierung). Nach dem Erreichen dieses Gleichgewichtspotentials werden die Abtastelektronen an der Oberfläche reflektiert[1] [25].

Das Gleichgewichtspotential kann mit dem Bildinhalt durch Photo- oder Sekundärelektronenemission (analog zum Ikonoskop und Superikonoskop) in positiver Richtung moduliert werden. Bei der nachfolgenden erneuten Abtastung wird wieder das Ausgangspotential eingestellt. Das Signal wird entweder wie beim Ikonoskop an der Signalplatte als kapazitiver Stromstoß abgenommen oder es wird dem an der Speicheroberfläche reflektierten Elektronenstrom entnommen.

Fernsehaufnahmeröhren mit langsamen Abtastelektronen müssen demnach folgende günstige Eigenschaften besitzen:

1. Die geringe Zahl der entstehenden Sekundärelektronen und die modulierende Emission wird vollständig abgesaugt, da das Gleichgewichtspotential stark negativ gegenüber der Anode ist. Es kann also keine Raumladung und damit kein Störsignal entstehen.

2. Die volle Sättigung der modulierenden Emission erlaubt eine ideale Ladungsspeicherung und eine Vergrößerung des möglichen Potentialhubs. (Der Potentialhub wird auf ca. $+30$ V begrenzt, da dann $\delta > 1$ wird und das Oberflächenpotential von Kathodenpotential auf Anodenpotential umschlägt.) Dadurch wird die Empfindlichkeit wesentlich vergrößert.

3. Da das Störsignal fehlt, kann ein eindeutiger Schwarzpegel dem Signal entnommen werden.

Diesen Vorteilen der auf Kathodenpotential stabilisierten Röhren (CPS-Röhren) stehen die elektronenoptischen Schwierigkeiten bei der Führung der langsamen Elektronen, die auf Störfelder äußerst empfind-

---

[1] Zwischen der Strahlkathode und der Speicheroberfläche wird eine geringe Potentialdifferenz bestehenbleiben, die durch das Kontaktpotential und durch die mittlere Geschwindigkeit der Strahlelektronen bestimmt wird. Da die Potentialdifferenz im allgemeinen konstant bleibt, wird sie im folgenden nicht mehr berücksichtigt.

lich sind, gegenüber. Durch die Anwendung eines axialen Magnetfeldes und einer zweiseitigen Rasterplatte (Lichteinfall von der einen Seite, Abtastung von der anderen Seite der Rasterplatte) wurde dieses Problem jedoch annähernd gelöst. Da die Elektronenoptik für alle CPS-Röhren die gleiche ist, wird sie vor den verschiedenen Röhrentypen besprochen.

a) Zur Elektronenoptik der CPS-Röhren [37] [44]

Für Aufnahmeröhren vom Ikonoskoptyp reicht zur Fokussierung des Elektronenstrahls eine kurze magnetische oder elektrostatische Linse aus. In CPS-Röhren muß dagegen der Elektronenstrahl vom Verlassen des Strahlsystems bis zum Auftreffen auf die Rasterplatte in einem Feld geführt werden, um eine Strahlverbreiterung durch gegenseitige Wechselwirkung der langsamen Elektronen und eine seitliche Ablenkung durch Potentialunterschiede auf der Rasteroberfläche zu vermeiden.

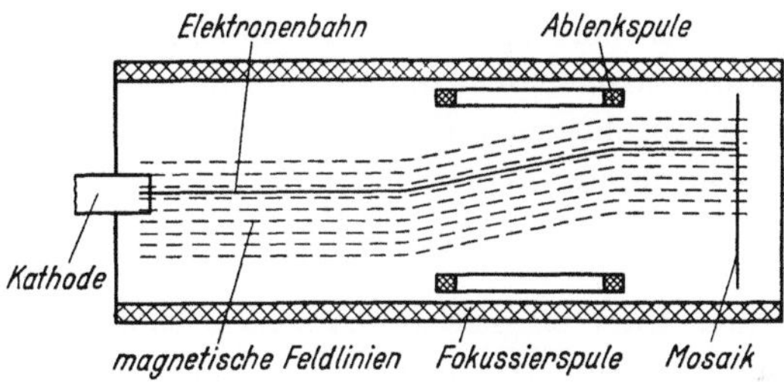

Abb. X.31. Schematische Darstellung der Elektronenbahnen in gekreuzten Magnetfeldern

Man benutzt dazu ein homogenes magnetisches Feld [36] längs der gesamten Elektronenbahn, dessen Feldlinien parallel zur Röhre und senkrecht zur Rasterplatte verlaufen (Abb. X. 31). Die Strahlelektronen verlassen das Strahlsystem annähernd parallel zum Magnetfeld mit einer Energie von ca. 300 eV und werden dann um die magnetischen Feldlinien auf Spiralbahnen mit verschiedenen Radien geführt. Der Radius einer Spiralbahn hängt von der Größe der radialen Geschwindigkeitskomponente ab, die ein Elektron beim Eintritt in das Magnetfeld besitzt. Da jedoch die Umlaufzeiten auf den Spiralbahnen für die Elektronen mit verschiedenen Radialgeschwindigkeiten einander gleich sind, werden alle Elektronen, die von einem Ursprungsort herkommen, in einer bestimmten Entfernung vom Strahlsystem wieder in einem Punkt (Knotenpunkt) gesammelt. Der Abstand l_0 zwischen zwei aufeinanderfolgenden Knotenpunkten beträgt für kleine Radialgeschwindigkeiten:

$$l_{0\,(\text{cm})} = 21\,\frac{U_{(\text{V})}}{H_{(\text{Oe})}}$$

(H Längsfeldstärke, U Beschleunigungsspannung der Elektronen).

Der Abbildungsfehler beträgt bei größeren Radialgeschwindigkeiten:

$$\varDelta l = l_0 \frac{\alpha^2}{2}$$

(α Winkel zwischen der Richtung des Magnetfeldes und der Einfallsrichtung des Elektrons).

Die Abbildung durch ein axiales Magnetfeld wird also um so besser, je schlanker das Elektronenbündel ist.

Als Ablenkeinheit sind zwei Sattelspulenpaare über dem Mittelteil der Röhre zwischen Strahlsystem und Raster innerhalb der Konzentrierspule angeordnet [67]. Diese Spulenpaare erzeugen zwei senkrecht zueinander und senkrecht zur Strahlenachse verlaufende Magnetfelder, deren Feldstärke sich entsprechend ihren Erregerströmen mit Bild- bzw. Zeilenfrequenz sägezahnförmig ändert. Die magnetischen Zeilen- und Bildablenkfelder überlagern sich mit dem Längsfeld so, daß die ursprünglichen Feldlinien zur Röhrenwandung hin verbogen werden. Solange die Ablenkfelder H_L im Verhältnis zum Axialfeld H_A nicht zu groß sind, folgen die Strahlelektronen dem zeitlich veränderlichen Feldverlauf. Der Winkel, den die abgebogenen Feldlinien mit der Röhrenachse bilden, kann aus der Gleichung:

$$\operatorname{tg} \alpha = \frac{H_A}{H_L}$$

bestimmt werden. Diese magnetische Ablenkmethode führt bei richtiger Dimensionierung der Ablenkspulen und bei guter Justierung der Röhre innerhalb des Längsfeldes zu geometrisch guten Bildern. Die Bildschärfe bleibt auch an den Rändern des Bildes brauchbar.

Die in Röhren mit langsamen Abtastelektronen benutzte Fokussier- und Ablenkeinheit hat nicht nur die Forderung nach ausreichender Schärfe und Geometrie zu erfüllen, sondern es muß durch sie der Strahl auch so geführt werden, daß er auf der gesamten Mosaikoberfläche senkrecht auftrifft. Andernfalls wird aus elektronenoptischen Gründen das Grenzpotential, bis zu dem die Strahlelektronen gerade noch auf dem Mosaik landen können, um $U \sin^2 \Theta$ (U = durchlaufende Potentialdifferenz, Θ = Winkel zwischen Strahlrichtung und Normalenrichtung) positiver als das Kathodenpotential sein. Dadurch entsteht, wenn der Strahl mit örtlich verschiedenen Einfallswinkeln auftrifft, entlang der Mosaikoberfläche ein Potentialgradient, der zu Störsignalen Anlaß gibt [37].

Außerdem kann, da die Sekundäremission stark winkelabhängig ist $\left(\delta \sim \delta_0 \frac{\alpha}{\cos\alpha}\right)$, der Fall eintreten, daß von einem bestimmten Winkel an $\delta > 1$ wird, so daß das Mosaikpotential von Kathodenpotential in Anodenpotential umschlägt. Gerade diese Erscheinung erschwerte zu Beginn der Entwicklung die Anwendung langsamer Elektronen, da bei

Verwendung der bei schnellen Abtastelektronen üblichen Ablenksysteme ein schräger Strahleinfall unvermeidlich war. Die Kathodenpotentialstabilisierung blieb nur bei kleinen Ablenkwinkeln erhalten. LUBSZYNSKI [36] erkannte die Gründe erstmalig und gab Möglichkeiten für bessere Abtastanordnungen an. Das zur Fokussierung notwendige axiale magnetische Feld wirkt so, daß die Elektronen nach der Ablenkung überall senkrecht auf dem Raster auftreffen, sofern alle Elektronen parallel zu den Feldlinien in das Längsfeld eingetreten sind.

Radiale Geschwindigkeitskomponenten entstehen, wenn der Strahl schräg zur Richtung des Magnetfeldes einläuft sowie durch die Divergenz des Elektronenstrahls beim Verlassen des Strahlsystems. Da eine genügend genaue mechanische Justierung des Strahlsystems innerhalb der Röhre sehr schwierig ist, müssen kleine Justierfehler durch Korrekturspulen (zwei gekreuzte Sattelspulen), die kurz vor dem Strahlsystem auf den Kolbenhals aufgeschoben sind, ausgeglichen werden. Die senkrecht zum Längsfeld verlaufenden schwachen Querfelder rufen einen solchen Feldverlauf hervor, daß der Elektronenstrahl wieder in die Richtung parallel zum Längsfeld gebracht wird. Die Divergenz des Elektronenstrahls muß durch eine besondere Konstruktion des Strahlsystems klein gehalten werden.

Das Strahlsystem besteht aus der indirekt geheizten Kathode, dem Wehneltzylinder und der Anode. Die Strahlelektronen sollen möglichst nur von einem sehr kleinen Teil der Kathode herstammen, damit die Strahlelektronen nach dem Verlassen der Anodenblende fast keine radiale Geschwindigkeitskomponente besitzen. Dies ist am besten zu erreichen [42], wenn der Abstand zwischen Wehneltzylinder und Kathode möglichst klein ist und der Wehneltzylinder nur eine sehr kleine Bohrung besitzt. Die Anodenblende muß sehr dicht vor dem Wehneltzylinder sitzen. Hinter dieser Anodenblende folgt dann die den Strahlquerschnitt begrenzende Aperturblende von ca. $50\,\mu\,\varnothing$. Diese Blende wird durch das magnetische Längsfeld auf die Rasterplatte abgebildet. Ihre Größe bestimmt die Schärfe des Abtaststrahles.

b) Orthicon

ROSE und JAMS [45] haben die erste betriebsfähige CPS-Röhre entwickelt. Sie wurde von der RCA (Radio Corporation of America) als Orthicon bezeichnet.

α) Aufbau. Abb. X. 32 zeigt das Orthicon schematisch. Wie im Ikonoskop ist auch im Orthicon die photoelektrische Schicht und die Speicheranordnung als Einheit zusammengefaßt. Eine Cs_2O-Mosaikkathode *11* ist in üblicher Weise auf eine Glimmerfolie *10* aufgebracht, die mit einer lichtdurchlässigen Metallschicht *12* hinterlegt ist, an der, wie beim Ikonoskop, das Signal abgenommen wird.

Das Strahlsystem besteht aus der indirekt geheizten Kathode *3*, dem Wehneltzylinder *4* und der Anode *5*. Die Anode trägt an dem dem Mosaik zugewandten Ende die strahlbegrenzende Aperturblende, die durch die Fokussierspule *14* auf die Mosaikkathode abgebildet wird. Auf dem Wege zum Mosaik durchläuft der Elektronenstrahl die Zeilenablenkplatten *7* (in dieser ersten CPS-Röhre wurde noch eine elektrostatische Zeilenablenkung benutzt) und das Magnetfeld für die Bildablenkung, das durch die beiden Sattelspulen *9* erzeugt wird. Vor dem Erreichen des Mosaiks wird die Geschwindigkeit der Strahlelektronen mit Hilfe des Abbremsringes *13*, der eine schwach positive Vorspannung gegenüber der Strahlkathode erhält, so weit vermindert, daß die Sekundärelektronen-Ausbeute $\delta < 1$ bleibt.

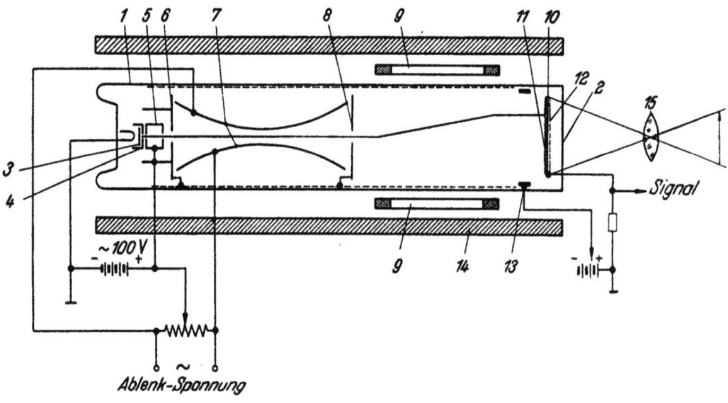

Abb. X.32. Schematischer Aufbau eines Orthicons

β) Eigenschaften. Das Orthicon zeigt alle günstigen Eigenschaften, die von einer Bildröhre mit Abtastung durch langsame Elektronen erwartet wurden: Volle Ladungsspeicherung, keine Störsignale durch Rückverteilung von Sekundärelektronen und einen festen Schwarzpegel. Dafür hat die Röhre andere Nachteile. Das Licht muß erst die halblichtdurchlässige Metallschicht auf dem Dielektrikum und die lichtempfindliche Schicht durchsetzen, ehe es die Photoelektronen auslösen kann. Der Lichtverlust ist dabei so groß, daß die beste erreichbare Lichtempfindlichkeit nur etwa $2\,\mu\mathrm{A/lm}$ beträgt. Das ist sehr ungünstig im Vergleich zum Ikonoskop, bei dem die Lichtempfindlichkeit $10\,\mu\mathrm{A/lm}$ beträgt. Daher ist trotz 20 mal größerer Speicherfähigkeit des Orthicons die Arbeitsempfindlichkeit ungefähr die gleiche wie die des Ikos.

Wegen der Unvollkommenheit der elektrostatischen Zeilenablenkung nimmt die Bildschärfe nach den Ecken zu ab, außerdem bleibt an den Rändern die Geometrie des Bildes nicht gewahrt.

Die für das Iko charakteristischen Störsignale erscheinen beim Orthicon zwar nicht, dafür zeigt die Röhre andere Störeffekte. Der sogenannte

„white spot" wird durch die Ionisierung von Gasatomen durch die Elektronen verursacht. Die positiven Ionen, die vor dem Mosaik erzeugt werden, befinden sich in einem elektrischen Feld, das sie unter gleichzeitiger Fokussierung auf die Mitte des Mosaiks zu beschleunigt. Hier geben sie ihre positiven Ladungen an das Mosaik ab. Das macht sich als diffuser weißer Fleck in der Mitte des Bildes bemerkbar.

Bei sehr starker Belichtung des Mosaiks können die Mosaikelemente durch die Photoemission so stark aufgeladen werden, daß das Potential den Wert, für den das Sekundärelektronenverhältnis gleich eins ist, überschreitet. In diesem Moment nimmt das ganze Mosaik schlagartig Anodenpotential an, und das Bild verschwindet.

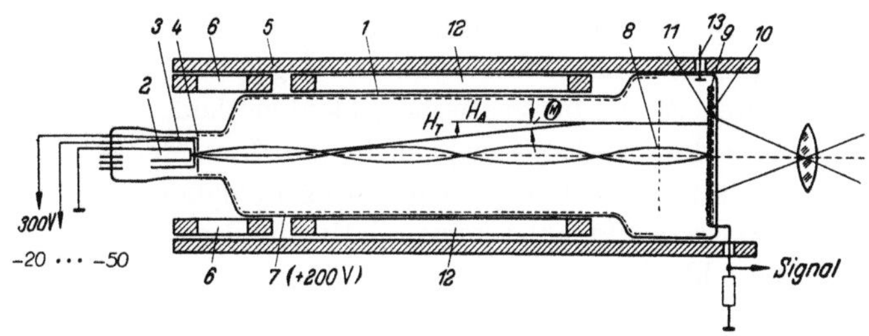

Abb. X.33. Schematischer Aufbau eines CPS-Emitrons

Da alle während einer Bildperiode auf einem Mosaikelement erzeugten Ladungen zur Signalerzeugung beitragen, werden schnell bewegte Vorgänge etwas unscharf übertragen, entsprechend einer Belichtungszeit von $^1/_{25}$ sec. Erfolgt außerdem die Entladung der Mosaikelemente durch den Strahl innerhalb einer Abtastperiode nur unvollkommen, so bleiben Restladungen erhalten. Sie machen sich ebenfalls durch Nachziehen bei bewegten Vorgängen bemerkbar.

Wegen der vollen Ladungsspeicherung ist das Bildsignal der Bildhelligkeit streng proportional, so daß der Kontrastkoeffizient gleich eins ist. Dieser Wert ist zu groß für die Modulation von Kathodenstrahlröhren und muß elektrisch korrigiert werden.

Das Orthicon ist sowohl in Empfindlichkeit und Stabilität wie auch in der Bildwiedergabe dem Superikonoskop unterlegen. Eine Verbesserung in vieler Beziehung bedeutet das in England entwickelte CPS-Emitron.

c) CPS-Emitron

α) **Aufbau.** Das CPS-Emitron ist eine Weiterentwicklung des Orthicons [37—40]. Abb. X.33 zeigt den Aufbau, der analog dem des Orthicons ist. Es brauchen deshalb nur die Änderungen erwähnt zu werden.

Der metallische Wandbelag 7 im Mittelteil der Röhre liegt auf einem um 100 V niedrigeren Potential als die Anode 4 des Strahlsystems.

Positive Ionen, die in der Nähe der Anode erzeugt werden, gelangen daher nicht zur Glühkathode. Außerdem werden die durch den Strahl an der Anodenblende erzeugten Sekundärelektronen unterdrückt.

Vor dem Mosaik ist ein feinmaschiges Netz *8* (6400 Maschen/cm² bei 70% Durchlässigkeit) angeordnet, das mit dem Wandbelag verbunden ist. Das Netz befindet sich in einer solchen Entfernung vor dem Raster, daß es in einen Bauch des Elektronenstrahls zu liegen kommt. Daher begrenzt es nicht die Auflösung des CPS-Emitrons. Das Netz verhindert den konzentrierten Aufprall von positiven Ionen und damit den „white spot". Außerdem sorgt es für eine Einebnung des Potentialverlaufs vor dem Raster und verbessert so die Geometrie und Schärfe des Bildes an den Rändern.

Die Ablenkung in Zeilen- und Bildrichtung erfolgt beim CPS-Emitron mit Hilfe von zwei senkrecht zueinander angeordneten Sattelspulenpaaren *12*. Durch die vollmagnetische Ablenkmethode treten die Verzeichnungsfehler des Orthicons nicht mehr auf. Zwei weitere Paare von Sattelspulen *6* ermöglichen es, geringe Ungenauigkeiten in der Ausrichtung der Achse des Strahlsystems relativ zur Richtung des fokussierenden Magnetfeldes auszugleichen.

Wesentlich anders als beim Orthicon ist die Photokathode *11* ausgeführt. Durch eine besondere Herstellungstechnik ist es möglich, die unempfindliche und in ihrer spektralen Verteilung ungünstig liegende Cs_2O-Kathode durch eine Cäsium-Wismut-Kathode (vgl. S. 107) zu ersetzen. Zur Herstellung der Cäsium-Wismut-Rasterkathode wird ein feinmaschiges Netz (ca. 24 bis 40 Maschen pro mm bei 60 bis 65% Durchlässigkeit) auf den Schichtträger *9* (eine 0,1 mm dicke Borsilikatglasplatte) gelegt. Der Schichtträger ist auf der Rückseite mit einer lichtdurchlässigen, leitenden Zinnoxydschicht (Signalplatte) *10* belegt. Um das Netz, das als Aufdampfschablone dient, in festen Kontakt mit dem Schichtträger zu bringen, wird zwischen Netz- und Signalplatte eine Spannung angelegt. Die elektrostatischen Anziehungskräfte halten das Netz fest. Die Herstellung der Photokathode erfolgt dann in der üblichen Weise. Anschließend wird das Netz mit einem Magneten vom Schichtträger abgelöst und zusammen mit dem Schiebeofen aus der Röhre entfernt. Bei einer Mosaikgröße von 35×44 mm enthält das Mosaik rund $1{,}9 \cdot 10^6$ Rasterelemente, d. h. bei einer 625-Zellennorm gehören zu jedem Bildpunkt ca. 3 bis 4 Rasterelemente.

β) **Eigenschaften.** Die Röhre arbeitet wie das Orthicon mit voller Ladungsspeicherung und hat annähernd die gleiche Signal-Belichtungskennlinie. Das Signal, das dem absoluten Schwarz entspricht, wird erzeugt, wenn das Mosaik keine Elektronen erhält. Das ist der Fall, wenn der Strahl ausgetastet wird, wie z. B. beim Zeilen- oder beim Bildsprung. Die in diesem Augenblick erzeugten Signale können jedoch nur

dann als Schwarzpegel dienen, wenn die Signalplatte so gut gegen die
Ablenkfelder abgeschirmt ist, daß durch den Stromstoß in den Ablenkspulen beim Zeilen- bzw. Bildrücklauf keine Störsignale in der
Signalplatte induziert werden. Diese Störsignale sind besonders stark
während des Zeilenrücklaufs.

Solange der Mosaikaufladestrom, der durch die dauernde Emission
der Photoelektronen zustande kommt, über eine Bildperiode hinweg
ungefähr konstant bleibt, wie das bei mit Gleichstrom beheizten Lichtquellen der Fall ist, genügt die einmalige Festlegung des Schwarzpegels
für ein Bild während des Bildsprunges. Bei Beleuchtung der Szene durch
wechselstrombeheizte Lichtquellen, besonders Entladungslampen, ändert
sich jedoch der Mosaikaufladestrom während einer Bildperiode beträchtlich, so daß es notwendig ist, für jede Zeile den Schwarzpegel neu festzulegen. Bei ausreichender Abschirmung der Signalplatte von den Zeilen-
ablenkspulen kann das in der Zeilenaustastlücke entstehende Signal benutzt werden.

Mit dem CPS-Emitron wird ein Signal-Rauschverhältnis von 100:1
bei einer Szenenbeleuchtung von ungefähr 50 bis 100 lx mit einer Optik
von 1:2 erhalten, bezogen auf einen Arbeitswiderstand von ca. 5 kΩ
und ein Verstärkerrauschen von 5 μV. Die untere Belichtungsgrenze für
ein gerade noch brauchbares Bild liegt bei ca. 3 lx.

Die Potentialschwankungen der Mosaikelemente im Auf- und Ent-
ladezyklus betragen bei normaler Beleuchtung ca. 4 V. Das beim CPS-
Emitron verwendete Mosaik wird durch die isolierenden Streifen zwischen den einzelnen Elementen, die nicht so hoch aufgeladen werden
können, da sie keine Photoelektronen verlieren, stabilisiert. Diese Streifen
wirken bei sehr starker Belichtung wie ein negatives Steuergitter und
drosseln den Emissionsstrom. Die Steuerwirkung der Streifen ist so bemessen, daß sie eine Potentialerhöhung über 8 bis 10 V (dort wird
$\delta > 1$) verhindert. Trotzdem kann es geschehen, daß bei plötzlichen
Helligkeitsschwankungen (z. B. Blitzlicht) die Röhre instabil wird. Durch
eine geeignete Schaltung kann man aber erreichen, daß im Moment des
Lichtblitzes die Spannung des Wandbelages so weit reduziert wird, daß
alle Photo- und Sekundärelektronen zum Mosaik zurückgetrieben werden. Die Ausregelung dieser Instabilität geschieht in weniger als 0,1 sec.
Eine Möglichkeit [*38*], derartige Instabilitäten von vornherein zu vermeiden, besteht darin, daß man dicht vor dem Mosaik ein Netz anordnet. Dieses Netz liegt auf einem Potential von ca. 10 V positiv
gegen die Strahlkathode. Dann kann das Mosaik auch bei stärkster Belichtung nicht höher als bis auf Netzpotential aufgeladen werden, da bei
höherer Aufladung keine Photoelektronen mehr abgesaugt werden können.

Auch beim CPS-Emitron werden durch die hohe Speicherwirkung
schnell bewegte Gegenstände unscharf wiedergegeben. Die erreichbare

Schärfe ist vergleichbar mit der einer Kamera, die mit einer Verschlußzeit von $^1/_{25}$ sec arbeitet.

Ein weiterer Grund für unscharfe Bilder (Nachzieheffekte) kann eine unvollständige Entladung der einzelnen Bildelemente während eines einmaligen Abtastvorganges sein. Diese sogenannte Umladeträgheit hängt vom Strahlstrom und der Bildpunktkapazität ab. Nachzieheffekte können bei allen CPS-Röhren auftreten, deshalb sollen ihre Ursachen näher betrachtet werden.

Die Entladung des Mosaiks durch den Abtaststrahl erfolgt nicht mit einem Wirkungsgrad von 100%, denn bei sehr geringer Aufladung des abzutastenden Bildelementes (Oberflächenpotential < 5 V) werden viele Elektronen reflektiert, bei starker Aufladung (Oberflächenpotential > 12 V)[1] findet schon eine beträchtliche Sekundäremission statt (Abb. X. 34). Die maximale Wirksamkeit liegt dazwischen bei ca. 10 V Oberflächenpotential. Geht man von einem Oberflächenpotential von ca. 10 V aus, so nimmt mit zunehmender Entladung also die Wirksamkeit des Abtaststrahles immer mehr ab. Es gelingt meist bei einmaliger Abtastung, das Oberflächenpotential nur bis auf

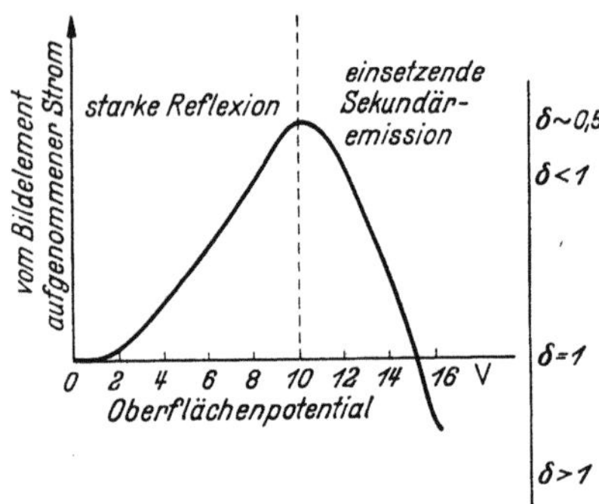

Abb. X.34. Elektronenaufnahme der Speicherfläche in Abhängigkeit vom Oberflächenpotential [49]

ca. 0,2 V zu senken, der Ladungsrest wird erst bei dem nachfolgenden Abtastvorgang abgeführt und ergibt die Nachzieheffekte. Um diese Effekte zu vermeiden, muß dafür gesorgt werden, daß bei normalen Belichtungen das Ausgangspotential in der Nähe der maximalen Strahlausnutzung liegt und daß die Restsignale in der Größenordnung des Verstärkerrauschens liegen.

Die Höhe des Oberflächenpotentials U ergibt sich aus $U = \dfrac{Q}{C}$ (C = Schichtkapazität, Q = durch Photoemission gespeicherte Ladung). Für die drei Größen U, C und Q sind verschiedene Grenzen vorgegeben.

Das Oberflächenpotential soll an den Stellen höchster Belichtung bei ca. 10 V liegen, um die beste Ausnutzung des Elektronenstrahls zu erreichen. Dieser Wert erzeugt aber bereits so hohe Querfelder auf dem Mosaik, daß die Strahlschärfe dadurch wesentlich verschlechtert wird. Ein brauchbarer Mittelwert liegt bei ca. 6 V. Die Speicherkapazität ist der höchsten Beleuchtungsstärke, bei der die Röhre arbeiten soll, so anzupassen, daß die zur Verfügung stehenden Ladungen gerade eine

---

[1] Die angegebenen Zahlenwerte sind materialabhängig und beziehen sich hier auf eine Cäsium-Wismut-Kathode.

Aufladung von etwa 6 V hervorrufen. Für hochempfindliche Röhren wird man eine kleine Kapazität wählen, dagegen wird man für Röhren, die bei hohen Beleuchtungsstärken arbeiten sollen, die Kapazität so groß machen, daß alle Ladungen noch gespeichert werden können, ehe das durch das Netz festgelegte Grenzpotential erreicht wird. Dieser Bedingung steht die Forderung nach kleinen Restsignalen entgegen, deren Höhe mit der Speicherkapazität abnimmt. Ein Kompromiß zwischen diesen Bedingungen erhält man, wenn man die Trägerfolie, die die Speicherkapazität bestimmt, etwa 0,1 mm dick macht. Bei dieser Kapazität sind die Restsignale von der Größenordnung des Verstärkerrauschens, und der Arbeitsbereich liegt bei den im Fernsehbetrieb auftretenden Beleuchtungsstärken. Die Röhre kann einen Kontrastumfang von ca. 30 : 1 verarbeiten. Es ist möglich, die Kapazität zu vergrößern, ohne gleichzeitig die Nachziehsignale zu erhöhen, wenn der Schichtträger aus einer elektrisch schwach leitenden ca. 0,025 mm starken Folie aus Kalknatriumglas hergestellt und über die Signalplatte dem Mosaik eine geringe Vorspannung zugeführt wird [*39, 40*]. Dadurch umgeht man das Gebiet der schlechtesten Wirksamkeit des Elektronenstrahls am Ende der Entladung (Oberflächenpotential $\sim$ 0,5 V), da die Vorspannung ein Grundpotential von ca. 0,5 V herstellt.

Das Auflösungsvermögen des CPS-Emitrons wird nicht durch das Mosaik begrenzt, da zu jedem Bildpunkt etwa fünf Mosaikelemente gehören, sondern durch die unvollkommene Strahlfokussierung und das optische System.

Die Farbwiedergabe des CPS-Emitrons wird durch die spektrale Verteilung der Lichtempfindlichkeit der verwendeten Wismut-Silber-Cäsium-Schichten bestimmt. Sie ist nahezu panchromatisch. Das Rauschen einer CPS-Emitron-Kamera wird allein durch den Rauschpegel des Verstärkers bestimmt. Das Eigenrauschen der Aufnahmeröhre liegt wesentlich tiefer. Die Empfindlichkeit könnte also noch erhöht werden, wenn das von der Aufnahmeröhre gelieferte Signal ohne zusätzliches Rauschen verstärkt würde. Diese Möglichkeit wird im Image Orthicon ausgenutzt.

d) Image Orthicon

In Amerika wurde ein anderer Weg zur Verbesserung der Eigenschaften des Orthicons eingeschlagen. Um eine kontinuierliche Photokathode verwenden zu können und um die Zahl der pro einfallendes Lichtquant auf dem Raster erzeugten Elementarladungen zu erhöhen, wurde wie beim Superikonoskop ein Bildwandlerteil eingebaut. Das Signal wird dem modulierten, am Mosaik reflektierten Strahl entnommen, der mit einem 5stufigen SEV verstärkt wird. Dieser verbesserte Typ des Orthicons wird wegen des Bildwandlerteils als „Image Orthicon" bezeichnet [*21*] [*46*] [*48*].

Das Image Orthicon ist in Amerika bereits so weit durchentwickelt, daß in den dortigen Studios fast ausschließlich diese Aufnahmeröhre verwendet wird.

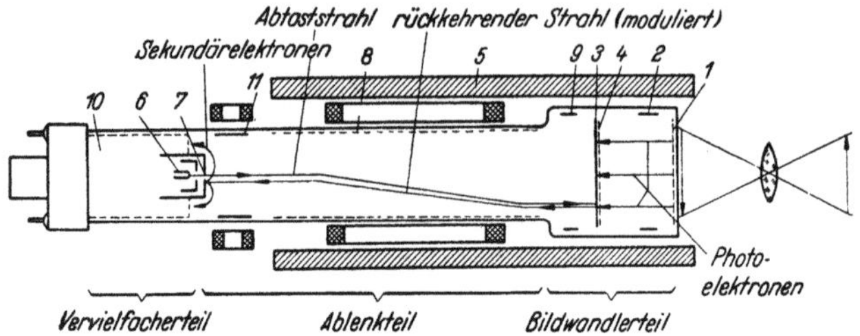

Abb. X.35. Schematischer Aufbau des Image Orthicons

α) Aufbau. Abb. X. 35 zeigt schematisch ihren Aufbau. Die Photokathode des Bildwandlerteiles (für ein Bildformat von 24 × 32 mm) ist

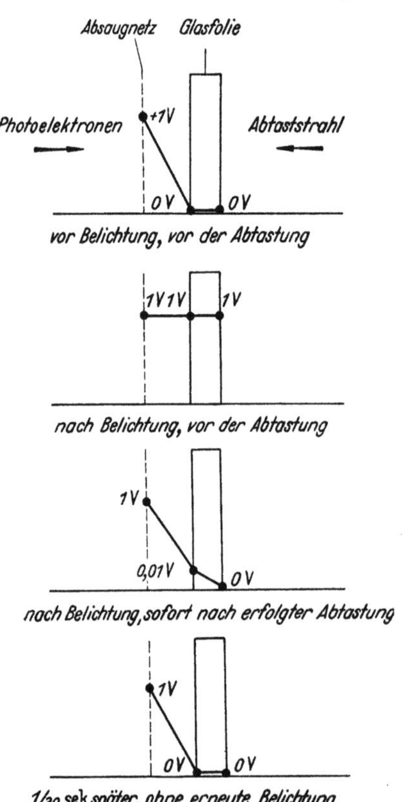

Abb. X. 36. Image Orthicon: Potentialverlauf zwischen Rasterplatte und Absaugnetz innerhalb einer Abtastperiode

auf der planparallelen Glasplatte 1 in der üblichen Weise aufgebracht. Die lichtelektrisch ausgelösten Elektronen werden durch die an der Elektrode 2 liegende Spannung zur Rasterplatte 3 beschleunigt und durch das homogene Magnetfeld der Spule 5 auf der Rasterplatte 3 im Verhältnis 1 : 1 abgebildet. Die Rasterplatte besteht nur aus einer dünnen Glasmembran. Die Photoelektronen erzeugen auf ihr durch austretende Sekundärelektronen ein dem aufprojizierten Lichtbild entsprechendes Ladungsbild.

Die ausgelösten Sekundärelektronen werden durch das Netz 4, das auf einem Potential von 1,5 bis 2,5 V positiv gegenüber der abgetasteten Seite des Rasters gehalten wird, abgesaugt. Dadurch wird das Potential der Rasteroberfläche bei großen Helligkeiten begrenzt und eine stabile Arbeitsweise erreicht. Da die Glasmembran eine bestimmte geringe elektrische Leitfähigkeit besitzt, entsteht das Ladungsbild auch auf der Rückseite der Glasmembran (Abb. X. 36). Dort wird es wie beim CPS-Emitron abgetastet. Dagegen werden beim Image Orthicon nicht die kapazitiven Ladeströme als Signal ausgenützt, sondern das Signal wird dem zurückkehrenden Elektronenstrahl entnommen. Das geschieht in folgender Weise:

Wie schon mehrfach beschrieben, ist das Raster auf das Potential der Strahlkathode stabilisiert. Die Elektronen werden beim Erreichen des Rasters abgestoppt und reflektiert, wenn sie auf eine nicht positiv aufgeladene Stelle auftreffen. Dagegen werden je nach Größe der positiven Aufladung mehr oder weniger Elektronen von der Glasmembran absorbiert. Dadurch wird der am Raster reflektierte und zum anderen Ende der Bildröhre zurückkehrende Strahl entsprechend den Helligkeitswerten des Bildes moduliert. Er trifft bei der Rückkehr auf die um die Anodenblende liegende erste Vervielfacherstufe, löst Sekundärelektronen aus, die zur zweiten Stufe abgesaugt werden usw. In dem fünfstufigen Vervielfacher *10* wird der Primärstrom etwa um das Tausendfache verstärkt. Dieser verstärkte Strom wird von der Anode des Vervielfachers gesammelt und dem Vorverstärker über einen Arbeitswiderstand zugeführt.

Die Herstellungstechnik des Image Orthicons ist sehr schwierig und erfordert einen hohen technischen Aufwand. So darf z. B. die Dicke der als Rasterplatte benutzten Glasfolie nicht größer als etwa 1,8 bis 2,5 μ sein bei einem spezifischen Widerstand zwischen $3 \cdot 10^{11}$ und $9 \cdot 10^{11}\,\Omega$ cm [*65*]. Der Abstand des Feinstrukturnetzes von der Rasterplatte beträgt 50 bis 100 μ, die Anzahl der Maschen ca. 40000 pro cm² bei einem Bedeckungsgrad von ca. 35% [*21*]. Diese wenigen Angaben sollen genügen, um die technologischen Schwierigkeiten anzudeuten. Im übrigen wird auf die Literatur [*21*] [*22*] [*33*] verwiesen.

β) Eigenschaften. Die Eigenschaft, die das Image Orthicon von anderen Aufnahmeröhren unterscheidet, ist seine sehr große Empfindlichkeit. Sie konnte durch die Vorverstärkung im Bildwandlerteil, durch den die effektive Quantenausbeute erhöht wird, und durch die Nachverstärkung im Sekundärelektronen-Vervielfacher, die das Signal/Rauschverhältnis verbessert, gesteigert werden. Außerdem kann im Image Orthicon eine homogene Photokathode benutzt werden, auch ist die im CPS-Emitron notwendige Licht absorbierende Signalplatte fortgefallen. Diese Änderungen ergeben im günstigsten Fall eine Empfindlichkeitssteigerung um den Faktor 1000 gegenüber dem CPS-Emitron.

Da das Image Orthicon mit voller Ladungsspeicherung arbeitet, ist die Signal-Belichtungskennlinie zunächst linear (Abb. X. 37). Bei höheren Belichtungen setzt die stabilisierende Wirkung des Netzes ein, dadurch wird die maximale Signalhöhe und damit der Arbeitsbereich begrenzt. Auch bei plötzlichem starken Lichteinfall (Blitzlicht) bleibt die Röhre stabil. Der Kennlinie nach sollte das Image Orthicon oberhalb des Knickpunktes keine Halbtonwiedergabe ermöglichen. Durch die Rückkehr der auf der Rasterplatte ausgelösten Sekundärelektronen, die bei maximaler Aufladung nicht mehr abgesaugt werden können, wird jedoch das Oberflächenpotential stets ein wenig unter dem Potential des Netzes bleiben, so daß selbst in den hellsten Bildstellen noch eine brauchbare Zeichnung im Bild vorhanden ist.

Die Empfindlichkeit und der Arbeitsbereich werden durch den Abstand des Netzes von der Rasterplatte beeinflußt, da dadurch die Kapazität

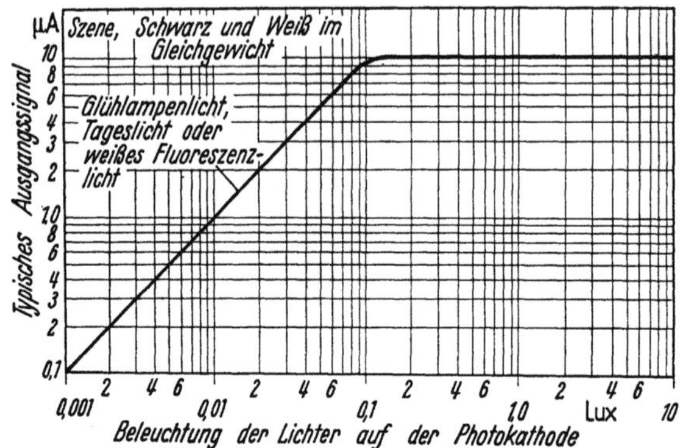

Abb. X.37. Charakteristik eines Image Orthicons (RCA-Typ 5820)

der Speichereinheit bestimmt ist. Ein kleiner Abstand ergibt eine große Bildpunktkapazität, d. h., es ist eine große Ladungsmenge notwendig, um ein ausreichendes Aufladepotential zu erzielen. Der Knick in der Kennlinie liegt bei großen Beleuchtungsstärken, und die Empfindlichkeit der Röhre ist gering. Umgekehrt liegt der Knick der Kennlinie bei kleinen Beleuchtungsstärken, wenn der Abstand Netz-Raster-Platte groß, d. h. die Kapazität klein ist. Derartige Röhren sind außerordentlich empfindlich. Die verschiedenen Typen der von der RCA hergestellten Image Orthicons unterscheiden sich im wesentlichen in ihrem Arbeitsbereich und ihrer spektralen Empfindlichkeit (Abb. X. 38). Röhren mit engem Netz-Raster-Abstand benötigen ca. 0,5 bis 1 lx Beleuchtungsstärke auf der Photokathode. Diese Röhren werden hauptsächlich im Fernsehbetrieb eingesetzt (Abb. X. 39). Die Empfindlichkeit des Image Orthicons kann bei weitem Netz-Raster-Abstand so weit gesteigert werden, daß ca. 10^{-3} lx auf der Photokathode ausreichen, um ein brauchbares Bild zu erzeugen. Die Empfindlichkeit dieses Image Orthicons reicht aus, um bei Mondlicht ($\sim$ 0,2 lx) mit einer Optik 1 : 2 Aufnahmen durchzuführen [47].

Das Signal/Rauschverhältnis des Image Orthicons wird hauptsächlich durch die Größe der Speicherkapazität und durch den Modulationsgrad des rückkehrenden Strahls bestimmt. Je höher nämlich die Kapazität ist, um so mehr Ladungen können zur Aufladung eines Bildelementes bis auf das Grenzpotential (Potential des Netzes) ausgenutzt werden. Das „Rauschen" des Ladungsbildes wird somit kleiner. Eine viel wesentlichere Rolle als Rauschquelle spielt jedoch der Abtaststrahl, da er nur bis zu 20 bis 30% durch den Abtastvorgang moduliert werden kann. Dieser Rauschanteil macht sich besonders stark in dunklen Bildstellen bemerkbar, da der von diesen

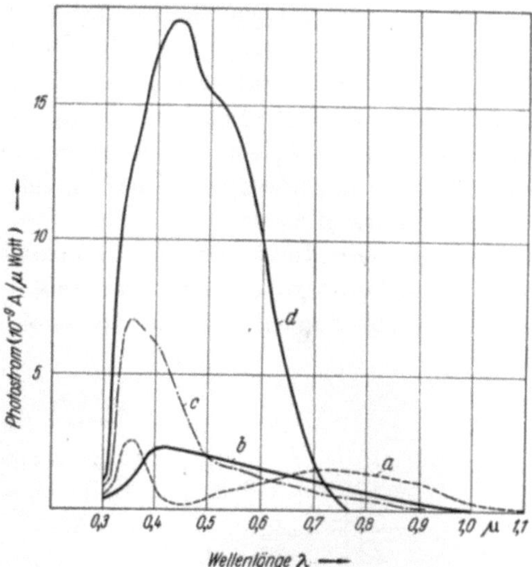

Abb. X.38. Spektrale Empfindlichkeit verschiedener Image Orthicon-Typen.
a 2P 23a,   b 2 P 23b,   c 5655 und 5769,   d 5820 und 5826 (vgl. Tab. X.2)

Bildstellen zurückkehrende Elektronenstrom gerade am höchsten ist. Eine mögliche Verbesserung [68] bietet sich, wenn man nicht die an der Rasterfläche reflektierten Strahlelektronen zur Signalerzeugung ausnutzt, sondern die gestreuten Elektronen. Diese Streuelektronen werden gerade an den belichteten (also positiven) Bildelementen in größerer Zahl erzeugt als an den unbelichteten [11] [33]. Durch eine geeignete elektronenoptische Anordnung können die Streuelektronen von den reflektierten Elektronen getrennt werden. Die aus diesen Überlegungen heraus entwickelte Röhre, das Image Isocon (Abb. X. 40), ergab auch ein sehr viel besseres Signal/Rauschverhältnis, sie ist aber in der Herstellung und Justierung

Abb. X.39. Image Orthicon-Kamera mit elektronischem Sucher (RCA)

noch komplizierter als es das Image Orthicon ohnehin schon ist.

Das Image Orthicon ist ebenfalls frei von Störsignalen, wie sie in Ikonoskopröhren auftreten. Es kann jedoch ein anderes Störsignal vor-

43*

handen sein. Die Bahnen des zum Raster hinlaufenden und des zurückkehrenden Elektronenstrahls stimmen nicht ganz überein. Der modulierte Strahl tastet daher eine kleine Fläche von ca. 0,5 cm $\varnothing$ auf der Anode ab, die als erste Vervielfacherstufe dient. Dieses Gebiet muß deshalb eine besonders gleichmäßige Sekundäremission besitzen, da es auf der Bildröhre ca. 25fach vergrößert erscheint. Jede Stelle abweichender Sekundäremission macht sich als Fleck (dynode spot) bemerkbar. Dieses Störsignal kann durch geringes Defokussieren des Elektronenstrahls weitgehend beseitigt werden. Der damit verbundene Verlust an Auflösung ist gut tragbar, da die maximale Auflösung ca. 1500 Zeilen beträgt.

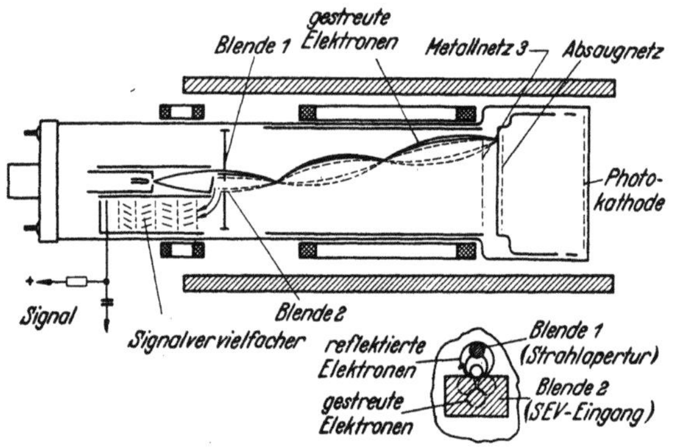

Abb. X.40. Schematischer Aufbau eines Image Isocons

Heute stehen dem Fernsehfunk drei Typen von Image Orthiconröhren zur Verfügung, deren Eigenschaften aus Tab. X.2 hervorgehen.

Im Image Orthicon werden die theoretischen Möglichkeiten, die Empfindlichkeit einer Aufnahmeröhre zu steigern, fast restlos ausgenutzt. Die Grenze bildet auch hier, wie bei allen physikalischen Messungen, das Rauschen. Um die Rauscheigenschaften der Röhre selbst zu verbessern, wurde der Bildwandlervorsatz eingebaut, durch den die Zahl der zum Aufbau des Ladungsbildes zur Verfügung stehenden Ladungen vergrößert wird. Dadurch erhöht sich das Signal/Rauschverhältnis, das der Wurzel aus der Zahl der Elementarladungen proportional ist. Durch den eingebauten Multiplier konnte das Signalrauschen über das Verstärkerrauschen angehoben werden, so daß nur noch das Rauschen der Aufnahmeröhre maßgebend ist. Diese Verbesserungen wurden allerdings gegen eine komplizierte Herstellungstechnik und Betriebsweise der Röhre eingetauscht.

Die wahrscheinlich letzte Möglichkeit einer Steigerung der Empfindlichkeit von Aufnahmeröhren mit Photokathoden ist durch die Entwicklung des Image Isocon angedeutet. Dort ist das Rauschen im Signalstrom nur noch durch das Signal selbst und nicht mehr durch den unmodulierten Teil des Abtaststrahles gegeben. Die Grenze der Empfindlichkeit wird hier durch die geringe Quantenausbeute des äußeren Photoeffektes bestimmt, die bei den besten Photokathoden bei ca. 5 bis 8% liegt (vgl. S. 17).

Es wurden daher die Versuche wiederaufgenommen, den inneren Photoeffekt, dessen effektive Quantenausbeute[1] mehrere 100% betragen kann, zur Signalerzeugung auszunutzen. Das erschien lohnend, weil die schlechten Eigenschaften der früheren Widerstandsabtaster im wesentlichen mit der Abtastung durch schnelle Elektronen zusammenhingen. Die aus dieser Entwicklung hervorgegangene Aufnahmeröhre ist das Vidicon.

e) Vidicon

Das Vidicon wurde im Jahre 1950 von der RCA entwickelt [70]. Zur Umwandlung des optischen Bildes in ein elektrisches Ladungsbild dienen Halbleiterschichten mit innerem Photoeffekt.

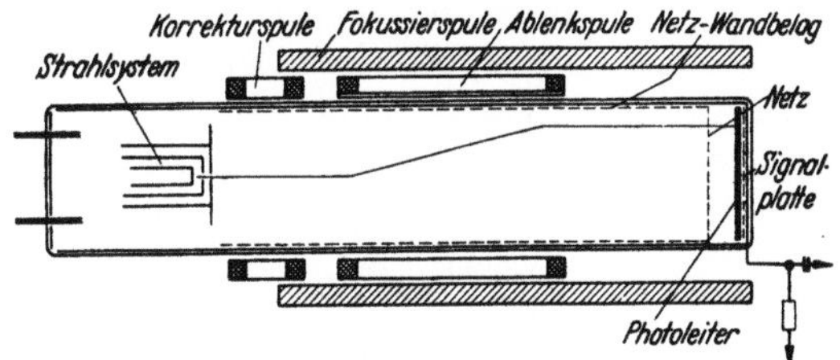

Abb. X.41. Vidicon der RCA

α) **Aufbau.** Der Aufbau des Vidicons (Abb. X. 41) ist gegenüber den früheren Aufnahmeröhren außerordentlich einfach. Es besteht nur noch aus den beiden Grundelementen, dem Strahlsystem zur Erzeugung des Abtaststrahles und der photoleitenden, sehr hochohmigen Halbleiterschicht, die gleichzeitig die Aufgabe der Speicherelektrode übernimmt.

Die Halbleiterschicht wird auf eine gut lichtdurchlässige, aber auch leitfähige Grundelektrode (Signalplatte) aufgedampft. Diese Grundelektrode ist ihrerseits auf einer optisch einwandfreien planparallelen Glasscheibe aufgebracht, die den Röhrenkolben an einem Ende abschließt. Der Anschluß der Grundelektrode erfolgt über einen eingeschmolzenen Kovarring (Abb. X. 42).

Das am entgegengesetzten Röhrenende eingeschmolzene Strahlsystem erzeugt den Abtaststrahl. Die Elektronen verlassen die Anodenblende mit einer Geschwindigkeit von ca. 300 V und durchlaufen die Röhre mit dieser Geschwindigkeit bis zu dem Feinstrukturnetz, das den

---

[1] Zahl der pro einfallendes Lichtquant zum Aufbau des Ladungsbildes beitragenden Elektronen.

Anodenzylinder abschließt. Hinter dem Netz werden die Elektronen stark abgebremst, da die Grundelektrode und damit zunächst auch die Schichtoberfläche auf einem Potential von ca. $+20$ V gegen Kathode liegen.

Der Abtaststrahl wird wie im Image Orthicon durch ein homogenes, zur Röhrenachse paralleles Magnetfeld fokussiert. Die Stärke des Längsfeldes muß so eingestellt werden, daß auf die Schichtoberfläche gerade ein Knoten des Wendelstrahles zu liegen kommt.

Zwei gekreuzte und senkrecht zum Längsfeld verlaufende magnetische Ablenkfelder führen den Abtaststrahl zeilenweise über die Halbleiterschicht.

β) **Wirkungsweise.** Die Signalerzeugung erfolgt auch beim Vidicon in den auf S. 641 erwähnten drei Schritten [15] [32]:

1. Einstellung eines gleichmäßigen Grundpotentials durch den abtastenden Elektronenstrahl. Das Grundpotential ist (da die Sekundärelektronen-Ausbeute $\delta < 1$) das Potential der Strahlkathode. Da die Signalplatte gegenüber der Strahlkathode eine positive Vorspannung besitzt, entsteht zwischen Schichtoberfläche und Signalplatte eine Potentialdifferenz, die ohne Belichtung wegen des hohen Widerstandes der unbelichteten Halbleiterschicht auch zwischen zwei aufeinanderfolgenden Abtastungen praktisch erhalten bleibt. Auf der Schichtoberfläche wird dadurch eine Ladungsmenge gespeichert, die von der Potentialdifferenz und Schichtkapazität abhängt.

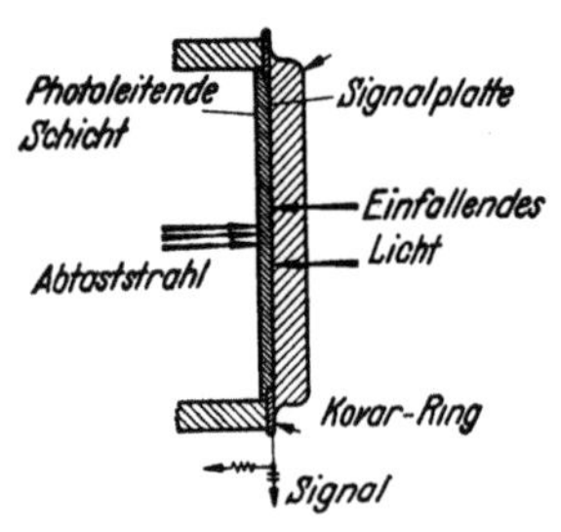

Abb. X.42. Schichtteil des Vidicons

2. Die Modulation des Grundpotentials mit dem Bildinhalt erfolgt durch eine Steuerung der Entladung einer Bildpunktkapazität über den belichtungsabhängigen Bildpunktwiderstand. In der Zeit zwischen zwei Abtastungen ist dadurch ein dem optischen Bild äquivalentes Ladungsbild entstanden.

3. Dieses Ladungsbild wird durch den Abtaststrahl ausgewertet, indem er die Entladung der Bildelemente wieder rückgängig macht. Die Aufladestromstöße werden an der Signalplatte abgenommen und ergeben das Signal.

γ) **Eigenschaften.** Die Eigenschaften des Vidicons hängen wesentlich von dem verwendeten Halbleitermaterial ab. Der Halbleiter muß einen hohen spezifischen Widerstand (ca. $10^{12}\,\Omega$ cm) und eine ausreichende Photoempfindlichkeit im sichtbaren Spektralbereich besitzen. Diese beiden Forderungen erfüllen Selen in der roten amorphen Modifikation [69], Kadmiumsulfid [55] und amorphes Antimontrisulfid [9][1]. Selen ist jedoch nur bis cå. 30° C Betriebstemperatur brauchbar, da bereits bei 50° C die amorphe Form in die kristalline übergeht, die für Vidiconröhren bereits zu niederohmig ist.

Bei Kadmiumsulfid ist dagegen bisher noch kein Verfahren bekannt, genügend hochohmige Schichten herzustellen [64].

Antimontrisulfid besitzt derartige Nachteile nicht und ist nach Einbau von Antimonoxyd als Photoschicht sehr gut geeignet.

Das Vidicon hat im wesentlichen ähnliche Eigenschaften wie die übrigen CPS-Röhren: Eine ideale Speicherfähigkeit und keine Störsignale durch rückkehrende Sekundärelektronen. Die Signal-Belichtungskennlinie ist allerdings nichtlinear, da die Widerstandsänderung des Halbleiters nicht linear von der Beleuchtungsstärke abhängt.

Die spektrale Verteilung der Empfindlichkeit des Vidicons hängt vom optischen Absorptionsverlauf des verwendeten Halbleitermaterials und der Schichtdicke ab. Das Maximum der Empfindlichkeit liegt bei der Wellenlänge, für die das Produkt aus Absorptionskoeffizient und Schichtdicke den Wert 1,6 annimmt [32]. Abb. X.43 zeigt den Empfindlichkeitsverlauf für Selen und Antimontrisulfid.

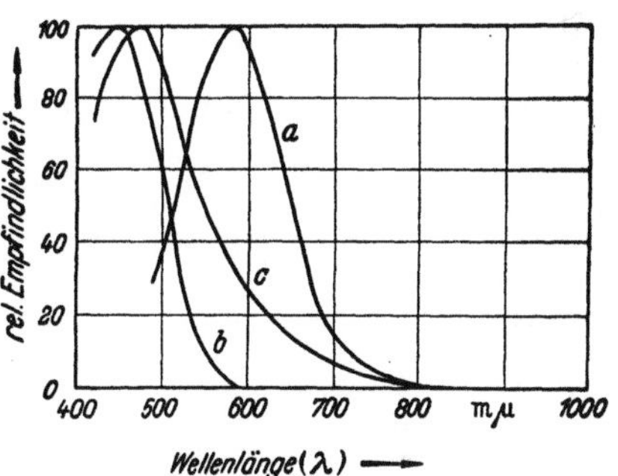

Abb. X.43. Spektrale Verteilung der Lichtempfindlichkeit von Vidiconschichten.
a Selen, b und c Antimontrisulfid

Außer der spektralen Verteilung wird auch die Trägheit der Signalerzeugung durch die Schichtdicke beeinflußt, denn von der Dicke der Schicht hängt die Größe der umzuladenden Bildpunktkapazität ab. Die Umladeträgheiten, die bei zu großer Kapazität auftreten, wurden bereits besprochen. Sie hängen außer von der Größe der Kapazität, d. h. also von Fläche und Dicke der Halbleiterschicht, auch von der Höhe der Vorspannung, der Belichtung und des Strahlstromes ab [16] [32]. Selbst bei optimaler Wahl der Betriebsbedingungen gelingt es nicht, die Trägheitseffekte völlig zu vermeiden, solange man im Hochvakuum aufgedampfte Schichten verwendet. Derartige Schichten können nicht in der notwendigen Dicke eingebaut werden, da sonst die spektrale Verteilung und ihre Empfindlichkeit zu ungünstig würden. Außerdem besitzen sie durch ihre glatte Oberfläche eine zu starke Sekundäremission,

---

[1] Für Vidicon-Röhren im roten und ultraroten Spektralbereich könnten die bereits bei Halbleiter-Bildwandlern untersuchten bis etwa 1,8 μ empfindlichen PbS-Sb$_2$S$_3$-Schichten von Bedeutung sein.

Tabelle

Röhrentype	Photokathode					Szenen-belichtung
	Höhe cm	Breite cm	Fläche cm²	Empf. μA/lm	Spektr.-Empf.	lx
1850 A (RCA)** (Ikonoskop)	9,0	12,0	108	7	panchr.	1500—2000 auf dem Film
1848 (RCA) (Ikonoskop)	5,14	7,6	34	7		5—10 000
5527 (RCA) (Ikonoskop)	2,14	2,56	54	—		5—10 000
Aeriskop (Frankreich) (Superikonoskop)	1,6	2,12	3,38	50	Augenempf.	1000
Photicon (Pye)*** (Superikonoskop)	2,05	2,74	5,6	60	Augenempf.	3000
Photicon (Pye) (Superikonoskop)	2,05	2,74	5,6	60	Augenempf.	1000
1840 (RCA) (Orthicon)	4,41	5,85	25	10	panchr.	100—200
CPS-Emitron (England)	3,5	4,4	15,4	12—15	panchr.	100
2 P 23 (RCA) (Image Orthicon)	2,42	3,24	7,84	20	s. Abb. X.38	50
5655 (RCA) (Image Orthicon)	2,42	3,24	7,84	6	s. Abb. X.38	200
5769 (RCA) (Image Orthicon)	2,42	3,24	7,84	6	s. Abb. X.38	200
5820 (RCA) (Image Orthicon)	2,42	3,24	7,84	40	s. Abb. X.38	10—100
5826 (RCA) (Image Orthicon)	2,42	3,24	7,84	40	s. Abb. X.38	30—100
6198 (RCA) (Vidicon)	0,94	1,25	1,18	—	s. Abb. X.43	500
6326 (RCA) (Vidicon)	0,94	1,25	1,18	—	s. Abb. X.43	5000

* Bezogen auf ein Verstärkerrauschen von $3 \cdot 10^{-3}\ \mu A$.
** RCA = Radio Corporation of America.
*** Pye Limited Cambridge, England.

die die Wirksamkeit des Abtaststrahles beeinträchtigt. Dagegen gelingt es, genügend dicke Schichten bei gleicher aufgebrachter Menge der Halbleitersubstanz herzustellen, wenn der Aufdampfprozeß in einer Gasatmosphäre vorgenommen wird. Diese Schichten besitzen eine lockere poröse Struktur mit rauher Oberfläche, die eine wesentlich geringere Sekundäremission aufweist.

Nicht nur die unvollständige Entladung der Bildelemente bei einmaliger Abtastung führt zu Nachbildern, sondern auch die Trägheit des inneren Photoeffektes. Bei Unterbrechung der Belichtung klingt die erhöhte Leitfähigkeit des Halbleiters nur langsam ab. Dieser Abklingprozeß hängt mit dem Auslöse- und Rekombinationsmechanismus der Photoleitung zusammen und kann oft durch eine geeignete Behandlung

X. 2

Objek-tiv-Blende	Kon-trast	Auflösung Zeilen	S/N	Bel. auf der Photo-kathode lx	Lichtstrom lm	Verwendungszweck
—	0,7	500	65*	107	1,17	Zur Filmwiedergabe mit hoher Bildqualität
3	0,7	500	35*	107	0,3	Veraltet
2,8	0,7	250	—	—	—	Für industrielle Zwecke
2,8	0,7	—	sehr gut	17,2	0,006	Im normalen Betrieb
2,8	0,7	—	65	43	0,025	Für Außenaufnahmen und zur Filmübertragung
2,8	0,7	—	65	17,2	0,01	Zur Filmübertragung mit Impulsbelichtung
2	1	Ecke 400 Mitte 600	130	43	0,11	Veraltet
2	1	1250	40	3,1	0,05	Für Innen- und Außenaufnahmen
2,8	1	500	35	0,75	0,0006	Für Innen- und Außenaufnahmen (veraltet)
2,8	1	500	70	3,2	0,0025	Für Studioaufnahmen
2,8	1	500	35	3,2	0,0025	Für Außenaufnahmen
2,8	1	500	35	0,13	0,0001	Für Außenaufnahmen
2,8	1	500	70	0,54	0,00043	Für Studioaufnahmen
2,8	0,65	~500	100*	10,0	0,013	Für Industriezwecke
2,8	0,65	~500	300*	100,0	0,13	Für Filmübertragung

des Halbleiters beeinflußt werden, jedoch meist auf Kosten der Empfindlichkeit. Außerdem nimmt die Halbleiterträgheit mit wachsender Belichtung ab. Um die Trägheitseffekte möglichst klein zu halten, ist es günstig, hohe Beleuchtungsstärken (kleine Halbleiterträgheit) und kleine Vorspannungen (kleine Umladeträgheit) anzuwenden.

Die Empfindlichkeit des Vidicons reicht aus, um bei ca. 50 lx Beleuchtungsstärke auf der Photoschicht ein Signal/Rauschverhältnis von ca. 50 : 1 zu erzielen.

Das Auflösungsvermögen des Vidicons wird im wesentlichen durch die Strahlschärfe bestimmt. Die Grenze liegt für ein 1-Zoll-Vidicon bei ca. 500 Zeilen.

Ein Vergleich zwischen Image Orthicon und Vidicon zeigt, daß das Signal/Rauschverhältnis des Vidicons bei hohen Beleuchtungsstärken

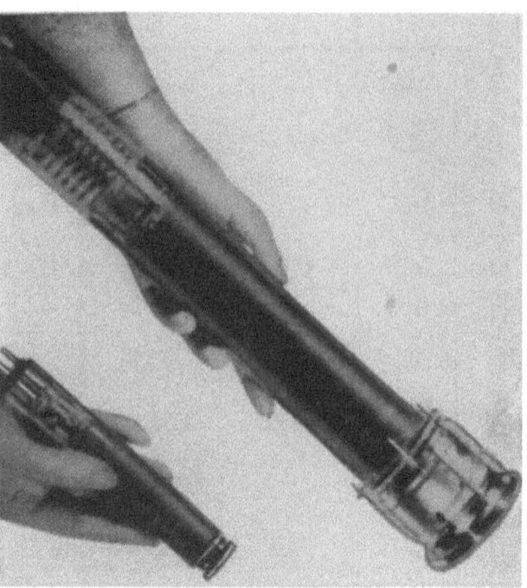

Abb. X.44. Vidicon (unten) und Image Orthicon (oben) im Vergleich (RCA)

wegen der geringeren Signalbegrenzung besser ist als das des Image Orthicons. Bei niedrigen Belichtungen ist dagegen das Vidicon unter-

Abb. X.45. Kamera mit Vidiconröhre

legen, da das Signal kleiner als das Verstärkerrauschen wird. Auch ist die Bildqualität wegen der niedrigen Auflösung nicht so gut wie beim Orthicon, aber es bieten sich für das Vidicon wegen seiner geringen Abmessungen (Abb. X. 44) und einfachen Handhabung, besonders für Fernsehreportagen [8] und für das industrielle Fernsehen [66] [75], zahl-

reiche Anwendungsmöglichkeiten (Abb. X. 45). Auch zur Filmübertragung ist das Vidicon gerade wegen seiner hohen Speicherfähigkeit
gut geeignet [30] [41] [60], da keine zusätzlichen Maßnahmen zur Synchronisation von Filmtransport und Ablenkfrequenz notwendig sind.

Literatur

[1] v. ARDENNE, M.: Über Versuche mit lichtempfindlichen Halbleiterschichten in Elektronenstrahlröhren. Z. Hochfrequenztechn. **50**, 145 (1937).

[2] BOOTHROYD, W.: Electronics **22**, 88 (1949) und **23**, 96 (1950).
BOUMA, P. J.: Farbe und Farbwahrnehmung. Phil. Techn. Bibl. Eindhoven (1946).

[3] CAMPBELL-SWINTON, A. A.: Nature **78**, 151 (1908).
CHERRY, W. H.: RCA-Rev. **8**, 427 (1947).

[4] COPE, J. E., L. W. GERMANY u. R. THEILE: Improvements in design and operation of image iconoscope type camera tubes. J. Brit. Inst. Radio Eng. **12**, 139 (1952).

[5] DIECKMANN u. HELL: DRP 450187 (1925/27).
DIMMIK, G. L.: J. Soc. Mot. Pict. Eng. **38**, 36 (1942).

[6] ECKART, F., u. O. HACHENBERG: Die Leuchtschirmabtastung des Fernsehens bei Film- und Diapositiv-Abtastern. Nachr. Techn. **2**, 116—120 (1952).

[7] FARNSWORTH, P. T.: Television by electron image scanning. J. Franklin Inst. **218**, 411 (1934).

[8] FLORY, L. E., W. S. PIKE, J. E. DILLEY u. J. M. MORGAN: A development portable television pickup station. RCA-Rev. **13**, 58 (1952).

[9] FORGUE, S. V., R. R. GOODRICH u. A. D. COPE: Properties of some photoconductors principally antimony trisulfide. RCA-Rev. **12**, 335—349 (1951).

[10] FRANCKEN, J. C., u. R. DORRESTEIN: Paraxial formation in the „magnetic" image iconoscope. Phil. Res. Rep. **6**, 323 (1951).

[11] GIMPLE, L., u. O. RICHARDSON: Proc. roy. Soc. A **183**, 61 (1943).
GOLDMARK, P. C., J. N. DYER, E. R. PIORE u. J. M. HOLLYWOOD: Proc. I. R. E. **30**, 162 (1942).
GOLDMARK, P. C., E. R. PIORE, T. H. CHAMBERS u. J. J. REEVES: Proc. I. R. E. **31**, 465 (1943).
GOLDMARK, P. C.: J. Brit. I. R. E. **10**, 208 (1950).
GOLDMARK, P. C., J. W. CHRISTENSEN u. J. J. REEVES: Proc. I. R. E. **39**, 1288 (1951).
GOLDMARK, P. C., u. J. M. HOLLYWOOD: Proc. I. R. E. **39**, 1314 (1951).
GROOT, W. DE, u. A. A. KRUITHOF: Philips techn. Rdsch. **12**, 140 (1950).

[12] HARTMANN, W.: Über die Herstellung von Photokathoden des Aufbaues Ag-Cs$_2$O-Cs, Ag. Hausmitt. Fernseh-AG. **2**, 157 (1943).

[13] HEIMANN, W., u. K. WEMHEUER: Beitrag zur Wirkungsweise des Elektronenstrahl-Bildabtasters. ENT **15**, 1 (1938).

[14] HEIMANN, W., u. K. WEMHEUER: Die Ursache des Störsignals bei Bildfängerröhren. Z. techn. Phys. **19**, 451 (1938).

[15] HEIMANN, W.: Eigenschaften und Anwendungen von Fernsehaufnahmeröhren mit Widerstandsphotoschichten. A. E. Ü. **9**, 13 (1955).

[16] HEIMANN, W.: Zum Problem der Nachwirkungserscheinungen im Vidicon. A. E. Ü. **10**, 73 (1956).

[17] HENROTEAU, CH. P.: Brit. Pat. 335995 (1929/30).
HIRSCH, J., W. F. BAILEY u. B. D. LOUGHLIN: Electronics **25**, 88 (1952).

[18] JAMS, H., u. A. ROSE: Television pickup tubes with cathode-ray beam scanning. Proc. Inst. Radio Engrs. **25**, 1048 (1937); **25**, 544 (1937).

[19] JAMS, H., G. A. MORTON u. V. K. ZWORYKIN: The image iconoscope. Proc. I. R. E. Sept. 1939, 543.

[20] JANES, R. B., u. W. H. HICKOK: Recent improvements in the design and characteristics of the iconoscope. Proc. I. R. E. Sept. 1939, 535.

[21] JANES, R. B., R. E. JOHNSON u. R. S. MOORE: Fernsehaufnahmeröhren. RCA-Rev. 10, 191—223 (1949).

[22] JANES, R. B., R. E. JOHNSON u. P. R. HANDEL: Producing the 5820 image orthicon. Electronics 23, 93 (1950).

[23] KAROLUS, A.: Bull. schweiz. elektrotechn. Ver. 40, 566 (1948).

[24] KAROLUS, A.: Z. angew. Phys. 4, 300—320 (1952).

[25] KAZAN, B., u. KNOLL, M.: Fundamental processes in charge-controlled storage tubes. RCA-Rev. 12, 702 (1951).

[26] KERKHOF, F., u. W. WERNER: Fernsehen, Eindhoven 1951.

[27] KIRCHSTEIN u. KRAHWINKEL: Fernsehtechnik. Stuttgart: Hirzel 1952.

[28] KNOLL, M.: Die Bedeutung des Streuelektroneneffektes für die Wirkungsweise der Bildabtaströhren. Z. techn. Phys. 19, 307 (1938).

[29] KNOLL, M., u. F. SCHRÖTER: Elektronische Bild- und Zeichenübertragung mit Isolator- bzw. Halbleiterschichten. Phys. Z. 38, 330—333 (1937).

[30] KAZANOWSKI, H. N.: Vidicon film-reproduction cameras. J. SMPTE 62, 153 (1954).

[31] KRENZIEN, O.: Elementar-Prozesse der Sekundärelektronen-Emission in polaren Kristallen. Wiss. Veröff. Siemens-Werke 20, 91 (1942).

[32] KUNZE, C.: Wirkungsweise, Eigenschaften und Aufbau des Vidicons. Jahresbericht d. 6. Jahrestagung d. Elektrotechn. Ver. Technik Weimar 1956 (S. 171).

[33] LAW, H. B.: A technique for the making and mounting of fine mesh. Rev. sci. Instrum. 19, 878 (1948).
LOUGHLIN, B. D.: Proc. I R. E. 39, 1264 (1951).

[34] LOUGHREN, A. V., u. CH. J. HIRSCH: Electronics 24, 92 (1951).

[35] LUBCZYNSKI, H. G., u. S. RODDA: Brit. Pat. 442666 v. 12. 2. 1936.

[36] LUBCZYNSKI, H. G.: Brit. Pat. 468965 v. Jan. 1936.

[37] McGHEE, D.: A review of some television pickup tubes. Proc. I. R. E. 97, 377 (1950).

[38] McGHEE, D.: Die Entwicklung der C. P. S.-Emitron-Fernseh-Kameraröhre. A. E. Ü. 9, 355 (1955).

[39] McGHEE, u. H. G. LUBCZYNSKI: Brit. Pat. Appln. Nr. 18294/5 v. 19. 7. 1952.

[40] McGHEE, D., H. G. LUBCZYNSKI, W. E. TURK u. H. CASSMAN: Brit. Pat. 683603 v. 18. 2. 1948.

[41] NEUHÄUSER, R. G.: Vidicon for film pickup. J. SMPTE 62, 142 (1954).

[42] PIERCE, I. R.: A gun for starting electrons straight in magnetic field. Bell Syst. techn. J. 30, 825 (1951).
RICHTER, M.: Grundriß der Farbenlehre. Dresden: Steinkopf 1940.

[43] ROBERTS: Brit. Pat. 318331 (1928/29).

[44] ROSE, A., u. H. JAMS: Television pickup tubes using low-velocity electron-beam scanning. Proc. I. R. E. 27, 547 (1939).

[45] ROSE, A., u. H. JAMS: The orthicon. RCA-Rev. 4, 825 (1951).

[46] ROSE, A., P. K. WEIMER u. H. B. LAW: The image orthicon—a sensitive television pickup tube. Proc. I. R. E. 34, 424 (1946).

[47] ROTOW, A. A.: Image orthicon for pickup at low light levels. RCA-Rev. XVII, 425 (1956).

[48] SABBAH, C. A.: USA-Pat. 1694982 (1925/28).

[49] SABBAH, C. A.: USA-Pat. 1706185 (1925/29).

[50] Salow, H.: Speichernde Bildempfänger mit halbleitendem Dielektrikum. Fernsehen **3**, 1—4 (1939).

[51] Salow, H.: Über Versuche mit lichtempfindlichen Halbleiterschichten in Elektronenröhren von M. v. Ardenne. Fernsehen **2**, 11 (1938).

[52] Schagen, P., H. Bruining u. I. C. Francken: Das Zwischenbildikonoskop, eine Fernsehaufnahmeröhre. Philips techn. Rdsch. **5**, 123 (1951).
Schober, H.: Phys. Z. **38**, 514 (1937).

[53] Schoultz, E. G.: Franz. Pat. 539613 (1921/22).
Schrödinger, E.: Die Gesichtsempfindungen. Müller-Pouillet, Lehrb. d. Phys. Bd. 2 Teil 1 (1926).

[54] Schröter, F.: Die Bedeutung des Bildausgleichsprojektors als Fernsehgeber. TFT **27**, 534 (1938).

[55] Smith, R. W.: Some aspects of the photoconductivity of cadmium sulfide. RCA-Rev. **12**, 350—361 (1951).

[56] Theile, R.: Filmabtastung im Fernsehen. A. E. Ü. **8**, 305 (1954).

[57] Theile, R., u. F. H. Townsend: Improvement in image-iconoscope by pulsed basing the storage surface. Proc. I. R. E. **40**, 146 (1952).

[58] Theile, R., u. H. McGhee: An investigation into the use of secondary electron signal multipliers in image inconoscopes. J. Inst. electr. Engrs. (III A) **99**, 159 (1952).

[59] Theile, R.: Widerstandsgesteuerte Bildabtaströhren. Telefunkenröhre **13**, 90 (1938).

[60] Theile, R.: Filmabtastung im Fernsehen. A. E. Ü. **8**, 305 (1954).

[61] Thom, K.: Mechanischer Universalabtaster für Personen-, Film- und Diapositivübertragungen. Hausmitt. Fernseh-AG. **1**, 42 (1938).

[62] Tihanyi, K.: Brit. Pat. 315362 (1928/29).
Urtel, R.: Farbfernsehen im Leithäuser/Winckel: Fernsehen **1953**, 366 bis 367.

[63] Vance, A. W., u. H. Branson: USA-Pat. 2147760 v. Febr. 1939; Brit. Pat. 434942.

[64] Veith, W.: Über die lichtelektrischen Eigenschaften von aufgedampften Kadmiumsulfidschichten. Z. angew. Phys. **1**, 1 (1955).

[65] Vore, H. B.: Limiting Resolution in an image-orthicon type pickup tube. Proc. I. R. E. **36**, 335—345 (1948).

[66] Webb, R. C., u. J. M. Morgan: Simplified television for industry. Electronics **24**, 70 (1950).

[67] Weimer, P. K., u. A. Rose: The motion of electrons subject to forces transverse to a uniform magnetic field. Proc. I. R. E. **35**, 1273 (1947)

[68] Weimer, P. K.: The Image Isocon—an experimental pickup tube, based on the scattering of low velocity electrons. RCA-Rev. **10**, 368 (1949)

[69] Weimer, P. K., u. A. D. Cope: Photo conductivity in amorphous selenium. RCA-Rev. **12**, 314—334 (1951).

[70] Weimer, P. K., S. V. Forgue u. R. Goodrich: The Vidicon-photoconductive camera tube. Electronics **23**, 70 (1950); RCA-Rev. **12**, 306 (1951).
Windringham, W. T.: Proc. I. R. E. **39**, 1135 (1951).

[71] Zeitlin, A., u. W. Zeitlin: DRP 503899 (1924/30).

[72] Zworykin, V. K.: USA-Pat. 1691324 (1925/29).

[73] Zworykin, V. K.: The iconoscope—a modern version of the electric eye. Proc. Inst. Radio Engrs. **22**, 16 (1934).

[74] Zworykin, V. K., G. A. Morton u. L. E. Flory: Theory and performance of the iconoscope. Proc. Inst. Radio Engrs. **25**, 1071 (1937).

[75] Zworykin, V. K., u. L. E. Flory: Television in medicine and biology. Electr. Engng. **71**, 40 (1952).

XI. Besondere Anwendungsgebiete des Sekundärelektronen-Vervielfachers in Verbindung mit dem Photoeffekt

Von **F. Eckart**, Berlin

Die SEV haben heute unbestritten eine große Bedeutung zum unmittelbaren Nachweis von ultravioletter, sichtbarer und ultraroter Strahlung sowie zum mittelbaren Nachweis von Korpuskular- und γ-Strahlung. Sie werden daher auf allen möglichen Gebieten der Forschung und Technik verwandt. Von den vielen Anwendungsmöglichkeiten sollen hier nicht solche Anordnungen beschrieben werden, bei denen mit relativ geringen Mitteln, wenn auch mit u. U. interessanten Varianten, einfache Photozellen durch Vervielfacher ersetzt werden, wie dies bspw. in Densitometern [143], in Flammenphotometern [23], in Spektrophotometern [33] [40] [127], in der RAMAN-Spektroskopie [102] [119] [120], in der Absorptionsspektroskopie [74], in der Tonfilmtechnik [26] u. a. der Fall ist.

Wir wollen uns hier vielmehr auf Anwendungen beschränken, die durch den SEV eigentlich erst zugänglich geworden sind.

91. Der Sekundärelektronen-Vervielfacher in der Astronomie

In der Astronomie haben die photographischen Platten einen unumstrittenen Vorrang, da deren Schwärzung von Intensität und Zeit abhängt.

Der Vervielfacher ist auch in der Astronomie wegen seiner hohen Empfindlichkeit und unmittelbaren Ablesemöglichkeit mit Erfolg eingeführt worden. So konnte bspw. WHITFORD mit einem 100''-Spiegelteleskop und einem 1 P 21 der RCA[1] die Strahlung eines Sternes 18. Größenklasse noch messen. Das Auge kann unter günstigsten Bedingungen nur Sterne 6. Größenklasse gerade noch wahrnehmen.

In der Sternphotometrie ist es besonders wichtig, die spektrale Verteilung der Sterne zu bestimmen, da man bekanntlich die Sterne auch nach ihrem Spektraltyp einteilt [149]. Umfangreiche Untersuchungen über Farbe und Intensität von Sternen wurden bereits durchgeführt [45] [46] [91] [92]. Mit einem 12''-Refraktor konnten mit einem ausgesuchten Vervielfacher des Typs 1 P 21 Sterne 8. Größenordnung nachgewiesen werden [101]. Auch Wechselstrom-Verstärkungsmethoden mit Vervielfachern wurden in der astronomischen Photometrie bereits erprobt [57].

Eine weitere Anwendung der SEV in der Astronomie bietet sich als Steuerorgan für die automatische Nachführung der Fernrohre. WHIT-

---

[1] RCA = Radio Corporation of America

FORD und KRON [*155*] beschreiben eine solche Einrichtung, die 1937 an der Wisconsin-Universität entwickelt wurde und als Steuerorgan einen magnetisch fokussierten SEV benutzt. Ihr Prinzip wurde bereits auf S. 595 geschildert.

Auch KRON [*92*] hat eine Nachführung für astronomische Fernrohre beschrieben, die er am Mount-Wilson-Observatorium ausgeführt hat. Mit dem Telektroskop [*157*] werden Szintillationseffekte kompensiert. In der Abbildungsebene des Teleskops befindet sich die Photokathode eines Super-Ikos. Das Bild eines Sternes wird genau in die Mitte der Kathode gebracht. Die Mosaikplatte besitzt in der Mitte eine kleine Öffnung, hinter der eine Pyramide steht, deren vier Seiten jeweils die ersten Elektroden von vier verschiedenen Vervielfachern auf die Pyramide projiziert und die vier Anodenströme der Vervielfacher zur Steuerung von vier Kompensationsspulen der Bildwandlerabbildungen des Super-Ikos benutzt. Man kann mit dieser Einrichtung auch den gestirnten Nachthimmel mit einem Fernsehempfänger wiedergeben; die Sternbilder bleiben dann vollkommen ruhig.

92. Der Sekundärelektronen-Vervielfacher in der Fernsehtechnik

Die Sendeapparaturen der Fernsehtechnik bedienen sich in erhöhtem Maße des Vervielfachers als Steuerorgan für die Wiedergabe von Filmen

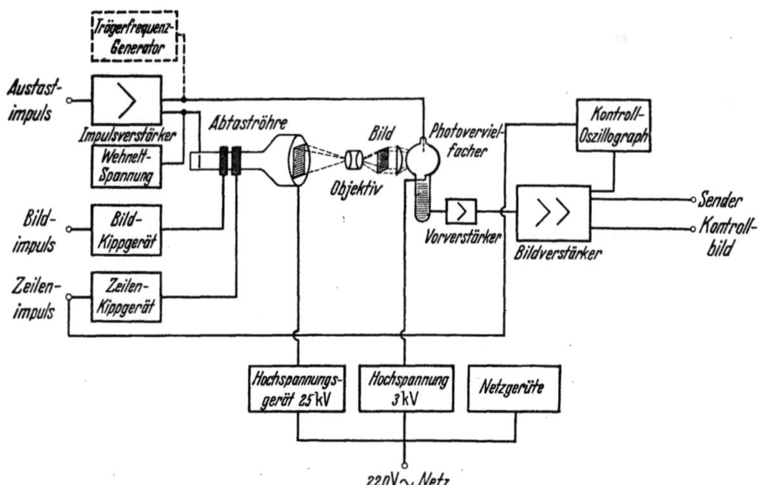

Abb. XI.1. Blockschaltbild einer Fernsehabtasteinrichtung mit SEV für Film- und Diapositive

und Diapositiven. Für die Film- und Diapositivabtaster wird der SEV gleichfalls benutzt. Das auf der Abtaströhre gezeichnete Raster wird mit Hilfe einer lichtstarken und hoch auflösenden Optik auf das Film- bzw.

Diapositivbild abgebildet (Abb. XI. 1). Der nachgeschaltete SEV gibt
die örtlichen Lichtschwankungen beim Abtastvorgang des Bildes in
zeitlichen Stromschwankungen wieder, die mit Hilfe eines Breitband-
verstärkers (Abb. XI. 2) so hoch verstärkt werden, daß sie als Modu-
lationsspannung für die Sendeanlage dienen können. Der Nachteil dieser
Anordnung [44] [151] besteht in der Trägheit der für die Abtaströhren
verwendeten Phosphore[1].

Um das Bild in richtiger Gradation wiederzugeben, ist oft eine
Korrektur des SEV-Signals notwendig. Man hat deshalb, um eine

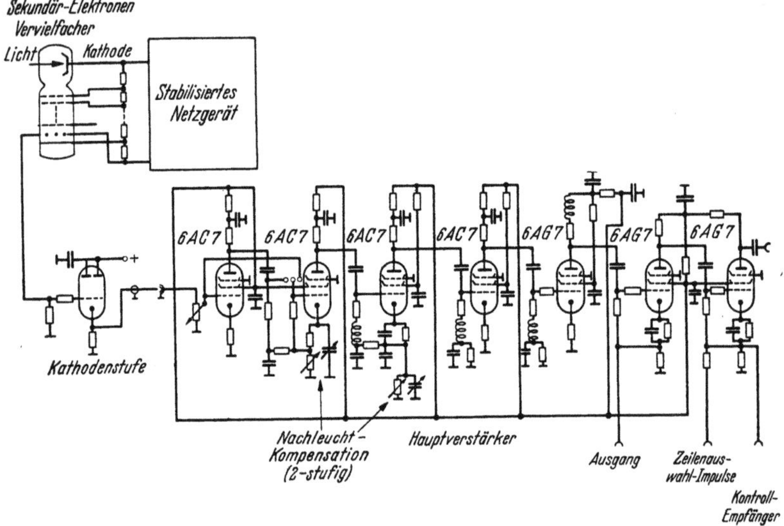

Abb. XI. 2. Schaltbild eines Bildverstärkers mit SEV und Vorverstärker für Film- bzw. Diapositiv-
abtaster

Korrektur im Ausgangskreis vornehmen zu können, Vervielfacher
gebaut, die Ausgangsströme von 10 bis 13 mA liefern können [130].
Früher wurde in der Regel der SEV im Zeilenrücklauf gesperrt. Zu
diesem Zweck wurde der SEV zwischen Kathode und der ersten SEV-
Stufe mit einem Sperrgitter versehen, das bereits bei 20 V den SEV
sperren konnte. Später hat sich allerdings gezeigt, daß die flacher ver-

---

[1] Selbst die heutigen kurz nachleuchtenden Zinkoxyde (Halbwertsbreite von
etwa $5 \cdot 10^{-7}$ sec) verursachen bei der Übertragung einer Schwarz-Weiß-Kante
auf einer Zeilenlänge von 10 cm immerhin noch ein Nachleuchten, das erst bei
einem Drittel der Zeilenlänge unter 5% der Maximalhelligkeit absinkt [44]. Man
ist deshalb darauf angewiesen, das Nachleuchten der Leuchtstoffe mit geeigneten
RC-Gliedern zu kompensieren. Dies ist allerdings nur unvollkommen möglich, da
die Abklingkurve des Zinkoxydphosphors nicht rein logarithmisch darstellbar ist.
Immerhin aber bringt eine zweistufige Kompensation bereits eine hinreichend gute
Bildwiedergabe.

laufenden Endflanken der Rechtecksignale keiner Störung im SEV-Teil zugeschrieben werden können [130].

Die Vervielfacher fanden in Deutschland früher auch bei Personenübertragung im Gegenseh-Fernsprechverkehr Verwendung [149—151] sowie bei verschiedenen Konstruktionen von mechanischen Filmabtastern [52] [147].

Vervielfacher werden auch in Fernsehaufnahmeröhren, wie bspw. in der Bildsondenröhre, im Image Orthicon (Multiplier Orthicon) und im Image Isocon verwendet; die Anwendung bei letzterem hat allerdings wegen des geringen Auflösungsvermögens noch keine praktische Bedeutung erlangt.

Die Signalverstärkung mittels eines Vervielfachers hat den Vorteil, daß sie ohne Änderung des Signal/Rauschverhältnisses erfolgt. Damit wird erreicht, daß das Rauschen der ersten Verstärkerstufe niedriger liegt als das Ausgangsrauschen der Aufnahmeröhre und somit keine Rolle spielt. Die untere Belichtungsgrenze wird daher beim Image Orthicon durch das Eigenrauschen der Aufnahmeröhre bestimmt und nicht, wie beim Ikonoskop, durch das Störsignal oder beim CPS-Emitron durch den Rauschpegel des nachgeschalteten Verstärkers. Das Image Orthicon besitzt daher eine ca. 100 mal größere Empfindlichkeit als das Ikonoskop und kann Belichtungsunterschiede von 1 : 100 verarbeiten.

93. Der Sekundärelektronen-Vervielfacher als Zähler von Korpuskeln und Strahlungsquanten

Die GEIGER-MÜLLER-Zählrohre [54] (Proportionalzähler und Auslösezähler) können manche Anforderungen (wie bspw. an das Auf-

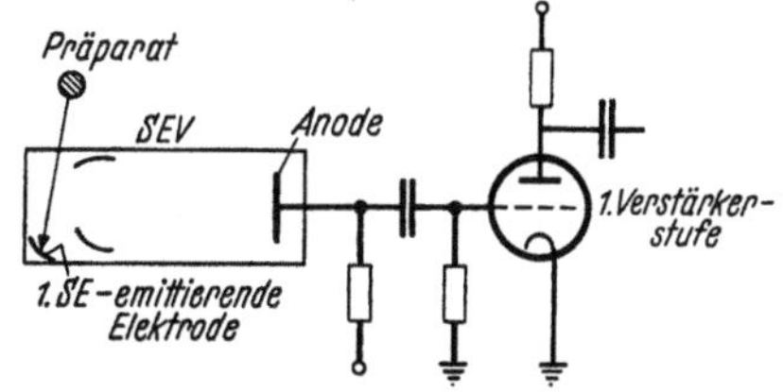

Abb. XI.3. SEV als Teilchenzähler nach der Direktmethode

lösungsvermögen und die Lebensdauer), die heute in der Kernphysik an die Zählmethoden für Teilchen und Quanten gestellt werden, nicht mehr erfüllen. Von den neuen Methoden spielt der Szintillationszähler die gegenwärtig größte Rolle, während der Kristallzähler noch keine wesentliche Bedeutung erlangt hat.

Mit dem SEV ist es möglich, Korpuskeln und Strahlungsquanten nachzuweisen und die Bewegungsenergie der Korpuskeln oder die

Wellenlänge der Strahlung zu messen. Damit dies gelingt, müssen die Korpuskeln und Strahlungsquanten mit der Materie in Wechselwirkung treten, um ihre Energie in Form von Ionisierungs-, Anregungs- (Licht) oder chemischer Energie zu übertragen. Deshalb unterscheidet man [19] [21] [108] [135] [145] [146] [158] bei Zähleinrichtungen mit SEV:

a) Direktmethode, bei der Korpuskeln oder Strahlungsquanten unmittelbar auf die Kathode auffallen und dort Elektronen auslösen (Abb. XI. 3) [1] [2] [5] [6] [9] [11] [12] [21] [34] [59] [67] [89] [123] [141].

b) Indirekt- oder Szintillationsmethode, bei der die Korpuskeln oder Strahlungsquanten einen hierfür geeigneten Leuchtstoff zur Lichtemission anregen, die vom SEV nachgewiesen bzw. gemessen wird [22] [37] [53] [80] [82] [84] [105] [136] [142] (Abb. XI. 4).

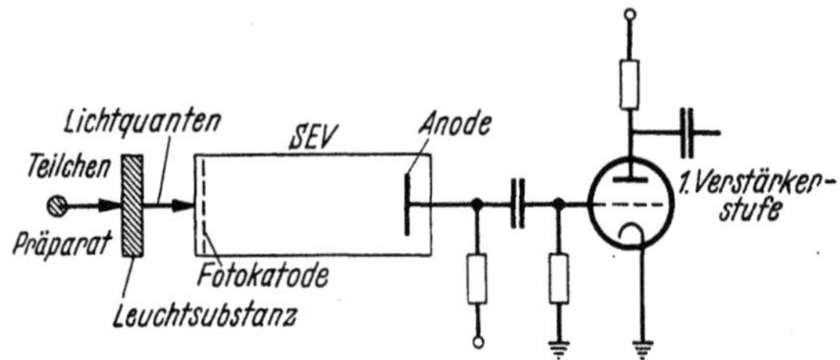

Abb. XI. 4. SEV als Teilchenzähler nach der Indirektmethode

Beide Methoden[1] werden gekennzeichnet einerseits durch das Verhältnis der Signalimpulsamplituden zu den meist thermischen Störimpulsamplituden und andererseits durch das Auflösungsvermögen. Die Direktmethode ist gekennzeichnet durch hohes Auflösungsvermögen bei relativ kleinem Signal/Störverhältnis, die Indirektmethode durch ein relativ großes Signal/Störverhältnis bei geringem Auflösungsvermögen. Allerdings hängt das Auflösungsvermögen indirekt auch von den Ausgangsamplituden des SEV ab, da es u. U. durch die Bandbreite des Verstärkers begrenzt wird. Man kann zwar kleine Amplituden durch entsprechend hohe Verstärkung messen, aber nur durch Verminderung der Bandbreite, also auf Kosten des Auflösungsvermögens. Ein Auflösungsvermögen von 10^{-8} sec erfordert eine Verstärkerbandbreite von 10 MHz [9], wobei zu beachten ist, daß die erzielbare Verstärkungsziffer von der erforderlichen Bandbreite abhängt, sofern man nicht einen größeren Aufwand treiben will (Kettenverstärker).

---

[1] Zur Zählung sehr energiereicher Teilchen kann man auch die in einer geeigneten Substanz ausgelöste Čerenkov-Strahlung mit dem SEV nachweisen.

Um den Störuntergrund[1] herabzusetzen, kann man entweder den SEV kühlen[2] oder zwei SEV in einer Koinzidenzanordnung benutzen[3]. In Abb. XI.5 ist die Methode veranschaulicht: P ist das Präparat, das Korpuskeln oder Strahlungsquanten aussendet, die ihrerseits in den beiden Vervielfachern 1 und 2 Elektronen auslösen, die dort verstärkt werden. Die Ausgangsimpulse an den Prallplatten der Vervielfacher werden über konzentrische Leitungen L_1, L_2 der Koinzidenzmischstufe K zugeführt. In dieser Koinzidenzmischstufe entsteht eine wahre Koinzidenz. Die Zahl der zufälligen Koinzidenzen, erzeugt durch die thermischen Elektronen in SEV 1 und 2, kann bei ausreichendem Auflösungsvermögen von K sehr klein gehalten werden. Bei einem Auflösungsvermögen von $t = 10^{-7}$ sec hat man bei einer thermischen Emission von $n = 10^4$ Impulse/sec in jedem Zähler einen Nulleffekt $N_K = 2\,n^2\,t = 20$ Impulse/sec. Benutzt man Dreifachkoinzidenzen, so erhält man für $N_K = 3\,n^3\,t^2 = 3 \cdot 10^{-2}$ Impulse/sec.

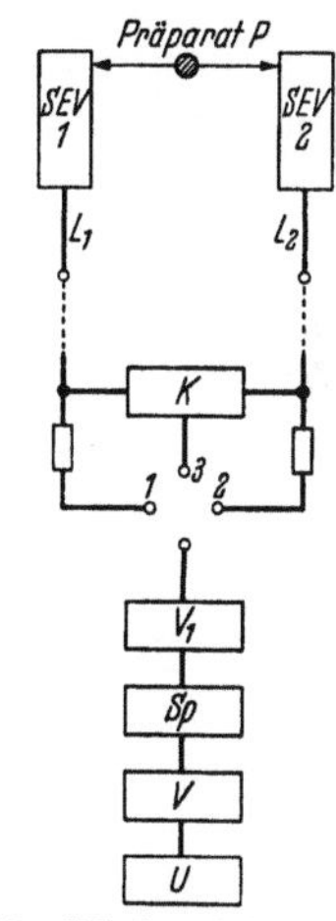

Abb. XI. 5. Schematische Darstellung der Koinzidenzmethode zur Teilchenzählung mit SEV. P Präparat, $SEV_{1,2}$ Sekundärelektronen - Vervielfacher Nr. 1 u. 2, $L_1\,L_2$ Koaxialkabel (Laufzeitkabel), K Koinzidenzmischstufe, V_1 Verstärkerstufe zur Impulsverbreiterung, Sp Spannungsteilung zur Messung der Impulsamplitudenverteilung, V Verstärker, U Untersetzer

Das Auflösungsvermögen einer Koinzidenzschaltung muß möglichst hoch sein, um die Zahl der zufälligen Koinzidenzen niedrig zu halten. Andererseits darf es nicht zu hoch sein, es muß vielmehr der zeitlichen Streuung der Impulse so angepaßt sein, daß keine wesentlichen Verluste an wahren Koinzidenzen auftreten.

Das Amplitudenverhältnis von Koinzidenzimpulsen zu Einzelimpulsen soll genügend groß sein, damit eine einwandfreie Trennung möglich ist. Man erreicht diese durch nichtlineare Schaltelemente, von denen sich Germaniumdioden gut bewährt haben. In Abb. XI. 6 ist eine solche Brückenschaltung dargestellt. Jede der beiden Brückenanordnungen $R_1D_1R_3D_3$ und $R_2D_2R_3D_3$ ist für sich abgeglichen, so daß Einzelimpulse, die an die beiden SEV 1 und 2 kommen, keinen Ausgangsimpuls an A ergeben. Treffen dagegen koinzidente Impulse von

---

[1] Den Rauschpegel des SEV drückt man bei Zähleinrichtungen gewöhnlich durch die Zahl der Nullimpulse in der Zeiteinheit aus.

[2] SEV mit Kathodenkühlung werden vereinzelt auch industriell hergestellt (bspw. Fa. EMI (Electric and Musical/Industries, England) [139] und Fa. Carl Zeiß [62]).

[3] Auch die „discrimination method" [65] erniedrigt den Störuntergrund.

44*

SEV 1 und 2 auf beide Brücken auf, so wird die gemeinsame Diode D_3 anders belastet als D_1 und D_2, d. h., infolge der nichtlinearen Charakteristik der Dioden werden die Brücken verstimmt, es entsteht an A ein Ausgangsimpuls. Die Ausbeute hängt sehr von der Genauigkeit des Brückenabgleiches ab.

Im Schrifttum wird noch eine Reihe von Schaltungen für diese Koinzidenzstufe angegeben [8] [10] [13] [14] [47] [58] [71] [107] [112] [115] [117] [133] [138] [152] [153] [154] [158].

Zur Bestimmung der Lebensdauer radioaktiver Substanzen oder für Messungen der Fluggeschwindigkeit von Elementarteilchen verwendet

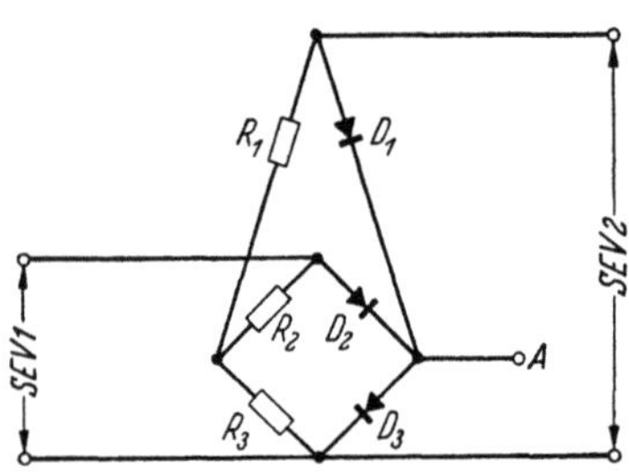

Abb. XI. 6. Brückenanordnung zur Koinzidenzschaltung mit Germaniumdioden [100]

man ebenfalls die Methode der verzögerten Koinzidenzen. Zwei im Abstand t aufeinanderfolgende Impulse werden über eine Verzögerungsleitung mit einer variablen Laufzeit geschickt und mit dem später auftretenden 2. Impuls zur Koinzidenz gebracht. Ist der Koinzidenzfall erreicht, so gibt die dafür ermittelte Laufzeit der Leitung den Abstand der beiden Impulse an. Die einfachste Verzögerungsleitung ist ein koaxiales Kabel, das in Abb. XI. 5 mit L_1 und L_2 eingezeichnet ist (Laufzeit $T = \dfrac{l}{c}\sqrt{\varepsilon}$, wenn $l =$ Länge des Kabels, $c =$ Lichtgeschwindigkeit und $\varepsilon = DK$ des Dielektrikums). Um Reflexionen zu vermeiden, muß es mit dem Wanderwellenwiderstand abgeschlossen sein. Für größere Verzögerungen verwendet man eine Laufzeitkette.

Die bei 3 (Abb. XI. 5) auftretenden Koinzidenzimpulse werden dem Verstärker V_1 zugeführt, der die vorher ca. 10^{-9} bis 10^{-8} sec breiten Impulse auf ca. 10^{-6} sec verbreitert. Mit dem Spannungsteiler Sp können die Impulsamplituden um bekannte Faktoren reduziert werden. Er dient in Verbindung mit dem festen Ansprechpegel des Untersetzers als Diskriminator. Als Impulsamplitudenwähler kann etwa ein Thyratron mit einstellbarer Gittervorspannung dienen. Man nimmt die Zahl der Stöße in Abhängigkeit von der Gittervorspannung auf und erhält durch Differentiation die Verteilung der Impulshöhen.

Während man für die Indirektmethode die bereits ausführlich beschriebenen SEV verwendet, sind für die *Direkt*zähler spezielle Anordnungen entwickelt worden [4—7], die meist mit einer reinen Metallkathode arbeiten. Während für Elektronen hoher Energie die Sekundärelektronen-Ausbeute für Metalle in der Regel < 1 ist (so ist bspw. die Ausbeute für Mg 0,04 und für Silber 0,09 für 300-kV-Elektronen)

[*124*], ist die Sekundärelektronen-Ausbeute verschiedener Metalle, wie bspw. Gold, Nickel, Molybdän und Beryllium, für positive Ionen sehr viel größer [*3*] [*4*] [*64*] [*67*] [*103*] [*123*] (so beträgt bspw. die Ausbeute

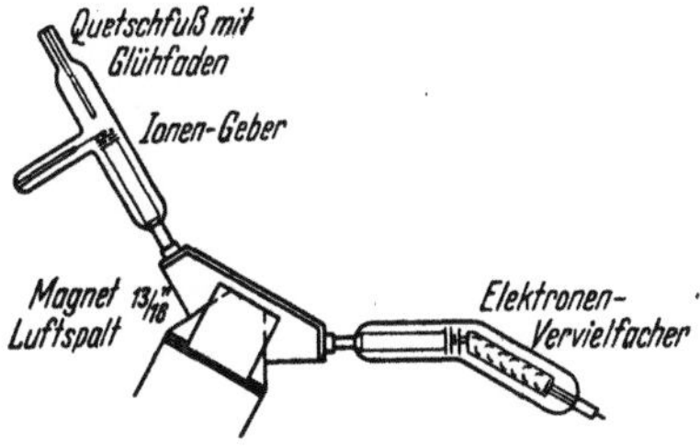

Abb. XI.7. Anwendung des SEV im Massenspektrographen nach [*35*]

für aufgedampfte Berylliumschichten für 5 kV Sauerstoffionen ca. 8 und bleibt etwa konstant bis zu 212 kV. Über ähnliche Ergebnisse berichtet ROBSON [*123*] für Protonen im Energiebereich von 5 bis

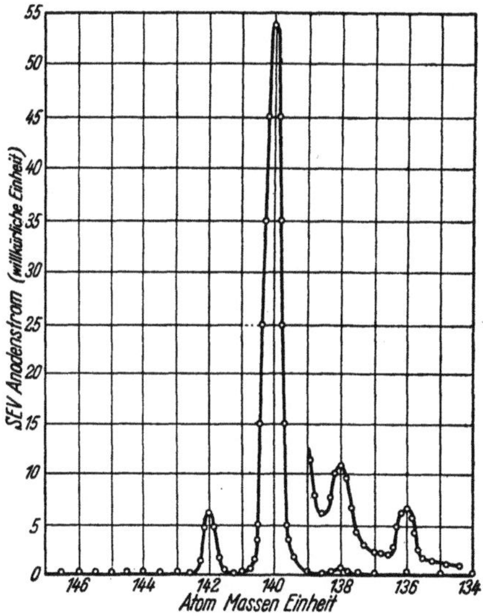

Abb. XI.8. Massenspektrum von Cer, aufgenommen mit Anordnung nach Abb. XI.8 nach [*35*]

10 kV). Auch langsame neutrale Atome, wie Helium- und Argonatome sowie Stickstoffmoleküle, erzeugen bspw. in einem Tantalblech Sekundärelektronen [*18*].

Schwere Teilchen, γ-Quanten, energiereiche Elektronen und positive Ionen strahlt man somit direkt und ohne Fenster auf die erste SEV-Elektrode auf. Auch in Massenspektrographen [*35*] [*113*] werden ähnliche SEV-Anordnungen gewissermaßen als Ionenstromverstärker verwendet [78] [113]. So zeigt die Abb. XI. 7 die verwendete Anordnung und Abb. XI. 8 das damit erhaltene Massenspektrum von Cer [113].

Gelingt es, mit Vervielfachern die Koinzidenzstufe direkt und ohne Zwischenverstärker auszusteuern, dann ist das Auflösungsvermögen optimal und bei der Direktmethode nur durch die Eigenschaften des SEV selbst, bei der Indirektmethode allein durch die Abklingzeit (Trägheit) des Phosphors begrenzt.

Mit Direktzählern ist es in Verbindung mit der Koinzidenzmethode möglich, ein Auflösungsvermögen von $2 \cdot 10^{-9}$ sec zu erreichen [8—10] [17] [41] [96] [99] [100] [110] [116], das durch die Breite der SEV-Impulse begrenzt ist.

Das zeitliche Auflösungsvermögen von Zählanordnungen mit dem SEV ist somit wesentlich größer als jenes mit gasgefüllten Zählern, deren Totzeit in der Größenanordnung von ca. 10^{-4} sec liegt [54] [94] [111] [148].

Der Vorteil der Indirektmethode besteht darin, daß die Zahl der aus der Photokathode ausgelösten Elektronen pro Teilchen größer ist, so daß man u. U. auf eine Kühlung des Vervielfachers und auf die hohen technischen Aufwand erfordernde Koinzidenzmethode verzichten kann. Das Auflösungsvermögen ist aber durch die Lebensdauer der angeregten Zustände im Phosphor begrenzt.

Von dieser Eigenschaft der Leuchtstoffe und ihrer Ansprechempfindlichkeit auf die Elementarteilchen zusammen mit der spektralen Verteilung ihrer Lichtemission hängt ihre Verwendung im Szintillationszähler ab. Die ersten Untersuchungen sind von KALLMANN und Mitarbeitern [25] [26] [27] [28] [29] [30] [31] [32] [82] [86] u. a. [37] [38][1] durchgeführt worden. Verwendet werden sowohl anorganische als auch organische Leuchtstoffe. Für ihre Auswahl entscheiden verschiedene Gesichtspunkte, wie z. B. hohe Lichtausbeute mit einer spektralen Verteilung, die der Empfindlichkeitsverteilung der SEV-Kathode entsprechen soll. Für viele Zwecke sind rasch abklingende Phosphore notwendig, zudem sind für schwere Korpuskeln andere Leuchtstoffe günstiger als bspw. für β- und γ-Strahlen.

Einen universell brauchbaren Leuchtstoff gibt es zwar nicht, doch lassen sich einige allgemeine Forderungen angeben:

1. Möglichst hohe Absorption der Primärstrahlung im Leuchtschirm für schwere Teilchen (insbesondere α-Strahlen): silber- oder kupferaktiviertes Zink- oder Kadmiumsulfid.

Für γ-Strahlen, schnelle Elektronen, insbesondere die von harten γ-Strahlen ausgelösten Comptonelektronen, Photoelektronen und Paarelektronen: Kalziumwolframat, Naphthalin, Anthrazen, Stilben u. a.

---

[1] Zusammenfassende Darstellungen siehe [19] [20] [54] [63] [80] [87] [108].

2. Möglichst hohe Ausbeute, durch die auch das Fluoreszenzlicht innerhalb der Substanz selbst möglichst wenig absorbiert wird (vgl. auch Abb. XI.9) [53].

3. Anpassung der spektralen Emission des Phosphors an die spektrale Empfindlichkeit der SEV-Photokathode.

Tab. XI.1 gibt einen Überblick über einen Teil der untersuchten Leuchtstoffe, und zwar ist angegeben das Maximum der spektralen Emissionsverteilung, für einen Teil der Phosphore auch die Energieausbeute, d. h. der Bruchteil der von der erregenden Strahlung an den Fluoreszenzstoff abgegebenen und in Licht umgesetzten Energie bei Anregung mit α-Teilchen, γ- und weichen Röntgenstrahlen. Miteingetragen sind die von verschiedenen Autoren gemessenen Abklingzeiten. Die extrem kurzen Abklingzeiten organischer Phosphore sind für manche Zwecke unerläßlich. Allerdings gelingt die Herstellung von großen und in ihren Eigenschaften identischen Kristallen nur bei größter Sorgfalt und Reinheit.

Abb. XI. 9 zeigt, wie die Lichtintensität von der Schichtdicke ver-

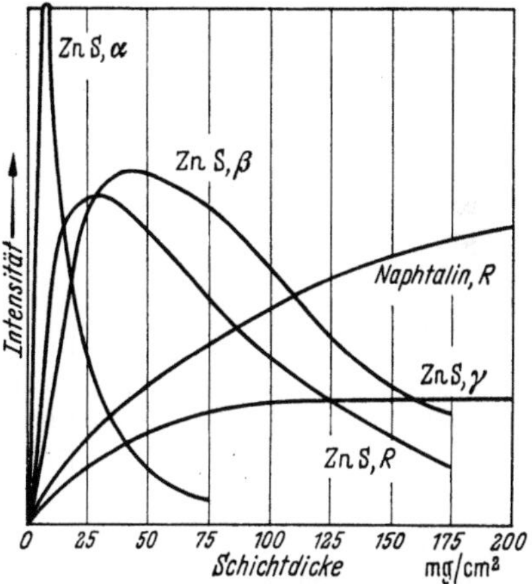

Abb. XI. 9. Abhängigkeit der Lichtintensität von der Schichtdicke verschiedener Phosphore bei Anregung mit α-Teilchen, β-, γ- und Röntgenstrahlen (R) [63]

schiedener Leuchtsubstanzen bei Anregung durch α-Teilchen, schnelle Elektronen (β-), γ- und Röntgenstrahlen R abhängt. Zunächst steigt die beobachtbare Lichtintensität mit der Schichtdicke an, entsprechend der wachsenden Absorption der primären Quanten und Korpuskeln und der damit erzeugten Lichtquanten. Mit wachsender Schichtdicke macht sich die Absorption der primären Strahlung und des Lichtes bemerkbar. Die günstigste Schichtdicke ist für α-Strahlen wegen der starken Absorption sehr klein, für β-Strahlen größer und für γ-Strahlen noch größer. Bei organischen Stoffen ist sie wegen der geringen Absorption ihres eigenen Fluoreszenzlichtes größer als etwa bei dem stark absorbierenden Zinksulfid.

Cu- oder Ag-aktiviertes ZnS sind für den Nachweis von Protonen und α-Teilchen günstig [25] [38] [84], da man für diese schweren Teilchen nur eine geringe Schichtdicke braucht. In dickeren Schichten sind diese Leuchtstoffe undurchlässig und deshalb für β- und γ-Strahlen wenig geeignet [95] [97].

Auch Zinksulfidschirme mit Bor- oder Lithiumzusätzen wurden verwendet. Die bei den Reaktionen B (n, α) Li (n, α) entstehenden α-Teilchen werden gezählt.

Tabelle XI.1. *Eigenschaften einiger Leuchtsubstanzen[1] für ihre Verwendung im Szintillationszähler*

| Substanz | Max. mμ | Energieausbeute für | | | | Abklingzeit | Literatur |
		α-Teilchen	Trans-parenz[2] mg/cm²	γ-Strahlen	weiche Rönt-gen-strahlen	sec	
1. Anorganische Phosphore							
ZnS–Ag	450	0,28	80	0,14	0,20	10^{-5}	[80]
ZnS–Cu	520	0,25	200	0,22	0,30	$1,5 \cdot 10^{-5}$	[80]
CdS–Ag	760	0,23	sehr gut	—	—	10^{-4}	[80]
ZnS, Cds–Cu	590	0,12	—	—	80	$4 \cdot 10^{-5}$	—
ZnS, ZnSe–Ag	570	0,12	—	—	80	$1,5 \cdot 10^{-5}$	—
Zn_2SiO_4–Mn	525	0,035	100	0,11	0,08	—	[80]
ZnO	550	0,020	—	—	—	—	[80]
CdB_4O_5	620	0,018	—	—	—	—	[80]
$CaWO_4$	430	0,017	100	0,08	0,04	$6 \cdot 10^{-6}$	[80]
$MgWO_4$	490	0,017	100	—	—	$2 \cdot 10^{-6}$	[80]
KBrTl	360	0,017	sehr gut	0,07	—	—	[80]
NaJ–Tl	410	—	—	—	—	$2,5 \cdot 10^{-7}$	[19]
KJ–Tl	400	—	—	—	—	10^{-6}	[19]
CsJ–Tl	—	—	—	—	—	—	—
LiJ–Tl oder Sn	—	—	—	—	—	$7 \cdot 10^{-7}$	—
2. Organische Phosphore		relative Empfindlichkeit					
Anthrazen	445	1,0				$3 \cdot 10^{-8}$	[19]
Naphthalin	345	0,2				$8 \cdot 10^{-8}$	[19] [80]
Stilben	415	0,6				$9 \cdot 10^{-9}$	[19]
Phenanthren	420	0,3				$8 \cdot 10^{-9}$	[19] [80]
Terphenyl	410	0,65				$1,2 \cdot 10^{-8}$	[19]
Dibenzyl	370	0,6				$2,0 \cdot 10^{-8}$	[19]

HOFSTADTER [68—70] hat mit großem Erfolg für Szintillationszähler Alkalihalogenide, und zwar thalliumaktiviertes Natriumjodid und thalliumaktiviertes Cäsiumjodid zur Zählung von γ-Quanten und β-Strahlen verwendet. NaJ ist leider hygroskopisch, auch ist die Abklingzeit verhältnismäßig groß. Bei Einkristallen beträgt die Ansprechwahrscheinlichkeit für γ-Quanten ca. 93%, bei polykristallinem Material nur ca. 13%. Auch thalliumaktiviertes Kalium- und Lithiumjodid wird benutzt. Die Abklingzeit von Lithiumjodid beträgt 0,7 μsec, die Aus-

---

[1] Über allgemeine Eigenschaften der Kristalle siehe [73].

[2] Der in Rubrik „Transparenz" angegebene Zahlenwert gilt für den Fall, daß im Mittel nur noch 10% des im Leuchtstoff erzeugten Lichtes aus dem Stoff austreten können.

beute dagegen nur ca.4% der des thalliumaktivierten Natriumjodids. Intensität und Abklingzeit sind temperaturabhängig [48]. Auch natürlicher und synthetischer Flußspat sowie Kalziumwolframat $CaWO_4$ eignen sich zum Nachweis von β- und γ-Strahlen. Mit $CaWO_4$-Einkristallen kann auch die Energie der α-Teilchen gemessen werden [55].

Einen wesentlichen Fortschritt brachten die organischen Phosphore Naphthalin, Anthrazen [77], Stilben [50] [93], Phenanthren u. a. [26] [27] [36] [39] [60] [63] [66] [72] [75] [80] [114] [118] [125] [126] [134] [144] [156]. Diese Stoffe haben zwar eine geringere Lichtausbeute (Tab. XI.1), doch besitzen sie die folgenden Vorteile: Kristalle sind selbst bei mehreren Zentimetern Länge für ihr eigenes Fluoreszenzlicht durchlässig, sie können ferner als große Einkristalle hergestellt werden und haben Abklingzeiten, die in der Größenordnung von 10^{-8} sec liegen (Tab. XI. 1) [16] [51] [77] [83]. Gleichfalls in der Tabelle eingetragen sind die Maxima ihrer spektralen Emissionsverteilung. Diese Eigenschaften sind allerdings sehr empfindlich gegen Verunreinigungen. Am meisten werden heute Anthrazenkristalle verwendet, obgleich es nicht ganz einfach ist, große Kristalle zu züchten [16] [51]. Anthrazen- und Naphthalin-Einkristalle sind auch für Röntgen- und γ-Strahlen empfindlich, und zwar dadurch, daß ein Teil der Energie in Photo- und Comptonelektronen umgesetzt wird, die ihrerseits die Kristalle zur Lichtemission anregen. Auch Lösungen dieser Substanzen und Lösungsgemische sind mit Erfolg als Szintillationssubstanzen verwendet worden [15] [79] [88] [89] [121] [122]. Es ist offenbar sogar möglich [24], durch geeignete Lösungsgemische auch für einen gewissen Energiebereich von γ-Quanten im Röntgengebiet eine wellenlängenunabhängige Empfindlichkeit zu erzielen. Damit wird eine Dosismessung mit Szintillationszählern prinzipiell möglich.

In vielen Fällen sind auch die plastischen Leuchtstoffe von Vorteil [131] [132]. Es handelt sich dabei um feste Lösungen von Terphenyl in Polystyren. Diese Leuchtstoffmasse kann beliebig geformt und dem SEV optisch angepaßt werden.

Um einen möglichst großen Teil der vom Leuchtstoff emittierten Strahlung nutzbar zu machen, sind verschiedene Anordnungen des Leuchtschirmes bzw. der Leuchtsubstanzen möglich. Abb. XI.10 zeigt z. B. eine Anordnung, bei der die Leuchtschicht unmittelbar am Glaskolben des Vervielfachers angebracht ist und ein Hohlspiegel dafür sorgt, daß auch die reflektierte Strahlung auf die Photokathode des SEV gelangt [95].

Bei den Szintillationszählern gelingt es, einzelne aus der Photokathode austretende Elektronen zu zählen. Jedes einzelne Elektron aus der Kathode ergibt einen Impuls am Ausgang des Vervielfachers, dessen Dauer durch die verschiedenen Laufzeiten der Sekundärelektronen be-

dingt ist. Diese Impulsdauer bestimmt die maximale Anzahl von Einzelimpulsen, die in der Zeiteinheit getrennt nachgewiesen werden können
(Auflösungsvermögen). Die Ursachen dafür, daß ein Primärelektron ein

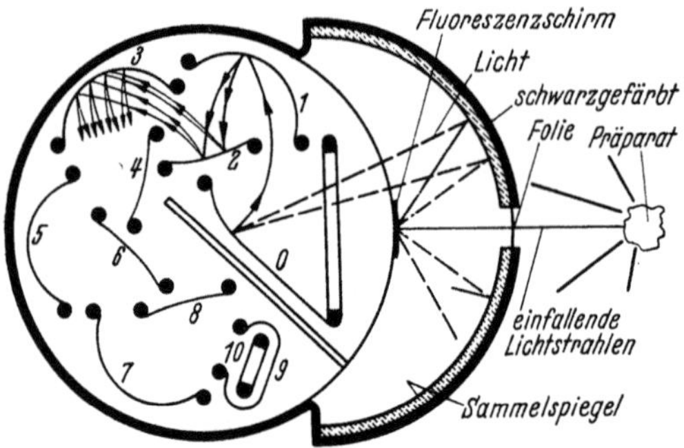

Abb. XI.10. RCA-Vervielfacher 1 P 21 als Szintillationszähler
nach [95]

„Elektronenpaket" aus-
löst, sind [49] [56] [76]
[104] [105]:

1. Schwankungen der
Auslösezeit der Sekundär-
elektronen,

2. statistische Vertei-
lung der Austrittsge-
schwindigkeit der Sekun-
därelektronen,

3. Streuung der Lauf-
zeiten im Vervielfacher,

4. Raumladungs-
effekte.

(1) liefert keinen Beitrag, da die Auslösezeit $< 10^{-11}$ sec ist [42].
Bei einer Streuung der Austrittsgeschwindigkeit der Sekundärelektronen
von 0 bis 5 V liefert (2) bei 200 V Stufenspannung einen Beitrag von

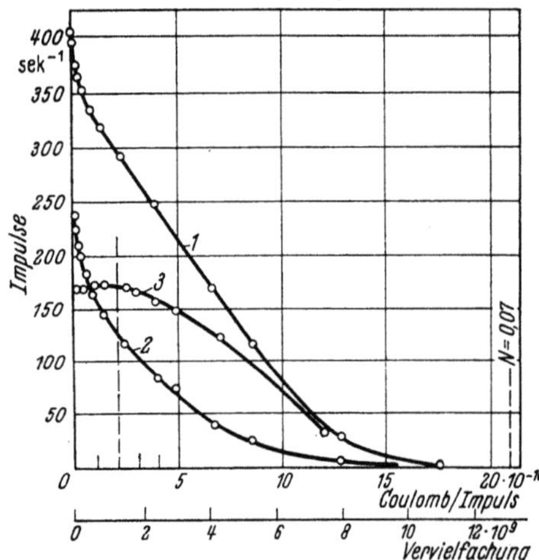

Abb. XI.11. Amplitudenverteilung der Impulse eines
einzelnen Multipliers nach [99] (N gibt die Anzahl der
Impulse je Sekunde an, welche die Amplitude A überschreiten)

ca. 15 bis 20% [129]. Lauf-
zeiteffekt (3) ist durch die
Geometrie, d. h. durch die
Konstruktion bedingt und
für Netzvervielfacher größer
als für Plattenvervielfacher.
Bei zu hohen Impulsampli-
tuden kann auch Effekt (4)
merklich in Erscheinung
treten, und zwar vor allem
dann, wenn durch mangelnde
Isolation die Stufenspannung
nicht hoch genug gewählt
werden kann.

Die mittlere Größe der
Ausgangsimpulse (Amplitu-
denverteilung) ist proportional der Zahl der Primärelektronen, die ihrerseits propor-

tional der Zahl der vom Leuchtschirm ausgehenden Lichtquanten ist. Bei
Szintillationszählern läßt sich daher zu einem bestimmten Eingangsimpuls kein definierter Wert des Ausgangsimpulses angeben, sondern
nur eine Verteilungsfunktion der Amplitudenwerte, die experimentell

bestimmt werden kann. Abb. XI. 11 zeigt solche Verteilungskurven, und zwar zeigt Kurve *1* die mit Anordnung nach Abb. XI. 5 gemessene Amplitudenverteilung. Für kleine Amplitudenwerte steigt die Verteilungskurve stark an, da außer der Kathode auch die einzelnen Vervielfacherstufen einen merklichen Beitrag liefern. Man kann diesen Effekt ausschließen, wenn man die erste Vervielfacherstufe auf das gleiche Potential bringt wie die Kathode (Kurve *2*). Die tatsächliche Amplitudenverteilung wird also durch die Differenz beider Kurven durch Kurve *3* wiedergegeben.

Die Amplitudenverteilung hat eine Reihe von Ursachen, und zwar:
1. Inhomogenität des Leuchtschirmes,
2. Inhomogenität der benutzten Strahlungsquelle,
3. Statistik der Erzeugung von Lichtquanten im Leuchtschirm,
4. Statistik des Photoeffektes und der Verstärkung im SEV.

Auch Ionenbildung von Restgasen im SEV, ebenso Kriechströme und Sprüheffekte können zusätzliche Impulse ergeben. Da diese Impulse zum größten Teil nicht am Eingang des SEV entstehen, ist ihre Ausgangsamplitude klein, d. h., sie sind wesentlich nur an der Form der Amplitudenkurve im Gebiet der kleinsten Amplituden beteiligt. Häufig treten neben dem Hauptimpuls eine größere Zahl von kleineren Nachimpulsen auf [61] [109]. Als Ursache dieser Impulse werden Ionen angesehen, die im SEV durch die Elektronen des Hauptimpulses im Restgas erzeugt werden und beim Auftreffen auf die SEV-Dynoden Elektronen erzeugen.

Literatur

[1] ALLEN, J. S.: Recent application of electron multiplier. Proc. I. R. E. 38, 346—358 (1950).

[2] ALLEN, J. S.: Phys. Rev. 61, 692 (1942).

[3] ALLEN, J. S.: The emission of secondary electrons from metals bombarded with protons. Phys. Rev. 55, 336—339 (1939).

[4] ALLEN, J. S.: The detection of single positive ions, electrons and protons by a secondary electron multiplier. Phys. Rev. 55, 966—971 (1939).

[5] ALLEN, J. S.: The X-ray photon efficiency of a multiplier tube. Rev. sci. Instrum. 12, 484 (1941).

[6] ALLEN, J. S.: Improved electron multiplier particle counter. Rev. sci. Instrum. 18, 739—749 (1947).

[7] ALLEN, J. S.: Particle detection with multiplier tubes. Nucleonics 3, 34—39 (1948).

[8] BALDINGER, E., P. HUBER u. K. P. MEYER: High speed coincidence circuit used for multipliers. Rev. sci. Instrum. 19, 473—474 (1948).

[9] BAY, Z.: Elektronenvervielfacher als Elektronenzähler. Z. Phys. 117, 227 bis 243 (1941).

[10] BAY, Z., u. G. PAPP: Coincidence device of 10^{-8}—10^{-9} second resolving power. Rev. sci. Instrum. 19, 565 (1948).

[11] BAY, Z.: Electron multiplier as an electron counting device. Nature 141, 284, 1011 (1938).

[12] BAY, Z.: Electron multiplier as an electron counting device. Rev. sci. Instrum. 12, 127 (1941).

[13] BAY, Z.: A new type of high speed coincidence circuit. Rev. sci. Instrum. 22, 397 (1951).

[14] BAY, Z.: Differential coincidence method. Phys. Rev. 83, 242 (1951).

[15] BELCHER, E. H.: Scintillations produced in liquids by high energy radiation: Dinaphthyl as a scintillations medium. Nature 167, 314 (1951).

[16] BELL, P. R.: The use of anthracene as a scintillation counter. Phys. Rev. 73, 1405 (1948).

[17] BELL, P. R., u. H. E. PETCE: Phys. Rev. 76, 1409 (1949).

[18] BERRY, H. W.: Secondary electron emission by fast neutral molecules and neutralization of positive ions. Phys. Rev. 74, 848 (1948).

[19] BIRKS, I. B.: Nuclear scintillation counters. J. Brit. Inst. Radio Engrs. 11, 209—233 (1951).

[20] BIRKS, I. B.: Scintillation counters. London: Pergamon Press 1953.

[21] BLANC, D., J. F. DETŒUF u. P. MAIGNAN: La détection des particules par scintillations I. Photomultiplicateurs.

[22] BLAU, M., u. B. DREYFUSS: The multiplier tube in radioactive measurements. Rev. sci. Instrum. 16, 245—248 (1946).

[23] BOWLING, R., BARNESS, D. RICHARDSON, J. W. BERRY u. R. J. HOOD: Industr. Engng. Chem. 17, 605 (1945).

[24] BREITLING, H., u. R. GLOCKER: Über die Wellenlängenabhängigkeit von Szintillationszählern im Röntgengebiet. D. Naturw. 39, 84 (1952).

[25] BROSER, J., u. H. KALLMANN: Über die Anregung von Leuchtstoffen durch schwere Korpuskularteilchen. Z. Naturforsch. 2a, 439 (1947).

[26] BROSER, J., u. H. KALLMANN: Über den Elementarprozeß der Lichtanregung in Leuchtstoffen durch α-Teilchen, schnelle Elektronen und γ-Quanten. Z. Naturforsch. 2a, 642 (1947).

[27] BROSER, J., L. HERFORTH, H. KALLMANN u. U. M. MARTIUS: Über den Elementarprozeß der Lichtanregung von Leuchtstoffen. III. Die Anregung des Naphthalins. Z. Naturforsch. 3a, 6 (1948).

[28] BROSER, J., u. H. KALLMANN: Die Bestimmung der Energie von α-Teilchen mit dem Kristall-Leuchtmassenzähler. Ann. Phys. 3, 317 (1948).

[29] BROSER, J., u. H. KALLMANN: Quantitative Messungen an α-Teilchen mit dem Leuchtmassenzähler. Ann. Phys. 4, 61 (1948).

[30] BROSER, J., u. H. KALLMANN: Anregung von Leuchtstoffen durch die energiereichen Kerntrümmer der Uranspaltung. Ann. Phys. 4, 85 (1948).

[31] BROSER, J.: Über die Streuung und Absorption des Lumineszenzlichtes in polykristallinen Leuchtstoffschichten bei Anregung mit energiereichen Quanten- und Korpuskularstrahlen. Ann. Phys. 5, 401 (1950).

[32] BROSER, J., H. KALLMANN u. C. REUTER: Quantitative Messungen über den Elementarprozeß der Lichtanregung von Leuchtstoffen durch einzelne α-Teilchen. Z. Naturforsch. 5a, 79 (1950).

[33] CARPENTER, R. O. B., E. DUBOIS u. J. STERNER: J. opt. Soc. Amer. 37, 707 (1947).

[34] CASSEN, B., C. W. REED, L. CURTIUS u. L. BAURMASH: Low-rate alpha scintillation counter. Nucleonics 4, 55—59 (1949).

[35] COHEN, A. A.: The isotopes of cerium and rhodium. Phys. Rev. 63, 219 (1943).

[36] COLLINS, G. B., u. R. C. HOYT: Phys. Rev. 73, 1259 (1948).

[37] COLTMAN, J. W., u. MARSHALL: Some characteristics of the photomultiplier radiation detector. Phys. Rev. 72, 528 (1947).

[38] CURRAN, S. C., u. W. R. BAKER: Rev. sci. Instrum. 19, 116 (1948).

[39] DEUTSCH, M.: Nucleonics 2, 58 (1948).

[40] DIEKE, G. H., u. H. M. CROSSWHITE: J. opt. Soc. Amer. 35, 471 (1945).

[41] DIEKE, G. H.: Rev. sci. Instrum. 18, 907 (1947).

[42] DIEMER, G., u. J. L. JONKER: On the time delay of secondary emission. Phil. Res. Rep. 5, 161 (1950).

[43] ECKART, F.: Der Sekundärelektronen-Vervielfacher in der Tonfilmtechnik. Bild u. Ton 6, 9—14 (1953).

[44] ECKART, F., u. O. HACHENBERG: Die Leuchtschirmabtastung des Fernsehens bei Film- und Diapositiv-Abtastern. Nachr.-Techn. 2, 116—120 (1952).

[45] EGGIN u. J. OLIN: Astrophys. J. 111, 65, 81, 414 (1950); 112, 141 (1950).

[46] EGGIN u. J. OLIN: Astrophys. J. 113, 367 (1950).

[47] ELMORE, C. W.: Rev. sci. Instrum. 20, 963 (1949); 21, 649 (1950).

[48] ELMORE, C. W.: Phys. Rev. 75, 1, 203 (1949).

[49] ENGSTROM, R. W.: Multiplier phototube characteristics application to low light levels. J. opt. Soc. Amer. 37, 420 (1947).

[50] FARMER, E. C., u. I. A. BERNSTEIN: Molded multi-crystalline stilbene for scintillation counting. Nucleonics 10, 2,54 (1952).

[51] FEAZEL, C. E., u. C. D. SMITH: Production of large crystals naphthalene and anthracene. Rev. sci. Instrum. 19, 817—818 (1948).

[52] FISCHER, F.: Schweiz Arch. 6, 89 (1940).

[53] FÜNFER, E.: Zählung von Elementarteilchen und Quanten mit Elektronenvervielfachern und Leuchtschirm. Z. Naturforsch. 4a, 672—682 (1949).

[54] FÜNFER, E., u. H. NEUERT: Zählrohre und Szintillationszähler. Karlsruhe: Braun 1954.

[55] GARLICK, G. F. J.: Phys. Rev. 75, 9, 1446 (1949).

[56] GARLICK, G. F. J., u. G. T. WRIGHT: Characteristic of scintillation counters. Proc. phys. Soc., Lond. B 65, 415—421 (1952).

[57] GARTLEIN, C. W.: Alternating current amplifier for astronomical photometry. Astrophys. J. 54, 186 (1949).

[58] GARWIN, R. L.: Rev. sci. Instrum. 21, 569 (1950).

[59] GEIGER, H.: Hdb. d. Phys. 22/2, 219 (1933).

[60] GITTINGS, H. T., R. F. TASCHEK, A. R. RONZIO, E. JONES u. W. J. MASILUN: Relative sensitivities of some organic compounds for scintillation counters. Phys. Rev. 75, 205 (1949).

[61] GODFREY, T. N. K., F. B. HARRISON u. J. W. KEUFFEL: Satellite pulses from photomultipliers. Phys. Rev. 84, 1248 (1951).

[62] GÖRLICH, P.: Die lichtelektrischen Zellen, ihre Herstellung und Eigenschaften. Leipzig 1951.

[63] HANLE, W.: Der Szintillationszähler. D. Naturw. 38, 176—185 (1951).

[64] HEALEA, M., u. C. HOUTERMANS: Relative secondary electron emission due to He, Ne and A ions bombarding a hot nickel target. Phys. Rev. 58, 608 bis 610 (1940).

[65] HERBERT, R. J. T.: Discrimination against noise in scintillation counter. Nucleonics 10, 37—39 (1952).

[66] HERFORTH, L., u. D. ROSAHL: Zur Fluoreszenz organischer Substanzen bei Anregung mit schnellen Elektronen und γ-Strahlen unter besonderer Berücksichtigung der Konstitutionsspezifität. Ann. Phys. 12, 340—347 (1953).

[67] HILL, A. G., W. W. BUECHNER, J. S. CLARKS u. J. B. FISK: Emission of secondary electrons under high energy positive ion bombardment. Phys. Rev. 55, 463—470 (1939).

[68] HOFSTADTER, R., MILTON u. J. A. McINTYRE: Bull. Ann. Phys. Soc. 16, 1 (1949).

[69] HOFSTADTER, R.: Phys. Rev. 74, 100 (1948).

[70] HOFSTADTER, R.: The detection of gamma-rays with Thallium-activated Sodium-iodide crystals. Phys. Rev. 75, 796 (1945).

[71] HOFSTADTER, R., u. J. A. McINTYRE: Rev. sci. Instrum. 21, 52 (1950).

[72] HOFSTADTER, R., S. H. LIEBSON u. J. O. ELLIOT: Terphany (and Dibenzy) scintillation counters. Phys. Rev. 78, 81 (1950).

[73] HOFSTADTER, R.: General properties of crystals. Nucleonics 6/5, 72 (1950).

[74] HOLIDAY, E. R.: Photoelectric spectroscopy. Group Bull. 2, 19 (1950).

[75] HOPKINS, J. I.: Phys. Rev. 77, 406 (1950).

[76] HOYT, R.: Rev. sci. Instrum. 20, 178 (1949).

[77] HUBER, O., F. HUMBEL, H. SCHNEIDER u. R. STEFFEN: Verwendung von Anthracen-Kristallen in Szintillationszählern. Helv. phys. Acta 22, 418 (1949).

[78] INGHRAM, M. A.: Advances in Electronics 2, 252 (1948).

[79] JOHNSON, P. D., u. F. E. WILLIAMS: Luminescent efficiency of organic solutions and crystals. Phys. Rev. 81, 146 (1951).

[80] JORDAN, W. H., u. P. R. BELL: Scintillation counters. Nucleonics 5/4, 30 (1949).

[81] KAHAN, TH., J. DEBIESSE, R. CHEMPEIX u. H. BIZOT: J. Phys. Radium 8, 25 (1948).

[82] KALLMANN, H.: Natur u. Techn., Juli 1947.

[83] KALLMANN, H.: Ann. Phys. 4, 57 (1948).

[84] KALLMANN, H.: Quantitative measurements with scintillation counters. Phys. Rev. 75, 623—626 (1948).

[85] KALLMANN, H., u. C. A. ACCARDO: Rev. sci. Instrum. 21, 48 (1950).

[86] KALLMANN, H.: Measurement of α-particles energies with the crystals fluoroscope counter. Nature 163, 21 (1949).

[87] KALLMANN, H., u. M. SIDOW: Scintillation counting techniques. Nucleonics 10/9, 15 (1952).

[88] KALLMANN, H., u. M. FÜRST: Fluorescence of solutions bombarded with high energy radiation (energy transport in liquids). Phys. Rev. 79, 857 (1950).

[89] KALLMANN, H., u. M. FÜRST: Energy transport in liquids. (II) Phys. Rev. 81, 853 (1951); (III) Phys. Rev. 85, 816 (1952).

[90] KALLMANN, H., u. M. FÜRST: Fluorescent liquids for scintillation counters. Nucleonics 8/3, 33 (1951).

[91] KRON, G. E.: Lick Obs., Bull. Nr. 499 (1939).

[92] KRON, G. E.: Electronics 21/8; 98—103 (1948).

[93] LEININGER, R. F.: On the preparation of stilben crystals. Rev. sci. Instrum. 23, 127 (1952).

[94] LYSHADE, J. M., u. J. C. MADSEN: Z. Phys. 108, 777 (1938).

[95] MARSHALL, F. H., J. W. COLTMAN u. I. BENNET: The photomultiplier radiation detector. Rev. sci. Instrum. 19, 744—757 (1948).

[96] McINTYRE, W. J.: Phys. Rev. 76, 312 (1949).

[97] MEON, R. I.: Phys. Rev. 73, 1210 (1938).

[98] MEYER, K. P.: Helv. phys. Acta 29, 211 (1946).

[99] MEYER, K. P., E. BALDINGER u. P. HUBER: Koinzidenzanordnung mit einem Auflösungsvermögen bis zu $2 \cdot 10^{-9}$ sec unter Verwendung von Multipliern als Zähler. Helv. phys. Acta 23, 121—142 (1950).

[100] MEYER, K. P., P. HUBER u. E. BALDINGER: Koinzidenzmessungen an Licht- und γ-Quanten mit Multipliern. Helv. phys. Acta **21**, 188 (1948).

[101] MIKESELL, A. H.: Comparison of signal to noise ratios of a number of 1 P 21 photomultipliers. Astrophys. J. **54**, 191—192 (1940).

[102] MILLER, C. H., D. A. LONG, L. A. WOODWARD u. H. W. THOMSON: Proc. phys. Soc. **62**, 400 (1949).

[103] MORRISH, A. H., u. J. S. ALLEN: Performance of the Allen type multiplier tube for lithium ion counting. Phys. Rev. **74**, 1260 (1948).

[104] MORTON, G. A., u. J. A. MITCHELL: Performance of 931-A-Type multiplier in a scintillation counter. RCA-Rev. **9**, 632 (1948).

[105] MORTON, G. A.: Photomultiplier for scintillation counting. RCA-Rev. **10**, 525—553 (1949).

[106] MORTON, G. A., u. J. A. MITCHELL: Performance of 931-A-Type multiplier as a scintillation counter. Nucleonics **4**, 16—23 (1949).

[107] MORTON, G. A., u. K. W. ROBINSON: A coincidence scintillation counter. Nucleonics 4/2, 25—29 (1949).

[108] MORTON, G. A.: The scintillation counter. Advances in Electronics IV. 69—107 (1952).

[109] MUELLER, B. W., G. BERT, J. JACKSON u. J. SINGLETUREY: Afterpulsing in photomultipliers. Nucleonics 10/6, 53 (1952).

[110] NEDDERMEYER, S. H., E. J. ALTHAUS u. W. ALLISON: Rev. sci. Instrum. **18**, 488 (1947).

[111] NENNING, P.: Einfluß der Totzeit von GEIGER-MÜLLER-Zählrohren auf die Direktanzeige des zeitlichen Mittelwertes der Impulsfähigkeit. Z. angew. Phys. **6**, 145—150 (1954).

[112] NEWTON, T. D.: Phys. Rev. **78**, 490 (1950).

[113] NIER, A. O. C.: A mass spectrometer to routine isotope abundance measurements. Rev. sci. Instrum. **11**, 212—216 (1940).

[114] NOVTON, F. J.: Phys. Rev. **77**, 759 (1950).

[115] ORTEL, W. C. G.: A multichannel pulse-height and delay-time recorder. Rev. sci. Instrum. **25**, 164—169 (1954).

[116] PAPP, G.: The determination of the pulse period of electron multiplier tubes. Rev. sci. Instrum. **19**, 568—569 (1948).

[117] POST, R. F.: Performance of pulse photomultipliers. Nucleonics **10**, 46—50 (1952).

[118] RAMLER, W. J., u. M. S. FREEDMAN: Rev. sci. Instrum. **21**, 922 (1950).

[119] RANK, D. H., R. J. PFISTOR u. P. D. COLEMAN: J. opt. Soc. Amer. **32**, 390 (1942).

[120] RANK, D. H., R. W. SCOTT u. M. R. FENSKE: Industr. Engng. Chem. **14**, 816 (1942).

[121] REYNOLDS, G. T.: Liquid scintillation counter. Nucleonics 6/5, 68 (1950).

[122] REYNOLDS, G. T., F. B. HARRISON u. G. SALVINI: Liquid scintillation counters. Phys. Rev. **78**, 488 (1950).

[123] ROBSON, J. M.: Electron multiplier as a counter for 10 keV protons. Rev. sci. Instrum. **19**, 865—871 (1948).

[124] RODDA, S.: Photoelectric multipliers. London: McDonald 1953.

[125] ROSAHL, D.: Fluoreszenzspektren und Quantenausbeuten einiger fester organischer Substanzen bei UV-Anregung. Ann. Phys. **12**, 35—44 (1953).

[126] ROTH, L.: Phys. Rev. **75**, 983 (1949).

[127] SAUNDERSON, J. L., V. J. CALDECOURT u. E. W. PETERSON: J. opt. Soc. Amer. **35**, 681 (1945).

[128] SAUTER, F.: Zur Statistik bei Elektronen-Vervielfachern. Z. Naturforsch. 4a, 682—691 (1949).

[129] SCHAETTI, N.: Sekundärelektronen Vervielfacher. Z. angew. Math. Phys. 2, 123—158 (1951).

[130] SCHAETTI, N.: Neue Entwicklungen auf dem Gebiete der Photozellen mit Sekundärelektronen-Vervielfachern. Bull. schweiz. elektrotechn. Ver. 12, 1—7 (1953).

[131] SCHORR, M. G., u. F. G. TORNEY: Solid non crystalline scintillation phosphors. Phys. Rev. 80, 474 (1950).

[132] SCHORR, M. G., u. E. C. FARMER: Scintillation pulse sizes of solid noncrystalline type phosphor. Phys. Rev. 81, 891 (1951).

[133] SCHRADER, E. F.: A high speed short resolving time coincidence circuit for use with scintillation counters. Rev. sci. Instrum. 21, 883 (1950).

[134] SCTILLINGER, E.: Phys. Rev. 75, 900 (1949).

[135] SHARPE, I., u. D. TAYLOR: Nuclear particle and radiation detectors II. Proc. Inst. Electr. Engrs. Teil II, 98, 209—230 (1951).

[136] SHERR, R.: Scintillation counter for the detection of α-particles. Rev. sci. Instrum. 18, 767—770 (1947).

[137] SHERR, R.: Scintillation counter for laboratory counting of α-particles. Rev. sci. Instrum. 20, 560 (1949).

[138] SHIREN, N. S., u. R. F. POST: A high resolution coincidence counting system. Phys. Rev. 83, 886 (1951).

[139] SOMMER, A., u. W. E. TÜRK: New multiplier phototubes of high sensitivity. J. sci. Instrum. 27, 113 (1950).

[140] STEBBINS, J., u. A. E. WHITFORD: Astrophys. J. 108, 413 (1948).

[141] STONE, R. P.: A secondary emission electron multiplier tube for the detection of high energy particles. Rev. sci. Instrum. 20, 935 (1949).

[142] SWANK, R. K., u. W. L. BUCK: Pulse-height resolution and photosensitivity. Nucleonics 10, 51—53 (1952).

[143] SWEET, M. H.: J. Soc. Mot. Pict. & Tel. Engrs. 54, 34 (1950).

[144] TASCHEK, R. F.: Phys. Rev. 74, 1553 (1948).

[145] TAYLOR, D.: Radiation and particle detectors in modern nucleonics instruments. J. Brit. Inst. Radio Engrs. 11, 247—259 (1951).

[146] TAYLOR, D., u. L. SHARPE: Nuclear particle and radiation detectors. J. Proc. Inst. Electr. Engrs. Teil II, 98, 174—190 (1951).

[147] THOM: Fernsehen 6, 84 (1938).

[148] TROST, A.: Z. Phys. 105, 399 (1937).

[149] WEISS, G.: Z. techn. Phys. 17, 623 (1936).

[150] WEISS, G.: Fernsehen 6, 53 (1935).

[151] WEISS, G.: Fernsehen 7, 41 (1936).

[152] WELLS, F. H.: Fast pulse circuit techniques for scintillation counters. Nucleonics 10, 4/28 (1952).

[153] WELLS, F. H.: Pulse circuits for the millimicrosecond range. J. Brit. Inst. Radio Engrs. 11, 491—503 (1951).

[154] WIEGAND, C.: Distributed coincidence circuit. Rev. sci. Instrum. 21, 975 (1950).

[155] WHITFORD, A. E., u. G. E. KRON: Photoelectric guiding of astronomical telescopes. Rev. sci. Instrum. 8, 78 (1937).

[156] WOUTERS, L. F.: Phys. Rev. 74, 489 (1948).

[157] ZWORYKIN, V. K.: J. Soc. Mot. Pict. & Tel. Engrs. 55, 227 (1950).

[158] Ohne Verfasser: Symposium on latest developments on scintillation counting. Nucleonics 10/3, 32—41 (1952).

XII. Besondere Anwendungsgebiete der Photozelle

Von **W. Leo**, Braunschweig, und **H. Simon**, Berlin

94. Der Tonfilm[1] [2]

Im Jahre 1928 erfolgte die Einführung des Tonfilms in die Filmtheater. Da sich für die Wiedergabe die Lichtabtastung als die einzig praktisch durchführbare Methode erwies, erfuhr die Entwicklung der Photozellen, die mit dem äußeren Photoeffekt arbeiten, einen starken Auftrieb. Nur diese Zellen vermochten die erforderlichen hohen Tonfrequenzen wiederzugeben.

Man unterscheidet drei Aufnahmeverfahren, um Tonfilme herzustellen: den Nadelton, den Magnetton und den Lichtton. Nur die beiden letzteren sind noch in Anwendung, wobei die Magnettonaufnahme besonders zu Wochenschauberichten benützt wird, um für die Wiedergabe auf Lichtton umkopiert zu werden. Der Lichtton hat so viele Vorzüge bei der Herstellung, Synchronisierung, beim Verleih und Transport des Films, daß er an erster Stelle liegt. Bild und Ton sind auf demselben Filmstreifen mit einer Versetzung von 40 cm aufgezeichnet, so daß bei der Wiedergabe lediglich das Einlegen des Films für den Gleichlauf maßgebend ist. Der Gedanke der gleichzeitigen Aufzeichnung von Ton und Bild ist schon sehr früh ausgesprochen worden [3], jedoch erst im Jahre 1919 konnten VOGT, ENGEL und MASSOLLE [4] brauchbare Aufnahmen vorführen (Triergonverfahren).

Die *Lichttonaufnahme* erfolgt nach zwei Methoden:

Beim *Intensitäts-* oder Schwärzungsverfahren (Sprossenschrift) [5] wird die ganze Länge des Lichtspaltes und damit die ganze Breite des Tonstreifens gleichmäßig belichtet. Die akustischen Wellen werden vom Mikrophon in elektrische Wechselströme verwandelt. Diese steuern die Lichtstärke einer Glimmlampe, einer Bogenentladung oder die Doppelbrechung einer Kerrzelle. Die Helligkeitsschwankungen werden auf photographischem Wege als Schwärzungsunterschiede auf dem Negativfilm niedergeschrieben, der sich mit konstanter Geschwindigkeit an der Belichtungsoptik vorbeibewegt.

Beim *Amplitudenverfahren* (Zackenschrift) [6] bleibt die Helligkeit der Lichtquelle für das einzelne Flächenelement konstant. Zwischen Lichtquelle und Film befindet sich ein von den akustischen Wellen über elektrische Umformung gesteuertes Blendensystem, an dessen Stelle auch der Spiegel einer Oszillographenschleife benutzt werden kann. Die Schleifenresonanz wird über 10000 Hz gelegt, um die linearen Verzerrungen zu vermeiden, die durch die Eigenfrequenz des Spiegelsystems

---

[1] Verfasser: H. SIMON, Berlin.

entstehen könnten. GEHRCKE schlug 1905 vor, die Ausdehnung der Leuchtsäule einer Glimmlampe, die auf der Tonspur abgebildet wird, zu benutzen. Bei diesem Verfahren reicht die Intensität nicht aus, um eine einwandfreie Schwärzung des Films zu erzielen. Der Tonstreifen ist bei den meisten Amplitudenverfahren, wenn keine Steuerung durch akustische Signale vorliegt (Nullinie), zur einen Hälfte durchlässig (unbelichtet) und zur anderen undurchlässig (belichtet). Die akustischen Schwingungen bewirken eine Steuerung des Spiegel- oder Blendensystems und damit eine Veränderung der Filmschwärzung um diese Nullinie herum.

Das *Wiedergabeverfahren* ist für beide Aufnahmemethoden das gleiche. Abb. XII.1 zeigt das prinzipielle Schema der Wiedergabeanordnung.

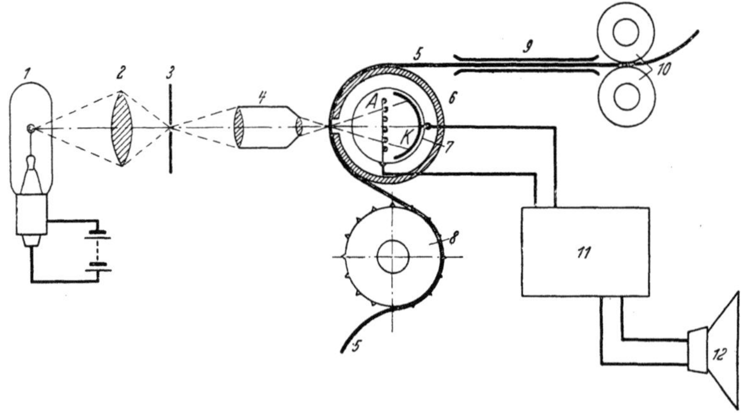

Abb. XII.1. Schematische Darstellung eines Tonfilmwiedergabegerätes

Der von einer 30 Watt-Wolframlampe *1* durch den Kondensor *2* beleuchtete Spalt *3* wird mit einer Mikroskopoptik *4* auf der Tonspur des Films *5* abgebildet, so daß die ganze Breite der Tonspur belichtet ist. Der Film gleitet auf der feststehenden Führungsbahn *6*, in deren Innerem sich die Photozelle *7* mit Anode A und Kathode K befindet. Der ausgelöste lichtelektrische Wechselstrom wird im Photozellenverstärker *11* verstärkt und dem Schallsender *12* zugeführt. Eventuelle Stöße des Films werden durch die Einlaufrollen *10* und die Bremsbahn *9* gedämpft. Der Filmtransport erfolgt durch die gleichmäßig laufende Zahnrolle *8*. Der Photozellenverstärker *11* ist möglichst nahe an die Photozelle herangebaut, um die Kapazität der Zuleitung so klein wie möglich zu halten, da diese eine Beschneidung der hohen Frequenzen bedingt. Eine direkte Verbindung der Photozelle mit der ersten Verstärkerröhre ist ungünstig, da infolge der Erschütterungen der laufenden Wiedergabeapparatur durch Schwingen der Elektroden der Verstärkerröhre unerwünschte Nebengeräusche entstehen. Zwischen dem Photozellenverstärker *11* und dem Schallsender *12* sind, je nach der Größe des Lichtspielhauses, entsprechende Kraftverstärker eingebaut.

Der Schnitt durch eine ältere Photozelle mit Gehäuse ist in Abb. XII. 2 wiedergegeben. Damit die aus einem Gitter bestehende Anode gegen

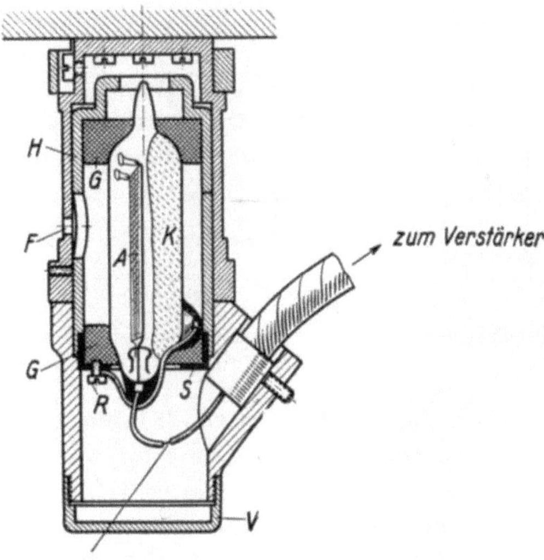

Abb. XII.2. Schematische Darstellung einer Tonfilmphotozelle (in die Fassung eingebaut).
A Anode, *K* Kathode (Alkalischicht), *G* Gummipolster, *V* abnehmbare Verschlußkappe, *F* Fenster und Zerstreuungsoptik für den Lichteintritt, *M* Schutzgehäuse für die Zelle

die Kathode keine Bewegungen ausführen kann, ist die Zelle in Gummipolstern *G* gelagert, welche die während des Laufes des Projektors entstehenden Erschütterungen abfangen. Zwei der zur Zeit gebräuchlichsten Tonfilmphotozellen zeigt die Abb. XII.3. Bei den für die Ton-

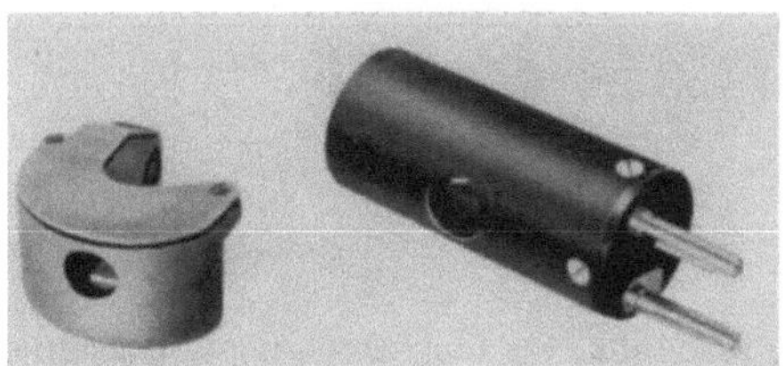

Abb. XII.3. Zwei moderne Tonfilmphotozellen

filmwiedergabe in Frage kommenden Frequenzbereichen spielt die Frequenzabhängigkeit einer Vakuumzelle gegenüber den durch Film und Tonoptik gegebenen Grenzen, wie endliche Spaltbreite, Lichtstreuung und Reflexion in der Filmschicht und Beugung des Lichts am Spalt der Optik keine Rolle. Dagegen ist bei den gasgefüllten Zellen bereits mit einem Frequenzgang zu rechnen, der jedoch durch geeignete Bemessung von Gasdruck und Saugspannung in erträglichen Grenzen gehalten werden kann (vgl. Abb. XII.4). Dann muß man allerdings einen Verlust an der Gesamtverstärkung in Kauf nehmen. Als besonders geeignet hat sich die mit Argon gefüllte AEG-Patinzelle erwiesen (s. Kap. IV, S.285).

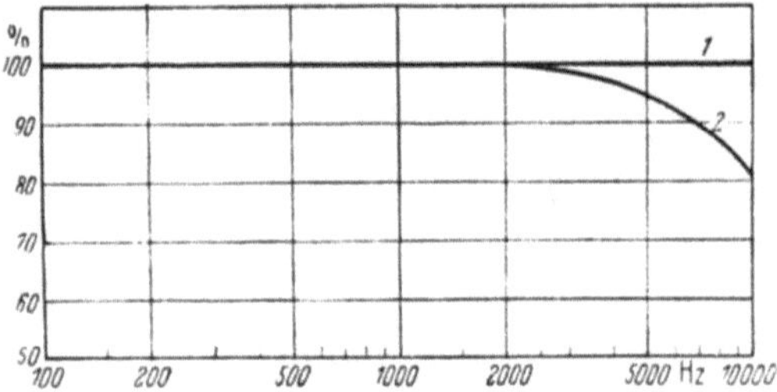

Abb. XII.4. Frequenzabhängigkeit einer Hochvakuumzelle (Kurve *1*) und einer gasgefüllten Patinzelle (Kurve *2*)

Der Störpegel bei der Wiedergabe von Tonfilmen ist zum größten Teil durch den Film selbst bedingt. Das Filmrauschen entsteht zum kleinen Teil beim Kopieren und zum größeren Teil durch die Ungleichmäßigkeit der Filmemulsion (Zellhornrauschen und Kornrauschen). Von dem Geräusch, das von der mechanischen Beschädigung nach mehr-

Abb. XII.5. Tonabtastgerät mit eingebautem Photostromvervielfacher

fachem Abspielen entsteht, sei hier abgesehen. Bei einem Modulationsgrad von 100% liegt das Filmrauschen eines neuen, normalen Films in der Größenordnung von 0,5%. Beträgt die anwendbare Dynamik ca. 40 db, so kann durch Anwendung besonderer Verfahren, wie PHILIPS-MÜLLER-Verfahren und Reintonverfahren, die Dynamik noch um weitere 10 db gesteigert werden.

Trotzdem müssen für die Tonfilmwiedergabe Photozellen benutzt werden, deren Rauschen möglichst gering ist bzw. deren Signal/Rauschquotient sehr groß ist. Da das Rauschen der ersten Verstärkerröhre ebenfalls eingeht, müssen hierfür besonders rauscharme Verstärkerröhren benutzt werden.

Obwohl die Güte der Tonfilmwiedergabe überwiegend durch die Eigenschaften des Films und durch den Lauf der Apparatur bedingt

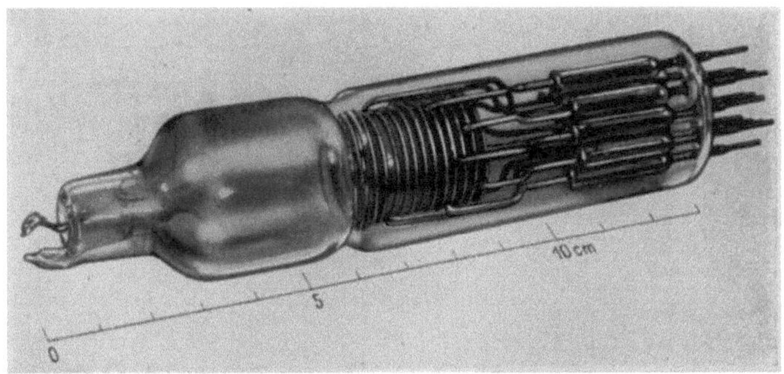

Abb. XII.6. Photozelle mit Sekundärelektronenvervielfacher nach ECKART

ist, wurde die Verwendbarkeit des Sekundärelektronen-Vervielfachers (SEV) für Tonfilmzwecke vorgeschlagen. ECKART benutzte ein Europa-Lichttongerät (Abb. XII.5), in das eine SEV-Photozelle (Abb. XII.6) eingebaut wurde. Der Spannungsteiler ist unmittelbar in der Einbaufassung untergebracht (Abb. XII.7), so daß nur zwei Spannungszuführungen not-

Abb. XII.7. Die Zelle gemäß Abb. XII.6 im Gehäuse eingebaut

wendig sind. Als Verstärker diente ein einfacher Gegentaktendverstärker mit einer Doppeltriode als Phasenumkehrstufe (Abb. XII.8). Der Arbeitswiderstand betrug 500 kΩ, Verstärker und SEV wurden getrennt gespeist. Die SEV-Spannung betrug 1600 V, die Brummspannung nach doppelter R, C-Siebung 20 mV. Die Verstärkung war relativ gering und betrug etwa $5 \cdot 10^3$ bis $1,4 \cdot 10^4$, die Kathodenempfindlichkeit 30 μA/lm. Es zeigte sich, daß bereits bei Lichtströmen von 10^{-4} bis 10^{-5} lm der

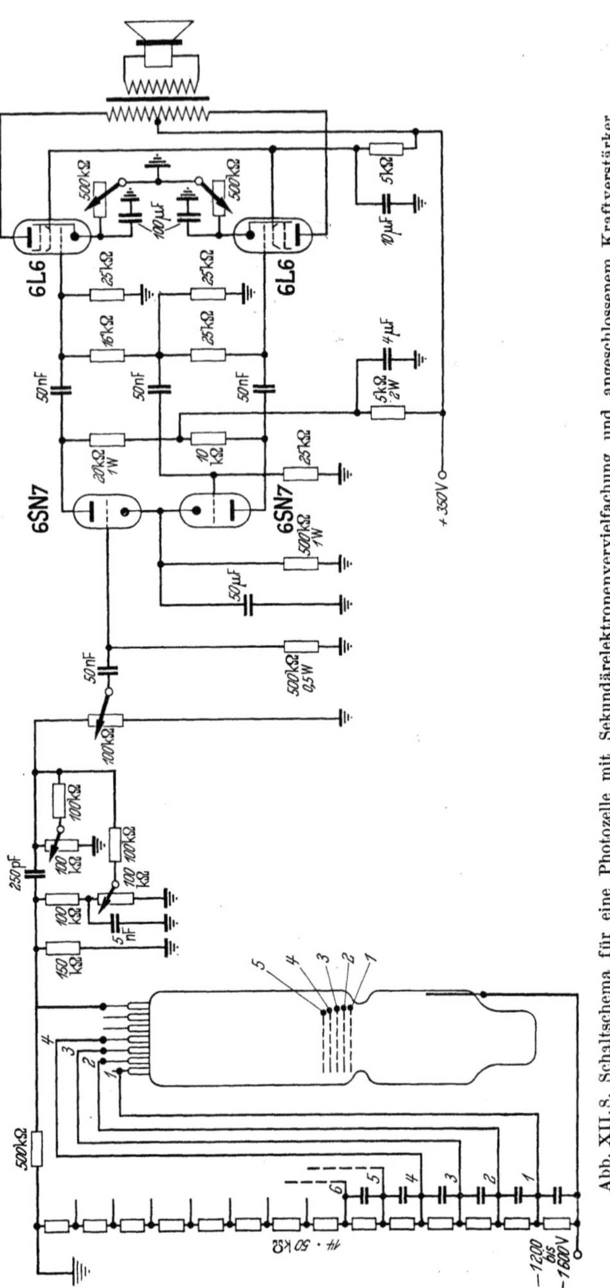

Abb. XII.8. Schaltschema für eine Photozelle mit Sekundärelektronenvervielfachung und angeschlossenem Kraftverstärker

Verstärker voll ausgesteuert wurde. Beim Arbeitswiderstand von 500 kΩ betrug bei einem Modulationslichtstrom von $2 \cdot 10^{-4}$ lm entsprechend einem Heizstrom der Tonlampe von 2,5 A (normale Betriebsdaten 6 V und 6 A) die Wechselspannung am Arbeitswiderstand bereits 30 V, eine Spannung, die zur Aussteuerung normaler Leistungsendstufen völlig ausreicht.

Daraus ergibt sich, daß die Verwendung von Photozellen mit SEV an Stelle von gasgefüllten Photozellen für die Tonfilmwiedergabe vorteilhaft ist. Da der Störpegel eines SEV vorwiegend durch die Rauscheigenschaften der Photoschicht bedingt ist (s. S. 359), muß der Signal/ Rauschabstand um so günstiger werden, je größer der auffallende Lichtstrom ist. Es entfällt somit der bei normaler Wiedergabe notwendige,

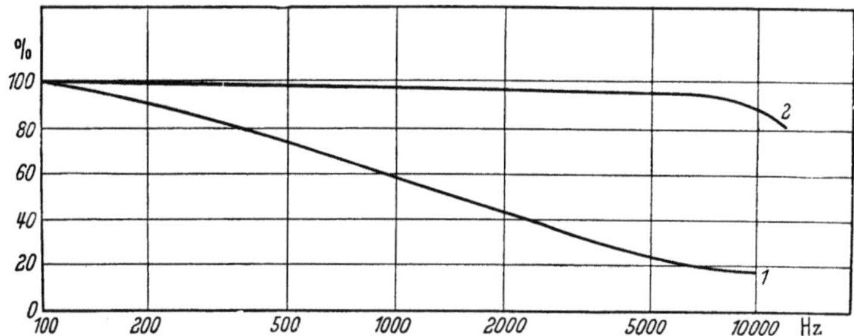

Abb. XII.9. Frequenzabhängigkeit einer alten (Kurve *1*) und einer neuen (Kurve *2*) CdS-Zelle

besonders störanfällige Vorverstärker. Für die Spannungsversorgung des SEV ist ein besonderer Netzteil notwendig. Er läßt sich mit verhältnismäßig geringen Mitteln und geringem Platzbedarf wirtschaftlich herstellen.

Es ist auch versucht worden [*1*], Photozellen mit innerem Photoeffekt für Tonfilmzwecke zu verwenden. Dieses hat nur einen Sinn, wenn sich dadurch technische Vorteile ergeben, also z. B. der Fortfall des Vorverstärkers. Die hohe Empfindlichkeit der CdS-Kristalle würde dies ermöglichen. Man könnte für Heimtonzwecke einen normalen Rundfunkempfänger verwenden, indem man an die Buchsen für die Schallplattenwiedergabe einen CdS-Zellenkreis anschaltet. Abb. XII.9 zeigt die Frequenzabhängigkeit einer alten (Kurve *1*) und einer neuen CdS-Zelle (Kurve *2*) (s. S. 311). Die Frequenzabhängigkeit ist im Gegensatz zu den Hochvakuumzellen sehr stark. Sie läßt sich aber durch entsprechende frequenzabhängige Schaltglieder kompensieren. Ferner ist es notwendig, das Prinzip der Rückwärtsabtastung zu benutzen, was sich zwangsläufig aus der Spaltform der Zelle ergibt. Es ist ferner notwendig, zwischen dem Zellenkreis und dem Verstärker ein kleines Anpassungsglied einzuschalten. Dieses enthält außerdem einen Spannungsteiler für die Zellenbetriebsspannung, die dem Verstärker direkt entnommen werden kann.

95. Anwendungen der Photozelle in Überwachungs- und Sicherungseinrichtungen und als Steuerorgan[1]

a) Signalgebung durch lichtelektrisch betätigte Relais

Wie wir schon in den vorangegangenen Abschnitten (z. B. Kap. VIII, S. 569 und 593) gesehen haben, können Photozellen nicht nur zur *Messung* von Helligkeiten, sondern in vielen Fällen mit Vorteil auch als einfache *Anzeige*instrumente für das Auftreten oder Verschwinden einer Belichtung dienen. Sie eignen sich also in besonderem Maße zur Erzeugung oder Übertragung von beliebigen *Signalen*, die durch einen *Helligkeitswechsel* auf der Zelle ausgelöst werden.

Lichtelektrische Vorrichtungen, die lediglich eine eingetretene Helligkeitsänderung anzuzeigen haben, können gewöhnlich einfacher gestaltet

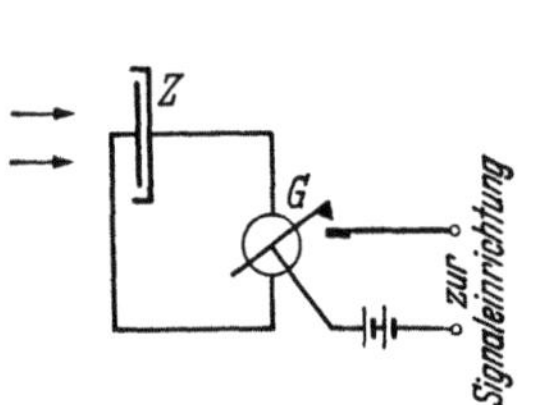

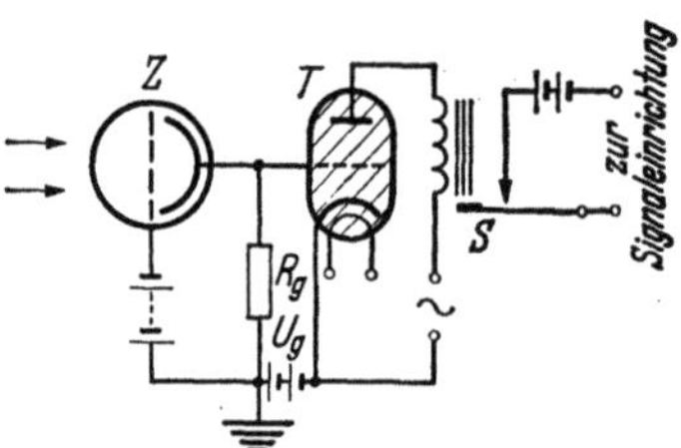

Abb. XII.10. Signalauslösung durch Belichtung eines Photoelementes (*Z*) mit angeschlossenem Kontaktgalvanometer (*G*)

Abb. XII.11. Lichtelektrische Signaleinrichtung mit Photozelle (*Z*), Thyratronröhre (*T*) und Schaltrelais (*S*)

werden als *Meß*einrichtungen, mit denen der Helligkeitsunterschied quantitativ bestimmt werden soll. Von einer Signaleinrichtung wird nur gefordert, daß sie auf eine bestimmte Helligkeitszunahme oder -abnahme mit einer hinreichenden Photostromänderung anspricht, mit der ein *Relais* oder ein ähnliches anzeigendes Organ betätigt wird.

Verwendet man z. B. ein Selen*photoelement*, das in unbelichtetem Zustand stromlos ist und schon bei schwacher Belichtung verhältnismäßig kräftige Photoströme liefert (s. Kap. VII, S. 380), so kann man in vielen Fällen ein elektromagnetisches Relais unmittelbar vom Stromkreis der Zelle betätigen lassen. Dazu eignen sich z. B. *Galvanometerrelais*, d. h. feine Drehspulsysteme, die bei einem vorgegebenen geringen Ausschlag einen sekundären Stromkreis ein- oder ausschalten (Abb. XII.10). Empfindliche Ausführungen solcher Kontaktgalvanometer sprechen schon bei Photoströmen von wenigen Mikroampere und einem Leistungsverbrauch von ca. 10^{-8} W an. Bei einem Photoelement mit einer Empfindlichkeit von ca. 400 μA/lm genügt daher eine Belichtung mit ca. 0,02 lm, um ein gewünschtes Signal auszulösen. Solche Relais können wahlweise so in den Photozellenkreis geschaltet werden, daß der

---

[1] Verfasser: W. Leo, Braunschweig, und H. Simon, Berlin.

Relaiskontakt entweder bei einer bestimmten Zellenbelichtung geschlossen wird oder bei Dauerbelichtung der Zelle geöffnet bleibt und nur bei *Abdunklung* der Zelle den Signalstromkreis schließt.

Empfindlicher als bei direkter Betätigung im Photostromkreis werden solche Anordnungen, wenn man sie mit einer Zelle mit äußerem Photoeffekt und geeigneter *Photostromverstärkung* betreibt. Dazu eignen sich besonders *Thyratronröhren* in ähnlicher Schaltung, wie wir sie in Kap. VII, S. 405, erwähnt haben. Man legt die Photozelle z. B. in der in Abb. XII.11 dargestellten Weise an den Gitterableitwiderstand einer Thyratronröhre T, deren Gitterpotential mit der Vorspannung U_g so eingestellt ist, daß es bei unbelichteter Zelle Z gerade *unter* dem Zündpotential der Röhre liegt. Bei einer bestimmten Zellenbelichtung, bei der das positiver werdende Gitterpotential die Zündspannung erreicht, setzt der Thyratronstrom ein, mit dem über ein Telegraphenrelais S eine beliebige Signaleinrichtung eingeschaltet werden kann. Wird die Röhre, wie in der Abbildung angedeutet, mit Anoden*wechselspannung* betrieben, so fließt der Relaisstrom in jeder zweiten Halbwelle der Wechselspannung, solange die Zellenbelichtung andauert, verlischt dagegen sofort, wenn die Belichtung aufhört und das Gitterpotential der Röhre damit wieder negativer wird.

Thyratronrelais dieser Art können, wie in Kap. VII, S. 406, erwähnt, noch mit Photoströmen der Größenordnung 10^{-7} bis 10^{-8} A betätigt werden. Zu noch höheren Ansprechempfindlichkeiten kann man gelangen, wenn man, ähnlich wie in Abb. VII.21 dargestellt, eine Röhre mit *hochisoliertem Gitter* zwischen die Photozelle und das Thyratron schaltet.

Bei allen Schaltungen dieser Art wird das gewünschte Signal von einer bestimmten Belichtungsintensität auf der Photozelle ausgelöst, bei welcher der zur Betätigung des Signalrelais erforderliche Strom einsetzt. Die Empfindlichkeit der Anordnung und die Sicherheit ihres Ansprechens hängen also von der Stärke der gegebenen Zellenbelichtung ab.

Wo dies vermieden werden soll und wo es vor allem auf die Anzeige eines bestimmten Belichtungsaugenblickes ankommt, ist es vorteilhafter, eine *Impulsschaltung* zu benutzen, bei der die Relaissteuerung nicht durch die Stärke der Belichtung selbst, sondern durch die *Änderung der Belichtung* bewirkt wird. Das kann z. B. in der in Abb. XII.12 dargestellten Weise geschehen, daß die Photozelle Z über einen Kondensator C_1 an das Steuergitter einer Verstärkerröhre V gelegt wird. Solange die Zelle abgedunkelt oder *konstant* beleuchtet ist, beeinflußt sie die Röhre V nicht. Sobald sich aber die Zellenbelichtung *ändert*, entsteht mit der Photostromänderung $\dfrac{di}{dt}$ ein Wechselspannungsimpuls, der über C_1 an das Gitter der Röhre V gelangt, von dieser verstärkt wird und über den Kondensator C_2 das vorher nahe unter der Zündspannung eingestellte Thyratronrohr T zur Zündung bringt. Mit dem Thyratronstrom kann dann, wie in der in Abb. XII. 11 gezeigten Schaltung, ein beliebiges Relaissignal ausgelöst werden. Eine solche Anordnung spricht sowohl auf kurze Belichtungsimpulse als auch auf momentane Abdunklung einer Photozelle in gleicher Weise an.

b) Zeitmessung und Übertragung von Zeitsignalen mit Photozellen

Impulsschaltungen der oben beschriebenen Art sind bei hinreichender Verstärkung sehr empfindlich und haben insbesondere den Vorzug, auf Belichtungsimpulse der Photozelle sehr *schnell* anzusprechen, sofern nur dafür gesorgt ist, daß der benutzte Verstärker eine genügend kleine

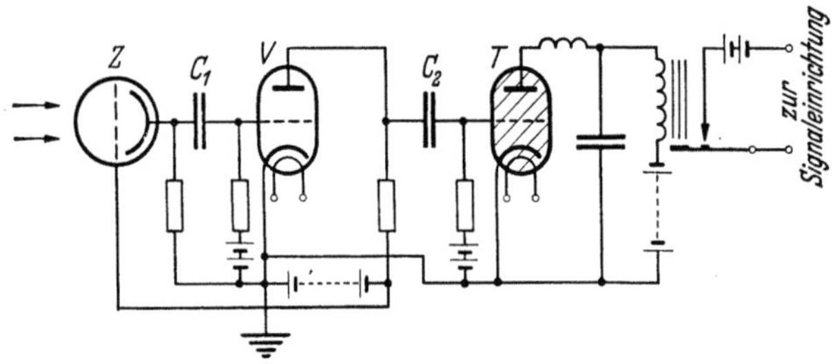

Abb. XII. 12. Lichtelektrische Signaleinrichtung in Impulsschaltung.
Z Photozelle, C_1, C_2 Kondensatoren, V Verstärkerröhre, T Thyratronröhre

Zeitkonstante besitzt (vgl. Kap. VII, S. 441). Solche Schaltungen eignen sich dann in besonderem Maße auch für die Übertragung von *Zeitsignalen*.

So kann z. B. die in Abb. XII. 12 dargestellte Anordnung in einfacher Weise zur genauen *Zeitgebung* mit einem *astronomischen Uhrpendel* dienen, wenn man ein schmales, in die Photozelle einfallendes Lichtbündel durch das vorbeischwingende Pendel periodisch abdunkeln läßt oder das Pendel mit einem kleinen Spiegel versieht, der das Licht einer feststehenden Lichtquelle bei jedem Durchgang des Pendels durch die Ruhelage kurzzeitig in die Zelle reflektiert. In beiden Fällen entstehen periodische Impulse des Photostromes, deren zeitliche Folge vom Lauf des Uhrpendels gesteuert wird und mit dem Thyratronrelais synchron auf einem Chronographenstreifen aufgezeichnet werden kann. Diese Methode der rein *optischen* Zeitgebung hat gegenüber den früher üblichen Verfahren mit elektrischen Quecksilberkontakten den wesentlichen Vorteil, daß hier jede mechanische Verbindung zwischen dem Pendel und dem Anzeigesystem, welche die Ganggenauigkeit des Pendels stören würde, vermieden wird.

Es versteht sich, daß man für genaue lichtelektrische Zeitmessungen nur *Vakuum*zellen verwendet, deren Photostrom der Belichtung *träg*-

heitsfrei folgt (vgl. S. 7). Die Zeitkonstante der Verstärkeranordnung bzw. die Ansprechverzögerung des Schreibrelais muß dabei in jedem Fall als Korrektion berücksichtigt werden.

Anordnungen, wie sie vorstehend zur Anzeige und Registrierung von Pendeldurchgängen beschrieben sind, lassen sich mit geringen Abänderungen natürlich auch zu beliebigen anderen Zeitmessungen benutzen (vgl. Kap. VIII, S. 592ff.), z. B. auch zur objektiven Anzeige der Durchgangsaugenblicke von Körpern durch eine optische Ziellinie, etwa bei Sportkämpfen u. dgl.

Die hohe Genauigkeit, die mit lichtelektrischer Zeitgebung erreicht wird, macht Verfahren dieser Art besonders auch zur Messung *kurzer*

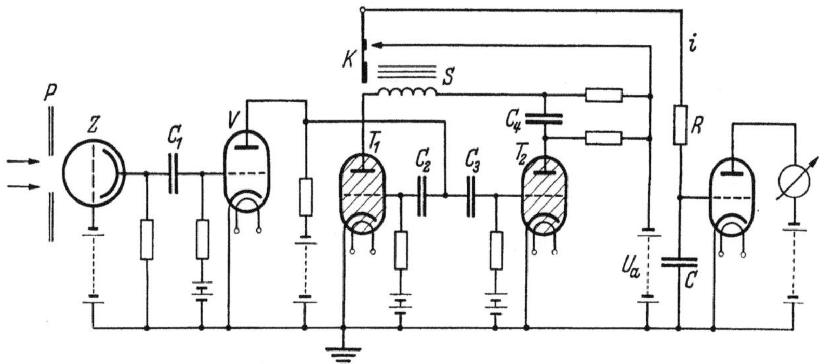

Abb. XII.13. Schaltung zur lichtelektrischen Kurzzeitmessung. Bezeichnungen s. Text

Zeitintervalle geeignet. Eine solche Aufgabe liegt z. B. bei der Kontrolle und Messung der Öffnungszeiten *photographischer Kameraverschlüsse* vor. Wenn man durch einen solchen zu prüfenden Verschluß hindurch eine Photozelle belichtet, kann man den zeitlichen Verlauf des Öffnens und Schließens des Verschlusses, z. B. als Photostromkurve, mit einem Schleifenoszillographen in der in Kap. VII, S. 451 ff., beschriebenen Weise aufnehmen. Solche oszillographische Messung ist aber für serienmäßige Verschlußprüfungen vielfach zu umständlich, zumal sie neben der eigentlichen Aufnahme die Entwicklung und Auswertung eines photographischen Registrierstreifens erforderlich macht.

Sehr viel einfacher wird die Messung, wenn man sich darauf beschränkt, an Stelle des zeitlichen *Verlaufes* der Verschlußöffnung lediglich die integrale *wirksame Öffnungszeit* zu bestimmen, d. h. die *Zeitdifferenz* zwischen dem Öffnen und Wiederschließen des Verschlusses. Die Messung solcher, meist kurzer Zeitintervalle läßt sich mit einer Impulsschaltung der oben angegebenen Art verhältnismäßig leicht durchführen.

Man braucht dazu nur die in Abb. XII.12 dargestellte Anordnung durch eine zweite Thyratronröhre T_2 (Abb. XII.13) zu ergänzen, die mit der Röhre T_1 ein sich *wechselseitig sperrendes Doppelsystem* bildet [7]. Jeder über C_1 an das Gitter der Röhre V gelangende und von dieser verstärkte Stromimpuls zündet in diesem Fall eine z. Z. stromlose Thyratronröhre und bringt dabei durch den am Kondensator C_4 entstehenden Spannungsstoß die zweite Röhre zum Verlöschen. Das gleiche wiederholt sich bei einem folgenden Stromimpuls in umgekehrter Richtung, indem wieder die nunmehr stromlose Röhre gezündet und die bisher gezündete Röhre zum Verlöschen gebracht wird. Bei jedem Wechselimpuls tauschen also T_1 und T_2 ihren gezündeten bzw. gelöschten Zustand.

Mit einer solchen Anordnung lassen sich kurze Zeitintervalle zwischen zwei Stromimpulsen, wie sie bei der Belichtung einer Photozelle durch einen sich öffnenden und wieder schließenden Photoverschluß entstehen, messen. Man bringt dazu zunächst durch einen beliebigen Stromimpuls die Röhre T_2 zur Zündung, so daß T_1 stromlos und der Relaiskontakt K geöffnet ist. Wird nunmehr der Photoverschluß P geöffnet und die Zelle Z belichtet, so wird im Moment der einsetzenden Belichtung durch den entstehenden Photostromimpuls über V die Röhre T_1 gezündet und T_2 zum Verlöschen gebracht. In diesem Augenblick wird durch das Relais S der Kontakt K geschlossen, über den nunmehr von der Spannungsquelle U_a durch den Widerstand R ein Ladestrom i in den Kondensator C fließt. Dieser Stromkreis bleibt so lange bestehen, bis beim Schließen des Photoverschlusses wiederum ein Wechselimpuls entsteht, der nunmehr T_2 zündet und T_1 zum Verlöschen bringt, wodurch der Relaiskontakt K wieder unterbrochen wird. Die Ladezeit $\varDelta t$ des Kondensators C zwischen dem Schließen und Öffnen des Kontaktes K entspricht also der wirksamen Öffnungszeit des Photoverschlusses; diese kann daher unmittelbar aus der eingetretenen Kondensatoraufladung entnommen werden.

Bei gegebenen Werten von U_a, R und C erreicht der Kondensator in der Ladezeit $\varDelta t$ die Spannung

$$U_c = U_a \left(1 - e^{-\frac{\varDelta t}{RC}}\right) \tag{1}$$

[vgl. Kap. VII, S. 398, Gl. (8)]. Aus der Messung von U_c, die mit einem Elektrometer oder einem Röhrenvoltmeter erfolgen kann, erhält man also die gesuchte Öffnungszeit des Photoverschlusses:

$$\varDelta t = R \cdot C \cdot \ln\left(\frac{U_a}{U_a - U_c}\right). \tag{2}$$

Die relative Genauigkeit, mit der man $\varDelta t$ aus einer Messung von U_c bestimmen kann, ist dabei gegeben durch das Verhältnis

$$\frac{\dfrac{dU_c}{U_c}}{\dfrac{dt}{\varDelta t}} = \frac{\varDelta t}{U_c} \cdot \frac{dU_c}{dt} = \frac{\varDelta t}{RC} \frac{1}{e^{\frac{\varDelta t}{RC}} - 1}. \tag{3}$$

Bezeichnet man diese Funktion mit F und setzt zur Abkürzung $\frac{\Delta t}{RC} = \varepsilon$, so wird

$$F = \frac{\varepsilon}{e^\varepsilon - 1} = \frac{\varepsilon}{\varepsilon + \frac{\varepsilon^2}{2} + \frac{\varepsilon^3}{6} + \cdots} = \frac{1}{1 + \frac{\varepsilon}{2} + \frac{\varepsilon^2}{6} + \cdots}. \tag{4}$$

Die Messung wird also um so genauer, je kleiner ε, d. h. je *größer* die Zeitkonstante $R \cdot C$ der Kondensatoraufladung gegenüber der zu messenden Ladezeit Δt ist. Während der *Verstärkerteil* der Anordnung, wie früher erwähnt, eine tunlichst *kleine* Zeitkonstante erhalten muß, um schnelle Betätigung des Relais R mit dem Kontakt K zu gewährleisten, muß man demnach im *Ladekreis* den Kondensator C bzw. den Ladewiderstand R hinreichend *groß* wählen, aber natürlich nur so groß, daß bei gegebener Ladespannung U_a in der zu messenden Verschlußzeit Δt noch eine gut meßbare Kondensatorspannung U_c entsteht.

Für kleine ε wird $F = \dfrac{1}{1 + \dfrac{\varepsilon}{2}} \approx 1$, d. h. die Zeit Δt wird mit der

gleichen relativen Genauigkeit bestimmt, mit der die Ladespannung des Kondensators gemessen wird. In diesem Fall kann man an Stelle der Gln. (1) und (2) setzen:

$$U_c = \frac{U_a}{RC} \Delta t \cdot \left(1 - \frac{1}{2} \frac{\Delta t}{RC}\right) \approx \frac{U_a}{RC} \Delta t \tag{1a}$$

und

$$\Delta t \approx \frac{RC}{U_a} \cdot U_c. \tag{2a}$$

Bei bekannten Daten R, C und U_a der Anordnung kann dann die Spannungsanzeige U_c linear in zugehörigen Öffnungszeiten Δt des Photoverschlusses geeicht werden.

Meßeinrichtungen dieser Art lassen sich auch zu *Geschwindigkeitsmessungen* benutzen, indem man z. B. den Gegenstand, dessen Geschwindigkeit bestimmt werden soll, am Beginn und am Ende einer vorgegebenen Meßstrecke je ein Lichtbündel durchlaufen läßt, mit dem zwei parallelgeschaltete Photozellen beleuchtet werden. Die Zeitdifferenz zwischen den Dunkelimpulsen beim Durchsetzen der beiden Bündel kann dann aus einer Kondensatoraufladung in gleicher Weise wie bei dem vorher beschriebenen Beispiel bestimmt werden.

96. Anwendung der Kadmiumsulfidzelle in der Röntgentechnik[1]

a) Dosimetrie

Röntgen hatte bereits 1921 festgestellt, daß Halbleiter und Isolatoren bei Bestrahlung mit Röntgenlicht ihre Eigenschaften ändern. Die

---

[1] Verfasser: H. Simon, Berlin.

Leitfähigkeit wird erhöht, aus Isolatoren werden Halbleiter. Spätere
Untersuchungen an Kupferoxydul- und Selen-Sperrschichtzellen bestä-
tigten diese Erscheinung, so daß Versuche unternommen wurden, diese
Zellen zu Dosismessungen der Röntgenstrahlung zu benutzen. Die Änderungen der Halbleiterströme waren jedoch sehr klein und die Konstanz
der Halbleiterzellen reichte nicht aus, so daß eine Einführung in die
Praxis nicht erfolgte. FRERICHS [14] benutzte als erster synthetisch her-

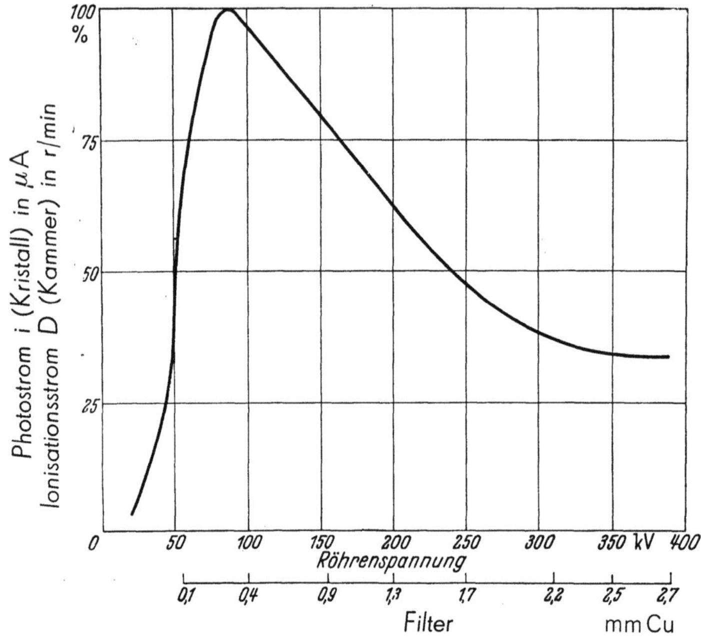

Abb. XII.14. Abhängigkeit des Photostromes einer CdS-Zelle von der Strahlenhärte bei gleicher
Dosis bezogen auf den Ionenstrom eines Luftkammerdosimeters

gestellte CdS-Kristalle und fand bei Röntgenbestrahlung eine wesentlich größere Steigerung der Leitfähigkeit als bei anderen Kristallen.
BROSER und WARMINSKY [9], FASSBENDER und HACHENBERG [12] und
SIMON [21] führten eingehendere Untersuchungen durch, so daß letzterer
ein Dosimeter entwickeln konnte, das sehr genaue relative Intensitätsmessungen gestattet [20] [22] [23].

Die von SIMON zunächst benutzten Zellen waren noch instabil
und zeigten eine große Trägheit (vgl. S. 311). Diese konnte durch ein
Formierverfahren weitgehend beseitigt werden [18] [21]. BUTTLER und
MUSCHEID [10] [10a] wiesen durch besondere Kontaktierungsverfahren
nach, daß bei *sperrfreien* Elektroden die CdS-Einkristalle ein rein ohmsches Verhalten über viele Zehnerpotenzen zeigten und nahezu trägheitsfrei waren. Durch Einbringen der CdS-Kristalle ins Vakuum oder

durch Überziehen mit einer Schutzschicht im Vakuum wurden schließlich auch die atmosphärischen Einflüsse ausgeschaltet und damit eine
gute Konstanz über lange Zeit erreicht [21].

Während im Grundgittergebiet die Absorption des sichtbaren Lichtes
im CdS-Kristall innerhalb weniger Atomlagen erfolgt (Oberflächen-

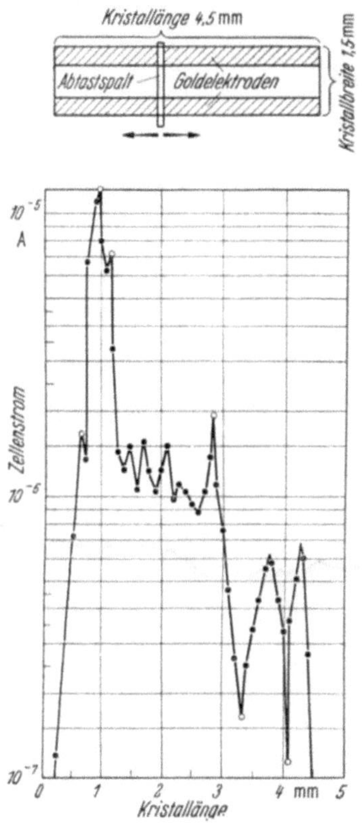

Abb. XII.15. Änderung der Empfindlichkeit
einer CdS-Zelle bei punktweiser Abtastung
mittels eines schmalen Röntgenbündels gleicher
Intensität

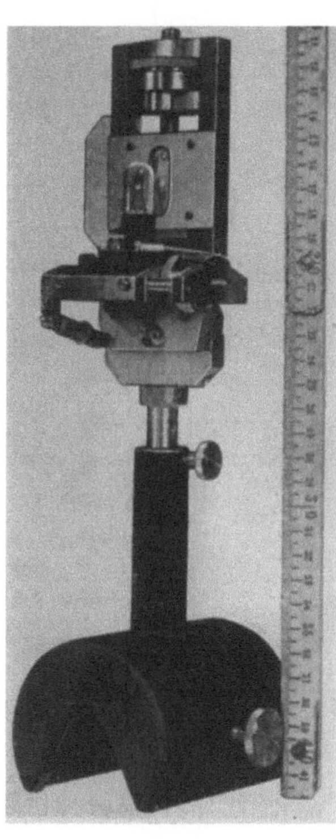

Abb. XII.16. Abtastgerät. Ein Feinstelltrieb
bewegt den CdS-Kristall am Bleispalt vorbei

effekt), durchdringt die Röntgenstrahlung, wenn man von ganz weichen
Strahlen absieht, den ganzen Kristall (Volumeneffekt). Im Gegensatz
zum Licht wird die primär einfallende Röntgenstrahlung keine ausschlaggebende Rolle spielen, sondern die ausgelösten Sekundäreffekte
(z. B. Sekundärelektronen) werden den Hauptteil der Leitfähigkeitsänderung bedingen. Bei höheren Röntgenspannungen kommen noch die
Comptonelektronen hinzu. In Abb. XII.14 ist die Abhängigkeit des ausgelösten lichtelektrischen Stromes von der Härte der Strahlung dargestellt, die ähnlich der von GLOCKER u. Mitarbeitern [14a] gemessenen

verläuft und bis zu den γ-Strahlen reicht. GLOCKER und Mitarbeiter stellten fest, daß von etwa 400 kV an der ausgelöste lichtelektrische Strom nahezu konstant bleibt.

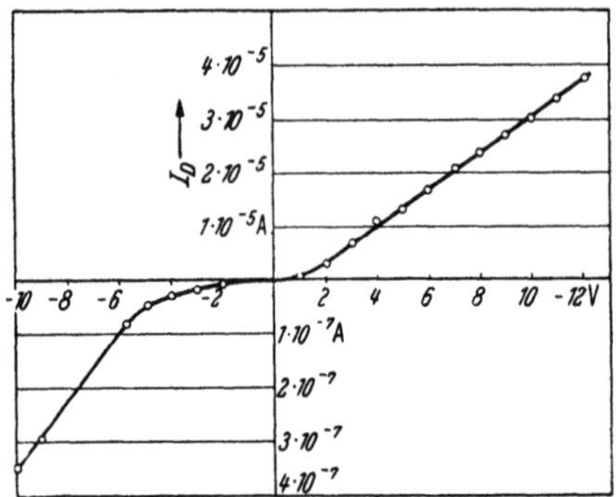

Abb. XII.17. Gleichrichtereffekt einer älteren Zelle bei Röntgenbestrahlung

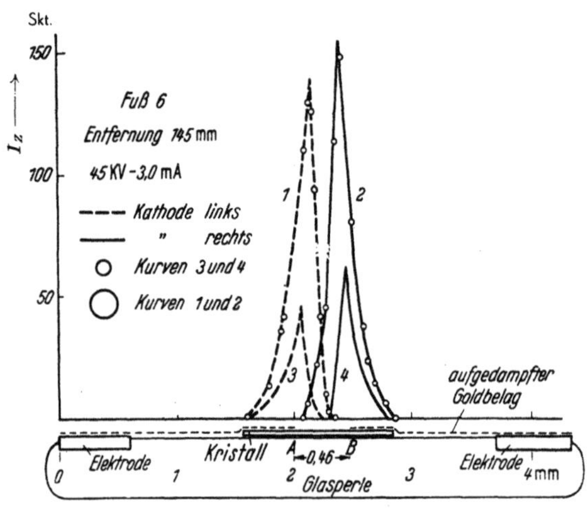

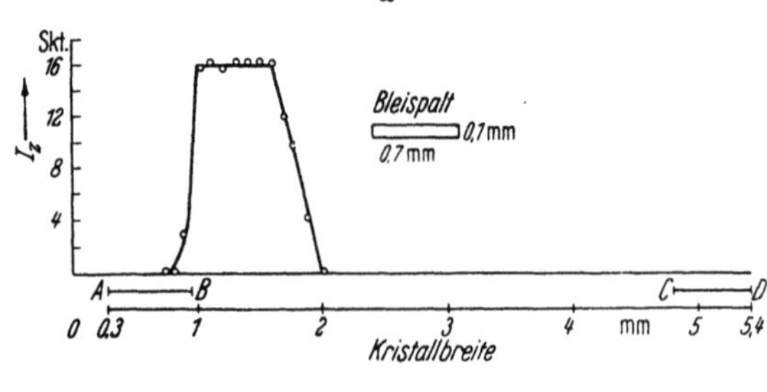

Abb. XII.18. a) Längsabtastung einer CdS-Einkristallzelle (= 15fach vergrößert) mit Röntgenstrahlbündeln, die kleiner als die Spaltbreite der Zelle sind, $\varnothing$ 0,1 und 0,3 mm. Sperrschichteffekt. b) Längsabtastung, wie in Abb. XII.18a, einer 5 mm langen CdS-Zelle mit einem Röntgenstrahlbündel von 0,1 mm Breite und 0,7 mm Länge. Sperrschichteffekt

Beim Wachsen der CdS-Kristalle ändert sich laufend die Störstellenkonzentration. Daher ergibt die Messung bei einer Längsabtastung eines Kristalls verschiedene Empfindlichkeiten, d. h. Änderungen der Photoleitung. In Abb. XII.15 schwankt diese Änderung bei gleicher Röntgendosis um fast zwei Größenordnungen. Mit Hilfe der in Abb. XII.16 wiedergegebenen Abtastapparatur wurde eine Bleiblende, die nur ein schmales Röntgenbündel (0,1 mm × 0,7 mm) durchließ, längs des Kristalls

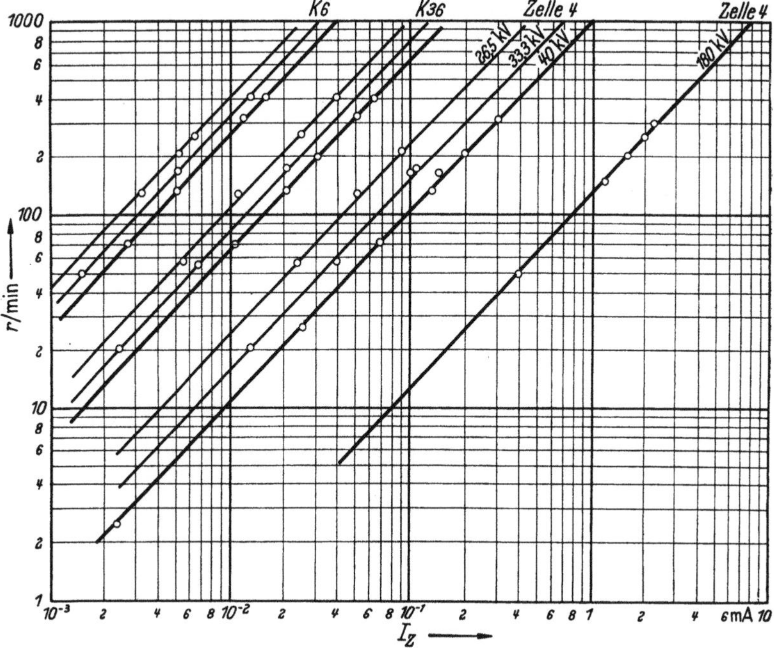

Abb. XII.19. Proportionalität zwischen Zellenstrom (I_z) und Dosis (r/min) bei gleicher Strahlenhärte für vier verschiedene Strahlungsgemische (Zelle 4)

verschoben und für jeden Punkt die Leitfähigkeit bestimmt. Es muß daher immer die ganze Kristallfläche bestrahlt werden, um vergleichbare Meßergebnisse zu erhalten [21].

Zunächst zeigten die Kristalle auch bei Röntgenbestrahlung Gleichrichtereffekte (Abb. XII.17), die durch die zwischen Kristall und den im Vakuum aufgedampften Elektroden vorhandenen Zwischenschichten hervorgerufen werden. Durch Formierungsverfahren konnte der Gleichrichtereffekt beseitigt werden. Vorhandene Sperrschichten bedingten jedoch, wie aus Abb. XII.18a und b hervorgeht, daß ein lichtelektrischer Strom u. U. nur dann fließen kann, wenn die *Kathode* von Röntgenstrahlen getroffen wird. Erst die völlige Beseitigung der Sperrschichten [10] [10a] brachte auch diesen Effekt zum Verschwinden.

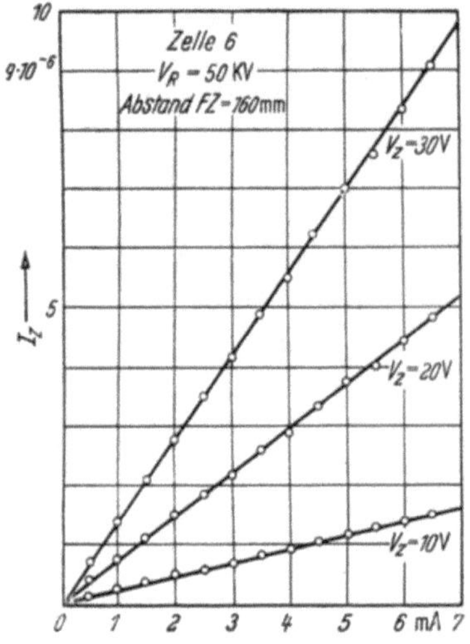

Abb. XII.20. Proportionalität zwischen Zellenstrom und Röntgenröhrenstrom für drei verschiedene Saugspannungen (V_z)

FELSINGER [13], der unter Berücksichtigung der Untersuchungen von LANGE und SELENYI [17] und SCHARF und WEINBAUM [19] eine Kupferoxydulzelle bestrahlte, fand eine gute Proportionalität zwischen einfallender Energie und Zellenstrom, ebenso SIMON [21], vgl. Abb. XII.19, der bei 26,5 bis 180 kV die Abhängigkeit des lichtelektrischen Stromes von der eingestrahlten Energie für drei Zellen: K 6, K 36 und 4 untersuchte. Abb. XII.20 zeigt bei drei konstanten Zellenspannungen und konstanter Röntgenröhrenspannung die gute Proportionalität des Zellenstroms mit dem Elektronenstrom der Röntgenröhre.

Abb. XII.21. Röntgendosimeter nach SIMON mit Abtastrahmen für ein Strahlenfeld. Der Mittelsteg mit der Zelle besteht aus schwachabsorbierendem Kunststoff

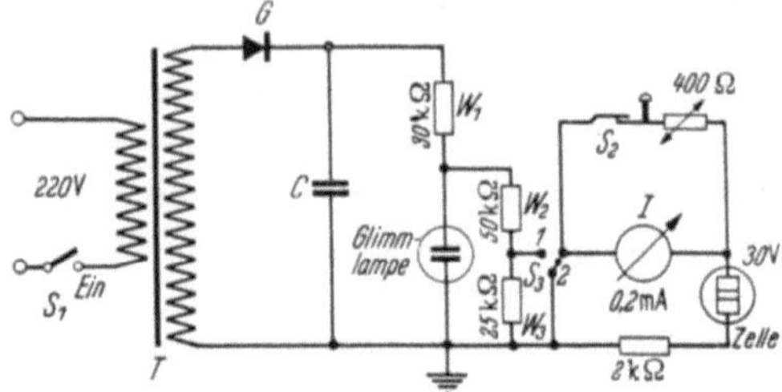

Abb. XII.22. Schaltskizze für das Dosimeter mit Netzanschlußgerät zur Erzeugung der Saugspannung

Auf Grund dieser Ergebnisse entwickelte SIMON [20—23] ein Röntgendosimeter, das einwandfreie relative Messungen ermöglicht. Die letzte Entwicklungsstufe dieses Gerätes ist in Abb. XII.21 dargestellt. Das zugehörige einfache Schaltschema zeigt Abb. XII.22. Es wird besonders in der Therapie benutzt, um die Intensitätsverteilung im Röntgenstrahlungsfeld genau zu ermitteln.

In Abb. XII.23a und b und Abb. XII.24 sind die Isodosen für ein Nahbestrahlungsgerät und ein Tiefentherapiegerät wiedergegeben. Man

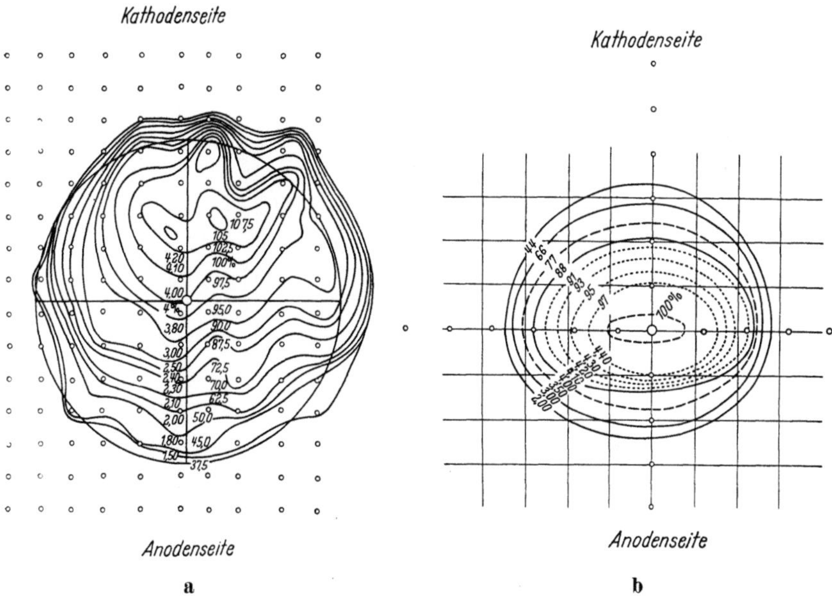

Abb. XII.23. a) Isodosenverteilung eines Grenzstrahlgerätes. b) Isodosenverteilung nach Änderung dieses Gerätes auf Grund der vorhergehenden Messungen

sieht besonders beim Nahbestrahlungsgerät (Oberflächentherapie) die außerordentlich ungünstige und unsymmetrische Intensitätsverteilung (Abb. XII.23a). Die CdS-Zelle gestattet bei der geringen Größe des Kristalls (etwa 1 mm² wirksamer Fläche) eine nahezu punktweise Abtastung. Ferner läßt sich ein gesamtes Isodosenfeld in sehr kurzer Zeit ausmessen. Der Meßbereich des Gerätes kann durch Veränderung der angelegten Saugspannung über mehrere Zehnerpotenzen erweitert werden. SIMON hat eine Zerstörung der CdS-Kristalle bis zu 220 kV Röntgenspannung nicht feststellen können. Die Belastung eines Kristalls wurde versuchsweise im Röntgenröhrenprüffeld so weit gesteigert, daß der lichtelektrische Strom auf 32 mA anstieg. Auch nach dieser Belastung zeigte der Kristall keine Veränderung seiner Empfindlichkeit.

Ein technisches Gerät mit CdS-Zelle ist von der Fa. Siemens-Reiniger, Erlangen, unter der Bezeichnung Gammameter in den Handel gebracht worden. Das Gerät ist mit einem Ra-Normal ausgerüstet, um unabhängig von evtl. Veränderungen der Kristalleigenschaften zu bleiben. Ferner wurde der Kristall mit einer Gold- oder Bleikappe versehen. Durch

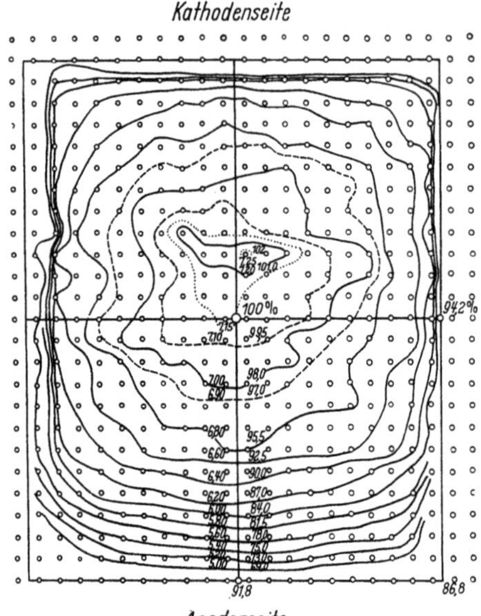

Abb. XII.24. Isodosenverteilung bei einem handelsüblichen Tiefentherapiegerät

diese Maßnahme ist es möglich geworden, eine CdS-Kristallmeßsonde auch bei Körperhöhlenbestrahlungen heranzuziehen. Eine Sonde mit Goldkappe liefert nach KÜBLER Meßwerte, die bei Bestrahlung mit Ra und Co[60] kaum voneinander abweichen.

Die untere Meßgrenze nach kleinen Röntgenintensitäten wird durch die Größe des Dunkelstromes bestimmt, der bei guten Zellen und 10 V Saugspannung einige 10^{-9} A beträgt. SIMON [24] stellte fest, daß der Zellenstrom bei kleinen Röntgenintensitäten durch eine Vorerregung mit sichtbarem Licht verstärkt werden kann (vgl. Tab. XII.1). In dieser Tabelle bedeutet J_S den Summenstrom, J_L den durch sichtbares Licht allein ausgelösten Strom und J_R die Differenz zwischen beiden Strömen.

Tabelle XII.1

J_S	J_L	$J_S - J_L = J_R$	J_R/J_L
16	1,0	15	15
43	2,0	41	20
136	3,0	133	44
294	13	281	22
434	66	368	5,6

J_S und J_L in 10^{-9} A.

Die eingestrahlte Röntgenintensität wurde konstant gehalten, während die Intensität des sichtbaren Lichtes verändert wurde. Der Kristall war immer voll ausgeleuchtet. Aus der Tab. XII.1 ergibt sich, daß das Verhältnis J_R/J_L ein Maximum durchläuft, welches bei relativ kleiner Beleuchtungsstärke liegt. Dies ist verständlich, da schließlich bei hohen Intensitäten wieder eine einfache Summation der beiden Ströme auftreten muß. Es gelingt, bei Vorerregung Röntgenintensitäten bis zu $10^{-5}\,r/\mathrm{sec}$ zu messen [24].

b) Verschiedene andere Anwendungen

Wie bereits erwähnt, ist die Empfindlichkeit einer CdS-Zelle durch die Größe des Dunkelstromes bestimmt. Von SIMON [25a] wurden Versuche

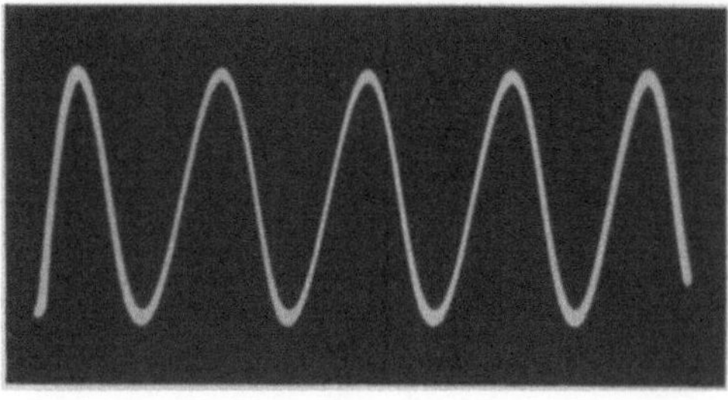

a

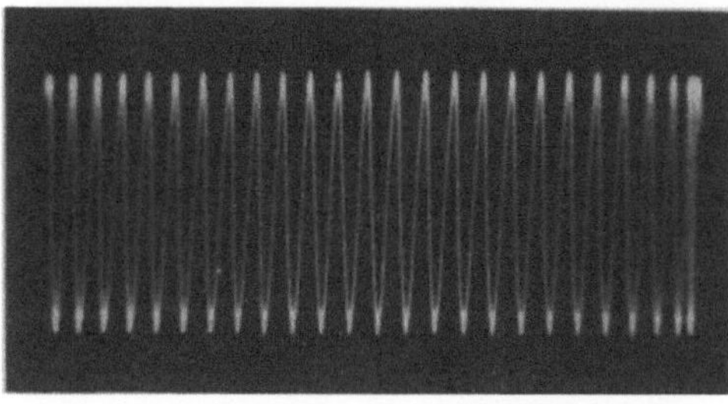

b

Abb. XII.25. Zellenströme bei hochfrequenten Wechselspannungen gleicher Amplitude als
Saugspannung (10 und 90 kHz)

unternommen, ein Röntgenwechsellicht dadurch zu erzeugen, daß man den Glühelektronenstrom der Röntgenröhrenkathode durch ein Gitter oder einen Wehneltzylinder steuert. Durch einen nachgeschalteten Verstärker können die im CdS-Kristall ausgelösten lichtelektrischen Wechselströme auch für sehr kleine Röntgenintensitäten, klein gegen den Dunkelstrom, nachgewiesen werden. Um zu überprüfen, wieweit ein konstant erregter Kristall in der Lage ist, aufgedrückten Wechselspannungen zu folgen, wurden Frequenzen bis zu 90 kHz als Saugspannung angelegt. In der Abb. XII.25 a u. b sind die Zellenströme bei 10 kHz (a) und 90 kHz (b) wiedergegeben. An der gleich großen Amplitude erkennt man, daß sich im erregten Kristall bis zu dieser Frequenz keine Trägheitserscheinungen be-

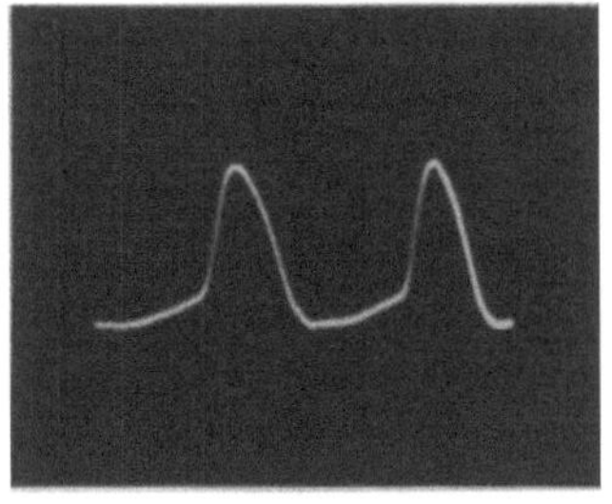 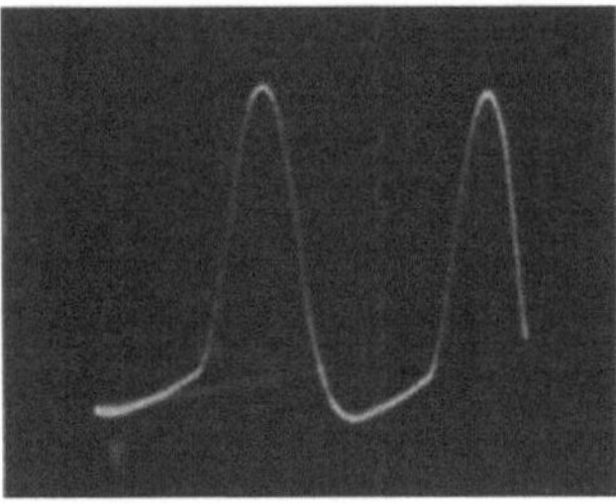

a   b

Abb. XII.26. Zellenstrom einer CdS-Zelle bei Bestrahlung mit Röntgenwechsellicht (Saugspannung konstant 10,5 V)

merkbar machen. Anderseits wurde an den CdS-Kristall eine Gleichspannung von 10,5 V angelegt und ein 50 periodisches Röntgenwechsellicht als Bestrahlungsquelle benutzt. In der Abb. XII.26a u. b ist die Aufnahme zweier Oszillogramme wiedergegeben. Das Oszillogramm a gibt die Form der an der Röntgenröhre liegenden Wechselspannung wieder und b die Form des ausgelösten lichtelektrischen Zellenstromes. Beide stimmen gut überein.

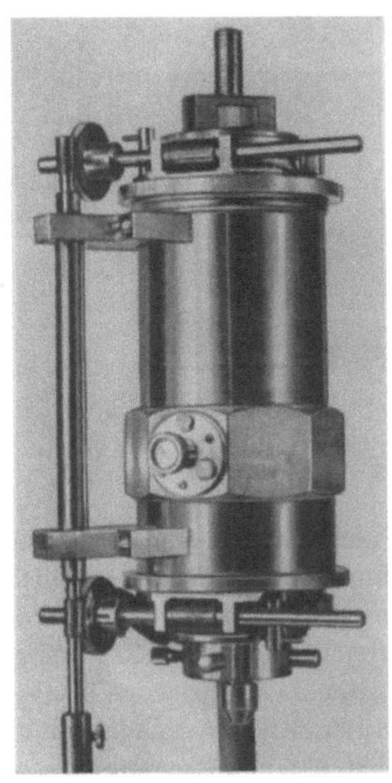

Abb. XII.27. Röntgenstrukturkammer nach SIMON. Auswertung der Diagramme mit Hilfe einer CdS-Zelle

Voraussetzung für die nachfolgenden Anwendungen ist eine homogene oder homogenisierte Strahlung. Anderenfalls muß die Abhängigkeit des Zellenstromes von der Härte bekannt sein.

Die große Empfindlichkeit der CdS-Zellen wurde von SIMON und v. HEIMENDAHL [15] [25] ausgenutzt, um DEBYE-SCHERRER-Diagramme auszumessen. Auch schwache Linien erzeugen in der CdS-Zelle genügend große Widerstandsänderungen. SIMON und v. HEIMENDAHL benutzten eine normale Röntgenstrukturkammer, wie sie in Abb. XII.27 dargestellt ist. Ein Schema der Anordnung zeigt Abb.XII.28. An Stelle des üblichen Films befindet sich in der Kammer auf einem Dreharm eine CdS-Zelle.

Diese Methode hat gegenüber dem ruhenden Film mit Ausphotometrierung folgende Vorteile:

1. Die Lage und die Intensität der einzelnen Reflexe werden unmittelbar bestimmt.

2. Es lassen sich eine Anzahl von Messungen durchführen, die mit ruhendem Film nicht möglich sind.

3. Die Fehler, die durch die Entwicklung des Films (Schwärzungskurve) auftreten können, fallen fort.

4. Das Resultat wird sehr viel schneller erhalten, da der Zellenstrom ein Schreibgerät steuern kann.

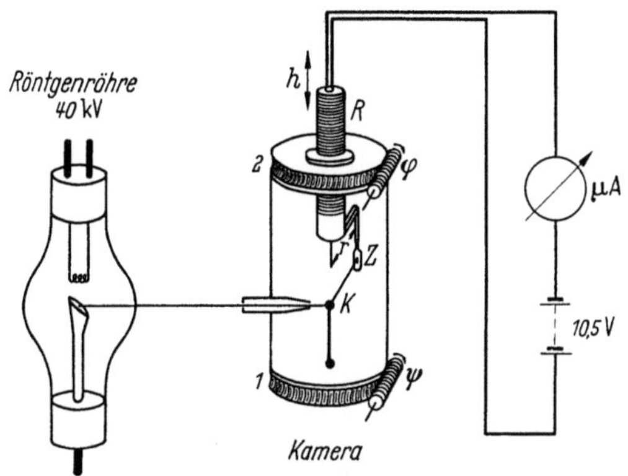

Abb. XII.28. Schematische Darstellung der Kammer und Anordnung.
1 und *2* sind zwei Schneckentriebe. *1* dreht den Kristall *K*, *2* die CdS-Zelle *Z*. Letztere kann gleichzeitig mit Hilfe des Vertikaltriebes *R* in der Höhe *h* verschoben werden. ψ und φ können gekoppelt werden, vgl. Abb. XII.27

In den Abb. XII.29, 30, 31 sind drei mit der CdS-Zelle aufgenommene Diagramme wiedergegeben. Die CdS-Zelle kann also genau wie ein Zählrohr oder eine Ionisationskammer benutzt werden und hat dabei den Vorteil, daß sie wesentlich kleiner ist.

ROTHE und KRAMER [18a] benutzen eine Goniometeranordnung, um Emissionsspektren und Feinstrukturinterferenzen im Röntgengebiet mit einer CdS-Zelle automatisch zu registrieren. Sie vergleichen die mit der CdS-Zelle gefundenen Werte mit den Ergebnissen, die ein Geiger-Müller-Zähler liefert. Abgesehen von der guten Übereinstimmung der Meßwerte bringt die Verwendung der CdS-Zelle eine Reihe technischer Erleichterungen.

Mit Hilfe einer CdS-Zelle bestimmte SCHNÜRER [26] den Absorptionsverlauf verschiedener Substanzen im Röntgengebiet. Seine Anordnung zeigt Abb. XII.32. Bei der Untersuchung eines CdS-Einkristalls z. B. zeichnen sich die *K*-Kante (vgl. Abb. XII.33) und die *L*-Kanten (Abb. XII.34) durch einen deutlichen Sprung in der Charakteristik ab.

Es ist selbstverständlich möglich, mit Hilfe von CdS-Zellen Röntgenintensitäten einer Röntgenröhre durch automatische Einrichtungen und

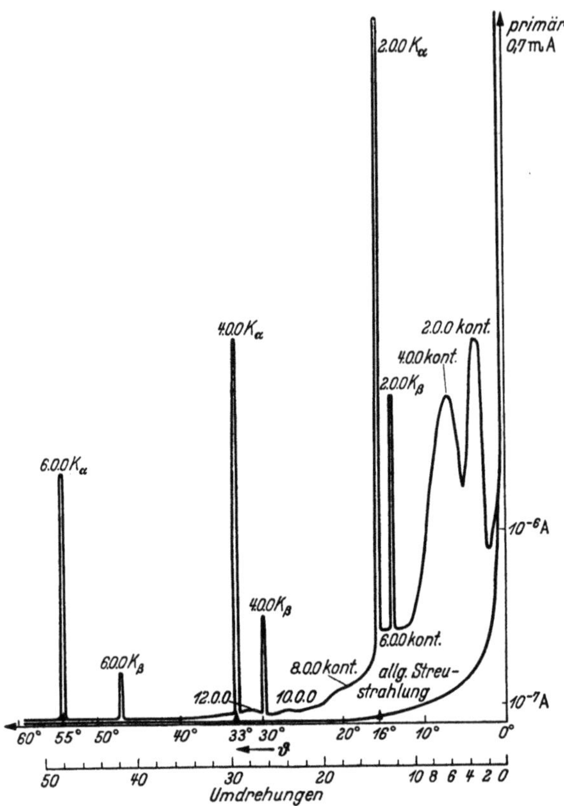

Abb. XII.29. Röntgenspektrogramm des gesamten Cu-Spektrums bei 40 kV, aufgenommen mit den Ebenen 200, 400, 600 usw. eines NaCl-Kristalls, der halb so schnell gedreht wurde wie die CdS-Meßzelle

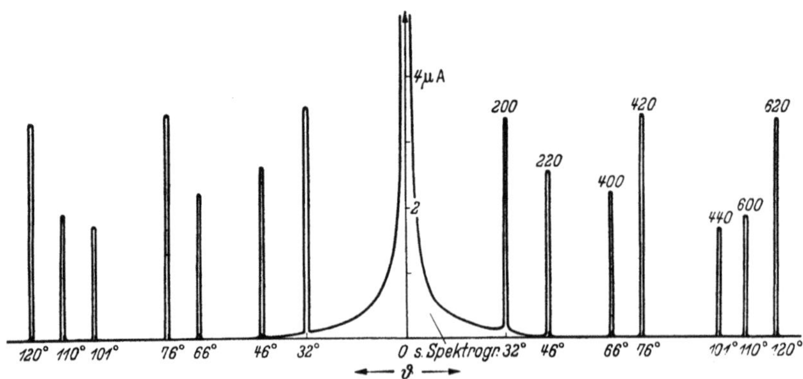

Abb. XII.30. Drehkristallaufnahme bei 40 kV, 8 mA Röntgenröhrenstrom. Mit Ni-Filter homogenisierte Strahlung. NaCl-Kristall wird gedreht, bis die betreffende Netzebene zur Reflexion kommt

Schaltungen zu steuern und konstant zu halten, ebenso Abschaltungen nach Erreichung einer gewissen Dosis vorzunehmen, wie dies für An-

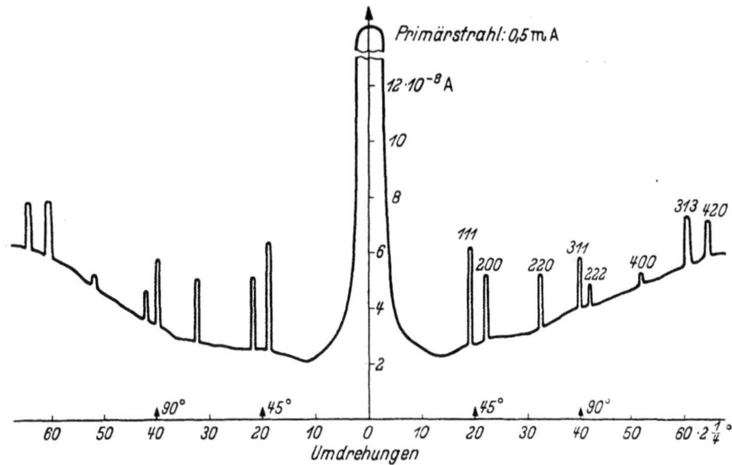

Abb. XII.31. DEBYE-SCHERRER-Aufnahme eines kleinkristallinen Cu-Drahtes von 0,6 mm ⌀. Gedreht wird lediglich die Zelle

lagen, die mit gewöhnlichem Licht und entsprechenden Photozellen arbeiten, bekannt ist.

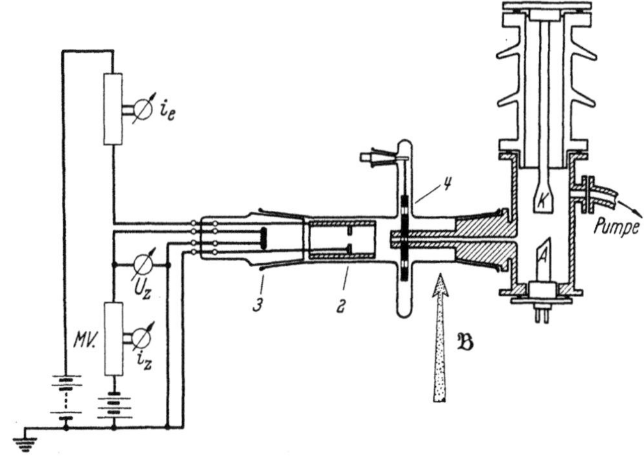

Abb. XII.32. Schematische Darstellung der Apparatur 1 nach SCHNÜRER für Absorptionsmessungen mit Hilfe einer CdS-Zelle 3. Bei 2 wird der Absorber eingesetzt. 4 Halter für verschiedene Filter. Mit Hilfe eines Magnetfeldes 𝕭 werden die mit den Röntgenstrahlen austretenden reflektierten Elektronen gehindert, auf den Absorber aufzutreffen

Auch die Prüftechnik, die mit Röntgenstrahlen arbeitet (z. B. Schweißnahtprüfung), hat sich der CdS-Zellen bedient. In den USA werden in immer größerem Umfang Röntgenstrahlen benutzt, um den Inhalt von Stahlflaschen, Büchsen und Dosen zu überprüfen [27]. Mit

Hilfe der CdS-Zellen wird festgestellt, ob die geschlossenen Behälter ausreichend und gleichmäßig gefüllt sind oder ob sie Fremdkörper oder Hohlräume enthalten. Mit Hilfe einer solchen Anordnung (Röntgenröhre und CdS-Kristall) können bis zu 600 Stück pro Minute durchstrahlt und geprüft werden. Durch Relaisanordnungen läßt sich der ganze Vorgang automatisieren.

97. Verwendung von Photoelementen zur Umwandlung der Sonnenstrahlung in elektrische Energie

Von Physikern und Ingenieuren ist immer wieder versucht worden, Sonnenkraftwerke zu bauen unter Verwendung von Photoelementen. B. LANGE war wohl der erste, der bei einem Vortrag auf der Deutschen Physikertagung in Königsberg 1930 den Antrieb eines kleinen Elektromotors durch photoelektrische Ströme zeigte, die durch Bestrahlung von Photoelementen hervorgerufen wurden. Die Versuche sind immer wieder von neuem aufgenommen worden mit dem Ziel, durch neuartige Photo-

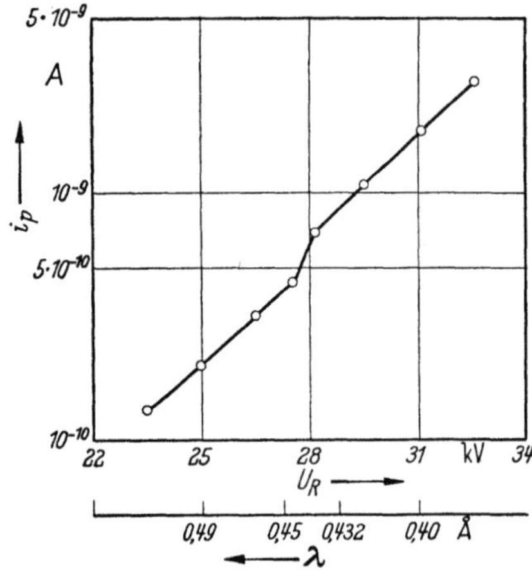

Abb. XII.33. Photostromsprung an der Cd-K-Kante

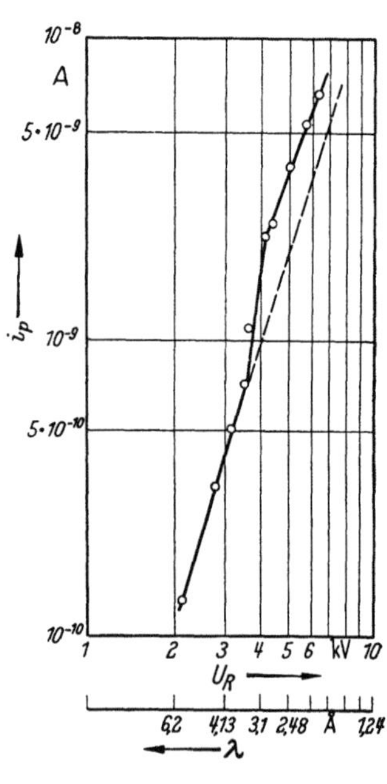

Abb. XII.34. Photostromsprung an den Cd-L-Kanten

elemente den Wirkungsgrad so zu steigern, daß sich die Umwandlung der Sonnenstrahlung in elektrische Energie wirtschaftlich verwerten läßt.

Es sind von den verschiedensten Forschern großflächige Photoelemente gebaut worden, die bereits bei Parallelschaltung vieler Elemente eine ganz annehmbare Leistung abgeben konnten. In USA hat man z. B. kleine Spielautos in den Handel gebracht, auf deren Kühlerhaube 6 bis 9 Photoelemente angebracht sind und die hierdurch bei Sonnenschein angetrieben werden. Ebenso hat man bei einer Parallelschaltung und Serienschaltung von Photoelementen bereits eine Leistung von 12 PS erzielt. Wegen der begrenzten Sonnenscheindauer ist es notwendig, im Zusammenhang mit dem Photoelementkreis einen Speicher zu verwenden. Es soll nachstehend eine Reihe von Photoelementen und ihr bisher erreichter Wirkungsgrad angegeben werden, um zu zeigen, welche Möglichkeiten heute auf diesem Gebiet bestehen.

Photoelement	Wirkungsgrad des Sonnenenergie-umwandlers (bisher maximal erreichte Werte)	Literatur-nachweis
Se	= 0,5%	[28]
Cu_2O, Tl_2S, PbS . .	= 0,5%	[29] bis [36]
Ag_2S	= 1,0%	[37]
Ge	= 6,0%	[38] bis [41]
Si	= 11,0%	[42]
GaAs	= 4,0%	[43]
CdS	= 6,0%	[44] bis [48]

Aus H. Brauer, Dissertation Halle 1958.

Literatur

[1] Fassbender, J.: Funk u. Ton 5, 261 (1949).
[2] Fischer, F., u. H. Lichte: Tonfilm — Aufnahme und Wiedergabe nach dem Klangfilmverfahren. Leipzig: Hirzel 1931.
[3] Fritts, C. E.: USA-Patent 1203190.
[4] Rolle, J.: Kinotechn. 1922, 857.
[5] Siehe [2] S. 42.
[6] Siehe [2] S. 45.
[7] Kohlrausch: Prakt. Physik, 19. Aufl., Bd. II, S. 319.
[8] Broser, J., H. Oeser u. R. Warminsky: Strahlentherapie 90, 399 (1953); Z. Naturforsch. 5, 214 (1950).
[9] Broser, J., u. R. Warminsky: Ann. Phys. 6, 289 (1950).
[10] Buttler, W., u. W. Muscheid: Ann. Phys. 14, 215 (1954).
[10a] Buttler, W.: Wiss. Z. Humboldt-Univ. Berlin, Math.-Nat. Reihe Nr. 6, III, 449 (1953/54).
[11] Eckart, F.: Noch nicht veröffentlicht.
[12] Fassbender, J., u. O. Hachenberg: Ann. Phys. 6, 229 (1949).
[13] Felsinger, H.: Ann. Phys. 29, 81 (1937).
[14] Frerichs, R.: Phys. Rev. 72, 594 (1947).
[14a] Frohnmeyer, G., R. Glocker u. D. Messner: Naturwiss. 40, 338 (1953).
[15] Heimendahl, M. v.: Dipl.-Arb. Humboldt-Univ. Berlin 1955.
[16] Jäger, R.: Z. angew. Phys. 3, 191 (1951).
[17] Lange, R., u. P. Selenyi: Naturwiss. 16, 639 (1931).
[18] Muscheid, W.: Ann. Phys. 13, 305 u. 322 (1953).
[18a] Rothe, H., u. L. Kramer: Exp. Techn. Phys. 5, 17 (1957).
[19] Scharf, K., u. O. Weinbaum: Z. Phys. 80, 465 (1933).

[20] Simon, H.: Vortrag Physikertag Bad Nauheim 1950. Die erste Veröffentlichung über die Anwendungsmöglichkeit von CdS-Zellen zum Zwecke der Röntgendosimetrie.

[21] Simon, H.: Ann. Phys. 12, 45 (1953).

[22] Simon, H., R. Huber u. H. Thiel: Strahlentherapie 94, 460 (1954).

[23] Simon, H., u. H. Thiel: Ann. Phys. 14, 54 (1954).

[24] Simon, H.: Vortrag auf der Physikertagung Innsbruck 1953.

[25] Simon, H., u. M. v. Heimendahl: Ann. Phys. 20, 355 (1957).

[25a] Simon, H.: Habilitationsschrift Humboldt-Universität Berlin 1955.

[26] Schnürer, E.: Ann. Phys. 15, 15 (1954).

[27] Nach Electr. Engng. 70, 369 (1951).

[28] Görlich, P.: Die Photozellen. Leipzig: Akademie-Verlagsgesellschaft 1951.

[29] Bruksch, W. F., W. T. Ziegler, F. R. Blanchard u. D. M. Andrews: Phys. Rev. 59, 1045 (1941).

[30] Fuson, N.: J. opt. Soc. Amer. 38, 845 (1948).

[31] Bulian, W.: Phys. Z. 34, 745 (1933).

[32] Kolomijez, W. T.: C. R. Acad. Sci. (russ.) 19, 383 (1938).

[33] Nix, P. C., u. A. W. Treptow: J. opt. Soc. Amer. 29, 457 (1939).

[34] Kolomijez, W. T.: Z. techn. Phys. (russ.) 17, 195 (1947).

[35] Guillery, P.: Forschungsarbeiten über infrarote Strahlungsempfänger. Berlin 1944.

[36] Frank, K., u. K. Routhel: Z. Phys. 126, 377 (1949).

[37] Kosenko, W. F., u. F. G. Mieseljuk: Z. techn. Phys. (russ.) 18, 1369 (1948).

[38] Cummerow, R. L.: Phys. Rev. 95, 16 (1954).

[39] Cummerow, R. L.: Phys. Rev. 95, 561 (1954).

[40] Rittner, F. S.: Phys. Rev. 96, 1708 (1954).

[41] Chapin, D. M., C. S. Feller u. G. C. Pearson: J. Appl. Phys. 25, 676 (1951).

[42] Hähnlein, A.: Nachrichtentechnische Zeitschrift 9, 4, 145 (1956).

[43] Gremmelmaier, R.: Z. Naturforsch. 10a, 500 (1955).

[44] Goos, F.: Ann. Phys. 39, 293 (1941).

[45] Nadjakow, G., u. R. Andretchine: C. R. Acad. Sci. Bulgare, Tome 7, Nr. 2, 13 (1954).

[46] Nadjakow, G., R. Andretchine u. M. Borissow: C. R. Acad. Sci. Bulgare, Tome 7, Nr. 2, 17 (1954).

[47] Reynold, D. C., G. Leies, L. L. Antes u. R. W. Marburger: Phys. Rev. 96, 533 (1954).

[48] Reynold, D. C., u. S. J. Czyzak: Phys. Rev. 96, 1705 (1954).

Anhang zu Kapitel V B
Von H. Simon, Berlin

In neuester Zeit haben Photoelemente, die aus halbleitenden Kristallen oder Schichten nach dem Vorschlage von Welker [26] hergestellt wurden, an Bedeutung gewonnen. Ferner sind Photozellen und Photoelemente aus Germanium- bzw. Reinst-Silizium-Kristallen [24] in die Praxis eingeführt worden.

Das Schrifttum über diese Halbleiter-Photoelemente und über die Herstellung derartiger Halbleiter hat bereits einen sehr großen Umfang angenommen. An dieser Stelle sollen nur einige wenige Beispiele gegeben werden, da die Entwicklung noch in Fluß ist.

Betrachten wir zunächst die $A^{III}B^V$-Verbindungen, die aus einem Element A^{III} der dritten Hauptgruppe und einem Element B^V der fünften Hauptgruppe des Periodischen Systems gebildet sind und von WELKER [26] in die physikalische Technik eingeführt wurden. Bei allen $A^{III}B^V$-Verbindungen ist größte Reinheit der Ausgangsmaterialien erforderlich, wenn brauchbare Photoelemente erhalten werden sollen. GREMMELMAIER [11] und andere [2] [10] [15] [26] haben eingehend GaAs-Photoelemente *(Galliumarsenid)* vom p–n-Typ (vgl. S. 211) untersucht. Es werden Scheibchen von 20 bis 30 mm² benutzt, welche aus zonengeschmolzenem [20] polykristallinem Ausgangsmaterial herausgeschnitten wurden. An der Oberfläche des n-leitenden Scheibchens wurde eine p-leitende Schicht von einigen 10^{-2} mm Dicke erzeugt. Bei der Umwandlung von Sonnenstrahlung bei wolkenlosem Himmel in elektrische Energie durch ein solches Photoelement wird ein Wirkungsgrad von ungefähr 4% erreicht (s. S. 731). Sehr reine Ausgangselemente und die GaAs-Verbindungen wurden für GREMMELMAIER von FOLBERTH [8] hergestellt. Um ein gutes Ausgangsmaterial zu erhalten, wird im allgemeinen so vorgegangen, daß man von jeder Komponente Einkristalle größter Reinheit oft nach mehrmaligem Wiedereinschmelzen züchtet und aus den erschmolzenen Verbindungen die Einkristalle zieht.

Das Verhalten von AlSb *(Aluminiumantimonid)* wurde eingehend von JUSTI und LAUTZ [17] untersucht (s. auch [3] [5] [12] [22] [26]). Eine Schwierigkeit bei der Herstellung dieser Verbindungen ergibt sich aus der Tatsache, daß AlSb bereits bei 1080° C erstarrt, während die Metallkomponenten noch flüssig sind (Schmelzpunkte: Al 660° C und Sb 630° C). Die unerwünschten Metallausscheidungen lassen sich durch eine Filtration der Metallschmelze vermeiden. Weitere Schwierigkeiten verursachen die unterschiedlichen Dampfdrucke der einzelnen Komponenten bei Temperaturen über 1000° C. Man muß daher unter einer Salzschmelze mit einer genügend komprimierten Wasserstoff-, Stickstoff- bzw. Edelgasatmosphäre darüber oder in abgeschmolzenen evakuierten Gefäßen arbeiten, um unkontrollierbare Abweichungen von der Stöchiometrie innerhalb der Schmelze zu vermeiden. Die Geschwindigkeit der Verbindungsbildung ist außerordentlich stark von der Temperatur abhängig. Das gewonnene AlSb hat Zinkblendestruktur und ist ein Defekt-Halbleiter. Es wird angenommen, daß die Defektelektronenkonzentration auf einen Pb-Gehalt des Antimons zurückzuführen ist, der bei der Spektraluntersuchung kaum feststellbar und außerdem schwer zu beseitigen ist. Als Tiegelmaterial für die Schmelze eignen sich Al_2O_3-Tiegel oder sauber ausgeglühte Kohletiegel. Quarz als Tiegelmaterial ist nicht geeignet, da im Laufe des Schmelzvorganges eine Reaktion des Al mit dem Quarz einsetzt und u. U. der Tiegel zerstört wird.

Die Zersetzung des AlSb-Kristalls an der Luft hängt von der Reinheit der Proben ab. Aus den gezogenen Kristallen werden meist dünne Scheiben von 1 mm Dicke herausgeschnitten, für die Behandlung der Oberfläche sind besondere Techniken entwickelt worden.

Besondere Beachtung verdient die Verbindung InSb *(Indiumantimonid)* [25] und [7] [12] [15] [16] [26] und InAs *(Indiumarsenid)* [9] [10] [14] [16]. Die Ausgangssubstanzen müssen außerordentlich rein sein. Einen Hinweis auf die Herstellungsmethode äußerst reinen Indiums findet man bei HARMANN [13]. Die Schmelze des InAs wurde in einer geschlossenen Röhre nach dem Zonenschmelzverfahren in Einkristalle verwandelt. Als störende Verunreinigung findet man oft Schwefel (Größenordnung $1,7:10^{16}/cm^3$ bis $10^{18}/cm^3$). WEISS [25] zog die Einkristalle aus der Schmelze. Aus dem entstandenen Regulus-Kristall wurden Scheibchen von 5×5 mm^2 herausgeschnitten. Die Eigenschaften dieser Scheibchen hängen sehr stark von der Reinheit der Proben ab.

Die Photoleitfähigkeit von *Indiumselenid* wurde von BODE und LEWINSTEIN [4] untersucht.

Als Beispiel soll eine von PÄTZ [19] verbesserte chemische Methode zur Reinigung von Metallen, und zwar die Reinigung des Antimons, beschrieben werden. Als Ausgangsmaterial diente von der Firma Merck geliefertes Antimon. Bei der spektralanalytischen Untersuchung ergaben sich folgende relative Verunreinigungen:

As	B	Bi	Ca	Cr	Cu	Fe	Mn	Mg	Na	Pb	Si	Sn	Zn
6	1	3	3	1	4	5	2	2	2	4	2	3	1

Das Sb wurde zunächst chloriert und das gewonnene $SbCl_3$ bei ca. 220° C fraktioniert destilliert, wobei der Vorlauf und der Rückstand verworfen wurden. Als nächste Reinigungsstufe wurde eine Sublimation im Vakuum bei 10^{-3} Torr und ca. 90° C durchgeführt. Darauf erfolgte eine Hydrolysierung der Hauptfraktion der Sublimation und eine dreimalige Dekantierung des Niederschlages. Der Rückstand wird mit H_2O verrührt, dem einige cm^3 NH_4OH zugegeben waren. Nach Erwärmung auf 100° C wird auf Papierfilter abgesaugt und mit destilliertem Wasser nachgewaschen. Der bei 175° C nachgetrocknete Rückstand wird nach der Gleichung

$$Sb_2O_3 + 3\,KCN \longrightarrow 2\,Sb + 3\,KCNO$$

reduziert. Das erhaltene Sb wird schließlich mit KCN umgeschmolzen, und als letzter Reinigungsgang werden nach der Methode von CZOCHRALSKI [6] Einkristalle aus der Schmelze gezogen. Die spektralanalytische Untersuchung zeigte ein sehr reines Sb, das nur noch Spuren

von Ca und Na in kaum nachweisbarer Menge enthielt. Beim Schmelzen
der Substanz spielt die Frage der Tiegel eine große Rolle. Besonders
geeignet sind Sinterkorundtiegel. Da die Leitfähigkeit dieser Tiegel
außerordentlich klein ist, wird der Sinterkorundtiegel von einem Graphit-
tiegel umgeben, dessen Erwärmung durch Hochfrequenzstrom erfolgt.
In die Schmelze selbst taucht man einen dünnen Wolframstab, an dessen
Spitze sich ein Impfkristall befindet. Das Ziehen der Kristalle kann im
Vakuum, in einer Wasserstoff- oder Edelgasatmosphäre durchgeführt
werden.

Außer mit $A^{III}B^V$-Verbindungen befaßte sich die Forschung zunächst mit Einkristallen aus reinem Germanium [28]. Da aber, wie im
Kapitel XII, Ziff. 97, angeführt wurde, bei der Umwandlung von
Sonnenenergie in photoelektrischen Strom der Wirkungsgrad bei Sili-
ziumelementen wesentlich größer war, wurden die Germaniumelemente
durch Siliziumelemente verdrängt. In der Literatur der letzten Jahre
ist eine große Anzahl von Methoden beschrieben worden, die zur Darstellung von sehr reinem *Silizium* führen, wie es für Photoelemente benötigt wird. Das bekannteste Verfahren ist z. Z. das Dupont-Verfah-
ren [23]. Bei einer Temperatur von 920°C wird Zinkdampf mit gasförmi-
gem Siliziumtetrachlorid zur Reaktion gebracht. Ein Erfolg ist nur dann
zu erwarten, wenn beide Ausgangssubstanzen äußerst rein sind. Die
Reaktion wird in Quarzgefäßen vorgenommen, die mit der Zeit bei den
hohen Temperaturen stark angegriffen werden. Durch wiederholtes
Waschen mit Flußsäure, Schwefelsäure und Salzsäure werden etwa vorhandene Verunreinigungen beseitigt.

Eine andere Methode benutzt die Löslichkeit des Siliziums in Metallen. VON WARTENBERG [24] verwendet Al, Zn und Ag als Lösungsmittel. Bei langsamem Erstarren der Schmelze kristallisiert das Silizium
aus. Durch Waschen mit Salpetersäure oder Salzsäure wird das an-
haftende Al entfernt. Eine außerordentliche Schwierigkeit bietet die
Wahl des Tiegelmaterials, da infolge der starken Volumenvergrößerung
beim Erstarren der Schmelze die Tiegel meistens zersprengt werden.

Die Herstellung von Reinstsilizium durch Zersetzen von Silizium-
wasserstoffen wird eingehend von SANDMANN [21] beschrieben. In
seiner Arbeit ist ein umfassender Literaturnachweis zu finden.

Bei dem Aufwachsverfahren verwendet man die von VAN ARKEL [1]
entwickelte Methode der Zersetzung von $SiCl_4$ an einem glühenden
Tantalband. Das in einem Kolben schwach erhitzte dampfförmige $SiCl_4$
wird im Wasserstoffstrom über ein hellrot glühendes Tantalband (1150°C)
geführt, zersetzt sich an der Oberfläche des Tantalbandes und wächst
als polykristalliner Überzug auf dem Bande fest. Mit zunehmender Dicke
des Überzuges muß laufend die Wärmezufuhr (bzw. Stromzufuhr) erhöht werden, um die Temperatur konstant zu halten. Man verfolgt

deshalb die Temperatur mit einem Pyrometer. Die Entfernung der Tantalseele geschieht durch Zersägen des Siliziumstabes und Auflösen des Tantals. Man kann auch statt des Bandes ein Tantalröhrchen benutzen, das dann von innen aus aufgelöst wird.

Das gewonnene Silizium ist polykristallin und muß zur Verwendung als Photoelement zunächst in einen Einkristall umgewandelt werden. Zu diesem Zweck wird das Zonenschmelzverfahren [18] [20] [29] angewandt.

Das Zonenschmelzverfahren nach PFANN-EMEIS [29] soll nicht nur zur Umwandlung von polykristallinem Material in Einkristalle dienen, sondern zugleich eine gezielte und gleichförmige Verteilung von Donatoren bzw. Akzeptoren (Dotierung) erreichen, wie sie die moderne Technik der p–n-Halbleiter erfordert. Über die im Vakuum oder Schutzgas befindlichen Si-Sinterstäbe wird langsam eine Heizmanschette bewegt, die durch Hochfrequenzerwärmung zum Glühen gebracht wird (Wolframringstrahler). Der Sinterstab wird außerdem durch direkten Stromdurchgang vorgeheizt. Die Schmelzzone selbst soll möglichst schmal sein.

Während des Zonenschmelzens kann z. B. beim Silizium eine Dotierung mit Arsen erfolgen. Nach der Umwandlung des Si in einen Einkristall und langsamer Abkühlung wird der Regulus in flache Scheiben geschnitten. Danach überzieht man diese Scheiben z. B. mit einer dünnen durchsichtigen Borschicht durch Behandlung mit Borfluorid. An der Grenzschicht Silizium/Bor entsteht die wirksame Sperrschicht. Ein Teil der Oberfläche des in dieser Weise präparierten Photoelements wird durch Schleifen vom Borüberzug befreit, um an das Silizium die eine Elektrode anzubringen. Die freigeschliffene Stelle wird zu diesem Zweck teilweise mit einem Edelmetallüberzug versehen. Er wird so angebracht, daß ein Kurzschluß nicht stattfinden kann. Die andere Elektrode ist meist als Metallfassung ausgebildet, die mit dem Borüberzug durch Festlöten verbunden ist.

Nachstehend sind die elektrischen Daten für zwei Photoelemente nach LANGE [27] angegeben.

Zellen in mm	100 Lux			1000 Lux			10 000 Lux			100 000 Lux			Zellen
Größe	mA	mV	R	mA	mV	R	mA	mV	R	mA	mV	R	Typ
30 ∅	0,41	64	60	4,2	240	50	41	350	10	240	480	4,5	SiN 60
5×8	0,02	40	6500	0,15	280	2200	1,4	450	500	15	480	60	Mikrozelle

Die Silizium-Photoelemente geben bei Beleuchtung unmittelbaren Photostrom, der bis zu hohen Beleuchtungsstärken linear ansteigt. Über 100 000 Lux scheinen diese Photoelemente einem Grenzwert zuzustreben, der bei etwa 0,5 V liegt. Im allgemeinen ist die Leistung der Silizium-Photoelemente etwa 4- bis 10mal größer als die der bisher bekannten Photoelemente. Die Photoelemente dienen bereits zur Ladung von kleinen Batterien oder zum Betrieb kleiner Rundfunkgeräte und werden daher bald eine Einführung dort finden, wo eine starke Sonnenstrahlung über den größten Teil des Jahres vorhanden ist.

Literatur

[1] VAN ARKEL, A. E.: Metallwirtsch. **13**, 405 u. 511 (1934).

[2] BARRIC, R., F. A. CUNNELL, J. T. EDMOND u. I. M. Ross: Physica **20**, 1087 (1954).

[3] BLUNT, R. F., H. P. R. FREDERIKSE, J. H. BECKER u. W. R. HOSLER: Phys. Rev. **96**, 578 (1954 a).

[4] BODE, D. E., u. H. LEWINSTEIN: J. opt. Soc. Amer. **43**, 1209 (1953).

[5] BRECKENRIDGE, R. G., R. F. BLUNT, W. R. HOSLER, H. P. R. FREDERIKSE, J. H. BECKER u. W. OSHINSKY: Physica **20**, 1073 (1954 b).

[6] CZOCHRALSKI, I.: Z. phys. Chem. **92**, 219 (1918).

[7] CUNNELL, F. A., E. W. SAKER u. J. T. EDMOND: Proc. phys. Soc. B. **66**, 1115 (1953).

[8] FOLBERTH, O. G.: Z. Naturforsch. **10a**, 502 (1955).

[9] FOLBERTH, O. G., O. MADELUNG u. H. WEISS: Z. Naturforsch. **9a**, 954 (1954).

[10] GANS, F., J. LAGRENAUDIE u. P. SEGUIN: C. R. Acad. Sci., Paris, **237**, 310 (1953).

[11] GREMMELMAIER, R.: Z. Naturforsch. **10a**, 501 (1955).

[12] GREMMELMAIER, R., u. O. MADELUNG: Z. Naturforsch. **8a**, 333 (1953).

[13] HARMANN, T. C.: J. electrochem. Soc. **103**, 128 (1956).

[14] HARMANN, T. C., H. L. GOERING u. A. C. BEER: Phys. Rev. **104**, 1562 (1956).

[15] HROSTOWSKY, H. J., u. M. TANENBAUM: Physica **20**, 1065 (1954).

[16] IANDELLI, A.: Gazz. chim. ital. **71**, 58 (1941).

[17] JUSTI, E., u. G. LAUTZ: Abh. braunschweig. wiss. Ges. **5**, 36 (1953).

[18] KECK, P. H., u. I. E. GOLAY: Phys. Rev. (2) **89**, 1297 (1953); Rev. sci. Instrum. **25**, 331 (1954).

[19] PÄTZ, K.: Veröffentlichung erfolgt Ende 1958.

[20] PFANN, W. G.: J. Metals **1**, 747 u. 861 (1952); Phys. Rev. (2) **89**, 322 (1958).

[21] SANDMANN, H.: Dissertation Universität München, Dezember 1956.

[22] SASAKI, W., N. SAKAMOTO u. M. KUNO: J. Phys. Soc. Jap. **9**, 650 (1954).

[23] v. WARTENBERG, H.: Z. anorg. allg. Chem. **265**, 186 (1951).

[24] v. WARTENBERG, H.: Z. anorg. allg. Chem. **265**, 189 (1951).

[25] WEISS, H.: Z. Naturforsch. **8a**, 463 (1953).

[26] WELKER, H.: Z. Naturforsch. **7a**, 744 (1952); Z. Naturforsch. **8a**, 248 (1953); Physica **20**, 893 (1954).

[27] Daten entnommen aus dem Merkblatt über Silizium-Photoelemente von Dr. B. LANGE, Berlin-Zehlendorf.

[28] CUMMEROW, R. L.: Phys. Rev. **95**, 16 u. 561 (1954).

[29] Pfann-Emeis-Verfahren, siehe z. B.: A. NEUHAUS: Z. Chemie-Ing.-Techn. **28**, 362 (1956).

Sachverzeichnis

If you have any concerns about our products,
you can contact us on
ProductSafety@springernature.com

In case Publisher is established outside the EU,
the EU authorized representative is:
Springer Nature Customer Service Center GmbH
Europaplatz 3, 69115 Heidelberg, Germany

Printed by Libri Plureos GmbH
in Hamburg, Germany